U0190417

长江三峡水利枢纽建筑物设计及施工技术

郑守仁 生晓高 翁永红 陈磊 / 编著

上

图书在版编目(CIP)数据

长江三峡水利枢纽建筑物设计及施工技术 / 郑守仁等编著.
—武汉：长江出版社，2018.12
ISBN 978-7-5492-5789-8

Ⅰ.①长… Ⅱ.①郑… Ⅲ.①三峡水利工程－建设设计
②三峡水利工程－建筑施工 Ⅳ.①TV632

中国版本图书馆 CIP 数据核字(2018)第 301853 号

长江三峡水利枢纽建筑物设计及施工技术　　郑守仁等 编著

责任编辑：吴曙霞 李海振 高婕妤
装帧设计：刘斯佳
出版发行：长江出版社
地　　址：武汉市解放大道 1863 号　　邮　　编：430010
网　　址：http://www.cjpress.com.cn
电　　话：(027)82926557(总编室)
(027)82926806(市场营销部)
经　　销：各地新华书店
印　　刷：长江空间信息技术工程有限公司(武汉)航测制印分公司
规　　格：787mm×1092mm　1/16　119.5 印张 16 页彩页　2550 千字
版　　次：2018 年 12 月第 1 版　2019 年 5 月第 1 次印刷
ISBN 978-7-5492-5789-8
定　　价：480.00 元(上、下册)

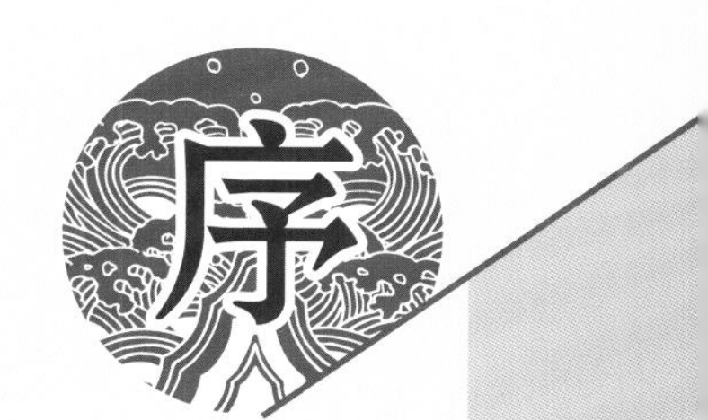

序

更立西江石壁，截断巫山云雨。随着三峡工程全面建成，高峡平湖的壮丽画卷已展现在世人面前。如今，三峡工程全面发挥着防洪、发电、航运、抗旱、生态等巨大综合效益，成为长江上最醒目的新地标，成为中华民族伟大复兴的一个重要标志。

三峡工程是中华民族百年梦想，是治理和保护长江的关键性工程，融入了几代长江委人的智慧、心血和汗水。在三峡工程设计及施工过程中，我曾多次参加技术研讨会和现场咨询活动，对三峡工程有着特殊的感情。郑守仁院士嘱托我为《长江三峡水利枢纽建筑物设计及施工技术》一书作序，我也借此机会写一点对三峡工程的感受和对郑守仁院士的景仰之情。

作为“全球一号水利工程”，三峡工程雄伟的身躯上布满了“世界之最”——大坝坝轴线全长2309.47m，是世界上最大的混凝土重力坝；水库正常蓄水位以下库容393亿m^3，防洪库容221.5亿m^3，是世界上防洪效益最为显著的水利枢纽工程；电站总装机22500MW，单机容量700MW，年发电量近1000亿kW·h，是世界上最大的水电站；双线五级船闸总水头113m，可通过万吨船队，成为世界上级数最多、总水头和工作水头最高的内河船闸；垂直升船机最大升程113m，船厢带水重量15500t，过船吨位3000t，是世界上规模最大、技术难度最高的升船机。

一个又一个的世界之最，不仅彰显了工程设计总成单位长江委的实力，更是中华民族的骄傲。在三峡工程勘测设计施工过程中，由郑守仁院士领衔的长江委科研设计技术团队奋力攻克了泥沙淤积、水库诱发地震、库岸稳定、大江截流和二期深水围堰、双线五级船闸高陡边坡稳定和变形、大坝混凝土优质快速施工、特大型金属结构、垂直升船机、特大容量水轮发电机组、环境影响与评价、水库淹没和移民安置等多项重大关键性技术难题，为国家决策和三峡工程建设提供了强有力的技术支撑，为中国水利水电设计行业打造出辉煌的民族品牌。

序

大音希声，丰碑无言。三峡工程不仅是世界上最大的水利工程，更是一座科学求实、创新进取、团结协作、无私奉献的精神丰碑。三峡工程是郑守仁院士最重要的作品，倾注了他毕生的心血，作为总设计师，他长年驻守在三峡工程施工现场，见证了三峡工程的整个建设过程。据不完全统计，三峡工程开工以来，郑守仁院士组织和主持关于三峡工程的设计技术讨论会300多次、现场设计讨论会1600多次，由他亲自撰写现场设计工作简报260期，达200多万字。

还记得1997年三峡工程大江截流，水深流急，施工难度之大，世所未有。郑守仁院士废寝忘食、昼思夜想，几番殚精竭虑，集众人智慧，创造性地提出“人造江底，深水变浅”预平抛垫底方案。该方案付诸实施，赢得大江截流全面胜利。

郑守仁院士出生于淮河之畔，学的是河川水工专业，毕业后即投身治江事业，或许在命中就注定了与水和水利结缘。从陆水河畔到乌江渡，从葛洲坝到隔河岩，再到他梦寐以求的长江三峡，他始终坚守“除水患、兴水利”的初心，兢兢业业，一心为公，从一名水利工程师成长为中国工程院院士、水利学界的著名专家。

承载光荣和梦想，孕育希望和繁荣。如今，巍然矗立的三峡工程，可使长江荆江段防洪标准达到100年一遇的水平，中华民族根治长江水患的夙愿基本实现；水电站年平均发电量可达1000亿kW·h，有力促进国民经济发展和减少大气污染；结束了“川江自古不夜航”的历史，万吨级船队可直航重庆市，让长江成为名副其实的“黄金水道”……为长江经济带绿色发展提供了安澜保障，奠定了坚实基础。

随着综合效益的全面发挥，三峡工程荣获中华人民共和国成立60周年“十佳感动中国工程设计大奖”和“百项经典暨精品工程”称号，被授予“国际混凝土坝里程碑奖”；获国家金奖3项、国家科技进步奖一等奖1项。郑守仁院士个人也被国际大坝委员会授予“终身成就奖”。

从百年前的梦想，到半个世纪论证，再到开工建设，直到逐步全面发挥效益，三峡工程已经过10年的试验性蓄水运行考验，大坝工作性态良好，各项指标均满足设计要求。

2018年4月习近平总书记考察长江时称赞“三峡工程是国之重器”，并强调“核心技术、关键技术，化缘是化不来的，要靠自己拼搏”。全面总结三峡工程科研设计成果，正当其时。

如何全面总结三峡工程科研设计成果、并基于成果和经验展望未来，无疑是十分重要的课题。这既需要站在时代的角度全面、系统地总结过去，同时也要基于发展的眼光，重视提升工程长期运行安全和拓展经济、社会、生态效益的研究，以推动世界水电科技继续向前进步。

郑守仁院士领衔编撰的《长江三峡水利枢纽建筑物设计及施工技术》一书，分为综述、三峡枢纽工程设计及建设、三峡枢纽工程坝址选择与枢纽布置、大坝、左右岸坝后电站、船闸、升船机、茅坪溪防护坝、地下电站、巨型水轮发电机组及电气设备、施工导流截流及围堰、三峡枢纽工程验收及运行等12章，全面总结了三峡工程科研设计的创新性技术成果，系统梳理了工程建设过程中积累的设计与施工从理念、技术到工艺的完整体系，无论在理论还是实践上都有重要意义和参考价值。这部凝聚长江委几代人智慧的匠心之作，必将成为水工技术领域的珍贵文献和重要典籍。

是为序。

马建华

水利部长江水利委员会党组书记、主任

2018年12月

匠心绘宏图

坝址原始地貌

1993年 施工准备

1994年 主体工程开工

1997年 大江截流前

2002年 明渠截流后

2003年 蓄水135m

2006年 蓄水156m

2008年后 试验蓄水175m

内容简介

长江三峡工程是治理开发和保护长江的关键性骨干工程，是我国自行设计和建设的世界上最大的水利枢纽工程，具有防洪、发电、航运、水资源利用、节能减排和保护环境等巨大综合效益，对加快我国现代化建设进程、提高综合国力具有重要意义。三峡工程论证、设计、建设过程中解决了一系列复杂的技术难题，研发了一批创新性关键技术成果。其工程建成投运全面提升了我国水利水电科技水平，标志我国大型水利水电工程建设已跃入国际领先行列。

本书全面总结了三峡工程大坝、左右岸坝后式电站、双线五级船闸、升船机、茅坪溪防护坝、地下电站等建筑物、机电设备和施工方面的重大技术问题的研究、设计及施工实践和运行检验。全书包括：长江流域概况及三峡枢纽工程概况、枢纽工程设计及建设历程、坝址选择与枢纽建筑物布置、各建筑物和机电设备设计、实施方案与运行监测资料分析、工程验收及运行。本书系统梳理了三峡枢纽各建筑物设计及施工的重点问题和解决途径，为大型水利水电工程的设计、建设、运行提供了可资借鉴的宝贵经验，可供水利水电工程设计人员、建设管理人员、施工技术人员、科研人员、运行管理人员、大专院校师生参考。

1949年10月中华人民共和国成立，开创了长江治理的新纪元。1950年2月，经中央人民政府批准，长江水利委员会(1956年10月，国务院批准改名为长江流域规划办公室，1989年6月恢复原名，以下简称长江委)在武汉成立，林一山任主任，全面开展了长江流域治理工作。长江委从20世纪50年代初开始进行三峡工程前期勘测规划设计研究工作，几十年迄未中断。在党中央、国务院几代领导的坚强领导和亲切关怀下，在中央各有关部委、沿江各省市、全国各相关科研单位、高等院校的大力协作下，长江委广大科技人员进行了大量勘测、规划设计和科研工作，完成了长江流域综合利用规划和三峡工程可行性研究报告，反复论证了三峡工程在治理开发及保护长江的关键地位和重要作用，以及建设三峡工程的必要性、技术可行性和经济合理性。经过40多年的努力，终于提出了科学的、切实可行的三峡工程建设方案，为党中央决策提供了科学依据。1992年4月3日，全国人大七届五次会议通过了《关于兴建长江三峡工程决议》，开始了建设三峡工程的新里程。1993年4月，国务院三峡工程建设委员会(以下简称三峡建委)第一次会议明确长江委承担三峡工程设计总成任务。1993年7月，三峡建委审查批准了长江委报送的《长江三峡水利枢纽初步设计报告(枢纽工程)》。随后，长江委编制完成三峡库区分县移民规划报告。遵照三峡建委的要求，长江委在项目业主——中国长江三峡工程开发总公司(现为中国长江三峡集团有限公司，以下简称三峡集团公司)的大力支持和指导下，于1994年2月开始编制大坝、电站厂房、永久船闸(双线五级船闸)、垂直升船机(水工部分)、机电(含首端换流站)、大江截流及二期上游围堰、建筑物安全监测、变动

回水区航道及港口整治工程(含坝下游河道下切影响及对策研究)共8个单项工程技术设计报告,三峡集团公司聘请全国157位专家组成8个专家组审查单项工程技术设计,先后召开100多次专题审查会,1996年完成审查。此后,长江委长江勘测规划设计研究院(以下简称长江设计院)及时提供了各建筑物的招标设计、招标文件和施工详图,为三峡工程建设提供了技术支撑。

三峡工程坝址位于西陵峡中的湖北省宜昌市三斗坪镇,在葛洲坝水利枢纽坝址上游约38km处。枢纽工程由大坝、茅坪溪防护坝、水电站厂房(包括左右岸坝后电站和地下电站)、通航建筑物(包括船闸和升船机)组成。三峡工程正常蓄水位175.0m(相对吴淞基面,以下均同),汛期防洪限制水位145.0m,枯季消落最低水位155.0m,相应的水库库容、防洪库容和兴利库容分别为393.0亿m^3、221.5亿m^3和165.0亿m^3;校核洪水位180.4m,水库总库容450.44亿m^3。大坝为混凝土重力坝、坝顶高程185.0m,坝顶总长2309.5m,最大坝高181.0m;茅坪溪防护坝位于大坝右坝肩上游约1.0km,为沥青混凝土心墙土石坝,坝顶高程185.0m,在坝顶迎水侧设高1.5m的防浪墙,坝顶总长1840.0m,最大坝高104.0m。水电站分左右岸坝后式电站和右岸地下电站。共安装32台700MW水轮发电机组,另设枢纽电源电站安装2台50MW机组,水电站总装机容量22500MW,设计多年平均年发电量882亿kW·h。通航建筑物由船闸和升船机组成。船闸为双线五级连续船闸,可通过万吨级船队;升船机采用齿轮齿条爬升平衡重式垂直升船机,可通过3000吨级客货轮。

三峡工程于1993年开始施工准备,1994年12月开工建设,1997年11月6日大江截流成功;2003年6月,水库蓄水至135.0m水位,河床右侧大坝上游碾压混凝土围堰和已建河床左侧大坝挡水,7月左岸电站首批机组发电,双线五级连续船闸通航,进入围堰挡水发电期;2004年河床右侧大坝及电站厂房开始施工,2005年左岸电站14台机组全部投产,2006年6月河床右侧大坝混凝土施工至坝顶高程185.0m,6月上游碾压混凝土围堰爆破拆除,大坝全线挡水,10月水库蓄水至156.0m水位,提前一年进入初期运行期;2007年右岸电站7台机组投产(2008年10月,14台机组全部投产),2008年8月,大坝及电站厂房和双线五级连续船闸全部完建,具备蓄水至正常蓄水位175.0m的条件;移民工程2座城市及10座县城和106座集镇迁建完成(集镇迁建总数为114座,其中有8座合并迁建),库区移民安置、库区清理、地质灾害防治、水污染防治、生态环境保护、文物保护等专项,经主管部门组织验收,可满足水库蓄水至175.0m水位的要求。三峡建委批准三峡工程2008年汛末实施175.0m试验性蓄水,标志着三峡工程由初期运行转入正常蓄水位175.0m试验性运行,是三峡工程进入正常运行期的试验性运行时段。三峡工程自2008年汛末开始175.0m水位试验性蓄水运行至2018年已实施10年,2010—2018年连续9年蓄水至175.0m水位,枢纽工程和库区移民工程经受了设计水位的检验,枢纽建筑物及金属结构和水轮发电机组及其设备运行安全,库区移民工程建筑物及其设施运行安全。三峡水库175.0m试验性蓄水以来的调度运行实践表明,三峡工程已发挥防洪、发电、航运、水资源利用等功能,并针对三峡水库蓄水以来出现的新情况和新变化,结合长江中下游地区的防汛、抗旱、供水、压咸等需求,不断研究和优化水库调度方式,在确保防洪安全的前提下,科学有效地利用一部分洪水资源,进一步拓展了三峡工程的综合效益。三峡工程是"千年大计,国运所系",工程规模巨大、效益显著、"利"多"弊"少。对三峡工程运行中出现的问题,我们仍要认真负责地逐个研究,防范治理,使三峡工程的"利"拓展到最大,而"弊"控制到最小,为长江经济带的持续发展和流域人民的福祉作出贡献。

三峡工程是当今世界最大的水利水电工程,其工程规模巨大,综合效益显著。大坝为混凝土重力坝,混凝土量达1610万m^3,坝体泄流孔口泄量超过10万m^3/s,是世界已建混凝土量最多、坝体孔口最多、泄流量最大的重力坝。电站包括泄流坝段两侧的坝后式电站和右岸地下电站及左岸电源电站,总装机容量达22500MW,是当今世界装机容量最大的水电站。通航建筑物包括双线五级船闸和垂直升船机,五级船闸总水头113.0m,级间最高输水水头45.2m,超过目前世界上已建和在建的多级船闸,是规模最大、水头最高的内河航运船闸;升船机上游水位变幅30m,下游水位变幅11.8m,提升重量15500t,是目前世界上已建升船机水位变幅最大,提升重量最重的升船机。三峡工程建设提高了我国水利水电科技水平。其工程建成运行表明,我国在大坝高水头、大流量泄洪消能技术,坝体大孔口结构设计及封堵技术,坝基复杂地质条件及不利结构面处理技术,坝基渗流控制技术，大型金属结构设计、制造及安装技术，巨型水轮发电机组设计、制造及安装技术，大型船闸通航水力学及输水系统关键技术，高陡边坡开挖及支护加固技术，地下电站变顶高尾水洞技术等方面达到国际先进水平。其中多级船闸关键技术，巨型水轮发电机组安全稳定运行综合技术，大坝混凝土高强度施工及温度控制防裂技术，大流量深水河道截流及深水高土石围堰技术等为国际领先水平，这是我国水利水电工程建设史上的重要里程碑，2011 年三峡工程获国际大坝会议“混凝土坝国际里程碑奖”。

2015 年 9 月，国务院三峡工程整体竣工验收委员会枢纽工程验收组通过了三峡工程枢纽工程竣工验收。枢纽工程验收组对三峡工程枢纽工程验收结论如下：“三峡枢纽工程已按批准的设计内容（不含批准缓建的升船机续建工程）提前一年建设完成，无工程尾工；水工建筑物、金属结构、机电设备及安全监测设施的施工、制造、安装质量符合国家、行业有关技术标准和设计要求，工程质量合格。三峡枢纽工程相关的环境保护、水土保持、消防、劳动安全与工业卫生、工程档案、网络安全等专项验收已通过，工程竣工财务决算审计已完成，遗留问题已处理或已落实。三峡枢纽工程自 2003 年蓄水以来，经受了 2010—2014 年连续 5 年正常蓄水位 175 米的考验，运行正常；枢纽工程运行以来按有关规程和调度方案开展了防洪、发电、航运和水资源调度，发挥了显著的综合效益。枢纽工程验收组同意通过长江三峡工程整体竣工验收枢纽工程验收。”

2013 年 12 月，中国工程院受国务院三峡工程建设委员会委托，开展了“三峡工程建设第三方独立评估”工作。2015 年 12 月，中国工程院提出评估报告，对三峡枢纽工程的评估结论如下：“从枢纽工程设计、建设管理、施工质量、运行监测等方面，综合评估认为，三峡工程枢纽建筑物布置合理，结构设计安全可靠，科技创新成果显著，工程建设顺利，工程质量优良，工期提前。工程已历经水库正常蓄水位 175m 和最大入库洪峰流量 71200m^3/s 的考验，枢纽建筑物及基础的变形、应力以及渗流等各项测值均在设计允许范围内，建筑物运行性态正常。汛期控制下泄流量 45000m^3/s 以下，防洪效益显著。2003—2013 年三峡累计发电 7174 亿 kWh；船闸累计货运量 6.44 亿 t，提前实现初步设计关于 2030 年单向通过 5000 万 t 的指标；蓄水以来向下游补水 908.4 亿 m^3，枯水期增加下泄流量

2000m^3/s左右，增加下游河段水深0.6～1.0m，综合效益显著。三峡工程论证及可行性研究阶段确定的开发方式科学，正常蓄水位选择合理，坝址选择正确，工程规模合适，人防论证结论可信。”

在三峡工程竣工之际，我们撰写《长江三峡水利枢纽建筑物设计及施工技术》，全面总结大坝、左右岸坝后式电站、船闸、升船机、茅坪溪防护坝、地下电站等建筑物、机电设备和施工方面的重大技术问题的研究、设计及施工实践和运行检验。本书主要由郑守仁撰稿，生晓高、翁永红、陈磊撰写相关章节并参与审稿。全书共分12章：第1章综述三峡枢纽工程概况，第2章回顾枢纽工程设计及建设历程，第3章介绍三峡枢纽坝址选择与枢纽建筑物布置，第4章至第11章分别介绍大坝、左右岸坝后式电站、船闸、升船机、茅坪溪防护坝、地下电站等建筑物、施工导流截流及围堰等建筑物和机电设备设计、实施方案、运行检验，第12章介绍枢纽工程验收及运行。该书是一部三峡枢纽工程设计及施工的纪实，可使读者深入了解三峡水利枢纽建筑物设计及施工的重点问题和解决途径，同时又为重大水利水电工程的设计、施工、运行提供可资借鉴的技术经验。

本书的编写，得到长江委历届主任黎安田、蔡其华、刘雅鸣、魏山忠、马建华和三峡集团公司历届总经理及董事长陆佑楣、李永安、曹广晶、卢纯、雷鸣山、陈飞、王琳等的大力支持。三峡集团公司三峡枢纽建设管理局、三峡电厂等单位的许多科技人员在本书编写过程中给予热忱指导。长江设计院钮新强、石伯勋、谢向荣、赵成生、程卫民、仲志余、杨启贵、谭培伦、王世华、邱忠恩、谢修发、许春云、汪安华、高黛安、刘丹雅、李江鹰、周良景、周述达、陈尚法、敖昕、廖仁强、杨一峰、谢红兵、石运深、魏文炜、刘华亮、邵建雄、刘景旺、江万宁、熊腾晖、邹幼汉、丁毅、刘百兴、龙慧文、范五一、丁福珍、满作武、陈又华、黄孝泉、舒华波、傅萌、颜家军、陈鸿丽、徐年丰、李洪斌、宋志忠、朱虹、于庆奎、刘茂祥、段国学、纪国强、赵克全、徐唐锦，长江委水文局王俊、陈剑池、张明波、许全喜，长江科学院卢金友、陈进、林绍忠、杨文俊、邬爱清、杨华全、黄国兵、潘庆燊、刘思君等领导和科技人员为本书提供了相关资料，并给予大力帮助和指导。本书承蒙长江委领导熊铁、胡甲均、金兴平、刘祥峰、杨谦、吴道喜，科技委专家文伏波、季昌化、潘天达、陈济生、张荣国、傅秀堂、陈德基、董学晟、季学武、袁弘任、蒋乃明、林文亮、杨甫生、张小厅等，三峡集团公司领导及专家袁国林、贺恭、秦中一、杨清、郭涛、林初学、毕亚雄、于文星、沙先华、张诚、樊启祥、王良友、孙志禹、程山、张津生、张超然、陈文斌、张曙光、王梅地、彭启友、邓景龙、张宝声、潘大中、薛砺生、王忠诚、蒋养成、史振寰、秦锡翔，赵锡锦、肖崇乾、黄源芳、郭翔鹏、黄宏勇、唐希贤、李先镇、嵇德平、袁杰、赵木森、马振波、陈国庆、孙长平、李平诗、王宏、彭冈、洪文浩、汪志林、杨宗立、於三大、李文伟、樊义林、姚金忠、朱承军、丁琦华、戴会超、吴小云、胡兴娥、赵云发、聂庆华、郭彬、黄爱国、郭棉明、王海、陈磊、童广勤、陈绪春等，中国葛洲坝集团有限公司领导周厚贵、邢德勇，中国电力建设集团有限公司宗敦峰、万连宝、席浩、朱素华、康中东等参与指导书稿撰写工作，提出很多宝贵意见。长江设计院徐麟祥、王小毛(第 3 章、第 4 章、第 5 章、第 6 章)、袁达夫(第 10 章)、宋维邦(第 6 章、第 7 章)、陈际唐(第 4 章)、覃利明、于庆奎(第 7 章)、周良景(第 8 章、第 11 章)，周述达、谢红兵(第 5 章、第 9 章)，颜家军(第 3 章、第 4 章)和长江委夏仲平(第 8 章)等参与书稿审稿修改。长江设计院安排相关人员配合工作，熊艳桃、阳义琼和长江委总工办龚国文参加了书稿整理和打印校对工作，长江设计院刘小飞绘制插图，周嵩参与校稿。本书编辑出版过程中，得到长江委宣传出版中心、长江出版社别道玉、赵冕、吴曙霞、李海振、高婕妤等领导和编辑的大力指导和帮助，在本书撰写完成之际，谨此表示衷心感谢和崇高敬意。限于我们的水平和经验，本书的错误和疏漏之处在所难免，敬请读者批评指正。

编著者
2018 年 12 月

目　录

上册

第1章　综　述

1.1　三峡工程勘察及规划研究设计论证决策历程 ……………………………… 1

1.1.1　三峡工程早期勘察规划研究 ……………………………………………… 1

1.1.2　中华人民共和国成立后三峡工程勘察设计研究论证与决策 ……………… 3

1.1.3　三峡工程设计 ……………………………………………………………… 7

1.2　三峡枢纽工程概况 …………………………………………………………… 8

1.2.1　三峡枢纽工程坝址位置及自然条件 ……………………………………… 8

1.2.2　三峡枢纽工程规模 ………………………………………………………… 12

1.2.3　三峡枢纽工程建设及水库蓄水运行 ……………………………………… 22

1.2.4　三峡工程效益 ……………………………………………………………… 25

1.3　三峡工程是当今世界最大的水利水电工程 …………………………………… 28

1.3.1　综合效益显著 ……………………………………………………………… 28

1.3.2　工程规模巨大 ……………………………………………………………… 28

1.3.3　大坝坝址位于葛洲坝水库内,施工难度大 ………………………………… 28

1.3.4　水库淹没及移民为工程成败的关键问题 ………………………………… 28

1.3.5　工程对环境与生态的影响利大于弊 ……………………………………… 29

1.3.6　工程泥沙问题不会影响水库长期使用 …………………………………… 33

1.4　枢纽建筑物技术难点与关键技术 ……………………………………………… 34

1.4.1　枢纽布置及建筑物 ………………………………………………………… 34

1.4.2　机电工程关键技术 ………………………………………………………… 56

1.4.3　工程施工关键技术 ………………………………………………………… 60

1.5　加强监测、优化调度,全面发挥综合效益 ……………………………………… 65

1.5.1　水库水环境保护问题 ……………………………………………………… 66

1.5.2 库区地质灾害防治问题 …… 66
1.5.3 清水下泄冲刷河道,对长江中下游防洪及航运影响问题 …… 66

第2章 三峡枢纽工程设计及建设

2.1 三峡枢纽工程设计 …… 68
2.1.1 枢纽建筑物设计标准及设计条件 …… 68
2.1.2 三峡枢纽工程初步设计及审查 …… 91
2.1.3 三峡枢纽单项工程技术设计及审查 …… 127
2.1.4 招标设计及施工详图设计 …… 169
2.2 三峡枢纽工程建设 …… 170
2.2.1 三峡枢纽工程建设机构 …… 170
2.2.2 三峡枢纽工程施工分期 …… 172
2.2.3 三峡枢纽工程质量控制 …… 174

第3章 三峡枢纽工程坝址选择与枢纽布置

3.1 三峡枢纽工程坝址选择 …… 180
3.1.1 枢纽工程坝区比较及坝段比选 …… 180
3.1.2 枢纽工程坝址比选 …… 184
3.2 三峡工程正常蓄水位的选定 …… 188
3.2.1 三峡工程150m方案批准之前对正常蓄水位的研究 …… 188
3.2.2 三峡工程正常蓄水位150m方案研究 …… 195
3.2.3 三峡工程重新论证及正常蓄水位的选定 …… 196
3.3 枢纽布置方案 …… 205
3.3.1 枢纽布置方案考虑的主要因素 …… 205
3.3.2 论证阶段及前期枢纽布置方案研究 …… 207
3.3.3 初步设计阶段枢纽布置方案比较 …… 208
3.3.4 技术设计阶段枢纽布置方案 …… 209
3.4 枢纽总体布置 …… 210
3.4.1 三峡枢纽布置特点 …… 210
3.4.2 三峡枢纽总体布置 …… 211

第4章 大 坝

4.1 大坝布置及坝体结构 …… 214
4.1.1 大坝布置 …… 214
4.1.2 坝体结构 …… 218
4.1.3 坝内泄流(引水)孔口 …… 230
4.1.4 大坝孔口闸门及启闭设备 …… 232
4.1.5 大坝断面设计 …… 234
4.1.6 大坝施工分期及主要工程量 …… 234
4.2 大坝建基岩体及基础处理 …… 236
4.2.1 坝基岩体风化特征及可利用岩体选定 …… 236
4.2.2 坝基岩面开挖轮廓及基岩面高差控制 …… 237
4.2.3 坝基地质缺陷处理 …… 238
4.2.4 坝基固结灌浆加固处理 …… 240
4.2.5 坝基岩体断层复合灌浆加固处理 …… 245
4.2.6 坝基渗流控制 …… 250
4.2.7 大坝变形及坝基渗流监测 …… 260
4.2.8 大坝建基岩体及基础处理问题的探讨 …… 264
4.3 大坝泄洪消能 …… 268
4.3.1 泄洪布置 …… 268
4.3.2 泄洪深孔水力设计及体形研究 …… 270
4.3.3 表孔水力设计及体形研究 …… 282
4.3.4 导流底孔水力设计及体形研究 …… 284
4.3.5 泄洪排漂孔布置及结构形式 …… 292
4.3.6 大坝下游消能防冲 …… 294
4.3.7 大坝泄洪设施运行情况 …… 296
4.4 岸坡厂房坝段深层抗滑稳定分析 …… 309
4.4.1 岸坡厂房坝段工程地质条件 …… 309
4.4.2 刚体极限平衡法计算分析 …… 315
4.4.3 有限元计算分析 …… 328

4.4.4 地质力学模型试验 …… 333
4.4.5 左厂1～5号坝段采取的工程措施 …… 336
4.4.6 左厂1～5号坝段深层抗滑稳定性复核计算 …… 337
4.4.7 右厂24～26号坝段深层抗滑稳定性复核计算 …… 354
4.5 大坝坝内大孔口应力分析及配筋 …… 361
4.5.1 大坝坝内大孔口结构布置 …… 361
4.5.2 坝内大孔口应力分析 …… 362
4.5.3 坝内大孔口配筋设计 …… 363
4.5.4 坝内大孔口应力分配及配筋设计问题的探讨 …… 370
4.6 临时船闸坝段通航缺口结构设计及封堵技术 …… 373
4.6.1 临时船闸坝段通航缺口结构设计 …… 373
4.6.2 临时船闸坝段通航缺口封堵施工技术 …… 385
4.6.3 临时船闸坝段通航缺口封堵实施及运行验证 …… 387
4.6.4 临时船闸坝段通航缺口结构及封堵技术 …… 389
4.7 大坝孔口闸门及启闭机 …… 390
4.7.1 大坝泄水孔口闸门及启闭机 …… 393
4.7.2 厂房坝段孔口闸门及启闭机 …… 405
4.7.3 冲沙孔闸门及启闭设备 …… 421
4.7.4 升船机坝段(上闸首)辅助闸门(挡水门) …… 423
4.8 大坝混凝土设计及温控防裂技术 …… 424
4.8.1 大坝混凝土设计 …… 424
4.8.2 大坝混凝土温度控制标准 …… 447
4.8.3 大坝混凝土温控防裂措施 …… 461
4.8.4 大坝混凝土温控防裂实施效果 …… 467
4.9 大坝施工技术 …… 468
4.9.1 大坝分期施工项目及进度 …… 469
4.9.2 大坝坝基开挖及坝基处理施工 …… 473
4.9.3 大坝坝基渗流控制工程施工 …… 481
4.9.4 大坝混凝土施工 …… 492
4.9.5 三峡枢纽工程质量检查专家组对工程质量评价 …… 506

4.9.6 大坝泄洪坝段上游面裂缝处理与裂缝发展趋势分析 …… 514
4.10 混凝土重力坝设计及施工技术问题的探讨 …… 525
4.10.1 重力坝应力及稳定安全性评价方法问题 …… 525
4.10.2 重力坝坝基深层抗滑稳定分析计算问题 …… 527
4.10.3 高水头泄流大孔口工作闸门及启闭机设计问题 …… 528
4.10.4 大坝纵缝灌浆后增开对大坝安全运行影响分析问题 …… 532
4.10.5 重力坝设计提高混凝土耐久性及使用年限问题 …… 546
4.10.6 重力坝混凝土温控防裂技术应用问题 …… 548

第5章 左、右岸坝后电站

5.1 左、右岸坝后电站布置 …… 552
5.1.1 三峡枢纽电站总体布置 …… 552
5.1.2 左、右岸坝后电站厂房结构布置 …… 556
5.2 左、右岸坝后电站厂房结构设计 …… 571
5.2.1 坝后电站厂房整体稳定与基础应力分析 …… 571
5.2.2 坝后电站厂房上部(水上)结构 …… 572
5.2.3 左、右岸坝后电站厂房下部结构 …… 585
5.2.4 左、右岸坝后式电站厂房安全监测 …… 594
5.3 左、右岸坝后电站进水口 …… 596
5.3.1 左、右岸坝后电站进水口类型比较 …… 596
5.3.2 左、右岸坝后电站进水口类型选定 …… 603
5.3.3 左、右岸坝后电站进水口结构设计 …… 604
5.4 左、右岸坝后电站引水压力管道 …… 608
5.4.1 左、右岸坝后电站引水压力管道布置 …… 608
5.4.2 左、右岸坝后电站引水压力管道结构 …… 610
5.4.3 左、右岸坝后电站引水压力管道伸缩节 …… 624
5.5 左、右岸坝后电站水轮机蜗壳埋设结构 …… 635
5.5.1 水轮机蜗壳埋设方式研究 …… 635
5.5.2 水轮机蜗壳埋设结构特性分析比较 …… 652

5.5.3 水轮机蜗壳埋设结构疲劳强度分析 …… 661
5.5.4 水轮机蜗壳各埋设方式观测成果与计算值的对比分析 …… 663
5.5.5 水轮机蜗壳埋设方式的综合分析 …… 671
5.6 左、右岸坝后电站施工 …… 674
5.6.1 左右岸坝后电站施工项目及主要工程量 …… 674
5.6.2 左、右岸坝后电站厂房地基开挖及处理工程施工 …… 678
5.6.3 左、右岸坝后电站厂房渗流控制工程施工 …… 680
5.6.4 左、右岸坝后电站厂房混凝土施工 …… 684
5.6.5 左、右岸坝后电站厂房混凝土施工及温控防裂技术 …… 686
5.6.6 左、右岸坝后电站引水压力钢管及其伸缩节制造与安装 …… 691
5.6.7 左、右岸坝后电站机组安装 …… 695
5.6.8 右岸坝后电站厂房预留大二期坑施工 …… 698
5.6.9 700MW 水轮发电机组保温保压浇筑蜗壳外围混凝土施工技术 …… 718
5.7 坝后电站厂房设计及施工关键技术问题探讨 …… 724
5.7.1 电站厂房结构问题 …… 724
5.7.2 坝后式电站进水口类型及进口水力设计问题 …… 729
5.7.3 坝后式电站引水压力管道类型及结构设计问题 …… 731
5.7.4 坝后式电站厂房混凝土预留大二期坑施工问题 …… 740
5.7.5 坝后式电站水轮机蜗壳埋设结构问题 …… 741

第6章 船 闸

6.1 船闸总体布置 …… 749
6.1.1 船闸总体布置研究的技术问题 …… 749
6.1.2 船闸总体布置方案 …… 766
6.2 船闸结构 …… 770
6.2.1 船闸结构采用衬砌式结构类型的研究 …… 770
6.2.2 船闸闸首结构及衬砌式结构技术 …… 773
6.2.3 船闸闸室结构及衬砌墙结构技术 …… 785
6.2.4 三峡船闸衬砌式结构运行检验 …… 789

6.3 船闸输水系统 …… 790
6.3.1 船闸输水系统上游取水和下游泄水 …… 790
6.3.2 船闸输水系统防止泥沙淤积技术 …… 793
6.3.3 船闸输水系统运行检验 …… 796
6.4 船闸高陡边坡及加固处理 …… 797
6.4.1 船闸高陡边坡的特点及地质条件 …… 797
6.4.2 船闸高陡边坡加固处理 …… 807
6.4.3 中隔墩裂缝处理 …… 815
6.4.4 船闸高边坡变形控制监测资料分析 …… 816
6.5 船闸人字闸门和输水阀门及其启闭机 …… 824
6.5.1 船闸各闸首人字闸门 …… 827
6.5.2 船闸人字闸门启闭机 …… 831
6.5.3 廊道输水阀门 …… 836
6.5.4 船闸输水廊道输水阀门启闭机 …… 840
6.5.5 船闸人字闸门和输水阀门及其启闭机运行检验 …… 842
6.6 船闸整体运行监控技术 …… 842
6.6.1 船闸运行特点及运行监控的难点 …… 842
6.6.2 船闸监控系统关键技术 …… 843
6.6.3 船闸监控系统的主要控制技术特点和功能 …… 847
6.6.4 船闸整体运行及自动监控实践检验 …… 848
6.7 船闸施工 …… 849
6.7.1 船闸施工项目及施工进度 …… 849
6.7.2 船闸施工技术 …… 853
6.7.3 船闸施工质量评价 …… 879
6.8 高水头船闸设计及施工技术问题探讨 …… 882
6.8.1 高水头船闸总体布置设计问题 …… 882
6.8.2 高水头船闸输水系统设计问题 …… 888
6.8.3 船闸闸首及闸室结构类型选择问题 …… 915
6.8.4 船闸高陡边坡稳定及变形控制技术问题 …… 926
6.8.5 高水头船闸人字闸门及启闭机设计问题 …… 931

下册

第7章 升船机

7.1 升船机的总体布置 …… 933
7.1.1 升船机的分部建筑物组成及其布置 …… 933
7.1.2 升船机金属结构机电设备及其他附属设备与设施布置 …… 938
7.2 升船机上闸首地基深层抗滑稳定 …… 954
7.2.1 上闸首结构布置及地基工程地质条件 …… 954
7.2.2 上闸首整体抗滑稳定分析及其工程处理措施 …… 957
7.2.3 上闸首地基深层抗滑稳定安全评价 …… 965
7.3 升船机上闸首结构设计 …… 970
7.3.1 上闸首结构型式与结构静力及动力分析 …… 970
7.3.2 上闸首结构预应力钢筋混凝土配筋设计 …… 975
7.3.3 上闸首设备设计 …… 978
7.4 承船厢结构与设备 …… 987
7.4.1 承船厢结构 …… 987
7.4.2 驱动系统 …… 990
7.4.3 事故安全机构 …… 998
7.4.4 对接锁定机构 …… 1001
7.4.5 承船厢门及其启闭设备 …… 1003
7.4.6 防撞装置 …… 1008
7.4.7 间隙密封机构 …… 1011
7.4.8 横向导向机构 …… 1013
7.4.9 纵向导向及顶紧装置 …… 1015
7.4.10 水深调节及间隙充泄水系统 …… 1018
7.4.11 承船厢液压系统与船厢上缓冲装置 …… 1019
7.4.12 承船厢上活动疏散楼梯与拍门 …… 1020
7.4.13 平衡重系统 …… 1020
7.5 船厢室结构设计 …… 1021
7.5.1 塔柱结构设计 …… 1021

7.5.2 塔柱顶部机房设计 …… 1051
7.6 下闸首结构设计 …… 1055
7.6.1 下闸首设计参数及结构稳定分析 …… 1056
7.6.2 下闸首段边坡支护及地基处理 …… 1058
7.6.3 下闸首设备设计 …… 1059
7.7 升船机工程施工 …… 1072
7.7.1 升船机工程组成及施工分期与施工进度 …… 1072
7.7.2 船厢室段混凝土施工 …… 1076
7.7.3 承船厢设备安装 …… 1077
7.7.4 船厢室设备安装 …… 1083
7.7.5 下闸首施工 …… 1115
7.8 升船机各建筑物安全监测成果分析 …… 1119
7.8.1 上闸首及下闸首监测 …… 1119
7.8.2 船厢室监测 …… 1120
7.8.3 升船机承船厢全行程升降运行过程中检测 …… 1124
7.8.4 升船机运行机构与埋设在塔柱相应机构及埋件变形协调控制效果评价 …… 1124
7.9 升船机设计及施工技术问题探讨 …… 1125
7.9.1 升船机类型及上闸首结构选择问题 …… 1125
7.9.2 升船机的总体布置问题 …… 1128
7.9.3 齿轮齿条爬升式垂直升船机设计问题 …… 1132
7.9.4 齿轮齿条爬升式垂直升船机运行机构及埋件变形协调控制问题 …… 1141

第8章 茅坪溪防护坝——沥青混凝土心墙土石坝

8.1 防护坝功能及平面布置 …… 1147
8.1.1 防护坝功能 …… 1147
8.1.2 防护坝平面布置 …… 1148
8.2 防护坝设计 …… 1149
8.2.1 防护坝断面设计 …… 1149
8.2.2 防护坝坝体填料分区及填料技术要求 …… 1151
8.2.3 茅坪溪防护坝沥青混凝土心墙设计 …… 1152
8.2.4 防护坝基础处理及渗控设计 …… 1159

8.2.5 防护坝结构计算及分析 …… 1161
8.3 防护坝施工 …… 1178
8.3.1 防护坝施工分期及施工进度 …… 1178
8.3.2 防护坝坝基开挖及处理 …… 1179
8.3.3 防护坝基座、垫座及底梁混凝土施工 …… 1180
8.3.4 防护坝坝基混凝土防渗墙 …… 1182
8.3.5 防护坝坝基固结灌浆 …… 1185
8.3.6 防护坝坝基帷幕灌浆 …… 1188
8.3.7 防护坝坝体沥青混凝土心墙施工 …… 1191
8.3.8 防护坝坝体填筑 …… 1220
8.4 防护坝沥青混凝土心墙土石坝安全监测设计及监测成果分析 …… 1227
8.4.1 防护坝沥青混凝土心墙土石坝安全监测设计 …… 1227
8.4.2 防护坝沥青混凝土心墙土石坝安全监测成果分析 …… 1229
8.5 防护坝沥青混凝土心墙力学性况研究分析 …… 1266
8.5.1 防护坝沥青混凝土试验 …… 1266
8.5.2 防护坝沥青混凝土力学参数反演分析 …… 1276
8.6 防护坝挡水运行安全分析与评价 …… 1307
8.6.1 防护坝施工仿真有限元分析 …… 1307
8.6.2 防护坝挡水运行安全评价 …… 1318
8.7 沥青混凝土心墙土石坝设计及施工技术问题探讨 …… 1320
8.7.1 沥青混凝土力学参数与模量数 K 值相关问题 …… 1320
8.7.2 沥青混凝土心墙土石坝应力变形计算分析相关问题 …… 1321
8.7.3 沥青混凝土心墙两侧过渡层的作用及其质量控制问题 …… 1323
8.8 沥青混凝土心墙土石坝设计及施工技术新进展 …… 1324
8.8.1 沥青混凝土心墙土石坝设计 …… 1324
8.8.2 沥青混凝土心墙施工技术 …… 1325

第9章 地下电站

9.1 地下电站建筑物布置 …… 1327
9.1.1 引水渠及进水塔布置 …… 1328
9.1.2 引水隧洞及排沙洞布置 …… 1330

9.1.3 主厂房布置 …… 1332
9.1.4 副厂房布置 …… 1335
9.1.5 附属洞室布置 …… 1336
9.1.6 尾水洞及阻尼井布置 …… 1337
9.1.7 尾水平台及尾水渠布置 …… 1337
9.1.8 500kV升压站布置 …… 1337
9.2 地下电站洞室群围岩稳定分析及支护设计 …… 1338
9.2.1 地下电站洞室群围岩地质条件 …… 1338
9.2.2 地下电站洞室群围岩稳定分析 …… 1339
9.2.3 地下洞室群开挖支护设计 …… 1344
9.3 地下电站各建筑物结构设计 …… 1348
9.3.1 电站进水口设计 …… 1348
9.3.2 引水隧洞结构设计 …… 1352
9.3.3 主、副厂房及安装场结构设计 …… 1354
9.3.4 附属洞室混凝土结构设计 …… 1366
9.3.5 变顶高尾水洞及阻尼井结构设计 …… 1367
9.3.6 尾水平台及交通桥结构设计 …… 1373
9.3.7 尾水渠及自计水位井结构设计 …… 1376
9.3.8 排沙洞结构设计 …… 1377
9.3.9 500kV升压站开挖支护及结构设计 …… 1377
9.3.10 120空调机房布置及结构设计 …… 1380
9.4 地下电站厂房系统渗控设计 …… 1381
9.4.1 地下电站厂房系统防渗设计 …… 1381
9.4.2 地下电站厂房系统排水设计 …… 1381
9.4.3 施工支洞及勘探平洞封堵设计 …… 1385
9.4.4 厂房区渗控系统的观测 …… 1386
9.5 地下电站金属结构设计 …… 1388
9.5.1 金属结构及启闭机设备布置 …… 1388
9.5.2 进水塔闸门及启闭机设备 …… 1389
9.5.3 电站排沙洞闸门及启闭机设备 …… 1397
9.5.4 尾水闸门及启闭机设备 …… 1405
9.6 地下电站施工分期与施工项目及进度 …… 1408

9.6.1 地下电站进水口预建工程 …… 1408
9.6.2 地下电站主厂房及其输水系统土建工程 …… 1409
9.6.3 水轮发电机组及其相关机电设备安装 …… 1410
9.7 地下电站安全监测设计 …… 1410
9.7.1 安全监测总体设计 …… 1410
9.7.2 监测资料分析 …… 1412
9.8 地下电站施工技术 …… 1422
9.8.1 引水洞施工 …… 1422
9.8.2 主厂房施工 …… 1425
9.8.3 尾水洞施工 …… 1434
9.9 地下电站设计及施工技术问题探讨 …… 1436
9.9.1 地下电站上覆岩体厚度单薄的洞室群施工及运行安全问题 …… 1436
9.9.2 地下电站主厂房洞室不利块体稳定及其处理问题 …… 1437
9.9.3 地下电站变顶高尾水洞的工作原理及其应用问题 …… 1440
9.9.4 地下电站岩锚梁混凝土防裂问题 …… 1443

第10章 巨型水轮发电机组及电气设备

10.1 三峡电站巨型水轮发电机组 …… 1446
10.1.1 巨型水轮发电机组技术难点及设计原则 …… 1446
10.1.2 水轮机 …… 1452
10.1.3 发电机 …… 1485
10.1.4 调速系统 …… 1513
10.1.5 水力机械辅助设备与消防、通风空调系统 …… 1520
10.1.6 电站机电设备的安装与调试 …… 1522
10.2 电 气 …… 1543
10.2.1 电站与电力系统的连接 …… 1543
10.2.2 电气主接线及主要电气设备 …… 1546
10.2.3 监控、继电保护及通信 …… 1556
10.3 700MW 水轮发电机组及其电气设备试验、运行实践 …… 1562
10.3.1 700MW 水轮发电机组及其电气设备试验检验 …… 1562
10.3.2 700MW 水轮发电机组及其电气设备运行 …… 1568

10.4 700MW 水轮发电机组稳定运行技术 …… 1570
10.4.1 700MW 水轮发电机组提高运行稳定性研究 …… 1570
10.4.2 三峡电站 700MW 机组运行稳定性实践检验 …… 1577
10.5 三峡电站水轮发电机组水力设计技术突破 …… 1579
10.5.1 右岸电站 700MW 机组参数及水力设计的优化 …… 1579
10.5.2 左岸电站及右岸电站机组性能评价 …… 1581
10.6 840MVA 水轮发电机冷却技术突破 …… 1585
10.6.1 研制世界最大容量 840MVA 全空冷水轮发电机技术 …… 1585
10.6.2 研制世界最大容量 840MVA 蒸发冷却水轮发电机 …… 1588
10.7 巨型水轮发电机组及电气设计与相关问题探讨 …… 1597
10.7.1 巨型水轮发电机组及水力辅助设备选择问题 …… 1597
10.7.2 巨型水轮发电机组结构形式 …… 1600
10.7.3 三峡水电站电气设计 …… 1605
10.7.4 巨型水轮发电机组水轮机运行稳定性问题 …… 1607

第 11 章 施工导流截流及围堰

11.1 施工导流 …… 1611
11.1.1 施工导流方案 …… 1611
11.1.2 各期导流布置及施工任务 …… 1612
11.2 大江截流与明渠截流 …… 1616
11.2.1 大江截流设计及模型试验研究 …… 1616
11.2.2 大江截流施工技术 …… 1646
11.2.3 明渠截流设计及模型试验研究 …… 1658
11.2.4 明渠截流施工技术 …… 1672
11.3 深水土石围堰及碾压混凝土围堰 …… 1679
11.3.1 一期土石围堰 …… 1679
11.3.2 二期上下游横向土石围堰 …… 1688
11.3.3 三期上下游横向土石围堰 …… 1734
11.3.4 三期碾压混凝土围堰 …… 1738
11.3.5 纵向碾压混凝土围堰 …… 1764
11.4 施工期通航 …… 1768

11.4.1 一期导流施工通航 …… 1769
11.4.2 二期导流施工通航 …… 1770
11.4.3 三期导流施工通航 …… 1773
11.5 大流量深水河道截流及围堰设计与施工技术问题探讨 …… 1775
11.5.1 大流量深水河道截流设计及施工技术问题探讨 …… 1775
11.5.2 深水土石围堰设计及施工技术问题探讨 …… 1784
11.5.3 碾压混凝土围堰设计及施工技术问题探讨 …… 1796

第12章 三峡枢纽工程验收与运行

12.1 三峡枢纽工程验收 …… 1800
12.1.1 验收阶段划分及验收机构组成 …… 1800
12.1.2 一期工程验收即大江截流前验收结论 …… 1804
12.1.3 二期工程验收 …… 1805
12.1.4 三期枢纽工程验收 …… 1810
12.1.5 三峡工程竣工专项验收 …… 1816
12.1.6 三峡枢纽工程竣工验收 …… 1820
12.2 枢纽工程运行 …… 1843
12.2.1 枢纽工程运行分期 …… 1843
12.2.2 枢纽工程建设期间运行 …… 1844
12.2.3 枢纽工程正常蓄水位175.0m试验性蓄水运行 …… 1857

主要参考文献

主要参考文献 1879

第1章 综 述

1.1 三峡工程勘察及规划研究设计论证决策历程

1.1.1 三峡工程早期勘察规划研究

长江是我国第一大河，发源于青藏高原的唐古拉山主峰北麓各拉丹冬峰(海拔 6621m)西南侧，向东流至上海崇明岛以东注入东海，干流全长 6300 多 km，仅次于尼罗河(6670km)和亚马孙河(长度 6436km)，河流长度居世界第三位。长江干流横贯我国西南、华中、华东三大区，流经青海、四川、西藏、云南、重庆、湖北、湖南、江西、安徽、江苏、上海等 11 个省(自治区、直辖市)注入东海，3600 多条支流延展至贵州、甘肃、陕西、河南、浙江、广西、广东、福建等 8 个省(自治区)。流域西以芒康山、宁静山与澜沧江水系为界；北以巴颜喀拉山、秦岭、大别山与黄河、淮河水系相接；南以南岭、武夷山、天目山与珠江和闽浙诸水系相邻。流域面积 180 万 km^2，约占我国国土面积的 18.8%。长江水系(图 1.1.1)发达，支流众多，流域面积 $10000km^2$ 的支流有 49 条，流域面积 $1000km^2$ 以上的有 437 条，其中 $80000km^2$ 以上的一级支流有雅砻江、岷江、嘉陵江、乌江、湘江、沅江、汉江、赣江等 8 条，重要湖泊有洞庭湖、鄱阳湖、巢湖和太湖等。

1.1.1.1 孙中山先生有关“改善川江航道，开发三峡水力发电”的设想

长江三峡河段水能资源蕴藏丰富、开发条件优越，又是沟通华东、华中与西南地区的重要通航水道，但滩多流急，不便航运。因此，开发三峡河段水能，改善其航运条件，早为人们所注目。最早提出三峡工程设想的是中国民主主义革命先驱孙中山先生。1918 年 11 月，第一次世界大战结束，孙中山先生在上海用英文撰写了《国际共同发展中国实业计划》。1919 年 6 月首次提出在长江三峡河段“当以水闸堰其水，使舟得溯流以行，而又可资其水力”。1919 年 6 月该文在上海英文报纸《远东时报》发表，这是我国兴建三峡工程设想的最早记载。1919 年 8 月，廖仲恺、朱执信等将该文译成中文，在孙中山先生创办的《建设》杂志陆续发表。这是我国兴建三峡工程设想的最早中文文献。孙中山先生的《建国方略》(中文版)

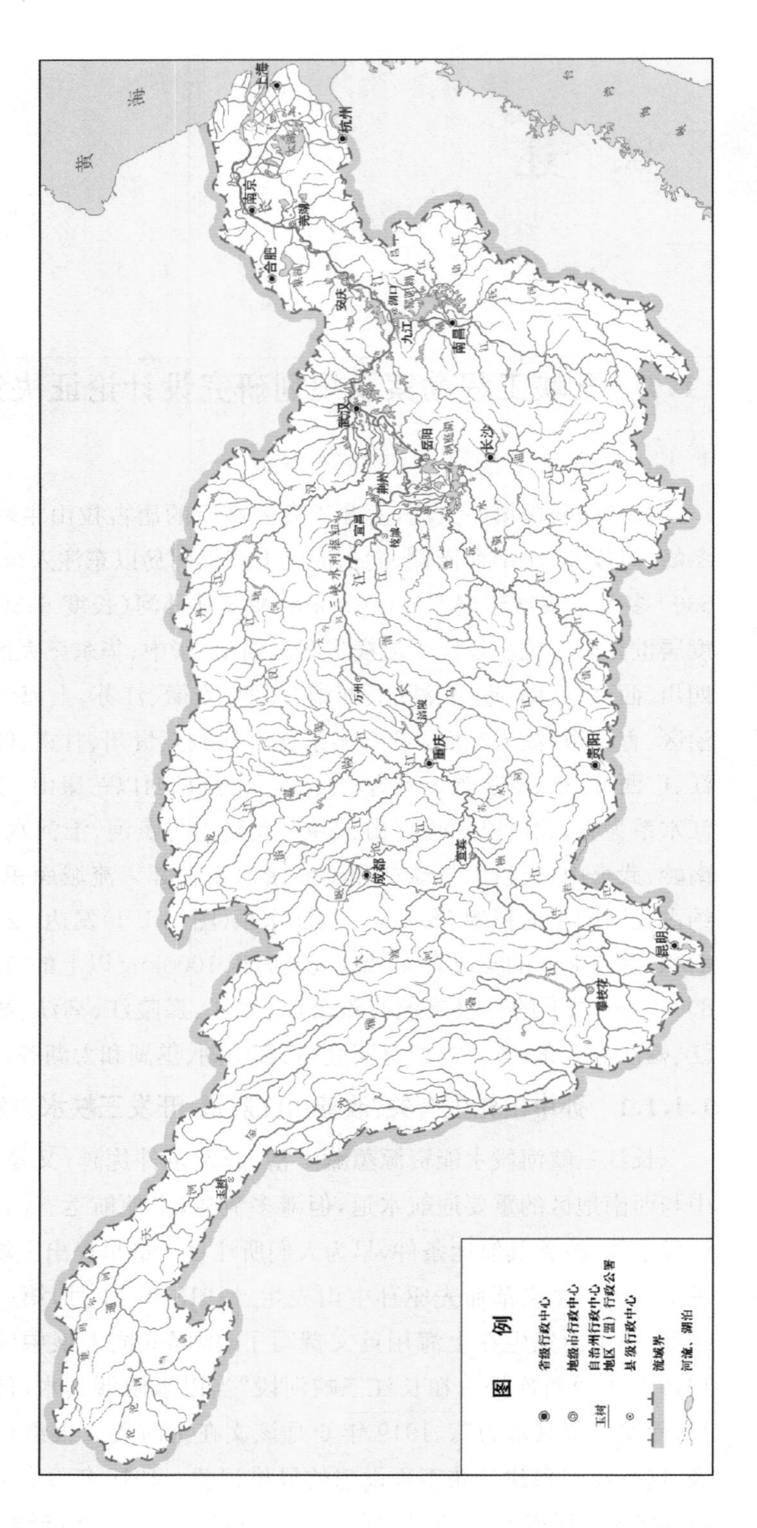

图1.1.1 长江流域水系简图

于1921年在上海出版，他在《建国方略》之二《实业计划（物质建设）》的第二计划《第四部 改良现存水路及运河》中提出了“改善川江航道，开发三峡水力发电”的设想。1924年1月，孙中山先生在广州作《民生主义》演讲时又说：“像扬子江上游夔峡（即瞿塘峡）的水力，更是很大。有人考察由宜昌到万县一带的水力，可以发生三千余万匹马力的电力……不但是可以供给全国火车、电车和各种工厂之用，并且可以用来制造大宗的肥料。”

1.1.1.2 三峡工程的初期勘察规划研究

1932年10月，国民政府建设委员会发起组织长江上游水力发电勘测队，在三峡河段进行了查勘和测量工作，限于当时的技术水平不具备开发三峡河段的能力，查勘后编写了《扬子江上游水力发电勘测报告》，提出了葛洲坝、黄陵庙两处坝址，拟定了两个低坝方案，各安装32台单机容量为1万kW的水轮发电机组，总装机容量32万kW。这一报告呈报交通部后被束之高阁。抗日战争期间，国民政府战时生产局美籍顾问潘绥（G. R. Passhal）建议在三峡修建水力发电厂，同时兴办肥料厂，总投资约10亿美元，由美国贷款兴建，电厂总装机1056万kW，每年可生产500万t化肥，售到美国，计划15年能还清全部贷款。同年5月，资源委员会邀请美国垦务局设计总工程师、世界著名坝工专家萨凡奇（J. L. Savage）来华协助我国勘察西南地区的水力资源。他在亲自前往三峡地区查勘后，编写了《扬子江三峡计划初步报告》，建议在宜昌上游的南津关至石牌间选定坝址，建坝壅高长江水位至200m高程，安装96台11万kW的水轮发电机组，总装机容量1068万kW，同时有灌溉、防洪、航运之利，估计工程投资10亿美元左右。1946年5—12月，扬子江水利委员会等单位调派力量进行了库区勘测和经济调查，先后编制了《长江三峡水库勘测报告》和《三峡库区经济调查报告》。1946年春，资源委员会与美国垦务局签订中美联合设计合约，先后派遣中国工程技术人员50多人赴美国参加三峡工程设计。1947年8月，国民政府中止了合约，决定停止三峡工程勘察设计工作。

1.1.2 中华人民共和国成立后三峡工程勘察设计研究论证与决策

1.1.2.1 中华人民共和国成立初期对三峡工程的勘察规划研究

1949年10月中华人民共和国成立，开创了长江治理开发及保护的新纪元。1950年2月，经中央人民政府批准，以治理开发长江、防治水患为主要任务的流域管理机构——长江水利委员会（以下简称长江委）在武汉成立，林一山担任主任，全面开展了长江流域治理与规划工作。针对当时长江中下游严峻的防洪形势和残破不堪的长江堤防，长江委提出抓紧进行堵口复堤和整修加固堤防，在荆江河段南岸建设荆江分洪工程，同时组织研究将三峡工程作为长江防洪“治本”工程方案。1953年2月，毛泽东主席视察长江，听取了长江委主任林一山有关长江洪水问题和治江方案汇报后，明确作出在三峡修建大坝解决长江中下游防洪问题的构想。林一山主任随后组织长江委开展了三峡工程的前期勘测研究工作。1954年长江流域发生了特大洪水，由于中华人民共和国成立后，沿江各级人民政府实施了长江委提出的整修加固堤防，中央政务院批准建设了荆江分洪工程，并研究准备了一些应急方案，大大减轻了洪水灾害。洪水过后，党中央、国务院决定正式开展长江流域规划工作。1954 年 12 月，中国政府商请苏联政府派专家来华帮助进行长江流域规划工作。1955 年 6 月，苏联政府派专家成立专家组到长江委工作。1955 年 10—12 月，长江委主任林一山组织中苏专家查勘长江上游干支流，初选了一批水利枢纽坝址。苏联专家组提出以长江上游干流上猫儿峡枢纽作为长江流域规划中的关键性工程，再配以嘉陵江下游的温塘枢纽、岷江下游的偏窗子枢纽等一批大型水库，以解决长江中下游防洪问题，即用猫儿峡工程方案代替三峡工程方案。长江委林一山主任和科技人员深入研究了苏联专家组提出的方案：猫儿峡水库正常蓄水位 275m，调节库容 525 亿 m^3；温塘峡水库正常蓄水位 250m，调节库容 152 亿 m^3，再与上游支流其他枢纽水库配合，可使长江上游径流得到较充分的调节，有利于解决长江中下游防洪问题。但猫儿峡、温塘峡、偏窗子等水库都位于四川盆地主要经济区，淹没损失大，不适合我国国情。因此，长江委仍推荐三峡工程作为长江流域规划中的关键性工程。1955 年底，周恩来总理听取长江委林一山主任和苏联专家组长汇报后指出："三峡水利枢纽有巨大的调蓄库容，并且地理位置优越，综合效益也不是猫儿峡枢纽所能替代的，并且有着'对上可以调蓄，对下可以补偿'的独特作用，还是以三峡水利枢纽作为长江流域规划的主体比较好。"周恩来总理充分肯定了三峡工程在长江流域规划中的地位和作用。

1.1.2.2 毛泽东主席"高峡出平湖"宏图与三峡工程前期勘察规划设计研究

1956 年 6 月，毛泽东主席在武汉写下壮丽诗篇《水调歌头 · 游泳》，描绘了"高峡出平湖"的宏伟蓝图。1956 年 10 月，国务院批准在长江委基础上成立长江流域规划办公室（以下简称长办），进行以三峡工程为主体的长江流域综合规划工作，国内 30 多个部门和单位派科技人员参加长江流域规划工作，三峡工程前期勘测规划设计研究工作也同时展开。1957 年长办完成《长江流域规划要点报告（讨论稿）》。1958 年 3 月，中共中央成都会议通过的《中共中央关于三峡水利枢纽和长江流域规划的意见》指出："从国家长远的经济发展和技术条件两方面考虑，三峡水利枢纽是需要修建，而且可能修建的……现在应当采取积极准备和充分可靠的方针，进行各项准备工作。"成都会议结束后，中央即决定组织三峡工程重大科技问题的全国协作研究，成立了国家科学技术委员会三峡水利枢纽科研领导小组（以下简称科委三峡组），安排三峡工程研究的重大科技问题。1958 年 8 月，国务院批准兴建三峡试验坝——湖北陆水蒲圻水利枢纽。1958 年 11 月，长办编制完成《长江三峡水利枢纽初步设计要点报告》，推荐三斗坪坝址和正常蓄水位 200m 方案。当时，中央曾考虑在 20 世纪 60 年代开始建设三峡工程。后因国内外形势发生变化，中央决定调整三峡工程建设部署。周恩来总理在传达这一决定时指示："雄心不变，加强科研，加强人防。"此后科委三峡组的具体工作由长办负责联系。对三峡枢纽大坝坝址选择问题，长办在西陵峡庙河至南津关约 56km 的河段内选择上段美人沱迄莲沱长 25km 的花岗岩河段，比较了 10 个坝址，选定三斗坪坝址为代表坝址；下段石牌迄南津关长13km的石灰岩河段，比较了5个坝址，选定南津关为代表坝址。长办经过大量的地质勘探调查研究，认为南津关坝址石灰岩岩溶发育，且有大溶洞，存在水库渗漏问题；南津关坝址河谷狭窄陡峻，船闸布置困难，电站厂房布置在两岸山体内，洞挖工程量及进出口明挖量大，施工导流及深水围堰技术复杂，施工难度大。三斗坪坝址河谷比较开阔，坝基花岗岩岩性坚硬完整，修建高坝具有明显优越性，枢纽建筑物可布置坝后电站厂房，左岸地形有利于船闸布置，工程量较小，较南津关坝址造价低、工期短。长办推荐三斗坪坝址。从三峡工程防护方面，深入研究了三斗坪坝址上游7km的太平溪坝址。此后，长办除研究了林一山主任提出的在南津关坝区石牌坝址采用定向爆破法修筑大体积堆石坝的防护方案外，还深入研究了三峡工程分期开发方案。1966年4月提出《长江三峡水利枢纽分期开发研究报告》，比较了蓄水位128m、140m、150m、160m各种低水位方案的开发方式，以及重庆到三斗坪坝址分级开发方案。

1.1.2.3 兴建葛洲坝工程，为三峡工程作实战准备

葛洲坝工程坝址位于三峡工程三斗坪坝址下游38km。长办在长江流域规划研究中，葛洲坝工程是三峡的组成部分，担负三峡电站日调节非恒定流反调节，改善两坝间水流条件，并利用河段落差发电的任务。葛洲坝工程大坝轴线长2606.5m，枢纽布置三江航线和大江航线（各布设两座船闸和一座船闸），大坝为混凝土重力坝，布设一座二江泄水闸和两座冲沙闸（二江冲沙闸和三江冲沙闸），二江泄水闸两侧分别布置大江电站及二江电站，左岸三江3号船闸左侧土石坝与岸边山体相接。大坝坝顶高程70.0m，正常蓄水位66.0m，水库总库容（与三峡大坝之间库容）2.41亿m^3，两座水电站装机容量271.5万kW，年均发电量157亿kW·h，三座船闸单向年通过能力5000万t。工程量土石方开挖5799万m^3，土石方填筑3088万m^3，混凝土浇筑1042万m^3，金属结构安装7.38万t。1970年12月，毛泽东主席亲自批示修建葛洲坝水利枢纽，周恩来总理指出建设葛洲坝工程为三峡工程作“实战”准备。1980年7月，邓小平同志考察三峡库区，察看了三峡坝址，听取了长办关于三峡工程的汇报，并深入葛洲坝工地察看了工程建设情况，指示国务院要研究三峡工程问题。1981年7月，葛洲坝工程通航发电，1988年工程竣工。

1.1.2.4 国家审定三峡工程蓄水位150m方案并开展筹建工作

1980年7月，邓小平同志视察葛洲坝工程和三峡坝址后建议国务院主持召开一次三峡专题会议。1982年11月，邓小平同志听取国家计委关于2000年工农业总产值“翻两番”的汇报，谈到三峡工程时说：“我赞成搞成低坝方案，看准了就下决心，不要动摇。”水利电力部领导综合分析了长办20多年来对三峡工程蓄水位方案研究的成果，指示长办研究正常蓄水位150m方案的可行性，并要求尽快提出可行性研究报告，以便中央决策。1983年3月，长办完成了《三峡水利枢纽150m方案可行性研究报告》。蓄水位150m方案的综合效益虽不如20世纪50年代确定的蓄水位200m方案，但从当时的国力和减轻移民的困难等方面综合

考虑，规模还是合适的。1984 年国务院财经领导小组会议原则批准了三峡工程蓄水位 150m 方案的可行性研究报告，并将大坝坝顶高程提高至 175m，以便留有余地。会议决定立即开始进行施工前期准备工作，争取 1986 年正式开工，同时决定成立三峡工程筹备领导小组，在涉及水库淹没移民有关地区筹组三峡行政特区，筹建中国长江三峡工程开发总公司负责工程建设。

1.1.2.5 三峡工程重新论证与决策

1984 年 11 月，重庆市提出三峡工程正常蓄水位 150m 方案影响重庆航运，要求将正常蓄水位提高至 180m。当时，正值三峡工程开始进行施工前期准备工作，有部分社会人士和专家提出了不同意兴建或马上兴建三峡工程的意见。中央非常重视这些不同意见，决定暂停筹建工作，组织深入研究论证。1986 年 6 月，党中央、国务院颁发了《关于长江三峡工程论证工作有关问题的通知》，通知指出："30 多年来，我国的有关部门和科学技术人员对三峡工程做了大量的勘测、科研、设计工作，积累了丰富的资料，国务院也曾多次组织专家讨论并原则批准过三峡工程可行性研究报告。但是，这一工程还有一些问题和新的建议需要从经济上、技术上深入研究……以求更加细致，精确和稳妥。"因为对三峡工程已经论证过，所以人们将这次论证称为"重新论证"。通知对论证工作的目的和要求、组织领导和程序做了具体规定。特别值得注意的是，通知明确了对论证结果的审查和决策程序："第一步由水电部负责组织论证，经过论证重新编写可行性报告。第二步由国务院三峡工程审查委员会审查重新编制的报告，并提请中央和国务院批准。最后提请全国人民代表大会审议。"

水利电力部成立了以钱正英部长为组长的三峡工程论证领导小组，按三峡工程可行性报告内容将论证的问题分为 10 个专题：地质地震与枢纽建筑物、水文与防洪、泥沙与航运、电力系统与机电设备、移民、生态与环境、综合规划与水位、施工、工程投资估算、经济评价。10 个专题按专业成立了 14 个论证专家组：地质地震、枢纽建筑物、水文、防洪、泥沙、航运、电力系统、机电设备、移民、生态与环境、施工、投资估算、综合规划与水位、综合经济评价。聘请专家 412 人，其中 370 人都具有高级以上的技术职称。特别注意聘请持不同意见的专家。为了使论证工作得到有关方面的指导，商请全国人大财经委员会、全国政协经济建设委员会、国务院有关部委、四川湖北两省、中国科学院、中国社会科学院推荐特邀顾问，共 21 人。为充分发扬民主，不同意专题论证报告的专家可以不签名，还可以单独附上自己的意见。论证工作从 1986 年 6 月开始至 1989 年 2 月，先后完成并经论证领导小组审议通过了 14 个专家组的专题论证报告。论证得出的主要结论：三峡工程对四化建设是必要的，技术上是可行的，经济上是合理的，建比不建好，早建比晚建有利，建议早作决策。1989 年 4 月，长办按照论证报告重新编制完成《长江三峡水利枢纽可行性研究报告》。推荐的方案是，大坝坝址为三斗坪，坝顶高程 185m，水库正常高水位 175m，防洪限制水位 145m，校核洪水水位 180.4m，防洪库容 221.5 亿 m^3，水电站装机容量 17680MW，年发电量 840 亿 kW·h。按

1986年末物价水平估算,项目静态总投资(包括枢纽工程、移民工程、输变电工程)361.1亿元,其中枢纽工程投资187.7亿元,移民工程投资110.6亿元,输变电工程投资62.8亿元。施工准备工期3年,主体工程工期15年,主体工程开工后的第9年第一批机组发电。

1990年7月,国务院召开了三峡工程论证汇报会,听取了关于论证情况的汇报和重编的三峡工程可行性研究报告的汇报,并成立了国务院三峡工程审查委员会,邹家华副总理任主任,聘请了163位专家。审查工作采取"分专题、分阶段"方式进行,共分10个专题、10个专家组进行了预审。1991年8月审查委员会审查通过了《长江三峡水利枢纽可行性研究报告》,并向国务院汇报了审查经过和结论。审查委员会认为:兴建三峡工程作为治理长江的综合措施之一是十分必要的,从解决长江中下游防洪问题的角度看更具有紧迫性。三峡工程技术上是可行的,经济上是合理的,国力是可以承受的……三峡工程的兴建,不仅不会影响20世纪内第二步战略目标的完成,而且有助于为21世纪初国民经济发展打下坚实的基础。因此,审查委员会全体委员一致同意报告,建议党中央、国务院予以批准并提交全国人大审议。审查委员会也同意提出的尽早开工兴建的意见,认为如果资金落实,三峡工程从1993年开始施工准备工作,1996年正式开工的建议是适当的。审查委员会由全体审查委员签字后上报国务院。1992年1月,国务院常务会议讨论了审查委员会的意见,一致同意兴建三峡工程,决定将可行性研究报告和审查委员会意见及这次常务会议讨论的意见报请党中央和全国人民代表大会审议。同年2月,江泽民总书记主持党中央政治局扩大会议讨论三峡工程问题,同意李鹏总理向全国人民代表大会提交议案。3月16日,李鹏总理向第七届全国人大第五次会议提交了《国务院关于提请审议兴建长江三峡工程的议案》。4月3日全国人民代表大会通过了《关于兴建长江三峡工程的决议》。经过一段时间的积极准备,1993年国务院决定开始进行三峡工程的施工准备,这标志着三峡工程经过40多年的设计、研究和反复论证,开始进入实施阶段。

经国务院审查并报全国人大审议通过的三峡工程方案是:水库正常蓄水位175m,初期蓄水位156m,大坝坝顶高程185m,按"一级开发,一次建成,分期蓄水,连续移民"的部署实施。"一级开发"指从三峡坝址到重庆之间的长江干流上只修建三峡工程一级枢纽。"一次建成"指三峡工程按合理工期一次连续建成,不采用有些大型工程初期先按小规划建设以后再扩建的方式。"分期蓄水"指枢纽建成后水库运行水位分期抬高,以缓和水库移民的难度,并可通过初期蓄水运用,验证泥沙试验研究的成果。"连续移民"则指移民分批不分期(即一次搬迁到位),连续搬迁。

1.1.3 三峡工程设计

1.1.3.1 三峡工程设计分类及设计单位

(1)三峡工程设计分类

三峡工程规模巨大,主管部门确定三峡工程设计分为枢纽工程、移民工程、输变电工程三大部分，单独编制初步设计报告，分别组织审查。

(2)三峡工程设计单位

三峡枢纽工程和移民工程由水利部长江水利委员会负责设计，2002 年体制改革后，由长江水利委员会下属长江勘测规划设计研究院(以下简称长江设计院)负责设计。

三峡输变电工程由国家电网公司负责设计。

1.1.3.2 三峡枢纽工程设计阶段划分及设计完成时间

(1)三峡枢纽工程设计阶段划分

三峡枢纽工程设计划分为可行性研究规划设计、初步设计、单项工程技术设计、招标设计和施工详图设计。

(2)三峡枢纽工程各阶段设计完成时间

1989 年 4 月，长江委(1956 年 10 月至 1989 年 6 月曾更名长江流域规划办公室)重新编制完成《长江三峡水利枢纽可行性研究报告》。1991 年 8 月，国务院三峡工程审查委员会评审通过了《长江三峡水利枢纽可行性研究报告》。

1992 年 12 月长江委编制完成《长江三峡水利枢纽初步设计报告(枢纽工程)》，1993 年 4 月至 5 月，国务院三峡工程建设委员会(以下简称三峡建委)组织审查，1993 年 7 月三峡建委批准《长江三峡水利枢纽初步设计报告(枢纽工程)》。

1995 年 3 月，长江委先后编制完成大坝、水电站建筑物、永久船闸(双线五级船闸)、垂直升船机(水工部分)、机电(含首端换流站)、大江截流及二期上游横向围堰、建筑物安全监测、变动回水区航道及港口整治(含坝下游河道下切对策研究)等 8 个单项技术设计。1994—1998 年，三峡工程业主中国长江三峡工程开发总公司(以下简称三峡总公司)组织 8 个专家组进行审查工作。

三峡枢纽工程建设过程中，长江设计院按业主三峡总公司要求，编制枢纽建筑物各标段招标设计及招标文件，并完成施工详图设计，及时提供施工图纸及施工技术要求，保证了三峡枢纽工程建设的顺利进行。

1.2 三峡枢纽工程概况

1.2.1 三峡枢纽工程坝址位置及自然条件

1.2.1.1 三峡枢纽工程坝址位置

长江三峡水利枢纽工程简称“三峡工程”，因位于长江干流三峡河段而得名。三峡河段全长约 200km，上游起重庆市奉节县的白帝城，下游迄湖北省宜昌市的南津关，由瞿塘峡、巫峡、西陵峡组成。选定的坝址位于西陵峡中的湖北省宜昌市三斗坪镇，在葛洲坝水利枢纽坝址上游约 38km 处(图 1.2.1)。

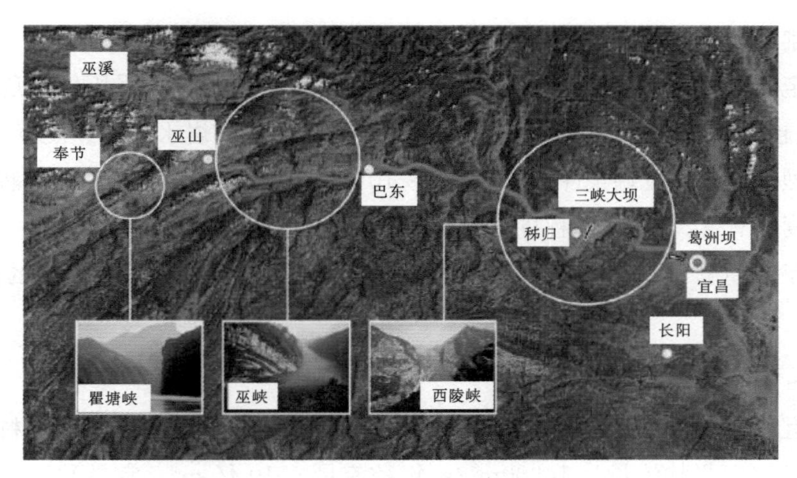

图 1.2.1 三峡枢纽工程坝址位置

1.2.1.2 三峡枢纽工程坝址自然条件

(1)地形地质

三峡工程坝址处地形平缓,河床宽阔,宽约 1100m,河床右侧有中堡岛顺江分布,岛顶面高程 70～78m,按高程 65.0m 计,中堡岛长 570m、宽 90～160m。葛洲坝工程蓄水后,中堡岛左侧主河槽枯水期水面宽约 700m,右侧汊河(称后河)宽约 300m。两岸为低山丘陵,左岸坛子岭和右岸白岩尖为坝址临江最高山脊,高程分别为 263m 和 243m,主要山脊多呈北东向。

坝址基岩为前震旦纪闪云斜长花岗岩,岩体中含有更古老的片岩俘虏体和闪长岩包裹体,以及多期酸—基性岩脉侵入。闪云斜长花岗岩岩性均一、完整,力学强度高。微风化和新鲜岩石的饱和抗压强度达 100MPa,变形模量 30～40GPa。坝区主要有两组断裂构造,一组走向北北西,一组走向北北东,倾角多在 60°以上。断层规模不大,且胶结良好。通过坝基岩体规模较大的断层有 F_7 及 F_{23},出露在左漫滩上。缓倾角裂隙不甚发育,仅占裂隙总数的 13%。其中北北东组占缓倾角裂隙总数的 68.5%,倾向东南为主,倾角 15°～30°,是坝基岩体缓倾角结构面的优势面。缓倾角裂隙发育程度不均一,F_7 与 F_{23} 两条大断层之间,左岸电站厂房 1～5 号机组坝段为相对发育区。花岗岩体的风化层分为全、强、弱、微 4 个风化带,风化壳厚度(指全、强、弱 3 个风化带)以山脊部位最厚,可达 20～40m,山坡及一级阶地次之,沟谷、漫滩较薄,主河槽中一般无风化层或风化层厚度很小,平均厚度 11m。坝址除利用微风化岩体外,部分弱风化下亚带岩体亦可用作建基岩体。河床覆盖层厚度 5～15m,最厚达 30m,第四系覆盖层主要为河流冲积层,有细砂层,局部地段零星分布残积的蚀余块球体,并有壤土堆积层,葛洲坝工程蓄水后,主河槽及后河普遍淤积厚 5～18m 的细砂。坝址水文地质条件简单,微风化及新鲜花岗岩岩体透水性微弱,有 80%以上的压水试验段岩体单位透水率小于 1Lu,其余试验段主要为弱、中等透水性。

坝址所在的黄陵结晶基底区无活动性断裂及中强震的发震构造,区域地壳是一个稳定程度较高的刚性地块，不具备发生强烈地震的背景，为典型的弱震构造环境。国家地震部门前后 4 次鉴定，都将三峡工程所在地区的地震基本烈度定为Ⅵ度。采用地震危险性分析方法，按不同超越概率进行计算，得出坝址区不同概率水平的基岩水平加速度峰值、相应的反应谱和场地烈度值。在极端条件(年超越概率 10^{-4} 为 1000 年一遇)下，三峡工程坝址可能出现的地震烈度为Ⅶ度，与三峡工程抗震设计采用的地震烈度相当。

经过多年的勘测研究认为，三峡工程坝址地质条件优越，是一个难得的修建高坝好坝址。

(2)水文气象

坝址至宜昌站区间无大的支流汇入，设计采用的水文资料均用宜昌站资料。宜昌站多年(1877—1990 年)平均流量为 14300m^3/s，年径流量 4510 亿 m^3。宜昌站以上干支流主要测站汛期水量占全年水量的 70%～75%。根据历史调查洪水，1153 年以来坝址最大洪峰流量为 105000m^3/s，1877 年以来实测最大洪峰流量为 71100m^3/s(发生在 1986 年 9 月 4 日)。坝址各种频率的设计洪水流量如表 1.2.1 所示。

表 1.2.1　各种频率的设计洪水量表

流量(m^3/s)	频率(%)						
	0.01	0.1	1	2	5	10	20
日平均流量	113000	98800	83700	79000	72300	66600	60300
瞬时流量	115000	100000	85000	80200	73400	67600	61200

宜昌站实测最小流量为 2770m^3/s(1937 年 4 月 3 日和 1979 年 3 月 8 日)。

葛洲坝工程建成后，三峡工程坝址洪、枯水位变幅减小，枯水位由 41.0m 左右提高至 62～66m，洪水位由 73m 提高为 76m(相应流量为 68000m^3/s)，枯、洪水位分别提高约 21m 及 3m。

长江干流悬移质泥沙多年平均输沙量：寸滩站(三峡水库入库站)1950—1990 年平均年输沙量为 4.62 亿 t，宜昌站为 5.26 亿 t；相应多年平均含沙量分别为 1.32kg/m^3和 1.19kg/m^3。输沙量集中在汛期，6—9 月的输沙量占全年的 80%以上。长江泥沙中推移质数量相对较少，推移质泥沙平均输移质：宜昌站 704 万 t，为悬移质泥沙量的 1.33%，6—9 月的输移量占全年的 90%以上。宜昌站卵石推移量多年平均输移量为 75.7 万 t。

三峡工程坝址逐月各种频率月平均流量计算成果见表 1.2.2，枯水期各种频率最大日平均流量计算成果见表 1.2.3，葛洲坝工程蓄水前后三峡工程坝址水位流量关系见表 1.2.4。

三峡工程坝址附近的三斗坪气象资料观测期较短，而宜昌站有 30 多年资料，经过两站同步系列气象资料对比分析，除个别要素外，宜昌和三斗坪两地时程变化趋势基本一致，可以用宜昌气象资料反映坝区气候。

表 1.2.2 三峡工程坝址逐月各种频率月平均流量计算成果表 单位:m³/s

月份	月平均流量(m³/s)	频率(%)									
		0.1	0.5	1	2	5	10	20	75	85	95
1	4350	6350	5920	5740	5700	5260	5050	4780	4000	3800	3570
2	4000	6410	5870	5640	5380	5040	4750	4440	3590	3440	3230
3	4500	7420	6840	6570	6300	5850	5540	5130	3960	3690	3380
4	6720	13200	11800	11200	10600	9610	8870	8080	5580	5080	4370
5	12000	22300	20200	19200	18100	16700	15500	14200	10100	9280	8160
6	18600	33800	30900	29400	27900	25800	24000	21900	15600	14300	12500
7	30000	54600	49800	47400	45000	41700	38700	35400	25200	23000	20100
8	28200	53900	48800	46200	43700	40300	37200	33600	23400	21200	18000
9	26600	53500	47900	45200	42600	38800	35600	32200	21800	19500	16500
10	19800	36000	32900	31300	29700	27500	255000	23400	16600	15200	13300
11	10700	17200	15900	15400	14800	13900	13100	12200	9420	8770	7920
12	6030	8560	8080	7840	7600	7300	6990	6630	5550	5270	4880

表 1.2.3 枯水期各种频率最大日平均流量计算成果表 单位:m³/s

月份	频率(%)								
	0.1	0.5	1	2	5	10	20	50	75
1	8300	7550	7250	6900	6400	6000	5600	4900	4450
2	8290	7330	6920	6500	5920	5460	4980	4240	3810
3	13600	11800	10900	10100	8950	8070	7080	5560	4620
4	23500	20800	19500	18100	16300	14700	13100	10300	8560
5	50800	42300	38800	35200	30100	26500	22500	17400	14700
6	67600	59700	55900	52100	46800	42700	37900	30300	25600
10	57400	51500	48400	45600	41400	37800	33900	27400	22400
11	35300	30400	28300	26100	23100	20800	18300	14600	12400
12	13800	12400	11800	11200	10300	9580	8790	7510	6710

表 1.2.4 葛洲坝工程蓄水前后三峡坝址水位流量关系

三峡坝址流量(m³/s) / 水位(m) / 葛洲坝蓄水后水位(m)	5000	10000	15000	20000	30000	40000	50000	60000	70000	80000	90000	100000	110000
葛洲坝蓄水前				55.08	60.50	64.65	67.97	70.94	73.61	76.10	78.51	80.85	83.10
60.00	60.25	60.60	61.30	62.26	64.82	66.98	69.26	71.72	74.17	76.58	78.75		

续表

水位(m) 三峡坝址流量(m³/s) 葛洲坝蓄水后水位(m)	5000	10000	15000	20000	30000	40000	50000	60000	70000	80000	90000	100000	110000
62.00	62.28	62.50	63.09	63.86	65.85	68.01	70.19	72.46	74.83	77.03	79.24	81.24	83.22
64.00	64.15	64.40	64.90	65.51	67.18	69.16	71.28	73.40	75.61	77.68	79.82	81.80	83.73
66.00	66.13	66.35	66.80	67.30	68.72	70.51	72.45	74.50	76.48	78.43	80.45	82.40	84.30
68.00	68.11	68.30	68.74	69.20	70.41	71.98	73.77	75.68	77.45	79.32	81.25	83.10	84.95

坝址区雨量充沛，宜昌站至1990年的多年平均降雨量为1155.2mm，主要集中在6—8月。

坝址各月气温、水温、地温资料见表1.2.5、表1.2.6、表1.2.7。

表1.2.5　三峡坝址气温特性统计表

月份	1	2	3	4	5	6	7	8	9	10	11	12	全年
月平均(℃)	4.7	6.4	11.0	16.9	21.5	25.9	28.2	27.6	23.2	18.4	12.4	6.9	16.9
极端最高(℃)	25.0	26.1	33.7	36.6	40.5	39.9	43.3	43.9	41.7	36.1	30.0	25.0	43.9
极端最低(℃)	−9.8	−5.6	−1.5	0	6.1	10.0	15.1	16.1	11.4	3.9	−2.8	−6.7	−9.8

表1.2.6　三峡坝址各月平均水温表

月份	1	2	3	4	5	6	7	8	9	10	11	12
月平均(℃)	9.1	9.6	13.1	17.7	21.3	23.5	25.2	25.7	22.9	19.6	16.1	11.9

表1.2.7　三峡坝址各月平均地温表

月份	1	2	3	4	5	6	7	8	9	10	11	12	全年
地面(℃)	5.3	7.6	12.7	18.9	24.1	29.0	32.7	32.1	26.2	19.4	13.1	7.4	19.1
5m(℃)	6.0	7.2	12.3	18.1	23.0	27.6	31.0	30.9	20.7	19.9	13.0	8.1	18.7
20m(℃)	7.3	8.2	12.1	17.2	22.1	26.2	29.8	30.1	25.9	20.7	15.0	9.8	18.7

1.2.2　三峡枢纽工程规模

1.2.2.1　三峡枢纽工程方案

三峡工程经国务院审查并报全国人民代表大会审议通过的工程方案是：水库正常蓄水位175m(相对吴淞基面，以下均同)，初期蓄水位156m，大坝坝顶高程185m。工程建设采取“一级开发，一次建成，分期蓄水，连续移民”建设方案。

按1993年7月三峡建委审查批准的《长江三峡水利枢纽初步设计报告(枢纽工程)》，三峡枢纽工程由大坝和茅坪溪防护坝、水电站厂房、通航建筑物(包括船闸和升船机)组成。三峡大坝按1000年一遇洪水流量98800m^3/s设计，相应设计洪水位175m；按10000年一遇洪水流量加大10%的洪水流量124300m^3/s校核，相应校核洪水位180.4m，水库总库容450.4亿m^3。正常蓄水位175m，汛期防洪限制水位145m，枯季消落最低水位155m，相应的水库库容、防洪库容和兴利库容分别为393亿m^3、221.5亿m^3和165亿m^3。三峡水利枢纽主要工程特性见表1.2.8，枢纽建筑物主要工程量见表1.2.9。

三峡工程水库蓄水划分为三期：第一期从2003年开始蓄水至135m水位，由右岸三期碾压混凝土围堰和左岸已建的大坝共同挡水，左岸电站水轮发电机组发电，双线五级船闸通航；长江水流从左岸已建大坝泄洪坝段的导流底孔和泄洪深孔宣泄；右岸大坝及电站厂房在三期碾压混凝土围堰与碾压混凝土纵向围堰及下游土石横向围堰围成的三期基坑内施工，称为围堰挡水发电期。第二期从2007年汛后蓄水至156m水位，三期碾压混凝土围堰拆除，右岸大坝与左岸大坝全线挡水，左岸电站14台机组全部投产，右岸电站机组部分投产，进入初期运行期；三峡工程施工总进度计划2009年枢纽工程完建，具备蓄水至正常蓄水位175m的条件，仍按初期蓄水位156m运行。初期运行试验的历时，可根据库区移民安置情况、库尾泥沙淤积实际观测成果以及重庆港泥沙淤积影响等情况，届时相机确定，暂定6年，即第三期蓄水预计在2013年水库蓄水至175m水位，进入正常运行期。

表1.2.8　　三峡水利枢纽主要工程特性表

项目	参数或特征	备注
1.水文		
(1)流域面积		
全流域	180万km^2	
坝址以上	100万km^2	
(2)利用的水文系列年限	113年	1878—1990年
(3)多年、平均年径流量	4510亿m^3	
(4)代表性流量		
多年平均流量	14300m^3/s	
实测最大流量	71100m^3/s	1896年
实测最小流量	2770m^3/s	1937年
调查历史最大流量	105000m^3/s	1870年
20年一遇洪水流量(P=5%)	72300m^3/s	
100年一遇洪水流量(P=1%)	83700m^3/s	
设计洪水流量(P=0.1%)	98800m^3/s	
校核洪水流量(P=0.01%的1.1倍)	124300m^3/s	

续表

项目	参数或特征	备注
(5)洪量		
1)设计洪量		
3 天	247 亿 m^3	
7 天	487 亿 m^3	
15 天	912 亿 m^3	
30 天	1590 亿 m^3	
2)校核洪量		
3 天	310 亿 m^3	
7 天	602 亿 m^3	
15 天	1124 亿 m^3	
30 天	1944 亿 m^3	
(6)泥沙		悬移质
多年平均年输沙量	5.3 亿 t	
实测最大年输沙量	7.54 亿 t	1954 年
实测最小年输沙量	3.61 亿 t	1986 年
多年平均含沙量	1.2kg/m^3	
实测最大含沙量	10.5kg/m^3	
2. 水库		
(1)水库水位		
校核洪水位	180.4m	
设计洪水位	175m	
正常蓄水位	175m	初期 156m
防洪高水位(P=0.1%)	175m	初期 170m
100 年一遇洪水位	166.9m	初期 162.3m
汛期限制水位	145m	初期 135m
枯季消落水位	155m	初期 140m
死水位	145m	初期 135m
(2)水库面积	1084km^2	相应于正常蓄水位
(3)回水长度	663km	相应于正常蓄水位
(4)水库容积		
总库容(校核洪水位以下)	450.44 亿 m^3	
正常蓄水位以下库容	393 亿 m^3	
调洪库容(145～180.4m)	279 亿 m^3	

续表

项目	参数或特征	备注
防洪库容(145～175m)	221.5亿 m^3	
兴利调节库容(155～175m)	165亿 m^3	
死库容(145m以下)	171.5亿 m^3	
(5)库容系数	3.7%	
(6)调节特性	季调节	
(7)水量利用系数	97%	地下电站投入使用之后
3.下泄流量及相应下游水位		
(1)设计洪水时最大下泄流量	69800m^3/s	初期71000m^3/s
相应下游水位	76.4m	初期76.6m
(2)校核洪水时最大下泄流量	102500m^3/s	
相应下游水位	83.1m	
(3)枯水期调节流量(P=96%)	5860m^3/s	初期5130m^3/s
相应下游水位	62.2m	相应于葛洲坝库水位62.0m
4.工程效益指标		
(1)防洪效益		
提高下游平原地区防洪标准		
原标准 P_0	约10%	
防护标准 P	1%	
100年一遇及以下洪水沙市最高水位	≤44.5m	荆江分洪区不启用
1000年一遇洪水沙市最高水位	≤45m	荆江分洪区启用
减少耕地淹没面积		
遇1931年洪水	139万亩	
遇1935年洪水	142万亩	
遇1954年洪水	177万南	
多年平均	35万亩	
(2)发电效益		
装机容量	22500MW	含地下电站和电源电站
保证出力	4990MW	不考虑上游水库调蓄
多年平均发电量	882亿kW·h	含地下电站和电源电站
年利用小时数	4650h	不考虑地下电站和电源电站
(3)航运效益		
改善航道里程	570～650km	初期500～570km
库区航道年单向通过能力	从1000万t提高到5000万t	

续表

项目	参数或特征	备注
5. 水库淹没实物	1991—1992 年调查复核	
(1)淹没耕地	25.73 万亩	
(2)淹没区人口	84.46 万	
(3)淹没区房屋	3468 万 m^2	
(4)淹没矿山和企业数量	1602 个	
(5)淹没公路里程	1107km	
(6)淹没输电线长度	1964km	
(7)淹没通信线长度	3850km	
(8)淹没广播线长度	8805km	
6. 主要建筑物		
(1)大坝		
坝型	混凝土重力坝	
地基特性	闪云斜长花岗岩	
地震基本烈度/设防烈度	Ⅵ/Ⅶ	
坝顶高程	185m	
最大坝高	181m	
坝坝轴线长	2309.5m	
(2)泄洪建筑物		
形式	坝身深孔结合坝身表孔	
前缘总长	483m	
设计泄洪能力(175m)	77600m^3/s	含排漂孔泄洪量
入水单宽流量(175m)	150m^3/(s·m)	
消能方式	挑流	
泄洪深孔		
形式	有压短管接明流泄槽跌坎掺气	
孔数	23 孔	
孔口尺寸	7m×9m	有压段出口处,宽×高
进口底高程	90m	
最大流速	39.5m/s	
泄洪表孔		
孔数	22 孔	
堰顶高程	158m	
每孔净宽	8m	

续表

项目	参数或特征	备注
最大流速	37.9m/s	
(3)水电站		
1)水头		
最大水头	113m	初期 94.0m
最小水头	71m	初期 61.0m
加权平均水头	90.1m	初期 77.1 m
2)左、右岸电站		
厂房形式	坝后式	
进水口		
形式	坝式单进口、小喇叭口	
进口尺寸	9.2m×13.24m	工作门处,宽×高
进口底高程	108m	
压力管道		
形式	钢衬钢筋混凝土管	
条数	26 条	
内径	12.4m	
最大流速	8.45m/s	
排沙孔		
形式	有压长管	
孔数	7 孔	
内径	5m	
进口底高程	75m(中间 5 孔) 90m(两侧各 1 孔)	
最大流速	18.0m/s	
排漂孔		兼作泄洪用
形式	无压孔	
孔数	3 孔	
孔口尺寸	10m×12m(1 号、2 号) 7m×12m(3 号)	有压段出口,宽×高
进口底高程	133m	
主厂房尺寸		
长度	643.7m(左岸厂房) 574.8m(右岸厂房)	包括安装场

续表

项目	参数或特征	备注
宽度	68m	水下
高度	87.5m	尾水管底板至屋面
机组中心距	38.3m	
水轮机安装高程	57m	
3)右岸地下电站		
厂房形式	全地下式	
进水口		
形式	岸塔式	
进口尺寸	9.6m×15.86m	工作门处,宽×高
进口底高程	113m	
工作闸门及启闭机形式	平面闸门、液压启闭机	
压力管道		
形式	地下埋管	
条数	6条	
内径	13.5m	钢衬内径
最大流速	6.75m/s	
主厂房尺寸		
长度	311.3m	包括安装场
宽度	32.6m	吊车梁以上
高度	83.48m	尾水管底板至拱顶
机组中心距	38.3m	
水轮机安装高程	57m	
4)电源电站		
厂房形式	全地下式	
进水口		
形式	塔式	
进口尺寸	4.5m×6.9m	工作门处,宽×高
进口底高程	122m	
工作闸门及启闭机形式	平面闸门、液压启闭机	
压力管道		
形式	地下埋管	
条数	2条	
内径	4.5m	钢衬内径

续表

项目	参数或特征	备注
最大流速	4.2m/s	
主厂房尺寸		
长度	60m	包括安装场
宽度	16m	吊车梁以上
高度	39.58m	尾水管底板至拱顶
机组中心距	17m	
水轮机安装高程	55m	
(4)通航建筑物		
1)船闸		
形式	双线连续五级梯级船闸	
总水头	113m	
闸室有效尺寸	280m×34m×5m	长×宽×槛上水深
设计船队吨位	10000 吨级船队	
年单向通过能力	5000 万 t	
2)升船机		
形式	单线单级垂直升船机	
总提升高度	113m	
承船厢有效尺寸	120m×18m×3.5m	长×宽×水深
最大过船吨位	3000 吨级	
年单向通过能力	350 万 t	
3)航道冲沙孔		
形式	有压短管后接明流泄槽	
孔数	2 孔	
孔口尺寸	5.5m×9.6m	有压段出口处,宽×高
进口底高程	102m	
(5)茅坪溪防护坝		
形式	沥青混凝+心墙+石坝	
坝顶高程	185m	
最大坝高	104m	
坝顶长度	889m	
防渗轴线总长	1840m	

表 1.2.9 三峡工程枢纽建筑物设计主要工程量汇总表

阶段 工程量 项目	土石方(万 m^3)		混凝土 (万 m^3)	钢筋 (万 t)	灌浆			排水孔 (万 m)	混凝土 防渗墙 (万 m^2)	锚杆 (根)	锚索 (束)	金属结构 (万 t)	备注
	开挖	填筑			接缝 (万 m^2)	固结 (万 m)	帷幕 (万 m)						
初步设计	12355.25	3881.7	2682.48	35.598	18.95	31.52	35.63	84.66	19.71	206059	5749	27.12	
技术设计	13704.16	4491.50	2901.14	61.46	58.84	43.31	33.51	71.38	21.69	509665	5341	29.16	执行概算
施工详图	13395.36	3723.07	2742.28	57.73	60.17	31.69	58.34	48.85	32.35	359233	2313	26.09	

注:表中设计主要工程量不包括地下电站和电源电站工程量,不包括机电工程量,包括地下电站进水口预建工程量。

1.2.2.2 三峡枢纽工程枢纽建筑物

按1993年7月三峡建委审查批准的《长江三峡水利枢纽初步设计报告(枢纽工程)》(以下简称《三峡工程初步设计》),三峡工程由大坝及茅坪溪防护坝、水电站厂房、通航建筑物(包括船闸和升船机)组成。

(1)大坝

大坝为混凝土重力坝,坝顶高程185m,坝顶轴线总长2309.50m,最大坝高181.0m。泄流坝段位于河床中部,即原主河槽部位,沿坝轴线长483m,分为23个坝段,设23个深孔和22个表孔,为满足施工导流及截流要求,在表孔正下方跨缝布置22个导流底孔,后期均回填混凝土封堵。紧邻泄流坝段左、右两侧为导墙(右侧导墙兼作纵向围堰)坝段,各布置1个排漂孔。两侧导墙坝段与左、右厂房坝段相接,在左、右厂房坝段及其坝后厂房共布置26条电站引水压力管道,其进水口位于大坝上游侧;左、右厂房坝段下部共布置7个圆形排沙孔;右厂房安Ⅱ坝段布置1个排漂孔。左、右厂房坝段与两岸非溢流坝段相接,在左岸非溢流坝段内布置临时船闸坝段和升船机上闸首。

茅坪溪防护坝位于大坝右坝肩上游约1km的茅坪溪出口处,采用沥青混凝土心墙土石坝,坝顶高程185m,坝顶总长1840m,最大坝高104m。坝顶宽20m,迎水侧设混凝土防浪墙,墙顶高程186.5m。

(2)电站厂房

电站分设左、右岸坝后式电站厂房,右岸地下电站厂房和左岸电源电站地下厂房。

左、右岸坝后式电站厂房平行坝轴线布置,长度分别为643.7m和584.2m,主厂房净宽34.8m,结构总高度93.8m,分别安装14台和12台水轮发电机组,单机容量为70万kW。

地下电站位于右岸坝后式电站厂房右侧山体内,包括引水渠、进水口、引水隧洞、主厂房、尾水洞、辅助洞室、尾水平台及尾水渠、500kV升压站等。地下主厂房轴线与大坝轴线平行,最大跨度32.6m,高86.24m,长329.5m,安装6台单机容量70万kW的水轮发电机组。

电源电站位于左岸坝后式电站厂房左侧山体内,包括进水口、引水钢管、主厂房、尾水洞、辅助洞室等。主厂房安装2台5万kW水轮发电机组,其进水口布置在左岸非溢流坝11号及12号坝段上游侧,尾水洞出口位于左岸坝后式电站尾水渠内。

(3)通航建筑物

通航建筑物包括船闸和升船机,均布置在左岸。船闸为双线五级连续船闸,为区别于施工期的临时船闸,又称永久船闸。线路总长6442m。上游引航道长2113m,底高程130m,宽180m,右侧设土石隔流堤,进口口门宽220m;下游引航道长2708m,底高程57m,宽180m,右侧设土石隔流堤,出口口门宽220m;船闸主体段长1621m,设置6个闸首、5个闸室,单级闸室长280m、宽34m、坎上水深5m。船闸主体段均在闪云斜长花岗岩山体中深切开挖修建,形成路堑式双边高陡边坡,两线船闸中间保留宽57m、高50~70m直立岩体作为中隔墩。闸首和闸室均采用分离式结构,其边墙为钢筋混凝土衬砌式,部分边墙上部为重力式、下部为衬砌式。双线五级船闸按2030年水平年设计单向通过能力5000万t。

升船机采用齿轮齿条爬升平衡重式垂直升船机，布置在双线五级船闸右侧，两者相距约1km。升船机由上游引航道及靠船设施、上闸首、船厢室段、下闸首、下游引航道及靠船设施组成，全长约7300m。其上、下游引航道大部分与船闸共用。升船机上闸首是船厢室的上游挡水建筑物，为大坝挡水前缘的一部分；下闸首是船厢室的下游挡水建筑物。上、下闸首之间为船厢室段，装载船舶过坝的承船厢布置在船厢室内。升船机最大提升高度为113.0m，承船厢有效尺寸长120m、宽18m、水深3.5m。承船厢与厢内水体总质量约15780t，正常升降速度为0.2m/s。升船机可满足3000吨级大型客货轮或单个3000吨货驳过坝的要求。

1.2.3 三峡枢纽工程建设及水库蓄水运行

1.2.3.1 三峡枢纽工程建设

(1)枢纽工程施工导流方案

三峡工程坝址河床宽阔，且江中有中堡岛将长江分为主河道和后河，具备良好的分期导流条件。设计研究比较过二期导流和三期导流方案，推荐采用“三期导流，明渠通航”施工导流方案。

一期围河床右侧。在沿中堡岛左侧及后河上、下游填筑一期土石围堰，围护形成一期基坑。在一期土石围堰保护下，修建纵向碾压混凝土围堰和进行左岸三期上游碾压混凝土围堰位于导流明渠断面以下的堰基开挖及混凝土浇筑；同时在左岸修建临时船闸和施工左岸非溢流坝段及左岸电站厂房的1～6号坝段坝基及厂房地基开挖，并开始施工永久的双线五级船闸及升船机挡水部位的(上闸首)土建工程。一期围堰束窄河床30%，长江水流从主河床宣泄，照常通航。

二期围河床左侧。实施大江截流，截断主河床，长江水流改道从右侧已建的导流明渠宣泄。填筑上、下游横向土石围堰与已建的纵向碾压混凝土围堰共同形成二期基坑，在基坑内施工大坝泄洪坝段和左岸厂房坝段及其电站厂房；继续施工完建左岸非溢流坝及升船机上闸首，并完建永久的双线五级船闸。船舶从导流明渠和左岸临时船闸通行。

三期再围河床右侧、封堵导流明渠。拆除二期上、下游横向土石围堰，长江水流改道从大坝泄洪坝内的导流底孔和泄洪深孔宣泄。明渠截流后施工三期上游横向土石围堰及下游横向土石围堰，在其保护下修建三期上游碾压混凝土围堰，与已完建的三期下游横向土石围堰及纵向碾压混凝土围堰共同形成三期基坑，在基坑内施工右岸厂房坝段和电站厂房以及右岸非溢流坝段。水库蓄水至水位135m，三期上游碾压混凝土围堰与已完建的纵向碾压混凝土围堰上纵段及坝身段和泄洪坝段、左岸厂房坝段及非溢流坝段、升船机上闸首挡水，船舶从双线五级船闸通行，左岸电站机组发电，工程进入围堰挡水发电期。

(2)枢纽工程施工进度

三峡枢纽工程设计总工期17年，其中施工准备及一期工程施工5年，主要施工河床右侧导流明渠、纵向碾压混凝土围堰、左岸及其相连的非溢流坝段、临时船闸、双线五级船闸，以大江截流为标志；二期工程施工6年，主要施工大坝泄洪坝段、左岸厂房坝段及其电站厂房、左岸非溢流坝段及升船机上闸首、双线五级船闸、右岸地下电站进水塔，以三期上游碾压混凝土围堰与已建的左岸大坝挡水、水库蓄水至135m水位、双线五级船闸通航和左岸电站机组发电为标志；三期工程施工6年，主要施工右岸厂房坝段及其电站厂房、右岸非溢流坝段，以大坝及电站厂房、双线五级船闸完建为标志。

三峡工程于1993年1月开始施工准备，1994年12月正式开工，进入一期工程施工阶段。在党中央、国务院的坚强领导下，在全国人民的大力支持下，枢纽工程建设进展顺利，1997年5月，导流明渠通水，11月6日，大江截流成功，左岸临时船闸于1998年5月投入运行。1998年汛前，二期上、下游横向土石围堰填筑至度汛高程，经受了洪水的考验，汛后二期基坑积水抽干，大坝泄洪坝段、左岸厂房坝段及左岸电站厂房在围堰保护下进行施工，升船机上闸首为大坝挡水前缘的一部分，与左岸大坝于2002年同时建成挡水（船厢室与下闸首列为缓建项目）。2002年11月6日，导流明渠截流合龙，上、下游横向土石围堰与已建的纵向碾压混凝土围堰围护的基坑于12月下旬抽干积水，为三期上游碾压混凝土施工创造了条件，该围堰于2003年4月16日浇筑至设计高程140m。6月1日导流底孔下闸蓄水。6月11日，水库水位蓄至135m。6月16日，双线五级船闸试通航。7月16日，左岸电站首批机组发电，工程进入围堰挡水发电期。右岸大坝厂房坝段及右岸电站厂房、右岸非溢流坝段在围堰保护下进行施工。2006年5月20日，右岸大坝全线混凝土浇筑至设计高程185m。6月6日，三期上游碾压混凝土围堰拆除爆破成功，大坝全线挡水。2006年10月27日，三峡水库蓄水至156m，提前一年进入初期运行期。2008年，大坝、电站厂房及双线五级船闸全部完建，左、右岸电站26台700MW机组全部投产。右岸地下电站6台700MW机组经三峡建委审批于2004年12月开始施工，2009年土建陆续向水轮发电机组基础环、座环、蜗壳安装交面，2011年3台机组投产，2012年6台机组全部投产。左岸电源电站是确保三峡电站厂用电和枢纽建筑物安全稳定运行的主供电源和备用、保安电源，是枢纽工程的组成部分。2003年9月，三峡建委第十三次全体会议同意中国长江三峡开发总公司在三峡电站左岸新建自备电源电站，装机规模为2×50MW。电源电站于2003年12月开工，2007年2台机组全部投产。三峡工程水电站总装机容量为22500MW，多年平均发电量882亿kW·h。

1.2.3.2 三峡水库蓄水运行

(1)围堰挡水发电期

2003年6月1日，导流底孔一部分底孔下闸，水库水位逐渐抬升，三期碾压混凝土围堰与其左侧已建的纵向围堰坝段、泄洪坝段、左岸厂房坝段、左岸非溢流坝段（包括临时船闸坝段及升船机上闸首）共同挡水；6月11日，水库蓄水至水位135m。6月16日，双线五级船闸投入运行；7月16日，左岸电站首批（2台）机组发电，进入围堰挡水发电期。三期碾压混凝土围堰按20年一遇洪水标准72300m^3/s设计，设计水位135.4m；按100年一遇洪水标准83700m^3/s保坝，保坝水位139.8m，堰顶高程140m。为了在围堰挡水发电期充分发挥工程效益，中国长江三峡工程开发总公司提出枯水期将水库运行水位抬高至 139m，经设计复核并采取加固措施后报三峡建委同意，2003 年 11 月 1 日水库水位开始抬升，11 月 5 日，水库蓄水至 139m 运行。2005 年 9 月，左岸电站 14 台 700MW 机组全部投产。2006 年 6 月 6 日，三期碾压混凝土围堰拆除爆破，大坝全线挡水运行。围堰挡水运行期间，左岸电站累计发电量 1461.1 亿 kW·h；双线五级船闸累计货运量 10521 万 t，客运量 561 万人次。

(2)初期运行期

临时船闸坝段改建冲沙闸于 2005 年底全线浇筑至坝顶高程 185m；2006 年汛前完成 8 个导流底孔的封堵。2006 年 5 月，右岸大坝混凝土全线浇筑至设计高程185m。6 月 6 日三期碾压混凝土围堰拆除爆破后，大坝全线挡水。9 月 20 日，水库开始抬高水位，至 10 月 27 日，蓄水至 156m 水位，工程进入初期运行试验期，较初步设计提前一年。右岸电站安装 12 台 700MW 机组，2007 年投产 7 台；2008 年 10 月 27 日，12 台机组全部投产。

(3)正常蓄水位 175.0m 试验性蓄水运行

泄洪坝段 22 个导流底孔于 2006 年汛前封堵 8 个，2007 年 4 月余下的 14 个底孔封堵全部完成；22 个表孔的墩墙及 2 号排漂孔墩墙在 2008 年 5 月全部完建，至此，大坝工程尾工全部完成。双线五级船闸一、二闸首底槛混凝土从高程 131m 抬高至 139m，由此带来的人字闸门提升、启闭机房改建等施工项目在 2006 年 9 月至 2007 年 4 月全部完建。2008 年汛前，大坝泄水设施全部达到设计泄洪能力，枢纽工程各建筑物具备水库蓄水至正常蓄水位 175.0m的条件；移民工程 12 座县城和 114 座集镇整体迁建完成，共搬迁安置库区移民 124.55万人，移民工程、库区清理、地质灾害防治、水污染防治、生态与环境保护、文物保护等专项建设，经主管部门组织验收，可满足水库蓄水至 175m 水位的要求。

根据三峡工程 1994 年开工以来，特别是 2003 年水库蓄水至 135～139m 水位运行以来的泥沙观测资料和库区移民搬迁进展情况，三峡水库库尾泥沙淤积尚未影响重庆主城区河段航道和港口通航，库区移民搬迁进展较为顺利，均已不是制约水库蓄水至 175m 水位的因素，但对库区地质灾害防治和生态与环境保护问题应引起高度重视。考虑到水库水位抬升和消落时，库岸有个再造过程，可能出现一些崩塌、滑坡等地质灾害，国内外已建水库一般需要 3～5 年或更长时间库岸才趋于基本稳定，对生态与环境的影响也需要一定的观测周期。三峡工程是当今世界已建的最大的水利枢纽工程，不仅要求枢纽建筑物安全可靠运行，还需对库区移民工程，包括库区地质灾害防治、生态与环境保护、移民城镇迁建、交通桥梁及供水、供电、通信等设施都要加强监测，以确保库区人民生命财产安全和航运安全。国务院批准三峡工程 2008 年汛末实施175m水位试验性蓄水，标志着三峡工程由初期蓄水运行试验转入正常蓄水位 175m 试验性运行，是三峡工程由初期 156m 水位蓄水运行试验期转入正常蓄水运行期的过渡时段，也是三峡工程进入正常运行前的试运行阶段。实施 175.0m 水位试验性蓄水，可视蓄水过程中出现的具体情况相机对蓄水位进行调整，确保库区移民工程和枢纽工程安全运行，以防患于未然，做到万无一失。

遵照国务院确定的三峡工程175m试验性蓄水“安全、科学、稳妥、渐进”的原则，2008年和2009年最高蓄水位分别达到172.8m和171.43m，2010—2018年连续9年实现175m蓄水目标，工程开始全面发挥防洪、发电、航运、供水等巨大综合效益。

1.2.4 三峡工程效益

1.2.4.1 防洪效益

三峡工程是长江防洪体系中不可替代的一项关键性工程，设计正常蓄水位175m，防洪限制水位145m，防洪库容221.5亿m^3，可有效地控制长江上游洪水，使其坝下游的荆江河段防洪标准从10年一遇提高到100年一遇。曾研究比较在三峡工程上游干支流修建控制性水库替代三峡水库的防洪作用，上游干支流修建16座水库的总库容达768.9万m^3，有效库容374.7亿m^3，防洪库容225.7亿m^3，控制流域面积74.37万km^2，但各水库下游至三峡坝址仍有约30万km^2的暴雨洪水集中区不能控制，其对长江中下游的防洪作用仍不能替代三峡工程。如长江上游发生100年一遇及其以下的洪水，经三峡水库调蓄后，可控制荆江河段枝城站流量不超过56700m^3/s，沙市站水位不超过44.5m，不启用荆江分洪区；如发生100年以上至1000年一遇洪水或类似1870年的特大洪水，经三峡水库调蓄后，可使枝城站最大流量不超过80000m^3/s，配合运用荆江分洪区，沙市水位不超过45m，可防止荆江两岸发生干堤溃决而造成江汉平原和洞庭湖区大量人员伤亡的毁灭性灾害。三峡水库投运后，可减少汛期分流入洞庭湖的水沙，不仅可有效减轻洪水对洞庭湖区的威胁，还可减缓洞庭湖泥沙淤积速度，延长洞庭湖寿命；提高了对城陵矶以上洪水的控制能力，配合汉江丹江口水库和武汉附近分蓄洪区的运用，不但提高了武汉市防洪调度的灵活性，还对武汉市防洪起到保障作用。三峡水库还可以对中游洪水进行调节，若再遭遇1954年型洪水，可使中游的分洪量由建库前的492亿m^3减少到398亿m^3或336亿m^3，减少分蓄洪水的损失。据1991年调查资料综合分析，按1992年价格水平计算，三峡工程防洪的多年平均直接经济效益为每年22.0亿～25.2亿元；另据计算，若遇1870年特大洪水时，直接防洪经济效益为：可减少农村淹没损失510亿元，减少中小城市和城镇淹没损失240亿元，减少江汉油田淹没损失19亿元，以上三项合计为769亿元。除直接经济效益外，还可避免因干堤、浣堤溃决而造成人员伤亡等毁灭性灾害。三峡工程发挥的防洪作用，可保护长江中下游两岸人民生命财产安全，防止洪水灾害给人民群众生活和生产环境造成破坏，避免疾病流行、传染病蔓延以及灾民安置等一系列社会问题的发生和受灾地区环境与生态的恶化，这些效益是很难用经济指标具体表达的。

三峡工程2008—2017年175m水位试验性蓄水运行期间，每年汛期通过科学调度，利用三峡水库防洪库容对长江上游发生的中小洪水进行拦蓄，充分发挥了削峰、错峰作用，有效避免了上游洪峰与中下游洪水叠加给沿岸人民造成的安全威胁，分别实现了避免或减缓荆江河段和洞庭湖城陵矶附近地区防汛压力的目标，有效地缓解了长江中下游地区的防洪压力。2012年汛期，三峡水库入库洪水经历了4次峰值大于50000m^3/s的洪水过程，最大入库洪峰流量 71200m^3/s,是三峡成库以来遭遇的最大洪峰。三峡水库共实施了 5 次拦洪滞峰调度,最大削峰 26200m^3/s,削峰率达 40%,累计拦蓄洪水 200 亿 m^3,约相当于 4 个荆江分洪区的水量。三峡水库充分发挥了拦洪错峰的作用,控制最大下泄流量 45800m^3/s,避免了荆南四河超过保证水位,下游沙市水位未超过警戒水位,城陵矶水位未超过保证水位,有效地保障了长江中下游地区的防洪安全。2016 年、2017 年汛期,长江中下游发生大洪水,长江防总实施以三峡水库为核心,上游和中游干支流水库群防洪库容联合运用,科学调度,分别拦蓄洪水量 227 亿 m^3 和 100 亿 m^3,显著减轻了洞庭湖区和长江中下游防洪压力。试验性蓄水运行十年来,汛期长江中下游干流堤防未发生一处重大险情,稳定了沿江两岸地区的人心,产生了巨大的社会效益。三峡工程按荆江防洪补偿调度方案,多年平均年减少淹没耕地 30.07 万亩,减少城镇受灾人口 2.8 万,估算多年平均年防洪效益为 88 亿元,工程防洪减灾效益显著。三峡工程提高了长江中下游的防洪能力,有利于减少荆江分洪区及其他相关地区的洪灾损失,有利于改善这些地区的投资环境、促进新的城镇和经济区的形成和发展,保障人民安居乐业。

1.2.4.2 发电效益

三峡工程左右岸坝后电站 26 台 700MW 机组于 2008 年 10 月全部投产,地下电站 6 台 700MW 机分别于 2011 年和 2012 年各投产 3 台,电源电站 2 台 50MW 机组于 2007 年投产。三峡电站总装机容量 22500MW,多年平均发电量 882 亿 kW·h。三峡电站地处我国中部,将电力送往华中、华东和广东省的负荷中心,供电距离都在 1000km 的经济输电范围内,作为“西电东送”和“南北互供”的骨干电源,在促进全国各区电网形成联合电力系统和长江上游干支流水电开发中将发挥重要作用。三峡电站可将华中、华东、华南和西南电网联成跨地区的电力系统,再与华北、西北、东北联网,即形成全国联合电力系统,可取得巨大的联网效益,这是其他电站难以达到的。三峡电站位于“西电东送”的中间地带,可以起到电压支撑的作用,在我国水电可持续发展中具有重要的战略地位。

三峡电站可有效地替代火电装机容量,其替代率较高,节约了宝贵的煤炭资源,缓解了煤炭运输压力,也为我国节能减排作出了重大贡献。三峡电站 2003 年 7 月发电至 2017 年 12 月 31 日累计发电达 10888.6 亿 kW·h,其发电量与火电相比,除节约了 3.67 亿 t 标煤外,还减少了 8.45 亿 t 二氧化碳、1021.1 万 t 二氧化硫、8.5 万 t 一氧化碳及 479 万 t 氮氧化合物的排放,减少了大量废水、废渣,节能减排及保护环境效益显著。三峡工程发电扩大了国家电网的规模和供电能力,缓解了主要受电区的供电紧张局面,带动了这些地区经济的可持续发展,联网、调峰、调频效益显著;通过替代煤炭火力发电,增强了我国清洁能源的供应能力,减少了二氧化碳、二氧化硫等污染物的排放。三峡工程建设提升了我国机电设备制造业的自主创新能力,促使国产大型水电设备达到了国际先进水平。

1.2.4.3 航运效益

长江历来是沟通我国东南沿海和西南腹地的交通大动脉,素有“黄金水道”之称。宜昌至重庆江段全长660km自然状况下的落差120m，有滩险139处，船舶单行控制河段46处，重载货轮需绞滩的河段25处。三峡水库试验性蓄水至175m水位后，干流回水至江津猫儿沱，库区江面宽度由蓄水前的150～250m变为400～2000m；水深平均增加约40m，100多处主要滩险被淹没，绞滩站和助拖站全部撤销，26处单行控制河段仅保留1处，显著改善了三峡大坝至重庆段的航运条件，库区干流航道等级由Ⅲ级提高为Ⅰ级，实现了全年昼夜通航，航道单向通过能力由建坝前的1000万t提高到5000万t。库区航运条件大幅改善。三峡水库为实现万吨级船队直达重庆创造了条件，有利于促进西南地区经济发展。三峡水库建成后，库区水位变幅减小，流速降低，改善了库区航道水流条件，提高了船舶航行和作业安全度，船舶运输成本和油耗大为降低。据测算，库区船舶单位千瓦拖带能力由建库前的1.5t提高到4～7t，每千吨公里的平均油耗由蓄水前的7.6kg下降至2009年的2.9kg，为航运的节能发挥了作用，同时宜昌至重庆航线单位运输成本下降了37%左右。

三峡工程下游从葛洲坝至武汉河段长约635km，其中枝城以下至城陵矶约339km的荆江河段，是大坝下游通航条件的控制河段，有浅滩10余处，枯水期航道维护水深为2.9m。经过三峡水库调节，可增加宜昌以下的枯水流量，结合河势控制，可改善中游浅滩河段航道条件。试验性蓄水期间三峡水库在枯水期为下游航道提供航道流量补偿，增加航道水深，改善了通航条件。

截至2017年底，三峡船闸累计过闸货物11.1亿t，是三峡工程2003年6月蓄水前葛洲坝船闸投运后22年(1981年6月至2003年6月)过闸货运量2.1亿t的5.29倍。升船机于2016年9月试通航，至2017年12月，升船机承船厢共运行2526厢次，通过各类船舶2547艘次、旅客5.7万人次，货运量57.4万t，进一步提高了通航效益。三峡工程是长江航运发展规划的重要组成部分，三峡工程建设提高了长江航运重庆至宜昌段的运输能力，降低了船舶单位能耗，提升了运输质量和安全状况，改善了西南地区对外交通条件，使川江变为真正的“黄金水道”，对推动西南腹地与东南沿海地区的经济交流，促进西南地区经济社会发展发挥了重要作用。

1.2.4.4 供水效益

供水是三峡工程重要的社会效益。三峡水库建成后，每年汛末9月中旬开始蓄水至10月底或11月初，蓄水至175m水位，有220多亿m^3的淡水资源可供坝下游使用，有效地缓解长江中下游地区用水紧张局面。2011年上半年，长江中下游地区遭遇50年一遇的持续干旱，三峡水库累计向下游补水200多亿m^3，平均增加下泄流量1520m^3/s，抬高长江中游干流水位0.7～1m，有效缓解了长江中下游地区居民生活、生产用水和生态需水的紧张局面。干旱时，三峡水库对长江中下游补水，枯水期发电流量较天然情况增加流量1000～2000m^3/s，有效地改善了长江中下游地区的用水条件。

1.3 三峡工程是当今世界最大的水利水电工程

1.3.1 综合效益显著

三峡工程建成后，综合效益显著：防洪方面，荆江两岸的江汉平原和洞庭湖平原，分别有耕地1160万亩和1150万亩，居住人口分别为720万和700万。荆江河段的防洪标准可由目前的10年一遇提高到100年一遇，遭遇大于100年一遇特大洪水时，辅以分洪措施可防止发生毁灭性灾害。发电方面，设计多年平均发电量882万kW·h，对缓和华中、华东、华南地区电力紧张状况有重要作用。航运方面，可改善长江特别是川江渝宜段（重庆—宜昌）的航道条件，对促进西南与华中、华东地区的物资交流和发展长江航运事业具有积极作用。此外，还具有巨大的供水、旅游等方面的效益，是一个条件优越、效益显著的综合利用水利枢纽。

1.3.2 工程规模巨大

三峡大坝为混凝土重力坝，混凝土量1610万m^3，坝体孔口泄流量超过10万m^3/s，是当今世界已建大坝混凝土量最多、坝体泄流量最大的重力坝。电站包括左岸及右岸厂房，另在右岸设地下厂房、左岸地下设电源电站，总装机容量达22500MW，是当今世界装机容量最大的水电站。通航建筑物包括双线五级船闸和垂直升船机，五级船闸总水头113m，级间输水最大水头45.2m，是当今世界已建船闸规模最大、水头最高的内河航运船闸；升船机上游水位变幅30m，下游水位变幅11.8m，提升船舶重量3000t，是当今世界已建升船机水位变幅最大、提升船舶重量最大的升船机。

三峡工程主体建筑物（含导流建筑物）初步设计的主要工程量为：土石方开挖12355万m^3，土石方填筑3881万m^3，混凝土浇筑2682万m^3，金属结构安装27万t。

1.3.3 大坝坝址位于葛洲坝水库内，施工难度大

三峡工程位于葛洲坝工程上游38km，坝址处山体低缓，河谷宽阔，右侧有中堡岛顺河分布，将长江分为主河道和后河。葛洲坝工程蓄水前，三峡坝址在枯水期天然江面宽190～260m，水深10～35m，覆盖层厚5～29m；葛洲坝工程蓄水后，三峡坝址位于葛洲坝水库内，坝址处河床两侧漫滩被淹没，枯水期水面宽1000～1100m，中堡岛成为江中孤岛，主河道水面宽600～800m，后河水面宽约300m，河床中有细砂淤积，厚度4～12m，最厚处达18.0m。最大水深达60m，施工难度大。

1.3.4 水库淹没及移民为工程成败的关键问题

三峡水库按正常蓄水位175m计，回水长度667km，水库面积1084平方km^2，其中淹没陆地面积632km^2，涉及湖北省、重庆市的20个县（市、区），356个乡、1711个村，6530个村民组。按1991—1992年三峡水库淹没实物指标复核调查成果，直接受淹人口84.62万，其中非农业人口48.47万，农业人口36.15万，由于三峡工程建设期内的人口增长和城镇迁建引起的移民搬迁等因素，最终安置移民总数达113万。

三峡工程百万移民在世界水利水电建设史上规模最大、难度也最大。党中央、国务院高度重视三峡工程移民工作，始终把移民工作作为三峡工程成败的关键问题，从根本上保证了库区经济快速发展和移民工作的顺利开展。1992年，长江委会同库区地方政府完成了三峡工程175m方案初步设计阶段水库淹没实物指标调查工作。1994年7月，三峡建委办公室批准了《长江三峡工程水库淹没处理及移民安置规划大纲》；11月，三峡建委批准了三峡工程水库移民补偿投资概算总额及切块包干方案。1994—1997年，库区地方政府和部门组织编制移民安置规划，1998年，长江委汇总编制了《长江三峡工程水库淹没处理和移民安置规划报告》。规划确定的移民进度安排为：按照移民迁建要与枢纽工程相衔接的要求，2003年6月完成135m水位线以下的移民搬迁任务，2006年6月完成156m水位线以下的移民搬迁任务，2009年6月完成175m水位线以下的移民搬迁任务。移民实际搬迁进度提前一年，至2008年6月，三峡水库175m水位线以下的移民搬迁任务全部完成，有力地保障了三峡工程建设的顺利进行和综合效益的发挥。

1.3.5 工程对环境与生态的影响利大于弊

兴建三峡工程对环境与生态的影响引起了国内外的关注。1991年12月，中国科学院环境评价部和长江委长江水资源保护科研所联合编制了《长江三峡水利枢纽环境影响报告书》，就三峡工程对库区及上、中、下游的影响、对河口及邻近海域的影响，对水质、物种、环境地质、泥沙和河道冲淤、施工区环境保护和生态与环境监测系统等方面进行了分析和评价。该报告书的主要结论是：兴建三峡工程对生态与环境的影响有利有弊，主要有利影响在长江中下游，主要不利影响在库区，大部分不利影响采取恰当的对策和措施可以大大减免，生态与环境问题不影响三峡工程的可行性。1992年1—2月，《长江三峡水利枢纽环境影响报告书》相继通过了主管部门和国家环境保护局的终审。三峡工程对生态与环境影响总体评价结论有以下几个方面。

1.3.5.1 工程兴建对生态与环境的有利影响

①三峡水库可以有效地减免洪水灾害对中、下游人口稠密、经济发达的平原湖区生态与环境的严重破坏，对人民生命财产及生产生活环境起到重要的保护和改善作用，并可减免洪灾对人们心理造成的威胁。

②有利于中、下游血吸虫病的防治，减缓洞庭湖淤积，延长湖泊寿命，以及改善中下游枯水期水质等。

③水电与火电相比，利用水能资源发电，与燃煤发电相比，可大量减少污染物的排放，减少对周围环境的污染。

1.3.5.2 工程兴建对生态环境的不利影响

根据不利影响的性质和程度可分以下几类。

①不可逆转的影响：水库蓄水后，部分土地、耕地、文物古迹和三峡自然景观被淹没。

②影响较大、采取措施可减轻的影响：移民安置和城镇迁建过程中产生的生态与环境问

题；水库可能引起少数大型滑坡的复活；将改变库区及长江中下游水生生态系统的结构和功能：一些珍稀、濒危物种的生存条件进一步恶化；对四大家鱼的自然繁殖也会带来不利影响，对白鱀豚等珍稀物种资源的影响；库区泥沙淤积和坝下河道冲刷；工程施工过程中的环境问题等。

③影响较小、采取措施可减小或避免的影响：对人群健康的影响；将导致重庆市江段泥沙淤积、水质下降，现有给排水设施受到影响；对陆生动植物的影响；对局地气候的影响；对水质和水温的影响；对区域自然生态—社会经济系统的长远影响；对河口和近海生态环境的长远影响等。

1.3.5.3 《长江三峡水利枢纽环境影响报告书》中的结论

①目前，长江中上游，乃至整个长江流域，局部地区生态与环境有所改善，大部分地区的恶化趋势未能有效控制，即使不建三峡工程，也有综合治理的紧迫性。

②三峡工程会对生态与环境产生广泛而深远的影响，涉及的因素众多，地域广阔，时间长久。所涉及的问题相互渗透，关系复杂，利弊交织。

③三峡工程对生态与环境影响的时空分布不均匀。影响的时间自工程准备期开始，一直延续很长时间。有些影响如施工的影响只在一定时期内发生作用，有些影响如泥沙淤积等则长期存在，并具有积累性。不同时段受影响的因子和强度不同。年内各月影响变化与水库水位调控密切关联。在空间分布上，有利影响主要在中游，而不利影响主要在库区。

④三峡工程对生态与环境产生影响的众多因素中，库区移民环境容量是比较敏感的制约因素。

⑤三峡工程引起的生态与环境问题若能给予足够重视，采取切实有效措施，给予较充足的投资并认真落实，存在的不利影响大多可以减小到最低限度。若投资不足或对策不落实，则将影响三峡工程的有效运行和效益的发挥，阻碍库区社会经济发展，加剧长江流域生态与环境恶化的趋势。

三峡工程对生态与环境的影响总的评价结论是：三峡工程对生态与环境的影响有利有弊，必须予以高度重视，只要对不利影响从政策上、从工程措施上、从监督管理上以及在科研和投资等方面采取得力措施并切实执行，使其减小到最低限度，生态与环境问题不致影响三峡工程的可行性。

1.3.5.4 工程兴建对生态与环境影响比较敏感的制约因素是移民环境容量

水库淹没范围大，移民数量多，大量移民若全部就近后靠安置，当地环境容量能否承受，关系到库区经济能否持续发展，生态环境能否呈良性循环，移民能否安居乐业的问题，也是决定工程成败的重要问题之一，必须贯彻实行开发性移民方针，努力扩大移民环境容量，必要时将适量移民外迁安置，并在移民迁建过程中注意环境保护问题。

综合上述评价，三峡工程对生态与环境的影响是广泛而深远的，工程的环境效益大，对不利影响采取对策和措施可以减免，生态与环境问题不影响三峡工程建设的决策。

1.3.5.5 生态环境影响的对策措施落实

(1)水环境保护

三峡工程自1994年12月开工以来，国家高度重视库区的生态建设与环境保护，相继制定并实施了《长江上游水污染整治规划》《三峡工程施工区环境保护实施规划》《三峡水库库周绿化带建设规划》等。2001年11月，国务院批复实施《三峡库区及其上游水污染防治规划(2001—2010年)》，将环境保护范围由三峡库区扩展到三峡地区(库区、影响区、上游区)，总面积79万km^2，涉及重庆、湖北、四川、贵州和云南等5省(直辖市)，进一步强化了三峡地区的生态建设和水污染防治工作。在三峡库区移民搬迁安置中，妥善处理了库区移民安稳致富与生态环境保护之间的关系。对不符合环境保护要求的搬迁企业实施了关停并转，对搬迁和新建企业严格按照环保的要求建设污染治理设施。同时，库区迁建城市和县城实施了“雨污分流”措施。另外，对库区网箱养鱼进行了严格控制。此外，国家有关部门加大了对污染的治理监管力度，对未达标排放的单位进行了整治，废水达标排放率显著提高；加大了库区水土保持、退耕还林的投入；加大了“生态家园富民计划”在库区的推广力度；加强了对库区船舶污染的治理力度，并在重要港口建设了污染物接收处置设施。这些措施从源头上对污染源进行了有效治理和控制。

三峡水库蓄水以来库区干流水质保持良好，水质均为Ⅱ—Ⅲ类。库区37条主要支流非回水区水质多为Ⅱ—Ⅲ类，优于岷江、沱江和乌江上游来水，但回水区水质劣于非回水区。库区主要支流富营养状况有所加重，回水区富营养化程度较高，主要分布在长寿、涪陵、丰都和万州。库区主要支流总磷和总氮浓度呈上升趋势，存在爆发水华的可能。

(2)水生生物保护

在长江上游、中游、下游及河口先后建立了长江上游珍稀特有鱼类国家级自然保护区、长江湖北宜昌中华鲟省级自然保护区、长江天鹅洲白鱀豚国家级自然保护区、长江新螺段白鱀豚国家级保护区、长江口中华鲟省级自然保护区，保护对象为中华鲟、白鲟、达氏鲟、胭脂鱼等和珍稀水生动物白鱀豚、江豚，此外还包括一部分长江上游特有鱼类，主要包括圆口铜鱼、长鳍吻鮈、圆筒吻鮈、长薄鳅、厚颌鲂、异鳔鳅鮀、岩原鲤、中华金沙鳅等。

此外，2005年正式启动三峡工程珍稀鱼类保护生态补偿项目“三峡工程珍稀特有鱼类增殖放流”；2006年珍稀鱼类中华鲟、达氏鲟和胭脂鱼放流量超过20万尾，重要经济鱼类放流量达4.5亿尾，以保护长江上游的珍稀特有鱼类和维护三峡水库水域生态系统的完整性。

(3)陆生生态保护

在三峡库区先后建设湖北宜昌大老岭国家森林公园植物多样性保护建设工程、湖北省兴山龙门河亚热带常绿阔叶林自然保护工程和疏花水柏枝和荷叶铁线蕨抢救性保护工程，主要保护亚热带山地天然森林生态系统、珍稀物种和古大树种；保护三峡库区业已保存比较完整的亚热带常绿阔叶林群落及其生态系统、物种多样性和珍稀植物。疏花水柏枝和荷叶铁线蕨是特有种类，具有重要的研究和保护价值，该保护工程通过迁地保护、设施保存、引种回归大自然等多种措施对两个物种进行抢救性保护，确保三峡工程蓄水后两种植物的长期安全生存与繁衍。同时，对库区 199 株古大树种，实行单株保护工程。

(4)文物古迹保护

三峡库区文物保护项目共 1093 处；按地面地下分，地下项目 729 处，地面项目 364 处。地下文物规划勘探面积为 1182 万 m^2，发掘面积为 176 万 m^2。地面文物采取搬迁复建、原地保护、留取资料等保护措施，其中搬迁复建 133 处、原地保护 62 处、留取资料 169 处。在重点项目中，就地保护的有涪陵区白鹤梁题刻原址水下保护工程、忠县石宝寨围堰保护工程、奉节县白帝城、瞿塘峡题刻等；搬迁复建的有云阳县张桓侯庙、忠县丁房阙和无铭阙、巫山县大昌古镇、秭归县屈原祠等。

(5)人群健康保护

在移民搬迁安置过程中，对迁建新址进行了卫生清理，迁建过程中开展了卫生防疫工作，有效保护了库区人群健康。

针对三峡水库蓄水的特点，在原有水库库底清理规范的基础上，有关部门颁布了长江三峡水库库底固体废物清理技术规范，长江三峡水库库底卫生清理技术规范，长江三峡水库建(构)筑物、林木清理规定等。

(6)施工区环境保护

枢纽工程建设期，中国长江三峡开发总公司和各参建单位重视施工区环境保护，主要包括：水质保护、环境空气质量保护、噪声防治、环境卫生与固体废物处理、人群健康保护、生态保护与恢复(水土保持及环境绿化)和文物保护。

(7)长江三峡工程生态与环境监测系统

长江三峡工程生态与环境监测系统包括移民、水质、污染源、水文、局地气候、山地灾害、鱼类及其他水生动物、陆生动植物、人群健康、农业生态与环境、社会环境、施工区监测等 12 个生态环境监测子系统，由长江三峡工程生态与环境监测中心、10 个重点站、5 个实验站、58 个基层站组成。1995 年批准实施建设，1996 年开始监测，其内容覆盖面非常广泛，包括污染源、水环境、农业生态、陆生生态、湿地生态、水生生态、大气环境、地质灾害、地震、人群健康等，监测成果可为长期、全面研究三峡库区的生态环境变化提供基础资料。

附：三峡工程竣工环境保护专项验收

国家环境保护部于 2015 年 8 月印发《关于长江三峡水利枢纽工程竣工环境保护验收的意见》(环验〔2015〕189 号)，验收结论为："长江三峡水利枢纽工程环境保护手续齐全，在实施过程中按照环境影响评价文件及批复要求，建立了环境保护管理体系，制定了配套的环境保护政策法规和技术标准，基本落实了相应的环境保护设施及措施，符合环境保护验收条件，同意通过竣工环境保护验收。"

三峡水库于 2003 年 6 月蓄水至水位 135m，2006 年 10 月蓄水至水位 156m，2008 年 11 月初试验性蓄水至水位 172.8m。运行以来的水环境监测资料表明，水库水质总体良好，达Ⅱ、Ⅲ类水标准，少数库湾水域因水体受污染导致富营养化，曾出现“水华”现象，已采取措施进行防治。

1.3.6 工程泥沙问题不会影响水库长期使用

泥沙问题是三峡工程关键技术问题之一，一直为国内外各界人士所关注。为研究三峡水库的泥沙问题，长江委从 20 世纪 50 年代起开展了工作，70 年代和 80 年代，葛洲坝工程泥沙问题的研究和解决，为三峡工程泥沙问题的研究奠定了基础。1983 年以来，组织了全国高等院校、科研单位的泥沙专家，对三峡工程泥沙问题开展全面深入研究，除进行原型观测调查和数学模型计算外，还在武汉、南京、北京、重庆等地建立 9 座三峡水库变动回水区泥沙模型和 2 座坝区泥沙模型进行试验研究；对水库下游河道冲刷、浅滩演变和对河口的影响等进行深入研究。三峡工程泥沙问题通过原型观测调查、数学模型计算和实体模型试验相结合的研究途径，已取得一些创新性研究成果。

长江水量丰沛，含沙量较小，三峡坝址多年平均含沙量为 1.19kg/m^3，多年平均悬移质输沙量 5.26 亿 t，推移质输沙量约 860 万 t，卵石约 76 万 t。三峡水库位于山地峡谷之中，呈狭长条带形。奉节以东库段的水面宽度一般为 500～900m，奉节以西库段的水面宽度一般为 1200～1600m，少数库段最宽为 2000m，整个水库没有“大肚子”库段，这在国内外的大型水库中是很少见的。三峡水库的特点使其具备了应用“蓄清排浑”方式的优越条件。其一，三峡水库是一座典型的狭长河道型水库，主要是河槽库容，河滩库容所占比例很小，更有利于“蓄清排浑”方式运用；其二，长江的年径流量和洪峰流量都比黄河三门峡水库大得多，而含沙量仅为三门峡的 1/35，既便于汛期大流量“排浑”，也有足够的水量来满足汛末“蓄清”。长江泥沙主要集中在汛期 6—9 月，采用“蓄清排浑”方式，可以使三峡保持大部分有效库容供长期使用。

“蓄清排浑”运用方式的具体做法是：利用大坝设置的泄洪排沙设施，包括位于河床中部的泄洪坝段设置 23 个泄洪深孔，两侧的电站厂房坝段设置 7 个排沙孔和 3 个排漂孔。泄洪深孔底板高程较电站引水孔底高程低 18m，较船闸上游航道底板低 40m，更有利于“排沙”。通过泥沙实体模型试验验证表明冲沙效果良好。汛期上游来沙多时，将坝前水位降至防洪限制水位 145m，泄洪排沙设施的泄流能力达 40000m^3/s 以上，泥沙能较多地排出水库外，减少库区淤积，淤在库内的泥沙也大多在死库容之内。由于整个汛期 6—9 月，只有当入库流量大于下游河道安全泄量时，库水位才从 145m 抬升，拦蓄超额洪水。洪峰过后，又将库水位降至 145m，水库调蓄洪水时淤积在有效库容的泥沙基本可以排除。汛期末来沙少时开始蓄水，库水位逐渐升高至正常蓄水位 175m 运行。12 月至次年 4 月库水位逐渐降落，大坝泄放流量以满足发电和航运的需要，但消落最低库水位不得低于 155m，以保证满足水库变动回水区的航道水深要求。三峡水库采用“蓄清排浑”运行方式，可将汛期库内泥沙淤积限制在降低了的水库水面线以下，可减少库尾段的泥沙淤积，也有利于将泥沙排出库外。

若遇大洪水年份调蓄洪水时，由于水库水位抬高，库内泥沙淤积量将随之增加，并将部分泥沙淤积在有效库容内。但大洪水持续时间不长，待洪水过后，库水位又降至防洪限制水位时，淤积在有效库容内的大部分泥沙将被冲刷(或在第二年汛前及汛期水库处于低水位时被冲刷)，只在稳定河槽宽度以外的滩地上有少量残存的淤积，但这部分泥沙也将随下一年库水位的降低而又部分被冲刷，只有宽河谷库段的滩地上有缓慢的累积性淤积。三峡水库大部分断面较为窄深，库水面宽于 1300m 的滩地不多，仅分布在万县到丰都 150km 库段。因此，也有利于长期保持绝大部分有效库容。根据水库淤积数学模型计算分析，采用“蓄清排浑”运行方式，三峡水库运行 80～100 年后，水库冲淤将基本达到平衡，水库仍能保留 86%的防洪库容和 92%的兴利库容，长期发挥防洪、发电和航运效益。同时，根据 9 座三峡库区泥沙实体模型试验结果，说明采用“蓄清排浑”运用方式，库区航道、港区较建库前有较大改善，个别库段在枯水期库水位消落期水深出现碍航问题，可以辅以航道整治和疏浚措施加以解决。上述计算分析和模型试验结果均未考虑三峡水库上游干支流建设的溪洛渡、向家坝、瀑布沟、亭子口等水库以及正在实施的长江上游水土保持重点防治工程的拦沙效果。若加上上游干支流新建水利水电工程和水土保持工程的拦沙作用，进入三峡水库的泥沙将进一步减少。尽管三峡工程的泥沙问题比较复杂，应给予高度重视，但通过多年来的研究，可能出现的问题已基本清楚，通过采取适当措施可以妥善解决，三峡水库可以长期使用。

1.4 枢纽建筑物技术难点与关键技术

1.4.1 枢纽布置及建筑物

1.4.1.1 枢纽布置

三峡枢纽坝址的特点是：坝基结晶岩的岩性坚硬，基岩完整，坝址虽有断层通过，但倾角较陡，对兴建高坝具有明显的优越性；坝址所在的三斗坪弯道为河谷开阔的右向弯道，其上游为庙河至太平溪左向大弯道，河谷开阔，两岸地形较平缓，左岸为凸岸，有利于船闸布置，泄洪、电站及导流建筑物均可修建在河床和两岸，枢纽布置调整余地较大。

三峡枢纽建筑物包括大坝、电站厂房、通航建筑物和茅坪溪防护大坝等建筑物。根据枢纽建筑物的运行要求，从坝址河段的河势规划，结合坝址的地形、地质条件，设计进行了多种不同枢纽布置方案和建筑物形式的研究和试验，最终的枢纽布置方案有以下特点：

①枢纽泄洪流量大，防洪要求高，上游水位变幅大。泄洪坝段布置在河床中部主河槽，坝身设置表孔、深孔和底孔三层孔口，经施工及运行检验，满足了水库防洪调度、工程防护、水库排沙、排漂、导流、截流等不同功能的要求。

②电站机组容量大，台数多。针对坝址自然条件，从厂房土建工程量、结构、造价、施工运行条件等因素综合考虑，充分利用两岸河滩布置坝后式厂房方案最为经济合理，结合枢纽泄洪建筑物的布置及分期导流的要求，确定了左右岸滩地布置坝后式厂房方案。

③通航建筑物为船闸和升船机，是三峡枢纽的重要组成部分。针对坝址河势特点，从上

下游引航道进出口水力学条件和防止泥沙淤积碍航考虑，通航建筑物的位置选择在坝址河弯凸岸的左岸山坡地形较开阔地带，可自成体系，与河床泄洪坝段及电站厂房布置互不影响，能较好地适应航道进出口水力学条件。

④枢纽工程施工导流流量大，施工期通航要求高，施工导流采用分期导流方式，利用坝址河床中堡岛的有利地形布置纵向围堰，并在其右侧天然河汊(后河)扩宽后布置导流明渠，达到明渠通航条件，左岸布置临时船闸，实现施工期不断航的要求。

⑤枢纽工程对排沙、排漂要求高。从水库排沙考虑，为了保留水库有效库容长期使用，降低电站进水口淤沙高程，要求在低水位时具有较大泄流能力，以利“排浑”和“拉沙”，泄洪深孔进口高程确定为 90m，低于电站进水口高程 108m，有利于排泄进入坝区的粗颗粒泥沙，减少粗沙过机。为了降低电站进水口上游的淤沙高程，在厂房坝段内布置了 7 个排沙孔，便于达到进水口门前清的要求。

电站厂前排漂在汛后或遇较大洪水库水位较高时，漂浮物可由表孔排至下游；汛期水库一般维持防洪限制水位运行，库水位低于表孔堰顶高程 158m，因此，在厂房坝段两端需设置 3 个进口高程在 145m 以下的大型泄洪排漂孔，以兼顾排漂。

1.4.1.2 枢纽建筑物

(1)大坝

1)大流量泄洪消能技术

三峡泄洪消能设施布置兼顾了水库防洪调度、工程防护、水库排沙和排漂等不同功能的要求。大坝按 1000 年一遇洪水流量 98800m^3/s，相应挡水位 175m 设计；校核按 10000 年一遇洪水(流量 113000 m^3/s)加大 10%的流量 124300m^3/s，相应挡水位 180.4m 设计。根据三峡水库防洪调度规划，要求枢纽在汛期防洪限制水位 145m 具有下泄洪水流量 57600m^3/s 的能力；遭遇 100 年一遇洪水(流量 83700 m^3/s)在库水位 166.9m 时，具有下泄洪水流量 70000m^3/s 的能力；遇设计洪水和校核洪水，按敞泄运用，要求枢纽在校核洪水时具有 100000m^3/s 以上的泄流能力。由于枢纽的泄洪量大、上游水位变幅大，大坝泄洪设施需布置深孔以满足低水位时的泄洪要求，设表孔以满足设计洪水和校核洪水泄洪要求。从水库排沙考虑，要求深孔进口高程低于电站进水口高程，并布置相应的排沙设施。综合防洪、排沙、工程防护、厂前排漂等因素，经多方案综合比较，大坝永久泄洪设施采用 23 个深孔、22 个表孔相间布置；表孔下部布置 22 个导流底孔(后期回填混凝土封堵)。泄洪坝段三层孔运行条件复杂，需研究泄洪孔不同运行条件下的体形选择和高速水流下抗空化及防泥沙磨蚀问题；深孔与表孔联合泄洪和深孔与底孔联合泄流时，下游水力衔接及消能防冲等关键技术问题。

①大坝泄洪孔的结构形式及布置

泄洪表孔 22 个，跨缝布置在两坝段之间，堰顶高程 158m，孔宽 8m，设 2 道平板闸门。表孔泄槽布置研究了长隔墩和短隔墩两种布置方案。经试验，表孔与深孔采用沿坝面设长隔墙分开，鼻坎为平滑挑坎，前后错开布置方案。

泄洪深孔布置在坝段中部，进口底高程 90m，孔口尺寸 7m×9m，100 年一遇以下洪水均由泄洪深孔宣泄，同时深孔与导流底孔共同担负三期施工导流及围堰发电期度汛任务。深孔设计水头 85m，孔中流速达 35m/s。针对高速水流下抗空化、掺气减蚀及过流面抗泥沙磨蚀等关键问题，深孔布置研究了有压长管和短管方案，深孔体形研究了不掺气、跌坎掺气和突扩掺气三种方案。经试验论证，确定选用有压短管接明流泄槽跌坎掺气形式，跌坎高度为 1.5m，跌坎后布置通气孔。

导流底孔跨缝布置，承担三期工程施工导截流及围堰挡水发电期间泄流任务。进口高程 56m、57m，孔口尺寸 6m×8.5m，最大运用水头 84m，出口流速达 32.2m/s。由于导流底孔进出口高程低，受下游淹没影响大，底孔下游水流流态复杂，针对导流底孔的布置、过流面高速水流和结构跨缝泥沙磨损等问题，研究了有压短管和有压长管方案。综合考虑结构安全、方便施工，抗磨和水力学条件等因素，选用有压长管、跨缝布置。模型试验成果表明，各孔口水流在泄槽内无扩散及收缩现象，流态较平稳；为避免底孔横缝使高速水流分离形成局部低压区，造成空蚀破坏，对导流底孔进行了跨缝处理，结合二期抗冲耐磨混凝土浇筑，在 6m 宽的底板上部浇筑 1m 厚钢筋混凝土跨缝板。

2003 年以来的运行情况表明，三层孔口布置及体形是合适的。

②大坝下游消能防冲措施

泄洪坝段泄洪消能形式研究了消力戽、底流式、挑流式消能形式。泄洪坝段河床部位闪云斜长花岗岩岩体坚硬完整，地势低，坝下水垫较厚，且挑流形式挑距较远，不影响坝体安全，消能工程量少，结构简单，施工方便，因此永久运行期泄洪深孔和表孔均采用挑流消能形式。导流底孔采用挑面流消能形式。

在围堰挡水发电期间，深孔和底孔联合泄洪时，坝址下游右岸水流回流范围达 70～90m，回流流速达 11m/s，泄洪坝段右侧坝址和下游纵向围堰左侧防冲槽的局部河床冲刷较深。为防止泄洪对电站运行产生不利影响，在坝下泄洪消能区两侧设左、右导墙(结合纵向围堰称为下纵段)；在右导墙左侧设垂直防冲齿墙和防冲隔墩保护，隔断回流，减轻淘刷；右导墙坝基岩面高程 30m 以上部位设置 50m 宽的护坦以预防基岩淘刷。泄 17 号坝段以右坝址基岩裂隙发育部位设置护坦。

2003 年投入运行以来的情况表明，下游淘刷深度均在设计允许范围内。

2)大坝泄洪坝段三层泄流孔口重叠布置，其结构设计难度大

泄洪坝段横缝间距 21m，在同一个坝段内深孔、表孔和导流底孔三层孔口重叠布置，坝体挖空率接近 50%，结构较单薄，在国内尚无先例。

计算分析表明，深孔有压段拉应力达 2～3MPa，拉应力区最大深度达 8.5m，需配置 4～5 层直径 40mm 钢筋。针对泄洪坝段 3 层大孔口存在坝体布置困难、结构受力复杂和孔口应力大的问题，经专题研究，提出减小孔口应力的结构措施如下：

大坝横缝止水后移，高程 85m 以下距坝轴线 1m，高程 89m 以上距坝轴线 3m。横缝止

水后移布置调整以后，利用横缝间水压力，深孔有压段的孔口应力明显减小，有利于钢筋布置。

横缝灌浆：各坝段横缝在高程 110m 以下进行灌浆，以增强大坝整体性和改善孔口应力；经有限元计算分析，横缝灌浆后增大孔口侧壁刚度，侧向变位受到限制，达到减小孔口拉应力的目的。

3)大坝内设电站排沙及排漂孔

大坝泄洪深孔较两侧电站进水口高程低 18m，进入坝前的粗沙，一般沿河床深泓自深孔下泄，电站进水口前能形成冲沙漏斗，不致因泥沙淤积而影响机组发电。设计考虑两岸电站进水前缘较长，为防止进水口淤积和减少粗沙过机组，设置了低高程的排沙孔，并在坝体设置排漂孔，将坝前的漂浮物排至大坝下游。

4)大坝临时船闸坝段封堵改建冲沙闸

临时船闸位于左岸非溢流坝 8 号坝段和 9 号坝段之间，在二期工程施工期间与导流明渠一起承担临时通航任务。临时船闸停止使用后封堵并改建为 2 孔冲沙闸。

①临时船闸坝段封堵技术

临时船闸坝段改建时，临船 2 号坝段上游封堵叠梁门宽 24m，需承担约 70m 水头，巨大水压力作用于位于斜坡上的临船 1 号及 3 号坝段，坝基面应力及门槽部位局部水压应力将产生非常不利的影响。

为确保临时船闸坝段封堵时挡水安全，采取了一系列封构措施：临船 2 号坝段上块坝体混凝土快速施工；在坝体内使用微膨胀混凝土；设横缝受力键槽及跨缝钢筋；斜坡面布置锚筋及接触灌浆系统，并采用锚索加固及排水减压；在门槽二期混凝土内使用硅粉钢纤维混凝土，一、二期混凝土布设钢筋连接。采用了上述综合工程措施后，提高了临船 1 号及 3 号坝段在封堵期间的整体稳定性，坝基稳定应力满足规范要求。

②临时船闸坝段改建冲沙闸

临时船闸改建的冲沙闸承担通航建筑物引航道拉沙冲淤任务，以保证引航道的通航水深。临船冲沙闸布设 2 个冲沙孔，进口底高程 102m，采用压力短管形式，出口设弧形工作门，出口断面尺寸为 5.5m×9.6m(宽×高)。冲沙孔设计冲沙流量 $2500m^3/s$，运用时上游水位 145m、下游水位 63m，上下游水位差超过 80m，明流泄槽的水流流速大于 25m/s，与下游水位呈急流衔接，将对升船机下游航道造成影响。经研究比较，采用在闸室内布置一级消力池加挑坎、出闸室后设整流塘的方案。通过水工模型试验验证，冲沙孔和消能防冲建筑物体形为免空化体形，下游水流流态可满足航道安全稳定要求。

5)大坝坝基封闭抽排技术

大坝河床坝段建基面最低高程为 4m，一般在高程 40m 以下，下游尾水深超过 70m，坝基承受较大的扬压力，对坝体抗滑稳定十分不利。大坝坝基基岩优良，可充分利用坝基排水，有效地消减基础扬压力。计算分析表明：采用封闭帷幕排水方案较常规帷幕排水方案，可减少坝基扬压力约 1/3。此外，左岸厂房 1～5 号坝段和右岸厂房 24～26 号坝段建基岩体缓倾角裂隙相对发育，由于坝后厂房开挖需要，坝体下游面为坡度 54°坡高达 68m 的临空面，对深层抗滑稳定极为不利。因此，综合分析后，确定在左非 17 号坝段至右非 1 号坝段基础设置封闭抽排系统。在大坝上游设基础主帷幕和主排水廊道，左安Ⅲ坝段至右安Ⅲ坝段下游部分设辅助帷幕和下游排水廊道；左岸厂房 1～6 号和右岸厂房 24～26 号坝段基岩内布置了 2～3 层纵向排水洞，并设排水孔幕，利用厂房地基高程 24m 廊道设辅助封闭帷幕和下游排水，以降低坝基岩体和厂房地基的扬压力，提高其稳定性。

大坝采用封闭帷幕排水方案，有效降低了坝基扬压力，减小了坝体断面和混凝土工程量，节省了工程投资。

2003 年大坝挡水运行以来的监测资料表明，扬压力值均小于设计值。

6)大坝两岸岸坡坝段深层抗滑稳定处理

大坝左岸厂房 1～5 号坝段和右岸厂房 24～26 号坝段分别位于左、右岸临江岸坡上，坝基存在倾向下游缓倾角结构面，最大裂隙连通率达到 83.2%，构成了岸坡厂房坝段沿缓倾角结构面的深层滑动稳定问题。

针对岸坡厂房坝段基础沿缓倾角结构面抗滑稳定问题进行了大量地质勘探、科学试验和分析计算工作：

补充进行特殊勘察，采用先进的勘探手段，查清长大缓倾角裂隙结构面的数量、分布位置、产状、分布范围、性状及连通率。

坝基深层抗滑稳定计算采用刚体极限平衡分析方法，并用三维有限元分析及地质力学模型试验验证。

采取一系列工程措施：适当降低建基面高程，坝踵处设齿槽；加大坝体上游底宽，帷幕及排水向上游移动，以充分利用坝前水重；采用控制爆破、预留保护层措施，以尽量减轻爆破施工对建基岩体的损伤；坝基岩体设深层排水洞和排水幕、在左岸厂房 3 号坝段基岩增设一条横向排水洞(高程 26m)，以加强坝基岩体排水；坝基与厂房地基设置全封闭抽排水系统以降低扬压力；大坝与厂房岩坡之间在高程 51m 以下的厂房混凝土与岩坡设锚筋及接触灌浆系统，利用厂房与坝体边坡紧密相靠实现厂坝联合作用；对电站尾水渠一定范围内进行固结灌浆，确保下游抗力体作用；相邻坝段间横缝设键槽并灌浆以提高其整体作用；对临空的高陡边坡进行混凝土支护，坝基岩面出露的长大缓倾角结构面作局部挖槽回填混凝土处理；对建基岩体浅层中缓倾角裂隙及一定深度内已查明的长大中缓倾角裂隙面进行预应力锚索锚固，加强固结灌浆处理，以增强建基岩体的整体性；在钢管坝段预留纵横向廊道，加强对该部位坝基扬压力和坝基变形监测，必要时可进行加固处理。

7)大坝坝内 *HD* 值压力管道结构设计

三峡坝后电站压力管道内径达 12.4m，管道 *HD* 值达 1730m^2。压力管道穿过大坝坝体，单个坝段长 25.0m，若采用坝内埋管，存在对坝体结构削弱大、施工干扰大等突出问题；若采用坝后全背管，*HD* 值压力管道侧向稳定，尤其是抗震稳定问题突出，结构安全难以保证。压力管道的结构形式选择是三峡坝后电站的一大技术难题。

为解决上述问题，研究提出了坝后浅埋钢衬钢筋混凝土新型压力管道，通过开展1∶2大比尺模型试验，并进行多技术方案的数值分析和振动模型试验，成功解决了坝后浅埋钢衬钢筋混凝土管道结构的限裂、温度荷载效应及侧向稳定等关键技术难题。结合数值仿真分析、大比尺模型试验研究成果，在对钢衬钢筋混凝土联合承载机理进行认真分析的基础上，将坝后钢衬钢筋混凝土压力管道的总体安全系数由传统设计的2.2调整为2.0，钢衬、钢筋混凝土结构单独承担内水压力时的安全系数由一般不小于1.1调整为1.2、0.8，运行期测试成果表明，钢衬与钢筋应力相当，实现了钢衬钢筋混凝土完全联合承载，总安全系数取2.0安全而合理。

8)大坝混凝土设计

大坝混凝土除满足强度要求外，还应满足抗渗、抗冻、抗裂、抗冲磨、抗碳化、抗侵蚀性及防止碱骨料反应等耐久性方面的要求。大坝混凝土设计从传统的混凝土强度设计转为按混凝土耐久性与强度并重设计。针对三峡大坝混凝土原材料的特点和对耐久性的要求，在优选混凝土原材料的基础上，通过不同水胶比、不同粉煤灰掺量的多种组合对混凝土配合比进行了力学、热学、变形等全面的性能试验，大坝混凝土按耐久性与强度并重的原则进行设计，经技术经济比较，优选出大坝各部位混凝土配合比。大坝混凝土设计提高耐久性的主要技术措施：选用Ⅰ级粉煤灰，用以减少用水量，节省水泥，降低混凝土温度，减少干缩，改善混凝土性能；选用具有微膨胀性能的42.5强度等级中热水泥，适当提高水泥的MgO含量，利用其膨胀性补偿混凝土降温阶段的体积收缩，提高抗裂性能；选用缓凝高效减水剂，减少人工骨料混凝土用水量，降低水胶比(大坝内部0.55；外部水上、水下0.5，水位变化区0.45；基础0.50)；掺用引气剂，提高混凝土的抗冻等级，大坝内部混凝土为F100，基础混凝土为F150，表部混凝土及其他部位为F250；提高掺粉煤灰质量分数(大坝内部40%，外部30%，基础35%，结构20%)，减少水泥用量；大坝混凝土采用花岗岩人工骨料，虽经多种试验方法检测判定为非活性骨料，但仍对混凝土原材料水泥、粉煤灰、外加剂等的含碱量和混凝土总碱量进行严格限制，按最不利情况即原材料以最大含碱量及大坝混凝土以最高标号(R_{28}250)计算混凝土总碱量最大值为2.3 kg/m^3，未超过控制值2.5 kg/m^3。

(2)茅坪溪防护坝沥青混凝土心墙土石坝

1)茅坪溪防护坝坝型选择

茅坪溪防护坝曾比较了面板堆石坝、碾压混凝土坝、黏土心墙坝、刚性混凝土心墙坝、沥青混凝土心墙坝等方案。为充分利用大坝坝基开挖的风化砂及其石渣混合料，根据料源情况、防渗要求与坝体变形性能等，最终选定沥青混凝土心墙风化砂石渣土石坝。最大坝高为104m，是当时国内最高的直立型沥青心墙坝。

2)沥青混凝土心墙土石坝设计及施工

对沥青混凝土心墙土石坝，我国尚缺少设计及施工经验，又无成熟的计算方法和配合的试验规程，成为沥青混凝土心墙土石坝的设计及施工技术难题。

设计采用非线性有限元和利用室内三轴试验的参数进行沥青混凝土心墙土石坝的应力

应变分析，非线性有限元计算选用国内外常用的邓肯—张 E-μ 模型。三轴试验研究结果表明，E-μ 模型较好地反映了土体应力—应变非线性规律，可作为茅坪溪防护土石坝坝体填料的本构关系模型。沥青混凝土是由矿物骨料、沥青胶结料和孔隙所组成的具有空间网状结构的多相分散体系，由于沥青的黏聚作用，其矿物骨料自身强度远大于沥青的黏结强度，材料的破坏形式更接近于剪切破坏，但仍可认为沥青混凝土是一种散粒体材料，因此可利用土体的本构模型研究沥青混凝土心墙的应力变形特性。通过研究沥青混凝土原材料试验、沥青混凝土物理力学性能试验方法及技术要求，并将沥青混凝土三轴试验的抗剪断强度（φ'、C'）值及模型数 K 值作为沥青混凝土质量指标。研究发现，沥青混凝土是一种弹塑性黏性变形材料，通过试验获得符合客观规律的、精确的沥青混凝土力学性能指标，较其他筑坝材料难度大，同时通过与土石坝其他填料同样的方法所获得的试验数据，也难以准确反映沥青混凝土的性能。鉴于沥青混凝土具有蠕变特性，采用邓肯—张 E-μ 模型分析计算，将沥青混凝土作为弹性材料，存在一定的局限。为此，设计对沥青混凝土心墙采用弹塑性耦合模型进行应力应变分析计算，其模型参数根据室内试验成果，对各级荷载用弹塑性耦合模型对应的弹塑性矩阵计算相应的应变增量，采用优化方法与试验结果拟合后求得，并利用施工期的监测资料，反演分析验证模型参数。设计通过大量试验研究，提出沥青混凝土心墙土石坝施工技术要求和沥青混凝土运输、入仓、摊铺碾压质量检测及评定标准，为茅坪溪防护坝施工提供了技术支撑。

茅坪溪防护坝于 2003 年 6 月竣工并开始挡水，2010 年 10 月蓄水至设计水位 175.0 m 运行。监测成果表明，沥青混凝土心墙应力应变、渗流渗压观测值均较设计计算值小，坝体变形已收敛，茅坪溪防护坝运行正常。实践证明，沥青混凝土心墙土石坝设计安全可靠、先进合理，施工质量优良。

(3)坝后电站

1)电站进水口体形设计

三峡电站单机引用流量为 966m^3/s、压力管道直径为 12.4m，管内流速达 8.0m/s。进口水位变幅大，水头高，受大坝厂房坝段分缝限制，进水口布置在 25m 宽的坝段内，两侧坝体结构厚度仅约 0.5 倍管道直径，边墩宽度比较单薄，传统大孔口（工作闸门孔口面积为引水管道断面面积的 1.4 倍以上，喇叭口进口断面面积为引水管道断面面积的 3.5 倍以上）、双孔口进水口形式存在坝体结构单薄、水头损失大等缺陷。

通过开展大量的模型试验、结构体形优化研究，国内首次将单孔小孔口（工作闸门孔口面积与引水管道断面面积相等，喇叭口进口断面面积为引水管道断面面积的 1.8 倍）进水口新形式应用于三峡电站，并将检修闸门布置在喇叭口进口断面、取消了工作闸门，降低了进水口水头损失、提高了坝体结构的安全度，成功解决了大流量进水口结构形式选择的技术难题。

2)电站巨型机组蜗壳埋设技术

国内外大型水电站蜗壳埋设方式一般分为三种：钢蜗壳外敷设垫层后浇筑混凝土（垫层方案）、钢蜗壳在充水加压状态下浇筑混凝土（充水加压方案）和钢蜗壳外直接浇筑混凝土

(直埋方案)。当时500MW以上机组蜗壳外围混凝土施工均采用充水加压方案。

三峡巨型机组蜗壳的埋设方式进行了系统研究。为解决巨型机组蜗壳外围混凝土结构安全,在不同时期,分别对三种蜗壳埋设方式进行了深入分析,比较选用:左岸电站针对三峡机组蜗壳内水压力变幅大、水温随季节变化温差大的特殊性,成功采用充水保温保压浇筑外围混凝土的新技术;随着科学技术的发展,高科技高质量材料的出现,在右岸电站中,首次将垫层埋设方式运用到700MW水力发电机组中,研究解决了巨型机组蜗壳垫层敷设范围、刚度、厚度及材料性能等问题及技术标准;通过研究,在右岸电站15号机组成功应用"直埋+垫层"的蜗壳组合埋设新方式,解决了巨型机组蜗壳直埋方式外围混凝土开裂对结构刚度的影响和下机架基础变形过大等技术难题。

左、右岸电站26台机组蜗壳有21台采用保压方式埋设,4台采用垫层方式埋设,1台采用直埋加垫层(在进口至45°范围设置垫层)组合方式。三种埋设方式的蜗壳监测成果表明,各项监测值均在设计控制指标内,机组安全,稳定运行。保压和垫层方式埋设的蜗壳应力较为接近,直埋加垫层组合方式略小,均满足设计要求。

三峡巨型机组蜗壳不同埋入方式在电站的成功实施,以及完整设计技术体系与相关技术标准的形成,不同埋设方式的机组成功实施全过程结构动、静力及机组运行参数的系统监测,不仅保证了引水发电建筑物及机组的安全稳定运行,而且提高了我国水电工程设计、施工、科研的综合水平,为巨型机组相关行业规范制订技术标准奠定了基础,推动了我国水电科学技术的进步,对我国大型水电站巨型机组蜗壳埋设方式起到借鉴示范作用,有利于提高我国水电行业走向世界的竞争力。

3)坝后电站厂房上部结构形式

三峡坝后式电站厂房上部结构形式主要受厂房水上、水下结构的整体刚度影响,结构除要满足强度和刚度的要求外,还力求结构与建筑艺术的统一。而影响厂房上部结构高度的主要因素是主厂房内起重设备的选择、布置方式以及机电设备进厂卸货所需的高度。因此,起重设备的选择、厂房上部结构形式对厂房整体刚度的影响是厂房设计必须解决的关键技术问题。

通过多方案技术经济比较论证,最终首次在三峡电站中采用双层桥机布置方案,即大桥机布置在下层、小桥机布置在上层。该布置方式不仅经济,而且提高了大桥机运行和主厂房上下游边墙的稳定性,并确定了上部承重结构支承牛腿的位置和形式。

对厂房上部结构的布置,还综合考虑了各研究院校的结构论证方案及建筑方案,最终采用"上、下游实体墙+屋面网架"方案,并采取减小下游副厂房的层数,以增加水下结构混凝土厚度,楼板采用现浇厚板结构,底部3层将尾水闸墩伸入副厂房内,使厚板、闸墩与下游挡水墙形成整体等措施,加强了结构强度、刚度和抗震性能,解决了厂房的整体结构安全等关键技术问题。

4)坝后电站厂房抗振设计

三峡电站700MW水轮发电机组是当时世界上最大的混流式机组之一。在左岸电厂水轮机模型转轮验收时，发现在压力脉动特别高的部分，负荷区压力脉动存在过大值，高部分负荷区压力脉动值过大，水力可能激发电站厂房部分结构发生共振，造成电气设备接线头松动而误停机，甚至对土建结构的安全构成威胁，导致电站不能安全稳定运行。解决厂房激振力引起的共振，是电站厂房安全运行的关键技术问题。

通过中国水利水电科学研究院、大连理工大学、长江科学院和长江设计院的共同研究，对水轮发电机组作用电站厂房的水力激力和相应的主频、电磁力和机械力经过深入分析，以及对电站厂房的整体结构和单元结构的自振特性、结构动力响应等特性的精确计算，结合现场测试的成果对比，提出了主厂房振动控制标准、整体结构柔度控制标准、机组基础变形控制标准、钢构件强度控制标准等，解决了三峡电站厂房运行中的振动安全问题。

(4)地下电站

1)地下厂房布置(含排沙洞布置)

右岸地下电站是三峡电站的组成部分，其布置必然与整个枢纽布置紧密联系。三峡枢纽布置经多年研究，泄洪及电站建筑物设在河床，通航建筑物布置在左岸。因此，右岸白岩尖山体就成为布置地下电站的最优厂址。根据白岩尖山体的地形地质条件，以及与右岸大坝和坝后电站的相互关系，对地下电站主厂房位置和形式、排沙洞布置等进行了多方案的研究。

从地质条件、水工布置、施工条件、工程量及运行管理等方面综合比较，通过大量的地下洞室群围岩稳定数值模拟，以及带模型机组水力学模型试验和泥沙模型试验的优化和验证，最终选定的地下厂房布置方案为：主厂房纵轴线桩号为 20＋156m 的全地下式厂房形式，引水和尾水均为一机一洞，采用变顶高尾水洞和地面升压站。三条排沙支洞在进水塔底板以下向左逐渐汇合为一条排沙总洞，并穿越右岸非溢流坝段坝基岩体，从右岸坝后电站安Ⅱ段尾水平台出流。

2)浅埋地下洞室的稳定(含围岩潜在不稳定块体的加固)处理技术

三峡地下厂房开挖尺寸为 311.3m×32.6m×87.3m(长×宽×高)，洞室规模大。地下厂房所处白岩尖山体单薄，可供布置平面范围仅 500m×450m，是世界上山体最小的大型地下电站；地下厂房最小上覆岩体厚度仅 32m、下游侧全线岩体厚度仅 45m，不满足现行规范“主洞室顶部岩体厚度不宜小于洞室开挖宽度的 2 倍”的要求；洞周围岩揭露大中型块体数量达 108 个，其中 9 个块体超过 1 万 m^3，厂房下游边墙 6 个大型定位块体出露面积约占边墙面积的 50%，洞壁块体发育程度和规模远超同类工程。设计中采用了如下综合措施确保洞室围岩和块体的稳定。

①简化地下洞室群的布置

研究采用新型变顶高尾水洞，将调压设施的体形由竖向布置的调压室变为横向布置的尾水洞，以避免设置规模巨大的下游调压室；研究采用长垂直大电流离相封闭母线技术，将主变器移至地面，取消主变洞。这样，使得常规地下电站的主厂房、主变洞、调压室的“三大主洞室”布置形式，简化为只有主厂房的“单洞室”布置形式。

②地下电站大型洞室新的设计理论和设计方法

提出大型地下电站洞室围岩岩体稳定拱设计理论，对基于岩体介质中不同埋深、不同水平应力侧压系数条件下的洞室“稳定拱”进行了系统研究，依据洞室顶拱围岩能否形成具有拱效应的主压应力区(即稳定拱)来判定洞室顶拱能否稳定的设计新理论，揭示了“稳定拱”承载的力学机制，即通过顶拱一定范围内岩体形成具有拱效应的主压应力区，支撑和转移洞室围岩开挖不平衡载荷，形成了根据“稳定拱”确定大型地下洞室最小埋深的设计方法，为解决大型地下洞室浅埋的技术难题提供了依据和方法。基于“稳定拱”的设计理论，提出以洞室顶拱围岩能否形成稳定的压力拱圈来确定主洞室上覆岩体最小厚度的设计方法，并得出三峡地下厂房形成“稳定拱”的最小埋深约为 2/3 倍洞跨，为浅埋大型地下洞室设计提供了理论基础。突破规范要求，建成世界上开挖断面最大、而最小埋深不足 1 倍洞跨的三峡地下厂房。

③减小地下厂房洞室规模

在对洞室岩体结构和围岩力学特性研究的基础上，对控制地下厂房跨度的机组蜗壳部位边墙进行局部扩挖，形成倒悬边墙结构，在满足机组布置、结构厚度及场内交通要求的同时，减小了厂房跨度 3m，有利于提高洞室的整体稳定性。

基于应变能转移与平衡原理，对窄高型尾水管实施掏槽开挖，最大限度地保留尾水管间的“原岩隔墩”，有效降低了厂房全断面开挖高度、限制边墙和底板的回弹变形，改善围岩及支护结构的应力状态，提高了大型洞室整体稳定性。

④洞壁块体加固新技术

传统块体理论未考虑地下洞壁块体边界面上实际应力对块体稳定性的影响，对于三峡地下厂房的大型不利块体，导致加固十分困难。通过有限元数值分析，获得洞室开挖应力调整后块体边界实际存在的压应力状态，在块体稳定计算时，考虑块体边界上 0.4～0.5MPa 法向压应力的阻滑作用，解决了大型块体采用常规措施难以加固的技术难题。

主厂房下游边墙 1 号块体底滑面 f10 为泥化夹层，滑动模式为单滑面，随主厂房开挖、块体出露后，自重工况下，其安全系数仅为 0.58。为保证洞室施工及运行期安全，厂房开挖前，采用混凝土阻滑键对块体实施了超前加固，以提高滑面抗剪强度参数、增强滑面的抗剪能力。

3)地下电站变顶高尾水洞——新型调压设施

三峡地下电站单机容量 700MW、额定水头 85m，额定流量 991.8m^3/s，单个调压室稳定断面面积达 1098m^2(尾水一机一洞方案)，或 1395m^2(尾水二机一洞方案)。为避免设置规模巨大的下游调压室，设计针对尾水系统的布置和结构形式时做了大量的研究，采用理论分析、数值仿真、模型试验和现场测试等手段，深入研究了水轮机安装高程、尾水有压段长度及下游水位三者之间的关系，采用了一种有别于传统的有压洞或无压洞的电站尾水洞形式，具有明满流混合流动的新型尾水洞——变顶高尾水洞，并建立了相应设计理论和设计方法，创建了一种横向布置的调压设施。变顶高尾水洞的工作原理是让下游水位与尾水洞顶任意处衔接，将尾水洞分成有压满流段和无压明流段。下游处于低水位时，水轮机的淹没水深比较小，但无压明流段长，有压满流段短，过渡过程中负水击压力小，所以尾水管进口断面的最小绝对压力不会超过规范的要求。随着下游水位升高，尽管无压明流段的长度逐渐减短，有压满流段的长度逐渐增长，负水击越来越强，直到尾水洞全部呈有压流，但水轮机的淹没水深逐渐加大，而且有压满流段的平均流速也逐渐减小，正负两方面的作用相互抵消，使得尾水管进口断面的最小绝对压力能控制在规范的范围之内。因此，不但可替代常规尾水调压室，还使结构更加安全可靠，经济上更加合理，能保证机组安全运行。

变顶高尾水洞新技术的应用，有效地解决了有压流与明流相互转换时的流态问题，并改善了地下洞室群围岩的稳定。

①带模型机组的水力过渡过程模型试验和现场监测

在国内外首次开展了带模型机的大比尺水、机、电联合过渡过程试验研究，进行各种工况下的大波动、小波动过渡过程试验，定量给出采用变顶高尾水洞形式的机组调保参数，准确反映了调速器主要参数对变顶高尾水洞水力特性的影响，变顶高尾水洞水力特性对机组运行稳定性和调节品质的影响，揭示了变顶高尾水洞在恒定流和非恒定流状态下的水力特性。

为进一步了解变顶高尾水系统的水力特性，施工期沿 31 号机组输水系统布置预埋了各类监测仪器和设备。在机组启动运行期和上游水位首次到达正常蓄水位 175m 运行期，对 31 号机组引水系统及变顶高尾水系统在机组各甩负荷工况下的水力特性进行现场监测。综合分析机组各种甩负荷工况的监测成果，新型调压设施——变顶高尾水系统各项水力参数指标均满足设计要求，并有一定安全裕度。

②过渡过程反演分析及机组稳定控制研究

为了确保该电站机组和输水系统的安全稳定运行，利用调试运行时获得的实测数据，开展水力过渡过程反演分析及机组稳定运行控制研究。通过对实测数据的反演计算、对比分析以及对其他控制工况的预测计算和分析，为三峡地下电站机组导叶启闭规律的优化、调速器参数的整定、机组启动和停机控制策略的制订等提供科学依据。

这种新型调压设施的成功经验，已在国内大型地下电站中推广应用。

(5)船闸

1) 总体设计

船闸总体设计的基本任务是：按照技术先进、工程量和投资合理的原则，对有关船闸技术可行性及与船闸的工程量投资有重大关系的关键技术问题进行研究决策。

根据河道、泥沙冲淤平衡理论，按照水库达到冲淤平衡后的水沙条件，通过深入比选船闸的线路位置，决定将船闸的线路布置在河床左岸的制高点坛子岭左侧，在上下游引航道右侧布置土石隔流堤，将航道与长江主流隔开，在汛期削减泥沙淤积并调整引航道口门区水流条件，形成单独的人工航道。根据三峡泥沙淤积完全不同于下游葛洲坝船闸的特点，通过采用适合于三峡泥沙淤积特点的清淤技术和考虑在必要时进一步加大冲淤能力的预案，解决了急弯河段、复杂水沙条件下船闸的布置，保证了工程的长期使用。

通过对高水头船闸输水技术的研究，确定采用将船闸的总设计水头进行分级，采用连续或分散布置的多级船闸，解决船闸总设计水头 113m 的输水问题。

根据三峡船闸的基础条件，在船闸结构设计中大胆开拓创新，按照船闸结构与岩体联合受力的设计理念，在深切开挖岩槽中保留岩体隔墩，船闸的主要建筑物采用在直立岩坡上浇筑分离式钢筋混凝土薄衬砌墙的结构形式，在为三峡枢纽大量节省工程量和造价的同时，为今后在岩基水利枢纽上修建船闸提供了一种新的轻型结构体系。

船闸总体设计的主要成果，充分反映了三峡船闸自身的技术特点，使三峡船闸建设的技术可行性得以明确肯定，在大量节省工程投资的同时，为各个专项技术达到世界领先水平打下了基础。

2)复杂水沙条件下船闸的布置

船闸的线路总长度近 6.5km，其中要求直线布置的长度近 3.5km。长江在汛期江水的含沙量较大，水流方向与船闸轴线的交角远大于船舶进出船闸的要求，泥沙淤积航线导致碍航，将不能保证船闸的长期正常使用。船闸的正常和长期使用，是船闸设计必须解决的首要关键的技术问题。

船闸上下游引航道布置，按通航水流条件要求，上游引航道中心线由第一闸首向上游延伸 930m 直线段，接弯曲半径为 1000m、圆心角 42°的弯段，再接长 980m 的直线段后，用半径为 1200m 的圆弧段与上游河道连接，上游引航道总长 2113m，口门宽度 220m，航道底宽 180m，底高程 130m。在引航道右侧设置土石隔流堤，将航道与长江主流隔开，在汛期削减泥沙淤积并调整引航道口门区水流条件，形成单独的人工航道。下游引航道中心线从第 6 闸首向下游延伸 930m 直线段，接半径为 1000m、圆心角 54°的弯段，再接长 1380m 的直线段后，用半径为 1200m 的圆弧与下游主河道连接，下游引航道全长 2708m，右侧为土石隔流堤，从升船机下游引航道起算，隔流堤全长 3700m。航道底宽从闸首 128m 逐渐扩宽至 180m，底高程 56.5m，出口口门宽 200m，距坝轴线 4.5km，受枢纽下泄水流和波浪影响较小。通过船闸在靠江一侧修建隔流堤，调整过闸船舶进出船闸的水流条件，减少江水在船闸航线上的泥沙淤积，并加大引航道的有效宽度，做到正常通航与清淤挖泥两不误。配置高效挖泥船对引航道进行清淤，必要时还可利用冲沙闸进行冲沙，并留有在必要时，修建冲沙隧洞的条件，解决了保证船闸正常和长期使用的关键技术问题。

坝区泥沙模型试验成果，水库运行 50～80 年，一般年份碍航淤积量上、下引航道各 100 万 m^3左右，且主要淤积在引航道口门以外。设计采取在引航道口门处设截沙槽或设水（气）帘破坏异重流进入航道，减少淤积；配备自航式高性能挖泥船挖除航道内的淤沙等措施，可保证引航道的通航水流条件。

3)超高水头船闸输水技术

三峡船闸最大水头 113m，大于目前世界上已建船闸最大水头的 2 倍多，为目前世界上规模最大、水头最高的船闸。解决船闸输水，要求闸室在级间平稳输水的时间在 12min 之内。满足闸室高效平稳输水和防止输水系统发生空蚀破坏，是闸室输水的关键技术问题。

在总体设计确定对船闸设计总水头进行分级的基础上，根据船闸上游水位随水库调度，在年际基本稳定、在年内的变化具有明显规律的特点，按照尽可能降低工程的技术难度、节省工程量和造价、运行管理方便、在工程安全可靠的前提下保持工程在技术上的先进性等原则，经对多种分级方式进行研究比较，最终采用了船闸充（泄）水时，全年不需要溢水，只在库水位上升或下降过程中的少数时间进行补水的基本不补不溢的水级划分方式，采用在世界上领先的级与级之间阀门最大工作水头 45.2m 连续的五级船闸方案。

①船闸输水系统布置

三峡船闸级间输水水头 45.2m，远大于世界已建高水头船闸，一次充、泄的最大水量为 23.7 万 m^3，输水时间 12～13min，输水系统防空蚀、声振问题，闸室快速、平稳输水问题以及上、下游引航道通航水流条件问题，成为保证船闸安全运行的关键技术问题。

船闸输水系统采用在闸室两侧对称各布置一条输水主廊道，其中心线距闸墙边线 26.75m；闸室内的出水廊道，对称于闸室水体中心布置，采用 4 区段 8 条分支廊道等惯性的分散出水、出水孔上带消能盖板的形式，保证了闸室输水的快速、平稳。这种布置最大的特点在于即使一侧阀门检修，用单侧廊道进行充、泄水时，闸室出流仍能比较均匀，闸室停泊条件仍能满足要求。为减少闸室泥沙淤积，闸室出流选用顶部出流，借助顶部出水经盖板消能后，在出水孔之间和出水孔与闸墙之间形成水流对冲，扰动泥沙并将泥沙随闸室泄水水流带走，不致淤积；在 8 条分支廊道的首和末各两个出水孔之间设置引水口，需要时可接“V”形钢廊道通向各自防淤部位，在每支钢廊道的两侧及末端布置冲沙孔，为首创的与船闸输水系统相结合的闸室防淤技术。为克服充泄水过程中出现超灌超泄对船闸闸门运行的不利影响，设计采用在齐平水位前动水关闭输水阀门的措施，使阀门全关时刻的闸室内外水位差小于规定值，闸室的超灌超泄值满足小于 0.20m 的要求。末级闸室泄水，泄水隧洞阀门需在闸室与下游水位差约 2.3m 时，即开始不小于 2min 时间内动水关闭阀门，以此控制闸室的水位超降。

②阀门防止空蚀、声振技术

船闸输水主廊道突破以往与船闸结构结合布置的形式，采用在山体内开挖隧洞的形式，在基本不增加工程量的情况下，充分降低阀门段廊道高程，加大输水阀门的淹没水深，作为防止空蚀、声振的主要措施。同时，采用快速开启阀门，门后突扩廊道体形，采用全包式支臂和面板的反向弧形门，阀门后通气等多项先进技术作为辅助措施，使输水系统的效率和运行安全得到了充分保证。对充泄水阀门形式选用反向弧门。为解决充泄水阀门及阀门段的振动和空化问题，设计采取适当降低隧洞阀门段高程，充分满足阀门顶部的最小淹没水深，为防止阀门段产生空蚀和声振提供可靠保障；操作时快速（$t_1=1\sim2$min）开启阀门；阀门后隧洞顶部扩大（1∶10 坡比）及底部扩大的体形；门楣设置负压板自然通气等措施，防止阀门区产生空化气蚀，以保证输水隧洞及充泄水阀门安全运行。

通过采用适应工程不同运行水位特点的水级划分方式，将船闸的总水头分为 5 级，采用防止输水阀门发生空化气蚀的先进技术，使船闸的输水效率和输水的各项水力指标均达到了国际领先水平，解决了超高水头大型船闸闸室输水的关键技术问题。

4)深切开挖高陡边坡稳定及变形控制技术

三峡船闸在深切开挖的岩槽中修建，主体段长1621m，均在闪云斜长花岗岩体中深切开挖修建，形成路堑式双边高陡边坡，位于第二、三闸室两侧约400m长的边坡高度为120～170m，其余边坡高50～120m。闸室边墙部位为高45～68m的直立坡。两侧边坡的最大开挖边坡高度达164m，中隔墩垂直岩坡达67m。针对船闸高边坡具有线路长、高度大；岩体深切开挖，地应力释放；边坡轮廓复杂，且边坡岩体作为闸首及闸室墙体结构的组成部分，其运行工况不同于一般边坡工程等特点，为确保船闸两侧高陡边坡岩体稳定，通过对高边坡进行数值仿真分析、地下渗流场及现场渗透与疏干试验及大规模的现场岩锚试验、岩石力学试验，综合研究岩体在施工过程和长期运行中的力学特性，在对卸荷范围与分区、边坡岩体加固效果、边坡开挖程序、施工期和运行期高边坡的稳定安全状态、边坡岩体地下渗流特性等进行分析研究的基础上，采用以下综合技术，解决了船闸高陡边坡的技术难题。

①对边坡开挖几何形态进行整体控制

按照高边坡能自稳的原则，经分析研究，船闸的开挖断面如下：

船闸边坡在下部开挖形成两条深50～70m、宽37～39m的直立坡闸槽：槽间保留宽度为55～57m的岩体隔墩，槽顶两侧设宽度为15～30m的平台，作为闸顶公路，往上微新岩体坡比1：0.3，弱风化岩体1：0.5，全强风化岩体1：1～1：1.5，按阶梯段高度15m设宽度为5m的马道、局部弱风化顶部的马道加宽至10～15m。

②地下水控制

船闸边坡采用地表截水、防渗和排水与山体内部排水相结合的方式，在两侧山体内各设置7层排水洞，在洞间设置相互搭接的排水孔幕。通过截、防、导、排，尽可能降低边坡地下水位，减小渗水压力。

③对边坡岩体进行系统和随机的加固支护

边坡的加固支护，以岩锚为主，包括预应力锚索加固、锚杆加固及坡面挂网或素混凝土喷护等。

④施工程序与开挖爆破控制

对岩石开挖的程序和施工工艺进行严格控制，同区段两闸槽的开挖高差不得大于一个梯段，在允许条件下尽可能同步开挖。在开挖高程上，要求洞挖超前相应部位明挖20～30m，竖井超前相应部位明挖至少一个爆破梯段。锚固支护施工紧随开挖及时进行。斜坡面采用预裂爆破，马道采用水平预裂，闸墙顶平台预留保护层开挖，直立坡段采用预裂爆破加光面爆破技术。

通过对开挖岩体地质结构、岩石力学数值的分析研究，采用开挖坡形达到整体稳定，岩坡表面喷锚、系统锚杆、随机锚索、对穿锚索、深层与表面排水等措施，保证了岩坡稳定，使高陡边坡岩体变形控制在设计允许范围内。

5)高薄衬砌结构技术

双线五级船闸布设在左岸山体深切开挖槽内,中间为岩体隔墩。闸首及闸室均采用分离结构,其边墙为钢筋混凝土衬砌式新型结构。设计突破了大型船闸通常采用重力式结构的传统,研究提出了衬砌墙与岩体联合受力,保留中隔墩岩体的新型船闸闸墙结构。双线五级船闸在世界上首次采用结构与墙后岩体联合受力的直立高薄衬砌结构的形式,高边坡稳定及闸室结构与岩体的联合受力和控制结构的变形,是船闸结构的关键技术问题。船闸边墙为带锚杆的钢筋混凝土衬砌墙,充分利用墙背的岩体作为支撑,与混凝土结构联合受力,共同承受结构荷载,借助锚杆与岩体联成整体。

①衬砌式闸首关键技术

船闸闸首采用分离式衬砌结构,在国外同类工程中尚无先例,三峡船闸采用这种结构是在经过对工程技术条件深思熟虑之后一种大胆的技术创新。衬砌式闸首边墩结构的体量相对于一般的重力式结构要小得多,自身不能满足结构的稳定性和变形控制要求,必须依靠墙后坚硬的岩体与边墩的混凝土结构联合受力;闸首边墩结构为衬砌结构—锚杆—岩体联合受力的空间结构体系,混凝土结构与岩体接合面具有非线性受力特点,由于三者之间相互约束,结构体系受力条件复杂。经综合研究,衬砌式闸首主要采用了以下技术:

(a)根据混凝土结构温控的要求合理进行分缝分块。

衬砌式闸首采用在人字闸门的支持墙与闸门上游的门龛段之间,设永久横向结构缝,有效降低了结构的温度应力,也使闸门门龛段受力条件与闸室墙相同,使结构简化为闸门支持墙的强度和结构变形的控制问题,主要解决闸首支持墙结构与岩体联合受力的问题。

(b)在混凝土结构与岩体之间设置系统结构锚杆。

支持墙平面尺寸为18.7m×12m,高度近70m,在其背面及下游面布置结构锚杆,形成两者间可靠的共同受力条件。锚杆选用高强精轧螺纹Ⅴ级钢筋。锚杆杆长为9~13m,锚杆间距为1.5m×1.5m。锚杆在跨缝处设置一定长度的自由段,以适应在两者间可能发生的微小相对变形。

(c)墙背设置排水系统。

支持墙与岩体接触面设置高效、可靠的排水系统,严格控制在两者的接触面上墙后地下水位的作用,确保结构与岩体联合工作条件。

②衬砌式闸室关键技术

衬砌闸室墙的厚度更小,根据结构稳定要求,必须借助锚杆与岩体连成整体,充分利用墙背的岩体作为支撑,与混凝土结构联合受力,共同承受结构荷载,从而节省工程投资。衬砌式闸室主要采用以下技术:

(a)合理选定衬砌墙的厚度。

对衬砌墙厚度的研究发现,由于墙后岩体的作用,衬砌墙厚度对墙体的受力条件不起主要作用,闸室薄衬砌墙厚度主要满足设施布置、结构防渗和锚杆在墙内锚固长度的要求。经综合比较,衬砌墙的基本厚度采用1.5m。

(b)对结构合理分缝。

每片闸室墙的最大高度为48m,每级闸室单侧闸室墙长度近300m,根据结构受力条件,同样需进行合理分缝。闸墙纵向横缝的间距一般为12m,输水系统分流口部位为24m,竖向每15m设水平结构缝。

(c)在钢筋混凝土薄衬砌结构与岩体间布置系统结构锚杆。

闸室薄衬砌墙结构锚杆主要由施工期结构的温度应力控制,锚杆长度:中下部为8m,中上部为10m,上部为12m。锚杆间距分别为2m×1.5m～1.5m×1.35m,2.0m×1.8m和2.0m×2.0m。锚杆锚入结构混凝土内长度均为1.45～2.05m。锚杆在跨缝处设自由段,以减小锚杆对墙体切向变形的约束,使锚杆在跨缝处的受力条件得到改善。设置自由段能有效减小锚杆对衬砌墙体切向变形的约束,降低锚杆内的剪应力,较大程度改善锚杆跨缝处的应力条件,充分发挥锚杆抗拉强度大而抗剪强度低的特点。

为满足高强结构锚杆在结构混凝土内的锚固要求,锚杆在结构混凝土内设有由螺帽和钢锚板整体组合而成的锚头构造。通过深入调研和室内防腐试验,确定自由段杆体采用喷锌、涂料封闭、外套橡胶管的联合防腐措施。

(d)在钢筋混凝土薄衬砌结构与岩体间设置墙后排水管网。

为减少衬砌墙背的渗水压力作用,墙背与岩体接触面设置排水管网。渗透水压力影响岩体稳定、薄衬砌墙结构和锚杆受力条件。在闸墙后设置一套排水系统,排水管中心距为4m×7.5m(顺流向×竖向),可有效地控制渗水压力。在总长数千米、规模巨大的船闸薄衬砌墙后布置排水系统,在国内外尚属首创。排水系统的形式,经研究选用"井"式布置,能可靠地排除墙后渗水,较大限度地降低墙后水压力。竖向排水管与横向排水管组成"井"式排水系统,其水平排水管可在竖向排水管之间起连通的作用。当某一条垂直排水管被堵塞时,水平排水管可将水导向相邻的竖向排水管进入基础排水廊道,对控制墙后水位的可靠性有较充分的保证。

6)船闸整体运行监控技术研究

船闸设备和船舶过闸的运行工况多,控制复杂,需自动判断运行级数和补水运行,进行大超灌超泄量的抑制和保护及人字闸门的合拢控制与保护。船闸整体运行监控遵循"安全可靠、功能完善、技术先进、操作方便"的原则进行系统研究,船闸设置了集中自动和现地控制两套系统,采用了以下技术:

①船闸的监控系统,按"硬件冗余、软件容错"的原则由集控管理层、现地控制层,以及与之配套的通航信号及广播指挥系统、工业电视监视系统等构成,上下层间采用光纤双环(冗余)以太网络连接。

②研究推导了自动判断船闸级数及补水量计算的数学公式并建立数学模型,编制了运用级数判断程序,自动监测和计算补水量的程序,根据船闸上下游水位自动生成并实施船闸运用级数和补水量控制。

(6)升船机

升船机采用齿轮齿条爬升式垂直升船机。升船机上闸首是船厢室的上游挡水建筑物，为大坝挡水前缘的一部分，顺水流向总长 125m，航槽宽 18m，依次布置有挡水闸门、辅助门、工作闸门，顶部布置闸门启闭机；下闸首是船厢室的下游挡水建筑物，顺流向总长 32.5m，航槽宽 18m，布置有可快速适应变化的双扉下沉式工作闸门、检修门，顶部布置闸门启闭机。上、下闸首之间为船厢室段，装载船舶过坝的承船厢布置在船厢室内，船厢室净宽 25.8m，底部高程 50.0m。

1)升船机的总体布置

三峡垂直升船机比照国内外同类工程具有提升高度大(最大升程 113m)、提升重量大(承船厢结构、设备和水总质量 15780t)、上游水位变幅大(正常运行期 30m)、下游水位变率快和通航条件受河流泥沙淤积、船闸充泄水、枢纽泄流影响等技术特点，其总体布置是升船机设计的关键技术问题。

升船机的线路布置经历了可行性论证和初步设计阶段的升船机与临时船闸并列布置，经多方案的水工模型试验将升船机轴线左移 25m、向左偏移 40°，升船机上游引航道右侧布置总长度 2674m 的隔流堤，在汛期由隔流堤与河床主流隔开，成为独立的人工航道，下游引航道右侧布置总长度 3550m 的隔流堤，以阻隔长江主流，形成静水航道，满足船舶安全通畅地通过升船机所需要的布置尺度和引航道通航水流条件的要求，有效地减少引航道的泥沙淤积。

2)上闸首结构

升船机上闸首基岩的工程地质条件复杂，坝区性状最差的断层 F_{23}、F_{215}、F_{548}、F_{603} 在此交会，不利倾向的结构面较发育，建基面高差达 47m；上闸首受上游水压力及侧向水荷载的双向作用。因此，上闸首的结构形式和稳定是上闸首设计的关键问题。

经过对上闸首的基岩条件、结构受力和变形分析，最终施工期采用 12 块浇筑后期联成整体的 U 形槽结构形式。提出了上闸首的深层抗滑稳定在无类似工程可供参考和无对应规范可遵循的条件下，计算方法、稳定模式和相应安全度的判据；应用有限元方法进行整体稳定分析，物理模型试验论证等多种方法。采取了对上闸首第四段混凝土嵌入岩体，下游 1：0.3的陡坡全面系统锚杆加固；对断层掏槽回填混凝土塞及固结灌浆加固处理；上闸首基础下游 1：0.3 的陡坡布置排水系统等工程措施，以增加上闸首稳定性，从而保证了上闸首运行的可靠性和结构的安全性。

3)塔柱结构

升船机提升船箱设备支承在两侧钢筋混凝土塔柱上。塔柱结构变形与承船厢机构的协调性、局部结构承载力、抗震能力和施工技术等是塔柱设计的关键技术问题。塔柱对称布置在船厢室两侧，每侧由墙—筒体—墙—筒体—墙组成，为高耸薄壁结构，长 119m，宽 16m，高 148.5m，墙与筒体通过联系梁纵向连接，两侧塔柱通过联系梁横向连接。通过顶部两个平台和 7 根跨度 25.8m 的横梁连接两侧塔柱，以增加侧向刚度。根据运行要求，确定了塔柱结构的主要设计参数、设计原则和荷载(风和温度荷载)条件，经多种方法计算分析并通过模型试验的验证。塔柱结构是承船厢及其配套机电设备的承载和固定机构，升船机所有荷载均通过塔柱传至地基。每侧塔柱有2个筒体，筒体呈凹槽形，对称布置齿条和螺母柱，是承船厢和塔柱的连接部位。每侧塔柱顶部设1个机房，布置平衡重滑轮和检修桥机等设备，还布置有控制室、观光平台、交通通道和安全疏散通道等。

升船机经试通航检验，各项实测数据均满足安全运行要求。三峡升船机塔柱的成功设计为类似工程提供了借鉴依据。

4)承船厢结构

承船厢为自承载式钢结构，外形尺寸为132m×23m×10m(长×宽×高)，承船厢内水域为120m×18m×3.5m(长×宽×水深)。承船厢及设备加水总质量约15780t。承船厢上布置的机电设备主要有驱动系统、安全机构、承船厢门及其启闭机械、对接锁锭机构、承船厢纵横导向及顶紧缓冲装置，以及液压和电气控制、供电、消防等设备。承船厢全部设备组成一个统一的设备系统，在集中监控系统的控制下，按设计的工艺流程和规定的动作程序协调动作，以完成升船机的升降运行和安全保护，确保升船机运行安全可靠。

5)升船机主要技术特点与难点

①目前是世界上规模最大的升船机

升船机通过船只规模大——3000吨级；提升质量大——15500t；提升高度大——113m。

②升船机通航条件复杂

升船机通航上游水位变幅大——35m；下游水位变率快——±0.50m/h；通航水位及引航道口门流速受船闸充、泄水，机组调负，枢纽泄洪等影响较大。

③安全可靠性要求高

升船机设计通航船舶为客货轮，任何工况下都不允许发生承船厢坠落、冲顶等承船厢失控事故；各种工况下均须确保船上和运行人员的安全。

④防失衡事故能力强

升船机承船厢专设了防失衡事故装置："长螺母柱—短螺杆"式安全机构；发生承船厢漏水、水超载或沉船等失衡事故时，驱动机构过载，安全机构随即将承船厢锁定在螺母柱上，确保承船厢内船舶及升船机设备安全。承船厢最大防事故能力：承船厢水漏空；对接期间3000吨级的满载船舶在承船厢内沉没。

⑤承船厢升降运行稳定性高

4套齿轮、齿条驱动机构形成承船厢的4个刚性支点；升降过程中，承船厢内水体波动、风载等外界扰动载荷不会影响承船厢稳定运行；发生承船厢漏水事故后，承船厢将由4套刚性的安全机构支承，不会发生不可控的纵向倾斜；4套齿条的制造、安装精度可保证在113m全行程范围内，承船厢4个支承点的高度偏差不大于2mm。

⑥承船厢设备需适应埋件安装误差和塔柱变形

螺母柱、齿条、导轨等不可避免地存在制造、安装误差；在各种载荷作用下，塔柱结构会产生变形、变位；装设在承船厢上的驱动机构、安全机构、导向机构等设备与装设在塔柱上的齿条、螺母柱、导轨之间存在相对变位；承船厢设备必须对承船厢与塔柱之间的各向相对变位具有足够的适应能力，避免运行中卡阻。根据计算，各种工况下，承船厢与塔柱之间的最大纵向相对变位 58mm，最大横向相对变位 57mm；设计中机构对相对变位的适应能力按纵向不小于±110mm、横向不小于±150mm 考虑。

6)升船机关键技术

①升船机采用“墙—筒体—墙—筒体—墙”混合式塔柱结构

升船机塔柱首次采自“墙—筒体—墙—筒体—墙”混合式结构，并提出其结构设计风荷载、温度荷载标准及确定方法；提出高耸塔柱结构抗震设防标准、设计参数及分析方法等。升船机试通航期间，现场实测塔柱各项变形值均在设计允许范围内。

②承船厢设备适应塔柱变形的技术

承船厢上装设的驱动机构、安全机构、对接锁定装置、导向装置等设备，与塔柱上装设的齿条、螺母柱、轨道之间存在相对变位，包括：塔柱结构在各种载荷作用下的结构变形；承船厢结构在变动载荷作用下的结构变形；承船厢结构与塔柱结构的温度变形；齿条、螺母柱、轨道的制造安装误差等。驱动机构与安全机构是齿轮齿条爬升式升船机的核心机械设备：各 4 套，对称布置在船厢两侧；驱动机构采用“齿轮齿条爬升式”，4 套驱动机构由机械同步轴联结；安全机构采用“短螺杆—长螺母柱式”，螺杆通过机械轴与相邻驱动机构的齿轮轴连接；船厢升降时，齿轮、螺杆同步运行；驱动齿轮过载时，船厢由安全机构锁定在螺母柱上。承船厢设备必须对各向相对变位有足够的适应能力，确保承船厢升降无卡阻。以船舶上行通过升船机为例：承船厢由对接锁定装置锁定(驱动齿轮卸载)、承船厢下游门与下闸首卧倒门开启、承船厢与下闸首处于对接状态；船舶自下游引航道驶入承船厢并系缆；关闭承船厢下游门和下闸首卧倒门；解除承船厢与下闸首对接；驱动齿轮预紧、对接锁定装置解锁；驱动系统启动，承船厢上升，至承船厢水位与上游水位齐平，驱动系统停机；对接锁定推出；承船厢与上闸首对接；承船厢上游门与上闸首卧倒门开启；船舶解缆驶出承船厢。

驱动机构适应变位措施：纵向：齿轮宽度小于齿条宽度；横向：由导向架保持齿轮与齿条之间的精准位置，通过四连杆机构实现横向变位；偏斜：由可在竖直平面内转动的托架机构的旋转架实现；扭转：由可在水平面内转动的托架机构的保持架实现。

安全机构适应措施：螺杆支承在两端带球面轴承的撑杆上，撑杆可在水平面内任意方向摆动；螺杆传动轴通过万向联轴节连接，可适应三维空间的变位；螺杆通过导向小车保持与螺母柱同轴。

③承船厢失衡保护技术

承船厢升降期间的失衡保护：承船厢升降期间，若发生承船厢大量漏水事故，驱动机构齿轮超载，载荷检测传感器发出信号，驱动电机停机、制动器上闸，承船厢停止运行；同时，与驱动机构相连的安全机构螺杆停止转动。承船厢升降过程中，当齿轮载荷超过液气弹簧预紧载荷时，液气弹簧油缸活塞产生位移，造成承船厢相对于齿轮的高度位置发生改变，进而造成螺杆相对于螺母柱的高度位置发生改变，即螺纹副间隙改变；随着不平衡载荷的持续增加，螺纹副间隙逐渐减小直至消失，最后螺杆落在螺母柱上，承船厢被安全机构锁定；继续增加的不平衡载荷将由安全机构承担，承船厢处于安全状态。

承船厢对接期间的失衡保护：承船厢对接期间，驱动齿轮卸载，承船厢由锁定装置支承；对接期间发生沉船或水位变化超过 0.6m 时，锁定装置载荷超过其限定载荷，油缸的液压阀件溢流，使对接锁定装置芯轴和安全机构撑杆高度位置改变，进而造成安全机构间隙改变。承船厢对接期间，锁定装置螺纹副间隙大于安全机构，安全机构螺杆将首先与螺母柱接触；超出锁定装置限制载荷的不平衡载荷将由安全机构承担，使承船厢处于安全状态。

④承船厢设备抗震技术

升船机基本地震烈度为Ⅵ度，校核地震烈度为Ⅶ度。地震工况下，承船厢导向装置需承受并可靠传递承船厢与塔柱之间的地震耦合力；导向装置需具有足够的强度、适当的刚度。横导向装置承压条通过碟形弹簧组与导向架连接；导向架通过液压油缸与船厢结构连接。纵向导向与顶紧机构安装在“弯曲梁”的两端，“弯曲梁”中部通过刚性支座与船厢横梁连接；两端通过地震阻尼器与船厢纵梁连接。

⑤承船厢沿程无极锁定技术

升船机上、下游均有很大的水位变幅，承船厢对接装置需具有沿程无极锁定功能。对接锁定结构形式采用可开合的旋转螺杆式，安装在安全机构螺杆上方，与安全机构共用螺母柱。承船厢升降过程中，两半螺杆在机械弹簧作用下处于闭合状态，螺纹副有 70mm 的间隙；船厢与闸首对接期间，两半螺杆在油缸液压力作用下处于撑开状态，上、下螺纹面与螺杆接触，锁定载荷由闭锁的油缸传递至安全机构。

⑥“机械同步＋电气同步”控制技术

承船厢四套驱动机构采用“机械同步＋电气行程同步”方式运行，在任意高度承船厢 4 个驱动点的行程偏差≤±2mm，机械同步轴系统不传递扭矩，仅作为后备安全保障；当某个驱动点的一台电机发生故障时，故障点所需的驱动扭矩由其他电机分担，通过机械同步轴传递；当某个驱动点的两台电机同时发生故障时，电气行程同步控制功能将失效，故障驱动点所需的驱动扭矩由其他三个驱动点电机分担，通过机械同步轴传递；电气行程同步控制功能失效后，可切换为“机械同步、电机出力均衡”方式运行，其余 6 台电机继续驱动承船厢完成升降一次运行。

(7)金属结构

①大坝及电站金属结构

泄洪深孔大推力弧形闸门及止水形式：泄洪深孔数量多、孔口尺寸大、过水历时长、运行操作频繁、水头高且水位变幅大，需在不同时期的不同水位条件下工作，其运行次数之多和历时之长远超出国内外已有的高水头水利工程的泄洪闸门，特殊情况下尚有局部开启要求。为确保闸门结构质量及提高安装进度，闸门结构按纵向分为左、右两块，节间用高强螺栓连接，门叶与支臂、支臂与铰链间均采用螺栓连接，避免现场焊接引起的二次变形。

针对不突扩的门槽体形，闸门顶止水采用固定圆头P形水封和转铰式防射水装置，侧止水为方头P形水封，底侧止水为常规刀形预压式水封。由于转角顶止水和侧止水布置不在同一曲面上，在顶侧止水连接角隅处易发生漏水。在闸门开启过程中橡皮与侧墙摩擦易产生撕裂损坏，为此将顶侧转角止水连接方式由常规现场胶合改为工厂整体模压成型，制成异型连接构件，其与顶止水和侧止水的连接分别在直段胶合，加强顶、侧止水角隅局部的连接强度。选定硬度为邵氏75、扯断强度为28.6MPa的橡胶配方材料，提高了硬度、强度和弹性等综合指标。

无门槽反钩闸门形式：三峡深孔、导流底孔水流流速达到30m/s以上，在过水孔道中设置门槽使得边界条件发生突变，会引起水流流态和边壁压力急剧变化，形成涡流，产生负压，从而导致闸门振动和结构空蚀，而门槽最易遭受空蚀破坏。门槽一旦破坏，就很难修复，将严重威胁建筑物的安全。

设计通过大量的试验研究工作，确定了无门槽的反钩闸门形式，有效地解决了高速水流孔道中的门槽水力学问题。

大型重载定轮门支承方式：

(a)大型重载定轮门支承轮压大，三峡大型重载定轮门静轮压3000kN通过轮压试验(5000kN)及有限元计算分析选择合适的定轮、轨道材料及热处理工艺。确定定轮材料为锻钢35CrMo，轨道材料为铸钢45CrMo，热处理工艺为调质加表面淬火，定轮表面硬度HB300～330，轨道表面硬度HB330～360，淬硬层深度为15mm。

(b)轴承选择，泄洪深孔事故门期望摩阻力越小越好(摩擦系数小于0.01)，因而泄洪深孔事故门轴承选择调心滚子轴承；电站快速门需要摩阻力适中(摩擦系数约0.05)，因而电站快速门轴承选择自润滑球面滑动轴承。为适应闸门变形，轴承可偏转+20°。

(c)定轮密封，泄洪深孔事故门设计工作水头85m，定轮密封如果失效，水或泥沙等杂物有可能进入定轮内部，将造成轴承锈蚀及磨损严重，降低轴承寿命及其机械性能。通过定轮密封试验(1.5MPa)选择合适的密封形式及密封材料，确保定轮密封可靠。定轮密封共设2道，内道为“0”形密封圈，外道为平板橡胶。

引水压力钢管伸缩节形式：

为适应厂坝间的水平位移和不均匀沉陷变位，引水钢管均在此设置伸缩节。由于钢管直径大，为了保证水封运行可靠，对内、外套管制造安装精度和水封填料的品质(耐腐蚀性及抗老化性能)要求较高。据了解，国内一些水电工程采用的套筒式伸缩节在使用一段时间后，水封填料均存在不同程度的泄漏，其原因多是内、外套管制造安装精度不够或者水封填料安装不当或老化腐蚀破坏所致。

三峡引水压力钢管伸缩节形式采用加设内波纹水封的套筒式伸缩节结构，解决了常规套筒式伸缩节水封系统容易泄漏的问题。国内在建的大型水利水电工程电站压力钢管伸缩节已采用波纹管伸缩节形式，保证了引水系统的安全运行。

②通航建筑物金属结构

船闸超大人字闸门结构及其启闭设备：

船闸人字闸门的最大高度为38.5m、单扇门的宽度为20.2m，门的质量850t，最大淹没水深36m，启闭机的启门力2700kN。闸门既要在频繁的反复荷载作用下启闭，保持门体足够的刚度和强度，防止产生裂纹，又要适应闸首的微量变形，以保证刚性止水的效果。巨大的门体自重，加大了保持底枢润滑的难度，巨大的启闭力使常规使用的四连杆大齿轮启闭机，不再具备被采用的可行性。合理设计大型人字闸门及其启闭机成为保证船闸正常运行的关键课题。三峡船闸人字闸门的规模和门面承受的压力均大于世界上已建船闸。解决闸门启闭运行要求的刚度和满足挡水时能适应变形的能力，以及如何处理闸门局部应力集中和大型人字闸门底枢采用加油润滑系统的不可靠，以及大跨度船闸人字闸门采用的卧缸直联式液压启闭机的能力矩曲线与闸门运行的阻力矩曲线相悖和解决闸门的细长推拉杆偏磨问题，是大型船闸人字门关键的技术问题。

(a)优化闸门结构。针对大型人字闸门结构的受力特点、结构的细部处理和在反复荷载作用下材料发生疲劳等问题，引入了低周高应力疲劳的概念，为合理解释在已建高大人字闸门结构产生裂纹的影响原因和如何避免结构出现裂纹提供了理论依据。在深入进行分析和模型试验的基础上，通过对闸门不同的受力部位使用不同型号的钢材料，人字闸门采用主横梁式结构，为了合理设计门页结构的刚度，考虑顶受力特性及疲劳荷载对A、B杆的影响，保证超重人字门底枢可靠的润滑条件，人字闸门的门页采用横梁式结构，主梁采用变宽度翼缘，在门页下游面设两层背拉杆，在主横梁中间截面、端部及边柱的设计中，采用充分利用材料强度，降低应力幅值，提高结构抗疲劳能力的设计方法及技术措施，合理为人字门细长的推拉杆布置支撑等。

(b)提高闸门运行的可靠性。对已往高大人字闸门支、枕垫块挤卡，严重影响A、B拉杆受力的问题采取了相应对策，提高了人字闸门运行的安全性。增加了门轴柱的抗扭刚度，对支、枕垫块的接触形式，改变过去通常采用的同弧半径、面与面的接触形式，改用大曲率半径的线接触形式。首创在船闸底枢轴瓦上使用了自润滑材料，由过去通常采用的压力注油改为自润滑材料，提高了人字闸门运行的安全可靠性，解决了当今世界高大人字闸门底枢采用被动润滑系统不能保证闸门底枢润滑可靠性的问题。

(c)采用大行程卧缸直连式无极变速液压启闭机。通过在启闭机细长的液压油缸尾部设置支撑小轮，调整活塞杆拉门点位置等技术，在世界级船闸人字门中，首次采用了大行程卧直连式无极变速液压启闭机。人字门启闭机的液压系统，以高压大流量比例变量油泵为核心元件，采用二通插阀构成容积式无极调速液压传动系统，保证了人字门启闭机的液压传动系统具有良好的静态和动态响应特性和系统的运行平稳。启闭机采用无极变速运行方式，降低了运行阻力，减小了启闭机规模。在细长油缸尾部增设弹性支承，保证了启闭机运行的安全可靠。

船闸输水阀门及启闭设备：

(a)阀门结构形式。

输水阀门工作水头大，阀门井段水流流态复杂，易产生空化和气蚀，使阀在输水时产生振动。通过不同比尺的水力学模型试验，确定输水阀门采用横梁全包式的结构形式，并对其结构进行优化和验证。经过10多年运行，阀门运行平稳。

(b)阀门底止水。

根据国内外已建船闸输水阀门的运行经验，输水阀门运行频繁，其橡皮止水极易损坏，检查维修、更换困难。为延长止水水封的使用寿命，对止水橡皮的形式和材质进行改进，且将底止水改为刚性底止水。10多年运行表明，刚性底止水运行效果良好。

(c)门楣形式。

输水阀门在开启过程时，阀门面板和门楣间形成很窄的间隙，水流流速高，易产生空化，对阀门面板和门楣产出气蚀破坏，并引起阀门振动。为避免或减弱门楣处的空化，通过实验对门楣结构形式进行优化，并在门楣上设置了通气管。输水阀门在开启过程中，能实现自然通气，有效地抑制空化，对输水阀门面板及门楣起到了保护作用，减小了输水阀门的振动。

金属结构防腐蚀：

三峡工程金属结构及机械设备规模宏大，技术复杂，数量品种繁多，整个三峡工程金属结构质量达27.3万t，为世界同类工程之最。三峡工程之前金属结构常采用普通的油漆进行防腐蚀，如油性类、醇酸、调合漆等，此类防腐蚀材料已不能满足三峡工程金属结构防腐蚀的要求。为此，从1995年起开展了三峡工程金属结构防腐蚀材料、配套性能、涂装工艺等研究，提出了不同环境及工况下的金属结构的防腐材料，配套性能、防腐蚀工艺等涂覆技术，对不同部位的构件分别采用热喷金属和涂料联合防腐，及金属镀层和特殊的不锈钢复合材料。

这些金属结构防腐蚀措施的运用，解决了三峡工程金属结构抗高速水流冲蚀和泥沙磨损条件下的抗蚀材料和涂装工艺问题，以及压力钢管防腐涂层材料、埋件主轨支承表面防腐蚀材料等难题。通过金属的合金化和合理的喷涂工艺，提高了喷涂金属层的耐冲磨性能，确定了三峡水下金属结构阴极保护的设计参数、保护标准、阳极的保护面积、分布与安装方法，提出了水下阴极保护实施的方案及性能指标。

三峡工程金属结构的防腐蚀技术已广泛运用在水工行业及相关行业上，把我国的水利水电行业的防腐蚀技术提高到一个新的水平。

1.4.2 机电工程关键技术

(1)巨型水轮发电机组

1)700MW巨型混流式水轮发电机组

三峡水电站机组经过多方案选择比较，选用了单机容量700MW的巨型混流式水轮发电机组。三峡电站运行方式复杂，与当时世界上已投运的同类机组相比，额定水头相对偏低，需在61～113m水头范围内运行，水头变幅大是同类机组中的世界之最，且过机水流含一定的泥沙、开停机频繁等苛刻的运行条件，既要解决机组安全稳定运行，又要使机组具有先进的能量指标、在运行区内不产生气蚀、尽量减小各运行水头下产生的水力脉动值，使其在可接受的范围内，达到投运时的世界先进水平，成了设计研究的核心重点。

通过对影响水轮发电组稳定运行的因素的分析，有针对性地对机组主要性能参数进行优选匹配、水力设计优化和模型试验验证、制定安全运行的量化标准、划分安全运行区、设置发电机最大容量等，提出了较全面、系统地提高安全稳定运行的措施，解决了水头变幅大的巨型混流式机组水力稳定性问题，特别是高水头部分负荷存在特殊压力脉动带等关键性重大技术难题。研究成果为国内自主研发700MW巨型水轮发电机组奠定了基础，促进了行业的技术进步，并被国内其他大型水电站所采用。

2)水轮发电机组冷却方式、推力轴承

设计还重点研究了巨型水轮发电机的冷却方式、推力轴承等重大技术问题。全电站32台840MVA巨型水轮发电机组中左岸电站14台水轮发电机组全部采用半水冷方式，右岸电站12台机组中有4台机组采用全空冷方式，地下电站6台机组分别采用全空冷、蒸发冷却、半水冷各2台，其中全空冷、蒸发冷却两种方式在840MVA巨型水轮发电机上是当今世界首次采用，是我国自行研发具有自主知识产权的新技术，在一个水电站中采用三种巨型水轮发电机冷却方式是史无前例的。

机组推力轴承的推负荷按60000kN级设计，为当前世界上机组推力轴承最大的推力负荷，超过美国大古力水电站700MW水轮发电机推力负荷47000kN。

(2)水力机械辅助设备

水力机械辅助设施主要包括厂内桥式起重机、油系统、供排水系统、压缩空气系统、水力监测系统等。三峡工程各种水力机械辅助设备规模大，有些设备已突破国内已有的规模。如起吊水轮发电机转子质量约2000t，经比较选用了两台1200/125t桥机同时起吊，单钩起重量为世界之最，且跨度大、提升高度高、调速性能要求严、安全措施和检测手段齐全。三峡电厂共装设6台1200/125t桥机，2台桥机并车起吊，已成功吊装了32台840MVA水轮发电机转子。起吊时同步运行精准、性能良好，满足了工程使用要求，代表了当今桥式起重机设计、制造的先进水平，已在国内水电站桥式起重机上广泛采用。

(3)电气设备

1)三峡电站接入电力系统

三峡电站发出的电力送向何方、输电方式、三峡电站如何接入电力系统，一直是设计研究且必须解决的重大问题。在单项工程技术设计前，工程设计单位参加了上述设计研究工作。经多年的研究论证结果并经国家批准：三峡电站发出的电力、电量主送华东、华中、广东、重庆市等地区；输电方式除送上海、广东地区采用±500kV直流输电外，其他地区采用交流500kV输电；三峡电站采用一级电压500kV交流、18回500kV出线接入电力系统，首端±500kV直流换流站不设在三峡工程枢纽内。

2)电气主接线及主要电气设备选择

电气主接线是将电站范围内各发电单元和输电设备集成起来的一种电气接线,能安全、灵活地将本电站的电力、电量输出及相互交换,决定了该电站运行的安全性、调度灵活性,同时也决定了该电站所用主要电气设备的容量、数量和投资,是水电站电气设计的主体。经综合考虑,结合三峡电站接入电力系统及运行要求,枢纽布置、三峡电站的运行方式、主要设备应达到投运时的世界先进水平等要求,并对如何限制短路电流、设备对周围环境温度的影响等取得设计研究成果的基础上,在国内水电建设中首次采用 500kV 840MVA 三箱变压器、500kV 开断电流 63kA GIS 与 20kV、26kV 大电流封闭母线等主要电气设备。对上述设备的形式、性能参数选择、结构、主要用材、电站内布置和运输方案及应采取的相关技术措施进行重点研究,研究成果用在各主要电气设备招标文件的技术条款中,并作为实现国产化技术引进的依据。

(4)梯级枢纽自动化

1)三峡—葛洲坝梯级枢纽综合自动化

葛洲坝工程是三峡工程的航运梯级,是反调节梯级枢纽。如何控制调度最优,经攻关研究,工程设计提出三峡—葛洲坝梯级进行联合统一调度的建议,即设立梯级调度中心,对三峡—葛洲坝梯级枢纽防洪、发电、航运等进行联合统一调度,实现将梯级枢纽范围内众多的机电和金属结构设施及各子系统,用现代监控、通信技术集成起来,做到监控自如、信息准确及时畅通、安全稳定运行、无人值班少人值守,实现综合效益最大化。

该系统具有监控对象多、涉及面广、功能齐全、可靠性和实时性要求高、技术复杂而先进等特点,共涉及机组 53 台,总装机容量 25115MW 的 5 个电站厂房,4 座 500kV 升压站和 1 座 220kV 变电站,集中控制的各类泄洪、排漂及冲沙闸门共计 75 扇,3 座一级船闸,1 座双线五级连续船闸和 1 座升船机,同时还必须准确、及时收集枢纽控制流域内雨情、水情、气象等信息。系统下设 8 个分系统,根据不同情况在分系统下设相应的子系统。

2003 年投运以来的实践表明,该系统运行情况较好,实现了设计目标。

2)继电保护装置

继电保护装置是保证运行人员、电力系统和设备安全运行的重要设备。快速性、灵敏性、选择性和可靠性是对继电保护的四项基本要求。由于三峡工程具有发电机容量大、单相负荷电流大、定子绕组分支多等特点,定子匝间短路(包括同一分支中的匝间和同一相中不同分支匝间)故障概率比相间短路故障概率要大,对巨型水轮发电机内部故障采用什么继电保护是首次遇到,如何优配好发电机—变压器组的继电保护是需要研究解决的技术难题。这就需要依据不同制造厂设计的水轮发电机,对发电机可能发生的内部故障进行仿真模拟计算,求得中性分支 CT 的设置方式、中性点连接线上 CT 的变比,进行发电机—变压器组的微机继电保护的配置。

(5)电气拖动及控制

三峡“齿轮齿条爬升式”垂直升船机,提升高度 113m、承船厢有效尺寸 120m×18m×3.5m

(长×宽×水深),带水质量 15500t,要求运行平稳;双线连续五级船闸总长 1621m,闸室有效尺寸 280m×34m×5.00m(长×宽×有效水深),设计总水头 113m,运行方式复杂多变,是当今世界通航建筑物复杂之最。

多级连续式船闸具有水头高、水位变幅大、级数多、线路长、设备多且分散等特点,自动化控制系统、电气拖动能否适应船闸多变的运行方式、解决运行级数判断、补水量计算、抑制超灌超泄、防止人字门合拢失败和开通闸等,这些都是关键技术难题。

"齿轮齿条爬升式"垂直升船机驱动力很大,采用多单元的分散驱动装置,需具有高性能的主拖动系统,以实现稳速运行和以低值加减速度制动,电气传动控制系统的控制对象是一个多轴、多点联动的机械系统,被控对象实际上是一个复杂的多变量、多子系统相互耦合的一个复合传动系统,这就必须解决多单元驱动装置的同步运行问题。

实现"齿轮齿条爬升式"、连续五级船闸安全稳定自动化运行必须解决如下问题:a. 升船机、连续五级船闸人字闸门同步电力施动;b. 计算机监控方案;c. 水位和水位差检测及船厢准确停位找点装置、大行程高精度的行程检测装置、船舶探测技术装置等关键技术、监测装置。国内尚无工程经验可借鉴,科研人员经过"六五""七五""八五"攻关及长期的设计研究,对升船机、五级船闸采用"硬件冗余、软件容错""集中管理、分散控制""控制与管理功能分开"等原则构建了计算机监控系统;电气拖动采用交流变频装置、"机械同步"与"电气行程同步"系统;研制了满足上述要求的各种监测装置,工程运行良好。

(6)电站安装进度、充水调试

三峡电站装设单机容量 700MW 混流式水轮发电机组 32 台,国内没有安装过更谈不上有可借鉴的安装经验,三峡电站机组及电气等重大装备具有涉及的交货厂商多、安装单位多、装机进度快等特点,机组的安装进度不仅关系到与土建进度科学合理的衔接,而且关系到各种机电设备交货期等的合理安排,影响到三峡工程建设的总进度和发电效益。这些引起了各方面的重视,也是工程设计必须回答的问题。电站装机进度是一项系统工程,设计研究的关键是确定单元机组安装的直线工期,根据电站已具备的安装条件,研究确定单元机组之间安装必需的过渡期,排出全电站的安装工期,再进一步研究采取什么措施,缩短安装工期。实践表明,工程设计提出的全空冷机组单元直线工期 31 个月,内冷机组的直线安装工期 33 个月基本正确,并创造了一年安装投产 6 台机组水电建设的世界纪录。

电站充水调试是电站投入正式运行前对工程设计、设备制造、安装等全面检验和电站运行的实践准备,按规定,机组调试大纲应该由机电设备安装单位承担。但由于三峡枢纽工程规模大、机电设备类型多,700MW 水轮发电机组等主要设备在三峡工程首次采用,缺乏调试经验;三峡二期工程机电设备安装分为三个标段,由三个单位承担机电设备安装工作,需有统一的规定;电站充水调试涉及电力系统三峡电站首批机组发电相关 500kV 输电线路的验收,线路继电保护、高压(三峡左岸电站)母线继电保护的调试及整定;涉及三峡枢纽梯调的调试;涉及梯调、三峡电站对外通信的调试;涉及三峡左岸电站高压配电装置(GIS)的升压、充电、主变冲击;涉及相关系统的检查验收,如泄洪设备,全电站油、水、气公用系统,全电站

10kV、0.4kV供电系统中与首批机组启动有关部分的检查验收等。另由于机组分批投入调试，还涉及电站充水调试所需的临时厂用电源、供水、消防措施等问题，首批机组启动除编制机组完整的启动调试程序外，充水调试还涉及有关各方的紧密配合。因此，2002年5月，长江设计院编制了《三峡左岸电站系统联合调试大纲》。从分析研究三峡首批机组投入运行应具备的条件入手，经设计研究，提出了符合国内规范和合同要求的“联合调试大纲”及应采取的各种保证措施。三峡水电站充水调试，基本按长江设计院提出的“联合调试大纲”按项目进行调试，取得了良好效果。

(7)消防

消防设施是确保水利枢纽安全运行和最大限度减少火灾损失的重要措施，长江设计院在国内水电工程中首次将其列为一个独立专项进行设计。鉴于三峡工程建筑物多、占地面积大，每个建筑物及生活区都需设消防，各种设施和众多的机电设备消防方案多样等特点，上级明确按一级消防站配置。首先设计研究解决消防总体方案。经多种方案比选，各建筑物为互相独立的消防区，各自设立完整的消防设施；左、右岸各设一个消防指挥中心并兼作消防站，负责整个三峡水利枢纽的消防指挥、火灾接警和出警、救生、消防信息管理、消防培训和宣传等职责。在各消防分区自动火灾报警系统的基础上，在消防指挥中心构建一个具有火灾报警信息采集处理的计算机监控系统、自动广播系统、火灾图像显示系统、调度指挥通信系统等组成的功能齐全、现代化消防管理和调度指挥的计算监控系统。

双线连续五级船闸允许装运有易燃、易爆物品的船只和船队通行，这些船只过船闸时，除对船只自身加强消防措施、船长是第一责任人外，还对双线连续五级船闸消防采取工程措施进行试验研究，采用了人字门加装水喷雾、闸墙设置水幕喷头、移动式泡沫消防车和水炮车、闸墙内设有疏散救生爬梯(完善措施正在研究)等消防和人身安全设施。另外，对三峡工程特有的通航3000吨级船只的大螺母柱齿轮齿条爬升式升船机等建筑物如何消防及事故逃生方案也进行了设计研究，采取了类似措施。

(8)暖通

三峡左岸电站主厂房发电机层净宽34.8m、净高38.7m、长为615.7m，容积约83万m^3，是一个封闭式混凝土构筑物。对于这样的高大厂房，空调如何设计？考虑到机电设备和运行人员的活动空间都在离发电机层楼板高度3m以下的空间，因而在离发电机层楼板高度3m高度以下的空间设置空调是有效的，计算比较之后，决定采用全空调、分层式空调方案。结果表明：分层式空调方案制冷负荷节省25%，空调区的换气次数可达8.32次/时，单位容积的新风量可达1.78m^3·h，优于全室空调0.28m^3·h，对分层空调方案进行了夏季、冬季、过渡季节工况的热态模型试验，解决了分层空调制冷、进风口、循环气流等主要技术问题。

1.4.3 工程施工关键技术

(1)大流量河道深水截流及深水高土石围堰与碾压混凝土围堰

1)大流量河道深水截流技术

三峡工程坝址位于葛洲坝水库内，主河道截流最大水深达60m，居世界已建水利水电工程河道截流之最。截流设计流量19400～14000m^3/s，落差1.24～0.80m。截流施工与长江航运关系密切，截流合龙时机必须考虑明渠通航水流条件，不允许造成长江航运中断。截流河床地形地质条件复杂，花岗岩质河床上部为全强风化层，其上覆盖有砂卵石、残积块球体、淤积层，葛洲坝水库新淤沙在深槽处厚5～10m，深槽左侧呈陡峭岩壁，设计通过大量水工模型试验和多种方案的分析对比，采用上游戗堤立堵截流方案。针对河床覆盖层厚的特点，采取预先对龙口河床平抛石渣块石料及砂砾石料垫底，减小龙口水深的技术措施，有利于防止合龙过程中戗堤坍塌，减少合龙抛投工程量，降低合龙抛投强度。实测截流流量11600～8480m^3/s，居世界截流工程之冠，创造了截流戗堤日抛投强度19.4万m^{3}的世界纪录，安全、优质、高效地实现截流龙口合龙。截流过程中，用实测资料与水工模型实时试验配合，保证了截流成功。大江截流研究了深水截流堤头坍塌机理，拓展了截流水力学领域；采取平抛垫底措施，有效地缓解了深水截流难度。设计围绕深水截流堤头坍塌的成因机理和防范措施，进行了物理模型试验研究并辅以理论分析及数学模型计算。研究成果表明：截流堤头坝塌成因复杂，其中水深大（即戗堤高）是影响坍塌规模的主要因素，从而提出"龙口深水河床预平抛垫底"的有效可行的防范措施，截流实践证明防止堤头坍塌效果良好。为实施平抛垫底方案，研究解决了石渣、块石及砂砾石料在深水动水中抛投到位成型及漂移特性问题，其取得的成果，丰富并完善了施工水力学内容。大江截流为解决截流施工期间的通航问题，运用通航水力学及船模试验，研究了明渠和截流戗堤口门的通航水流条件。通过对截流施工程序的优化，提出了满足设计通航要求的最佳施工方案，保证了大江截流期间长江航运的正常畅通。大江截流成功，表明我国深水截流技术已达到国际先进水平，其中深动水中平抛垫底、堤头坍塌机理研究，以及截流过程中确保航运畅通等主要试验研究成果达到了国际领先水平。

明渠截流是我国第三次在长江上截流，江水由已修建的大坝泄洪坝段设置的22个导流底孔宣泄。明渠截流设计流量10300m^3/s，截流落差4.06m，采用双向进占（上游戗堤以右岸为主，下游戗堤从右岸单向进占）、上下游双戗立堵方案，上游戗堤承担2/3落差，下游戗堤承担1/3落差，控制上下游戗堤口门进占宽度。明渠截流具有施工工期紧迫、合龙工程量大、抛投块体尺寸大、双戗进占配合要求高、进占抛投受水文条件影响显著、截流前准备工作（垫底加糙等）受通航条件限制等施工特性。与国内外同类截流工程相比，明渠截流各项水力学指标均较高，最大单宽能量高于一般截流工程，单堤头抛投强度高，制约因素复杂，存在许多关键技术难题，是当今世界上截流综合难度最大的截流工程。设计采取降低截流难度的技术措施：上下游戗堤龙口分别设置钢架块石笼拦石坎和合金钢网石兜拦石坎；特大块石串、混凝土四面体串、合金钢网石兜串及混凝土四面体内埋废钢铁块，以提高抛投块体稳定性；加强信息跟踪，动态决策。实际截流流量10300～8600m^3/s，上游戗堤承担最大落差1.73m，下游戗堤承担最大落差1.12m。明渠截流在国内首次成功采用双戗堤截流，真正实现了科学化、信息化截流。明渠截流成功，表明我国水利水电工程在双戗堤截流试验研究、理论分析、截流施工控制技术等方面处于国际领先水平。

2)新淤积砂层上修建土石围堰技术

一期土石围堰纵向段迎水面坡脚伸入大江主流，流速达4～5m/s，根据水工模型试验及葛洲坝工程实践经验，确定防冲为“守点顾线”方案，在上、下游转角处设矶头，顺水流向设块石及石碴保护。围堰基础新淤积砂层结构疏松，抗剪强度低，抗冲能力弱，透稳定性差。经分析研究，此淤泥土处在围堰试验段，已有半年至一年时间固结。经计算分析，其密实性及力学指标已有提高，不会产生塑流运动，仅在堰体背水坡脚用石碴压坡，回填反滤层及石碴压重。经运行考验，效果明显。

一期土石围堰防渗结构采用冲击钻造孔形成连续防渗墙，上接土工合成材料，经过三年汛期考验，除坡脚局部有不同程度冲刷外，防渗效果显著，堰体风化沙沉降量趋于稳定，围堰运行安全。

3)深水高土石围堰设计及施工技术

二期上游土石围堰最大堰高82.5m。围堰形式为两侧石碴及块石体，中间风化砂及砂砾石堰体，塑性混凝土防渗墙上接复合土工膜防渗心墙。在河床深槽部位，堰体中间设置两排塑性混凝土墙，两墙中心距6m，墙厚1m，墙顶高程73m，上接土工合成材料。二期上游土石围堰于1997年11月8日大江截流合龙后至1998年汛前修筑至度汛高程，9月15日，围堰全部完工。该围堰施工水深达60m，堰体3/4高度为水中填筑。施工时先填筑两侧的石碴堆石体，背水侧兼作截流戗堤及排水棱体，再填筑中间风化砂并施工塑性防渗混凝土防渗墙，形成防渗心墙。围堰堰体风化砂水中抛填的施工实践表明，对施工水深大于20m的围堰，在堰体两侧已抛填石碴堆石体的情况下，中间风化砂堰体采用汽车端进运料，推土机推入水中填筑进占，施工过程中尚未发现堤头坍塌。水下抛填风化砂密实度较低，采取振冲加密措施，使其干密度达到1.85g/cm^3。因受现有机械所限，其振冲最大深度为30m，其下部填料采用预平抛砂砾石料，水中平抛砂砾石料的干密度达1.9～1.95g/m^3，可满足深水中抛填堰体料的密实度，有利于减小堰体及防渗墙体变形。围堰建成后运行5年，经受最大洪峰流量61000m^3/s的考验，围堰各项监测资料表明运行正常，围堰及基础总渗水量为46L/s，防渗效果显著。

4)三期碾压混凝土围堰快速施工及爆破拆除技术

三期碾压混凝土围堰采用重力式，平行大坝布置，围堰轴线位于大坝轴线上游114m，围堰堰顶高程140m，轴线全长580m，顶宽8m，最大高度121m，最大底宽107m，混凝土总量167.26万m^3。三期碾压混凝土围堰必须在明渠截流后不到半年内建成，工期短，施工强度高，难度大，且为背水一战，为三峡工程建设中的重大技术难题之一。设计研究将围堰分两阶段施工，在一期施工时，先将位于导流明渠过水断面以下的堰基部位高程58～50m的混凝土浇筑完成，缓解后期浇筑强度；围堰迎水侧碾压混凝土设置加水泥浆掺和高效防水剂，提高防渗能力；采用预制廊道方便施工，加快施工进度，减少堰体结构分缝，以便于碾压混凝土快速施工，最大日浇筑强度达21066m^3，日最大上升高度1.2m，月最高浇筑强度47.5万m^3，月最大上升高度28.2m。仅用4个月便浇筑混凝土110万m^3，碾压混凝土围堰完工，满足了三峡工程按期蓄水通航发电的要求。

三期碾压混凝土围堰堰体上部拆除高度30m，拆除混凝土总量18.67万m^3，经设计计算及实体爆破试验，爆破采用两侧堰块超深孔台阶爆破法炸碎和中间堰块洞室爆破法倾倒，将两种爆破方法在同一网络中起爆，并使拆除长480m的围堰堰体按设定的从左至右的顺序依次倾倒。为防爆破振动危及大坝和电站运行安全，经设计计算和试验验证，最终选定围堰拆除爆破装药量191.3t，数码雷管2506发，导爆索1.8万m，爆破网络共分为961段。2006年6月6日16时准时起爆，爆破历时12.888s，堰块均向上游倾倒，拆除爆破取得成功，大坝全线挡水。首次在国内采用“倾倒爆破+深孔爆破”技术，实际各项指标均在安全允许范围内，大坝及电站运行正常。

(2)施工期通航和利用围堰挡水发电

1)施工期通航

在长江上修建三峡工程施工期长、度汛洪水流量大，施工期导流与通航的问题成为三峡工程施工关键技术问题之一。三峡工程施工导流采用“三期导流、明渠通航、围堰挡水发电”方案。第一期围河床右侧，江水从左侧主河道下泄，船舶照常通航；第二期围左侧主河道，江水从右侧的导流明渠宣泄，船舶由明渠和左岸临时船闸通过；第三期围右侧导流明渠，三期碾压混凝土围堰及左岸大坝挡水，水库蓄水至水位135m，双线五级船闸通航和左岸电站发电。导流明渠兼作通航明渠，解决二期工程施工通航问题。明渠布置在右岸(凹岸)中堡岛右侧的后河处，底宽350m，横断面为复合式高低渠，右侧高渠高程58m、宽100m，左侧低渠高程45～50m。明渠中心线全长3410m；左侧为混凝土纵向围堰，全长1191.5m；右侧为右岸边线，全长4040m。明渠具有导流和通航双重功能，而相应的设计流量相差较大，通航要求水流条件严格，导流标准洪水流量下明渠局部冲刷对通航水流流态影响较为敏感，而导流明渠布置受到枢纽布置及施工布置等制约，同时又涉及明渠截流及三期碾压混凝土围堰施工等问题。应用小尺度自航船模和水力学试验相结合的方法，实现了定量的对通航水流条件判断分析和综合评价，保证了通航研究成果的科学可靠性，船模推荐的航线经实船验证是正确的。运用河流弯道效应的理论，明渠采取左低右高的复式断面，调整了渠道内的流速分布，成功地解决了在凹岸修建导流明渠兼作通航明渠的复杂工程技术难题。通过对明渠左侧混凝土纵向围堰上游端头部形式的研究，优化端部形式，成功地解决了混凝土纵向围堰上游端部绕流跌水问题，平顺了进入明渠的水流，克服了端部碍航水流流态对上行船舶航行的影响。用二维数字模拟和三维仿真研究水利工程导流截流问题是成功的，跟踪应用研究解决了主河道截流施工与导流明渠通航的矛盾。通过水力学试验和实船观测运行资料分析，不仅验证了试验研究成果的科学可靠性，也为明渠通航提供了科学依据。1997年11月至2002年10月，导流明渠运行5年的观测资料表明，其设计满足各种条件下的运用。

2)施工期利用围堰挡水发电

三峡工程初步设计安排施工总工期17年，施工导流分三期：施工准备及一期导流施工期5年、二期导流施工期6年、三期导流及后期施工期6年。三期导流施工期，利用三期碾压混凝土围堰与混凝土纵向围堰及左岸大坝共同挡水，水库蓄水至水位135m，左岸电站水轮发电机组开始发电、双线五级船闸通航，工程提前发挥效益。三峡水库于2003年6月1日开始蓄水，6月10日库水位蓄至135m，按设计水位运行。至2006年6月6日，三期碾压混凝土围堰拆除爆破，大坝全线挡水。三峡工程利用围堰挡水，左岸电站共发电1130亿kW·h，双线五级船闸通航，使工程在建设过程中，提前发挥了巨大的经济效益和社会效益。

(3)大坝混凝土温控防裂及高强度施工技术

三峡大坝孔洞多，结构复杂，坝块尺寸大，设计允许大坝基础混凝土最高温度较严，混凝土温控防裂难度大。为防止坝体混凝土裂缝，在总结葛洲坝工程生产7℃预冷混凝土实践经验的基础上，首创在混凝土拌和系统采用骨料二次风冷新技术，控制混凝土出机的温度7℃，制冷系统装机总容量达77049kW，为当今世界规模最大的低温混凝土生产系统。在大坝混凝土施工过程中，采取了如下措施：优化混凝土配合比，提高混凝土抗裂能力；控制浇筑块最高温度，在高温季节或较高温季节浇筑混凝土时，采用预冷混凝土浇筑，降低混凝土浇筑温度，减少胶凝材料，合理安排层厚及间歇期；基础约束区和孔口等重要结构部位混凝土，在设计规定的间歇期内连续均匀上升，防止出现薄层长间歇；基础约束区混凝土在低温季节施工，相邻块、相邻坝段高差控制在设计允许范围内；分期通水和实行"个性化"通水；采用新型保温材料，在模板拆除后，跟进粘贴保温板表面保温等综合温控防裂措施，使大坝混凝土裂缝得到有效控制，混凝土裂缝条数少，无贯穿性裂缝。二期工程施工的大坝混凝土裂缝为0.032条/万m^3。三期工程施工的右岸大坝混凝土(431万m^3)未发现一条裂缝，创造了世界混凝土重力坝筑坝史上的奇迹。2000年混凝土施工创年最高浇筑强度548.0万m^3，月最高浇筑强度55.35万m^3，日最高浇筑强度2.2万m^3，1999—2001年三年混凝土浇筑总量高达1409万m^3，创造了世界水利水电工程大坝混凝土浇筑的最高强度。

(4)船闸特大型闸门及启闭机安装和调试

1)船闸特大型闸门及启闭机安装

双线五级船闸每线自上游至下游，分别设有第一闸首事故检修门与叠梁门、第一至第六闸首人字门、第六闸首辅助泄水廊道工作闸门及上游检修门、第六闸首浮式检修门。输水廊道(隧洞)依次布置有进水口拦污栅，各级输水廊道(隧洞)工作阀门及上、下游检修门。各种闸阀门均布置有启闭机械及电控操作系统。各级闸室均布置有浮式系船柱。在第二、三闸首设有人字门的防撞警戒装置。第一闸首设有起吊事故检修门和叠梁门的2×2500kN双向桥式启闭机及液压自动挂钩梁。船闸共安装73扇闸门(阀门)，总质量3.72万t，安装54台启闭机，总质量4688t。船闸在单机单闸首无水联动调试表明，第一至第六闸首从人字门、反弧门的埋件安装到门体及附件安装，液压启闭机从埋件到油缸总成及液压系统安装主要技术指标都达到了设计要求；人字门从全开到全关的跳动量都在0.4～0.8mm范围内，支枕垫块接触间隙为0.05～0.1mm，反弧门底止水与底槛的安装间隙均小于0.5mm，表明闸门及启闭机安装质量是好的,满足要求。

2)船闸无水和有水系统联合调试

双线五级船闸调试涉及土建、金属结构和机电设备等多个专业,技术要求高且较复杂,设计、施工、运行尚缺乏实践经验。船闸调试分为无水调试和有水调试,无水及有水系统联合调试中,要对启闭机及现地控制设备与集中控制系统等的联合运行性能进行检验和测试,对闸门、阀门、输水廊道的运行性能及水力学、水动力进行监测,对高边坡及船闸建筑物的变形及结构受力状态进行监测。船闸有水调试表明,船闸的设计、施工、设备制造和安装质量是好的。输水系统水力学方面运行工况正常,水工建筑物安全可靠。调试中还验证了初期135～66.0m水位组合下,中间级阀门在46.0m工作水头下,船闸按三级运行是可行的。

三峡工程建设提高了我国水利水电科技水平。三峡工程建成投运表明,我国在大坝高水头、大流量泄洪消能技术,坝体大孔口结构设计及封堵技术,坝基岩体不利结构面处理技术,坝基渗流控制技术,大型金属结构设计、制造及安装技术,巨型水轮发电机组的工程设计、制造及安装技术,大型船闸通航水力学及输水系统关键技术,高陡边坡开挖支护及加固技术,地下电站自动调压尾水洞技术等方面达到国际先进水平。其中多级船闸关键技术、巨型水轮安全稳定运行综合措施的设计研究、大坝混凝土高强度施工及温度控制防裂技术、大流量深水河道截流和深水高土石围堰技术、碾压混凝土围堰施工及爆破拆除技术等为国际领先水平。

1.5 加强监测、优化调度,全面发挥综合效益

2008年试验性蓄水期间,三峡建委办公室组织湖北省、重庆市制定应急预案,采取的处理措施有效,未发生人员伤亡事故,库区社会稳定,保障了试验性蓄水取得成功,发挥了防洪、发电、航运、供水等综合效益。三峡工程抬升蓄水位至175～172.8m,2010—2016年蓄水位连续7年达175m,枢纽建筑物大坝、船闸、电站厂房的变形、渗流、应力变化规律正常,监测值均小于设计计算值;水库地震99.9%都是小于3级的微震和极微震,实测最大震级4.1级,远小于设计预测的5.5级;蓄水所出现的问题均在设计预计之内,符合国内外大中型水库蓄水的一般规律。

2008年8月,国务院长江三峡工程验收委员会枢纽工程验收组对枢纽工程进行正常蓄水(175m水位)验收。验收鉴定结论认为,长江三峡工程枢纽正常蓄水(175m水位)的条件已经具备,同意验收。报国务院批准,三峡工程2008年9月15日开始实施175m水位试验性蓄水,最高蓄水位172.8m;2009年试验性蓄水最高蓄水位为171.43m;2010—2016年连续7年蓄水位达设计正常蓄水位175m。

1992年4月3日,七届全国人大五次会议通过的《关于兴建长江三峡工程决议》指出,“对已发现的问题要继续研究,妥善解决”。三峡建委高度重视,要求三峡总公司、长江委和相关部门认真深入研究三峡工程论证中提出的各类问题,并研究解决措施,在三峡工程建设过程中及工程投入运行后予以实施。

1.5.1 水库水环境保护问题

三峡水库具有水库面积大,库岸线长,沿岸城镇及居民点多,人口密度大的特点。水库水环境保护难度大,任务重。库区移民和城镇迁建加剧植被破坏,水土流失和生态与环境恶化。三峡水库运行水位变幅达 30m,库区水位消落区面积 300km^{2}左右,对库区水环境及水质造成不利影响。国务院已批准《三峡库区水污染防治规划》,需抓紧实施。规划要求严格控制库区各类污染源,抓紧完善城镇污水管网配套,解决污水处理厂和垃圾处理运行经费,提高正常运行效率;控制库区产业发展结构,防止引进高污染、高风险的产业;控制库区城镇发展规模,减轻库区的生态环境压力;积极推进库区及其上游地区农村面源污染防控工作;强化消落带区域的保护和管理,严禁使用农药化肥,研究培育适合消落带生长的高效经济作物,在库区发展生态农业;禁止水库网箱养鱼,组织开展大水体放养,发展水库渔业;开展水华控制技术研究;加快库区周边防护林建设,减小三峡工程投运后对库区生态与环境的不利影响。

1.5.2 库区地质灾害防治问题

三峡库区是滑坡、崩岸等地质灾害频发地区,库区搬迁县城、集镇及居民点和工矿企业大部在库岸边依山傍水兴建,在库岸边又布置公路、桥梁及大量的工业及民用建筑物,出现开挖高切边坡及回填施工等新的地质灾害问题。对三峡库区滑坡、崩岸以及开挖高切边坡等地质灾害防治问题,国家已列专项投资分期进行治理。对三峡水库蓄水引起的诱发地震、滑坡、塌岸、开挖高切边坡等地质灾害,主管部门已建立监测预警系统。在三峡库区总体积40 亿 m^{3}的崩滑体、塌岸点设置专业监测 122 处、群测群防监测 1897 处,分布在库区 20 个县,潜在威胁人口达 30 万。三峡水库正常运行水位变幅达 30m,将引起水库岸坡岩土体条件发生变化,导致一些老崩滑体复活和产生新的崩滑体。鉴于三峡库区地质灾害防治工作直接关系到库区人民生命财产的安全,必须坚持以人为本,防患于未然,继续加强库区地质灾害防治,完善监测预警系统,建立长效机制,进一步建立健全专门机构和应急抢护机制,明确职责,并制定应急预案及防范措施,加强监测,及时发现或预报险情,并组织抢护,确保库区人民财产的安全,做到万无一失。

1.5.3 清水下泄冲刷河道,对长江中下游防洪及航运影响问题

三峡工程蓄水后,水库水位抬高,流速减缓,上游进入水库的泥沙将大量淤积在库内,下泄水流含沙量减少,清水挟沙能力处于不饱和状态,造成对坝下游河道的冲刷,致使荆江河段河势调整加速,崩岸增多,产生新的险工险段,威胁长江堤防安全;河床局部冲刷一些浅滩河段在枯水期出现坡陡流急现象,船舶上行困难,影响通航;荆江河道冲刷,进入洞庭湖的三口分流与分沙量继续缩减,使洞庭湖调蓄长江中游洪水的能力有继续减弱的趋势。三峡工程投运后,清水下泄引起坝下游河道产生长时间、长距离冲刷,对长江中下游河势演变和防洪及航运造成不利影响,国家主管部门已立专项进行研究和治理,以确保长江堤防安全和航运通畅。

三峡工程 2008 年实施 175m 试验性蓄水以来,2010 年至 2017 年已连续 8 年蓄水至

175m水位，通过试验探索，汛期实施中小洪水滞洪调度和提前至汛末蓄水调度，突破了常规的水库“蓄清排浑”运行方式。针对三峡水库的特点，采取汛期坝址沙峰排沙调度和消落期库尾减淤调度，为三峡水库“蓄清排浑”运行探索出新的模式，减少了水库泥沙淤积，且淤积在防洪限制水位以下范围，使水库能长期运用。三峡工程投运以来的监测资料表明：三峡库区滑坡、崩塌等地质灾害经过治理，并建立了监测预报预警，做到了科学防治，取得了良好的减灾防灾效果。今后应进一步加强三峡枢纽建筑物和库区地质地震监测及地质灾害防治的常态化管理，确保枢纽工程和移民工程安全。三峡水库的水质，由于加强了水污染防治工作，库区干流及一级支流水质稳定在Ⅱ—Ⅲ类，支流入库的库湾回水区由于流速变缓而出现富营养化现象，导致有的支流发生“水华”。由于长江的径流量大，稀释能力强，三峡枢纽以下的长江中下游整体水质在蓄水前后无明显变化，总体保持稳定在Ⅱ类、Ⅲ类。但必须看到，水污染防治仍面临严峻的形势，应持续加大环境治理和保护力度，加强长江水系的生态环境管理，进一步改善水库特别是支流库湾的水质，遏制“水华”频发现象，保护长江优质水源。加强库区和坝下游生态系统状况的长期监测，定期开展生态影响阶段性评估。当前，三峡工程以及长江上游干支流已形成梯级水库群，并在进一步建设中，这为最大限度地利用好长江水资源奠定了基础。对长江流域水资源进行科学调控，最大限度地减轻长江流域洪旱灾害，改善水生态环境和充分利用水资源，对保障我国水安全，支撑国家可持续发展和中华民族伟大复兴具有举足轻重的作用。应尽快建立完善统一的调度机制，加强三峡水库与长江中上游干支流水库群联合调度，实现长江水资源利用效益的最大化。三峡工程转入正常运行后后，仍应进一步研究优化调度方案，全面发挥三峡工程的综合效益，为我国经济社会发展做出更大贡献。要加强各建筑物的安全监测，认真分析监测资料，以检验各建筑物设计，为保障工程安全运行提供可靠的技术支撑。对各建筑物应加强检查维修保护工作，防止混凝土面劣化、风化和碳化，延长工程使用寿命，使三峡工程得以长期使用。三峡工程规模巨大、效益显著、“利”多“弊”少，对于三峡工程运行中出现的问题，要认真负责地逐个研究，防范治理，使三峡工程的“利”拓展到最大，而“弊”控制到最小，为长江经济带的持续发展和流域经济社会持续发展做贡献。三峡工程运行对上下游带来的问题要认真研究，并进行治理以防患于未然，使工程长治久安，全面发挥综合效益，成为千秋万代造福长江流域人民的工程。

第2章 三峡枢纽工程设计及建设

2.1 三峡枢纽工程设计

1992年4月3日，第七届全国人民代表大会第五次会议审议通过的《关于兴建长江三峡工程的决议》全文如下："第七届全国人民代表大会第五次会议，审议了国务院关于提请审议长江三峡工程的议案，并根据全国人民代表大会财政经济委员会的审查报告，决定批准将兴建长江三峡工程列入国民经济和社会发展十年规划，由国务院根据国民经济发展的实际情况和国家财力、物力的可能，选择适当时机组织实施。对已发现的问题要继续研究，妥善解决。"至此，兴建长江三峡工程问题已由全国人民代表大会作出最后的决策。

1993年4月9日，国务院总理李鹏主持召开三峡建委第一次全体会议，明确三峡总公司是自负盈亏、自主经营的经济实体，是三峡工程项目的业主，整个工程建设和移民的债权债务归三峡总公司。承担三峡工程设计任务总成的长江委要对业主负责，有偿进行设计。

2.1.1 枢纽建筑物设计标准及设计条件

2.1.1.1 大坝设计标准及设计条件

(1)大坝设计标准

1)工程等级

三峡水利枢纽为一等工程。大坝为一级建筑物；左导墙为一级建筑物；右导墙兼作下游纵向围堰，为二级建筑物；泄洪坝段下游防冲护坦为三级建筑物。

2)洪水标准

大坝设计洪水标准见表2.1.1。

表 2.1.1　大坝设计洪水标准

项目		设计洪水频率(%)	校核洪水频率(%)	备注
大坝		0.1	0.01加大10%	
施工期坝体挡水度汛	底孔封堵前	1	0.5	
	底孔封堵后	0.5	0.2	
左、右导墙防冲保护		1	0.1	
泄洪坝下游护坦		5	1	

3)抗震标准

坝址地质构造相对稳定,为弱震构造环境,地震基本烈度为Ⅵ度。大坝抗震按地震烈度Ⅶ度设防。左、右导墙设计烈度为Ⅵ度,考虑其重要性和检修的难度,按Ⅶ度复核。

4)大坝应力标准

大坝断面设计中,坝体应力采用材料力学方法计算,相应的应力控制标准为:

①基本荷载(正常蓄水位工况)和特殊荷载组合(校核洪水工况),坝基面最大正应力不大于基岩面容许压应力,坝体最大主压应力不大于混凝土容许压应力,最小正应力大于零(计入扬压力)。

②坝体上游面的最小主压应力(不计扬压力)应大于该点水压力的1/4。

③坝体局部区域最大主拉应力不超过混凝土容许拉应力。

④地震荷载工况下,坝体上游面不出现大于0.1MPa的拉应力,单独荷载作用下的主拉应力不大于0.5MPa;左、右导墙建基面不出现大于0.3MPa的拉应力。

有限元法计算坝基应力,其上游面的拉应力区宽度小于坝底宽度的0.07倍或小于坝踵至帷幕中心线的距离。

5)抗滑稳定安全标准

坝基岩体内不存在不利的软弱结构面,坝体抗滑稳定按抗剪断公式进行计算,要求基本组合(设计工况)安全系数不小于3.0,特殊组合(校核洪水工况)时不小于2.5,地震工况时不小于2.3。

坝基岩体内存在不利产状的软弱结构面,抗滑稳定问题应作专门研究和专项审查,包括对计算参数、模型、方法,安全标准以及工程处理等的研究和审定。

6)坝体孔口应力、配筋计算及其安全标准

坝体孔口应力采用三维线弹性有限元法进行计算,并按应力图形法配筋。钢筋混凝土结构抗拉强度安全系数,基本荷载组合为1.65,特殊荷载组合为1.45。钢筋混凝土结构抗裂安全系数为1.25。孔口最大拉应力超过混凝土容许抗裂强度时,结构按限裂设计,并应满足水工钢筋混凝土结构裂缝宽度验算标准。

(2)大坝设计条件

1)工程特征水位及流量

三峡工程特征水位及流量见表 2.1.2。

表 2.1.2 三峡工程特征水位及流量表

		单位	运行期		
			围堰挡水发电期	初期	正常运行期
正常蓄水位		m	135.00	156.00	175.00
防洪限制水位		m	135.00	135.00	145.00
枯季消落低水位		m	135.00	135.00	145.00
20 年一遇洪水	库水位	m	150.70	150.70	157.50
	泄流量	m^3/s	56700	56700	56700
100 年一遇洪水	库水位	m	162.30	162.30	166.90
	泄流量	m^3/s	56700	56700	56700
1000 年一遇洪水	库水位	m			175.00
	泄流量	m^3/s			69800
	下游水位	m			76.40
5000 年遇洪水	库水位	m			175.40
	泄流量	m^3/s			90400
	下游水位	m			80.90
校核洪水万年一遇加大 10%	库水位	m		180.740	
	泄流量	m^3/s	102500		102500
	下游水位	m			83.10

2)坝前泥沙淤积高程

根据泥沙模型试验及研究成果,拟定各坝段坝前泥沙淤积高程:泄洪坝段 88.00m,厂房坝段 108.00m,非溢流坝段 120.00m。

3)坝基岩体物理力学参数

大坝建基岩体为前震旦系闪云斜长花岗岩,坝基岩体物理力学参数见表 2.1.3 和表2.1.4。

4)坝基岩面及坝体混凝土抗剪断参数

坝基岩面常态混凝土与基岩(弱风化下带块状—微风化次块状)结合面的抗剪断参数:

$f'=1.10, c'=1.30\text{MPa}$

表 2.1.3　　大坝建基岩体(石)物理力学参数建议值表

岩石名称	风化分带	岩体结构	抗压强度(MPa)	密度(g/cm³)	变形模量(GPa)	泊松比	岩体抗剪强度		混凝土/基岩抗剪强度	
							f'	c'(MPa)	f'	c'(MPa)
闪云斜长花岗石	新鲜	块状	90～110	2.70	35～45	0.2	1.7	2.0～2.2	1.2～1.3	1.4～1.5
	微风化	块状	85～100		30～40					
		次块状			20～30	0.22	1.5	1.6～1.8	1.0～1.2	1.0～1.2
	弱下	块状	75～85	2.68						
		次块状			15～20	0.23	1.3	1.4～1.6	0.9～1.1	1.1～1.2
	弱上	块状	40～70		5～20	0.25	1.2	1.0		
		碎裂	15～20	2.65	1～5		1.0	0.5		
	强	碎裂	15～20		0.5～1	0.30		0.3～0.5		
	全	散体	1～2	2.55	0.02～0.05		0.8	0.1～0.3		
细粒闪长岩	新鲜	块状	90～110	2.70	35～45	0.2				
	微				30～40					
	弱下	块状	75～90	2.68	20～30	0.23				
	弱上		40～70		5～20	0.25				
		碎裂	15～20	2.65	1～5					
	强	碎裂			0.5～1	0.30				
	全	散体			0.02～0.05					
断层构造 影响带	新鲜	镶嵌	30～90	2.67	10～20	0.22	1.0～1.2	0.9～1.2	0.9～1.1	0.8～1.0
	微		60～80			0.23				
	弱		30～60	2.65	5～10	0.25				
碎裂岩	微		50～70	2.61	10～20	0.23	0.9～1.0	0.8～1.0	0.8～1.0	0.7～0.9
	弱		40～50	2.60	5～10	0.25				
碎斑岩	微风化	镶嵌	50～70	2.58	10～15	0.23	0.8～1.0	0.8～1.0	0.8～1.0	0.7～0.9
糜棱岩		镶嵌	40～60	2.56	5～10	0.25				
		碎裂			0.5～0.1	0.30				
F215软弱岩		碎裂			0.2～0.5					
		散体								
裂隙密集带		镶嵌	80～90		10～20	0.23				

表 2.1.4　　大坝建基岩体结构面抗剪强度参数建议表

岩石名称	结构面类型		抗剪强度		结构面特征
			f'	c'(MPa)	
闪云斜长花岗岩与糜棱岩接触面	硬性结构面	平直光滑面	0.55～0.65	0.05～0.15	小断层面，以3001平硐F11为代表
		平直稍粗面	0.65～0.70	0.15～0.20	小断面，宏观起伏差数毫米到1cm
闪云斜长花岗岩			0.70～0.80	0.20～0.30	一般裂隙面，宏观起伏差数毫米，中型试件起伏差小于0.5cm
		起伏粗糙面	0.80～0.90	0.30～0.50	裂隙面及有擦痕断面，宏观起伏差1～2cm，中型试件起伏差0.5～1.0cm
		极粗面	0.90～1.00	0.50～0.70	卸荷裂面，宏观起伏差大于2cm
	软弱结构面	破碎结构面	0.60～0.70	0.07～0.10	弱风化上带的疏松—半疏松夹层
		夹软弱构造岩面	0.50～0.60	0.05～0.07	F23糜棱岩及NE、NEE向断层胶结不良构造岩
		软弱构造岩	0.25～0.40	0.05～0.10	F215的软弱构造岩，风化强烈，松弱
		泥化面	0.25～0.32	0.03～0.05	较大断层主断面的泥化面及其他含泥的结构面

碾压混凝土抗剪断参数

R_{90}200号　　$f'=1.10$　　$c'=1.20$MPa

R_{90}150号　　$f'=1.00$　　$c'=1.00$MPa

5)混凝土物理力学参数

混凝土物理力学参数见表2.1.5。

表 2.1.5　　混凝土物理力学参数

混凝土标号		200	250	300	400
设计强度(MPa)	轴心抗压	11.00	14.50	17.50	23.00
	轴心抗拉	1.30	1.55	1.75	2.15
	弯曲抗压	14.00	18.00	22.00	29.00
	抗裂	1.60	1.90	2.10	2.55
弹性模量(GPa)		26.00	28.50	30.00	33.00
泊松比		1/6	1/6	1/6	1/6
容重(9.8kN/m^3)		2.45	2.45	2.45	2.45
线膨胀系数(1/℃)		0.85×10^{-5}	0.85×10^{-5}	0.85×10^{-5}	0.85×10^{-5}

2.1.1.2　坝后电站厂房设计标准及设计条件

(1)设计标准

1)工程等级

三峡水利枢纽为一等工程。电站厂房为1级建筑物。

2)洪水标准

电站厂房设计洪水标准1000年一遇洪水,校核洪水标准5000年一遇洪水。

3)抗震标准

三峡工程坝址地质构造相对稳定,为弱震构造环境,地震基本烈度为Ⅵ度。电站厂房设计烈度为Ⅵ度,考虑其重要性和检修的难度,按Ⅶ度复核。厂房结构动力特性及抗震分析根据《水工建筑物抗震设计规范》(DL5073—1997)公式计算时,地面输入水平地震加速度为0.1g,反应谱曲线按规范确定,谱特征周期Tg=0.2s,阻尼比为0.05,β_{max}取2.25,地震主震周期T_0=0.2s,综合影响系数Cz分别取1.0、0.35、0.25。

4)厂房建基面应力标准

①设计工况:设计洪水位175.0m(下游水位76.4m),建基面不允许出现拉应力;压应力小于基岩湿抗压强度的1/10。

②校核工况:校核洪水位180.4m(下游水位83.1m);机组检修P=1%(下游水位73.8m);P=1%+地震(下游水位73.8m);厂房土建已完成未挡水等工况,建基面允许出现不大于0.1～0.2MPa拉应力。

③任何工况下建基面的压应力不得超过基岩的允许抗压强度。基岩的允许抗压强度取其湿抗压强度的1/10。

5)厂房整体稳定安全标准

厂房机组段和安装场各段,设计工况沿建基面抗滑稳定安全系数大于3.0,抗浮稳定安全系数大于1.1;校核工况,抗滑稳定安全系数大于2.5,抗浮稳定安全系数大于1.1。若建基岩体内存在不利产状的软弱结构面,抗滑稳定问题应作专门研究和专项审查,包括对计算参数、计算模型及方法,安全标准以及工程处理措施等的研究和审定。

6)电站厂房孔口应力、配筋计算及其安全标准

电站厂房孔口应力采用三维线弹性有限元法进行计算,并按应力图形法配筋。钢筋混凝土抗拉强度安全系数,轴心受拉、受弯、偏心受拉构件基本荷载组合为1.65,特殊荷载组合为1.45;轴心受压、偏心受压、局部承压斜截面受剪、受扭构件基本荷载组合为1.70,特殊荷载组合为1.55。钢筋混凝土结构抗裂安全系数,轴心受拉、小偏心受拉构件为1.25;受弯、偏心受压、大偏心受拉构件为1.15。孔口最大拉应力超过混凝土容许抗裂强度时,结构按限裂设计,并应满足水工钢筋混凝土结构裂缝验算标准。

(2)电站厂房设计主要参数

1)厂房设计主要参数

①厂房设计水位

厂房设计洪水为1000年一遇洪水，校核洪水为5000年一遇洪水，各种频率上游及下游水位见表2.1.6。

表2.1.6 设计洪水水位与流量关系表

洪水频率P	入库流量(m^3/s)	下泄流量(m^3/s)	围堰挡水发电期		初期运行期		正常运行期	
			上游水位(m)	下游水位(m)	上游水位(m)	下游水位(m)	上游水位(m)	下游水位(m)
5%	72300	71750	135.40	77.00	/	/	/	/
		56700	/	/	150.70	73.80	157.50	73.80
1%	83700	75250	139.80	77.80	/	/	/	/
		56700	/	/	162.30	73.80	166.90	73.80
0.1%	98800	71000	/	/	170.00	76.60	/	/
		69800	/	/	/	/	175.00	76.40
0.02%	109000	90400	/	/	/	/	175.40	80.90
0.01%加大10%	124300	102500	/	/	/	/	180.40	83.10
枯水期平均调节流量		5130	/	/	156.00	62.00	/	/
		5860	/	/	/	/	175.00	62.20

②厂房基础岩体物理力学参数

厂房基础物理力学参数见表2.1.7。

表2.1.7 电站厂房基础岩体物理力学参数

风化程度	岩体结构类型	岩块			岩体				混凝土/基岩抗剪断参数	
		容重(9.8kN/m^3)	湿抗压强度(MPa)	抗拉强度(MPa)	变形模量(GPa)	泊松比	抗剪断参数		f'	c'(MPa)
							f'	c'(MPa)		
新鲜	块状	27.0	90～110	3.5	35～40	0.20	1.70	2.0～2.2	1.25～1.30	1.4～1.5
微风化	块状	27.0	100	3.5	30～40	0.20	1.70	2.0～2.2	1.20～1.30	1.4～1.5
	次块状	27.0	85	2.5	20～30	0.22	1.50	1.6～1.8	1.00～1.20	1.0～1.2

续表

风化程度	岩体结构类型	岩块			岩体				混凝土/基岩抗剪断参数	
		容重(9.8kN/m^3)	湿抗压强度(MPa)	抗拉强度(MPa)	变形模量(GPa)	泊松比	抗剪断参数 f'	抗剪断参数 c'(MPa)	f'	c'(MPa)
弱风化(下)	块状	26.8	80	3.0	25～30	0.22	1.50	1.4～1.6	1.00～1.20	1.0～1.2
	次块状	26.8	75	2.0	15	0.23	1.30	1.4～1.6	0.90～1.00	1.1～1.2

2)电站主要参数

电站主要参数见表2.1.8。

表2.1.8 电站主要参数表

项目	单位	初期	后期	
			地下电站投运前	地下电站投运后
装机容量	MW	18200	18200	22400
保证出力	MW	3600	4990	
单机容量	MW	700	700	700
机组台数	台	26	26	32
多年平均发电量	亿kW·h	700	847	
装机利用小时	h	3960	4650	
电站保证率	%	97	95	
最大水头	m	94	113	
加权平均水头	m	77.1	90	
额定水头	m	80.6	80.6	
最小水头	m	61	71	
相应平均水头的预想出力	MW		18200	

3)电站水轮发电机组主要参数

左岸电站14台水轮发电机组由ALSTOM水电公司(简称ALSTOM)和VGS水电公司制造,分别供货8台和6台;右岸电站12台水轮发电机组由东方电机股份有限公司(简称东电)、哈尔滨电机厂有限责任公司(简称哈电)、ALSTOM制造,各供货3台。

①水轮机主要参数

水轮机采用竖轴、单转轮混流式。左、右岸电站水轮机主要参数见表2.1.9、表2.1.10。

表 2.1.9　　左岸电站水轮机主要参数

名称		单位	水轮机编号	
			1#—3#、7#—9#机（VGS 供货）	4#—6#、10#—14#机（ALSTOM 供货）
转轮名义直径(出口直径)		mm	9400.0	9800.0
运行水头	最大水头	m	113.0	113.0
	额定水头	m	80.6	80.6
	最小水头	m	62.0	62.0
额定出力		MW	710	710
额定流量		m^3/s	995.6	991.8
最大连续运行出力		MW	767.0	767.0
相应发电机 $\cos\varphi=1$ 的水轮机最大出力		MW	852	852
额定转速		r/min	75	75
比转速		m·kW	261.7	261.7
比速系数			2349	2349
吸出高度		m	−5	−5
装机高度		m	57.0	57.0
轴向推力		9.8kN	2050	2920
转轮重		9.8kN	434	445
水轮机总重		9.8kN	3190	3308

表 2.1.10　　右岸电站水轮机主要参数

名称		单位	水轮机编号		
			15#—18#（东电）	19#—22#（ALSTOM）	23#—26#（哈电）
转轮名义直径(出口直径)		mm	9441.4	9600	10248
	最大水头	m	113.0		
	额定水头	m	85.0		
	最小水头	m	61.0		
额定出力		MW	710		
额定流量		m^3/s	941.27	991.8	982.15
最大连续运行出力		MW	767.0		
相应发电机 $\cos\varphi=1$ 的水轮机最大出力		MW	852		
额定转速		r/min	75	71.4	75

续表

名称	单位	水轮机编号		
		15#—18#（东电）	19#—22#（ALSTOM）	23#—26#（哈电）
比转速	m·kW	244.86	249.12	244.86
比速系数		2257.5	2236.5	2257.5
吸出高度	m	−5		
装机高程	m	57.0		
轴向推力	9.8kN	2080	2910	2950
转轮重	9.8kN	473.3	460	440
水轮机总重	9.8kN	3370	3350	3486

②发电机主要参数

左、右岸电站发电机主要参数见表 2.1.11。

表 2.1.11　发电机主要参数

项目	单位	左岸电站		右岸电站		
		VGS1#—3#、7#—9#	Alstom4#—6#、10#—14#	东电 15#—18#	Alstom 19#—22#	哈电 23#—26#
额定容量	MVA	777.8		777.8		
最大容量	MVA	840		840		
最大容量时功率	MW	756		756		
电压	kV	20		20		
电流	A	22453		22453		
功率因数（$\cos\varphi$）		0.9		0.9		
频率	Hz	50		50		
额定转速	r/min	75		75	71.4	75
飞轮力矩 GD^2	9.8kN	450000		450000		
纵轴瞬变电抗 X'_d		0.32	0.315	0.32	0.316	0.301
纵轴次瞬变电抗 X''_d		未提供	0.26	未提供	0.257	0.26
短路比（SCR）		1.2	1.2	1.2	1.2	1.21
效率	%	98.75	98.77	98.75	98.83	98.73
总重	9.8kN	2370	3815	3870	3446	3640
转子重	9.8kN	1710	1833	1690	2041	1971
推力轴承负荷	9.8kN	4050	4100（5800）	4050	5290（5800）	4890（5560）

注：①X'_d 为不饱和值；X''_d 为饱和值；②括号内为推力轴承最大负荷。

4)主变压器参数

主变压器参数见表 2.1.12。

表 2.1.12 主变压器参数

项目	单位	左岸电站	右岸电站
规格	MVA/kV	840/20	840/20
总重	9.8kN	480	494
尺寸(长×宽×高)	m	11.2×8×8	11.275×7.36×7.706
运输重	9.8kN	380	395
运输尺寸(长×宽×高)	m	10.8×3.85×4.9	11.2×3.9×4.9
轨距	m	1505	1505

5)主厂房内桥机主要参数

主厂房内桥机主要参数见表 2.1.13。

表 2.1.13 主厂房内桥机主要参数

项目	单位	大桥机(2 台)	小桥机(2 台)
起重量	9.8kN	主钩 1200/台	100/台
跨度	m	33.0	33.0
起升高度	m	25.0	45.0
起升速度	m/min	1.0	
运行速度(小车)	m/min	10.0	15.0
最大轮压	kN	1200	530
起重机自重	9.8kN	850	165

注:左、右岸电站主厂房内大桥机和小桥机均为 2 台。

2.1.1.3 船闸设计标准及设计条件

(1)船闸设计标准

1)工程等别和建筑物级别

根据《水利水电枢纽工程等级划分及洪水标准》,三峡工程为一等工程。根据《船闸总体设计规范》,船闸级别为一级;引航道为一级。

船闸闸首、闸室、输水廊道等主要建筑物为一级建筑物;充泄水箱涵、导航墙、靠船墩为二级;引航道隔流堤及其他附属建筑物为三级建筑物。

2)洪水设计标准

上游挡水部分洪水设计标准与大坝相同,设计洪水频率为 1000 年一遇,校核洪水频率为 10000 年一遇加大 10%。

3)抗震设防标准

经国家地震局地震烈度评定委员会鉴定,三峡地区地震基本烈度为Ⅵ度。

4)稳定应力控制标准

①整体稳定安全系数

(a)建筑物稳定安全系数。

船闸各水工建筑物抗滑、抗倾、抗浮稳定安全系数控制标准见表2.1.14。

表2.1.14 建筑物稳定安全系数表

建筑物等级	抗滑稳定				抗倾稳定		抗浮稳定
	抗剪断		抗剪		基本组合	特殊组合	
	基本组合	特殊组合	基本组合	特殊组合			
1级	3.0	2.5	1.1	1.05	1.6	1.5	1.1
2级	3.0	2.5	1.05	1.0	1.5	1.4	1.1
3级	3.0	2.5	1.05	1.0	1.5	1.4	1.05

(b)岩体边坡稳定安全系数。

基本荷载组合1.5,特殊荷载组合1.1~1.3。

(c)隔流堤边坡稳定安全系数。

基本荷载组合1.2,特殊荷载组合1.1。

②基底应力控制标准

(a)采用材料力学方法计算。

结构迎水面基底垂直应力不允许出现拉应力;结构背水面基底允许出现不大的垂直拉应力,且拉应力范围不得影响结构整体稳定要求。

(b)采用有限元方法计算。

结构迎水面基底垂直拉应力区宽度不大于建基面相应宽度的0.07倍,或拉应力区范围不超过防渗帷幕线。

5)通航标准

①船闸规模、尺度

(a)船闸规模。

双线连续五级船闸,设计水平年为2030年,设计年单向货运量(下水)5000万t,船闸及引航道可通过万吨级船队,最大单船3000t。

(b)船闸尺度。

船闸有效尺度为280m×34m×5m(长×宽×槛上最小水深)。上、下游引航道宽度为180m,上游引航道口门底宽220m,下游200m。闸前直线段长度930m。

②船舶尺寸

采用的设计船队见表2.1.15。

表 2.1.15 长江航运主要船队表

项目	船队组成(推轮+驳船)	船队尺度(长×宽×吃水)(m)
目前	1+1500+1000+800	155.2×24.6×2.78
	1+2×1000+800	155.2×22.1×2.6
	1+3×1000	174×22.6×2.6
	1+1000+2×280	136.4×22.1×2.6
	客货轮	84.5×17.2×2.6
规划	1+6×500	126×32.4×2.2
	1+9×1000	264×32.4×2.8
	1+9×1500	248.5×32.4×2.8
	1+6×2000	196×32.4×3.1
	1+4×3000	196×32.4×3.3
	1+4×3000(油轮)	219×31.2×3.3

③通航水位、流量

船闸上、下游通航水位及最大通航流量见表 2.1.16。

表 2.1.16 船闸通航水位计最大流量表

项目		设计指标	备注
通航水位	上游最低水位(m)	145.00	初期 135.00
	上游最高水位(m)	175.00	初期 156.00
	下游最低水位(m)	62.00*	
	下游最高水位(m)	73.8	
最大通航流量(m^3/s)	3000 吨级船队单向通行最大流量	56700	对应上游水位 147.00m
	万吨级船队双向通行最大流量	45000	对应上游水位 145.00m

注:* 三峡工程下游水位受制于葛洲坝库水位,鉴于葛洲坝船闸底槛高程可满足最低库水位 62.0m 运行要求,考虑为三峡电站日调节留有余地,三峡船闸按下游最低通航水位 62.0m 设计,但一般运行条件下,下游通航水位不低于 63.0m。

(2)船闸设计条件

1)闸室及引航道通航条件

①闸室停泊条件。4×3000 吨级船队的允许系缆力纵向为 50kN,横向为 30kN。

②引航道水流条件。引航道口门区(长度 530m)的水流条件,允许流速按现行规范采用,纵向流速不大于2.0m/s,横向流速不大于 0.3m/s,回流流速不大于 0.4m/s。涌浪高度不大于 0.5m。

2)通航净空及风级

①通航净空。最高通航水位 18m 以上。

②通航风级。允许通航风级6级。

2.1.1.4　升船机设计标准及设计条件

(1)设计标准

1)工程等别和建筑物级别

升船机设计水平年为2030年,根据《水利水电枢纽工程等级划分及洪水标准》,三峡工程为一等工程。根据《升船机设计规范》,升船机级别为一级;根据《内河通航标准》,引航道为一级。

升船机上闸首和船厢室段塔柱为一级建筑物;下闸首和塔柱顶部机房为二级;引航道隔流堤和上、下游导航及靠船建筑物为三级建筑物。

2)洪水设计标准

上、下闸首设计洪水频率为1000年一遇,校核洪水频率为10000年一遇加大10%。

3)抗震设防标准

经国家地震局地震烈度评定委员会鉴定,三峡地区地震基本烈度为Ⅵ度。

升船机上、下闸首地震的设计烈度为Ⅶ度。

升船机塔柱经论证后,其设防标准遵循现行水工建筑物抗震规范的规定,按"非壅水水工建筑物",设计地震标准定为50年基准期内超越概率为5%,即接近1000年一遇的地震,依据地震危险性安全评价结果,其设防加速度峰值为$0.67m/s^2$。

4)通航标准

①设计船型

单船(客货轮设计载重量3000t):84.5m×17.2m×2.65m(长×宽×吃水深)

船队(排水量1500t货驳单船):109.4×14×2.78m(长×宽×吃水深)

②通航水位、流量

上游校核洪水:180.4m(10000年一遇加大10%)

上游最高通航水位:175.0m

上游最低通航水位:145.0m

上游汛期最高通航水位:171.0m(100年一遇)

上游最大涌浪高:≤±0.50m

下游最高挡水位:83.10m(10000年一遇+10%)

下游最高通航水位:73.8m

下游最低通航水位:62.0m※

下游最大涌浪高:≤±0.50m

下游最大水位变率:约±0.50m/h

注:下游最低通航水位按电站日调节控制的下游水位为63.0m,考虑到下游葛洲坝水利枢纽船闸上闸首的闸槛高程,有降低水位至62.0m运行的条件,故三峡通航建筑物也保留在必要时降

低水位至62.0m运行的条件。但一般运行条件下，下游通航水位不低于63.0m。

通航期内最大通航流量：入库流量不大于56700m^3/s

下泄流量不大于45000m^3/s

③船厢有效尺寸

船厢有效水域尺寸：120m×18m×3.5m(长×宽×水深)

(2)设计条件

1)引航道水流条件

按现行规范，引航道口门区及口门以外长500m、宽200m水域内的水面流速：

纵向流速：$V_{纵} \leqslant 2.0m/s$

横向流速：$V_{横} \leqslant 0.3m/s$

回流流速：$V_{回} \leqslant 0.4m/s$

2)通航净空

最高通航水位以上18m。

包括上闸首检修平台、船厢室段塔柱顶部横向联系结构、下闸首检修桥机轨道梁、下游引航道覃家沱大桥等均满足通航净空的要求。

3)通航风级

允许通航风级6级。

4)船舶进出船厢允许航速

进、出船厢允许航速：≤0.5m/s

5)运行时间

年平均工作天数：335天

日工作时间：22小时

平均日运转次数：18次

6)升船机设计寿命

混凝土结构：100年

金属结构：70年

机械设备：35年

2.1.1.5 茅坪溪防护坝设计标准及设计条件

(1)设计标准

1)建筑物等级

茅坪溪防护坝为碾压式沥青混凝土心墙土石坝，工程等级确定与三峡大坝相同，为一等工程，按一级建筑物设计。

2)洪水标准

防护坝洪水设计标准与三峡大坝相同：设计洪水频率为1000年一遇洪水，相应设计水位同正常蓄水位175.00m；校核洪水频率为10000年一遇洪水加大10%，相应校核水位180.40m。防护坝背水坡采用茅坪溪设计洪水按20年一遇洪水，相应水位114.60m；校核洪水按100年一遇洪水，相应水位107.30m；非常洪水按10000年一遇洪水，考虑调蓄后的水位为114.60m。

3)抗震标准

坝址区场地地震基本烈度为Ⅵ度，防护坝抗震标准与三峡大坝相同，抗震按Ⅶ度设防。

(2)设计条件

沥青混凝土满足设计要求的柔性和有关力学指标见表2.1.17。防护坝填料设计参数见表2.1.18。

表2.1.17　沥青混凝土质量要求表

序号	项目	技术要求	备注
1	密度 g/cm^3	>2.4	
2	孔隙率%	<2	室内马歇尔击实试件
3	渗透系数 cm/s	$<1\times10^{-7}$	
4	马歇尔稳定度 N	>5000	60℃
5	马歇尔流值 1/100cm	30～110	60℃
6	水稳定性	>0.85	
7	小梁弯曲%	>0.8	16.4℃
8	模量数 K	≥400*	室内三轴试验：温度16.4℃；静压10MPa，3分钟
9	内摩擦角°	26～35	
10	凝聚力 MPa	0.35～0.5	

注：①一期工程施工的防护坝高程为140.00m以下部位，设计要求$K=600\sim800$，经对防护土石坝应力应变复核和敏感性分析，K值在400量级时可满足工程安全运行要求；在二期工程施工的防护坝高程为140.00m以上部位招标文件中改为$K\geqslant400$。

②表中序号1～6为沥青混凝土心墙施工质量控制和质量评定的保证项目。

2.1.1.6　地下电站设计标准及设计条件

(1)设计标准

1)建筑物等级

三峡水利枢纽为一等大(1)型工程。地下电站进水口、引水隧道、主厂房洞室、附属洞室、尾水隧洞、尾水平台及地面500kV升压站为一级建筑物。

2)洪水标准

电站进水口、引水隧洞设计洪水标准为1000年一遇洪水，校核洪水标准为10000年一遇洪水加大10%。尾水系统、尾水平台及进厂公路设计洪水标准为1000年一遇洪水，校核洪水标准为5000年一遇洪水。

表 2.1.18　防护坝填料设计参数

填料名称	密度(t/m³)			含水量(%)	容重 9.8 kN/m³	强度与应力应变参数(E_μ邓肯模量)								渗透系数 K_{10} (cm/s)	压缩模量 E_s(0.1—1) (MPa)	压缩系数 a_V(0.1—1) ($MP^{-1}\alpha$)	备注
	干 ρ_d	湿 ρ	浮 ρ_f			c' (MPa)	ϕ' (度)	K	n	D	G	F	R_f				
风化砂	1.9	2.06	1.2	8.6	2.72	0	35	500	0.26~0.5	2.6~2.8	0.22~0.36	0.12~0.2	0.83~0.92	2×10^{-3}	54	0.025	
石碴混合料	1.98					0	38	667				0.33	0.6		54	0.025	
石碴料	2.07					0.115	41.4	610.2	0.39	7.6	0.313	0.257	0.78		64	0.015	
砂砾石	2.2 2.12	2.27	1.37	4	2.75	0.033 0	42.6 42.9	1250 400	0.5 0.53	10.8 8.1	0.4 0.25	0.22 0.07	0.84 0.78	8.15×10^{-3}	78	0.025	
反滤层(过渡)	1.83	1.95	1.16	8	2.73	0	36	550	0.70	4.3	0.37	0.06	0.86	5×10^{-2}			
沥青混凝土		2.322				0.28	16.4	432	0.492	11.7	0.215	−0.024	0.81	$<1\times10^{--7}$			

3)抗震标准

地下电站地区地震烈度为Ⅵ度，地面建筑物抗震设计烈度为Ⅶ度，地下厂房、引水隧洞、尾水隧洞等地下建筑物不考虑地震作用。

4)建筑物结构整体稳定安全标准

①电站进水口、尾水平台整体稳定安全标准

电站进水口、尾水平台抗滑稳定安全系数：抗剪断安全系数基本组合为$kc \geqslant 3.0$，特殊组合为$kc \geqslant 2.5$；抗剪安全系数基本组合为$k \geqslant 1.10$，特殊组合为$k \geqslant 1.05$。抗浮稳定安全系数基本组合为$k \geqslant 1.10$，特殊组合为$k \geqslant 1.05$。

②建基面应力标准

任何条件下，进水口、尾水平台建基面的最大压应力不允许大于地基允许承载力，特殊组合时允许出现大于0.1MPa的拉应力。

5)建筑物边坡抗滑稳定安全标准

电站进水口、尾水出口及500kV升压站的边坡级别均为A类1级边坡。设计采用平面刚体极限平衡法中的下限解法进行边坡稳定计算，边坡最小稳定安全系数如下：基本组合(正常运行)1.30～1.25；特殊组合Ⅰ(非常运用)1.20～1.15；特殊组合Ⅱ(非常运用)1.10～1.05。

(2)地下电站设计主要参数

1)设计水位

地下电站各建筑物设计水位见表2.1.19。

表2.1.19　　地下电站建筑物设计水位表

建筑物	洪水标准	坝前流量(m^3/s)	下泄流量(m^3/s)	初期运行期		正常运行期	
				上游水位(m)	下游水位(m)	上游水位(m)	下游水位(m)
电站进水口引水隧洞	设计1000年一遇	98800	71000	170.00	76.60		
			69800			175.00	76.40
	校核10000年一遇加10%	124300	102500			180.40	83.10
尾水系统尾水平台进厂公路	设计1000年一遇	98800	71000	170.00	76.60		
			69800			175.40	76.40
	校核5000年一遇	109000	90400			175.40	80.90
汛期	100年一遇	83700	75250				
			56700	162.30	73.80	166.90	73.80
枯水期平均调节流量			5130	156.00	62.00		
			5860			175.00	62.20

2)建筑物地基及洞室围岩物理力学参数

建筑物地基及洞室围岩物理力学参数见表2.1.20、表2.1.21、表2.1.22。

表 2.1.20 **地下电站岩体(石)物理力学参数建议值**

岩石名称	风化分带	岩体结构类型	密度 t/m³	岩石抗压度(湿)(MPa)	岩体变形模量(GPa)	泊桑比	岩体抗剪强度		岩体抗剪残余强度		混凝土/基岩抗剪强度		备注
							f'	c' (MPa)	f'	c' (MPa)	f'	c' (MPa)	
闪云斜长花岗岩	新鲜	块状	27.0	90～110	35～45	0.20	1.7	2.0～2.2	1.4	0.6～0.9	1.2～1.3	1.4～1.5	1. 混凝土/基岩抗剪强度建议值对应200#混凝土。 2. 细粒闪长岩裹体与混凝土抗剪强度参照闪云闪长花岗岩建议值选用。
	微风化	块状	27.0	85～100	30～40								
		次块状	27.0		20～30	0.22	1.5	1.6～1.8	1.2	0.4～0.6	1.0～1.2	1.1～1.4	
	弱下	块状	26.8	75～85	20～30	0.22							
		次块状	26.8	75～85	15～20	0.23	1.3	1.4～1.6	1.1	0.3～0.4	0.9～1.1	1.1～1.2	
	弱上	块状	26.8	40～70	5～20	0.25	1.2	1.0	1.0	0.2～0.3			
		碎裂	26.5	15～20	1～5		1.0	0.5	0.9	0.1～0.2			
	强风化	碎裂	26.5	15～20	0.5～1	0.30	1.0	0.3～0.5	0.9	0.1～0.2			
	全风化	散体	26.5	0.5～1.0	0.02～0.05	0.40	0.8	0.1～0.3	0.7	0.05～0.1			
细粒闪长岩包裹体	新鲜	块状	27.0	90～110	35～45	0.20							
	微风化	块状	27.0	90～110	30～40	0.20							
	弱下	块状	26.8	75～90	20～30	0.23							
	弱上	块状	26.8	40～70	5～20	0.25							
		碎裂	26.5	15～20	1～5	0.25							
	强风化	碎裂	26.5	15～20	0.5～1	0.30							
	全风化	散体			0.02～0.05								

续表

岩石名称	风化分带		岩体结构类型	密度 t/m³	岩石抗压度（湿）MPa	岩体变形模量 GPa	泊桑比	岩体抗剪强度		岩体抗剪残余强度		混泥土/基岩抗剪强度		
								f'	c' (MPa)	f'	c' (MPa)	f'	c' (MPa)	
断层构造岩	影响带	新鲜	镶嵌	26.7	80～90	10～20	0.22	1.0～1.2	0.9～1.2			0.9～1.1	0.8～1.0	1. 混凝土/基岩抗剪强度建议值对应 $200^{\#}$ 混凝土。2. 细粒闪长岩裹体与混凝土抗剪强度参照闪云闪长花岗岩建议值选用。
		微风化	镶嵌	26.7	60～80	10～20	0.23							
		弱风化	镶嵌	26.5	30～60	5～10	0.25							
	碎裂岩	微风化	镶嵌	26.1	50～70	10～20	0.23	0.9～1.0	0.8			0.3～1.0	0.7～0.9	
		弱风化	镶嵌	26.0	40～50	5～10	0.25							
	碎斑岩	微风化	镶嵌	25.8	50～70	10～15	0.23	0.9～1.0	0.8～1.0			0.8～1.0	0.7～0.9	
	糜棱岩	微风化	镶嵌	25.6	40～60	5～10	0.25							
		微风化	破裂	25.6		0.5～1.0	0.30							
	F84	微风化	碎裂散体	25.6		0.2～0.5	0.30							
闪云斜长花岗岩裂缝密集带		微风化	镶嵌	25.7	80～90	10～20	0.23							

表 2.1.21　　地下电站岩体结构面抗剪强度参数建议值

结构面类型		抗剪强度		结构面特征
		f'	c'(MPa)	
硬性结构面	平直光滑面	0.55~0.65	0.05~0.15	小断层面，面平直光滑，有时成镜面
	平直稍粗面	0.65~0.70	0.15~0.20	小断层主断面，宏观起伏差数 1mm 至 1cm
		0.70~0.80	0.20~0.30	一般裂隙面，宏观起伏差数 1mm 至 1cm，中型试件起伏差不小于 0.5cm
	起伏粗糙面	0.80~0.90	0.30~0.50	粗糙裂隙面及擦痕断层面，宏观起伏差1~2cm，中型试件起伏差 0.5~1.0cm
	极粗糙面	0.90~1.00	0.50~0.70	卸荷裂隙面，宏观起伏大于 2cm
软弱结构面	破碎结构面	0.60~0.70	0.07~0.10	弱风化带上部的疏松，一般疏松夹层
	夹软弱结构岩结构面	0.50~0.60	0.05~0.07	NE—NEE 向裂层胶结不良结构岩
	软弱结构岩	0.25~0.40	0.05~0.10	断层的软弱构造岩，强烈风化，松软
	泥化面	0.25~0.32	0.03~0.05	NNW、NNE 较大断层主断面中的泥化面

表 2.1.22　　地下电站围岩主要断层结构面抗剪强度参数建议值

编号	结构面产状(倾角<倾角)	抗剪强度		结构面类型
		f'	c'(MPa)	
F20	245°<70°	0.55~0.65	0.10~0.15	平直较光滑面
F22	250°<70°	0.65~0.70	0.15~0.20	平直粗糙面
F24	250°<70°	0.65~0.70	0.15~0.20	平直稍粗面
F84	340°~10°<60°~80°	0.46~0.58	0.06~0.09	复合型软弱结构面
F10	290°~340°<40°~57°	0.40	0.05	夹软弱构造岩+部分泥化面
F35	247°<72°	0.55~0.65	0.05~0.15	平直光滑面
F32	255°<76°	0.60~0.70	0.10~0.20	平直光滑—平直稍粗面
F100	354°<84°	0.50~0.61	0.06~0.10	破碎结构面
F205	10°<78°	0.50~0.61	0.06~0.09	夹软弱构造岩+破碎结构面
F57	345°<60°	0.50~0.65	0.60~0.10	夹软弱构造岩+破碎结构面
F58	10°<70°	0.50~0.65	0.06~0.10	夹软弱构造岩+破碎结构面
F143	340°<62°	0.60~0.70	0.07~0.10	破碎结构面

3)水轮发电机组主要参数

地下电站 6 台水轮发电机组由东方电机组有限公司(简称东电)、天津阿尔斯通(ALSTOM)(简称天阿)、哈尔滨电机厂有限责任公司(简称哈电)各制造供货 2 台，地下电站设计条件与右岸坝后电站基本相同，考虑右岸电站机组在水轮机特性、发电机冷却方式等方面的技术改进，出尾水管采用宽窄型尾水管外，其余与右岸坝后式电站基本相同。

①水轮机主要技术参数

水轮机采用竖轴单转轮混流式，其主要参数见表 2.1.23。

表 2.1.23　　地下电站水轮机主要技术参数

名称		单位	参数		
			东电	天阿	哈电
转轮名义直径(出口直径)		mm	9880	9600	10248
运行水头	最大水头	m	113.0		
	额定水头	m	85.0		
	最小水头	m	71.0		
额定出力		MW	710		
额定流量		m^3/s	941.27	991.8	982.15
最大连续运行出力		MW	767.0		
额定转速		r/min	75	71.4	75
吸出高度		m	−5		
装机高程		m	57.0		
旋转方向			俯视顺时针旋转		
蜗壳形式			金属蜗壳		
尾水管形式			弯肘型		
水轮机特征高程	水轮机轴与发电机轴连接界面高程	m	64.0		
	水轮机室进入廊道高程	m	61.1	61.25	61.24
	水轮机安装高程	m	57.0		
	蜗壳进入廊道高程	m	56.0		
	尾水管锥管进入廊道高程	m	46.5		
	尾水管扩散段进入廊道高程	m	33.25		
	蜗壳尾水管放空阀操作廊道高程	m	46.5		
	尾水管地板高程	m	22.0		
	机组检修排水廊道高程	m	19.3		

②发电机主要参数

发电机为主轴半伞式，具有两个导轴承和一个推力轴承，其主要技术参数见表 2.1.24。

表 2.1.24　　地下电站发电机主要技术参数

<table>
<tr><th colspan="2">项目</th><th>单位</th><th>东电</th><th>天阿</th><th>哈电</th></tr>
<tr><td colspan="2">额定容量/额定功率</td><td>MVA/MW</td><td colspan="3">778.8/700</td></tr>
<tr><td colspan="2">最大容量/功率</td><td>MVA/MW</td><td colspan="3">840/756</td></tr>
<tr><td colspan="2">额定电压</td><td>kV</td><td colspan="3">20</td></tr>
<tr><td colspan="2">额定电流</td><td>A</td><td colspan="3">22453</td></tr>
<tr><td colspan="2">最大容量时电流</td><td>A</td><td colspan="3">24249</td></tr>
<tr><td colspan="2">额定功率因数</td><td></td><td colspan="3">0.9</td></tr>
<tr><td colspan="2">最大容量时功率因数</td><td></td><td colspan="3">0.9</td></tr>
<tr><td colspan="2">额定效率</td><td>%</td><td>98.75</td><td>98.83</td><td>98.73</td></tr>
<tr><td colspan="2">最大容量时效率</td><td>%</td><td>98.74</td><td>98.83</td><td>98.74</td></tr>
<tr><td colspan="2">加权平均效率</td><td>%</td><td>98.75</td><td>98.82</td><td>98.68</td></tr>
<tr><td colspan="2">额定容量时 Xd'(不饱和值)</td><td></td><td>0.33</td><td>0.315</td><td>0.301</td></tr>
<tr><td colspan="2">最大容量时 $X_m d'$(不饱和值)</td><td></td><td>0.36</td><td>0.340</td><td>0.325</td></tr>
<tr><td colspan="2">额定容量时 Xd''(不饱和值)</td><td></td><td>0.22</td><td>0.204</td><td>0.205</td></tr>
<tr><td colspan="2">最大容量时 $X_m d''$(不饱和值)</td><td></td><td>0.25</td><td>0.216</td><td>0.221</td></tr>
<tr><td colspan="2">额定容量时短路比</td><td></td><td>1.26</td><td>1.2</td><td>1.2</td></tr>
<tr><td colspan="2">最大容量时短路比</td><td></td><td>1.17</td><td>1.1</td><td>1.12</td></tr>
<tr><td colspan="2">GD^2</td><td>9.8kN</td><td>470000</td><td>450000</td><td>480000</td></tr>
<tr><td colspan="2">定子槽数</td><td></td><td>540</td><td>630</td><td>840</td></tr>
<tr><td colspan="2">定子绕组并联支路数</td><td></td><td>5</td><td>6</td><td>8</td></tr>
<tr><td colspan="2">定子绕组形式</td><td></td><td colspan="3">波绕</td></tr>
<tr><td colspan="2">定子绕组额定电流密度</td><td>A/mm^2</td><td>4.18</td><td>3.36</td><td>2.84</td></tr>
<tr><td colspan="2">定子绕组最大电流密度</td><td>A/mm^2</td><td>4.51</td><td>3.65</td><td>3.06</td></tr>
<tr><td colspan="2">定子绕组单相对地电容</td><td>μF</td><td>1.76</td><td>2.54</td><td>3.69</td></tr>
<tr><td colspan="2">额定转速</td><td>r/min</td><td>75</td><td>71.4</td><td>75</td></tr>
<tr><td colspan="2">飞逸转速</td><td>r/min</td><td>150</td><td>143</td><td>151</td></tr>
<tr><td colspan="2">允许飞逸时间</td><td>min</td><td colspan="3">5</td></tr>
<tr><td colspan="2">发电机冷却方式</td><td></td><td>定子绕组蒸发冷却、定子铁芯及转子绕组空冷</td><td>定子绕组水冷、定子铁芯及转子绕组空冷</td><td>定子绕组、定子铁芯及转子绕组全空冷</td></tr>
<tr><td rowspan="4">发电机特征高程</td><td>水轮机轴与发电机轴连接界面高程</td><td>m</td><td colspan="3">64.0</td></tr>
<tr><td>发电机下机架基础高程</td><td>m</td><td>65.5</td><td>65.5</td><td>65.3</td></tr>
<tr><td>发电机定子机坑高程</td><td>m</td><td>67.9</td><td>67.8</td><td>67.966</td></tr>
<tr><td>发电机层高程</td><td>m</td><td colspan="3">75.3</td></tr>
</table>

4)主变压器参数

①额定值

额定容量:高压(在各种分接头F)840MVA,低压840MVA

相数:三相

额定频率:50Hz

额定电压:高压侧(550－2×2.5%)kV,低压侧20kV

连接组别:YND11

阻抗电压:以额定容量为基础,在额定电流、额定频率下,绕组温度为75℃实测值的16.5%～17.2%

②质量

变压器带油总质量484t(包括风冷却器),运输质量380t。主要附件质量:风冷却器重15.4t,油枕2t,高压套管0.45t,低压套管0.5t。

③主要尺寸

变压器运输尺寸:10.4m(长)×3.62m(宽)×5.27m(高)

变压器布置外形尺寸:12.4m(长)×7.3m(宽)×9.0m(高)

5)厂房内桥机主要参数

厂内布设2台1200/125 t单小车桥,跨度29.5m,轨顶高程90.5m。

①起重量:主钩12000kN,副钩1250kN。

②起升高度:主钩34m,副钩37m。

③起升速度:主钩重载400t以上调速范围1.5～0.15m/min;

主钩轻载400t以下调速范围3.0～0.15m/min;

副钩调速范围:重载4.0～0.4m/min,轻载8.0～0.8m/min主、副钩起升机钩均能实现交流变频无极调速。

④运行速度:大车22.0～2.2m/min,小车8.5～0.85m/min,副钩小车13.0～1.3m/min。大小车运行机构均能实现交流变频无极调速。

⑤桥机吊点极限位置,主钩上、下游极限尺寸<6.0m,副钩上、下游极限尺寸<2.3m,轨道中心至端梁外侧距离0.7m。

并车吊转子、单车吊定子时主钩极限尺寸:吊钩中心距上游轨道中心线11.0m,吊钩中心距下游轨道中心线15.0m。

2.1.2 三峡枢纽工程初步设计及审查

2.1.2.1 长江委编制《长江三峡水利枢纽初步设计报告(枢纽工程)》

(1)三峡枢纽工程初步设计阶段的专题研究

1)三峡工程可行性研究阶段尚未最后确定的重大技术方案

三峡枢纽工程可行性研究阶段尚未最后确定的重大技术方案及专题主要有:茅坪溪淹

没区防护专题；三峡枢纽工程施工期临时通航方案；永久船闸形式及布置专题；施工对外交通方案等。鉴于上述重大技术方案及专题与初步设计密切相关，为此，在全面开展三峡枢纽工程初步设计前，首先要进行这几个专题研究。在决定进行上述重大技术方案及专题研究时，国务院三峡建委和三峡工程可行性研究报告审查委员会尚未成立，经国务院决定，这些专题的审查仍由三峡工程论证领导小组负责。

2)三峡枢纽工程初步设计阶段的专题研究报告及审查

长江委于1991年先后提出《茅坪溪淹没区防护专题研究报告》《施工通航专题研究报告》《永久船闸布置方案选择专题报告》《对外交通运输方案专题报告》等四个专题报告。三峡工程论证领导小组委托能源部总工程师潘家铮和水利部总工程师何璟主持上述四个专题报告的技术讨论会，并提出会议纪要由论证小组审定，作为初步设计研究有关方案的依据。

①茅坪溪淹没区防护专题

茅坪溪是紧邻三峡坝址上游右岸的一条小支流，流域面积约130km²。三峡水库蓄水位175m方案，淹没茅坪溪两岸耕地7318亩，柑橘地754亩，直接受淹人口0.5858万，按1990年价格水平估算，淹没区移民补偿投资为11288万元。淹没区96%在秭归县境内，区内有3个较大的平坝，是三峡坝区附近少有的成片平坝好地，也是秭归县的产粮区和农业经济区。秭归县人多地少，坡多田少，淹没损失大，移民数量多，安置难度也大。为此，地方政府要求采取防护措施。由于防护区距三峡大坝很近，防护工程有利条件是可以直接在大坝坝肩开挖隧洞，将原茅坪溪改道引向大坝下游，防护坝可利用三峡工程开挖料填筑；不利条件是防护坝较高，最大坝高100m左右，工程量较大。据1988年初步研究结果，防护费用高于补偿费用。因此，对是否采用防护方案有不同意见，可行性研究阶段未作结论。

茅坪溪出口位于三峡工程一期基坑范围内，如不防护，则需在一期围堰施工前将茅坪溪出口改道至围堰上游流入长江。如采用防护方案，则宜在一期围堰施工前将茅坪溪通向下游的隧洞打通通水。因此，是否防护需尽早决策。为此，长江委1990年即在原工作基础上开展了进一步研究：对防护坝坝型进行了多方案比较；对茅坪溪淹没区的土地进行了遥感解译；按1989年的淹没实物指标和1990年物价水平估算了防护工程投资和移民补偿投资，并在此基础上重新进行了防护与不防护的经济比较。

长江委于1990年提出《茅坪溪淹没区防护专题研究报告》送审。防护工程主要包括位于茅坪溪溪口的挡水坝及通向三峡大坝下游的泄水建筑物。挡水坝的坝型比较了黏土心墙土石坝、钢筋混凝土面板堆石坝，塑性混凝土接土工薄膜斜墙土石坝、沥青混凝土心墙土石坝。泄水建筑物由进口明渠段、隧洞和箱涵组成。防护后减少部分防洪库容和兴利库容，但影响不大。防护工程静态投资2.4亿～2.7亿元(1990年价格水平)，不防护的相应补偿投资1.1亿元。《茅坪溪淹没区防护专题研究报告》认为：(a)具有采取防护措施的较有利的地形、地质条件，防护工程技术上可行，基本不改变原河道泄水的条件。(b)防护工程规模较大，投资多，单从经济上比较是不划算的。(c)秭归县是三峡库区淹没比重较大的县，既有库区移民，又有坝区征地移民。移民安置任务重、难度大，且搬迁时间较库区其他县早，安置区人多地少，土地开发难度大。如采用防护措施，可减少安置移民 7793 人。防护区地理位置优越，上游与规划的新秭归县城相邻，下游与三峡大坝相接。防护区内耕地多为平坦的稳产高产田，三峡工程建成后，土地有很大的增值可能。因此，认为是否防护不单纯是技术经济问题，需由上级综合研究后确定。

能源及水利两部总工程师潘家铮和何璟于 1991 年底主持专题讨论会，建议采用防护方案。1992 年 5 月，论证领导小组审查通过，同意采用防护方案，并要求防护方案与三峡枢纽初步设计同步完成，防护工程施工纳入三峡枢纽工程统一实施。

②施工通航方案专题

在 1983 年的三峡工程正常蓄水位 150m 方案初步设计阶段，国家审定采用导流明渠结合临时船闸及升船机实现施工通航的方案。1986—1988 年重新论证阶段，航运专家同意导流明渠通航方案，施工专家组有不同意见，论证领导小组决定在可行性研究阶段仍按原审定方案考虑，初步设计阶段再进一步研究。为此，长江委在完成可行性研究报告后，对导流明渠通航及不通航两类施工通航方案进一步研究后比较论证，于 1991 年 9 月提出了《施工通航专题研究报告》。该专题报告认为：两类方案相比，明渠通航方案的通航保证率较高，可较大幅度地减少大江截流前的施工项目和混凝土工程，施工准备工作可大为简化，有利于缩短大江截流前和第一批机组发电期；大江截流时明渠分流能力较大，可降低截流水头差和二期深水围堰的高度（可由 90m 左右降至 82m 左右），减少相应的工程量、施工强度及难度，使这一项关键工程的实施更有把握。明渠通航的不利方面主要有：导流明渠的开挖量和施工强度加大；二期工程施工时左右岸工区被分割，对施工布置和灵活调度不利；河床泄流坝段需设置导流底孔等设施，增加了二期工程的复杂性和难度；增加了明渠截流和修建碾压混凝土围堰项目，且碾压混凝土围堰施工工期紧、强度大。综合分析比较后，专题报告推荐仍采用导流明渠通航方案。

能源及水利两部总工程师潘家铮和何璟主持的审查会同意专题报告结论，并经论证小组批准。

③永久船闸（相对施工通航的临时船闸）形式和布置方案专题

三峡工程曾研究过两个二级连续船闸之间布置中间渠道、连续五级船闸、带中间渠道的分散三级船闸等方案。经初步筛选，重新论证阶段着重研究了连续五级船闸和分散三级船闸方案。研究认为："这两类方案的一些关键技术问题预期都是可以解决的。但由于问题比较复杂，目前工作深度不足以选定方案，基于以前的工作基础，暂以连续五级船闸Ⅲ线方案作为重新论证的代表方案。"并据此编制了可行性研究报告。随后，长江委即进一步对两类方案进行了勘测、设计及科研工作，于 1991 年 9 月提出《永久船闸布置方案选择专题报告》。该专题报告就三峡船闸两类方案的水力学设计、结构设计、设备布置、防淤排淤措施、工期与投资、通过能力、运行管理等方面进行了全面比较。认为两类方案的运行条件、通过能力、技术条件及工作可靠性等方面各有优势及不足，但无明显差别，分散三级船闸方案的投资则比连续五级船闸方案多 30 多亿元，并将发电工期至少推迟 1 年，因此，推荐采用连续五级船闸布置方案。

④对外交通运输方案专题

三峡工程对外交通运输方案指以宜昌为中转站的宜昌至坝址的交通运输方案。曾研究过以公路为主、以铁路为主、以水运为主三类方案。1986—1988 年重新论证阶段，施工专题组将上述方案归纳为以公路为主结合水运和以铁路为主结合公路及水运两个方案，并认为两个方案在技术上是可行的，都可满足三峡工程对外运输量的要求。但由于对两个方案的经济比较有不同的看法，建议在初步设计阶段作进一步研究，并结合沙石料源选择，再最后选定。为此，长江委进一步工作后，于 1991 年 10 月，提出《对外交通运输方案专题报告》。该专题报告认为：以公路为主和以铁路为主两个方案在技术上都是可行的，但两者在建设条件、运营条件和经济比较等方面差别是明显的。以公路为主方案的总费用比以铁路为主方案省 5 亿元左右，施工期短 2 年，年通过能力提高 1～1.5 倍，且与长远结合的使用条件也明显有利。因此，建议采用以公路为主、水运为辅的对外交通运输方案。能源、水利两部总工程师主持讨论会，认为上述两个方案在技术上都是可行的，但对选用的方案仍未能取得一致意见，认为两个方案均需进行初步设计，建议委托交通部和铁道部分别审查以公路为主和以铁路为主的方案，通过综合比较再予选定。论证领导小组同意上述意见。后来又分别由交通部及铁道部所属设计单位进行了两个方案的初步设计，并经交通部和铁道部分别进行了审查。综合比较的结果，认为技术上都是可行的。但两个方案在建设条件、运营条件和经济比较方面，差别都是明显的。公路为主方案总费用省 4.4 亿元，施工期短 1.5 年，能更好地适应加快三峡工程建设、缩短工期、提前发挥工程效益的要求。因此，三峡工程初步设计报告中建议采用以公路为主结合水运的对外交通运输方案。

(2)长江委提出《长江三峡水利枢纽初步设计报告(枢纽工程)》

全国人民代表大会于 1992 年 4 月 3 日批准兴建三峡工程后，初步设计工作全面展开。鉴于三峡工程规模特大，根据三峡工程论证领导小组的决定，三峡工程初步设计将分为枢纽工程、移民工程、输变电工程三大部分，分别编报、分别审查。长江委在编制枢纽工程初步设计过程中，以可行性研究报告为基础，根据国务院三峡工程审查委员会的审查意见以及初步设计阶段以来补充进行的规划、勘测、设计和科研工作成果，按照国家有关规范编制。凡可行性研究阶段已经确定的原则和方案，除确有根据进行修正外，原则上均未改动，但做了进一步的论证和优化。长江委于 1992 年 12 月编制完成《长江三峡水利枢纽初步设计报告(枢纽工程)》(以下简称《三峡初步设计报告》)，该报告分综合说明书、水文、工程地质、综合利用规划、枢纽布置和建筑物设计、机电设计、施工组织设计、枢纽工程概算、工程泥沙问题研究、经济评价、环境保护等 11 篇，共 300 多万字。初步设计中主要内容简述如下：

①三峡水库正常蓄水位。初步设计以可行性研究阶段推荐的蓄水位 175m 方案为基础，进一步比较了蓄水位 172m、175m、177m 三个方案。比较结果认为三个方案的技术经济指标差别不大，蓄水位 177m 方案将增加一定的水库淹没，并增加重庆港泥沙淤积处理的难度。蓄水位 172m 方案虽然重庆港泥沙处理更有把握，但发电、航运效益受到较大影响，故

初步设计仍推荐正常蓄水位175m方案。

②三峡工程枢纽布置。初步设计阶段经复核与优化比较，坝址仍选用可行性研究阶段选定的三斗坪坝址，枢纽布置仍采用可行性阶段的总格局。

③枢纽主要建筑物设计。初步设计阶段在建筑物地基方面，长江委在三峡坝址共完成地质测绘497km²，地质钻探进尺17374m，大口径(直径1m)竖井17个、进尺670m，平洞12条、进尺2599m，岩石物理力学试验室内10662组，现场229组，重点对基岩利用高程、缓倾角结构相对发育区的坝基稳定条件、船闸高边坡稳定性等进行了复核和必要的修正；研究在坝高较大的泄流坝段、左厂房坝段采用封闭式基础抽排降压措施，以减小坝基的扬压力，当基岩面抬升至一定高程后仍采用常规帷幕和排水措施。在建筑物结构方面，对应力情况较为复杂的结构，进行了三维有限元计算、光弹试验、地质力学模型试验等分析研究工作，并在此基础上采取了相应的结构技术措施。在水力学方面，对泄流建筑物、电站进水口、船闸输水系统以及高水头闸门、阀门等的水力学条件进行了大量补充试验研究，并在此基础上进行了优化设计。

④机电设计。初步设计阶段对水轮机和发电机参数的优选，分别做了专题研究，并与国内外有关制造厂、研究所就三峡电站机组及主要辅助设备进行了交流沟通，取得他们提供的一些配合资料。在此基础上，对机组选型、单机容量、技术参数、起吊设备及其布置等，作了进一步论证、优选和完善。但鉴于机电设计受电力系统规划设计和机电设备资料提供的制约，有些具体方案的优选和确定还需在下阶段继续研究解决。对机组形式仍选用混流式水轮机和伞式结构的发电机。单机容量按总装机容量1768万kW，分别采用68万kW机组26台、73.7万kW机组24台和80.4万kW机组22台进行经济技术比较，比较结果以采用大容量机组的经济效益较好。但考虑我国目前机组制造水平等因素，仍维持可行性研究阶段的结论。下一阶段可在不改变枢纽总布置、不推迟三峡工程发电日期并能增加发电效益的原则下，研究采用更大单机容量的机组。电站出线推荐采用直流±500kV出线1回；交流500kV出线13回，左岸7回，右岸6回。

⑤枢纽工程施工。施工方案与施工通航方案和茅坪溪淹没区是否防护有关。初步设计按三峡工程论证领导小组审定的导流明渠通航和茅坪溪防护方案考虑。施工导流分三期。施工总工期经进一步分析研究，包括施工准备期在内共17年，第一批机组发电期11年，较可行性研究阶段缩短1年。初步设计阶段还研究了进一步缩短工期、提前发挥效益的方案，认为进一步缩短工期是有可能的，建议下一阶段深入研究。

⑥枢纽工程设计概算。三峡枢纽工程设计概算根据初步设计阶段枢纽工程设计成果，按照国家基本建设对初步设计概算深度的要求和有关的法规、定额进行编制。初步设计中增加枢纽工程投资的主要因素是由于物价上涨。三峡建委于1993年7月审批时核定的三峡枢纽工程设计概算(按1993年5月末价格水平)为500.9亿元(包括茅坪溪防护5.9亿元)。

⑦关于泥沙问题。三峡工程初步设计阶段，继续开展泥沙问题研究，重点配合枢纽布置优化，特别是通航建筑物线路和形式的比选，进行了坝区河势泥沙试验研究；利用数学模型

和上游建库拦沙后减少水库淤积以及对重庆河段的影响;清水下泄对枢纽下游河道冲刷和河势演变以及对河口的影响等问题进行了研究。

⑧关于环境保护问题。初步设计阶段除对可行性研究阶段的环境影响评价进行复核外,着重研究了减免不利影响所采取的对策和措施,以及所需的相应投资和环境监测。

2.1.2.2 《长江三峡水利枢纽初步设计报告(枢纽工程)》审查程序

三峡建委于1993年4月2日成立并召开第一次会议,国务院总理李鹏任主任委员,邹家华、陈俊生、郭树言、肖秧、李伯宁、贾志杰、陆佑楣任副主任委员,各部委局、三峡集团公司、长江委为委员单位。三峡建委第一次会议决定三峡工程初步设计审查由国务院三峡工程建设委员会办公室(以下简称三峡建委办公室)组织,三峡建委办公室聘请19位专家组成审查核心专家组进行初审,中国科学院张光斗院士任组长,严恺院士、潘家铮院士任副组长,核心专家组负责初审工作。核心组专家有:王思敬、王扬祖、纪云生、李治平、李浩钧、陈家琦、沈维义、邹觉新、张仁、杨睦九、赵福臣、施作沪、唐仲南、徐乾清、梁应辰、窦国仁。初审分两个阶段进行,第一阶段按照《三峡初步设计报告》10篇的专题,核心专家组下设10个专家组,共聘请126位专家,于5月13日至23日分别对相关篇章进行审查,提出了各专题的初审意见。第二阶段由核心专家组进行综合审查,提出《三峡初步设计报告》初审意见,最后由三峡建委审查。

2.1.2.3 《三峡初步设计报告》各专题初审专家组的审查意见

(1)水文专题审查

水文专题审查专家组(以下简称"水文专家组")组长陈家琦,专家组成员:刘一辛、朱亢牲、陈志恺、赵珂经、顾传智、章淹、章基嘉、滕炜芬。水文专家组对《三峡初步设计报告》第二篇水文进行了审查,初审意见如下:

1)基本资料

①实测水文基本资料

宜昌和寸滩水文站是三峡工程的主要依据水文站。宜昌站为三峡工程坝址代表站,自1877年开始设立海关水尺观测水位,1946年开始测流,经过插补延长,至1992年已有116年水位和流量资料。寸滩站是三峡水库入库控制站,从1892年在重庆设立海关水尺观测水位,1939年开始在寸滩测流,至1992年已有101年水位和流量资料。上述两站还设有泥沙实测资料42年。经论证阶段的实地查勘和审查,认为上述水文资料精度高,观测系列长,能满足三峡工程设计的要求。

②调查历史洪水资料

由重庆至宜昌约600km长江河段两岸共调查到自1153年以来历史洪水痕迹1200余处,石刻碑记140余处,其中在宜昌有8次可以定量的历史大洪水,在寸滩有2次可以定量的历史大洪水。这些资料无论从调查点数量、洪痕的可信度、文献资料的考证深度和考证年限等都较好。同意初设报告中提出的历史洪水峰量采用值。

2)年径流

可行性报告提出后,初设阶段补充了1986—1992年间宜昌站年径流量资料。分析结果表明其多年平均径流量变化很小,审查同意初设报告中采用的与可行性研究阶段一致的宜昌站多年平均径流量4510亿m^3及其统计特征值。

3)设计洪水

经过增加近几年洪水资料并进一步核算,与可行性阶段采用的三峡工程坝址设计洪水相比,数值变化甚微,同意初设报告中采用的与可行性报告一致的设计洪水成果,即宜昌站100年一遇洪峰流量为83700m^3/s,30天最大洪量为1393亿m^3;1000年一遇的洪峰流量为98000m^3/s,30天最大洪量为1590亿m^3;10000年一遇的洪峰流量为11300m^3/s。同意三峡工程入库设计洪水计算采用同频率组成法,应用不同典型放大后作为设计标准的入库洪水。

三峡工程的校核标准洪水经多种方法计算,可能最大洪水相当于频率计算10000年一遇洪水的1.10~1.15倍。考虑频率分析的抽样误差,同意初设中提出的三峡工程校核洪水采用10000年一遇坝址洪水的1.10倍。同意初设报告中提出的施工设计洪水成果。

4)泥沙

在三峡工程论证阶段对长江上游来沙量变化趋势进行认真研究,得出根据现有泥沙观测资料看不出长江上游干流来沙有系统增加或减少的趋势,并认为20世纪80年代初期出现的大沙年仍是水文现象的自然波动,并不是因人类活动影响加剧导致来沙的增加,宜昌站多年平均输沙量可采用50年代以来的实测平均值5.3亿t。论证阶段后,根据宜昌站1987年到1992年逐年输沙量实测资料,最大值为5.34亿t(1987年),最小值为3.22亿t(1992年),1980年至1989年10年平均输沙量为5.48亿t,略低于1960年至1969年10年平均输沙量5.49亿t,证明原结论是正确的(参见附表)。因此,同意初设报告中宜昌多年平均输沙量仍采用与可行性报告一致的5.3亿t。应当指出,对上游水土保持必须加强,并注意监测,不能因此而掉以轻心。

5)水文气象保障服务系统

在初设报告中新增的水文气象保障服务系统的内容有:水情预报警报保障服务系统、三峡水利枢纽气象保障服务系统可行性研究报告(国家气象局提供)、三峡水库淤积及下游冲刷观测服务系统。水文专家组认真审查讨论后,提出如下意见:

①同意初设报告中关于必要设立三峡工程水文气象保障服务系统的意见。审查认为:三峡工程举世瞩目,效益巨大,建立水文气象保障服务系统对充分发挥三峡工程防洪、发电、航运、供水等多种功能的作用,扩大综合经济效益,保障三峡工程的安全经济运行和下游防洪安全,是一项必不可少的有力措施,对健全调度决策支持系统,实行科学管理,是十分必要的,应当列为三峡工程的基础设施进行设计。

②同意初设报告中提出的建立水文气象保障服务系统应结合我国实际情况,以现行国家水文和气象部门业务体系为基础,充分考虑现有成熟的先进技术装备的原则。水文专家

组认为:由于三峡工程的重要性,建设这个保障服务系统必须由水文与气象部门充分协调,统一规划,考虑各系统的现有设施及其自身发展,相互补充,避免重复建设。初设报告中提出的有关内容,只达到可行性阶段要求,深度不够,应尽早组织有关方面协作进行三峡工程水文气象保障服务系统的专项设计,另行审查。此项工作不涉及三峡主体工程,不影响对枢纽工程初设的审批进程。

③审查认为:水文气象保障服务系统的主要任务是及时提供为三峡工程调度运行服务的、可靠的水情(各种规模的洪水和日常来水)预报、气象预报,是增长预见期和提高预报质量时的必要补充。初设报告中提出的系统范围基本合理,审查讨论中认为应重点集中在长江上游干支流控制性水文站以下至枝江区间,以及洞庭湖水系各河段控制性水文站至干流城陵矶区间。暴雨预报的重点地区是寸滩至宜昌的三峡河段区间和清江流域。为及时发现暴雨的发生,暴雨监测的范围还可适当扩大到上述地区之外的暴雨源地。

④为实施针对三峡工程特殊要求的服务,对系统范围内的水文和气象台站资料观测、存储、取用和传递等技术与装备应进行必要的加强、补充和更新。

⑤鉴于三峡工程开工在即,为保障长达十数年施工期的安全度汛、导流、截流合龙等要求及施工安全等水文气象服务,包括工区灾害性天气(强风暴、暴雨、雷电等)及水情预报预警工作均将提到日程。为保证预报质量,应及早加强有关水文气象观测通信措施、组织有关方面进行研究准备工作。

⑥同意初设报告中关于建立三峡水库淤积及下游河道冲刷淤积观测系统的意见(已商泥沙专题审查专家组)。

附表: **1987—1992年宜昌站实测年输沙量**

年份	年径流量(亿 m^3)	年平均含沙量(kg/m^3)	年输沙量(亿 t)
1987	4310	1.24	5.34
1988	4220	1.02	4.31
1989	4780	1.07	5.10
1990	4470	1.03	4.58
1991	4340	1.19	5.19
1992	4100	0.79	3.22

(2)地质专题初审

地质专题审查专家组(以下简称“地质专家组”)组长王思敬,专家组成员:丁国瑜、卢耀如、刘国栋、刘效黎、李坪、佘永良、陈祖安、胡海涛、姜国杰。地质专家组对《三峡初步设计报告》第三篇工程地质进行了审查,初审意见如下:

①专家一致认为三峡工程地质工作研究程度高,取得地质资料丰富,工作深度满足初设阶段要求。

②同意本报告对区域构造稳定性的评价意见。从区域地质背景及新构造运动特征分

析，坝址所在的黄陵结晶基底不存在孕育中强震的发震构造，是一个稳定的地块，可以认为工程建设区处于安全的构造环境。经国家地震局地震烈度评定委员会审查，坝址地震基本烈度为Ⅵ度。

③基本同意本报告对水库区环境地质的评价意见，具体如下：

(a)水库封闭条件较好，不存在渗漏。

(b)库区第四系岸坡局部可能存在坍岸，但零星分布，规模不大。

(c)三峡水库蓄水后库岸崩塌滑坡仍可能发生，但一般规模较小，且距坝较远，老滑坡整体复活比较少见，对稳定性差的大型崩塌、滑坡体已做了不同程度的勘测研究，并分析了其可能造成的危害，按最不利的假定条件，崩滑入江形成的涌浪不影响三峡枢纽建筑物安全，不影响水库寿命，不会碍航，对城镇居民点的影响已在移民规划中予以考虑。

(d)据地矿部门提供的资料，库区矿产资源较贫乏，无大矿和稀有矿种，可能淹没的矿产多为一般矿种且规模小，造成的损失有限，建议在库区淹没调查中统一归口研究。

(e)三峡水库蓄水后，不排除产生水库诱发地震的可能。经专题研究，结晶岩、碳酸盐岩库段诱震震级不大于4级，其中九畹溪—香溪构造发育地带，可能诱发5.5～6.0级地震，影响到坝址不超过Ⅵ度，应注意监测。

④坝址区地形低缓，河谷开阔，江中有中堡岛，左岸有基岩漫滩，便于枢纽布置及施工。河床覆盖层薄，基岩为前震旦纪斜长花岗岩，岩体坚硬完整，断层倾角陡且胶结良好，岩体透水性弱，具备建高坝的良好工程地质条件。

⑤基本同意报告建议的“确定坝基可利用岩体的质量标准及部分利用弱风化下部岩体、部分利用微风化顶板作为大坝建基面”的意见。建议下阶段配合设计、施工进一步优化。

⑥同意对混凝土与基岩接触面作为坝基抗滑稳定的控制面及所建议的抗剪指标值，以及对左、右岸缓倾角构造较发育地段的厂房坝段进行深层抗滑稳定校核的意见。

⑦同意对坝基断层、岩脉、局部深风化囊(槽)及构造集中强渗透带等地质缺陷，加强防渗及基础处理的建议。

⑧从地形、岩性、构造、岩体结构和岩体力学、水文地质等条件看，左岸Ⅳ线工程地质条件较好，可以兴建大型五级双线船闸。基本同意对船闸深挖高陡岩质边坡稳定性的初步分析评价意见，以及所提出的开挖边坡坡度值及边坡排水和加固措施的建议。

⑨同意对左、右岸坝后厂房地基及开挖边坡工程地质的评价意见。经初步勘测拟建地下厂房位置为微新细粒闪长岩体，上覆岩体厚度较大，构造断裂规模小，具备开挖大跨度地下洞室的成洞条件。

⑩同意工程所需各类天然建筑材料质量、储量均可满足要求的意见。

⑪技设阶段建议着重研究以下问题：

(a)为优化基础、边坡开挖及基础处理方案，进行必要的补充勘测研究。

(b)对厂房坝段深层抗滑稳定问题，结合施工开挖进一步核定坝基缓倾角结构面的分析及力学特性，提供深层抗滑稳定分析计算的地质边界条件及参数，并研究相应的基础处理措施。

(c)对永久船闸高边坡稳定问题，尚应补做必要的地质勘测工作，进一步查明影响边坡稳定的主要结构面分布、岩体水动力学特征、岩体及结构面力学特性等，对边坡稳定性作出确切评价，并提出施工地质预报及安全监测建议。

(d)对地下厂房尚需进行专门勘测试验研究，查明厂房区水文工程地质条件，特别应查明影响厂房顶拱、边墙及引水洞、尾水洞进出口稳定的不利结构面组合及岩体力学参数，评价地下洞室群的稳定性，为地下厂房设计及工程处理措施提供地质依据。

(3)综合利用规划专题初审

综合利用规划专题审查专家组(以下简称“规划专家组”)组长徐乾清，专家组成员：丁功扬、丁学琦、石衡、何孝俅、沈根才、吴以鳌、岑毅生、陈汉章、陈清濂、李健生、魏京昌。规划专家组对《三峡初步设计报告》第四篇综合利用规划进行了审查。认为本篇是根据三峡水利枢纽的任务，在可行性研究报告的基础上，经进一步研究编制的，较好地协调处理了各部门的关系，达到初步设计阶段的深度。经审查，基本同意该综合利用规划报告，初审意见如下：

①根据多年研究和国务院批准的《长江流域综合利用规划简要报告》，同意三峡水利枢纽的任务是：防洪、发电和航运，结合考虑供水、南水北调、发展渔业、旅游和改善中下游水质等。

②关于三峡水利枢纽的特征水位：

在可行性研究报告的基础上，本报告对三峡水利枢纽水位进行了进一步优化比选。经研究，比选方案各有利弊，但无本质差别，同意报告选定的特征水位方案：

(a)正常运行期：正常蓄水位 175m，防洪限制水位 145m，枯水期最低消落水位 155m。

(b)初期运行：正常蓄水位 156m，防洪限制水位 135m，枯水期最低消落水位 140m。

③关于防洪规划：

(a)同意报告对长江中下游防洪形势和三峡水利枢纽在长江中下游防洪中的地位和作用的分析。

(b)同意报告拟定的三峡水利枢纽应在已规划的堤防和分蓄洪区的配合运用下，保证荆江河段行洪安全，避免南北两岸堤防溃决，发生毁灭性灾害，同时要尽可能采取减少城陵矶附近分蓄洪量的运用原则。关于调洪运用，同意本阶段以沙市水位控制，进行补偿的防洪调度方式。为充分发挥三峡水利枢纽的防洪作用，下阶段应对城陵矶河段进行补偿的防洪调度方式进行进一步研究、完善。

(c)三峡水利枢纽在长江中下游防洪体系中占有重要地位，为充分发挥其骨干的防洪作用，应根据长江洪水的特性，对不同洪水类型，进一步研究三峡水利枢纽与各干支流水库、中游各分蓄洪区联合调度运行的方式。

④关于发电规划：

(a)同意三峡电站基本供电范围为华中、华东和川东地区。

(b)同意选定的装机 26 台，单机容量 68 万 kW，总装机容量 1768 万 kW 的方案，下阶段应进一步优化，适当调整。考虑长江上游干支流水库建设和电力系统的发展，同意预留 6 台的位置。在运行中，应保证船舶的正常航行。

(c)预留的 6 台机组，规划中布置在右岸地下。鉴于先修该地下电站，可加快装机进度，增加施工期的发电效益，审查中倾向于先建地下电站。建议抓紧进行前期工作，结合枢纽布置、施工安排和对各方面的影响，综合研究确定。

⑤关于航运规划：

(a)同意预测的 2000 年和 2030 年过坝货运量。

(b)随着改革开放的深入，川江客运量增长很快，1992 年下水过葛洲坝已达 29 万人次，按近年来客运增长趋势预测，2000 年下半年客运量可能达到 450 万人次，希望对原预测的客运量进行必要的调整，并研究施工期间适应客运发展要求的措施。

(c)同意三峡水利枢纽通航建筑物规模的规划方案。

(d)基本同意报告中关于航运规划的意见，下阶段应进一步深化研究。库区应制定岸线利用规划，作为指导新港区建设的基本依据。

⑥三峡工程建成后，葛洲坝以下长江河道将发生冲刷和变化，应研究对防洪和航运的影响，并采取相应的措施。河道观测工作要加强，为河道整治和航运建设提供依据。

⑦关于水产规划和旅游规划：

三峡水利枢纽为发展渔业和旅游创造了条件。原则同意报告拟定的水产和景观保护规划意见。

(4)枢纽布置和建筑物设计专题初审

枢纽布置和建筑物设计专题审查专家组(以下简称枢纽专家组)组长潘家铮、副组长李浩钧，专家组成员：马君寿、许百立、孙恭尧、谷兆祺、陈道周、陈椿庭、须清华、涂启明、梁应辰、曹楚生、喻献焕、魏永晖。枢纽专家组对《三峡初步设计报告》第五篇枢纽布置和建筑物设计进行了审查，初审意见如下：

①同意三峡工程为一等工程，大坝、主要挡水建筑物、厂房、五级船闸及升船机为一级建筑物。

同意三峡工程的防洪标准采用 1000 年一遇重现期洪水设计，10000 年一遇重现期洪水加 10%校核。

同意地震设防烈度为Ⅶ度。

②坝轴和坝型。同意采用三斗坪上坝线和混凝土重力坝坝型。三峡工程混凝土量巨大，应在适当部位尽可能多地采用碾压混凝土，以加快施工进度，减少水的用量。设计、施工中要采取措施保证混凝土的质量，尤其是层面结合和防渗质量。

③设计报告推荐的两岸坝后式厂房方案是合适的，枢纽专家组赞成这一布置。专家组研究了施工期尽量多发电的问题。长江委提出，现方案左岸厂房装机进度上尚有余地。如初期资金充裕，在施工安排下可以做到第十一年首批机组有 4 台发电。专家们建议长江委在下一阶段工作中研究落实。

还有很多专家建议，将预留在右岸白岩尖下的6台地下厂房提前在一期工程中施工和安装，而将6台预留机组改设在右岸厂房中。据长江委分析，采取这一措施，施工期可多发电500多亿kW·h。效益显著。但前期投入较多资金，进口较多机组，增加地下工程量，此外尚需抓紧地下厂房勘测设计和泥沙模型试验，并相应改变右岸局部施工现场布置。枢纽专家组建议请三峡建委组织研究这一方案的可行性，另案审查。但鉴于扩机时间可能不太久，地下厂房的前期工作和必要的一期工程不能放松。

④为了满足三期截流、导流及挡水发电的需要，设计推荐采用22个临时导流底孔、23个深孔和22个高程为109m的临时缺口度汛。枢纽专家组认为这个方案存在结构复杂、导流底孔封堵风险大和其他问题，为此，长江委提出改变导流底孔尺寸、位置并用闸门控制、取消缺口的方案。专家们认真研究了这个方案，认为新方案对三期碾压混凝土围堰施工及三期导流都有利，原则上可行。请设计方面进一步做水力计算，研究确定底孔高程、尺寸、泄水道形式及结构布置，尤其要注意跨缝及两孔间薄弱部位的应力条件，调整布置，做好配筋、止水及封堵设计，跨缝底孔坝段及边孔坝段要注意不平衡侧向压力及自重作用下的应力情况，大坝横缝底部宜进行并缝灌浆，通过试验研究，完善和优化本方案。有专家建议也可研究导流底孔不跨缝的方案。

⑤多数专家赞成设计推荐的河床表孔、深孔泄洪方案，认为泄洪能力可满足设计和校核泄洪流量。同意溢流堰顶高程为158m，但在初期运行阶段，应研究采用较低的临时溢流堰剖面，或降低部分堰顶高程。有些专家主张采用厂房顶溢流方案。

⑥三峡泄洪坝段下游尾水较深，河床岩石较完整，大坝采用挑流消能的方式是合适的。但需注意下游两侧导墙基脚的冲刷问题。由于下游覆盖层深，应注意下游因冲淤而抬高厂房尾水问题。

⑦汛期库区的漂浮物较多，设置3个排漂孔是必需的。建议进一步研究排漂孔的宽度和底高程，采取措施，改进排漂效果，特别是右侧电厂前的排漂问题。

⑧设计方案在左右厂房中间安装场下部各设2个电厂排沙孔，并在纵向围堰右侧坝段设一个电厂排沙孔。泥沙模型试验表明，在水库初步淤积平衡后，经过排沙冲沙，少数厂房进水口前30m以外，淤积高程仍高于进水口高程。建议研究增设排沙设施，以保证电站进水口门前清。

⑨设计推荐的坝后浅槽背管式引水钢管的布置方案是合适的。与厂房连接处是否必需设置伸缩节，可进一步论证。

⑩三峡工程十分重要，且混凝土工程量巨大，应十分重视施工温控问题，关于具体温控设计和措施，建议于技术设计中审定。

⑪同意设计推荐的双线连续五级船闸Ⅳ线布置方案。上下游口门位置、布置尚需继续进行试验研究比选，在技术设计阶段审定。

⑫同意双线船闸布置及结构形式采用中隔墩和薄衬砌墙方案。闸首、闸室位于微风化及新鲜岩体内，岩性坚硬、构造及裂隙等不发育，可以满足修建船闸的要求。在下一步船闸

设计中，可在以下几方面进行优化：

(a)为避免闸首处中墩岩体开挖后过于削弱，可将输水竖井适当离开闸首。

(b)原设计的船闸两侧排水幕是非常必要的，采用竖向或斜向排水幕可在进一步论证后选定。

(c)对上重下墙的混合式闸墙形式，希望研究改进。

(d)闸首、闸室的边墙、底板衬砌等与围岩共同构成复杂的结构体，对最终选定方案的稳定、应力及配筋应按各种不利情况进行核算，并希注意解决防渗、防裂问题。

⑬船闸输水系统水力学问题，涉及船闸运行安全，至为重要，要慎重对待。经讨论，同意设计提出的长廊道、四区段、等惯性、分散出口、盖板消能的方案。建议主廊道改为双侧布置。下阶段希望进一步进行船闸输水系统水力学试验，研究采取必要措施，避免阀门后空化现象。对输水廊道和阀门的大小、体形、淹没深度、坡度等以及超灌超泄对运行的影响和改善措施，需通过水工模型试验并考虑设计、施工等综合因素研究确定。最下一级泄水廊道泄入长江的流量，希望从下游引航道的运行条件和淤积情况等通过试验论证确定。

⑭船闸两侧开挖后形成的高边坡最深处达 170m，必须精心设计、精心施工，保证运行和施工期中的稳定。建议：

(a)调整高边坡坡度及马道布置，适当加宽最下一层马道宽度，增设拦石墙及排水沟。

(b)施工中应分层开挖，边挖边锚边观测和进行地层测绘，发现不稳定岩体或异常情况及时进行分析，必要时采用深锚杆或预应力锚索。

(c)随时对裂隙面的抗剪强度、裂隙连通率及岩体稳定性进行具体测试和反馈分析计算。建议对关键部位按照施工开挖和支护顺序进行弹塑黏性有限元分析验算，不断优化设计。

(d)对高边坡主要部位的地应力进行补充测试，并研究地应力对高边坡及闸墙稳定的影响。希望研究采用预应力锚杆以保持开挖后岩体的整体性并加强与衬砌的结合。

⑮船闸上游隔流防淤堤，对航运很重要，需列入工程项目。其具体位置，通过试验研究优选，其兴建和施工程序，在技术设计阶段审定。

⑯同意设计报告提出的上游引航道直线段长度 930m，航道底高程 130m、底宽 180m，在 145m 水位船舶吃水线高程处航宽为 200m，口门宽度 225m。口门外曲线半径改为 1200m。

原则同意设计提出的下游引航道尺寸。有的专家认为引航道下段宽度应由 180m 扩宽至 200m。由于上下游闸首前航道宽度较窄，须采用渐变过渡布置与引航道正常宽度连接。

⑰双线船闸输水廊道进水口布置对上游引航道水流条件的影响，应进行水工模型试验。在最低通航水位时双线船闸同时灌水，水面最大纵向流速不大于 0.5～0.8m/s。

⑱同意冲沙隧洞进水口与船闸同时兴建。出水口尾段亦应同时建设，以避免后期建设时断航。应进一步进行水工模型试验，优化冲沙隧洞出口处的消能设施。

⑲为防止船队进船闸后撞击闸门，在闸门前有防撞措施。请在技术设计中予以考虑。

⑳船闸正常输水时，在需补水的条件下，要求其灌水时间不超过 12 分钟。并研究第一

级闸首人字门启闭时间控制在3分钟以内。

㉑同意设计报告提出的升船机位置，上下游引航道底宽80m。宜在适当位置设靠船墩。上游布置需进一步试验研究确定。

㉒对于升船机土建结构，设计提出的结合式和分离式的两个方案，原则上都是可行的。但要注意抗地震安全，即在地震情况下塔架顶部相对动变形要满足升船机机械设备正常运行的要求。具体设计方案由技术设计审定。

㉓施工期临时船闸坝段上游坝体断面大，宽度达56m，设有两层大孔口，下层孔口跨度达22m、高度达32.8m，受力和结构十分复杂。建议对孔口轮廓的形状进行优选。孔周、角缘及孔口下部坝踵应力应予以注意。本坝段浇筑块尺寸大，并有大量回填混凝土，要认真考虑分层分块方式，并研究对接缝进行重复灌浆的可能性。为了改善坝体温度及收缩应力，希望对采用补偿收缩混凝土和微膨胀混凝土的可行性予以研究。

㉔研究大坝泄洪时水雾对航运的影响以及电站日调节不稳定流对航运的影响问题。

(5)机电设备设计专题初审

机电设备设计专题审查专家组（以下简称“机电专家组”）组长沈维义，副组长施作沪，专家组成员：王冰、王作高、付元初、田咏源、卢兆策、傅宪章、吴培豪、沙锡林、青长庚、高鹏、杨德晔、姚海清、郭翔鹏、饶道群、程海峰、钟梓辉、张德平、樊世英、李毓芬、严拱星、庄明祥。机电专家组对《三峡初步设计报告》和《三峡水电站水轮发电机组容量研究补充报告》中的水轮发电机组、电气设备、升船机、金属结构进行了审查，认为设计提出的70万kW混流式水轮发电机组、交直流超高压大电流成套电气设备、卷扬平衡重式垂直升船机以及金属结构，是在综合了多年来国内外大量科研成果和生产实践，并依据《三峡工程论证机电设备专家组论证报告》《三峡工程论证电力系统专家组论证报告》《长江三峡水利枢纽可行性研究报告》《三峡工程可行性研究报告机电设备专题预审意见》《三峡工程可行性研究报告发电及电力系统专题预审意见》编制的，依据比较充分，结论可靠，经审查，原则同意本初步设计报告。在报告中某些具体参数和技术要求，可以在技术设计阶段及设备招标阶段研究确定。具体审查意见如下：

1)水轮发电机组

①同意初设报告中关于水轮发电机组的选择原则，即首先应保证可靠，在电站初期和后期水头范围内均能安全稳定运行，并要求参数性能先进。

②同意采用单机容量为70万kW的混流式水轮发电机组。提高单机容量在施工期可以多得电能，建成后可增加调峰容量并多得电能，提高经济效益。综合考虑了枢纽布置、机组和输变电等配套设备立足国内制造的可行性、制造难度，适当留有余地，将可行性报告阶段提出的机组容量由68万kW提高到70万kW，相应的电站装机容量由1768万kW提高到1820万kW是合适的。考虑到今后科学技术进步和实践经验的积累，建议研究右岸厂房装设更大容量机组的可行性。

③报告中所选用的70万kW混流式水轮发电机组的主要参数是合适的，并已具有世界

先进水平。

混流式水轮机转轮直径： 9.85m

混流式水轮机比转速： 249～261.2m・kW

水轮机蜗壳宽度： 34.325m

水轮发电机电压： 18～20kV

水轮发电机冷却方式可为空冷或半水冷，在满足发电机冷却的条件下，应优先采用空冷，在设计布置上可按半水冷考虑，留有余地。其他技术参数和技术要求可在招标阶段研究确定。

④同意按工厂现阶段提供的吸出高度(从导叶中心线算起)为－5m，尾水管高度为 $2.7D_1$，最低尾水位62m，初步确定水轮机安装高程为57.0m，尾水管底板高程为29.026m，可按此高程确定左岸厂房的开挖线。

⑤同意在左、右岸两厂房各设置一台起重质量为2×1150t的半门式起重机，一台起重质量为2×250/50 t和一台100/32 t桥式起重机。左岸厂房在安装期内可增设一台100t桥式起重机，后期移至右岸厂房供安装使用。所有起重机的起重量、起吊高度和轨顶高程应在主要设备重量、尺寸落实后最终确定。

⑥安装总进度：第一年投入2台后，以后每年投入4台，安装强度是很高的。世界上70万kW机组的安装进度还没有达到这么高的水平。同意左、右岸厂房各布置安Ⅰ、安Ⅱ、安Ⅲ3个安装场。发电机定子可利用机坑进行组装。但要满足年装4台的要求，厂内安装场面积仍然偏小，建议在厂房外设置临时安装场地。

⑦同意初设方案中提出的采用永久水轮发电机组方案，即不要更换水轮机或发电机的方案。在初期和后期的水头范围内，永久机组能安全运行，在技术上是可行的。为了获得初期低水头发电的经济效益，建议进行对更换水轮机转轮和变速发电等方案的研究工作。此外，专家们认为三峡工程即将正式开工，发电日期日益迫近，三峡电站所需的机电设备具有相当的难度，有关科研工作急需抓紧进行，初步提出以下几项：(a)永久和临时水轮机转轮模型试验；(b)发电机6000吨级推力轴承的研究；(c)发电机通风和冷却方式的研究；(d)三峡水轮机过机泥沙磨损强度预测与防护措施研究。建议有关领导部门及时提供必要的支持，创造条件，加速机电设备的研究试验工作，以确保按时提供高质量的机组和相应的机电设备。

2)电气部分

①电站与系统的连接

(a)同意设计中采用的出线的电压及回路数作为本阶段设计的依据。为配合下一步枢纽工程机电技术设计的进行，要求尽快提出审定的系统配合资料，以便使枢纽机电设计与输变电设计相协调。

(b)为确保三峡电站的电力外送，在下步技术设计中，要考虑在出线及配电装置布置上留有余地，同时要求在输变电设计中研究改进线路结构，提高单线输送能力，以减轻出线布置的困难。

②电气主接线及主要电气设备

(a)同意本阶段推荐的发电机变电器联合单元接线,左右岸电厂500kV侧采用的一倍半接线方式。

(b)同意左右岸电站之间不设直接电气联系,为提高系统的稳定性及运行的灵活性,左右岸电厂500kV母线可各为两段。

(c)主变压器可采用三相变压器,由于变电器台数较多,有必要设置一台备用变电器。建议研究主变电器强油风冷的可能性和提高水冷变压器水冷却器的质量。

(d)同意发电机与变电器之间不装设断路器。在此情况下,当发电机端短路时靠灭磁切断短路电流,为此要进一步研究持续短路电流对主变压器安全的影响,及应采取的措施。

(e)原则同意左右岸电厂高压配电装置的选型及出线方式。

(f)原则同意厂用电及坝区供电的供电电源和接线方式。关于电压级的选择,第一级电压选用10kV是合适的,第二级电压0.66kV和0.4kV并存似显复杂,宜定为0.4kV一种电压。为增加泄洪坝段供电的可靠性,请设计研究由施工变电所增加一回35kV供电线路的合理性。

③直流换电站

(a)同意右岸换流站采用由500kV开关站接换流变的常规接线方式,直流部分采用双级双桥方案。

(b)根据能源部中南电力设计院〔92〕中电设系字第185号文,直流换流站设在右岸的情况下,设计对接线进行了比较,推荐直流换流站交流部分与右岸电厂500kV开关站结合在一起的接线及布置方案。这一方案可提高交流侧接线的可靠性,节省设备投资,有利于运行管理和右岸厂房段线路和引出。同意作为现阶段推荐方案。待系统规划设计完成后,结合系统提出的换流站站址方案,最后进行技术经济比较确定。

(c)设计中要考虑净化换流站环境的措施,尽量避免灰尘污染。

④主要电气设备布置

(a)原则同意枢纽电气的总体布置,开关站、换流站及主副厂房电气设备布置。

(b)左岸电厂500kV开关站电气设备布置中,厂坝间平台布置了主变电器,GIS、出线并联电抗器,设备布置较密。建议在下阶段设计中,研究将并联电抗器移出厂坝间平台的可能性。建议系统设计中尽量减少线路首端并联电抗器的台数。在电抗器移出布置条件下,宜将三相电抗器改为单相电抗器。

⑤变电器运输

主变压器运输质量为320～350t。初设中提出的公路、水运联合运输方式或在长江沿岸城市建立大型变压器装配厂两种方案都是可行的。推荐优先考虑在宜昌建立装配厂的方案,要求能在装配厂进行变压器组装、绝缘处理及全部出厂试验等,以确保变压器质量。该方案的优点是减少整体运输环节,保证安全,降低运输费用,便于厂家现场服务。

⑥电气自动化及继电保护

(a)同意设计中提出的三峡水利枢纽自动化系统的主要任务以及按功能分层分布式结构的计算机监控系统;梯级调度及以下分为梯级调度层、监控层及现地层。梯调对三峡、葛洲坝水利枢纽泄洪、蓄水、发电、航运等统一调度,由梯级调度统一对外。梯级调度以上宜设较高层次的防汛、电力及航运调度级。

计算机监控系统技术发展迅速,应及时掌握国内外发展动态,加强引进技术的消化吸收,开展技术研究,使该系统达到投运时的国际水平。

(b)同意设计中提出的对继电保护的基础要求、设计原则和措施。

(c)同意采用自并激励磁方式以及微机调节器和具有自适应功能的控制系统。

⑦通信

原则同意枢纽对外通信及内部通信的规划设计。

3)升船机

①三峡枢纽设置一级升船机与葛洲坝三号船闸配套作为快速通道,有利于加快客轮过坝,提高永久船闸的通过能力,充分发挥通航效益,因而是必要的。如果抓得紧亦可作为施工期不断航的措施。也有的专家认为升船机解决施工期通航,在工期和技术上尚难做到。

②升船机的初步设计是在可行性论证和科研成果的基础上进行的,采用多钢丝绳卷扬、平衡重式垂直升船机形式是适合的。总体技术方案合理,主要技术问题基本上已得到妥善处理。

③由于同类升船机在国内尚无先例,因此必须抓紧科研和隔河岩升船机的建设和中间试验工作,以取得设计、制造、安装、调试、运行的实践经验,并进行必要的国际技术交流和合作。

④由于上游水位变幅大,上闸首适应水位变化的技术难度较大,初步设计选用的布置方案,虽可适应水位变化要求,可以保证安全可靠运转,但操作尚嫌烦琐,还应进一步优化设计。升船机下游由于受电站调峰、枢纽泄洪和船闸泄水等因素的影响,水位变率大,应进一步研究在电站运行和泄洪情况下水位变化规律,以及相应的工程措施。

⑤液压平衡系统是保证承船厢保持水平和钢丝绳受力均衡的关键措施,应在已取得的静态试验科研成果的基础上,抓紧进行动态试验研究工作。

⑥为保证升船机安全可靠运行,初步设计提出进口关键设备(如钢丝绳、电气设备、液压设备等)是十分必要的。

⑦为了进一步确保安全,下阶段设计工作应充分注意升船机防火、防爆等安全措施。

⑧建议加强升船机的科研、中间试验、设计、制造和安装试运转的全部工作。

4)金属结构

三峡枢纽工程金属结构总量达 26.65 万 t,数量巨大,种类繁多,个别超过了国内外的水平。金属结构安装量大,年安装量近 5 万 t。金属结构安装与土建施工干扰大,为此对三峡工程的金属结构应给予重视。机电专家组对《三峡初步设计报告》中的金属结构部分进行了

审查,意见如下:

①三峡工程金属结构设计是在可行性论证和多年科研工作的基础上进行的,可以满足枢纽泄洪、通航、发电及建筑物安全运行的要求。

②泄洪部分在泄洪坝段设置23个泄洪深孔、采用弧形工作门,由液压启闭机操作和由坝顶门机操作定轮事故闸门及检修门;22个表孔采用由坝顶门机操作的平板门的方案是合适的。22个导流底孔采用弧形工作门由卷扬式启闭机操作的方案也是合适的,采用弧门有利于控制导流流量和导流底孔的封堵。

泄洪深孔和导流底孔闸门均为水头达80m的深水闸门,在以后设计、制造、安装运行中应特别重视质量,以保证闸门的安全可靠运行。

③电厂部分进水口拦污栅,进水口工作闸门、检修门、尾水闸门及启闭机方案属常规布置,也是合适的。引水钢管下部管段采用约600MPa(约600N/mm^2)高强度钢板设计以减小管壁厚度也是适合的。但钢管材料的钢号、供货厂不应在初设中规定,可在技术设计和招标标书中再行确定。

④永久船闸第一级采用适应分期蓄水位的技术措施及相应的闸门、阀门方案,虽稍复杂但可满足安全可靠运行的要求。

初步设计中提出的人字闸门液压器连杆式和液压直推拉式两种启闭机方案都是可行的。但根据国内外液压技术的发展和其在一些大型船闸上成功的应用经验,机电专家组经过审查,倾向于采用液压直推拉式方案,以减小制造、加工难度,简化布置和节约工程投资。建议在下一设计阶段经过调研,比选确定。

(6)施工组织设计专题初审

施工组织设计专题审查专家组(以下简称"施工专家组")组长纪云生,副组长赵福臣,专家组成员:孔祥千、王国扬、王庭济、李子铮、吴树德、匡林生、张津生、哈秋舲、黄华平、程山、汪大彬。施工专家组对《三峡初步设计报告》第七篇施工组织设计进行了审查,初审意见如下:

1)关于施工导流

①导流建筑物设计洪水标准

(a)考虑到二期上游横向围堰的重要性以及万一失事后的严重影响,同意按100年一遇,Q=83700m^3/s,同时考虑在发生200年一遇,Q=88400m^3/s洪水情况下保坝措施。

(b)三期上游碾压混凝土围堰,可适当降低设计标准,按20年一遇,Q=72300m^3/s设计;但需考虑当发生100年一遇,Q=83700m^3/s洪水时防止漫坝的后备措施。

(c)同意初步设计中其余各项导流建筑物所采用的设计洪水标准。

②关于一期围堰和导流明渠

(a)基本同意初步设计所采用的围堰形式和设计断面。对围堰地基淤积层的影响应予注意,尽可能清除,对清除确有困难的部分,采取其他有效处理措施。

(b)对导流明渠,包括上下游引渠及岸坡的防护,特别是围堰以外下游岸坡的防护,需要完善设计,并考虑实施方法。

③关于二期围堰和截流

(a)考虑到二期上游横向围堰的重要性及深水施工的高难度,下一步应结合科研试验成果,进行专题研究和单项技术设计,包括采用的机具和施工技术措施,并积极考虑进行生产性试验。

(b)在目前初步设计阶段,基本同意初步设计所推荐的围堰形式方案,即上游横向围堰在河床深槽部位采用双排混凝土防渗墙土石围堰,左右岸采用单排混凝土防渗墙土石围堰;下游横向围堰采用单墙的方案,下一步设计尚需进一步研究定案。

(c)在进一步设计中,建议对混凝土防渗墙的墙厚、双排的墙距以及采用塑性或刚性混凝土墙体和优化围堰断面等问题加以考虑,对混凝土防渗墙与纵向混凝土围堰接头部位应予注意。

(d)考虑到二期截流时水深、流量大,抛投强度高以及施工场地受到限制等特点,需要专门的截流设计。

④关于三期围堰和截流

(a)三期围堰截流需要有专题设计。

(b)三期碾压混凝土施工,时间紧,强度高,对混凝土材料的供料、运输等问题需要作充分考虑,具体安排。

(c)碾压混凝土围堰施工过程中,导流底孔已开始封闭。对围堰逐月达到的高程同按设计频率可能达到的水位,要保持足够的高差,留有余地。

(d)三期碾压混凝土围堰 115m 高程以上的拆除,尚需进一步研究和试验,提出爆破拆除的技术措施。建议考虑尽量采用不爆破拆除结构的可能性,以及纵向围堰部位是否拆除的问题。

(e)在后期导流时,采用 109m 高程缺口过水度汛,以及用坝顶门机封孔下闸,在技术上尚需进一步研究、改进、落实。

(f)建议考虑在三期上游碾压混凝土围堰堰体 50m 高程以下设置交通廊道,以沟通右岸与二期基坑施工交通的可行性。

(g)建议在不影响明渠运行的前提下,研究在一期基坑内尽可能多做一些主体工程的可行性。

2)关于施工总进度

①初步设计提出准备工程和一期工程 5 年,工期是很紧的,所留余地较少。二期工程 6 年和三期工程 6 年是合理工期,应努力保证其实现。

②要实现总进度,当前首先必须抓紧落实施工前期各项工作,包括资金、征地、设计、设备购置等。

③三峡工程规模巨大,施工准备工作也极为繁重,切实做好施工准备十分必要。在总进度中对主要的控制性的准备工程项目需作出具体安排。

④升船机的投产时间需进一步论证，作专题研究。

3)关于土石方工程施工

①三峡工程土石方工程量大，施工强度高，工期紧，为此必须采用当代先进技术、大型高效的优良设备和科学的管理方法。

②施工机械选型。

(a)挖掘设备除考虑全液压正反铲挖掘机外，也不排除采用大型电铲。

(b)初步设计中所列自卸汽车主要为 70 吨级及 30 吨级，考虑与挖掘设备的斗容配套，建议考虑增列 45 吨级。因有相当数量全强风化岩石采用凿裂法施工，建议考虑适当增加大功率的推土机数量。

(c)除按高峰月强度安排所需设备数量外，还要考虑工作面的分布和备用设备。

(d)建议考虑机械化施工的配套，例如锚喷支护的机具设备。

(e)有些大型设备需要进口，需尽早定案、落实。

③施工技术方案。

(a)关于船闸等处高边坡开挖，需要在过去已做的科研成果基础上，提出专题报告，并尽快安排现场试验，取得具体参数。

(b)航道水下开挖量大，施工困难，造价高，建议积极研究将水下开挖改为围护开挖的可行性。

(c)对于临近建基面坝基岩石采用保护层一次爆破或不留保护层开挖等工艺，需持慎重态度，须经过严格的试验论证，并经鉴定批准。

④关于土石方平衡和出渣。

(a)充分利用开挖石料，做好土石方平衡。考虑挖填的时间差，有些合格料可能需要分别堆存，以供利用。

(b)弃渣场与堆料场需要分级设置。

(c)水下开挖的弃渣场地尚需与有关单位协同具体落实，必要时建议考虑采用工程措施。

4)关于混凝土工程施工

①混凝土工程施工方案

(a)混凝土工程施工，水平运输同意采用无轨运输方案，包括自卸汽车、料罐车、皮带机等。垂直运输宜采用大型塔吊、高架门机及专用皮带机的综合方案。也有专家提出研究缆机的可行性。

(b)大型塔吊主要用于必须采用的部位，建议考虑降低要求的性能参数。当前急需落实定案，首先进口 2 台，用于临时船闸和升船机部位的混凝土工程，以取得经验。

(c)高架门机的设计、制造、运用，在国内已有一定的实践经验，建议尽量考虑多用。

(d)进口的混凝土浇筑专用皮带机，国内已开始使用，建议考虑扩大其使用范围。

②水工混凝土施工设计

同意初步设计提出的坝体分缝分块方案和混凝土温度控制措施。

③混凝土原材料及拌和系统

(a)同意初步设计所选用的砂石骨料料源、即长江上下游天然砂石料场、南村坪料场，基坑开挖料和下岸溪等料场。准备期和一期工程以及右岸的混凝土，主要采用天然石料；二、三期的左岸工程主要采用基坑开挖料加工粗骨料和下岸溪开采料加工人工砂。料源储量需考虑足够的余地，如朱家沟等备用料场。在长江干流上开采砂石料要有规划，研究对航运影响并落实措施。

(b)南村坪料场的加工系统需进一步落实，并建议研究右岸天然沙砾料加工系统的生产能力。右岸拌和系统生产能力偏紧，建议增加一座拌和楼，以保证三期碾压混凝土围堰施工的需要，拌和系统的净骨料堆场的容量和骨料运输能力也必须充分满足施工高峰时的需要。

(c)混凝土掺用的粉煤灰，数量大，质量要求严，应予高度重视，需尽快落实产地、装卸运输和储存转运方式，以及所需的运输设备。

(d)混凝土配合比中，有的混凝土用水量较少，施工和易性较差。建议研究采用180天强度的可行性。

(e)建议增列水泥运输中转的专用设备。

5)关于施工总布置

①同意初步设计中施工总布置的基本格局。下一步需结合工程招标承包时分标的情况作相应的调整。

②施工总布置需与工程区的远景规划及永久性生产生活建筑的布置相结合。

③左右岸的生产系统要相对独立。生产区和生活区要相对分开。

④主要生产道路要有足够的宽度和良好的路面，保证场内施工运输通畅，与一般交通路线尽量分开。

⑤开关站、出线走廊等部位，在布置施工系统时，注意避免因影响发电而中途迁移。

⑥葛洲坝作为三峡工程的后方基地，其生产后勤设施要相应扩建，夜明珠中转站的改造也需安排。

6)建议

三峡工程规模巨大，技术要求高、施工难度大，工期极为紧迫。要实现这一宏伟的工程，必须采用先进的技术、先进的设备和先进的科学管理方法。当前有许多问题，尚待定案落实。为贯彻业主负责制，建议在初步设计审查批准后，有关设计和施工的技术问题，由业主单位主持审查定案，同时，像这样规模的工程，还必须落实解决工程区的统一管理和建立必要的建设法规。

(7)枢纽工程概算专题初审

枢纽工程概算专题审查专家组(以下简称概算专家组)组长杨睦九、副组长李治平，专家组成员：于世中、王梅地、傅洪生、朱思义、严庆权、金洪生、张建贤、黄谷生、曾敏、喻孝健。概算专家组对《三峡初步设计报告》第八篇枢纽工程概算进行了审查，意见如下：

这次三峡水利枢纽初步设计概算的编制范围仅限于枢纽工程。按 1992 年价格水平计算的静态总投资为 378.82 亿元(其中第一批机组投产前为 239.50 亿元);按年物价指数为 6%计算,价差预备费为 272.63 亿元,如按 70%采用银行贷款,年利率为 8.28%,建设期贷款利息为 273.94 亿元,合计枢纽工程动态投资为 925.39 亿元。施工期限按 1993 年开始施工准备,施工准备及一期工程 5 年;二期工程 6 年,2003 年第一批机组投产;三期工程 6 年,2009 年竣工考虑。

经专家讨论认为,考虑价格的近期变动和概算,结合社会主义市场经济改革,长江委所编制的概算需进行必要的修改,提出附件,再正式审定,主要意见为:

1)关于价格水平问题

据长江委汇报,现编报的枢纽工程概算所用的价格水平实际为 1992 年中期调查所得,由于去年下半年以来物价大幅度上涨,对工程的静态投资以反映开工年的实际物价水平为宜。因此,将概算所列的价格水平调至 1993 年 5 月末。对影响工程投资较大的主要材料、主要设备,需作必要的补充调查工作,并认真听取业主的意见,使能较准确地反映现阶段的价格水平。

对以价格指标计算的金属结构设备投资等,应根据原材料的上涨幅度,做适当的调整。对人工、风、水、电等基础价格,也应按现阶段规定做必要的修改与调整计算。

2)关于编制方法问题

为适应社会主义市场经济的建立与在基本建设领域推行业主责任制的要求,对水电行业现行概算的编制办法与有关规定亟待修改。且因三峡工程规模巨大,技术复杂,为适应与国际惯例的接轨要求,对有关概算编制办法亦需进行必要的改革。

经专家讨论初步改革意见如下:

①工程概算反映的主要指标。

(a)按现行价格计算的工程静态总投资。

(b)按一定物价指数与今年投资计列的价差预备费。

有关各年物价指数,经研究可暂按下列的方案数字计列,待下次审查时选用。

方案一	1993、1994 年	按 10%	方案二	1993、1994	按 10%
	1995、1996 年	按 8%		1995、2000	按 8%
	1997 年及以后	按 6%		2001 年及以后	按 6%

(c)按已明确的三峡建设基金渠道和不足部分使用银行贷款的条件测算工程建设期的贷款利息,不宜统一按 70%银行贷款计算。

(d)按还本付息电价要求,测算工程建设期的产出额。

(e)按上述要求分别列自开工至第一批机组投产时的静态和动态总投资。

(f)按分年投资要求,测算分年的资金需求并按资金年度预付款制和必要的提前采购要求,作出修订的资金投入分配安排。

②取消原编制概算中所列设备储备贷款利息和计入间接费中因未实行预付款制而增列

的流动资金贷款利息，以免计息重复。

③基本预备费可改国际通用办法，根据不同工程类别，分别计算后汇总列项，其综合额度可考虑控制在 10%以内。

④取消施工基地补贴费用，计划利润按 10%计列。

⑤对特种大型施工设备补充定额的编制，其工效可不再依据原论证专家组提供的数据，而用实际可能达到的工效，并相应对其工资、修理费等做必要的调整。

为给施工机械台班定额与各项补贴费用的改革做好准备，建议对各项有关费用定额进行必要的测算并提出施工台时费用计算资料，以便下次审定时参考。

3)对有关费用的处理意见

①关于茅坪溪防护工程概算

有关概算编制方法的改革和价格水平年的调整均应与前述各项一致。鉴于该项工程的初步设计将另专项报批。对该项概算亦应与初设专项审批一并安排。

②关于荆门水泥厂扩建工程

同意初设报告分析意见，采用补偿贸易方式解决。

③关于气象保障服务系统与水情预报系统

拟按水文组的审查意见，对有关建议列入工程概算的费用，现可按概算所列额度作为最高限额，另专项研究确定。

④关于机电设备厂扩建费用

同意初设报告中的分析意见，枢纽工程概算中不考虑该项投资。

⑤关于通航系统配套设施费用、运行管理费用及航道整治费用与环境影响补偿投资

基本同意初设报告中的分析意见，同意暂按概算所提数额计入工程总投资。

4)关于其他费用的专项审定问题

鉴于三峡超大型工程和新型改革的管理模式，并考虑进口 4 台机组和部分重大施工设备，故其他费用中的建设管理费、生产准备费、勘测设计费、科研试验费等均需按照三峡工程特点和有关规定，进行补充修改后在第二次专家会议时核定分项总额。

为有利于今后的专项审查和日常的工程造价监理与咨询工作需要，建议由三峡总公司聘请并经国务院三峡建委认可的有一定权威性、公正性、独立性、能做具体工作的专家或咨询单位承担该项工作，并给予一定的工作条件。拟请有关领导考虑。

根据上述要求，考虑长江水利委员会对所编报的三峡水利枢纽工程初设概算，尚需作较多的调整与变更后再一次开会审查。经初步研究，拟定于 1993 年 6 月下旬在京召开第二次概算专家组会议，对有关三峡枢纽工程初设概算的总投资进行核定。并请长江委在此期内抓紧进行有关的调整和测算工作。

(8)工程泥沙问题研究专题初审

工程泥沙问题研究专题审查专家组(以下简称“泥沙专家组”)组长窦国仁，副组长张仁，专家组成员：丁联臻、邹觉新、张启舜、荣天富、谢鑑衡、戴定忠、韩其为。泥沙专家组对《三峡

初步设计报告》第九篇工程泥沙问题研究进行了审查，初审意见如下：

1)关于三峡上游建库对水库淤积的影响

在可行性论证阶段，三峡工程入库水沙的计算中，未考虑长江上游干支流建库的影响。在初步设计中，长江委根据《长江流域综合利用规划》拟定的建设程序，考虑了在 40 年内修建 15 座大型水库对三峡工程来水来沙的影响，并计算了三峡库区相应的泥沙淤积量、淤积分布及重庆市的洪水位。泥沙专家组认为：进行本项研究是必要的，研究成果反映了长江上游建库在一段时间内减轻三峡工程泥沙淤积的有利作用，但考虑到影响水库来沙的因素十分复杂，计算方法有待进一步完善，现有计算成果尚不宜用作定量的依据。

2)坝区泥沙问题研究

可行性论证结束以来，对于坝区泥沙问题，有关部门进行了大量的试验研究，经讨论后，泥沙专家组认为：(a)目前初步设计中推荐的永久船闸Ⅳ线方案能较好地满足通航的各项要求，可以采用。至于引航道口门位置和走向，需抓紧通过试验，进一步优化。(b)船闸上引航道的隔流堤不宜缓建，但为节省投资，可考虑分期建设，例如结合施工过程中的开挖弃渣，首先建成隔流堤的主体部分，以后根据试验优化的结果，相机续建，以避免水下施工的困难。(c)永久船闸的防淤、清淤措施目前尚未完全落实，需要在下阶段进行专项研究，特别要探索防止泥沙进入引航道的方法。对于 135m 围堰发电和 156m 蓄水运用期间的泥沙淤积和处理方法，更有待研究落实。(d)升船机进口处的水流条件，在某些水位流量的组合条件下不利于通航，需要进一步研究改善流势的途径和方法。(e)电站坝段排沙孔不宜少于 7 个，其数量和具体布置，还需要通过模型试验进一步研究确定，以减少过机的泥沙。

3)枢纽下游水位降低和河床演变

①初步设计中提出，三峡工程修建后，宜昌同流量水位可能比葛洲坝工程修建前下降 1.8m。目前，宜昌水位已经下降 1.0m，考虑到三峡工程施工期间还将进一步开采河道中的砂石骨料，宜昌水位下降可能会超过 1.8m，需要在设计中给予重视。

②葛洲坝下游水位下降和航深不足最严重的时期在三峡工程 135m 发电和 156m 水位运用期间。因此应在三峡工程施工初期，即抓紧研究并采取有效的补救措施。当前急需进行的工作有：将葛洲坝三江下引航道底标高开挖至 34.0m 以下，使与二号船闸下闸首高程相互匹配；严格控制河道中开挖砂石骨料的部位和数量，防止造成水位过多下降，加剧通航困难；立即开始进行控制宜昌水位下降的工程措施和芦家河、枝江等卵石浅滩治理方案的专项研究；采用综合的方法解决下游航深不足的问题。例如，增大葛洲坝水库的反调节库容，增加三峡发电站承担基荷的比重，特别在三峡水库低水位运行时期，三峡电站调度要尽量减少下泄流量的变幅，满足航运流量的要求。

③江口以下沙质河段的冲刷问题。三峡工程建成后，清水下泄将造成沙质河段的强烈冲刷，因此需要充分估计河道在纵向上的冲刷深度和由此带来的问题。要尽量控制横向冲刷，加强河岸防护，防止河势发生重大变化，建议在修建三峡工程的同时，请长江委抓紧长江中下游，特别是荆江河段的河势控制工程的规划和实施。

4)水库淤积与水库长期使用问题

对于水库的淤积数量、淤积分布和长期使用库容,在初步设计阶段仍然可以利用可行性论证阶段的研究成果。对于三峡工程的运行方式,应严格遵循“蓄清排浑”的原则。在防洪调度中,以考虑对枝城的补偿调度方式为宜。尽量避免水库水位长时间处于高水位的调度方式,因为这种调度方式不利于保持有效库容,也不利于通航,只能在特殊条件下采用。

5)水库变动回水区航道港区泥沙问题

①在三峡工程施工的17年中,库尾泥沙淤积尚不致影响重庆港区,但在变动回水区内浅滩河段的泥沙淤积可能引起碍航问题,对于浅滩的整治和清库炸礁工作需要在近期内做出设计,落实投资,及时加以实施。

②对于三峡工程建成后175m水位运行期间的浅滩、航道以及重庆港和一些重要工厂水域的泥沙淤积和治理的问题,尚需进一步具体研究,提出工程方案,落实投资来源。

泥沙专家组认为:三峡工程可行性论证以来,长江委和有关部门在泥沙方面进行了大量研究工作,进一步加深了对三峡工程库区和下游泥沙问题的认识,明确了坝区泥沙问题的解决途径,为三峡工程的初步设计提供了必要和良好的基础。

同时,专家组认为:三峡工程是一个规模宏大的水利工程,三峡工程的修建必将对水库上下游和有关各经济部门产生重大的影响。对于目前已经认识到的泥沙问题,尽管经过研究,明确了这些问题是可以解决的,但还需要进一步深入工作,求得优化的解决方法,并有计划地加以实施,达到趋利避害的目的。

为满足下阶段单项技术设计研究的需要,并为在水库运行初期及时发现问题,研究解决措施,需要加紧进行水库上下游的水流泥沙的观测工作。

由于泥沙问题的复杂性,预计还会有些问题目前尚未认识清楚,在工程设计中留有一定余地是必要的。

(9)经济评价专题初审

经济评价专题审查专家组(以下简称“评价专家组”)组长为唐仲南,专家组成员:朱成章、吕靖方、李致杰、张全、陈求新、明安书。评价专家组对《三峡初步设计报告》第十篇经济评价进行了审查,初审意见如下:

①根据报批的三峡工程初步设计工作大纲进行了经济评价的复核工作,结果表明,可行性阶段经济评价结果没有改变,三峡工程的效益是好的,各项评价指标是优越的,兴建三峡工程对长江流域和整个国民经济发展是十分有利的,是迫切需要的。

②工程初步设计的财务方面的不确定因素较多,而且一些主要问题在短期内难以有定论。目前提出几个假定条件,也只能做到这种程度,财务评价的计算方法,考虑的原则和评价结论,与可行性阶段基本一致。

工程项目的总概算包括枢纽工程、移民费用和输变电工程投资三个主要部分。枢纽工程的初步设计已经完成,概算尚在审查之中;输变电工程的初步设计尚在进行之中;移民工程的实施规划还在编制。三个组成部分的工作深度不一致,作为初步设计的评价工作的具体依据是不够的。评价专家组在审查过程中，把这次提出的移民费用和输变电工程投资，与1992年批准的其他工程的移民费用和输变电工程初步设计概算进行了对比，从总体上讲，三峡工程所提初步设计概算是包得住的。

③上网电价是计算工程项目产出量和财务评价的主要依据，初步设计所提电价，按编制设计报告时的有关规定是合适的。但有两个变化需要考虑：第一，今年(1993)七月一日开始实行新的财会准则，它与旧的财会制度有一些根本区别；第二，今年将要开始实行新的电价核算办法。这两个问题对工程项目的电价计算有较大影响。考虑到三峡工程将于明年(1994年)开工，因此建议对电价测算按新的财会准则和新的电价核算方法进行修改。另外，在初步设计中的电价测算方案，列出了各项测试、维护费用(包括库区维护基金，洪水预报预警、水文泥沙观测，地震滑坡监测、环保监测等)，建议把这笔费用包括在成本计算的"其他"费用之中，不要单独列为计算项目。

④设计单位对经济评价所需的基础资料做了深入细致的调查研究，对各项计算做了大量工作，取得了较好的成果。由于三峡工程的复杂性和涉及面广的特点，经济评价还存在一些问题。但从可行性阶段与初步设计阶段的两次工作成果看，这些问题不会影响评价结论的合理性。

(10)环境保护专题初审

环境保护专题审查专家组(以下简称"环保专家组")组长严恺，副组长王扬祖，专家组成员：王德铭、王树廷、孙鸿冰、肖荣炜、吴国昌、姚榜义、高福晖、徐琪、唐永銮、蔡宏道、薛鸿超、薛祥中。环保专家组对《三峡初步设计报告》第十一篇环境保护进行了审查，认为初步设计报告环境保护篇结构完整、资料丰富，覆盖了重点的环境因子和重点区域的环境保护问题，提出了建设生态与环境监测系统的规划，所采取的环境保护措施可行，估算的总经费和四种经费渠道基本合理，建议予以审查通过。

1)对环境保护篇的具体审查意见

①与会专家对切实搞好施工区的环境保护表示了极大的关注，要求枢纽工程施工区的环境保护达到一流水平。报告中对工区水质、大气质量、噪声、施工弃渣、垃圾清运、工区绿化、施工人员的健康、坝下游虎牙滩骨料采集对中华鲟产卵场的影响以及工区对外交通建设等方面的环境保护研究内容广泛，各项保护措施基本可行，估算的费用合理。

②同意建立生态与环境监测网络，对三峡工程兴建前后库区及大坝下游相关地区的生态与环境实行全过程系统的跟踪监测，及时发现问题并提出减免不利影响的措施，预测不良趋势并及时发布警报，对工程的建设和调度运行、保护库区和流域相关地区的环境质量、保证资源的持续利用和国家有关部门决策服务等方面，都具有重要意义。基本同意报告中关于监测因子的选取，同意监测系统按监测中心、重点站和基层站三级机构设置的意见，同意充分发挥各部门、各专业现有监测技术、人员和装备等的作用。监测的重点区域应以库区为主，兼顾水库上、下游。

③审查认为，在水质保护中库区水质监测资料和污染源调查资料丰富，治理岸边污染带

重点明确，采用计算方法基本合理，保护措施正确，补偿经费估算合理，并已列入工程建设费和发电成本。建议在下步工作中，应对坝前漂浮物清除及支流回水末端的富营养化问题提出解决措施。

④在物种资源及栖息地的保护方面，审查认为对珍稀植物和珍稀水生生物、上游特有鱼类等重点保护对象，分别采用建立保护区、保护点和采用人工繁殖放流等方式的保护设计比较完整，具体措施恰当，建设进度和投资概算合理，结论与建议正确。建议在可能的条件下，考虑高层次保护措施如建立“基因文库”和“谱系”，及时对川明参和被淹古大珍奇树木开展研究。

⑤同意对环境地质问题的评价结论，认为加强监测预报保护人民生命财产、对崩塌、滑坡体的影响采用监测、避让和整治等措施是有效的。应特别注意在移民安置区的选址中避开滑坡体，并在滑坡体的防治中增加生物措施。

⑥同意报告中关于水库泥沙淤积和中下游河道冲刷的评价结论。报告中提出的中游护岸控制工程的经费是必要的，重庆江段和其他江段的整治费用应计入电厂发电成本。建议适时开展因上游建库拦沙，下泄水中泥沙含量减少而对长江中下游河道冲刷的研究。

⑦与会专家对位于水库末端大城市重庆的环境问题给予了高度重视，认为在重庆水环境、大气环境、沿江岸壁稳定性和泥沙淤积等方面做了大量工作。鉴于枢纽在 156m 水位运行时对重庆市尚无影响，近期应着重开展监测和研究，以便在后期运行水位时及时制定可行的措施。建议补充对未来重庆港的油污染和有毒有害物质泄漏的对策研究。

2)开工前的主要环保工作

鉴于三峡枢纽工程即将开工，环境保护问题迫在眉睫，为切实保证三峡枢纽建设的环境保护工作能达到预期的目标，环保专家组认为在近期内，必须抓紧做好以下几项工作：

①加强环境管理是落实环境保护设计的关键。为此，建议国务院三峡建委及早组织水利部、国家环保局、湖北省和四川省人民政府，共商和确定工程的生态与环境保护管理机构，以利于工程的顺利进行和水库及流域的生态建设和资源的持续利用。同时建议及早制订和颁布三峡库区的环境保护法规，建立健全执法机构。

②建立三峡工程生态与环境监测系统已刻不容缓。建议国家环保局和水利部尽快组织有关部门，就监测系统的领导体制和监测中心的选址等开展研究，并提出实施方案，报国务院三峡建委批准。前期工作经费(60 万元)请抓紧落实。

③施工区的环境保护是当前另一项紧迫任务。建议编制枢纽工程的环境影响报告书，报告书应包括施工区移民安置的环境问题；环境保护工作人员要参与施工组织设计；施工区的环境保护法规的制订、执法机构的建设应当先行；必须严格控制工区人口增长，加强施工现场的治安管理。

④必要的资金是搞好环境保护的重要保证。为使工程建设与环境建设同步发展，建议从水库基金中提取 5%左右的资金，用于生态与环境建设和管理。

⑤库区移民和城镇搬迁的环境问题未包括在本报告内。因此建议，在编报水库淹

没与移民安置初步设计中，应根据环境影响报告书中所列有关内容逐项进行设计，并同步实施。

2.1.2.4 《三峡初步设计报告》审查核心专家组初审意见

第一部分：

根据国务院三峡建委第一次会议的决定，由三峡建委聘请的专家组，于1993年5月13日至25日，在北京召开了三峡工程初步设计审查会议，对长江委编制的《长江三峡水利枢纽初步设计报告(枢纽工程)》(以下简称《报告》)进行了专家初审。参加审查会议的专家共126人。国务院副总理邹家华在审查会议开幕时做了重要讲话。三峡建委顾问、全国政协副主席钱正英参加会议进行指导，三峡建委常务副主任郭树言参加和指导了会议。水利部、电力部、交通部、机械部、地矿部、国家环保局、三峡建委办公室、三峡总公司等有关部门的负责人也参加了会议。

三峡工程规模巨大，《报告》的内容和篇幅也很大，涉及的专业范围广。因此，初设审查会议分两步进行。即将《报告》内容分为10个专题，各成立专家组，先由专题专家组对《报告》有关分册进行审查，而后由核心专家组进行综合审查。10个专题专家组分别为：水文、地质、规划、枢纽、泥沙、机电设备、环境保护、施工、概算、经济评价。专题专家组通过审阅报告，听取长江委的汇报，对有关专题分册进行了审议，并分别形成了由专家签字通过的专题审查意见。在专题审查的基础上，由19名专家组成的核心专家组(包括各专题专家组正、副组长)集中审议，提出了总的初审意见。

长江委提交的《报告》，是根据批准的《长江三峡水利枢纽可行性研究报告》编制的。其中，三峡工程施工通航和施工导流方案对工程的施工和临时通航关系很大，在可行性论证中，专家们对此有不同的看法。后经三峡工程论证领导小组确定，在可行性研究报告中，按照“明渠通航、三期导流”方案编制。初步设计中，长江委对这一问题再次作了研究，提出专题报告，确认选用上述方案是合理的，并在1992年中，经论证领导小组审定，同意初步设计按此方案编制，并将明渠不通航方案也整理列入初步设计书中。但是，仍有一些专家有不同意见。为了广泛发扬民主，取得共识，使初步设计审查工作能顺利进行，在这次审查会开始前，由核心专家组主持，于5月9日至13日召集40多位有关专家和有关部门领导，举行了专题座谈会。会议听取了长江委的专门汇报，有关专家都作了充分发言。经过认真深入的讨论后，核心专家组组长认为两个方案的利弊得失已经明确，明渠通航方案可基本满足施工期通航要求，为交通部门所接受。从施工进度上看，明渠不通航方案估计只能与明渠通航方案持平，不可能有明显经济效益。考虑到三峡工程已进入前期施工准备阶段，三峡建委要求1993年上半年完成初步设计审查，1997年实现截流，不能再争议不休。明渠通航方案经过多年研究，已达到可审查的深度，而明渠不通航方案做得不够深入，不具备审查条件。因此核心专家组长确定并经三峡建委负责同志同意，这次会议对《报告》中推荐的明渠通航方案进行审查。

第二部分：

在各专题专家组审查的基础上，核心专家组经过综合审议，提出对《报告》的主要审查意见如后。更具体和次要意见可参见各专家组的审查意见。各组意见不尽一致者，由核心专家组作了协调。

(1)水文

①长江水文测站覆盖面广、资料系列长，又有丰富的历史洪水调查资料，洪水和径流成果均具有较高的精度，可以作为设计的依据。

②同意《报告》提出的径流计算成果，坝址年径流量采用4510亿m^3。同意《报告》提出的设计洪水成果，100年、1000年、10000年一遇洪峰流量分别为83700m^3/s、98800m^3/s、113000m^3/s。

③同意《报告》提出的长江泥沙观测资料和分析意见，进入三峡水库的泥沙量无明显的增减趋势。宜昌站多年平均输沙量采用5.3亿t。

④为保证三峡工程施工和运行管理的需要，建立三峡工程水文、气象、泥沙保障服务系统是必要的。原则同意《报告》对三个系统的安排意见和经费估算。应充分利用原有系统，并将水文与气象系统统一规划，避免重复建设。

(2)工程地质

①三峡工程的工程地质工作做得较深入，资料丰富，翔实可靠，工作深度已可满足初步设计的需要。

②同意三峡工程处在地壳稳定性较好的构造环境中的结论。国家地震烈度评定委员会确定坝址区基本烈度为Ⅵ度是合适的。同意《报告》对三峡水库诱发地震可能性所做的估计，即产生强水库诱发地震的可能性小，从高估计，在距坝址最近的九畹溪和仙女山一带产生M_s5.5～6.0级的诱发地震影响到坝址的地震烈度不超过Ⅳ度。

③同意《报告》对水库区工程地质和环境地质所作的评价。水库无渗漏和浸没问题，库岸的总体稳定性是好的。《报告》对水库区少数大型崩塌、滑坡体失稳可能造成的影响的评价是恰当的。

④三峡工程坝址工程地质条件优越。同意《报告》对各主要建筑物工程地质条件的分析和评价与采用的建基面标准。下阶段应继续进行永久船闸高边坡稳定性的勘察研究，重视左、右岸个别厂房坝段可能存在缓倾角节理对建筑物稳定的影响问题。

⑤三峡工程施工所需的各类天然建筑材料，均可在坝址上下游(最远85km)的范围内得到解决。建议根据设计工作的深入和施工的进展，继续补充必要的勘察工作。

⑥对预留的地下厂房地区需进行补充勘探试验研究，以作为设计和施工的依据。

(3)综合利用计划

①同意《报告》提出的三峡水利枢纽开发任务主要是防洪、发电和航运，结合考虑供水和南水北调，发展渔业和旅游，以及改善中下游水质。

②同意《报告》选定的正常蓄水位和相应特征水位：正常蓄水位 175m，相应防洪限制水位 145m，枯季消落低水位 155m；初期运行水位 156m，相应防洪限制水位 135m，枯季消落低水位 140m。

③同意《报告》对长江中下游防洪形势和三峡水利枢纽在长江中下游防洪体系中的地位及作用的分析。同意《报告》拟定的防洪规划原则。关于调洪运用，同意《报告》提出的本阶段以沙市水位控制，进行补偿的防洪调度方式。下阶段应进一步研究对城陵矶河段补偿的防洪调度，以及与其他干、支流水库和中游各分蓄洪区联合运用的调度方案。

④同意《报告》推荐的装机 26 台，右岸预留 6 台地下厂房位置的方案。《报告》推荐单机容量 68 万 kW，总装机 1768 万 kW，根据机械部方面资料，可调整为单机容量 70 万 kW，总装机 1820 万 kW。同意《报告》提出的三峡电站主要供电华中、华东兼顾川东地区。

⑤同意《报告》预测的 2000 年和 2030 年过坝货运量和通航建筑物规模。即 2030 年下水货运量为 5000 万 t，设双线五级船闸和垂直升船机。基本同意《报告》关于航运规划的意见，关于客运量的迅速增长问题，建议下一阶段再作进一步深化研究。

⑥原则同意《报告》的水产规划和旅游规划的意见。

(4)枢纽布置和水工建筑物

①同意《报告》采用的设计标准，即三峡水利枢纽为一等工程，主要挡水建筑物及电站厂房、永久船闸（双线五级船闸）、升船机为一级建筑物。洪水标准按 1000 年一遇洪水设计，10000 年一遇洪水加大 10%校核，地震设防烈度为Ⅶ度。

②同意《报告》选定的三斗坪坝址上坝线。同意《报告》推荐的混凝土重力坝坝型。建议在大坝的适当部位尽可能多采用碾压混凝土。

③同意《报告》推荐的枢纽建筑物总体布置方案，即河床中部布置泄洪建筑物；两侧布置电站坝段和坝后式厂房，左、右岸厂房分别设置 14 台和 12 台水轮发电机组；通航建筑物布置在左岸。另在右岸白岩尖脊下，预留 6 台机组地下厂房位置。

④同意《报告》推荐的泄洪布置方案，即泄洪深孔和表孔相间布置，采用挑流消能形式。《报告》推荐的三期导流度汛方案存在某些难点和风险性，宜调整导流底孔尺寸和高程，设置闸门进行控制，以利三期围堰的施工并减少封堵的风险性，避免设置高程很低的临时度汛缺口。希望在下一设计阶段中具体落实。

⑤坝体分缝分块、温度控制、接缝灌浆以及碾压混凝土设计施工等问题，非常重要，应在下阶段工作中作进一步研究，提出专题报告，并希望研究在合适部位采用 180 天龄期作混凝土设计龄期，以节约水泥的问题。

⑥同意《报告》推荐的两岸坝后电站的布置。关于引水钢管，同意设计采用的下游坝面留浅槽的背管布置方式。基本同意设计推荐的电厂排沙和排漂的布置方案，希望进一步研究优化，提高排沙和排漂效果。

⑦同意《报告》选定的船闸线路（Ⅳ线）和双线五级连续梯级船闸的布置方案和基本尺寸（闸室有效尺寸 280m×34m×5m），以及上、下游引航道的布置和尺度（直线段 930m、弯道半

径1000m，宽度由导航墙前128m渐变至180m）。同意设计推荐的等惯性长廊道，4区段顶部出水消能盖板的船闸输水系统布置方案，主廊道宜改用每线船闸两侧输水的布置方案，并通过进一步水力学试验研究，优化输水廊道及阀门井的布置。同意《报告》推荐的闸首、闸室结构布置方案，即采用岩体中隔墩、薄衬砌墙的方案。船闸开挖边坡最高达170m，应引起重视。鉴于船闸区地质条件较好，只要精心设计、精心施工，高边坡设计方案是可以成立的。希望在下阶段工作中，补充地应力测试和分析，重视和优化岩体及衬砌墙后的排水系统设计，适当调整边坡和马道宽度，加强坡面保护和表面排水，并制定正确的施工方案和监测手段，以确保高边坡的安全。

⑧关于升船机的土建结构，《报告》提出的上闸首与前塔柱结合和分离两种形式都是可行的，可在下一阶段比较确定。

⑨同意《报告》推荐的临时船闸及上下游航道布置和尺度（闸室有效尺寸240m×24m×4m，上下游航道宽80m），临时船闸坝段在通航孔上方设置两孔后期运用的冲沙闸的布置方案也是可行的。但需回填的通航孔尺寸大，希望进一步研究和优化孔口体形和回填方案。

⑩同意《报告》中泄洪（表孔、深孔、排漂孔）、电站（进水口、尾水、压力钢管及排沙孔）、永久船闸、临时船闸等的闸门和启闭设备的选型和布置，以上金属结构设备技术规模都在国内制造能力范围之内，设计方案是合适的，但其规模和难度都已接近或超过国内外同类结构的最高水平，务必精心设计、制造和安装，以保证建筑物的可靠运行，审查中提出的导流底孔控制闸门和启闭设备，需在下阶段设计中研究落实。

（5）机电设计

①同意《报告》推荐的水轮发电机组形式的选择意见和参数水平。根据机械部提供的资料和长江委《单机容量补充报告》，单机容量可由68万kW增加至70万kW，并请有关部门尽快提供相应资料以满足设计和施工急需。

②同意《报告》选用的上层桥机和下层半门式起重机的电站厂房起重设备方案。

③同意《报告》推荐的发电机变压器联合单元高压侧一倍半连接的主接线方案，以及厂用电源选取原则。

④同意《报告》采用的出线电压等级、高压配电装置选型、出线方式和回路数及电气设备的总体布置。同意《报告》推荐的右岸换流站交流部分与高压交流开关站相结合的布置方案。

⑤同意《报告》采用的按功能分层、分布结构的自动化系统及三峡—葛洲坝梯级调度对泄洪、蓄水、发电、航运进行统一调度的原则。同意设计采用的电厂继电保护配置原则。

⑥同意设计采用的通信方式及通信网络设计原则。

⑦鉴于三峡工程输变电初步设计报告正在编制中，今后结合输变电初步设计的审查，可对枢纽电气设计作必要的调整或局部修改。

⑧同意《报告》推荐的多钢丝绳卷扬、平衡重式垂直升船机形式。设计采用的总体技术方案合理，主机系统、电力驱动和控制系统可以满足安全可靠运行的要求。

(6)施工组织设计

①施工导流。原则同意《报告》采用的施工导流建筑物设计洪水标准。但考虑到二期上游深水土石围堰的重要性,除同意按100年一遇洪水设计外,应考虑在遭遇200年一遇洪水时的保堰(坝)措施。三期上游横向围堰系碾压混凝土围堰,其设计标准可按规范改为按20年一遇洪水设计,但应考虑在遭遇100年一遇洪水时防止漫堰(坝)的预防措施。基本同意《报告》推荐的一、二、三期围堰及其他导流建筑物的形式。考虑到二期围堰是在60m深的流水中填筑的,设计施工量非常大,虽然“七五”攻关已取得有效的成果,仍需对二期深水围堰进行更深入的研究,对二、三期截流应作出更详细的专题设计。

②施工总进度。同意《报告》建议的施工总进度安排,即施工准备和一期工程共5年,二期和三期工程各6年。首批机组于第11年投产。

③土石方工程施工。三峡工程土石方施工强度高,必须采用大型、高效的施工设备,按当代先进技术和科学管理组织施工。基本同意《报告》提出的土石方工程施工机械选型,对一些需进口的大型设备,应尽早研究落实。船闸高边坡开挖施工,应在已有设计、科研成果的基础上,提出专题报告并尽快安排现场试验。航道工程水下开挖工作量大,施工困难,成本高,建议积极研究落实将水下开挖尽可能改为围护开挖的方案,并研究水下开挖的弃渣场问题。建议进一步做好土石方平衡。

④混凝土工程施工。同意《报告》推荐的混凝土水平运输采用无轨运输,垂直运输采用大型塔机、高架门机及专用皮带机相结合的方案。建议考虑适当降低大型塔机的性能参数并尽快落实,先进口2台,在一期工程临时船闸和升船机的混凝土浇筑中试用,积累经验。

⑤施工总布置。三峡工程对外交通方案已经三峡建委办公会议审定,采用公路为主、水运为辅方案。同意《报告》提出的工区施工总布置的基本格局,下一步需结合工程招标分包的实际情况作相应的调整。

⑥混凝土砂石料源和混凝土生产系统。同意《报告》提出的砂石料源方案,即长江上下游天然的砂石料场、南村坪料场、基坑开挖料和下岸溪等料场。准备工程和一期工程以及右岸的混凝土主要采用天然砂石料;二、三期的左右岸工程尽量采用基坑开挖料加工粗骨料,但尚需扩大料源。下岸溪料场加工细骨料(人工砂),料源需考虑足够的余地。在长江干流上开采砂石料要有规划,避免对航运、防洪和鱼类栖息环境造成不利影响。对天然砂石料的料源和可开采量,需进一步研究落实。

同意报告推荐的混凝土拌和系统配置和混凝土温度控制措施。右岸拌和系统生产能力偏紧,需要增加拌和能力保证三期碾压混凝土围堰的工期。建议对混凝土配合比做进一步研究优化。

(7)工程泥沙问题

①坝区泥沙问题。根据坝区泥沙模型试验成果,同意《报告》推荐的永久船闸Ⅳ线方案,下阶段应进一步研究引航道口门位置和走向,隔流堤可研究利用开挖弃渣分期建设以免将

来水下施工困难。同意《报告》推荐的设置电站排沙孔方案并建议增加排沙孔数量。具体数量及布置需进一步试验研究确定。

②库区泥沙问题。同意《报告》对水库淤积和水库长期使用问题的结论。同意《报告》对上游建库有利于减轻库尾泥沙淤积和降低重庆市洪水位的分析意见，但鉴于影响水库来沙因素复杂，计算方法有待完善，现有计算成果尚不宜作为定量依据，可供宏观分析问题时参考。

③坝下游河床演变和水位下降问题。三峡建库后因清水下泄将刷深下游河床，估计宜昌同流量水位下降值可能超过《报告》中提出的1.8m，将对下游航运带来很大影响，尤以初期运行时更甚，急需采取措施，建库后清水下泄对荆江河段的冲刷和河势控制也是重要问题。应抓紧对下游河道冲刷情况的分析试验，并提出控制下游水位降低幅度及保护堤防安全的工程措施，包括修建束水建筑，控制在下游河道中开采砂石料的部位和数量，并在初期蓄水运行阶段适当减少下泄流量变幅等。

④考虑到泥沙问题的复杂和不确定性，以及其对三峡工程及上下游河段的重大影响，建议抓紧进行上下游水流泥沙的观测工作。

(8)环境保护

①《报告》的环境保护篇(不包括城镇搬迁和库区移民)内容较完整，资料丰富，覆盖了重点环境因子和重点区域的环境保护问题，提出了建设生态与环境监测系统的规划。所采取的环境保护措施基本可行。估算的经费和四种经费渠道基本合理。

②三峡工程已进入前期施工阶段，为使环境保护工作与工程建设同步进行，建议请三峡建委及早研究加强三峡工程生态与环境建设的管理，明确职责，制定法规或条例，组建监测网络。

③要重视和抓紧施工区的环境保护工作，编制枢纽工程环境报告书，列入技术设计，切实执行。

(9)枢纽工程概算

①《报告》中按1992年中期价格水平编制的枢纽工程静态投资为378.82亿元。但去年(1992年)下半年以来，建筑材料、设备单价和工资上涨幅度很大，最近还出台了一些对概算编制有较大影响的新规定。因此建议以1993年5月价格水平为准，考虑各种有关因素，对概算进行修编、于6月25日前提出供审定，以反映当年的实际物价水平。另外，希按已明确的资金渠道和预计的物价指数编制资金流计划。

②现行概算编制办法是以计划经济为基础的，不能适应社会主义市场经济原则、业主责任制和国际筹资要求。建议另外参照国际通用方法重新编制三峡枢纽工程概算，也争取在6月25日提出，核心专家组委托概算专家组届时开会审定，一并上报，以供上级了解情况。另外建议以美元为基数，完全按照国际通行做法编制三峡工程概算的可行性。

(10)综合经济评价

三峡工程的总概算包括枢纽工程、水库移民和输变电工程三部分。目前枢纽工程初步设计已完成，输变电工程和移民实施规划尚在进行中。《报告》中对水库移民和输变电工程投资作了估算。审查中将相应投资和国内1992年批准的其他水电工程相应投资对比，认为从总体上讲，三峡工程的这两项投资是包得住的。从本质上讲，物价上涨并不影响工程的综合经济评价。因此可认为《报告》中对三峡工程所作的经济评价是可信的。今后，在枢纽工程部分的概算修正、其他部分的初步设计完成后，可再进行一次综合分析。从可行性阶段和初步设计阶段两次成果来看，不会影响评价结论的合理性。

第三部分：

根据以上所述，专家组认为：《报告》是以批准的可行性研究报告为基础，遵照国务院三峡工程审查委员会的审查意见，补充了大量规划、勘测、设计和科研工作，按照国家有关规范编制的。内容完整、基本资料翔实可靠、工程规划设计合理可行，满足了初步设计要求，建议三峡建委予以批准，以便作为下一阶段的设计和施工工作的依据。

对于下阶段工作，专家组提出如下建议：

(1)抓紧开展主要建筑物的单项技术设计以及招标设计和施工详图设计

①三峡工程规模特大，其中某些单项工程规模即相当于一个大型工程，技术也比较复杂。虽然初步设计已达到一定的深度，但仍有进一步研究和优化的必要，有些技术方案和措施，也需进一步研究落实。为了减少工程量、节约投资和加快进度，有必要在初步设计完成后，立即开展主要建筑物的单项技术设计，再进行招标设计和施工详图设计。专家组同意《报告》提出的需进行单项技术设计的主要项目，包括：大坝、水电站、水电站机电设计(含首端换流站)、永久船闸、垂直升船机、二期上游横向围堰、建筑物安全监测和变动回水区航道及港口整治等八项。上述主要建筑物需在单项技术设计完成并通过审查后，才能进一步编制招标设计和施工详图，以保证设计质量。

②其他施工准备工程、导流、施工通航等临时和次要建筑物，在初步设计批准后，即可进行招标设计和施工详图设计，并应抓紧进行以满足全面开展施工准备工作的需要。但茅坪溪防护工程的大坝，高达90余米，两面挡水，性质是三峡工程的副坝，这次会议中未及深入审查，建议由设计单位另提专题报告，由三峡总公司进行审查，以策安全。

(2)抓紧进行其他需在初步设计以后继续研究或开展工作的有关项目

例如上下游泥沙问题特别是下游河道冲刷及控制问题的研究、生态及环境监测保护工作的开展、水文气象保障服务系统的建立及开展工作等，都希望按计划或制订计划抓紧进行。鉴于三峡工程规模巨大，影响深远，牵涉部门较多，需要编制一种较全面和详细的工程管理办法，以便经国家批准后，由有关部门执行，进行有效统一的管理。

(3)关于提前发挥三峡工程效益的可能性

①三峡工程发电工程如能提前一年，施工期内即可多得700多亿千瓦时的电量。《报告》中建议的总工期为17年。第一批机组在第11年发电，效益显著。但任务十分艰巨，突出反映在将准备工程和一期工程合并压缩为5年。从现在起就应抓紧，并保证资金及时到

位。建议三峡建委和有关部门采取有力措施按审定方案全力组织实施。

②继续研究加快装机进度、在施工期多发电的方案。《报告》建议在第11年左岸两台机组投产，以后每年投产4台。由于左岸厂房不在关键线路上，因此存在左岸厂房提前安装使第11年有更多机组投入的可能性，但牵涉土建和安装的进度、机组供货及增加发电前投入问题，需要予以详细的研究和落实。

此外，目前《报告》中布置的右岸地下厂房(共装机6台)，是为后期扩机预留的位置，不少专家建议将地下厂房提前与一期工程同时施工，使发电初期有更多的机组投入，估计在施工期可增加约500亿千瓦时的发电效益。但这样做势必较多地增加初期资金投入(初估要增加30亿元)、增加进口机组、增加地下工程量和影响右岸施工布置，而且需立即进行地下厂房的勘测设计试验工作。是否可行，尚需取得更可靠的资料后综合研究决定。建议设计单位抓紧进行研究，提出更详细的专题报告报三峡建委决策。

另外，根据分析，三峡工程建成后，扩机的时间不会很晚。所以是否采用本方案，地下厂房的前期工作以及必须在一期工程内施工的部分(如进水口)应抓紧进行、及时完成。

2.1.2.5　三峡建委审查批准《长江三峡水利枢纽初步设计报告(枢纽工程)》

1993年7月23日三峡建委第二次会议审查批准了《长江三峡水利枢纽初步设计报告(枢纽工程)》，1993年7月31日三峡建委下发关于批准《长江三峡水利枢纽设计报告(枢纽工程)》的通知，内容如下：

水利部长江水利委员会，中国长江三峡工程开发总公司：

受李鹏总理委托，邹家华副总理主持召开了国务院三峡工程建设委员会第二次会议。会议同意核心专家组的审查意见，决定批准《长江三峡水利枢纽初步设计报告(枢纽工程)》(以下简称初步设计)作为下阶段设计和施工的依据。原则同意初步设计采用的“明渠通航、三期导流”施工方案，垂直升船机要在第11年投入运行。同意水轮发电机组单机容量由68万千瓦调整为70万千瓦，装机规模由1768万千瓦调整为1820万千瓦。同意枢纽工程概算按1993年5月末价格控制在500.9亿元以内(包括茅坪溪防护坝5.9亿元)。

长江委要继续努力，在下阶段设计中尽可能地便利施工、降低施工难度和风险度，降低工程造价，缩短工期；抓紧编制重要工程的单项技术设计和其他工程的招标设计；保证图纸的按期供应。

三峡总公司要依据批准的初步设计，精心准备，精心组织，应用现代化的管理科学指导施工，保证工程质量，保证首批机组发电工期和总工期的按期实现。

三峡总公司和长江委还要进一步研究增加首批发电机组台数的施工方案，以尽量增大施工期间的发电效益。

目前承担右岸工程任务的长江葛洲坝工程局要克服困难，保证按质、按量、按期完成任务。

湖北省、宜昌市人民政府要按期完成坝区征地移民任务，保证施工准备工程的顺利进行，为三峡工程移民带个好头。

2.1.2.6 长江委提出《长江三峡水利枢纽初步设计修改补充报告》

在《三峡初步设计报告》审查过程中，三峡建委和初审核心专家组及各专题专家组提出了一些补充和修改的具体意见，长江委据此进行了修改及补充，有些则需在下一阶段设计中继续研究落实。为较全面地反映审查意见和补充修改的成果，并作为今后设计、施工的依据，除将原第八篇枢纽工程概算修编重印外，并将修改补充的主要内容编写了《长江三峡水利枢纽初步设计修改补充报告》。修改补充的主要内容摘述如下：

(1)关于水轮发电机组单机容量和总装机规模

在初步设计完成前后，长江委与机械工业部有关单位继续对三峡电站机组的单机容量进行了研讨，有关设计、科研、制造厂也提供了一批新成果。据此，长江委于 1993 年 4 月编制了《三峡工程机组容量研究补充报告》，连同《三峡初步设计报告》一并报审。经专家组初审，三峡建委正式批准，三峡电站单机容量由原拟 68 万 kW 改为 70 万 kW，装机台数维持 26 台不变，总装机容量由原 1768 万 kW 增至 1820 万 kW。为此，相应调整了引水钢管直径及机组段长度等。

(2)关于预留 6 台地下电站厂房位置

长江委在《三峡初步设计报告》原推荐在右岸山体预留 6 台机组的地下厂房位置，以备后期扩机的需要，未列预建工程量。在编制和审查过程中，有些专家提出提前兴建右岸地下电站厂房的意见。但由于设计深度不够，尚难以确定何时兴建较为适合。故三峡建委决定由长江委抓紧进行地下电站的可行性研究，待可行性报告提出后再研究确定，并决定将地下电站进水口水下工程作为工程建设项目列入建设范围，并计入总概算。

(3)关于永久船闸(双线五级船闸)

长江委在初步设计推荐每线船闸在其右侧的岩体中各开挖一条输水主廊道，即单侧输水方案，审查认为从稳妥考虑，宜改为每线船闸两侧设输水主廊道的方案。长江委据此进行了双侧输水的方案布置和工程量计算，并进行了水工模型试验。对船闸高边坡，审查建议调整开挖坡度和马道布置，适当加宽最下一级马道宽度，增设拦石墙及排水沟，以增加高边坡的安全度，长江委进行研究后已做了适当修改。

(4)关于三期导流期间的泄水布置

长江委在初步设计推荐的三期导流期间的泄水布置方案是：江水经由设在泄流坝段的 22 个导流底孔通过，第 11 年 5 月，在水库蓄水前封闭导流底孔，江水由泄流坝段高程 90m 的泄洪深孔和溢流表孔部位预留的高程 109m 临时缺口宣泄。审查认为：为保持通航发电水位而设置在临时缺口处的临时挡水闸门，其挡水高度达 26m，操作运行不便，同时导流底孔尺寸(5.5m×20m 及 5.5m×15m)大，封闭后不能再开启，因而使封闭底孔和抢修三期碾压混凝土围堰存在较大风险。建议取消临时缺口及其挡水闸门，同时调整导流底孔的布置和尺寸，改为可用闸门操作控制的底孔，由导流底孔及泄洪深孔联合宣泄三期导流期间的洪水，并维持围堰挡水发电所需的通航发电水位。长江委按上述意见进行了研究和修改设计，初步选用的方案是在泄洪坝段布置22个6m×9m的导流底孔，进口高程56.5m，用弧形门控制，取消临时缺口。具体方案将根据水工模型试验及结构措施的进一步研究在下阶段设计中确定。

(5)关于工程量变更和初设概算

长江委根据修改补充设计成果，估算了工程量的变更，在《长江三峡水利枢纽初步设计修改补充报告》中枢纽工程主要工程量为：土石方开挖10259万m^3，土石方填筑2933万m^3，混凝土2715万m^3，钢材28万t，钢筋35万t，较《三峡初步设计报告》有少量增加。

长江委根据审查初步设计原概算的意见，按1993年5月物价水平和修改后的工程量重编了设计概算，经1993年6月概算专家组审查认为，初步设计概算的静态投资可按495亿元控制(不包括茅坪溪防护工程投资)；经国务院三峡工程建设委员会批准，"同意枢纽工程概算按1993年5月末价格控制在500.9亿元以内(包括茅坪溪防护5.9亿元)"。较初步设计按1992年物价编制的概算383.02亿元(包括茅坪溪防护4.2亿元)增加了117.88亿元，增长了30.7%，其主要增长原因：(a)工程项目及工程量调整；(b)物价上涨；(c)编制方法的调整。

2.1.3　三峡枢纽单项工程技术设计及审查

国务院三峡工程建设委员会在批准三峡枢纽工程初步设计的同时，责成长江委编制大坝、水电站建筑物、永久船闸(双线五级船闸)、垂直升船机、机电(含首端换流站)、二期上游横向围堰、建筑物安全监测、变动回水区航道及港口整治(含坝下游河道下切影响对策研究)等8个单项技术设计，并授权三峡总公司负责审查单项技术设计。

《长江三峡水利枢纽初步设计报告》批准后，长江委立即开展了各单项技术设计的准备工作，包括安排补充勘测、水文泥沙和科学试验研究工作；拟定各单项技术设计的工作大纲；进行专题研究等。1993年12月完成了各单项技术设计工作大纲的编制，1994年11月以前陆续完成了第1至第7项专题研究报告，1995年3月以前先后完成第1至第7项技术设计报告，包括专题报告在内。第8项技术设计安排分期分批提出水库部分库段的航道整治技术设计、整治规划、研究报告等。8个单项技术设计均经三峡总公司组织专家组审查。

1994—1998年，在三峡总公司的大力支持下，长江委根据单项技术设计工作的需要，对主体建筑物地基进行了补充勘探钻孔500个，进尺31627.4m，勘探平洞进尺220.5m，还采取特殊勘探手段(钻孔取芯定位、孔内彩色录像等)查明缓倾角结构面产状等地质问题，提出地质报告68份；配合单项技术设计进行了泥沙、水工、土工、岩石力学、材料等科学试验研究工作，提出科研报告391份；并认真收集、学习、借鉴国内外大型水利水电工程设计、施工、运行经验，以提高三峡工程设计技术水平。在各单项工程技术设计过程中，长江委与三峡总公司技术委员会及各单项技术设计审查专家组密切配合，采取多种方式把设计、科研和审查工作有机结合起来，长江委各单项工程技术设计人员虚心听取专家组的审查意见，认真研究采纳落实，使各单项技术设计经过补充修改，不断地完善、优化。为保证各单项技术设计成果质量，长江委组织委内技术委员会的专家负责校审把关。在三峡总公司和全国有关高等院校及科研单位的大力支持、密切协作下，长江委按期完成了7个单项技术设计。第八项变动回水区航道及港口整治(含坝下游河床下切影响对策研究)技术设计分两阶段分别于2006年及2008年完成。长江委提供各单项工程技术设计报告9份290万字，图纸600张；各单项技术设计专题研究报告160份，计1980万字，附图5600张。三峡总公司技术委员会组织各单项技术设计审查专家组分专题进行审查，重大方案及关键技术问题均经专家组审查，报三峡总公司批准。单项技术设计满足了三峡工程各施工阶段的招标设计及招标文件编制和施工详图设计的需要，为三峡工程建设提供了技术支撑，保障了工程建设顺利进行。

三峡总公司于1994年2月成立技术委员会(以下简称技委会)，潘家铮院士担任主任、程山、张津生任副主任，陈赓仪、李鹗鼎、张光斗、严恺、林秉南为顾问，并聘请157位专家组成8个专家组负责审查八个单项工程技术设计。1994年2月至1999年底，三峡枢纽八个单项工程技术设计除第八项外均已完成审查。第八专题分两阶段审查，于2008年11月完成审查。

2.1.3.1 大坝技术设计审查

大坝技术设计审查专家组(以下简称大坝专家组)技委会大坝项目负责人为潘家铮，并邀请张光斗、李鹗鼎和陈赓仪顾问进行指导。大坝专家组组长李浩钧、副组长林伯诜，专家组成员：马君寿、陈道周、纪云生、夏颂佑、许百立、曹楚生、高季章、匡林生、李鹗鼎、邢观猷、甄永严、王三一、石瑞芳、谷兆祺、谭靖夷。大坝单项技术设计审查的重点问题：(a)左岸1～5号厂房坝段地基稳定问题；(b)泄水深孔及导流底孔布置和水力学问题；(c)大坝孔口应力分析与配筋优化设计问题；(d)水电站钢衬钢筋混凝土压力管道结构形式与设计优化问题；(e)大坝部分采用碾压混凝土问题；(f)大坝混凝土设计、温控设计及纵缝分缝问题。上述问题的审查意见汇总如下：

(1)左岸1～5号厂房坝段地基稳定问题

大坝专家组在对大坝技术设计报告审查后认为：三峡枢纽工程大坝地基总体上为坚硬完整的花岗岩石，其中左岸1～5号厂房坝段坐落在微新岩基上，但坝基存在有相对较发育的、倾向下游的缓倾角裂隙，尤以3号厂房坝段更为发育。这部位大坝坝基的微新岩体高程为95m，坝趾后即为高陡开挖边坡，边坡下端与开挖高程为22m的厂房地基相连接，施工临时坡高超过70m，地形、地质条件对左岸1～5号厂房坝段的地基稳定极为不利。为此将该问题列为三峡大坝工程的重大技术问题之一是非常必要的。长江委对左岸1～5号厂房坝段坝基的抗滑稳定问题，做了大量的研究和分析，地质专题报告资料丰富，工作深度达到要求。技委会安排多家科研院校和设计单位共同参加复核计算。为使各家的计算成果可进行相互对照和印证，技委会主任潘家铮为此作了原则性规定，并有技委会发文明确：以刚体极限平衡法作为与现行规范的安全度系数和目前所采用的地质力学参数三者相互配套的计算方法，并辅以有限元法分析研究其破坏机理；在计算参数和主要荷载值的计算上均明确以长江委提出的值为准；按大坝、基岩和厂房联成整体进行分析，核算其抗滑稳定的安全系数。长江委综合分析各科研院校和设计单位的计算成果认为：在采取综合处理措施后，按各确定性概化滑移模式计算所得的抗滑稳定安全系数均满足规范规定 $K'>3.0$ 的要求；对于大坝专家组提出的对 3 号左岸厂房坝段设想的两种最不利滑移模式，其 K' 值也可达 2.3～2.5。因此，认为左岸 1～5 号厂房坝段坝基的深层抗滑稳定性，在总体上可满足规范要求，对存在的局部稳定性问题，可以做针对性的工程处理。

大坝专家组审查强调：为保证 1～5 号左岸厂房坝段稳定，必须做好这些坝段的综合工程处理措施，且切实保证其工程质量，这些措施主要有：(a)适当降低坝基高程，将坝基高程由原 98m 降至 90m，上游段降至 85m，并在坝踵并设齿槽；(b)利用电站进水口拦污栅支承结构落地，向上游加大坝底宽 17.5m，以充分利用坝前水重，将帷幕灌浆洞及排水洞相应前移；(c)坝后厂房与上游边坡岩体紧密相靠，在厂房混凝土与岩坡之间设接触灌浆系统，并进行接触灌浆，实现厂坝联合作用，并对电站尾水渠一定范围内进行固结灌浆，确保下游抗力体作用；(d)左岸 1～5 号厂房坝段相邻坝段间的横缝设置键槽并灌浆，以加强坝段的整体作用；(e)左岸 1～5 号厂房坝段坝基和厂房地基设全封闭抽排系统，并增设深层排水洞和排水幕加强岩体的深部排水，以降低基岩结构面的扬压力，增加坝基抗滑稳定性；(f)左岸 1～5 号厂房坝段下游临空高陡边坡岩体分区进行锚固支护，提高边坡岩体的整体性；(g)加强施工管理，做好预裂爆破、控制爆破，预留保护层及开挖面的排水等措施，以确保爆破施工不影响建基岩体的完整性；(h)针对坝基浅层中缓倾角裂隙及一定深度内已查明的长、大、中缓倾角裂隙结构面进行预应力锚索锚固，并加强固结灌浆，以增强坝基岩体的整体性；(i)将左岸 1～5 号厂房坝段列为大坝安全监测的关键部位，加强安全监测；(j)根据坝后厂房与上游边坡岩体紧靠后厂坝联合受力条件，对厂房下部结构采取适当的加固措施。

(2)大坝泄洪深孔及导流底孔布置和水力学问题

大坝专家组审查认为，根据以下特点布置三峡枢纽泄洪深孔及导流底孔是合适的：泄洪流量及导流流量大；孔口多、尺寸大、水头高、水位变幅大，运用条件复杂；需考虑排沙、排漂要求，以及三峡工程的特殊重要性等。设计经过多年的研究论证，将泄洪坝段布置在河床中间，下泄流量顺应河势，不致造成岩坡冲刷，并有利于通航；采用以深孔为主的布置，有利于适应水库采用“蓄清排浑”运行方式的要求，以减少泥沙淤积；利用宽 483m 的有限泄水前缘，表孔与深孔平面上相间布置，并跨横缝设置了导流底孔，因此，泄洪和导流建筑物具有布置紧凑、选型较好、安全可靠、运行调度灵活和节省工程量等优点。考虑三峡枢纽坝下游基岩紧密、水垫层厚的条件，泄洪和导流建筑物均采用了挑流消能形式，并在平面上深孔与表孔相间排列，在立面上深孔与表孔的鼻坎前后错开，达到减少入水单宽流量、分散消能的目的，有效减少了下游冲刷和防护工程量。通过整体水工模型试验研究，在围堰挡水发电期导流底孔与深孔联合运用期间，采取了三项措施：(a)调整两侧底孔各 3 个边孔的进口高程及出口鼻坎挑角，既满足了截流水头要求，又改善了漩滚拍击弧门牛腿和支铰的不利流态；

(b)在右导墙左侧设置两道隔流堤，有效地减小了回流淘刷强度；(c)局部设置防冲护坦。

大坝技术设计报告推荐导流底孔采用短有压管接明流泄槽形式，大坝专家组审查认为，短有压管方案门槽段最大流速达 28m/s，泄槽段达 35m/s，对减小泥沙磨损和空蚀及孔内流态不利。长江委又补充研究了长有压管方案，调整了孔口高度，使有压段长度增加，门槽处流速降至 22.8m/s，明流泄槽相应缩短，从而提高了底孔抗磨、抗水流空化空蚀性能，为安全运行提供了可靠保证。

深孔是三峡枢纽的主要泄洪排沙建筑物，运行频繁。长江委遵照大坝专家组的审查意见，对大坝技术设计报告推荐的深孔体形作进一步优化，解决好掺气抗空化和防泥沙磨蚀等问题，先后提出了《表孔和深孔体形优化专题报告》《泄洪深孔长管方案研究专题报告》，大坝专家组审查基本同意长江委对两个方案所作的结论意见，即短有压管和长有压管两个方案在技术上都是可行的；从设计、施工、水力学和运行条件诸多方面综合比较，短有压管方案较为稳妥可靠，相对优于长有管方案，且投资少，以采用短有压管方案为好。在掺气设施形式的选择上，综合考虑水力学和闸门止水两方面条件，经试验研究和国内外工程实例调查分析，突扩掺气采用偏心铰变形止水或液压伸缩式止水，虽然能较好解决转角密封止水问题，但在水力学上，要保证侧空腔和底空腔通气顺畅有一定难度，且侧墙有低压区，容易形成空化源，掺气浓度较低，存在空蚀隐患。深孔采用短有压管方案，明槽流速达 35m/s，按规范要求应采取掺气减蚀措施。深孔通常运用水头为 35～70m，采用常规止水可以满足要求，其掺气为突扩掺气设施。为减少泥沙磨损，并保证通气，选择了高度较小(1.5m)的跌坎和直径较大(1.4m)的通气孔。

(3)大坝孔口应力分析与配筋优化设计问题

三峡大坝设有泄洪深孔、导流底孔、电站进水孔、排漂孔、排沙孔等孔口，这些坝段孔洞多，孔口尺寸大，作用水头高，运行条件复杂，致使孔口拉应力及受拉区较大，长江委提出大坝技术设计报告，经初步计算，需配置 5～6 层 ϕ40 Ⅱ级钢筋。由于钢筋过多，间距较密，施工困难，且混凝土质量难以保证，大坝专家组审查后认为：设计采用的线弹性三维有限元法对坝体及孔口周围应力进行分析，其成果基本合理，按弹性应力图形配置钢筋的方法也符合《水工钢筋混凝土结构设计规范(SDJ20—78)》的规定。但本规范所规定的按弹性应力图形配筋的方法本身存在缺陷：该方法未考虑混凝土开裂前后的应力变化，以开裂前的弹性应力状况作为开裂后的配筋依据，在理论上是不严密的；同时，该方法的配筋量是以满足承载力的允许应力法得出的，对配置了如此数量的钢筋后，结构的裂缝发生与发展态势仍然无法了解，而裂缝的存在对大坝是至关重要的。因此，大坝专家组认为，对三峡这样重要的工程，除按规范设计外，还应补充研究合适的配筋设计方法。为此，技委会专门组织了中国水利水电科学研究院、河海大学、清华大学、长江科学院等四单位，要求采用“非线性的钢筋混凝土有限元分析方法”对孔口配筋做进一步研究，并采取横缝局部止水后移，利用止水前横缝的外水压力平衡孔口内水压力作用，减小由孔内水压力引起的拉应力；坝体横缝灌浆高程由 56m 提高至 110m，灌浆范围为距上游坝面 2.5m，距下游坝面 5m 以内，横缝灌浆对提高大坝侧向整体性作用明显，对减小孔口拉应力有作用，但减小的程度与横缝间隙大小以及相邻坝段侧向刚度大小等有关，且影响较大。为安全计，在孔口配筋中不考虑灌浆的有利作用，只作为提高安全裕度。长江委在各单位进行了大量研究、优化设计工作的基础上，提出了《深孔应力分析与配筋优化设计专题报告》和《电站进水口、排漂孔应力分析与配筋优化设计专题报告》，在技术专家组审查同意后进行了详细结构设计。

(4)水电站钢衬钢筋混凝土压力管道结构形式与设计优化问题

三峡水电站压力管道条数多(26条)，管道直径大(12.4m)，HD 值高达 $1730m^2$。长江委在技术设计报告中，研究比较了明管和钢衬钢筋混凝土两个方案，并推荐明管方案。大坝专家组审查认为，两个方案均是可行的，但倾向于选用钢衬钢筋混凝土联合受力方案。其理由是这种结构形式安全度比明管较高，钢材可立足于国内生产，投资较小。苏联对钢衬钢筋混凝土联合受力技术已有丰富经验，可资借鉴，我国也已建成这种结构形式的压力管道。长江委按照大坝专家组意见，进行了补充试验研究和设计分析计算工作，技委会组织相关科研院校，开展了相关科学研究和试验，包括结构仿真计算、坝内埋管结构分析与大比尺(1∶5)仿真材料结构模型试验、大比尺(1∶5)平面结构模型试验、上弯段大比尺(1∶9.3)结构模型试验、下弯段大比尺(1∶9)结构模型试验、预应力钢筋混凝土管道结构设计研究、下平段施工措施研究等。长江委根据科学研究和试验的成果，结合对俄罗斯的考察和咨询，提出了《三峡水利枢纽电站压力管道优化设计报告》，大坝专家组审查认为设计总体上合理、可行，方便施工，节省投资。主要审查意见如下：

①坝内埋管。同意对布置所做的优化和该段上覆混凝土厚度基本保持在一倍管径以上；同意选用钢管与钢筋混凝土联合受力方案及采用现行规范的主要设计原则，建议参照仿真模型试验及有限元计算成果，研究适当减薄钢管厚度和优化钢筋配置；应重视钢管抗外压失稳设计，除采用可靠的防渗和排水措施外，建议比较与钢管外环向钢筋相联结的锚筋和加劲环两种加劲形式；加强混凝土温控措施，降低其施工温度应力；建议综合考虑混凝土抗裂强度及温度应力，研究适当降低外围混凝土标号的合理性。

②钢衬钢筋混凝土背管。下游坝面钢衬钢筋混凝土管是钢衬与钢筋混凝土联合承载的整体结构，应满足总的强度安全要求，总的安全系数宜采用≥2.0，至于钢衬与钢筋承载比例，大致以各半为宜，可以根据钢筋的布置和钢衬的厚度要求进行调整，钢筋的布置不宜多于三排；上弯段受力复杂，要进一步核算不平衡水压引起的上弯段(包括锚筋的锚着体)的整体稳定，核算必要锚固深度，并建议取消该部分预留槽，与坝块混凝土一起浇筑的方案；上弯段伸入坝内部分应按坝内埋管设计，并作专门研究，背管混凝土受其下基岩或坝体约束，易产生温度裂缝，要加强温控及防裂措施，注意坝体对背管的作用力，必要时研究加强纵向配筋；背管底部与坝体(或基岩)间存在剪切力，要做好抗剪措施；钢衬与外围混凝土可能形成渗水通道，危及钢衬稳定，应做好钢管外排水措施；建议研究环形锚筋代替加劲环，或用内层钢筋与钢衬焊在一起，以增加刚度，便于施工，利于混凝土浇筑；钢管外包混凝土标号为C23，建议研究降为C28，以降低水化热温升；背管外包混凝土按限裂设计，计算裂缝宽度为0.2～

0.5mm，大比尺平面模型试验的裂缝宽度为0.3mm，外包混凝土裂缝宽度应小于0.3mm，满足规范要求；俄罗斯克拉斯诺亚尔斯克和萨扬舒申斯克水电站压力管道裂缝宽度一般为0.3mm以下，最大为0.5mm，电站所处气温条件恶劣，已分别运行40年和20年，裂缝无变化，有的管道采用涂料封闭裂缝，其经验可供借鉴；管道外包混凝土裂缝对其耐久性不利，露天部分混凝土表面涂刷防渗材料是适宜的，建议设计上考虑便于背管检查和维修的措施；Ⅲ级钢筋的设计强度应按现行规范规定采用360MPa，在轴心受拉及小偏心受拉条件下，设计强度限制为310MPa，应对突破此规范的可行性做进一步论证，对钢衬与钢筋材质要注意匹配；压力管道的施工条件比较复杂，务必采取措施并加强管理，确保工程质量。

(5)关于大坝部分采用碾压混凝土问题

长江委根据初步设计审查意见，在大坝技术设计报告中，提出了大坝部分采用碾压混凝土建议。大坝专家组审查认为：碾压混凝土是先进技术，在严格施工工艺，全方位控制施工质量，特别是保证层面结合良好和上游防渗层的可靠防渗效果，优选粉煤灰及各种原材料，切实做好施工质量的前提下，采用碾压混凝土是可行的。但结合三峡工程实际情况，专家们对在施工初期是否采用碾压混凝土存在不同意见。部分专家认为：三峡工程在施工质量上是有保证的，因此主张积极采用碾压混凝土，并建议扩大应用范围；另一部分专家认为：三峡工程大坝采用碾压混凝土时，控制质量的环节较多，特别是大量的浇筑层面，其中任一浇筑层面质量失控就会影响该坝段安全性，特别是在施工初期，条件较差，而大坝采用碾压混凝土只能缩短浇筑工期3～4个月，风险大而好处不多，对此存在疑虑，建议三峡公司慎重考虑。专家组一致同意，应选在一期工程纵向围堰部位，进行全面的现场生产性试验。由于各种原因，一期工程纵向围堰碾压混凝土施工质量不很理想，渗漏较为严重，因此，三峡总公司决定，大坝主体工程不采用碾压混凝土。

(6)关于大坝混凝土设计、温控设计及纵缝分缝问题

三峡大坝为混凝土重力坝，轴线长2309.5m，最大坝高181m，混凝土量达1600万m^3。大坝技术设计报告中提出了大坝混凝土设计，大坝专家组审查认为：长江委提出的大坝混凝土设计基本合适，并提出了一些建议。大坝混凝土采用花岗岩人工骨料，其混凝土配合比中用水量较高，温控防裂难度大，并影响混凝土一系列性能，因此必须采取措施降低花岗岩人工骨料混凝土用水量，同时为满足三峡大坝高强度大仓面快速施工的特点，要求混凝土具有良好的工作性能，便于振捣密实；大坝为大体积混凝土，具孔洞多，温控防裂极为重要，应尽可能减少混凝土温升，提高其本身的抗裂能力；鉴于三峡大坝的重要性，需研究提高大坝混凝土的耐久性。

混凝土温控技术设计审查认为：大坝混凝土温控设计基本资料齐全，分析基本正确，设计采用的稳定温度、温控标准、温控防裂措施合理切实。大坝孔洞较多，要严格执行温控措施。设计推荐的泄洪坝段和厂房坝段采用二条纵缝方案在技术上可行，混凝土温度应力相对较小，可作为采用的第一方案。同意专题报告提出的基础允许温差、防止表面裂缝、坝体

最高温度的温控标准。并建议对导流底孔部位温度控制适当加严。长江委在招标设计中，泄洪坝段及厂房坝段除个别坝段采用三条纵缝外，均采用二条纵缝。

2.1.3.2　水电站厂房技术设计审查

水电站厂房技术设计审查专家组(以下简称“厂房专家组”)技委会水电站厂房项目负责人为魏永晖，并邀请张光斗、陈赓仪顾问进行指导。厂房专家组组长石瑞芳，专家组成员：陈道周、朱经祥、林可冀、张云、祝效奇、干城、张芝琪、鲁慎吾、陶三顾、吴新邦、刘令娴、王树人、王裕湘、李必如、韩祖恒、董哲仁、郑芝芬。水电站厂房单项技术设计审查的主要问题有：(a)电站总体布置和厂房内部布置；(b)厂房防洪标准和尾水平台高程；(c)进水口单孔与双孔方案比选；(d)厂房水上、水下结构形式和结构强度、刚度及抗震问题；(e)蜗壳外围混凝土的结构形式；(f)左岸1—5号厂房坝段的厂坝联合作用问题；(g)厂坝分缝处钢管连接形式；(h)排沙孔和排漂孔布置；(i)厂房通风空调设计；(j)主厂房屋盖结构；(k)右岸地下电站总体布置方案。上述问题的审查意见汇总如下：

(1)电站总体布置和厂房内部布置

厂房专家组审查认为：长江委对主、副厂房从机电、土建、施工、暖通等方面进行了全面的研究和布置，专家组同意技术设计报告中的主、副厂房布置总格局。即左、右岸主厂房各设安Ⅰ、安Ⅱ、安Ⅲ三个安装场；安Ⅱ、安Ⅲ与发电机层齐平；安Ⅰ主要为进厂交通卸货平台，其地面高程为82.0m，与尾水平台齐平。同意主变及配电设备等布置于上游副厂房；水机辅助设备及公用设施等布置于下游副厂房及安Ⅰ段下层。根据蜗壳平面控制 X 向总宽度不超过34.325m，故同意机组段长度定为38.3m。并提出了多项改进建议，其中对控制主厂房空间高度和结构布置的双层桥机方案进行了重点的讨论分析，最终同意长江委的设计，将大桥机(1200t)布置在下层、小桥机(100t)布置在上层。

(2)厂房防洪标准和尾水平台高程

长江委在电站建筑物技术设计报告中，将电站厂房防洪标准与大坝设计标准等同，即均按1000年一遇设计、10000年一遇加10%校核。大坝下游校核洪水位为83.1m。确定厂房尾水平台和安Ⅰ段高程为83.5m，而发电机层和安Ⅱ、安Ⅲ段高程为75.3m，两者相差达8.2m，形成很大的台阶。厂房专家组认为，根据国内现行设计规范，电站厂房防洪设计标准可比大坝降低一级，可按1000年一遇洪水校核(尾水位为76.4m)；考虑到三峡电站的特殊重要性，可提高至按5000年一遇洪水校核(尾水位为80.9m)；施工期按100年一遇洪水校核(尾水位为73.8m)，为此尾水平台和安Ⅰ段高程可降低至80.0m左右，这样有助于降低厂房高度和减少安Ⅰ段和发电机层高差及工程量。但长江委考虑到电站厂区总体布置和钢管运输等条件，要求增加超高值，将尾水平台和安Ⅰ段高程定为82.0m，专家组同意这一意见。

(3)进水口单孔与双孔方案比选

长江委在电站建筑物技术设计中，电站进水口采用斜单孔方案，厂房专家组审查基本同意该种形式，但单孔方案进水孔口流速高达8m/s，水流过拦栅后急剧收缩，进入压力管道的流态较为复杂。三峡电站机组多、容量大，如能设法减少水头损失，增加电站发电效益，改善运行条件，具有重要意义，为此，专家组倾向采用双孔方案。鉴于对此尚有不同意见，专家组建议进行单孔及双孔方案大比尺(1：30)水工模型的对比试验，并结合坝体孔口应力分析和闸门、启闭机设备综合比较，提出专题报告报审。为落实厂房专家组意见，由长江科学院和清华大学水利水电工程系分别进行了1：30的单孔及双孔方案水工模型试验研究，长江委设计院对单孔及双孔的闸门、启闭机以及坝体结构孔口应力进行了补充研究分析，长江委汇总试验成果及分析计算成果，提出了《三峡电站进水口形式论证报告》，单孔方案优化加大了喇叭口的宽度，并使孔顶及底缘曲线对称，进水水流流向斜向改为基本水平；降低工作闸门及拦污栅底槛高程；合理选定拦污栅墩支撑横梁的设置高程等措施，以改进水流流态；降低进水口底槛高程，增大孔口淹没深度，消除立轴挟气漩涡。厂房专家组审查原则同意采用单孔优化方案。进水口底槛高程由110m降至108m，进水口水流流态平稳，不存在挟气旋涡，流态满足设计要求，进水口体形优化后，可减少水头损失约30cm，每年取得增发电量1.5亿～3.0亿kW·h的经济效益。

(4)厂房水上、水下结构形式和结构强度、刚度及抗震问题

长江委在电站建筑物技术设计报告中，推荐厂房上部结构形式上游墙为实体墙方案，下游墙为梁柱方案。厂房专家组考虑为增加厂房下游水上、水下结构和整体刚度，建议下游墙亦采用实体墙方案，要求对两方案从结构、建筑、施工和投资等方面作出综合比较和论证，提出专题报告，报技委会审定。长江委根据专家组的审查意见及要求，进行了大量补充分析和论证工作，编制了《三峡电站厂房上部结构形式比较论证报告》，对厂房上部结构形式及尺寸在原技术设计报告基础上作一定调整，补充了实体墙方案，计算结果认为下游墙实体墙和梁柱墙两方案所拟定的结构尺寸，都具有足够的刚度，均可满足桥机正常运行条件，结构强度是安全的，且结构尺寸均有一定的裕度；从厂房结构动力分析成果，包括50阶以前的自振频率及振型特征和机组的可能振源，认为由于阻尼的存在，不会导致共振放大而失事，但不能排除结构的某些局部构件，在高频共振情况下的振动，从抗震的角度来讲，其结构强度，亦可满足安全要求；厂房下游墙采用梁柱结构的开敞式，在建筑处理上可以灵活多样化一些，给厂房下游立面建筑处理留有更多选择的余地；开敞式的自然通风、采光、运行环境条件优于封闭式厂房，且年运行费用也较为低廉；从施工程序与进度分析，两方案差别不大，但工程投资实体墙方案较梁柱方案多6590万元。经综合分析比较，认为上游实体墙、下游梁柱墙方案优于上游及下游都是实体墙方案。厂房专家组审查认为：厂房上部结构形式梁柱方案、实体墙方案和墙柱结合方案在技术上都是可行的，但从强度、刚度和抗震的性能分析，以采用实体墙方案(或墙柱结合方案)为优。三峡电站采用单机容量700MW机组，在厂房设计中我国尚缺乏经验。长江委设计的厂房结构强度能满足要求，但要切实加强其结构刚度，首先是加强水下结构的刚度。经分析和研究，专家组认为需在现有基础上再作进一步加强，加厚下游墙，将尾水管中墩、边墩伸入到下游副厂房内到67m高程，并将下游副厂房最下两层回填实体混凝土。三峡电站厂房上部结构形式，经三峡总公司组织建筑专家去国外考察后，最

终确定为上、下游均采用实体墙方案。

(5)蜗壳外围混凝土的结构形式

长江委在电站建筑物技术设计报告中，对于蜗壳外围混凝土的结构形式，推荐采用钢蜗壳外铺设软垫层的方案。厂房专家组根据了解的国内外资料，国外单机容量为600～700MW的大型水电站，均不设垫层而采用打压浇筑蜗壳外围混凝土的方式(或采用钢蜗壳与外围钢筋混凝土联合受力)。国内500MW以上机组，如二滩水电站，以及运行水位变幅较大的抽水蓄能电站均已采用打压浇筑蜗壳外围混凝土。三峡电站单机容量700MW，水头较高且运行水位变幅较大，厂房专家组审查提出以采用打压浇筑蜗壳外围堰混凝土方案为稳妥。经长江委和有关科研院校进行计算和研究分析提出专题报告，厂房专家组审查，再次强调三峡电站机组蜗壳外围混凝土以采用打压浇筑混凝土方案为宜：(a)充水加压结构，钢蜗壳与外围混凝土应力较均匀，混凝土拉应力值相对较小，不易产生裂缝，整体性较好；座环、蜗壳与大体积外围混凝土贴紧，刚度大，有利于机组安全稳定运行；(b)三峡电站首批机组的主体从国外引进，座环、蜗壳等主要部件的制造、材质、焊接质量等应进行严格的检查和验收。采用充水加压检验是最直观、最有效的手段，也是国际上通用的检验方法。现行的电力行业标准明确规定，对100m以上水头的机组需进行水压检验，这对外商是在质量上的约束。充水加压浇筑蜗壳外围混凝土所采用的压力，可考虑初期低水位运行和汛期防洪限制水位运行的实际情况，内压在78～99m水头间进行取值。(c)充水打压浇筑混凝土形式与软垫层形式相比，最主要优点是运行时蜗壳与外围混凝土能紧密结合成整体，有利于减小机组和厂房振动。为稳妥起见，技委会又委托西安理工大学用三维有限元对三峡水电站蜗壳外围混凝土结构进行数值分析研究。对三种结构方案，即充水打压、半包厚垫层(上部180°范围，30mm厚垫层)及全包薄垫层(360°范围、5mm薄垫层)均做了三维元分析，推荐采用充水打压方案。根据以上理由，三峡总公司领导在听取张光斗、潘家铮两院士意见后，决定蜗壳不做水压试验，但其外围混凝土采用保压浇筑。

(6)左岸1～5号厂房坝段的厂坝联合作用问题

三峡大坝左岸1～5号厂房坝段坝基内存在有较为发育的、倾向下游的缓倾角裂隙，坝趾后为高达70m的高陡开挖边坡，地形、地质条件对大坝抗滑稳定不利。大坝专家组提出要求厂坝联合作用，厂房提供有效抗滑力(最不利情况约为58800kN/m)、支撑点高程尽可能高些(高程53.0m以上)，并要求研究分析在厂坝联合作用时，大坝对厂房上游墙的传力影响。

三峡总公司技委会将左岸1～5号厂房坝段的抗滑稳定问题列为专题。要求长江委进行补充勘探和提出专题报告。与此同时，委托多家科研院校和设计院进行左岸3号厂房坝段的抗滑稳定分析。经专题研究和大坝、厂房专家组共同审查，取得了共识：左岸1～5号厂房坝段须采用厂坝联合作用，在对厂房坝段采用多种工程处理措施后，抗滑稳定安全系数可以满足现行规范的要求。

(7)厂坝分缝处钢管连接形式

长江委在技术设计报告中,对大坝厂房坝段的坝体和厂房按照两个独立体分别进行抗滑、抗倾稳定和应力分析。因此,厂坝分缝处的钢管连接形式推荐采用内接式伸缩节或国内常用的套筒式伸缩节。厂房专家组审查认为,设计采用的伸缩节形式在技术上是可行的,但对于左岸厂房的岸坡坝段(1～6 号机组)和河床坝段(7～14 号机组)的不同情况,应区别对待,要求对厂坝分缝处钢管中心线的位移值作进一步复核,分别研究取消伸缩节(以垫层管取代伸缩节)或采用简易伸缩节的可能性。三峡总公司组织长江委和有关科研院校对大坝、垫层钢管和厂房作整体的三维有限元复核厂坝间相对位移值和垫层管应力值。复核结果:根据钢管材质,并参考俄罗斯有关规范规定,按明管设计时,钢管膜应力区的允许应力可取230MPa,局部弯曲应力区的允许应力可取 365MPa,我国有关规范拟定的垫层管的允许应力在膜应力区为 230MPa,局部应力为 365MPa。岸坡坝段垫层管的应力在各种工况下均小于上述规定的允许应力,因此,可以取消伸缩节使用垫层管,而且与焊合龙时段无关,河床坝段厂坝段分缝方案也可取消伸缩节,但从控制垫层管最大组合应力不超过允许应力判别,首选不设预留环缝钢管夏季合龙方案,其次是钢管夏季安装设预留环缝夏季合龙方案,第三是钢管冬季安装并预留环缝夏季合龙方案。河床坝段厂坝间分缝、不进行接缝灌浆,即接缝处设软垫层按不传力考虑,其垫层管两端管轴向、坝轴线和竖向位移都大于岸坡坝段。河床坝段最大平均相对位移为管轴向 5.26mm(压缩变形)、坝轴向 1.35mm、竖向 2.36mm,岸坡坝段最大平均相对位移为管轴向 2.29mm(压缩变形)、坝轴向 1.29mm、竖向 0.39mm,以上最大平均相对位移一般都出现在冬季合龙情况的设预留环境方案,如不设预留环缝,则管轴向最大平均相对位移(压缩变形)要小些,岸坡坝段为 1.79mm、河床坝段为 4.76mm。在三个方向的相对位移中,管轴向相对位移是影响钢管应力的主要位移。而管轴向相对压缩位移又以冬季合龙情况(设预留环缝方案)为最大,它对等效应力也最大,按这种工况计算河床坝段轴向最大平均相对位移为 5.26mm,而常规荷载(合龙后作用的水、沙压力)和温度荷载单独产生的位移,分别为－3.80mm 和－1.46mm。厂房专家组审查认为:岸坡坝段垫层管的应力在各种工况下均满足要求,完全可以用垫层管取代伸缩节,除凑合节冬季合龙、夏季运行时垫层管最大组合应力略超过规定的允许应力,其他工况均满足要求,对这种略超过允许值的工况,可采用适当措施,使应力降至允许值以下,因此,河床坝段也有条件采用垫层管取代伸缩节。

三峡总公司向张光斗、潘家铮两位院士咨询关于厂坝间伸缩节问题,咨询意见如下:(a)厂坝间伸缩节是否取消主要考虑以下四个方面:保证运行安全;造价上的区别;有利于施工;运行维护方案。其中首先是保证安全。(b)根据长江委提交的三峡厂房坝段、厂房及钢管相互作用三维有限元仿真计算和中国水利水电科学研究院计算成果,厂坝之间相对位移都较小,用垫层管取代伸缩节,钢折管应力基本上满足允许应力。是否设置伸缩节,主要取决于厂、坝之间的相对变形。其中,自重没有影响;施工期厂坝基岩变形也趋停止;坝体在纵缝灌浆前已达到稳定温度场,钢管由混凝土包起来温度影响也不大,主要是蓄水后引起相对变形,由于厂坝是紧密结合的,粘在基岩上,二者之间的相对变形敏感性要差一些。长江委计算成果表明:垫层管在合龙后变形约在5mm以内,所以取消伸缩节不会影响安全,鉴于三峡大直径伸缩节施工和今后运行维护都比较困难,左岸坡1~6号机组段伸缩节可以取消。河床机组7~14号段伸缩节也倾向取消,可待俄罗斯专家咨询报告提交和进一步补充分析后再定。(c)请长江委根据现场一些不确定因素和具体条件及变化情况进行敏感性分析,譬如:将基岩变形模量降低;厂坝之间接缝灌浆可能形成的间隙变化,以及蜗壳保压浇筑混凝土压力调整等。请三峡总公司技委会会同长江委、水科院复核厂坝间变形值,并认真研究分析俄罗斯专家的复核计算成果,使取消伸缩节建立在可靠的基础上。(d)考虑到河床7~14号机组段厂坝之间变形稍大,要抓紧优化垫层管设计,并研究新型补偿过渡段,以策安全。

俄罗斯专家提交给三峡总公司的咨询报告中认为:根据俄罗斯有关设计规范计算分析成果,左岸岸坡1~6号厂房坝段可用垫层管取代伸缩节;河床7~14号坝段,若合理选择合龙时间,伸缩节也可取消,由垫层管取代。

三峡总公司根据厂房专家组审查意见及张光斗、潘家铮两位院士的咨询意见,研究了俄罗斯专家的咨询报告,并在听取长江委意见后,决定左岸岸坡1~6号机组段取消伸缩节,采用垫层管;河床7~14号机组段保留伸缩节,其形式由长江委比选确定。长江委在比较了常规套筒单向伸缩节、加设内波纹水封的单向套筒伸缩节和新型伸缩节(内接式、Ω形波纹伸缩节)后,推荐加设内波纹水封的单向套筒式伸缩节、即在常规套筒式伸缩节套筒内加设不锈钢板制成的波纹形钢水封。

(8)排沙孔和排漂孔布置

长江委在技术设计报告中提出了7个排沙孔和3个排漂孔的布置。厂房专家组审查同意设计推荐的左岸3孔、右岸4孔的排沙孔(孔径均为4.5m)布置方案,同意排沙孔的形式和规模:对控制管道流速、衬砌抗磨、出口高程和闸门形式提出了建议,要求对排沙继续深入进行水工模型试验和空蚀的研究。厂房专家组审查同意设计推荐的3个排漂孔的布置和规模,要求重点研究右岸岸边3号排漂孔的布置,以提高汛期低水位时排漂效果。此外,还应注意研究解决后期建设的右岸地下电站厂房进水口前的排漂问题。从今后三峡、葛洲坝两电站安全运行和环境保护考虑,建议在三峡坝址上游适当河段采取拦漂、捞漂工程措施的可行性和合理性。

(9)厂房通风空调设计

长江委在技术设计报告中进行了水电站厂房的通风空调设计。在三峡总公司决定左右岸电站主厂房上、下游墙全部采用实体墙方案后,即主厂房发电机层改为封闭式结构,成为封闭式厂房,对原来技术设计报告中按开敞式厂房设计的通风空调方案进行了修改,研究采用当前国内外先进、成熟的通风空调技术,提出了《三峡水利枢纽电站厂房通风空调专题报告》,厂房专家组审查同意报告中关于室内外空气设计参数的选择,肯定了长江委推荐的主厂房分层空调方案及其气流组织、重要部位和场所的空调、排风和排烟系统的设计构思和设计原则。专家组认为设计所采取的综合防潮措施(防潮隔墙、排水系统等)是合适的;赞同报告中对电站厂房“舒适感”的要求;认为设计提出要求做发电机层的气流组织热态模型试验是必要的,希望三峡总公司予以支持。

(10)*主厂房屋盖结构*

三峡水电站建成后是当今世界最大的水电站。厂房结构的安全可靠是共同关注的首要问题之一。由于初步设计阶段已明确电站厂房原则上不考虑人防要求,因此长江委在初步设计报告中推荐采用钢桁架屋面板方案。在技术设计阶段,对厂房上部结构形式包括屋架结构形式,长江委、三峡总公司技委会和厂房专家组都做了大量研究工作,技委会会同长江委并委托清华大学等单位,对三峡电站厂房采用网架结构的可行性进行了研究。长江委在多年研究论证工作的基础上,结合清华大学等单位的研究成果,从建筑设计和结构设计两方面提出《三峡水利枢纽左岸电站主厂房屋面网架(含屋面板)方案设计报告》的专项设计。厂房专家组审查同意主厂房屋盖采用网架结构,认为主厂房屋架采用网架结构是可行的和合理的,且整体性好,使厂房纵向、横向刚度得到加强,可提高厂房结构抗震性能;造型美观;工厂制作、安装快速。专家组对支座与节点构造、网架形式和网格划分、屋面板结构、网架结构的建筑设计等提出了意见和建议。

(11)*右岸地下厂房总体布置方案*

三峡总公司技委会于1999年3月组织专家组对长江委提交的《长江三峡水利枢纽右岸地下电站技术设计阶段总体布置专题报告》进行了审查,专家组审查认为:(a)三峡右岸地下电站利用已建的大坝挡水,不增加移民,可扩装4200MW容量,获得年调峰电量37亿kW·h。由于地下电站开发时机难以说清,为了避免国家资金积压,并给今后地下电站建设留有更多的活动余地,在总体布置上不能定得太死,预建工程尽量少做。(b)长江委提出的本次专题报告,充分反映了地形、地质条件,布置紧凑。基本同意推荐的进水口位置和地下厂房轴线;同意采用塔式进水口,在进水塔下方设置分散的排沙洞;同意500kV升压站布置在地下厂房顶部地面。(c)建议调整地下厂房布置,将进厂交通洞及安装场移到地下厂房右端,做一个独立的地下电站方案。与本《专题报告》方案进行综合比较后提出推荐意见,报技委会审定。长江委按照专家组审查意见,补充地质勘探和设计工作,提出将地下厂房平行下移20m左右,并将安装场及副厂房和进厂交通洞均改设于地下厂房右端,形成独立的地下厂房。

2.1.3.3 永久船闸(双线五级船闸)技术设计审查

双线五级船闸技术设计审查专家组(以下简称“船闸专家组”),船闸专家组组长曹楚生,副组长梁应辰、沈杏初,专家组成员:张仁、杨自薰、丁行蕊、孙钧、曲振甫、荣天富、郭怀志、冉毅泉、罗其华、王作高、许百立、李浩钧、须清华、金一心。船闸单项技术设计审查的主要问题:(a)通航建筑物总体布置;(b)船闸输水系统和船闸水力学;(c)船闸高边坡设计;(d)船闸水工结构设计;(e)船闸金属结构及其启闭机械和电气设计。上述问题的审查意见汇总如下:

(1)通航建筑物总体布置审查意见

船闸专家组对通航建筑物总体布置的审查意见:

①关于通航流量标准。三峡工程通航标准可与葛洲坝枢纽三江一致,当流量为 $56700m^3/s$ 时,三峡枢纽坝上水位可定为147m。当葛洲坝枢纽三江标准为 $45000m^3/s$ 流量时,万吨级船队双向航行,$60000m^3/s$ 和 $56700m^3/s$ 分别为葛洲坝工程和三峡工程的最高通航流量。

②关于通航水流条件。船闸专家组认为:各科研单位虽然在解决永久船闸和升船机上、下游引航道的通航水流条件和碍航淤积问题方面做了大量卓有成效的工作,提出了丰富的成果,但对最终解决坝区范围的通航水流条件问题仍有一定距离,特提出如下建议:(a)通航水流条件和泥沙淤积的处理是分不开的。船闸和升船机运行要保证引航道内、口门区和连接段的航宽航深和通航水流条件标准的要求。(b)对于升船机,专家组都主张选用将其上游引航道也包起来的隔流堤方案。(c)对于上游引航道连接段,考虑该区段大流量时水流条件复杂,流速高,流态不好,但水域开阔,不应与引航道口门区的通航水流条件采用同一通航标准,可用70+6年坝区淤积地形下,由经过率定准确的不同形式船模(1+3×1000t,1+6×1000t和1+9×1000t),在不同上游来流总流量 $35000m^3/s$、$40000m^3/s$ 和 $56700m^3/s$ 下进行试验,再进行综合分析后评定。(d)对于下游引航道连接段,可用与上游引航道连接段相同的方式方法研究。但口门下游有重件码头,船队(舶)进出下引航道时码头同时运行不安全,必须由航运方面统一调度和指挥。至于重件码头本身和码头前靠泊船舶是否影响船队(舶)进出连接段和下游引航道,尚需通过船模试验验证确定。

③关于上游引航道布置方案和防淤隔流堤线路及施工分期。(a)关于布置方案。专家组审查明确:"鉴于小包"(上游引航道仅将永久船闸引航道包在堤内,即初步设计和技术设计推荐方案)方案既存在永久船闸上游引航道往复流影响通航的问题,又将升船机置于隔流防淤堤外侧,汛期清淤困难,通航水流条件和水深都难以满足正常通航要求,确定不予采用。"多数专家认为,'大包'(上游引航道隔流防淤堤将永久船闸和升船机包在堤内)和'全包'(上游引航道隔流堤防淤堤将永久船闸、升船机和蓄水后改为冲沙闸的临时船闸全包在堤内)两方案都具有改善永久船闸和升船机的通航水流条件的类似优点,都是可取的……""经综合研究分析,从配合施工进度考虑,初步确定先以'全包'方案、分期实施作为下阶段设计的依据进行工作"。三峡总公司技委会转发船闸专家组审查意见的函中明确:"三峡总公司原则同意按专家组审查意见实施上游航道隔流堤'全包'方案。"(b)关于工程分期。专家组审查认为:"经过综合比较,确定采用分期连续建设的方案。对隔流堤线,基本同意设计推荐的3线方案,建设结合现场地形、地质条件和交通线路布置及有利于今后运行等因素进一步优化落实;对隔流堤型,连接大坝坝体部分采用混凝土直立墙建在岩基上,其余上游部分可采用石碴堤结构,除做好必要的护坡外,并应做好混凝土直立墙与石碴堤的连接,以保持两者的平顺衔接和结构的稳定;对堤头位置,原则上可暂时定 Q_1 点,最后位置和形式可通过运行或试验再作必要的调整;对施工分期,要求在2003年水库蓄水前,除应建成近坝段的混凝

土直立墙外，应充分利用弃渣将堤头至苏家坳段填筑到 150m 高程。跨越临时船闸上游引航道的深填方段应抓紧在临时船闸停用到水库蓄水至 135m 水位的时段内，尽量利用碴料填筑至 150m 高程，原则上不留缺口。"

④关于引航道减淤、冲淤和清淤措施。(a)关于泥沙及冲沙相关工作。船闸专家组审查认为："航道泥沙防治十分重要……坝区泥沙淤积规律已基本清楚，引航道及上下连接段淤积量的大致范围也已基本掌握，应尽早落实防治措施。采用冲沙与机械清淤相结合的方式，对于解决三峡坝区泥沙仍是缺一不可的。鉴于由临时船闸改建的冲沙闸过流能力有限，冲沙效率不能满足要求，因而认为在永久船闸松动冲淤原型试验和高效率加快对航行干扰小的挖泥船的研制，尽快安排隧洞冲沙流量和冲沙时机的科学研究工作，为尽早落实解决引航道泥沙问题综合措施方案提供科学依据。"(b)关于减淤。船闸专家组审查认为："在引航道口门附近设置气帘、水帘以破坏异重流进入航道，减少引航道泥沙淤积的措施，试验和分析证明不理想，操作维修困难，可以否定。在引航道口门设截沙槽，配合排沙设备将异重流在口门外直接引入主河道减淤措施有实际困难，也不推荐应用。"(c)关于机械清淤。船闸专家组审查提出："解决三峡工程建成后引航道泥沙淤积碍航问题应采用综合措施，包括防淤、减淤、冲淤和清淤等。根据葛洲坝工程实践经验，口门区大部和连接段的泥沙清淤条件与引航道内不同，对坝区通航干扰小，可使用大型效率高的专用挖泥船解决。引航道内机械清淤，研制新型松动冲沙机械设备应小型化，简易轻便、快速，适应软、硬不同条件航道底板，并应考虑松动淤沙的时间不能过长等因素。建议组建三峡工程引航道清淤挖泥专题组进行专题研究……包括研制三峡工程挖泥船船型。专题组由长江航道局牵头，长江委设计院、长航局三峡办、有关船舶设计院和制造单位派员参加，限期完成。"

(2)船闸输水系统和船闸水力学

①关于船闸取水。审查认为："在永久船闸上游引航道隔流堤采用'全包'方案一次完建的前提下，同意进水口布置相应进行方案优化，优化后的进水口布置应满足通航水流条件。经审议正向取水布置形式在技术上可行，原则同意采用。正向取水 145m 水位力争达到'双充'时正常运行条件。应抓紧正向布置方案进一步优化的试验研究。重点应放在改善 145m 水位考虑泥沙淤积情况下通航水流条件上。"

②关于输水时间。"通过模型试验表明，如第一级人字工作门关闭，当第二闸首做首级时，输水时间不能满足设计标准要求，从而影响双线连续五级船闸整体输水时间和通过能力。需进一步研究，进行必要的模型试验和设计优化工作。"

③关于闸室输水形式。审查认为："设计拟定的三峡工程船闸输水形式为等惯性底部纵支廊道四区段分散和出水盖板消能形式，实际是葛洲坝枢纽 1 号船闸所用的形式，它的优点是流量系数大，输水时间短，且有一定实践经验。但实践证明，它的缺点是四区段之间部位和上下人字工作门与闸室支廊道上下端之间部位基本是泥沙落淤区，清淤量大，而且困难，连续五级船闸清淤就更困难，闸室底板以上的输水管道高度大，开挖量大，输水支廊道复杂，施工难度也大，南京水利科学研究院(简称南科院)通过试验提出了两种改进方案可供选择：

一种方案是对现定的输水形式防淤改进措施；另一种方案由三峡总公司技委会已验收的'三峡永久船闸腔体水平分流带纵坡的闸底板纵支廊道二区段闸室出水及高效消能盖板减少闸室泥沙淤积的输水系统布置方案'。"

三峡船闸输水系统采用自动化控制提前关闭充水阀门以控制闸室水位的最大惯性超高(降)值，利用出水分支廊道剩余压力在其首尾布置辅助冲沙管，实现全闸室出水避免死水区，保证了泄水过程较长时段闸底出水孔水流速度大于泥沙起动流速，减少泥沙淤积取得较好效果。

船闸所有运行工况中以设计条件下第 5 闸室充水（水头 45.2m，闸室起始水深 5.0m，$t_V=605s$）的船舶停泊条件为控制，此时仅横向力略大于允许值。但由于第 5 闸室充水时间有一定富裕，因此，可适当延长阀门开始时间，船舶条件即可得到解决，而输水时间仍可满足要求。末级超长泄水廊道试验表明，由于廊道内水体惯性过大，动关闭时阀门将受较大的水动力冲击荷载，且剩余水头愈大，关门速度愈快，其情况就愈严重。输水阀门后保持通畅的通气条件，可减轻水作用和门后大面积负压及其变化。输水阀门和阀门的主廊道区段使用频繁，工况复杂，是输水系统的咽喉，其运转正常与否决定着船闸的安全运行。研究成果表明，输水阀门的空化和振动是高水头船闸的关键技术难题之一，尤其对初始水头高、输水体大的三峡船闸，阀门的空化和振动问题更为突出。经 1∶10 比尺模型试验，阀门采用反向弧形门，双面板结构形式，吊杆采用多级焊拖带滑槽的杆系布置，动水关门、快速开门，阀门底槛下游突扩，孔口下游淹没水深 26m，门楣设通气孔，孔顶下游顶板斜扩，阀门段上下游一定范围采用不锈钢复合板衬护等措施。

④关于输水阀门防气蚀空化和振动措施。审查认为："通过大量科学试验，阀门段防气蚀空化振动采取了综合措施：采用反向弧门形式，阀门淹没水深 26m，阀门后采用顶扩和底扩，以 2min 左右快速开门（受启闭机械制约，不允许阀门开启更快），并采用门楣通气措施（已应用葛洲坝枢纽三座船闸，证明效果显著）等。"

⑤关于输水系统超灌超泄问题。审查认为："与单级船闸不同，超灌超泄在三峡工程连续五级船闸又同时采用人字工作门条件下，是需要解决好的重大技术问题；既要保证人字工作门、启闭机械和电气设备安全，更要满足闸室内船舶停泊条件的要求，特别是对客船和装有危险品的船舶。"审查同意"设计提出的采用提前在动水条件下关闭阀门解决超灌超泄的措施，但为保证万无一失，建议要做具体措施细节，包括借助数学模型等手段，使阀门水力学要求与阀门结构、启闭机械、电气、水工结构、阀门运行包括快速开门、动水关门等做出协调工作，并进行专门鉴定和验收。"

⑥关于船闸泄水。审查同意"设计提出的船闸泄水方案，要求对泄水主廊道动水关门的水击及压力进一步解决好，并应做到与冲沙隧洞出水口尾段和消能设施不发生矛盾。为此，应做必要的科研试验工作"。

⑦关于输水系统维修。审查认为："考虑到三峡工程双线连续五级船闸输水系统极为复杂，为有利于船闸的运行和管理，审查特别提出整个输水系统、闸阀门金属结构、启闭机械和

电气做出完整的方便易行的检修设计，并从便利施工、降低造价和便于维修出发，对主廊道设计进行必要的优化。”

(3)双线连续五级船闸高边坡设计

船闸专家组对长江委提出的《长江三峡水利枢纽单项工程技术设计报告第三册永久船闸设计》《永久船闸工程地质勘查报告(送审稿)》和《永久船闸高边坡设计基本方案专题报告》进行了审查，主要审查意见如下：

①关于永久船闸高边坡基本地质条件。审查认为：“设计单位通过各种勘测手段做了大量勘测及试验工作，查明了船闸区地质岩性、构造分布及结构面特征、岩体风化带厚度，岩体水文地质结构及渗透性，进行岩体结构分类，提供了岩体物理力学建议指标，对高边坡稳定性进行了分析，提出了有关边界及参数的建议，基本满足了设计要求。同意对船闸区工程地质宏观评价意见：组成船闸边界的花岗岩体，除边坡上部风化壳以外，微新花岗岩体完整、强度高，无规模大断层，主要断裂结构面与边界走向成30°以上交角，结构面性状好，已测到的地应力方向一般与边坡夹角较小，总体看对边坡稳定是有利的。地下水位较高，渗流对边坡稳定影响较大，采取可靠的排水措施可以解决。边坡不稳定块体可加固处理，具备形成高边坡的基本地质条件。鉴于人工开挖高陡边坡达170m，其开挖边坡稳定和应力应变问题仍应十分重视。”

②关于船闸高边坡稳定的地质问题。审查认为：(a)整体稳定。“根据地质勘测成果，从断层、岩脉组合构成的宏观分析，高边坡整体稳定问题不大。鉴于北西西向构造与船闸边坡交角小，长度在50～100m的$Ⅲ_1$级结构面仍有分布，必须高度重视，结合施工进一步查明”。(b)局部稳定。“同意专题报告提出的定位块体、半定位块体及随机块体和各定位、半定位具体的边界条件进行稳定分析是合适的，也基本同意新建议的力学参数值，并建议在施工过程中进一步研究核定力学参数作为稳定计算的依据”。(c)高边坡开挖轮廓及计算参数。“基本同意设计提供的高边坡轮廓布置、应力应变趋势和加固措施。在高边坡分析计算中采用的抗剪参数(f、c值)和安全系数要配套。永久船闸一闸首是大坝挡水建筑物，在稳定分析中采用与大坝相同的参数和安全系数”。(d)塑性区。“高边坡分析塑性破坏区基本上是可信的，对该部位的应力状况(拉应力和剪应力)需要进一步摸清。设计在岩体稳定计算中采用适当降低该部位抗剪参数(改用残余强度)，基本上是合适的。要特重视对塑性区的性状、范围、机理、温度作用及时间影响，并应进一步研究。考虑徐变产生的变形值对船闸极为重要，需根据具体地质情况再进一步研究落实”。(e)岩体力学。审查要求：“对于岩体力学方面请设计单位补充完善，有的要在今后的科学试验中进一步分析深化。建议对一些关键岩体、岩性物理力学参数的设计取值及其依据，作进一步论证；对边坡整体稳定和岩体开挖时的局部破坏问题，要求再就其他多种可能的地质模型及计算模式作必要的补充分析，并列明相应的比较结果；进一步研究直立及高陡边坡岩体在施工中因坡面岩体脆性破坏导致崩落的可能性；深入探讨山体长期蠕动和岩体软弱结构面变抗剪强度降低，对闸首结构时效变形不利影响的估计与评价；对中隔墩塑性区的岩体裂损机理及其对中隔墩强度、稳定与不利影

响的估计与评价；对维护边坡岩体截、防、排水系统以及闸墙背后排水网络泄水通畅有效性及其相应的技术措施；对边坡和中隔墩岩体治理及支护加固方案，特别是岩锚方式和锚筋数量的优选；各种地下工程施工和输水运营（包括坡底和中隔墩下多处输水洞、阀门井等充水、泄水过程中的水流振动）对中隔墩稳定、变形与渗流场变化的影响与分析；进一步分析开挖爆破施工对边坡稳定的不利影响，要做好做深施工爆破设计并在精心施工中认真执行”。(f)施工及动态设计。审查认为：“在设计中要强调贯彻科学施工和文明施工原则，要边开挖、边进行地质编录，边观测、边进行地质预报、边进行支护，如发现异常，再补充进行支护加固。建议施工采用控制性爆破；施工及爆破开挖等参数，要经常现场试验并在施工中随时据情况调整……在施工开挖、监测反馈和进一步地质勘查过程中应随时按照动态设计原则修正有关参数，做好高边坡及船闸结构设计。排水洞和排水幕的形成是边坡稳定的重要保证，并可开展地下水和边坡变形等一系列监测。……并可进一步揭露高边坡及闸首闸室的地质情况，且地下开挖一般应先于地面工程，建议尽快形成。”船闸专家组审查中有的专家提出：“应十分重视NWW走向的节理，这组节理对边坡稳定与岩石力学有较大的影响，对边坡稳定十分敏感；应对船闸区地应力提出实测和分析资料；设计单位应对岩石力学参数作专门论证，对高边坡的受力情况和大坝基岩的区别，特别是卸荷四弹与长期流变引起的岩体及其结构面物理力学参数降低和裂隙扩展，边坡岩体和坝基岩体有较大差异；建议补充高边坡的块体稳定、岩体应力应变、渗流分析成果专题报告，该报告中应包括设计模型各类参数、边界条件设计标准等；建议提出船闸地下工程在结构上和施工中对边坡影响的专题报告。”

(4)永久船闸水工结构设计

船闸专家组对永久船闸技术设计中水工结构设计的主要审查意见如下：

①闸首及闸室结构。审查认为：“闸首结构是船闸水工结构中最重要也是最复杂的部位，是水工结构审查的重点，审查提出尚需对以下问题作进一步研究：(a)设法改善边墩的稳定性、支持体的稳定性及刚度和确保顺水流方向的自身稳定性，包括研究闸首采用整体式或改变分缝位置等措施。(b)对墙后渗压强度、温度影响进一步研究。(c)对各种不利工况补充完善。(d)对闸首排水及细部结构等进行优化。(e)考虑地质情况在开挖后可能与原设计情况发生一些变化，弹性抗力及弹性模量等参数宜有一定变化范围；(f)第一闸首岩体厚度仅20～26m，高约40m，是否要挖除需进一步研究。”

②高边坡与闸首的关系。审查认为：“考虑到高边坡中局部岩块有可能失稳，对闸首部位测绘制地质平剖面图，对岩体稳定进行具体分析，同时连同该部位的闸首、闸室等进行整体分析研究（考虑到它们之间的相互影响）。高边坡与闸首相连的岩体应作为建筑物地基考虑其稳定，除按原规定安全系数设计外，尚应采用与大坝相同的安全系数进行复核。为保证人字门的正常运行，并将所承受巨大水压力安全地传递给闸首混凝土结构中，要求闸首支持结构（人字门支座处）在各种工况和荷载组合下的变位最小。此外，高边坡蠕变对支持体引起的变形亦应予以重视，除采取对闸首结构形式优化等有效措施外，建议在人字门结构设计中采取必要措施，使人字门在闸墙变位情况下，留有调整余地。”

③输水隧洞及竖井结构。审查基本同意设计荷载、工况及荷载组合,计算采用规范推荐的结构力学计算程序配合有限元计算方法和采用限裂设计是合适的。建议变动弹性抗力系数对隧洞及竖井进行敏感性分析,以供比较及今后视地质情况选用。竖井钢筋用量较多,宜进一步研究调整的可能性。

④第二闸首运行水位的结构方案。审查基本同意设计单位推荐采用一道人字门方案,但需进一步优化。考虑到人字门移门安装时升船机尚未投产,船型船队较目前又不会有很大变化,如果船闸长期一线继续运行将无法适应运输要求,对国民经济影响较大。建议长江委安排调查研究,进行多方式方案比较优化施工方案,尽最大努力压缩人字门移位安装和本线船闸停航时间,然后向三峡总公司提出补充报告组织审定。

三峡船闸采用深开挖薄衬砌形式的水工结构,闸身置于微新花岗岩体中,连同船闸顶部以下深切形成直立边坡,坡高达 170m。闸首、闸室的闸墙衬砌依于直立围岩(即高边坡及中隔墩两侧),而直立边坡部位又正是塑性及拉应力最集中部位,是整个高边坡稳定、应力最薄弱的部位,要通过锚索、锚杆等有效支护,使船闸衬砌、边墙和两侧围岩连成整体,这样就取代了一半船闸的厚实重力墙和底板。通过有效支护使得围岩本身具有一定强度的结构体是近年来岩土工程中的一大进展,设计部门与有关科研院校长期研究分析后认为它是一种经济有效的新型结构。

(5)永久船闸金属结构及其启闭机械和电气设计

三峡双线连续五级船闸金属结构及其机电设备数量大、种类多,有些阀门受力,淹没水深,阀门工作水头、启闭力、控制要求都超过当今世界已建船闸的技术水平。闸阀门及其机电设备工艺条件严格,使用频繁,船闸连续五级,其中任何一个单元发生事故,都会造成全线停航。实践证明,船闸运行期事故主要发生在金属结构及其机电设备部分,从而影响过坝通航运输。为此,船闸专家组会同机电金属结构专家组对三峡船闸的金属结构及其机电设备包括制造、安装、运行和维修等给予充分重视,组织了专题审查,主要审查意见如下:"(a)基本同意设计推荐的输水阀门段局部钢衬护的布置及其范围,并可根据科研成果及施工条件等因素,综合考虑适当扩大些范围,采取措施保证钢衬与混凝土的连接,不锈钢复合层不宜采用 Cr_{13}。(b)同意输水阀门底止水采用金属对金属的止水形式,要落实金属止水的配对材料,止水面形式,以便维修更换等措施。(c)建议研究输水阀门启闭机采用单作用油缸,简化液压操作系统。(d)同意人字门直推式液压启闭机采用无极变速运行方式及相关启闭力,适当缩短在不同水位条件下人字门的启闭时间。(e)建议进一步完善减小人字门液压启闭机油缸初始温度,提高油压稳定性的措施。(f)可采取适当增大枕垫背侧间隙,削薄或加厚枕垫块厚度等措施,以适应闸门闸墙的少量变位;建议在闸墙不同部位设永久观测设备,以便及时预报变位情况。(g)关于第二闸首人字门的二次安装问题,关键是缩短工期,希望长江委设计院在顶升、浮运和起吊三个方案的基础上,提出基本施工条件,进一步落实方案。(h)建议利用大比尺输水阀门模型对中间级阀门及吊杆系统的局部修改进行补充完善试验验证工作,并开展研究首末级输水阀门动水关门时动水作用力及空化情况。(i)建议试验研究加大淹没水深(40m),人字闸门启闭机的动水阻力矩,为第二闸首人字闸门的一次加高方案等研究提供资料。"

2.1.3.4 垂直升船机(水工部分)技术设计审查

长江委提出《长江三峡水利枢纽单项工程技术设计报告第四册垂直升船机(水工部分)技术设计》,三峡总公司技委会成立垂直升船机(水工部分)技术设计审查专家组(以下简称升船机专家组),专家组组长梁应辰、曹楚生,专家组成员:沈杏初、府仁寿、魏家昌、杨白薰、丁行蕊、姚国治、李思敏、王玉珠、冉毅泉、马力、陈纪伦、汪云祥、王作高;特邀专家朱建业、彭守拙、陈祖煜、耿克勤。升船机专家组审查的主要问题:(a)上闸首工程地质条件;(b)上闸首整体抗滑稳定性分析和地基处理;(c)上闸首结构。上述问题的审查意见汇总如下:

(1)上闸首工程地质条件

升船机专家组对长江委提交的《升船机上闸首抗滑稳定性地质专题研究报告》进行了审查。"基本同意专题报告的工程地质分析评价。上闸首地基主要为微风化到新鲜的闪云斜长花岗岩体,夹有煌斑岩脉、花岗岩脉和辉绿岩脉。岩体中有陡倾的NNW向F_{23}断层并与NE—NEE向的F_{215}、F_{603}、F_5、F_1、F_6、F_{648}等断层破碎带相交会,还分布若干条缓倾下游的绿泥帘石、钙质充填的硬性结构面。其中NNW压扭性的F_{23}断层胶结较好,NE—NEE向张性、张扭性等断层破碎带呈疏松—半疏松状态。岩体微透水,断层局部为严重透水,特别是张性、张扭性破碎带透水性较大。总体上具备修建上闸首的工程地质条件。但存在闸基抗滑稳定、变形、渗流等工程地质问题。鉴于闸基目前右侧及下游临空,闸基已开挖到位,还存在因应力释放引起的局部岩体松弛以及坡脚应力集中问题,专题报告提出的浅层滑动和深层滑动的地质结构模式,可以作为设计的基本依据。F_{23}与F_{215}构成上游切割面;永久船厢处的F_{11}断层,也可成为深层滑移的边界,缓倾下游的T_1、T_{12}、T_{17}、T_{11}、T_{46}等构成浅层底滑面,按确定性地质模型连通率为70%~100%;深层阶梯形底滑面,按确定性地质模型连通率为60%~63%;顺水流方向的NW向侧向切割面不发育。建议加强施工地质工作,以核实各组断层和缓倾结构面的展布,特别是有无较大的NW向构造。"

(2)上闸首整体抗滑稳定性分析和地基处理

升船机专家组同意专题报告中提出的上闸首12种整体抗滑稳定分析模式和采用的稳定分析方法,力学参数裂隙连通率等基本上是合适的。从以上整体抗滑稳定分析得出的上闸首整体稳定安全系数可以看出,上闸首是稳定的。建议长江委按专家组提出的意见作些补充分析:上闸首作为大坝挡水前缘一部分,其下游侧高陡临空面高达47m,地基抗滑稳定是一个十分重要的问题,鉴于目前地质资料尚难排除上闸首地基存在长大缓倾角裂隙与陡缓倾角组成台阶状长大连续结构面的可能性,对于这样的隐蔽结构面,一时也难以查清,为安全计,设计上宜按100%连通率考虑其稳定性;按上闸首的结构布置和地质条件,可近似地将上闸首及其地基视为高约137m的独立坝体,据此分析坝体的底宽不足,宜适当向下游加宽,以策安全;地基下缓倾结构面的抗剪强度参数,同意设计单位提出的按平直稍粗面考虑,在取值时，宜留有余地；研究采取有效的综合措施以提高抗滑稳定安全度，包括设抽排系统以降低扬压力，向下游加长底宽，下游侧设齿墙抗滑，上游底板局部适当降低，岩体灌浆加固，及其他可能的增加稳定措施；鉴于上闸首为三维受力的异型结构，尚需采用有限元、结构模型等其他分析和试验手段，核算其稳定安全性；做好施工及爆破开挖设计，严格控制爆破装药及爆破对地基岩体的影响；在施工过程中加强施工地质编录，根据揭露地质情况及时分析、验证及修正设计地质条件，必要时设计上要采取相应对策。升船机专家组基本同意专题报告提出的地基处理意见。但鉴于上闸首 95m 高程以下的岩体应视为坝体的一部分，必须认真处理。(a)对一些主要断层裂隙，以及影响深层稳定的缓倾角结构面，除做常规处理外，应加强灌浆锚固等加固处理，以保持岩体的完整性。为保证灌浆质量，对上述部位可采用高压灌浆和化学灌浆，有关现场试验应抓紧进行。对邻近上闸首下游部位的断层或裂隙，建设设计单位应研究加固处理措施。(b)对地基内浅层和表层的软弱面，要根据开挖地质编录，核算滑动稳定性。如原设计采用的系统锚杆、锚索等不能满足要求时应进行补充加固。对开挖后的岩石表面(包括高程 95.0m 及 48.0m 平台)产生的裂缝和弱面均应进行加固处理。(c)要重视岩基表面和内部的排水，建议研究两层排水洞之间增加一层排水洞以提高排水效果。这些排水洞内不可兼作监测，必要时可在洞内进行邻近地区的灌浆，锚固处理等。做好上闸首基岩的排水措施，以减小渗透扬压力对抗滑稳定的不利影响，同时也应分析排水失效对抗滑稳定的不利影响。(d)F_{23}断层与 F_{215}、F_{603}、F_{548} 等断层交会带，以及断层、缓倾角结构面的不均匀分布，各部位岩体变形模量差别较大，上闸首地基存在不均匀变形问题，对断层交会带、断层以及裂隙密集带必须进行工程处理，提高岩体整体刚度，消除不均匀变形影响。F_{23}与 F_{215} 在上闸首的前缘分布并交会，需研究帷幕布置、深度、排数和灌浆材料，有利有效地进行防渗；为改善抗滑稳定条件和防止断层破碎带的渗透破坏，需要设置排水系统。(e)上闸首建基岩体既是闸基，也是挡水结构的一部分，因此，必须对岩体中的断裂精心研究处理方案和施工程序及有效的施工方法，避免进一步损伤岩体，以改善岩体的工程地质特性。

(3)上闸首结构

升船机专家组审查意见："(a)上闸首结构按审定采用整体方案；(b)同意上闸首底板配筋设计按设置预应力锚索方案，以更有效地防止底板开裂，保证上闸首结构的整体功能；(c)上闸首结构形式复杂，施工难度大，一定要落实预应力结构的细部设计，以及预应力锚索施工的有关工艺措施，并选择素质高、能力强的施工队伍，以确保施工质量；(d)为解决预应力损失的补偿问题，需设有补偿预应力的措施，为此，应增设预应力锚索的监测设施；(e)要重视混凝土温控并采取综合措施，防止混凝土开裂。特别是升船机上闸首第Ⅳ块尺寸较大，又属上闸工作门段，一旦出现裂缝，将危及上闸首结构安全，修理的难度也大，更应重视。(f)建议长江委进一步对上闸首和预应力混凝土的设计条件、设计标准、细部结构、构造钢筋布置、非预应力钢筋的配置量按材料力学法及钢筋混凝土方法等进行复核，以进一步优化设计，确保上闸首结构安全可靠、经济合理。(g)上闸首结构复杂，建议通过各种模式计算比较选出一种模式，用材料力学法对上闸首应力及稳定进行深入计算，以论证上闸首体形的合理性，需要时对具体尺寸可进行适当调整，在此基础上再进行有限元的分析(适当模拟地基断层、接触面等)。参照这些分析成果对分缝结构形式、帷幕位置、灌浆排数可进行适当优化。此外，对上闸首边墙、底板等主要结构以及锚杆、锚索等进行分析论证。(h)上闸首与相邻的左非7号、8号坝段位于岸坡，左右侧地基高程相差较大，坝底受侧向力(顺坝轴线方向)，宜对沿坝轴线方向的稳定性进行复核，或将接近基础部分横缝灌浆连成一体。”

2.1.3.5　机电、金属结构技术设计审查

长江委提出《长江三峡水利枢纽单项工程技术设计报告第五册机电(含首端换流站)设计》，三峡总公司技委会成立机电、金属结构专家组(以下简称机电专家组)，对涉及专业水轮机、发电机、电工一次、电工二次、金属结构、机组安装等6个方面进行专题审查。技委会机电、金属结构项目负责人沈维义、程海峰、李肇庚，机电专家组组长王冰，副组长商舸、沈德民，专家组成员：王守运、付元初、刘玉林、刘光宁、刘公直、刘锦江、白铁英、史绳武、史毓珍、许承庆、汪云祥、苏弘德、李维藩、陈锡芳、吴次光、吴炳良、吴培豪、吴鸿寿、吴新润、杨德晔、杨浩忠、金泰来、金一心、青长庚、陆景孝、郑登、施作沪、胡辛酉、张志宏、张德平、顾景芳、梁维燕、廖资汉、潘天缘、樊世英。机电、金属结构技术设计审查的主要问题有：水轮机及机组技术供水，发电机，电工一次回路，电工二次回路及通信，机组安装，金属结构及启闭设备。上述问题的审查意见汇总如下：

(1)水轮机及机组技术供水

①水轮机主要参数选择。机电专家组审查认为：“三峡电站机组台数多，容量巨大，在电力系统中的地位极为重要，机组运行的安全可靠性尤其是稳定性不但直接与电站的经济效益密切相关，而且影响到电网运行的稳定性和经济性，因此确保三峡机组运行特别是担任调峰任务时的运行稳定可靠是极为重要的。三峡机组的特点是单机容量巨大、机组尺寸为世界之最、工作水头变幅大、过机水流含有一定量的泥沙。而且由于历史的原因初设阶段建议并经审批选择的水轮机参数偏高，$n_s=262/249$；$k=2349/2235$，实践证明要使高参数的机组具有良好的稳定性在技术上难度相当大，特别对于大容量和大尺寸的高参数机组就更为困难。美国大古力电站的700MW机组水轮机由于历史原因，采用了高参数，在85%负荷以下运行稳定性很差，这与它的大尺寸加高参数是直接相关的。三峡机组参数虽略低于大古力700MW机组，但水轮机最大水头与额定水头之比高达1.4倍(而大古力此值为1.245倍)，在世界大机组中没有先例。三峡水轮机在最大水头113m发出额定出力710MW时，导叶开度仅为55%左右，偏离最优工况较远，对稳定很不利。转轮叶片进口会产生撞机脱流，出口会形成很大的旋转涡流，叶道涡流和尾水管涡流带会诱发高频振动和压力脉动，并导致空蚀，使叶片和其他构件疲劳破坏。三峡机组必须避免发生类似现象，从水轮机选型、设计和制造上采取综合措施，以确保机组运行的稳定性。合理选定水轮机的设计水头，是改善运行稳定性的重要措施之一，三峡工程初步设计水轮机最大水头与最小水头之比 $H_{max}/H_{min}=1.852$，最

大水头与额定水头之比 H_{max}/H_y=1.402，技术设计报告提出的电站平均水头 H_d=90.1m，H_{max}/H_d=1.254。机电专家组同意长江委设计院为改善运行稳定性提高水轮机设计水头的意见，在选定水轮机设计水头时，应考虑水轮机运行稳定性和空蚀的要求，使设计水头比较接近最大水头，建议 H_{max}/H_d=1.15 左右。(a)水轮机比转速 n_s、比速系数 K 和机组转速 n 的选择。比转速 n_s是将水轮机主要参数折算为 1m 水和发 1kW 出力时所具有的转速，是水轮机技术性能的综合指标。在一定的条件下，比转速的高低反映了水轮机过流能力的大小和转速、效率的高低，所以比转速越高的水轮机，尺寸越小，流速越大，相比易发生空蚀和被泥沙磨损，其结构应力较高。水轮机技术参数高低也可用比速系数 K 来进行比较，根据水头高低先选择比速系数 K，再选择比转速 n_s。机电专家组审查认为：长江委设计院推荐的机组转速 n=75r/min、n_s=262m·kW、K=2352 和 n=71.4r/min、n_s=249m·kW、k=2235 两种机组转速方案在技术都是可行的。在水轮机水力参数方向均属世界先进水平，最后三峡总公司确定机组转速为 75r/min。(b)空化系数、吸出高度和安装高程。机电专家组审查同意长江委设计院推荐的数值：水轮机吸出高度(以导叶中心高程计)H_s=−5m；电站最低尾水位 62m；水轮机导叶中心高程为 57m。(c)额定水头、额定出力和最大出力。机电专家组审查明确三峡电站水轮发电机容量：水轮机额定水头 H_r=80.6m，水轮机额定出力 N_r=710MW，最大出力 852MW；发电机额定容量 777.8MVA，额定功率 700MW，最大容量 840MVA，额定功率因数 0.90；机组额定转速为 75r/min。”

②水轮机蜗壳、转轮和尾水管。机电专家组审查意见：“(a)关于蜗壳和机组段的控制尺寸：同意长江委提出的蜗壳总宽度控制在 34.325m 以内，相应的机组段长度为 38.3m；同意长江委提出的从机组中心线(X—X 轴)至蜗壳下游侧的控制尺寸为 17.6m；关于水轮机中心线(Y—Y)至钢管中心线的距离，鉴于此值取决制造厂对水轮机水力和结构的设计，且国内外各制造厂提出的数值出入较大，目前不宜定死，暂定为 12.5m，允许在 12.0～13.0m 范围内变动，请长江委尽快与各制造厂进行技术交流和讨论，作进一步研究后尽快确定。(b)关于蜗壳外围混凝土结构形式。厂房专家组审查认为：“采用软垫层浇筑混凝土和充水打压浇筑混凝土两种结构方案都是可行的，但要抓紧进行研究分析和比较。垫层方案的关键是垫层材料、垫层参数、铺设范围、传力比例及对蜗壳应力的影响，需进行深入工作。充水打压方案也需对国内外工程就打压、设备、工艺、压力取值、投资和施工进度等加以分析研究。蜗壳打压可直接检验制造和安装质量，并可有效地消除焊接残余应力及结构局部应力，可以避免蜗壳的交变应力，也有利于减震。蜗壳打压浇筑混凝土，混凝土分担的荷载较明确。据了解，目前国外单机容量为 700MW 的大型电站，均采用打压浇筑混凝土，有关蜗壳打压检验的问题，请机电专家组研究和审议，厂房专家组建议左岸厂房机组采用充水打压浇筑混凝土的结构方案。”机组专家组审查认为：“鉴于水轮机蜗壳是按独立承受全部内水压力设计，且目前焊接工艺、焊接质量保证体系和焊缝检查手段等都有很大发展和提高，可以保证蜗壳制造和焊接质量。由于三峡巨型蜗壳水压试验需要配备几套堵头，增加不少工作量，耗资巨大，且试验将占用 3～4 个月的直线工期，因此，建议不做此项试验。”(c)转轮。三峡

水轮机中转轮是尺寸最大、重量最重的整体部件，也是形状最复杂、技术要求最高、制造难度最大的部件。转轮直径和水轮机外形尺寸有一定的比例关系，根据审定的“蜗壳总宽度34.325m以内，相应的机组段长度为38.3m”的要求，转轮直径应控制在10m范围内。三峡总公司明确：“对水轮机名义直径在$D_1=9.85$m左右，不规定具体数值。由投标厂家根据机组的技术要求（水头、容量）和机组尺寸选定，其中蜗壳尺寸应不超过初设审定的尺寸。”(d)尾水管。机电专家组审查意见：“将尾水管长度（自机组中心线至尾水管出口）增加至50.0m；将尾水管高度（从导叶中心平面至尾水管底部）增加至30.0m；尾水管底部板表面高程按27.0m设计。”尾水管长度与转轮直径之比为5，尾水管高度与转轮直径之比为3，为不增加开挖量，专家组建议可适当增加尾水管底板的翘度。

③水轮机运行稳定性。机组专家组审查意见：(a)提高水轮机设计水头以降低H_{max}/H_d值，建议将H_{max}/H_d值由设计的1.254降低至1.15，设计水头提高到98.0m或更高。(b)增大发电机的容量，水轮机专家建议发电机容量增至856MVA，允许在$\cos\varphi=1.0$工况下运行，使水轮机出力增大到868MW或更大。经与发电机专家协调，发电机最大容量增大至840MVA，水轮机最大出力为852MW。(c)水轮机专家建议研究提高额定水头，在技术上保证水轮机高水头运行时开度加大。(d)专家组还提出了要求改进水轮机过流部件水力设计，加强机组刚度、设置补气设施等意见。

④机组技术供水系统。三峡水轮发电机组因结构和冷却方式的不同，国内外厂商提供的机组冷却水量亦不同，以偏安全的数值估算：在额定工况下全空冷机组冷却水量约$3600m^3/h$，半冷却（定子水冷、转子空冷）机组冷却水量约$5900m^3/h$。三峡电站运行水头范围为61～113m，而供水系统水头20～25m，因此必须采用减压措施。机电专家组审查意见为：“关于机组供水，同意长江委设计院推荐的在洪水期以自流减压为主、射流供水备用，在枯水期以射流供水为主、自流减压备用的方案，并选用从国外进口减压阀。有的专家认为顶盖取水简单、可靠、经济，能够取得成功，并提出了例证。多数专家认为顶盖取水和机组结构设计有关，国外多数厂商尚缺乏经验，为避免三峡机组太复杂，不采用顶盖取水为好。对含沙水流和大口径减压阀的可靠性尚无十分把握，建议将减压阀装在供水支管上。不少专家认为用小水轮机减压，设稳压水池是经济可靠的方案，已在一些大电站中使用成功，建议长江委设计院进一步研究。”

(2)发电机

①发电机参数选择。长江委提出《三峡水电站发电机主要参数选择机电单项技术设计专题报告》中暂定的发电机主要参数：额定容量777.8MVA，额定功率700.0MW，额定电压18kV，额定电流24947A，额定功率因数0.9，额定频率50Hz，额定转速75r/min，直轴瞬态电抗$X_d'\leqslant0.35$PU，直轴超瞬态电抗$X_d'\geqslant0.2$PU.，短路比≥1.1，飞轮力矩≥(42～45)×10^5kN·m^2，额定功率$\eta>98.6\%$，冷却方式全空冷或定子绕组水内冷。机电专家组审查意见：(a)额定容量。水轮发电机的额定容量是综合考虑水能的有效利用，保证系统正常供电，

机组制造的可能性和经济性，机组在电力系统运行调度的灵活性以及检修和电站配套设备及布置条件确定的。水轮机专家认为：为改善三峡水轮机在高水头下的运行工况，提高水轮机稳定性和效率，增大调峰能力，设置一个大于发电机额定容量的最大容量是必要的，发电机和电气一次专家从发电机和相关电气设备制造的可能性出发，认为增大容量以额定容量(700MW，$\cos\varphi=0.9$，777.8MVA)为基准，可增大6%～8%，并且建议发电机按增大后的容量设计。(b)额定转速。额定转速是根据水轮机的合理比转速、工作水头、出力及转轮形式等因素确定的。并且与额定电压、定子绕组的并联支路数、合理的槽电流、冷却方式及电机的主要结构尺寸的确定都有密切关系。水轮机专家的意见：为减轻水轮机的泥沙磨损和空蚀破坏，并改善水轮机运行的稳定性，额定转速宜选择71.4r/min，部分专家则认为：如果采用75r/min有利于发电机增容和减少投资，也可同意75r/min。发电机专家认为：对电机电磁方案而言，采用75r/min可有更多的选择，在电磁参数相近情况下，可有较好的综合参数。并且无论采用哪种冷却方式，75r/min方案可对定子并联支路数、槽电流有效灵活和理想的配合，发电机专家审查明确选用75r/min。三峡总公司审定，同意机组额定转速采用75r/min。(c)额定电压。机电专家组审查后经三峡总公司研究决定，发电机电压可为18kV或20kV，暂定18kV为额定电压。(d)额定功率因数。其值的确定与电站接入电力系统的方式、采用的电压等级、送电距离的远近、系统的稳定、系统中无功功率配置与平衡及发电机造价等因素有关。在输出有功功率一定的条件下，提高功率因数，可以提高发电机有效材料的利用率，减轻发电机的总重量，并可提高发电机的效率，但将使发电机的现在输出功率和稳定性降低。三峡发电机的额定功率因数经多次论证，长江委推荐采用0.90及以上，机电专家组审查同意暂定额定功率因数为0.90，并请长江委和电力系统有关部门共同研究提高功率因数的可能性，再对参数做适当调整。(e)短路比(SCR)。短路比为空载额定电压时励磁电流与三期短路稳定电流为额定值时励磁电流之比。如不计饱和，直轴同步电抗(X_d)与短路比互为倒数。短路比的选取与其他参数、机组损耗、效率、温升限值及机组冷却方式有关，一般在0.9～1.3范围内。根据国内外大型水轮发电机的统计资料，短路比绝大多数大于或等于1.1，仅个别机组小于1。机电专家组审查认为：短路比可暂按不小于1.1要求。(f)直轴瞬态电抗(X_d')。在电磁负荷确定的条件下，直轴瞬态电抗主要由定子绕组和励磁绕组的漏抗值决定。X_d'的变化对发电机暂态稳定极限及突然加负荷时的瞬态电压变化率有重大影响。减小X_d'可提高暂态稳定储备系数。长江委研究认为X_d'值对电力系统的影响主要表现在三峡电站出线发生故障后，为维持系统稳定，电站所需切机台数的变化。当$X_d'\geqslant 0.35$时，电站必须切2台及以上机组，当X_d'由0.35增至0.37以上时，切3台机组的几率明显增加，故从电力系统稳定分析，X_d'值越小越好。机电专家组综合考虑三峡电机造价和对电力系统稳定影响后，认为三峡电力系统500kV交流网架较强和送华东地区采用直流送电方案，故专家组同意X_d'暂按小于0.35考虑。(g)直轴超瞬态电抗(X_d'')。X_d''是有阻尼绕组的发电机在突然短路的初瞬间($t=0''$)于直轴呈现的电抗。X_d''值取决于阻尼绕组的结构形式及定子绕组的漏抗，并近似等于阻尼绕组与定子绕组漏抗之和，它是计算短路电流的重要数据，对选择电气设备有重要影响。X_d''值越小，短路冲击电流值越大，作用于绕组端部上的力越大。X_d''还对发电机的异步力短略有影响。据国内外已运行机组的统计资料，X_d''值在0.16～0.28之间。长江委按500kV系统断路器开断水平63kA控制及主变压器的阻抗范围计算短路容量，X_d''值宜控制不小于0.2，因此，在专题报告中建议$X_d''\geqslant 0.2$，机电专家组审查同意长江委的分析研究成果，认为可暂定$X_d''\geqslant 0.2$。(h)飞轮力矩(GD^2)。飞轮力矩是发电机转动部分的重量与其惯性直径平方的乘积。GD^2直接影响到发电机在各种工况下突然甩负荷时机组速率上升及输水系统压力上升，它需满足输水系统的调节保证计算要求；同时，它还直接影响到电力系统的暂态稳定和动态稳定。从机组本身的合理结构、合同参数，并考虑其经济性，发电机本身有一固有的GD^2值，它与各工厂采用的结构、材料等有关，但大体在一定范围内，国外工厂提供的全空冷机组固有GD^2值在$(40～42)\times 10^5$kN·m^{2}范围内。长江委按700MW，$U_n=18$kV，$X_d'\leqslant 0.35$，$X_d''\geqslant 0.2$，SCR$\geqslant$1.1，$\eta=98.6\%$等条件下，利用其与东南大学合作开发的优化程序对GD^2值从$(4～5)\times 10^6$kN·m^{2}间变化作了分析研究，结果表明$GD^2\geqslant 4.4\times 10^6$kN·m^{2}时三峡发电机铜、铁用量明显上升，当GD^2值在$(4.0～4.3)\times 10^6$kN·m^{2}时，铜、铁用量最省，造价最低。故根据输水系统调节保证计算及电力系统稳定计算和机组造价分析等，选择尽量接近发电机固有的GD^2值，以节约投资。机电专家组审查同意长江专题报告中暂定的GD^2值，发电机设置最大容量后，则要求GD^2值不小于15×10^5kN·m^2。(i)额定效率。水轮发电机的效率是发电机向电网输送的功率与输入发电机轴上功率之比，输入功率等于向电网输送的功率和发电机本身的总损耗之和。长江委提出的专题报告中，对三峡发电机容量为680MW、$\cos\varphi=0.9$，$U_n=18$kV、$N_n=75$r/min时，利用其与东南大学联合开发的优化程序对效率进行分析，结构是效率曲线呈"U"形，即有一个额定效率值，从有效材料消耗最少来看，效率取值范围为98.5%～98.7%。鉴于国内外工厂多数都能做到大于或等于98.6%的情况，暂定三峡发电机额定效率值要求不小于98.6%。机电专家组审查同意专题报告中的分析。

②推力轴承布置等问题。三峡机组推力轴承负荷为55000～60000kN，是当今世界最大的，也是三峡机组制造的难点之一。目前世界上已经运行的机组推力轴承负荷最大的是美国大古力电站700MW机组，为47000kN，国内外制造厂要设计制造三峡机组推力轴承都要做深入研究工作，才能提供满足三峡机组可靠运行的推力抽承。机电专家组审查认为："推力轴承放在下机架上或放在水轮顶盖上技术上是可行的，都可以保证机组安全稳定运行，国内外都具有成熟的经验。专家组一致同意机组采用三个导轴承。水轮机专家认为，对于三峡电站这样的机组，如采用推力轴承放在顶盖上的方案可以缩短大轴长度，增加轴承的稳定性，可节省较大数额投资，所以赞成长江委设计院推荐的机组推力轴承布置在水轮机顶盖上的结构方案。并建议对导叶接力器、水导轴承、主轴密封等的结构通盘研究，合理配置，在机坑内留有必要的空间以便于运行、检修和维护。部分电气专家认为，将推力轴承放在下机架上，有利于水轮机和发电机的分界和分标，避免水轮机顶盖的振动对支承的影响。技术设计

阶段可以暂按推力轴承放在顶盖上的方案进行布置，但不排除采用承重下机架方案。”

③发电机的冷却方式。机电专家组审查意见：“发电机冷却方式采用全空冷或半水冷（定子水内冷、转子空冷）在技术上都是可行的，国内都具有制造运行经验。但从运行可靠性、国内外合作生产、安装、检修和运行管理等方面综合考虑，在技术、经济基本相同条件下，宜优先选用空冷方式，厂房布置中可预留水处理设备场地。考虑到发电机有可能增大容量，部分专家认为半水冷方式比较合适。”

④发电机设置最大容量问题。机电专家组审查意见：“鉴于三峡电站初步设计机组的主要参数（如额定水头、额定出力及机组尺寸等）已经由上级审批，在初设参数不再改变的情况下，可以采取增加发电机容量的办法来适当改善水轮机的运行工况，水轮机专家建议发电机容量增至856MVA，允许发电机在 $\cos\varphi=1.0$ 工况下运行，高水头满负荷时可增加导叶开度，减少转轮进口冲角和出口环量，这样将能在某种程度上改善水轮机在高水头运行时的稳定性，同时可增加一些调峰容量和获得一些电能，但这一方案并未改变额定水头80.6m出力710MW时的水轮机比转速。发电机和电气专家认为从发电机和相关电气设备制造的可能性出发，增大容量以额定容量（700MW、$\cos\varphi=0.9$、777.8MVA）为基础，可增大6%～8%，并且发电机按增大后的容量进行设计。”三峡总公司审批意见：“鉴于三峡机组的额定水头、额定出力等主要参数在初设阶段业主已审批。应维持已审定的水轮机在额定水头 80.6m、机组额定出力为 700MW 不变。为了适当改善水轮机在高水头时的运行工况，在变电站电气设备的结构形式和布置不作大的改变前提下，发电机最大容量当额定功率因数 0.9 时，增大至最大容量 840MVA，并在技术规范书中要求发电机按最大容量设计。请长江委与电力系统研究提高功率因数运行的可能性，然后再对机组参数的选定做适当的调整。”

(3)电工一次回路

机电专家组对长江委提出的《长江三峡水利枢纽机电技术设计阶段报告（电工一次部分）》进行了审查，主要审查意见如下：

①电站接入系统和电气主接线。(a)电站接入系统。其接入系统设计是机电技术设计的基础和前提。1993 年 7 月三峡建委批准了三峡水利枢纽初步设计报告，已同意其中电站与电力系统的连接方式；1995 年 12 月对三峡工程输变电系统设计进行了审定，明确了三峡水电站供电范围、送电容量、电压等级、输电方式和电站出线等。供电范围按输电半径1000km 考虑，可包括华中、华东、华南、西南和华北五个地区；“送电容量：华东地区7200MW，川东地区（现重庆市）2000MW，华中地区 12000MW，向各供电区送电的是设计送电能力，而不能作为今后电站建成时分电的依据，同时明确今后电力的分配也要遵循社会主义市场经济的原则；电压等级：三峡电站向华中及川东（现重庆市）各负荷中心输电距离均在600km 以内，送电确定采用 500kV，向华东输电距离在 1000km 左右，确定采用直流输电方式。关于电站出线，三峡建委审定的三峡电站 500kV 出线按 15 回路设计，但在设计中留有发展的余地。技术设计阶段，机电专家组审查意见：“同意设计中采用的交、直流出线电压等

级、回路数和送电方案。建议在输变电设计中研究改进系统网络和线路结构，提高输电线路的输电能力，尽可能减少出线回路数，以减轻出线走廊布置的难度，节省占地和投资。”(b)电气主接线。机电专家组审查意见：“同意发电机与变电器的连接采用联合单元接线，变电器高压侧设置断路器，发电机电压侧不装设断路器的接线方式。高压侧接线方式审定左、右岸电厂均采用联合单元进线的一倍半的接线方式，其主要优点：设备投资较省；全站故障频次最低；枯水期故障停运时间最短；停两回线路和停两台发上机组的频次最少；在电站调峰运行时，这种接线操作十分方便。”专家组建议：“考虑采用左、右岸直流输线路的两极(即换流站的进线)分别从左、右岸电厂的左一、左二和右一、右二 500kV 母线引出；研究将接在左、右岸电厂 500kV 母线上的交流滤波器改为接在换流变压器的进线上。”

②主要电气设备选择。(a)主变电器。机电专家组审查意见：主变电压采用三相双卷变压器，其容量与机组容量相适应，主变压器额定容量改为 840MVA，效率由 99.72%改为 99.73%～99.75%；主变电器的冷却方式，采用强油水冷或强油风冷都是可行的，请长江委设计院进一步分析比较(包括运行环境条件)，并征求制造、运行方面有关专家意见后，在招标设计阶段确定。三峡电站主变电器冷却方式确定采用水冷，其冷却器为双重管、排沙型。主变电器额定电压：高压(550－2×2.5%)kV，低压 20kV；阻抗电压：为控制短路电流在 63kA 以内，其阻抗电压由 14%～16%修改为 15%～17%。由于主变电器台数多(左岸电厂 14 台、右岸电站 12 台)，为便于维护、检修，在左、右岸电厂各设置一台备用变压器。(b)并联电抗器。其形式采用单相油浸自冷并联电抗器，额定容量 50Mvar，额定电压 550kV，电抗值 2108W，连接方式为星形连接，中性点经小电抗接地。(c)500kV 联合单位 GIS。系统标称电压 500kV，最高工作电压 550kV，额定电流 2000A，3S 额定热稳电流 63kA，额定动稳电流 160kA。(d)500kV 敞开式开关设备。机电专家组审查意见：“同意 500kV 一倍半接线的断路器采用 SF_6落地罐式断路器，并采用开式交流 500kV 配电装置。”“500kV 断路器优选双断口断路器，其主要技术参数：系统标称电压 500kV(有效值)，设备最高工作电压 550kV(有效值)，额定电流 3150A、4000A(母线用)，额定动稳电流 160kA(峰值)，额定热稳电流(3S) 63kA(有效值)，额定合同时间＜90ms，固有分闸时间＜20ms，额定开断时间＜40ms，重合闸金属短接时间＜50ms”。“500kV 隔离开关为户外布置，采用了单臂折架式，双柱伸缩式和三柱双刀伸缩综合式以满足布置要求，其主要参数：系统标称电压 500kV(有效值)，设备最高工作电压 500kV(有效值)，额定电流(考虑日照影响)3150A、4000A(母线用)，热稳定电流(3S)63kA(有效值)，动稳定电流 160kA(峰值)”。(e)发电机电压、大电流母线。机电专家组审查意见：“同意发电机母线采用自冷封闭母线，其主要参数：额定电压 20kV，额定电流 25.5kA，运行温度：导体 87.4℃，外壳 66℃，相间距离 2000mm，三相母线质量 755.1kg。”

③主要电气设备布置。(a)枢纽电气总体布置。机电专家组审查意见：“基本同意长江委设计院推荐的电气设备总体布置和厂房布置方案。”(b)联合单元 GIS 布置。左岸电站发电机变电器联合单元配电装置采用 SF_6GIS，布置在主厂房上游侧副厂房 93.6m 高程的房间内，其下方布置主变压器；右岸电厂发电机变压器联合单元配电装配采用 SF_6GIS，布置主厂

房上游侧副厂房 93.8m 高程的房间内，其一下方布置主变压器。(c)主厂房电气设备布置。主厂房内的电气设备布置原则上与水力机械设备分开布置，以有利于维护、运行，其电气设置在主厂房上游侧及上游副厂房各层。(d)枢纽电缆廊道布置。左、右岸电厂贯穿全厂的电缆廊道布置在上游副厂房 71m 高程处。大坝上设有两条贯穿整个大坝的电缆廊道，其高程分别为 179.5m 和 100.0m。

④左、右岸首端换流站布置。机电专家组审查同意两岸首端换流站与电站 550kV 开关站结合的连接方式，并布置在枢纽范围内方案。与分开布置方案相比较，该种方案技术上不存在特殊技术问题，其优点是：不经过华中 500kV 网，由三峡电站直接送电华东；可减少电站 500kV 交流出线回路数，由原来的 15 回交流出线减少到 11 回交流出线和 2 回直流出线；减少交直流电力联系的中间环节(无须重复设置换流站的交流 500kV 配电装置和相应的 4 回 500kV 交流线路)；依托电站，无须另行征地、移民，便于解决换流站供水、供电、通信、交通、重大件运输和生活设施等问题；有利于换流站直接利用发电机的无功功率，减少线路损耗。因此，该方案提高了向华东送电的可靠性，便于运行管理，有利统一调度，设计估算可节约投资 2 亿元以上。同意左、右岸换流站分别布置在坛子岭(高程 198m)和廖家山(高程 200m)，有关水雾的计算和资料表明，这两个站址均不在枢纽泄洪水雾影响范围之内。建议长江委正式补充有关水雾试验、尘土污染和施工干扰等方面的具体分析资料。

⑤厂用电及坝区供电。机电专家组审查意见："同意长江委推荐的厂用电及坝区供电的电源和接线方式。同意厂、坝区供电的第一级电压选用 10kV，第二级电压选用 0.4kV。左、右岸厂房的厂用电系统均应同时从左、右岸两岸的 35kV 专用变电所取得外来备用电源。"

(4)电工二次回路及通信

机电专家组对长江委提出的《长江三峡水利枢纽机电技术设计阶段报告(电工二次部分及通信部分)》进行了审查，主要审查意见如下：

①计算机监控系统。"(a)设计原则：同意电站按少人值班，逐步过渡到无人值班(少人值守)的原则进行设计；同意采用防汛、发电、航运统一协调和梯级综合优化调度的管理方式，但目前有关三峡枢纽防汛、发电和航运的调度体制尚未具体明确，对枢纽控制系统的设计工作影响很大，吁请有关上级主管部门尽快予以明确。(b)系统结构：同意采用开放式分层分布系统，采用三层结构，即梯级调度层、厂站层和现地层；同意梯级调度层目前暂按一层两系统(即航运调度与防汛发电调度系统分开)考虑，并可以向一层一系统过渡。(c)系统功能：基本同意报告中对系统各层功能的设备；建议增加电量分时计费管理功能；建议加强机组、变电器和高压配电装置等主设备的故障在线预测装置的研究，在条件具备时纳入计算机监控系统。(d)设备配置：同意报告中提出的计算机监控系统设备原则配置方案，为保证电站运行可靠性，建议加强对计算机监控系统结构及软件配置的研究，以提高可靠性，加强计算机对电力系统处理事故的能力，建议对自动事故处理装置和专家系统进行研究，研究设置常规的紧急停机按钮、紧急关闭快速闸门按钮和少量常规运行指示表(计)的必要性以及合

理地设置方案和设置地点；关于左、右岸厂房各设一个中控室和两厂共设一个中控室，建议研究两厂中控室合一的可能性。

②继电保护。(a)同意报告提出的发电机—变压器组继电保护系统采用全微机保护的设计原则和保护分屏原则；基本同意发电机—变压器组保护的配置方案。(b)为满足发电机保护的需要，对于发电机中性点侧各并联分支绕组中电流互感器的配置，建议长江委设计院进一步研究配置两套发电机内部短路保护单元件。(c)关于发电机中性点的接地方式。通过配电变电器高电阻接地或经消弧线圈接地，两种方式都是可行的，部分专家认为根据我国的具体情况，采用经消弧线圈接地方式对系统、对机组、对继电保护都比较有利，请长江委设计院进一步研究后确定。(d)关于机组轴电流保护，需根据机组轴承绝缘结构确定是否设置。(e)基本同意定子不对称故障保护的方式，建议研究该装置的实用性。(f)同意采用两套光纤微机差动保护作为500kV短引线保护，采用不同制造厂或不同原理的产品，建议研究采用距离保护的合理性。(g)设计推荐的母线差动保护方案是可行的，今后根据微机母线差动保护的发展情况，也可以考虑采用两套微机母线差动保护。(h)线路动态故障录波装置应独立设置，并建议研究装设机组动态故障录波装置的必要性。(i)为提高三峡电站微机保护装置的国产化水平，建议有关单位尽早开展有关产品的开发研制工作，以便及时提供运行可靠的微机保护装置。

③励磁和调速系统。“原则同意励磁和调速系统的配置方案。建议对励磁系统的强励电流持续时间进一步研究确定”。

④通信。(a)同意多种通信方式和划分多个子系统的设计原则。(b)三峡通信系统分为对外通信和内部通信两大部分是适宜的。建议将“枢纽内部通信”和“枢纽内部专用通信网”两部分内容合并。生产调度总机能否与系统高度汇接机合并，请长江委设计院研究。(c)同意长江委设计院提出的交换机形式和容量配置的意见，但在网络设计和设备选型时，应充分考虑交换机和交换网的可扩充性，以适应今后发展的需要。(d)通信专家认为，采用基于SDH技术的具有自愈功能的光纤环网作为内部通信的传输手段，并配备必要的网管设备和两个或两个以上的对外传输出口，有利于提高内部通信的可靠性、灵活性和经济性，也便于统一集中管理。这样的环网可提供内部交换机之间的中继线及其对外连线出口，也可用作其他信息设施的传输通道，优点较多。建议长江委设计院对此方案做进一步论证研究。(e)内部通信的网络监测系统应留有对其他网管中心的计算机通信接口。如果传输系统采用SDH环网，以监测系统可以环网的网管系统为基础，利用环网提供的高可靠通道作为传送整个内部通信网监测系统监测数据的主通道，实现设计提出的监测系统方案。(f)光纤通信具有明显的优点和先进性，因此专家组一致同意采用架空地线复合光缆和电力线载波两种手段相结合的意见，并且建议在系统通信(即枢纽对外通信)中主要依靠光纤和数字微波。电力线载波仍要充分利用，应首先满足传送保护信息的需要。(g)卫星通信采用VSAT小站，对于解决防汛调试、水情数据、行政电话等信息传输问题是适宜的。由于其容量较小，不能作为微波或光纤电路的备用通道，但可作为少量电路的应急备用。(h)移动通信是一种灵

活方便的现代化通信手段，除可用于船闸、升船机通信外，还可用来满足生产、防汛、建设等方面的使用要求。建议在设计中综合考虑其容量和功能，使其满足多方面的需要。(i)同意设计提出的枢纽对外通信需要考虑的2～3个通信（光纤或微波）接口，建议有关部门尽快提出相关的方案和要求。(j)施工通信和生产通信及MIS系统建设应尽可能结合，以提高三峡通信建设的经济性。三峡工程建设时间跨度较大，计算机监控、继电保护、励磁、调速、通信等电子技术发展很快，设计工作应及时掌握国内外发展动态，开展技术研究，采用先进、实用、可靠的技术装备，使设计达到投运时的国际水平，以充分体现可靠性、先进性、实用性和经济性。使三峡工程达到世界第一流设计、第一流工程的宏伟目标。

(5)机组安装

机电专家组和厂房专家组（以下简称"专家组"）对三峡左岸电站机组安装专题分为：电站土建工程和机电安装的工期配合，700MW机组安装工期，机组安装进度（2—4—4—4方案）的可行性问题，厂内起重机配置和安装场地布置。共审查5个问题，专家组主要审查意见如下：

①电站土建工程和机电安装的工期配合。专家组认为："左岸电站共安装14台700MW水轮发电机组，要充分利用1～6号机组段水上提前开挖，厂房土建工程提前具备机组安装条件的有利因素，让机组安装工作提前进行。这样，不但减轻机组安装高峰的施工强度，同时有可能促进2003年多投产机组。专家组对左岸电站厂房几项土建工程的主要形象面貌提出了具体要求。建议机组蜗壳的挂装、焊接在厂房已封顶的情况下进行，为便于土建工程材料的吊装和运输，厂房封顶的段数需为已安装和正在安装的机组数加1；建议尾水平台的DBQ3000门机的上游行走支腿不要正落在厂房下游墙上，可适当向下游退一定距离，以保证厂房下游墙的施工和按要求进行封顶。"

②700MW机组安装工期。专家组认为："长江委提出的以单机安装工期从尾水管里衬安装起到投运为31个月，从座环安装起为27个月是适合的。单机安装工期31个月留有一定裕度，也是必要的。因为同时安装的机组台数多、年安装强度高，相互干扰、施工组织配合及设备运输问题复杂，以及难以预测的问题都可能发生。如定子采用水内冷则安装总工期应增加1～2个月。此外对若干部件的安装工序、工艺、工期等，专家组提出了意见和建议：(a)尾水管肘管和锥管尺寸较大，建议分为两期安装浇柱混凝土，以避免浇筑高度太大，造成设备变形变位。(b)座环的安装工期应结合座环连接方式（螺栓把合或焊接）通盘考虑。同时应考虑座环组装后可能需整体转动或平移找中心，而此时厂房外高架门机起吊重量已不能满足要求，需考虑使用厂内桥机的可能性。(c)蜗壳安装工期如不考虑水压试验和充水浇筑混凝土，多数专家认为在长江委提出的蜗壳组装焊接工期5个月的基础上延长0.5～1.0个月为宜。(d)基础环至机坑里衬顶部的二期混凝土浇筑工期可缩短0.5～1.0个月（原为4个月）。(e)座环和导水机构应在制造厂内进行预装，至少预装一台。为缩短安装工期，应尽量减少设备在工地的加工工作量。"

③机组安装进度(2—4—4—4 方案)的可行性问题。机组定子和转子的安装工位及工期是控制年投产机组的主要矛盾,根据长江委以及其他有关单位的研究分析:一台发电机定子安装总工期为 9 个月(270 天),其中定子机座组焊、铁芯装配、铁损试验工期为 130 天,吊运就位安装 10 天,机坑内下线、耐压试验 130 天。一台发电机转子从圆盘支架组装、焊接、磁轭叠片,挂磁极到耐压试验,总安装工期为 5.5 个月(165 天)。利用 1、2 号机坑或其他机坑作为定子机座组、焊、叠片的场地;安Ⅱ、安Ⅲ各有一个转子组装场地。这样,无论对定子或转子,每一安装工位在一年内都可完成两台组装任务,这就为一年投产 4 台机组创造了必要条件。因此一年内右岸厂房全厂完成 4 台机组的安装投产任务是可行的,经过努力是可以实现的。经初步估计每台机组要达到投入运行,仅机组设备即需完成 8000 吨的安装量,年投产 4 台,即达 32000 吨,其他机电设备还没有计算在内,这样大的安装强度是相当艰巨的。左岸电站要完成装机进度 2—4—4—4 方案,则意味着在连续 4 年内要完成很大强度的安装任务,这在世界上也是罕见的,这与仅在一年内完成 4 台(或更多)投产任务,其困难程度是不能相提并论的。此外,还应注意到总体装机计划中 2003 年将出现 14 台机组中的 12 台机组同时进行安装工作,遇到的问题将是复杂的,所以施工组织、科学管理始终是重要的研究课题。鉴于三峡工程左岸电站 1～6 号机组为岸边厂房,土建施工条件特别有利,有提前进行机电安装的可能,部分专家提出第一年(2003 年)有可能投入 3 台或 4 台,对于这一建议,需要对土建施工、机电设备订货、安装等做进一步深入研究和经济比较。

④厂内起重机配置。专家组充分地分析了实现机组安装进度 2—4—4—4 方案任务的艰巨性和复杂性,也比较了厂房内采用半门机和桥机两种方案的利弊,认为桥机具有行走速度快、使用灵活安全方便、相互干扰少等优点,对实现机组安装进度 2—4—4—4 方案更为有利,专家一致倾向于采用双层四台桥机(二大二小)方案,认为大桥机位于上层较好,更有利于小桥机运行。具体布置请长江委进一步比较。

⑤安装场地布置。专家组认为:由于左岸厂房布置设计的限制,安装场地面积已难以扩大,对实现连续 3 年投产 4 台机组来说,安装场面积偏小,建议进行以下几方面的研究,力求进一步改善。(a)如厂房进厂公路高程可以降低,安Ⅰ段可与安Ⅱ段在同一高程,这样将有利于安装、运行和检修,也有利于消防。如安Ⅰ、安Ⅱ段仍维持目前的高差,部分专家建议适当减少安Ⅰ段宽度、增加安Ⅱ段宽度的可能性,这样既不影响卸货,又可以增大安装场地。(b)发电机上机架组装在安Ⅰ段,不利于进出车辆和装卸,建议放到厂外或其他位置。(c)建议研究充分利用安Ⅰ段左侧过道,将小桥机延长至厂外,左侧端墙在施工期敞开,这也可以加大卸货场地和大部件在厂外组装后运进厂内,以缓减厂内场地紧张的程度。

(6)金属结构及启闭设备

金属结构专家组对大坝、电站厂房金属结构技术设计专题报告进行了审查,提出的审查意见如下:

①大坝泄洪深孔是三峡枢纽宣泄洪水和泥沙的主要通道,最大流速近 35m/s,工作弧门

启闭频繁，并有局部开启要求。高水头弧门止水形式的优化是关系到今后弧门安全运行的一个重要课题。鉴于目前深孔抛物线段在高速水流下水流空化数较低，拟采取掺气减蚀措施。为此，专家组再次建议研究深孔弧门采用更好的止水形式，即能适应弧门面板止水曲面的浅式突扩（200～300mm）门槽方案。并结合水工掺气试验进行浅式门槽体形的试验和研究。

②对深孔弧门底衬范围，建议向下游适当延伸。为使弧门底坎耐冲磨和有检修的可能性，建议将底坎顶板加厚或用抗磨蚀材料制作，并研究便于更换的措施。

③为保证深孔闸门段的体形和平整度，建议闸门段必要范围内采用钢板衬护。

④为满足高压弧门止水面的精度要求，专家组认为深孔弧门面板进行机械加工是必要的。但也有专家认为如弧门门体结构设计进行合理的技术处理（包括面板钢板宽度定尺寸订货，减少钢材在拼接加长过程中产生的焊接变形；门体工地拼接采用高强度螺柱连接后，在面板外缘开较浅的小坡口焊接），制造精度如能达到技术要求，也可不必对弧门面板进行机械加工。

⑤深孔弧门如采用转铰式顶止水形式，为防止锈蚀不锈钢转铰，转铰轴承可采用抗摩及摩擦系数较小的新型轴承材料；选用延伸率高、弹模小、能适应压缩变形要求的优质止水材料。

⑥为便于闸门的制造、运输和安装，建议对深孔弧门等泄洪闸门的门体结构在附图上标明各自的运输单元和工地拼装方式。

⑦泄洪坝段 6000kN 门机主钩目前由深孔事故门启闭力控制，建议将该事故门改为上游止水，主轴采用滚动轴承，这样可减小启门力，减轻门机自重，降低造价；自动挂钩梁不在深水下工作，可靠性高；改善闸门运行条件，防止泥沙堵塞。

⑧建议对下游止水的事故门底缘形式及其与前、后胸墙的间隙和体形，进行水力模型试验，测定上托力系数及持住力，核定持住力值。

⑨建议深孔检修门的门顶充水阀出口下移；深孔弧门通气孔向上游移，使其通气方向与水流相同。

⑩电站进水口快速工作闸门充水阀直径（50mm）偏小，建议增大充水能力，以缩短充水时间。

⑪大坝厂房坝段 2×2500kN 门机钩扬程达 100m，双吊点的同步精度较难控制，建议研究采用单吊点 5000kN 的可行性。

⑫对大坝泄洪坝段 6000kN 门机，建议进一步研究比较其主、副小车合并的结构形式。

⑬门机主钩的升降速度，除按重载低速、轻载高速考虑外，建议进一步研究不同荷载工况下的调速方案。

⑭自动挂钩梁目前种类较多，宜适当合并，减少种类，以便于维护和管理。液压式自动挂钩梁运行的可靠性，关键在于液压系统的密封及防潮，销轴穿、脱的监测，高扬程电缆的强度；必要时可采用进口元器件，以提高其性能。

⑮建议提高门机的技术要求：(a)采用封闭式齿轮传动、中硬齿面，操作室采取防尘、空调；对采用无触点控制设备和智能化控制设备，自动监测系统，自诊断系统，直流调速或交流变频调速等进行研究比较。(b)启门力全过程显示并记录。(c)限位装置、过负荷保护装置的性能要有明显改进。

⑯门机采用低压电缆卷筒是否可行，建议核算并比较其他供电方式及电压等级。

⑰电站进口拦栅的清污方式“以排为主、以清为辅”的原则正确，建议：(a)在布置上留有机械清污的余地。(b)对青铜峡等电站拦污栅的结构形式进行调研，吸取其运用经验。(c)结构设计应考虑流激振动对结构的不利影响。

⑱大型液压设备的关键元器件如液压元件、密封件及行程传感器等，建议从国外引进。

⑲导流底孔液压启闭机的集控问题建议进一步研究比较。

⑳建议泄洪深孔事故检修闸门的定轮采用锻钢加工，进行调直处理。

㉑为提高三峡水工金属结构防护效果，建议：(a)按水工金属结构表面防腐蚀技术规范的要求进行钢材预处理，选择涂料体系、涂装方法，中间质量及最终成形检查等的全方位全过程的质量控制。(b)按闸门使用时间长短和闸门不同部位可采用不同的表面防腐要求和涂层厚度。(c)设计上应考虑水工金属结构的表面腐蚀特点，对静态腐蚀和动态腐蚀采用不同的防护措施。在流速复杂的高速水流部位，采用优质耐磨抗蚀材料。

㉒大坝泄洪坝段、厂房坝段坝顶门机的共轨问题，建议进一步研究其可行性。

㉓电站进水口拦污栅栅槽高度大，如采用一期混凝土施工，建议采取必要的加固措施，以保证栅槽的精度要求。

2.1.3.6 二期上游横向围堰设计审查

三峡总公司技委会成立二期围堰技术设计审查专家组(以下简称围堰专家组)，并邀请技委会副主任程山、张津生，顾问李鹗鼎、陈赓仪做技术指导。专家组组长孔祥千，专家组成员：包承纲、肖焕雄、王志仁、王祖华、周景星、高钟镤、李允中、匡林生、曹新、岳巍、王清友、刘占清、陶景良，特邀专家顾淦臣、张天存、董必钦。围堰专家组于1995年6月进行了审查，主要审查意见如下：

(1)基本设计资料

①同意技术设计报告所采用的水文资料。同意二期围堰建筑物的工程等级和设计洪水标准，同意第一年度汛标准采用流量72300m^3/s。

②围堰工程地质条件和主要地质问题基本查清，可以满足二期围堰技术设计阶段的要求。但对混凝土防渗墙墙基的块球体及终孔工作量在下阶段设计中要予以核实并留有余地，并应进一步查清堰基中可能对渗透稳定造成不利影响的断层等地质构造。

③基本同意提出的围堰填料和堰基淤沙的物理力学参数。但应根据工地实际情况进行必要的补充试验，并在设计时留有余地，以策安全。

④新淤沙和水下抛填风化砂的性质对堰体安全影响很大，目前现场和室内试验手段尚

难完全反映实际情况，有必要进一步通过对一期围堰的现场试验、原位观测和反馈分析等方法验证各种土质指标的可靠性。建议在一期围堰堰体开挖竖井，取风化砂和天然淤沙的原状土样，进行试验研究，并对防渗墙两侧的泥皮及墙基的沉渣进行试验研究。

⑤新淤沙属于易液化土类，要注意由于振动产生孔隙水压力，降低沙的抗剪强度从而影响稳定；因此，风化砂和淤沙的动力试验，应尽早提出成果，并进行堰体动力稳定分析。

(2)围堰结构布置及材料设计

①同意二期上游围堰的轴线布置和堰顶高程。

②基本同意设计推荐在深槽(0+460～0+610)采用双排塑性混凝土防渗墙上接土工膜心墙方案，先建上游墙，墙厚均为1.0m，其他部位采用单排塑性混凝土防渗墙上接土工膜心墙的布置。建议塑性混凝土在满足设计指标要求的情况下，选用配料简单、易于施工的配合比。

③围堰填料设计。(a)鉴于过渡料是围堰安全运行的重要保障，填筑中要确保过渡料施工质量，建议在深水区采用船抛并将过滤料层加厚，对填筑边坡可适当放宽。(b)在围堰迎水侧堰脚部位抛石以增加盖重，在背水坡新淤沙部位增设反滤及石渣压坡。(c)为减小二期围堰拆除难度，在堰体拆除高程以上部位，应严格限制石料最大粒径。

④为了提高防渗墙槽孔孔壁稳定性，增大水下抛填风化砂密实度，建议在防渗墙部位风化砂抛填出水面后，在防渗墙轴线两侧各布置两排振冲加密孔，最大孔深以30m为宜，孔排距可由试验确定。

(3)塑性混凝土防渗墙结构及墙下岩体防渗设计

①单排墙与双排墙的连接以及双排墙与左侧陡坡岩体的连接，防渗墙与纵向围堰连接，因变位较大，可能拉开，需进一步研究连接角度及结构措施。对防渗墙连接部位应进行三维有限元分析计算。

②塑性混凝土防渗墙的安全性应以摩尔—库仑强度理论作为主要的判据，但同时也有必要用其他安全度准则进行校核。

③应补充研究计算下游防渗墙槽孔成槽对已建上游防渗墙墙体应力变形的影响，以及基坑下挖对防渗墙墙体应力变形的影响。

④基本同意设计提出的塑性混凝土防渗墙墙底嵌入弱风化顶板深度的规定。同意设计提出的防渗墙墙底基岩帷幕灌浆防渗标准，上游围堰≤10Lu，下游围堰≤20Lu。

⑤帷幕灌浆孔要穿过塑性混凝土防渗墙体，能否成孔和成孔质量是帷幕灌浆施工技术的关键，必须高度重视。建议墙深大于30m的部位采用预埋钢管，埋设时必须采用固定措施(如管底固定，每隔10～15m亦应有固定设施)，并切实防止在墙体混凝土浇筑时造成损坏、移动或挠曲，且不要影响墙体混凝土的浇筑质量。墙深小于30m也可采用埋管、拔管或钻孔法，但必须保证成孔质量。埋管施工难度，实施前应在工地做好试验，并成立专班负责此项施工。

⑥灌浆材料建议使用 525# 水泥，可不采用细水泥浆液；灌浆工艺采用栓塞法时，建议允许使用纯压式。如使用预埋钢管，可采用孔口封闭循环式灌浆。

⑦防渗墙底表层灌浆。防渗墙下接帷幕灌浆，重点在于灌好墙基岩表层第一段（接触段）和第二段。第一段墙下 1.0m 左右，灌浆时宜采用较浓灌液，防止浆液外漏。第二段长 3～5m，自上而下分段钻灌，各段灌完后宜稍停待凝。第二段以下在孔壁不发生绕浆的情况下可以允许采用自下而上的灌浆方式。

(4)截流设计

①同意截流合龙时段定为 1997 年 11 月中旬，在条件具备时应力争提前合龙。同意截流设计流量采用 14000～9010m^3/s。

②同意截流戗堤设置在上游围堰的下游侧，采用单戗堤双向立堵进占，下游围堰尾随的截流方案。同意采用沙砾料和中小石预平抛垫底，以解决戗堤进占时堤头坍塌问题，上游窑湾溪沙砾料可供选用。

③鉴于深槽段最大水深达 60m，预平抛范围应覆盖戗堤龙口段与整个深槽段；为减轻落淤和便于防渗墙施工，戗堤上游侧亦可采用沙砾料平抛一定范围，平抛高程不低于 40m，力争达到 45m 以上，以削减截流后围堰填筑高峰强度；为便于水下抛投，减轻落淤，预平抛宜分两阶段施工：第一阶段安排在 1996 年冬至 1997 年春枯水期平抛至高程 30～35m；第二阶段于 1997 年 11 月截流前抛至最终高程；预平抛宜采用底开驳船抛投。

④基本同意设计所定截流戗堤轴线位置及龙口位置，可视 1∶80 动床模型试验成果，将龙口位置向右移动。同意龙口段戗堤顶宽为 30m，抛投石料最大吨位为 5t，若大块石备料困难，也可考虑采用钢筋石笼和混凝土四面体代替。

⑤通航问题是制约大江截流的重要因素，应做进一步研究。如截流施工与通航发生矛盾，在导流明渠正式通航前，截流应服从通航；明渠正式通航后，要尽可能满足截流要求，并同时采取必要措施，解决碍航问题。

⑥结合深槽平抛垫底高程，调整戗堤轴线与防渗墙轴线距离，减少围堰填筑工程量。

(5)围堰施工

①同意设计提出的截流和围堰施工程序、进度、主要施工方法和现场施工布置。

②河床深槽段最大水深达 60m，在模型试验中截流戗堤抛投进占堤头出现塌滑现象，在截流进占施工中堤头是否稳定不仅关系着施工安全，也关系着进占进度，除设计报告中提出的 5 条主要措施外，专家组建议：(a)通过模型试验对抛投料的粒径和级配进行研究。(b)研究在不断航的情况下，对深槽进行预平抛，以减小水深。

③截流采用上游围堰单戗堤立堵、双向进占抛投方式，同意在右岸布置截流基地。鉴于一期围堰拆除后，截流基地已成孤岛，二期上、下游围堰与纵向围堰混凝土围堰接头结合部位于截流基地内，又拆又修建，加上备料堆场及交通码头设置，截流基地施工布置较复杂，需尽早做出施工安排。

④围堰施工备料应按设计要求进行。从当前情况分析，质量和数量均存在问题，要在调查研究左右岸实际备料情况的前提下，研究开辟新料场，并相应调整围堰断面填料分区。

⑤交通道路是保证截流及围堰高强度施工的重要条件，建议对现有路面进一步整修拓宽，使施工高峰期道路畅通无阻。

⑥设计推荐的围堰形式，其下游侧高程 69m 以下填筑石碴以减少风化砂用量，但不利于堰体尾随截流戗堤进占以尽早形成防渗墙施工平台，需进一步优化。

(6)防渗墙施工

①同意在大江截流前抓紧清除防渗墙轴线上表层的块球体及孤石，这对加速防渗墙的施工将起到事半功倍的作用。

②同意设计报告中提出的以"两钻一抓"为主的造孔工艺，建议主孔采用冲击循环钻机，副孔采用液压导板抓斗成孔。引进的双轮铣钻机是快速成槽的先进设备，应抓紧做好施工试验，取得实践经验，用于防渗墙造槽施工。

③防渗墙施工影响进度的关键是深槽段基岩陡坡和地基中的块球体。专家组认为对陡坡岩体和地基中的块球体可采用钻孔爆破和重锤钻凿处理，建议做好技术研究和设备准备工作。

④鉴于防渗墙墙体选定的塑性混凝土强度较低，建议防渗墙墙段连接仍以钻凿法为主，并研究接头管拔管法。

⑤防渗墙施工进度是围堰施工的控制因素，为确保围堰度汛安全，简化围堰顶部防渗结构并延长防渗墙施工时段，建议将上游围堰深槽以左防渗墙施工平台高程加高至 79.0m，深槽段防渗墙施工平台高程由 73.0m 加高至 76.0m。

2.1.3.7 建筑物安全监测技术设计审查

三峡总公司技委会成立建筑物安全监测技术设计审查专家组(以下简称监测专家组)，技委会安全监测项目负责人为储传英，监测专家组组长施济中，副组长董学晟，专家组成员：林世卿、沈义生、吴中如、张震夏、叶丽秋、储海宁、刘嘉忻、李珍照、荣燮扬、张日光、庄正新；特邀专家赵志仁、黄天戍、池胡庆、李延芳、刘永燮、夏诚、叶泽荣、孟吉复、张志恒。监测专家组于 1995 年 12 月对建筑物安全监测技术设计审查的主要意见如下：

(1)关于设计报告内容

①基本同意设计报告的内容和章节编排。

②有关"地震、滑坡地壳形变监测"一节，其内容不属建筑物安全监测范围，未予审查，建议另列。

③有关的质量检测项目和内容，不属于安全监测的范围，予以取消。

④主要技术规范应增列《水库大坝安全条例》《土石坝安全监测技术规范》等。

(2)关于设计总原则和监测目的

①设计总原则。专家组建议统一使用"突出重点，兼顾全面，统一规划，分期实施"这一

原则。

②监测目的是以及时掌握建筑物的工作性态和安全状况为主，以满足施工、验证设计及科研需要为辅。

(3)关于监测部位(断面)选择

①同意有关监测部位(断面)的类别划分和选择原则，以及关键断面、重要断面确定的原则。

②原则同意选定的 8 个关键断面，对 19 个重要断面应进一步优化并适当减少断面数量。除关键断面和重要断面外，在必须布置监测仪器的部位，适当布置有关的监测仪器。

(4)关于监测子系统

①原则同意设计报告中子系统的划分布局及其分工和功能要求。

②鉴于所列地质环境监测项目不属于建筑物安全监测范围，其相应的监测子系统取消。

③建议将茅坪溪防护工程监测作为一个监测子系统纳入监测系统内。

(5)关于数据采集和管理

①监测系统的数据采集采用人工采集、半自动采集、自动采集等不同方式是可行的。

②数据管理系统结构完整、内容全面，子库与中心库的管理职能的划分合理。

③设计规定施工(含分期蓄水期)的数据采集由仪器的埋设承包商负责，在有多个承包商的状况下，应建立统一的数据采集规程。

④建议在运行期逐步将监测站的初步分析职能转给监测中心。监测站只承担管理、数据采集和传输的任务。

(6)关于监测资料分析与综合评价

①原则同意监测资料分析与综合评价系统的功能规划。设计中列出的分析模型和分析方法齐全。

②施工期和蓄水期的监测资料初步分析由仪器埋设承包商承担，在有多个承包商的状况下，建议对分析要求和深度作出统一规定。

③分期蓄水期应对大坝等挡水建筑物提出安全评价意见。每次蓄水后，应对该期监测成果提出分析报告。

④设计报告中规定每半年对各建筑物的安全状况进行一次综合分析评价的时间间隔太密，宜按有关安全检查的法规和规范作出修正。

(7)关于监测仪器仪表及自动化系统的比选论证

设计报告中，对国内外监测仪器仪表进行了广泛的调查研究，做出了比选论证。监测专家组审查认为：设计报告所提出的对监测仪器仪表可靠、实用、先进、经济的总要求，仪器设备选型的基本原则，对自动化系统选型的要求以及关于数据采集单元(DAU)、建筑物监控站(BMS)、工程安全监测中心(PSMC)功能的考虑是适宜的；大部分监测仪器的比选意见是适当的；自动化系统采用总线型拓扑结构和分散控制型数据采集方式是合理的。专家组审查提出：(a)对于永久建筑物上应用的埋入式传感器，要强调其性能稳定性，能长期准确可靠地采取数据，其正常工作年限应在15～20年，对于二次接收仪器和自动化监测设备，其稳定工作时间应不低于5年。(b)鉴于整个枢纽的监测自动化系统涉及监测全局的效能及可靠性，同意以国外引进设备为主，某些需求量较大，国内一时又不能高质量生产的仪器，建议有关部门在引进产品的同时，引进先进技术，促进国内仪器水平的提高，争取同类国产仪器早日在三峡工程中使用。(c)应着重选用经过长期实践考验、有效和成熟的仪器设备，但也要支持适应三峡建筑物监测需要的具有某些特殊性能的新仪器、新技术在三峡工程使用。采用新型仪器应积极慎重，先经过室内测试，原体试用，再少量采用，逐步推广。(d)茅坪溪土石坝为一座永久挡水建筑物，应设置一个建筑监测站(BMS)。(e)数据采集单元(DAU)的数量应进一步优化，适当压缩，接入自动化系统的传感器4000余支应大量删减。(f)引张线是观测水平位移的较好手段，已实现了自动；静力水准可用于观测倾斜和垂直位移，精度较好，也实现了自动化；真空激光测坝体变形自动化系统可同时高精度观测水平位移和垂直位移，这几种手段都可考虑在三峡工程中采用。某些新仪器具有一定的先进性，如电荷耦合器件式(CCD)垂线仪和引张线仪，光纤多点位移计和光纤锚索测力计、液压力应力计在监测设计中可以考虑。

(8)关于大坝和电站厂房监测项目及测点布置

大坝和电站厂房是三峡枢纽的主要挡水、泄水和发电建筑物，监测设计中以渗流、变形为主，着重对关键断面和重点断面，布置了多种项目的观测点。审查认为：这些监测断面及测点布置可以满足安全监测需要，所选定的项目基本是必要和合理的。但也提出重要断面和测点数偏多，需加以优化和精简；监测手段也宜做适当调整。审查提出了具体调整意见。

(9)关于通航建筑物监测项目及测点布置

设计报告中将双线五级船闸高边坡(包括下部的闸室深槽)的整体稳定性、局部块体失稳和卸荷松弛带或塑性区作为安全监测设计的主要对象。审查同意选择17～17断面为关键监测部位，建议在13～13、15～15、16～16、20～20四个断面中选取两个作为重要监测部位。在监测仪表布置图和设计报告中，宜将整体稳定性监测部位(包括闸墙、闸基和中隔墩)上各种监测项目的仪表按监测部位(断面)汇总在一起，以便于从整体上把握住监测部位(断面)各监测项目的配套性，便于在高边坡动态设计时进行反馈分析。监测专家组审查同意，高边坡表面的水平位移和垂直位移测点的布置。建议对边坡整体稳定性监测部位(断面)的仪表进行优化，精简仪表数量，避免重复。审查提出了具体优化意见。

(10)关于专项监测

①变形监测网。(a)采用大地测量方法建立平面与高程监测网是必要的，平面监测网分为全网、简网和最简网三个层次是合适的，平面监测网选定4个固定点，并采用倒垂进行稳定性检验；高程监测网选定高家冲和石板溪两个基准点都是合适的。(b)建议采用精密测距

仪边交会法，逐步取代直伸边角网法检验倒垂点的稳定性；在适当的合适项目上，利用 GPS 作变形监测的试验研究，并与常规方法进行对比测量，以取得经验，逐步推广应用。

②水力学安全监测。(a)同意将流态、脉动、空化、空蚀、冲刷、掺气、雾化等高速水流项目列为重点。(b)同意水力学安全监测部位的选择原则，设计所选的监测部位突出重点不够，需进一步精简。(c)有关机电监测项目如水轮机大轴摆动等建议另列；原则同意测点布置，实施中需根据水工试验成果做必要调整。(d)水力学监测仪表，如超声波流速仪、多普勒测速仪，高频磁带记录器、信号分析器等应补充比较论证。

③动力安全监测。(a)同意所选定的监测建筑物和结构、项目、内容，以及测点布置的原则，动力安全监测系统技术方案是可行的。(b)对所选定进行监测的建筑物和结构，应分清主次，突出重点。(c)泄洪坝段深孔及表孔闸门应增设动应变测点，取消发电机楼板及机组风罩的动力监测。(d)动力安全监测与水力学监测有重复设置的，应统一考虑。(e)动力安全监测的传感器和二次仪表应补充进行比选论证。

④地应力监测。同意地应力监测所采用的方法、监测内容和测点布置。

⑤水文、泥沙、气象监测。(a)水位监测，除在建筑物附近设置的水位站外，其余均不属建筑物安全监测范围。(b)泥沙监测范围和测次已超出建筑物安全监测需要，建议缩小。

⑥金属结构监测。部分监测项目已包括在其他项目内。

⑦老化监测。(a)建议必要时采集建筑物基础混凝土及基岩的变形模量和强度等特征参数，作为老化监测的初始值。(b)在巡视检查及有关部位的数据采集中，要注意有关材料磨损、空蚀、淘刷、锈蚀、结构裂缝等项的数据采集；止水、排水设备老化情况资料的积累，以满足老化分析的需要。

(11)关于施工期和分期蓄水安全监测

施工期和分期蓄水安全监测包括永久建筑物施工期安全监测、临时建筑物施工期安全监测、分期蓄水安全监测，其施工期安全监测技术要求和分期蓄水安全监测要求等章节是适宜的。

(12)关于巡视检查

(a)同意巡视检查的基本内容，建议参照《水库大坝安全条例》《水电站大坝安全管理暂行办法》《水电站大坝安全检查施行细则》等有关法规做必要的修正补充。(b)建议增列用于建筑物水下检查和建筑物裂缝检查等的有关仪器设备。

(13)关于安全监测技术要求

设计报告中对各主要监测项目的仪器安装及观测方法、精度、频次等提出的技术要求是合理的必要的，达到了技术设计的深度。审查提出了以下几点具体意见：(a)监测技术要求应符合有关现行技术规范。若低于或超出规范规定的监测技术要求时，应论证说明。(b)观测频次要适应三峡枢纽施工期长和分期蓄水的特点，在不同时段应有不同要求，如水平位移网和垂直位移网在蓄水期一年应至少测两次(蓄水前后各一次)，稳定运行期数年测一次即可，各观测项目的自动化监测的频次可比人工监测更密一些。(c)茅坪溪防护土石坝测压孔的直径偏小，其他部位测压孔直径偏大，宜做相应调整。

2.1.3.8 变动回水区航道及港口整治设计(含坝下游河道下切影响及对策研究)

长江委将《长江三峡水利枢纽单项工程技术设计报告第八册变动回水区航道及港口整治设计(含坝下游河道下切影响及对策研究)》分两阶段进行：第一阶段设计研究项目为：《长江三峡水利枢纽施工期变动回水区航道整治工程设计》《葛洲坝枢纽下游航运综合治理方案和三江下引航道开挖可行性研究》《葛洲坝枢纽下游枝城至杨家脑河段浅滩整治措施研究》；第二阶段设计研究项目为：《三峡工程变动回水区航道及港口整治(含坝下游河道下切影响及对策研究)第二阶段研究报告》和《三峡工程变动回水区岸线和水域利用研究》《三峡水库变动回水区航道与港口综合治理措施研究》《葛洲坝枢纽下游清水下泄对河道影响分析与对策研究报告》等 3 个子报告。三峡总公司技委会成立了变动回水区航道及港口整治设计(含坝下游河道下切影响及对策研究)审查专家组(以下简称专家组)，专家组长潘家铮，副组长林秉南、张超然。专家组成员：张仁、梁应辰、陈赓仪、刘宁、韩其为、戴定忠、陈济生、潘庆燊、荣天富、谭颖、程山、张津生、王梅地、邓景龙。专家组分两阶段对长江委提出的设计研究报告进行了审查，主要审查意见汇总如下：

(1)关于第一阶段《长江三峡水利枢纽施工区变动回水区航道整治工程技术设计》审查

《长江三峡水利枢纽施工期变动回水期航道整治工程技术设计》由三峡总公司委托中国长江航运集团总公司重庆勘察设计所进行设计，长江航务管理局于 1996 年 8 月组织专家进行了审查，主要审查意见如下：

①技术设计报告的编制方式和内容符合交通部《内河航运工程初步设计编制办法》，技术设计符合交通部《航道整治工程技术规范》。

②审查认为设计工作充分利用了以往的勘察、科研、设计成果。同时，补充安排了地形水文勘测、水位计算分析、物模试验、数模试验，又进行了现场查勘。这些工作，为保证设计质量奠定了基础。技术设计报告符合经专家组审定的《长江三峡水利枢纽施工期变动回水区航道整治工程设计工作大纲》和勘测设计合同规定。指导思想明确，设计依据充分，应用资料可靠，选定的九个整治滩险准确。整治方案和工程设计合理、可靠，审查同意技术设计报告。

③几点建议：(a)洪水急流滩最高通航流量的确定，应按万吨级船队上水航行水文标准作为判断依据，建议在施工图设计阶段，对观音滩及和尚滩两处的最高通航流量作进一步的研究。(b)对处于 135m 和 145m 回水末端的土脑子和花滩的泥沙淤积问题应引起重视，加强观测。对有些滩险的整治方案在施工图设计中进一步优化。(c)在施工图设计阶段，建议通过优化设计，工程量总概算按 7250 万元调整(1993 年静态投资，实施中再按人工和物价上涨等因素动态调整)。此外重庆勘察设计所还应根据专家组提出的其他一些有益意见，完善技术设计修改工作，并做好下一步施工图设计工作。

(2)关于第一阶段《葛洲坝枢纽下游航运问题综合治理方案研究》和《葛洲坝枢纽下游枝城至杨家脑河段浅滩整治措施研究》审查

长江委提出《三峡工程变动回水区航道及港口整治(含下游河道下切影响及对策研究)》第一阶段《葛洲坝枢纽下游航运问题综合治理方案研究》和《葛洲坝枢纽下游枝城至杨家脑河段浅滩整治措施研究》两个研究报告，专家组于2002年1月进行了审查，主要意见如下：

1)关于葛洲坝下游航运问题治理方案的研究

①同意报告的基础设计参数和条件。2003年6月三峡水库将蓄水至135m水位，进入施工期围堰挡水通航发电运行阶段，清水下泄将会带来葛洲坝枢纽以下河道的河床冲刷，引起水位下降。长江委报告提出这种变化影响葛洲坝通航的时段，主要在三峡水库135m运用后期，其第4年(2007年)枯水期流量为3200m^3/s时，宜昌水位可能比38.0m低0.4～0.6m。报告又认为在156m运用期，水库枯期平均调节流量为5130m^3/s，宜昌水位可达到38.5m以上，在175m运用期，枯期平均调节流量为5860m^3/s，宜昌水位可达到39.0m以上，均可满足通航要求。专家组认为受目前泥沙计算和试验的精度限制，对后期的水位问题仍应注意。另外，当水库进行日调节时，最小流量难以达到5130m^3/s和5860m^3/s。

②基本同意报告提出的综合治理措施研究成果。船闸优化调度是首先应采用的措施，如一旦遇到枯期三江下引航道水深不足时，大船走大江，中小船走三江，并加强维护与管理，尽可能保证航道畅通和现有船队的正常航行。但对船闸优化调度的潜力和效果认识有所差异。

通过水库调度补偿航运流量是增加葛洲坝枢纽下游枯期水深的有效措施，专家组同意采用这一措施，但认为不宜在135.4～134.5m之间调度，而应在135.0m以上调度，具体调度的幅度应不影响围堰安全并结合三峡水库调度规程和下游通航补偿的要求确定。

开挖葛洲坝三江下游引航道可以增加三江引航道通航水深，但是三江大桥以上由于航道内的系船墩改造比较困难，航道底部有过江电缆、管道等设施，给引航道的开挖带来困难，并会带来长达半年的断航，不利于解决通航的问题。但三江大桥以下引航道胶结砂卵石河床应通过局部开挖，保证达到34.5m的维护要求。

葛洲坝下游河道筑潜坝方案，可抬高枯期水位0.2～0.3m，但不定的因素较多，应慎重考虑，宜结合水库蓄水后的原型观测，深入研究后确定，2003年蓄水前尚无条件修建。部分专家认为可在2003年蓄水前后实施或部分实施潜坝方案。经讨论，专家组建议长江委设计院对提前进行局部垫底保护工程的可行性再作确定，提出报告。

2)关于葛洲坝下游河段浅滩整治措施的研究

①基本同意报告提出的主要研究结论。芦家河浅滩由于其特殊的平面形态和河床边界，河势演变和水流条件十分复杂，航道极易出浅且局部水面比降较大。研究报告认为在三峡水库运用初期，芦家河浅滩河段是单向冲刷趋势，左槽冲刷强于右槽冲刷，模型实验表明仍然保持左槽和右槽的倒槽规律，总体河势没有发生本质的变化，这些结论是可信的。

在三峡水库135m和156m的水位运用期，芦家河浅滩河段能满足2.9m水深的航道要求，但是浅滩中下段的水面比降变化较大，将由天然的0.26‰增加到0.5‰，甚至更大，陡坡流急。在三峡175m水位运用以后，浅滩段能满足3.5m水深的航运要求，但水面比降仍然比天然情况大。在三峡135m和156m运用期间，浅滩段的水流条件可基本满足近期船队的通航要求。在175m运用期间的水流条件则不能满足大型船队的通航标准。为保证通航的安全，对水面比降增大的问题只能采取工程措施进行治理。

②报告研究了航道维护措施和航道整治工程措施。报告认为：通过模型试验表明，三峡工程运用初期该浅滩河段冲刷状态尚未稳定，基建性整治工程的效果局部明显，但整体不佳，且经济投入较大，加之芦家河河段对上游河道的控制作用不宜改变，因此报告建议在浅滩航槽冲刷演变的过程中，不宜采用基建性的整治工程措施。专家组讨论认为，基建性整治措施必须上下游综合考虑，慎重分期进行。在三峡工程运行初期，是否进行整治工程，有不同的看法，也没有成熟的方案。专家组建议，在此期间内，应加强对芦家河浅滩河段的水文泥沙观测和浅滩碛及边界地质条件的勘测，根据实际出现的碍航情况，及时采取疏浚措施，保证正常通航，同时建议请长江委和交通部门共同深入研究分期整治问题，提出较具体的方案以供进一步讨论。

总之，由于芦家河浅滩的演变十分复杂，基建性整治工程对上游宜昌河段的枯期水位变化又十分敏感，因此必须慎重。本阶段研究采用的水沙模型及计算试验成果，有待三峡水库运用后，针对实际观测的资料进行验证，对芦家河浅滩的整治方案还需深入研究。

3)今后工作的建议

①进一步落实葛洲坝下游通航问题治理措施的实施方案。包括应抓紧研究葛洲坝船闸优化调度预案和水库补偿调度预案。

②尽快落实葛洲坝下游重点河段的河道原型观测工作。加强对芦家河浅滩河段河道及水文泥沙资料的观测分析工作，并补充必要的浅滩河段床质及边界条件的勘探分析工作，为芦家河浅滩的维护与治理提供有关资料。

③请长江委和交通部门，会同有关科研单位抓紧研究芦家河浅滩河段工程整治措施的具体分期实施方案。

④建议国家主管部门依据国务院长江河道采砂管理条例，结合三峡工程建成后的情况，加强河道管理，禁止在葛洲坝下游至杨家脑河段进行采砂活动。葛洲坝下游至杨家脑河段的河段保护，对减少三峡运用初期的河道冲刷影响巨大，可避免宜昌枯水位的大幅度下降，有利于河道岸线的稳定安全和坝下游的船舶的通航，对此务必重视。

(3)关于第二阶段研究报告及《三峡工程变动回水区岸线和水域利用研究》等3个报告审查

长江委提出《三峡工程变动回水区航道及港口整治(含下游河道下切影响及对策研究)》第二阶段研究报告及《三峡工程变动回水区岸线和水域利用研究》《三峡水库变动回水区航

道与港口综合整治措施研究》《葛洲坝枢纽下游清水下泄对河道影响分析与对策研究报告》等3个子报告。2008年11月专家组进行了审查，主要意见如下：

①目前三峡工程已实施175m试验性蓄水，水库泥沙淤积和坝下游清水冲刷等问题与今后正常运行期情况差别不大。此时提出单项工程技术设计第八专题第二阶段的研究成果是合时宜的。研究以1990—2000年的水沙系列作为入库水沙计算基础资料是合理的，也是偏于安全的。研究的内容和成果基本符合审定的大纲和合同的要求。

②第八专题研究应遵循三峡工程初步设计标准，鉴于现在情况与1993年初步设计批准时有了较大的改变，而且，上游金沙江及其他支流的水电开发都在进行，所以未来水沙条件变化是肯定的。因此，比较合理的做法是采取动态研究的办法，近期主要对未来5～10年的短期内可能出现的问题进行重点研究并提出处理措施。处理变动回水区的泥沙问题原则上对水库变动回水区的碍航淤积以疏浚为主，对下游河床下切以保护控制性节点河段为主，结合水库调度和发展宽浅型船型等综合措施解决。

芦家河河段是控制宜昌枯水位的关键性河段，必须十分慎重，采取工程措施之前必须经过切实可靠的论证，确保对宜昌水位不产生下降影响。近期暂不宜采取工程措施。建议对葛洲坝枢纽下游河段继续加强观测和研究，在验证前一阶段试验研究结论的基础上，进一步找出宜昌枯水位控制河段，并研究继续采取措施以控制宜昌水位的可能性。

③研究成果资料全面、内容丰富。请长江委长江勘测规划设计研究院（以下简称“长江设计院”）在此基础上编写一份简要的综合报告。

④三峡工程已由建设期转入运行期，库区航道已按初步设计标准完成了整治，关于运行期的航道维护问题，请长江委长江设计院根据三峡工程的实际运行情况在综合报告中提出可行性建议。

2.1.4　招标设计及施工详图设计

2.1.4.1　招标设计

枢纽工程各单项工程技术设计审查后，长江设计院按业主三峡总公司各建筑物分标段要求，编制建筑物分标段的招标设计。经业主组织审查批准后，编制招标文件，进行公开招标。

2.1.4.2　施工详图设计

三峡枢纽工程（不含升船机续建工程）共划分为大坝工程、电站厂房工程、船闸工程、茅坪溪防护工程、地下电站工程和电源电站工程等6个单位工程，16个分部工程，111个分项工程，160646个单元工程。枢纽工程各建筑物施工过程中，长江设计院按照业主三峡总公司各建筑物分标段要求，提供各标段施工详图和设计文件及施工技术要求。枢纽工程各建筑物施工详图设计阶段总共提供施工图（含图册）5万多张。

2.2 三峡枢纽工程建设

2.2.1 三峡枢纽工程建设机构

2.2.1.1 国务院三峡工程建设委员会

国务院于1993年1月成立国务院三峡工程建设委员会(“三峡建委”的全称),李鹏总理任三峡建委主任,邹家华副总理、陈俊生国务委员及郭树言(湖北省省长)、肖秧(四川省副省长)、李伯宁(国务院三峡地区经济开发办公室主任)任副主任,三峡建委成员由国务院相关部委负责同志组成。全国政协副主席钱正英为三峡建委顾问。考虑到工作需要,请魏廷琤(长江委主任)、陆佑楣(能源部副部长)任委员会成员。三峡工程建设和移民开发的日常工作由郭树言同志负责。委员会下设办公室、具体负责三峡工程建设的日常工作。为了加强三峡工程建设中的移民工作,在委员会下设三峡工程移民开发局,负责三峡移民工作规划、计划的制定和监督实施。

1993年4月三峡建委成员调整:李鹏总理任三峡建委主任,邹家华副总理、陈俊生国务委员、郭树言(国家计委副主任)、贾志杰(湖北省省长)、肖秧(四川省省长)、李伯宁(国务院原三峡地区经济开发办主任)任三峡建委副主任。1994年10月三峡建委副主任调整为:邹家华、郭树言、贾志杰、肖秧、陆佑楣(三峡总公司总经理)。1995年11月三峡建委副主任调整为:邹家华、郭树言、蒋祝平(湖北省省长)、肖秧、陆佑楣。1997年5月三峡建委副主任调整为:邹家华、郭树言、蒋祝平、肖秧(四川省原省长)、蒲海清(重庆市代市长)、陆佑楣。1998年5月,三峡建委主任朱镕基总理,副主任吴邦国副总理、郭树言(三峡建委办公室主任)、曾培炎(国家发展计划委员会主任)、蒋祝平(湖北省省长)、肖秧(四川省原省长)、蒲海清(重庆市市长)、陆佑楣(三峡总公司总经理)、甘宇平(重庆市副市长)。2000年6月,三峡建委副主任调整为:吴邦国、郭树言、曾培炎、蒋祝平、包叙定(重庆市市长)、陆佑楣、甘宇平。2001年5月,三峡建委副主任调整为:吴邦国、郭树言、曾培炎、张国光(湖北省省长)、包叙定、陆佑楣、甘宇平。2003年4月,三峡建委主任温家宝总理、副主任曾培炎副总理、郭树言(三峡建委办公室主任)、马凯(国家发展和改革委员会主任)、罗清泉(湖北省省长)、王鸿举(重庆市市长)、陆佑楣(中国长江三峡工程开发总公司总经理)。2004年12月,三峡建委副主任调整为:曾培炎、蒲海清(三峡建委办公室主任),马凯(发展改革委主任)、罗清泉(湖北省省长)、王鸿举(重庆市市长)、李永安(三峡总公司总经理)。2007年4月,三峡建委副主任调整为:曾培炎、汪啸风(三峡建委办公室主任)、马凯、罗清泉、王鸿举、李永安。2008年6月,三峡建委主任为李克强副总理,副主任为回良玉副总理、汪啸风(三峡建委办公室主任)、张平(发展改革委主任)、李鸿忠(湖北省省长)、王鸿举(重庆市市长)、李永安(三峡总公司总经理)。2010年三峡建委副主任调整为:回良玉、汪啸风、张平、李鸿忠、黄奇帆(重庆市市长)、曹广晶(中国长江三峡集团公司董事长)。2013年7月,三峡建委主任为张高丽副总理,副主任汪洋副总理、聂卫国(三峡建委办公室主任)、徐绍史(发展改革委主任)、王国生(湖北省省长)、黄奇帆(重庆市市长)、曹广晶(三峡集团公司董事长)。2015年曹广晶调整为卢纯(三峡集团公司董事长)。

2.2.1.2　中国长江三峡工程开发总公司

国务院于1993年1月下发通知成立中国长江三峡工程开发总公司("三峡总公司"的全称),明确其是一个自负盈亏、自主经营的经济实体,是三峡工程项目的业主,全面负责三峡工程建设和经营,调能源部副部长陆佑楣任总经理。

国务院三峡工程建设委员会第一次全体会议于1993年4月2日召开,三峡建委主任李鹏总理主持会议,副主任邹家华副总理、陈俊生国务委员及郭树言、肖秧、李伯宁、贾志杰和三峡建委委员参加了会议,国务院有关部门负责同志列席会议。为适应社会主义市场经济新体制,三峡工程建设要采用国际上通行的工程项目业主负责制。由三峡总公司负责招标,形成竞争机制。承担设计任务总成的长江委要对业主负责,有偿进行设计。可聘请长江委担任部分工程项目的监理单位,建立质量、进度约束机构。监理是独立于施工单位以外的一个机构,对业主负责,代表业主检查工程质量、工程进度和工程费用的使用。

三峡总公司于1993年9月27日在湖北省宜昌市正式成立,陆佑楣任总经理,袁国林、李永安、贺恭、王家柱、秦中一任副总经理。2003年李永安任三峡总公司总经理,郭涛任纪检组组长,杨清、曹广晶、林初学、毕亚雄任副总经理,2004年增补樊启祥任副总经理。2009年10月中国长江三峡工程总公司改名为中国长江三峡集团公司(以下简称三峡集团公司)。2011年三峡集团公司曹广晶任董事长,陈飞任总经理,林初学、毕亚雄、樊启祥、沙先华任副总经理,于文星任纪检组组长,杨亚任总会计师。2012年7月杨清退休,增补张诚任副总经理。2014年卢纯任董事长,王琳任总经理,林初学、毕亚雄、樊启祥、沙先华、张诚任副总经理;于文星退休,龙飞任纪检组组长;杨亚任总会计师。此后,毕亚雄、樊启祥调出,王良友、范夏夏任副总经理;张诚退休,增补张定明任副总经理。2018年8月,雷鸣山任董事长,王琳任总经理,林初学、王良友、龙飞(纪检组长)、范夏夏、张定明、孙志禹任副总经理,沙先华退休,杨省世任总会计师。

三峡总公司是三峡工程的业主,是经国务院批准的独立核算、自主经营、自负盈亏,具有法人地位的国有企业,享有国务院批准的在三峡工程建设中计划、财务、科技、教育、人事、劳资、外事、外经贸、物资、国有资产管理、档案管理等方面的计划单列权。三峡总公司全面负责三峡工程资金筹集、工程建设和投产后的经营管理,以及长江水力资源开发、开展水利水电科学研究和技术咨询等多种经营活动。葛洲坝水电厂是其组成部分。三峡总公司实行国务院三峡工程建设委员会领导下的总经理负责制,组织机构设置按照社会主义市场经济的原则,坚持"精简、统一、效能"服务三峡工程建设的指导思想,实行以经营为核心,工程建设为重点,职能部门对口管理和项目管理有机结合的管理体制,以适应业主负责制、招标承包制、建立监理制的建设体制,逐步向现代企业过渡。对此,三峡总公司机构设备按决策层、管理层、实施层三个层次,分别定编定员定职责。总经理和副总经理组成最高决策层,并设总工程师、总经济师、总会计师在分管工作范围内参与决策。另设高层次技术委员会，在总经理领导下，负责重大工程技术问题的研究和咨询。

2.2.2 三峡枢纽工程施工分期

2.2.2.1 三峡枢纽工程施工采用分期导流方案

三峡坝址河床宽阔，右侧有中堡岛顺江分布，将河槽分为两汊，左侧为主河槽，宽700～900m，右侧为后河，宽约300m，形成了良好的分期导流条件。经论证比较，枢纽工程建设采用"三期导流、明渠通航"的施工导流方案。

(1)第一期导流

第一期围河槽右侧。在后河上、下游及沿中堡岛左侧修筑一期土石围堰，形成一期基坑，在围堰保护下开挖导流明渠，修筑混凝土纵向围堰，并预浇三期碾压混凝土围堰基础部分混凝土。一期土石围堰束窄河床30%，主河床承担泄流及通航任务。

(2)第二期导流

第二期围长江左侧主河槽。修筑二期上、下游土石横向围堰，与混凝土纵向围堰共同形成二期基坑。在围堰保护下，修建泄洪坝段、左岸厂房坝段及电站厂房等。继续施工左岸未完工程。江水由导流明渠宣泄，船舶从导流明渠和左岸临时船闸通行。

(3)第三期导流

第三期再围河槽右侧。拆除二期上游、下游土石围堰，截断导流明渠，长江水流改由泄洪坝段导流底孔和泄洪深孔宣泄。修筑三期上、下游土石围堰，在其保护下修建三期碾压混凝土围堰至设计高程140.00m，三期碾压混凝土围堰与三期下游土石围堰、右岸共同形成三期基坑。在三期基坑内施工右岸厂房坝段及右岸电站厂房和右岸非溢流坝段，并封堵临时船闸，改建为冲沙闸，水库蓄水至135.00m水位，船闸通航，左岸电站发电，枢纽工程进入围堰挡水发电期。

2007年汛前导流底孔全部封堵，汛期江水全部从永久泄水建筑物宣泄，至此，导流工程全部完成。

2.2.2.2 三峡枢纽工程施工分期及各期施工任务

枢纽工程施工结合分期导流方案，初步设计枢纽建筑物分为三期施工，各施工期主要工程量及高峰强度见表2.2.1，各期施工任务及工期安排如下：

(1)一期工程施工

一期工程施工即准备工程和一期导流期间的工程施工，工期5年(1993—1997年)。

1)准备工程

1993年年初开始主要完成工程区内外交通工程(包括宜昌至坝河口专用公路、场内公路以及西陵长江大桥、港区码头等)、施工供电、供水、供风、通信系统、场地平整、砂石料加工系统、混凝土生产系统及预冷系统，场地排水系统、施工工厂、仓储系统、房屋建筑等建设、施工征地以及茅坪溪改道工程等。

表 2.2.1 三峡枢纽各施工期工程量及高峰年强度

项目	单位	一期工程		二期工程		三期工程		合计	
		计划完成量	高峰年强度	计划完成量	高峰年强度	计划完成量	高峰年强度	计划完成量	高峰年强度
土石方开挖	万 m^3	7244.1	2250.8	2478.7	1080.8	148.4	78.4	9871.2	2250.8
土石方填筑	万 m^3	1680.3	787.0	976.7	579.4	207.0	106.0	2864.0	787.0
围堰拆除	万 m^3	166,3	166.3	842.6	650.1	152.2	115.2	1161.1	650.1
混凝土浇筑	万 m^3	394.4	211.6	1658.2	410.9	590.7	219.0	2643.3	410.9
金属安装	万 t	0.58	0.58	17.98	4.6	6.71	2.97	25.27	4.6
机组安装	台			2	2	24	4	26	4

施工准备工程是为导流工程和主体工程施工创造必要的施工条件，保证主体工程一旦开工后，按总进度计划顺利进行，是主体工程建设的前提条件和制约因素，也是工程总进度计划的重要组成部分。三峡工程规模巨大，施工强度特高，相应的施工准备工程项目多，规模大，任务繁重。准备工程从第一年四季度起即与导流工程或主体工程土石方开挖填筑交叉进行，一直延续至三期的砂石混凝土生产系统投产运行，历时10余年，但主要准备工作集中于准备期前3年。

2)一期导流期间的工程施工

以1997年12月上旬大江截流为完成标志。主要完成一期土石围堰修筑、纵向围堰混凝土浇筑、三期碾压混凝土围堰底部及两侧混凝土浇筑、导流明渠开挖和护底护岸工程、临时船闸工程(包括下游引航道和隔流堤一部分)；茅坪溪防护工程、升船机上闸首、船闸、左岸非溢流坝段、左岸1～6号厂房坝段和相应的电站厂房施工、一期土石围堰上下游横向段拆除(包括下压部位的明渠内岩石)和大江截流等。

(2)二期工程施工

二期工程施工主要包括二期导流期间的工程施工，工期6年(1998—2003年)，以实现水库蓄水至135.00m、船闸试通航及左岸电站首批机组发电为完成标志。主要完成二期上下游横向土石围堰、纵向围堰坝身段、河床泄洪坝段、左岸厂房坝段和左岸非溢流坝段、左岸电站厂房、升船机上闸首土建工程及相应的金属结构安装、左岸电站首批(2台)机组发电、船闸及上下游引航道和隔流堤的修筑、二期上下游横向围堰拆除、导流明渠截流、三期围堰等。

(3)三期工程施工

三期工程施工即三期导流直至完工期间的工程施工，工期6年(2004—2009年)，以枢纽工程全部完建为标志。主要完成右岸厂房坝段及右岸非溢流坝段、右岸电站厂房、泄洪坝段导流底孔封堵、船闸完建工程、临时船闸改建冲沙闸工程、三期下游土石围堰拆除、三期碾压混凝土围堰爆破拆除、左右岸电站全部机组发电。同时，完成电源电站和右岸地下电站部分项目。

2.2.3 三峡枢纽工程质量控制

2.2.3.1 三峡工程质量保证体系

三峡工程的建设，以党中央、国务院领导提出的“三峡工程是千年大计、国运所系”“一定要把三峡工程建设成为世界第一流的工程”为目标，高度重视质量管理。工程开工后，三峡总公司成立了由设计、施工、监理等参建各方组成的“三峡工程质量管理委员会”，颁布实施了《三峡工程质量管理办法》和《三峡水利枢纽合同项目工程验收暂行规程》，随后逐步建立了四级质量管理体系。并陆续制定了涵盖各施工专业的共 111 个质量标准，建立了 5 个质量技术测试中心。2000 年设立了质量总监办公室，加强了对施工过程质量的监督检查力度。2001 年三峡总公司明确提出了“零质量事故”的管理目标。三峡工程建设中逐渐形成了由建设四方组成的质量保证体系，即业主全面负责，设计提供技术支撑，施工自检，监理监督。

(1)业主全面负责

三峡总公司为三峡工程建设的业主，全面负责三峡工程建设质量。三峡总公司实行总经理负责制，总经理是三峡工程质量的最终负责人。三峡总公司工程建设部对总经理负责，归口管理和控制施工质量。各建筑物项目部具体组织协调施工项目，是业主的项目质量直接责任者。三峡总公司成立混凝土试验中心、金属结构试验中心、测量中心、安全监测中心和水情气象中心，提供工程质量监督检测的技术服务。质量总监办公室按土建、灌浆、金属结构、机电专业聘请中外专家，对施工过程质量进行监督检查，提出质量控制、施工技术和施工工艺的意见和建议；对质量缺陷及事故提出处理措施；对质量管理人员进行专业技术培训；检查和指导参建单位的质量管理体系；对三峡工程总体质量状况进行阶段分析和总结；参与质量缺陷和质量事故的调查与评定，审查重大质量事故的处理方案。

(2)设计提供技术支撑

长江委是三峡工程设计总成单位，对三峡工程设计质量负总责。长江委在三峡工地设立了三峡工程设计代表局，由长江委总工程师领导，进行现场技术服务，为三峡工程的质量管理和质量监督提供技术支撑，协助业主及时解决工程建设过程中出现的问题。长江委设计院及时提供各类设计图纸及施工技术要求，保证供图进度和质量；进行设计技术交底，开展施工地质预报，并根据现场施工情况，做好跟踪设计，满足工程建设的需要；陆续编制实施了《设计质量保证手册》《设计质量体系程序文件》和《设计质量体系程序作业文件》等质量管理文件，保证了三峡工程的设计质量。

(3)施工单位自检

施工单位是确保工程施工质量的基础，对三峡工程施工质量负直接责任；各施工单位实行项目经理(指挥长)负责制,总工程师对技术负责,设立三级质量管理机构,配备专职质检人员,明确质量目标和质量责任;制订具体的施工技术措施,负责质量管理及检查签证;组织技术培训,保证合格的技术、管理和施工人员;配备测量队进行施工放样;建立现场试验室进行材料及设备的试验检测和验收。

(4)监理单位全过程监督

监理单位是实现工程质量目标的重要保证。监理单位实行总监负责制,设置质量管理部门,在施工现场建立试验室、测量队,以满足质量监控的需要。监理的主要职责是:审核和签发设计图纸,监督和控制施工质量;审查施工组织设计和技术措施;组织设计交底、质量检查签证及质量评定;参加质量事故调查和处理;定期报告工程质量等。

2.2.3.2　三峡枢纽工程质量检查专家组全面检查工程质量

(1)三峡枢纽工程质量检查专家组组成

三峡建委于1999年6月10日印发《国务院三峡工程建设委员会关于成立三峡枢纽工程质量专家组的通知》(国三峡委发办字〔1999〕19号),三峡建委三峡枢纽工程质量检查专家组(以下简称“质量检查专家组”)组成如下:

组长:钱正英,副组长:张光斗,成员:潘家铮、陈赓仪、谭靖夷、梁应辰、梁维燕。

工作组组长:陈赓仪(兼),成员:魏永晖、王光纶、何本善、王明坦、闫蜜果。

(2)质量检查专家组的基本任务

①检查工程质量保证体系和质量要求规程是否健全。

②检查业主、施工、监理、设计等方面是否严格执行工程质量保证体系和质量规程的要求。

③对工程质量评议,包括土建工程以及永久性金属结构和机电设备的安装质量(不包括金属结构和机电设备制造质量)。

④对工程质量事故性质进行评议,包括事故处理是否安全可靠,以及事故发生的原因。

⑤检查工程进度是否与预期目标相符。

(3)质量检查专家组的工作方式

三峡枢纽工程质量检查专家组和工作组成员根据需要,定期以及不定期去现场进行检查、调研或召开工作会议。

(4)三期工程施工、三峡建委对质量检查专家组人员的调整

三峡建委于2004年1月2日以国三峡委发办字〔2004〕1号文通知质量检查专家组、三峡总公司:“根据工作需要,经国务院领导批准,决定对国务院三峡工程建设委员会三峡枢纽工程质量检查专家组组成人员作适当调整。”

顾问:钱正英、张光斗。

组长:潘家铮;副组长:谭靖夷、罗绍基;成员:梁应辰、梁维燕、杨定原、刘颖、高安泽、魏

永晖、罗承管。

工作组组长：魏永晖（兼）；副组长：周宪政；成员：王光纶、曹征齐、文伯瑜、傅华、闫蜜果、李永立。

(5)三峡工程175m水位试验性蓄水运行期三峡建委对质量检查专家组人员进行的调整

2008年7月17日，国务院副总理、国务院三峡建委主任李克强主持召开国务院三峡工程建设委员会第十六次全体会议，质量检查专家组顾问钱正英出席了会议，质量检查专家组长潘家铮作了汇报。会议纪要指出：继续保留三峡建委三峡枢纽工程质量检查专家组，有利于确保三峡工程的建设质量及运行安全。可根据实际情况调整工作方式，并充实部分中青年专家。2009年3月12日，三峡建委下发《关于调整三峡枢纽工程质量检查专家组组成人员和工作任务的通知》(国三峡委发办字〔2009〕2号)。

1)质量检查专家组组成

顾问：钱正英、张光斗。

组长：潘家铮；副组长：陈厚群、高安泽、郑守仁；成员：梁应辰、杨定原、刘颖、陈祖煜、张仁、魏复盛、田泳源、王光纶。

工作组组长：曹征齐；副组长：周宪政；成员：文伯瑜、傅华、闫蜜果、李永立。

2)质量检查专家组工作任务

①检查工程质量保证体系和质量要求规程是否健全。

②检查业主、施工、监理、设计等方面是否严格执行工程质量保证体系和质量规程的要求。

③对工程质量评议，包括土建工程以及永久性金属结构和机电设备的安装质量(不包括金属结构和机电设备制造质量)。

④对工程质量事故性质进行评议，包括事故处理是否安全可靠，以及事故发生的原因。

⑤检查工程进度是否与预期目标相符。

⑥调查研究三峡工程正常运行情况和出现的问题，重点对地震、地质灾害、水库生态环境保护、泥沙冲淤、机组运行、航运、水库优化调度、上游水库修建后出现的新情况新问题等研究提出建议，供三峡建委决策参考。

3)协助完成三峡建委及其办公室交办或委托的其他任务

三峡建委于2011年3月2日下发(国三峡委发办字〔2011〕1号)通知，同意增加殷跃平(国土资源部中国地质调查局地质灾害防治专家)和胡春宏(中国水利水电科学研究院泥沙专家)为质量检查专家组成员。

三峡建委于2012年9月29日下发(国三峡委发办字〔2012〕7号通知)，根据工作需要，经国务院领导批准，陈厚群院士任三峡枢纽工程质量检查专家组组长。

(6)质量检查专家组工作方式

三峡建委质量检查专家组行使政府监督工程建设质量的职责。质量检查专家组和工作组成员根据工作需要，定期以及不定期去现场进行检查、调研或召开工作会议。工作组派专人参加三峡总公司召开的有关工作例会和质量月例会，及时讨论现场发生的问题，与业主和参建单位协商沟通。质量检查专家组每年定期向国务院三峡建委提出三峡枢纽工程质量检查报告。为了比较准确反映混凝土浇筑中经历的温度变化周期，一般是每年7—8月份去工地检查，提出高温季节质量评价报告；每年的11月底或12月初，对当年工程质量做中间检查，提出中间质量评价报告；翌年4月初去工地检查，提出上一年度的质量评价报告。

质量检查专家组要求三峡总公司定期或不定期向质量检查专家组提供有关工程质量资料。三峡总公司及参建各方对质量检查专家组调研均高度重视，每次调研都积极配合，并做周密的安排，提供大量翔实的资料。

在三峡二期工程建设初期，根据工程建设的实际情况，质量检查专家组主要抓质量保证体系的建立和施工过程的质量控制与检查，并派出人员进行现场跟踪，盯仓检查，夜间派人到仓位检查监理人员是否在岗，是否旁站监理。二期工程历时6年中，质量检查专家组多次深入施工现场调查研究，提出许多重要意见和建议，其中大部分建议被三峡总公司组织参建各方认真研究和采纳。在二期工程中期，质量检查专家组领导提出了“不留工程隐患是三峡工程建设的最高原则”。要求各参建单位领导和个人要以对国家、对历史负责的精神，认真处理质量缺陷。质量检查专家组的要求得到广泛响应，各参建单位提高了质量责任心，完善了质量保证体系，从而使得三峡二期工程质量达到总体优良的水平。

进入三期工程后，根据国务院三峡建委的要求，调整后的质量检查专家组继续坚持以对党和国家、对历史负责的精神，坚持高标准、严要求，独立地检查工程质量，帮助三峡总公司和参建各方改进工作，不仅限于检查具体项目的质量和问题，也更加关心和支持总公司和参建各方完善质量保证体系、提高管理水平、加强各层次的自检力度，坚持不懈地进行人员培训和质量教育，使质量意识深入人心，成为每位职工的自觉要求和职业道德。三期工程质量得到了全面、全员、全过程控制，做到了精细化管理。三期工程质量达到了优良水平，创造了右岸大坝500余万m^3混凝土未发现一条裂缝的佳绩。

2.2.3.3 三峡工程质量保证措施及质量控制的成效

(1)三峡工程质量保证措施

在二期工程期间，采取了多种质量保证具体措施，包括加强混凝土施工质量过程控制，建立仓面设计制度；对重要仓号和关键工序实行全过程旁站监理；组织由设计、监理和三峡总公司有关项目部参加的混凝土温控小组；建立开焊证制度，加强金属结构机组埋件全过程质量监控。

进入三期工程以来，三峡总公司总结二期工程质量管理方面的经验教训，坚持全面、全员、全过程的质量管理理念，立足事前预防，不断强化过程控制和细节管理，使三峡工程质量管理更趋制度化、精细化、系统化，形成全方位、全过程质量保证措施。

1)施工过程中加强质量控制

三峡总公司强调施工质量的过程控制，在关键工艺环节，制定了一系列规定。如：分专业建立了质量检查例会制，分专业建立了与过程质量控制相适应的考核评价激励体系、仓面设计制度、地下工程开挖爆破“三证制度”（即开孔证、终孔证和准爆证）、金属结构及机电工程安装申请单（开装令）制度等，强化工序质量检查和关键节点的管理，使工程质量得到持续有效的过程控制。

推进精细化管理，克服质量缺陷“顽症”，为确保工程质量采取了多项具体管理措施。

①修订完善三峡工程质量标准：修订完善范围覆盖枢纽建筑物开挖及支护、混凝土、灌浆、土石坝填筑、金属结构制作及安装、机电设备安装调试等专业的工程质量标准。

②制定施工工艺和技术要求：根据工程建设需要，及时制定新的施工工艺和技术要求。如：塔（顶）带机浇筑混凝土的有关技术规定、混凝土工程止水（浆）片施工技术要求、混凝土出机口与仓面取样对比检测技术要求、水平钢筋网部位混凝土施工质量控制要求、帷幕灌浆施工操作要求等。

③制定施工关键环节的管理措施：混凝土骨料质量控制、仓面“无缝”交接班制度、值班总监停仓制度、金属结构及机电安装测量管理办法、金属结构及机电制造与安装工程焊缝返修管理办法等。

2）建立健全预案和预警机制

加强技术准备工作，提前研究确定技术方案，如：右岸厂房机组间结构缝检查处理方案、地下电站主厂房顶拱部位块体支护方案、三期碾压混凝土围堰爆破拆除方案、船闸完建工程人字门抬升方案和底板混凝土浇筑方案等都经过了详细专题分析研究，细化关键部位的施工工艺预案和质量保证措施。

针对天气、地质及施工组织中的各种不确定性，三峡工程建设中采取了一系列预案和预警机制，如：混凝土工程雨季施工、混凝土浇筑间歇期、混凝土温度控制、高温及气温骤降等，考虑可能的不确定性并纳入计划管理，有效化解施工风险，争取施工质量控制的主动权。

3）实施施工质量检查快速反应机制

实施混凝土缺陷检查与处理快速反应机制：主要包括：混凝土内部密实性、排水系统畅通、止水施工质量、混凝土表面质量、接缝灌浆检查、帷幕灌浆质量检查、建筑物体形测量等，并及时做出处理措施。

4）完善施工质量考核评价激励措施

二期工程设立施工质量特别奖。主要面向一线班组和作业队施工人员，奖励单元工程一次检验合格、无质量问题、未收到书面“施工违规警告”的项目，处罚质量事故或质量缺陷责任人。

三期工程推出“双零”目标管理特别奖。主要面向项目承建单位，进一步提高质量管理和安全管理水平，激发工作积极性和创造性。每年坚持开展两次“消灭顽症，誓创一流”劳动竞赛评比活动。

5）加强施工人员质量教育及技术培训

每一批《中国长江三峡工程质量标准》发布后，及时组织培训。推出《三峡工程施工工艺标准化培训》系列幻灯片，按照施工工艺流程列出具体操作标准。坚持对所有施工人员进行上岗培训，持证上岗，使所有参建人员树立质量意识。

(2)三峡工程质量控制的成效

1)克服混凝土施工中的“顽症”，实现一流工程目标

混凝土施工中的“常见病”“多发病”类质量缺陷，如混凝土表面错台、挂帘、漏振、欠振、骨料集中、蜂窝、麻面、泌水、浮浆等，一度被称为“顽症”。通过采取一系列质量保证措施，基本消除了上述质量缺陷，在克服“顽症”上取得了成效。

2)细化混凝土温控防裂措施，创建优质工程

三峡工程将混凝土温控防裂措施，贯穿于混凝土生产、运输、浇筑、养护、保温等全过程，二期工程做到全面、有效。三期工程混凝土温控措施有所创新，如实行大坝上下游表面粘贴聚苯乙烯板保温、电站厂房混凝土设通水冷却系统、不同坝段实行“个性化”通水等措施。经抽查，浇筑的混凝土500多万m^3，未发现一条裂缝，使三期工程的工程质量达到优良水平。

3)机电设备安装制定较高的安装质量标准，达到每台机组首稳百日

鉴于三峡工程的重要性，三峡总公司制定了三峡机电安装工程质量标准和《工程质量管理办法》，其要求高于国家标准。例如国家标准规定，定子组装后铁芯各半径与平均半径之差不超过设计空气间隙的±4%(对三峡机组来说就是±1.24mm)，而三峡规程规定：不超过±0.66mm为优良，不超过±0.75mm为合格，大大超过国家标准。

三峡总公司要求每台机组及其有关设备安装完毕经72h试运行后，还要能稳定运行100d。这是比一般考核30d要高得多的标准。三峡总公司按照是否通过“首稳百日”来决定奖惩，成为提高质量的动力之一。

4)锻炼和培养了一批高素质的工程建设队伍

通过三峡枢纽工程建设，不仅建成了当今世界上规模最大的水利枢纽工程，还培养出一大批有较强质量意识和质量管理理念的建设管理队伍、设计队伍、监理队伍和施工队伍，为我国水利水电建设的技术进步和质量管理积累了宝贵的经验。

第3章 三峡枢纽工程坝址选择与枢纽布置

3.1 三峡枢纽工程坝址选择

3.1.1 枢纽工程坝区比较及坝段比选

3.1.1.1 早期三峡大坝坝区比较

1944年国民政府资源委员会全国水力发电工程总处和美国垦务局合作进行扬子江三峡工程规划，美国著名高坝专家萨凡奇在三峡出口的南津关至石牌长13km的石灰岩河段内选择了石牌、下牢溪口上游、下牢溪口下游、南津关上游、南津关下游共5个坝址进行比较，推荐南津关上游坝址。1949年10月中华人民共和国成立后，长江委经多次查勘，决定将三峡大坝坝址研究范围从三峡南津关出口向上游扩展至庙河，总长56km，这一河段的地形地质条件，可分为南津关坝区（又称石灰岩坝区）和美人沱坝区（又称结晶岩坝区）两个坝区。石灰岩坝区上起石牌，下至南津关，长13km，河谷狭窄陡峻；结晶岩坝区上起美人沱，下至莲沱，长25km，地基为花岗岩，河谷比较开阔。为坝区比较所进行的地质勘查历时3年（1956—1958年），实测1∶100000、1∶25000、1∶10000比例尺的地质图，钻探进尺约5.3万m，并进行了大量的水文地质、工程地质和岩石力学试验工作。在每个坝区，从地形、地质等要素考虑，将可能作为坝址的短小河段都列为研究对象，并命名为坝段。在每一坝段又拟定1～3条坝轴线。研究的程序是，首先在每个坝段选择一个代表性坝址，其次通过对地形、地质、水工、施工、工期和造价等主要因素进行综合比较后，在两坝区各选出一个较优越的代表性坝段，最后将坝区的比较归结为两个代表性坝段的比较。

（1）南津关坝区

1956年9月，长江委组织中苏地质专家鉴定委员会查勘三峡，除原拟定的石牌、南津关坝段外，又补充了黑石沟坝段。1958年为减少隧洞导流工程量，又提出向家咀坝段。南津关坝区的5个比较坝段（图3.1.1）为南Ⅰ（石牌）、南$Ⅱ_1$（黑石沟）、南Ⅱ（下牢溪）、南Ⅲ（南津关）、南Ⅳ（向家咀)，与萨凡奇选的5个坝段不完全相同。经过初选，下牢溪坝段与南津关坝段相似，但比南津关坝段差；石牌坝段和向家咀坝段地段条件较差，均予以放弃；剩下黑石沟和南津关两坝段进行比较，认为南津关坝段地形条件较黑石沟坝段优越，可利用峡谷出口的河段布置导流隧洞和地下电站尾水隧洞，进出口条件较好，工程量较小，投资较少，同时在施工场地布置，对外交通等方面均较黑石沟坝段有利，最后，选定南津关坝段作为代表性坝段。

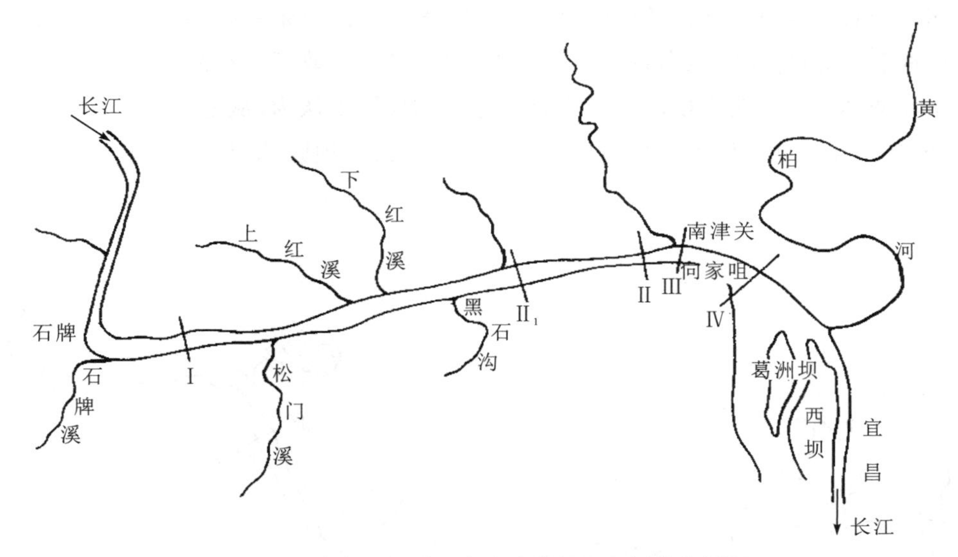

图3.1.1　长江三峡工程南津关坝区各坝段位置图

(2)美人沱坝区

1954年4月，长江委组织进行了三峡坝址区的查勘后，提出美人沱坝区的黄陵庙、三斗坪、太平溪等坝段具有有利的建坝条件。1954年12月，长江委主任林一山向毛泽东主席汇报了南津关坝区和美人沱坝区的地质情况，毛泽东主席非常关心花岗岩的风化问题。当时，由于美人沱坝区只进行了一些坑探，尚未查清花岗岩风化层的厚度，但分析了长25km的火成岩河谷中，总会选择到风化层较薄的坝址。1955年春曾组织苏联专家查勘三峡，提出了在美人沱至南津关河段增加地质勘探工作，随后在美人沱、太平溪、黄陵庙、南沱4个断面分别实钻2～4个岩芯钻孔。1956年2月，长江委根据1947年实测地形图(1∶10000)，就不同的地形条件在美人沱至三斗坪之间，拟定8个可能坝段，加上已研究的黄陵庙、南沱两个坝段，美人沱坝区的10个比较坝段(图3.1.2)美Ⅰ(美人沱)、美Ⅱ(偏岩子)、美Ⅲ(太平溪)、美Ⅳ(大沙湾)、美Ⅴ(伍相庙)、美Ⅵ(长木沱)、美Ⅶ(茅坪)、美Ⅷ(三斗坪)、美Ⅸ(黄陵庙)、美Ⅹ(南沱)，见图3.1.2。经过初选，发现美人沱、太平溪、大沙湾3个坝段相似，太平溪坝段条件较好；长木沱、茅坪、三斗坪3个坝段条件相似，三斗坪坝段条件较好；放弃了4个坝段。考虑三峡工程施工导流宣泄的流量较大，需要较宽的漫滩布置导流明渠，否则采用隧洞导流，洞挖工程量较大；为满足大坝泄洪要求，需要有足够的泄洪前缘布置泄洪建筑物，三峡电站的装机容量大，相应装机机组台数多，亦需足够的位置布设电站厂房。因此，对余下的6个坝段，按河谷相对宽窄程度划分为宽河谷坝段和窄河谷坝段。太平溪和南沱坝段为窄河谷坝段；偏岩子、伍相庙、三斗坪和黄陵庙 4 个坝段为宽河谷坝段。窄河谷坝段地基花岗岩一般风化层相对较浅，基岩较完整，在水工布置上，河床布置溢流坝，两岸地下布置电站，通航建筑物线路布置较为困难，施工导流需采用隧洞，施工期通航问题复杂。宽河谷坝段地基花岗岩风化层较厚，在水工布置上，河床除布置溢流坝外，还可布置大部分坝后式厂房，剩余小部分厂房需布置在地下，通航建筑物也较易布置，施工导流可采用明渠，并兼顾施工期流量较小时的通航，此外施工场地布置亦以宽河谷为佳。因此，放弃了窄河谷坝段，重点对宽河谷中的伍相庙和三斗坪两个坝段进行比较。综合比较结果认为，从地质条件和水工建筑物布置等条件，三斗坪坝段优于伍相庙坝段。最后在美人沱坝区选定三斗坪坝段作为代表性坝段。

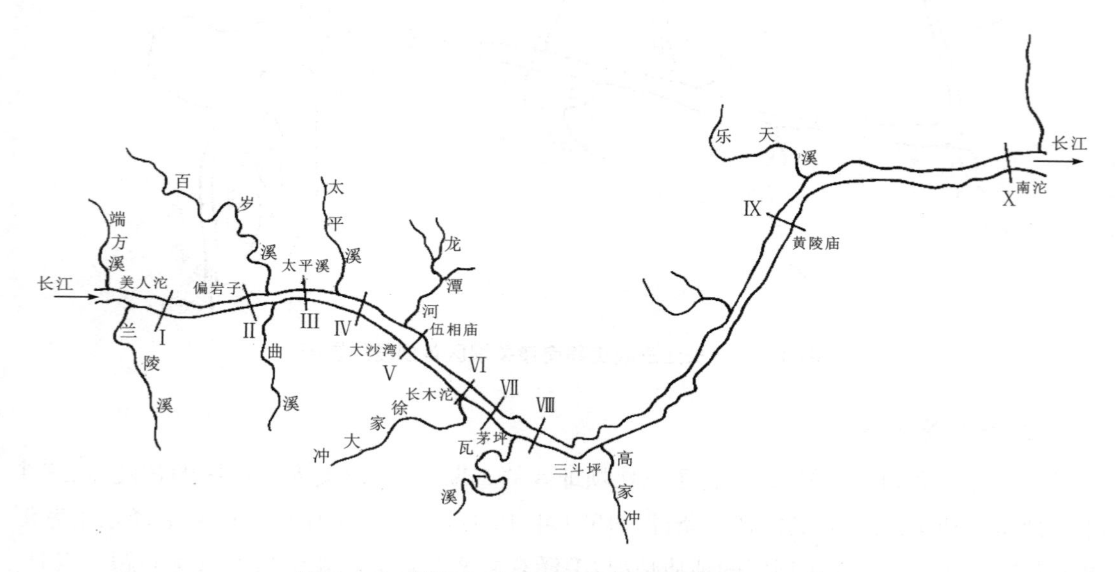

图 3.1.2　长江三峡工程美人沱坝区各坝段位置图

3.1.1.2　三斗坪坝段与南津关坝段比选

长江流域规划办公室（1956 年 10 月—1989 年 6 月，长江委改名为长江流域规划办公室，简称长办）和地质部的技术人员根据当时对三斗坪坝段与南津关坝段的初步比较结果，倾向于放弃南津关坝段集中力量研究三斗坪坝段，但苏联专家则认为：“在现时的工程地质研究程度下，要想进行花岗岩与石灰岩两坝段的最后比较是不可能的。”中方专家与苏联专家对坝段选择尚有不同意见。为此，1958 年 3 月 6 日，周恩来总理在重庆主持的“准备兴建三峡工程会议”上，在谈到坝址地质工作时指出：“南津关与三斗坪两个坝段都要进行。地质部有人怕分散力量，只想提一个坝段……应两处都搞，地质部要勉为其难……否定萨凡奇，也要有材料……有了根据也可以说服萨凡奇，虽然他是美国人，但他是一个科学家。”遵照周恩来总理的指示精神，长办继续围绕南津关坝区石灰岩的喀斯特问题和美人沱坝区花岗岩的风化壳等问题，进行了大规模的补充勘察工作，并于 1959 年 1 月，完成了三峡工程初步设计要点的全部地质勘测任务。1959年3月，长办提出了《长江三峡水利枢纽初步设计要点报告》，其中第三篇为坝区坝段选择，主要内容归纳如下：

①两坝区比较的坝段。南津关坝区研究了黑石沟和南津关2个坝段；美人沱坝区研究了偏岩子、太平溪、伍相庙、三斗坪、黄陵庙和南沱6个坝段。重点比较了南津关和三斗坪坝段。

②两坝段比较的基础。南津关坝区和美人沱坝区的坝段比较中，水工设计所采用的主要数据见表3.1.1。

表3.1.1 南津关与美人沱两坝区主要数据比较表

项目	南津关坝区	美人沱坝区
正常蓄水位(m)	200	200
最高洪水位(m)	203	203
坝顶高程(m)	205	205
初期死水位(m)	165	165
后期死水位(m)	185	185
坝前淤沙高程(m)	80	80
正常泄洪流量(m^3/s)	43500	44700
最大泄洪流量(m^3/s)	49300	51700
初期95%调节流量(m^3/s)	9010	8830
后期95%调节流量(m^3/s)	10900	10830
初期保证出力(万kW)	1055	1005
后期保证出力(万kW)	1280	1254
初期装机容量(万kW)	2300	2200
后期装机容量(万kW)	3600	3500
初期年发电量(亿kW·h)	1279	1217
后期年发电量(亿kW·h)	1400	1352

枢纽建筑物由大坝、电站厂房、通航建筑物(含临时通航建筑物)组成，各坝段的水工布置及主要建筑物形式，除适应各坝段的具体特性外，力求比较的基础相一致。

大坝：河床布置带底孔的混凝土重力坝，考虑施工封孔过程中及建成后的泄洪条件，在高程85.0m处设置24个直径为4m的圆形小底孔，在高程165.5m处布置24个7.5m×11m的大底孔，采用鼻坎挑流形式，溢流坝段前缘长300m；两岸非溢流坝段采用大头坝。

电站厂房：按初期装机容量为2200万kW，布置74台30万kW的水轮发电机组，在宽河谷坝段主要采用坝后式厂房，辅以少量的地下式厂房；在窄河谷坝段布置地下式厂房。

通航建筑物：根据1958年8月国家计划委员会交通局会议的决定，三峡永久船闸采用双线九级连续船闸，闸室有效尺寸为长270m、宽25m，槛上水深5m，年通过能力为8000万t。

施工期通航：均采用施工期不断航方案，在永久船闸的上游加一返回级梯级临时船闸，与施工期上游最低水位相衔接，临时船闸闸室有效尺寸长 190m、宽 25m，槛上水深 4m。

施工导流：南津关坝区采用一次围堰截断河床、隧洞导流的方案，10 条隧洞均为 22m×27.5m 马蹄形断面，美人沱坝区的窄河谷坝段，亦采用隧洞导流，10 条隧洞均为直径 25.5m 的圆形断面；宽河谷坝段采用分期围堰、明渠导流方案。

(3)比较结论

①地质条件：根据勘探工作揭露，南津关坝段地基石灰岩岩溶发育严重，溶洞分布既深且广，水文地质条件复杂，岩体透水性强；断层倾角平缓，且有黏土质充填，处理比较困难；完整地基岩石强度较高，但受溶蚀及构造影响的岩石强度降低。三斗坪坝段地基花岗岩岩性坚硬，基岩完整，坝段地基虽有断层通过，但倾角较陡，处理较易，坝基兴建高坝具有明显优越性，远比南津关坝段稳妥可靠。

②水工建筑物：从南津关坝段和三斗坪坝段水工建筑物布置情况看，南津关坝段除大坝工程量较小外，电站厂房由于装机容量大、厂房总长度近 2000m，需布置地下式厂房，洞挖工程量巨大，因两岸地形陡峻，地下电站进出口开挖工程量也很大；由于两岸山体较高，亦不利于船闸布置，船闸开挖工程量巨大；特别是采用隧洞导流，不仅洞挖工程量大，围堰施工技术复杂、难度大。两个坝段按初期 74 台机组的工程量对比，南津关坝段除混凝土少 340 万 m^3 外，明挖多 4300 万 m^3，洞挖多近 2000 万 m^3，钢筋、钢材多 35 万 t，各建筑物地基防渗复杂且工程量大。

③施工方面：南津关坝段有深水围堰和巨型地下洞室群施工，其复杂的地质条件增加了施工技术上的复杂性；三斗坪坝段相对简单得多，施工较有把握。在施工场地布置上，南津关坝段邻近宜昌后方基地，供应条件较优；但施工前方基地，因山体陡峻，施工布置困难；三斗坪坝段有宽阔平缓的沟谷和滩地可作施工场地，但对外交通运输相对困难。在施工工期上，南津关坝段由于地下工程和船闸的深挖工程控制施工进度，工期比三斗坪坝段延长 2 年。

综合分析比较，建议采用美人沱坝区三斗坪坝段作为进一步研究的坝段。在坝区坝段比较中，对航运的影响问题也引起争论，选择三斗坪坝段，枢纽下游有 35km 的峡谷航道，需研究航道的改善措施；选择南津关坝段，这一河段全部在水库内，航道得到改善。但进一步研究电站日调节对航运的影响，发现大坝不论建在南津关或三斗坪，均需修建下游反调节水库。在这一条件下，三斗坪坝段的经济指标明显优于南津关坝段。初步研究成果提交 1959 年 5 月在武汉召开的三峡工程初设要点报告讨论会。通过讨论，同意放弃南津关坝段，推荐三斗坪坝段。1959 年冬长办又与交通部进一步探讨三峡工程坝址与通航问题，一致认为，下游修建一级反调节航运梯级是必要而又现实的，并选择了葛洲坝枢纽作为三峡水利枢纽的反调节枢纽。

3.1.2 枢纽工程坝址比选

3.1.2.1 三斗坪坝段的坝线比选

长办于 1960 年开展三峡工程的初步设计工作，在选定的三斗坪坝段深入进行坝线比较。三斗坪坝段上起茅坪溪出口，下迄东岳庙，全长约 4km。考虑河谷两岸地形、河流方向、花岗岩风化壳厚度、构造等不同的自然条件，拟定上、中、下 3 条坝线进行分析比较。

上坝线左右两岸分别接坛子岭和白岩尖，通过中堡岛前端，坝轴线方向为北东 46°。上坝线完成钻孔 293 孔，进尺 19492m。

中坝线位于长江转变段下游，在高家冲以下，左岸仍与坛子岭相接，右岸则通过高家冲口折向下游与东侧的高山相接，坝轴线方向为北西 12°。中坝线完成钻孔 73 孔，进尺 4230m。

下坝线位于中坝线以下河床中两个深潭之间的较高部分，左岸在许家冲上端折向上游，仍与坛子岭山体相连，右岸与高山相接、坝轴线方向为北西 16°。下坝线完成钻孔 102 孔，进尺 6493m。

1960 年 3 月 26 日至 4 月 7 日，水利电力部组织了三峡坝轴线选择的审查工作，邀请了在我国水利水电部门帮助工作的苏联专家 18 人及我国专家 100 多人，赴现场查勘并进行了研究。绝大多数专家同意长办推荐的上坝线，但少数苏联专家主张选用中坝线。苏联专家组经过讨论，提出具体意见：三斗坪坝段 3 个比较坝线，下坝线最差，因为其下游没有足够的场地布置施工附属企业，工程地质条件没有明显的优点，可以放弃；对于上坝线和中坝线，以已完成的勘测设计工作为依据，上坝线比中坝线有一定的优越性，但考虑到三峡工程是世界上最大的水利水电工程，为了避免在选坝址这样重要的问题上发生错误，建议对两个坝线的河床工程地质进行更深入的研究，对枢纽布置进行相当于初步设计的补充研究工作，对下游水力学条件进行试验研究，以及对投资进行校核。并具体建议在比较坝线上开挖过河平洞，以论证有无顺河大断层通过河床部分。中国专家多数不同意这一建议，会议未取得一致认识。会后，水利电力部决定，为对三峡大坝坝址选线慎重，一方面继续按上坝线进行设计工作，同时按苏联专家建议，在上、中坝线各打一条过江平洞。长办遵照这一决定，分别在上、中坝线布置了打平洞的工作，过江平洞的进口竖井位置，上坝线位于中堡岛，中坝线位于左岸；同时分别在上、中坝线两岸各钻一对倾向河床方向的斜孔，要求每对斜孔能贯穿全河床，以探明有无顺河大断层存在。后因苏联专家撤回国，斜孔又未发现河床有顺河大断层，过河平洞只开挖了部分进口竖井即停止。在坝轴线选择审查会后，长办参照会议讨论的意见，对三斗坪坝段坝线比较进行了补充研究，在 1960 年编制的三峡水利枢纽初步设计报告初稿中进一步从地质、水工建筑物、施工、工程量及造价等方面进行综合比较，仍推荐上坝线（即现在采用的坝址位置）。

3.1.2.2　三峡工程加强人防对坝址的重新研究

1960 年中央决定放缓三峡工程建设过程，并指示要加强人防研究。当时，考虑三峡工程的防护标准很高，大坝需加大剖面，电站厂房要由坝后式明厂房改为地下式厂房，使三斗坪坝址所具有的优势变为不利因素，因而需重新研究选择适宜工程防护的坝址。1960 年 8 月，中央北戴河会议期间，在周恩来总理召开的长江规划工作会议上，长办林一山主任在汇报有关三峡大坝防护研究工作问题时，提出有可能从水工规划工作中寻找办法的设想，即在南津关坝区石牌坝段修建大体积的堆石坝，其他主要建筑物可设在地下，以提高防护能力。

这个设想方案在会议上被认为有研究价值。随后,即探索在石牌坝址采用定向爆破筑坝的技术可能性及其有关问题,并拟定以广东省南水水电站定向爆破筑坝作为试验坝。当时国内采用定向爆破筑坝的新技术正在发展,从 1959 年起,全国已进行定向爆破筑坝 18 座。广东省南水水电站采用定向爆破修建黏土斜墙堆石坝,1960 年 12 月 25 日定向爆破成功,装药总量 1394t,一次爆破抛掷方量为 100 万 m^3,填筑平均坝高为 62.3m。

石牌坝址为高山峡谷地形,枯水期河宽约 250m,高程 200m 处河谷宽度仅 500m,有条件采用定向爆破筑坝技术,电站厂房和通航建筑物可全部置于地下,有利于防护。因此,从 1961 年 2 月开始,勘探力量由三斗坪坝址转向石牌坝址,主要是进行平洞的勘探工作。1961—1963 年,在石牌坝址小口径钻孔进尺 1051.59m,平洞 1869.64m,槽探 300m。在坝型及水工布置上也进行了研究。代表性方案为:大坝采用大体积堆石坝,其防渗心墙与坝基页岩相连接,以保证水库有可靠的隔水层。利用大爆破一次截流,爆破堆积体为坝体一部分,两岸同时爆破或一岸爆破方案均可满足截流要求,利用左岸 3 条直径 25m 的泄洪隧洞及右岸 4 条直径 24m 的第一期电厂的引水隧洞导流。地下厂房分两岸布置,第一期 20 台 50 万 kW机组的厂房布置在右岸,第二期 20 台 50 万 kW 机组的厂房布置在左岸。后期 20 台 50 万 kW 机组的厂房也布置在右岸。通航线路布置在左岸厂房的左侧,采用双线隧洞接升船机通航方案,上起黄鳝洞附近,下游直达南津关,全长 13km,航道主要用隧洞,上下游进出口用垂直升船机,承船厢有效尺寸为 155m×25m×5.5m。通过初步研究,认为石牌坝址灰岩地质条件复杂,洞挖工程量巨大,工程艰巨,定向爆破规模过大,造价高,工期长,又不利于分期建设。因此,1963 年决定放弃石牌坝址方案,重新研究对人防较为有利的美人沱坝区的窄河谷坝段,通过对美人沱、偏岩子和太平溪 3 个坝段的研究比较,认为美人沱和偏岩子坝段由于河床狭窄,施工导流和泄洪需要采用隧洞,地下工程量较大,又不利于分期建设;太平溪坝段有利于分期建设和工程防护,因此,拟定太平溪坝段作为加强人防研究的比选坝址。1963—1966 年在太平溪坝段共完成小口径钻孔进尺 12058.51m,平洞进尺 340m。在坝段内研究了 3 条坝线:上坝线位于左岸百岁溪口上游、右岸曲溪口下游的联线上;中坝线位于上坝线下游 200m 左右;下坝线位于左岸百岁溪口上游、右岸与太平溪的中部,坝线通过河床羊被窝深槽。太平溪坝段坝线比较按最终规模正常蓄水位 200m,分期蓄水位 115m 及 150m。枢纽布置河床为溢流坝,两岸布置地下式电站厂房,在河谷宽度可能条件下布置几台坝后式厂房,上坝线布置 8 台、中坝线布置 5 台、下坝线没有布置;通航建筑物布置在右岸;导流明渠上坝线和中坝线布置在右岸,下坝线布置在左岸。综合比较后,倾向于选择下坝线。鉴于当时对工程人防要求的认识不一致,对选择坝址也有不同意见,因此,三斗坪坝址和太平溪坝址的比较选择问题再次被提出。

3.1.2.3 三峡枢纽工程大坝坝址的选定

1970 年 12 月,葛洲坝水利枢纽工程开工,对三峡工程提出了预建纵向围堰问题,需要首先确定三峡大坝坝址。为此,长办又深入进行了太平溪和三斗坪坝址的比较,考虑到当时三峡工程的设计条件发生变化:如由于上游建库情况的改变,三峡的泄量需要加大;枢纽下游尾水位要考虑葛洲坝工程水库的影响；工程防护需研究加大坝体断面的措施；水轮发电机组可采用较大的单机容量，金属结构设备采用大型钢闸门及启闭设备，因而对两个坝址做了大量补充研究工作。1976年3月，完成了《长江三峡水利枢纽初步设计要点补充报告（坝址补充研究）》并上报水利电力部。水利电力部于1977年11月提出《建议召开三峡工程汇报会的请示报告》上报国务院，报告中写道："最近我们组织工作组到现场复查了三峡坝址，并就建设方案进行了讨论，回部后，我们又进行了研究，大家认为，为了适当解决我国燃料、动力的矛盾和长江中、下游洪水威胁，三峡工程建设需要及早研究部署。此外葛洲坝工程预计1981年通航发电，三峡工程的纵向围堰最好在葛洲坝截流蓄水以前筑好，否则将来在深水下施工困难很大，因此，当务之急是选定坝址，早日完成初步设计，并有针对性开展科学试验。""三峡的坝址，经过20多年的勘探研究，一致认为太平溪、三斗坪两个坝址最好，地质情况基本搞清，岩石很好，都可以修高坝，对两个坝址的工程设计也做了不少工作，现在的问题是需要考虑人防和施工条件等因素选定一个坝址。"水利电力部为三峡工程正式选择坝址作准备，1978年春节期间，派出工作组会同国家地质总局工作组和长办、葛洲坝工程局共70余人，从2月4日至24日，召开了"三峡水利枢纽坝址选择准备工作讨论会"，主要讨论三斗坪和太平溪两个坝址选择问题，但未能取得一致意见。倾向太平溪坝址的理由是三峡水库库容大，如发生溃坝，将严重威胁坝下游广大平原地区的安全，考虑工程防护是需要的，虽然防护标准还有待中央决定，但目前选择一个有利于防护的坝址较为主动。倾向三斗坪坝址的认为，在施工导流方面，长江洪水峰高量大，导流规模居世界首位，三斗坪坝址右岸漫滩较宽，且有中堡岛可作纵向围堰地基，开挖右侧的后河作导流明渠，工程量较小，比太平溪坝址优越而可靠；三斗坪坝址河谷宽，对布置泄洪设施有利，电站厂房可布置在坝后，较为简单，运行管理方便，还能为今后增加机组留有余地；通航建筑物布置在左岸，施工互不干扰；在施工条件方面，施工场地较宽，开挖建筑物地基、填筑围堰、浇筑混凝土的交通路线都比较容易布置，虽然混凝土量较多，但工期较有保证。同时，随着研究工作的深入，三斗坪坝址多系地面工程，问题比较清楚，变化的可能性较小，而太平溪坝址地下工程多，技术比较复杂，施工遇到一些预想不到的问题可能性较大；施工队伍经过葛洲坝工程实践锻炼后，在三峡工程急需兴建情况下，较易适应三斗坪坝址施工。长办根据这次讨论会的不同意见，对两个坝址的水工和施工方面进一步作了补充研究，于1978年8月完成了《长江三峡水利枢纽坝址选择补充设计阶段报告》并上报水利电力部。报告认为如三峡工程不考虑防护条件，三斗坪坝址较好；如考虑防护则以太平溪坝址为优。

1978年11月，长办向中央上报了《关于召开长江三峡水利枢纽选坝会议》的专门报告。国务院领导指示，由林一山主持选坝会议。1979年5月12日至24日召开了选坝会议，参加会议的有55个单位200多位代表。会议分6个专业组进行了认真的讨论，许多单位的代表将意见写成简报报中央参阅（会议共发简报59期）。正如林一山主任在会议闭幕讲话中所说："这次会议有争论，而且争论又没有完全一致，这是好事，不是坏事。""三峡工程是一个综合性的工程，联系到各个方面，许多人从许多方面说话，反映了不同的意见，有利于领导了解各方面客观实际情况，作出正确的决定。”由于选坝会议没有取得一致意见，国务院指示水利部研究。为此，水利部由钱正英部长主持，于1979年9月7日至13日召开了三峡工程选坝会议汇报会，邀请国家建设委员会、电力工业部、交通部、一机部、地质部、工程兵等有关部委参加，共同听取了选坝会议6个专业组组长的汇报。参加会议的共约70人。根据汇报，多数同志认为：防护方案太平溪坝址比三斗坪坝址好，常规方案三斗坪坝址比太平溪坝址好；两个坝都是好坝址，各有利弊和优缺点，没有原则的差别。

根据1979年5月和9月关于三峡工程选坝的两次会议讨论的情况，并综合各部门的书面意见，水利部于1979年11月，以《关于长江三峡水利枢纽工程坝址选择和做好前期工作的报告》向国务院作了汇报。并提出坝址选择的具体意见：“会上表示的意见，地质部门认为，两个坝址的地质条件是一比一；交通部赞成三斗坪坝址；工程兵四所赞成太平溪坝址。绝大多数同志认为，常规方案，三斗坪坝址较好；防护条件太平溪坝址较优。但是对三峡大坝是否应当为了防护加大断面，多数同志引证国内外经验，不同意这样做。认为最有效的措施是预降水位，减少蓄水；在设计过程中还考虑了其他有效措施。总的看来，对坝址比较虽然有各种意见，但是多数同志认为，两个坝址的优点都是相对的，并没有原则性的差别，或不可克服的缺点。也正因为如此，才使两个坝址长期比较，定不下来。绝大多数同志表示，应当到决定的时候了，并表示虽然自己倾向于某个坝址，但如果决定采用另一个坝址，也可以同意”“根据以上讨论情况，考虑到有关部门的意见，我们建议以三斗坪坝址做初步设计”。

1982年中央决定三峡工程研究正常蓄水位150m方案可行性时，水利电力部确定在150m方案可行性研究中采用三斗坪坝址。1983年国家计划委员会审查《长江三峡水利枢纽可行性研究报告(150m方案)》，同意大坝坝址选用三斗坪坝址。1986年三峡工程重新论证及长办在1987年根据重新论证意见重编的《长江三峡水利枢纽可行性研究报告》(正常蓄水位175m)，仍推荐三斗坪坝址，并经国务院三峡工程审查委员会审查通过。

1993年5月，三峡建委组织专家审查长江委(1989年6月长江流域规划办公室恢复原名长江水利委员会)报送的《长江三峡水利枢纽初步设计报告(枢纽工程)》，审查意见“同意报告选定的三斗坪坝址”。

三峡工程坝址的选择，前后经历了半个世纪，进行了大量地质勘测和科学研究工作，对自然条件和各个不同时期对工程的要求有一个认识过程，大量研究成果和地质资料为三峡工程坝址的选择提供了充分可靠的依据，终于最后选定三斗坪坝址。

3.2 三峡工程正常蓄水位的选定

3.2.1 三峡工程150m方案批准之前对正常蓄水位的研究

3.2.1.1 20世纪50年代对三峡工程正常蓄水位的研究

(1)《长江流域规划要点报告》推荐三峡工程正常蓄水位200m

1954年长江发生大洪水后，中央决定编制长江流域综合利用规划，1956年10月国务院批准长江水利委员会改名为长江流域规划办公室，集中精力开展长江流域规划编制工作。长江流域综合利用研究过程中认识到三峡工程在治理开发长江中的关键作用，因此拟定不同的三峡工程正常蓄水位方案，与相应的上游衔接的梯级组合成几组方案，研究比选最优方案。为了基本解决长江中下游洪水问题，三峡工程和上游干支流水库相配合，在发生1000年一遇洪水时，要求控制宜昌下泄流量不超过45000m³/s，沿江各地最高水位可普遍降低到安全水位（沙市44.00m，城陵矶33.50m，汉口28.50m，大通15.53m），从而使中下游平原地区80％以上农田及主要工业城市都得到可靠保证；远景是控制宜昌泄量不超过35000m³/s。这样就稳妥而可靠地解决了长江最突出的荆江地区的防洪问题，同时也为控制四口创造了条件，使洞庭湖广大地区的防洪除涝的不利情况得到彻底改善。按照这一标准，初期当长江上游干支流总的有效库容约340亿m³时，能有效配合三峡水库的防洪库容约160亿m³，三峡工程所必需的最小库容为326亿m³；远景是上游干支流总有效库容约900亿m³，能有效配合三峡水库的防洪库容约575亿m³，三峡工程所必需的最小库容为275亿m³。以三峡工程初期所必需的最小库容为基础并考虑到其他综合利用的要求，拟定三峡工程正常蓄水位。远景所需库容减少，则抬高了死水位。曾研究三峡工程正常蓄水位190m、200m、220m、236m、260m为基础的梯级开发方案，从防洪、发电、航运等方面进行比较研究，认为200m方案最为现实有利。虽然高于200m方案效益更大，经济指标更优越，但将造成重庆市区以及邻近农村很大的淹没损失，是不利的。低于200m方案，发电效益减少较大，每降低5m将损失发电量60亿kW·h。同时由于死水位的相应降低将造成向华北自流引水的困难，而重庆港就会处于库尾最严重的淤积区。200m方案已基本满足防洪等综合利用各方面的要求，特别是200m方案对重庆市的淹没区，正是该市搬迁改建计划的主要地带，因此，长办1957年完成的《长江流域规划要点报告》（讨论稿）中，推荐三峡工程正常蓄水位200m及相应的上游梯级开发方案。

(2)中央成都会议指出三峡工程在规划设计中应研究正常蓄水位190m和195m

1958年，中央成都会议《关于三峡水利枢纽和长江流域规划的意见》中指出："为了便于今后的有关的工业、农业、交通等基本建设的安排，并尽可能地减少四川地区的淹没损失，大坝正常高水位的高程应控制在200m（吴淞基点以上）；同时，在规划设计中还应当研究190m和195m两个高程，提出有关的资料和论证。"长办根据成都会议的决定精神，在编制三峡工程初步设计要点报告时，比较了190m、195m、200m、205m等方案，205m方案作为校核，重点研究了200m方案。

防洪为三峡工程的首要任务，因此，防洪规划中所提的防洪要求应该首先予以满足。三峡工程各正常蓄水位方案的死水位（死水位与防洪限制水位相同）按最小防洪库容要求确定，各方案在相同防洪效益的基础上，对发电、航运、淹没等方面加以比较。以此为基础组成的三峡正常蓄水位方案见表3.2.1、表3.2.2。

表 3.2.1　　初步设计要点报告近期三峡枢纽各正常蓄水位方案指标表

项目	正常蓄水位			
	190m	195m	200m	205m
死水位(m)	151	161	170	179
防洪库容(亿 m^3)	326	326	326	326
保证出力(万 kW)	899	947	994	1040
装机容量(万 kW)	2000	2100	2200	2300
年发电量(亿 kW·h)	1124	1188	1248	1304

表 3.2.2　　初步设计要点报告远景三峡枢纽各正常蓄水位方案指标表

项目	正常蓄水位			
	190m	195m	200m	205m
死水位(m)	159	168	180	184
防洪库容(亿 m^3)	275	275	275	275
保证出力(万 kW)	1140	1200	1254	1320
装机容量(万 kW)	3420	3600	3730	3960
年发电量(亿 kW·h)	1230	1297	1352	1420

注:长江荆江河段松滋口不分洪。

(3)《长江三峡水利枢纽初步设计要点报告》推荐正常蓄水位 200m

长办在编制《长江三峡水利枢纽初步设计要点报告》中研究了正常蓄水位选择问题,以后期为主结合近期加以分析,重点研究正常蓄水位 200m 方案。

三峡工程的首要任务是防洪,因此,防洪规划中所提的防洪要求应该首先予以满足。三峡工程各蓄水方案的死水位(死水位与防洪限制水位相同)按最小防洪库容要求确定,各方案在相同防洪效益的基础上,对发电、航运、淹没等方面加以比较。正常蓄水位选择以后期为主结合近期加以分析。从动能经济比较来看,无论是三峡工程本身,还是整个梯级开发方案,都是正常蓄水位愈高愈有利。从航运来说,死水位低于 165m,回水将不能到达九龙坡码头和年产钢铁达 300 万 t 以上的钢铁基地,亦即在水库消落至最低水位时,尚不能对重庆港区的水域条件有较大的改善,还可能产生泥沙淤积,对重庆航道港区有不利影响。而正常高水位 190m 及 195m 方案近期的死水位为 151m 及 161m,因此只有正常蓄水位 200m 以上方案才能适应上述航运的要求。就引水华北来说,也是高蓄水位方案有利。故决定正常蓄水位的关键因素是淹没,特别是对重庆的淹没影响。205m 方案对重庆市及江津、合川一带富庶农田淹没影响过大,应予放弃。正常蓄水位 200m 对重庆的淹没范围基本上是重庆市规划中预定拆迁改建的地区。四川省及重庆市对 200m 或 200m 以下方案的淹没处理表示同意,而正常蓄水位 200m 及其以下 190m、195m 方案对重庆市的影响及全库淹没补偿投资无显著差别。另外,较高正常蓄水位防洪方面可留有余地,万一防洪需要库容增大时,可适当降低死水位。因此，1958年底，长办编制的《长江三峡水利枢纽初步设计要点报告》中三峡工程正常蓄水位推荐采用200m方案。

3.2.1.2　20世纪70年代对三峡工程正常蓄水位的研究

(1)三峡工程正常蓄水位的补充研究

三峡工程初步要点报告完成后，各方面的情况有些变化，其中有些变化影响到正常蓄水位的论证。主要变化有：(a)三峡工程上游干支流水库总的有效库容有较大的减少，特别是支流上起控制作用的水库变化较大，如嘉陵江、岷江、乌江等支流水库拦洪量约减小50亿m^3。(b)中、长期气象水文预报精度存在问题，防洪调度以暂不考虑气象预报为妥。(c)水利化的规模和速度与预测的相差较远，对于水利化减少洪水所起的作用尚缺乏一致的认识，以不考虑为宜。(d)长江中下游堤防不断加高加固，1972年中下游防洪座谈会提出抬高防御洪水位的建议，下荆江实施了裁弯工程，泄洪能力有所提高，因而为三峡工程适当减少防洪库容创造了条件。(e)三峡水库内工农业建设有了新的发展，重庆港建设也有变化。鉴于上述情况，长办对三峡工程正常蓄水位方案作了补充研究。同时，考虑到水库淹没绝对值巨大，为了便于有计划安排库区周边地区建设和移民安置工作，李先念副主席指示要研究“高坝中用”的问题，因此，又对三峡工程初期蓄水位进行了补充研究。

三峡工程首要任务为防洪，综合利用任务是防洪、发电、航运等。权衡需要与可能，确定近期防洪标准为：保护对象以荆江河段为主，兼顾城陵矶地区。在遇到1954年型大洪水时，确保荆江大堤安全，沙市水位不超过45.0m，同时荆江地区不分洪；在遇到1870年特大洪水时确保荆江大堤安全，沙市水位不超过45.0m，荆江地区适当分洪，其分洪流量以不超过目前所采用的分洪措施为宜，约20000m^3/s；遇1954年型大洪水时，荆江不分洪并要求大量减少城陵矶地区分洪量；在遇到1931年或1935年型大洪水时要求荆江地区不分洪，城陵矶附近基本不分洪。三峡水库调洪采用“小水少放，大水多放”的原则，即确保荆江的防洪要求，又尽量减少城陵矶地区分洪量。水库按20年一遇、100年一遇、1000年一遇频率三级洪水控制调度，分别按沙市三级水位43.0m、43.5m、45.0m的相应流量41000m^3/s、45900m^3/s、60600m^3/s控制流量。在上游建库154亿m^3，相当三峡水库防洪库容50亿m^3的条件下，三峡水库需防洪库容376亿m^3。在满足防洪要求的基础上，应尽量增加发电效益。为使防洪、发电库容能较充分地结合，考虑了夏季、秋季分期洪水及分期蓄洪水位的问题，秋季洞庭湖水系汛期已过，沙市水位以44.0m和45.0m两级控制。发电调度时6月、7月、8月3个月库水位不超过防洪限制水位，9月份可开始蓄水但不得超过秋季防洪限制水位，10月蓄水不受限制，争取蓄满，航运以单船3000t和10000t船队直达重庆为标准，重庆港区范围到九龙坡并要求向上游延伸到兰家沱。库区淹没迁建洪水频率标准，采用重庆100年一遇，万县市50年一遇，其他县城、集镇、居民点50年一遇，耕地5年一遇。根据以上要求拟定正常蓄水方案。考虑到库区建设有新的发展和其他条件的变化，在蓄水位190～200m范围外，研究了低于190m的方案。兼顾综合利用，共拟定了185m、190m、195m、200m四个方案，每个方案采用相同的防洪库容 376 亿 m^3。各方案的防洪库容及有关指标见表 3.2.3。综合分析各方案的经济指标，都是比较好的。而且正常蓄水位愈高指标愈好。每抬高一级水位所增加的发电效益，其经济指标与中华人民共和国成立以来已建的大型水电站相比也是有利的。从淹没分析，虽然总量很大，但各方案的单位淹没指标和各方案间增值的单位指标，在三峡供电区（华中、华东、华南等能源资源相对较少地区）仍不失为优越者。淹没单位指标最高的是蓄水位 195m 增加 200m 的补充指标，也仅为 779.1 亩/万 kW，103 人/万 kW，而华东、中南等地的一些大型电站大多是每万千瓦几千人或几千亩土地。此外，正由于淹没涉及范围广，平均到每个县市的移民及淹没耕地所占百分比不大，以 200m 方案为例，移民比重最大的县为 8.5%～13.7%，淹没耕地最大的为 6.3%～11.5%，影响到重点城市如重庆市、万县市，其受淹部分大多属于计划迁建、改建的地区，有关地、县领导表示库区移民都可在本地区内安置。因此，只要有合理的移民安置规划，切实可靠的措施，对于任何一个蓄水位方案其淹没问题都可以得到妥善的安排。从航运来说，三峡工程建成后无论哪一个正常蓄水位方案，重庆以下航运都可得到根本改善，差别主要在重庆港及其附近的一段航道。对重庆港问题，较高蓄水位方案解决问题较容易一些，195m 和 200m 方案，死水位时回水基本可到重庆港，200m 方案可达到九龙坡以上，而 185m 和 190m 方案回水不到重庆港。较高蓄水位方案库区水位变幅较小，对航运有利。以自流引水方式实现南水北调，只有 200m 方案具有现实可行性。

关于水库泥沙淤积问题。这一阶段已研究三峡水库长期使用和泥沙淤积对工程效益和重庆水位的影响问题，采用“蓄清排浑”的水库调度措施可减少水库泥沙淤积。三峡水库年均入库泥沙 4 亿 m^3，扣除上游干支流水库拦蓄沙量，三峡水库运行 50 年的总淤沙量不超过 100 亿 m^3，而 185m、190m、195m、200m 正常蓄水位方案的死库容分别为 104 亿、170 亿、248 亿、327 亿 m^3，皆大于可能的淤积量。从淤积部位看，初期几十年内基本都淤在死库容区域，对有效库容影响不大，而且正常蓄水位愈高影响愈小，当正常蓄水位 195m 以上时就影响甚微了。至于泥沙淤积对重庆港的影响，尚难以精确计算，考虑当回水将影响到重庆市时即降低排沙水位（即防洪限制水位）运行。对 200m 方案，为了在 50 年内使重庆在遭遇 100 年一遇洪水时的回水位不抬高，需要逐步降低排沙水位，降低 15m 还不致对发电效益产生较大影响。因此，在 20 世纪 70 年代三峡坝址选择补充研究阶段仍推荐正常蓄水位 200m 方案。

表 3.2.3　　三峡工程不同蓄水位方案指标表

指　标	正常蓄水位			
	185m	190m	195m	200m
死水位/防洪限制水位(m)	132	147	160	170
总库容(亿 m^3)	480	459	627	704
防洪库容/有效库容(亿 m^3)	376	376	376	376

续表

指　标	正常蓄水位			
	185m	190m	195m	200m
保证出力(万 kW)	588	643	691	732
调节流量(m^3/s)	7200	7200	7200	7200
装机容量(万 kW)	2000	2200	2350	2500
年发电量(亿 kW·h)	818	938	1037	1111
迁移人口(万)	94.97	108.09	120.26	136.80
淹没农田(万 km^2)	39.45	47.55	54.60	66.45
增加保证出力(万 kW)	55	48	41	
增加装机容量(万 kW)	200	150	150	
增加发电量(万 kW·h)	120	99	74	
增加迁移人口(万)	13.12	12.17	16.54	
增加淹没农田(万 km^2)	7.95	7.20	11.70	

(2)三峡工程分期蓄水方案研究

关于分期蓄水方案的研究。考虑到三峡工程规模巨大，一次性投资大，移民总数大，施工工期长，特别是对移民安置问题需要慎重妥善处理。为此，长办研究了三峡工程分期蓄水的问题。分期抬高蓄水位，库区移民可根据蓄水位的抬升计划逐步分期安置。这样，既可在移民数量不是很多的情况下工程开始发挥效益，还可在已发挥的工程效益中抽取一部分作为移民工程建设资金。由于蓄水位较低时工程即开始运行，提前发挥了效益，减少了投资积压。因此，分期蓄水运用对三峡工程是极其有利的。选择初期运用水位时需要考虑的因素：初期运用水位时段的参数选择服从最终规模的工况，以便于向最终规模过渡；初期运用水位应具有一定规模的综合利用效益。因此，水轮发电机组按最终规模的条件选定。为了尽可能减少初期移民数量，希望防洪限制水位尽量降低，但必须保证水轮发电机组能够全年正常运行，因此，初期防洪限制水位由水轮发电机组最小运转水头决定。在此水位的基础上，考虑不同防洪标准组成不同方案，每一方案，以其20年一遇洪水的蓄水位作为发电蓄水位，即以移民水位作为发电蓄水位。正常蓄水位200m方案，机组正常运转的最小水头为80m，据此确定防洪限制水位为150m。对荆江地区防洪标准，考虑了三种情况：与最终规模相同的标准，沙市水位按43.0m、43.5m、45.0m三级控制；适当降低防洪标准，沙市水位按43.5m、44.0m、45.0m三级控制；按沙市水位45.0m一级控制，只确保荆江大堤安全遭遇1000年一遇洪水荆江不分洪。按此三个标准组成了初期蓄水位180m、171m、159m三个方案，其指标见表3.2.4。

表 3.2.4　　三峡工程分期蓄水方案初期运行水位综合指标表

项目	初期蓄水位			最终蓄水位 200m
	180m	171m	159m	
沙市控制水位(m)	43.0—43.5—45.0	43.0—44.0—45.0	45.0	
防洪限制水位(m)	150	150	150	170
死水位(m)	150	150	150	170
20 年一遇洪水位(m)	180	171	159	
100 年一遇洪水位(m)	189.8	181.1	163.6	
发电库容(亿 m^3)	245	149	55	
保证出力(万 kW)	574	489	389	732
计算水头(m)	94.2	87.7	82.6	
装机台数(台)	25	24	21	
单机预想出力(万 kW)	78	69.6	62.9	
电站预想出力(万 kW)	1950	1670	1320	装机容量 2500 万 kW
年发电量(亿 kW·h)	874	814	710	111
城陵矶地区分洪量(亿 m^3)				
1931 年洪水	6.4	29	113	
1935 年洪水	6.7	22.8	83	
1954 年洪水	68.7	155.0	320	
水库移民人口(万)	86.0	72.4	56.4	136.8
农村(万)	40.5	30.1	21.7	
城镇(万人)	46.1	42.3	34.7	
重庆市(万)	11.4	9.8	8.2	
淹没农田(万亩)	34.20	25.95	19.05	66.45

注:①建库前城陵矶地区分洪量:1931 年及 1935 年分别约为 113 亿 m^3 及 83 亿 m^3,1954 年为 320 亿 m^3。②如果当时实际装机台数未到表列台数,年发电量将相应减少。

由表 3.2.4 所列指标可以看出,三个初期蓄水位方案中,180m 方案防洪效益未减少,发电效益也较大,但迁移人口仍接近 90 万,没有达到减少初期移民的目的,不予考虑。159m 方案,初期移民最少,只有最终规模的 35%,淹没农田只有最终规模的 28%,并有一定的发电量,电站预想出力 1320 万 kW 左右,年发电量 710 多亿 kW·h,但防洪效益较小,仅免除了荆江地区的洪水威胁,对城陵矶地区没有减轻洪灾效果,特别是中、小洪水不起作用。171m 方案,可以达到防洪的基本要求,遭遇 1000 年一遇洪水确保荆江大堤安全,荆江地区不分洪,遇 1931 年及 1935 年型大洪水可减少分洪量 75%左右,遇 1954 年型大洪水可减少分洪量约 50%。淹没损失大幅减少,移民及淹没农田约为最终规模的 56%及 40%。因此,推荐初期运行水位 171m、防洪限制水位 150m 方案。为了进一步减少工程发电时的淹没,结合提前发电并逐步过渡,还研究了将防洪限制水位(提前发电水位)降低10m至高程140m,适当降低发电要求的方案。首先要求防洪要达到遭遇1000年一遇洪水荆江不分洪的目标,沙市水位按45.0m一级控制,推荐了初期蓄水位151m、防洪限制水位140m方案。该方案大坝修筑至高程140m即可开始发电,这是尽量减少工程发电时的移民,提前发挥效益的一种方案。

3.2.2 三峡工程正常蓄水位150m方案研究

3.2.2.1 正常蓄水位150m方案可行性研究

长办根据水利电力部的指示,在1982—1983年研究了三峡工程正常蓄水位150m方案的可行性,并编制了《长江三峡水利枢纽工程可行性研究报告(150m方案)》。通过工程防洪、发电、航运等多方案的深入比较研究,确定了正常蓄水位150m方案的各项指标参数,分析了工程任务及效益。150m方案防洪以改善荆江河段防洪为主,并考虑了适当利用超高库容防洪的问题。以遭遇20年一遇洪水的蓄洪水位不超过正常蓄水位150m,大于20年一遇的则抬升库水位,利用超高库容。防洪限制水位135m,防洪库容143.3亿m^3,死水位130m。按1980年长江中下游防洪座谈会拟定的沙市防御洪水位45.0m,只能作为控制的最高水位,而不宜在任何洪水情况下都按45.0m控制,以缓解防汛抢险的紧张程度,提高堤防的安全度。为此,确定100年一遇、20年一遇洪水,沙市控制水位44.5m,相应泄量56700m^3/s,荆江地区不分洪。当来水超过100年一遇而小于1000年一遇时,水库将逐渐加大泄量至85000m^3/s,控制沙市水位45.0m,同时运用荆江分洪区及其他分蓄洪区进行有计划的分蓄洪水,以力争保住荆江大坝不溃决。经计算比选,考虑到对发电量和装机容量的影响等因素,选定防洪限制水位为135m,20年一遇洪水蓄洪水位150m,蓄洪水量72.9亿m^3;100年一遇洪水蓄洪水位160.7m,蓄洪水量160亿m^3;1000年洪水位162.7m。遭遇1931年、1935年、1954年型大洪水,做到荆江地区不分洪,减少城陵矶地区分洪量分别为25.0亿m^3,44.3亿m^3,93.2亿m^3。发电方面,电站保证出力297万kW,装机容量1300万kW,年均发电量646亿kW·h。航运方面,库区可形成400~500km长的深水航道,回水在死水位时可到丰都,防洪限制水位135m时可到长寿。万县以下107处滩险及著名的巴阳峡单向航行段被淹没,万县以下至坝前航深均在5m以上,重庆至万县河段除局部河段短时间航深不足3m,其他均在3m以上。150m方案的水库淹没标准:城乡移民按20年一遇洪水,耕地按5年一遇洪水;大型企业按100年一遇洪水,中小型企业与所在城镇标准相同;各专业设施按20年一遇洪水。不考虑水库淤积对回水的影响。按这些标准,迁移人口28.25万,淹没耕地11.094万亩。不影响重庆,基本不影响开县小江盆地。遭遇超标准洪水,采取临时补偿。

国家计划委员会于1983年5月主持对《长江三峡水利枢纽工程可行性研究报告(150m方案)》进行了审查。审查会有各相关方面的代表、专家350多人参加,是中华人民共和国成立以来规模最大的一次水利水电工程审查会议。审查分为综合规划、电力、航运、水工、机电设备、施工、库区与环境等7个专业组进行,最后由会议领导小组综合各专业组的意见提出审查意见。在审查会议中,对涉及三峡工程建设规模的正常蓄水位与坝顶高程,讨论非常热烈，意见也不一致，大致可归纳为三类：一类同意按报告提出的150m正常蓄水位、165m坝顶高程方案，一次建成；另一类是主张适当提高正常蓄水位，如将蓄水位提高为170m，坝顶高程为175m；第三类主张先按150m蓄水位、165m坝顶高程修建，但要留有以后加高至190～200m的余地。通过讨论，多数代表、专业基本上统一了认识，同意报告提出的方案。审查会议领导小组认为可行性报告"基本上是可行的，建议国务院原则批准这个报告，请水利电力部根据国务院正式批准的三峡工程可行性研究报告，提出设计任务书，经批准后，抓紧进行初步设计"。1984年4月5日，国务院以〔84〕国函字57号文，原则批准了三峡工程可行性报告，批复"三峡工程按正常蓄水位150m、坝顶高程175m设计"。随后，长办即按国务院批复的正常蓄水位和坝顶高程编制三峡工程初步设计。

3.2.2.2 三峡工程正常蓄水位的进一步研究论证

长办在编制三峡工程正常蓄水位150m方案初步设计期间，1984年11月重庆市提出将三峡水库正常蓄水位提高至180m的意见。因此，初步设计又补充进行了正常蓄水位方案的比较研究。主要补充研究了两类方案：一类是在原150m方案的基础上，提高蓄水位至160m或170m运用；另一类是提高蓄水位至180m，但考虑了不同的建设程序和运行方式，研究了按180m方案一次建成，分期抬高水位至180m和先按150m方案兴建，但预留最终抬高蓄水位至180m的措施。根据不同蓄水位方案的比较，认为蓄水位180m方案和150m方案的大坝高度仅相差10～20m，技术上的问题基本同属一个等级，坝线位置相同，枢纽布置、主体工程施工程序及一期导流工程均基本相同。因此，不论采用哪一种蓄水方案，均不影响前期工作。1985年5月，三峡工程筹备领导小组会议讨论了三峡水库蓄水位问题，决定由国家计委会同国家科委组织对三峡工程蓄水位进一步论证。根据会议决定，国家计委和国家科委先后组织了生态与环境、防洪、库区淹没与移民、泥沙、航运、电力系统规划、地质与地震、综合评价等8个专题组，对三峡水库150～180m不同蓄水位方案进行分析研究，各专题组先后召开了论证会，但未取得一致意见，综合评价组综合分析各组意见时，对不同蓄水位评价意见仍不一致，后因中央决定组织重新论证而未继续进行。长办1985年7月提出三峡工程蓄水位补充论证报告，推荐正常蓄水位170m，坝顶高程175m方案。

3.2.3 三峡工程重新论证及正常蓄水位的选定

3.2.3.1 三峡工程重新论证对正常蓄水位方案研究比较范围的拟定

(1)三峡工程重新论证的由来

1984年5月国务院批准三峡工程150m方案可行性报告，三峡工程筹备领导小组开始组织进行施工前期准备工作。在此期间，有些政协委员和社会人士发表不同意兴建三峡工程的意见。1985年5月至7月，全国政协经济建设组组织的调查组在川鄂两省进行了38天调查，并编印了《关于三峡工程问题的调查报告》。报告的基本论点是三峡工程不能兴建，其理由是：(a)投资太大，可行性报告中所列投资大大偏低；(b)防洪方面不仅解决不了长江中下防洪问题，反而还会加剧上游的洪水灾害；(c)泥沙问题没有解决，将形成一个"驼背"的长江；(d)航运弊多利少；(e)发电投资多、工期长、产出慢、效益差；(f)移民需要重建10余座城市；(g)安全上要冒灾难性风险。中央十分重视这些不同意见，1986年6月，中共中央、国务院发出通知，要求对三峡工程重新论证。

(2)三峡工程重新论证中的蓄水位比较方案的拟定

根据对三峡工程多年研究的成果，正常蓄水位重新论证范围为150～180m。蓄水位低于150m的方案综合效益太小；高于180m的方案库区淹没损失太大，移民安置十分困难，库尾泥沙淤积对重庆港区的影响严重，都不宜再考虑。汛期防洪限制水位应尽可能低一些，以保证有足够的防洪库容和减轻库区泥沙淤积，但也要考虑发电水头和发电量。拟定枯水期最低消落水位要统筹兼顾发电量与上下游航运要求。枯水期消落水位过低，保证不了库尾段航深的要求，过高又满足不了发电和下游航运对调节流量的要求。综合各方面要求，拟定了150m、160m、170m、180m四种正常蓄水位方案，另外考虑到减少移民、降低工程初期投资、减缓移民强度过于集中的压力等因素，还拟定了重庆至三峡坝址两级开发方案和一次建成分期蓄水方案，共6个方案。

三峡工程重新论证各水位方案中的正常蓄水位、防洪限制水位和死水位虽然都不相同，但水库调度的原则是相同的：(a)水库调度运用要兼顾防洪、发电、航运和排沙要求，协调好除害与兴利以及兴利各部门之间的关系，发挥最大的综合效益；(b)汛期，发电与防洪、排沙在水库运用上存在一定的矛盾，应以防洪与排沙为主，发电服从防洪与排沙；(c)枯水期，发电与航运以及航运对大坝上下游的不同要求之间都有一定矛盾，在拟定枯水期水库调度方式时，要全面考虑，统筹兼顾。水库调度方式：汛期(6—9月)，水库一般维持在防洪限制水位运行，以保留防洪库容，同时使库区维持较大的水面比降，以利排沙；在非汛期10月至次年5月，水库主要按照发电与航运要求进行调度，从10月初开始蓄水，在一般来水年份，水库于10月末蓄水至正常蓄水位；正常蓄水位较高的方案中少数年份的蓄水过程将延续到11月份。次年4月底库水位可消落到最低消落水位。

3.2.3.2　影响三峡水库正常蓄水位选择的制约因素研究

(1)泥沙淤积

三峡水库采用“蓄清排浑”的运行方式，各方案水库的有效库容皆可做到长期保留80%～90%。不同正常蓄水方案泥沙淤积影响的差别，主要是对回水变动区航道和重庆港区的淤积，以及对重庆市和库尾河段洪水位的抬高。

正常蓄水位150m及160m方案，水库淤积的主要影响是在回水变动区的上段，由于推移质的累积性淤积，在枯水期末水库水位消落至最低时引起浅滩碍航。150m方案主要问题是在上洛碛、下洛碛及王家滩3处出现最小航深不足，出浅年份较多，持续时间较长，需采取疏浚、整治等措施。160m方案比150m方案有所改善，只有上洛碛出浅碍航，年碍航天数减少2/3、历时缩短1/2。两个方案都未发现不能解决的泥沙问题。

正常水位170m及180m方案，重庆市主城区以下浅滩均在常年回水区内，都已被淹没，两方案主要影响是引起重庆市主城区航道及港区累积性淤积，虽对航道水深无影响，但对港码头不利。170m方案三峡水库单独运用（上游无其他水库拦沙）时，主槽有累积性淤积，九龙坡港作业区明显缩窄，嘉陵江口也会出现拦门沙。180m方案情况要严重些，三峡水库单独运用后期（投运后70～80年），重庆港区将面临严重的悬移质淤积，几个主要码头区将淤出边滩，妨碍作业，嘉陵江口将出现拦门沙。经过研究，这两个方案出现的问题，可通过推迟水库汛后蓄水、延长走沙期、疏浚整治和港口改造等措施解决。水库淤积100年后，170m方案遇100年一遇洪水，重庆朝天门洪水位将为197.19m，比天然情况抬高3.19m；180m方案洪水位将为199.91m，比天然情况抬高5.61m。对初选的175m分期蓄水方案，泥沙专家组认为，三峡水库单独运用前10年，重庆港区淤积不严重；以后港区淤积逐渐增加，淤积情况和对港区的影响介于正常蓄水位170m和180m方案之间，同样可以从优化水库调度，结合港口改造，采取整治和疏浚措施加以解决。水库淤积100年后，遇100年一遇洪水，朝天门洪水位将为199.09m，比天然情况抬高4.79m。重庆港区的淤积与汛限水位的关系很大，为控制重庆港区的累积性淤积，泥沙专家组建议汛限水位不宜高于145m。

对于重庆至三峡坝址两级开发方案，由于上游梯级（蔺市枢纽）的库容较小，水库蓄水量较少，可使重庆河段汛后走沙期增长，减少航道及港区的泥沙淤积量。

（2）生态与环境

兴建水利水电工程对生态与环境影响问题涉及面广，综合性强，利弊交错，情况复杂。但就三峡工程来说，水库为一条狭长的河道型水库，水域面积比天然情况扩展约一倍，只是一个季调节水库，水库的出流与天然径流相差不大。因此，除水库移民环境问题外，水库对生态与环境的影响，在不同正常蓄水位方案间的差别不大，不影响方案的比选。

（3）水库淹没与移民

三峡工程重新论证水库淹没与移民专题专家组会同三峡库区省地县复核的各正常蓄水位方案的直接移民、淹没耕地（包括柑橘地）和估算的移民投资见表3.2.5。

表3.2.5　各正常蓄水位方案的水库淹没移民与投资对比表

正常蓄水位方案(m)	直接移民人数(万人)	淹没耕地(万亩)	移民投资(亿元)
150	33.54	17.91	53.40
160	42.71	27.61	69.50
170	63.66	36.57	97.80
175	72.55	42.98	110.61
180	79.48	47.31	123.30

表3.2.5中的移民人数指三峡水库淹没线以下1985年调查统计数。对于正常蓄水位175m方案，估算到2008年规划迁移人口为113.18万。

移民专家组论证认为，三峡工程正常蓄水位的选择应在满足综合利用要求的前提下，尽可能减少淹没损失，不宜采用防洪超蓄方案，一定要考虑库区移民环境容量和就近后靠安置的承受能力。移民安置环境容量的核心，是要保证生态与环境向良性循环方向发展，安置好移民的关键是搞好库区经济发展。研究分析设计单位提供的正常蓄水位175m方案的移民安置规划，在坚持改革，贯彻开发性移民的方针，采取适当的政策和一定投入的保障下，可以达到繁荣库区经济、改善环境质量，使移民安置区长治久安的目的。

(4)各水位方案经济分析比较

三峡工程各水位方案经济比较方法采用经济内部收益率和差额投资内部收益率法。分析比较运用的条件：(a)各方案均可在开工后第12年开始发电。150m及160m两个方案围堰挡水发电水位为130m；170m及180m两个方案围堰挡水发电水位为135m。围堰挡水发电持续时间均按4年计。(b)水库移民时间，150m方案安排16年，160m方案安排18年，170m及180m两个方案都安排20年。(c)采用火电厂作为替代电站，火电厂单位装机容量(kW)造价，按1986年现价为12000元，影子价格为1538元；发电标准煤耗用0.38kg/kW·h，标煤价按1986年现价90元/t，影子价格为108元/t。(d)三峡电站的年运行费取工程总投资的1%，替代火电厂取3.35%，经济使用年限火电取25年，水电取50年。(e)工程投资不进行防洪与航运的分摊，150m方案未计水库超蓄费用，效益只计发电效益。其计算成果见表3.2.6。

表3.2.6　各正常蓄水位方案经济分析对比表

价格标准	正常蓄水位方案(m)	三峡工程总投资(亿元)	代火电厂投资(亿元)	经济内部收益率(%)	方案间差额投资内部收益率(%)
1986年现价	150	214.8	156.0	13.5	
	160	236.4	177.8	13.8	18.5
	170	270.7	202.8	13.7	12.2
	180	311.4	224.6	13.2	9.5
影子价格	150	216.4	199.9	14.6	
	160	237.6	227.9	15.6	23.0
	170	271.7	259.9	15.6	15.6
	180	313.2	287.9	15.1	11.5

经济分析的结果，各正常蓄水位方案的经济内部收益虽略有差异，但均大于国家规定的社会折现率10%的要求，相邻两个方案相互比较的差额投资内部收益率也均大于或接近10%的要求，从而表明各水位方案在经济上均是可取的。由于表中仅计发电效益，因此水位高者，经济效益呈略为下降趋势；如计及防洪及航运效益，高水位方案的差额投资内部收益率远大于10%的要求。如正常蓄水位175m方案的综合经济收益率为19.3%。

(5)大坝人防

对三峡工程防空炸问题组织过多次的实验研究。20世纪80年代以来进行过大比尺的溃坝模型试验研究，取得了不同蓄水位溃坝时的溃坝洪水传播过程及其影响范围的资料。三峡工程重新论证枢纽建筑物专题专家组邀请国家人防委员会、总参工程兵等有关单位进行了研究讨论，认为：三峡工程战时可能成为敌人实施战略袭击的目的之一；基于现代战争有征兆可察，有条件预警放水，降低战时水库运行水位是有效的主要防护对策；由正常蓄水位180m、170m、160m、150m降至各方案的防洪限制水位的时间最多7天，可基本满足军事部门的要求；各方案溃坝对沙市水位的影响差异不大，溃坝洪灾均可控制在宜昌市，枝城及沙市以上河段两岸洼地和洲滩民垸范围之内；并建议水库战时运用水位控制在145m，必要时短时降低到135m，甚至更低；溃坝影响仍属局部性灾害，人防问题不成为水位选择的制约因素。

综上所述，选择三峡工程正常蓄水位方案，除应充分考虑防洪、发电、航运等综合利用的要求外，还应关注水库泥沙淤积、生态与环境影响、水库淹没与移民和经济效益等因素，以及大坝人防及上游梯级衔接等问题。根据多年研究，最主要的制约因素是水库淹没与移民。

3.2.3.3 各正常蓄水位方案的综合分析比较

(1)一级开发、一次蓄水的四个基本方案

1)正常蓄水位150m方案

该方案枢纽工程已有相当规模，防洪库容(包括超蓄)有220亿m^3，可满足防洪任务的基本要求；电站装机容量1300万kW，年发电量677亿kW·h，每年可节省原煤3300万t；长江干流川江丰都以下险滩全部淹没，航运条件有所改善。150m方案有利方面是水库淹没损失、移民数量和工程投资较小。其主要问题是超蓄库容占防洪库容的2/3，遭遇20年一遇以上洪水即需超蓄，水库最大超蓄高度达20m，临时淹没处理难度较大；洛碛以上河段仍属天然状态，航道未改善；兴利调节库容不足，发电调峰与葛洲坝坝下游通航矛盾突出；水能资源也没有充分利用。

2)正常蓄水位160m方案

该方案与150m方案相比，综合效益有所提高；防洪作用相同，但防洪超蓄减少，可提高至100年一遇；水库高水位时回水可达重庆朝天门，洛碛以下浅滩在枯水期间可淹没，航道得到改善；水库淹没损失与移民增加较少；汛期水库回水不影响重庆市区、港区；经济内部收益率相对较好。160m方案不足之处是重庆港区的航运条件仍没有改善，万吨级船队不能到达九龙坡；兴利调节库容也嫌少，发电调峰与葛洲坝坝下游通航的矛盾仍难协调，在防洪上仍存在超蓄问题。

3)正常蓄水位170m方案

该方案防洪库容197亿m^3，不用超蓄，即可满足防洪的基本要求；兴利库容147亿m^3，调节流量5630m^3/s，可缓和发电调峰与下游航运的矛盾；万吨级船队从宜昌到达九龙坡的通航期，平均每年枯水期有147天，经济内部收益率相对也好。175m方案的主要问题是：水库淹没损失较150m及160m方案增加较大，移民安置任务重；考虑水库泥沙淤积影响后洪水位将局部影响重庆港区、市区和成渝铁路；在满足防洪调度和航运要求上，都仍稍有不足；

与上游干流及嘉陵江规划的梯级未能衔接。

4)正常蓄水位180m方案

该方案能较好地满足防洪、发电、航运等任务的要求，并与规划的上游干支流梯级相衔接。防洪库容达249亿m^3，兴利库容有184亿m^3，调节流量达6000m^3/s，有利于满足和协调防洪调度、发电调洪和增加下游河道航深等各种要求；万吨级船队从宜昌到达九龙坡的保证率达60%以上。180m方案的主要问题是：水库淹没损失大，移民搬迁安置任务最重；泥沙淤积后重庆河段的洪水位将比天然情况抬高较多，影响重庆市区和成渝铁路，特别是悬移质淤积对重庆港区和嘉陵江口的影响较严重，需要研究解决措施；枢纽工程和移民工程投资大；经济内部收益率相对较低。

综上所述，一级开发、一次蓄水的各方案在技术、经济上是可行的，各有利弊，150m及160m方案水库淹没和移民及工程投资较少；水库泥沙淤积问题对重庆市区影响较小；工程效益也有相当规模。但防洪库容主要利用超蓄取得，对环境影响不利，临时淹没难以处理，库区地县很难接受；万吨级船队不能直达重庆九龙坡，很难适应航运发展的需要。170m及180m方案综合利用的效益增加显著；万吨级船队可直达重庆九龙坡。但水库淹没和移民数量大，如要一次集中搬迁难度很大；水库泥沙淤积会不同程度地影响重庆市区、港区和嘉陵江口，但可采取措施予以解决。为能充分利用上述各水位方案的优势，解决其存在的问题，进一步论证了两级开发和一级开发分期蓄水方案。

(2)两级开发方案

两级开发方案以三峡(三斗坪坝址)正常蓄水位160m接涪陵以上蔺市坝址正常蓄水位180m为代表。该方案三峡枢纽包括超蓄有防洪库容206亿m^3，可满足坝下游防洪的基本要求；蔺市枢纽水库在枯水期的壅水位可保持在170m以上，并且库容不大，蓄泄运用灵活，有利于提高重庆河段通行万吨级船队的保证率；三峡水库在枯水期的水位消落可基本上不受航运的限制，而使发电有较大的灵活性；水库淹没线以下的总人口比三峡(三斗坪坝区)180m蓄水位一级开发方案少20万。但与三峡(三斗坪坝址)180m蓄水位一级开发方案相比，其存在的主要问题是：(a)蔺市枢纽的建设条件较差，工程量和投资都较大，土建工程(土石开挖填筑达1.5亿m^3，混凝土1200万m^3)超过葛洲坝工程，其投资初估约100亿元，除通航有部分效益外，仅在枯水期可发电量60亿kW·h，经济效益差，工程本身较难立项，附近也无其他较好的坝址；(b)两个梯级合计的综合效益，在发电上仅相当于170m一级开发方案，在防洪上仅相当160m一级开发方案，而总投资却比170m及160m蓄水位一级开发方案分别约多80亿元及100亿元，综合衡量，经济上不合理；(c)遭遇100年一遇以上大洪水水库需超蓄，所减少移民的半数以上仍要临时搬迁，影响这部分地区的建设和发展；(d)两个梯级合计调节库容只有108亿m^3，三峡(三斗坪坝址)水库的调节流量仅有5290m^3/s，对发电调峰和改善坝下游航深都显得不足。经综合论证分析，两级开发方案不宜采用，重点研究了一级开发分期蓄水方案。各蓄水方案主要技术经济指标见表3.2.7。

表 3.2.7 三峡工程各蓄水位方案主要技术经济指标表

项目	一级开发方案				二级开发方案			分期蓄水方案	
	150m	160m	170m	180m	蔺市枢纽	三峡枢纽	总梯级	初期	后期
大坝顶高程(m)	175	175	175	185	195	175		185	185
正常蓄水位(m)	150	160	170	180	180	160		156	175
枯水期消落低水位(m)	130	145	150	160	170	145		140	155
防洪限制水位(m)	135	135	140	150	155	135		135	145
兴利调节库容(亿 m^3)	94	94	147	184	17	91	108	89	165
正常蓄水位以下防洪库容(亿 m^3)	73	138	197	249		134	134	111	221.5
1000 年洪水位以下防洪库容(亿 m^3)	220	220	197	249		206	206	206	221.5
最高库水位(m)	150	150	150	165	176.6	150		150.0	157.5
20 年一遇洪水沙市最高水位(m)	44.5	44.5	44.5	44.0		44.5	44.5	44.5	44.5
枝江最大泄量(m^3/s)	56700	56700	56700	56700		56800	56800	56700	56700
最高库水位(m)	160.0	160.0	164.0	175.0	182.6	160.0		160.0	166.7
100 年一遇洪水沙市最高水位(m)	44.5	44.5	44.5	44.5		44.7	44.7	44.5	44.5
枝江最大泄量(m^3/s)	56700	56700	56700	56700		58500	58500	56700	56700
最高库水位(m)	170	170	170	180	189.4	170			175
1000 年一遇洪水沙市最高水位(m)	45.0	45.0	45.0	45.0		45.0	45.0		45.0
枝江最大泄量(m^3/s)	71700	71700	75700	76100		73000	73000		71500
枯水期平均调节流量(m^3/s)	5120	5090	5630	5990	3380	5290	5290	5130	5860
保证出力(万 kW)	332	381	460	537	66	399	465	360	499

续表

项目		一级开发方案				二级开发方案			分期蓄水方案	
		150m	160m	170m	180m	蔺市枢纽	三峡枢纽	总梯级	初期	后期
装机容量(万 kW)		1300	1482	1690	1872	200	1482	1682	1768	1768
年发电量(亿 kW·h)		677	732	785	891	62	732	794	700	840
装机利用小时(h)		5200	4940	4640	4760	3080	4940	4720	3960	4750
年平均减免洪灾淹没耕地(万亩)		46.948		45.748	58.797		46.948	47.098	46.948	
年平均防洪效益(亿元)			47.0							
改善库区航道里程(km)		450～550	530～600	550～650	600～700	220～270	480	700～750	530～600	600～700
水库淹没耕地(不含柑橘地)(万亩)		14.699	21.599	29.849	39.748	3.150	20.099	23.549	21.590	34.798
年底户籍人口,未计淤积影响(万)		33.54	42.71	63.66	79.48	14.34	42.15	56.49	42.71	72.55
主要工程量	土石方开挖(万 m^3)	8080	8120	8030	7960	10190	8110	18280	7990	7990
	土石方填筑(万 m^3)	3020	3120	3120	3110	5040	3120	8160	3124	3124
	混凝土(万 m^3)	2270	2290	2330	2590	1250	2290	3540	2682	2682
	钢筋(万 t)	24.7	25.0	25.2	27.6	12.5	25.0	37.5	27.7	27.7
	钢材(万 t)	22.7	23.5	23.5	25.5	7.3	23.4	30.7	25.7	25.7
静态总投资(亿元)		214.8	236.4	270.7	311.4	130.6	236.4	367.0	254.5	298.28

3.2.3.4 正常蓄水位 175m 方案的选定

通过上述各蓄水方案的研究分析认为：三峡工程从尽可能满足防洪、发电、航运三项任务要求出发，正常蓄水位选得高一些有利。但为减缓移民强度过于集中的压力，使工程初期少投入早产出，以减轻国家财政的负担，并使水库泥沙淤积有一个观测验证的时期，采用较高蓄水位分期蓄水的方案。为此，在三峡工程论证领导小组第四次（扩大）会议上提出采用“一级开发，一次建成，分期蓄水，连续移民”的方案；并提出以坝面高程 185m，最终正常蓄水位 175m，初期蓄水位 156m 作为初选方案，供进一步论证，以便优选正常蓄水位方案。嗣后，三峡工程重新论证。各专题专家组进行了深入分析论证，比较一致同意初选方案。综合规划与水位论证专题专家组亦同意推荐初选方案作为可行性研究阶段的基本方案。正常蓄水位 175m 方案介于 170m 与 180m 方案之间，万吨船队汉渝直达保证率可达 45%～50%；防洪库容有 221.5 亿 m^3，可以满足防洪的基本要求；调节库容 165 亿 m^3，调节流量 $5860m^3/s$，基本可以协调电站调峰和坝下游航运的关系；高水位运行时可同上游长江干流小南海坝址和嘉陵江井口坝址的水位相衔接；发电可装机 1768 万 kW。因此，可满足三项任务的基本要求，取得较好的综合效益。该方案的规划迁移安置人口 113 万，经移民专题专家组论证认为可以做到妥善安置；水库泥沙淤积对重庆市港区的影响虽仍较大，泥沙专题专家组研究认为，可以通过水库优化调度，结合港口改造，采取整治和疏浚措施加以解决。由于分期蓄水，水库前后期运行水位差 40m（三期碾压混凝土挡水发电水位 135m 至正常蓄水位 175m），带来的工程技术问题：一是双线五级船闸首级船闸如何适应初期与后期的不同水位，二是水轮发电机组如何适应这种变化。经枢纽建筑专题和机电设备专题专家组研究论证认为，技术上均可解决，不会影响分期蓄水方案的实施。

根据以上分析，正常蓄水位 175m 分期蓄水方案，综合效益较好，可以满足防洪、发电、航运的基本要求；库区移民安置统一规划，按照分期蓄水位的要求分期实施移民搬迁，降低了移民搬迁安置强度和难度；初期运行水位 156m 回水未到铜锣峡口，水库淤积不会影响重庆市区、港口和嘉陵江口，并有一个对库区泥沙淤积进行观测验证的时期；工程施工期利用围堰挡水发电，也有利于投入早产出。对该方案存在的问题采取措施可以解决。因此，重新论证专家组推荐正常水位 175m 分期蓄水方案。三峡工程采用“一级开发，一次建成，分期蓄水，连续移民”的建设方案：“一级开发”系指从三峡坝址到重庆市之间的长江干流上只修建三峡工程一级枢纽。“一次建成”指工程按合理工期一次连续建成，不采用有些大型工程初期先按较小规模建设以后扩建的方式。“分期蓄水”指三峡工程正常蓄水位 175m，水库运行水位分三期抬高，工程建设过程中，利用围堰挡水，水库蓄水至 135m 水位，首批机组发电，双线五级船闸通航，工程开发发挥效益；工程建成后，水库蓄水至初期运行水位 156m，以缓解水库移民的难度，并通过初期蓄水运用时水库在统一规划指导下泥沙淤积的实际观测资料，验证泥沙试验研究成果；最终蓄水至正常蓄水位 175m。“连续移民”则指移民在统一规划指导下按照分期蓄水要求，分析分期实施，但不间断，采取连续搬迁。三峡工程最终选定正常蓄水位 175m，大坝坝顶高程 185m。

3.3 枢纽布置方案

3.3.1 枢纽布置方案考虑的主要因素

3.3.1.1 坝址自然条件

(1)水文特性

坝址至宜昌河段间无大支流汇入，宜昌站水文资料可作为坝址资料使用。长江宜昌站多年平均流量为14300m³/s，年径流量4510亿m³。宜昌以上干支流主要测站汛期水量占年水量的70%～75%。根据洪水调查推算，1153年以来的坝址历史最大洪峰流量为105000m³/s。按1877年以来宜昌实测水位推算的坝址最大洪峰流量为71100m³/s。坝址各种频率的设计流量见表3.3.1。

表3.3.1 各种频率的设计洪水流量表

洪水频率	洪水流量(m³/s)
20年一遇(5%)	72300
50年一遇(2%)	79000
100年一遇(1%)	83700
200年一遇(0.5%)	88400
500年一遇(0.2%)	94600
1000年一遇(0.1%)	98800
5000年一遇(0.05%)	109000
10000年一遇(0.01%)	113000

宜昌多年平均最小流量为3560m³/s，以1937年2770m³/s为最小值。

葛洲坝水利枢纽建成后，三峡坝址洪枯水位变幅减小，枯水位由41.00m左右提高至62.00～66.00m，洪水位由73.00m提高至76.00m(相应流量为68000m³/s)，枯、洪水位分别约提高21.00m及3.00m。

长江干流悬移质泥沙的多年平均输沙量，寸滩站为4.62亿t，宜昌站为5.26亿t，相应多年平均含沙量分别为1.32kg/m³和1.2kg/m³。输沙量集中于汛期，5—10月的输沙量一般占全年的80%～90%。长江泥沙中推移质数量相对较少。推移质泥沙多年平均输移量，宜昌站为704万t，为悬沙量的1.33%，5—10月输移量占全年的96.7%。卵石推移质多年平均输移量，宜昌站为75.7万t。

(2)地形地质

三峡工程坝址位于三斗坪镇附近的弧形河段上，河谷宽阔，谷底宽约1100.00m，江中有中堡岛顺江分布，岛顶面高程70.00～78.00m，按高程65.00m计，岛长570.00m，宽90.00～160.00m。葛洲坝水库蓄水后，中堡岛左侧主河槽枯水期河宽约800.00m，中堡岛右侧有一汊河(俗称后河),宽约 300.00m。坝址两岸为低山丘陵,左岸坛子岭和右岸白岩尖为临江最高山脊,高程分别为 263.00m 和 243.00m,主要山脊多呈北东向。

坝址区出露的主要岩石为前震旦纪闪云斜长花岗岩,内含范围不大的片岩捕虏体和闪长岩包裹体,岩体中分布有众多后期侵入的酸基性岩脉。岩性均一、完整,力学强度高。微风化和新鲜岩石的饱和抗压强度达 100MPa,变形模量 30～40GPa。坝区主要有两组断裂构造,一组走向北北西,一组走向北北东,倾角多在 60°以上。断层规模不大,且胶结良好。通过坝基规模较大的断裂有 F_7 及 F_{23},出露在左漫滩上。缓倾角裂隙在坝区不甚发育,仅占裂隙总数的 13%,其中北北东组占缓倾角裂隙总数的 68.5%,倾向东南为主,倾角 15°～30°,是坝址区缓倾角结构面的优势面。缓倾角裂隙发育程度不均一,F_7 与 F_{23} 两条大断层之间的左厂房 1～5 号机组坝段,为相对发育区。

花岗岩体的风化层分为全、强、弱、微 4 个风化带,风化壳(指全、强、弱 3 个风化带)厚度,以山脊部位最厚,可达 20.00～40.00m,山坡与一级阶地次之,沟谷、漫滩较薄,主河床中一般无风化层或风化层厚度很小,坝区综合平均厚度 21.50m。坝基除利用微风化岩体外,部分弱风化下亚带岩体亦可作建基岩体。混凝土与建基岩面间的抗剪(断)强度、摩擦因数(f)取值 1.0～1.3,凝聚力(C)取值 1.2～1.5MPa。建基岩体岩石与岩石间的抗剪断强度,视不同的结合类型的岩体,f 和 C 值分别为 1.0～1.7 和 1.2～2.0MPa。第四纪松散堆积物主要是河流冲积层。葛洲坝水库蓄水后,主河槽及后河普遍淤积有厚数米至 10 余米的细沙层。

坝址水文地质条件简单,微风化和新鲜岩体的透水性微弱,有 80%以上的压水试验段的岩体单位透水率小于 1Lu,其余试验段主要为弱、中等透水性。

坝址区域地壳稳定条件好,不具备发生强烈地震的背景,为典型的弱震构造环境,经地震部门鉴定基本裂度为Ⅵ度。通过多年的勘察研究,三峡工程坝址地质条件为优越,是一个难得的好坝址。

3.3.1.2 枢纽工程任务对枢纽布置的影响

枢纽建筑物的布置需满足下列枢纽任务的要求:

①防洪。根据防洪规划和水库调度方案,要求枢纽在防洪限制水位 145.00m 时具有 56700m^3/s 的泄流能力(包括电站引用流量,下同),100 年一遇洪水时库水位 166.90m,遇 100 年一遇以上 1000 年一遇以下洪水,在库水位保持 166.90m 情况下要求枢纽具有 70000m^3/s 的泄流能力;1000 年一遇设计洪水时库水位为 175.00m。遇 1000 年一遇以上直至校核洪水,水库敞泄,确保大坝安全,要求枢纽在校核洪水位时具有 10 万 m^3/s 以上的泄流能力。

②发电。由于电站装机容量大,机组台数多,厂房布置需要有较长前缘长度。三峡电站输电范围广,需向两岸出线,且出线回路多,厂房以分别靠近左、右岸布置为宜。这样,泄流坝段可居中处于河床深泓附近,既有利于水库排沙,也有利于下游消能防冲和适应下游河势。

③航运。通航建筑物是三峡水利枢纽的重要组成部分,其形式及布置是枢纽布置研究的重要内容。经多年研究,永久通航采用多级船闸辅以升船机的方案,布置于左岸山坡上,与泄流坝段及电站厂房互相影响较小,其形式及线路布置可独立进行研究。

3.3.1.3 施工导流与施工通航的影响

根据三斗坪坝址地形,宜采取分期导流方式,先围右岸,扩宽后河作为导流明渠。第一期围右岸后,主河道仍可通航。第一期末大江截流至永久通航建筑物投入运行期间需要解决施工通航问题。施工通航方案对于施工导流和枢纽布置有较大的影响。曾研究过两类方案:

①明渠不通航方案。明渠只用于施工导流,分两期导流,一期工程期间在明渠内修建右岸坝段至一定高程,并留导流底孔供二期导流之用;二期施工期的通航利用临时船闸或升船机。

②明渠通航方案。将导流明渠加宽,并作二期施工时导流和通航之用。一期工程期间明渠内无建筑物(即一期工程期间明渠坝段不施工)。二期施工完成后再实施明渠截流,故需三期导流。三期导流时,需在泄流坝段内设置导流底孔。

明渠通航方案须将泄流坝段布置在主河床中部。明渠不通航方案可比较泄流坝段布置在主河床中部或右侧。经综合分析比较后选用明渠通航方案。

3.3.2 论证阶段及前期枢纽布置方案研究

3.3.2.1 三峡工程前期枢纽布置方案研究

三峡工程的枢纽布置方案研究是在20世纪50年代初期主要配合坝区、坝址选择和正常蓄水位选择进行的。详细研究过窄河谷的南津关坝区与宽河谷为主的美人沱坝区的各种布置方案。得到的基本认识是,从枢纽布置角度看,宽河谷比窄河谷有利。60年代以后,又从防空、水库淹没、泥沙淤积及分期开发考虑,研究了从正常蓄水位200m到128m的各种布置方案。三峡枢纽布置方案,除了与自然条件、枢纽任务有关外,还随着技术发展以及对枢纽提出的新要求,不断补充与改善。

通过各阶段的研究,对三斗坪坝址总结出规律性的结论是:

①施工导流宜采用分期导流方式,利用中堡岛的有利地形布置纵向围堰,并在其右侧天然汊河布置导流明渠。

②泄流建筑物的形式在泄流流量大,防洪、排沙任务重,上游水位变幅大等条件下,以在主河槽位置布置深孔结合表孔的混凝土泄流坝为宜。

③电站厂房从厂房的土建工程量、结构、造价、施工运行条件等因素综合考虑,以充分利用两岸河滩布置坝后式厂房最为经济合理。

④通航建筑物,从上、下游引航道进出口航行条件、工程量、今后扩展余地等考虑,以布置在左岸为合理。

20世纪80年代初,研究"分期建设""高坝中用"以及正常蓄水位150.00m方案等不同开发方案时,又相应研究了枢纽布置问题。

1983年编制的《三峡水利枢纽可行性研究报告》(正常蓄水位150.00m),推荐的枢纽布置方案为：紧邻中堡岛纵向围堰左侧的河床中部布置泄流坝段，长 480.00m，设 24 个 7.00m×9.00m的深孔，孔底高程为 85.00m，23 个净宽为 8.00m 的表孔，堰顶高程 140.00m，孔、堰相间布置。此外，利用纵向围堰坝段及导墙坝段设 4 个净宽 10.00m 的表孔，堰顶高程 140.00m。泄流坝段两侧布置坝后式厂房，左厂房安装 14 台、右厂房装 12 台 50 万 kW 的机组，总装机容量 1300 万 kW。通航建筑物布置于左岸山坡，设双线 3 级船闸；另加一线 2 级垂直升船机，兼作施工期通航之用。1984 年编制 150.00m 方案初步设计阶段，国家计委审查确定导流明渠结合临时船闸及升船机的施工通航方案。

3.3.2.2 三峡工程论证阶段枢纽布置方案研究

1986—1988 年三峡工程重新论证阶段，推荐的枢纽布置如下：

大坝为混凝土重力坝，河床中部布置泄流坝段，泄流前缘总长为 483.00m，共设 23 个 7.00m×9.00m 的深孔（孔底高程 90.00m）和 22 个净宽 8.00m 的表孔（堰顶高程 156.00m，初期运用时堰顶部位保留“缺口”，缺口顶高程为 148.00m，提前发电运用时缺口顶高程 109.00m）。泄洪坝段左侧导墙坝段长 25.00m，设 2 个 6.00m×9.00m 的深孔（孔底高程为 90.00m），泄洪坝段右侧纵向围堰坝段长 75.00m，设 2 个 8.00m×11.00m 的中孔（孔底高程 117.00m）。此外，在厂房中间设安装场坝块，还设有 5 个 4.00m×5.50m 的排沙孔（孔底高程为 75.00m），在水位低于 145.00m 时可参加泄洪。

电站厂房为坝后式，布置于泄流坝段两侧。左厂房安装 14 台 68 万 kW 机组，左端和中部各设一个安装场，总长度为 643.00m。右厂房安装 12 台 68 万 kW 机组，右端和中部各设一个安装场，总长度为 575.80m。

通航建筑物布置在左岸。设双线连续五级船闸及一线一级垂直升船机。施工期另设一线临时船闸，配合扩大的导流明渠和升船机维持施工期通航。

国务院三峡工程审查委员会组织专家对三峡工程可行性研究报告预审的意见是：“原则同意可行性报告阶段选用的枢纽布置格局，即大坝采用混凝土重力坝，河床中部布置泄洪建筑物，电站厂房分设在河床的左侧和右侧，通航建筑物布置在左岸。建议初步设计阶段进一步优化枢纽布置。”审查委员会的审查意见，同意选定三斗坪坝址、混凝土重力坝以及枢纽布置方案，并指出将来应为扩大装机规模留有余地。

至此，三峡工程枢纽布置的总体格局已经确定。

3.3.3 初步设计阶段枢纽布置方案比较

初步设计阶段，永久通航仍采用双线连续五级船闸和升船机，均布置在左岸，船闸线路左移至坛子岭左侧，并审定施工通航仍采用导流明渠结合临时船闸、升船机的方案。在此基础上重新比较研究了两岸坝后厂房、三组厂房、右岸溢流式厂房三类枢纽布置方案。三类方案的大坝形式、通航建筑物的形式和布置均相同。在河床部位的泄流坝段及电站布置、厂房形式等则有差异。

方案Ⅰ（两岸坝后厂房方案）：河床中部布置泄流坝段，坝段长 483.00m，设 23 个深孔和

22个表孔，两者相间布置。泄流坝段左侧导墙坝段及右侧纵向围堰坝段各设两个泄洪排漂孔。导墙坝段以左及纵向围堰坝段以右布置坝后厂房，分别设14台和12台机组。永久船闸、升船机及施工通航临时船闸均布置在左岸。

方案Ⅱ(三组厂房方案)：河床中部泄流坝段及通航建筑物布置同方案Ⅰ，左、右两侧布置坝后厂房，各设10台机组，另在右岸白岩尖下布置地下厂房，设6台机组。

方案Ⅲ(右岸溢流式厂房方案)：河床中部泄流坝段不设表孔，设23个7.00m×10.00m的深孔，孔底高程99.00m，前缘缩短为391.00m。为了满足导截流及围堰挡水发电期间泄洪的需要，深孔正下方另设23个7.00m×8.00m的底孔，孔底高程58.00m(底孔采用弧门控制，在水库按初期蓄水位156.00m运用前封堵，不再另设临时导流底孔)。纵向围堰坝段位置同方案Ⅰ，导墙坝段相应右移92.00m，两者的泄洪排漂孔布置同方案Ⅰ。纵向围堰右侧为溢流式厂房，设12台机组，在无钢管坝块设13个净宽13.70m的表孔，堰顶高程159.00m。左侧河床布置坝后厂房，设14台机组，位置相应于方案Ⅰ右移92.00m。

经综合比较，右岸溢流式厂房方案由于泄流坝段长度减少92.00m，左岸岸坡开挖工程量有所减少，但由于右厂房顶溢流，厂房结构复杂，混凝土工程量增加了90.00万m^3，虽然大坝工程量有所减少，但总工程量反而有所增加，且引水钢管的安装难度及其与坝体混凝土浇筑的干扰也更大。因此，右厂房坝段及右厂房的施工工期要增加半年以上。

三组厂房方案由于右岸地下厂房可提前兴建，地下厂房与左岸坝后厂房可同时平行装机，早期可多装机，与两岸坝后厂房方案相比，施工期可多发电20台年，但总投资和早期投资均增加，施工强度和难度均很大。尤其是，右岸白岩尖山脊附近是日后扩大装机最有利的位置，本方案的地下厂房先予占用，给日后扩大装机增加了困难。

综上所述，两岸坝后厂房方案，在工程量及投资、运用条件、施工条件、施工进度及工期等方面，均优于右岸溢流式厂房方案。除施工期发电效益外，各方面也均比三组厂房好，而且为今后扩大装机预留了极为有利的余地。因此，初步设计选定两岸坝后厂房方案。

3.3.4 技术设计阶段枢纽布置方案

《长江三峡水利枢纽初步设计报告(枢纽工程)》于1992年12月完成上报，1993年7月由国务院三峡工程建设委员会审查批准。长江委根据审查意见，进行了一些补充和修改，并编制大坝、电站厂房、永久船闸、升船机(水工部分)等单项技术设计。技术设计阶段，枢纽布置的总格局保持不变，对主要建筑物的某些布置做了进一步的优化或局部调整：

①大坝泄洪布置。大坝永久泄流孔口布置和尺寸与初步设计相同，但三期导流期间的泄流布置，将原设于泄流坝段高程109.00m的临时缺口取消，原布置的导流底孔，改为以弧门控制、可在三期导流期间操作运用的导、截流底孔，并采用有压长管形式。

②排漂孔布置。保留泄流坝段两侧的排漂孔，但将原各设2个7.00m×12.00m的双孔布置改为10.00m×12.00m的单孔布置，并在右岸厂房安Ⅱ段增设1个排漂孔。

③电站排沙孔布置。除保留左、右厂房原布置5个排沙孔外，在左、右厂房各增加1个排沙孔。

④电站厂房。左、右厂房仍分别安装 14 台、12 台水轮发电机组，但单机容量由68 万 kW 增大到 70 万 kW，每台机组段长由原 37.60m 增长到 38.30m。

⑤永久船闸（双线五级船闸）。船闸输水系统，原拟每线船闸在右侧布置一条主输水洞，改为每线船闸两侧各布置一条主输水隧洞。上游进水口由正向进水改为侧向进水，设在上游隔流堤的右侧。上游隔流堤的布置经反复试验研究，初期在近闸段修建 660.00m 的短隔流堤，以后根据运行情况再做定夺。

⑥升船机。为保留后期修建升船机上航道右侧隔流堤的可能性，将升船机轴线沿坝轴线左移 25.00m，并较原轴线向左偏转 4°。

技术设计阶段最后选定的枢纽布置方案为：大坝为混凝土重力坝，最大坝高181.00m（技术设计阶段，补充勘探发现基岩深槽较原最低基岩面低 6.00m，故最大坝高由原 175.00m增加至 181.00m）。大坝轴线总长度为 2309.47m（从右岸非溢流坝段至升船机左侧非溢流坝段）。河床中部的泄流坝段长 483.00m，紧邻其左、右两侧的导墙坝段和纵向围堰坝段分别长 32.00m 和 68.00m；左、右厂房坝段长分别为 581.50m 和 525.00m；左、右非溢流坝段长分别为 221.97m 和 140.00m。临时船闸和升船机挡水前缘长 118.00m。升船机左侧非溢流坝坝长 140.00m。茅坪溪防护坝位于大坝右岸上游约 1.0km 的茅坪溪出口处，为沥青混凝土心墙土石坝。

泄流坝段分 23 个坝块，每个坝块长 21.00m。共设 23 个 7.00m×9.00m 的深孔和 22 个净宽 8.00m 的表孔。深孔布置在坝块的中部，进水口底高程 90.00m。表孔在两个坝块之间跨缝布置，堰顶高程 158.00m。在表孔的正下方跨缝布置三期施工导流底孔，孔口尺寸 6.00m×8.50m，孔底高程 56.00m 及 57.00m，底孔共 22 个。在左侧导墙坝段和右侧纵向围堰坝段及右岸非溢流坝段各设 1 个泄洪排漂孔，并在厂房坝段布置 7 个排沙孔，排沙孔在防洪限制水位 145.00m 以下可参加泄洪。

电站厂房为坝后式，布置于泄流坝段两侧，左、右厂房分别安装 14 台和 12 台 70 万 kW 机组，厂房中部各设一个安装场，左、右岸端各设高、低安装场两个。

通航建筑物布置在左岸。双线连续五级船闸位于临江最高峰坛子岭左侧（Ⅳ线），闸室有效尺寸为 280.00m×34.00m×5.00m，可通过万吨级船队。单线Ⅰ线垂直升船机吨位为 3000t。紧邻升船机右侧，另设有一线施工期临时通航船闸，有效尺寸为 240.00m×24.00m×4.00m，工程完建时，临时船闸上闸首部位，改建为混凝土重力坝，坝内设置 2 个冲沙孔。

3.4 枢纽总体布置

3.4.1 三峡枢纽布置特点

三峡枢纽是兼有防洪、发电、航运、供水等综合利用的大型水利枢纽工程，由大坝、电站厂房和通航建筑物组成。设计针对坝址流量和年通过的泥沙总量较大、受坝区地形地质条件限制、大坝布置在弯曲河道的特点，从研究河势（即研究河道水流和泥沙流势）入手，做好建坝后的河势规划，安排好河流动力轴线（即主流线）。若主流线不平顺，坝下游出现折冲水流，对泄洪、排沙、通航、发电都不利；同时折冲水流顶冲河岸，易导致崩岸，威胁沿岸人民生活生产。通过一系列水工模型和泥沙模型试验研究，并借鉴葛洲坝工程实践经验，综合考虑坝址自然条件和有利于泄洪、排沙、通航、发电，以及便于导流、截流和提前发挥通航发电效益等因素，枢纽总体布置将大坝和电站厂房两大建筑物呈直线布置在河槽内，将通航建筑物的船闸布置在左岸山坡中，避免船闸与其他建筑物争前缘。船闸轴线远离电站进水口和大坝泄洪孔口，可避免枢纽泄洪、电站发电对引航道水流条件的不利影响。大坝泄洪坝段布置在河床中部，电站厂房分别布置在泄洪坝段的左右两侧坝段的坝后，大坝泄洪深孔高程较两侧电站进水口低 18.00m，有利于主泓泄洪排沙；并在左右岸电站厂房设置排沙孔，可分别排泄各自电站进水口前的泥沙，保障电站水轮发电机组正常运行。船闸布置在左岸山体中，与大坝、电站厂房分开布置，较好地解决了通航与防洪、发电的关系和坝区泥沙淤积与通航水流条件问题，适应了三峡工程分期施工导流、截流和提前发挥通航发电效益的要求。三峡枢纽总体布置见图 3.4.1。

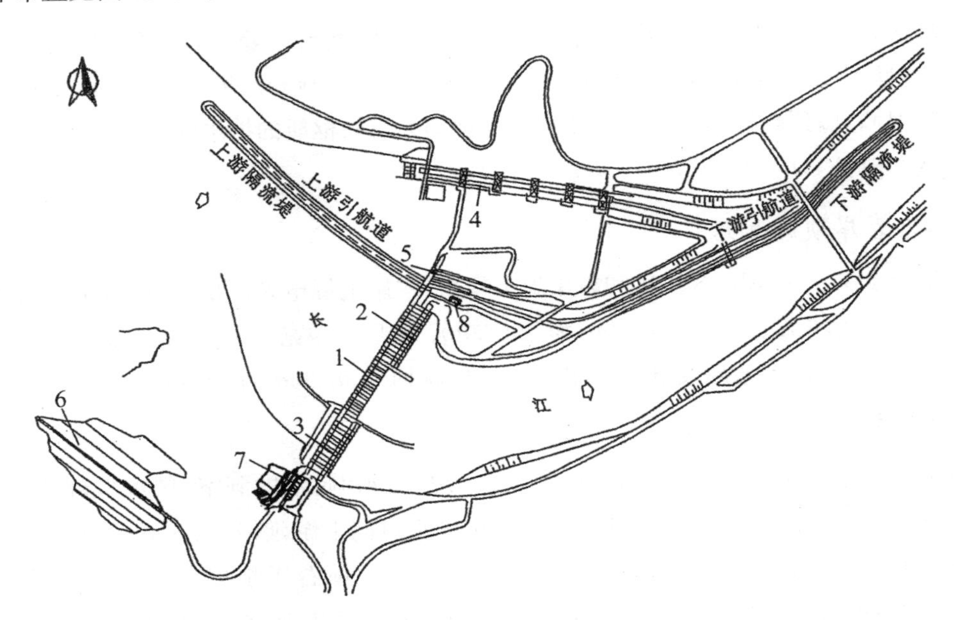

1—大坝；2—左岸坝后电站厂房；3—右岸坝后电站厂房；4—双线五级船闸；5—升船机；6—茅坪溪防护坝；7—右岸地下电站厂房；8—左岸地下电源电站厂房

图 3.4.1　三峡水利枢纽布置图

3.4.2　三峡枢纽总体布置

3.4.2.1　大坝

(1)大坝

大坝为混凝土重力坝，坝顶高程 185.00m，坝顶总长 2309.50m，最大坝高 181.00m。泄洪坝段布置在河床中部，泄水设施为深孔和表孔。泄洪坝段前缘总长 483.00m，分为 23 个坝段，共设 23 个深孔和 22 个表孔。每个坝段中部设宽 7.00m、高 9.00m 的泄洪深孔，进口底高程 90.00m；两个坝段之间跨缝布置净宽 8.00m 的表孔，溢流堰顶高程 158.00m。为满足施工导流和截流要求，在表孔正下方跨缝布置 22 个导流底孔，出口宽 6.00m、高 8.50m，中间 16 孔进口底高程 56.00m，两侧各 3 孔进口底高程 57.00m，全部底孔已于 2007 年 3 月回填混凝土封堵。厂房坝段及其坝后厂房共布置 26 条电站引水压力管道，进水口位于大坝上游侧，进口底高程 108.00m，直径12.40m。两侧的厂房坝段下部布置 7 个圆形排沙孔，直径 4.50m，进口底高程 75.00m 及 90.00m。在泄洪坝段与两侧坝段相接的导墙（右侧导墙兼作纵向围堰）坝段各布置 1 个排漂孔，宽 7.00m，高 10.00m，进口底高程 130.00m。两侧厂房坝段与两岸非溢流坝段相接，在左岸非溢流坝段内布置临时船闸坝段和升船机上闸首。临时船闸坝段前缘长 62.00m，分为 3 个坝段，中间坝段长 24.00m，施工期为临时船闸上游的航道，现已完建 2 孔冲沙闸（进口底高程 102.00m，冲沙孔出口宽 5.50m，高 9.60m）。

(2)茅坪溪防护坝

茅坪溪防护坝位于大坝右岸上游约 1.0km 的茅坪溪出口处，为沥青混凝土心墙土石坝，坝顶高程 185.00m，坝顶总长 1890.00m，最大坝高 104.00m。坝顶宽 20.00m，迎水侧设混凝土防浪墙，墙顶高程 186.50m。该坝与大坝均为三峡枢纽的挡水建筑物。

3.4.2.2 电站

(1)左右岸坝后电站

电站分设左、右岸坝后式厂房和右岸地下厂房、左岸电源电站厂房。左、右岸坝后式厂房平行坝轴线布置，长度分别为 643.70m 和 584.20m。主厂房净宽 34.80m，结构总高度 93.80m，分别安装 14 台和 12 台水轮发电机组，机组中心间距均为 38.30m，单机容量 700MW。

(2)右岸地下电站

右岸地下电站包括进水口、引水隧洞、主厂房、尾水洞、辅助洞室、尾水平台及尾水渠、500kV 升压站等。地下电站进水口较右岸厂房进水口向上游延伸 97.30m，为正向取水，采用岸塔式进水口。引水隧洞采用“一机一洞”布置在大坝右岸坝肩右侧。进水塔顶高程 185.00m，平面尺寸 216.50m×40.00m，有发电塔、排沙塔及连接塔；安装平台在进水口右端，平面尺寸 39.00m×33.70m，其下游侧设交通桥与 185.00m 高程上坝公路相接；对应发电塔布置 6 条引水隧洞，直径 13.50m，洞轴线间距 38.30m，单洞长 94.58m；对应 3 个排沙塔有 3 条排沙支洞（直径 4.00m），在进水塔体中间向左汇合成排沙总洞（直径 5.00m），穿过左岸非溢流坝段坝基，并经右岸电站安Ⅱ段，于其尾水渠出口。地下主厂房轴线与大坝轴线平行，最大跨度 32.60m、高 86.24m，长 329.50m，安装 6 台单机容量 700MW 水轮发电机组。尾水洞线采用直线布置，与厂房纵轴线交角为 80°。尾水洞沿程分为尾水管段、阻尼井段、曲拱顶段和变顶高段。尾水管段长 68.50m，出口段长 30.00m，曲拱顶变顶高尾水洞长度为 140.14～173.38m。尾水管段 15.00m，曲拱顶段和变顶高段截面尺寸由15.00m×21.95m（宽×高）逐渐过渡到出口处的 15.00m×24.50m。每条尾水洞设 1 个阻尼井，其上部直径 10.00m，下部直径为7.00m，高

47.00m。6个阻尼井顶部通过通风廊道相连。

(3)电源电站

在左岸电站左侧的山体内布置电源电站，安装2台50MW水轮发电机组，其进水口在左岸非溢坝段11#、12#坝段上游侧，尾水洞出口位于左岸电站尾水渠内。

3.4.2.3 通航建筑物

(1)船闸

通航建筑物包括船闸和升船机，均布置在左岸。船闸为双线五级连续梯级船闸，线路总长6442m。上游引航道长度2113m，底高程130.00m、宽180.00m，右侧设土石隔流堤，口门宽220.00m；下游引航道长度2708m，底高程56.50m、宽180.00m，右侧设土石隔流堤，口门宽200.00m；船闸主体段长1621m，设置6个闸首、5个闸室，单级闸室有效尺寸为长280.00m、宽34.00m、坎上水深5.00m。两线船闸均布设在左岸山体深切开挖槽内，中间保留宽57.00m、高50～70m岩体作为中隔墩。闸首和闸室采用分离结构，其边墙为衬砌式，部分边墙上部为重力式、下部为衬砌式。船舶(队)通过五级船闸主体段历时约2.4h，从上游引航道口门至下游口门历时约3.1h。船闸单向年通过能力5000万t。为解决施工期通航，在左岸非溢流坝段下游布置单线一级临时船闸，闸室尺寸长240.00m，宽24.00m，坎上水深4.00m，现已改建为冲沙闸消力池。

(2)升船机

升船机采用齿轮齿条爬升平衡重式垂直升船机，布置在双向五级船闸右侧，两者相距约1km。升船机由上游引航道及靠船设施、上闸首、船厢室段、下闸首、一条下游引航道及靠船设施组成，全长约6000m。其上、下游引航道与船闸共用。升船机上闸首是船厢室的上游挡水建筑物，为大坝挡水前缘的一部分，顺水流向长125.00m，航槽宽18.00m，依次布置有挡水闸门、辅助门、工作闸门，顶部布置启闭机；下闸首是船厢室的下游挡水建筑物，顺流向长32.50m，航槽宽18.00m，布置有可快速适应变化的双扉，下沉式工作闸门、检修门，顶部布置启闭机。上、下闸首之间为船厢室段，装载船舶过坝的承船厢布置在船厢室内，船厢室净宽25.80m，底高程50.00m。最大提升高度113.00m，承船厢有效尺寸长120.00m、宽18.00m、水深3.50m，承船厢与厢内水体总质量约15500t。升船机单向运行的间隔时间约40min，双向运行的间隔时间约70min，年单向通过能力按货轮计算约400万t。

第4章 大 坝

4.1 大坝布置及坝体结构

4.1.1 大坝布置

4.1.1.1 大坝总体布置

大坝(图 4.1.1、图 4.1.2、图 4.1.3)自左向右分为:左岸非溢流坝连接段、左岸非溢流坝 1～7 号坝段、升船机坝段(上闸首)、左岸非溢流坝 8 号坝段、临时船闸坝段、左岸非溢流坝 9～18 号坝段、左岸厂房坝段、左导墙坝段、泄洪坝段、纵向围堰坝段(右纵坝段)、右岸厂房排沙孔坝段(右厂排坝段)、右岸厂房坝段、右岸非溢流坝段。大坝河床部位坝段(左岸非溢坝 9 号坝段至右岸非溢流坝段)的轴线方位 43.5°,临时船闸坝段的轴线由河床部位坝段的轴线向上游偏转 14°,升船机坝段及其以左非溢流坝段的轴线由临时船闸坝段轴线向下游转 4°。大坝坝顶高程185.00m,坝顶轴线全长 2309.50m,共分为 113 个坝段。

图 4.1.1 大坝全貌

4.1.1.2 大坝各坝段布置

(1)左岸非溢流坝段(左非坝段含升船机坝段、临时船闸坝段)

左岸非溢流坝段分为 18 个坝段,其间布置升船机坝段(上闸首)和临时船闸坝段,前缘总长 494.89m。左岸非溢流坝段除左非 8 号坝段前缘长 23.07m、左非 9 号坝段前缘长12.82m,其余坝段前缘长均为 20.00m。

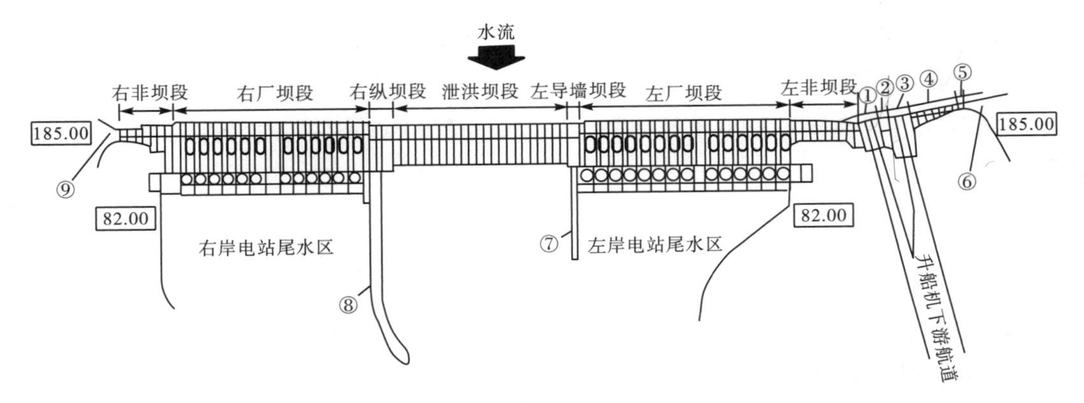

①—临船坝段(62.00m);②—左非坝段8号(长23.07m);③—升船机坝段(长62.00m);④—左非坝段1～7号(长140.00m);⑤—左非连接段(长15.00m);⑥—左岸上坝公路;⑦—左导墙;⑧—右导墙下游纵向围堰;⑨—右岸上坝公路

图4.1.2 大坝平面布置示意图

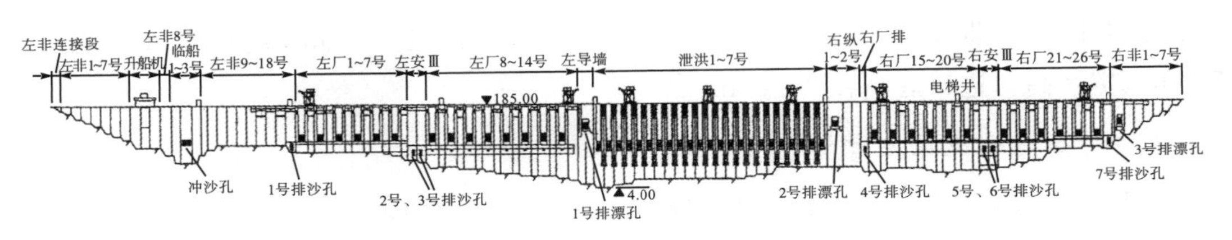

(a)大坝上游立视图

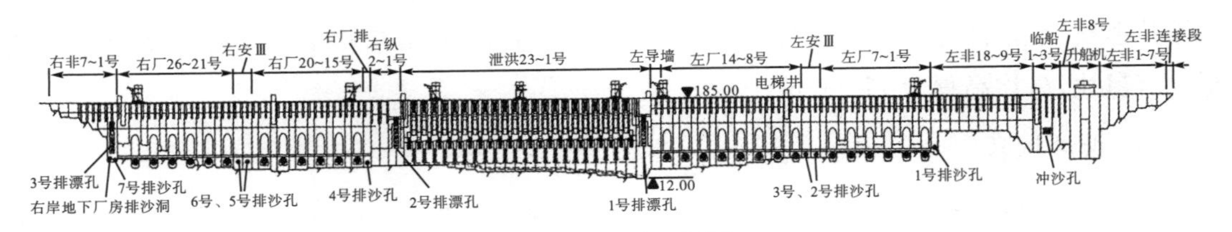

(b)大坝下游立视图

图4.1.3 大坝上、下游立视示意图

升船机坝段前缘长62.00m,为整体式"U"形结构,中间航槽前缘长18.00m,两侧边墩前缘长均为22.00m。临时船闸坝段前缘长62.00m,分为3个坝段,中间临船2号坝段前缘长24.00m,施工期为临时船闸上游航道,临时船闸停止使用后续建大坝设2孔(孔口尺寸为5.50m×9.60m)冲沙闸,冲沙孔采用有压短管后接明流泄槽形式,进口孔底高程102.00m。两侧临船1号、3号坝段前缘长均为19.00m,临船3号坝段下游侧设1号电梯井。临船1号坝段基础部位设大坝渗漏集水井,泵房设在高程84.5m。左非11号、12号坝段高程122.00m埋设电源电站引水钢管,直径6.20m。左非16号坝段设电站水厂取水口,2个孔口直径1.00m,中心高程分别为127.81m和140.50m。左非17号坝段下游侧设2号观光电梯井。左非17坝段下游边坡与左岸电站副厂房之间设自动扶梯，经坝下游与左非17坝段2号电梯井相通，作为连接左岸厂房与大坝的交通。左非18号坝段设1号排沙孔，内径5.00m，进口尺寸5.00m×7.00m(宽×高)，进口底高程90.00m，排沙孔尾部从左厂安Ⅱ(安装间)底部穿过。

(2)左岸厂房坝段(左厂坝段)

左岸厂房坝段前缘总长581.50m，自左至右依次为左厂1～6号坝段、左安Ⅲ坝段、左厂7～14号坝段。左厂坝段除左厂14号坝段前缘长45.3m，其余坝段前缘长均为38.3m。每个坝段又分为两个坝段，即左侧为钢管坝段，长25.00m；右侧为实体坝段，除左厂14号坝段实体坝段长为20.30m外，其余均为13.30m。左安坝段前缘长为38.30m，分为左安Ⅲ-1和左安Ⅲ-2坝段，每个坝段长19.15m。左厂1～14号坝段在上游面设电站进水口，坝式进口、渐变段后接坝内埋管，孔底高程108.00m，引水压力管道内径12.40m。左厂房坝段上游侧布置拦污栅，栅墩上游面距坝面12.50m。左厂7号坝段实体坝段下游侧设有3号电梯井，基础部位设有大坝渗漏集水井，泵房设在高程50.00m。左安Ⅲ-1和左安Ⅲ-2坝段各设有2号、3号排沙孔，内径5.00m，进口尺寸5.00m×7.00m(宽×高)，进口底高程75.00m。

(3)左导墙坝段及左导墙

左导墙坝段前缘长32.00m，设1个排漂孔，孔口尺寸为10.00m×12.00m(宽×高)，孔底高程133.00m。左导墙紧接左导墙坝段下游侧布置，其轴线垂直大坝轴线，顺水流向长210.00m。导墙最大高度97.45m，顶宽16.00m。导墙顶部设10.00m×12.00m(宽×高)的排漂孔泄槽，泄槽两边侧墙宽均为3.00m，槽底从高程80.78m后接1∶40斜坡，再接反弧段至挑流鼻坎，鼻坎高程为77.46m。

(4)泄洪坝段

泄洪坝段前缘总长483.00m，分为23个坝段(泄1～23号坝段)，每个坝段长21.00m。建基岩面最低高程4.00m，最大坝高181.00m，大坝最大底宽126.73m。泄洪坝段共布置22个溢流表孔和23个泄洪深孔。表孔跨缝布置在坝体上部，堰顶高程158.00m，每孔净宽8.00m，采用挑流消能形式；堰面为WFS曲线，下接1∶0.7的斜直段，再接半径为30.00m的反弧段，鼻坎位于坝轴线下游75.50m，高程110.00m，挑角为10°；表孔泄槽采用长隔墩墙，墙厚3.00m。深孔布置在每个坝段的中部，进口孔底高程90.00m，采用短有压段接明流泄槽形式，有压段孔底为平直段，孔顶压坡1∶4，出口断面尺寸7.00m×9.00m；明流泄槽宽均为7.00m，有压平直段出口下游明流泄槽首部设跌坎，高1.5m，两侧设直径1.40m的通气孔，跌坎后以1∶4陡坡接半径40.00m的反弧段，鼻坎位于坝轴线下游104.50m，高程79.92m，挑角为27°。为满足三期截流及导流要求，在表孔正下方跨缝布置22个导流底孔，后期全部封堵。导流底孔采用长有压段接短明流泄槽形式，挑面流消能；有压段长82.00m，事故门槽上游段底板为水平，门槽下游段底板采用1∶56的斜直段，顶板采用1∶43.25的斜直坡段接1∶5的压坡段，将孔口高度由12.00m收缩至8.50m，出口断面尺寸6.00m×8.50m；明流泄槽段为开敞式，长28.00m，宽6.00m，反弧半径30.00m，末端设小挑角鼻坎；中间16孔（4～19号）进口孔底高程56.00m，有压段出口孔底高程55.00m，鼻坎高程55.06m，挑角为10°；两侧各3个边孔（1～3号、20～22号）进口孔底高程57.00m，有压段出口孔底高程56.00m，其中1号、22号两个边孔的鼻坎高程为58.55m，挑角为25°，2号、3号、21号、22号4个边孔鼻坎高程56.98m，挑角为17°。

(5)纵向围堰坝段（右纵坝段）

右纵坝段前缘长68.00m，分为两个坝段即右纵1号、右纵2号坝段。右纵1号坝段长32.00m；设一个排漂孔，孔口尺寸为10.00m×12.00m（宽×高），孔底高程133.00m；右纵2号坝段长36.00m，分别与上、下游纵向混凝土围堰相接。下游纵向围堰（简称下纵）总长为585.49m，右岸电站投入运行后下纵作为泄洪消能区与右岸电站尾水区的导墙。

(6)右厂排沙孔坝段（右厂排坝段）

右厂排坝段前缘长16.00m，左邻右纵2号坝段，右接右厂15号坝段。右厂排坝段设有4号排沙孔，内径5.00m，进口尺寸5.00m×7.00m（宽×高），孔底高程75.00m。

(7)右岸厂房坝段（右厂坝段）

右岸厂房坝段前缘总长509.00m，自左至右依次为左厂15～20号坝段、右安Ⅲ坝段、左厂21～26号坝段。右厂15～26号坝段除右厂26号坝段前缘长49.40m外，其余坝段长均为38.30m。每个坝段分为两个坝段，左侧为钢管坝段，前缘长25.00m；右侧实体坝段长13.30m，右厂26号实体坝段长24.40m。右安Ⅲ坝段分为右安Ⅲ-1号和右安Ⅲ-2号坝段，两个坝段长均为19.15m。右厂15～26号坝段在上游面设电站进水口，进口高程108.00m，引水压力管道内径12.40m。右厂19号坝段实体坝段下游侧设6号电梯井。右厂26号坝段实体坝段下游侧设7号观光电梯井。右厂19号坝段钢管坝段基础部位设大坝渗漏集水井，泵房设在高程72.20m，右厂22号坝段钢管坝段基础部位设大坝渗漏集水井，泵房设在高程50.00m。右安Ⅲ-1号、右安Ⅲ-2号坝段分别布设5号、6号排沙孔，进口孔底高程75.00m；右厂26号坝段实体坝段布设7号排沙孔，进口孔底高程90.00m，3个排沙孔进口尺寸均为5.00m×7.00m（宽×高），排沙孔内径5.00m。

(8)右岸非溢流坝段（右非坝段）

右岸非溢流坝段前缘长140.00m，分为7个坝段即左非1～7号坝段，每个坝段长20.00m。左非1号坝段布设3号排漂孔，有压段出口尺寸7.00m×12.00m（宽×高），进口底高程133.00m。右非2号坝段下游边坡与右岸副厂房之间设自动扶梯，经坝下游与右厂26号坝段7号电梯井相通，作为右厂房连接大坝的交通。

4.1.2 坝体结构

4.1.2.1 大坝断面

(1)泄洪坝段

泄洪坝段基本断面为三角形，泄18～23号坝段上游面铅直，泄1～17号坝段上游在高程45.00m以上伸出5.00m；下游坝坡及表孔溢流面均为1∶0.7。建基岩面高程4.00～45.00m，最大坝高181.0m，坝顶宽40.00m，其中坝轴线上游5.00m，坝轴线下游非表孔部分22.00m为实体，下游侧13.00m为公路桥；最大底宽126.73m。坝体内布置三层泄流孔，上层表孔、下层导流底孔跨缝布置，中层深孔布置在每个坝段中央，表孔堰顶高程158.00m，深孔进口高程90.00m，底孔进口高程56.00m(两侧各3个边孔进口高程57.00m)，施工后期导流底孔已全部回填混凝土封堵。泄洪坝段典型剖面见图4.1.4。

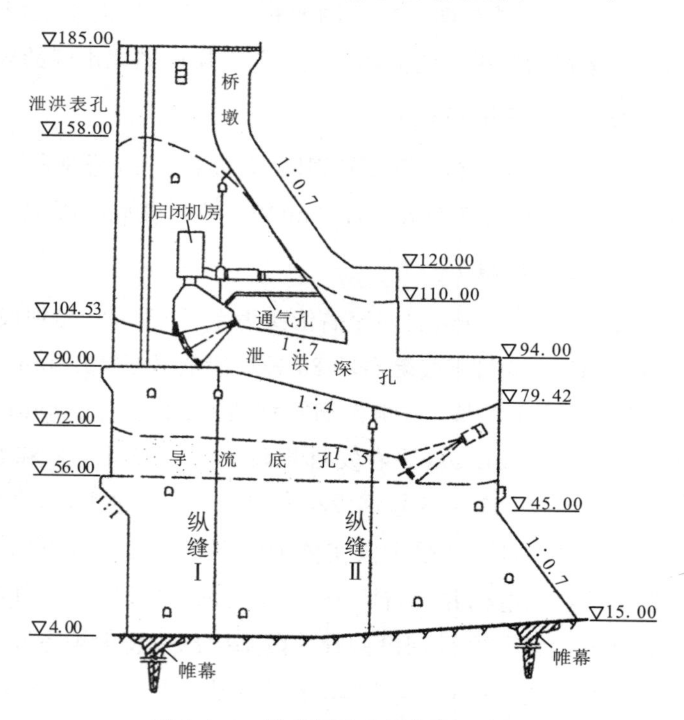

图4.1.4 泄洪坝段典型剖面示意图

(2)厂房坝段

厂房坝段坝顶宽度34.50～41.60m，其中坝轴线上游6.5m，坝轴线下游宽16.00m为实体，下游侧12.00m为公路桥；上游坝面铅直，下游坝面坡度1∶0.72，折坡点高程162.78m，折坡处以圆弧连接，半径R=12.00m。左厂1～14号坝段建基岩面左高右低，高程90.00～20.00m；右厂15～26号坝段建基岩面右高左低，高程90.00～30.00m。左厂1～5号坝段和右厂24～26号坝段为两岸岸坡坝段，为深层抗滑稳定需要，在坝轴线上游部位设齿槽，开挖至高程85.00m。左厂1～6号坝段、右厂24～26号坝段上游面高程108.00m以下伸出 17.50m 以增大坝底宽度，兼用作拦污栅墩的支承。左厂 7～14 号坝段、右厂 15～23 号坝段拦污栅墩支承为沿坝面连续外悬式牛腿，牛腿顶面高程 98.00m，悬出 12.50m，外边缘高度 3.00m，底坡为 1.6∶1，根部与坝面连接高程为 75.00m。拦污栅墩在钢管坝段按四孔五墩布置，在实体坝段按二孔三墩布置。左厂 4 号、5 号、9 号、10 号、11 号，右厂 16 号、18 号、19 号、22 号、24 号坝段的实体坝段坝顶布置 4.5m×7.6m（宽×高）的拦污栅库，每库平行放 3 扇栅。在左厂 1 号、6 号，右厂 15 号、20 号、25 号坝段的实体坝段坝顶布置排沙孔事故门库。厂房坝段典型剖面见图 4.1.5、图 4.1.6。

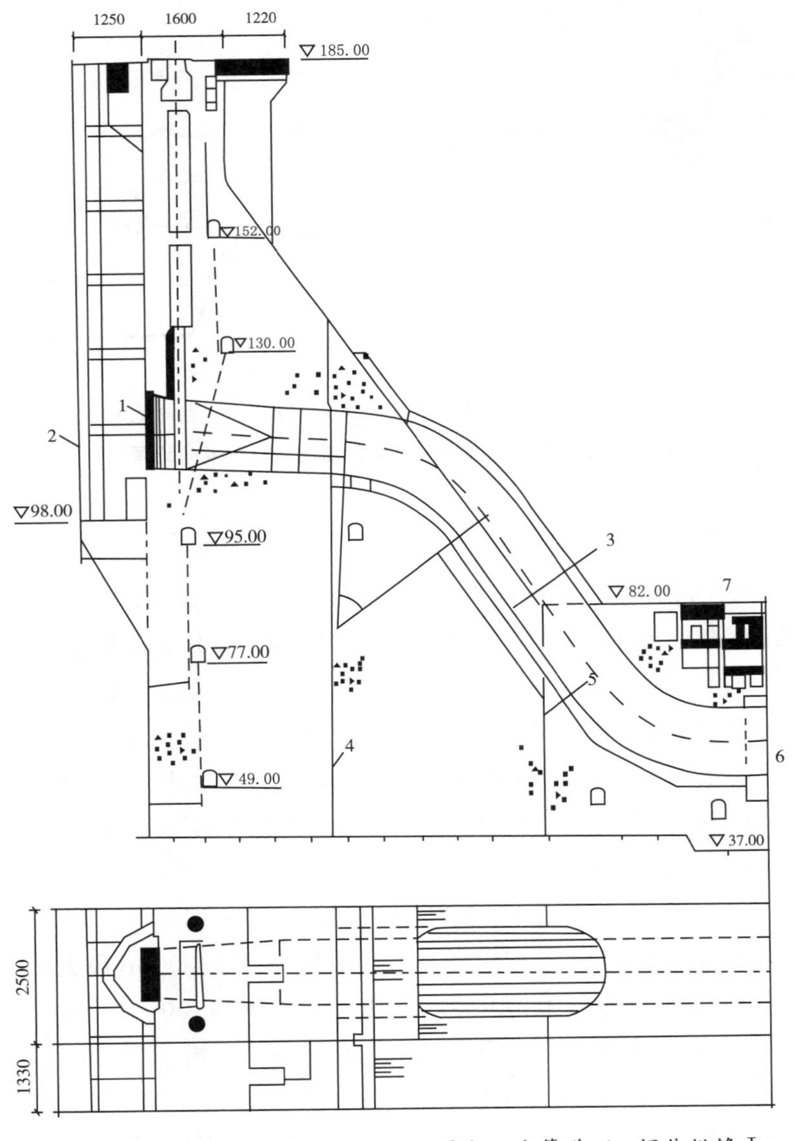

1—电站引水进水口；2—拦污栅墩；3—引水压力管道；4—坝体纵缝Ⅰ；5—坝体纵缝Ⅱ；6—大坝与坝后厂房分界线；7—上游副厂房

图 4.1.5 河床部位厂房坝段剖面图

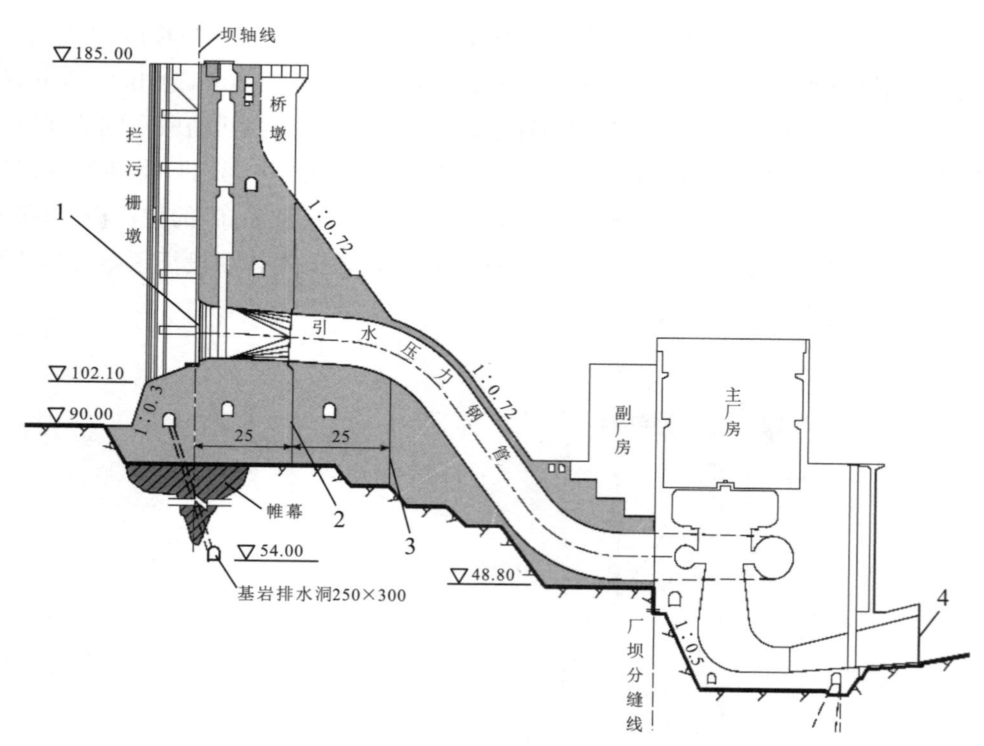

1—电站引水进水口；2—坝体纵缝Ⅰ；3—坝体纵缝Ⅱ；4—电站尾水管出口

图 4.1.6 两岸岸坡坝段典型剖面图(右厂 26 号坝段)

(3)非溢流坝段

左非 1～7 号坝段建基岩面最低高程 112.00m，坝顶宽度 15.00m，为实体公路；上游坝面为铅直，下游坝坡 1：0.65。左非 9～17 号坝段，建基岩面最低高程 79.50m，最大坝高 105.50m，坝顶宽 28.00～34.50m，其中实体 15.00m，下游侧 13.00m 为公路桥，上游坝面为铅直面；下游面坝坡为 1：0.65，左非 16 号和 17 号坝段坝顶布置有 6.50m×14.4m(宽×长)的电站进口检修门库。左非 8 号坝段建基面最低高程 79.50m，最大坝高 105.50m；坝顶实体宽 18.00m，坝顶宽度通过墩墙结构向下游延伸至宽度 70.00m 以布置缆机左塔架；坝底宽 83.00m；上游坝面为铅直面，下游面为折面：高程 157.00～116.00m 坝坡 1：0.75，高程 116.00～96.00m 坝坡 1：0.65，高程 96.00m 以下为铅直。左非 18 号坝段建基岩面最低高程 28.00m，最大坝高 153.00m；坝顶宽度 34.50m，其中坝轴线上游 6.50m，坝轴线下游 15.00～16.00m 为实体，下游侧 12.00～13.00m 为公路桥；上游坝面为铅直面，下游面为折面，折坡点高程 165.00m，坝坡由 1：0.65 过渡为 1：0.72。

右非 1 号坝段坝顶宽 34.50m，其中坝轴线上游 6.50m，坝轴线下游 16.00m 为实体，下游侧 12.00m 为公路桥；上游坝面为折线，坝体下游面坡比 1：0.72，折坡高程 162.78m，折坡处以圆弧连接；建基岩面高程 97.00m，最大坝高 84.00m。右非 2～4 号坝段坝顶宽

34.60m，其中坝轴线上游6.60m，坝轴线下游15.00m为实体，下游侧13.00m为公路桥；右非2～3号坝段坝体上游坝面为折线，下游面坡比1∶0.65，折坡点高程165.00m，折坡点处以半径12.00m的圆弧平顺连接；建基面高程108.00～123.00m，最大坝高75.00m；右非2号和3号坝段坝顶布置有6.50m×14.40m（宽×长）的电站进口检修门库。右非5号和6号坝顶宽28.00m，其中15.00m为实体，下游侧13.00m为公路桥；建基面高程149.00～160.00m，最大坝高32.00m。右非7号坝段坝顶宽23.60m，其中17.20m为实体，下游侧6.40m为公路桥，建基岩面高程172.0m，最大坝高9.00m。上右非4～7号坝段下游侧均为铅直面。非溢流面坝段典型剖面见图4.1.7。

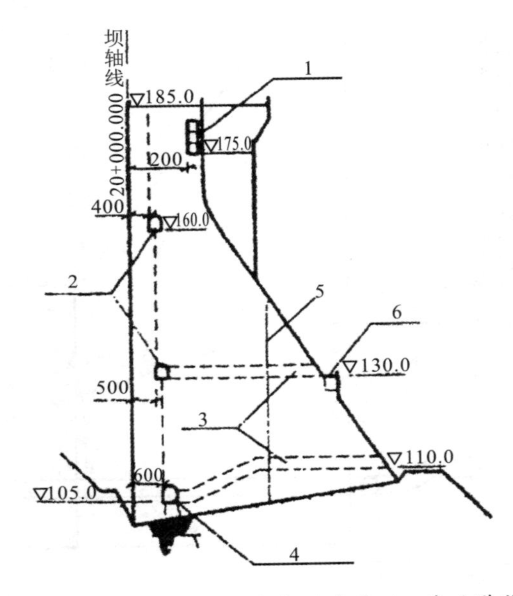

1—坝顶观测电缆廊道；2—坝体排水廊道；3—坝内交通廊道；4—基础灌浆排水廊道；5—坝体纵缝；6—坝后交通廊道

图4.1.7 非溢流坝段剖面图

（4）右厂排坝段

右厂排坝段坝顶总宽41.50～41.60m，其中坝轴线上游6.50～6.60m，坝轴线下游宽度16.00～22.00m为实体；建基岩面高程35.00～45.00m，呈台阶形状，最大坝高150.0m；大坝上游面在高程45.00m以下及高程98.00m以上铅直，高程98.00m以上因布置排沙口进口，坝面伸出坝轴线上游12.50m，拦污栅墩布置在高程98.00m平台上；大坝下游面坝坡1∶0.72。坝体布设4号排沙孔，进口底高程75.00m。右厂排坝段典型剖面见图4.1.8。

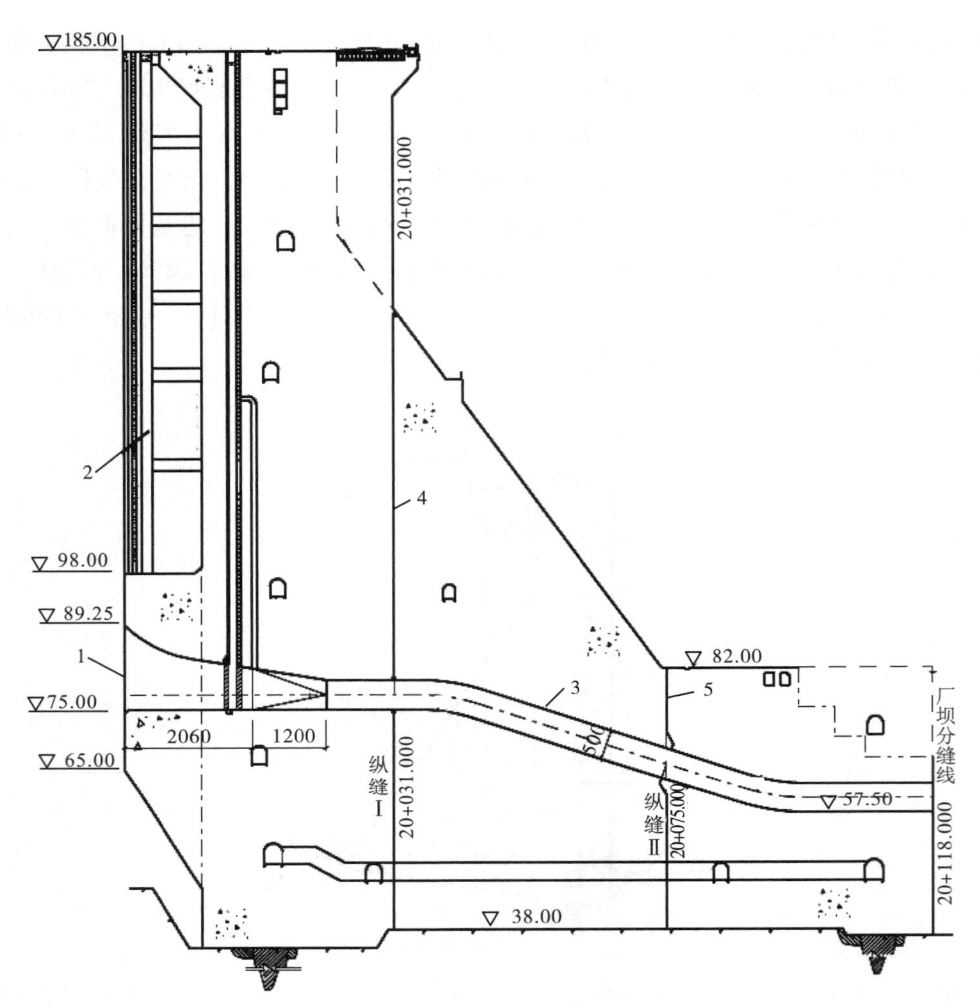

1—排沙孔进水口；2—拦污栅墩；3—排沙孔管道；4—坝体纵缝Ⅰ；5—坝体纵缝Ⅱ

图 4.1.8 右厂排坝段剖面图

(5)左导墙坝段

左导墙坝段建基岩面高程 6.00～20.00m，最大坝高 179.00m。坝顶宽 40.00m，其中坝轴线上游 5.00m，坝轴线下游 35.00m 为实体；坝轴线上游高程 120.00～133.00m 悬挑 8.00m牛腿。大坝上游面铅直，下游坝坡 1∶0.72，后接高程 82.00m 平台至左导墙。左导墙坝段中间设排漂孔，孔口尺寸 10.00m×12.00m(宽×高)，进口高程 133.00m，有压段出口为宽 10.00m 的明流泄槽，直至左导墙末端。左导墙坝段典型剖面见图 4.1.9。

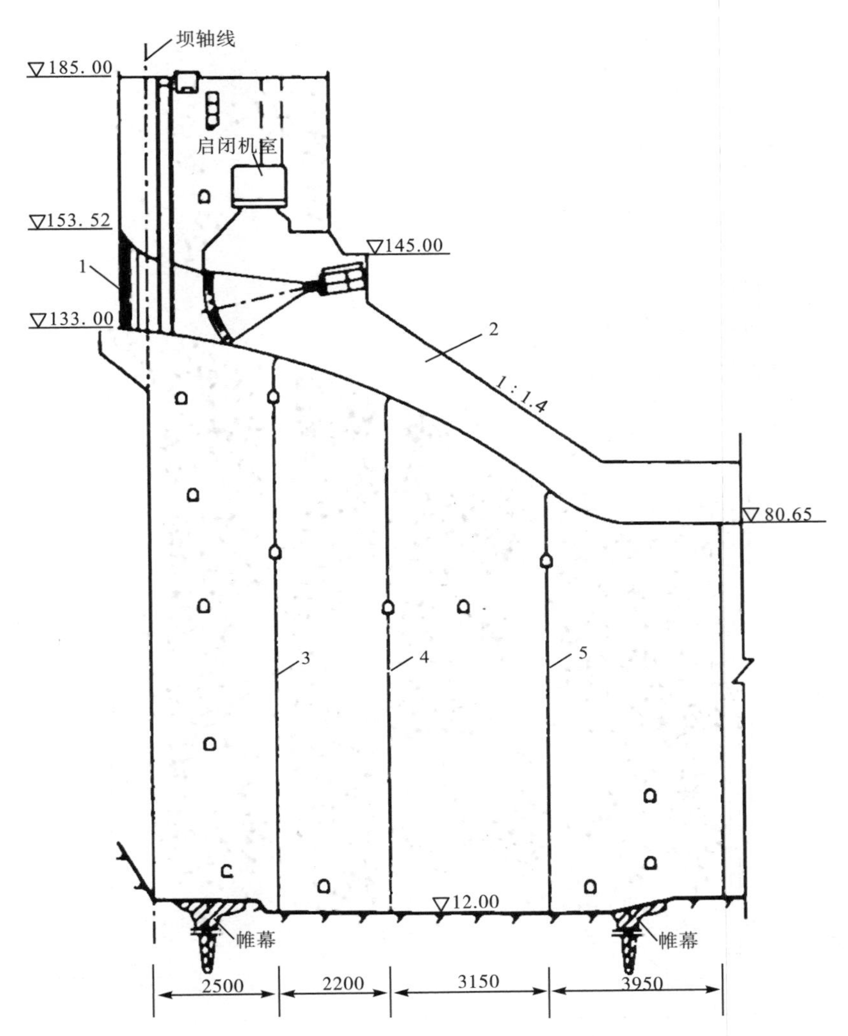

1—排漂孔进水口;2—排漂孔;3—坝体纵缝Ⅰ;4—坝体纵缝Ⅱ;5—坝体纵缝Ⅲ

图4.1.9 左导墙坝段剖面示意图

(6)纵向围堰坝段

纵向围堰坝段分为右纵1号和右纵2号两个坝段,建基岩面高程38.00～45.00m,坝底宽115.00m。右纵1号坝段长32.00m,坝顶宽40.00m,其中坝轴线上游5.00m,下游侧35.00m为实体;坝体上游面铅直,下游坝坡1∶0.72,下游起坡点高程122.50m。坝段中间布设排漂孔,孔口尺寸10.00m×12.00m(宽×高),进口底高程133.00m。右纵2号坝段长36.00m为实体坝段,在高程91.00m以上坝段中间设横缝并灌浆,分为左右各18.00m两个坝段,坝顶宽40.00m,其中坝轴线上游5.00m,坝轴线下游宽22.00m为实体,下游侧13.00m为公路桥;坝体上游面铅直,下游面坝坡1∶0.72,下游起坡点高程154.44m,高程82.00m平台与右厂坝平台及下游混凝土纵向围堰相接。纵向围堰坝段典型剖面见图4.1.10。

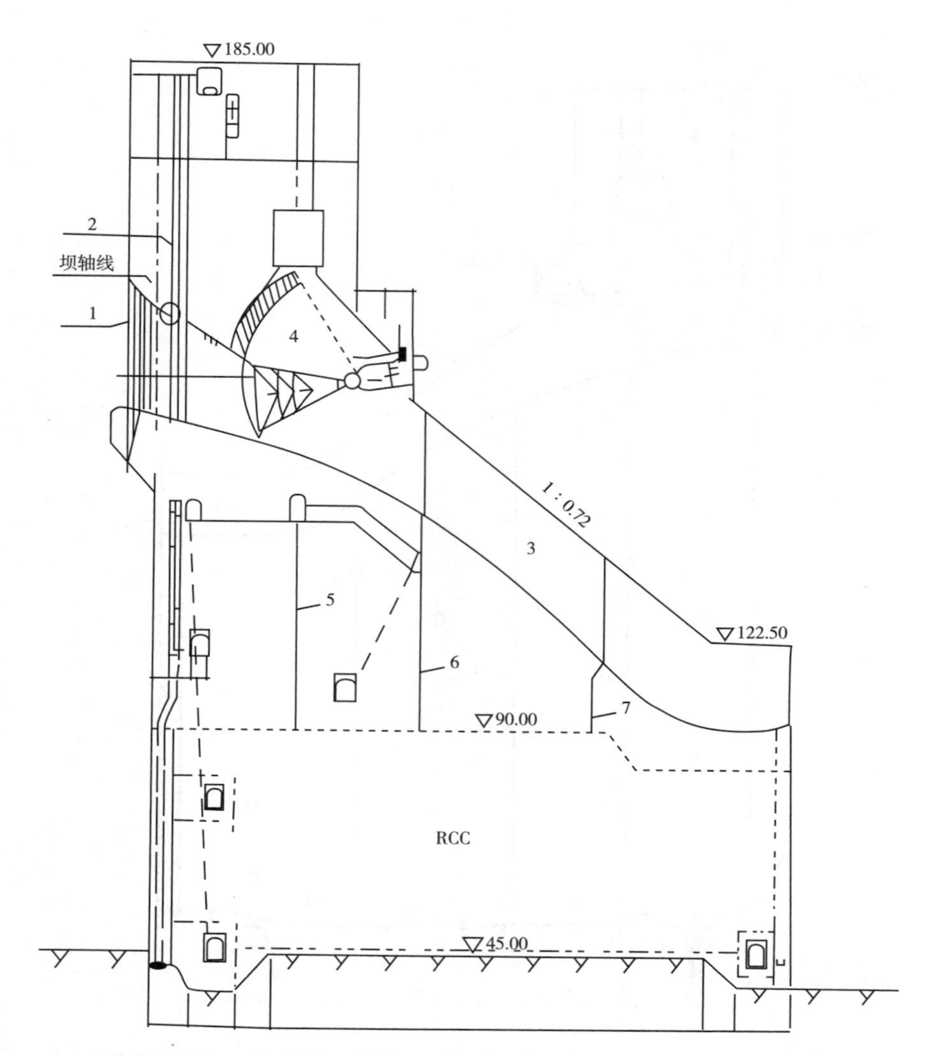

1—排漂孔进水口；2—检修门槽；3—排漂孔边墙；4—弧形工作门；5—坝体纵缝Ⅰ；6—坝体纵缝Ⅱ；7—坝体纵缝Ⅲ

图 4.1.10　纵向围堰坝段剖面图

(7)临时船闸坝段

临时船闸坝段分为临船1号、2号和3号坝段。临船1号和3号坝段长均为19.00m；坝顶宽35.00m，其中实体宽18.00m，坝下游侧设两个顶部宽17.00m的桥墩，设公路桥；上游坝面为铅直面，下游坝坡在高程160.83m以下为1：0.75；在坝轴线上游5.30m处设1条永久缝，坝轴线下游18.80m、43.80m及63.80m处设置3条纵缝，纵缝Ⅰ分别在高程120.0m及129.00m设置并缝廊道进行并缝；建基面侧向为台阶状，临船1号坝段左侧和临船3号坝段右侧建基岩面高程为79.50m，中间高程61.50m，其间以1：0.4坡度相接，高程143.00m平面在坝轴线下游宽度为31.53m，以1：0.65坡度接至高程79.50m平台，再以直立坡相接建基面；在临船1号坝段坝顶布置4.0m×10.0m(宽×长)的冲沙闸孔事故检修门库。临船

2 坝段长 24.00m，初期作为临时船闸上游航道，停航后续建坝体建冲沙闸，在其下游的临时船闸室和航道内建消力池、消力墩、挑坎、整流塘等消能建筑物。临船 2 坝段建基岩面高程 61.50m，最大坝高 123.50m；坝顶宽 35.00m，其中实体部分宽 23.50m；坝体底宽95.00m，设置三条纵缝，分别在坝轴线下 28.00m、50.00m 和 73.00m。临船 2 坝段内设 2 个冲沙孔，采用压力短管形式，进口底高程 102.00m，出口断面尺寸 5.50m×9.60m(宽×高)，出口段明流段堰面采用 $Y=X^2/220$ 抛物线，后接 1∶1.5 直线段，再接反弧段(图 4.1.11)。

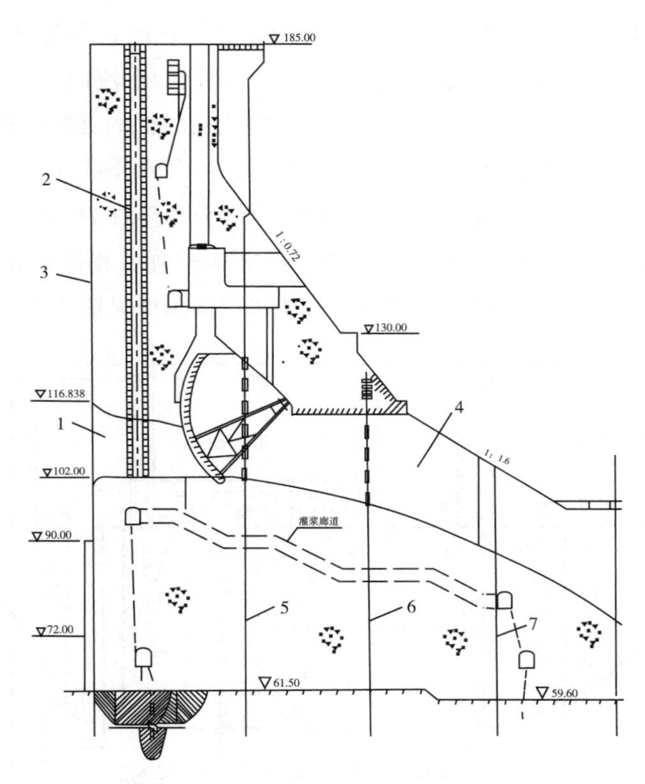

1—冲沙闸孔进水口；2—检修门槽；3—坝轴线；4—冲沙闸孔；5—坝体纵缝Ⅰ；6—坝体纵缝Ⅱ；7—坝体纵缝Ⅲ

图 4.1.11 临时船闸坝段剖面图

(8)升船机坝段

升船机坝段作为升船机上闸首，在正常工况下须适应枢纽运行水位 175.0m 至 145.0m 的变化，根据升船机设备布置及闸首稳定的要求，上闸首顺水流向在建基面长度 125.0m，由于闸首底板预应力布置需要，混凝土结构在高程 130.4m 以上向上游悬挑 5.0m，总长度为 130.0m，垂直水流向总宽度为 62.0m，其中航槽宽 18.0m，航槽两侧边墩沿水流向分为4 段，第一段宽为 22.0m，第二、三、四段宽均为 19.0m。上闸首顶面高程 185.0m，按基岩可利用高程及建筑物布置要求，上游沿水流向长 80.9m 建基面高程为 95.0m，左侧以 1∶0.3 岩坡在高程 112.0m 与左非 7 号坝段建基面相接，右侧在高程 95.0m 以 1∶0.6 岩坡在高程 79.5m与左非 8 号坝段建基面相连，下游按 1∶0.3 的坡比深切开挖至高程 48.0m。上闸首航槽底坎高程按最低通航水位 145.0m 定为 141.0m，沿水流向自上而下分设挡水门、辅助门和工作门；工作门槽布置在航槽尾部，工作门槽长 27.8m、宽 4.8m，挡水门槽及辅助门槽长 20.6m、宽 4.0m；工作门由 1 扇高 17.0m 并带有卧倒式过船小门的平板闸门和 7 节高 3.75m的叠梁组成，为降低工作门与叠梁的水压力，减小高水头大跨度闸门与门槽埋件设计难度，工作门与叠梁止水均布设在上游侧，左右侧的止水间距 19.0m，下游侧的支承跨度 26.8m；工作门与辅助门的设计水位为 175.0m，挡水门的校核水位为 180.4m，升船机投入运行前由挡水门挡水；工作门和辅助门（挡水门）由 2 台设在闸首顶部排架上的 2×2500kN 和 2×2000kN 的桥机分别操作。上闸首顶面在左、右两侧顺水流向各布置 6 个正方形空心排架柱，高度 31.0m，为挡水门、辅助门和工作门的桥式启闭机的支撑结构；在距闸首上游面 12.45m 处设有横跨航槽、连接两岸交通的单悬臂钢结构活动公路桥，桥面宽度 9.0m，在活动公路桥设有闸门检修平台，顺水流向长 16.0m，检修平台高程为 195.5m。上闸首基础帷幕及排水廊道距上游面 6.0m 与左右侧非溢流坝段相应的廊道相接，在闸首 130m 及 160m 高程设有排水廊道及交通、管线廊道等设施。升船机坝段剖面见图 4.1.12。

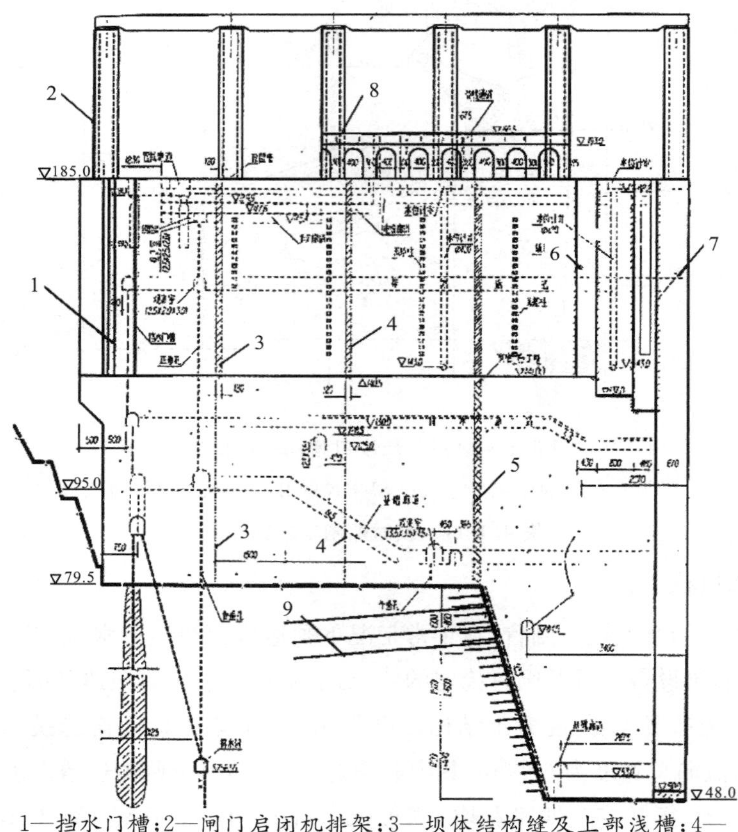

1—挡水门槽；2—闸门启闭机排架；3—坝体结构缝及上部浅槽；4—坝体结构缝及上部浅槽；5—坝体结构宽槽；6—辅助工作门槽；7—工作门槽；8—闸门检修平台；9—预应力锚索

图 4.1.12　升船机坝段剖面图

4.1.2.2 大坝分缝分块

(1)横缝布置

根据大坝各坝段单独承受水推力作用的工作特性,在横缝布置中主要考虑以下因素:孔口尺寸、体形和闸门、启闭设备操作布置需要;孔口对坝体结构削弱,分析坝体应力,不影响结构安全;大体积混凝土温度控制及防止裂缝。大坝主要坝段横缝布置为:泄洪坝段横缝间距21.00m;厂房坝段对应机组坝段间距为38.30m,分为钢管坝段横缝间距25.00m,实体坝段横缝间距13.30m,右厂26号实体坝段横缝间距24.40m,安Ⅲ坝坝段横缝间距为19.15m;两岸非溢流坝段除左非8号坝段横缝间距23.07m,左非9号坝段横缝间距12.82m,其余各坝段横缝间距均为20.00m。

(2)纵缝布置

大坝纵缝为施工分缝,主要考虑坝段结构特点和要求,混凝土浇筑能力、温度控制及防止裂缝,并参照国内外工程施工经验。大坝各坝段纵缝布置为:泄洪坝段最大底宽126.73m,设2条纵缝,分别位于坝轴线下游25.00m及69.70m,厂房坝段岸坡坝段设1条纵缝,位于坝轴线下游25.00m;河床坝段最大底宽118.00m,设2条纵缝,分别位于坝轴线下游35.00m及75.00m。纵向围堰坝段底宽115.00m,右纵1号和右纵2号坝段分别设3条或2条纵缝。左导墙坝段和临时船闸坝段设3条纵缝。两岸非溢流坝段坝底宽超过40.00m设1条纵缝,小于40.00m不设纵缝。

4.1.2.3 坝顶布置

坝顶布置有坝顶公路、门机及其轨道、门库、门井及其他功能性设施。

(1)坝顶公路

坝顶公路贯穿整个大坝,其左右岸两端与上坝公路相连接。坝顶公路位于下游侧,除左非1~7号坝段、左导墙坝段、右纵1号坝段布置在实体部位外,其余坝段均在坝顶实体下游侧架设公路桥。坝顶公路行车道宽11.00m,行车道中心高程185.11m,向两侧设2%的横向排水坡。左非1~7号坝段分别在行车道上、下游侧设1.80m和2.20m宽的人行道,其他坝段在行车道下游侧设2.00m宽的人行道。人行道高程185.40m,人行道采用L形预制板,下游设混凝土栏杆。

(2)门机及其轨道

左岸厂房坝段布设4500kN门机,门机轨距16.00m,轨道在坝轴线上游5.00m;;轨道范围为:左非14号坝段至左厂14号坝段,轨道全长669.00m。左岸厂房坝段坝顶门机轨道布设在预制预应力钢筋混凝土组合箱形门机大梁上。

泄洪坝段布置3台5000kN门机,门机轨距21.00m,轨道在坝轴线上游2.00m;轨道布置范围为:左导墙坝段至右纵2号坝段,轨道全长583.00m。泄洪坝段坝顶门机轨道布设在预制钢筋混凝土门机大梁上。

右岸厂房坝段布置2台4500kN门机，门机轨距16.00m，轨道在坝轴线上游5.00m；轨道范围为：右纵2号坝段至右非4号坝段，轨道全长594.50m。右岸厂房坝段坝顶门机轨道布设在预制预应力钢筋混凝土组合箱形门机大梁上。

(3)门库

在坝顶门机轨道之间设有各种门库：电站进水口检修门库、排沙孔挡水事故门及抓梁门库、清污设备及抓梁门库、拦污栅库、深孔检修叠梁及抓梁门库、表孔工作门库、深孔事故门及抓梁门库、排漂孔事故门及抓梁门库等。

(4)液压泵房

左、右岸厂房坝段电站进水口快速门液压泵房采用一机一泵房，泵房布置在门槽顶部，其顶高程186.00m，凸出坝顶的平面尺寸为6.80m×13.00m。

(5)电梯井

临船3号、左非17号、左厂7号实体坝段、左导墙坝段、右纵1号坝段公路下游侧布置有1号、2号、3号、4号、5号电梯井，供坝内垂直交通以及与电站厂房交通联系用。电梯井中布置有电梯、楼梯、电缆竖井及电梯前室等。

(6)其他设施

坝顶布设6个变电所、1个观测室、4个卫生间及净化设备、消防设施等。

4.1.2.4 坝体廊道

根据大坝基础灌浆、排水、监测、电缆敷设、运行维护、交通、通风等要求，坝体内设置有基础灌浆廊道、坝面排水廊道、接缝灌浆廊道、电缆廊道、观测廊道、引风廊道、交通廊道等类型的廊道，或专用或共用。

(1)坝基灌浆廊道和排水廊道

大坝上游侧距上游坝面5.00～12.00m坝体近基础部位布置坝基灌浆排水廊道，断面尺寸3.00m×3.50m(宽×高，下同)，从左非17号坝段至右非2号坝段封闭抽排区内，在大坝下游侧距坝面8.00～10.00m坝体近基础部位布置坝基灌浆排水廊道，断面尺寸3.00m×3.50m。左非17号坝段至左安Ⅲ坝段在下游基岩内设高程25.00m排水洞，断面尺寸2.50m×3.00m，下游封闭帷幕灌浆廊道位于左岸电站厂房内。左非7号坝段至左厂6号坝段在上游距坝轴线下游15.00m基岩内设高程74.00m的排水隧洞，断面尺寸2.50m×3.00m；左非17号坝段至左厂7号坝段在上游距坝轴线下游15.00m基岩内设高程50.00m的排水隧洞，尺寸2.50m×3.00m；上游排水洞在左厂3号坝段设横向排水洞，与下游高程25.00m排水洞相连。

左厂7号坝段至右厂21号坝段近基础设置两条纵向排水廊道，分别在坝轴线下游25.00m和坝轴线下游85.00～75.00m，每隔一条横缝设置一条骑缝的排水廊道，断面尺寸2.50m×3.00m。

左厂1号坝段至左厂6号坝段在坝轴线下游33.00m设置纵向廊道，每个坝段中间设横向廊道，断面尺寸3.00m×3.50m。

右厂22号坝段至右非1号坝段在下游基岩内设高程25.00m的排水洞，断面尺寸2.50m×3.00m；右厂23号坝段至右非2号坝段在上游距坝轴线下20.00m、19.00m基岩下部，设高程59.00～54.00m的排水洞；上游排水洞在右非1号与右非2号坝段间设横向排水洞，与下游高程25.00m排水洞相连。大坝基础共布置7个集水井，分别布置在临船1号坝段，左厂7号钢管坝段、左导墙坝段、泄1号坝段、泄23号坝段、右厂19号坝段、右厂22号坝段。

(2)坝内排水廊道

大坝除基础灌浆排水廊道外，坝面排水廊道左非4～7号坝段在高程160.00m设1层，左非12～18号坝段在高程160.00m和130.00m共设2层；左厂1～14号坝段设5层，高程分别为：49.00m、72.00m、96.00m、130.00m和152.00；泄洪坝段设4层，高程分别为：49.00m、80.50m、116.50m和140.00m；右厂坝段右厂排坝段至右厂26号坝段设5层，高程分别为49.00m、66.00～72.00m、94.00m、130.00m、152.00～155.00m；右非1～7号坝段设1层，高程155.00～164.00m。排水廊道断面尺寸为2.50m×3.00m，各层廊道间用∅200mm的排水孔连接，排水孔间距3.00m，排水廊道距上游坝面5.00～10.00m。各层排水廊道排水分别引至大坝基础廊道集水井，再由深水泵抽出坝外。

(3)坝体接缝灌浆廊道

左非12～18号坝段高程130.00m每隔一条横缝设一条横缝灌浆廊道；左厂1～14号坝段在高程49.00m、72.00m、94.00～96.00m和130.00m每隔一条横缝设一条横缝灌浆廊道；在高程72.00m坝轴线下游57.00m设一条纵缝灌浆廊道；泄1～23号坝段在高程80.50～27.00m坝轴线下游25.00～64.00m(64.90m)的每条横缝上设一条骑缝的灌浆廊道，在坝体中部高程72.00m、80.50m和99.00～101.00m设一条骑缝纵缝灌浆廊道；右厂21～22号坝段之间横缝及右厂15～20号坝段在高程72.00m每隔一条横缝设一条跨横缝的灌浆交通廊道，并在高程72.00m坝轴线下游51.00m设一条纵向廊道将该高程各廊道相通；右厂排坝段、右厂16号实体坝段、右厂19号坝段、右安Ⅲ坝段、右厂21号坝段、右厂23号坝段，在高程94.00m均设一条接缝灌浆廊道，并在右厂排至右厂23号坝段高程94.00m位于坝轴线下游39.00m设一条下游纵向交通灌浆廊道，该廊道均引至坝下游高程130.00m交通道。

(4)坝内观测廊道

左非1号坝段至右非7号坝段，在坝轴线下游12.00m、高程175.40m处设一条观测廊道，该廊道位于电缆廊道下部，断面尺寸2.00m×2.00m。左厂1～5号坝段上游基础廊道、左厂5～14号坝段高程96.00m廊道、左厂14号至右纵1号坝段高程116.50m廊道、左厂9号至右厂21号坝段高程49.00m廊道、右厂15～24号坝段高程94.00m廊道等5条廊道兼作观测廊道。

(5)坝内交通廊道

坝内各层廊道、各操作室、集水井、水泵房、观测室等均通过交通廊道与电梯井、楼梯井相接。交通廊道断面尺寸均为2.50m×3.00m。左非12～18号坝段基础横向廊道均通至坝后地面，兼作对外交通廊道；左非1号、3号、6号坝段设置横向交通廊道连接下游基础廊道与坝后地面；左非12号坝段至左厂14号坝段高程130.00m的横向接缝灌浆廊道与坝后130.00m坝后交通道相接，作为对外交通；左厂7号坝段与左导墙坝段设高程82.5m交通廊道连接大坝电梯井与高程82.00m厂坝平台；泄1～23号坝段设高程116.50m操作廊道，断面尺寸2.50m×4.00m，连接大坝电梯井与深孔油泵室、操作室；右厂排坝段至右厂26号坝段高程130.00m横向灌浆廊道与高程130.00m坝后交通道相接，作为对外交通；左厂23号坝段和右厂25号坝段设置横向交通廊道与坝后高程82.00m厂坝平台相接；右厂26号实体坝段设高程102.20m横向交通廊道连接大坝7号电梯井，并通至坝后高程100.00m平台，兼作对外交通廊道；右非2号坝段、右非3号坝段及右非5号坝段基础横向廊道均通至坝后地面，兼作对外交通廊道。

(6)坝内引风廊道

左、右岸厂房坝段各布置6条引风廊道，用于从坝内廊道向电站厂房通风制冷系统供风。引风廊道断面尺寸2.00m×2.50m。

左岸厂房坝段6条引风廊道布置在左厂1号、左厂6号、左厂7号、左厂11号、左厂14号坝段和左安Ⅲ坝段。右岸厂房坝段6条引风廊道布置在右厂15号、右厂18号、右厂20号、右厂21号、右厂24号和右安Ⅲ坝段。

4.1.2.5 大坝横缝止排水

各坝段横缝上游坝面高程184.00m以下设两道紫铜止水片，间距为1.50m，第二道止水片与坝轴线的距离为1.00～3.00m，两道止水片间设排水槽；排水槽在靠近上游坝面的各层排水廊道高程处，采用厚60cm的混凝土隔断，将排水槽分隔成几段，并设水平紫铜止水片；每段排水槽的顶、底埋设∅80mm的钢管，与各相应高程廊道相通。下游坝面高程84.00m以下设两道紫铜止水片，间距为1.00m，两道止水片之间设排水槽。坝内廊道及孔口在跨横缝处设置一道紫铜止水片，其中底孔底板处设两道。

4.1.3 坝内泄流(引水)孔口

大坝坝内共布设108个泄流(引水)孔口，其中22个导流底孔已全部回填混凝土封堵。现有88个泄流(引水)孔口。泄洪坝段布设22个泄洪表孔、23个泄洪深孔；3个排漂孔分别布置在左导墙坝段、右纵1号坝段、右非1号坝段；7个排沙孔分别布置在左非18号坝段、左安Ⅲ-1、左安Ⅲ-2坝段、右厂排坝段、右安Ⅲ-1、右安Ⅲ-2、右厂26号实体坝段；2个冲沙孔布置在临船2号坝段；左右岸电站26个引水压力管道分别布设在左厂1～14号坝段钢管坝段和右厂15～26号坝段钢管坝段，另有电源电站的2个引水压力管道布设在左非11号、12号坝段；电站水厂2个取水管道布设在左非16号坝段。大坝坝内泄流(引水)孔口尺寸及布设高程见表4.1.1。

表 4.1.1 **大坝各坝段坝内泄流(引水)孔口汇总表**

项目	临船坝段	左岸非溢流坝段				左岸厂房坝段			左导墙坝段	泄洪坝段		右纵坝段	右岸厂房坝段				右非1号坝段
坝段		左非11号	左非12号	左非16号	左非18号	左厂1~6号	左安Ⅲ	左厂7~14号		泄1~23号			右厂排	右厂15~20号	右安Ⅲ	右厂21~26号	
坝段数	3	1	1	1	1	12	6	16	2	23		2	1	12	2	12	1
前缘长度(m)	62.00	20.00	20.00	20.00	20.00	229.80	38.30	313.40	32.00	483.00		68.00	16.00	229.80	38.30	240.90	20.00
坝顶宽度(m)	35.00	28.00	28.00	34.50	34.50	34.50	34.50	34.50~41.60	40.00	40.00		40.00	41.60	41.60~34.50	34.50	34.50	34.50
建基岩面高程(m)	61.50~79.50	100.00~108.00	100.00~108.00	100.00~108.00	86.00	65.00~90.00	60.00~65.00	20.00~50.00	12.00	4.00~45.00		45.00	35.00~45.00	30.00~40.00	35.00~40.00	40.00~55.00	90.00~108.00
坝内孔口 孔口名称	冲沙闸孔	电源电站引水孔	电源电站引水孔	电厂水厂取水孔	1号排沙孔	左岸电站引水管	2号、3号排沙孔	左岸电站引水管道	1号泄洪排漂孔	泄洪表孔	泄洪深孔	2号泄洪排漂孔	4号排沙孔	右岸电站引水管道	5号、6号排沙孔	右岸电站引水管道	3号排漂孔
坝内孔口 孔口尺寸(m)	2孔 5.50×9.60	钢管内径6.20	钢管内径6.20	2孔内径1.00	内径5.00	6孔内径10.40	2孔内径5.00	8孔内径10.40	10.00×12.00	宽8.00	7.00×9.00	10.00×12.00	内径5.00	6孔内径12.40	2孔内径5.00	6孔内径12.40	10.00×12.00
坝内孔口 进口底槛高程(m)	102.00	122.00	122.00	140.00 127.31	90.00	108.00	75.00	108.00	133.00	158.00	90.00	133.00	75.00	108.00	90.00	108.00	133.00
坝内孔口 孔口闸门数量(道)	2	2	2	1	1	2	1	2	2	2	3	2	1	2	1	2	2
备注										泄洪坝段布设的22个导流底孔已全部回填混凝土封堵						右厂26号实体坝段布设7号排沙孔,进口底高程90.00	

4.1.4 大坝孔口闸门及启闭设备

4.1.4.1 泄洪深孔闸门及启闭设备

泄洪深孔为枢纽泄洪的主要通道，布置在每一泄洪坝段中间，共23孔，进水口底坎高程为90.00m。自上游依次布置有三道闸门，第一道闸门为上游检修门，布置在上游坝面，用于事故门槽及孔道检修时挡上游水，孔口尺寸为9.60m×14.00m，采用反钩叠梁门，闸门数量为3扇，由泄洪坝段坝顶设置的3台5000kN门式启闭机的2×630kN副小车及液压自动挂钩梁逐节操作。第二道为事故闸门，采用定轮平面闸门，用于弧形工作门发生故障时及孔道检修时动水下门截断水流挡上游水位，孔口尺寸为7.00m×11.00m，事故闸门3扇，采用泄洪坝段坝顶设置的3台5000kN门式启闭机及液压自动挂钩梁操作。第三道为弧形工作门，为深孔的控制闸门，孔口尺寸为7.0m×9.0m，闸门数量为23扇，一门一机，动水启闭，采用4000kN/1000kN液压启闭机操作。

4.1.4.2 泄洪表孔闸门(工作门、事故检修门结构相同)

泄洪表孔用于枢纽发生特大洪水时配合深孔泄洪，与深孔相间跨缝布置，共22孔，堰顶高程158.00m，分别设平板事故检修门槽和平板工作门槽各一道，22孔表孔共设3套平板事故检修门和22套平板工作门，孔口尺寸8.00m×17.00m，工作门、事故检修门结构相同，均由泄洪坝段坝顶5000kN门式启闭机借助自动挂钩梁操作。在工作门槽下游侧设有门库供工作门存放。

4.1.4.3 泄洪排漂孔闸门及启闭设备

在左导墙坝段和右纵1号坝段各布置一个泄洪排漂孔，用于厂前排泄漂浮物并可参加泄洪，进水口底坎高程为133.00m。从上游顺序依次布置2道闸门，第1道闸门为事故检修门，2孔共用1扇闸门。孔口尺寸为10.00m×15.426m，用于弧形工作门发生故障及孔道和弧门检修时挡上游水，由泄洪坝段坝顶设置的5000kN门机借助液压自动挂钩梁操作。有压段出口处设弧形工作闸门，孔口尺寸为10.00m×12.00m，一门一机，由2×2000kN液压启闭机操作。右岸非溢流坝1号坝段设一个排漂孔，用于右岸厂房前排漂，进水口底坎高程133.00m。从上游顺序依次设事故检修门和弧形工作门。事故检修门在不排漂时用于挡水，孔口尺寸7.00m×15.426m，闸门按175.00m水位设计，180.40m水位校核，在上游水位135.00～150.00m排漂工作时，事故检修门遇事故时可动水下落。弧形工作门按175.00m水位设计，孔口尺寸7.00m×12.84m。排漂孔出口设下游检修叠梁门。

4.1.4.4 导流底孔闸门及启闭设备

导流底孔进口底坎高程为56.00m(泄洪坝段两侧各3个导流底孔进口底高程57.00m)，每个底孔设有4道闸门，从上游至下游依次为进口封堵检修门、事故闸门、弧形工作门和出口封堵检修门。进口封堵检修门布置在上游坝面，用于孔道及事故闸门门槽检修和底孔完成导流任务后封堵孔道时挡上游水。孔口尺寸8.40m×16.00m，闸门形式为反钩叠梁平板门，闸门数量为11扇。由泄洪坝段坝顶设置的3台5000kN门式启闭机的2×630kN副小车借助液压自动挂钩梁逐节操作。

事故闸门用于弧形工作门发生故障时，动水关门截断水流，也可用于弧形工作门及孔道过流面需检修时挡上游水。孔口尺寸为6.00m×12.00m，闸门形式为平板定轮门，闸门数量为3扇。由泄洪坝段坝顶设置的3台5000kN(双向)门式启闭机借助液压自动挂钩梁操作。可在135.00m设计水位动水关门、平压静水启门。

底孔有压段出口处设弧形工作门，用于底孔导流期控制、调节水位。孔口尺寸为6.00m×8.50m，每孔1扇，共22扇。由设在机房的3500kN/1000kN液压启闭机动水启闭。底孔出口末端设出口封堵检修门，用于底孔封堵及孔道、弧形门需检修时挡下游水。孔口尺寸为6.00m×20.20m，闸门形式为反钩平面叠梁门，闸门数量为11扇。由施工塔机及自动挂钩梁逐节静水启闭。

4.1.4.5 排沙孔闸门及启闭设备

左岸电站厂房坝段设有3个排沙孔，1号排沙孔设在左非18号至左安Ⅲ-1坝段，2号、3号排沙孔设在左安Ⅲ-2坝段；右岸电站厂房坝段设有4个排沙孔，4号排沙孔设在右厂排坝段，5号、6号排沙孔设在右安Ⅲ-1、右安Ⅲ-2坝段，7号排沙孔设在右厂26号实体坝段。每年汛期水位在150.00m以下时用于排除厂前淤沙以减少进入机组引水管的泥沙量。排沙孔从进口至工作阀门上游均为直径5.00m的圆形断面，其后由圆形渐变为矩形断面工作阀门槽。距坝轴线下游5.00m处为进口挡水事故门槽，孔口尺寸5.00m×7.63m，每孔设一扇挡水事故闸门，水库不排沙时用以挡水，挡175.00m水位设计，180.40m水位校核；在上游水位135.00～150.00m排沙孔工作时，闸门遇事故可动水下落。工作阀门顶部机房内所设液压启闭机操作。进口挡水事故门由左厂房坝段坝顶4500kN门机借助液压自动挂钩梁操作，出口检修门由尾水门机400/100kN回转吊及吊杆操作吊运。为使排沙孔能长期安全运行及抗冲耐磨要求，孔内全断面均采用复合钢板衬护。

4.1.4.6 电站进水口闸门及启闭设备

左岸电站安装14台机组，右岸电站安装12台机组，采用单机单管引水。设有拦污栅、检修门、事故门、引水压力钢管等，在水电站进水口设有用于启闭上述各类闸门的机械设备。

①进水口拦污栅及启闭设备。左岸厂房1～14号机组坝段，和右岸厂房15～26号机组坝段，在坝轴线上游12.5m处的平台上设有平面式拦污栅，每台机组的拦污栅均由6跨组成，每跨净距4.75m，栅高47.00m，左岸14台机组及右岸12台机组的所有拦污栅互通。拦污栅由栅墩上设置的栅槽支承，各栅墩上设2道栅槽，其中前一道为工作栅槽，后一道为备用栅槽。由厂房坝段坝顶设置的2台4500kN门式起重机1200kN悬臂吊吊运。

②进水口反钩检修闸门及启闭设备。检修闸门布置在机组进水口喇叭口前沿，为减少常规门槽造成的水头损失，采用反钩式小门槽。闸门孔口尺寸12.210m×18.070m，闸门数

量左、右厂房坝段各2扇。由左、右厂房坝段坝顶各设置的两台4500kN门式起重机及自动挂钩梁静水启闭。

③水电站进口快速闸门及启闭设备。在进水口检修门后，引水钢管渐变段前设有平板定轮快速闸门。用于当压力管道及发电机组出现事故时，快速闸门可动水快速关闭截断水流。孔口尺寸为9.20m×13.20m，左岸电站闸门数量14扇，右岸电站闸门数量12扇。分别由一台4000kN/8000kN液压启闭机及吊杆与闸门连接。动水闭门、平压静水启门。

4.1.5 大坝断面设计

大坝断面设计以最高坝体泄洪坝1号及2号坝段为例。

4.1.5.1 坝体断面尺寸

泄洪坝段泄1号2号坝段位于河槽深槽区，坝顶高程185.00m，坝顶宽40.00m(其中坝轴线下游实体部分22.00m)，上游侧建基面高程为4.00m，上游面在高程45.00m以下为铅直，以上伸出5.00m，坝趾处建基面高程15.00m下游坡为1∶0.7，最大坝底宽126.73m。

4.1.5.2 坝基稳定应力分析

泄1～23号坝段坝基采用封闭抽排，由于泄1～2号坝段处于河床深槽部位，各坝段稳定及应力由泄2号坝段控制，泄2号坝段沿建基面抗滑稳定及应力计算成果见表4.1.2。在抗滑稳定分析中考虑了下游建基面施工中发现的部分缓倾角结构面，泄2号坝段沿倾角结构面稳定及应力计算结果见表4.1.3。

表4.1.2 泄洪坝段建基面抗滑稳定及应力成果

工况计算结果	设计工况	校核工况		备注
		校核①	校核②	
稳定安全系数 K'	3.023	3.082	2.719	泄1号与泄2号相同
坝踵正应力 $\sigma_y{}'$(MPa)	0.9	0.7	0.4	
坝趾正应力 $\sigma_y{}''$(MPa)	3.05	3.17	3.6	

表4.1.3 泄2号坝段建沿缓倾角结构抗滑稳定及应力成果

工况计算结果	设计工况	校核工况		备注
		校核①	校核②	
稳定安全系数 K'	3.23	3. 20	2. 88	
坝踵正应力 $\sigma_y{}'$(MPa)	0.92	0. 70	0.40	
坝趾正应力 $\sigma_y{}''$(MPa)	3.05	3. 17	3. 56	

4.1.6 大坝施工分期及主要工程量

4.1.6.1 大坝施工分期

大坝施工按分期导流方式，分为三期：

1)第一期施工

在一期基坑内,大坝施工纵向围堰坝段(右纵坝段)高程 90.00m 以下碾压混凝土,分别与上、下游纵向围堰相接,形成混凝土纵向围堰。在河床左岸,施工左岸非溢流坝 1～11 号坝段和升船机坝段(上闸首)及临时船闸 1 号、3 号坝段,左岸非溢流坝 1～11 号坝段混凝土浇筑至高程 141.00～166.00m,升船机坝段混凝土浇筑至高程 131.00m,临时船闸 1 号、3 号坝段混凝土在三期待临时船闸 2 号坝段封堵,其坝体混凝土浇筑至同一高程后,再同步上升至坝顶高程 185.00m。在临时船闸 1 号、3 号坝段前缘,各向上游伸出长 25.50m 的墩墙,顶高程亦为 143.00m,墩墙设 4.80m×2.00m 的封堵门槽;在坝体及墩墙顶部设有高 12.50m 的排架,其顶部设轨道梁,并布置一台 2×125t 桥机,在三期施工时,用于吊运叠梁门封堵临时船闸 2 号坝段。

2)第二期施工

在二期基坑内,大坝施工纵向围堰坝段(右纵坝段)高程 90.00m 以上常态混凝土和 2 号排漂孔,泄洪坝段及左导墙坝段、左岸厂房坝段、左岸非溢流坝 12～18 号坝段,继续施工左岸非溢流坝段各坝段混凝土均浇筑至坝顶高程 185.00m,并完成孔口闸门及启闭机安装调试。

3)第三期施工

在三期基坑内,大坝施工右厂排沙孔坝段(右厂排坝段)、右岸厂房坝段和右岸非溢流坝段,各坝段混凝土均浇筑至坝顶高程 185.00m 并完成孔口闸门及启闭机安装调试。在河床左岸,临时船闸坝段下叠梁门封堵 2 号坝段,并浇筑坝段混凝土至高程 143.00m,临时船闸 1 号、3 号坝段拆除高程 143.00m 的排架,与 2 号坝段混凝土一并上升至坝顶高程 185.00m,并完成临时船闸 2 号坝段冲沙孔闸门及启闭机安装调试。

4.1.6.2 大坝主要工程量

大坝主要工程量见表 4.1.4。

表 4.1.4 大坝主要工程量表

项目	单位	部位				合计
		右岸非溢流坝段	右岸厂房坝段	泄洪坝段	右岸非溢流坝段及厂房坝段	
坝基开挖	万 m^3		679.78		69.90	749.68
混凝土浇筑	万 m^3	180.27	413.33	580.21	431.28	1605.09
固结灌浆	万 m	2.46	4.74	3.79	4.42	15.41
帷幕灌浆	万 m	2.18	4.27	6.01	7.76	20.22
排水孔	万 m	2.12	4.40	4.02	4.53	15.07
金属结构安装	万 t	10.35			4.04	14.39

三峡工程大坝混凝土量达 1605.1 万 m^3,是当今世界已建混凝土量最多的重力坝。

4.2 大坝建基岩体及基础处理

4.2.1 坝基岩体风化特征及可利用岩体选定

4.2.1.1 坝基岩体风化特征

大坝基岩为震旦纪闪云斜长花岗岩，属古老结晶岩体。主要矿物为斜长石、石英，次要矿物为黑云母、角闪石、钾长石。历经多次构造运动，在风化营力长期作用下，形成不同性状的风化带。覆于微风化和新鲜岩体之上的全、强、弱风化带，统称为风化壳。从两岸山体向河床风化壳厚度逐渐减薄，两岸山体风化壳厚度 20.00～50.00m，最厚达 85.40m；河床风化壳厚度 20.00～10.00m，最薄 1.00～5.00m。全风化带以疏松的碎屑状岩石为主，多呈砂砾状。强风化带由疏松、半疏松状岩石夹坚硬、半坚硬岩石组成，岩芯获得率一般小于 30%。弱风化带以坚硬、半坚硬岩石为主，夹半疏松、疏松岩石。微风化带基本上为坚硬的新鲜岩石，风化形式主要为裂隙面表皮状风化，占裂隙总数的 10%～20%，裂隙加剧风化率仅1%～3%，岩体抗压强度一般为 80～100MPa，变形模量 30～40GPa，透水微弱，局部缺陷一般工程措施即可加以处理，是修建高坝的良好岩体。经勘探试验分析认为，弱风化带是强风化带和微风化带之间的一个过渡带，其顶板风化程度接近强风化，底部近微风化，因此可将其划分为弱风化带上部和弱风化带下部两个亚带。弱风化上部岩体中疏松和半疏松的岩体占9%～18%，沿结构面尤其是缓倾角结构面风化的疏松、半疏松物质厚度一般为 5～20cm，厚者可达 50cm，岩体完整性差，*RQD* 值一般仅 20%～50%，透水性强，透水率 $q\geqslant 1$Lu 的试段占 65%，各项测试参数分散性很大，完整岩石变形模量高达 43GPa，而疏松物的变形模量只有 2.65GPa，纵波波速 2600～5100m/s，平均 3770m/s，岩体质量属中等—差级岩体，表明弱风化上部岩体物理力学性质极不均一，主要物理力学指标与微风化岩体相差较大，因此不宜作为大坝坝基。

弱风化下部岩体以坚硬岩石为主，夹少量半坚硬、半疏松岩石，约有 20%裂隙含疏松、半疏松风化碎屑，但厚度一般小于 1cm，少数厚 1～4cm，岩体完整性较好，*RQD* 值一般为 70%～90%，透水性微弱，极微透水试段占 38%～52%，各项测试参数离散范围较小，变形模量一般为 20～30GPa，纵波波速 4300～5500m/s 平均 5040m/s，岩体质量属良质岩体，表明弱风化下部岩体风化较弱，岩体完整，变形较均一，各项物理力学指标与微风化岩体相近，仅透水性较微风化岩体略强，岩体质量与微风化次块状结构岩体相当，其力学强度、变形特性、稳定可靠性均能满足大坝建基岩体质量要求。

4.2.1.2 大坝基岩可利用岩体选定

根据坝基地质勘探资料综合分析认为弱风化下带岩体可作为坝基利用岩体，考虑三峡大坝的重要性，利用弱风化下部岩体作为坝基的坝段，主要是位于两岸滩地及岸坡部位的坝段。左岸升船机坝段、临时船闸坝段以及河床部位的坝段建基岩体为微风化及新鲜岩石。为满足大坝建基面抗滑稳定和坝基变形等要求，在科学合理地选取了坝基及坝基与混凝土面的各项力学参数基础上，经大量的试验研究，综合确定利用弱风化下带岩石应满足下列要求：下带岩体 RQD 平均值大于 70%；岩体的纵波波速 V_P 的平均值达到 5000m/s；建基面以下 5m 深度内不存在厚度大于 5cm 的平缓松碎屑夹层或风化囊槽及碎屑岩体。

大坝两岸滩地及岸坡部位的坝段建基岩体利用弱风化下带，建基岩面提高 2.00～3.00m，减少岩石开挖 50.40 万 m^3，节省混凝土 43.20 万 m^3。

4.2.2 坝基岩面开挖轮廓及基岩面高差控制

4.2.2.1 坝基岩面开挖轮廓控制要求

大坝坝顶轴线长 2309.50m，分为 113 个坝段（含升船机上闸首），最高建基岩面，左岸为 169.00m高程，右岸为 172.00m 高程，河床最低为 4.00m 高程，最大底宽 126.73m，坝基开挖轮廓面积约 28.50 万 m^2。坝基开挖受地质地形条件的制约和相邻坝块开挖台阶高差控制。根据大坝坝基利用岩体的工程地质特性和局部缺陷的处理方案以及各坝段的坝基轮廓要求，相应确定各坝段基岩面的开挖高程、水平尺寸和开口线，并据此进行建基面的开挖设计。从有利于大坝抗滑稳定考虑，建基面开挖成略倾向上游的斜面、台阶面或平面，不能开挖成倾向下游的斜面，不得有反坡。当坝基利用岩面向下游倾斜时，则开挖成大的水平台阶，台阶的高差一般不大于 5m，以不陡于 1：0.6 的缓坡连接。左、右岸非溢流坝段，在坝轴线方向采用爬坡台阶的开挖形式，台阶高差一般为 15m，水平段宽度按不小于坝段长段的 50%控制。

设计要求开挖前必须做爆破试验，以确定控制的质点振动速度和相应起爆药量。开挖须自上而下、分层梯段爆破施工，梯段高度不大于 10.00m。设计边坡的施工，须按控制爆破开挖——修坡清理——支护加固——坡面排水的程序进行，并应随开挖高程下降及时支护。基面保护层（厚度不小于 1.50m），以手风钻钻孔，浅孔小炮爆破，逐层开挖至设计高程，当距设计开挖线或边线 0.20～0.30m 时，应用人工撬挖或风镐清除，或通过试验采用光面爆破技术开挖。基础最终开挖轮廓，不得欠挖，超挖不得超过表 4.2.1 中的规定值。

表 4.2.1 坝基岩面开挖轮廓限差 单位：cm

尺寸类别	平面	高程
坝基	50	20
边坡	25	20

对于建基面松动岩块、孤立岩块和爆破炸裂的岩块应予清除，尖锐棱角突出的岩石，应削成钝角或平滑形状，凡缓倾平直光滑的构造面或附有方解石、钙膜、水锈、黏土及其他软弱物的岩面，均应清除凿毛，并不得有反坡。

4.2.2.2 坝基岩面高差控制及其处理措施

根据从地质考虑可加以利用的岩体实施建基开挖，不可避免地会形成上下游高差和岸坡高差。按规范，若高差过大，应开挖成台阶以满足坝体应力方面的要求。一般规定台阶位置和高差应不致恶化坝块在施工期和运用期的稳定和应力条件。实际上，由于可利用岩面陡缓不一，台阶位置和高差往往与坝段的分缝分块不能一一对应，否则，必须挖除数量可观的优良岩体，这一矛盾在三峡坝基开挖中颇为突出。为此，采取了下述措施：

①尽可能调整大坝分缝分块，使其与实际开挖地形一致，减少应力集中；

②难以调整坝块分缝的部位，根据实际情况除少部分扩大开挖外，大多对低台阶一侧先期进行填塘混凝土浇筑，并通水冷却使混凝土温度接近基岩温度(一般为18～20℃)，然后布设陡坡钢筋网以强化混凝土与岩体的接触，改善坝基应力状态。岩面与坝基混凝土间预埋测缝计的测量结果表明，这一措施是有效的。

③若岩石凸体或台阶边缘造成坝体应力集中无法避免，则尽可能削平尖锐部位的岩体，并在对应坝体部位一定范围内配置受力限裂钢筋，强化结构。

4.2.3 坝基地质缺陷处理

大坝河床部位坝段建基岩体优质及良质岩体占93.8%，对局部地段有一定规模或性状较差的断层、裂隙密集带、大型破碎岩脉等较不良岩体的地质缺陷进行了处理。

4.2.3.1 泄洪坝段第7～8号坝段下块(第Ⅲ块)的F_{34}断层处理

泄7—8号坝段下块(第Ⅲ块)的F_{34}断层由3～4个小断层组成，各断层带宽0.10～0.30m，倾角70°～75°；构造岩主要为碎裂岩，与NEE向F_{33}^{x}、F_{50}^{x}断层相交地段，最宽达6.50m，局部风化加剧；岩质呈半疏松—半坚硬状，宽1.50～3.00m，性状较差，声波V_P值多在3750～4800m/s，易产生压缩变形和不均匀变形。施工中将断层交会地段的建基面下挖1.00～2.00m，再对各主断带软弱岩作抽槽处理(槽深0.50～0.60m)，回填混凝土塞，进行加强固结灌浆处理。

4.2.3.2 泄洪坝段第10～11号坝段上块(第Ⅰ块)F_{361}断层处理

泄10～11号坝段上(第Ⅰ)块的F_{361}断层，主断带宽0.20～0.50m，两侧见宽1.00～2.00m的断层影响带，其内裂隙发育，岩体破碎。构造岩主要为碎裂闪云斜长花岗岩。沿主断带风化加剧明显，构造岩胶结较差，遇水软化，为差—极差岩体，易产生不均匀变形。施工中沿断层作槽挖处理，槽宽3.00～5.00m，深1.10～1.70m，用混凝土塞回填，并沿断层带进行加强固结灌浆处理。

4.2.3.3 泄洪坝段第5～17号坝段史经滩断层组(F_{410}～F_{413}断层)

该组断层是泄洪坝段内规模最大的断层，断层宽0.20～1.50m，最宽达3.00～4.00m，构造岩胶结较好，属镶嵌结构中等质量(C级)岩体，岩体较坚硬、完整，沿断层带产生不均匀变形可能较小。但该组断层延伸较长，通过建基岩面不同高程的平台较多，各级平台临空陡坎受爆破影响，松动块或张开裂隙时有分布。且史经滩组断层与NE—NEE组断层(如F_{33}^{x}、F_{34}^{x}、F_{361})交会地段，构造岩性状明显变差，断层带两侧的裂隙相对较发育，岩体破碎、松弛，存在局部不均匀变形的可能。处理措施为清除各级平台临空陡坎爆破松动块石，与NE—NEE组断层交会地段作槽挖及回填混凝土塞处理。

4.2.3.4 泄洪坝段第17～22号坝段中堡花岗岩脉

中堡花岗岩脉一般为次块状—块状结构岩体，块与块嵌合较紧密，性状较好。局部地段裂隙密集发育，为镶嵌结构岩体，岩体破碎，性状稍差，有产生不均匀变形的可能。如泄18号上块裂隙密集带风化加剧明显，声波测试V_P值平均值为4724m/s，最小值仅2500m/s；泄18号下块（第Ⅲ块）裂隙密集带旁侧存在一个地震波值小于3500m/s区。处理措施为将泄18号上块（第Ⅰ块）建基面下挖2.00～3.00m，建基面置于较坚硬完整岩体上。为避免二次开挖带来的影响，要求下块（第Ⅲ块）采用手风钻浅孔爆破逐层开挖低地震波区，开挖深1.00～2.50m，并进行有盖重固结灌浆处理。

4.2.3.5 泄洪坝段21号坝段下块(第Ⅲ块)卸荷裂隙

泄21号及泄22号坝段下块（第Ⅲ块）中堡花岗岩脉及其附近，卸荷裂隙发育，据平台及下游齿槽边坡编录资料，卸荷裂隙结构面短小，可见长度多在5.00～8.00m，且风化加剧，厚度一般5～20mm。

经对二次开挖处理的泄21号坝段下块（第Ⅲ块）高程45.00m平台进行终验时，在平台中下部凹槽内发现一条卸荷裂隙T_{46}，埋深0.50～1.50m，最薄仅0.20m，夹有厚2～3cm的风化碎屑，半疏松—半坚硬状，张开5～10mm，往上、下两侧有延伸。通过注水试验，发现在下游齿槽T_{22}面流出。经在裂隙旁侧布置三个声波孔进行声波测试，未发现异常现象。孔内注水后，水位较长时间稳定未见下降，说明T_{46}张开裂隙侧向延伸不明显，推测T_{46}于下游齿槽T_{22}面流出。经在裂隙旁侧布置三个声波孔进行声波测试，未发现异常现象。孔内注水后，水位较长时间稳定未见下降，说明T_{46}张开裂隙侧向延伸不明显，推测T_{46}与下游齿槽T_{22}裂隙相通，出露面积约54m^2。考虑到该地质缺陷下游侧基础廊道槽已浇筑混凝土，若将夹层顶部岩石爆破挖除会对已浇混凝土造成损伤，为此采取固结灌浆为主的综合处理措施，即对风化加剧的裂隙采用有盖重固结灌浆处理，上覆岩体用锚杆锚固。锚杆为1.50m×1.50m梅花形布置，孔深3.00m，锚杆长4.50m。

4.2.3.6 纵向围堰坝段局部风化破碎带

右纵坝段坝基高程38.00m平台建基面平整度较差，实际建基高程为37.50～38.60m，局部风化破碎，断层发育，坝基存在变形不均一问题。施工中对可能产生不均匀变形的地质缺陷进行了工程处理。规模最大、性状较差的断层F_{12}及其与NEE向小断层交会部位进行了抽槽处理，并沿F_{12}普遍进行了加强固结灌浆；对其他性状较差的NEE向（f_{113}^{H}）、NWW向（f_{92}^{H}）断层带及两侧爆破松动岩块和风化破碎岩体进行了挖除、抽槽掏挖处理；对高程30.00m平台下游的缓倾角风化夹层作挖除处理。

4.2.3.7 左岸厂房坝段第6～14号坝段的局部地质缺陷处理

左厂6～14号坝段地基的局部地质缺陷主要有沿小断层、裂隙密集带的加剧风化带、胶结不良的断层破碎带及裂隙密集带、浅埋缓倾角裂隙密集带及其爆破松弛岩体、边坡不利组合块体及F_7断层等20余处。这些局部地质缺陷分布面积一般数十平方米，大者数百平方米，方量一般数十立方米，大者数百立方米。根据分布特点和性状，分别采取适宜的挖除、浅挖、槽挖、锚固及固结灌浆等处理措施。

4.2.4 坝基固结灌浆加固处理

4.2.4.1 坝基固结灌浆设计

(1)坝基固结灌浆加固处理范围

大坝建基岩体为闪云斜长花岗岩,属微新或弱风化下部岩体,岩性完整均一,透水性微弱,强度高,饱和抗压强度 75～100MPa,变形模量 15～40GPa,平均纵波速度大于 5000m/s,坝基优良级岩体占 93.8%,中等及较差岩体仍占 6.2%,建坝的地质条件优良。坝基岩体受开挖爆破及卸荷影响,岩体的完整性将降低,渗透性增大。坝基卸荷及爆破裂隙及坝基本身存在的断层及其交切带、裂隙密集带、岩脉、弱风化沟槽等地质缺陷相互作用影响,或共同构成坝基隐患,即使采取深挖抽槽或降低建基面等措施处理,仍不能消除,在坝基浅部表层仍会存在松动层。为改善大坝基础浅部表层岩体及地质缺陷部位的物理力学性能,必须对坝基关键部位及地质缺陷开挖处理后的基岩进行固结灌浆加固,以加强建基岩面与基础混凝土的整体性,改善坝基及坝体的应力状况,提高大坝的稳定性,为大坝提供必要的安全储备。根据大坝基础应力分布的差异,确定坝基固结灌浆一般范围为坝踵及坝趾各 1/4 坝基宽度的区域(图 4.2.1),这也考虑到坝踵及坝趾基岩直接与水库及尾水连通,对坝踵及坝趾一定范围固结灌浆可起到加强坝基浅层岩体抗渗性能的作用,同时防渗主帷幕的上游及封闭帷幕的下游也是固结灌浆的重点范围,各布置 1～2 排深度为 10.00～20.00m 的深固结灌浆孔作为辅助防渗帷幕,以增加浅层帷幕的厚度。坝基岩体中的断层及其交切区、裂隙密集带等地质缺陷部位,坝基开挖轮廓有陡变或坝基应力变化较大的区段及边坡稳定需要局部加固等部位均为固结灌浆加固处理范围。

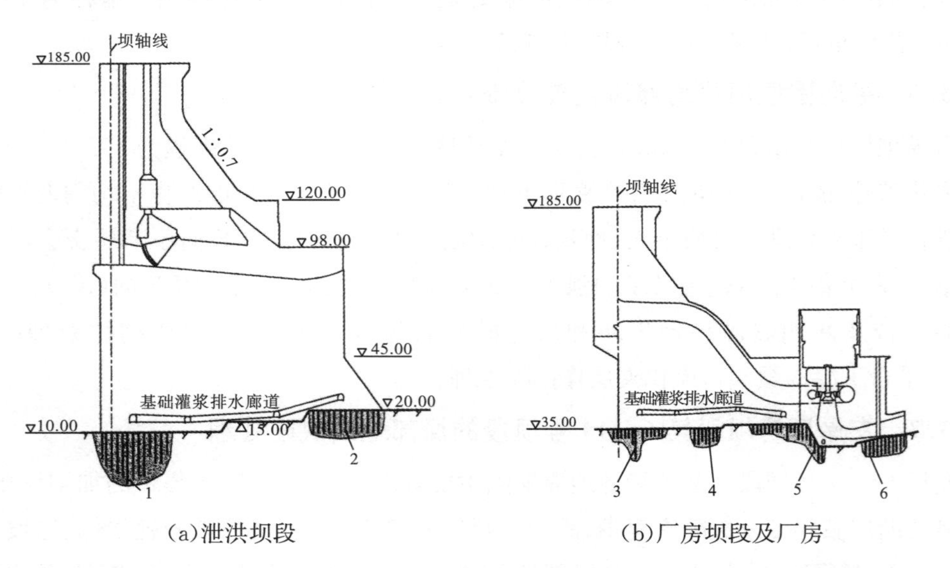

(a)泄洪坝段　　(b)厂房坝段及厂房

1—固结灌浆深度 5～20m;2—灌浆深度 5～10m;3—灌浆深度 6～20m;4—灌浆深度 8～10m;5—灌浆深度 5～10m;6—灌浆深度 8～10m

图 4.2.1 大坝固结灌浆布置示意图

(2)坝基固结灌浆设计参数

固结灌浆采用梅花形布孔。一般孔、排距为2.50m×2.50m,孔深5.00~6.00m;地质缺陷或特殊要求部位,孔、排距加密至2.00m×2.00m,孔深8.00~15.00m;高陡边坡部位,孔、排距2.00m×2.00m,孔深一般为8.00~15.00m,边坡坡顶部位孔深20.00m;主帷幕上游2排固结灌浆兼作辅助帷幕灌浆孔,孔、排距为2.00m×2.00m,孔深分别为20.00m和10.00m;封闭帷幕下游1排固结灌浆兼作辅助帷幕灌浆孔,孔距2.50m,孔深10.00m。

(3)坝基固结灌浆施工方式及质量要求

1)坝基固结灌浆施工方式

坝基固结灌浆采用自上而下、孔内循环法。施工方式采用有盖重式(混凝土厚3.00~4.00m)施工和找平混凝土封闭式施工。

2)固结灌浆压力

有盖重式固结灌浆压力:第一段Ⅰ序孔一般为0.25~0.30MPa,Ⅱ序孔为0.40~0.50MPa;陡坡部位Ⅰ序孔为0.20MPa,Ⅱ序孔为0.30MPa。第1段以下各段的灌浆压力随孔深递增,其灌浆压力P,按$P=P_0+\alpha h$计算,P_0为第1段的灌浆压力,h为阻塞器栓塞以上的基岩段长(单位:m);α为根据基岩情况而定的系数,一般岩体可取0.05,断层构造及交切区、裂隙密集带、透水带等部位取0.025。

3)浆液水灰比

普通纯水泥浆液水灰比(重量比)采用3∶1、2∶1、1∶1、0.6∶1、0.5∶1,实际施灌为3∶1、2∶1、1∶1、0.6∶1;湿磨细水泥浆液水灰比(重量比)采用3∶1、2∶1、1∶1、0.6∶1,实际施灌为2∶1、1∶1、0.6∶1。

4)固结灌浆质量要求

坝基固结灌浆质量检查与评定以灌浆后压水检查基岩透水率q值为主,结合灌浆前、后基岩弹性波检测资料等综合评定。压水检查孔数一般按固结灌浆孔总数的5%左右控制。要求灌浆后基岩透水率$q\leqslant 3$Lu,声波波速平均值$V_P\geqslant 5000$m/s。

4.2.4.2 找平混凝土封闭式固结灌浆技术的应用

(1)找平混凝土封闭式固结灌浆试验研究

1)找平混凝土封闭式固结灌浆试验目的

固结灌浆通常在大坝基础浇筑一定厚度(3~5m)的混凝土面施工,即有盖重固结灌浆。其优点可以使用较大的灌浆压力,防止基岩表面冒浆,保证固结灌浆效果,并可兼顾混凝土与基岩间的接触灌浆。但盖重混凝土位于大坝基础强约束区,固结灌浆施工期间,受气温骤降影响,盖重混凝土易产生表面裂缝;由于基岩对混凝土变形的约束,表面裂缝受基础约束力作用,将发展为贯穿性裂缝,损伤坝体整体性,增加裂缝处理工作量。同时,有盖重固结灌浆增加混凝土钻孔量,易打断混凝土内的冷却水管及其他预埋件等,并与大坝混凝土浇筑存在矛盾,影响混凝土浇筑直线工期。设计单位在三峡总公司的大力支持下,对主体建筑物基础岩体进行有盖重固结灌浆试验与浇筑找平混凝土封闭式固结灌浆试验，以便于应用找平混凝土封闭式固结灌浆技术，解决大坝基础约束区混凝土浇筑与固结灌浆的矛盾，降低大坝基础约束区混凝土产生裂缝的风险。

2）试验区基岩条件及找平混凝土

大坝建基岩体固结灌浆施工前，在一期基坑内选择两个试验区进行找平混凝土封闭式固结灌浆试验与有盖重（混凝土厚 3～5m）固结灌浆对比分析。固结灌浆区的基岩面达到大坝对基岩面的要求，并经基础验收后，才能浇筑找平混凝土，其质量要求与大坝基础约束区混凝土相同。

试验 A 区尺寸为 10.5m×24m，基岩以块状结构为主，次块状结构次之，有小断层 7 条，其中 3 条规模较大。断层交会处岩体质量较差，局部较破碎，且建基岩面局部爆破裂隙张开度达 1～3mm，小断层张开达 1cm。找平混凝土厚度 0.3～0.5m，凹坑处达 1.0m，完整岩石的凸包处没有混凝土，允许岩石外露，找平混凝土设计标号为 90 天龄期 200 号，三级配，混凝土施工质量良好。

试验 B 区尺寸为 12m×19m，位于 F_7 断层构造岩上，断层倾角陡，构造岩胶结较好，质坚硬，因受后期构造运动的影响，裂隙较发育，岩石破碎，基岩面较破碎，且极不均一。找平混凝土施工同试验 A 区，混凝土厚度 0～1.0m。

从试验钻孔取芯芯样情况看，混凝土一般与基岩胶结紧密，能取得混凝土与基岩连接成整体的芯样。

3）固结灌浆试验孔布置

固结灌浆试验孔布置分为规则孔和随机孔两个区段。规则孔区段按方格形和梅花形两种布置，随机孔区段主要针对小断层、构造裂隙、爆破裂隙布灌浆孔。试验 A 区地质条件没有呈随意特性，且具均匀性，按 2.5m×2.5m 梅花形布孔。试验 B 区规则孔区段为正方形布孔 3.0m×3.0m，随机孔区段为孔排距 2.0m×2.0m 的三排梅花形，先施钻外侧两排，中间排作为加密孔，安排最后施工。

4）找平混凝土封闭式固结灌浆压力

第一段Ⅰ序孔为 0.20～0.30MPa，Ⅱ序孔一般为 0.50MPa。第一段以下各段的灌浆压力随孔深递增，同有盖重式固结灌浆压力。固结灌浆试验第一段灌浆压力 0.2～0.4MPa，阻塞器一般阻塞在基岩顶部，如找平混凝土厚度超过 0.3m 时，阻塞器可阻塞在混凝土与基岩接触处；第二段及其以下灌浆压力 0.4～1.5MPa。

5）找平混凝土封闭式固结灌浆工艺

固结灌浆采用自上而下分段钻灌、阻塞器阻塞、孔内循环的灌浆方法施工。采用 3∶1 的浆液开始灌注，当注入量已达 300L 以上或灌注时间已达 1h 时，而灌浆压力和注入率均无改变或改变不明显时应变浓一级；当注入率大于 30L/min 时，可根据具体情况越级变浓。当灌浆单位注入量小于 10L/min 时，采用湿磨细水泥灌注。在设计压力下注入率不大于 0.4L/min，持续灌注 30min 即可结束。灌浆过程中发现冒浆现象，采用降压、变浓浆液和间歇灌浆等措施处理。试验A区26号孔第一段灌浆时发现找平混凝土抬动，当时抬动观测值为180μm(设计允许值为200μm)，由于抬动影响，第二段灌浆时，发现冒浆只得待凝后复灌结束。

6)找平混凝土封闭式固结灌浆试验成果分析

2个试验区岩体压水试验检查灌前及 灌浆过程中压水透水率大于5Lu的孔段分别为41%及21%，灌后减为0～1%，大于3Lu的孔段为0～5%。固结灌浆水泥注入量A区Ⅰ序孔22.0kg/m，Ⅱ序孔6.0kg/m；B区Ⅰ序孔106.5kg/m，Ⅱ序孔45.1kg/m。递减比较明显。弹性波测试灌后较灌前提高3.0%～7.1%。静弹性模量测试灌前最大值23.06～29.07GPa，最小值10.08～12.10GPa，平均值14.02～18.03GPa；灌后静弹性模量最大值34.00～34.29GPa，最小值12.55～12.96GPa，平均值21.02～21.43GPa。

7)找平混凝土封闭式固结灌浆试验综合评价

试验区固结灌浆资料与检查压水试验和弹性波测试及静弹性模量测试成果表明，找平混凝土封闭式固结灌浆效果明显，可以满足设计要求。试验②区地质条件比试验①区差，采用随机增布固结灌浆孔，取得较好的灌浆效果，说明对于存在断层破碎带、裂隙发育等地质缺陷的坝基，采用找平混凝土封闭式固结灌浆，除按常规布设灌浆孔外，还应有针对性布置随机灌浆孔，通过加密布孔施灌，提高固结灌浆效果，达到加固处理地质缺陷的目的，以满足设计要求。

(2)找平混凝土封闭式固结灌浆机理分析

大坝建基岩面高低不平，找平混凝土用于填补地质缺陷开挖的坑沟，封闭基岩表面裂隙，个别完整岩面凸面可以外露，混凝土平均厚度30cm左右。找平混凝土内热量易于消散，其温度趋近于基岩的温度，不会产生长大的温度裂缝。找平混凝土对固结灌浆的作用不是靠其重量来阻止水力劈裂、漏浆和防止抬动，主要通过混凝土与基岩面较好的胶结，混凝土嵌入和阻塞基岩面表面裂隙，约束建基岩体表面裂隙，阻止其张开，形成岩体表层一定范围内的整体性的边界约束条件。使固结灌浆浆液在基岩内沿裂隙面渗透流动，防止其串冒。找平混凝土封闭式固结灌浆通过混凝土对岩面表层裂隙的约束和岩块相互嵌固约束达到防止劈裂抬动的目的。施灌第一段(接触段段长2m)采用较低压力，并通过加密布孔灌浆，将上部浅层大注入量孔段灌注好，形成有效封闭岩层，可对后续孔段的灌浆起到盖重的作用，便于后续孔段在较高压力下灌浆，防止劈裂和控制抬动，提高固结灌浆效果。

(3)找平混凝土封闭式固结灌浆技术应用部位

三峡总公司组织专家对主体建筑物建基岩面找平混凝土封闭式固结灌浆试验成果进行了评审，根据灌浆试验成果，评审认为三峡大坝坝基可采用找平混凝土封闭式固结灌浆施工技术。业主确定先在二期基坑内施工的左岸厂房坝段选择几个坝段进行找平混凝土封闭式固结灌浆生产性试验。在总结生产性试验经验的基础上，应用在大坝泄洪坝段部分坝块基础固结灌浆。泄洪坝段设2条纵缝，泄1～5号坝段第三块尺寸大(21m×57m)，受温控限制，1999年高温季节不能浇筑基础约束区混凝土，业主安排浇筑找平混凝土进行封闭式固结灌浆施工，为低温季节浇筑基础约束区混凝土并连续上升创造条件，防止该部位混凝土产生裂缝。三期基坑施工的右岸厂房坝段及非溢流坝段全面推广应用了找平混凝土封闭式固结灌浆施工技术。右岸厂房坝段及非溢流坝段固结灌浆总计50个单元，除10个单元采用有盖重固结灌浆施工，6个单元采用有盖重与找平混凝土封闭结合施灌外，其余34个单元全部采用找平混凝土封闭式固结灌浆施工，占单元占数的68%。

1)找平混凝土封闭式固结灌浆施工

大坝建基岩面整修清理完成并经验收合格后，浇筑找平混凝土厚度0.2～0.5m，待达到龄期要求后即进行固结灌浆。找平混凝土质量同大坝基础约束区混凝土，设计标号为90天龄期200号、抗冻标号F_{150}、抗渗标号W_{10}，三级配。找平混凝土封闭式固结灌浆施工方法及工艺与有盖重固结灌浆相同，主要区别在第一段灌浆压力较有盖重固结灌浆采用低值，阻塞器一般阻塞在基岩顶部，如找平混凝土厚度超过0.30m，可阻塞在混凝土与基岩接触处。灌浆过程中，出现冒浆现象，采用地表封堵、嵌缝，低压、浓浆、限流、限量、间歇灌注等方法处理。

2)找平混凝土封闭式固结灌浆分序施灌及压水成果

右岸厂房坝段固结灌浆Ⅰ序孔平均注入量为10.85kg/m，Ⅱ序孔平均单位注入量为6.95kg/m，呈明显递减趋势，递减率为35.9%；压水成果Ⅰ序孔平均透水率为15.42Lu，Ⅱ序孔平均透水率为9.04Lu，呈明显递减趋势，递减率为41.4%，符合一般灌浆规律。右岸非溢流坝段固结灌浆Ⅰ序孔平均注入量为3.90kg/m，Ⅱ序孔平均注入量为1.72kg/m，呈明显递减趋势，递减率为70.33%；压水成果Ⅰ序孔平均透水率为5.24Lu，Ⅱ序孔平均透水率为1.47Lu，呈明显递减趋势，递减率为71.9%，符合一般灌浆规律。

3)找平混凝土封闭式固结灌浆质量检查

右岸厂坝段布置灌浆后质量检查孔87个，压水平均透水率0.04Lu；右岸非溢流坝段布置21个检查孔，压水平均透水率0.23Lu，所有检查孔压水最大透水率均小于1Lu，满足设计要求小于3Lu。检查孔取芯多为中长柱状，一般较完整，获得率90%以上。检查孔芯样水泥结石厚度1～5mm，最厚达10mm。弹性波测试，单孔声波灌后比灌前提高1.41%～3.89%；跨孔平均值灌后比灌前提高2.51%～5.18%，灌后基岩90%以上声波大于5000m/s，满足设计要求。

4)找平混凝土封闭式固结灌浆技术应用分析及评价

①三峡工程在三期基坑内施工的大坝右岸厂坝段及右岸非溢流坝段，2003年6月大坝基础开挖至建基岩面高程，如在7月、8月高温期间浇筑大坝基础约束区混凝土，增加温控难度，存在大坝混凝土裂缝风险。业主决定浇筑找平混凝土，进行封闭式固结灌浆施工，为9月份大坝混凝土全面施工创造条件，解决了大坝基础约束区混凝土浇筑与固结灌浆施工矛盾，在秋冬低温期大坝基础约束区混凝土浇筑可以连续上升，降低了混凝土产生裂缝的风险，为混凝土坝建基岩体固结灌浆研发一种新方式。

②混凝土坝建基岩面浇筑找平混凝土仅限于固结灌浆区域,主要用于填补坝基地质缺陷处理开挖的沟槽和封堵基岩面裂缝。找平混凝土质量要求同大坝基础混凝土相同。固结灌浆完成后,对已松动的找平混凝土应予清除。在大坝廊道内进行辅助帷幕灌浆和主帷幕灌浆时,将阻塞位置设在找平混凝土层以上部位,以加强对找平混凝土可能存在的裂缝进行补灌。必要时也可在大坝廊道内增布加固灌浆孔。

③对于混凝土坝基岩性状相对较差的岩体(如坝基为红层岩石及较破碎的岩体)采取找平混凝土封闭式固结灌浆,应布设浅孔(孔深 5.00m 左右),采用低压固结灌浆后,作为表层的覆盖岩层重量,增大压力对其以下岩体进行固结灌浆,以保证灌浆质量。坝基表层岩体可在浇筑基础混凝土(厚度 3.00~5.00m)后,再进行复灌,复灌深度应超过表层浅孔低压灌浆深度,并搭接 1.00m 左右,以提高表层岩体固结灌浆和基岩面与大坝混凝土接触面灌浆质量。

④找平混凝土封闭式固结灌浆在施灌过程中应加强抬动监测,严格控制灌浆压力与单位注入量的关系,防止抬动。找平混凝土发现抬裂应待凝一段时间后再进行下续孔段灌注,以保证固结灌浆质量。

4.2.5 坝基岩体断层复合灌浆加固处理

4.2.5.1 坝基岩体断层性状及处理方案

(1)坝基岩体断层性状

升船机坝段为升船机的上闸首,位于左岸非溢流坝段 7 号、8 号坝段之间,前缘沿坝轴线长 62.00m,为整体式"U"形结构,中间航槽前缘长 18.00m,两侧边墩前缘长均为 22.00m,该坝段顺流向宽度为 125.00m,分为 4 段,上游第 1 至第 3 段建基高程 95.00m,下游侧第 4 段建基高程 48.00m,航槽底高程为 141.00m,两侧边墩顶高程 185.00m。升船机坝段兼有大坝挡水及通航上闸首的双重功能,上闸首结构需承受上游挡水前缘及航槽内双向水压作用,航槽内水头达 34.00~39.40m,是目前世界上最大的"坞式"闸首。

升船机坝段基础原地面高程为 145.00~175.00m,建基岩面全部开挖至微新岩层,岩性为闪云斜长花岗岩,夹有煌斑岩脉、花岗岩脉及辉绿岩脉。该坝段建基岩面范围内有 F_{215}、F_{548}、F_{1050}、F_{1096} 较大断层出露,其中 F_{548} 断层高程 48.00m 平台左下角,以走向 60°~85°进入坝基,穿过高程 48.00~95.00m 斜坡、高程 95.00m 平台右下角至左岸非溢流坝段 8 号坝段(图 4.2.2)。F_{548} 断层的走向 60°~85°,倾向 330°~355°,倾角 60°~75°,断层宽度 0.10~0.60m,破碎××岩宽 0.60~3.00m,主断面波状起伏粗糙,面上有 1~2cm 泥化软弱带,断层带整体波状延伸,向 NE 方向延伸分叉成多个断面,呈斜列式排列,菱形相接。主断带构造岩主要为碎裂岩,混杂少量碎裂 γNPT,宽度变化不大,呈菱形状分布,灰白带黄褐色,胶结差,风化加剧明显,岩质以半疏松为主。影响带碎裂闪云斜长花岗岩,分布不规则,受构造影响较小,镶嵌一次块结构,岩块岩质较坚硬,岩块之间充填风化碎屑,抽槽处理时有渗水。F_{548} 断层宽度变化大,疏松—半疏松构造岩出露最宽达 0.60~1.20m,与坡面夹角小,外侧岩体单薄，对坝基础应力传递和均匀变形极为不利。

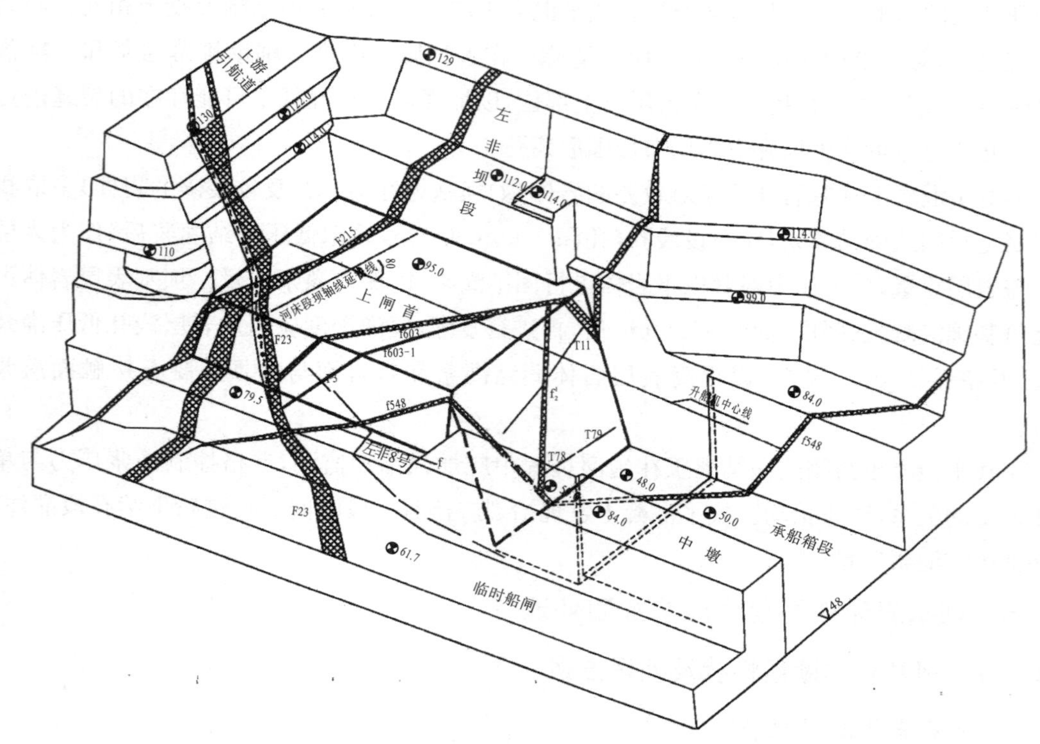

图 4.2.2 升船机上闸首基础主要断层分布图

(2)坝基岩体 F_{548} 断层处理方案

为改善升船机坝段基础的均匀性和整体承载能力，在浇筑混凝土前先将 F_{548} 所切割的该坝段基础右下角岩体挖至高程 84.00m，再向下沿断层掏挖 10.0m，对挖除和掏挖部分用混凝土置换回填，并在混凝土塞与围岩间进行接触灌浆。高程 48.00～95.00m 斜坡和左岸非溢流坝 8 号坝段基础出露的 F_{548} 断层按抽槽回填混凝土塞处理。鉴于 F_{548} 断层性状差，为减少其升船机上闸首结构受力和变形的不利影响，除按上述进行处理外，当上部坝体混凝土浇筑形成盖重后，从坝体高程 100.00m 廊道内对 F_{548} 断层及周围岩体进行复合灌浆（水泥化学浆材）加固处理。

4.2.5.2 坝基岩体断层复合灌浆施工

(1)复合灌浆孔布置及灌浆材料

复合灌浆在升船机坝段第 4 段高程 100.00m 廊道内施工，廊道断面尺寸 2.50m×2.50m，灌浆孔深 29.00～37.00m，开孔间距 0.40～0.80m，顶角 0°～11.38°，钻孔采用岩芯钻机施钻，分两序灌浆。第一段长度 2.00m，孔径 110mm，采用水泥灌浆；以下各段段长 3.00m，孔径 76mm，采用化学灌浆。

化学灌浆材料采用 CW 环氧浆液，主要性能见表 4.2.2。

表 4.2.2 CW型环氧树脂主要性能

项目	指标	检测方法
起始黏度(20℃)/mPa·s	14～20	旋转黏度计
相对密度	1.06	比重秤
pH值	A液6左右 A、B液混合后9左右	精密pH试纸
胶凝时间/h	26～65	目测
聚合物密度/g·cm^{-3}	1.10～1.12	
纯聚合物抗压强度/MPa	1个月33.0～47.8 3个月49.0～70.0 6个月60.5～72.2	
砂浆黏结抗拉强度/MPa	3.5	

A、B液搅拌均匀后倒入储浆桶中进行灌注；在A、B液混合过程中，保持混合浆温在30℃以下。灌浆用的储浆桶采用内外双层铝桶，桶间可以通过循环水进行冷却。

(2)复合灌浆施工

灌浆孔第一段(接触段)需进行裂隙冲洗，采用高压水脉动方式进行冲洗，高低压水脉动时间间隔5～10min，冲洗时间不少于30min，要求至回水澄清10min为止，其他一般孔段不进行裂隙冲洗，只进行钻孔冲洗，冲洗后孔底残留物厚度不得大于20cm。

物探孔、质量检查孔采用单点法做稳定压水试验，一般灌浆孔采用简易压水法。裂隙冲洗及压水试验均采用自动记录仪进行记录。

复合灌浆采用"自上而下、分段填压式灌浆法"施工，灌浆压力第一段为1MPa，第二段为2MPa，第三段以下为4MPa。第一段(接触段)采用湿磨水泥浆液灌注；以下各段当灌前压水漏水量$Q<10$L/min时，直接采用CW型环氧浆液灌注；当灌前压水漏水量$Q\geqslant 10$L/min，先采用湿磨水泥浆液灌注至吸浆量小于5L/min时再改用CW型环氧浆液灌注。

灌浆过程中，如吸浆量变化不大，且长时间内不减少，超出受灌范围，采取间歇式灌浆法处理。F_{548}断层灌浆孔有8孔共11段纯灌浆时间超过500min，最长纯灌时间为1522min。H_1-8第二段灌前压水时漏水量为18.5L/min，先采用湿磨细水泥灌注，按水泥灌浆标准结束后，待凝24h，扫孔，再灌注CW至正常结束。

在冲洗、压水、灌浆全过程进行抬动变形观测，派专人进行观测记录，每隔10min测记一次读数；当变形值上升速度较快时加密测读，应及时采取降压处理并通知现场质检员，防止发生抬动变形破坏。

在规定的压力下，当不吸浆时，再屏浆1h，灌浆即可结束。对于长时间(灌浆历时超过72h)达不到结束标准的，根据灌浆情况经设计、监理单位同意，可将结束标准放宽至注入率小于0.05L/min。灌浆结束后，再保持压力下闭浆，待压力自动消失后，方可拆除阻塞设备。

4.2.5.3 复合灌浆加固处理效果分析

(1)透水率与灌入量

灌前 CW 灌段各序次孔透水率统计见表 4.2.3。

表 4.2.3 各序次孔 CW 灌段灌前透水率统计表

孔序	孔数(个)	透水率区间段数/频率(%)及平均透水率/Lu				
		压水总段数	<1	1~3	>3	平均值/Lu
Ⅰ	19	64	58/90.6	6/9.4		0.21
Ⅱ	18	55	55/100			0.04
合　计	37	119	113	6		

表中数据表明,灌前透水率小于 1Lu 的孔段,Ⅰ序孔占 90.6%,Ⅱ序孔占 100%,经Ⅰ序孔灌注 CW 后,完全消除了大漏水量灌段。灌前Ⅰ序孔透水率平均值为 0.21Lu,Ⅱ序孔透水率平均值为 0.04Lu,透水率递减率为 81%,随灌浆孔次序提升透水率减小的规律性明显。各序次孔 CW 环氧单位注入量统计见表 4.2.4。

表 4.2.4 各序次孔 CW 单位注入量统计表

孔序	孔数/个	基岩段长/m	总注入量/L	单位注入量(L/m)区间段数/频率(%)				
				灌浆总段数	<10	10~100	>100	平均值/L·m^{-1}
Ⅰ	19	272.5	14930.37	64	28/43.8	25/39.1	11/17.1	54.79
Ⅱ	18	238.5	1198.85	55	50/91	5/9		5.03
合计	37	511	16129.22	119	78	30	11	31.56

表中数据表明,CW 单位灌入量小于 10.00L/m 的孔段,Ⅰ序孔占 43.8%,Ⅱ序孔占 91%,经Ⅰ序孔灌注 CW 后,基本消除了大漏量灌段。Ⅰ序孔单位注入量平均值为 54.79L/m,Ⅱ序孔单位注入量平均值为 5.03L/m,单位注入量递减率为 91%,随灌浆孔次序提升,单位注入量减小的规律性明显。随灌浆孔序次提升,单位注入量与透水率相适应,透水率减小,单位注入量随之减小,灌浆效果良好。

(2)压水检查

F_{548} 断层化学灌浆结束后,在断层及岩石破碎、吸浆量大的部位布置了 3 个质量检查孔,根据 9 段压水试验结果,各孔段压水透水率均满足 $q \leqslant 1$Lu 的标准。检查孔压水试验成果详见表 4.2.5。

(3)声波测试

升船机坝段基础 F_{548} 断层化学灌浆布设了 1 个物探测试孔,位置在该坝段 100.00m 高程纵向廊道内,孔深为 35.00m。进行了 CW 环氧化学灌浆灌前、灌后岩体声波测试,测试结果:灌前声波波速 V_p 为 3800~6000m/s,平均波速为 4900m/s 左右;灌后岩体声波测试,灌

后声波波速 V_p 为 4400～6100m/s，平均波速为 5180m/s 左右，比灌前的波速提高了 5.8%。详细测试结果详见表 4.2.6。

表 4.2.5　　升船机坝段基础 F_{548} 断层化学灌浆质量检查孔压水试验成果表

部位	孔数	总段数	透水率区间、段数和频率								透水率超标率		备注
			＜1Lu		1～3Lu		3～5lu		＞5Lu				
			段数	%	段数	%	段数	%	段数	%	数段	%	
升船机上闸首	3	9	9	100									透水率平均值 0.01Lu

表 4.2.6　　升船机坝段基础 F_{548} 断层化学灌浆物探测试成果汇总表

孔号	孔口高程/m	灌　前				灌后比灌前波速提高百分比
		波速范围 /m·s^{-1}	波速范围 /m·s^{-1}	波速范围 /m·s^{-1}	平均范围 /m·s^{-1}	
W(H_1－14)	89.6～80.2	3800～5500	4600	4400～5700	5050	9.8%
	80.2～70.4	4400～6000	5000	4600～6100	5240	4.8%
	70.4～65.0	4300～5900	5100	4700～5900	5250	2.9%

（4）钻孔取芯检测

检查孔单孔最大岩芯获得率为 100%，平均岩芯获得率 96.85%；3 个检查孔均发现裂隙充填有结石，其中水泥结石 6 处和 CW 结石 16 处；结石与基岩裂隙面胶结良好、强度高。

在 3 个检查孔中共取试样 35 个 15 组，进行断层岩体抗压强度（4 组）、劈拉强度（4 组）、抗剪强度（4 组）、弹性模量（3 组）试验。试验前芯样在水中浸泡 48h 后，依据 DL/T5150 规程进行操作，结果见表 4.2.7。数据表明，灌浆处理后，断层岩体物理力学性能较处理前显著提高，部分已接近正常岩体指标。

表 4.2.7　　升船机坝段基础 F_{548} 断层灌浆检查孔基岩芯样力学试验统计表

试验孔号	试样个数/个	试样组数/组	抗压强度/MPa	劈拉强度/MPa	弹性模量 E/×10^3MPa	抗剪强度		
						f'/MPa	c'	r
$H_{检}$-1	8	3	75.7	7.92		1.27	7.85	90.5%
$H_{检}$-2	19	9	60.5～85.2	6.94～8.42	34.2	1.82～2.16	8.31～8.73	98.4%～99.1%
$H_{检}$-3	8	3	83.8	7.06				
合计	35	15						

为直观观察 CW 环氧效果，对 $H_{检}$-3 深 31.00m（高程 69.00m）处，长 25cm 一节充填 1mm 宽的 CW 环氧固结体芯样，进行了偏光显微镜和扫描电镜观测。观测结果表明，CW 环氧在岩石微裂隙中连续、均匀，与岩石胶结紧密，灌浆效果明显。

(5)孔壁测试

对 $H_{检}$-3 孔中，岩体破碎带和断层带进行钻孔变形试验。变形试验采用 GJBE75-Ⅱ型钻孔弹模计，检测深度为 24.00～32.70m，检测总点数为 10 个，检测结果为：变形模量最大值为 58.8GPa，最小值为 18.6GPa，平均值为 31.02GPa；弹性模量最大值为 70.2GPa，最小值为 28.1GPa，平均值为 43.93GPa。

(6)综合分析及评价

升船机坝段基础 F_{548} 断层复合灌浆前，采用了高压水、气冲洗断层疏松物质的施工工艺，可提高 F_{548} 断层的整体强度及水泥化学浆液结石芯样力学指标。从检查孔芯样观察及理化分析表明，湿磨水泥浆液与化学浆液互穿明显，化学浆液成网状充填在发状裂隙中，将碎块岩石粘成整体，且水泥结石及泥化夹层两侧多有化学浆液充填，灌后取芯的弹性模量测试值也表明，化学灌浆后主断带抗剪指标提高，变形模量增大。从微观分析证实，CW 浆材可灌注的最小裂隙宽度为 0.001mm，因此，化学灌浆孔采用先灌注湿磨水泥浆液是可行的，当水泥浆液吸浆量小于 5L/min 时改用化学浆液灌注可进一步充填微细裂隙，达到对断层进行灌浆加固处理的效果。

垂直升船机是长江三峡水利枢纽通航的主要设施之一，担负着枢纽客运快速过坝的任务。升船机上闸首是过坝船舶进出升船机的通道，同时又是挡水大坝的一部分，其所处地形地质条件非常复杂，自身稳定问题极为重要。在深入研究和现场试验基础上，对升船机坝段基础范围内的不良地质构造采取包括深部复合灌浆在内的多种工程措施进行了综合处理，其中对主要断层之一 F_{548} 断层的复合灌浆处理，各项检验和检测表明，断层处理后各项力学指标明显提高，有效改善了升船机上闸首基础的变形性能和整体受力条件，达到了设计预期的处理效果。

4.2.6 坝基渗流控制

4.2.6.1 坝基渗流控制设计方案

三峡大坝坝基岩体主要为闪云斜长花岗岩微新岩体，局部为弱风化下部岩体，透水性微弱，但其相对不透水岩体顶板在微风化顶板以下 30.00～50.00m，在断层带、裂隙密集带及断裂构造交切带、河床深槽卸荷带等处更深。另外，由于基岩中陡倾角构造及断裂构造交切使局部风化加剧，同时开挖后基岩受爆破及卸荷影响，岩体和结构面造成一定范围的损伤，使坝基 10.00～20.00m 深度范围内的表层岩体渗透性普遍增强。为了有效地控制坝基渗流，降低坝基扬压力，减少渗漏量，增强基岩构造结构面内软弱充填物的长期渗透稳定，需要对坝基渗流进行控制，在坝体近基础部位布置坝基帷幕灌浆排水廊道，对坝基岩体设置防渗帷幕灌浆和排水孔。

(1)坝基渗控方案

大坝河床坝段建基面较低，承受较高的下游水位，坝基扬压力较大；两岸坝段建基面逐渐抬高，坝基扬压力受下游水位的影响减小。因此，对河床坝段和岸坡坝段采用不同的坝基渗流控制方案。

河床坝段建基面高程一般低于 40.00m,而下游水位 62.00～83.10m,下游水深达 20.00～70.00m。根据国内外工程特别是葛洲坝工程防渗排水设施的运行情况和观测资料分析,坝下游水位较高时,坝基采用封闭抽水排水系统的排渗降压效果良好,故三峡大坝建基面高程低于 40.00m 的坝段采用封闭抽水排水的渗流控制方案。左厂房 1～6 号坝段建基面高程为 90.00m,右厂房 21～26 号坝段,建基面高程为 40.00～90.00m。但这两个部位坝基缓倾角裂隙均较发育,在坝址以下为电站厂房基础开挖形成的临空高边坡,坡高近 70.00m,为有效地降低基岩结构面的扬压力,满足大坝深层抗滑稳定要求,该部位坝段及其后的电站厂房基础也采用封闭抽水排水的渗控方案。由此,大坝基础形成一个连续的封闭抽排区(图 4.2.3):左起左岸非溢流坝 17 号坝段,右至右岸非溢流坝段 1 号坝段,包括左安Ⅱ至左安Ⅲ段的厂房1～6号厂房、右厂 21～26 号厂房基础,沿坝轴线长 1729.50m。并分为 4 个封闭抽排区:左岸非溢流坝 17 号坝段至左厂 6 号坝段封闭抽排区;左厂 7 坝段至泄洪坝 23 坝段封闭抽排区;右纵 1 号坝段至右厂 20 坝段封闭抽排区;右厂 21 坝段至右岸非溢流坝 1 号坝段封闭抽排区。

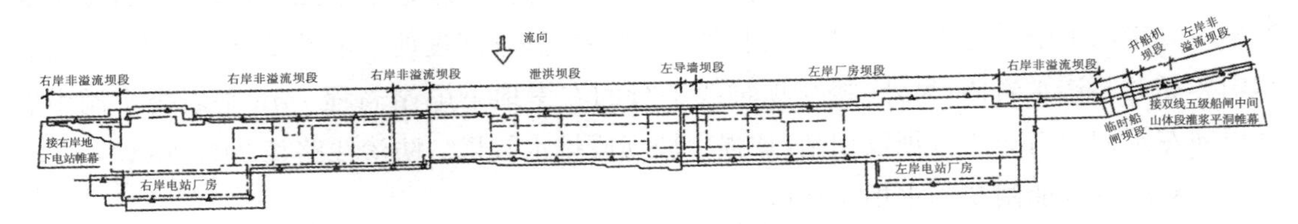

图 4.2.3 大坝和厂房基础封闭抽排布置图

两岸岸坡建基面高程高于 40.00m 的坝段,经过坝基扬压力及其对大坝稳定的影响分析,表明这些坝段采用封闭帷幕抽排方案与常规帷幕排水方案的降压效果差别不大,故两岸岸坡坝段(除左厂 1～6 号坝段、右厂 21～26 号坝段外)不需采用封闭抽排方案,只需采用一般常规帷幕排水方案控制渗流。即这些坝段只在上游设置基础廊道,以布置防渗灌浆帷幕和帷幕后基础排水孔,将基岩内的地下渗水排向基础廊道,再由横向廊道自流排出下游坝外(高于下游水位处)或汇入集水井抽排至下游坝外。

对于封闭抽排区,除在上游设置基础廊道作防渗灌浆主帷幕和幕后主排水孔幕外,在下游侧也设置基础廊道作封闭防渗灌浆帷幕,帷幕内侧均钻设基础封闭排水孔。为加强基础排水,在上下游基础廊道之间还平行坝轴线设置 2 条纵向排水廊道,且沿坝轴线方向每隔 70.00～80.00m 设置 1 条横向排水廊道,并连接上下游基础廊道。上述纵、横向排水廊道底部均钻设基础辅助排水孔。对左厂 1～5 号、右厂 21～26 号缓倾角裂隙发育的封闭抽排区,除主、封闭帷幕内侧设置主、封闭排水外,还在基础岩体内设置平行帷幕轴线的基岩排水洞,钻设排水孔以疏干基础岩体。基础渗水经廊道或排水洞汇入集水井,再由深井泵抽排至下游坝外。

(2)两岸坝肩绕坝渗流控制

大坝两岸坝肩山体的弱风化及微新岩体顶板高程较高,天然状况地下水位较稳定,且水库蓄水后，正常蓄水位 175.00m 的地下水位线离坝肩较近，渗透面积有限，因此，在水库建成蓄水后，两岸坝肩及山体不会产生大的绕坝渗流。但由于岩石仍具一定的弱透水性，且坝肩部位渗径较短，坝肩山体一定范围仍存在轻微绕坝渗流。由于这种渗流具有渗透压力较大、压力传递迅速等特点，对坝肩及附近的非溢流坝段产生的侧向渗流压力较大，对侧向稳定有一定的影响。考虑到控制绕坝渗流对两岸坝肩及双线五级船闸、垂直升船机深挖后出现的人工高边坡的稳定有利，因此，将防渗帷幕向两岸适当延伸或将两建筑物间的山体段防渗帷幕直接连接，以削减绕坝渗流，降低侧向渗透压力，确保建筑物稳定安全。

两岸山体绕坝渗流控制包括 5 部分：右岸坝肩、双线五级船闸左挡水坝左坝肩、右岸电厂右侧、左岸电厂左侧、双线五级船闸与左岸非溢流坝间中间山体段。

1）右岸坝肩

右坝肩山体地形相对较高，地面高程 210.00～220.00m，由于右岸地下电站位于右坝肩下游侧，且与右岸电站相邻，因此，右坝肩的绕坝渗流控制结合右岸地下电站渗流控制布置，防渗线路左起右岸非溢流坝 7 号坝段右坝头，向右延伸接右岸地下电站防渗帷幕，右岸坝肩帷幕接右岸地下电站进水口预建工程中完工的帷幕，垂直穿过地下电站 6 条引水洞后，接右岸山体相对不透水岩体；另外，将与坝轴线平行的右岸地下电站高程 74m 基岩排水洞由右坝肩向左延伸至右非 4 号坝段坝基，加强岸坡坝段排水效果。防渗线路长 340.00m。

2）双线五级船闸左挡水坝左坝肩

坝肩山体地面高程 195.00～205.00m，地势平缓，弱风化顶板高程 175.00～180.00m。防渗措施是地表抽槽开挖至 185.00m 高程，再在 185.00m 平台以下建造混凝土防渗墙，截断全强风化层，深入弱风化层 2.00m，然后在墙顶钻孔，对防渗墙以下基岩灌浆形成灌浆帷幕，帷幕底线深入基岩相对不透水层。该段灌浆帷幕右侧与双线五级船闸灌浆帷幕相接，左侧伸入山体接相对不透水岩体，线路长 155.50m。

3）右岸电厂右侧

其绕渗控制按封闭防渗帷幕与封闭排水分开布置方式。封闭帷幕从右厂 26 号机组尾水段 24.00m 高程基础廊道接右安Ⅱ左侧，向上游接 44.00m 高程交通廊道向左延伸，经右安Ⅰ接厂前区 82.00m 高程平台，平行坝轴线继续右延 30.00m。其封闭排水在进入高程 44.00m 交通廊道前与帷幕同廊道布置，在高程 44.00m 交通廊道与封闭帷幕分开，继续向上游延伸接坝体下游基础廊道，经右非 1 号坝段侧向 25.00m 高程基岩排水洞，与右排 1 号坝段基础主排水幕相连接。即以封闭帷幕右延控制下游水头绕渗，以侧向排渗控制右侧山体渗压对坝基及右岸厂房基础的影响。

4）左岸电厂左侧

其绕渗控制与右岸电厂右侧的原则和方式一致。封闭防渗帷幕从左厂 1 号机组尾水段 24.00m 高程基础廊道向左厂 82.00m 高程厂前区平台延伸 30.00m，封闭排水经左岸非溢流坝 17 号坝段接上游主排水幕。

5)双线五级船闸(以下简称船闸)与左岸非溢流坝段之间的山体段

船闸第一闸首与左岸非溢流坝段之间山体的地面高程一般为170.00～220.00m,将其开挖或回填至高程185.00m。经论证,该连接段山体具备挡水条件。但在船闸第一闸室右侧存在一条几乎与连接段山体正交并通向库内的冲沟,地面高程为165.00～180.00m,全强风化层较厚,相对不透水岩体埋藏较深;而且左岸非溢流坝段坝肩及船闸第一闸首右侧的绕坝渗流问题,关系到中间山体段下游两侧深挖人工高边坡稳定,边坡设计对坡面地下水有排水疏干要求,确定在该连接山体段须采取可靠的防渗措施。防渗线路布置考虑充分利用两建筑物之间山体的岩体透水性满足防渗要求的有利条件,从左非1号坝段和船闸第一闸首向中间山体延伸的防渗线路分别直线外延1倍坝段挡水高度后折向下游,斜向连接中间山体,与山体岩石透水率小于1Lu的顶板高程180.00m等高线衔接。防渗设施以防渗灌浆帷幕为主,局部难以形成防渗灌浆帷幕的全强风化层设置混凝土防渗墙,下接防渗灌浆帷幕。中间山体段岩体虽经勘测论证,可满足防渗要求,考虑到两侧建筑物边坡渗流控制的要求较高,为确保安全并留有余地,在中间山体段的两帷幕端点高程185.00m开挖灌浆平洞,并布置帷幕灌浆先导孔,对透水率大于1Lu的岩体进行防渗灌浆帷幕连接,形成可靠的封闭防渗条件。

4.2.6.2 坝基防渗帷幕灌浆

按确定的大坝坝基渗控方案,在大坝坝基、双线五级船闸1闸首及其两侧挡水坝段坝基于上游基础廊道各布置一道主防渗灌浆帷幕(简称主帷幕);在大坝封闭抽排区侧向及下游基础廊道(含左厂1～6号和右厂21～26号机组段基础廊道)中布置一道封闭灌浆帷幕(简称封闭帷幕)。左岸山体连接段,右岸地下电站进水塔及两岸坝肩均布置一定深度的防渗灌浆帷幕。

(1)坝基防渗帷幕灌浆标准

根据DL5108—1999《混凝土重力坝设计规范》的坝基防渗标准,并考虑三峡大坝的重要性和特殊性,结合坝基渗流分析计算结果,要求坝基主帷幕和封闭帷幕的防渗标准均为灌浆后基岩透水率$q \leqslant 1Lu$;两岸坝基高程160.00m以上为$q \leqslant 3Lu$,以下为$q \leqslant 1Lu$。

一般坝基部位,主帷幕及封闭帷幕按单排孔布置;规模较大,性状较差的断层,裂隙密集带、深厚微弱透水岩体等地质条件较差部位,主帷幕及封闭帷幕采用双排孔布置;左非连接坝段与左非1号坝段局部残留的强风化岩体,主帷幕采用三排孔布置。

结合固结灌浆,在上游主帷幕前布置两排各深10.00m和20.00m兼作辅助帷幕的固结灌浆孔;在下游封闭帷幕后布置一排深10.00m兼作辅助帷幕的固结灌浆孔。

帷幕灌浆孔孔深控制要求如下:

①灌浆孔深入基岩相对不透水岩体顶板以下5.00m。

②帷幕深度满足$H \geqslant 1/3h + c$。其中h为幕前水深(主帷幕为上游水深,封闭帷幕为下游水深);c为常数,取5～8。

③厂房坝段主帷幕深度达到坝后电站厂房基础开挖高程以下10.00～20.00m。

④布置两排帷幕灌浆孔的部位，对透水岩体埋深40.00m以内的地段，要求第二排孔伸入相对不透水岩体内5.00m；透水岩体较深时，要求第二排孔的深度不小于第一排孔深的2/3。

⑤布置三排帷幕灌浆孔的部位，要求上、下两排孔孔深穿过强风化岩体进入弱风化岩体内不小于5.00m。

⑥先导孔孔深按防渗帷幕底线以下10.00m控制。

(2)防渗帷幕布置

根据基础渗流控制设计方案及帷幕设计基本原则，结合施工现场帷幕灌浆试验成果，确定帷幕灌浆深度及灌浆排数与孔距等布置。

1)主帷幕

一般坝基部位，主帷幕孔按单排布置。帷幕灌浆孔深：左非连接坝段孔深约30m；左非1～18号坝段孔深一般为35.00～65.00m，升船机上闸首孔深为80.00m；左厂1～14号坝段孔深一般为60.00～80.00m，其中左厂4号、5号坝段孔深最大为95.00m；左导墙—纵向围堰坝段孔深一般为60.00m左右，其中左导墙—泄3号坝段孔深最大达135.00m；右厂坝段—右非坝段孔深100.00～60.00m。

规模较大、性状较差的断层、裂隙密集带、风化透水深槽、建基面表层及涌水较集中等部位，视具体情况加排、加深帷幕灌浆，或增加化学灌浆。加强灌浆的部位和布置如下：

①左非连接坝段及左非1号坝段坝基出露局部强风化岩体，布置三排帷幕灌浆孔，采用水泥浆材灌注后，再增加一排孔，采用丙烯酸盐化学浆材灌注。前、后排帷幕灌浆孔孔深20.00m，中间主帷幕灌浆孔孔深30.00m，化灌孔在主帷幕孔中间穿插布置，其孔深与主帷幕孔相同。

②升船机上闸首及左非8号坝段坝基出露规模较大性状较差的F_{23}、F_{215}等断层，布置两排帷幕灌浆孔，采用水泥浆材灌注后，再增加一排孔，采用具有高强度、高抗渗性能的环氧类化学浆材灌注，前排孔孔深60.00m，主帷幕灌浆孔孔深80.00m，化灌孔在主帷幕孔中间穿插布置，其孔深与主帷幕孔相同。

③左厂1～5号坝段和右厂24～26号坝段坝基岩体存在深层抗滑稳定问题，因此布置两排帷幕灌浆孔，孔深一般为85.00m，由于左厂4～5号坝段主帷幕穿过F_7断层带，故该部位主帷幕孔加深至95.00m，前排帷幕灌浆孔孔深一般为45.00m，F_7断层带部位加深至54.00m。

④左导墙至泄19号坝段坝基存在两个风化透水深槽，布置两排帷幕灌浆孔，其中左导墙至泄5号坝段主帷幕孔深97.00m，施工过程中将前排帷幕灌浆孔及部分主帷幕孔加深至124.00～135.00m；泄6～19号坝段主帷幕与前排帷幕孔孔深相同，均为70.00～96.00m。

⑤右非2～7号坝段、右安Ⅱ至右厂机组段、右厂23至右非2号坝段封闭帷幕灌浆孔为单排孔外，其余右厂排至右非1号坝段均为两排帷幕灌浆孔。第1排(主帷幕为下游排，封闭帷幕为上游排)灌浆孔均为直孔，第2排灌浆孔多为顶角1.5°的斜孔，主帷幕孔向上游(局

部顶角1.5°～1.3°)、封闭帷幕孔倾向下游(局部顶角为0°～14.3°)。

⑥对由于爆破、卸荷作用,建基面表层局部透水率较大、单耗率较小的孔段,以及有涌水不吸浆或吸浆量很小的孔段,补孔进行丙烯酸盐化灌。

2)封闭帷幕

封闭帷幕一般按单排布置。帷幕灌浆孔深:左厂1号机组段至左安Ⅲ段封闭帷幕灌浆孔深34.00m;右厂23号至右非2号坝段封闭帷幕灌浆孔深50.00～60.00m;左厂7～14号坝段一般孔深为50.00～70.00m,其中左厂13～14号坝段孔深最大为75.00m;左导墙至纵向围堰坝段灌浆孔深一般为40.00～70.00m,其中左导墙至泄2号坝段孔深最大达97.00m。在泄2号坝段、泄15号坝段、纵向围堰坝段等透水、涌水较严重的地段布置两排封闭帷幕灌浆孔。建基面表层透水率较大、单耗率较小的封闭帷幕孔,补孔进行丙烯酸盐化灌,其孔深为5.00m。

(3)坝基防渗帷幕灌浆孔、排距布置

大坝坝基防渗主帷幕灌浆孔距一般为2.00m。左非连接坝段及左非1号坝段三排帷幕灌浆孔,排距0.80m,均为垂直孔;升船机上闸首及左非8号坝段、左厂1～5号坝段、左导墙至泄19号坝段、右厂排至右非1号坝段两排帷幕灌浆孔,排距0.20m,主排灌浆孔为垂直孔,前排孔倾向上游,为1.5°顶角斜孔。局部透水性较强,灌浆单耗量较大的部位,主帷幕孔距加密至1.00m。封闭帷幕灌浆孔距一般为2.50m,局部透水性较强的部位孔距加密至1.25m。对浅层基岩透水率较大,经灌浆检查孔压水检查达不到设计标准的封闭帷幕孔,在其两侧补孔进行丙烯酸盐材料化灌。主帷幕前两排固结灌浆兼辅助帷幕灌浆孔、排距为2.00m×2.00m。封闭帷幕后一排固结灌浆兼辅助帷幕灌浆孔,孔距为2.50m。

(4)坝基防渗帷幕施工方法及质量要求

帷幕灌浆采用"自上而下分段,小口径钻孔,孔口封闭、孔内循环高压灌浆法"施工。工程前期,曾进行了不同设计参数的坝基渗流场模拟分析计算及大规模现场灌浆试验,确定当混凝土盖重厚度大于30.00m时,主帷幕最大灌浆压力为6.00MPa,盖重小于30.00m时封闭帷幕灌浆压力为4.00MPa,其中第1段(建基面以下2.00m范围内)灌浆压力为1.00～1.50MPa。现场帷幕灌浆施工时,坝体混凝土盖重已达到60.00m以上,远大于设计盖重要求。根据国务院三峡枢纽工程质量检查专家组的建议,并结合现场升压试验,对帷幕灌浆压力进行了必要的调整。将左非8号至纵向围堰坝段主帷幕及左厂14号至泄4号坝段封闭帷幕灌浆压力适当提高,其中左厂10号至泄18号坝段主帷幕坝段第1段(接触段)最大灌浆压力提高到3.50～4.00MPa;对集中涌水部位,通过重复灌浆,将第1段灌浆压力提高到4.00MPa;对水头较低的坝段提高到2.50MPa。对左厂10号至左导墙坝段、泄5号至10号坝段、泄14号至17号坝段等升压前已完成主帷幕施工的部位,在其主帷幕前增加一排孔深8.00m的浅层灌浆孔,采用3.50～4.00MPa的压力进行补灌注。

帷幕灌浆质量评定以灌浆后压水检查基岩透水率 q 为主,结合灌浆前、后基岩弹性波测试成果，钻孔取芯，大口径检查成果等综合评定。检查孔数量一般按帷幕灌浆孔总数的10%左右控制。实际施工中，检查孔数量达到帷幕灌浆孔总数的15%以上。

(5)坝基防渗帷幕灌浆遇到的地质问题及其处理措施

三峡大坝基岩总体上看，岩体透水性微弱，工程地质和水文地质优良，但由于基础防渗线长达4173.00m，坝基防渗帷幕须穿过不同的水文地质单元、地质构造及坝肩全、强风化岩体，增加了帷幕灌浆设计与施工的复杂性。帷幕灌浆施工中对影响坝基防渗帷幕灌浆的主要工程地质问题均分别采取了相应的处理措施。

1)大坝河床坝段弱风化透水深槽的防渗及其涌水处理

大坝主河床左导墙—泄14号坝段坝基有闪云斜长花岗岩弱风化透水深槽，宽300.00～340.00m，深50.00～100.00m，属弱—中等透水岩体，是可能存在坝基渗漏隐患的重点部位。由于基岩开挖高程低，加之裂隙发育，连通性好，受堰外江水基坑施工积水以及基岩深部微承压水的影响，帷幕灌浆施工过程中，弱风化透水深槽段较多钻孔出现涌水现象。涌水量一般小于3L/min，少数大于10L/min，最大达37L/min。对此采取了如下处理措施：

①考虑到弱风化透水深槽发育最深达高程－120.00m左右，且施工过程中，涌水频率、涌水量和涌水压力随孔深收敛性差，帷幕采用加深加密灌注，实施时按双排孔等深接地式布置，最大孔深124.00m，并将前排孔顶角采用1.5°，以增加钻孔密度。

②在试验论证的基础上适当升高坝基浅层岩体的灌浆压力，以提高浅层岩体的灌浆质量，增强岩体的防渗性能。

③提高涌水孔段灌浆结束标准，即灌浆达设计结束标准后进行压力屏浆和闭浆待凝，必要时进行复灌。屏浆时间不少于1h，闭浆待凝时间初期为24～48h。施工中的不断摸索表明，湿磨细水泥浆液在高压作用下凝结时间可大幅缩短，在8～12h内浆液即可凝固，因此后期闭浆待凝时间一般按12h控制，涌水量大的孔段按24h控制。

采取以上措施后，灌浆成果统计分析表明，基岩透水率、灌浆单耗、涌水量、涌水压力、涌水孔数等技术指标分序递减规律明显。灌后钻孔压水检查，除少数检查孔有微量涌水外，大多数检查孔基本不涌水，幕体透水率满足设计要求，说明针对涌水孔提出的处理措施是有效的、可靠的。

2)坝基主要断层等地质构造的防渗处理

断裂构造是三峡大坝基础渗流的主干网络，确保地质缺陷的灌浆效果和灌浆质量，是减少坝基渗流，控制坝基渗压的重要环节。据统计，坝基发育的长度大于50.00m的断层有886条，其中长度大于400.00宽度大于2.00m的断层16条。规模较大的断层主要有F_{23}、F_{215}、F_4、F_5、F_7、F_9、F_{12}、F_{410}～F_{413}断层组、f_{18}断层组、f_{20}、F_{548}、f_{603}等，其中F_{215}、F_{548}、f_{603}、f_{1050}等NE—NEE或NWW—近EW向断层构造岩较破碎，透水性较强，是防渗处理的重点。

现场施工表明，规模较小、性状较好的断层，采用常规单排帷幕灌浆，即可达到设计防渗标准；规模较大、性状较差的断层采用2排孔加强灌注后，一般可达到透水率$q \leqslant 1Lu$的防渗标准，但升船机至左非8号坝段出露的F_{215}断层和双线五级船闸右挡4号坝段出露的F_{1050}

断层，其主要断带内均含有厚度不等的软弱物质，具有在高水头作用下发生渗透破坏的物质条件，特别是 F_{215} 断层在水泥灌浆结束后深部仍有 9.00m 孔段取不到岩芯。为提高 F_{215} 及 F_{1050} 断层带力学强度和抗渗性能，水泥灌浆后补充进行了 CW 环氧浆材高压化学灌浆，经灌浆处理，达到了设计规定的 1Lu 防渗标准和 2GPa 以上变形模量的要求。

3）坝基岩体中陡倾角裂隙的灌浆

斜孔灌浆在国内小浪底工程等进行过相应的研究和实施。三峡大坝坝基陡倾角裂隙发育，占裂隙总数的 75%以上，为提高钻孔穿过陡倾角裂隙的几率，工程前期也曾研究过利用斜孔灌浆的可行性，但由于坝基裂隙发育方向复杂、规律性差，采用斜孔针对某一组优势结构面进行灌浆的同时，也必然减少了钻孔穿过其他方向裂隙的几率，经综合分析后，三峡大坝帷幕灌浆最终仍决定采用直孔灌注。现场施工过程中，结合泄 15 号坝段下游封闭帷幕补强灌浆，针对陡倾角裂隙发育的优势结构面进行了斜孔灌浆试验，结果表明，与直孔灌浆相比，斜孔灌浆效果无明显改善。另外大量的现场施工表明，直孔方式灌浆完全可以达到设计防渗要求，因此，对三峡大坝这种裂隙产状复杂的岩体而言，采用直孔通过局部加密灌注成幕是可靠的，而斜孔灌浆可作为一种局部针对性的补强措施。

4）坝基浅层基岩的灌浆

坝基浅层岩体直接与库水相通，承受的库水压力最大，是防渗的重点部位。由于受上覆盖重条件的控制，浅层岩体灌浆压力一直较低，即便是高压灌浆，其接触段的灌浆压力一般也多在 1～1.5MPa，远低于下部 5～6MPa 的高压灌浆压力，显然对灌浆质量不利。三峡大坝现场灌浆试验表明，当灌浆压力达 3～3.5MPa 以上时，吸浆量明显增大，灌浆效果较好。前期灌浆施工也反映出，基岩深部由于采用 5～6MPa 高压灌注，一般能达到设计合格标准，接触段由于灌浆压力相对较小，不合格几率相对增大。为此，通过现场生产性试验论证，将坝基浅层岩体灌浆压力由过去的 1.5MPa 提高到 2～3.5MPa 灌注。为确保坝基防渗，在对坝基浅层岩体升压灌浆的同时，还适当增补部分丙烯酸盐化学灌浆。通过升压灌浆与化学灌浆相结合的处理措施，取得了较好的效果，灌后接触段检查合格率达 100%。

5）两岸坝肩及双线五级船闸 1 闸首左、右挡水坝段强风化岩体的灌浆

大坝左坝肩及双线五级船闸 1 闸首左、右挡水坝段局部出露的强风化及弱风化上部岩体，因发育深度较浅，一般在高程 165.00m 以上，采用多排帷幕灌浆防渗。现场施工表明，强风化及弱风化上部岩体透水性强，平均透水率达 15Lu 以上，灌浆过程中吸浆量较大，但在两排湿磨细水泥浆灌注后，绝大多数裂隙得到了较好的充填，透水性显著减弱，透水率可减小到 3～5Lu，再在中间增加一排补充丙烯酸盐化学灌浆后，幕体透水率达到了 $q \leqslant 1\text{Lu}$ 的防渗标准。

4.2.6.3 混凝土防渗墙

大坝左坝肩至双线五级船闸右挡水坝间的山体段，部分地段分布有全强风化岩体，经比较采用冲击式造孔混凝土防渗墙（下接帷幕灌浆），防渗墙厚 80cm，最深达 30.00m，墙底伸入弱风化岩体不小于 1.00m。防渗墙混凝土设计指标：抗压强度（28d）：7～15MPa；静弹模：

10～16GPa;抗渗标号≥W6。

双线五级船闸左侧山体段存在全强风化岩体及人工填土层,采用将上部全强风化及人工回填区场平至高程 185.00m,再人工挖槽浇筑混凝土防渗墙(下接帷幕灌浆),防渗墙混凝土标号 C15。

4.2.6.4 坝基排水

(1)坝基排水考虑的原则

①在坝体上游基础灌浆廊道内,主帷幕后布置一排主排水幕。

②在坝基封闭抽排区封闭帷幕的内侧,布置一排排水幕。

③在坝基封闭抽排区范围内,平行于坝轴线方向布置两排纵向辅助排水幕;顺水流方向每隔 2～4 个坝段布置一排横向辅助排水幕。

④在坝基封闭抽排区范围内,根据排水幕线路布置和抽排区大小及坝基高程的差别,视情况设置分区排水幕,形成封闭单元。

⑤排水孔孔深:主排水孔、封闭区排水孔孔深一般为相应主帷幕和封闭帷幕孔孔深的 4/5 左右;纵向辅助排水孔孔深一般为相应上游主排水孔和封闭区下游排水孔孔深的 2/3 左右;横向辅助排水孔孔深一般为 20.00m 左右。

(2)坝基排水布置

左非 1 号坝段至右非 7 号坝段主帷幕后设一排连续主排水幕;左厂 7 号至纵向围堰 2 号坝段及左厂 1～6 号机组段、右厂 23 号至右非 2 号坝段封闭区帷幕内侧设一排排水幕,在抽排区内布置纵、横向排水廊道,在其内设纵、横向排水幕。具体布置如下:

1)主排水幕

在大坝上游基础廊道(排水洞)布置一排主排水幕。主排水幕孔深:左非 1～18 号坝段排水孔深一般为 35.00～50.00m;左厂 1～14 号坝段孔深一般为 50.00m 左右;左导墙至纵向围堰坝段孔深一般为 50.00～70.00m;右厂排至右非 7 号坝段孔深 70.00～40.00m。

左厂 1～6 号坝段和右厂 24～26 号坝段根据坝体抗滑稳定要求,需加强坝基排水。因此,左厂 1～6 号坝段在主帷幕后(距主帷幕线约 22.00m)高程 74.00m 和高程 50.00m 及坝基下游高程 25.00m 岩体内各布置一条排水洞,主排水孔自坝内基础廊道底板打穿高程50.00m排水洞洞顶,再由该排水洞向下打孔至排水幕设计底线高程 23.00m。在高程74.00m和高程25.00m 排水洞内布置排水孔。上述三条排水洞均延伸至左非 17 号坝段,在高程 74.00m 排水洞与高程 25.00m 排水洞之间布置横向排水洞,其内布置一排横向排水幕。三条排水洞均布置一排垂直仰孔和一排垂直俯孔排水孔,其中高程 74.00m 排水洞内的仰孔向上打至坝体建基面高程,俯孔打穿高程 50.00m 排水洞洞顶,并在该洞内布置俯孔,孔深约 27.00m;高程 25.00m 排水洞仰孔孔深 15.00m,俯孔孔深 10.00m;左非 17 号坝段后的横向排水洞内封闭排水孔仰孔孔深一般为 45.00m,俯孔孔深 10.00m。在右厂 23 号至右非 2 号坝段封闭排水区内,上游主帷幕后高程 59.00m、右厂 22 号至右非 1 号坝段高程 25.00m 处设置平行坝轴线的上、下游基岩排水洞。

上游基岩排水洞向右延伸至右非2号坝段。两条排水洞在右非1号坝段上、下游采用侧向(右非1号与2号坝段界线处)基岩斜排水洞连接,整体呈"U"字形。排水洞排水幕均由洞顶的仰孔和底孔上的俯孔组成。孔径均为∅90mm。上游排水洞仰孔深度按上部建基岩面控制;俯孔深度为主排水孔从基础廊道打穿洞顶后、在底板上面钻至主排水幕的设计底高程,孔深30.00~40.00m。下游排水洞和侧向排水洞仰孔深一般分别为25.00~30.00m和30.00~55.00m,俯孔深分别为10.00m和10.00~30.00m。

2)封闭区排水幕

封闭区排水幕孔深:左厂1号机组段至左安Ⅲ段排水孔孔深25.00m,左厂7号至纵向围堰坝段孔深一般为30.00~55.00m,右厂排至右厂21号坝段排水孔孔深30.00~40.00m,右厂22号至右非2号坝段排水孔孔深20.00m。

3)辅助排水幕

在左厂7号至泄18号坝段上游基础廊道后20.00~22.00m处和下游基础廊道前22.00~28.00m处布置一条纵向基础排水廊道,在廊道内布置一排纵向辅助排水幕,在左厂7号和泄18号坝段横向廊道内各设置辅助兼分区排水幕,将封闭抽排区划分为三个封闭单元,排水孔孔深20.00~60.00m。上游辅助排水孔孔深30.00m,下游辅助排水孔孔深20.00m,同时,在坝基中上和中下部基础纵向排水廊道中布置一排纵向辅助排水孔幕,沿左厂7号至泄18号坝段每隔80.00~100.00m在坝基横向排水廊道内布置一排横向辅助排水幕,排水孔孔深20.00m。总体上形成"井"字形抽排格局。

在右厂排坝段和右厂21号坝段横向基础廊道内设置辅助兼分区排水幕,将封闭抽排区分为两个单元:①右厂排至右厂21号坝段抽排区内,在坝基中部距上游基础排水廊道16.00m和距下游基础廊道25.00m的两条纵向基础排水廊道内各布置1条纵向辅助排水幕;在右厂16号坝段、18号坝段、20号坝段的横向基础排水廊道中各布置一条横向辅助排水幕,其间隔为70.00~80.00m。②右厂22号至右非1号坝段在大坝下游基础廊道及与之相接的高程25.00m基岩排水洞内布置一条纵向辅助排水幕。

(3)排水孔布置

主排水孔孔距为2.00m,封闭区排水孔孔距为2.50m,纵、横向辅助排水孔孔距为3.50m。排水孔一般为斜向俯孔,主排水孔倾向下游,封闭区排水孔倾向封闭抽排区内,顶角一般为15°;排水洞内布置有排水垂直仰孔及俯孔,辅助排水孔和分区排水孔均为直孔。排水孔穿过性状较差且含软弱充填物的断层、岩脉、裂隙密集带等易产生渗透破坏的部位或孔段,采用硬质塑料花管外包工业过滤布进行孔内保护。

(4)坝基抽排集水井布置

左厂1~14号坝段、左导墙坝段、泄1~23号坝段、纵向围堰坝段基础封闭帷幕抽排水系统内,布置有4个抽排集水井(包括坝基渗水和坝体渗水),分别设在左厂7号钢管坝段、左导墙坝段、泄1号坝段及泄23号坝段,深井泵房设计排水量为810m^3/h。

左厂 1～6 号机组段封闭帷幕抽排水系统内，单独设置 1 个抽排集水井(仅抽排厂房基础渗水)，布置在左安Ⅲ段下游段，深井泵房设计排水量为 100m³/h。

右厂排至右非坝段基础封闭帷幕抽排水系统内，布置 2 个集水井，分别位于右厂 19 号、右厂 22 号坝段，2 个集水井抽排能力为 1240m³/h(坝体和基础计算总排水量为 410m³/h)。

4.2.7 大坝变形及坝基渗流监测

4.2.7.1 河床左侧挡水大坝监测成果分析

(1)变形监测

1)坝基及坝顶水平位移

河床左侧坝基水平位移量主要在蓄水 135.00m 水位之前的坝体混凝土浇筑施工期，如左非 2 号坝段位移在 1999 年 10 月至 2000 年 4 月升船机坝段混凝土浇筑期间变化较大；蓄水 135.00m 水位后，坝基上下游方向水平位移总体呈冬季向下游位移大、夏季小的周期性变化，年变化幅度在 1mm 以内；截至 2009 年 3 月 21 日，各坝段基础上、下游方向累计位移量为 0.93(临时船闸 3 号坝段)～3.45mm(升船机上闸首右Ⅱ)，左、右岸方向累计位移为－3.81(左非 2 号坝段)～2.50mm(临时船闸 3 号坝段)之间；2008 年汛末试验性蓄水期间，坝基向下游位移量为 0.34～0.67mm，其中水位从 145.00m 升至 156.00m 时位移变化量为－0.12～0.24mm，水位升至 160.00m 时位移变化量为 0.08～0.27mm；各坝段基础水平位移变化量较小，且变化规律与试验性蓄水前一致，表明试验性蓄水至水位 172.80m 坝基稳定。2016 年蓄水前，坝基水平位移为 0.01～3.62mm，蓄水后 11 月 2 日坝基位移为 0.23(右纵 1)～3.99mm(升右 2)，蓄水前后坝基水平位移变化为 0.04(升左 1)～1.19mm(泄 1)，2017 年 3 月坝基位移为 0.52(右纵 1)～4.68mm(升右 2)。

2016 年蓄水前坝顶水平位移在－7.16(升左 1)～1.82mm(左非 2)，蓄水后坝顶位移在－4.34(升左 1)～21.20mm(泄 2)，蓄水前后坝顶位移变化为 0.54(左非 2)～19.90mm(泄 2)。2017 年 3 月坝顶位移为－1.80(升左 1)～23.53mm(泄 2)。泄 2 坝段坝顶位移变化与往年相似，变化规律正常。过程线反映 2011—2016 年坝顶水平位移最大年变幅分别为30.22mm、28.81mm、29.45mm、25.43mm、26.90、28.53mm。泄 2 号坝段坝基坝顶位移过程线见图 4.2.4。

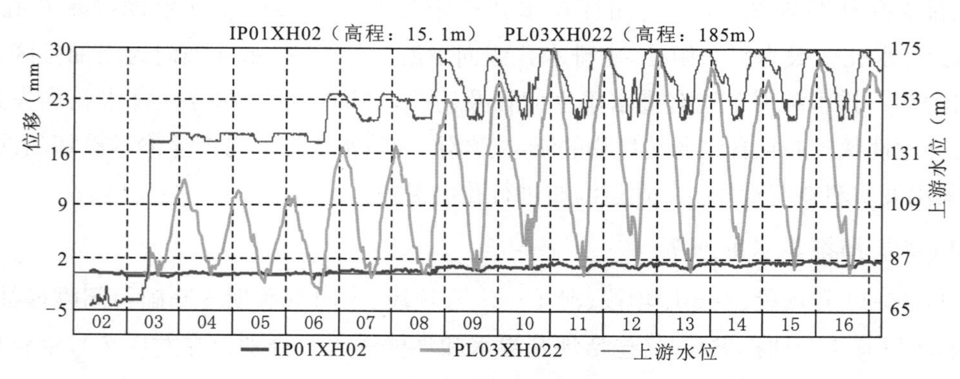

图 4.2.4 泄 2 泄洪坝段坝基和坝顶水平位移过程线

2)坝基垂直位移

左岸大坝基础廊道精密水准点于1998年2月开始观测,各坝段均表现为沉降,至2006年10月库水位升至156.00m,各坝段基础廊道累计沉降量为8.39~18.48mm(左非12号坝段),左非7号坝段以右沉降相对较大,沉降量为14.24~18.48mm。各相邻坝段沉降差在2.0mm以内。2008年汛末试验性蓄水至水位172.00m后,各坝段沉降增量为1.41~3.37mm。2008年11月至2009年2月,坝基垂直位移变化量很小,在±1.0mm之内。2016年175m水位试验性蓄水前,左岸大坝坝基上游基础廊道累计垂直位移在6.16(左非1#)~26.15mm(泄5坝段)之间,蓄水后垂直位移为6.44~30.68mm,蓄水前后变化0.28~5.66mm。平均变化3.57mm,其中左非1~18坝段平均沉降1.76mm,左厂1~14坝段平均沉降3.59mm,左导至右纵2坝段平均沉降4.95mm。左导至右纵2坝段下游基础廊道平均下沉6.01mm,比上游多沉降1.06mm。2017年3月左岸坝基沉降为7.51~28.61mm。

(2)渗流监测

1)测压管水位

帷幕前测压管水位随库水位升降而变化,2008年9—11月试验性蓄水至水位172.00m,11月9日实测坝前水位172.63m,帷幕前测压管最高水位168.00m,比坝前水位低4.63m。

帷幕后测压管水位在库水位升降前后变化较小,2007年10月和2008年10月,库水位上升至156.00m前后,帷幕后测压管水位变化为−1.73~4.97m;2008年9—11月试验性蓄水至172.00m前后,帷幕后测压管水位变化为−3.78~4.08m。

2)扬压力系数

2008年11月库水位升至172.00m,左厂坝段上游主排水幕处实测扬压力系数为0.06~0.21,下游主帷幕处实测扬压力系数为0.09~0.14;左导坝段、泄洪坝段、右纵坝段上游主排水幕处实测扬压力系数为0.03~0.11,下游主排水幕处实测扬压力系数为0.08~0.27,均小于设计允许值。

泄2号坝段、泄18号坝段实测扬压力分别为设计扬压力的62.12%、69.38%。2016年11月2日,上游基础灌浆廊道排水幕处扬压系数:左非1—18号坝段最大为0.12(左非10),左厂坝段最大为0.21(左厂5号),泄洪坝段最大为0.09(泄18号)。2017年3月上述三部位最大扬压力系数分别为0.17、0.21、0.08,扬压力系数均在设计值0.25允许范围内。2016年蓄水至175.0m水位时,泄2号、左厂14号坝段坝基实测扬压力分别为设计扬压力的71.76%和49.87%,实测扬压力小于设计扬压力,有利于大坝稳定。

3)坝基渗流量

2003年6月10日,库水位蓄至135.00m后,6月19日实测左岸大坝坝基渗流量最大值为1219.19L/min,此后,渗流量呈减小趋势。2008年9月20日至11月12日试验性蓄水期间,在坝前水位145.84m、156.62m、160.51m、166.17m、170.12m、172.63m时,相应左岸大坝坝基渗流量分别为362.85L/min、361.80L/min、371.64L/min、383.44L/min、406.93L/min、426.19L/min,上述实测左岸大坝坝基渗流量随库水位升高有所增大，试验性蓄水位172.00m前后坝基渗流量分别为362.85L/min和426.19L/min，增加63.34L/min，2009年3月实测坝基渗流量为367.14L/min，坝基渗流量主要集中在深槽坝段，占总渗流量的69.84%。影响坝基渗流量的主要因素是大坝上、下游水位，并具有随水位升高而增大的规律，其次为时效，时效渗流为负值，且随时间延长而增大；温度影响很小，渗流量与温度呈负相关，升温减小，降温增大。2016年蓄水前后左岸坝基（含左岸电站厂房）渗流量分别为128.56L/min和149.20L/min，渗流量增加20.64L/min，2017年3月渗流量164.63L/min。坝基渗流量见图4.2.5。上述监测资料分析表明，左岸大坝坝基渗流、渗压工作性态正常。

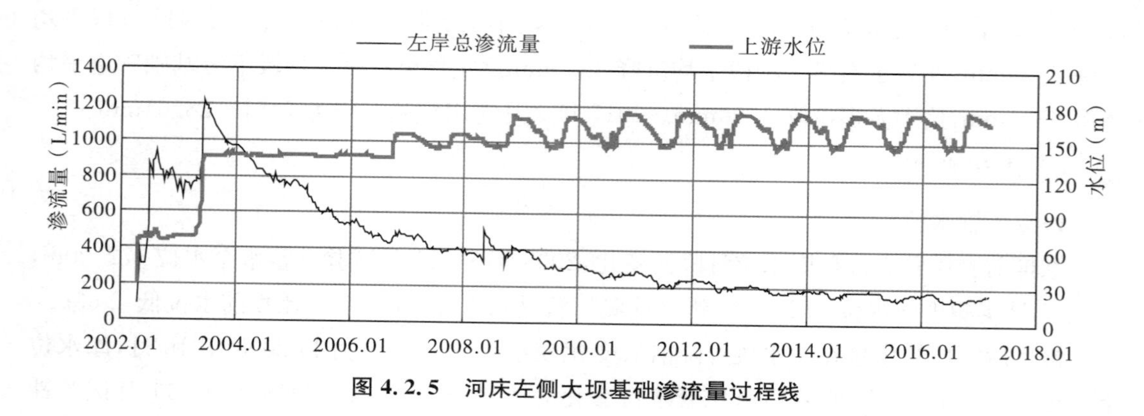

图4.2.5　河床左侧大坝基础渗流量过程线

4.2.7.2　河床右侧挡水大坝监测成果分析

(1)变形监测

1)坝基及坝顶水平位移

坝基上、下游向位移受库水位影响比较明显。2006年5月25日上游基坑进水前，实测累计位移为−0.56～0.36mm；基坑水位升至139.50m时，2006年6月6日实测累计位移为−0.27～1.73mm，除右岸边的右非7号坝段外，其他坝段向下游位移增加0.4～1.78mm；2006年汛末库水位由135.00m抬升至156.00m期间，右厂坝段向下游位移有所增加，在0.50mm以内。2006年汛末和2007年汛末库水位抬升至156.00m后，坝基上、下游位移受上游水位升降及温度影响，表现为每年1月份左右向下游累计位移量最大，8月份左右向下游累计位移量最小，年波动幅度在1.50mm以内。2008年9—11月试验性蓄水位升至172.00m期间，坝基向下游位移增加−0.07～0.98mm；2008年11月至2009年3月，坝基向下游位移略有增加，变化规律正常。2016年汛末175m水位蓄水前后，右岸坝基水平位移变化为−0.84(右非7)～1.05mm(右厂24)，2017年3月右岸坝基累计水平位移为−0.06(右非7)～3.61mm(右厂24)。

2016年汛末175m水位试验性蓄水前后右岸坝顶水平位移变化为−0.59(右非7)～15.38mm(右厂15)，2017年3月右岸坝顶累计水平位移为−0.16(右非7)～24.99mm(右厂17)。

2)坝基垂直位移

各坝段坝基垂直位移均为沉降,其沉降主要由坝体混凝土浇筑及库水位抬升引起,沉降量随坝体浇筑高度增加和库水位抬升而增大。2008年9—11月试验性蓄水至水位172.00m期间,坝基沉降量增加1.88～4.04mm,同一坝段下游廊道沉降比上游廊道大1.00mm左右,2008年11月至2009年3月,坝基垂直位移变化较小,其中河床深槽坝段略有回弹,2009年3月,实测基础上、下游及横向廊道最大沉降量为15.53mm,位于右厂22号坝段高程56.00m爬坡廊道。各相邻坝段沉降差在2.00mm以内,表明坝基无不均匀沉降。右非1号坝段至右厂23号坝段上游高程55.00m排水洞实测累计沉降为5.57～7.37mm,下游高程26.00m排水洞实测累计沉降为4.96～7.84mm。2008年9—11月试验性蓄水至水位172.00期间,上游排水洞与下游排水洞沉降量基本一致,在2.34～3.18mm,表明深层岩体沉降均匀。2016年汛末175m水位试验性蓄水前,右岸坝基累计垂直位移为1.80～14.95mm,蓄水后(2016年11月)累计垂直位移为2.95(右非6)～17.43mm(右厂22坝段)。垂直位移变化为1.15～4.75mm,平均变化3.38mm。2017年3月右岸坝基垂直位移为3.03～16.34mm。右厂17坝段坝基坝顶水平位移过程线见图4.2.6。

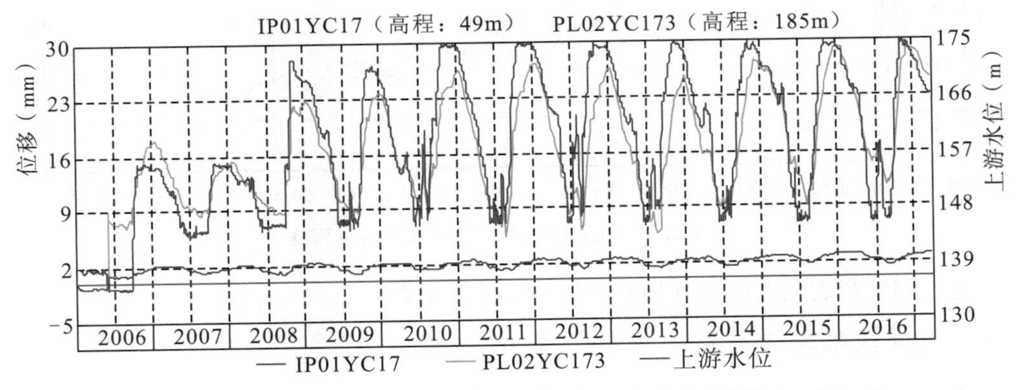

图4.2.6 右厂17坝段坝基坝顶水平位移过程线

(2)渗流监测

1)测压管水位

坝基帷幕前测压管水位随库水位升降而变化,但比库水位低14.12～43.37m。帷幕后测压管水位变化不大,2006年汛末和2007年汛末蓄水位抬升至156.00m前后,帷幕后测压管水位变化为−4.08～2.88m;2008年9—11月试验性蓄水至水位172.00m前后变化为−0.04～2.61m。2016年汛末175.0m水位试验性蓄水前后,右岸大坝上游帷幕前测压管水位最大上升22.96m,最高水位为158.33m,帷幕后水位变化−0.06～5.07m(右非4)。

2)扬压力系数

右岸各坝段上游排水幕上实测扬压力系数为0.02～0.11,下游排水幕上实测扬压力系数为0.04～0.35,均小于设计允许值,坝基实测扬压力小于设计扬压力。2016年汛末蓄水至175m水位时，右厂排至右非3坝段排水幕处扬压系数最大值为0.14(右厂18号)，目前最大扬压力系数为0.14(右厂18号)，均在设计范围内。175.0m水位时，右厂17坝段坝基实测扬压力为设计扬压力的60.02%，实测扬压力小于设计扬压力，有利于大坝稳定。

3)坝基渗流量

坝基渗流量随库水位升高呈增大趋势，2008年9—11月试验性蓄水至水位172.00m前后，左岸大坝坝基渗流量分别为317.92L/min和393.26L/min，增加75.34L/min。2006年10月30日、2007年10月30日、2008年10月19日上游水位分别为155.50m、155.74m、156.94m，右岸大坝坝基实测渗流量分别为411.50L/min、410.39L/min、410.09L/min。2016年汛末175m水位试验性蓄水前后，右岸大坝坝基渗流量(包含右岸厂房)分别为104.78L/min和134.86L/min，渗流量增加30.08L/min。2010—2016年175m蓄水后渗流量总趋势呈现逐年减小。2017年3月渗流量为129.28L/min，渗流量过程线见图4.2.7。

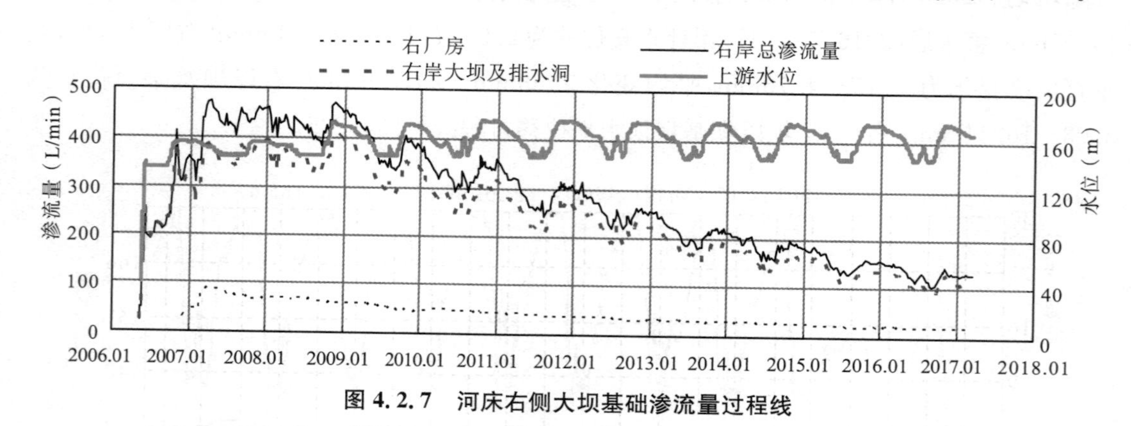

图4.2.7 河床右侧大坝基础渗流量过程线

上述监测资料表明右岸大坝坝基渗流工作性态正常。

4.2.8 大坝建基岩体及基础处理问题的探讨

4.2.8.1 大坝基础弱风化下带岩体作为坝基可利用岩体问题

大坝两岸滩地及岸坡部位的坝段坝基将弱风化下带岩体作为可利用岩体。设计要求弱风化下带岩体*RQD*平均值大于70%；岩体的纵波波速V_P的平均值达到5000m/s；建基面以下5.00m深度内不存在厚度大于5cm的平缓松碎屑夹层或风化囊槽及碎屑岩体。在大坝两岸滩地及岸坡部位的坝段基础开挖所揭露的地质情况表明，坝基工程地质条件与勘探成果基本一致，建基岩体主要为闪云斜长花岗岩微风化带及弱风化下带岩体，优质及良质岩体占82.%～91.0%，对局部风化带、胶结不良的断层破碎带及裂隙密集带等地质缺陷均按设计要求进行工程措施处理，坝基岩体质量满足设计要求。鉴于弱风化下带岩体存在风化囊槽，有限的地质勘探钻孔难以查明弱风化下带岩体的界面，开挖至设计建基高程后，可能有部分风化囊槽仍需要深挖，造成基岩面高差较大，增加坝基处理工作量，因此，对将弱风化下带岩体作为坝基可利用岩体的坝段应增加勘探钻孔，进一步查明弱风化下带岩体的界面，为设计提供较准确的地质资料。

4.2.8.2 大坝河床部位风化深槽处理问题

初步设计阶段，大坝河床部位最低建基高程 10.00m，工程开工后，在河床部位补充钻孔查明，在主河床左侧泄洪坝段第 4 号坝段至左导墙坝段间存在风化深槽，根据钻孔岩芯资料，确定将该部位坝段建基岩面降低至高程 2.00m。二期基坑抽水后开挖揭示该深槽有较大面积风化区，鉴于深槽位于大坝上游侧，并向下游逐渐抬高，根据实际开挖基岩情况，决定将深槽部位坝段最低可利用岩面抬高至高程 4.00m。局部软弱岩体采用掏挖回填混凝土处理，不再大面积降低建基岩面。考虑该部位泄洪坝段下游水垫深，不致受泄洪水流的淘刷，因此，坝体下游不设护坦，减少了深部开挖。三峡大坝河床部位通过补充加密勘探钻孔，查明深槽岩石情况，确定将该部位坝段建基岩面高程较初步设计高程降低 6.00m，说明对大坝河床部位加密勘探钻孔、查明坝基岩体情况，为设计提供准确地质资料的重要性。

4.2.8.3 大坝坝基岩体断层处理措施问题

大坝基础基体有两组主要断裂构造，一组走向北北西，主要断层有 F_{23}、F_{9}、F_{540}、F_{18}、F_{20} 等，另一组走向北北东，主要断层有 F_{7}、F_{4}、F_{6}、F_{29}、F_{410}～F_{413} 等。其中 F_{7}、F_{4}、F_{9}、F_{23} 斜穿坝基，规模相对较大，构造岩的强度及变形模量相对较低，且不均一。但这些断层倾角都很陡，除去影响带，其构造岩的宽度也不大(一般 2～5m)，且胶结良好。性质较差的软弱构造岩，主要见于走向北东—北东东组断裂，但数量少、规模小、缓倾角结构面不发育且连续性差。在大坝建基面以下，一般为无充填或为胶结良好的坚硬构造岩。

通过分析研究，并参考其他类似工程的实践经验，对在建基面出露的断层，采取了下列处理措施：

(1)倾角大于 45°的镶嵌结构岩体和碎裂结构岩体

①镶嵌结构岩体(包括断层影响带和裂隙密集带)，胶结较紧密的构造岩，质量属中等，可适当加深开挖，回填混凝土。

②碎裂结构岩体(包括软弱构造岩的碎裂结构岩体)，含松散碎屑物达 20%以上的弱风化带的上部岩体，质量属差至极差岩类，掏挖并回填混凝土塞，开挖宽度应大于破碎带的宽度，且不得小于 50cm，开挖深度视断层宽度而定，一般不得小于 1～1.5 倍的宽度，同样也不得小于 50cm。

③当上述两类岩体结构贯穿坝基上、下游时，必须超出上、下游基础轮廓线进行扩大开挖，扩挖宽度不得小于 2 倍的塞深、扩挖深度与坝底范围内的扩挖深度相同，并回填与该部分坝体同标号的混凝土，同时在该处加强固结灌浆。

(2)倾角小于 45°的镶嵌结构、碎裂结构岩体和风化夹层

①镶嵌、破碎结构岩体的上覆完整岩层厚度分别小于 1.50m 和 3.00m 时，须连同上覆完整岩层一起全部挖除。

②碎裂结构岩体和风化夹层，除按上述要求挖除后，还应进一步掏挖，一般掏挖深度不得小于破碎岩体的宽度，且不得小于 20cm。这种掏挖结束后应及时进行清理和冲洗，用细

骨料混凝土或水泥砂浆回填保护。

(3)断层交会区

断层交会区应在上述两项处理要求的基础上，视区域范围、断层产状、基岩性状决定进一步扩大坑、槽开挖的深度和范围，进行置换处理。

4.2.8.4 大坝建基岩面找平混凝土封堵式无盖重固结灌浆技术应用问题

大坝建基岩面浇筑找平混凝土，进行封堵式无混凝土盖重固结灌浆，在总结灌浆试验研究和生产性试验的基础上，提出找平混凝土封闭式无盖重固结灌浆设计及施工技术要求，并在三期工程施工的大坝基础固结灌浆全面应用，解决了大坝基础约束区混凝土浇筑与固结灌浆的矛盾，降低大坝混凝土产生裂缝的风险，为混凝土坝建基岩体固结灌浆研发一种新方式。混凝土坝建基岩面浇筑找平混凝土仅限于固结灌浆区域，主要用于填补坝基地质缺陷处理开挖的沟槽和封堵基岩面裂缝。找平混凝土质量要求同大坝基础混凝土相同。固结灌浆完成后，对已松动的找平混凝土应予清除。在大坝廊道内进行辅助帷幕灌浆和主帷幕灌浆时，将阻塞位置设在找平混凝土层以上部位，以加强对找平混凝土可能存在的裂缝进行充灌浆，必要时也可在大坝廊道内增布加固灌浆孔。

大坝基岩为性状相对较差的岩体或较破碎的岩体，采用找平混凝土封闭式固结灌浆，应增布设浅孔(孔深 5.00m 左右)，先用低压固结灌浆后，作为表层的覆盖岩层重量；再增大压力对其以下岩体进行固结灌浆，以保证灌浆质量。坝基表层岩体可在浇筑基础混凝土(厚度 5.00m 左右)后，再进行复灌，复灌深度应超过表层浅孔低压灌浆深度，并搭接 1.00m 左右，以提高表层岩体固结灌浆和基岩面与大坝混凝土接触面灌浆质量。找平混凝土封闭式固结灌浆在施灌过程中应加强抬动监测，严格控制灌浆压力与单位注入量的关系，防止抬动。找平混凝土发现抬裂应待凝一段时间后再进行下续孔段灌注，以保证固结灌浆质量。三峡大坝建基岩面找平混凝土封闭式无混凝土盖重固结灌浆技术为混凝土坝基岩体固结灌浆积累了实践经验，可供类似工程借鉴。

4.2.8.5 大坝坝基渗流控制采用封闭抽水排水(封闭抽排)方案问题

三峡大坝坝基岩体主要为闪云斜长花岗岩微新岩体，局部为弱风化下部岩体，透水性微弱，在断层带、裂隙密集带及断裂构造交切带透水性较强。为有效地控制坝基渗流，降低坝基扬压力，减少渗漏量，增强基岩构造结构面内软弱充填物的长期渗透稳定，需对坝基进行渗流控制。大坝下游尾水位较高，坝基承受较大的扬压力，因此降低坝基扬压力是大坝设计的关键技术之一。借鉴国内外工程防渗排水实际运行经验，经多方案比较论证，坝基基岩质量优良，采用封闭帷幕抽排措施，可有效地削减坝基扬压力，提高大坝抗滑稳定安全度。因此，大坝坝基采用常规防渗排水与封闭帷幕抽水、排水相结合的渗流控制设计方案是经济安全可靠的方案。对于大坝坝基岩体中夹有软弱结构面，采用封闭抽排方案要特别注意对软弱结构面的保护，可在排水孔内设置防滤体，以防止排水过程中软弱结构面发生渗透破坏。

4.2.8.6 大坝坝基帷幕灌浆接触段(第1段)灌浆压力问题

大坝坝基帷幕灌浆接触段(第1段)的灌浆压力按DL5108—1999《混凝土重力坝设计规范》要求取上下游水头1～1.5倍,三峡大坝坝基接触段(第1段)的灌浆压力可采用1.00～1.50MPa。根据大坝坝基帷幕灌浆的施工现状,国务院三峡工程枢纽质量检查专家组建议,并经升压试验验证,将河床坝段主帷幕接触段的灌浆压力提高到3.50～4.00MPa;对其在升压前已完成帷幕施工的部位,采用3.50～4.00MPa灌浆压力进行了补灌;对集中涌水部位,将接触段灌浆压力提高到4.00MPa。为提高三峡大坝建基表层岩体的防渗性能,调整帷幕灌浆接触段压力达到2倍上下游水头,是必要的、有效的。为确保坝基防渗,在对坝基表层岩体升压灌浆的同时,还适当增补部分丙烯酸盐化学灌浆。通过升压灌浆与化学灌浆相结合的处理措施,灌后接触段防渗性能大大提高。但大坝基础接触段(第1段)的灌浆压力提高至3.50～4.00MPa,需在坝体混凝土浇筑至一定高度,其压重满足要求时施灌,必要时应采取结构措施,以防止升压灌浆而引起坝体混凝土抬动。

4.2.8.7 大坝坝基扬压力折减系数取值问题

为了论证三峡坝基防渗帷幕与排水系统的降压效果,合理选择设计参数,设计于1996年对坝基渗流场进行了三维有限元分析,以泄9～21号坝段作为代表性坝段,选用基岩渗透系数3Lu,帷幕透水率为1Lu。计算成果表明,坝体建基高程为45.00m,上游幕前水头为89.57m情况时,上游防渗帷幕后水头为13.40m,上游排水幕后水头为8.00～9.00m,下游封闭帷幕后水头为26.65m,下游排水帷幕前水头为6.30m。该成果与大坝设计按规范规定采用封闭抽排时,上、下游帷幕排水处的扬压力折减系数分别取0.25和0.5对比,扬压力系数有较大的折减。2001年11月,根据施工地质及钻孔压水资料分区统计,基岩透水率平均值为2.9～5.6Lu,帷幕灌浆检查资料统计,帷幕透水率为0.03～0.4Lu,据此又进行了坝基三维渗流仿真分析。其初步分析成果表明,主帷幕和封闭帷幕之间坝基面上的扬压力值较低,主要受排水控制。因此,只要排水正常发挥作用,坝基扬压力折减系数能够控制在设计采用值之内。帷幕灌浆的重点是封闭坝基大断层与风化透水深槽以及坝基钻孔涌水处理:防渗帷幕深度均深入至微新岩体相对不透水岩体,其主帷幕深度为0.73倍上下游水头,封闭帷幕为0.8倍上下游水头,主排水幕和封闭区排水幕深度均达到0.6倍上、下游水头,高于规范规定的一般标准,坝体断面设计所采用的扬压力有一定的安全裕度。针对三峡坝基微新岩体透水性较弱,疏排缓慢的特点,加强基础排水的措施,充分排水降压,提高坝基稳定安全度的设计原则是合理的。鉴于三峡大坝特别重要,渗控设计中诸如帷幕灌浆孔深、灌浆压力及检查孔数量等均高于规范要求的一般标准,坝基扬压力折减系数远小于设计取值,为大坝设计留有安全裕度。

4.2.8.8 大坝坝基防渗帷幕灌浆施工中钻孔漏水、灌浆失水回浓等问题的处理

三峡大坝坝基防渗主帷幕及封闭帷幕灌浆在一般地段采用单排孔,在地质条件较差、岩石透水率或灌浆孔耗浆量较大及施工过程中基坑涌水较多的部位,帷幕灌浆采用双排孔,或

三排孔，或局部加密、加深灌浆，或辅以化学灌浆。帷幕灌浆采用自上而下分段，“小口径钻孔，孔口封闭”的高压灌浆工艺，最大灌浆压力：主帷幕5～6MPa；封闭帷幕4～5MPa。鉴于三峡大坝地层微裂隙发育，灌浆易产生失水回浓，确定帷幕灌浆除吸浆量大的孔段先采用普通水泥浆灌注外，一般孔段采用湿磨细水泥浆灌注，部分孔段灌注细水泥浆达不到防渗标准时，采用化学浆材灌注。为验证设计参数、探索施工工艺、比选灌浆材料和论证灌浆效果，施工前开展了大规模现场灌浆试验，结果表明：三峡大坝地层采用“小口径钻孔，孔口封闭”的高压灌浆工艺可行；最大灌浆压力选用5～6MPa，从技术经济角度综合考虑较为合适；采用湿磨细水泥浆为主灌注合理。

帷幕灌浆施工过程中，针对所遇到的钻孔涌水、灌浆失水回浓、强风化地层、透水深槽、软弱断层带等工程与地质问题，相应地采取了升压灌注、加深加密灌注、待凝、复灌、并浆、闭浆、丙烯酸盐化学灌浆、CW高强化学材料灌浆等多种处理措施，取得了良好的效果。帷幕灌浆施工质量和监测成果分析表明，坝基岩体经灌浆后可形成连续的防渗幕体，其防渗性能满足坝基渗控要求。

4.3 大坝泄洪消能

4.3.1 泄洪布置

4.3.1.1 泄洪设施布置考虑的因素

重力坝布置的最大优点是可利用坝体设置各类孔口，解决泄洪、排沙、引水发电、供水和中后期施工导流等问题，还可以与通航、过鱼等建筑物结合，使其成为坝体组成部分。三峡大坝泄洪设施布置主要考虑水库防洪调度要求、工程防护、排沙、排漂和施工导流等因素。

(1)防洪调度

三峡工程的首要任务是解决长江中下游特别是荆江河段的防洪问题。防洪调度方式采用对荆江河段进行补偿调度。当上游发生100年一遇以下洪水时，在控泄条件下，沙市水位按44.50m控制，上荆江入口枝城流量不超过56700m^3/s；当上游发生超过100年一遇至1000年一遇洪水时，沙市水位按45.00m控制，配合荆江分洪区和其他分蓄洪区的运用，枝城站流量不超过80000m^3/s。三峡水库防洪限制水位145.00m至设计洪水位175.00m的防洪库容221.5亿m^3，约占1000年一遇设计洪水15天洪量的1/4，为了充分发挥防洪库容的防洪作用，泄洪运用方式采用泄蓄兼施。当上游来水量小于56700m^3/s时，库水位控制在防洪限制水位145.00m，按上游来量下泄洪水；当上游来水量大于56700m^3/s时，按枝城站流量不超过56700m^3/s控制下泄，库水位上升，100年一遇洪水时，库水位上升至166.90m；遇1000年一遇洪水时，开始仍按枝城站流量不超过56700m^3/s控制下泄，在库水位超过100年一遇洪水位166.90m时，为使1000年一遇洪水的最高洪水位不超过设计洪水位175.00m，按枢纽总泄量不超过69800m^3/s控制下泄；当库水位超过设计洪水位175.00m时，上游洪水超过1000年一遇洪水，为确保大坝安全，以不超上游来量为原则，按枢纽总泄洪能力敞泄。为此,大坝泄洪设施最大泄量达 80000m³/s。泄洪建筑物布置在河床中部,电站建筑物布置在泄洪建筑物的两侧,通航建筑物布置在左岸。尽管坝址河床开阔,但因泄洪流量大,水轮发电机组台数多,河床宽度仍不足,需尽量缩短泄洪坝段以减少两岸岩石开挖。因此,泄洪孔口采取在高程上分层(上层表孔、中层深孔、下层导流底孔)平面上相间布置方式。根据防洪调度要求,在 100 年一遇以下常遇洪水时,库水位较低,表孔很难投入运用,只能运用深孔来满足控制泄量的泄洪要求;遇 1000 年一遇以上特大洪水库水位较高,才需要运用表孔以确保大坝安全。泄洪坝段采用深孔、表孔相间布置方式,不仅可缩短泄洪坝段长度、减少两岸岸坡岩石开挖,且能更好地适应三峡工程泄洪运用特点。在每年常遇洪水泄洪时,深孔均匀分散布置于整个泄洪坝段内,易于横向扩散,减小入水单宽流量,这不仅有利于下游消能防冲,且调度灵活,便于使下游水流均匀平稳,减小泄洪对下游航运的不利影响。在遇特大洪水泄洪时,深孔与表孔相间布置,还可使深孔、表孔的挑流水舌在空间错开,并利用两股水舌在空中碰撞消能,以减轻对下游河床的冲刷。

(2)工程防护

鉴于三峡工程在我国国民经济中的重要地位和保障大坝下游两岸平原地区城市和农村广大人民生命财产安全,需考虑工程防护,在战争爆发前降低水库水位运行。因此,需布置高程低、泄量大的泄洪深孔,以便在短时间内将水库水位降低至工程防护水位。

(3)水库排沙

为长期保留水库有效库容,保障水库长期运用;同时尽量降低电站进水口的淤沙高程,除在泄洪坝段两侧厂房坝段布置专用排沙孔外,还考虑利用泄洪深孔排沙。因此,深孔进口高程低于电站进水口高程 18m。

(4)水库排漂

汛期,水库内将有大量漂浮物汇集在坝前,防洪调度按防洪限制水位 145.00m 控制坝前水位,深孔和表孔都不能排漂。因此,需设置排漂孔,其位置靠近电站进水口,以保证电站安全运行。

(5)施工导流

三峡工程采用分期导流施工,分为三期:一期围河床右侧,修建碾压混凝土纵向围堰和导流明渠,长江水流由主河床过流;二期围河床左侧,截断主河床,修建大坝泄洪坝段和左岸厂房坝段及电站厂房,由导流明渠泄流;三期再围右侧,截断导流明渠,修建右岸厂房坝段及非溢流坝段和电站厂房,由大坝深孔和导流底孔过流。导流底孔数量、孔口尺寸及高程还需满足明渠截流要求。

4.3.1.2 泄洪设施布置

泄洪坝段是三峡工程的主要泄水建筑物,是大坝的重要组成部分,位于河床中部,前缘总长 483.00m,分为 23 个坝段,从左至右依次为泄 1～23 号坝段,每个坝段长 21.00m

(图 4.3.1)。坝顶高程 185.00m,最大坝高 181.00m,最大坝底宽 126.73m。坝顶总宽 40.00m,其中上游侧实体部分宽 27.00m,下游侧公路宽 13.00m。坝体上游面铅直,表孔溢流面及下游面坝坡比为 1∶0.7。

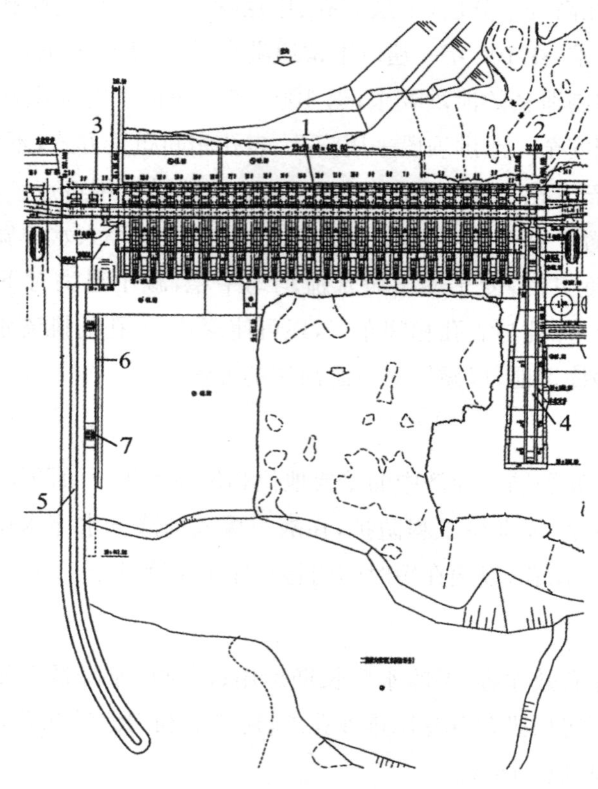

1—泄洪坝段;2—左导墙坝段;3—纵向围堰坝段;4—左导墙;5—右导墙(下游纵向围堰);6—防冲隔墩;7—防冲护坦板

图 4.3.1 大坝泄洪坝段平面布置图

为满足水库永久泄洪需要,泄洪坝段相间布置 23 个泄洪深孔和 22 个溢流表孔,深孔进口底高程 90.00m,出口控制断面尺寸 7.00m×9.00m,布置在每个坝段正中间,表孔堰顶高程 158.00m,每孔净宽 8.00m,跨横缝布置在两个坝段之间。此外,为满足三期导流、截流和围堰挡水发电期度汛泄洪要求,在表孔正下方跨缝布置 22 个导流底孔,中间 16 孔(4～19 号)进口孔底高程为 56.00m,两侧各 3 个边孔(1～3 号,20～22 号),进口底高程为 57.00m,出口断面尺寸均为 6.00m×8.50m,三期工程完建后导流底孔封堵并回填混凝土。

4.3.2 泄洪深孔水力设计及体形研究

4.3.2.1 深孔布置形式

深孔是三峡水利枢纽的主要泄洪设施,1000 年一遇以下洪水主要由深孔承担泄洪,而且还担负三期导流及围堰挡水发电期的度汛泄洪任务。深孔在围堰挡水发电期的运行水位为 135.00～140.00m,在枢纽正常运行期的运用水位为防洪限制水位 145.00m 至校核洪水位 180.40m，相应的运行水位为 55.00～90.40m，泄洪流量为 33510～50390m³/s。深孔有压段出口流速为 26.7～30.4m/s，收缩断面及明渠泄槽内的流速为 30.0～38.4m/s。深孔具有泄洪历时长、运用操作频繁、水头高且变幅大的特点（图 4.3.2）。

图 4.3.2　大坝深孔泄洪

深孔布置形式，设计研究比较了有压长管布置方案（图 4.3.3）和有压短管接明流泄槽方案（图 4.3.4）。长管方案和短管方案在布置、结构、水力学和施工等方面技术上都是可行的。结构方面，长管方案将弧门移至坝面外，坝体结构简化，但弧门支承结构复杂，难度大，运行时存在振动、雾化等问题；水力学方面，弧门采用突扩止水，长管方案有利，但下游冲刷情况稍有恶化；施工方面，长管方案钢衬和钢筋量增加较多，加大了施工难度，造价增加，综合比较，设计推荐深孔采用短管方案。有压短管底板高程 90.00m，呈水平面，出口断面尺寸为 7.00m×9.00m（宽×高），由于运用水头高，孔口尺寸大，事故门槽设在有压短管中部，门槽下游为压坡段，门槽上游为进口曲线段，在进口坝面设反钩检修叠梁门，以利进口曲线段的检修。

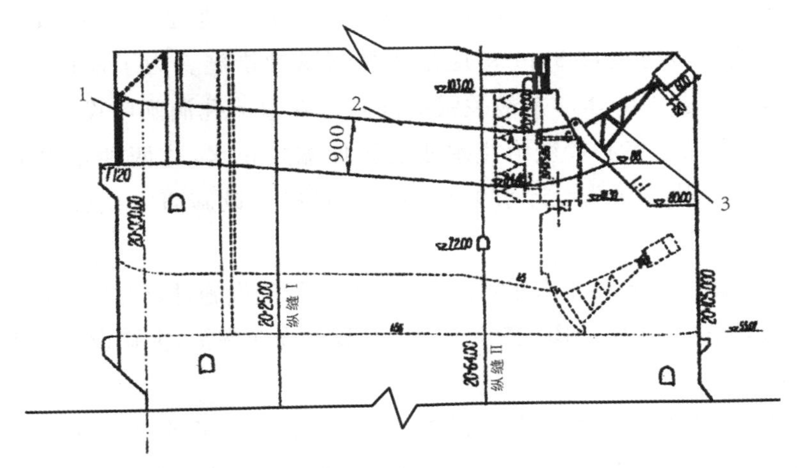

1—进口段；2—有压管段；3—弧形工作闸门

图 4.3.3　深孔有压长管方案体形图

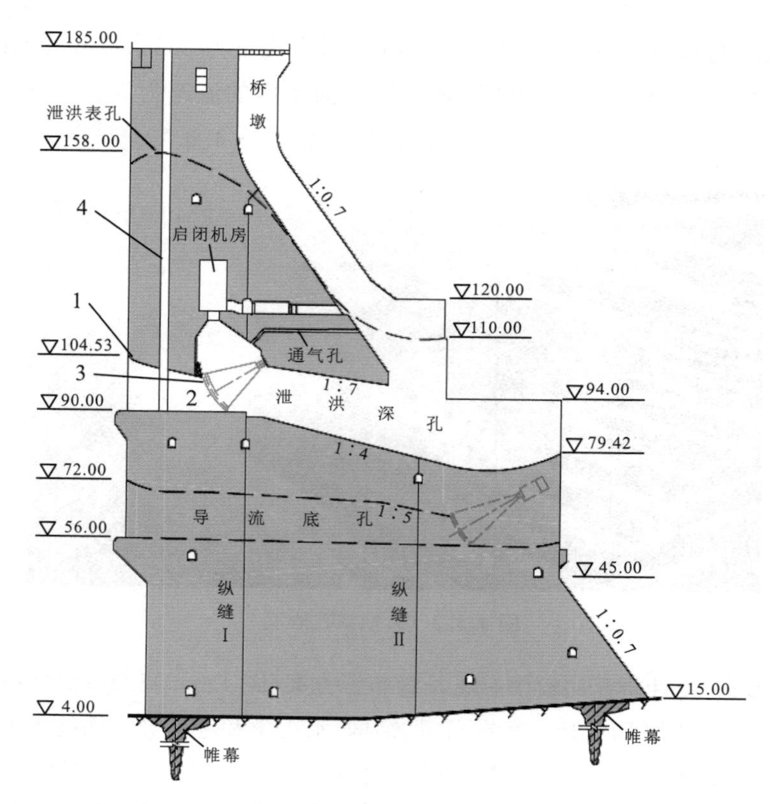

1—进口段；2—有压管段；3—弧形工作闸门；4—检修门槽

图 4.3.4 深孔有压短管方案体形图

4.3.2.2 深孔短有压管布设突扩掺气方案研究

(1)国内外突扩、突跌掺气设施运行情况

深孔设计水头 85.00m，采用有压短管接明流泄槽，是重力坝体泄水孔最常用的布置形式，有压短管出口最大流速达 35m/s，泄槽内最大流速近 40m/s，按 SL253—2000《溢洪道设计规范》，流速超过 35m/s，应采用掺气减蚀措施。为了保证深孔安全运行，防止空化气蚀，选择合理的体形是最关键的问题。在泄流孔洞闸门设计中，一般认为水头超过 80.00m，宜采用偏心铰变形止水或液压伸缩式止水，这两种止水形式均要求门座两侧突扩、底部突跌。深孔设计水头 85.00m，对掺气设施研究比较了突扩形掺气方案和突跌形掺气方案。

泄洪孔洞结合高水头弧门止水布置的突扩突跌型掺气设施，因内外已有不少工程实例，大部分运行良好，获得了预期的掺气减蚀效果，少数工程在突扩、突跌设施的下游仍发生空蚀破坏，见表 4.3.1。

俄罗斯克拉斯诺亚尔斯克水电站设置了 8 个底孔，1967 年投入运行，运行水头为 0～60m。1968 年检查发现在 4 号、5 号、8 号孔的跌坎下游接近射流底缘侧壁上发生空蚀破坏，其中 5 号孔冲坑深 1.50m、宽 5.00m、长 15.00m。据资料介绍，发生空蚀破坏的原因是施工时减小了通气孔的设计尺寸，冬季运行时由于冰冻又进一步减小了空气通道，致使通气量不足而发生空蚀破坏。

表 4.3.1 国内外突扩突跌式布置工程实例

工程名称	孔口尺寸（宽×高）（m）	设计水头（m）	突扩宽度（m）	突跌高度（m）	挑坎高度（m）	泄槽底坡	折流器宽度（m）	通气孔直径（cm）	备注
龙羊峡底孔	5×7	120	0.60	2.00	0	20%接3%	0	2Ø60	破坏过
龙羊峡深孔	5×7	105	0.60	2.00	0	10%接3%	0	2Ø60	已建
东江放空洞	6.4×7.5	120	0.40	0.80	0.09	1∶5	0～0.50	2Ø80	已建
宝珠寺底孔	4×8	80	0.40	1.00	0.10	1∶16.6	0	2Ø80	已建
小浪底泄洪洞	4.8×5.4	140	0.50	1.50	0	1∶13	0	2Ø90	已建
天生桥一级放空洞	6.4×7.5	120	0.40	1.20	0	1∶10	0～0.50	2Ø80	已建
漫湾冲沙底孔	3.5×3.5	90.5	0.60	1.00					已建
俄罗斯克拉斯诺亚尔斯克	5×5	100	0.50	7.00	0	0			破坏过
塔吉克斯坦努列克	5×6	110	0.50	0.60		3%			已建
塔吉克斯坦罗贡	5×6.7	200	0.50	0.60		1∶9			已建
巴基斯坦塔贝拉	4.9×7.3	122	0.30	0.38		1∶8			破坏过
美国德沃歇克	2.7×3.8	81	0.48	0.15		抛物线			破坏过
日本二濑	5×2.26	69	0.19	0.25		抛物线			已建
日本大渡	5×5.6	60	0.20	0.17		抛物线			已建

巴基斯坦塔贝拉工程3号泄洪洞，1974年检查发现在混凝土陡槽的底板上、残留水泥砂浆块的下游发生空蚀破坏（可能是掺气不足所致）。为此在陡槽起始段增设了一个二元挑坎和与通气槽相结合的通气设施，之后再未发生破坏。

美国德沃歇克坝设有3个泄水孔，为进行护面涂料对比试验，右侧泄水孔不另加护面，中间泄水孔涂0.9mm厚的环氧树脂，左侧泄水孔涂13.00mm厚的环氧砂浆，在闸门下游15.2m处涂料护面以突然间断方式和原混凝土连接。泄水孔泄水1个月后，3个泄水孔均发生不同程度的空蚀，特别是左侧泄水孔左边墙护面末端的空蚀破坏最为严重，空蚀坑长6.00m，深0.56m，高3.00m。据资料介绍，破坏的原因是边界不平整。

我国龙羊峡水电站底孔泄水道1987年开始运用，当年过水历时5417h，最高运行水头54.50m，汛后检查发现，泄槽不同部位发生了轻微的破坏，主要破坏部位在泄槽分段结构缝两侧及其下游，当时没有进行修复处理。1988年过水历时137h，最高运行水头46.7m，由于条件限制，过水后没有进行检查。1989年过水历时1583h，最高运行水头89m，过水后进行较全面的检查，发现泄槽部分遭到了比较严重的破坏。泄槽左边墙最大冲深 2.50m（跌坎后 37.00m），破坏面积达 180m²，冲走混凝土约 175m³；右边墙最大冲深 0.70m（跌坎后 37.00m），破坏面积达 98m²，冲走混凝土约 29m³；底板最大冲深 0.40m（跌坎后 22.00m），破坏面积达 104m²，冲走混凝土约 42m³。1989 年汛后，对冲蚀破坏部位按原设计体形进行修复，修复后没有再过水。据资料介绍，空蚀破坏的原因是：水流掺气可能不足；浇筑分段间的接缝不平；环氧砂浆抹面层与老混凝土表面结合不好；1987 年、1988 年过水后，有局部破坏，但未及时修复。

从以上遭受破坏的 4 个工程实例可看出，弧门门座突扩突跌后，必须保证足够的通气量，单纯为止水布置而设置的突扩突跌，并不一定能满足掺气减蚀的要求，要结合水力学条件进行认真研究。此外还要保证突扩突跌下游过流面的平整度和混凝土质量，否则仍有可能发生空蚀破坏。

(2)体形研究

深孔突扩掺气方案研究重点是与掺气效果密切相关的掺气设施体形尺寸，即突扩宽度、侧向折流器、跌坎高度、挑坎高度和泄槽底坡。

有压段体形尺寸为：进口底高程 90.00m，有压段出口尺寸为 7.00m×9.00m（宽×高），进口顶曲线和侧曲线均为椭圆曲线，进口顶曲线$\frac{x^2}{10.59^2}+\frac{y^2}{3.53^2}=1$，侧曲线为$\frac{x^2}{4.5^2}+\frac{y^2}{1.3^2}=1$。有压段出口长 8.00m，压坡坡度 1∶4，反弧段采用单一圆弧，曲率半径 40.00m，鼻坎末端桩号 20＋105m，挑角 27°。深孔设三道闸门，进口设一道反钩叠梁门，尺寸为 9.60m×14.53m；有压段中部设平板事故检修门，尺寸为 7.00m×11.00m，事故门槽宽 1.95m，深 1.10m，错距 0.11m，圆弧半径 0.10m，退坡 1∶12；有压段出口设弧形工作门，尺寸为 7.00m×9.00m。

设计研究首先利用有关的理论和经验公式进行计算分析，并结合实际工程经验拟定掺气设施的体形尺寸，然后进行模型试验。试验中观测流速流态、泄流能力、压力分布、空腔特性和掺气浓度等，对不同体形尺寸进行分析比较。

1)突扩宽度

侧向突扩宽度既要满足高压弧门止水布置要求，又能形成稳定的侧空腔。由于突扩是形成水翅的根源，同时还会削弱坝体结构，一般尺寸不宜过大，国内外工程采用的突扩宽度一般为 0.40～0.60m。为满足深孔止水布置需要，突扩宽度不宜小于 0.50m，考虑到泄洪坝段孔洞较多，坝体结构比较单薄，采用突扩宽度为 0.50m，侧空腔大小通过侧向折流器来调整。

2)侧向折流器

侧向折流器对侧空腔的形成有显著作用，同时还能增加底空腔的长度，减小水翅强度，但对泄流能力有一定影响。深孔有压段出口高度 9.00m，采用弧门控制，0.50m 的侧扩宽度难以保证形成稳定畅通的侧空腔。根据工程经验，在有压段出口设置侧向折流器，折流器的宽度自孔顶至孔底，由零渐变至 0.50m，侧收缩坡度取 1∶8，两侧对称布置。

3)跌坎高度

跌坎高度不仅要满足止水布置的需要,还要满足通气要求和便于设置通气孔。跌坎高度过大,射流与底板的冲击角就大,回溯水流增强,影响有效空腔长度,同时冲击压力增大,泄槽流态变差。根据工程经验,深孔的跌坎高度取2.00m。

4)挑坎

在跌坎顶部设置小挑坎,使水流向上挑射,对增大底空腔有明显的好处。但挑坎太高或坡度太陡会导致水翅增强,流态变差,泄流能力减小,同时还会使射流和底板的冲击角增大,回溯水流增强,影响有效空腔长度。试验比较了0m,0.10m,0.20m,0.30m,0.50m五种挑坎高度,最后从流态和空腔长度等综合分析比较,推荐采用高度0.10m、坡度1∶8的小挑坎。

5)泄槽底坡

泄槽底坡对底空腔特性的影响最为显著。通常,运用水头变幅大的泄水孔要求较大的泄槽底坡,坡度越大,底空腔也越大,底部漩滚水流回溯的范围越小,因而对降低临界通气水头特别有效。但底坡太大时,陡槽段可能形成较强的冲击波,流态变差。另外,深孔下游最高水位达83.10m,底坡太大,鼻坎高程将过低于下游水位,影响水流挑射,设计中控制鼻坎高程约在80.00m。研究中对$i=20\%$、$i=20\%$接10%和$i=15\%$三种坡度进行了比较。试验表明,$i=20\%$时,在设计应用水头范围内均能形成稳定空腔,空腔长度满足要求;$i=20\%$接10%时,虽然形成稳定空腔,但空腔长度偏小;$i=15\%$,不能在整个运用水头范围内形成稳定空腔。因此推荐采用$i=20\%$的泄槽底坡。

6)泄槽边墙

为尽量减小对坝体结构削弱,开始拟定体形时,泄槽边墙从跌坎下游3.00m处以1∶15收缩,泄槽宽度由突扩后的8.00m收缩至7.00m。试验发现,该收缩引起较大的水翅和水花,流态较差。取消边墙收缩后,采用8.00m等宽泄槽,流态改善很多,因此,推荐采用8.00m等宽泄槽。

7)反弧半径

试验中对$R=40$m和$R=60$m两种反弧半径进行比较,以观察反弧半径对反弧段底部掺气浓度的影响。试验结果显示,两种反弧半径条件下,反弧段气泡上逸速度均较快,反弧段底部掺气浓度均很小,反映不出反弧半径的影响。因此仍然保持40m的反弧半径。

8)通气孔

底空腔的需气量是由跌坎后的通气孔和侧空腔供给,考虑到原型中侧空腔下部有可能被水流封堵,不能与底空腔连通,设计时从安全出发,假定底空腔的需气量全部由跌坎后的通气孔供给。根据工程经验,在跌坎后布置2个直径为1.00m的通气孔。另外在侧空腔中下部的两侧墙上各布置1个直径为0.50m的辅助通气孔,以确保侧空腔下部充分通气。

有关文献指出,在水流单宽流量变化较大的情况下,单宽需气量变化不大,为$7\sim10\text{m}^3/(\text{s}\cdot\text{m})$,深孔单宽通气量按$10\text{m}^3/(\text{s}\cdot\text{m})$考虑,则通气孔风速为51m/s,相应的空腔负压值按有关经验公式计算约为 0.40m,满足规范通气风速不大于 60m/s、空腔负压值 0.50m左右的要求。

深孔突扩掺气方案体形见图 4.3.5。

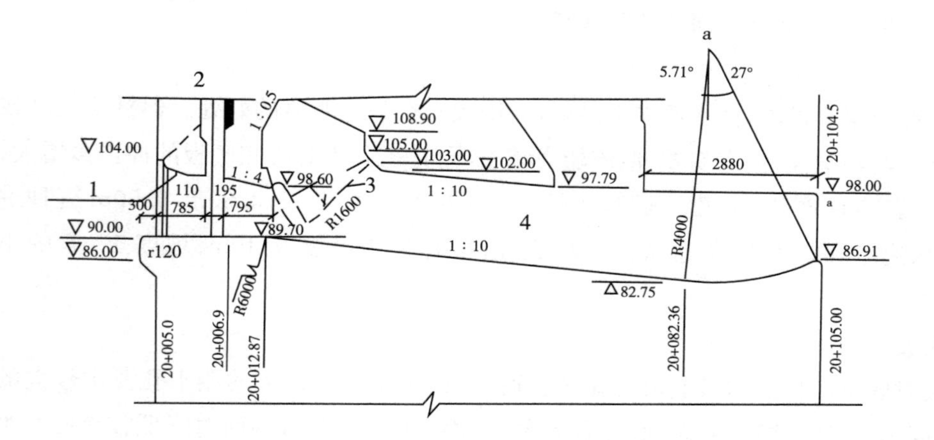

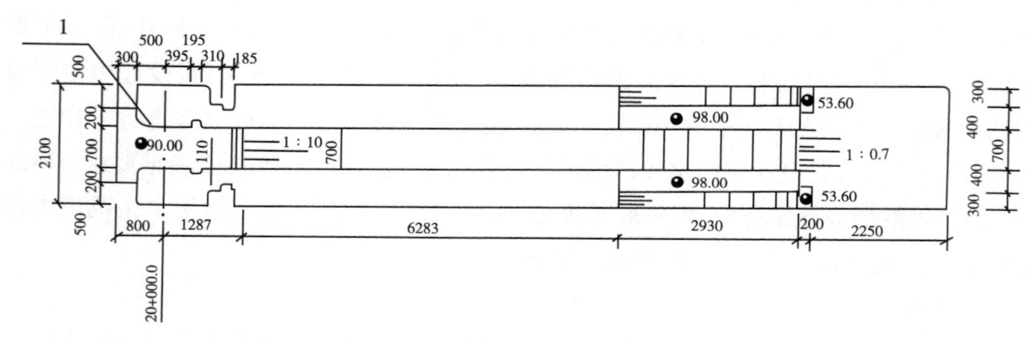

1—深孔进口段;2—事故检修门槽;3—弧形工作闸门;4—明渠泄槽段

图 4.3.5 深孔突扩掺气方案体形图

(3)试验研究成果

1)流态

水流出深孔有压段后,向四周扩散,由二维流态转变为较复杂的三维流态。扩散水流撞击侧墙后,向上扩散的水流形成水翅,水翅距门铰约 3.00m。向下跌落的水流在空腔两侧形成水帘,水帘厚度很小,掺气浓度较高。水帘状水体落到空腔段泄槽底板上,形成清水流层,流层厚度沿程增加。空腔末端为漩滚水流,低水位时漩滚长度较小,高水位时漩滚长度较大。

2)泄流能力

深孔设置挑坎和侧向折流器后,泄流能力约减小 4%,但不同库水位的流量系数均大于设计采用值 0.87,泄流能力可以满足设计要求。

3)压力分布

深孔在有压段出口加上掺气设施后,由于侧向折流器和挑坎的作用,有压段压力略有增加,压力分布正常。明流段压力分布亦无异常现象,空腔内最大负压值为 0.40～0.68m,基本合理，说明通气条件较好。另外在空腔段底板上测到一定的正压值，这是跌落水体在泄槽底板上形成的清水流层引起的。

4)空腔特性

深孔在各级水位条件下，均能形成稳定的侧空腔和底空腔。平均侧空腔长 4.00～6.00m，在立面上，顶部长度较大，底部次之，中部较小。底空腔特征长度随库水位的升高而增大，对应于 135.00m、175.00m 水位，有效空腔长度分别为 19.00m、35.90m，空腔长度满足掺气需要。

5)掺气浓度

深孔在侧空腔和底空腔前部，掺气浓度很大。在底空腔后部，由于有一薄层水体流动，掺气浓度较小。在反弧最低点以后，气泡上逸较快，底部边界间歇出现清水流层，掺气浓度很小，至鼻坎附近，其值接近于零，减蚀效果较差。

6)空化特性

深孔减压试验表明，有压段水流空化数较大，为免空化体形。斜直段底板大部分在底空腔内，小部分在空腔下游掺气浓度较高的水流中，无空化发生。反弧段水流空化数较高，且有一定的掺气浓度，亦为免空化体形。在侧空腔下游一定范围的侧墙上，掺气浓度很小，对侧墙的减蚀作用不大。由于进口漩涡的影响，明流段有一白色空化带，空化带多分布在1/3～2/3的水深范围内，对侧墙有一定影响，模型上测出库水位在 135.00m 时空化噪声声级差约为 5dB，接近空化初生，但随库水位的升高，进口漩涡减弱，侧墙空化特性变好，因而该部分侧墙无空蚀危害。

4.3.2.3 深孔短有压管设跌坎掺气方案研究

(1)体形研究

深孔跌坎渗气方案研究重点是跌坎位置、跌坎高度、挑坎高度、泄槽底坡和通气孔尺寸。该方案有压段与突扩掺气方案略有不同，一是增加了压坡段长度，可改善后胸墙结构，二是事故检修门改为前止水，以减小启闭力。体形尺寸：工作弧门 7.00m×9.00m，事故检修门 7.00m×11.00m，底板水平布置，高程 90.00m，进口顶曲线为$\frac{x^2}{11^2}+\frac{y^2}{3.67^2}=1$，侧曲线为$\frac{x^2}{4.5^2}+\frac{y^2}{1.3^2}=1$。反弧段采用单一圆弧，曲率半径 40m，挑角 27°，鼻坎末端桩号 20+105m。

1)跌坎位置

跌坎位置主要考虑纵缝位置、底板压力分布和弧门底座钢衬范围。根据一些研究成果，在有压段出口下游约 1 倍孔高的位置内，受出口压坡的影响，其底板的压力大于按静水压力分布的压力值，跌坎位置宜避开该超压力段。金属结构设计要求在弧门底座下游 3.00～5.00m范围内采用钢衬，以保证闸门安全。泄洪坝段根据温控要求，第 1 条纵缝设在桩号 20.00+25.00m 处，距弧门底座约 5.00m，正好可以满足钢衬要求，又可避开超压力段，因此将跌坎位置定在第 1 条纵缝处。

2)跌坎高度、泄槽底坡和通气孔尺寸

在水工断面模型上进行了以下三种组合方案的试验研究：

方案Ⅰ跌坎高 2.00m,$i=1/5$,$\varnothing=1.00$m;

方案Ⅱ跌坎高 1.20m,$i=1/4$,$\varnothing=1.10$m;

方案Ⅲ跌坎高 1.00m,$i=1/3.5$,$\varnothing=0.90$m。

试验表明,三种方案在库水位 135.00～180.40m 范围内,均能形成稳定空腔,但在流态、空腔特性和压力特性等方面又有一定的差异。在较低水位时,方案Ⅰ空腔漩滚水流进入通气孔底部,可能影响通气效果,而方案Ⅱ、Ⅲ均无此现象。在 175.00m 水位时,方案Ⅲ射流底缘冲击点已进入反弧段内,反弧段内流态较差,鼻坎挑射水舌摆动较大,而方案Ⅰ和Ⅱ的射流底缘冲击点在斜直段上,对流态影响较小。175.00m 水位时,冲击区最大脉动压力均方根值,方案Ⅱ为 5.30m,方案Ⅲ为 6.50m。深孔下游最高水位 83.10m,因此深孔鼻坎的高程不能太低,根据模型试验结果,鼻坎高程最好不低于 80.00m。方案Ⅰ、Ⅱ、Ⅲ的鼻坎高程分别为 80.56m、79.93m、77.98m,因此方案Ⅲ挑流水舌下部的补气条件差些。

综合考虑,采用方案Ⅱ的体形尺寸。跌坎掺气方案的体形如图 4.3.6 所示。

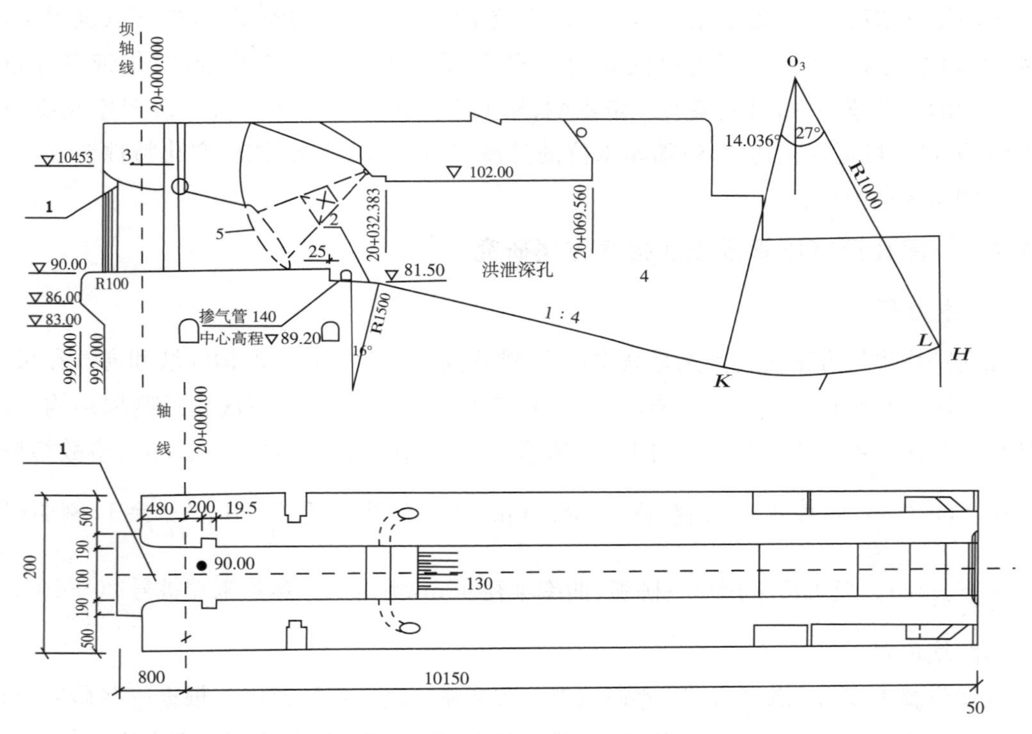

1—深孔进口段;2—跌坎;3—事故检修门槽;4—明流泄槽段;5—弧形工作门

图 4.3.6 深孔跌坎掺气方案体形图

3)挑坎

在进行方案Ⅰ的试验时,对挑坎进行了比较,挑坎坡度取 1 : 8,高度分别取 0、0.10m、0.20m。试验表明,随着挑坎高度的增大,射流底缘挑距即空腔长度明显加大,库水位

175.00m时分别为63.70m,74.20m,82.90m。而有效空腔长度随挑坎高度的增加,反而有减少的趋势,库水位175.00m时分别为25.00m,25.00m和21.40m。因此取挑坎高度为0,即不设挑坎。

(2)试验研究成果

1)泄流能力

深孔跌坎掺气方案的泄流能力和流量系数见表4.3.2。从表中可以看出,流量系数均大于设计采用值0.87。

表4.3.2 泄洪深孔跌坎掺气方案泄流能力

库水位(m)	135.00	146.00	155.50	166.00	174.80
泄流量(m^3/s)	34680	38990	42500	46230	49340
流量系数	0.9	0.885	0.88	0.88	0.88

2)压力分布

与突扩掺气方案相比,该方案压坡段长度增加,事故检修门增高,有压段内压力值普遍有所增大,压力分布正常。明流段底板的压力分布正常,空腔内最大负压值为0~1.60m,说明在低水位时,空腔漩滚已接近跌坎处,泄槽底坡不宜再缓。

模型上还测量了冲击区的脉动压力。冲击区脉动压力属低频脉动,优势频率为0.1~0.25Hz。脉动压力幅值,随库水位升高而增大,库水位175.00m时,最大脉动压力均方根值为5.30m,属正常范围。

3)空腔特性

深孔在各级水位条件下,均能形成稳定的底空腔,其中空腔长度定义为射流底缘与泄槽底板的交点,有效空腔长度为扣除空腔末端漩滚水流影响的净空腔长度。空腔特征长度随库水位的升高而增大,对应于库水位135.00m、175.00m,有效空腔长度分别为14.40m,32.80m。一般认为,水流的单宽需气量为7~10$m^3/(s\cdot m)$,按最常用的水流挟气能力计算公式$q_a=KV_0L$,取$K=0.025$,则库水位为135.00m、175.00m时,q_a分别为8.4$m^3/(s\cdot m)$、28.7$m^3/(s\cdot m)$,因此该方案的空腔长度满足掺气需要。

4)掺气浓度

模型所测的掺气浓度见表4.3.3,由表可以看出,与突扩掺气方案一样,反弧段气泡上逸较快,底部掺气浓度较小,掺气减蚀效果较差。

5)空化特性

深孔减压试验表明,该体形为免空化体形,各部位的试验结果如下。

①短管进口段:噪声谱具有一定空化特征,但空化噪声的能量主要集中在中低频段,随库水位升高,空化噪声的频率覆盖有增宽的趋势,在库水位175.00m时,噪声谱的主频约30kHz,声级差随频率增高衰减很快,100kHz处声级差ΔSPL小于2dB。上述现象表明,进

口段的空化可能是由于模型中进口条件不相似，致使产生漏斗涡带所引起的，原型中这种涡带不存在。

表 4.3.3 跌坎掺气方案底部掺气浓度 单位：%

测点		库水位(m)				
高程(m)	桩号(m)	135.00	145.50	156.50	165.00	175.00
84.70	48.5	5.7	空腔之中			
76.92	76.0	0.2	1.1	1.9	3.0	5.7
75.57	86.9	0.1	0.1	0.3	0.8	1.3
79.53	103.7	0	0	0.1	0.2	0.4

②坝面跌坎：跌坎及下游坝面一定范围内在库水位高于 135.00m 时为空腔所覆盖，库水位低于 98.00m 时无空腔，也无空化噪声。

③反弧段和鼻坎：各级库水位下均无空化现象。

4.3.2.4 掺气方案比较选择

试验研究表明，突扩掺气方案和跌坎掺气方案，在泄流能力和空化特性等方面均可满足设计和规范要求，两种方案均是可行的。但在施工难度、止水设计和工程实践经验等方面存在较大差异。

突扩掺气方案将高压闸门止水布置与掺气减蚀措施有机结合起来，同时解决了这两方面的问题。该方案通过优化研究，在设计水位范围内均能形成稳定的侧空腔和底空腔，达到掺气减蚀目的。但该方案空腔段流态复杂，工程实践经验不足，国内外均有采用此型掺气设施后仍发生空蚀破坏的工程实例，对其安全性和可靠性需进一步深入研究。跌坎掺气方案是国内外普遍采用的比较成熟的掺气设施，尚未发现采用此型掺气设施后发生严重空蚀破坏的实例。该方案经过体形优化，在设计水位范围内均能形成稳定的底空腔，达到了掺气减蚀目的。该方案的缺点是高压闸门止水设计难度较大。经综合分析比较，推荐选取跌坎掺气方案。

深孔有压短管跌坎掺气方案经修改后体形见图 4.3.7，最终模型试验主要成果如下：

①泄流能力满足设计要求，流量系数为 0.88～0.89。

②在上游水位 135.0～180.40m 运行时，能形成稳定的底空腔，相应的空腔长度为 17.00～56.00m。

③深孔在上游水位 135.00～180.40m 泄洪时，通气孔时均风速为 15～67m/s，在 100 年一遇洪水位 166.90m 时，通气孔时均风速小于 56m/s，基本满足时均风速一般不超过 60m/s 要求，深孔通风孔时均风速较小，为 7～16m/s。

④在各种运行水位下，底空腔下游的泄槽段与反弧段前端底部模型掺气浓度为 1%～5%，可对底板提供有效的掺气保护。

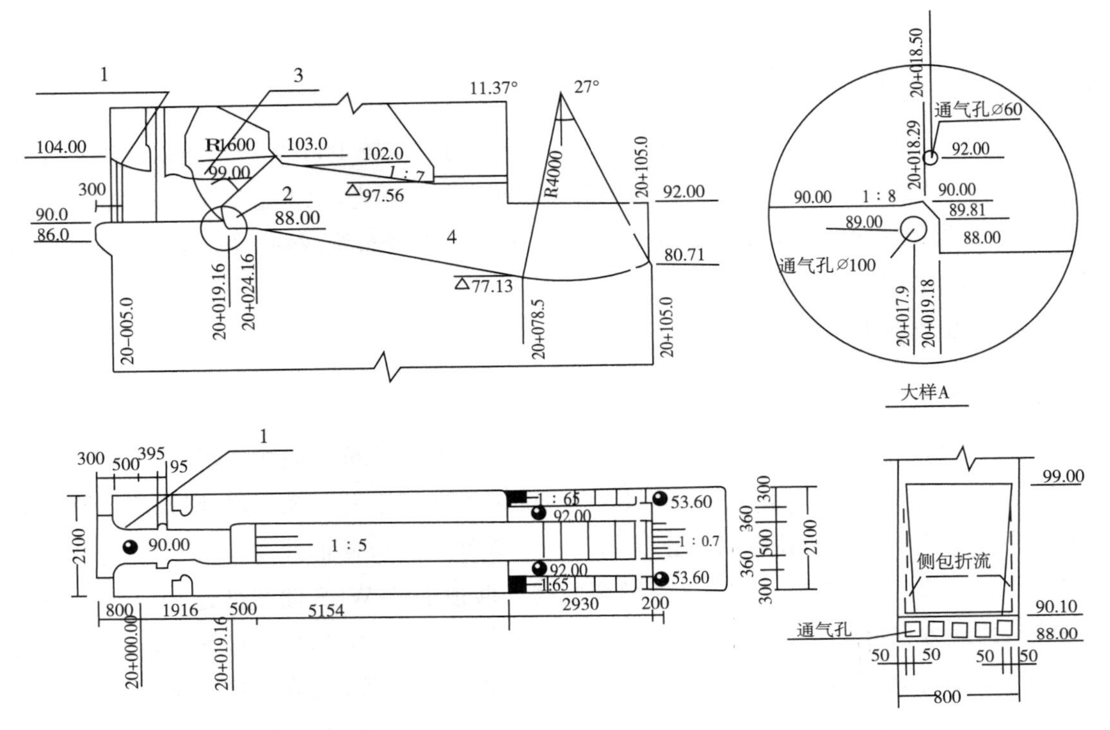

1—深孔进口；2—跌坎（见大样 A）；3—弧形工作闸门；4—明流泄槽段

图 4.3.7 深孔跌坎掺气方案修改体形图

⑤时均压强分布：进口段顶板压强分布平顺，门井段压强梯度较大，施工时应对门井下游侧作圆化处理；有压段压强分布平顺，水舌冲击点位置与压强随上游水位而变化，当上游水位为 135.00～145.00m 时，冲击点位置在桩号 20＋51～20＋58m，时均冲压强度为(11.7～14.2)×9.8kPa，当水位升至 166.90m 以上时，水舌冲击点已进入反弧段内，从压强分布已难以分辨出水舌冲击位置；侧墙的时均压强分布与底板压强分布上有相似的特征。

⑥底板水舌冲击区的脉动压强，在上游水位 135.00～166.90m 泄洪时，其均方根值为(1.0～3.4)×9.8kPa，优势频率主要集中在 6Hz 以内的低频范围。

⑦空化特性：明流段跌坎下游的底板，部分被空腔所覆盖，其后水流空化数在 0.3 以上，满足最小水流空化数大于 0.2 的规范要求，又有掺气保护，不会发生空化与空蚀破坏，减压模型试验也证实了这一点，为此，要保证混凝土施工质量和过流面平整度要求；明流段侧墙水流空化数较小，也要控制平整度，保证施工质量。

上述试验成果表明，深孔有压短管采用跌坎掺气的最终体形，各项水力学指标都较优，能满足安全运行要求。为防止高速水流引起气蚀，在深孔有压段采用钢衬防护，钢衬顺水流向的范围为：深孔进口段宽 3.50m，事故检修门前后段总宽 11.00m，弧门区总宽 13.01m。其他段孔底及两侧下部高 2.00m，采用 R_{28}450 号抗冲磨混凝土，孔顶及两侧下部高 2.00m 以上部位采用 R_{28}400 号抗冲磨混凝土，厚度均为 1.00m。

4.3.3 表孔水力设计及体形研究

4.3.3.1 表孔的任务和运用要求

表孔是三峡水利枢纽的主要泄洪设施之一,但运用机遇较少,100 年一遇以上洪水才参与泄洪,其次是上游水位超过堰顶,可利用部分表孔排泄漂浮物,汛末蓄水至高水位时,也可利用部分表孔宣泄少量洪水及排漂浮物。22 个表孔跨横缝布置,每孔净宽 8.00m,堰顶高程 158.00m,采用挑流式消能。

4.3.3.2 表孔体形设计

(1)堰面

表孔堰顶高程 158.00m,堰顶上游底板及侧面均采用 1/4 椭圆曲线,堰顶上游面曲线方程为 $x^2/8.4^2+(4.8-y)^2/4.8^2=1$,表孔上游坝面在坝轴线上游 4.80m,与底孔反钩叠梁检修门之间留有 0.20m 的间隙,以防止反钩门止水损坏。进口侧曲线受深孔反钩叠梁门制约,采用 $x^2/3.2^2+y^2/0.8^2=1$ 的 1/4 椭圆曲线。堰顶下游 WES 曲线的定型设计水头取 22.00m,曲线方程为 $x^{1.85}=2\times22^{0.85}y$,堰面下游接 1∶0.7 的斜坡段,再接 $R=30.00$m 反弧段。由于导流底孔长管方案工作门及启闭机室布置的需要等,挑流鼻坎末端桩号上移至 20+75.70m,鼻坎高程抬高至 110.00m,挑角减小至 10°。该布置可使表孔和深孔的挑流水舌入水位置前后错开,达到减轻下游冲刷的目的。

(2)门槽

表孔最高工作水头达 25.00m,设有工作门和事故检修门各 1 道,双门槽容易引起水流空化,因此门槽体形与布置是设计和模型试验研究的重点。长江科学院与中国水利水电科学研究院的模型试验研究表明,缩短两道门槽的布置间距,有利于消除和减弱门槽区发生水流空化。但由于受深孔与底孔事故检修门布置的制约,两道门槽不可能相距很近。经研究取两道门槽间距为 5.80m,其体形尺寸相同,门槽宽 1.40m,深 0.85m,下游侧错距 0.11m,角隅圆弧半径 0.10m,接 1∶12 斜坡至原隔墩边墙。表孔体形尺寸见图 4.3.8。

中国水利水电科学研究院对上述表孔体形尺寸,进行了减压模型试验。门槽空化特性的试验结果表明:在设计水位 175.00m 运行时,上下游门槽两个水听器测得最大水流噪声频谱声压级增量 ΔSPL 分别为 4dB 和 5dB,相对噪声能量分别为 1.89 和 2.01;在校核洪水位 180.40m 运行时,ΔSPL 分别为 6dB 和 8dB,相对噪声能量分别为 2.78 和 4.78。按中国水科院最大 ΔSPL 达到 5～7dB,相对噪声能量达到 2 时作为空化初生的判别标准,则下游门槽在设计水位和校核水位下运行时均发生水流空化,而上游门槽只在校核洪水位运行时发生水流空化。按长江科学院 $\Delta SPL=5\sim10$dB 为水流空化初生的判别标准,也是下游门槽在设计水位和校核水位运行时均发生水流空化初生,上游门槽只在校核水位运行时发生水流空化初生。通过试验研究,建议在下游门槽前设小折流器(坎高 9cm,长 30cm),可避免在两门槽区发生空化水流。

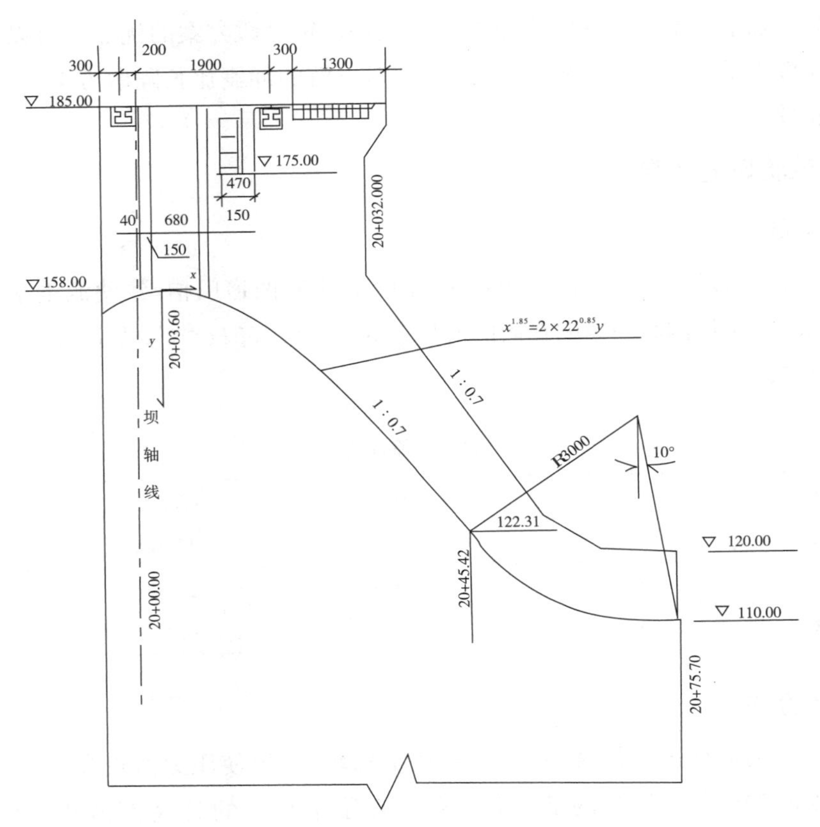

图 4.3.8 泄洪表孔体形图

(3)隔墩

对表孔泄槽的研究,比较了长隔墩和短隔墩两种布置方案。长隔墩方案是指每个表孔均设置两道直至鼻坎末端隔墩,保持 8.00m 等宽泄槽;短隔墩方案的闸孔宽度、堰顶高程、堰面曲线、门槽布置均与长隔墩方案相同,仅将表孔长隔墩改为短闸墩,闸墩长 42.74m,比初步设计阶段缩短 67.26m,墩尾采用流线型,位置靠近渥奇段末端,距坝轴线 37.74m,使表孔水流在坝面提前扩散,以减小出挑坎的单宽流量(约为长隔墩方案的 1/3)。表孔的挑流鼻坎亦上移至距坝轴线 68.06m 处,挑坎末端高程 108.80m,反弧半径 10.00m,挑角 15°,形成深、表孔双层过水,在空中碰撞消能的新布置,是对比方案。在整体模型上,对长隔墩和短隔墩方案进行了试验研究,结果表明:长隔墩方案坝面水流比较平顺,挑射水舌稳定,流态比短隔墩方案好。在表孔与深孔联合运用时,长隔墩方案表孔水舌从深孔水舌之间进入下游河床,入水点前后错开,冲刷深度较小。而短隔墩方案表孔挑射水流连成一片,与深孔水舌相叠加,入水单宽流量增大,下游冲刷加剧。长隔墩方案的起挑堰上水头为 1.22m,而短隔墩方案相应于 3 孔区、5 孔区和 7 孔区全开时,起挑堰上水头分别为 9.60m,8.00m,6.70m。短隔墩方案调度运行不方便,开 1 孔或隔孔开启,无论上游水位多高,水舌内缘均会打击深孔和底孔的反弧段及边墙,即使一区表孔全开在库水位较低时,也会出现类似的情况。从施工方面考虑，长隔墩方案便于在坝后布置施工栈桥。短隔墩方案的优点是可以节省混凝土方量，以及在极少采用的表孔单独运行方式下，对下游的冲刷比长隔墩方案小。因此，表孔泄槽采用长隔墩方案。

4.3.3.3 试验研究成果

（1）泄流能力

表孔闸墩较厚，进口侧椭圆曲线短半轴偏小，且设有两道门槽，致使流量系数偏小。模型试验结果表明，包括侧收缩影响在内的流量系数 $m=0.355H^{0.0682}$，式中 H 为堰顶水头，表孔泄流能力见表 4.3.4。

表 4.3.4 表孔泄流能力

上游水位(m)	167.00	170.00	175.00	180.00
堰上水头(m)	9.00	12.00	17.00	22.00
流量(m^3/s)	9570	14850	25080	37070
流量系数	0.455	0.458	0.459	0.461

（2）压力分布

表孔堰顶上游底面采用椭圆曲线的长、短半轴较大，致使压力值较高，压力梯度较小。WES 曲线段，存在较大范围的低压区，压力值随库水位的升高而减小。校核洪水位 180.40m时，最大负压值约为 0.70m。反弧段首、末端有较大的升、降压梯度。

（3）空化特性

表孔为常规的 WES 曲线堰，减压试验表明，在堰面曲线段，斜直段和反弧段均无空化发生。鼻坎处在 175.00m 水位时有极微弱的空化，随库水位升高，空化无明显发展，且鼻坎下缘有很好的通气条件，不致有空蚀危害。门槽区在 175.00m 水位时，噪声声级差约 5dB，接近空化初生，在 180.00m 水位时，声级差约 7dB，空化特性无明显恶化。

4.3.3.4 表孔防空蚀防磨损设计

①严格控制表孔体形及过流面不平整度的施工质量。

②表孔底板采用 R_{28}400 号抗冲耐磨混凝土，表孔 3.00m 厚墩墙在高程 165.00m 以下采用 R_{90}400 号抗冲耐磨混凝土。

4.3.4 导流底孔水力设计及体形研究

4.3.4.1 导流底孔的任务

（1）承担三期工程截流及导流任务

1）导流明渠截流时的分流

导流底孔是明渠截流时的唯一分流建筑物，初步设计拟定明渠截流时间为 2002 年 12

月上旬，截流设计流量为该旬 20 年一遇最大日平均流量 9010m^3/s，要求截流落差小于 3.50m。截流期间，葛洲坝库水位可在 65.50～66.50m 范围内变化，相应三峡坝址水位为 65.80～66.80m。

2)三期碾压混凝土围堰施工期的导流

导流明渠截流后修筑三期上下游土石围堰，在其保护下进行三期碾压混凝土围堰施工。2003 年 5 月，三期碾压混凝土围堰开始挡水。三期上下游土石围堰按 114 年实测 12 至次年 4 月最大流量 17600m^3/s 设计，要求导流底孔下泄流量 17600m^3/s 时的相应上游水位低于 85.00m，以减少土石围堰工程量。5 月份 20 年一遇流量 30100m^3/s，23 个深孔全部开启，与 22 个导流底孔共同泄流，要求上游水位不超过 98.00m，以适应三期碾压混凝土围堰的施工进度。6 月 1 日至 6 月 15 日，导流底孔关闸蓄水至发电水位为 135.00m。在蓄水过程中，为保证下游通航，要求三峡枢纽下泄流量不小于 3410m^3/s。

(2)承担围堰挡水发电期的度汛泄洪任务

三期碾压混凝土围堰与纵向围堰及其左岸已建泄洪坝段、左厂坝段、左岸非溢流坝段共同挡水位 135.00m，以保障双线五级船闸通航和左岸电站发电。三期碾压混凝土围堰堰顶高程 140.00m，按 20 年一遇洪水设计，最大日平均流量为 72300m^3/s，100 年一遇洪水最大日平均流量为 83700m^3/s，要求库水位不漫围堰顶。库水位为 135.00～140.00m，可拦蓄库容 23.0 亿 m^3，具有一定的调洪作用，调洪计算结果表明，库水位 135.00m 时，导流底孔和深孔联合泄洪能力已达 70000m^3/s(表 4.3.5)，即可满足度汛泄洪要求。

表 4.3.5 三期导流度汛泄流能力 单位：m^3/s

库水位（m）	导流底孔 22 个 6.00m×8.50m 中间 16 孔进口▽56.00m 两侧各 3 孔进口▽57.00m	深孔 23 个 7.00m×9.00m 进口▽90.00m	排沙孔 3 个∅5.00m 1 个进口▽90.00m 2 个进口▽75.00m	电站机组 2 台	枢纽总泄流量	相应下游水位（m）
68	6700				6700	66.20
70	9600				9600	66.30
80	17020				17020	67.00
85	19580				19500	67.20
90	21890	0			21890	67.55
95	23890	2790			26680	68.20
100	25730	7890			33620	69.30
110	29060	18520			47580	71.90
120	32050	25590			57640	74.00

续表

库水位 (m)	导流底孔 22个6.00m×8.50m 中间16孔进口▽56.00m 两侧各3孔进口▽57.00m	深孔 23个7.00m×9.00m 进口▽90.00m	排沙孔 3个∅5.00m 1个进口▽90.00m 2个进口▽75.00m	电站机组 2台	枢纽总泄流量	相应下游水位 (m)
130	34790	31090			65880	75.60
135	36070	33510	960	1680	72220	76.90
140	37320	35760	1000	1720	75800	77.60

4.3.4.2 底孔短有压管方案研究

(1)底孔短有压管方案的体形设计

1)短有压管体形

导流底孔布置在泄洪坝段表孔下方,采用短有压管接明流泄槽形式。短管进口底高程56.50m,出口孔口尺寸6.00m×8.00m,泄槽底板采用 $Y=X^2/300$ 抛物线及1∶5.5陡坡,接 $R=30$m反弧段至挑坎,坎顶高程55.00m,挑角40°。

经过模型试验和设计优化,短管末端顶板压坡为1∶4;压坡段水平长度为5.64m,收缩比为0.85,以保证短管内不发生空化水流。压坡段上游事故门槽处孔高9.41m,门槽宽1.85m,深1.00m,错距0.11m,下游拐点圆角半径0.05m,斜坡1∶12。门槽上游进口段长7.50m,采用三面椭圆曲线,为支撑反钩检修门,底板自坝面向上游伸出3.00m,设置半径1.20m的圆弧倒角。短管进口尺寸为8.40m×12.48m,其进出口收缩比为2.18。底孔短有压管方案的体形尺寸见图4.3.9。

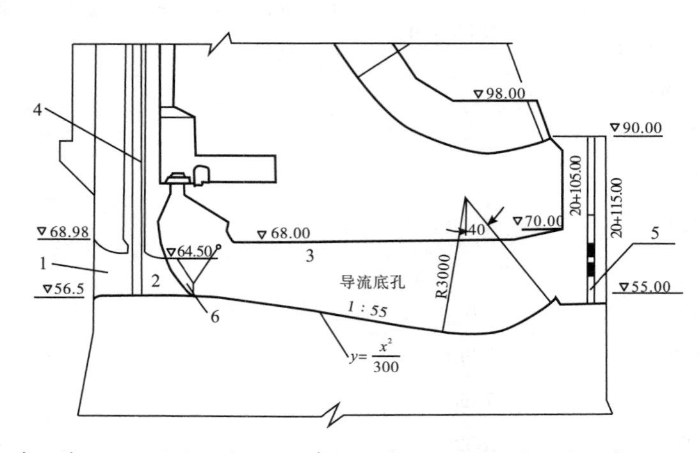

1—进水口;2—有压管段;3—明流泄槽段;4—事故门槽;5—下游反钩检修门兼封堵门;6—弧形工作门

图4.3.9 泄洪底孔短有压管体形图

2)明流泄槽段体形

导流底孔进出口高程低,工作水头变幅大,最高达 80.00m 以上,泄槽内最大流速超过 35.00m/s,下游淹没大,流态复杂,故明流段是体形设计的难点。试验表明,原设计推荐方案,泄流能力可满足要求,但明流段流态较差,上游水位 98.00m 以下,水流基本上在坝内反弧段里旋滚,时而封闭洞顶,形成明满流交替流态。

为了改善明流段流态,通过试验研究,减小了斜直段底坡坡度和鼻坎挑角,使水流能直接冲出坝外。优化后泄槽坡度 1∶16,挑角 25°。同时,为进一步防止漩滚封闭出口造成明满流交替流态,结合泄洪坝段断面优化设计,将表孔反弧段前移,挑坎出口桩号从 20+105m 上移至 20+072m,使底孔泄槽有 33.00m 敞开的明流段,见图 4.3.10。

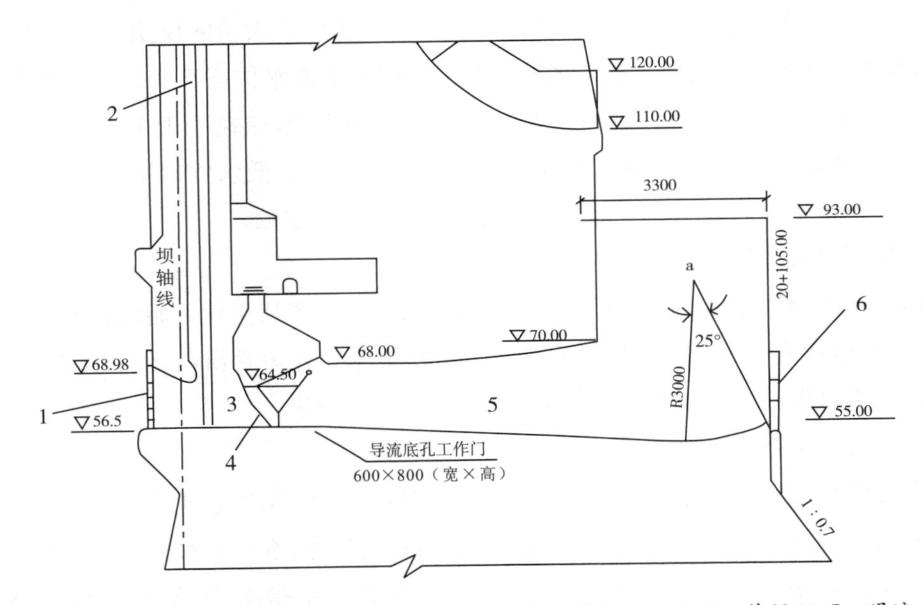

1—进口反钩检修门兼封堵门;2—事故门槽;3—有压管段;4—弧形工作闸门;5—明流泄槽段;6—下游反钩检修门兼封堵门

图 4.3.10 底孔短有压管优化方案体形图

(2)底孔短有压管方案水力学试验成果

1)截流落差

底孔短管方案的三期截流试验是在上游围堰拆除高程为 57.00m,下游围堰拆除高程为 53.00m,下游葛洲坝正常蓄水位为 66.00m(±0.50),校核水位为 67.00m 条件下进行的。试验表明,在截流流量 9010m^3/s 时,各种运行工况的截流落差均满足设计要求,小于 3.50m。

2)泄流能力

试验表明,上游水位低于 71.00 时,底孔的进口高程及下游水位对泄流能力有较大影响。在上游高水位条件下,影响泄流能力的主要因素是孔口尺寸。上述短管优化方案的泄流能力可满足设计要求，上游水位在70.00m以下时，底孔为淹没出流，上游水位超过75.00m为自由出流。

3)流态

导流底孔在预计运行的三年中，工作水头变化很大。自1997年11月开始投入运用至1998年5月底一直处于敞开泄流，5月份20年一遇最大日平均流量为30100m^3/s，考虑23个深孔也投入运用，相应的上、下游水位为98.00m和68.70m。2003年6月关闸蓄水至135.00m调试发电，此间为了满足下游通航要求，仍有泄水任务，控制下泄流量不小于3410m^3/s。蓄水发电度汛期间，底孔将在135.00～140.00m水位下泄洪，遇5年和100年一遇洪水，下游相应水位为74.50m和77.30m，均高于底孔出口顶高程。因此，明流段流态，特别是是否会发生水跃及漩滚，导致水流封顶备受关注。大量的模型试验结果表明，低水位时，鼻坎挑角愈大漩滚愈难推出坝外。对25°挑角，上游水位高于79.00m时，跃头可以推出坝外；当上游水位低于75.50m，在坝内发生波状弱水跃，流速小于15m/s；上游水位为135.00m时，挑角愈大，漩滚愈易推出坝外。所以，底孔在高、低水位运用时，对体形有不同要求。选择挑角25°，底坡1∶16是综合上述两方面因素确定的。

4)两侧回流对底孔流态的影响

整体模型试验中发现，泄洪坝段下游两侧有回流，造成紧邻鼻坎下游水位两侧略高中间低，使左右两侧各有3～4个底孔漩滚进入明流段，但未封住短管出口，仅右侧22号底孔漩滚偶尔可达出口附近。曾考虑适当抬高进出口高程予以解决。

5)下游衔接流态及冲刷情况

在上游低水位工况下运行时，与下游衔接为弱水跃，水面波动与下游冲刷都很小。在135.00m水位运行时，下游衔接流态为挑流与面流混合流态，水舌入水区上游形成反向底漩滚，并使冲刷料回淤堆积在坝趾下游。下游冲刷的控制工况是深、底孔全开泄洪，整体模型试验中，冲刷坑最低高程达12.30m，距坝址约135.00m，位于坝段中部；右导墙附近有较大的回流区，最大回流速度达9.0m/s，冲坑最低高程为43.00m，距坝趾107.00m，不致危及大坝及右导墙安全。

4.3.4.3 底孔长有压管方案研究

(1)底孔长有压管方案的体形设计

导流底孔采用长有压管接短明流泄槽的型式(图4.3.11)，从进口至桩号20+77.00m位于坝体基本断面以内为有压段，长82.00m，出口设弧形工作闸门，其后至坝下游面20+105.00m为明流反弧段，长28.00m。导流底孔设进口封堵门(反钩门)、事故检修门、弧形工作门和出口封堵检修门(反钩门)共4道闸门。底孔跨横缝布置，为消除施工时横缝、纵缝接头处不平整平台，从上游进口至下游出口整个底板设1.00m厚钢筋混凝土跨缝板，混凝土标号为R_{28}400号。

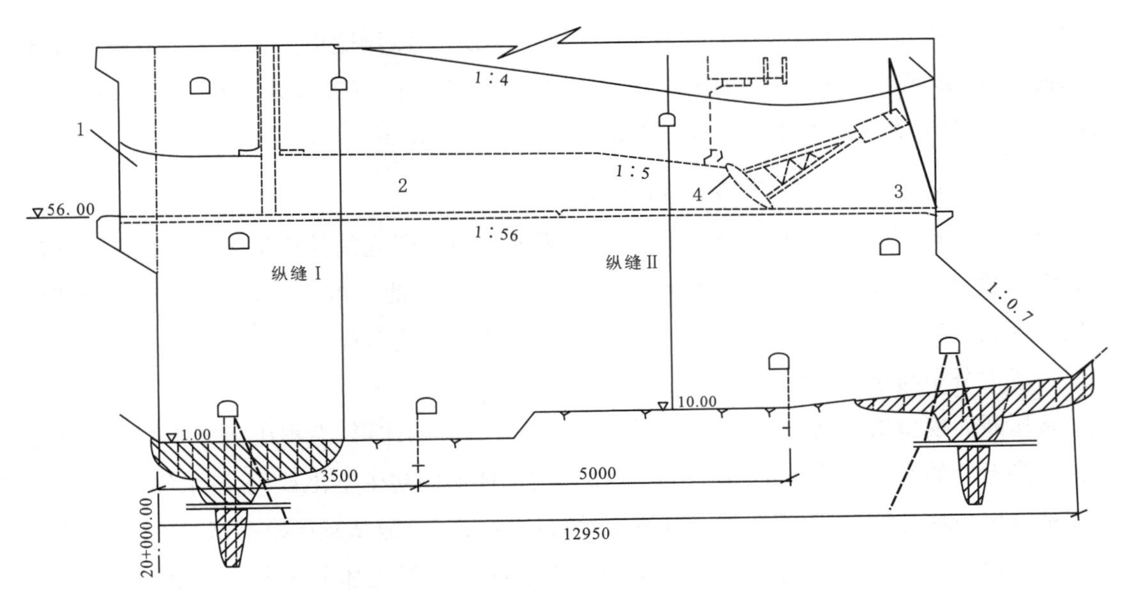

1—进口段；2—有压管段；3—明流泄槽段；4—弧形工作闸门

图4.3.11 泄洪底孔长有压管明流泄槽体形图

1)进口高程

底孔进口高程对低水位泄流能力影响较大，在满足截流落差小于3.50m的前提下，尽量抬高进口底高程，以减少泥沙和围堰残渣进入底孔造成磨蚀，经设计优化确定中间4～19号孔进口底高程为56.00m；两侧各3孔为57.00m。

2)压力段出口尺寸及高程

压力段出口尺寸及底高程主要受截流落差及围堰挡水发电期间泄洪流态控制。经试验优选，压力段出口尺寸为6.00m×8.50m，底高程为55.00(4～19号孔)、56.00m(两侧各3个边孔)。

3)事故门槽位置和孔口高度

门槽位置的布置，为减少对坝体的削弱，尽量与深孔事故门槽和弧门埋件二期混凝土错开。增加门槽高度可降低门槽处及孔内流速，改善抗磨损及水流空化特性，但加大了事故门及其启闭力，且当底孔有一孔检修时，增加了侧向不平衡水压力，对结构应力不利。综合考虑后孔高增加12.00m，门槽处平均流速降至22.8m/s。

4)明流段长度

明流段长度主要取决于闸门及启闭机布置、明流段流态及下游回流淘刷等因素，同时又不能对下游坝体削弱过多，综合考虑取其长度为28.00m。

5)鼻坎高程与挑角

试验研究表明，鼻坎高程愈高，挑角愈大，截流时由于漩滚影响淹没度大，使泄流能力降低，截流落差增大。但鼻坎高程降低，挑角减小，在上游水位135.00m度汛泄洪时，两侧边孔明流段漩滚更难推出鼻坎，且下游两侧回流强度加强，回流淘刷更为严重。为解决上述矛盾，分别选取鼻坎顶高程和挑角：中部16个孔为55.063m和10°；两侧2号、3号、20号、21号孔为56.981m和17°；两端1号、22号边孔为58.551m和25°。

(2)底孔长有压管方案水力学试验成果

对底孔长有压管方案，长江科学院、中国水利水电科学研究院及清华大学进行了全面的水力学试验研究。经水工模型试验验证，其截流落差、泄流能力可满足设计要求，空化特性亦较好，明流段流态基本可行，下游回流淘刷可采取工程措施解决。

1)压力分布与水流空化特性

常压断面模型试验结果表明，优化后的有压长管方案的体形，沿程压力分布正常。事故门槽前参考处的水流空化数$\sigma=1.77$，远大于该门槽体形的初生空化数；上游水位135.00m，漩滚被推出鼻坎外情况，明流段最小水流空化数仍达0.35。故从减压模型试验中，上游水位128.00～140.00m，量测到的噪声声级差判别，在这些主要部位都未达水流空化初生。唯挑流鼻坎处，在上游水位140.00m泄洪时，量测到的声级差为3～5dB，刚达水流空化初生。上述表明底孔长有压管的优化体形，空化特性基本可行，只要严格控制施工质量，在各种运行工况，都不致发生空蚀破坏。

2)防止围堰残渣与泥沙磨损的研究

底孔运行时间仅3年，上游来的推移质还达不到坝址，粗颗粒磨损主要来源于围堰拆余部分。上游围堰拆除至57.00m高程，略高于底孔进口底高程56.00m。整体模型试验测得底孔内及坝前各部位流速分布见表4.3.6。在上游水位79.70m时，上游围堰顶(坝前350.00m断面处)流速最大值达2.57m/s，随上游水位增高而减小，坝前20.00m处底流速为1.17m/s，门槽处平均流速为10.8m/s，随上游水位增高而加大。当上游水位达135.00m时，围堰顶最大流速为1.18m/s，坝前20.00m处最大底流速为1.78m/s，门槽处平均流速达22.8m/s。根据经验公式估算，1.18～2.57m/s流速可启动粒径为5～15cm的砾石。因此，围堰处的石碴有可能进入导流底孔口造成磨损。为确保底孔安全运行，设计采取了以下工程措施：为了避免拆除高程以下的围堰石碴被大量冲走，在围堰顶及下游侧用块石保护堰面，保护层块石当量粒径大于0.40m，厚度不小于1.00m；在坝前预挖40.00m宽的拦沙槽，底部与坝基同高程，总拦沙容积超过60.00万m^3；同时严格控制底孔施工质量，限制放样误差和不平整度，以减少磨损破坏；过流面采用抗冲耐磨材料；进口处设置检修反钩闸门。

表 4.3.6 导流底孔内及坝前各部位流速分布

上游水位(m)		69.50	79.90	98.30	135.00
底孔泄量(m^3/s)		9010	16300	23980	34800
底孔和深孔泄量(m^3/s)		9010	16300	30000	69800
有压段出口平均流速(m/s)		8.2	15.2	22.5	32.2
事故门槽处平均流速(m/s)		5.8	10.8	15.9	22.8
进口平均流速(m/s)		3.1	5.8	8.5	12.2
最大底部流速 v_m (m/s)	坝前 350m 断面	2.02	2.57	1.37	1.18
	坝前 100m 断面	0.84	1.44	1.42	1.42
	坝前 50m 断面	1.25	1.18	1.36	1.49
	坝前 20m 断面	1.31	1.17	1.29	1.78
最大垂线平均流速 $\bar{v}_m$ (m/s)	坝前 350m 断面	2.15	2.62	1.43	1.25
	坝前 100m 断面	1.01	1.60	1.28	1.42
	坝前 50m 断面	1.06	1.44	1.42	1.56
	坝前 20m 断面	1.34	1.31	1.31	1.56

4.3.4.4 底孔短有压管方案与长有压管方案比较

(1)水力学方面

1)截流落差与泄流能力

长管方案低水位时泄流能力受下游淹没影响较大,为满足截流落差要求,有压段出口尺寸比短管方案要大些,进口底高程要低些,但高水位,由于孔口尺寸稍大,泄流能力相应增加,为超标准洪水留了余地。

2)明流段流态

长管方案避免了由于下游水位较高,漩滚逼近坝内底孔出口,以致可能出现封顶的不利流态。但由于长管方案弧门距下游坝面较近,在某些运行工况下,进入反弧段的漩滚,有可能对闸门产生不利影响,而短管方案弧门在坝内,闸门所受影响相对较小。

3)坝内流速、压力分布及水流空化

上游水位为 135.00m 时,短管方案明流段各部位流速均高达 34.0m/s,抛物线段又处于低压区,增加了防水流空化难度;长管方案有 77.00m 长有压段,孔内平均流速降至 27m/s,压力显著提高,有利于防水流空化,但增加了顶缝处理工作量。长管明流段也有防水流空化的问题,但明流段较短也不存在抛物线段低压区,防水流空化难度相对降低;门槽处平均流速短管方案 28m/s,长管方案 22.8m/s,长管有明显改善。

4)坝下水流衔接及消能防冲

长管方案有压段出口离下游坝面较近,水流调整段较短,鼻坎后下游衔接较短管方案不利,在右侧排漂孔坝段下游形成较强回流区,对右导墙侧淘刷较短管方案深。

5)泥沙磨损

长管方案有压段内流速降低,明流段较短,有利于减小泥沙磨损,但进口底高程略低于短管方案,过沙量和粒径稍有增加。

(2)抗磨抗蚀方面

短管方案在部分工况下,明流段反弧内存在表面漩滚,水流封顶,将使流态恶化;明流段尾部因门槽、侧向突扩及底平台影响可能导致水流发生空化;事故检修门处流速高达28m/s,一旦上游围堰拆除后的残渣和泥沙进入孔内,造成磨损可能导致下闸封堵困难。长管方案调整了孔口高度,使有压段长度增加,门槽处流速降至22.8m/s,明流泄槽相应缩短,从而提高了底孔抗磨、抗水流空化空蚀性能,长管方案在抗沙石磨损和水流空化方面具有优势。

(3)大坝结构安全方面

长管方案工作弧门及其操作室均位于下游坝面外,结构简单,减小坝身孔洞,对坝体削弱相对较小。

(4)施工方面

长管方案可减少施工干扰,便于弧门安装和弧门及启闭机的拆除。

(5)下游河床淘刷问题

长管方案存在的主要问题是坝下游右侧河床淘刷较深,左右两侧有几个孔存在漩滚击拍闸门支铰现象,但均可采取工程措施改善与解决。综合分析比较,导流底孔采用长有压管接明流泄槽的形式。

4.3.4.5 导流底孔防磨蚀设计

导流底孔在施工期有3个汛期参与度汛泄洪,运行水头达80.00～85.00m,有压段出口平均流速达32.00～33.00m/s,属高速水流区,且由于底孔进口高程较低,必须采用综合措施,防止孔内磨损。

①严格控制导流底孔体形及表面不平整度的施工质量。

②导流底孔过流表面采用厚1.00m的R_{28}400号抗冲耐磨混凝土。

③尽量降低二期上游土石围堰拆除高程,并进行保护,以防止石渣冲入底孔。

④坝前设置拦石槽,在大坝右侧导流底孔前结合坝基开挖底高程40.00～45.00m、宽40.00m的拦石槽。

⑤在导流底孔进出口设置检修反钩闸门,兼作底孔封堵门,为保证导流底孔具有检修条件。

4.3.5 泄洪排漂孔布置及结构形式

4.3.5.1 泄洪排漂孔布置

泄洪排漂孔两个孔分别布置在左导墙坝段和右纵1号坝段的中部,进口底孔高程均为133.00m,有压段出口尺寸10.0m×12.0m。左导墙坝段的1号泄洪排漂孔,水流沿左导墙顶部泄槽下泄，经左导墙末端挑流鼻坎挑入下游河槽；右纵1号坝段的2号泄洪排漂孔出口挑流消能，水流出坝体后挑入下游消能区。泄洪排漂孔设置平板事故检修门和弧形工作门。

4.3.5.2　泄洪排漂孔结构形式

泄洪排漂孔采用斜进口有压短管接明流泄槽形式(图4.3.12)。进口底高程133.00m，长3.0m的水平进口段后接半径为10.0m的圆弧，下接1∶5的斜坡段，再与$Y=0.005X^2+0.2X$抛物线溢流面相接。进口孔顶高程153.00m，顶板曲线为二次曲线，两侧边墙曲线为1/4椭圆曲线。顶板曲线末端设事故检修门槽，门槽宽1.95m、深1.10m，门槽下接1∶1.8的压坡段。事故检修门槽止水为前止水形式，闸门井处孔口尺寸为10.00m×15.00m，门井尺寸为12.20m×2.25m，门井前胸墙厚度7.50m。有压段出口尺寸为10.0m×12.0m(宽×高，后同)，设弧形工作门，出口接明流泄槽，为等宽矩形断面，泄槽宽10.0m，坝外两侧墙厚均为4.0m，泄槽底为$Y=0.005X^2+0.2X$的溢流面曲线，其后为1∶1.2的直线段与半径为45.0m的反弧相接。布置在左导墙坝段的泄洪排漂孔反弧段末端与左导墙(顺水流向长210.0m)墙顶泄槽相接，泄槽底高程80.782m，以1∶40斜坡，再接半径45.0m反弧段至挑流鼻坎，鼻坎高程为77.455m。布置在右纵1号坝段的泄洪排漂孔反弧半径为35.0m，出口鼻坎高程85.954m。

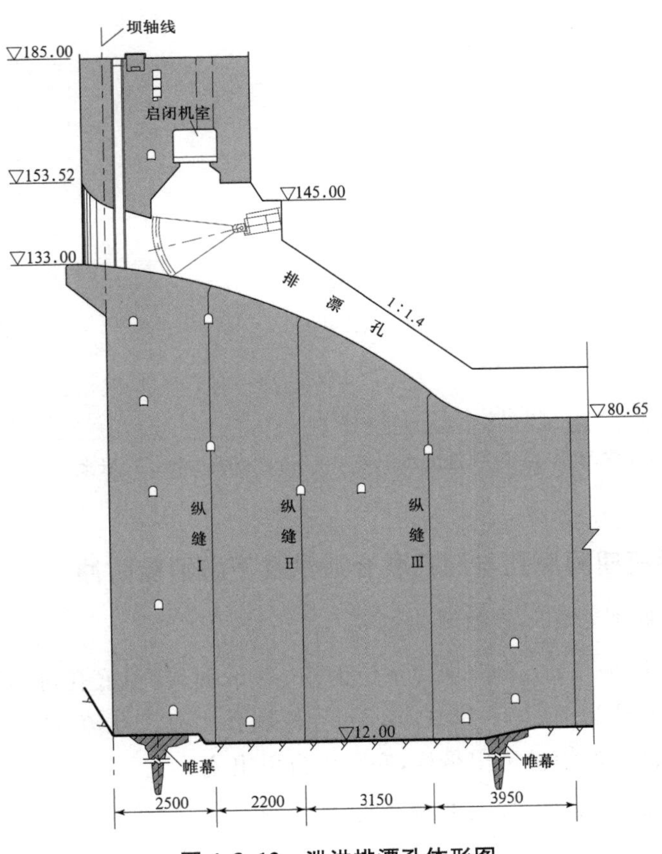

图4.3.12　泄洪排漂孔体形图

4.3.6 大坝下游消能防冲

三峡工程坝高库大，在校核洪水情况下，坝址下泄流量超过 100000m³/s，通过泄洪坝段下泄流量近 90000m³/s(表 4.3.7)，鼻坎单宽流量达 300m³/s，泄洪功率约为 87000MW，下游消能和防冲刷问题突出，确保大坝安全，解决好下游的消能防冲问题，成为三峡工程大坝设计的重大技术问题之一。考虑河床泄洪坝段及其下游消能区的基岩为闪云斜长花岗岩，岩性坚硬完整，断层裂隙多为陡倾角且大多胶结良好，抗冲刷能力较强；坝下游有葛洲坝水库，消能区水垫较深且相对稳定；挑流消能工体形简单并可节省工程投资。设计经综合研究比较，通过大量水工模型试验验证和历次设计咨询与审查会议审定，泄洪坝段表孔、深孔和底孔以及排沙孔、排漂孔均采用鼻坎挑流消能形式。

表 4.3.7　三峡水利枢纽泄流能力表　流量单位：m³/s

库水位(m)	深孔 23～7.00m×9.00m 高程 90.00m	表孔 22～8.00m 高程 158.00m	排漂孔 2～10.00×12.00m 高程 133.00m	排沙孔 7—D=5.00M 高程 75.00m 90.00	大坝泄流小计	电站机组 26 台	枢纽总泄流能力
135.00	33510		90	2230	35830	22360	58190
140.00	35760		570	2330	38660	23010	61670
145.00	37880		1290	2430	41600	23660	65260
150.00	39880		2170	2540	45490	24310	69800
155.00	41790		2930		44720	25090	69810
160.00	43620	820	3580		48020	24050	72070
165.00	45370	5850	4140		55360	23010	78370
170.00	47060	13630	4620		65310	22100	87410
175.00	48680	23540	2540		74760	21450	96210
180.00	50260	35260	2740		88260	21060	109320
183.00	51180	43090	2850		97120	20670	117790

注：库水位 175.00m 宣泄 1000 年一遇洪水以及库水位在 175.00m，宣泄大于 1000 年一遇洪水时，右排漂孔不开启泄流。

4.3.6.1 三期导流期间底孔与深孔联合泄洪及下游消能防冲

(1)三期导流期间，底孔单独泄洪工况

当上游水位低于 70.00m，葛洲坝库水位为 66.00m 时，导流底孔进口段为明流，压坡段为淹没孔流。上游水位为 70.00～80.00m 时，导流底孔为淹没孔流，明流反弧段产生漩滚。上游水位≥80.00m 时，漩滚被推出鼻坎，底孔为自由出流。

(2)三期导流期间，底孔与深孔联合泄洪工况

上游水位超过 90.00m 时，深孔参加泄洪，当下游水位升高至一定程度，水跃可能进入

鼻坎并向上游推移，跃头逼近有压段出口时，由于高速水流掺气影响，水跃漩滚有可能撞击闸门支臂与支铰，将对闸门正常运用构成威胁。通过调整底孔进口高程和鼻坎挑角与顶高程，较好地解决了水跃漩滚冲击弧门及支铰问题。

上游水位135.00m运行，底孔与深孔联合泄洪（图4.3.13）时，泄洪坝段坝前右侧有弱回流，21～23号深孔进口前偶尔可见漏斗漩涡。由于底孔鼻坎高程较低，出流受下游水位淹没影响，呈挑流与面流混合流态，水舌下有逆向漩滚，最大逆向流速4～5m/s。22号底孔距右侧纵向围堰下游段约50.00m，而设在纵向围堰坝段上的排漂孔在围堰挡水发电期间尚未建成，因此，水流出鼻坎后突然扩散，左右侧形成较大回流区。当上游水位135.00m，泄流量36200m^3/s时，下游最大回流宽度约94.00m，回流流速约8.4m/s。深孔与底孔联合泄洪，底孔出流受深孔挑流水舌的阻挡，回流区被压缩，但回流强度增大。如上游水位135.00m，泄洪流量为72300m^3/s时，最大回流宽度约75.00m，回流流速达11.4m/s。整体水工模型试验表明，18号泄洪坝段以左坝趾下游附近为淤积区，不会被导流底孔单独泄流出流水舌下的漩滚所淘刷。18号泄洪坝段以右坝趾附近，不论是底孔单独泄流或底孔与深孔联合泄洪，均受到右侧回流不同程度的淘刷，将危及大坝及右侧导墙（纵向围堰下纵段）的安全。为减小右侧回流强度与淘刷，通过模型试验研究，采取如下工程措施：(a)加大右侧边底孔的鼻坎挑角。22号底孔采用10°小挑角，在上游水位135.00m时，泄洪坝段右坝趾附近发生严重回流淘刷，22个底孔单独泄洪（$Q=36200m^3/s$），冲坑最低高程为15.00m，深孔与底孔联合泄洪（$Q=72300m^3/s$），冲坑最低高程达12.00m，相对铺砂高程48.00m，分别冲深33.00m和36.00m。22号底孔鼻坎挑角由10°加大至17°和25°，右侧坝趾附近的淘刷高程由12.00m抬至24.60m和30.00m，右导墙左侧的淘刷高程由18.00m抬至34.00m和25.00m。(b)右导墙左侧设置防冲隔墩。右导墙左侧设置基础防冲墙，防冲墙从桩号20+151m至20+441m，长290.00m，墙底最低基岩高程30.00m，底宽8.00m，墙顶宽14.00m，顶高程48.00m，防冲墙为开挖槽回填混凝土标号$R_{28}300$。靠右导墙基岩面布置锚筋以加强右导墙与基岩的连接。在防冲墙顶上桩号20+158.00m和20+300.00m各设置一道潜没式横向防冲混凝土隔墩（墩顶高程分别为58.00m和66.00m），对减小下游回流流速与淘刷、缩短水跃跃头进入底孔出口的距离有明显效果。可基本消除回流对右侧坝址附近的淘刷，左导墙左侧防冲墙的淘刷最低高程可抬至30.00m高程以上，满足了设计防冲墙脚河床的冲刷高程不低于30.00m的要求。防冲隔墩高分别为10.00m和18.50m，墩顶宽2.00m，两侧边坡为1∶0.75。(c)17号泄洪坝段以右坝趾下游设置护坦。模型试验表明，泄洪坝段右侧回流淘刷只影响到18号底孔坝趾。为此，在17号泄洪坝段以右至右导墙设置护坦。护坦顺坝轴线方向长165.00m，顺水流方向宽46.00m，护坦平面面积7590.00m^2；护坦板混凝土厚3.00m；护坦顶部高程43.00～48.00m，基岩面高程40.00～45.00m。

图 4.3.13　底孔与深孔联合泄洪

4.3.6.2　正常运行期深孔与表孔联合泄洪及下游消能防冲

深孔和表孔布置在平面上相间排列，在立面上深孔与表孔的鼻坎前后错开，联合泄洪(图 4.3.14)达到减小入水单宽流量，分散消能的目的，有效地减少了下游冲刷和防冲工程量。在枢纽正常运用期，由于表孔和深孔的挑流水舌入水位置前后明显错开，并在空中碰撞消能，下游冲刷明显减轻。各种工况试验成果表明，坝后冲刷坑发生在 1000 年一遇洪水，表孔与深孔及排漂孔联合泄洪时，相应的上游水位 175.00m，下泄总流量 74760m^3/s，最深冲坑位于河床中部，坑底高程 14.00m，距离坝趾约 160.0m，按泄洪坝段最高建基岩面 45.00m 高程计算，冲坑上游坡度为 1∶5.2，坝趾基础是安全的。右导墙左侧的最低冲坑高程也发生在宣泄 1000 年一遇洪水，表孔与深孔及排漂孔联合泄洪时，坑底高程为 26.00m，若不开启右排漂孔而多开深孔，则冲坑底高程可抬至高程 30.00～36.00m，说明运行方式很重要。右导墙建基岩面高程为 45.00m，为确保安全，在右导墙左侧冲刷坑范围已设置混凝土防冲墙，墙底高程 30.00m，并要求宣泄 1000 年一遇洪水时，不开启右排漂孔，左导墙建基高程在 15.00m以下，低于各种运行工况的冲刷坑底高程，无须保护措施。

图 4.3.14　深孔与表孔联合泄洪

4.3.7　大坝泄洪设施运行情况

大坝泄洪坝段 22 个导流底孔于 2002 年 11 月投入三期工程截流及导流运行，23 个深孔、左岸厂房坝段2个排沙孔及左岸非溢流坝段1个排沙孔、左导墙坝段1个排漂孔于2003年汛前投入泄流运行，右岸厂房坝段4个排沙孔、右纵向围堰坝段1个排漂孔于2006年汛前投入泄流运行，22个表孔于2007年汛前投入运行。导流底孔封堵体混凝土施工从2005年1月21日开始，至2007年3月13日完成。其中2005年汛前完成5号及18号底孔封堵体施工，2005年汛后至2006年汛前完成2号、8号、11号、12号、15号及21号底孔封堵体施工，2006年汛后至2007年汛前完成剩余的14个底孔封堵体施工。22个导流底孔经历2～4个汛期泄洪运行，在底孔封堵前，对底孔过流面进行全面检查，发现过流面冲磨轻度露出粗砂，侧墙上修补的环氧胶泥未冲走。

4.3.7.1 大坝泄洪设施在围堰挡水发电期和初期运行期的运行要求

(1)大坝上游运行水位

围堰发电期，汛期防洪限制水位为135.00m，汛后维持库水位135.00m或139.00m。

永久运行期，汛期防洪限制水位为135.00m，汛后维持库水位156.00m。

(2)泄洪设施运用方式

①各种泄水设施根据枢纽下泄流量要求按以下顺序开启运用：电站机组；深孔；底孔(围堰发电期)；2号排漂孔、1号排漂孔；排沙孔、表孔(初期运行期)。

②深孔、底孔、排漂孔、排沙孔和表孔均应采用单孔全开或全关的运用方式，不应采用单孔局部开启方式来调节下泄流量。

③导流底孔原则上由两侧向中间均匀间隔对称开启运用，并尽快开启两侧各3个边孔。关闭次序与开启次序相反。

④深孔原则上由中间向两侧均匀间隔对称开启运用。关闭次序与开启次序相反。

⑤深孔和表孔各孔开启泄洪顺序应满足在分布上保持均匀、间隔、对称的原则进行，关闭时按相反的顺序进行，使出流均匀分布于泄流区。不得无间隔地集中开启某一区域孔口泄流。

⑥运用深孔泄流，宜使各深孔的运行时间较均匀，不宜过分集中使用某些孔口。

⑦运用排漂孔泄洪时，首先运用2号排漂孔，再运用1号排漂孔，且宜少用1号排漂孔。3号排漂孔不参与泄洪。

4.3.7.2 大坝泄洪设施运行情况

(1)底孔泄洪运用检验

1)底孔泄洪运用情况

底孔于2002年9月19日首次闸门开启过水，2004年12月至2005年4月对5号、18号底孔进行封堵，混凝土封堵段全长78.0m；2005年10月至2006年6月封堵2号、8号、11号、12号、15号及21号底孔，2006年9月至2007年3月封堵其余14个底孔。底孔从运行至2005年底，2006年1月至2007年3月闸门挡水。底孔累计泄洪过流时间87917h，弧形工作门累计启闭 543 次，各年运行情况列入表 4.3.8。底孔运行最高水位为 139.00m，最低水位 66.45m。

表 4.3.8　　2002—2005 年底孔泄洪过流统计表

年份	2002	2003	2004	2005	累计
底孔过流时间(h)	47943	38927.4	888	159	87917.4
弧形工作门启闭扇次	43	432	42	26	543

注：弧门开启和关闭合计为 1 次启闭操作，启闭次数不含检修操作。

2）底孔与深孔联合泄洪运用情况

2003 年汛期，最大洪峰流量 46000m³/s，底孔与深孔联合运用，坝前水流平缓顺直，当深孔均匀间隔开启，左右两边有 2～3 个深孔不开启时，下游水域总体上可分一个中央主流区，两侧导墙有两个回流区，左导墙边回流流速 3～5m/s，右导墙（下游纵向围堰）回流流速 5m/s，最大涌浪可达右导墙顶部；底孔出流以面流形式与下游衔接，以波浪形式向下游传播、水下噪声测点观测的谱级表明相应区域未发生空化，位于挑坎附近下游侧壁测点测得的谱级可能有空化出现，但挑坎附近引起空蚀的可能性小，汛后检查，未发现空蚀冲刷。

2004 年汛期，最大洪峰流量 60500m³/s，出库最大流量 56800m³/s。先开启深孔后，再开启底孔，其间深孔最多开启 21 个孔，底孔左单右双间隔对称开启，先开启两侧各 3 个边孔 1 号、3 号、5 号和 22 号、20 号、18 号运用，再开启 7 号、16 号、9 号、14 号、12 号底孔，最多开启 11 个底孔，深孔关闭 8 号及 16 号孔。坝前水流平顺，进流流态尚好，泄洪坝段前右侧有弱回流出现。由于底孔长有压管出口挑鼻坎高程较低，出流受下游水位影响，呈挑流与面流混合流态，水舌下有逆向水面漩滚，最大逆向流速 4.0～5.0m/s。因泄洪坝段右侧纵向围堰坝段的排漂孔尚未建成，因此，底孔水流出鼻坎后突然扩散，左右侧形成较大回流区；底孔出流受深孔挑流水舌阻挡，回流区被压缩，但回流强度增大。

2005 年汛期，最大洪峰流量 43500m³/s，底孔与深孔联合运用。底孔经过 3 个汛期泄洪的检验，泄洪流态正常，弧形工作门及启闭机运用良好，满足规范和设计要求。

（2）深孔运行检验

1）深孔泄洪运行时间及弧门启闭扇次统计

深孔于 2003 年 5 月 30 日开启泄流，至 2017 年底累计泄洪过流时间为 136895h，弧门累计启闭 2752 扇次，各年运行情况列入表 4.3.9。

2）正常蓄水位 175.00m 试验性蓄水运行期间深孔泄洪运行情况

在 2008—2017 年 175.00m 水位试验性蓄水运行期间，入库洪峰流量大于 50000m³/s 的洪水有 3 次，年份为 2010 年和 2012 年、2010 年汛期，最大入库洪峰流量为 70000m³/s，最大下泄流量 40000m³/s 左右，大坝上游最高水位为 161.02m，深孔开启 2 号、5 号、8 号、10 号、13 号、15 号、19 号、22 号共 8 个孔。2012 年汛期，洪峰流量大于 50000m³/s 的洪水出现 4 次，最大入库洪峰流量为 71200m³/s，是三峡水库成库以来遭遇的最大洪峰，最大下泄流量

44100m³/s,最高拦蓄洪水位达163.11m,深孔开启2号、4号、8号、12号、16号、20号、22号共7个孔。2008年汛期最大入库洪峰流量为39000m³/s,2009年汛期最大入库洪峰流量为55000m³/s,2011年9月21日出现最大入库洪峰流量46500m³/s,2013年汛期最大入库洪峰流量为49000m³/s。2014年9月20日出现最大入库洪峰流量55000m³/s,最大下泄流量45700m³/s,最高拦蓄洪水位168.54m;10月30日,出现最大入库流量25000m³/s,超过10月下旬20年一遇洪水流量23100m³/s,此时,三峡水库蓄水位已超过174.50m,为保证运行安全,下泄流量从10000m³/s增至25100m³/s,水库弃水7.01亿m³,深孔径受高水位泄流的检验。2015年汛期,洪峰最大流量39000m³/s,深孔未运用。

表4.3.9　　深孔泄洪运行统计表

年份	2003	2004	2005	2006	2007	2008	2009	2010	2011	2012	2013	2014	2015	1016	2017	累计
深孔过流时间(h)	36829	33328	31530	4118	14938	3887.5	2515.5	3861.8	12.2	4044.2	171.7	1592.3	0	4	62.8	136895
弧门启闭(扇次)	604	772	656	146	198	178	37	36	6	88	4	10	0	1	16	2752

注:弧门开启和关闭为1次启闭操作,启闭次数不含闸门检修操作。

3)深孔泄洪水力学监测成果分析

①水流流态。大坝上游水位172.60m时,深孔开启1号、2号、7号、10号和15号泄洪,深孔进口水面平稳,无明显不利流态。进口前偶尔出现游移的表面漩涡,水面凹陷不明显,且出现频率低,进口前未见漂浮物聚集。深孔泄洪时,检修门井中传出持续的较平稳的"隆隆"声响,经水听器噪声谱级分析,未发现该区域出现明显空化。在部分泄洪调度方式下,深孔泄洪时,在坝前出现间歇性的立轴小漩涡,但不致影响深孔运用安全。深孔泄洪时,泄槽内掺气充分,通气孔风速为80.6m/s。深孔水舌挑离鼻坎后,迅速向四周扩散,水舌外缘落点距坝轴线220m处,下游主流消能区漩滚剧烈。15号深孔水舌落点以右和右导墙(下游纵向围堰)水域为大范围强回流区,波浪或涌浪大,波浪最大爬高可达10.0m,基本可与纵向围堰顶高程82.00m齐平。下游右岸高家溪岸坡有水流顶冲现象涌浪较大,岸边波浪爬高3.0~5.0m。泄洪所形成的水雾区主要分布在高程150.00m以下空间,薄雾区弥散可超过坝顶高程185.00m以下空间。

②时均压力。深孔时均压力测点主要布设在明流段底板或底板附近的侧壁上,监测资料显示,以1号深孔为例,在大坝上游水位172.6m全开稳态条件下,泄槽斜坡段坝面压力均不大,最大值出现在反弧段后部,实测最大时均压力达40.2×9.81kPa;挑流鼻坎末端测点时均压力为16.5×9.81kPa。掺气跌坎下游有底空腔形成,空腔长度较上游水位135.00m运行时增长,实测空腔负压约-0.5×9.81kPa;时均压力沿程分布正常。

③脉动压力及近壁流速。大坝上游水位172.60m时,深孔启门过程中,弧形工作门前

有压段压力随闸门开度增大而降低，压力脉动幅值不大；深孔跌坎后斜坡段在闸门开启初期出现约 400s 时间段最大为－0.68×9.81kPa 的负压，至闸门全开稳态时，此测点压力均值为 4.0×9.81kPa；挑流鼻坎压力随闸门开度增大均呈单调增大趋势。关门过程线基本上与开门过程线相反。闸门全开稳态条件下，深孔进口侧缘和门槽区的脉动压力主频较高，但能量很低；明流斜直段近底及其挑坎的能量比闸门前要大，而主频较低。斜直段的水舌冲击及脉动压力强度不大，反弧及挑坎仍然是深孔脉动压力较大区域。稳态条件下，各部位动水压力均正常。深孔跌坎坎顶近底流速约 30.5m/s，挑流鼻坎流速约 28.3m/s。每年汛后对深孔过流面全面检查，流道冲刷磨蚀区域主要为侧墙，粗砂和小石露出，对磨面进行修补，底板无明显冲刷磨蚀，发现环氧胶泥对保护过流面效果较好。

④水下噪声。水下噪声的采集借助水听器和专用计算机采集分析系统进行。水下噪声的测量和分析主要在高频段，采集分析系统的频率上限为 200kHz。

深孔进口侧缘和检修门槽区在启闭过程中该区域流速由进口逐渐增大，噪声谱级在启闭初即上升 20～25dB，随闸门开度增大，噪声谱级变化不明显，高频段噪声谱级的跳跃均小于 50dB。深孔进口段未出现明显空化。深孔跌坎水舌的冲击区前后的坝面附近侧壁，自启门之初（开门第 5s）高频段噪声谱级均较空气中背景升高约 25dB，随着闸门开度进一步增大，噪声谱级无明显升高；在水舌内缘冲击点与回水间存在剪切水流，该区域可能发生剪切流空化，闸门全开后，稳态条件下噪声谱级较开门初期有所下降，其中高频段仅比背景高出 2～3dB。挑流鼻坎上，启门之初高频段噪声谱级较空气中背景值上升 15～25dB。在开门过程中，水流掺气现象有很大差别，启门初（第 5s），水舌很薄，随着闸门开度增大，水体中含气量降低，实测该过程高频段起伏均小于 10dB，该部位空化特征不明显。

⑤水流掺气浓度。深孔泄槽的坝面上设置了掺气坎，坎高 1.5m，在掺气坎左右侧壁布设直径 1.4m 的通气孔。大坝上游水位 172.60m 深孔泄洪时，两个（1 号和 12 号）深孔泄流坝面掺气浓度分布规律一致，位于坝轴线下游 45.00m 的测点，处于底空腔浅层回水摆动区，水流掺气浓度较坝轴线下游 54.50m 测点偏低，大部分测点的水流掺气浓度均沿程递减，最末端测点（坝轴线下游 103.40m）的水流掺气浓度均值为 2.0%～2.2%，处于水舌冲击区范围的测点，故水流掺气浓度较高，掺气浓度为 12.9%～13.6%。观测成果表明，深孔跌坎以下的过流壁面由于近壁水流掺气浓度均较高，可有效减缓因水流空化而产生的蚀损破坏。

4）深孔泄洪安全评价

深孔自 2003 年 5 月投入运行到 2015 年已运用 13 年，并经受设计水位 175.00m 的泄流检验. 各项监测成果表明，深孔泄洪水力学条件良好，各项指标满足设计要求，泄流能力优于设计计算值，跌坎掺气效果明显，无空蚀现象；弧形工作门止水效果较好，闸门及启闭机运行正常，综合分析，深孔泄洪运行安全可靠。

（3）表孔运行检验

1）表孔运行情况

三峡水库于 2008 年 9 月 28 日开始正常蓄水位 175.00m 试验性蓄水，10 月 25—30 日，日均入库流量 12600～15600m^3/s，日均出库流量为 6229～9000m^3/s，10 月 25 日，上游水位 161.04m，表孔首次开启泄流。10 月 31 日至 11 月 4 日，日均入库流量 23400～32700m^3/s，日均出库流量 8540～15200m^3/s，11 月 3 日，水库蓄水位蓄至 172.36m，实测最大入库流量 33000m^3/s，超过 11 月份 500 年一遇流量。截至 2017 年底，表孔累计泄洪过流时间为 2131.7h，工作累计启闭 158 扇次，各年运行情况列入表 4.3.10。

表 4.3.10　　表孔泄洪过流统计表

年份	2008	2009	2010	2011	2012	2013	2014	2015	2016	2017	累计
表孔过流时间(h)	356.8	0.6	369.1	0	1038.4	0	1.4	0	0	365.4	2131.7
平板工作门启闭(扇次)	34	1	57	0	40	0	4	0	0	22	158

2)表孔泄洪水力学监测成果

①表孔自 2008 年 10 月投入运用以来，经过 175.00m 水位试验性蓄水运行期泄洪过流检验。表孔全开泄洪时，进口上游水面平稳，水流平顺。闸墩上游 10.0m 以内水面水流拉动明显，表孔基本呈对称进流，1 号和 22 号表孔进流略有不均，但尚不明显。表孔泄流时排漂效果较好，漂浮物向下游排出顺利。表孔泄流时，泄槽两侧水面有小范围的掺气带，系边界扰动所致，水流经鼻坎挑射后抛入空中，水舌形态稳定，水舌外缘落点为距坝轴线 190.0m 附近，坝下消能区水流翻滚强烈，水体呈白色泡沫状，表孔泄洪引起的雾化现象较深孔泄洪为轻，浓雾区主要分布在高程 100.00m 以下空间，薄雾区弥散主要分布在高程 130.00m 左右空间。

②表孔时均压力测点主要布设在溢流面底板或底板附近的侧壁上，监测资料显示，以 22 号表孔为例，进口段时均压力较高，实测最大压力为 18.6×9.81kPa，在表孔进口底缘处；WES 曲线坝面存在较大范围低压区，但均为正压，测压管实测最小时均压力 0.5×9.81kPa，为一般明流坝面压力分布常见规律；泄槽下游反弧段压力明显升高，实测最大时均压力为 18.2×9.81kPa；出口挑流鼻坎存在压力陡降，为水流即将脱离建筑物边界所致，实测压力仅为 1.4×9.81kPa。水下噪声测量成果分析尚未反映出明显的空化现象。每年汛后检查过流面，表孔冲刷磨损较轻。

③表孔脉动压力。大坝上游水位 172.60m 时，表孔启门过程中，工作门前段压力值随闸门开度增大而降低，开门过程中压力脉动幅值不大，闸门全开后脉动幅值略有增大；工作门槽开门过程中压力由 0 逐渐增大，脉动幅值略有减小；挑流鼻坎部位压力也随闸门开度增加呈增大趋势。各测点关门过程基本上与开门过程线相反。闸门全开稳态条件下，进口段工作门槽后侧墙测点压力脉动幅值较大，下游反弧段及挑流鼻坎部位仍然是表孔脉动压力较大区域，其他部位脉动压力主频均较低，能量也不高。

④表孔工作闸门为平板钢闸门，启门时间约 280s，关门时间与启门时间基本相当。表孔平板工作门及事故检修门与坝顶门机运行情况良好，闸门启闭平稳，各项指标满足规程规范和设计要求，现状态良好，运行正常。

3)表孔泄洪安全评价

表孔自2008年10月投入运行至2015年已运用8年，并经受设计水位175.0m的泄流检验，各项监测成果表明：表孔泄洪过流水力学条件良好，各项指标满足设计要求，过流面水力特性正常，无空蚀现象；闸门及启闭机运行情况良好，状态正常，综合分析表孔泄洪运行安全可靠。

(4)泄洪排漂孔运行检验

1号泄洪排漂孔于2003年6月10日首次开启排漂，2004年汛期参与泄洪，至2015年累计泄洪过流时间13623h，弧形工作门累计启闭168次，2号泄洪排漂孔2006年汛期参与泄洪，至2015年累计泄洪过流1145h，弧形工作门累计启闭64次。各年运行情况列入表4.3.11。两个泄洪排漂孔弧形工作门及液压启闭机状态良好，运行正常。

表4.3.11　泄洪排漂孔泄洪过流统计表

年份		2004	2005	2006	2007	2008	2009	2010	2011	2012	2013	2014	2015	2016	2017	累计
1号泄洪排漂孔	过流时间(h)	4431	4028	1256	1960	973	620	303	0	46	5	0	0	0	0	13623
	弧形工作门启闭扇次	0	0	115	539	168	106	125	0	92	1	0	0	0	0	1145
2号泄洪排漂孔	过流时间(h)	10	4	15	45	65	17	8	0	3	1	0	0	0	0	168
	弧形工作门启闭扇次	0	0	4	6	31	15	5	0	2	1	0	0	0	0	64

注：弧门开启和关闭合计为1次启闭操作，启闭次数不含检修操作。

每年汛后，对泄洪排漂孔进行全面检查，发现流道运行情况总体良好，未出现大面积破损等情况，主要缺陷为水流中漂浮物、推移质、悬移质等造成的局部麻面，裂缝表面破损等均及时修补，检查结果表明用环氧胶泥对过流面保护效果较好。

(5)泄洪流量

大坝泄洪设施于2002年11月至2007年汛前先后投入运用以来，出现大于45000m^3/s的洪水过程有2次，分别是2004年和2007年。

2004年洪峰流量为：2004年9月8日8时，入库洪峰流量60500m^3/s，出库最大流量56774m^3/s(9月9日8时)，库水位136.43m，其中9月7日14时至9月9日14时平均下泄流量为55000m^3/s。投入运用的泄洪设施有深孔和底孔，其间深孔最多开启21孔(关8号、16号)，底孔最多开启11孔。

2007年洪峰流量为：2007年7月30日08时，入库洪峰流量为52500m³/s，出库最大流量47325m³/s(7月31日8时)，库水位146.13m，其中7月30日2时至8月3日8时平均下泄流量为44200m³/s。此时导流底孔已全部封底，表孔尚未投入运行，泄洪过程中仅深孔泄洪，深孔最多开启18孔(关2号、4号、18号、20号、22号)。

2004年及2007年泄洪设施使用统计见表4.3.12。

表4.3.12 **2004年及2007年大坝泄洪设施使用统计表**

年份	库水位(m)	枢纽总泄量(m³/s)	泄洪设施运用情况 深孔+底孔+表孔+排漂孔+排沙孔	调度方式
2004	136.43	55000	21孔+11孔+0孔+0孔+1孔	先开深孔，后开底孔。深孔关8号、16号，底孔左单右双间隔开启
2007	146.13	44200	18孔+0孔+0孔+0孔+0孔	深孔关2号、4号、18号、20号、22号
2008	172.70	33000	12孔+0孔+0孔+0孔+0孔	深孔关4号、6号、8号、9号、14号、16号、18号、19号、20号、21号
2008	172.70	33000	3孔+0孔+10孔+0孔+0孔	表孔开1～6号、11号、15号、16号、18号

(6)2008年汛末试验性蓄水至172.80m水位深孔及表孔泄流运行分析

2008年汛末三峡工程实施试验性蓄水，11月6—8日，坝前最高水位达172.80m。在上游水位172.60m，下游水位67.43m时，结合枢纽泄流调度，分别对表孔1号、11号、22号，深孔1号、12号进行了流态、掺气孔风速、闸门启闭过程、动水压力及水下噪声等水力学监测，并在泄流后对深孔进行了检查，主要结果如下：

①水流流态。大部分泄洪深孔进口水面平稳，进口前偶尔出现游离的表面漩涡，水面凹陷不明显，且出现频率低，对深孔进流无不利影响。个别深孔进口出现漏斗漩涡，且发现坝体有阵发性振动，经初步分析，此现象与闸门的调度方式有关，由此造成水舌摆动可能是坝体发生阵发性振动的主要原因；深孔泄槽内水流渗气充分；下游主流消能区旋滚剧烈，消能充分。

②闸门启闭。泄洪深孔的工作闸门启闭过程平稳，近于匀速，工作正常。

③动水压力及流速。泄洪深孔在坝前水位172.60m全开稳态运行时，泄槽斜坡段坝面压力不大，实测为(1.6～6.9)×9.81kPa，最大值40.2×9.81kPa出现在反弧段后部。跌坎下游可形成较稳定的底部空腔(明流段侧墙实测空腔负压为−0.5×9.81kPa)。过流边壁动水压力均较正常。深孔跌坎坎顶近底流速为30.5m/s，挑流鼻坎近底流速为28.3m/s。

④水流空化。泄洪深孔闸门启闭过程及全开稳态条件下，进口短管压力段监测到的水流空化特征不明显，表明该段无危害性空化产生。在跌坎下游明流段，其泄槽底部及侧壁均监测到一定强度的水流空化信号，但由于掺气设施使水流能有效掺气，其泄槽底部水流最低

掺气浓度达 2.2%，起到抗蚀作用。深孔在泄流后检查，其过流壁面均未发现空蚀破损现象。

⑤表孔全开泄流时，进口上游水面平稳，水流平顺，闸墩上游 10.00m 以内水面水流拉动明显。表孔基本呈对称进流，1 号和 22 号表孔进流略有不均，但不明显。进口段水流呈现明显的中部壅现象，泄槽中后部基本调整均匀，鼻坎出流稳定，挑流出鼻坎后，空中扩散明显，水舌平面宽度在入水时已基本扩散为泄槽的 2 倍，未见水舌打击右导墙现象。表孔全开泄流时排漂效果较好，漂浮物下排顺畅，未见明显不利流态。表孔在全开稳态条件下过流面水力特性均较正常，进口段和反弧段压力均较高，WES 曲线坝面存在较大范围的低压区（最小时均压力为 0.5×9.81kPa），为一般明流坝面压力分布常见规律。泄槽下游反弧段最大时均压力为 18.2×9.81kPa，出口挑流鼻坎末端存在压力陡降（最小时均压力为 1.4×9.81kPa），工作闸门开启和关门过程中，闸门开度与时间基本呈线性关系，闸门工作正常。排漂孔过流面时均压力和脉动压力特性正常。闸门全开状态下，挑坎底部流速为 24.2m/s。工作闸门开启过程中，水下噪声测量结果表明，工作门槽段曲线坝面及斜坡段未出现空化现象，闸门开启后，排漂孔事故检修门槽区和挑流鼻坎均无空化现象，仅在开门过程中挑流鼻坎出现不太强烈的短时空化现象，不会发生空蚀。

(7)泄洪设施闸门运行及过流面冲磨情况

截至 2008 年 12 月 31 日，深孔累计运行 19143.5h，1 号排漂孔运行 3057.7h，2 号排漂孔运行 695.6h，表孔运行 333.5h，排沙孔运行 84.9h；操作深孔闸门 576 次，1 号排漂孔闸门 176 次，2 号排漂孔闸门 42 次，表孔闸门 69 次，排沙孔闸门 12 次，将坝前水位控制在规定变幅之内。

22 个深孔和 1 号排漂孔于 2003 年汛期开始过流。2 号排漂孔于 2006 年汛期过流，表孔于 2008 年过流。汛期泄洪深孔及排漂孔的水流流态较好。每年汛后，均对深孔和排漂孔过流面进行全面检查，历年运行检查结果表明，环氧胶泥对过流面保护效果较好。2006—2007 年度、2007—2008 年度冬修时先后对深孔过流面时间长的 7 号、11 号、13 号、17 号深孔的侧墙过流面进行了全刮 1438 环氧胶泥处理。

4.3.7.3 泄洪坝段下游冲刷情况

(1)实测冲刷地形

2004 年实测坝下游地形表明：右侧纵向围堰下游段（右导墙）防冲墙左侧部位基岩高程 30.0m，桩号 20+200～20+280 宽约 4.00m 局部冲刷，冲刷最低点高程 41.30m，冲坑深度约 6.70m，位于桩号 20+250 处；泄 18 号坝段至右侧纵向围堰下游段（右导墙）防冲墙部位基岩高程 48.00m，桩号 20+105～20+310 与 20+200～20+270 形成冲刷坑，最低高程 32.40～36.70m，冲坑深度 15.60～11.30m，位于桩号 20+210～20+250 处；泄 6 号坝段至泄 18 号坝段部位基岩高程 40.00m，冲坑范围左右两侧距坝趾较近，中间较远，两侧自桩号 20+200 至 20+260～20+280，中部自桩号 20+230～20+330，冲坑最低高程 24.50～28.50m，冲坑深度 15.50～11.50m，位于桩号 20+230～20+290 处；泄 6 号坝段从左至左导墙边基岩高程40.00～25.00m，冲刷地形以斜坡与左导墙相接，左导墙边地形见表4.3.13。

表4.3.13 2004年实测坝下游地形与左导墙边地形高程

左导墙桩号	20＋130	20＋200	20＋232	20＋260	20＋325	下游端部
冲刷高程(m)	18.2	14.5	11.0	10.8	4.5	－2.9～3.5
左导墙基础高程(m)	12	13	11.0	1.5	－5	－5

2008年实测坝下游地形表明：泄洪坝段下游整体为形状不规则的冲坑形态，冲坑边线参差不齐，底部凸凹不平。纵向围堰下游段(右导墙)左侧防冲墙基岩高程30.00m部位，桩号20＋200～20＋285宽约5.00m局部冲刷，冲刷最低点高程38.30m，位于20＋240m处；泄18号坝段至纵向围堰下游段(右导墙)防冲墙基岩高程48.00m部位：桩号20＋200～20＋270形成冲刷坑，最低高程28.50～34.50m位于桩号20＋220附近；泄6号坝段至泄18号坝段基岩高程40.00m部位，冲坑范围左右两侧距坝趾较近，中间较远，两侧桩号20＋200至20＋260～20＋300，中间自20＋230至20＋340，冲坑最低高程21.60～27.00m，位于20＋240～20＋300处。

2009年实测坝下游地形表明：泄洪坝段下游整体为形状不规则的冲坑形态，冲坑边线参差不齐，底部凸凹不平。右侧纵向围堰下游段(右导墙)部位基岩高程30.00m，桩号20＋105～20＋310宽约10.00m局部冲刷，冲刷最低点高程36.70m，冲坑深度11.30m，位于桩号20＋250处；泄18号坝段至右侧纵向围堰下游段(右导墙)防冲墙部位基岩高程48.00m，桩号20＋105～20＋310与20＋200～20＋270形成冲刷坑，最低高程约27.30m，冲坑深度约20.70m，位于20＋225处；泄6号坝段至泄18号坝段部位基岩高程40.00m，冲坑范围左右两侧距坝趾较近、中间较远，两侧自桩号20＋200至20＋260～20＋300，中部自桩号20＋220至20＋330，冲坑底最低高程32.50～27.00m，冲坑深度16.50～13.00m，位于桩号20＋230～20＋300处。

(2)泄洪坝段下游冲刷实测地形对比分析

2009—2004年泄洪坝段下游实测地形对比见表4.3.14、表4.3.15。

表4.3.14 2004年、2008年、2009年实测泄洪坝段下游冲刷坑位置对比

坝段(x)	泄6号	泄8～9号	泄11～12号	泄14号	泄16号	泄17号	泄19号	泄22号
坝轴线下(y)(m)	230	240～300	280～330	240	240	260	220	240
坝趾高程(m)	26.0	28.0～31.0	31.0	31.0	31.0	35.0	40.0	45.0
基础清挖高程(m)	40.0	40.0	40.0	40.0	40.0	40.0	48.0	48.0
2004年冲坑高程(m)	30.0	26.5	27.3～28.5	29.5	27.0	24.5	32.4	36.7
2008年冲坑高程(m)	22.0	25.0～26.0	27.0	26.7	22.5	21.6	28.5	34.5
2009年冲坑高程(m)	23.5	24.5～25.5	25.3	26.7	27.0	25.5	27.5	34.0

表 4.3.15　　2004 年、2008 年、2009 年实测左导墙边地形高程对比

左导墙桩号	20+135	20+200	20+232	20+260	20+325	下游端部
2004 年冲刷高程(m)	18.2	14.5	11.0	6.8	4.5	−2.9～3.5
2008 年冲刷高程(m)	15.9	17.9	15.1	6.5	5.7	6.0～12.0
2004 年冲刷高程(m)	17.4	14.5	12.5	5.5	6.5	7.0～14.0
左导墙基础高程(m)	12.0	13.0	11.0	1.5	−5.0	−5.0

由 2004 年、2008 年、2009 年实测地形对比表可见，坝下游整体冲刷形态基本一致，2009 年泄洪坝下游冲刷坑深度一般较 2008 年加深 2.0～3.0m，冲坑最深处范围在桩号 20+230～20+260，较 2008 年冲坑加大并下移。下游冲坑最低高程虽低于坝趾建基面高程，但距坝趾距离均大于 100.00m，折算冲坑至坝趾坡度均缓于 1∶5，不会危及泄洪坝安全运行。

右导墙(纵向围堰下游段)防冲墙边实测地形，均有局部冲刷，2008 年与 2004 年比较，冲刷最低点位置 20+240 处高程下降 3.00m，最大冲深约 10.00m；2009 年与 2008 年比较，冲刷最低点位置 20+250 处高程下降 2.00m，最大冲深约 12.00m。

左导墙边实测地形，2008 年与 2004 年比较，冲深有不同程度减小，冲坑高程均高于建基面，近末端地形局部淤高。2009 年与 2008 年比较，左导墙边 20+200～20+260 范围冲坑深度降低 1.00～3.00m，冲坑高程仍均高于建基面，近末端地形局部淤高加大。

(3)实测冲刷地形与模型试验成果比较

根据三峡枢纽下游基坑清挖要求及坝下游地质剖面图采用水力学动床试验模拟的概化方式模拟泄洪坝段消能防冲区地形，1/100 三峡枢纽整体水工模型动床模拟范围：顺流向长度从坝趾至桩号 20+700，垂直水流向宽度从纵向围堰下游段(右导墙)至左导墙。动床材料：选用粒径 1.3～1.5cm 白矾石模拟三峡坝址原型 1.30～1.50m 基岩岩块(参照原型基岩节理并结合丹江口原型观测资料采用节理岩块放大法选定)铺设下游弱风化岩层顶板以下基岩地形；动床铺设地形高程分区概化如下：纵向围堰下游段(右导墙)至泄 19 号坝段中心线高程 48.00m，泄 19 号坝段中心线至泄 16 号坝段由高程 48.00m 降至 40.00m，泄 16 号坝段至泄 6 号坝段高程为 40.00m，泄 5 号坝段至左导墙边由高程 40.00m 降至 20.00m。动床冲刷时间 3.6h(相当于原型 36h)。

模型试验工况与 2004 年和 2007 年两次洪水过程枢纽泄洪方式可以比较的调度运行条件下试验工况见表 4.3.16。各工况试验冲刷坑特征值见表 4.3.17。

表 4.3.16　　水工模型对比的典型试验工况

试验工况	库水位(m)	枢纽总泄量(m^3/s)	枢纽运行方式	调度方式
			深孔+底孔+表孔+排漂孔+排沙孔+左电厂+右电厂	
1	135.00	34100	23 孔+0 孔+0 孔+0 孔+0 孔+0 台+0 台	

续表

试验工况	库水位(m)	枢纽总泄量(m^3/s)	枢纽运行方式 深孔+底孔+表孔+排漂孔+排沙孔+左电厂+右电厂	调度方式
2	135.00	50700	23孔+7孔+0孔+0孔+3孔+6台+0台	底孔开3号、7号、9号、11号、13号、15号、19号
3	135.00	56800	23孔+7孔+0孔+0孔+3孔+14台+0台	底孔开3号、7号、9号、11号、13号、15号、19号
4	145.00	57240	23孔+0孔+0孔+0孔+7孔+10台+8台	
5	145.00	56840	23孔+0孔+0孔+3孔+0孔+10台+8台	
6	145.00	56680	20孔+0孔+0孔+0孔+0孔+14台+12台	深孔关2号、20号、22号
10	167.00	57900	15孔+0孔+0孔+0孔+0孔+14台+12台	
12	175.00	57170	19孔+0孔+0孔+0孔+0孔+10台+8台	

表4.3.17　水工模型典型试验工况冲刷坑特征值

试验工况	冲刷坑最低点高程(m)							
	右导墙防冲墙边		高程48.00m部位		高程40.00m部位		左导墙边(高程20.00m)	
	高程(m)	坝轴线下(m)	高程(m)	坝轴线下(m)	高程(m)	坝轴线下(m)	高程(m)	坝轴线下(m)
1	未冲	/	25.00	210	21.50	210	未冲	
2	34.15	210	19.60	210	17.50	210	未冲	
3	35.00	210	21.00	210	17.50	210	未冲	
4	未冲	/	27.50	230	23.40	230	未冲	
5	37.20	230	28.90	230	24.50	230	未冲	
6	未冲	/	33.90	230	23.90	240	未冲	
10	37.00	270	31.60	270	27.50	285	未冲	
12	38.20	275	19.30～31.60	270	18.40	265	17.00	270

水工模型试验工况5的冲刷地形见图4.3.15，2009年汛后实测冲刷地形见图4.3.16。

通过对实测地形与模型试验成果的对比分析，得出以下认识：

①试验成果与实测地形对比分析表明，整体冲刷形态略有不同，试验较实测地形冲坑形态较为规整，但冲刷特性一致：试验某些工况下，防冲墙边有局部冲刷，冲刷最低高程34.10～37.20m，与实测地形最低冲刷高程38.30m具有较好的吻合性；库水位145.00m试验条件下，泄18号坝段至右纵防冲墙高程48.00m部位冲刷最低高程27.50～33.90m，与2008年实测地形中的该部位最低冲刷高程28.50～34.50m接近；库水位145.00m试验条件下，泄

18 号坝段至泄 6 号坝段高程 40.00m 部位冲刷最低高程 23.40～24.50m，与 2008 年实测地形中的该部位最低冲刷高程 21.60～27.00m 比较接近。

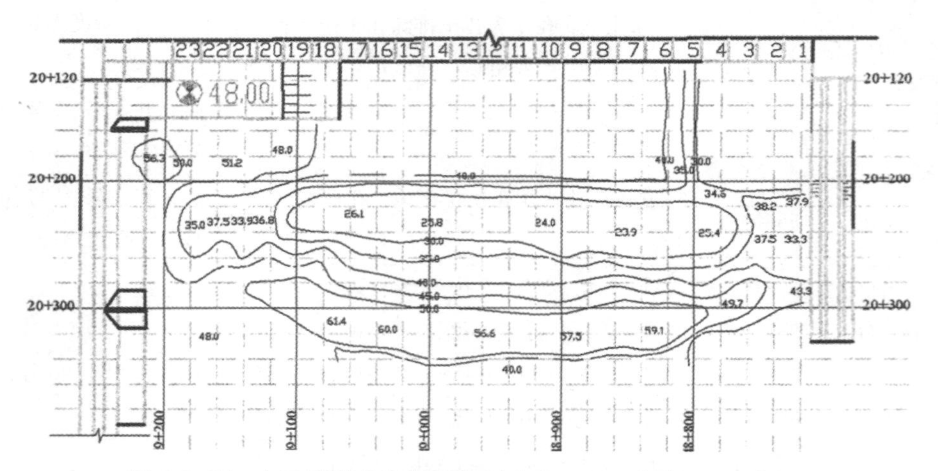

图 4.3.15　水工模型试验冲刷地形(水位 145m，泄量 56840m³/s)

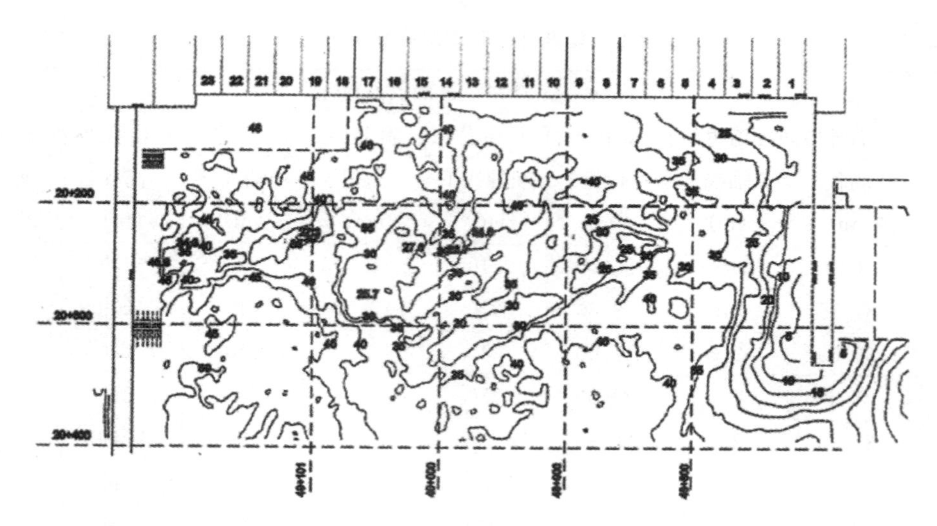

图 4.3.16　2009 年实测大坝泄洪坝段下游冲刷地形

②2009 年实测地形与模型试验成果对比分析表明：水位 175.00m 试验条件下，纵向围堰下游段(右导墙)防冲墙边局部冲刷，桩号 20＋275 处最低高程 38.20m，与 2009 年实测地形桩号 20＋250 处最低冲刷高程 36.40m 接近，最大冲深 11.60m，高于防冲墙基础高程；库水位 175.00m 试验条件下，泄 18 号坝段至纵向围堰下游段(右导墙)防冲墙高程 48.00m 部位桩号 20＋270 处冲刷最低高程 19.30～31.60m，2009 年实测地形中桩号 20＋225 处最低冲刷高程 27.50～34.00m，高于试验冲坑高程，位置偏上游；泄 18 号坝段至泄 6 号坝段高程 40.00m、桩号 20＋265 部位冲刷最低高程 18.40～24.50m，2009 年实测地形中 20＋230 部位最低冲刷高程 23.50～27.00m，高于试验冲坑高程，位置偏上游；左导墙边桩号 20＋270 处冲刷高程 17.00m，2009 年实测左导墙边冲刷地形高程为 5.00～17.50m，冲坑高程低于

试验冲刷高程，但均高于建基面，近末端地形淤高。

4.3.7.4 大坝及左、右导墙安全分析

从 2004 年、2008 年及 2009 年大坝泄洪坝段下游实测地形来看，靠近泄洪坝段坝趾部位冲刷程度较轻，相应坝段下游冲坑最低部位高程均低于建基面高程，但距坝趾距离均大于 100.00m，折算冲坑至坝趾坡度均缓于 1∶5，不影响泄洪坝段安全；左导墙右侧冲坑高程较低，但均高于左导墙相应坝段建基面高程，不影响左导墙安全；纵向围堰下游段（右导墙）防冲墙左侧冲坑高程均高于相应部位建基面高程，不影响右导墙安全。

4.4 岸坡厂房坝段深层抗滑稳定分析

4.4.1 岸坡厂房坝段工程地质条件

4.4.1.1 坝基岩体缓倾角结构面形状及展布规律

（1）特殊勘察方法及长大缓倾角结构面的判据

大坝左岸厂房 1～5 号坝段和右岸厂房 24～26 号坝段坝后布置厂房为岸坡厂房坝段。大坝建基面高程 90.00m，坝后厂房最低建基岩面高程 22.20m，致使岸坡厂房坝段建基岩体下游形成坡度约 54°，坡高 67.8m 的临空面，近百米高的混凝土坝坐落在高陡边坡坡顶，而坝基岩体中存在倾向下游的长大缓倾结构面，构成了受此类缓倾结构面控制、向坝基下游临空面滑出的大坝深层抗滑稳定问题，成为三峡工程大坝设计关键技术问题之一。

影响岸坡厂房坝段深层抗滑稳定的决定性条件是坝基岩体中缓倾角结构面的存在，设计单位自 1977 年以来，对缓倾角结构面进行了专题勘测与研究。鉴于三峡工程大坝基岩为块状结晶岩，岩体内缓倾角结构面具有闭合、发育不均一、连续性差且绝大多数规模短小的特点，而缓倾角结构面隐蔽于岩体深部，无法直接观察与量测，长期以来尚未找到有效的手段查清各坝段建基岩体主要滑移控制面的位置、产状、展布范围与组合形式。为确定缓倾角结构面的分布，曾采用过常规钻探、层析成像、地质雷达、大口径与竖井，平洞等手段与方法，均未达到预期效果。经多年研究特殊勘察采用改进的金刚石小口径钻井设备与工艺，保证岩芯获得率达 100%，并防止裂隙断开面磨损，可通过岩芯鉴定，一条不漏地确定相应钻孔中结构面的位置、倾角及特性。20 世纪 90 年代中期，研究完善了小口径（∅53mm）钻孔彩电摄像与解释设备，使其成为确定结构面的最佳选择。在监视屏上，观察目标被放大 10 倍以上，图像清晰，从而可以一条不漏地准确测定钻孔中所有结构面的位置、产状、充填物厚度，并判断充填物类型、结构面起伏粗糙程度。根据多年的现场研究，找出了缓倾角结构面规模与表象特征的规律，提出了大坝岸坡厂房坝段判断钻孔岩芯及钻孔彩电中长度大于 10.00m 的长大缓倾角的判据：

①裂面平直粗糙、有擦痕，或平直光滑、擦痕不明显。

②裂隙中有数毫米至 10 余 mm 的长英质矿物、绿帘石或碎裂岩、碎斑岩等构造岩。

③裂隙面附绿帘石膜，有明显擦痕。

④数条缓倾角结构面成组出现，其间距为几厘米至 10 余 cm。

(2)左岸厂房 1～5 号坝段坝基岩体缓倾角结构面发育特征

左岸厂房 1～5 号坝段基础范围增布 4 条勘探剖面，23 个钻孔，孔距 15.00～20.00m，左厂 3 号坝段勘探剖面布置 8 个钻孔，孔距加密至 11.00～13.00m。根据 23 个钻孔，总进尺 1402.00m 的岩芯鉴定资料，共实测各种规模与产状的裂隙 3011 条，其中短小缓倾角裂隙 764 条，长大缓倾角裂隙 163 条。经对勘探资料统计与分析，揭示了左厂 1～5 号坝段坝基岩体缓倾角结构面的发育特征。

1)缓倾角结构面发育程度

长大缓倾角结构面平均垂直线密度 0.116 条/m，表明左厂 1～5 号坝段是缓倾角结构面相对发育区。

2)缓倾角结构面发育的不均一性

左厂 1～5 号坝段缓倾角结构面发育程度有较大差异。左厂 2 号坝段长大缓倾角结构面平均垂直线密度为 0.071 条/m，左厂 3 号坝段为 0.121 条/m，左厂 4 号坝段为 0.078 条/m。左厂 3 号坝段为左厂 2 号坝段的 1.70 倍，为左厂 4 号坝段的 1.55 倍，表明长大缓倾角结构面空间分布的不均匀性及相对集中性。左厂 3 号坝段坝基岩体中长大缓倾角结构面发育密集程度和延伸长度明显大于相邻坝段。

3)长大缓倾角结构面的优势定向

经对 23 个钻孔资料统计，126 条长大缓倾角结构面分布于倾向 85°～155°优势方向内的占 77.3%。左厂 1～5 号坝段长大缓倾角结构面的优势走向 0°～45°，倾向 90°～135°占 61%，与水流方向交角小或接近，对坝基抗滑稳定不利。据对坝基抗滑稳定不利的 110 条长大缓倾角结构面统计，优势倾角为 21°～31°，占总数的 58.3%；其次为 32°～35°，占 20.0%；16°～20°，占 14.5%；小于 15°的仅占 7.2%。

4)缓倾角结构面的性状

坝基开挖揭露及岩芯鉴定表明，微风化及弱风化下部亚带岩石中长大缓倾角结构面均为硬性结构面，其充填物多为绿帘石及长英不等坚硬物质，无泥质或软弱物质充填，也未见风化碎屑。

5)缓倾角结构面的形态及延展特征

长大缓倾角结构面绝大多数为平直稍粗或粗糙面，而平直光滑面仅占 2.3%。从地质纵、横剖面和长大控制性滑移面空间展布图可以看出，左厂 3 号坝段长大缓倾角结构面延展性最好，最长达 54.00m，左厂 2 号坝段有一条长 30 余 m，其余坝段均相对较短。长大缓倾角结构面被陡倾角结构面切错的情况在坝基开挖岩面及平硐中比较常见，错距 3～10cm。

4.4.1.2 左厂坝段坝基的物理力学参数

左厂坝段坝基稳定分析计算的岩石(体)、结构面物理力学参数建议取值见表 4.4.1。

表 4.4.1　　左厂坝段抗滑稳定分析计算地基物理力学参数

类别	部位	类型或代号	容量 γ (kN/m³)	变形模量 E_d (GPa)	泊松比 (μ)	抗剪强度参数	
						f'	c'/(MPa)
基岩	滑块及基座	块状为主	27	30	0.22	1.7	2.0
断层	滑块内	F_7	26	15(平行断层) 10(垂直断层)	0.25	0.6	0.1
		F_{134}	26	15	0.25	0.8	0.3
		F_{136}	26	15	0.25	0.8	0.3
	左侧边界	F_{10}				0.7	0.2
	滑出面	F				0.7	0.2
裂隙	底滑面	缓倾角				0.7	0.2
	右侧边界	陡倾角				0.7	0.2
混凝土与基岩	坝基					1.1	1.2
	厂基					1.2	1.4

4.4.1.3　左厂坝段深层抗滑稳定条件概化

在左厂1～5号坝段深层抗滑稳定专题研究中，三峡总公司除要求设计单位长江委提供相应的补充地勘资料和专题设计研究成果外，还委托西北勘测设计研究院、上海勘测设计研究院、清华大学、河海大学、中国水利水电科学研究院等5个单位组织7个专题组进行相应的分析研究工作。

通过对特殊勘察资料的分析，建立各坝段深层抗滑稳定性概化模式，包括分坝段给出控制滑移面的概化模型、控制性滑移面的空间展布特征，指定滑移路线的底滑面条件、侧向切割条件，厂坝联合作用时的抗滑条件分析，以及岩石力学参数选择等。研究结果表明，除左厂3号坝段因控制性滑移面连通率较高，抗滑稳定安全裕度较小，其余各坝段自身单独稳定系数均已满足规范要求。现以左厂3号坝段(图4.4.1)为例，简介上述研究成果。

(1)控制性滑移面概化

左厂3号坝段主勘探剖面布置8个钻孔，间距11.0～13.00m，另在主剖面两侧各布置1个孔。其深层抗滑稳定分析滑移途径分别为：

①$ABCDE$。

②LME。

③$ABCFHL$。

④$ABDGHI$。

其中①、②为折线型，滑出点E在厂坝分界斜坡的38.00m高程处，滑面分段视倾角为17°～26°，后缘为41°，滑移面线连通率为65.5%～79.1%；③、④为阶梯型，滑出点I位于厂坝分界斜坡坡脚高程22.00m处，滑面分段视倾角为21°～32°，线连通率为82.8%～83.1%。

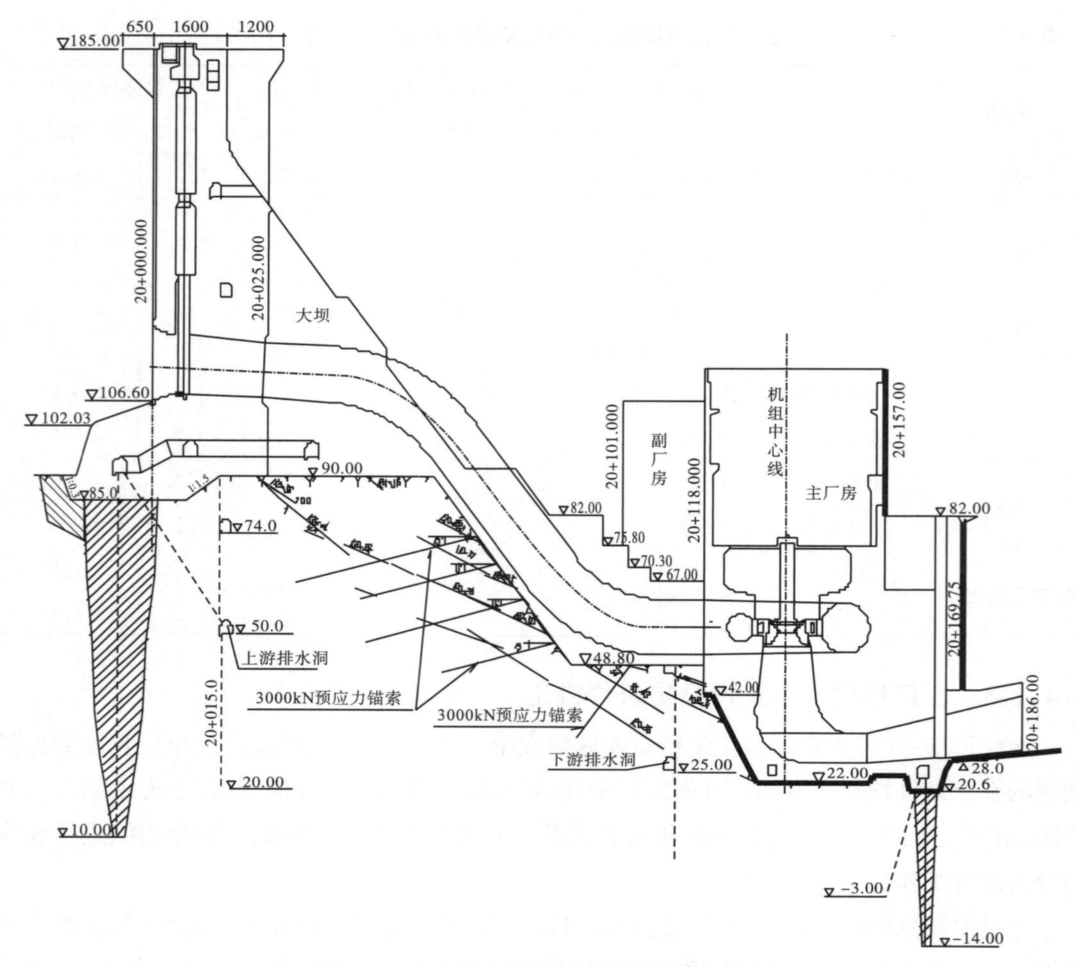

图 4.4.1 左厂 3 号坝段及坝后厂房剖面图

(2)指定滑移路径

坝基深层抗滑稳定分析指定滑移路径是通过分析现有地质资料，从工程安全角度考虑而假定的滑移路径。左厂 3 号坝段坝基深层抗滑稳定分析指定滑移分为：

①从坝基上游齿槽底板(高程 85.00m)至厂坝分界坡脚(高程 22.20m)，JC 考虑厂坝联合作用，倾角 23°。

②从坝基上游齿槽底板至高程 51.00m 处(厂房高程 51.00m 以下为实体混凝土)，JI 倾角 14°。

③从坝基上游齿槽底板以下高程 61.80m 处至厂坝分界坡脚(高程 22.20m)，KI 倾角 15°。

上述三条指定滑移路径(图 4.4.2)上，很少有长大缓倾角结构面与之重合。另外②、③类滑面视倾角为 14°及 15°，小于左厂 1～5 号坝段绝大多数长大裂隙的倾角，因此，指定滑动面的线连通率一般都不高，大多在 29.0%以内，以左厂 3 号坝段略高，为 31.7%～35.7%。

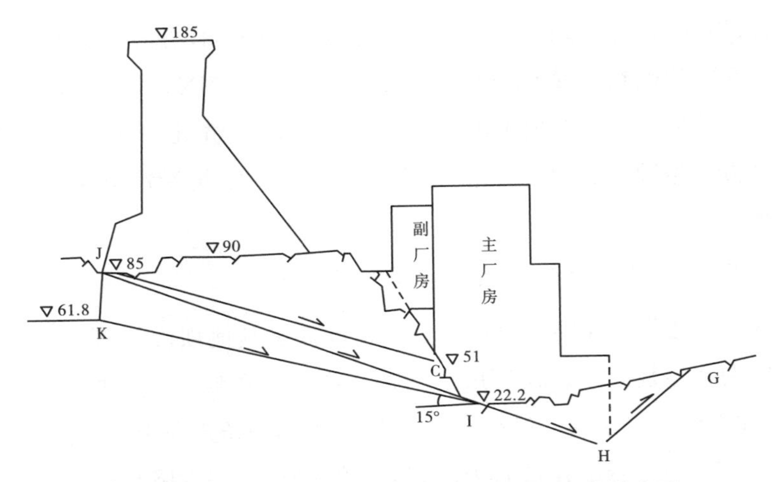

图 4.4.2 左厂 3 号坝段坝基指定滑移路径计算模式图

(3)滑移控制面空间展布特征

在确定滑移路径时，是将倾向 NE85°～SE150°、倾角小于 35°范围内的长大缓倾角结构面均考虑在内。如在左厂 2～4 号坝段下分布范围最大的潜在滑移控制面，其各部分的倾向相差达 35°，倾角相差 14°。由此可见，各坝段的滑移路径在空间上都是扭曲的组合滑面。通过对左厂 2～4 号坝段的横剖面分析，除左厂 3 号坝段的 *ABCDE* 潜在滑移面在两侧坝基中有局部对应结构面外，不同坝段的长大缓倾角结构面均互不相连，不能构成统一滑移面。*ABCDE* 滑移面横向展布宽度变化 2～3 倍，相应位置上的结构面高低相差达 6.00～10.00m。综上所述，左厂 1～5 号坝段各滑移面在空间上具有形态扭曲、高低错切的特点。在采用平面刚体极限平衡进行稳定计算时，由于忽略或削弱了这些特点，会留有较大的安全裕度。

(4)坝基深层抗滑稳定分析侧向切割条件

左厂 1～5 号坝段分缝方向为 133.5°，因此，侧向切割面由此方向的陡倾角断层或裂隙组成。

1)左侧边界

左厂 3 号坝段坝基左侧边界受裂隙性小断层 F_{10} 控制。该断层与水流方向成 2.5°夹角，倾向 NE，倾角 72°～78°，断层面波状弯曲，呈稍粗—粗糙状，构造岩一般宽 0.10～0.50m，主要为碎裂岩，一般胶结良好，坚硬。主断面局部充填厚 3～5cm 长英质脉、2～3mm 厚的绿帘石或钙质。充填物局部受风化影响呈半坚硬状。在稳定计算中假定 F_{10} 将左边界贯穿，按平直稍粗面取值，$f'=0.7$，$c'=0.2$MPa，考虑到 F_{10} 断层波状弯曲，层面呈稍粗—粗糙的特点，因而上述抗剪强度参数偏于安全。

2)右侧边界

左厂 3 号坝段坝基右侧边界由裂隙控制，坝基岩体中与坝段分缝平行的裂隙只占裂隙总数的4%左右,坝基岩面高程90.00m平台的实测资料表明,分缝线处的陡倾裂隙实际连通率为4%。二维裂隙网络模拟统计结果,坝区最发育的NNW向陡倾裂隙的连通率为15.8%~20.4%。为安全计取此值上限20.4%作为坝段分缝处坝基NW向陡倾裂隙连通率。顺水流向的陡倾裂隙以起伏粗糙、无充填的硬性面为主,抗滑稳定计算中抗剪强度仍按平直稍粗面取值。

(5)左厂3号坝段厂坝联合作用的抗滑稳定条件

鉴于左厂3号坝段坝基深层抗滑稳定安全裕度低于其他坝段,研究了厂坝联合作用提高整体抗滑稳定安全系数问题。在厂房范围钻孔中未发现倾向上游的长大平缓裂隙与断层。因此,不存在平缓滑出条件。仅有1个钻孔中,揭露一条走向10°、倾向上游、倾角56°的中倾角断层,宽0.10~0.40m,构造岩为碎裂岩,胶结较好,岩性坚硬,在尾水渠首部出露于建基面,可构成厂坝联合作用下深层滑移时的滑出控制面。从左厂3号坝段厂坝地质剖面(参见图4.4.1)分析,厂坝联合通过厂房地基岩体内部且以上述断层为滑出边界的滑移路径有4条(*ABCFHTUY*、*ABCFHTY*、*ABCDGHTUY*、*ABCDGHIVY*),连通率为72.5%~76.8%。滑移面在厂房地基下埋深较大,视倾角大于20°;滑出控制面倾角较大,抗力体岩石厚度15.00m以上,抗力较大,因此,厂坝联合可以提高坝基深层抗滑的安全裕度。

4.4.1.4 左厂坝段深层抗滑稳定条件分析

对左厂坝段深层抗滑稳定问题,设计采用平面刚体极限平衡法、地质力学模型试验法和各种二维与三维有限元进行分析计算,以刚体极限平衡法计算成果作为设计判据。在采用不同方法进行研究或最终分析各种计算成果时,应考虑下列因素:各坝段的滑移控制面在空间上高低错落,极不统一,因此安全度不尽相同,分坝段核算其稳定性是合理的。深层抗滑稳定条件具有极强的三维特性,作为平面问题处理时,在多方面偏于安全。

左厂3号坝段深层抗滑稳定条件分析:

①实际滑移控制面大小不同、倾向不一,与库水推力方向具不同夹角。其中构成最不利滑移路径的各长大裂隙倾向分别为100°、120°、135°,与库水作用方向的夹角分别为33.5°、13.5°、1.5°。因此实际滑面是一个不连续的空间扭曲面,要产生滑移,不可能完全顺其破坏,必定切断比岩桥更多的岩体。

②面连通率小于线连通率。坝基内最大面连通率为66%,相应路径上的线连通率为82.9%,前者为后者的80%。

③有可靠而被忽略了的侧向约束力。由于滑面深埋,潜在滑体两侧各有约1400m^{2}的面积,考虑左侧F_{10}完全贯通,右侧裂隙连通率20%,不计摩擦系数,估算单纯由岩体和结构面的黏聚力所提供的抗剪力即可与该坝段的库水推力大体相当。由于F_{10}倾角为70°~80°,裂隙倾角一般为60°~70°,大坝及岩体自重产生的摩擦阻力,也是应该考虑的,而且F_{10}总体走向与库水推力方向成2.5°夹角,且与坝体分缝线不在一个平面上,若要产生滑移,必须克服

F_{10}上盘岩体的阻挡。因此,总体上评价,提供设计计算的左厂3号坝段概化控制性滑移面是留有较大安全裕度的。经坝基开挖过程中的专门地质调查验证,这一确定性概化滑移模式具有充分的可靠性。

4.4.2 刚体极限平衡法计算分析

4.4.2.1 计算荷载

计算荷载包括坝体(岩体)自重、水重、水推力、泥沙压力、扬压力、地震荷载等。

(1)自重

坝体混凝土容重取24.5kN/m³,岩体容重取27.0kN/m³。

(2)特征水位

上、下游特征水位见表4.4.2。

表4.4.2 特征水位表

运行情况	特征水位(m)		备注
	库水位	尾水位	
正常蓄水位	175.00	62.00	最低尾水位62.00m
设计洪水位	175.00	76.40	相应泄流量 $Q_{max}=69800m^3/s$
校核洪水位	180.40	83.10	相应泄流量 $Q_{max}=102500m^3/s$

(3)泥沙压力

坝前淤沙高程108.00m,泥沙浮容重$\gamma=5.0kN/m^3$。

(4)扬压力

坝基和厂房基础采用封闭抽排。

扬压力折减系数如下:上游帷幕排水孔处$\alpha_1=0.25$;排水廊道(洞)处$\alpha_2=0.50$;厂房下游帷幕排水廊道处$\alpha_3=0.30$。

典型滑移面扬压力分布图形如图4.4.3所示。确定扬压力时,假定滑移面上、下岩体均为不透水岩体,对复合滑移面,渗径长度取各分段长度直线之和。

(5)地震荷载

地震设计烈度为7度,地震荷载按《水工建筑物抗震设计规范》的规定计算。

(6)其他荷载

如风浪压力等,由于数值较小,不影响稳定计算成果,不予考虑。

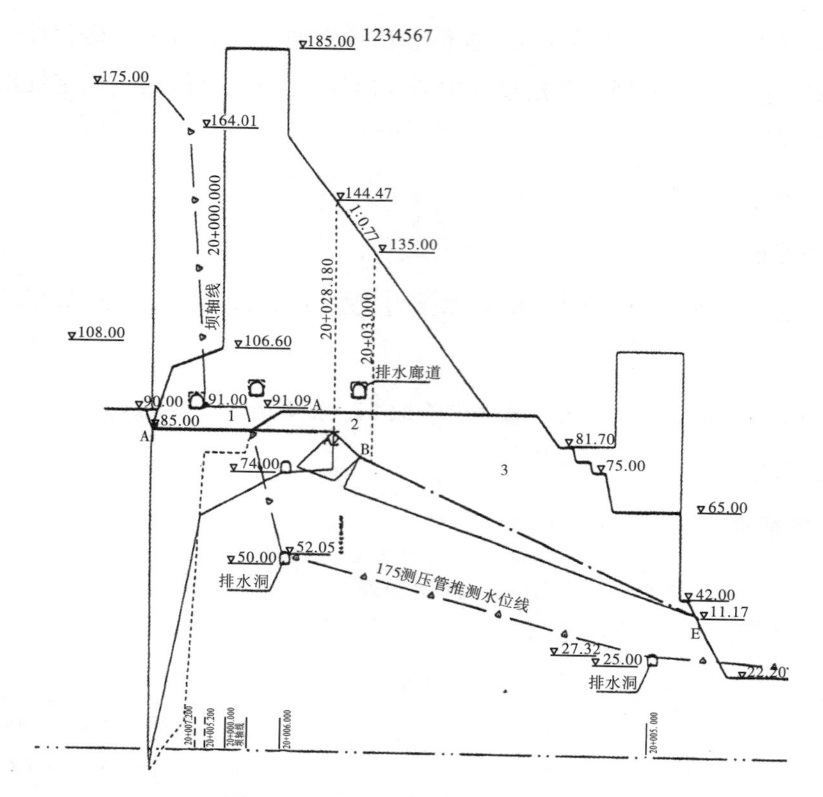

图 4.4.3　典型滑移面扬压力分布图

4.4.2.2　荷载组合

(1)基本荷载组合

自重+正常蓄水位时的上、下游水压力+相应的扬压力+泥沙压力

(2)特殊荷载组合 1

自重+校核洪水位时的上、下游水压力+相应的扬压力+泥沙压力

(3)特殊荷载组合 2

基本荷载组合+地震荷载

4.4.2.3　计算公式

按平面刚体极限平衡原理计算抗滑稳定安全系数 k_c，计算时首先要确定失稳时的滑移面，当滑移面为单一直线滑移面(图 4.4.4)时，按公式(4.4.1)计算：

$$k_c = \frac{f'N + c'A}{T} \tag{4.4.1}$$

式中：N——作用在滑移面上的法向力，$N=W_{\cos\alpha}-U-H_{\sin\alpha}$。

T——作用在滑移面上的切向力，$T=H_{\cos\alpha}+W_{\sin\alpha}$。

A——滑移面面积。

f'——滑移面上介质的抗剪断摩擦系数。

c'——滑移面上介质的凝聚力。

其中：W——作用于滑移体的垂直力。

H——作用于滑移体的水平力。

U——作用在滑移面上的扬压力。

α——滑移面与水平面的夹角。

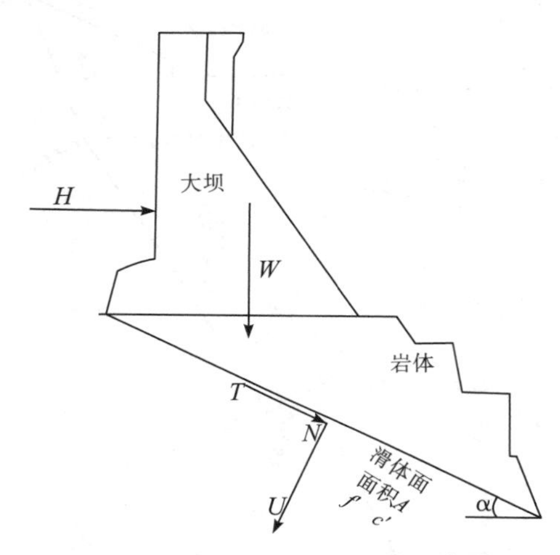

图 4.4.4 单一滑移面计算示意图

当滑移面为多个滑面组成的较复杂的破坏面时，通常采用等安全系数法（等 K 法）（图 4.4.5）。等 K 法计算时，首先要根据滑面的形状及具体计算条件将滑移体划分成若干条块（通常都采用垂直条分法），对任一条块（如第 i 条块）计算出作用在其上的荷载（包括垂直力 W_i、水平力 H_i 和滑移面上的扬压力 U_i）。计算中调整各条块分界面上的相互作用（正压力 F_{ij} 和剪切力 t_{ij}，其中 i、j 为相邻条块的编号），使各条块达到相同的抗滑稳定安全系数 $K_i=K_c$，用公式(4.4.2)计算。

$$K_i = \frac{f'_i N_i + C'_i A_i}{T_i}(i = 1,2,\cdots,n) \tag{4.4.2}$$

式中：$N_i=(W_i+t_{i,j-1}-t_{i,j+1})\cos\alpha_i-U_i-(H_i+F_{i,j-1}-F_{i,j+1})\sin\alpha_i$

$T_i=(H_i+F_{i,j-1}-F_{i,j+1})\cos\alpha_i+(W_i+t_{i,j-1}-t_{i,j+1})\sin\alpha_i$

其中：f_i'、C'_i、A_i——为第 i 条块滑移面上材料摩擦系数、凝聚力和滑移面面积。

n——划分的条块总数。

W_i——作用于 i 条块的垂直力。

H_i——作用于 i 条块的水平力。

$F_{i,j}$、$t_{i,j}$ 是 j 条块作用于 i 条块的正应力和剪应力，并有 $F_{i,j}=F_{j,i}$，$t_{i,j}=t_{j,i}$，$F_{1.0}=F_{n,n+1}=t_{1.0}=t_{n,n+1}=0$。

α_i——第 i 条块滑移面与水平面的夹角。

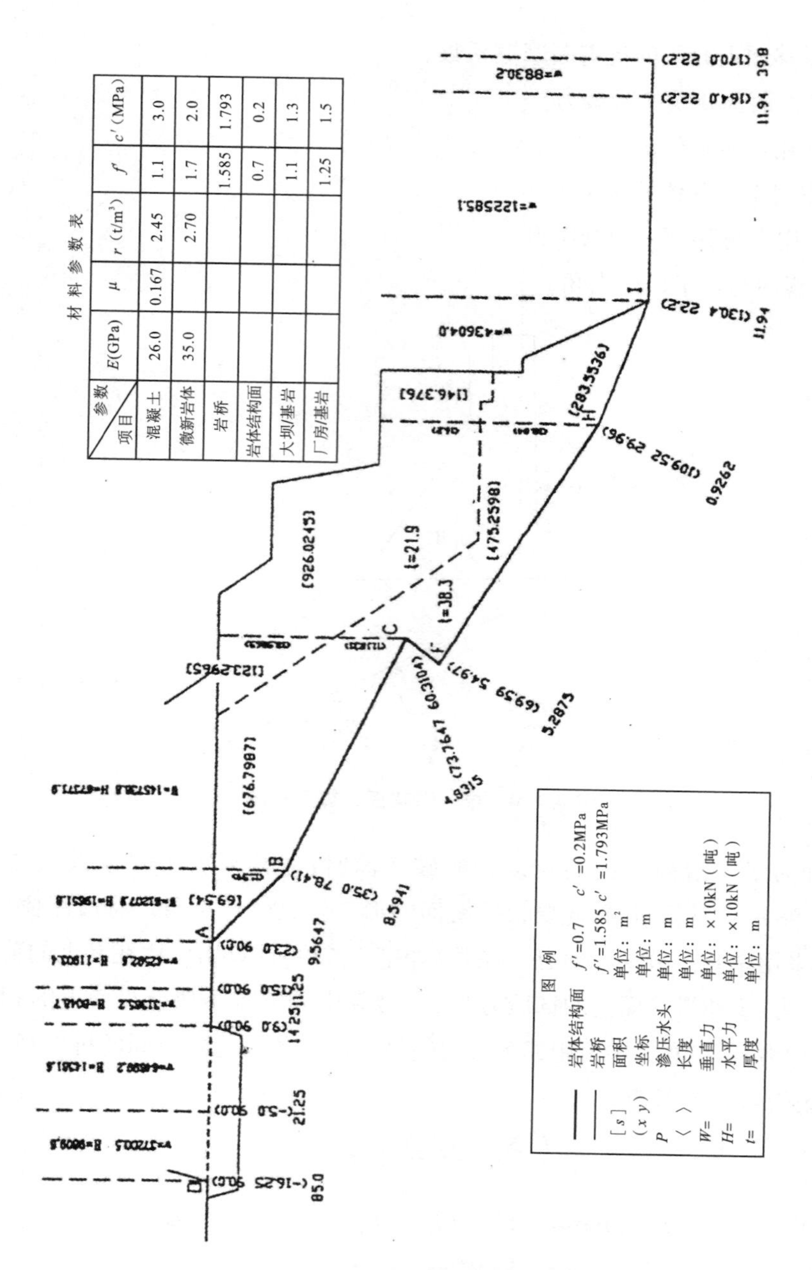
材料参数表

项目＼参数	E(GPa)	μ	r (t/m³)	f′	c′ (MPa)
混凝土	26.0	0.167	2.45	1.1	3.0
微新岩体	35.0		2.70	1.7	2.0
岩桥				1.585	1.793
岩体结构面				0.7	0.2
大坝/基岩				1.1	1.3
厂房/基岩				1.25	1.5

图 4.4.5 等 *K* 值传递系数法计算示意图

由此求解沿剪切面整体抗滑稳定安全系数。在考虑条块间的作用力时，有多种假定方法：传递系数法，假定条块间的作用力方向平行于上一条块的抗剪力或下滑力的方向；只计正压力 $F_{i,j}$，而假定剪切力 $t_{i,j}=0$；假定各条块间的作用力方向角均为一个定值；假定各条块间的作用力由条块分界面达到极限平衡确定，此时不计 c' 值，分界面安全系数为 1.0。

4.4.2.4 计算假定

①左厂 1～5 号坝段深层抗滑稳定计算不计坝段两侧岩体的抗剪作用，按平面（等效单

宽)刚体极限平衡计算抗滑稳定安全系数。

②假定坝基滑移方向为顺水流方向,沿缓倾角结构面滑动。

③滑移面参数计算。滑移面由长大缓倾角结构面和概化缓倾面及岩桥组成。有三种方法求得滑移面综合抗剪断参数,即平面加权法、应力加权法及变形相容法。研究比较分析表明,按面积加权法求得综合参数的精度并不比其他方法低。因此,按面积加权法计算滑移面抗剪参数。计算时,结构面抗剪参数为 $f'=0.7$,$c'=0.20$MPa;岩体抗剪参数为 $f'=1.7$,$c'=2.00$MPa;混凝土抗剪参数为 $f'=1.1$,$c'=3.0$MPa。

4.4.2.5 抗滑稳定安全系数的规定

(1)沿确定性滑移模式滑动

基本荷载组合:$K_c \geqslant 3.00$;

特殊荷载组合:$K_c \geqslant 2.30 \sim 2.50$。

(2)沿指定性滑移模式(极端情况)滑动

基本荷载组合:$K_c \geqslant 2.30 \sim 2.50$。对特殊荷载组合下的安全系数不作要求。

4.4.2.6 计算模式及计算成果

(1)指定性滑移路径模式

指定性滑移路径模式分为两种极端情况进行计算(图 4.4.2)。

1)指定性滑移路径模式一——JI 模式

从坝踵(齿槽底高程 85.00m)至厂房上游端(底高程 22.20m)连一滑移面 JI(滑面倾角 23°,滑面总长 160.70m),沿此滑面及厂房建基面滑动。JI 滑面上裂隙连通率按 100%计算,滑面抗剪断参数 $f'=0.7$,$c'=0.20$MPa;厂房建基面抗剪断参数 $f'=0.25$,$c'=1.50$MPa。按地质资料复核滑面上裂隙连通率为 35.9%。

2)指定性滑移路径模式二——JC 模式

从坝踵(齿槽底高程 85.00m)至厂坝分界结合缝顶端(高程 51.00m)连一滑面 JC(滑面倾角 14.08°,滑面总长 139.70m),滑面上裂隙连通率分别按 100%、70%计算。按 100%计算时滑面抗剪断参数 $f'=0.7$,$c'=0.20$MPa;按 70%计算时,$f'=1.0$,$c'=0.74$MPa。按地质资料复核滑面上裂隙连通率为 30.1%。

左厂 3 号坝段深层抗滑稳定计算结果表明:对指定性滑移路径模式的两种极端情况,按假定裂隙连通率计算结果,极端模式一(JI 模式)考虑厂坝联合作用,并假定沿厂房建基面滑动,裂隙连通率取 100%,在基本荷载组合下,计算结果 $K_c=2.50$ 左右,可满足抗滑稳定要求。极端模式二(JC 模式),在裂隙连通率取 100%,$K_c=1.6$ 左右;裂隙连通率取 70%,$K_c>3.0$,据地质资料,坝区没有小于 15°的长大缓倾角裂隙,而该滑面倾角小于 15°,所以取裂隙连通率 70%,$K_c>3.0$,坝基抗滑稳定是安全的。对指定性滑移路径模式的两种极端情况,按地质资料实际的连通率计算结果,大坝单独承载,不考虑厂坝联合作用,$K_c>3.0$,已满足抗滑稳定要求。对于单斜滑面及仅有两个面组成的复合滑面，在采用刚体极限平衡分析法计算，且计算条件、计算参数基本一致的情况下，多家计算结果 K_c 值较为接近。

(2)确定性滑移模式

1)确定性滑移模式的特点

①滑移面上游端在建基面的出露点均在坝体内，必须剪切坝体或齿槽方能发生滑动失稳。

②滑移面的底滑面由不同倾角的滑面组成，底滑面为折线、阶梯形。设计采用的方法是根据滑移面的分布情况，考虑大坝的整体作用，将坝体作为弹性体，以建基面上弹性应力(该弹性应力以有限元或材料力学方法求得)的合力作为坝基抗滑稳定的主动力系，用“等 K 法”求得抗滑稳定安全系数。

2)计算假定

左厂 1～5 号坝段深层抗滑稳定确定性滑移模式见表 4.4.3。仅以左厂 3 号坝段确定性滑移模式为例，其滑移面上游端在建基面的出露点均在坝体内，对此，计算中有两种假定：

①坝基滑动必须切断齿槽或坝体。

②计算中不考虑齿槽或坝体的抗剪作用。按假定 1)计算中，在处理滑移面向上游延伸的方法上分别按平切齿槽和斜切坝体两种。

表 4.4.3　左厂 1～5 号坝段深层抗滑稳定确定性滑移模式计算成果

坝段	滑移路径	安全系数 K'_c		说明
		大坝单独承载	厂坝联合作用	
厂 2 号坝段	▽85m—*ABCD*	3.65		▽85m 指滑移路径通过上游齿槽底面，下同 大坝单独作用 $K'_c \geq 3.00$ 时，未再计算厂坝联合作用下的 K'_c 值
	▽85m—*EFGH*	3.83		
厂 3 号坝段	▽85m—*ABE*	3.17		沿厂房建基面滑动。括号内的数值为计及分界剪力时的成果
	▽85m—*LME*	3.17		
	▽85m—*ABCFHI*	2.79(3.26)	4.26	
	▽112m—*ABCFI*	2.76	4.22	▽112m 指滑移面起点在上游坝面▽112m 处
	▽106.6m—ABCFI	2.65	4.10	▽106.60m 指滑移面起点在上游坝面▽106.60m 处
	▽85m—*ABDGHI*	2.92	4.50	平切▽85m 齿槽向上游延伸
	▽85m—*ABCFHTUY*		5.46	
	▽85m—*ABCFHTVY*		4.53	
厂 4 号坝段	*ABCD*	3.74		不计大坝建基面或坝体滑移面作用
	FJ	4.44		

续表

坝段	滑移路径	安全系数 K'_C		说明
		大坝单独承载	厂坝联合作用	
厂5号坝段	▽85m—LM	4.27		
	▽85m—$ACDE$	3.48		
厂1号坝段		3.85		

3)左厂3号坝段几个确定性滑移模式的对比分析

①$ABCFHI$ 滑移模式。

该滑移面是由 AB、BC、CF、FH、HI 五个直线段滑移面组成的阶梯形复合滑面(图4.4.6),滑移面总长128.80m(未计 CF 段),其中 AB、BC 段为实际结构面,FH 段为概化结构面,HI 段为岩桥。计算中实际结构面和概化结构面裂隙连通率按100%计,岩桥部分连通率按11.5%计。按面积加权后,该滑移面总的裂隙连通率为83.2%,是所有确定性滑移模式中裂隙连通率最高的一个滑移面。

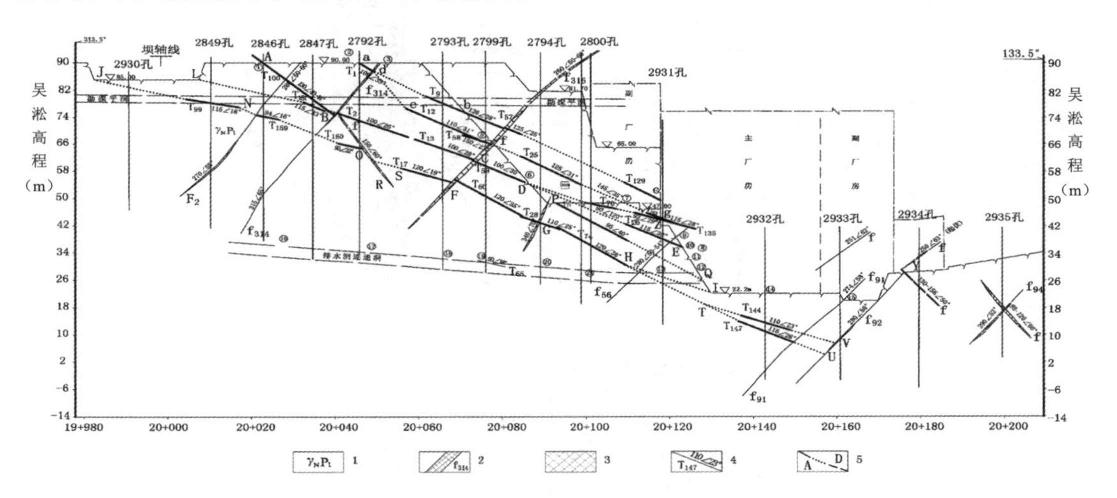

1—闪云斜长花岗岩;2—断层及产状;3—裂隙编号及产状;4—裂隙面平直光滑(局部光滑);5—裂隙面焊合(H)、粗糙(C);6—绿帘石充填及厚度(mm);7—碎裂岩充填及厚度(mm);8—石英充填及厚度(mm);9—英帘充填及厚度(mm);10—钙质充填及厚度(mm);11—潜在滑移面(实线为确定部分、虚线为推测部分、点线为岩桥部分、点线为岩桥部分);12—钻孔及编号

图4.4.6 左厂3号坝段坝基滑移路径概化图

②$ABDGHI$ 滑移模式。

$ABDGHI$ 滑移路径与 $ABCFHI$ 滑移路径相比,滑移模式形态十分相似,仅拐点由 C 点改为 D 点,更靠近坝趾。该滑移面总长126.60m(较 $ABCFHI$ 滑面短2.20m),结构面总长104.80m(较 $ABCFHI$ 滑面短2.38m),滑移面总的裂隙连通率为82.8%,仅次于 $ABCFHI$ 滑面。

③$ABCFHTUY$、$ABCFHTVY$ 滑移模式。

$ABCFHTUY$、$ABCFHTVY$ 滑移模式是将 $ABCFHI$ 滑移模式中 $ABCFH$ 段不变的情

况下，将 FH 段（倾角 32°）向下游直线延伸至 T 点（HT 长 24.40m），并确定了厂房基础下 TUY、TVY 段的计算条件、裂隙连通率和材料参数。TU、TV 为倾向下游、倾角分别为 26°和 20°的斜面，而 UY、VY 是厂房基础下在同方向上的反倾向断层面，倾角为 50°。

$ABCFHTUY$ 滑移路径（图 4.4.7）总长 161.60m（不计 UY 段长），滑面上除 HT 段为岩桥外，TU 段含岩桥长 18.00m，其余全为结构面，该滑移面总的裂隙连通率为 76.9%；$ABCFHTVY$ 滑移路径（图 4.4.8）总长 162.80m（不含 VY 段长），滑面上除 HT 段为岩桥外，TV 段含岩桥长 21.00m，其余全为结构面，该滑移面总的裂隙连通率为 75.3%。计算假定反倾向断层面 UY、VY 上裂隙连通率为 100%。

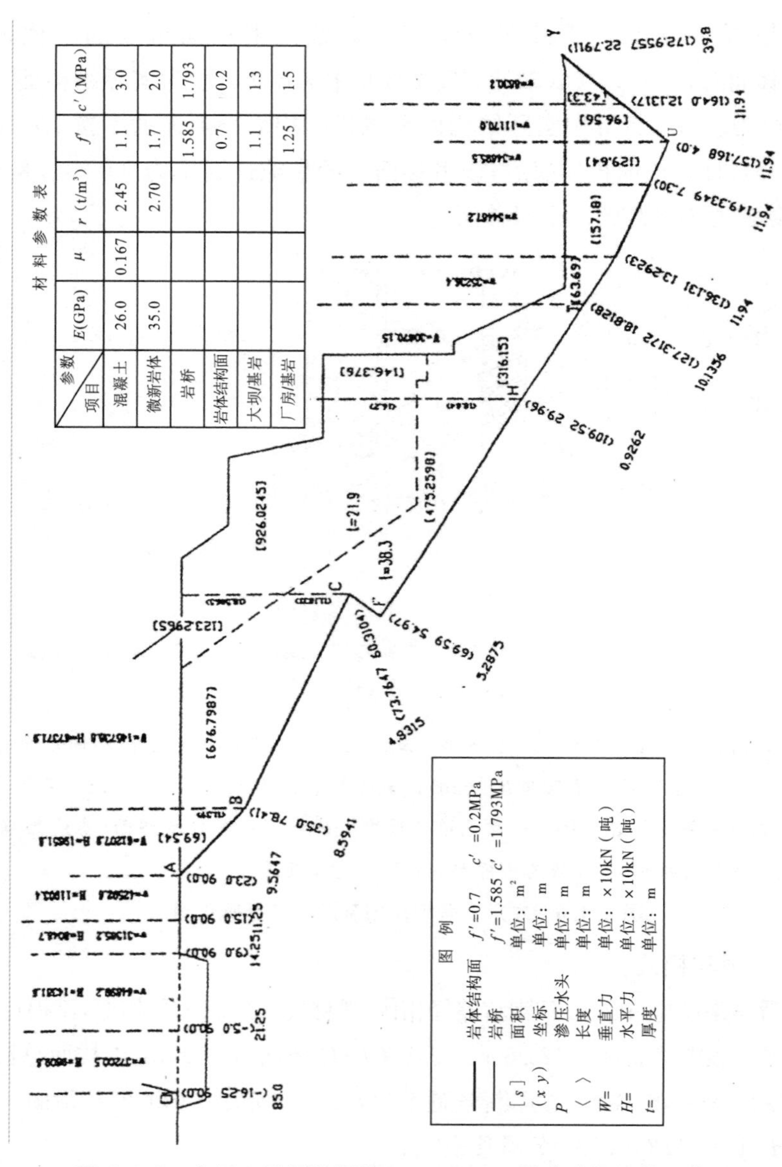

项目＼参数	E(GPa)	μ	r (t/m³)	f′	c′(MPa)
混凝土	26.0	0.167	2.45	1.1	3.0
微新岩体	35.0		2.70	1.7	2.0
岩桥				1.585	1.793
岩体结构面				0.7	0.2
大坝/基岩				1.1	1.3
厂房/基岩				1.25	1.5

图 4.4.7　左厂 3 号坝段坝基 $ABCFHTUY$ 滑移路径计算示意图

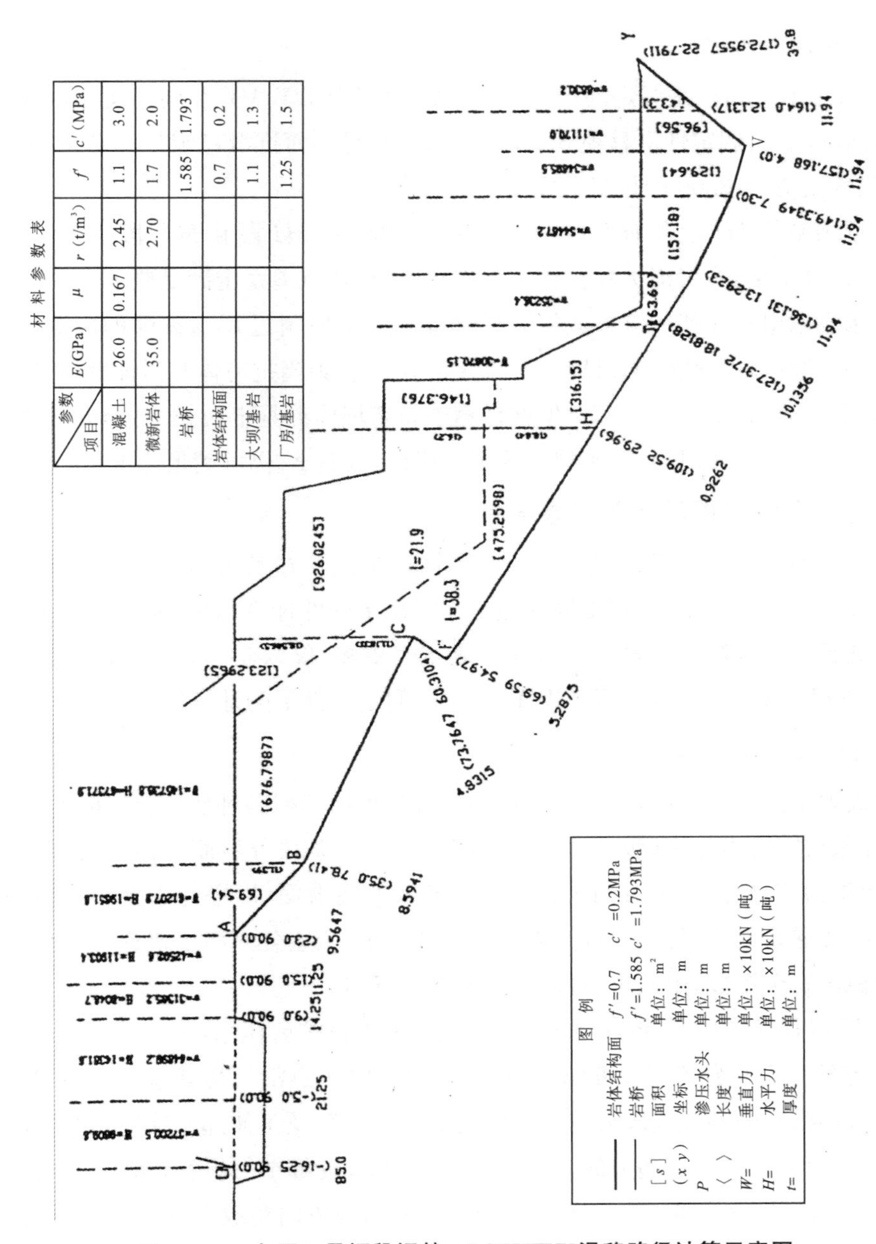

材料参数表

项目 \ 参数	E(GPa)	μ	r (t/m³)	f′	c′(MPa)
混凝土	26.0	0.167	2.45	1.1	3.0
微新岩体	35.0		2.70	1.7	2.0
岩桥				1.585	1.793
岩体结构面				0.7	0.2
大坝/基岩				1.1	1.3
厂房/基岩				1.25	1.5

图 4.4.8 左厂 3 号坝段坝基 *ABCFHTVY* 滑移路径计算示意图

对上述左厂 3 号坝段确定性滑移模式抗滑稳定计算结果分析后认为：*ABCFHI* 滑移模式是确定性滑移模式抗滑稳定计算安全系数较小的滑移面。若考虑大坝的整体抗剪作用（滑移面向坝体或沿建基面向坝踵延伸），在大坝单独承载时，K_c＝2.50～2.80；厂坝联合作用下（假定沿厂房建基面滑动）K_c＝3.8～4.30，满足抗滑稳定要求；若不考虑大坝整体抗剪作用，计算时滑移面不向上游延伸，则 K_c 明显降低，但在厂坝联合作用下 K_c 仍大于 3.00。如按 *ABCFHFTU*(*V*)*Y* 滑移模式计算，即假定沿反倾向结构面 *UY*(*VY*)滑出，并假定滑出面上裂隙连通率为 100%，则计算结果 K_c＞3.00。

(3)假定性滑移模式

①ABCFHTWY 路径是假定的一种滑移模式,WY 与 UY、VY 在同一反倾向断层面上,但 W 点位置较高。对假定性滑移模式 ABCFHTWY 滑移面抗滑稳定计算结果,其 K_c 值有所减小,但仍满足 $K_c>3.00$ 的抗滑稳定要求。

②对靠近坝趾的 HI 段和 HT 段全为岩桥有疑虑,将 HI 段和 HT 段改为结构面进行比较计算,其计算结果,在考虑大坝整体抗剪作用下,坝基抗滑稳定满足要求。

③中国水利水电科学研究院专题组计算时考虑 HT 段附近 L_{4-8} 裂隙的影响,假定了一条滑移路径:斜切坝体+$ABCFGHH'+L_{4-8}+T'WY$,认为当抗力体侧滑面摩擦角小于或等于25°时,$K_c<3.00$,为2.81~2.97。但在计算中斜切坝体混凝土面长22.00m,混凝土抗剪指标取 $f'=1.1$,$c'=2.00$MPa,低于规定的抗剪指标,故其 K_c 仍可满足要求。

4.4.2.7 对典型滑移面的计算成果分析

刚体极限平衡法计算中,虽都用"等 K 法"计算,但由于在条块划分方法,条块间作用力方向及对滑面延伸处理尚不一致,不同的假定将得出不同的计算结果,尤其对于由多个直线滑移面组成的折线形或阶梯形复合滑移面不确定性更多,仅以左厂3号坝段的几个典型滑移模式:ABCFHI、ABCFHTUY(VY、WY)在不同假定条件下的计算成果进行分析。

(1)条块间传递力方向的假定

在刚体极限平衡法计算中,对条块间传递力方向采用下列四种假定:传递力垂直条块分界面,即不计条块间剪力作用(包括摩擦力及凝聚力),当条块分界面为铅直时,传递力方向水平,其方向角为0°;传递力的方向平行于上一条块的底滑面(即平行于上一条块的滑移方向),此法通称传递系数法;传递力方向采用固定方向角;假定分界面上传递力的分力也符合规定的滑动稳定安全系数,由此求得传递力的数值、方向。

ABCFHI 滑移模式(参见图4.4.6),考虑大坝的整体抗剪作用,将 A 点高程90.00m 平切齿槽往上游延伸至坝踵 O 点;考虑厂坝联合作用、将 I 点沿厂房建基面高程22.20m 延伸。组成该滑移模式的各直线段滑移面都倾向下游(CF 段及延伸部分除外),在不改变其他计算条件下,仅改变条块间传递力的方向角(从0°~40°,按每10°递增),求得不同的 K_c 列于表4.4.4。计算表明,随传递力方向角增大,K_c 也增大;当方向角取0°时(即条块间接触面上的传递力方向垂直于界面),K_c 值最小为3.92。该滑移模式如按传递系数计算,$K_c=4.31$。

表4.4.4 ABCFHI 滑移模式采用等 K 法计算时条块间取不同传递方向角的 K_c 值

条块间传递力方向角 α	各条块间传递力方向角 α 取值						
	按传递系数法	固定为0°	固定为10°	固定为20°	固定为30°	固定为35°	固定为40°
K_c	4.31	3.92	4.18	4.46	4.79	4.97	5.18

与 ABCFHI 滑移模式相比,ABCFHTUY(VY、WY)滑移模式的形态有明显的不同(参见图4.4.7,图4.4.8),其厂房基础下有两个倾向相反的正反坡滑移面,下游反坡段滑移面

(UY、VY、WY)是倾向断层面。计算中，如假定厂房基础下正反坡交界处传递力的方向角也和该滑移模式的滑移面坝基下正坡段($ABCFHT$ 段)条块间传递力的方向角一样从 0°～40°按每 10°递增，从计算结果中发现，当方向角增大至 30°时，K_c值递增的速率加大；而当方向角为 40°时，K_c为无穷大。这是由于UY(VY、WY)反倾向断层面的倾角为 50°，当假定的正反坡交界处传递力的方向角为 40°时，传递力和断层面刚好正交。如在不改变正坡段条块间传递力方向角变化的规律，仍从 0°～40°按每 10°递增，而将正反坡交界处传递力的方向角递增速率减小，分别在对应求得的角度上乘 0.8～0 的系数，其对应求得的 K_c值将减小，但减小的速率随正坡段条块间传递力方向角的假定值不同而有明显的差异。而当假定正反坡交界处传递力的方向角取正反坡角的平均值时，对应的 K_c值最小。如当 $ABCFHTUY$ 滑移模式整个滑移路径都用传递系数法计算时：K_c＝5.34，当传递力方向角假定为 0°时，K_c＝3.51。如正坡段采用传递系数法，正反坡交界处传递力方向角取 0°时，K_c＝3.59，正反坡交界处传递力方向角取正反坡角平均值时，K_c＝3.40。

(2)计算结果

①对于由各个直线段组成的折线形式阶梯型复合滑移模式，传递力方向角的假定对 K_c值计算结果十分敏感，左厂 3 号坝段 $ABCFHI$ 滑移模式采用传递系数法计算结果和假定条块间传递力方向角都为 0°的计算结果相比，后者 K_c值小于 10%左右。左厂 1～5 号坝段深层抗滑稳定计算中的上述折线形或阶梯形复合滑移模式，其条块分界面均为微新岩体或坝体混凝土，其抗剪强度较大，即使分界面为岩体硬性结构面(f'＝0.7，c'＝0.20MPa，)当不计c'值时，传递力方向角也达 $tg^{-1}0.7=35°$，但各条块滑动底面的倾角多小于 30°，故采用传递系数法求得的安全系数 K_c较为符合滑动体实际安全度，且不留有较大的裕度。

②对 $ABCFHTUY$(VY、WY)这类滑出面是反倾向面的复合滑移路径，正反坡交界处传递力方向的假定计算结果影响尤其敏感，在某种假定条件下，甚至会出现 K_c计算结果为无穷大的情况。计算表明：在本滑移路径条件下，正坡段采用传递系数法，正反坡交界处传力方向角取正反坡角平均值，求得的安全系数最小，据以作为判定滑动稳定的安全标准，可以留有更大的余地。

(3)考虑 L_{4-8}裂隙对抗滑稳定计算结果的影响

在专题研究过程中，对确定性滑移模式 $ABCFHI$、$ABCFHTUY$(VY)和假定性滑移模式 $ABCFHTWY$ 的 HI、HT 段计算中考虑L_{4-8}裂隙的影响，将 HI、HT 段假定为裂隙。为此，采用同一种计算方法(传递系数法)对 HI、HT 取不同裂隙连通率作敏感性分析，计算结果表明：即使 HI(HT)段的连通率 η 假定为 100%，K_c仍大于 3.0。在考虑 $L_{4\sim8}$裂隙影响时，除对 HT 裂隙连通率作不同假定计算外，还假定一条最危险的滑移路径：斜切坝体＋$ABCFGHH'+L_{4-8}+T'WY$，该滑移路径是将确定性滑移模式中原 HT 段改为 HH'＋L_{4-8}，厂房基础下反倾向断层面假定为WY，并假定 L_{4-8}滑面上裂隙连通率为 100%，HH'滑面上裂隙连通率为 11.5%和 100%两种情况，计算结果表明：如考虑 L_{4-8}裂隙的影响，提高

$HI(HT)$段裂隙连通率，其对应滑移面的安全系数K_c值减小，但最大影响幅度在10%左右；在最不利的假定条件下，即假定$HI(HT)$段裂隙连通率为100%，上述各滑移路径的K_c值均大于3.00，满足规定的安全系数。假定L_{4-8}段滑移面裂隙连通率为100%，斜切坝体+$ABCFGHH'+L_{4-8}+T'WY$滑移模式的计算结果，HH'段滑移面为岩桥时，$K_c=3.10$，HH'段裂隙连通率为100%，坝体混凝土滑面抗剪断指标$f'=1.1$，$c'=3.00$MPa，抗力体$f'=0.7$，$c'=0.20$MPa，$K_c>3.00$，满足抗滑稳定要求。

(4)滑移面上材料抗剪断参数的选用

采用刚体极限平衡法计算，滑移面上材料的抗剪断参数(c、f)取值的大小将直接影响计算结果的安全性。而对于由多个滑移面组成的复合滑移路径，往往也包含了多种材料(混凝土、微新岩石、裂隙结构面、岩桥等)，相比起来，不同材料，c值变化幅度较f值要大得多，例如设计规定的材料力学参数，其中微新岩体$c=2.0$MPa，而岩体结构面$c=0.2$MPa，两者之比为10倍。因此，滑移面上材料定性的准确与否，对最终计算结果影响较大。若假定滑移面上各种材料的f值仍采用规定值，而c都等于0，并将计算结果和原计算结果(f、c均取规定值)对比列于表4.4.5。

表4.4.5　滑移面抗剪断参数c取不同值时的K_c计算结果

滑移路径	计算方法	K_c (c、f取规定值)	K_c ($c=0$，f取规定值)	K_c (按纯摩计算)
$OABCFHI$+厂基	传递系数法	4.31	2.02	1.37
$OABCFHTUY$	传递系数法	5.34	3.66	3.18
$OABCFHTVY$	传递系数法	4.54	2.79	2.30
$OABCFHTWY$	传递系数法	4.06	2.31	1.78

注：O点在坝踵高程90m处。

计算结果显示，在假定滑移面材料抗剪断参数c都为0时，计算K_c值要比c取规定值的计算K_c值小得多；但不同滑移路径，减小的比例不一样；计算采用传递系数法，上述滑移路径在假定滑移面上材料c都为0、即不计滑裂面上材料的凝聚力时，其抗剪滑动稳定安全系数K_c都大于2.00。

此外，还设想按照“纯摩”的要求进行了复核计算。参考大坝技术设计报告中所采用的物理力学指标，纯摩计算的不同材料的摩擦系数f采用下列数值：

混凝土/混凝土$f=0.75$；混凝土/基岩$f=0.75$；岩桥$f=0.85$；裂隙硬性结构面$f=0.64$。

上述各材料的凝聚力c都假定为零。

选用以上摩擦系数，按传递系数法求得的纯摩抗滑稳定安全系数参见表4.4.4。其最小安全系数达$K_c=1.37$，可以认为已满足三峡工程大坝的稳定要求。

(5)厂房基础 UY、VY、WY 反倾向构造对抗滑稳定计算结果的影响

$ABCFHTUY$(VY、WY)是下游滑出面位于同一反倾向面的三种不同的滑移路径,它们滑出面的倾角相同(都是 50°),但正反坡交界点(即 U、V、W)所处高程不同。为比较 UY、VY、WY 反倾向构造对坝基抗滑稳定的影响,在相同的计算条件下,采用传递系数法和假定条块间传递力方向垂直于界面两种方法,对上述三种滑移路径进行比较计算,计算结果表明,在正反坡段都用传递系数法计算时,正反坡交界点高程愈高(即正坡段倾角愈小),K_c 值也愈小。但如将正反坡交界处传递力方向都假定为垂直于交界面(或取正反坡角平均值)时,计算结果就不一样,反而是正反坡交界点高程最低(U 点)的滑移路径 K_c 最小。可见 UY、VY、WY 反倾向构造对 K_c 值是有影响的,但在不同的计算假定下,其影响的规律却不一样。计算结果也说明正坡段采用传递系数法、正反坡交界面上传递力方向角取正反坡角的平均值所求得的安全系数 K_c 作为判定抗滑稳定安全度的标准,较为适宜。

(6)假定滑移面向上游延伸的模式对计算结果的影响

考虑大坝整体的抗剪作用,在计算中将滑移面的起始点 A 点向上游延伸,其延伸方法主要有平切齿槽(沿高程 85.00m 或高程 90.00m)和斜切大坝(至上游坝面高程 109.00m 或高程 106.00m)两种。为比较这两种延伸方法对 K_c 值的影响,采用荷载和材料参数相同的计算条件和计算方法(传递系数法),将四种典型滑移模式作沿高程 90.00m 平切齿槽和斜切大坝(交上游坝面高程 109.00m)。计算结果表明,同一滑移路径往上游斜切大坝延伸比平切齿槽延伸计算的 K_c 值要小,两者大致差 11%~13%。这与对两个部位抗剪断强度取值是否恰当有关。考虑到坝体混凝土密实均匀,不易剪断或拉断,抗滑稳定潜力较大,计算成果并不反映实际情况;而平切齿槽延伸往往是混凝土层面或与基岩的连接面,较为薄弱,且坝基上游正应力较低(即使在高水头作用下不产生拉应力),易成为坝基抗滑稳定的薄弱部位;采用滑移路径平切齿槽延伸计算的 K_c 作为安全判据,可能较为适宜。

4.4.2.8 刚体极限平衡法计算坝基深层抗滑稳定问题的探讨

(1)刚体极限平衡法计算大坝深层抗滑稳定的安全判据问题

大坝坝基深层抗滑稳定的设计计算仍处于半理论半经验状态,尤其像左厂 1~5 号坝段复杂的工程情况及地质条件,其抗滑稳定计算更为复杂。潘家铮院士在主持审查《长江三峡水利枢纽单项工程技术设计报告大坝设计》时指出:"重力坝的设计理论至今还有待完善,很大程度上仍取决于经验和判断。尤其像复杂的深层抗滑稳定问题,连安全系数 K_c 定义也不够明确。所以,设计原则、计算方法、参数选择与安全判据必须根据以往经验相互配套。""对左厂 1~5 号坝段深层抗滑问题而言,所谓配套就是采用刚体极限平衡分析原理与方法(等 K 法)、常用的参数、以及规范中规定的 K_c 值来判别。"

左厂 1~5 号坝段深层抗滑稳定安全系数 K_c 值的规定:滑移面上缓倾裂隙连通率采用地质资料中的连通率,要求 K_c 满足重力坝设计规范中规定正常情况 $K_c \geqslant 3.00$;两种极端情况的滑移面上裂隙连通率按 100%计算,要求 $K_c = 2.30 \sim 2.50$;第二种极端情况从坝踵至厂

坝结合缝顶端(高程 51.00m)连一单斜滑面,如取连通率 100%,很难满足 $K_c \geqslant 2.5$ 的要求,考虑此时节理面角度已小于 15°,从地质资料看倾角小于 15°的平缓节理出现的概率很小,长大裂隙更极罕见,可按连通率 70%计算,要求 $K_c \geqslant 3.00$。

三峡总公司委托国内相关高校、科研及设计单位分析计算结果表明,第一种极端情况从坝踵至厂房上游端建基高程 22.0m 连一滑面,假定裂隙连通率 100%,考虑厂坝联合作用,沿厂房建基面滑移,在基本荷载组合下,$K_c = 2.33 \sim 2.75$,第二种极端情况,连通率取 70%时计算的 $K_c = 3.05 \sim 3.34$。这两种极端滑移情况模式,按地质提供的连通率,大坝单独承载时,$K_c = 3.24 \sim 3.81$,表明大坝深层抗滑稳定满足安全判据规定的要求。刚体极限平衡法计算坝基深层抗滑稳定安全法是一种以经验为基础的比较实的方法,已应用多年并列入《重力坝设计规范》。左厂 1~5 号坝段深层抗滑稳定分析采用刚体极限平衡法计算,采用现行规范规定的 K_c 值和与之相配套的常用参数,作为主要安全判据是合理的,坝基深层抗滑稳定可以满足规范要求的安全判据。

(2)刚体极限平衡法计算坝基复合滑移面的抗滑稳定问题

刚体极限平衡法用于分析由多个直线滑移面组成的折线形或阶梯形复合滑移面的抗滑稳定计算中条块的划分方式、条块间传递力的方向、滑裂面下游抗滑体反倾向构造面的影响、滑移面沿坝基向上游延伸或斜切坝体问题都直接影响计算的安全系数,不同的假定求得的安全系数有一定差别。如何合理地假定才能求得较切实的安全系数尚需作进一步研究。刚体极限平衡法计算中如何考虑作用在滑裂面上的力矩和应力的不均匀分布,以及由此对滑裂面上按照应力、面积乘积加权求算综合力学参数并据以求算抗滑稳定安全系数。

(3)刚体极限平衡法采用三维空间滑裂体进行坝基抗滑稳定计算问题

坝基岩体深层抗滑稳定计算中,刚体滑裂体边界由岩体中多种裂隙结构面组成,其产状(走向、倾向、倾角)、延伸长度、裂隙面性状、充填物质、力学指标差异较大。特别是裂隙面的不同产状,组成了滑裂体的边界滑面,常使其成为三维分布的空间状态。设计中将其投影、概化为倾向垂直于坝轴线的单斜或阶梯形概化滑移模式,将三维滑裂面的空间关系简化成线的关系,其裂隙连通率与综合力学参数也随之做了较大的概化。若采用三维空间滑裂体进行坝基抗滑稳定计算更为合理,目前采用的将不同倾向的裂隙面投影到计算剖面并按平面问题来分析计算坝基深层抗滑稳定是偏于安全的。

4.4.3 有限元计算分析

4.4.3.1 非线性有限元分析

(1)有限元计算方法

有限元法(FEM 法)是用以分析建筑物在荷载作用下,结构内部应力和应变分布的一种数值计算方法。有限元法是目前用于计算各种复杂体形重力坝及其地基的最有效的数值计算方法。在对重力坝坝基深层抗滑稳定分析中,较多采用非线性有限元法分析,在计算中将坝体、基岩，尤其是软弱夹层(裂隙结构面)作为非线性材料处理。当单元应力小于屈服强度时，其应力应变关系是线性的；一旦达到屈服强度，材料的本构关系则是非线性的。非线性分析的主要目的是了解坝基的实际应力和变形情况、缓倾角结构面对大坝及坝基的影响以及沿几个滑移面的抗滑稳定强度储备系数。坝基岩体在坝体荷载和渗透压力作用下，当局部区域单元应力达到强度极限而破坏时，破坏单元满足极限平衡条件，破坏区应力降低，承载能力下降，应力向临近岩体转移；若邻近岩体也达到了强度极限，则将出现新的破坏区域，这样一直到最终达到平衡，破坏区不再扩大。如破坏区不断扩展，出现贯穿性破裂带(或破裂面)，而不能维持最终的平衡状态，就产生坝基失稳。因此，有限元法不仅可以了解坝基岩体渐进破坏的过程，而且还可以了解坝基岩体在破坏过程中各部位应力应变的大小及变化。

非线性有限元法计算坝体及基础的极限承载能力(或安全系数)通常采用强度折减法和荷载超载法。

1)强度折减法

通过逐步降低坝基岩体介质的力学强度指标，供坝基内的塑性区不断扩展。当计算不再收敛，或特征点的位移急剧增加，认为坝基稳定处于临界状态。此时，坝基内绝大多数达到了塑性区。因此，强度折减法与刚体极限平衡法所研究的安全系数具有较好的可比性。在坝基抗滑稳定计算时，采用逐步降低材料的强度指标，研究坝基破坏面逐步发展和最终失稳状态，计算的安全系数称为强度储备系数。

2)荷载加载法

通过逐步加载，即将水荷载增加 K 倍，每取一个 K 值就进行一次弹性塑性有限元分析，不断按比例加大引起坝基失稳破坏的主要荷载，得出相应的一系列位移、应力及塑性区分布的结果，根据能反映坝基失稳的特征点位移，做出荷载—位移曲线，从曲线上可找出对应位移剧烈增加的荷载，该荷载即为坝基失稳破坏的荷载，于是得出的安全系数称为超载系数。

(2)非线性有限元法计算成果

国内大学及科研单位按长江设计院提出的计算条件，对左厂 3 号坝段深层抗滑稳定进行了非线性有限元分析，其计算成果汇总在表 4.4.6。从表中所列各单位用非线性有限元法计算结果可以看出：按非线性有限元法计算，虽然各单位计算假定略有不同，且缓倾角结构面弹性模量取值差异较大，但求得的材料强度储备安全系数和结构超载安全系数都在3.00以上，并与上述的刚体极限平衡法计算成果都已满足坝基深层抗滑稳定安全判据的要求。按非线性有限元法计算在正常弹性工作状态下，厂坝间作用力为 1500t/m^2 左右，厂房高程 51.00m 以下实体部分对坝体稳定起到支撑作用，对厂房的结构安全和正常运行不会产生不利影响。

表 4.4.6 左厂 3 号坝段深层抗滑稳定非限性有限元法计算成果汇总表

计算项目 单位	上海勘测设计研究院 上海院	西北勘测设计研究院 西北院	河海大学 （夏颂佑）	中国水利水电科学研究院 （耿克勤）	清华大学	长江勘测规划设计研究院
计算所用程序	平面弹塑性有限元程序。按平面应变问题处理	NOLM87 程序。坝内钢管、厂内蜗壳等按平面应变问题处理	三维弹塑性有限元法		NOLM87 程序 水轮机层以下为等效实体混凝土，以上为等效混凝土排架，坝内钢管、厂内蜗壳、尾水管、基岩按平面应变处理	NOLM87 程序 平面弹塑性有限元变刚度准平面问题处理
计算所取范围	上游取 1.5*H*（*H* 为坝高），下游取 2.5*H*，坝基取 2*H*	坝踵上游、尾水管出口下游、厂房下岩体内取 1 倍坝底宽	上下游及地基深度均取为 2.0～2.5*L*（*L* 为坝底宽）	上下游方向为 8 倍 *L*，坝基取 2*H*（*H* 为坝高，*L* 为坝底宽）	坝踵向上游，尾水管出口向下游，坝体及厂房基岩向下均取一倍左右坝高	上游基岩取 90m，下游取 380m，基岩深至高程－70m
边界条件假定	底部全约束，上下游边界法向约束	基岩边界约束为法向约束	地基侧面和上下游地基取法向约束，地基底固定约束		基础边界上下游两侧采用法向约束、底部固定	基础底部按固端约束，上下游采用法向约束
计算荷载	自重＋正常蓄水位（上游 175m，下游 62m）＋扬压力	自重＋上下游水压力＋扬压力	正常荷载（自重＋上游 175m＋下游 62m）	岩体应力＋坝重＋厂房重（运行工况）＋水压力（设计工况）	坝体自重、上下游水压力、泥沙压力、基岩容重为 0	基岩和混凝土自重及水荷载（正常荷载组合没有考虑扬压力）
非线性单元假定范围	结构面、岩桥及大坝建基面和厂房建基面用夹层单元	缓倾角结构面及厂坝间接缝面	滑移面用夹层单元	滑移面用非线性单元	除坝身混凝土外，其余单元均为非线性单元	坝基内裂隙、岩桥、大坝混凝土/基建面，厂坝斜坡接缝面及厂房建基面

续表

计算项目单位		上海勘测设计研究院上海院	西北勘测设计研究院西北院	河海大学(夏颂佑)	中国水利水电科学研究院(耿克勤)	清华大学	长江勘测规划设计研究院
非线性参数		K_N=90MPa/cm K_s=25MPa/cm	缓倾角面 μ=0.25,缓倾角面弹模 E=5000t/m²	结构面 E=1000MPa, μ=0.2,f=0.7, c=2.0MPa	按长江委1996年4月提供的资料取值	结构面泊松比 μ=0.25,结构面弹模 E=500000t/m² *	K_N=90MPa/cm K_S=25MPa/cm
计算方案		逐步降低滑面上非线性单元的 c、f 值	采用超载法,将水的容重取正常情况1.0~3.0倍	逐步降低 c、f 值	按剪摩和纯摩两种方法,用材料强度储备法	降低结构面抗剪参数 c、f 及弹性模量 E	方案:①降低非线性单元 c、f 方案;②减低非线性单元 c、f 及 K_N、K_s或 E 值
计算结果	推求的强度(安全)储备系数或超载系数 注:右边各列中 η 为裂隙连通率	①▽90+ABCFHI+厂基 当 η=83.2%,安全储备系数>4; ②J_I+厂基 当 η=100%,安全储备系数>3	超载计算 坝踵-▽22.2m厂坝联合作用;超载系数>3.0	▽85+ABCFHI+厂基,将滑面上各单元的抗滑力和滑动力之比用代数和法求得安全系数,K_N=4.56。 此滑面采用逐步降低 f、c,如定义屈服率达80%~90%为极限状态求得强度储备>5	①齿槽+ABCF-GHTWY $K_{f'}$=2.6(剪摩) K_f=1.6(纯摩); ②齿槽+ABCFGHI+厂房底 K_f=3.5(剪摩)	按长江委1996年12月前所给坝基及厂房下的节理弱面为依据,大坝及厂房在正常工作情况下,按屈服面发展和变形情况来看,抗滑稳定安全系数大致达3.5。	方案①计算结果强度储备系数为10 方案②计算结果强度储备系数为5 注:计算中模拟地质概化所有裂隙(而不是沿某一指定滑面)
	厂坝间作用力	13000~25000kN/m(弹性计算)	厂坝间作用力17000kN/m	弹性抗力8.11万t,2120t/m		正常情况下1100~800t/m	正常情况下750~1300t/m

4.4.3.2 空间有限元法分析

左厂 1～5 号坝段地质资料表明，坝基岩体中缓倾角裂隙分布很不均匀，以左厂 3 号坝段坝基岩体中缓倾角裂隙最为发育，基余坝段明显减少。如分别单个计算各坝段的深层抗滑稳定安全系数，左厂 3 号坝段 K_c 最小。实际上左厂 3 号坝段基岩与相邻坝段基岩是连在一起的，基岩之间存在一定的约束力，对坝基抗滑稳定有利。为了解相邻坝段基岩的约束作用对抗滑稳定安全度的影响，长江设计院采用空间有限元法对左厂 3 号坝段及其相邻的 2 号坝段及 4 号坝段进行了整体抗滑稳定分析。根据左厂 2 号、3 号、4 号坝段的地质条件，在坝基下微新岩体中，共设置了 4 个可能滑动面，左厂 3 号坝段控制性滑面两个，其产状分别为 115∠29°，115∠44°或 25°（倾向、视倾角）；左厂 2 号、4 号坝段各一个，其产状分别为 153∠23.5°和 115∠26.8°。滑面上缓倾角裂隙顺水流方向长度根据地质提供数据给定，顺坝轴线方向的长度约为该长度的 1.5 倍，长大缓倾角裂隙与岩桥在各坝段呈相间布置。计算假定中除计算区域沿坝轴线方向取 114.90m 外，其余同左厂 3 号坝段计算时所做的假定。计算结果认为，在用平面有限元对左厂 3 号坝段单个坝段计算，当抗剪断强度参数 f'、c' 降低 30%～40%时，裂隙结构面进入塑性状态，而根据采用空间有限元对三个坝段整体计算结果推算，抗剪断强度参数 f'、c' 降低 70%左右时，裂隙结构面才可能进入塑性状态，说明考虑侧向约束和结构面空间分布后，安全度将大幅提高。

上海设计院专题组在考虑左厂 2 号、3 号、4 号坝段三坝段整体作用的计算中，三个坝体滑面都取坝踵至坝后主厂房建基岩石（高程 22.20m）作单斜面抗滑稳定分析。采用强度储备法，逐渐降低 f'、c' 值，用空间有限元法作追踪计算，一直到极限状态为止。计算结果，当三个坝段计算条件完全一样（弹模都取 35GPa），滑面上连通率为 100%时，均不计厂房的抗滑支撑作用，强度储备系数为 1.44；连通率为 70%时，强度储备系数为 2.06；当左厂 3 号坝段（中间坝段）坝基结构面岩石弹模 E 由 35GPa 降至 10.5GPa，而左厂 2 号、4 号坝段坝基结构面弹模不变（仍取 35GPa），连通率为 100%和 70%两种情况，强度储备系数可提高 15%～16%，分别为 1.67 和 2.38。

河海大学（夏颂佑）专题组采用空间非线性有限元法，计算方法和计算条件同对左厂 3 号坝段的稳定分析相同。左厂 3 号坝段概化滑移面取：▽85＋$ABCFHI$＋厂基，2 号、4 号坝段取各自的最危险滑移面，并假定了三个坝段滑移面上裂隙连通率分别为：2 号坝段 35%，3 号坝段 83%，4 号坝段 30%；坝段间垂直面考虑了两种情况，第一种情况采取岩桥的参数，第二种情况假定为结构面，取连通率为 50%。假定屈服率达 80%～90%为极限稳定，计算结果第一种情况的强度储备系数约为 7，第二种情况约为 6。该专题组认为在考虑左厂 2 号、3 号、4 号坝段三个坝段整体作用后，安全度有很大的改善，整体稳定性满足要求，这是由于相邻滑面间的垂直岩面和各坝段的相互协调作用的结果。左厂 2 号、3 号、4 号坝段三个坝段联合作用的空间有限元计算中均未设计厂房的支撑作用，由于左厂 2 号、4 号坝段基岩缓倾角裂隙连通率明显较左厂 3 号坝段为低，且存在各坝段基岩相互约束，左厂 3 号坝段深层抗滑稳定安全度将大幅提高，三个坝段整体抗滑稳定可以满足要求。

4.4.3.3 有限元法计算坝基深层抗滑稳定问题的探讨

(1)有限元计算大坝抗滑稳定问题采用强度折减法较为合适

潘家铮院士在主持审查《三峡工程左厂 1～5 号坝段大坝稳定专题报告》时，对重力坝(厂坝联合受力)的应力及稳定分析采用有限元作了精辟的阐述，指出：有限元法(FEM 法)是一种分析厂坝稳定和应力的手段，并不能直接给出抗滑稳定安全系数 K_c，这与刚体极限平衡法直接求出 K_c 是不同的。如何利用 FEM 法的成果推求 K_c，有很多途径，其思路不同，成果也各异。大体上可分为两类：一是利用 FEM 法求出正常(荷载、参数)情况下沿节理面及假想破坏面上的应力分布，分成总剪力(下滑力)和总抗滑力，再按常规公式计算 K_c。这样做对单滑面无困难，而且其成果也不应和刚体极限平衡法分析成果有大的差异，但对双滑面情况便有困难，现在设计、科研单位的做法尚不一致。总之，这类方法采用的手段不同，求出的 K_c 各异，也很难规定合理的安全判据。只能说，从原则上讲，采用的分析方法愈合理，问题研究得愈深入，要求的 K_c 应可以小一些。二是逐步增加荷载(超载法)或降价 f、c 的值(强度储备法)，并用 FEM 法作追踪计算，一直到达极限状态为止，取相应的超载倍数或强度降低倍数作为安全度 K_c。这样求出的 K_c 是符合极限稳定概念的。问题是计算的工作量很大，在接近失稳时，计算可能有困难。另一个问题是超载安全度与强度储备安全度可能很不相同，应力、变形状态更迥异，以何者为准呢？许多学者认为，超载法不甚合理，因为大坝承受的主要荷载(水推力)恰恰是较明确而变异不大的，而且按超载法计算，大坝达极限状态时，相应的应力及变形都非常巨大，脱离实际，不好衡量。所以，以采取强度折减法为合适。

(2)有限元法在坝基深层抗滑稳定计算中的应用问题

目前用有限元法计算坝基深层抗滑稳定问题尚无成熟的经验和规范要求。对滑移体失稳、破坏的判据和相配套的安全系数均无统一规定。但有限元法的计算有许多明显的优点，例如：可以考虑节理结构面的非线性性质，可以研究结构面受力后从正常到破坏的发展过程及渐进破坏的部位和范围，可以求得坝基不同部位的应力分布及变位场，也可以求得不同块体间和建筑物结构接触面间的互相作用力的大小与方向。因此，用非线性有限元法，特别是空间滑移体抗滑稳定的三维非线性有限元分析应是发展方向。在左厂 1～5 号坝段深层抗滑稳定计算已做大量工作的基础上，如对有限元(包括非线性有限元)法做进一步深入研究工作，明确用有限元分析坝基深层抗滑稳定的准则；将有限元法、刚体极限平衡法、地质结构力学模型试验的成果相互印证，以取得更切合实际、精确的抗滑稳定计算模式、计算方法、力学指标和安全判据，对坝基深层抗滑稳定的计算技术，取得可喜的进展。

4.4.4 地质力学模型试验

长江科学院进行了两个地质力学模型试验：①左厂 3 号坝段的地质力学模型试验；②左厂 2 号、3 号、4 号坝段的地质模型试验。

4.4.4.1 地质力学模型

(1)左厂 3 号坝段的地质力学模型

该模型模拟整个左厂 3 号坝段，基岩取与坝体同宽，模型两侧无约束，其上下游基础施加法向约束，基础底部全约束。模型基岩模拟至高程－60.00m，上、下游方向以坝轴线为标准，上游模拟原型长 95.00m，下游模拟原型长 345.00m，上、下游模拟原型总长 440.00m。模型按地质概化的滑移模式模拟。根据地质勘探确定的长大缓倾角结构面及按统计规律确定的短小裂隙，按其性状、产状、长度在模型上进行模拟，裂隙宽度与厂坝结合缝同宽。坝后厂房高程 51.00m 以下按实体混凝土模拟，高程 51.00m 以上简化为均布荷载模拟，厂房与岩坡间紧密相连。

(2)左厂 2～4 号坝段的地质力学模型

左厂 2～4 号坝段的地质力学模型是按地质资料中左厂 2～4 号坝段坝基抗滑稳定概化模式剖面图，模拟了坝基内所有的滑移通道，长大缓倾角裂隙按 1∶1.3 长方形考虑。模拟范围，上游长度为 74.00m，下游长度 250.00m，上、下游总长 324.00m，基岩深度至高程－50.00m。为施加帷幕前高程 61.80～85.00m 的水压力，坝前基岩未模拟。厂房只模拟了高程 51.00m 以下混凝土实体部分。左厂 2 号坝段和 2 号坝段外侧为自由边界，高程－50.00m边界为固端约束，上下游边界法向约束，相邻坝段间设横缝组紧密接触。考虑到模型中长大缓倾角裂隙和滑移面较多，为保证模型试验的精度要求，取模型几何相似常数 $c_l=120$，容重相似常数 $c_\gamma=1$，根据相似关系，变形模量 E、应力 δ 和黏聚力 c' 的相似常数 $c_E=c_\delta=\delta_c=c_\gamma \cdot c_L=120$，$c_f=1$。原型与模型材料的物理力学参数见表 4.4.7。

从表 4.4.7 可以看出模型材料的变形模量和容重与要求值很接近，满足相似要求。而抗剪强度指标与要求值存在差异，主要是模型材料难以做到 c'、f' 同时满足要求，一般情况下都是 f' 值偏低，而 c' 值偏高。但对抗剪强度 $\tau=f'\delta+c'$，在一定正应力范围内，抗剪强度基本满足相似要求。根据对左厂 1～5 号坝段坝基在工作应力范围 1.0～3.0MPa 以内的抗剪强度进行分析，坝基岩石和坝体混凝土原型与模型的 τ—δ 关系曲线的交点均在工作应力范围内，基岩应力 2.4MPa，混凝土应力 1.7MPa。当工作应力为 1.0MPa 时，基岩抗剪强度极限误差为 15%左右。对于超载试验，正应力大于 1.0MPa，当工作应力在 1.5MPa 时，误差在 10%以内，随着工作应力增加，由 c'、f' 引起的误差更小，一般不超过 5%，由于混凝土 f' 比基岩小，c' 值基岩大，因此由 c'、f' 值引起的误差比基岩小。

模型荷载由上游水压力、泥沙压力、帷幕前水压力、厂房上部荷载等组成。水压力按正常设计水位 175.00m 计算至建基面高程 85.00m，泥沙压力按淤沙高程 108.00m 计，泥沙浮容重按 $\gamma=0.5t/m^3$。帷幕前水压从高程 85.00m 至高程 61.80m，并按至高程 10.00m 处为 $0.68H(H=175.00～85.00m)$折减计算。高程 51.00m 以上厂房结构重按 $33.1t/m^2$ 均布荷载施加。模型荷载未计扬压力。超载试验只超载坝前水压力和泥沙压力，帷幕前水压不超载。

表 4.4.7 原型与模型材料物理力学参数取值

材料		取值	变形模量(GPa)	抗压强度(MPa)	容量(kN/m^3)	抗剪强度 c'(MPa)	抗剪强度 f'
坝基	基岩	原型值	35.0	100.0	27.00	2.0	1.7
		要求值	0.292	0.83	27.00	0.0167	1.7
		模型值	0.395	0.48	26.80	0.038	0.7
	结构面	原型值				0.2	0.7
		要求值				0.00167	0.7
		模型值				0	0.68
	岩桥	原型值				2.0	1.7
		要求值				0.0167	1.7
		模型值				0.038	0.70
	f_{10}断层	原型值				0.2	0.7
		要求值				0.0142～0.0167	0.9
		模型值				0.035	0.6
坝体		原型值	26.0	22.0	24.5	3.0	1.1
		要求值	0.217	0.18	24.5	0.025	1.1
		模型值	0.21	0.22	24.6	0.036	0.61

注:①岩体指滑移路径上的完好基岩;②F_{10}断层作为左厂2号与3号坝段分块的侧向切割剖面,连通率100%。

4.4.4.2 地质力学模型试验结果分析

①左厂3号坝段单个坝段地质力学模型试验结果,在设计荷载P_0(正常组合)下,坝体变形规律正常,结构处于弹性变形状态;在超载1.8倍设计荷载($1.8P_0$)时局部区域进入弹塑性变形状态,在$3.5P_0$时坝基失稳,结构整体破坏的超载系数为3.5,而在各种深层滑移路径中以$ABCFHI$滑移模式最为不利。试验结果还表明,厂房对大坝抗滑作用明显,特别对最不利的深层滑移路径有很大的抗滑稳定作用。

②左厂2号、3号、4号坝段地质力学模型试验结果,三个坝段的整体作用较好,左厂2号和左厂4号坝段对左厂3号坝段有侧向约束力,三个坝段的超载系数都为4.2,在$2.4P_0$以前坝体和基岩处于弹性状态。试验还表明,主要的破坏模型是连通的长大缓倾角裂隙在超载情况下最先出现整体滑移破坏;而对各滑移路径而言,其抗滑稳定安全度取决于该滑移路径中长大缓倾角裂隙的长短、连通情况和位置等。

③左厂2号、3号、4号坝段地质力学模型试验结果与三维有限元法计算成果表明,左厂3号坝段在考虑左厂2号和4号坝段的空间约束作用后,增大了坝基深层抗滑稳定安全度。地质力学模型成果与三维有限元法分析计算结果相互印证,促进了大坝坝基深层抗滑稳定

计算技术水平的提高。

4.4.5 左厂1～5号坝段采取的工程措施

4.4.5.1 设计研究提出的工程措施

为满足并尽量提高左厂1～5号坝段深层抗滑稳定安全度，设计研究提出以下十项工程结构措施：

①适当降低坝基高程，由原拟的98.00m降至90.00m，上游设5.00m深的齿槽。

②利用电站进水口拦污栅支承结构落地，向上游加大大坝底宽175.0m，帷幕及排水洞相应前移。

③厂房与大坝岩坡紧靠，在厂房混凝土与岩坡之间设锚筋及接触灌浆系统，后期进行接触灌浆，确保混凝土与岩坡结合良好。

④在坝段间横缝设置键槽并灌浆，加强左厂1～5号坝段整体作用。

⑤大坝与厂房基础设置全封闭抽排系统，以降低坝、厂基础及基岩结构面的扬压力。

⑥加强施工管理，做好预裂爆破、控制爆破、预留保护层、做好开挖面的排水等措施，以确保爆破施工不致影响建基岩体的完整性。

⑦对下游临时及永久的临空高陡边坡应及时进行必要的喷锚支护。

⑧针对浅层中缓倾角裂隙及一定深度内已查明的长大中缓倾角裂隙面进行预应力锚索锚固，加强固结灌浆处理，以增强建基岩体的整体性。

⑨做好坝基岩体变位等监测工作，并在钢管坝段设置纵横向廊道，为后期如需要加固处理时预留条件。

⑩根据厂房与大坝岩坡紧靠后的受力条件，对厂房下部结构采取适当的加固措施。

以上十条工程措施，为增强厂房坝段基础的抗滑稳定性提供了保证。

4.4.5.2 施工阶段增加的工程措施

设计根据大坝专家组审查意见，在施工阶段增加了如下工程措施：

①在左厂3号坝段基岩增设一条横向排水廊道，进一步加强基础排水。

②对左厂2号、3号坝段基岩长大缓倾角结构面布设预应力锚索，锚索吨位为200t，长度为20.00～50.00m。其中左厂2号坝段在高程65.00～79.00m布置5排锚索；左厂3号坝段在高程65.00～78.00m布置4排锚索。

③对在坝基面上出露的缓倾角结构面做局部挖槽、回填混凝土处理，如左厂3号坝段的T_{100}结构面，左厂4号、5号坝段的T_2结构面。

④将左厂1～5号坝段列为安全监测关键部位，加强对该部位坝基扬压力和坝基变位的监测，必要时可进一步采取工程措施。

4.4.5.3 施工过程中，确保施工质量，并认真做好地质编录工作

长江设计院根据大坝专家组审查中强调严格控制施工工艺和质量是保证大坝深层抗滑稳定的关键因素。如开挖中施工不当，由于震裂破碎、松动以及卸荷等因素会降低节理面的

强度;灌浆、排水、锚固等施工质量如不好,会使设计中各种考虑的安全措施得不到保证。要求左厂1~5号坝段坝基开挖及灌浆、排水、锚固施工过程中,设计、施工、监理各部门都应严格把关,以保证施工质量和安全;要高度注意浅层、多面临空、顺坡中缓倾角结构面的稳定问题,及时进行加固处理;要为地质编录创造条件,以便及时进行地质编录、分析,检验设计采用的地质资料,并根据编录的地质资料,优化设计,不断完善相应的工程处理措施以指导施工。

4.4.6 左厂1~5号坝段深层抗滑稳定性复核计算

4.4.6.1 左厂1~5号坝段坝基地质条件施工期分析验证

(1)左厂1~5号坝段抗滑稳定基本地质条件分析验证

在左厂1~5号坝段坝基开挖及灌浆、排水洞、锚杆、锚索施工过程中,施工地质跟踪进行了四年多的工作,除针对左厂坝段区域进行了详细的建基面常规地质编录外,对其中关键部位进行了放大比例尺测绘,详细研究了作为抗滑稳定重要因素的缓倾角结构面及其边界切割面的性状特征、组合交错规律、连通率等,并在此基础上与原勘察地质成果基本资料及分析成果进行了全面的分析验证,提交施工阶段竣工地质验证成果。

1)缓倾角结构面特征比较

工程竣工期地质编录资料,左厂1~5号坝段缓倾角结构面的性状形态,充填特征、优势方向及产状、分布规律及连通率等成果与前期各阶段研究中基本一致。

左厂1~5号坝段建基面缓倾角裂隙发育程度极不均一,疏密分区大致以 X 坐标桩号20+020.00为界,X 坐标20+020.00的上游为缓倾角裂隙分布疏区,X 坐标20+020.00的下游为密区。二者相比,密区单位面积内缓倾角裂隙条数及长度分别是疏区的3.2倍和3.5倍。左厂1~5号坝段这种疏、密不均匀分布对抗滑稳定是有利的。

2)缓倾角裂隙的连通率

大坝技术设计阶段采用剖面投影法及模拟网络法研究坝址短小缓倾角裂隙的连通系数,两种方法研究结果,坝址区短小缓倾角裂隙连通率建议值采用11.5%。工程施工阶段,在左厂1~5号坝段高程85~90m建基面及排水洞连通洞 Y 坐标48+193.00中,用剖面投影法对短小缓倾角裂隙作了10条剖面的统计计算。统计计算结果:短小缓倾角裂隙的连通率一般为6.96%~13.3%,平均为10.1%;3号机组坝段3条统计剖面线连通率平均值为11.04%,与前期建议值基本吻合。因此认为,采用11.5%作为短小缓倾角裂隙连通率建议值仍是适宜的。

3)上游横向切割面

施工地质编录资料分析确定:F_7 断层及与之同方向的 F_2、F_{314} 等北北东向陡(中)倾角断层,延伸长远,连续贯通,分别构成左厂5号及2号与1号坝段的后缘切割面,另外,走向北东、倾向南东的中倾角长大裂隙,如 T_{100} 等,产状为130°~152°∠42°~57°,分布于左厂3号、4号坝段坝基上游段,其走向与坝轴线近平行,延展性好,构成左厂3号、4号坝段后缘切割面。

4)侧向切割面

左厂坝段分缝线方向为 313.5°,与此方向近平行或小交角的北西向陡倾角结构面组成侧向切割面。其走向 303°～323°,与分缝线方向左右偏离量约 10°,倾角一般 65°以上,少数 60°左右。

大坝建基高程 90.00m 岩面实测资料,用剖面投影法求得各坝段分缝线处侧向切割面的连通率为 11.2%～22.6%(统计带宽 2.00m、未计 F_{10}),平均为 14.8%,小于特殊勘察阶段建议值(20%),为安全计,左厂 1～5 号坝段分缝线处坝基侧向切割面的连通率(F_{10} 除外)按 20%考虑。F_{10} 断层作为左厂 2 号与 3 号坝段分块的侧向切割面,其连通率为 100%,力学参数按平直稍粗面取值(f=0.7,c=0.2MPa)。坝段范围内建基面上多分布于分缝线以左 3.00～6.00m,向深部延伸偏离量更大,往下延伸呈紧闭裂隙状分叉尖灭,总体来看,F_{10} 性状比预计情况为好。

5)下游反倾滑出面

左厂 3 号机组段厂房及护坦基础岩体为整体至块状结构优质岩体,结构面相对不发育。不存在深部软弱层带,具有作为抗力体的良好结构与力学强度条件。厂房建基面上尚未发现缓倾上游的长大结构面。可构成反倾滑出面的主要为北北东向中陡倾角结构面,其走向与坝轴线交角为 23.5°～43.5°,性状较好,为硬性结构面,无软弱物质充填。特殊勘探确定的下游反倾滑出面实际出露部位与原推测结果吻合,为平直稍粗面,绿帘石充填,性状良好,因此特殊勘察提供的厂坝联合抗滑稳定模式是可靠的,且有安全裕度。

(2)左厂 1～5 号坝段抗滑稳定滑移模式的施工地质检验

根据施工地质编录实测资料及施工开挖跟踪调查资料,对左厂 2～5 号坝段的特殊勘察成果中各滑移路线上所有可能出露点进行对比检验,对比检验线路总长约 900m,对比检验观测点 35 个。

1)各坝段坝基特殊勘察抗滑稳定成果与施工地质资料对比分析

特殊勘察确定的将在建基面出露的缓倾角结构面,经施工中开挖揭露,其出露部位一般准确吻合。少数裂隙分布部位略有偏离,个别偏离量较大或缺失,往往与有其他方向结构面参与切割、错位有关;特殊勘察确定的长大缓倾角裂隙,经施工地质检验,其产状、性状与原成果比较均基本吻合,少数裂隙的产状与原成果有些小的出入,也多在误差范围之内,不影响裂隙分组评价;特殊勘察对缓倾角裂隙长度的估计,经开挖实测,多数不相上下,长度判断基本准确者占 59%;有一定误差者占 41%,其中原估计长度偏大者占 29%,偏小者占 12%,偏差量一般为 2.00～3.00m,少数达 7.00m 左右;在左厂 2 号、4 号、5 号坝段抗滑稳定分析剖面部位,建基面有少数缓倾角裂隙不在原定滑移路径上,但这些缓倾角裂隙不会生成新的滑移路径。局部地段个别遗漏的缓倾角裂隙对潜在滑移面有影响,使连通率有所提高,但其滑移路径上缓倾角裂隙的连通率远低于左厂 3 号坝段。

2)左厂 2 号坝段坝基抗滑稳定分析的施工地质最终滑移模式

施工地质编录资料表明:左厂 2 号坝段原定浅层及深层潜在滑移路径走势及组成符合实

际情况，亦不生成新的潜在滑面。*ABCD* 滑面下游端附近新增中倾角裂隙 T_{39}(160°∠40°)，未计入滑移路径(图 4.4.9)，施工地质最终 *ABCD* 滑移面中裂隙连通率为 42.2%。

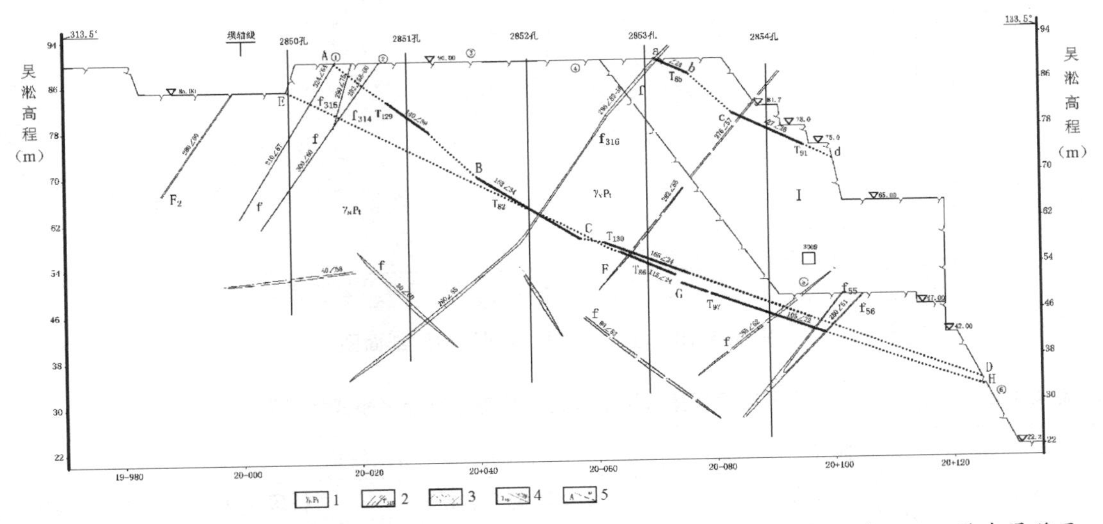

1—闪云斜长花岗岩；2—断层及编号；3—碎裂闪云斜长花岗岩；4—裂隙编号及产状；5—潜在滑移面(实线为确定部分，虚线为推测部分、点线为岩桥部分)

图 4.4.9 左厂 2 号坝段坝基地质剖面图

3)左厂 3 号坝段坝基抗滑稳定分析的施工地质最终滑移模式

在左厂 3 号坝段建基岩面高程 85.00～90.00m 平台，坝趾下游高程 90.00～22.2m 斜坡和高程 22.20m 岩面及 Y 坐标 48+193.00 排水洞连通洞等部位，对特殊勘察确定的将在上述岩面出露的缓倾角(少数中、陡倾角)结构面，做了 21 个观测点的对比检验。

验证结果表明：特殊勘察确定的缓倾角结构面，空间定位准确，产状、性状基本吻合，长度判断亦大多不相上下，在长约 340m 的研究线路上，未遗漏 1 条长大缓倾角裂隙，竣工地质剖面仅补充了 1 条沿走向出露长 6.4m，剖面上长 3m 的 T_{114}(图 4.4.10)，由此可见 3 号坝段特殊勘察成果准确可靠，以此为依托而确定的各潜在滑移面的组成及走势符合实际情况，而各潜在滑移面连通率比原定值稍有降低(表 4.4.8 及表 4.4.9)，其中深层滑面降低值一般 0.4%～2.9%，个别达 3.8%；浅层潜在滑移面连通率降低值一般为 4.4%～7.9%。对抗滑稳定设计计算最不利滑移路径上(ABCFHI)，连通率与特殊勘察成果相比没有变化(地质分析连通率 82.9%，概化连通率 83.1%)。

据施工地质建基面缓倾角裂隙专项调查资料分析，左厂 3 号坝段优势方向缓倾角裂隙的面连通率：一般地段为 16.05%，最发育地段 30.44%；全部缓倾角裂隙的面连通率，一般地段为 23.56%，最发育的地段为 39.17%，远低于特殊勘察阶段估算的面连通率值 66%。这从另一个侧面说明左厂 3 号坝段深层滑移面线连通率最高达 83.1%，是偏高的数值。

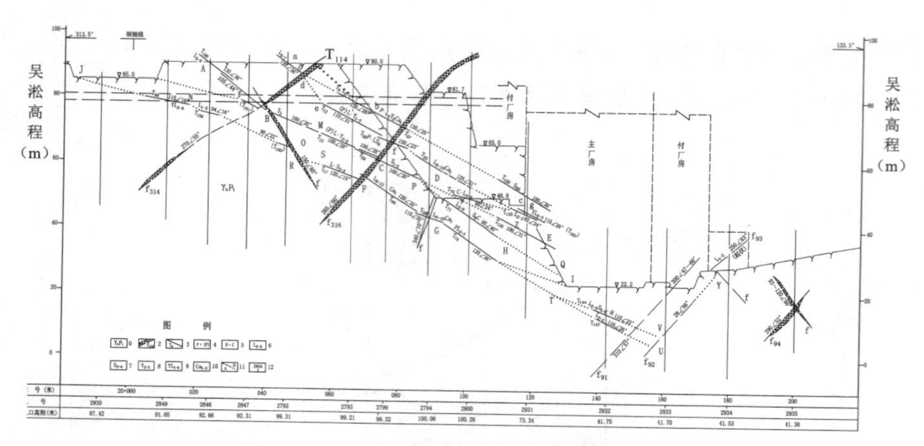

图 4.4.10 左厂 3 号坝段坝基地质剖面图

表 4.4.8 左厂 3 号坝段坝基深层抗滑稳定特殊勘察滑移模式特征表

路径	视倾角		滑面特征				
	分段	倾角（度）	总长（m）	长大缓倾角面（m）	岩桥长（m）	岩桥段短小缓倾角裂隙长（m）	滑面中裂隙所占比例（%）
ABDE	*AB*	41	113.4	90	23.4	2.69	81.7
	DE	26					
LME	*LM*	17	125.2	79.8	45.4	5.22	67.9
	ME	26					
ABCFHI	*AB*	41	129.6	104.4	24.6	2.83	83.1
	BC	26					
	CF	52					
	FH	32					
	HI	21					
ABDGHI	*AB*	41	126.4	100.4	26	2.99	81.8
	BD	26					
	DG	68					
	FH	32					
	HI	21					
ABCFHTUY	*FT*	32	162.0	119.6	37.52	4.88	76.8
	TU	26					
	*UY***	50					
*ABCFHTVY**	*FT*	32	163.2	117.6	40.36	5.24	75.3
	TV	20					
	*VY***	50					

注：* 其中 *ABCF* 段特征值同 *ABCFHI* 路径中 *ABCF* 段，** 该段长度不计入总长。

表 4.4.9 左厂3号坝段坝基深层抗滑稳定施工地质最终滑面组成及连通率一览表

滑移面类型	滑移面路径	主要组成结构面	总长(m)	长大结构面(m)	岩桥长(m)	短小结构面(η=11.5%)	连通率(%)	连通率变动值(%)
深层	*ABCDZ*	T100、T2、T13、T 59、T70、T132	106.8	81.0	25.8	2.97	78.6	+0.1
	ABCDE	T100、T2、T13、T59、T135	114.6	83.8	30.8	3.54	76.2	−3.8
	ABCDPQ	T100、T2、T13、T71、T_{59}	124.0	88.8	35.2	4.05	74.9	−1.1
	ABCFHI	T100、T2、T13、T60、T28、T74	129.2	104.2	25.0	2.88	82.9	0
	ABPGHI	T100、T2、T13、T59、T28、T74	126.9	93.7	33.2	3.82	76.8	−2.9
	ABRSHI	T100、T2、T13、T28、T74	113.6	81.2	32.4	3.73	74.8	−0.9
	LBCDE	T161、T2、T13、T59、T135	126.2	68.4	57.8	6.65	59.5	−2.1
	LBCFHI	T161、T2、T13、T60、T28、T74	140.4	88.4	52.0	5.98	67.1	−0.4
	LBPGHI	T161、T2、T13、T59、T28、T74	138.6	78.2	60.4	6.95	61.4	−1.9
	JNORSHI	T99、T159、T160、T17、T60、T28、T74	158.6	85.0	73.6	8.46	58.9	+0.4
厂坝联合	*ABCFHTUY*	T100、T2、T13、T60、T28、T74、T147	161.2	118.2	43.1	4.95	76.4	−0.4
	ABCFHTVY	T100、T2、T13、T60、T28、T74、T144	162.0	116.4	45.6	5.24	75.1	−0.2
	ABCPGHTUY	T100、T2、T13、T59、T28、T74、T147	159.4	108.0	51.4	5.91	71.5	−2.6
	ABCPGHTVY	T100、T2、T13、T59、T28、T74、T144	160.2	106.2	54.0	6.21	70.2	−2.3

注:①本表中滑移路径与特殊勘探期基本一致,仅个别地段字母符号略有变化。②滑移路径连通率与表4.4.8相比略有增减。表4.4.8简化,仅列出典型滑移路径。

4)左厂 4 号坝段坝基抗滑稳定分析的施工地质最终滑移模式

施工地质编录资料验证表明:左厂 4 号坝段根据实测资料补充了 3 条缓倾角裂隙及 4 条中、陡倾角结构面,对原图滑面形态及连通情况做了适当修改(图 4.4.11)。

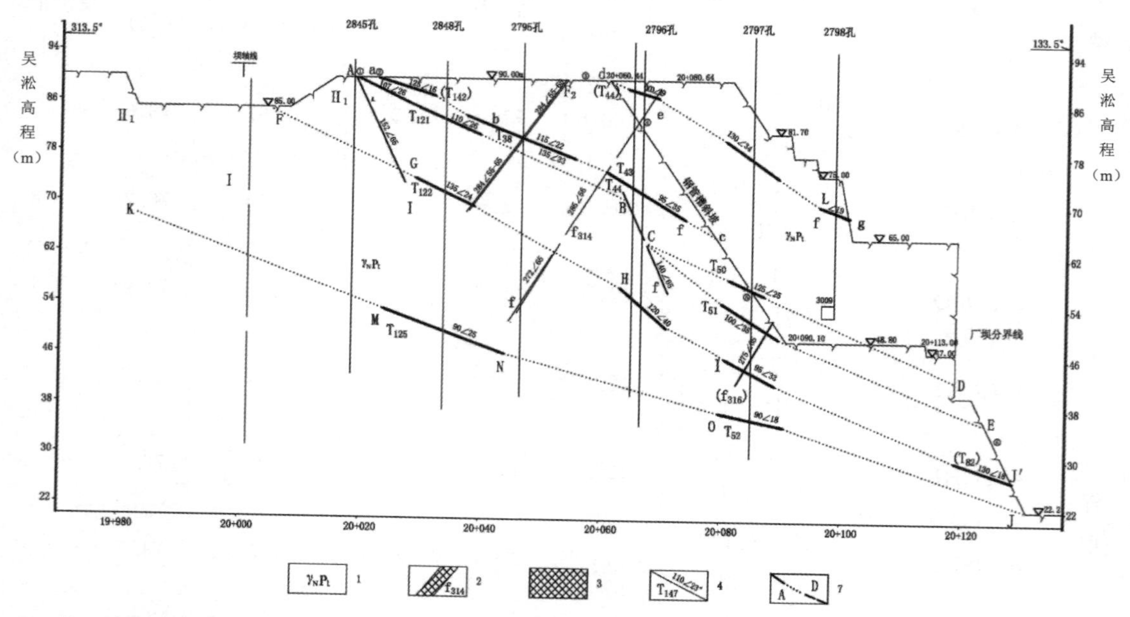

1—闪云斜长花岗岩;2—断层及编号;3—碎裂闪云斜长花岗岩;4—裂隙编号及产状;5—潜在滑移面(实线为确定部分,虚线为推测部分、点线为岩桥部分)

图 4.4.11 左厂 4 号坝段坝基地质剖面图

补充修改后,左厂 4 号坝段坝基抗滑稳定地质模式与前期比较:未增加新的潜在滑移面;原定滑面组成及走势基本不变,仅 $FGHIJ'$ 滑面走势在尾端稍有改变;由于原定缓倾角裂隙长度改变及新增补缓倾角裂隙,使浅层潜在滑移面(abc)连通率由 60%提高至 73.9%;深层潜在滑移面 $ABCE$、$FGHIJ'$ 等连通率分别增加 2.9%及 7.1%,而 $ABCD$ 降低 0.4%。竣工验证确认,左厂 4 号坝段坝基抗滑稳定地质模式各深层潜在滑移面的连通率为 29.3%~36.8%。

5)左厂 5 号坝段坝基抗滑稳定分析的施工地质最终滑移模式

根据竣工地质资料,左厂 5 号坝段后期增补了 3 条缓倾角裂隙(T_{71}、T_{31}、T_{27} 等其长度均不足 10m)及数条陡、中倾角结构面。经对比分析得出:原定深层潜在滑移路径组成及走势符合实际情况(图 4.4.12),其中 $ABCDE$ 因滑出段新增 T_{31},连通率增加 4.7%(由 34.6%提至 39.3%);而滑面 LM 因开挖轮廓变更及右 26 裂隙实际长度的减少,连通率减少 3.3%(由原来的 41.9%变为 38.6%)。

6)左厂 1~5 号坝段坝基抗滑稳定施工地质验证分析

左厂 2~4 号坝段坝基抗滑稳定施工地质剖面经验证比较,潜在深层滑移控制面的连通率,以左厂 3 号坝段最高,14 条深层滑面中,连通率 58.9%~67.1%者 4 条,连通率

70.2%～78.6%者9条，最大连通率为82.9%(1条)。其中需特别指出，对抗滑稳定设计计算是否安全影响最大的滑移路径上($ABCFHI$)，连通率没有变化(地质分析连通率82.9%，概化连通率83.1%)。左厂2号、4号、5号坝段的连通率分别为37.0%～43.5%、29.3%～36.8%及38.6%～39.3%。按已有的资料分析，左厂1号坝段坝基深层滑移面的连通率与左厂2号坝段相近。

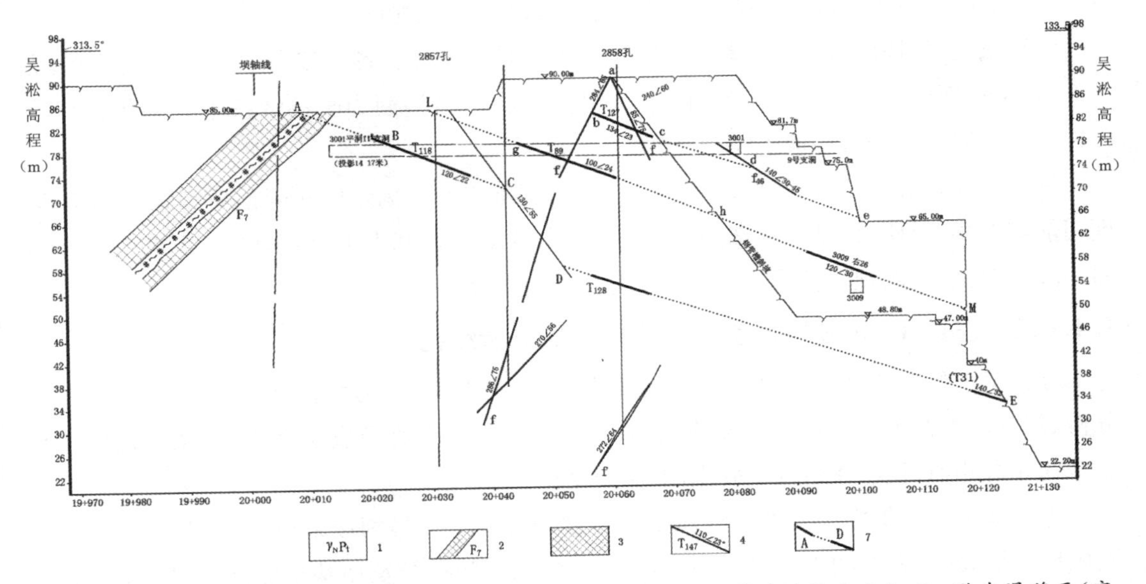

1—闪云斜长花岗岩；2—断层及编号；3—碎裂闪云斜长花岗岩；4—裂隙编号及产状；5—潜在滑移面(实线为确定部分，虚线为推测部分、点线为岩桥部分)

图4.4.12 左厂5号坝段坝基地质剖面图

(3)左厂1～5号坝段抗滑稳定分析的施工地质综合评价

①左厂1～5号坝段建基岩体新鲜完整，绝大部分属于优质岩体。高程85m及90m建基平台的上段缓倾角裂隙不发育，在抗滑稳定分析剖面的各潜在滑移路径上，均没有长大缓倾角结构面分布，构成了坚强完整、有利于坝基抗滑稳定的岩体。

②坝基构成控制性滑移面的优势方向缓倾角裂隙均为硬性结构面，在走向及倾向上均被后期各向陡、中倾角结构面切错，降低了缓倾角裂隙的连续性及贯通性。

③坝基开挖过程中，未发现贯穿整个坝段的特大型缓倾角裂隙，故左厂1～5号坝段不存在统一的深层潜在滑移面，各坝段潜在滑移面在空间上呈高低错落、扭曲起伏且与库水推力方向有一定交角，滑移路径按二维平面问题概化，有一定安全裕度。

④经施工地质对照验证，左厂3号坝段最终确定的坝基抗滑稳定滑移路径与原有成果吻合或接近，验证分析后深层潜在滑移面的实际连通率一般为58.9%～78.6%，最高达82.9%，一般较原设计值偏低0.2%～2.6%，个别达3.8%，对抗滑稳定设计计算最不利滑移路径上($ABCFHI$)，连通率与特殊勘察成果相比没有变化。

⑤左厂2号、4号、5号坝段坝基抗滑稳定地质分析滑移模式经施工开挖检验，滑移路径的组成及连通率与特殊勘察成果基本一致，少数深层滑移面连通率略有增减，增加幅度为2.9%～7.1%，减幅为0.4%～3.3%，其最终实际连通率为29.3%～43.5%，未超过44%。

⑥工程竣工阶段对建基面及排水洞连通洞用剖面投影法对短小缓倾角裂隙进行统计连通率一般为6.96%～13.3%，平均为10.1%，左厂3号坝段连通率平均值为11.04%，因而认为，采用11.5%作为短小缓倾角裂隙连通率建议值是合适的。

⑦F_{10}断层其特征与前期资料比较，总体性状明显变好。各坝段分块线处的连通率，左厂2号、3号坝段间的F_{10}按100%计，其余按20%计，结构面力学参数按平直稍粗面(f=0.7，c=0.2MPa)取值，均偏于安全。

综上所述，左厂1～5号坝段抗滑稳定条件，经施工开挖揭示的实际地质编录资料检验，证明前期勘察、科研、特别是特殊勘察研究成果与主要结论基本上是正确的。从以上7个方面的验证对比，说明坝基抗滑稳定条件比原来预计的稍好。

4.4.6.2 左厂1～5号坝段安全监测成果的分析结论

综合蓄水位135.00m及156.00m运用期间，对左厂1～5号坝段变形、渗流等监测成果分析表明：水库蓄水后大坝及基础的变形、渗流均在设计允许及安全范围内，未见危害工程安全的异常测值，枢纽建筑物是安全的，主要结论：

①为满足并尽量提高大坝抗滑稳定安全度，左厂1～5号坝段采取一系列工程措施，监测成果分析表明，采取的工程措施如厂坝联合受力、封闭抽排及坝基布置排水洞等措施是切实有效的，达到了预期的效果。

②左厂1～5号坝段基础部位实测的两方向水平位移值为－1.1～2.66mm，大部分测值在观测误差范围内，坝基水平位移较小，且变化不明显，表明坝基岩体变形在坝体混凝土浇筑之后及水库蓄水后是稳定的。

③左厂1～5号坝段基础部位沉降为15.0～18.5mm，2003年水库蓄水过程中基础各点沉降量增大6～9mm。与相邻的左非10号坝段基础廊道处的实测沉降量对比，其沉降大小及过程变化规律一致；与建基面高程相对较低的左厂14号坝段相比，水库蓄水后沉降量变化规律一致，左厂1～5号坝段的基础沉降变化正常。

④上、下游主防渗帷幕的防渗效果明显，实测坝基主排水幕后高程74.00m以上坝基处于疏干状态，坝基及深部岩体结构面处的渗压远小于设计值，坝基渗压是正常的。

⑤根据实测厂坝分缝处测缝计开度变化、错动位移变化成果分析，高程49.50m处错动位移基本不变，厂坝间接缝状态没有明显趋势性变化。钻孔检查成果分析表明，左厂1～5号坝段厂坝坡接触灌浆满足要求，缝面接触绝大多数紧密，左厂1～5号厂坝联合受力是有保证的。

4.4.6.3 左厂1～5号坝段坝基滑移面设计扬压力与实测值对比分析

(1)基本资料及分析方法

基本资料采用坝前水位135.0m和156.0m时，左厂1～5号坝段各渗流监测断面测压管实测水位资料。左厂3号坝段为深层抗滑稳定最不利坝段，故取左厂3号坝段为典型坝段，进行扬压力实测值与设计值的对比分析。由于各测压管的布置未能完全与该坝段深层滑移面对应，为此在分析深层滑移面上的实测扬压力时，先做出沿建基面的总水头线，再减去滑面各控制点的位置高程得到各点的压强水头，最后将各控制点的压强水头以线性关系连接。

左厂1～5号坝段坝基渗流监测断面测压管布置见图4.4.13。

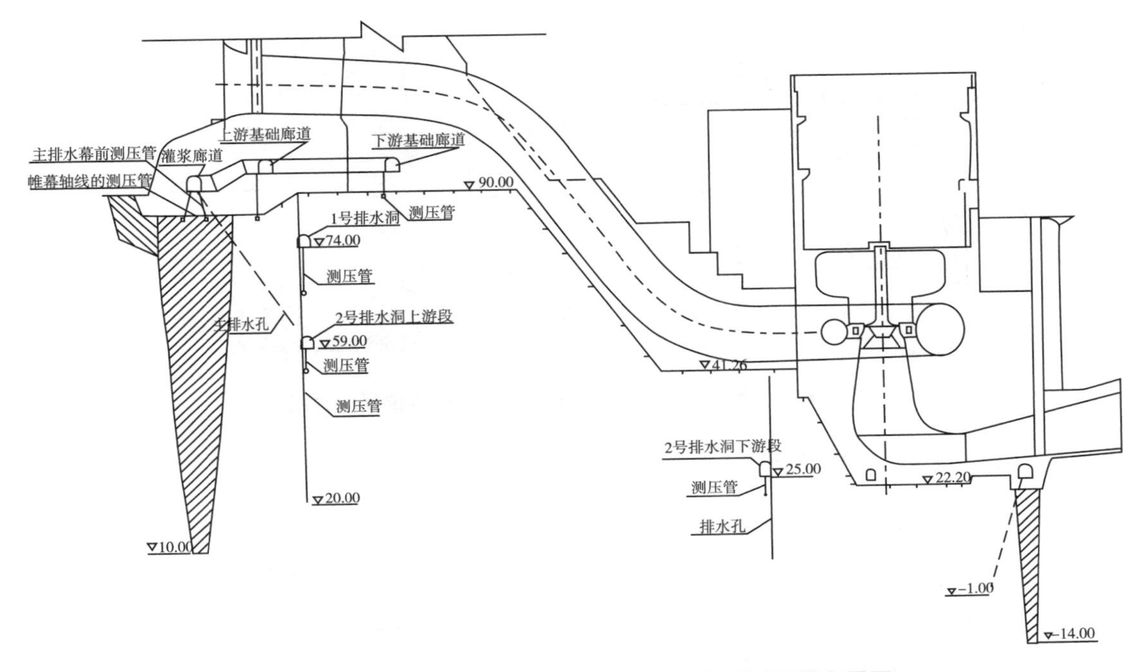

图4.4.13 左厂1～5号坝段各渗流监测断面测压管布置图

1)坝前水位135.00m时，左厂3号坝段各点实测压力线

上游帷幕前H01CF03测压管实测水位为125.26m；帷幕后H02CF03测压管为干孔，但其他坝段该测压管水位为91.00m，故该点也取水位91.00m；上游帷幕后排水廊道H03CF03测压管水位稳定在91.09m左右，取该点水位91.09m；上游排水洞处H13CF测压管测值，按水库蓄水后2号排水洞主排水孔观测情况，主排水孔绝大部分无水，坝基基础主排水幕处无渗压，即上游排水洞实测渗压水位应低于2号排水洞洞顶高程，经分析1号排水洞实测水位虽较高，但为孔内不变水位，不代表该处坝基渗压水位，上游排水洞处水位取用2号排水洞测压管水位，该点水位为52.05m；各坝段排水廊道H04CF03测压管为干孔，该点的水位低于孔底高程89.00m(总水头连线时不计该点)；下游排水洞处H25CF测压管水位为26.51～27.32m，该点水位取27.32m；下游封闭帷幕后的测压管水位为23.48～23.53m，该点水位取23.53m，下游封闭帷幕前的H07CJ测压管测值依次为43.18～51.77m，该点水位取51.77m。最后将上述各控制点的测压值以线性关系连接得总水位线(图4.4.14和图4.4.15)。

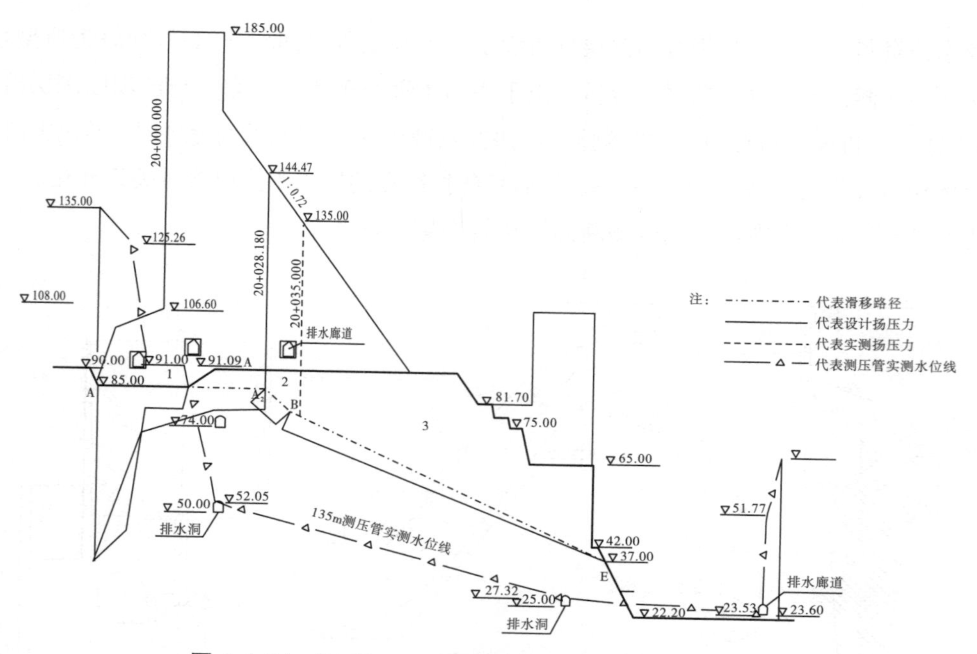

图 4.4.14　85.00m—*ABE* 滑移模式 135m 水位扬压力图

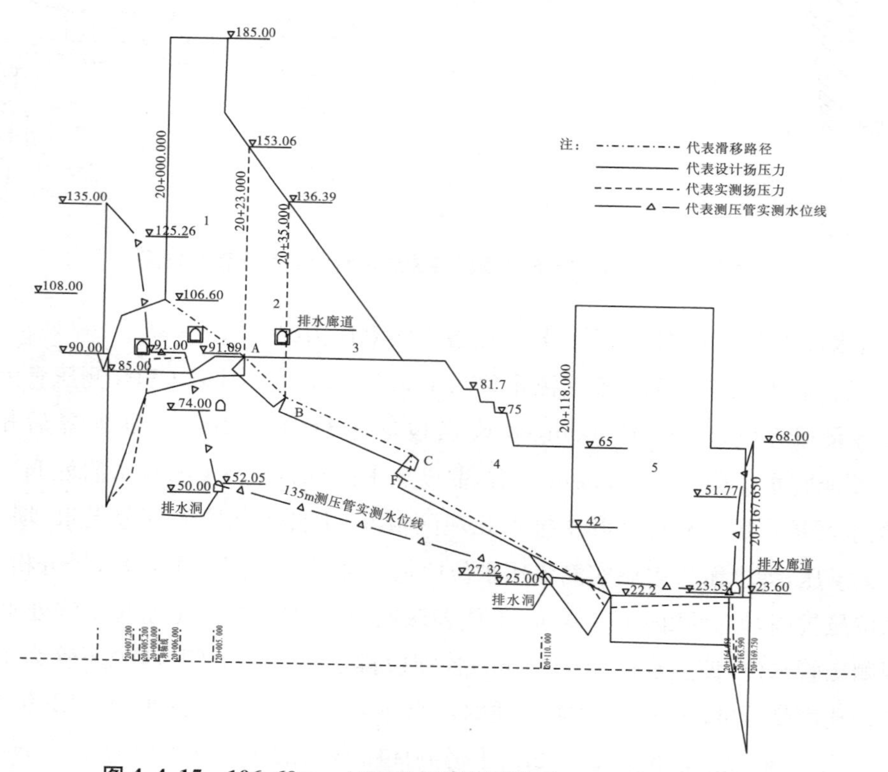

图 4.4.15　106.60m—*ABCFI* 厂房滑移模式 135m 水位扬压力图

2）坝前水位 156.00m 时，左厂 3 号坝段各点实压力线

上游帷幕前 H01CF03 测压管实测水位依次为 145.34m、144.32m、144.12m，取平均值

144.59m 为该点水位;上游帷幕后排水廊道 H03CF03 测压管水位 91.09m;上游排水洞处水位 52.05m;下游排水洞处水位 26.59m;下游封闭帷幕后的 H06CJ 测压管水位 23.49m,下游封闭帷幕前的 H07CJ 测压管水位 43.20m,将上述各控制点的测压值以线性关系连接得总水位线(图 4.4.16 及图 4.4.17)。

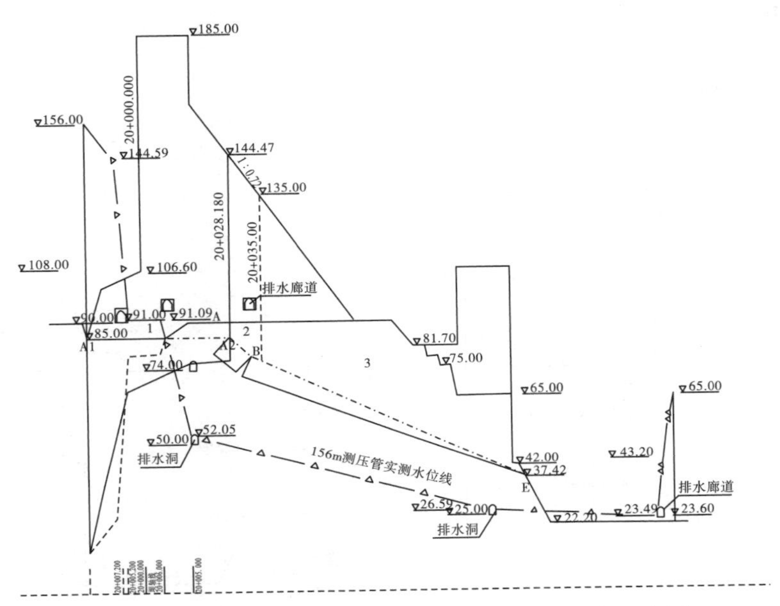

图 4.4.16 85.00m—*ABE* 滑移模式 156m 水位扬压力图

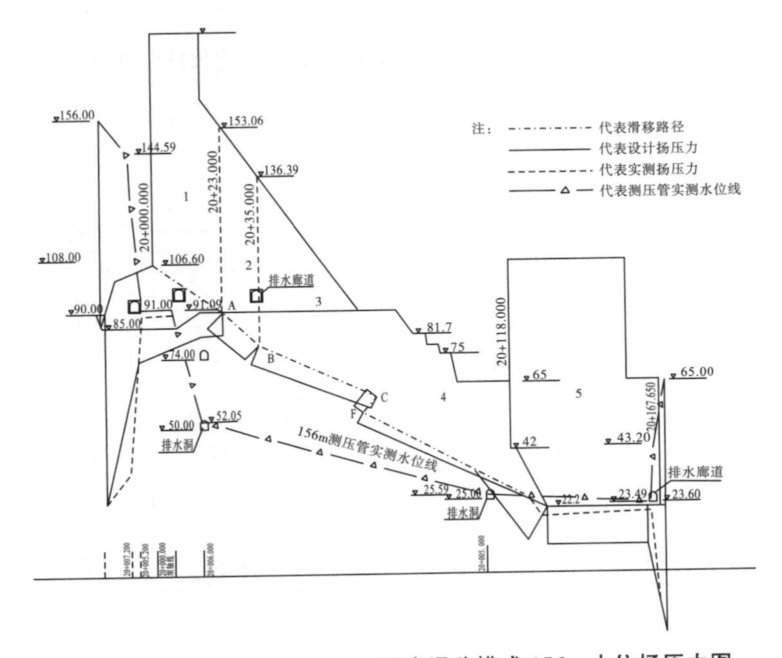

图 4.4.17 106.60m—*ABCFI* 厂房滑移模式 156m 水位扬压力图

3)坝前水位 175.00m 时,左厂 3 号坝段各点实测压力线上游帷幕前 H01CF03 测压管实测水位为 169～173m，取平均值 171.61m 为该点水位；上游帷幕后排水廊道 H03CF03 测压管水位 91.10m；上游排水洞处水位 52.05m；下游排水洞处水位 26.59m；下游封闭帷幕后的 H06CJ 测压管水位 23.61m，下游封闭帷幕前的 H07CJ 测压管水位 43.20m，将上述各控制点的测压值以线性关系连接得总水位线（图 4.4.18和图 4.4.19）。

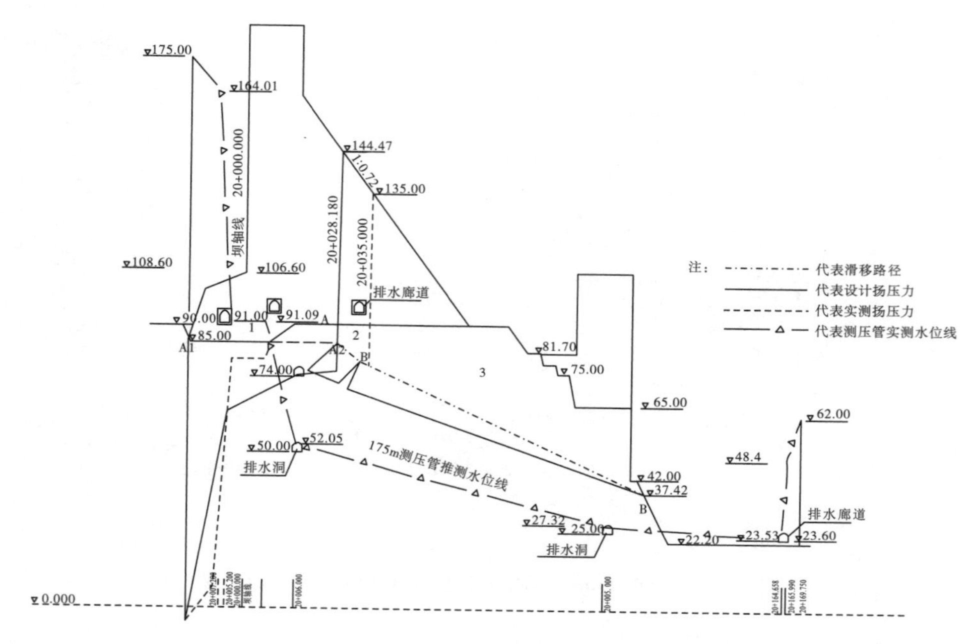

图 4.4.18　85.00m—ABE 滑移模式 175m 水位扬压力图

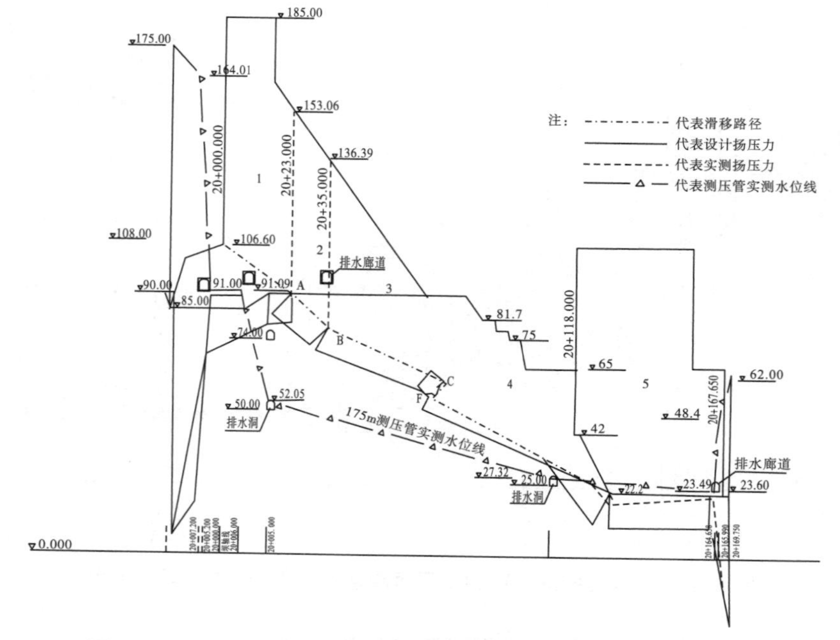

图 4.4.19　106.60m—*ABCFI* 厂房滑移模式 175m 水位扬压力图

(2)左厂 3 号坝段滑移路径高程 85.00m—*ABE* 滑面扬压力对比

1)上游水位 135.00m、下游水位 68.00m

根据图 4.4.14 中各实测总水位线，减去滑移面上各控制点的高程，即得各点的实测扬压力值，然后以线性关系连接得实测扬压力线，由图 4.4.17 可见实测及设计扬压力线。上游帷幕后实测扬压力系数 0.000，下游帷幕幕后实测扬压力系数为 0.027～0.030，均小于上下游帷幕及排水幕幕后设计扬压力系数 0.250 及 0.300。上游帷幕前实测扬压力值 505.0t/m，实测值比设计值大 29%；上游帷幕后实测扬压力值 71.1t/m，实测值为设计值的 13%。对于滑移路径高程 85.00m—*ABE* 滑面，135.00m 水位下实测扬压力仅占设计扬压力 46%。由于排水洞的疏干降压作用明显，上下游排水洞之间的渗压水位远低于深层滑移面。

2)上游水位 156.00m、下游水位 65.00m

滑移路径高程 85.00m—*ABE* 滑面实测及设计扬压力线参见图 4.4.16。上游帷幕幕后实测扬压力系数为 0.000，下游帷幕幕后实测扬压力系数为 0.029～0.030，均小于设计值。上游帷幕前实测扬压力线在设计扬压力线外，实测扬压力值 729t/m，实测值比设计值大 31%；上游帷幕后实测扬压值 72t/m，实测值为设计值的 9%。对于滑移路径高程85.00m—*ABE* 滑面，156.00m 水位实测扬压力为设计扬压力的 59.2%，实测扬压力值在设计值范围之内。由坝基扬压力图形分析可见：由于排水洞的疏干降压作用明显，上下游排水洞之间的渗压水位远低于深层滑移面，156.00m 和 135.00m 水位下，上下游排水洞之间的渗压水位基本相同，不随上游水位变化。

(3)左厂 3 号坝段滑移路径高程 106.60m—*ABEI*—厂房建基面的扬压力对比

1)上游水位 135.00m、下游水位 68.00m

滑移路径高程 106.60m—*ABFI*—厂房建基面实测及设计扬压力线参见图 4.4.15。上游帷幕后实测扬压力系数为 0.000，下游帷幕后实测扬压力系数为 0.027～0.030，均小于设计值。上游帷幕前，实测扬压力值 383.0t/m，实测值比设计值大 24%；上游帷幕后，实测扬压力 410.0t/m，实测值为设计值的 29%。大坝基础范围内实测扬压力值为 521.0t/m，实测值占设计值的 43%；厂房基础范围内，实测值为 332.0t/m，实测值为设计值的 52%。

对于滑移路径高程 106.60m—*ABCFHI* 深层滑面，135.00m 水位实测扬压力占设计扬压力的 46%，实测扬压力值在设计值范围之内。由坝基扬压力图形分析可见：由于排水洞的疏干降压作用明显，上、下游排水洞之间的渗压水位远低于深层滑移面。

2)上游水位 156.00m，下游水位 65.00m

滑移路径高程 106.60m—*ABFI*—厂房建基面实测及设计扬压力线参见图 4.4.17。上游帷幕后实测扬压力系数为 0.000，下游封闭帷幕后实测扬压力系数为 0.029～0.030，均小于设计值。上游帷幕前实测扬压力线在设计扬压力线外，实测扬压力值 576.0t/m，实测值比设计值大 27%；上游帷幕后实测扬压力值 388.0t/m，实测值为设计值的 24%。大坝基础范围内实测扬压力值为653.0t/m，实测值为设计值的52%。

对于滑移路径高程106.60m—*ABCFI*厂房滑面，156.00m水位实测扬压力为设计扬压力的47%，实测扬压力值在设计值范围之内。由坝基扬压力图形分析可见：由于排水洞的疏干降压作用明显，上、下游排水洞之间的渗压水位远低于深层滑移面，坝前水位156.00m和135.00m时，上、下游排水洞之间的渗压水位基本相同，不随上游水位变化。

3）上游水位175.00m，下游水位65.00m

根据左厂1～5号坝段175.00m水位时各测压管实测数据分析，大坝坝基上游主防渗排水幕后高程53m以上坝基处于疏干状态，坝基及深部岩体结构面处的渗压远小于设计值0.25，下游帷幕后扬压力系数小于设计值0.3。根据坝基扬压力分析，防渗排水幕及排水洞的排水降压作用明显，上下游排水洞之间的渗压水位远低于深层滑移面，渗压水位基本不随上游水位变化。

（4）左厂3号坝段坝基滑移面设计扬压力与实测值对比分析结论

根据坝前水位135.00m、156.00m和175.00m下实测扬压力系数、扬压力值和设计值对比分析，得出如下结论：

①左厂3号坝段两种典型滑移面上、下游帷幕后扬压力系数除个别坝段外，均小于上、下游帷幕及排水幕后设计扬压力系数0.25和0.30。

②根据135.00m、156.00m和175.00m水位下坝基扬压力图形分析可见：由于排水洞的疏干降压作用明显，上下游排水洞之间的扬压力水位远低于深层滑移面。坝前水位156.00m和135.00m时，上下游排水洞之间的渗压水位基本相同，位于52.05～27.32m之间，不随上游水位变化。

③左厂3号坝段两种典型滑移面上实测扬压力值小于设计值。135.00m、156.00m和175.00m水位总的实测扬压力值比设计值分别减小比例见表4.4.10，且减小幅度随水位增加而加大。

表4.4.10　不同水位左厂3号坝段坝基滑移路径下扬压力实测值比设计值减小比例

	高程106.60m—*ABCFI*	高程85.00m—*ABE*
上游135m水位	46%	46%
上游156m水位	47%	59.2%
上游175m水位	41%	58.4%。

4.4.6.4 蓄水后左厂3号坝段深层抗滑稳定复核计算

（1）左厂3号坝段深层抗滑稳定复核计算成果

参照《混凝土重力坝设计规范》（SL319—2005），坝基岩体内存在软弱结构面、缓倾角裂隙时，应进行坝基深层抗滑稳定分析，首先采用抗剪断强度公式进行复核计算，并满足规范要求的安全系数；如采用工程措施后仍不能满足要求时，可按抗剪强度公式计算坝基深层抗滑稳定。三峡工程大坝坝基岩体条件较好，采用抗剪断强度公式进行坝基深层抗滑稳定分析计算是合适的。

根据蓄水位 135.00m 及 156.00m 和 175.00m 左厂 3 号坝段坝基扬压力的监测成果，正常运行工况下，采用刚体极限平衡法，按照《混凝土重力坝设计规范》(SL319—2005)推荐的抗剪断公式进行复核计算，大量计算结果表明，深层抗滑稳定由基本荷载组合控制。抗剪断强度公式计算中一般未计及相邻分块之间的剪切力(取相邻块的作用力与水平面的夹角为 0°)。

按照抗剪断强度公式，左厂 3 号坝段最危险滑移面(高程 85.00m—*ABE*、高程 106.60m—*ABCFI*)的深层稳定安全系数分别为 3.37 和4.20，均大于 3.0，分别较原设计安全系数增加 0.20 和 0.10。其他滑移模式的安全系数也满足相应的设计规定。大坝深层抗滑稳定复核计算安全系数均较原设计安全系数略有增加。

(2)左厂 1～5 号坝段深层抗滑稳定复核计算的结论

根据大坝蓄水 135.00m 水位、156.00m 和 175.00m 水位坝基渗流监测数据以及与设计扬压力的对比分析，并采用刚体极限平衡法进行大坝深层抗滑稳定性计算，主要成果分析如下：

①根据 135.00m、156.00m 和 175.00m 水位下左厂 3 号坝段各测压管实测数据分析，左厂 3 号坝段坝基深层滑移面上、下游帷幕后扬压力系数小于设计的上、下游帷幕及排水幕后扬压力系数 0.25 和 0.30；坝基深层滑移面上总的实测扬压力值小于设计值，为设计值的 41%～59%，且减小幅度随水位增加而加大。

②根据坝基实测扬压力图形分析，由于排水洞的疏干降压作用明显，上下游排水洞之间的渗压水位远低于深层滑移面，156.00m、135.00m 及 175.00m 水位下，上下游排水洞之间的渗压水位基本相同，为 52.05～26.46m，基本不随上游水位变化。

③根据左厂 3 号坝段坝基实测 135.00m、156.00m 及 175.00m 水位下的扬压力分析可见，两种典型滑移面上总的推测扬压力值为设计值的 41%～59%，推测扬压力值均小于设计值。

根据上述实测 135.00m、156.00m 及 175.00m 水位下确定性滑移模式的扬压力，进行典型坝段深层抗滑稳定复核计算，大坝深层抗滑稳定安全系数均较原设计安全系数略有增加。在正常运行工况下，左厂 3 号坝段滑移路径高程 85.00m—*ABE* 和高程 106.60m—*ABCFI* 最危险两种确定性滑移模式的深层稳定安全系数分别为 3.37 和 4.20，较原设计安全系数分别增加 0.20 和 0.10。通过复核计算成果分析，左厂 1～5 号坝段深层抗滑稳定满足设计要求，大坝是安全的。

4.4.6.5　试验性蓄水至正常蓄水位 175m 左厂 1～5 号坝段安全监测资料分析

(1)变形监测

①左厂 1～5 号坝段坝基位移变化较小，2010—2016 年试验性蓄水至 175m 水位后，左

厂 1 号坝段坝基位移分别为 1.57mm、1.84mm、1.91mm、1.26mm、1.26mm、1.19mm、1.07mm，左厂 5 号坝段坝基位移分别为 2.34mm、2.34mm、2.77mm、2.32mm、2.58mm、2.53mm、2.77mm。左厂 5 号坝段坝基位移比左厂 1 号坝段大，差异原因可能是地质岩体差异和左厂 5 号坝段右侧为临空面（陡坡段）所致。位移过程线见图 4.4.20。从图 4.4.20 可看出左厂 5 号坝段 2010 年库水位蓄至 175m 水位后，坝基每年累计位移随上游水位呈周期性变化，无增加趋势。

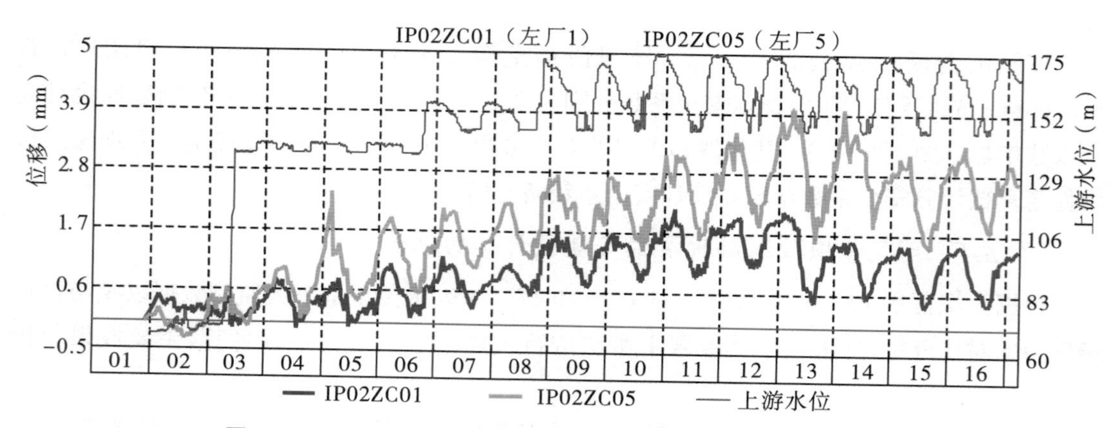

图 4.4.20 左厂 1 号坝基、左厂 5 号坝基水平位移与水位过程线

②2010—2016 年水库蓄水至水位 175m 后，左厂 1 号坝段坝顶位移分别为 9.06mm、11.12mm、10.35mm、11.61mm、10.45mm、10.54mm、12.42mm，左厂 5 号坝段坝顶位移分别为 9.7mm、11.12mm、10.35mm、11.80mm、10.87mm、10.19mm、11.65mm。坝顶位移为 2013 年库水蓄至 175m 水位后最大，其原因同泄 2 号坝段。坝顶位移过程线见图 4.4.21，从图 4.4.21可看出左厂 1 号坝段与左厂 5 号坝段坝顶变形基本一致。说明此部位混凝土坝体稳定。

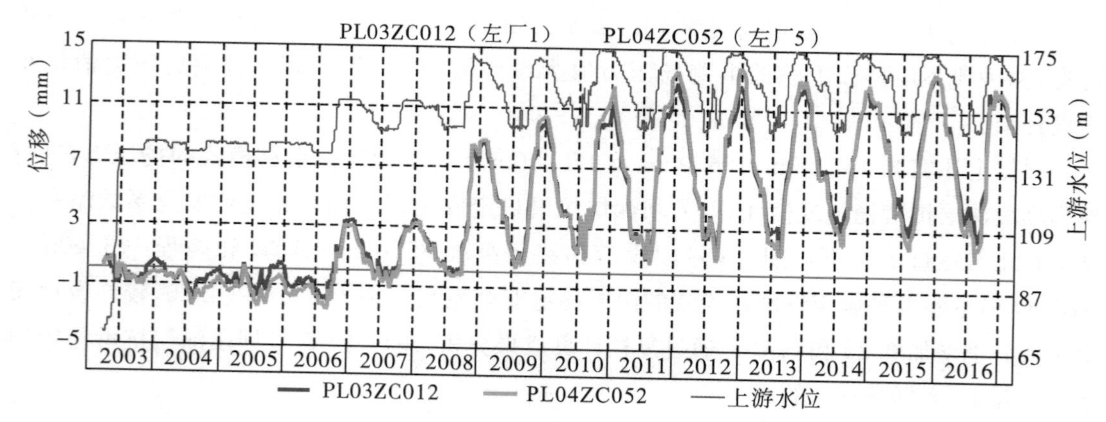

图 4.4.21 左厂 1 号、左厂 5 号坝顶水平位移与水位过程线

③2016 年水库蓄水至水位 175m 后，左厂 1 号坝段和左厂 5 号坝段坝基位移变化 0.64mm和 1.00mm，坝顶位移变化 9.99mm 和 9.90mm。2017 年 3 月坝基位移分别为

1.44mm和2.66mm,坝顶位移分别为9.54mm和9.68mm。

(2)渗流监测

①2016年蓄水至水位175m后,左厂1~5号坝段上游灌浆廊道排水幕处的扬压力系数为0.11~0.07,2017年3月为0.13~0.08,均在设计允许范围内。

②左厂1~5号坝段坝基1~2号排水洞总渗流量呈逐年减小趋势,2010—2016年水库蓄水至175m水位后,渗流量分别为67.24L/min、61.55L/min、57.48L/min、57.17L/min、48.30L/min、45.97L/min、40.19L/min。2017年3月为52.12L/min。排水洞的疏干降压作用明显,上下游排水洞之间的渗压水位远低于深层滑移面,上下游排水洞之间的渗压水位基本相同,不随上游水位变化。左厂1~5号坝段深层滑移面位于渗压水位以下,其抗剪参数不会降低,有利于提高深层抗滑稳定性。

③2010—2016年水库蓄水至175m水位后,左厂1~5号坝段坝基渗流量分别为43.85L/min、41.78L/min、39.45L/min、41.24L/min、33.20L/min、31.43L/min、26.30L/min,渗流量呈减小趋势。2017年3月渗流量为38.18L/min,渗流量过程线见图4.4.22。

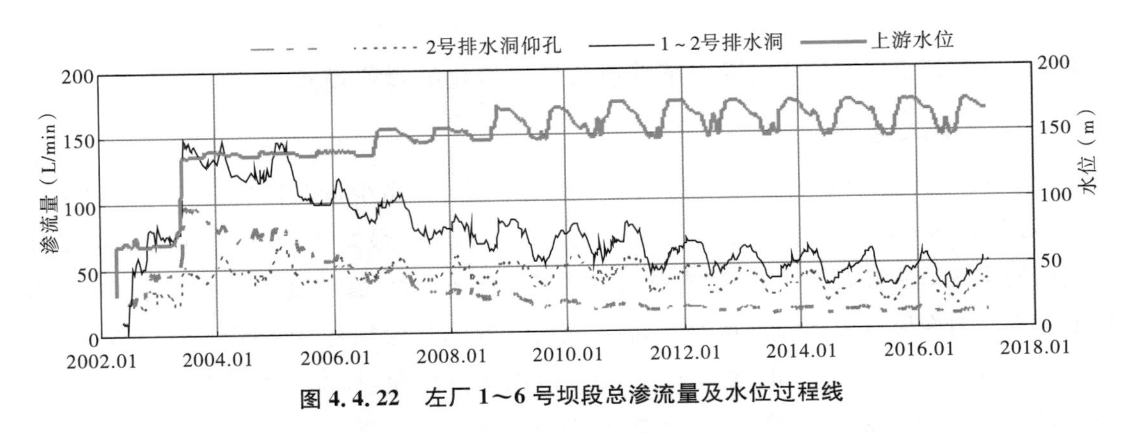

图4.4.22 左厂1~6号坝段总渗流量及水位过程线

④左厂3号坝段高程85.00m—*ABE*和高程106.60m—*ABCFI*两种深层滑移模式滑移面上实测扬压力值分别为设计值的58.4%和41.0%,坝基深层抗滑稳定安全系数分别为3.37和4.27,滑移模式高程85.00m—*ABE*的安全系数与设计推算值相同,滑移模式高程106.60m—*ABCFI*的安全系数略高于设计推算值,均较原设计安全系数提高,说明左厂1~5号坝段深层抗滑稳定性满足设计要求。

(3)综合分析结论

大坝2003年挡水位135m至2010年挡水位175m运行,截至2016年底设计挡水位已运行7年,左厂房1~5号坝段的监测成果综合分析表明:

①左厂房1~5号坝段基岩面高程95.0m以下的岩体水平位移量为1.45~4.58mm,蓄水至175m后的每年位移增量基本相同,与河床坝段及右岸岸坡坝段的变化规律一致;坝基垂直位移累积为16.1~19.0mm,小于河床坝段沉降量,相邻坝段沉降差在0.5mm左右,不

存在不均匀沉降现象，表明坝基岩体是稳定的。坝顶水平位移量为－3.07～13.65mm，小于河床坝段坝顶变位，坝顶水平位移与气温关系密切，冬季向下游变形，夏季向上游变形，2010—2016年蓄水至175m水位时的最大位移基本一致，表明坝体变形处于弹性状态。

②左厂房1～5号坝段坝基渗流量在175m蓄水前后的变化为3.31L/min，最大渗流量为21.77L/min，呈减小趋势，坝前水位175m时主排水幕后坝基渗压水位在54.55m以下，1号排水洞排水孔基本无水，表明主排水幕下游至2号排水洞以上的坝基岩体处于疏干状态，坝基渗压水位在缓倾角结构面以下；上下游排水洞之间的渗压水位远低于深层滑移面，且上下游排水洞之间的渗压水位不随上游水位变化。

③左厂房1～5号坝段与其坝后厂房基础采用上下游封闭帷幕抽排，其上、下游帷幕后排水幕处扬压力系数均小于设计值0.25和0.50，左厂3号坝段上、下游帷幕后排水幕处扬压力系数分别为0和0.08，据实测坝基渗压水位计算两种不利的假设滑移面上的总扬压力值仅为设计值的40%和56%，其深层抗滑稳定安全系数分别为3.38和4.23，较设计值增大0.21和0.13。综合分析左厂房1～5号坝段深层抗滑稳定满足规范和设计要求，大坝运行安全可靠。

4.4.7 右厂24～26号坝段深层抗滑稳定性复核计算

4.4.7.1 右厂24～26号坝段坝基地质条件及概化的滑移模式

(1)基本地质条件

右厂24～26号坝基岩体主要为闪云斜长花岗岩，分布少量花岗岩脉。花岗岩脉以NE—NEE和NWW向中缓角为主，一般宽0.20～0.50m，最宽1.50m，与围岩一般呈波状起伏的突变紧密接触为主，少数岩脉与围岩接触面较平直，裂隙接触为主。对坝基抗滑稳定和不均匀变形有影响的岩脉为γ_1、γ_2。花岗岩脉γ_1贯穿坝基，优势产状为NW275°—NW290° SW∠30°～50°，一般宽0.40～0.60m，面平直稍粗，局部呈微波状，与围岩呈裂隙接触为主，岩体一般较完整，岩质坚硬，局部沿接触面分布厚约1.0cm的风化碎屑。花岗岩脉γ_2在地面高程80.00m出露，宽3～8cm，产状NW336°—NW342° NE∠34°～44°，以半坚硬为主，少量半疏松—疏松状，岩脉面平直稍粗，沿岩脉的上界面可见10～30cm厚的半疏松状风化夹层，其声波波速为2660～3100m/s。坝基岩体内断层较发育，按走向分为近EW向、近SN向及NE向三组，主要为陡倾角断层，多数以舒缓波状延伸，部分延伸平直。断层带宽度一般为0.10～0.50m，断层交会处少数宽1.0m。构造岩以碎裂岩为主，极少数断层内见碎斑岩和糜棱岩条带，一般以胶结较好且坚硬为主，走向NW—NWW向的断层部分见风化加剧现象，构造岩胶结稍差，呈半坚硬—半疏松状。断层延伸长度大多在百米以内，长度大于100m的断层有$f_4^{\gamma f}$、$f_5^{\gamma f}$、$f_6^{\gamma c}$、$f_{51}^{\gamma c}$。坝基裂隙总体不发育，陡倾角裂隙占总数的51.4%，中倾角裂隙占总数的37.1%；缓倾角裂隙占11.5%。对倾角小于35°的裂隙进行了统计，约占建基面裂隙的19%，以走向NNE—NE、倾向SE为主，优势倾向为NE80°—SE130°，占缓倾角裂隙的47.0%，其中倾向NE 90°—SE110°占32.2%，对坝基抗滑稳定较为不利，倾角多大于20°，少数小于20°，延伸长度小于10m的占82%，在延伸长度超过10m的长大缓倾角裂隙中以不长于30m的为主。建基岩体透水性总体较弱，局部透水性较强，以极微透水岩体为主，微透水和中等—较严重透水岩体呈零星状分布。

(2)主要地质问题

右厂24～26号坝段位于缓倾角结构面相对发育部位，前期勘察已初步查明了缓倾角结构面的分布规律、结构面形状及连通率。在右岸厂坝地基开挖期间，采用特殊勘察方法，查明了长大缓倾角裂隙的位置、产状及其性状。分析判定了范围。在施工期间对缓倾角结构面及其他结构面的性状、发育规律、连通率以及花岗岩脉γ_1对坝基抗滑稳定的影响进行了重点研究，主要勘察成果如下：

①坝基缓倾角结构面以走向NNE、倾角SE为主；在微风化及新鲜岩体中，缓倾角结构面为硬性结构面；短小缓倾角结构面的连通率为11.5%。

②上游切割面：坝基上游附近及坝基内存在多条与坝轴线平行或小角度斜交的小断层，可以认为坝基存在上游切割面。

③侧向切割面：坝基范围内无贯通性断层构成侧向切割面，顺水流向NW向裂隙发育程度相对较低，长度一般小于20m，可构成非连续的侧向切割面，其顺水流向连通率可按20%考虑，且是偏于安全的。

④各坝段不存在统一的潜在滑动面，滑移路径上的长大结构面高低错落，且与水压推力方向有一定夹角，滑移路径按平面问题概化，结构面力学参数按平直稍粗面取值有一定安全裕度。

⑤分布于左厂25号、26号坝段建基面以下缓倾下游的花岗岩脉γ_1贯穿整个坝基，优势产状为185°～200°∠30°～35°，厚度0.4～0.6m，岩脉面总体为平直稍粗面。γ_1与围岩的接触面构成影响坝基抗滑稳定的潜在滑移面；在右厂26号坝段与围岩主要呈突变紧密接触或混熔接触(γ_{1d})、裂隙接触($T_{\gamma 1}$)部分所占比例在30%以下；在右厂25号坝段与围岩主要呈裂隙接触，占67.5%～72.6%。花岗岩脉γ_1对右厂26号坝段坝基抗滑稳定影响不大，主要是对右厂25号坝段的抗滑稳定不利。

(3)坝基抗滑稳定概化的确定性滑移模式

通过特殊勘察查明右厂24～26号坝段坝基岩体长大缓倾角结构面的位置、性状、分布范围及连通率，并结合前期勘察资料，进行综合分析，提出右厂24～26号坝段坝基抗滑稳定概化的确定性滑移模式，见图4.4.23至图4.4.25，其滑移路径及几何参数见表4.4.11。

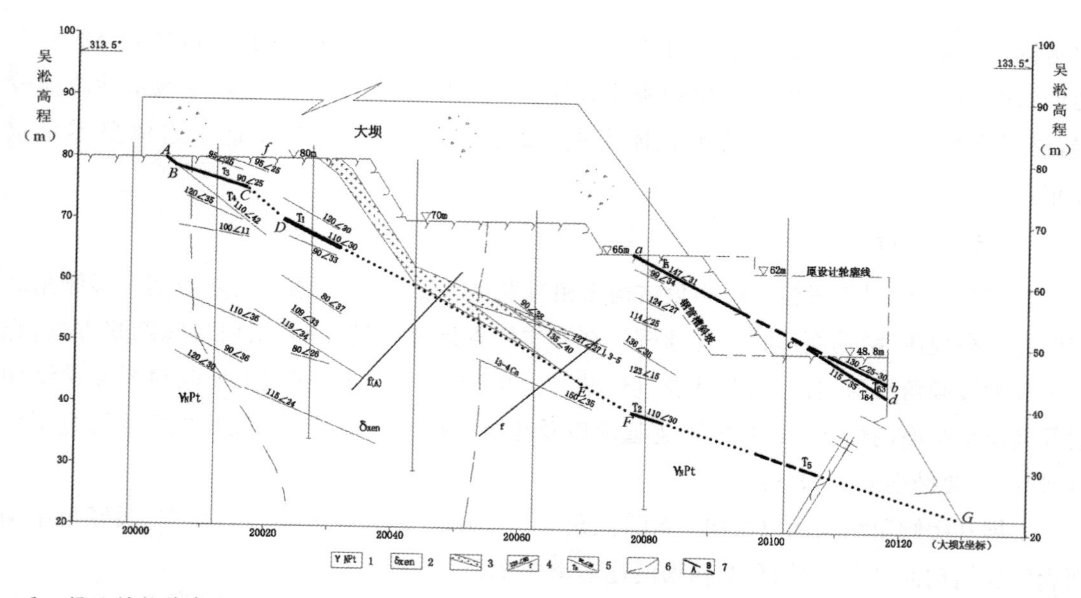

1—闪云斜长花岗岩；2—闪长岩；3—断层及产状；4—裂隙及产状；5—岩性分界线；6—潜在滑移面（实线为确定结构面，虚线为推测结构面，点线为岩桥部分）7—潜在滑移面（实线为确定部分，虚线为推测部分，点线为岩桥部分）

图 4.4.23 右厂 24 号坝段坝基抗滑稳定地质分析概化剖面图

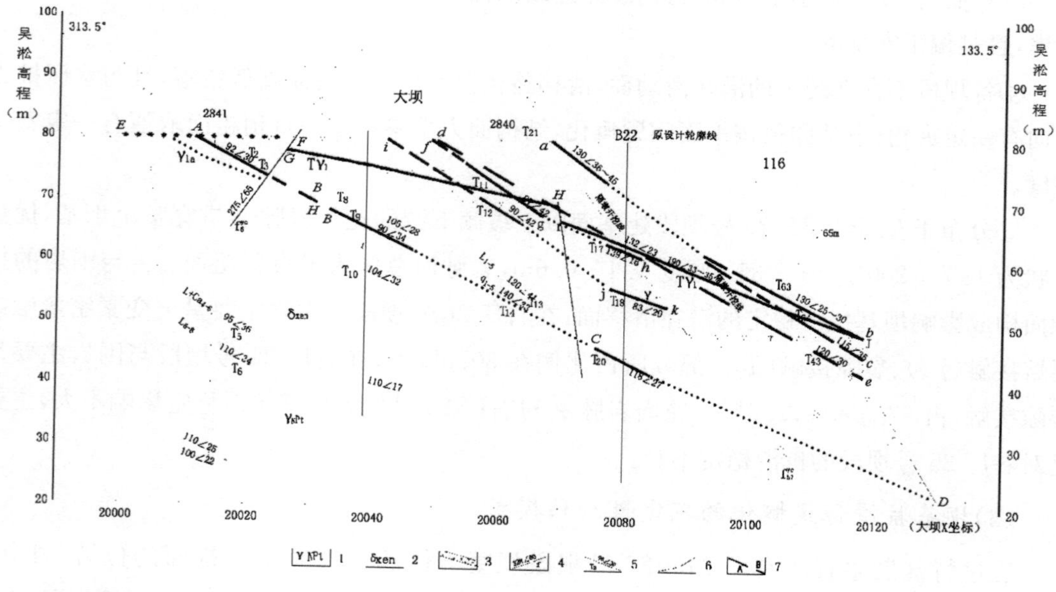

1—闪云斜长花岗岩；2—闪长岩；3—断层及产状；4—裂隙及产状；5—岩性分界线；6—潜在滑移面（实线为确定结构面，虚线为推测结构面，点线为岩桥部分）

图 4.4.24 右厂 25 号坝段坝基抗滑稳定地质分析概化剖面图

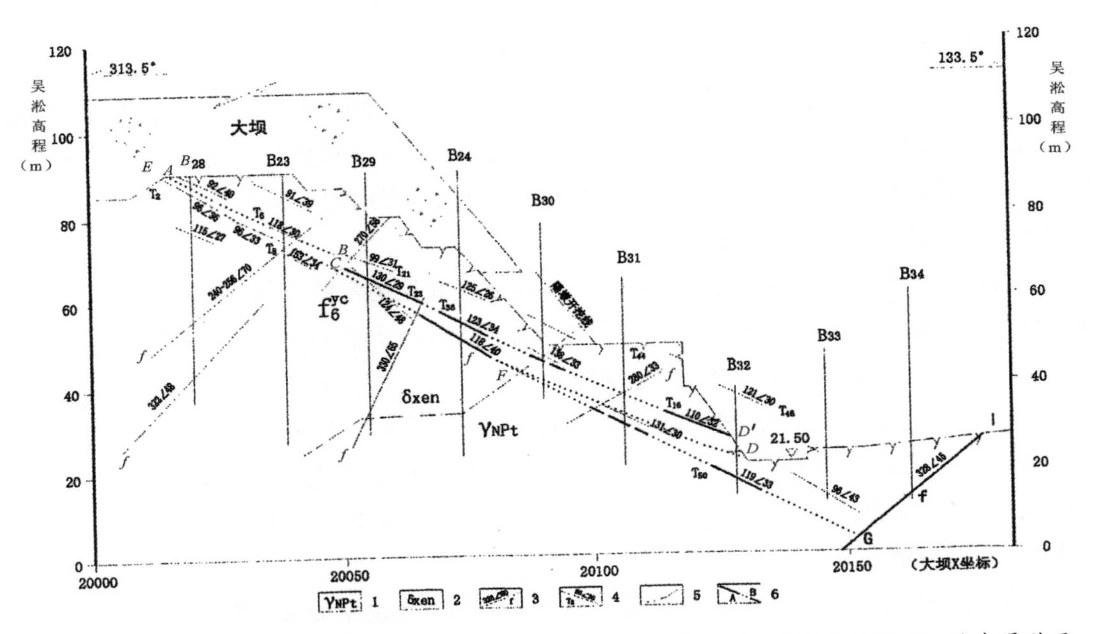

1—闪云斜长花岗岩;2—闪长岩;3—断层及产状;4—裂隙及产状;5—岩性分界线;6—潜在滑移面(实线为确定结构面,虚线为推测结构面,点线为岩桥)

图 4.4.25 右厂25号坝段坝基抗滑稳定地质分析概化剖面图

表 4.4.11 右厂24～26号坝段坝基抗滑稳定概化的确定滑移模式几何参数表

坝段	滑移路径		主要结构面及产状(倾向、倾角)	滑面组成				连通率(%)	类型
				总长(m)	确定缓倾角面长(m)	岩桥长(m)	岩桥中短小缓倾角面长11.5%(m)		
右厂26号	深层	*ABCD*	118～130<29～34	132.0	37.8	94.2	10.8	36.84	直线阶梯型
		ABCD′	110～130<27～34	128.0	51.8	76.2	8.8	47.3	直线阶梯型
		EFD	96～118<33～40	135.8	48.2	87.6	10.1	42.9	折线型
	厂坝联合	*EFGI*	96～119<33～40	164.0	68.2	95.8	11.0	48.3	折线型
右厂25号	浅层	*fgh*	97～139<16～42	36.2	27.0	9.2	1.1	77.5	折线型
		ijk	83～90<29～42	52.8	36.4	16.4	1.9	72.5	折线型
	深层	*ABCD*	90～118<27～34	131.4	49.4	82.0	9.4	44.8	近直线型
右厂24号	浅层	*acb*	130～147<25～31	46.0	46.0			100	直线型
		acd	115～147<31～35	47.0	47.0			100	折线型
	深层	*ABCDEFG*	90～110<25～42	140.0	29.0	111.0	12.77	29.8	折线型

(4)坝基竣工地质条件验证

右厂 24～26 号坝段坝基开挖过程中，施工地质工作除对坝基进行详细的建基面常规地质编录外，对重要部位进行了放大比例尺测绘，研究分析了长大缓倾角结构面及其他边界切割面的特征、组合切错规律、连通率等，并对设计采用地质提出的概化的确定性滑移模式及力学参数等进行了全面对比验证，结果表明：

①右厂 24～26 号坝段坝基抗滑稳定条件，经施工开挖揭示的实测地质资料检验，证明前期勘察研究成果，尤其是特殊勘察成果的主要结论基本上是正确的，各类结构面的位置及发育规模、性状验证吻合，力学参数的建议值合理。

②右厂 24 号及 25 号坝段概化的深层滑移路径及滑移面连通率与坝基竣工地质成果基本一致。仅右厂 26 号坝段概化的深层滑移路径 $ABCD$，由于在大坝下游坡高程 26.7m 处新揭露 T_{16}缓倾角裂隙，路径上的 D 点上抬至 D'(参见图 4.4.25)，结构面长度增加 14m，连通率由 36.84%增加至 47.3%。

③花岗岩脉 γ_1分布位置及发育规律、性状与施工期特殊勘察成果一致，由 $T\gamma_1$花岗岩脉界面裂隙单独构成的抗滑稳定模式边界条件亦与施工期成果吻合；地质提出的 $T\gamma_1$抗剪强度(f=0.70，c=0.2MPa)与连通率(69%)建议值符合客观实际。

④坝基中未发现贯穿两个坝段的缓倾角裂隙，故右厂 24～26 号坝段不存在统一的深层潜在滑移面。各坝段滑移路径是由若干条产状具有一定差异、且被各向陡、中倾角结构面所切错的缓倾角裂隙组成，故潜在滑移面在空间上呈高低错落，扭曲起伏、且与坝上游水压推力方向有一定交角，滑移路径按二维平面问题概化，忽略了坚硬岩体的侧向约束力，各结构面倾向不一致性及与滑移方向的差异性，因此这一概化是偏于安全的。

4.4.7.2 右厂 24～26 号坝段坝基抗滑稳定分析

右厂 24～26 号坝段坝基深层抗滑稳定分析，主要采用刚体极限平衡法(等 K 法)。各坝段坝基抗滑稳定的滑移面，系根据实测的长大缓倾角结构面的分布概化出的确定性滑移模式，计算方法及力学参数与左厂 1～5 号坝段相同。大坝深层抗滑稳定控制工况为基本荷载组合(设计工况)：自重(坝体及岩体)＋正常蓄水位时的上下游水压力(上游水位 175.m、下游水位 62.0m)＋相应扬压力＋泥沙压力(坝前泥沙淤积高程 108.0m，泥沙浮容重 γ=5.0kN/m^3)，右厂 24～26 号坝段典型深层、浅层滑移模式、连通率及分析计算结果见表4.4.12。

由表 4.4.12 可以看出：a. 右厂 24 号及 25 号坝段在大坝单独承载下(不计厂坝联合作用)，坝基深层抗滑稳定安全系数 K_c均在 3.2 以上。b. 右厂 26 号坝段各概化的深层滑移模式中，以沿结构面连通率最大(连通率为 48.3%)的滑移路径 $EFGI$ 最为危险，右厂 26 号坝段在大坝单独承载下，坝基深层抗滑稳定安全系数为 2.9～3.02；考虑厂坝联合作用，沿厂房建基面或厂房建基面以下裂隙面滑出，其计算的 K_c值分别为 4.18 及 3.28。c. 右厂 24 号及 25 号坝段在厂坝联合作用下，坝基浅层抗滑稳定安全系数 K_c'=4.51～4.70。计算结果表明，右厂 24～26 号坝段坝基深层及浅层抗滑稳定满足要求。

表 4.4.12　　右厂 24～26 号坝段典型滑移模式抗滑稳定分析计算结果汇总表

坝段	滑移路径		连通率(%)	大坝单独受力安全系数 K_c'	厂坝联合作用安全系数 K_c'	说明
右厂26号	深层	*ABCD′*	47.3	2.9	4.18	地质概化的 *ABCD*、*ABCD′* 和 *EFD* 三条滑移路径位移极为接近，计算时简化为一条代表路径，并在该路径中计入 T_{23} 结构面，实际采用连通率 51.3%，厂坝联合作用时，沿厂房底面滑动，未计锚索作用。
		EFGI	48.3	3.02	3.28	计算中在该路径中计入 T_{23} 结构面，实际采用连通率 55.2%。厂坝联合作用时，沿厂房下部反翘结构面滑动；未计锚索作用。
右厂25号	浅层	*Ijk*	72.5	/	4.7	地质概化的 *fgh* 路径施工中其结构面均已挖除，厂坝联合作用时，沿厂房下部反翘结构面滑动；未计锚索作用，结构面 $f'=0.65$，$c'=0.1$MPa。
	深层	*ABCD*	44.8	3.2	/	厂坝联合作用时，沿厂房底面滑动；未计锚索作用。
右厂24号	浅层	*acd*	100	3.02	4.51	地质概化的 *acb* 和 *acd* 两条滑移路径位置较为接近，以 *acd* 控制。计入锚索作用。结构面 $f'=0.6$，$c'=0.1$MPa。
	深层	*ABCDEFG*	29.8	3.2	4.45	厂坝联合作用时，沿厂房底面滑动；未计锚索作用。

4.4.7.3　右厂 24～26 号坝段坝基抗滑稳定采取的综合措施

针对右厂 24～26 号坝段建基岩体地质条件、开挖形态复杂，为提高坝基抗滑稳定安全度，设计采取了综合工程措施，对坝基岩体进行加固处理。

①适当降低建基高程，坝基上游侧增设齿槽，上游侧建基面高程一般由 90.00m 降至 85.00m，局部降至 80.00m；挖除部分浅埋的花岗岩脉 γ_1 上覆岩体(约 3200m^3)。

②坝底向上游侧加宽 17.5m，坝基帷幕灌浆和排水前移，由原位于坝轴线下游 10m 移

至坝轴线上游 5m。

③坝趾下游岩坡与厂房混凝土之间设置接触灌浆系统，进行接触灌浆处理，确保厂房混凝土与岩坡结合良好，使厂坝联合受力；坝后电站尾水渠一定范围内固结灌浆，保证下游岩体的抗力作用。

④坝段间横缝设置键槽并进行灌浆，以加强各坝段间的整体作用。

⑤坝基与厂房地基在上游高程 54.00～59.00m、下游高程 25.00m 设置排水洞，进行封闭抽排，并加强岩体固结灌浆。

⑤坝基及厂房地基开挖严格控制爆破，以保证岩体的完整性。

⑦对坝趾下游临空岩坡进行锚固支护、边坡高程 48.80m 以上部位，针对施工地质测绘的缓倾裂隙发育位置及其他地质缺陷，布置 3～6 排长 30～50m 的 3000kN 级预应力锚索，提高坝基浅层及深层抗滑稳定安全度。

⑧坝趾下游岩坡中的电站引水压力钢管槽间的岩墩体形复杂，加之受多条长大中缓倾角裂隙切割而稳定性较差，施工中设计按地质建议将原设计坡面后退 18.0m，将大部分影响浅层抗滑稳定的中缓倾角裂隙挖除，管槽间的岩墩整体稳定性明显提高；部分残留者构成不利块体为局部稳定问题，结合深层抗滑稳定采取了锚索及锚桩加固。

⑨预设廊道为后期必要时采取预应力锚索加固提供条件。

⑩加强坝基岩体变形的安全监测。

4.4.7.4 右厂 24～26 号坝段安全监测成果分析与坝基抗滑稳定评价

(1)安全监测成果分析

①2014 年 12 月，右厂 24～26 号坝段基础廊道高程 94～102m 处实测向下游最大水平位移分别为 1.23～2.84mm，年变幅为 0.37～1.29mm；坝顶向下游最大水平位移为 7.32～13.14mm，年变幅为 8.6～13.0mm，说明坝体为弹性变形；自 2008 年汛末实施正常蓄水位 175m 试验性蓄水运行以来，坝基水平变形在 1mm 以内变化，在观测误差范围之内。2014 年 12 月右厂 24～26 号坝段基础廊道高程 90.00～96.20m，实测沉降为 14.0～15.4mm；坝顶实测沉降为 7.9～8.3mm；实施试验性蓄水运行以来，实测坝基最大沉降为 15.3～16.6m，坝顶最大沉降为 12.2～13.00mm，说明坝基观测值在误差范围之内，坝基是稳定的。

②右厂 24～26 号坝段坝基预应力锚索实测锁定损失率为 3.6%～5.6%，平均锁定损失率 4.5%；终测时的锁定后损失率为 0.8%～3.7%，平均锁定后损失率为 2.1%；从完好的测力计测值过程线看，2002 年边坡支护后锚固力测值均是稳定的，锚固力变化主要发生在第一年，此后锚固力变化较小。

③右厂 24～26 号坝段坝基实测上游主排水幕处扬压力系数小于 0.15，下游主排水幕处扬压力系数小于 0.25，均小于设计允许值；测压管观测的右厂 23～26 号坝段坝基主排水幕后的岩体基本处于疏干状态，有利于坝基深层抗滑稳定。

(2)坝基抗滑稳定安全评价

右厂 24～26 号坝段坝基岩体缓倾角构造的性状及分布范围、连通率等总体上优于左厂 1

～5号坝段，设计上采取了与左厂1～5号坝段相同的工程措施。自2008年汛末实施试验性蓄水运行以来的监测成果分析表明，这些措施对坝基岩体处理加固是有效的，达到了预期的效果。右厂24～26号坝段坝基深层及浅层抗滑稳定满足规范和设计要求，大坝运行安全可靠。

4.5 大坝坝内大孔口应力分析及配筋

4.5.1 大坝坝内大孔口结构布置

坝内大孔口结构布置特点如下：

(1)大坝坝内过流孔数量多尺寸大

大坝坝内共布置泄洪孔67个(其中泄洪表孔22个、泄洪深孔23个、导流底孔22个)、排漂孔3个(其中1号、2号排漂孔兼作泄洪用)、排沙孔7个、冲沙闸孔2孔、电站引水孔28个(其中左岸电站引水孔14个、右岸电站引水孔12个、电源电站引水孔2个)。

泄洪表孔宽8.00m，泄洪深孔有压段出口断面尺寸7.00m×9.00m、导流底孔有压段出口断面尺寸6.00m×8.5m；1号、2号排漂孔断面尺寸10.00m×12.00m，3号排漂孔尺寸7.00m×10.00m；排沙孔进口尺寸5.00m×7.00m渐变为直径5.00m的圆形断面，冲沙闸孔出口断面尺寸为5.50m×9.6m；左右岸电站引水管道进口尺寸9.20m×13.24m渐变为直径12.40m的圆形断面，电源电站引水管道进口尺寸4.50m×6.90m渐变为直径6.20m的圆形。

(2)大坝坝内过流孔及闸门槽(井)挖空率大，结构受力复杂

泄洪深孔工作弧门布置在坝体内部，在坝体中部形成大空腔结构，工作弧门操作室布置在高程117.50m，操作室尺寸为7.00m×5.50m×13.50m(长×宽×高)。操作室顶部设吊物井(长3.00m，宽2.50m)直通坝顶。深孔工作弧门启闭机采用液压单吊点启闭机，每3～4台启闭机设一油泵室，在泄3号、7号、11号、15号、22号坝段深孔启闭机室后布置长10.85m、宽5.50m的油泵室，泄12号坝段设集控室。弧门工作室顶部高程为114.0m，顶设启闭机吊物孔，上游侧以斜坡接上游壁高程106.00m，下游以1∶1.5坡接弧门支座。弧门空腔顶部中心设一个直径2.00m的通气孔，跌坎侧墙设2个直径1.40m的掺气孔。

泄洪深孔事故门槽宽1.95m，深1.10m，闸门井尺寸9.20m×3.05m；导流底孔事故门槽宽1.85m、深1.00m，闸门井尺寸8.00m×3.25m；泄洪深孔门井与表孔工作门槽相距1.86m。泄洪表孔两道门槽间距5.80m，两道门槽体形尺寸相同，槽宽1.40m，深0.85m，错距0.12m，圆弧半径0.10m，坡1∶12。大坝坝内过流孔及闸门槽(井)尺寸大、挖空率大，致使坝体结构复杂。

(3)泄洪深孔与表孔相间布置

根据防洪调度要求，在100年一遇以下洪水库水位较低时，由深孔宣泄洪水，遇1000年以上大洪水时，表孔与深孔联合泄洪。采用深孔与表孔相间布置，不仅可缩短泄洪坝段长度，减少岸坡岩石开挖，并能更好适应大坝泄洪运行特点，在常遇洪水泄洪时，深孔均匀开

启，易于横向扩散，减小入水单宽流量，有利于下游消能防冲，且下游水流均匀平缓，对航运的影响小；在遇特大洪水时，深孔与表孔相间布置，其挑流水舌在空间错开，并在空中碰撞消能，以减轻下游冲刷。

4.5.2 坝内大孔口应力分析

大坝坝内孔洞多、尺寸大、作用水头高、挖空率大，结构受力复杂。潘家铮院士在《重力坝设计》专著中，对坝内圆形孔、椭圆孔、矩形孔、渐变段孔口、标准廊道以及坝内大孔口等孔口附近的应力分布做了详细的论述，并给出理论分析和数值计算的公式、图表及相关算例。对于边界条件和形状比较复杂的孔口，需通过模型试验，如偏光弹性试验、模型材料试验等来确定其应力状态。此外，还提出有限元应力分析法。坝内大孔口应力分析，严格讲，这是一个空间应力分析问题，需用空间有限元分析，但我们常常将它近似化为平面问题求解。实践表明，如处理得当，按平面问题来分析且有大孔口的坝段并进行设计能满足要求。近 20 年来，有限元已在水利水电工程上得到广泛应用，对大坝坝体孔洞可采用三维弹性或非线性有限元进行应力分析，取代过去常用的偏光弹性等模型试验。重力坝坝内孔口部位属于典型的非杆件体系的钢筋混凝土结构，目前常用的钢筋混凝土结构有限元模型有三种：一是把钢筋和混凝土各自划分为足够小的单元，两者之间的黏结滑移关系用联结单元来模拟，称为分离式模型；二是把钢筋和混凝土包含在一个单元之中，分别计算钢筋和混凝土对单元刚度矩阵的作用，称为组合式模型；三是把钢筋和混凝土包含在一个单元之中，和组合式模型不同的是它统一考虑钢筋和混凝土的作用，称为整体式模型。整体式模型可用于各种平面单元，如平面矩形单元，4 结点或 8 结点等多单元；但目前主要是采用三维单元应用于空间结构分析。坝内大孔口应力分析以大坝泄洪深孔应力分析为例，曾采用多种方法，如常用的孔口应力计算图表、平面有限元计算、三维光弹试验，三维有限元计算等。经分析比较，选用三维线弹性有限元计算方法。基于泄洪深孔结构的对称性，计算模型取半个坝段，对称面取法向约束，坝基取刚性约束。在泄洪深孔有压段（孔顶、孔底以外 10.00m 区域），取网格单元节点间距为 1.0m。经与平面有限元 0.5m×0.5m 加密网格单元的验证对比，此网格密度的计算精度已可满足设计要求。单元类型采用 8 节点非协调单元。

(1)计算荷载

坝体自重；水荷载：围堰挡水发电水位 135.00m 及相应下游水位 66.00m，设计水位 175.00m 及相应下游水位 62.00m，校核水位 180.40m 及相应下游水位 83.10m；工作弧门推力；泥沙压力。

(2)计算参数

大坝混凝土标号 C25，容重 24.5kN/m^3，弹性模量 26GPa，泊松比 0.167，允许抗拉强度 0.559MPa。

(3)荷载组合

①自重工况。

②围堰挡水发电工况，即自重加 135.00m 水位水压和相应的弧门推力。

③设计工况，即自重加 175.00m 水位加相应的弧门推力加泥沙压力。

④校核工况，即自重加 180.40m 水压和泥沙压力。

⑤检修工况，即自重加 175.00m 水压，深孔上游检修门关闭加泥沙压力。

(4)计算结果分析

计算结果列入表 4.5.1。表中给出距坝轴线 1.00m、2.69m、9.74m 和 11.99m，编号为Ⅱ、Ⅲ、Ⅴ和Ⅵ四个剖面控制配筋的应力特征值和相应的工况。计算结果表明，各剖面孔口配筋应力的控制工况是自重工况和设计工况。

表 4.5.1　　泄孔深孔应力分析典型剖面孔口控制应力特征值

剖面		Ⅱ(1.00m)		Ⅲ(2.69m)		Ⅴ(9.74m)		Ⅵ(11.99m)	
位置		孔顶	孔底	孔顶	孔底	孔顶	孔底	孔顶	孔底
计算工况		自重	自重	设计	自重	设计	设计	设计	自重
特征值	表面 σ_Z(MPa)	2.29	2.07	2.00	2.00	1.34	1.49	1.21	1.84
	配筋应力面积(MPa·m)	2.58	2.23	3.70	2.23	3.45	2.76	4.78	1.85
	配筋拉应力深度(m)	1.90	1.80	3.08	1.83	3.64	2.72	5.56	1.61

注：①σ_Z为孔顶或孔底沿坝轴线方向的正应力，拉应力为正；②配筋应力面积是指单位宽度内孔口剖面拉应力大于混凝土容许抗拉强度的拉应力区面积。

计算结果显示，泄洪深孔孔口应力的分布有如下特征：自重荷载在孔口表面中心产生的拉应力最大，且与孔口跨度有关，跨度大时，拉应力也大，但配筋拉应力区深度较浅，约为 2.00m。从整个有压段看，由自重产生的孔口拉应力分布较均匀，平均为 2.0MPa。在仅有水荷载作用时，孔口拉应力数值比自重荷载小，但其拉应力区深度比较大，总的配筋应力面积与自重荷载相当。在孔口内水压力、上游水压力、横缝侧水压力等水荷载中，孔口内水压力产生的孔口拉应力占主要份额，其大小与孔口高度有关，高度越大，孔口拉应力也越大，特别是拉应力区越深，约在 7.00m 以上。上游水压力对胸墙结构产生弯曲作用，使前胸墙上游面受压下游面受拉；后胸墙上游面受拉下游面受压。门井内水压力对孔口的 σ_Z应力分布与上游水压力相反，数值也较小些。横缝止水前的侧水压力，对平衡孔口内水压力作用大，使前胸墙孔口拉应力大为减少，后胸墙孔口拉应力也有一定程度的降低。④在自重和水荷载共同作用下，随着水位的升高，孔口拉应力减小，而拉应力区深度增大，总的孔口拉应力(即总的配筋量)在门井前的前胸墙由自重工况控制，门井后的后胸墙由设计工况控制。

4.5.3 坝内大孔口配筋设计

坝内大孔口部位属于典型的非杆件体系的钢筋混凝土结构，无法按杆件体系的板、梁、柱等钢筋混凝土基本构件承载能力计算公式进行配筋设计，而只能按弹性理论方法(经典理论解、弹性有限元或弹性模型试验等)求出坝内孔口结构各点的应力状态。对非杆件体系的钢筋混凝土结构，其配筋计算方法主要有按弹性应力图形配筋和按钢筋混凝土结构有限元法配筋。

(1)按弹性应力图形配筋

1)配筋原则

坝内孔口结构形式和受力状态比较复杂，只能用弹性力学或实验力学方法确定拉应力，并按拉应力图形进行配筋。配筋时可按下列原则处理：

①当截面应力图形接近于线性分布时，可换算为内力，按内力进行配筋计算及裂缝控制验算。

②当应力图形偏离线性分布较大时，受拉钢筋截面面积 A，应满足公式(4.5.1)要求：

$$T \leqslant \frac{1}{\gamma_d}(0.6T_C + f_y A_S) \tag{4.5.1}$$

式中：T 为由荷载设计值(包含结构重要性系数 γ_0 及设计状况系数 ψ)确定的弹性总拉力，$T=Ab$，A 为弹性应力图形中主拉应力图形总面积(图 4.5.1)，b 为结构截面宽度；T_C 为混凝土承担的拉力，$T_C=A_{ct}b$，A_{ct} 为弹性应力图形中主拉应力小于混凝土轴心抗拉强度设计值 f_t 的图形面积(图 4.5.1 中的阴影部分)；A_S、f_y 分别为受拉钢筋的面积及钢筋抗拉强度设计值；γ_d 为钢筋混凝土结构的结构系数，取 1.2。

③按式(4.5.1)计算时，混凝土承担的拉力 T_C 不宜超过总拉力 T 的 30%。

④当弹性应力图形的受拉区高度大于结构截面高度的 2/3 时，式(4.5.1)中应取 T_C 等于零。

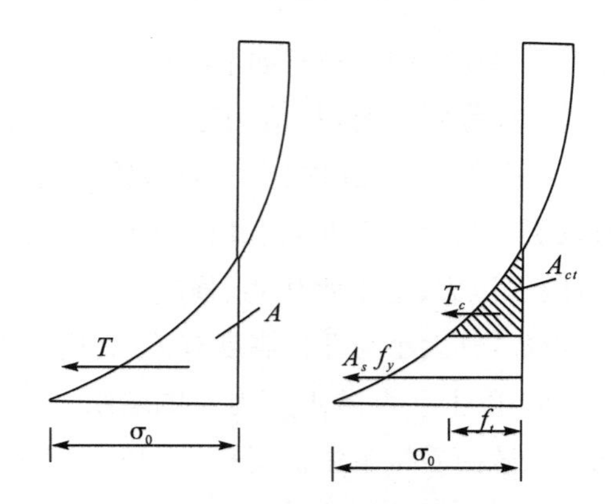

图 4.5.1 弹性应力图形配筋示意图

⑤当弹性应力图形的受拉区高度小于结构截面高度的 2/3，且截面边缘最大拉应力 δ_0 小于或等于 $0.5f_t$ 时，可不配置受拉钢筋或仅配置适量的构造钢筋。

2)存在的问题

按应力图形配筋是工程设计中常用的设计方法，适用于各种形体复杂的坝内孔口结构，但该方法在理论上尚不够完善，还存在以下问题：

①拉应力图形是由尚未开裂的匀质弹性体确定，在混凝土开裂前，钢筋应力很小，混凝土开裂后，钢筋才发挥其强度保证作用，而此时坝内孔口结构的拉应力图形已完全改变。所

以采用孔口结构开裂前的拉应力图形作为开裂后钢筋强度计算的依据往往与实际情况有较大出入。

②此方法只能对坝内孔口结构的承载能力提供一定的保证，无法对孔口结构的正常使用状态（如裂缝开展及缝宽控制）作出应有的估计。

③此方法不能对坝内孔口结构抗裂性能作出正确估计，因为在非杆件结构体系中，混凝土的截面抵抗矩塑性系数与一般受弯构件有所不同，目前对此尚未有成熟的研究结果。

一般而言，按弹性应力图形配筋方法求得的坝内孔口钢筋用量常偏于保守。

(2)按钢筋混凝土有限元法配筋

钢筋混凝土有限元方法在理论上已经较完善，此方法能考虑混凝土的开裂、材料非线性、钢筋与混凝土之间的黏结、混凝土徐变等因素，特别对于结构抗震设计需考虑结构进入塑性阶段时的材料滞回特性的情况，以及大体积混凝土结构温度配筋设计时，考虑混凝土裂缝开展及宽度对温度应力的影响，更有不可替代的优点。

按钢筋混凝土有限元分析方法进行坝内孔口结构设计，当验算其设计承载力时，应考虑孔口结构系数 γ_d，并应将荷载及材料强度取为设计值，相应的混凝土初始弹性模量 E_c 可由混凝土强度等级除以混凝土分项系数 γ_c 后经查表插值求得。当验算裂缝宽度时，荷载及材料强度应取为标准值，混凝土初始弹性模量可由混凝土的强度等级查表求得。

坝内孔口采用钢筋混凝土非线性有限元法配筋，关键是确定混凝土材料的本构关系及初始开裂强度、钢筋与混凝土之间黏结关系的假定等。对特别重要的坝内大孔口结构，需配合进行专门的模型试验，以便与计算相互验证。

(3)泄洪深孔配筋设计

1)泄洪深孔配筋计算

大坝泄洪深孔配筋按《水工钢筋混凝土结构设计规范》(SL/T191—96)采用弹性应力图形方法进行配筋计算，弹性应力图形以三维有限元计算成果为准。当深孔孔口最大拉应力超过混凝土容许抗裂强度时，套用规范中适用于一般梁柱构件的公式来验算其裂缝宽度，并要求其小于0.2mm。对于孔口的温度作用的影响，分析认为施工期的温度变化可通过加强温控措施和混凝土表面保温办法加以解决。运行期的气温和水温年变化产生的温度应力及其温度配筋采用将钢筋抗拉强度减小20～40MPa的近似办法处理之，故不再考虑泄洪深孔孔口的温度作用。

混凝土结构抗拉强度安全系数，基本荷载组合时取2.8，特殊荷载组合时取2.3。钢筋混凝土结构抗拉强度安全系数则分别取1.65及1.45。钢筋混凝土结构抗裂安全系数取1.25。C25及C40混凝土的抗拉设计强度分别为1.55MPa和2.15MPa；抗裂设计强度分别为1.9MPa和2.55MPs。Ⅱ级钢筋受拉设计强度为320MPa。

根据上述配筋计算原则及参数，得出1.00m宽度内的孔口配筋数量如表4.5.2所示。由表4.5.2可见，经过结构调整后的泄洪深孔孔口配筋除后胸墙下游表面(孔顶)为4排外，一般配筋均已不超过 3 排。对于配筋超过 3 排的剖面，可采用在两个浇筑层分散布筋的方式，每排钢筋数量按拉应力分布大小沿高程分配。

表 4.5.2　　大坝泄洪深孔典型剖面孔口配筋

剖面	部位	调整方案	控制工况	钢衬方案	控制工况	止水后移方案	控制工况
Ⅰ	孔顶	2×5∅36@20	自重工况	2×5∅36@20	自重工况	2×5∅36@20	自重工况
−3m	孔底	2×5∅40@20	自重工况	2×5∅36@20	自重工况	2×5∅40@20	自重工况
Ⅱ	孔顶	3×5∅36@20	自重工况	2×5∅40@20	自重工况	2×5∅40@20	自重工况
1m	孔底	2×5∅40@20	自重工况	2×5∅36@20	自重工况	2×5∅40@20	自重工况
Ⅲ	孔顶	3×5∅40@20	设计工况	3×5∅40@20	设计工况	2×5∅40@20	自重工况
2.69m	孔底	2×5∅40@20	自重工况	2×5∅36@20	自重工况	2×5∅40@20	自重工况
Ⅳ	孔顶	3×5∅45@20	设计工况	3×5∅45@20	设计工况	2×5∅36@20	自重工况
6.74m	孔底	3×5∅40@20	设计工况	3×5∅40@20	设计工况	2×5∅40@20	自重工况
Ⅴ	孔顶	3×5∅40@20	设计工况	3×5∅40@20	设计工况	2×5∅40@20	自重工况
9.74m	孔底	3×5∅36@20	设计工况	3×5∅36@20	设计工况	2×5∅36@20	自重工况
Ⅵ	孔顶	4×5∅40@20	设计工况	3×5∅40@20	设计工况	2×5∅40@20	设计工况
11.99m	孔底	2×5∅36@20	自重工况	2×5∅36@20	自重工况	2×5∅36@20	自重工况

2）泄洪深孔设置钢衬段

泄洪深孔有压段从事故门槽上游 3.00m 开始，至有压段出口弧形门底坎下游 4.00m 设置钢衬段，钢衬段全长 26.01m，厚度取 25mm，其中有压段四周全衬，弧门出口明流段底板和侧墙三面衬护。根据施工要求，对钢衬按 0.2MPa 灌浆压力进行了外荷载核算。钢衬结构由钢面板和肋板焊接组成，按一定间距设置锚筋，以增加钢衬同混凝土的嵌固强度。钢衬末端混凝土面采用高强度混凝土和环氧抹面。泄洪深孔钢衬段计算条件与无钢衬的方案相同。仍采用三维有限元模型，钢衬结构以实体单元模拟。钢衬材料容重为 $78kN/m^3$，弹模为 210GPa，泊松比为 0.3。经计算，钢衬方案孔口应力减小 0.1～0.2MPa，但有些剖面的配筋拉应力区深度减小较多，因此孔口配筋量，有一定程度的减小。

3）泄洪深孔孔口应力和配筋优化研究

①深孔局部止水后移方案。泄洪深孔进口高程 90.00m，尺寸 7.00m×9.00m，占坝段宽的 1/3；有压段长 18.74m，占坝体长的 1/6，有压段末尾设弧形工作闸门，有压段中部设平板事故闸门，门井宽 3.05m。有压段分为两部（前胸墙和后胸墙），深孔事故门由后止水改为前止水形式，事故门井宽度由 4.45m 缩窄至 3.05m，门槽位置向上游移动；事故门井前胸墙厚度由 6.95m 增至 7.69m，门井后胸墙厚度由 5.89m 增至 6.25m；导流底孔事故门槽向下游调整，距坝轴线下 14.40m，深孔事故门槽与导流底孔事故门槽相距 9.46m；横缝止水由坝轴线下游 1.00m 调整至坝轴线下游 3.00m。深孔局部止水后移是指在深孔结构已做上述调整的基础上，将孔口附近横缝止水自高程 89.00m 以上到高程 104.00m 局部再向后移

5.00m(即后移到坝轴线下8.00m处),并用上、下水平止水与未移止水连接。横缝止水后移,可利用横缝内侧向水压力与深孔内水压平压,以降低孔口拉应力,减少孔口配筋量。计算条件与结构调整方案全同。局部后移止水范围内加侧向水压力,并按70%的作用效果进行计算。计算结果表明,孔口拉应力降低很多。整个有压段孔口应力及配筋量由自重工况控制。

②泄洪坝段横缝灌浆方案。对自重工况,横缝灌浆高程为56.00m;对其他工况,灌浆高程为110.00m。灌浆范围为距上游坝面2.50m,距下游坝面5.00m以内。计算是按原设计方案(即结构尺寸未作调整)进行的,其他计算条件全同。三维有限元计算模型按5个坝段模拟,基于对称性,取2个半坝段计算,分别考虑边坝段约束条件为刚性边界和自由边界,以反映中间坝段和边坝段的不同受力状态。此外,考虑到灌浆后坝段受温度变化或混凝土自身及灌浆浆液收缩的影响,将横缝间隙分别取为0,0.1mm及0.2mm三种,以模拟不同的灌浆效果对深孔孔口应力的影响。同时还进行过对平面有限元模型计算。平面模型取11个半坝段以模拟整体23个泄洪坝段,对称面为法向约束,边坝段侧边为自由边界。平面有限元得出的计算应力值均比三维有限元的计算应力小,减少的幅度为20%~40%。故平面有限元的计算成果仅作参考。三维有限元分别对单坝段(横缝不灌浆)及5个坝段(横缝灌浆)在不同工况下进行计算。计算表明,在设计工况下,当灌浆质量很好(横缝间隙为0)时,Ⅱ剖面及Ⅳ剖面孔顶δ_Z分别为1.86MPa及1.33MPa,比不灌浆方案分别减小44%及32%,配筋应力面积分别减少62%及54%。当缝隙为0.2mm时,则相应的配筋应力面积减少幅度分别降低32%及9%。这说明灌浆方案对减小孔口拉应力是有作用的,但减小的程度与横缝间隙大小以及相邻坝段侧向刚度大小等有关,且影响很大。鉴于这些因素较难准确估计,因此,灌浆后孔口应力究竟减少多少尚难以准确定量。

按灌浆方案三维有限元应力成果,并考虑横缝间隙为0.1mm,则计算得出的孔口配筋用量绝大部分在2或3排5ϕ40(或ϕ36)以下,但计算出的剖面Ⅱ孔顶的配筋量则增大,达到7×5ϕ40。

③泄洪深孔孔口配筋影响因素的分析。泄洪坝段横缝灌浆可减小深孔孔口拉应力,但其效果与横缝间距及侧壁位移值有关,深孔孔口拉应力减小值尚难准确定量。设横缝灌浆高程56.00m,若按线弹性计算孔口应力,孔口下边缘最大拉应力为2.73MPa,上边缘为2.896MPa,已超过C25混凝土的抗拉强度,拉应力区深达15.00m左右。再按非线性钢筋混凝土平面有限元分析,若孔口周边不配钢筋,则孔口在自重作用下就已开裂,缝宽将达到2.29mm。随着水位升高,孔口上下各出现1条宽而深的裂缝。正常蓄水位175.00m时缝宽可达到24.5mm,深30多米,而且由于竖向裂缝开展太宽,致使侧墙外侧也出现了宽5.90m的水平裂缝。计算表明,若孔口上下表面各配3排5ϕ40钢筋,侧面配2排5ϕ40钢筋,则仅在自重作用下孔口也将开裂,随着内水压力的增加,裂缝条数增多,宽度加大。孔口表面最大裂缝宽度为1.20mm。裂缝分为两种类型,一类是表面浅层裂缝,另一类是深层裂缝。由于钢筋的限裂作用,深层裂缝在表面处稍细,而在中部宽度最大值可达2.58mm。如在孔口上下表面再分别增加2排5ϕ40钢筋,则孔口最大裂缝宽度减小到0.77mm,深层裂缝

中部最大宽度减小到2.00mm，仍超过允许裂缝宽度。这一计算分析显示利用增配钢筋来控制裂缝宽度达到允许范围是不现实的。同时如将所增配的2排5ϕ40钢筋移到距孔口上下表面3.00m处，此时孔口最大裂缝宽度为0.67mm，深层裂缝中部最大宽度减小到1.54mm，说明钢筋分散布置对限制裂缝宽度有一定好处。上述情况中，孔口上下缘水平钢筋的锚固长度定为4.00m，且在端部加焊了几根短钢筋以增强黏结力。若取锚固长度为2.00m，由于锚固长度不足，在钢筋端部出现了宽度达0.85mm的裂缝。所以，孔口水平钢筋必须有足够的锚固长度。

为限制泄洪深孔混凝土裂缝，研究采用一些结构措施，如在深孔孔口上下各配3排5ϕ40钢筋，孔侧各配2排5ϕ40钢筋，沿孔口铺设25mm厚的钢衬。此时深孔孔口混凝土表层裂缝增多，最大裂缝宽度为0.25mm，深层裂缝中部最大宽度为1.76mm。

沿深孔孔口铺设厚25mm的钢衬，可使混凝土裂缝宽度减小，但仍超过允许裂缝宽度。为此，研究将泄洪深孔孔口周边混凝土标号提高为C40，孔口周边配筋量同上，但在孔口周围1.00m厚度范围内采用C40高强混凝土，此时在自重作用下将不开裂，开裂水位提高到130.00m，且裂缝条数减少。但孔口边缘的裂缝宽度却因裂缝条数的减少而更宽，达1.32mm，深层裂缝中部最大宽度达2.80mm。这说明，若按抗裂设计，孔口周边采用高强混凝土有较大作用；若按限裂设计，则所需限裂钢筋可能比采用一般强度的混凝土时更多。

横缝灌浆能减少孔口拉应力。但在很大程度上取决于灌浆时的条件。为减小自重引起的拉应力，应在坝的浇筑高程较低，且横缝已充分张开时进行灌浆。若大坝完建后才灌浆，则无助于减小自重引起的拉应力。蓄水前灌浆高程超过孔口高程，对减少由于内水压力引起的孔口拉应力是有效的。

止水后移，止水前的横缝中存在水压，使得孔口拉应力大大减少。孔口最大拉应力为自重作用控制下的2.10MPa。自重作用下，孔口上下边缘各出现1条裂缝，最大缝宽0.16mm。随着水位上升，裂缝逐渐闭合，正常蓄水位175.00m时最大拉应力降为0.48MPa，裂缝宽度只有0.01mm宽，表明止水后移的效果显著。

通过对泄洪深孔孔口配筋影响因素的分析，得出如下结论：泄洪坝段横缝灌浆高程为56.00m时，不配钢筋将危及结构的安全。配筋后裂缝宽度大幅度减小，但若想利用增配钢筋的方法来限制裂缝宽度在允许范围内是很困难或不现实的。钢筋的锚固长度宜不小于4.00m(80d)，且宜在端部加焊若干根短钢筋，以增强其黏结力，否则钢筋容易被拔出。此外，钢筋宜在一定范围内分散布置，这对限制裂缝开展宽度有好处。提高灌浆高程能减小由水压引起的拉应力，若能在大坝完建前就进行横缝灌浆，则还能减小由自重引起的拉应力。在孔口四周设置钢衬，钢衬外侧再分散布置钢筋，即可防止裂缝渗水，而且裂缝宽度也可控制在允许范围之内。若按抗裂设计，孔口边缘采用高强混凝土有较大作用，但若按限裂设计，孔口边缘采用高强混凝土时裂缝可能更难控制在允许宽度之内。止水后移能有效地改善运转期的孔口应力，但无法减小完建期自重产生的拉应力。

泄洪深孔孔口配筋可以综合采用上述措施，例如：设钢衬，孔口附近分散布置钢筋，适当提高灌浆高程，适当将止水后移或仅在孔口附近调整止水位置等。

④泄洪深孔孔口配筋方案。泄洪深孔孔口配筋方案参见表4.5.2，施工中对深孔有压段配筋进行了调整，深孔事故门槽前，孔顶布置3排ϕ40@20的受力钢筋，孔底布置3排ϕ36@20受力钢筋；事故门槽后，孔顶钢筋分两个浇筑层布置，下层布置3排ϕ40@20，上层布置3排ϕ36@20，孔底布置3排ϕ40@20的钢筋，泄洪深孔采用结构调整方案后，孔口配筋一般可控制在3排以下，钢筋直径为40mm，已符合施工要求。裂缝宽度可限制在规范规定以内，对超过3排配筋的，可采用两个浇筑层分散布筋形式，这对限制裂缝宽度也较有利。

钢衬能提高孔口门槽区抗冲磨及空蚀能力，设计中决定采用钢衬。钢衬对控制裂缝宽度是有利的，对减少配筋量有一定作用，但钢筋仍需3排。钢衬与混凝土之间可能存在缝隙与滑移，并不完全符合计算时认为两者完整结合的假定。因此，为安全计，孔口配筋中不考虑钢衬的有利作用，仍按表4.5.2中深孔结构调整方案的数值配筋。

横缝灌浆方案对提高大坝侧向整体性作用明显，设计中决定采用。横缝灌浆也可以减小深孔孔口拉应力，但其效果与横缝间隙及侧壁位移大小有关。间隙与灌浆质量及坝体温度变化有很大关系；侧壁位移与深孔孔口内水压力有关，这些因素较难正确估计。所以，为安全计，在深孔孔口配筋中不考虑灌浆的有利作用，只作为一种安全裕度。

深孔局部止水后移方案可利用横缝侧向水压力平压，降低孔口拉应力，减少孔口配筋量，考虑到深孔结构调整方案中将横缝止水由坝轴线下游1.00m调整到坝轴线下游3.00m，孔口配筋已能将钢筋限制在3排以内，对4排配筋的孔口段，可采用两个浇筑层分散布筋形式，也有利于限制裂缝宽度，故未再采用局部止水后移方案。

(4)排漂孔应力分析与配筋设计

1)1号排漂孔结构布置

1号排漂孔布置在左导墙坝段的中部，采用斜进口有压短管接明流泄槽形式。进口底高程133.00m，长3.00m的平直段后接半径为10.00m的圆弧，与1∶5的斜坡平滑衔接，再与$Y=0.005x^2+0.2x$的溢流面曲线相接。进口孔顶高程153.00m，孔顶曲线为二次曲线，进口两侧曲线为1/4椭圆曲线。进口顶部曲线末端设事故门槽，门槽宽1.95m，门槽深1.10m，门槽下游为1∶1.8的压坡段。事故检修闸门止水由后止水形式改为前止水形式，闸门井处孔口尺寸10.00m×15.00m，门井前胸墙厚度7.50m，门井尺寸12.20m×2.25m。有压段出口尺寸为10.00m×12.00m，设弧形工作闸门，弧门底坎高程129.10m，孔顶高程141.10m。

2)1号排漂孔孔口应力分析与配筋设计

排漂孔孔口应力分析采用三维线弹性有限元法，并在孔口附近局部网格加密。排漂孔孔口配筋计算采用应力图形法配筋，按限裂设计。孔口表面1.00m厚采用C40抗冲耐磨混凝土，其他为C25混凝土。配筋计算结果，排漂孔配筋除胸墙下游表面外，受力筋为2排，大部分钢筋直径不超过ϕ36，胸墙下游表面拉应力沿高程分布范围较大，钢筋沿高程分散布置，主要配筋为：有压段孔顶和孔底均布置2排ϕ36@20的受力钢筋，顺流向钢筋为ϕ25@20；孔口两侧墙的内侧布置2排ϕ28@20的竖向钢筋及ϕ28@20的横向钢筋。

4.5.4 坝内大孔口应力分配及配筋设计问题的探讨

(1)坝内大孔口结构布置与孔口结构模型试验问题

1)坝内大孔口结构布置

坝内泄洪深孔为高水头的大孔口,应对大孔口结构布置给予充分重视,要在坝内选择合适的部位布置孔口;在确定事故闸门门槽及门井位置和尺寸时,要给胸墙留有足够的厚度,以避免在坝内形成薄弱部位;坝内孔口角缘应修圆,以减轻应力集中。设计对泄洪深孔结构布置做了调整,如减少事故门井的宽度,加厚了前后胸墙,事故检修闸门采用上游水封,将导流底孔事故检修门门槽后移,上述结构布置调整为减小深孔孔口应力创造了条件。

2)坝内孔口结构模型试验

泄洪深孔设计中为查明孔口结构在混凝土开裂前后的受力状态和破坏规律,分别建立小比尺和大比尺孔口模型,采用接近实际材料参数的混凝土和钢筋进行试验,试验结果为后续建立数值模型和配筋方法提供了重要依据。

①小比尺模型试验。小比尺模型根据泄洪深孔尺寸按 1∶30 的比例确定,根据不同钢筋量和布筋方式建立 7 个模型,模型平面尺寸相同,厚度为 10～15cm。试验主要考虑自重和内水压力两种荷载,重点研究配筋率、布筋方式和深孔孔口周边材料对孔口初裂、承载能力和破坏规律的影响。对试验结果进行分析后得到如下结论:钢筋沿深孔孔口边缘集中布置,虽然可以提高结构的抗裂能力,但限裂能力并不能提高,只有在拉应力区内均匀布筋,才可以有效地提高限裂能力。坝体自重主要引起深孔孔口顶部和底部范围较大的拉应力,内水压力主要引起角点的拉应力高度集中,虽然范围不大,但容易使结构从此处开裂,7 个模型都是从角点开裂,所以有必要在深孔孔口角点局部修圆和布置斜筋,以提高深孔孔口的抗裂能力。试验中,在可见裂缝出现之前,素混凝土中拉应变普遍大于 200$\mu\varepsilon$,甚至有大于 500$\mu\varepsilon$ 的,高出单轴极限拉伸应变几倍。配置了钢筋的孔口,其初裂荷载明显提高,极限拉应变增大。因此,仅用最大主拉应力作为判断孔口混凝土开裂的准则是不合适的,带有钢筋的孔口结构比单轴受力的素混凝土试件韧性高得多,强化阶段更长。因此,深孔孔口结构的破坏准则应考虑这些特点。

②大比尺模型试验。大比尺模型选择泄洪深孔检修门槽下游一个剖面按 1∶6 进行模拟,该处孔口尺寸为 10.60m×7.00m,孔顶和孔底以外取 15.00m 的范围,模型厚度 60cm。采用与原型相同的材料,并按与原型排数和配筋率一致的原则配置钢筋。试验中模拟混凝土自重,上游水压力,孔内水压力和孔内温降等荷载,着重研究这些荷载作用对混凝土和钢筋应变的影响以及裂缝开展和裂缝宽度的变化规律。对试验结果进行分析后得到如下结论:深孔孔口结构在坝体自重和内水压力作用下没有出现可见裂缝;在没有其他荷载情况下,8h 内孔口边缘温度下降 15℃左右,也没有出现可见裂缝。继续加载,深孔孔口结构具有 1.5 倍内水压力正常使用安全系数,2.4 倍内水压力承载能力安全系数。在自重和设计内水压力作用下,由于混凝土没有开裂,钢筋应力很小,最大应力仅 34.2MPa,而在出现裂缝后,

同样荷载下，钢筋最大拉应力达到180.4MPa。这时，钢筋起到了限制裂缝扩展的作用。从试验结果来看，即使孔口混凝土出现裂缝，在设计荷载作用下，已有裂缝并没有进一步扩展，也没有发现新的裂缝，钢筋应力仍然在屈服极限以内，深孔孔口结构可以正常进行。试验表明，按拉应力图形进行配筋是可以保证深孔孔口结构强度要求的，而且有相当的安全裕度。

(2)坝内大孔口应力分析及配筋设计采用非线性钢筋混凝土有限元计算问题

鉴于《水工钢筋混凝土结构设计规范》(SL/T191—96)中的大坝坝内孔口配筋“按弹性图形配筋方法”有欠缺，特别是无法对坝内孔口结构的裂缝状态作出估计。根据大坝技术设计审查专家组的意见，对泄洪深孔进行了非线性钢筋混凝土有限元分析计算的探讨，以寻求坝内孔口配筋设计的优化及掌握孔口周边裂缝发展的规律。河海大学提出了专题报告(专题负责人夏颂佑、傅作新、周氐)，专题研究的技术路线是，首先通过空间线弹性有限元分析得到坝体的应力分布，在此基础上确定平面钢筋混凝土非线性分析典型剖面的位置、范围和边界条件。然后采用平面钢筋混凝土非线性程序(河海大学吴胜兴等研制)对典型的剖面及不同的配筋方案进行分析，计算裂缝的分布规律、开展深度、开展宽度和钢筋应力等，并找出配筋量与裂缝宽度的关系。根据允许裂缝宽度的要求确定钢筋或钢衬用量。最后采用空间弹塑性有限单元法，考虑钢材的弹塑性、混凝土的弹塑脆性及一定的软化特性，参照所拟定的配筋方案，考虑钢筋和混凝土的联合作用，重新计算坝体应力、变形和超载强度安全度，对所拟定的配筋方案的合理性作出评价，提出修正或调整意见。

坝内大孔口属于空间结构，理论上讲宜按钢筋混凝土空间非线性有限元方法确定孔口配筋。但目前三维钢筋混凝土有限元的裂缝分析技术尚不成熟，只能经简化后按平面非线性有限元方法进行分析。泄洪深孔孔口配筋的空间弹塑性有限元分析，简化采用“弹性应力状态等效”的原则，即采用三维有限元沿泄洪深孔轴线截取一系列剖面，厚度为1.00m，作为平面非线性有限元的计算区域，将该区域周边的正应力(δ_x、δ_y)作为平面区域的面力边界条件，底部与基岩接触处按固结考虑，平面区域1m厚度方向两个面上的剪应力之差($\Delta\tau_{yz}$、$\Delta\tau_{yz}$)作为变密度的体力(γ_x、γ_y)考虑，忽略与该平面区域垂直的正应力(δ_x)和剪应力(τ_{xy}、τ_{zy})的影响。计算结果显示：泄洪深孔周边必须配置钢筋，一旦出现裂缝，钢筋可起限裂作用；受力钢筋在孔口周边一定范围内适当分散布置有利于限制裂缝开展；孔口周边采用高强度混凝土对孔口结构初始抗裂强度有一定提高，但混凝土开裂后，裂缝条数减少，裂缝宽度比普通混凝土更大；目前的非线性分析方法与按线弹性分析的应力图形配筋方法相比，两者的配筋量相近；若考虑混凝土材料本构关系的“软化过程”，则有可能不出现裂缝或裂缝深度较浅，缝宽很小。分析结果表明，平面及空间计算应力相差一般在10%左右，可以认为上述假定基本上是可行的。因此认为：按“弹性应力状态等效”的原则，将空间结构转化为一系列的平面结构，采用钢筋混凝土平面问题非线性有限元方法进行孔口配筋设计，在目前情况下从工程实用的角度讲是可行的。钢筋混凝土平面非线性有限元方法的进一步完善，可用于坝内大孔口应力分析及配筋设计。现阶段坝内大孔口配筋一般都遵循现行的《水工钢筋混凝土结构设计规范》(SL/T191—96)中建议的按弹性应力图形方法进行配筋，并满足限制裂缝宽度的要求。但按应力图形法配筋有待进一步完善，混凝土开裂后钢筋承担了结构的极大部分的拉应力。开裂后结构应力分布与开裂前按线弹性确定的应力状态应该有所差异，这种差异对合理配筋会带来较大影响。此外，这方法也无法反映裂缝的发生、发展、分布和裂缝的深度、宽度。采用钢筋混凝土平面问题非线性有限元分析方法，能反映配筋与裂缝的发生、发展、分布、缝深、缝宽等的关系，使结构的配筋更为合理。成果是可信的，并已为设计优化提供了印证。但对于混凝土的本构关系、破坏原则、钢筋与混凝土之间的黏结特性等仍需进一步研究。

设计对泄洪深孔应力分析及配筋设计分别进行线性和钢筋混凝土非线性有限元分析计算，按线弹性计算结果表明，深孔矩形孔口角点处拉应力最大，应力集中明显，孔口外侧边缘混凝土最大主拉应力达到 7.2MPa，钢筋最大应力为 40MPa。而非线性计算结果表明，随着荷载的增加，孔口上方出现裂缝，孔顶中央部位的裂缝发展最深。在裂缝出现以后，混凝土中的最大拉应力值不随荷载的增加而增大，在裂缝附近几乎为零；拉应力集中区由孔口边缘转移到裂缝尖端；由于裂缝的扩展，主拉应力图形的范围扩大，最大主拉应力减小到 1.5MPa，钢筋的应力增加到 120MPa。如果深孔孔口不开裂，钢筋起的作用很小，采用线弹性计算得到的应力分布比较合理。但如果混凝土开裂，线性计算和非线性计算得到的主拉应力图形有着明显的区别，后者与前者相比，量级减小了，但拉应力区域增大了。非线性有限元分析能比较真实地反映孔口受力的特性，得到裂缝的扩展范围，使配筋设计更为合理。

目前，线弹性有限元方法已经非常成熟，拉应力图形配筋方法也主要依据此方法的计算成果。而非线性有限元计算仍然处于发展之中，特别是对于钢筋混凝土结构，还没有成熟和简便的通用程序。因此，对于一般的坝内孔口结构，采用弹性应力图形配筋已可以满足设计要求，对于特别重要的坝内孔口结构，可进行专门研究，按钢筋混凝土非线性有限元进行复核。

上述两种设计方法得出的配筋用量有时会相差很大，故实际配筋量宜在计算分析的基础上，参考工程设计经验，加以综合研究后确定。

(3)坝内大孔口钢筋配量及孔口钢筋布置问题

1)坝内大孔口钢筋配置数量

坝内大孔口受拉钢筋的配置方式应根据应力图形及结构受力特点确定。当配筋主要为了满足承载能力要求，且结构具有较明显的弯曲破坏特征时，钢筋可集中布置在受拉区边缘；当配筋主要为了控制裂缝宽度时，钢筋应在拉应力较大的范围内分层布置。各层钢筋的数量宜与拉应力图形的分布相对应。

泄洪深孔按应力图形进行孔口配筋，钢筋量较大、层数较多，如将钢筋集中配置在孔边，将会影响混凝土的施工质量。为保证混凝土施工质量，采用在一个浇筑层内配置的钢筋不超过 3 层。对于孔口配置钢筋超过 3 层的部位，采用将钢筋分散布置在两个浇筑层内。

坝内大孔口温度钢筋的配置，一般认为施工期的温度应力能通过加强温控和混凝土表面保温措施加以解决，温度配筋主要考虑运行期的气温和水温年变化产生的温度应力。泄洪深孔温度配筋采用将钢筋抗拉强度减小 20～40MPa 的近似处理办法，用降低钢筋许可应力的办法给予补偿。施工期的温度应力，除在施工中必须采取严格的温控措施外，难免保留有残余温度应力，在运行中由于温差还会增加温度应力。采用降低钢筋的许可应力是一种经验的方法。这样会得出坝内孔口结构受其他荷载产生的应力愈大，配置的钢筋愈多，则为补偿温度而配的钢筋也愈多。反之亦然。而事实上温度作用与其他荷载产生的应力并不存在必然的正相关关系。用降低钢筋许可应力的办法虽可起到一定的作用，但不能确切反映对温度应力补偿的要求，对此值得进一步研究解决。另外也应该注意到，温度变化产生的应力与其他荷载产生的应力由于出现裂缝而引起的变化是不同的，温度应力会因裂缝的出现而改变约束条件，从而有可能使温度应力减小甚至消失，而其他荷载产生的应力将因裂缝的出现而转移到未开裂的部分来承担。所以深入研究温度应力与配筋量及裂缝开展宽度的关系是十分必要的。

2)坝内大孔口钢筋布置

坝内大孔口钢筋的布置方式对裂缝开度有影响。布置在孔口边缘能较有效地减小表面裂缝宽度。但若拉应力区较深，为控制深部裂缝宽度，应考虑分散布置。受大拉应力的钢筋的锚固长度应适当加长，以防钢筋被拔出。对于平面上布置的孔口，为防止角隅裂缝开展，宜布置对角线斜筋。对于立面上布置的孔口，考虑到施工的方便可采用水平钢筋和竖向钢筋代替对角线斜筋。

(4)坝内大孔口结构降低孔内应力及减少配筋的工程措施问题

泄洪深孔设计采取下列工程措施降低孔口应力，减少配筋：泄洪坝段横缝灌浆至高程110.00m。横缝灌浆对提高大坝侧向整体性作用明显，且可减小孔口拉应力，但其效果与横缝间隙及侧壁位移大小有关，而横缝间隙取决于接缝灌浆质量，并与坝体温度变化关系密切，侧壁位移与深孔内水压力有关，这些因素较难正确估计，因此，在泄洪深孔孔口配筋中不考虑横缝灌浆的有利作用，只作为一种安全裕度。泄洪深孔有压段设置钢衬段长26.01m。钢衬能提高泄洪深孔门槽区抗冲磨及防空蚀能力，并有利于控制裂缝宽度，对减少配筋量有一定作用，但钢筋仍需 3 排。钢衬与混凝土之间可能存在缝隙与滑移，并不完全符合计算时认为两者完全结合。因此，为安全起见，泄洪深孔孔口配筋中不考虑钢衬的有利作用。泄洪深孔结构调整方案中将横缝止水由坝轴线下游 1.00m 调整为坝轴线下游3.00m，横缝止水后移方案，深孔孔口配筋一般控制在 3 排以下，对 4 排配筋的孔口段，可采用两个浇筑层分散布筋形式，这对限制裂缝宽度也较有利。考虑到上述泄洪深孔横缝止水后移方案已能将孔口配筋满足深孔结构运行安全和施工要求，所以不再采用深孔局部止水后移的措施。

4.6 临时船闸坝段通航缺口结构设计及封堵技术

4.6.1 临时船闸坝段通航缺口结构设计

4.6.1.1 临时船闸坝段通航缺口结构布置

临时船闸坝段位于左岸非溢流坝段 8 号坝段和 9 号坝段之间，坝段前缘总长 62.00m，分为三个坝段(图 4.6.1);临时船闸 1 号坝段(简称临船 1 号坝段)和临时船闸 3 号坝段(简称临船 3 号坝段)前缘长均为 19.00m;临时船闸 2 号坝段(简称临船 2 号坝段)前缘长 24.00m。临时船闸布置在临时船闸坝段下游,在三峡二期工程施工期间承担通航任务,临船 2 号坝段长 24.00m 的缺口预留作为临时船闸的通航道,临时船闸停止使用后再封堵通航道,浇筑坝体混凝土和修建冲沙闸。临船 1 号及 3 号坝段建基面在坝轴线方向开挖成台阶形,从高程 61.50m 的平台(长 8.00m)以 1∶0.8 的陡坡上升至高程 79.50m 平台(长3.8m)。临船 1 号及 3 号坝段待临时船闸封堵且临船 2 号坝段混凝土浇筑至高程 143.0m 后,随临船 2 号坝段一起上升,坝体混凝土浇筑至坝顶设计高程 185.00m。临船 2 号坝段建基岩面高程 61.50m,在一期工程开挖至建基高程后,经验收后将低于高程 61.50m 的坑槽浇筑找平混凝土,作为船舶进出临时船闸的通道。为了临时船闸的通航及临船 2 号坝段通航缺口的封堵,临船 1 号及 3 号坝段在一期工程施工至坝面高程 143.00m,在坝轴线上游侧,分别向上游伸出长 25.50m、宽 4.50m 的封堵叠梁门墩墙结构,墩墙在坝轴线上游 1.50m 设有宽 4.80m、深 1.25m 的叠梁门槽。在墩墙顶部高程 143.00m 设有高 12.00m 的排架,排架顶面布置桥机轨道梁并安装桥机,用作起吊下放叠梁门。临船 1 号及 3 号坝段高程 143.00m 顺流向宽 32.00m,下游为 1∶0.65 的坝坡至高程 79.50m 平台,该平台宽 11.70m,坝底总宽度 110.00m(含墩墙 25.50m)。临船 2 号坝段坝高 123.50m 上游面为铅直面,下游在高程 160.40m为 1∶0.72 的坝坡;坝顶宽度 35.00m,实体部分 23.50m;坝体设 3 条纵缝分四块浇筑混凝土,纵缝缝面设三角形键槽,横缝高程 90.00m 以下设梯形键槽,进行接缝灌浆;临船 2 号坝段在坝体布置 2 个 5.50m×9.60m 的冲沙闸孔,进口孔底高程 102.00m。在临时船闸坝段下游的临时船闸闸室及其下航道内建消能建筑物,包括消力池、消力墩、挑坎、整流塘。

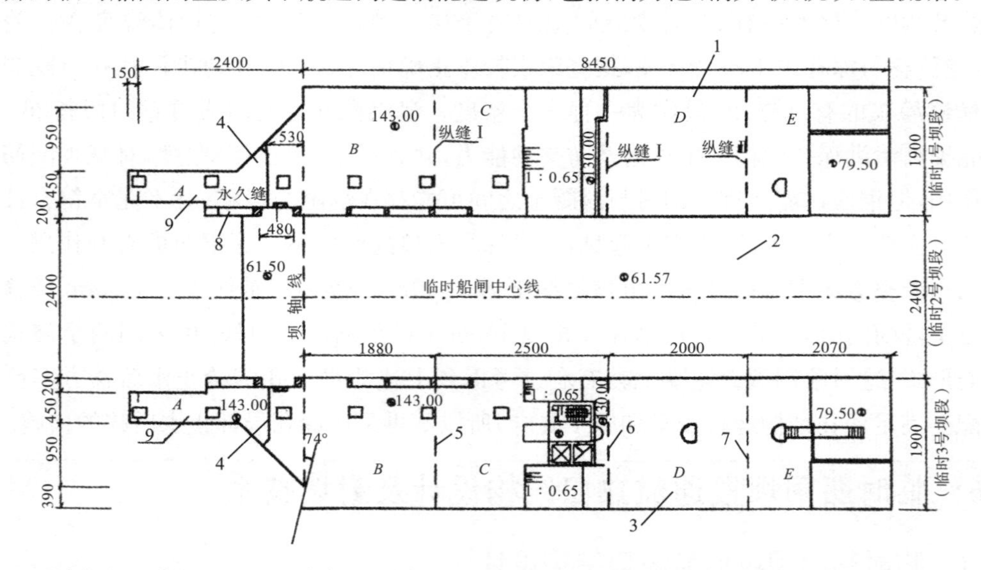

1—临时船闸 1 号坝段;2—临时船闸 2 号坝段;3—临时船闸 3 号坝段;4—永久缝;5—坝体纵缝Ⅰ;6—坝体纵缝Ⅱ;7—坝体纵缝Ⅲ;8—临时船闸封堵门槽

图 4.6.1 临船坝段改建冲沙闸平面示意图

4.6.1.2 临时船闸坝段通航缺口封堵期稳定及应力分析

(1)临船1号、3号坝段稳定及应力分析

1)临船1号、3号坝段坝基稳定分析

临船1号及3号坝段与临船通航缺口(2号坝段)相邻,这两个坝段的建基面沿坝轴线方向开挖成台阶形,基岩面最低高程与临船2号坝段建基岩面一致,其高程均为61.50m,在高程61.50m沿坝轴线方向设长8.00m的平台,再以1∶0.4的陡坡上升至高程79.50m的平台,陡坡沿坝轴线长7.20m,高程79.50m平台长3.80m,临船1号、3号坝段沿坝轴线长均为19.00m(图4.6.2)。鉴于临船1号及3号坝段建基面陡坡高差达18.00m,假定坝体纵缝紧密接触,即坝体顺水流向受力按整体考虑;陡坡段混凝土与基岩脱开,不计坝基斜坡面截面积,进行大坝稳定分析。计算成果表明,在坝体自重、水压力、封堵闸门传递的荷载、扬压力等荷载的作用下,临船1号及3号坝段的坝基稳定性满足要求。

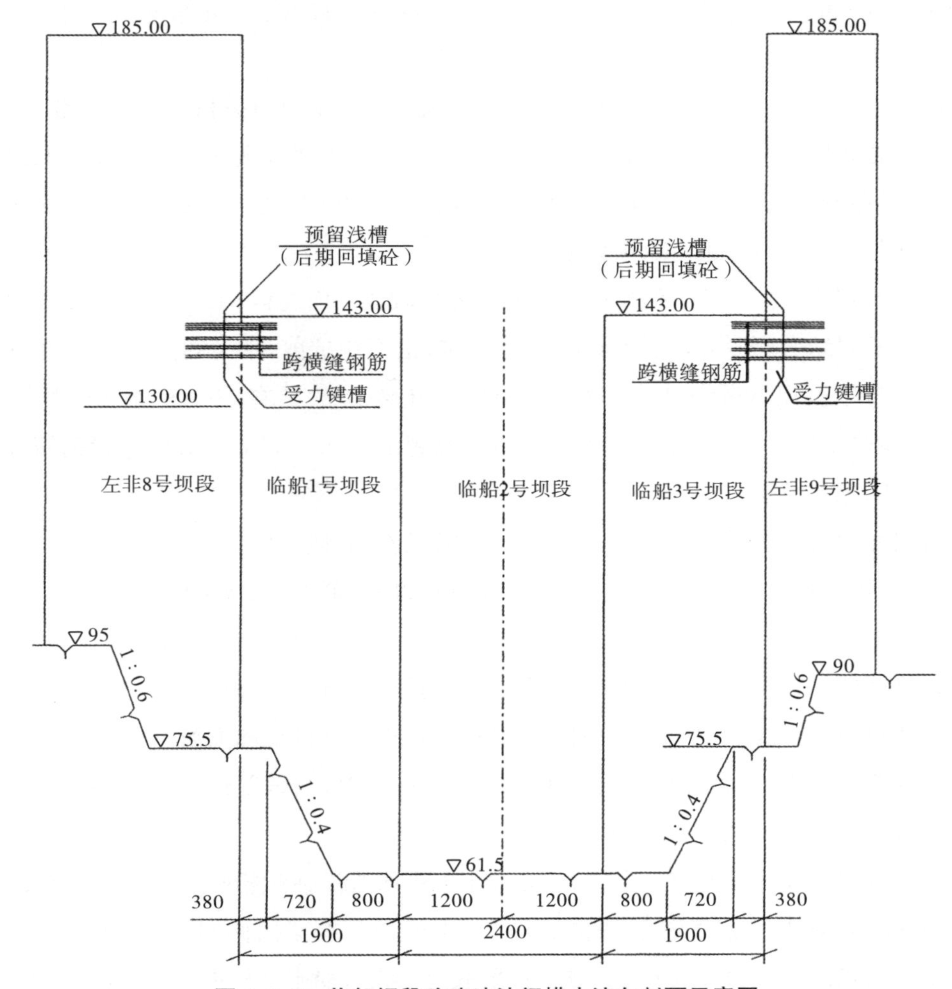

图4.6.2 临船坝段改建冲沙闸横水流向剖面示意图

2)临船 1 号、3 号坝段坝体应力分析

根据 SL319—2005《重力坝设计规范》,坝基面及坝体应力应采用材料力学方法计算,但是临时船闸 1 号及 3 号坝段建基面在侧向台阶高差过大,已超出材料力学方法计算的适用范围。坝基面高程 79.50m 及其以上坝体应力可以采用材料力学方法计算,高程 79.50m 以下的应力状态则需采用其他方法进行分析。

临船 2 号、3 号坝段高程 79.50m 以上坝踵处正应力由以下两部分叠加形成:第一部分由自重、上下游水压力、扬压力、封堵门的顺流向推力等荷载,计算时假定坝体是整体,未计纵缝影响;第二部分由侧向水压力、叠梁门传递坝轴线方向等荷载,计算时假定纵缝Ⅰ脱开,仅由上坝块承担,高程 61.50~79.50m 斜坡水压力作用在高程 79.50m 建基面上的应力未计入。研究结果表明,高程 79.50m 断面最大垂直压应力小于坝基允许压应力,满足要求,但拉应力在设计工况下为 0.08MPa,校核工况下为 0.56MPa,不能满足要求。设计工况下在高程 82.00m 断面以上不会出现拉应力,校核工况下高程 87.00m 断面以上不会出现拉应力。

临船 1 号、3 号坝段高程 79.50m 以下采用三维有限元法进行分析。鉴于临船 1 号、3 号坝段结构布置相同,左非 9 号坝段比左非 8 号坝段小(左非 9 号坝段上游面长仅 12.82m),因此,取临时船闸 3 号坝段上(第Ⅰ)、中上(第Ⅱ)、中下(第Ⅲ)坝块及左非 9 号坝段上(第Ⅰ)坝块作为计算对象进行有限元分析。

①计算假定及模拟方法。假定临时船闸 3 号坝段建基面高程 61.50~79.50m 间侧向边坡混凝土与基岩结合面脱开,只能承压,不能受拉,也不能抗剪,用无间隙受压元模拟;假定临时船闸 3 号坝段坝体顺流向受力按整体模拟,不计纵缝的影响;临时船闸 3 号坝段上(第Ⅰ)坝块与左非 9 号坝段上(第Ⅰ)坝块间横缝在高程 134.00~143.00m 间布置钢筋,钢筋用只能受拉的间隙元模拟。

②有限元网格及边界约束条件。基岩上、下游及左、右侧为法向约束,底部为固结约束;临时船闸 3 号坝段坝体取自由边界;左非 9 号坝段的上(第Ⅰ)坝块下游面即纵缝Ⅰ取法向约束。

③计算荷载。临时船闸 3 号坝段,计算荷载包括坝体自重、上游水压力、侧向水压力、叠梁门传递的纵横向荷载等;左非 9 号坝段计算荷载包括坝体自重和上游水压力;坝体扬压力在有限元计算中不模拟,而将有限元垂直应力计算成果直接与该部位扬压力叠加,并计算主应力,作为该部位的最终应力。

④计算方案。计算共研究三个方案:方案Ⅰ不采取抢浇临时船闸 2 号坝段方案;方案Ⅱ采取抢浇临时船闸 2 号坝段方案,取消高程 90.00m 以下叠梁门侧向力,并将高程 72.00m 以下叠梁门的顺流向推力降低 60%;方案Ⅲ采取抢浇临时船闸 2 号坝段方案,且要求横缝紧密结合,考虑高程 61.50~79.50m 坡面的扬压力,取消高程 72.00m 以下的闸门荷载。

临船1号、3号坝段有限元法分析结果表明：

(a)钢筋传力在方案Ⅰ、方案Ⅱ情况下分别为13000kN、11140kN的拉力，跨横缝布置的钢筋对限制临时船闸3号坝段侧向变形起了一定的作用。

(b)三个方案高程63.00m和82.00m断面竖直向正应力均为压应力，叠加相应扬压力后，仍为压应力。

(c)方案Ⅰ高程63.00m和82.00m断面最大主应力为拉应力，最大值为1.26MPa，不满足要求。

方案Ⅱ减小部分闸门荷载后，最大主应力仍为拉应力，拉应力值有所降低，最大值为1.15MPa，不满足要求；方案Ⅲ考虑临时船闸2号坝段与临时船闸1号及3号坝段横缝紧密结合后，最大主应力基本满足要求。

(2)临船2号坝段稳定及应力分析

水库蓄水至水位135.00m时，临时船闸2号坝段上(第Ⅰ)坝块已浇至高程90.00m，而当时其纵缝还不具备灌浆条件，单靠临时船闸2号坝段上块挡水位135.00m的水荷载，其稳定和应力均不能满足要求。通过计算分析，若只考虑高程72.00m以下封堵门传递荷载，坝体稳定和应力均可满足要求。

4.6.1.3 临时船闸坝段采取的结构措施

临船1号和3号坝段坝基坐落在斜坡岩基上，基础沿坝轴线方向呈台阶状，台阶高差达18.00m，在斜坡岩面上，混凝土与基岩面易脱开，同时在临时船闸封堵期，还要承受封堵通航缺口(临船2号坝段)的叠梁门传来的水推力，工作条件极为特殊，为提高临时船闸坝段的稳定性和强度安全裕度，设计采取了下列综合措施：

(1)抢浇临时船闸2号坝段上块坝体

利用67d断航时间，在封堵叠梁门后直接抢浇临时船闸2号坝段上(第Ⅰ)坝块坝体混凝土至高程90.00m。上游面高程72.00m以下混凝土与闸门贴紧，高程72.00～90.00m设置一定厚度的垫层(聚苯乙烯泡沫板厚100mm)用以隔开封堵门与上(第Ⅰ)坝块坝体。采用这些措施，挡水位135.00m时闸门的水压力一部分可以由临时船闸2号上(第Ⅰ)坝块坝体承担，减小传递到临时船闸1号及3号坝段的荷载，同时高程72.00m以上的水压力不再传递到临时船闸2号坝段，通航缺口坝段稳定及应力均可满足要求，确保临时船闸2号坝段施工期的安全。

(2)在坝体上游面使用微膨胀混凝土

在临时船闸2号坝段坝体上游面(坝轴线上游)1.5m范围高程90.00m以下采用微膨胀混凝土支撑墙，使其与临时船闸1号及3号坝段横缝间紧密结合。该支撑墙既能对临时船闸1号及3号坝段形成顶撑作用，又能极大地改善门槽部位混凝土的受力状态。温度应力和补偿应力计算要求混凝土最终具有 150～200$\mu\varepsilon$ 的微膨胀量，且为了充分发挥补偿效果，要求混凝土的膨胀尽可能发生晚一点，最好是 7d 以后，持续时间长一点，均匀地膨胀，当然也不能无限期膨胀，一年以后应该基本保持稳定。达到 150～200$\mu\varepsilon$ 的微膨胀量并不难，在混凝土中掺加膨胀剂或使用低热微膨胀水泥都可以实现，但是，以往的微膨胀混凝土 95% 膨胀都发生在 5d 龄期以前，这个时期的混凝土强度和弹模均很低，徐变松弛大，膨胀产生的应力在温降之前大部分被松弛掉，只有小部分能起到补偿作用。通过反复的科学试验，最后采用华新 525 中热水泥外掺 UFA 膨胀剂，混凝土自身体积变形最大在 160$\mu\varepsilon$ 左右，发生在 10d 左右，之后保持稳定，满足要求。

(3)设横缝受力键槽及跨缝钢筋

在临时船闸 1 号坝段上(第Ⅰ)坝块与左非 8 号坝段、临时船闸 3 号坝段上(第Ⅰ)坝块与左非 9 号坝段横缝高程 130.00～143.00m 间设置受力键槽，高程 134.00m 以上布置 10 层跨横缝钢筋，分布在 4 个浇筑层内。通过分析，这些钢筋至少可提供 11140kN 的侧向拉力，左非 8 号及 9 号坝段与临船 1 号及 3 号坝段可以共同承担侧向不利作用力，对限制临时船闸 1 号、3 号坝段的侧向变形和改善坝基应力有较大的作用，临船 1 号及 3 号坝段安全度大大提高。

(4)斜坡面布置锚筋及接触灌浆系统

临时船闸 1 号及 3 号坝段侧向坡高差 18.00m，坡度 1∶0.4，为了保证坝体与基岩的接触良好，在基岩坡面布置了锚筋，防止坝体与基岩面脱开，同时布置了接触灌浆系统，对被拉开的接触面进行灌浆，以保证接触面充填密实，有效传力。

(5)纵缝并缝

临时船闸 1 号及 3 号坝段设 4 条纵缝分为 5 个浇筑块，从上游往下游依次为 A—E 块。为加强 B 块的稳定性，在纵缝Ⅰ高程 121.00m、128.00m 处分别设并缝廊道，使 B、C 块整体受力。并缝廊道底部布设两层钢筋，为使混凝土能自由收缩，纵缝能充分张开，有利于接缝灌浆，将钢筋在纵缝两侧各 50cm 范围内涂刷沥青，并缝廊道顶部设 4 层钢筋以保证并缝的可靠性。

(6)锚索加固及排水减压

为降低临时船闸 1 号及 3 号坝段建基面的拉应力，在临时船闸 1 号及 3 号坝段横向基础廊道内补钻基岩陡坡面排水孔，排水孔通至侧向基岩边坡，伸入基岩内 5m，可降低侧向渗透水压力，以减小临时船闸 1 号及 3 号坝段陡坡面上的扬压力。同时，在临时船闸 1 号及 3 号坝段高程 84.50m 横向交通廊道布置 3000kN 级、L=25.00m、间距 2.00m 的预应力锚索，锚索自高程 84.50m 廊道穿过临时船闸 1 号及 3 号坝段建基面高程 79.50m 平台，以加固坝基。锚索布置见图 4.6.3。

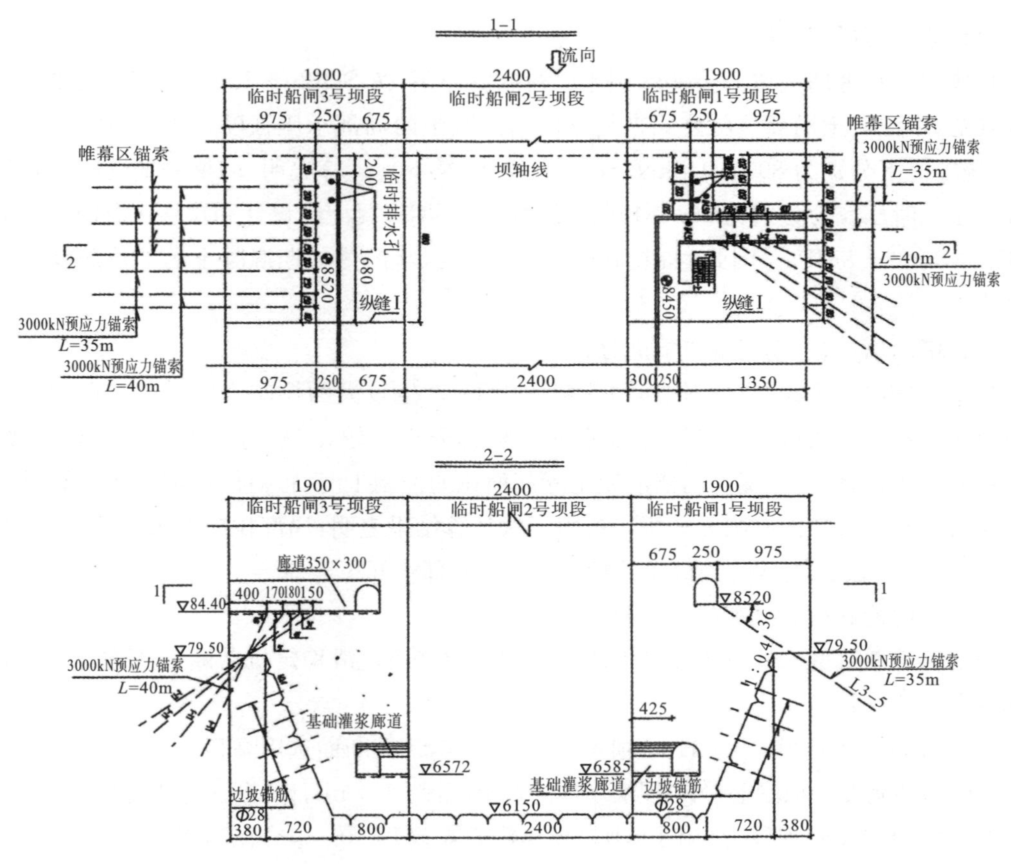

图 4.6.3 临船坝段锚索及排水布置示意图

4.6.1.4 临时船闸坝段通航缺口封堵门槽结构

(1)通航缺口封堵门槽的技术难点

临时船闸坝段通航缺口封堵门槽布置在临时船闸 1 号及 3 号坝段上游闸门墩墙上，位于坝轴线上游 1.50m 处。门槽顺水流向宽 4.80m，垂直水流向深 1.25m。封堵门槽直接承受封堵门传来的顺流向荷载及封堵门收缩产生的横向摩擦力，其最大线荷载分别为 950×9.8kN/m 及 180×9.8kN/m，这样大的作用力作用在门槽二期混凝土上，成为临时船闸坝段通航缺口封堵门槽设计的技术难点。

(2)通航缺口封堵门槽强度分析

临时船闸 1 号及 3 号坝段封堵通航缺口(临时船闸 2 号坝段)的叠梁门槽下游设二期混凝土，以便安装叠梁门支座。二期混凝土平面尺寸为 1.00m×1.35m，直接承受封堵门在上游水压力作用下传递的顺流向推力 P_1 及叠梁门收缩产生的横向摩擦力 P_2。P_1 及 P_2 设计最大线荷载分别为 9.81×950kN/m 及 9.81×180kN/m，同时闸门在温降作用下使门槽混凝土承受沿坝轴线方向的侧向荷载，门槽应力状态复杂。从以下三方面对门槽的强度进行了分析：一是门槽局部承压强度分析；二是门槽一、二期混凝土配筋分析；三是门槽斜截面抗剪强度分析。

1)封堵门槽局部承压强度分析

封堵门槽只考虑叠梁门传递的顺流向荷载的作用,按 SDJ20—78《水工钢筋混凝土结构设计规范》中混凝土局部承压公式来复核门槽混凝土的局部承压强度。作用荷载在设计工况、校核工况下分别为 890×9.8kN/m、950×9.8kN/m。计算表明,门槽一期混凝土在设计和校核工况时压应力分别为 10.4MPa、11.5MPa,二期混凝土在设计和校核工况时应力分别为 22.5MPa、24.8MPa。因此,如采用普通混凝土,封堵门槽二期混凝土局部抗压强度很难满足要求。

2)封堵门槽一、二期混凝土配筋分析

封堵门槽混凝土在叠梁门传递的荷载作用下,产生较大的拉应力区,一、二期混凝土结合面成为薄弱面。通过三维有限元及平面有限元分析比较,三维与二维计算成果较接近。经计算分析比较,设计工况是门槽混凝土配筋面积的控制工况,针对门槽混凝土在设计工况下的应力状态进行平面有限元分析。有限元法计算结果表明:局部拉应力值大,最大拉应力为 8.64MPa,一、二期混凝土结合面仍为薄弱面,局部将开裂。

3)封堵门槽斜截面抗剪强度分析

门槽斜截面抗剪强度分析参考混凝土重力坝建基面抗滑稳定抗剪断公式进行。计算方案选取以下三种:

①临时船闸 2 号坝段上(第Ⅰ)坝块坝体不浇筑,计算断面选用高程 61.50m。

②临时船闸 2 号坝段上(第Ⅰ)坝块坝体浇筑至高程 90.00m,计算断面选用高程 90.00m。

③临时船闸 2 号坝段上(第Ⅰ)坝块坝体浇筑至高程 90.00m,在高程 90.00~140.00m 在闸门后贴保温材料,取消闸门侧向荷载。

计算结果见表 4.6.1,从表中可以看出:高程 61.50m 断面,即临时船闸 2 号坝段上(第Ⅰ)坝块不浇筑,二期混凝土面抗剪安全系数在设计工况下接近 2.50,校核工况下大于 2.30,基本满足要求;一期混凝土中抗剪安全系数与规范标准相差很远,仅有 1.80 左右,不满足要求;一、二期混凝土剪应力水平都很高。

表 4.6.1 通航缺口封堵叠梁门槽斜截面剪应力及抗剪安全系数计算成果

方案及计算断面		设计工况	校核工况
方案一(一期混凝土面)	平均剪应力(MPa)	4.0	4.2
	抗剪断安全系数的 Kc	1.86	1.80
方案一(二期混凝土面)	平均剪应力(MPa)	5.2	5.5
	抗剪断安全系数的 Kc	2.47	2.40
方案二(一期混凝土面)	平均剪应力(MPa)	2.4	2.7
	抗剪断安全系数的 Kc	2.75	2.41
方案三(一期混凝土面)	平均剪应力(MPa)	2.0	2.2
	抗剪断安全系数的 Kc	3.33	3.11

高程 90.00m 断面，即临时船闸 2 号坝段上（第Ⅰ）坝块浇筑至 90.00m，方案二、方案三一期混凝土抗剪安全系数均可满足要求；高程 90.00～140.00m 在闸门后贴保温材料后，方案三较方案二抗剪安全系数提高 0.60 左右，其剪应力水平也减小 0.4MPa 左右。

(3)通航缺口封堵门槽结构措施

封堵门槽所受作用力大，在当今世界已建的水利水电工程中是前所未有的。在采取下列结构措施后，门槽局部承压、斜截面剪应力及抗剪断安全均可满足要求。硅粉钢纤维混凝土使用在水工建筑物结构受力部位，在水利水电工程建设上属首创。

1)在门槽二期混凝土内使用硅粉钢纤维混凝土

临时船闸封堵门槽部位，需承受较大的压、拉、剪、弯曲等应力。经计算分析：二期混凝土内最大压应力 22.5MPa。局部最大拉应力达 8.64MPa，最大平均剪应力达 5.5MPa。对此，用普通混凝土难以满足。当时钢纤维混凝土已普遍用于工程的建设中，但硅粉钢纤维混凝土应用很少，特别是用于水工结构大受力部位，据查，这在世界上属首次。一般的钢纤维混凝土虽然能大大提高混凝土抗拉强度及韧性，但对混凝土的抗压强度影响很小。通过反复的科学试验，最后确定在封堵门槽下游侧高程 110.00m 以下二期混凝土采用 CF60 硅粉钢纤维混凝土。掺入混凝土中的硅粉，具有良好的火山灰效应和微粒充填效应，能改善混凝土的密实性，提高其抗压强度和抗渗性。配制的 CF60 硅粉钢纤维混凝土，其抗压强度、抗剪强度及轴拉强度分别可达 81.8MPa、15.3MPa 和 6.06MPa。门槽二期混凝土内使用硅粉钢纤维混凝土，成功地解决了门槽受力复杂问题。

为了提高局部强度，封堵门槽下游侧高程 110.00m 以上二期混凝土采用 R_{28}500 混凝土，门槽附近 5.00m 范围内一期混凝土采用 R_{90}300 混凝土。

2)一、二期混凝土布设钢筋

经计算分析，门槽一、二期混凝土剪应力水平均很高。门槽剪应力单靠混凝土承担，其结构安全得不到保证。按钢筋承担全部拉应力考虑，在一、二期混凝土内均配置了钢筋，一期混凝土内每米配筋面积为 80.4cm^2，每米预埋 5ϕ36 钢筋，与叠梁门支座直接焊在一起，以分担因叠梁门收缩产生的横向摩擦力；二期混凝土内每米配筋面积为 191cm^2。

3)减小封堵门侧向荷载

临时船闸 1 号及 3 号坝段封堵门槽，承受封堵门收缩产生的横向摩擦力，其最大线荷载高达 180×9.8kN/m，采取上游面高程 72.00m 以下浇筑混凝土与闸门贴紧、高程 72.00～90.00m 在闸门后设置垫层、高程 90.00～140.00m 在闸门后贴保温材料措施后，可大大减小闸门由于温度变化产生的横向收缩力。

4.6.1.5 临时船闸坝段通航缺口封堵门结构设计

(1)临时船闸坝段通航缺口封堵门的技术难点

临时船闸坝段通航缺口封堵宽度 24.00m，最大水头 78.50m，总水压力达 74500×9.8kN。

同世界已建工程相比，闸门总水压力远远大于同类工程，为世界之最(表 4.6.2)。封堵门除满足封堵要求外，闸门还必须在临时船闸运行期间用于调节坎上水深，使其保持在 4.00～7.50m的范围，并且还要与事故门配合用作事故检修门，用于临时船闸的检修。通航缺口封堵门跨度大、水头高、使用条件复杂，成为其闸门设计的技术难点。

表 4.6.2　　世界已建水利工程大孔口跨度及闸门承水压力对比表

工程名称	国家	河流	水头(m)	孔口跨度(m)	总水压力(×9.8kN)	建成时间
三峡临时船闸	中国	长江	78.5	24	74500	2003
三峡双线五级船闸	中国	长江	41.4	34	29137	2003
图库鲁伊	巴西	脱坎廷斯河	36.5	33	21982	1984
铁门	南斯拉夫 罗马尼亚	多瑙河	34.4	34	20117	1970
石山嘴	哈萨克斯坦	额尔齐斯河	42.0	18	15876	1953
约翰德	美国	哥伦比亚河	34.5	26.2	15592	1968
古比雪夫	俄罗斯	伏尔加河	29	30	12615	1955
葛洲坝 2 号	中国	长江	27	34	12393	1981
加通	巴拿马	巴拿马运河	25.9	33.4	11202	1914
韦 4、5、6 号	加拿大	韦兰运河	30	64.4	10980	1932
水口	中国	闽江	41.74	12	10453	1994
龙羊峡	中国	黄河	120	5	6537	1985

(2)临时船闸坝段通航缺口封堵门结构形式

在选定临时船闸坝段通航缺口封堵门结构形式时，主要考虑下列因素：

1)封堵门的功能

封堵门的功能主要有两个：一是临时船闸运行期间用于调节坎上水深，使其保持在 4.00～7.50m 的范围内。同时设一道事故检修门，当出现事故时能下门挡水。二是临时船闸运行使命完成后，用于封堵孔口，以利于浇筑临时船闸 2 号坝段混凝土。

2)孔口尺寸和设计水头

闸门的大孔口宽度 24.00m，底坎高程为 61.50m，设计水位为 135.00m，校核水位为 140.00m。

3)封堵钢闸门门体的制造、运输、吊装和存放

4)封堵门门体的回收

基于对上述因素的综合考虑，最后确定封堵门门型为平面滑动叠梁钢闸门。封堵门布置如下：叠梁门每节高度为 3.00m，共 24 节，事故检修门高 8.50m，布置在叠梁门上部。为满足施工期间通航要求，须 7 节叠梁门与事故门组合使用。临时船闸封堵时，需 24 节叠梁

门与事故门组合使用，闸门总高度80.50m，满足校核水位140.00m挡水要求。

底节叠梁厚5.80m，自重达180t，水压力为5600×9.8kN，正向支承线压强为890×9.8kN/m。单节(底节)叠梁总水压力和正向支承线压强均为世界之最。叠梁门为变截面平面滑动闸门，双主梁实腹焊接结构。面板和止水布置在下游侧，侧止水为P形橡皮，底止水为平板橡皮。

(3)临时船闸坝段通航缺口封堵闸门结构

1)通航缺口封堵闸门门体结构

临时船闸坝段通航缺口封堵门门体共由24节宽26.00m、高3.00m的叠梁和一扇平面滑动事故检修门同槽组成，其中叠梁共分6组进行设计制造。临时船闸通航期间只使用上部8节叠梁门和事故检修门，通过调节叠梁以适应上游通航水位的变化，以及在汛期洪水位超过最高通航水位时的挡水要求，并在发生事故时，事故检修门可随时动水下门。其余16节叠梁用于2003年6月蓄水至水位135.00m挡水发电。由于各组叠梁的外水压力变化而导致梁高的变化较大，尤其是第一节叠梁高度达5.80m，须解决各节叠梁的共槽和主梁腹板的稳定性；同时须控制叠梁的最大自重，以便于制造和转运。为解决主梁强度和自重间的矛盾，根据主梁的内力分布特点，叠梁门采用实腹式双主梁变截面(变主梁高度、变主梁腹板厚度、变主梁下翼缘层数)结构，钢滑块支承，最大线压强950t/m，主轨选用ZG310—570材质作调质处理，轨道头部堆焊6～7mm不锈钢加工成R100mm弧面。侧、反向导轮装置没有滚动轴承，以保证叠梁在门槽内运行顺畅。成功地解决了高水头、大跨度闸门设计、加工制作难题，在保证结构的承载能力前提下，又有效地控制了单根叠梁门重量。这不仅节约了工程量，同时也减小了启闭机启重量。用于临时船闸通航期的8节叠梁中最大外形尺寸26.46m×3.26m×4.78m(宽×高×厚)。事故检修门与叠梁门共槽，门高8.50m，放置在叠梁门上方，动水关门，静水开启，采用桁架式主梁结构，滑块支承，侧、反向用滚轮导向。事故检修门最大外形尺寸26.46m×8.56m×4.78m(宽×高×厚)，门上设2套平压阀，满足动水下门、静水提门要求。

2)通航缺口封堵闸门止水

临时船闸坝段通航缺口封堵叠梁门止水布置在下游侧。对于高水头、大跨度叠梁门为保证止水效果，主要采取了两个方面的措施：

①通过对各节叠梁的强度和刚度进行反复计算，对各组叠梁的挠度控制在2.3cm左右，即刚度控制在1/1100左右，以保证各节叠梁间的变形协调。

②在自重作用下，底节叠梁跨中部分的垂直挠度经计算达6mm左右，超过底止水橡皮的预压缩量。如不做处理，叠梁门面板底缘将与底坎接触受力，影响止水橡皮寿命和止水效果，以及造成底缘部分面板受力复杂。为此，要求闸门在制作时，应在以两端柱为支承点，闸门竖直架立，在产生自重挠度的状态对面板顶底缘进行机加工，并且要求底缘的直线度控制2mm内(已经超过规范要求)，底止水按此直线度进行安装与调正。为保证侧水封的预压缩

量，设计选用弹性反轮作为反向支承。叠梁下水封堵后，基本上达到了滴水不漏的效果，为临时船闸2号坝段混凝土的浇筑创造了良好的条件。

3)通航缺口封堵闸门吊耳

大型叠梁门吊耳的设计是一个难点。由于单节叠梁门自重达180t，启闭机容量为2×1250kN。吊耳受力时，工作吊耳设计荷载取为1250kN，临时吊耳设计荷载取为180×9.8kN。在通常的闸门吊耳设计中，一般主梁腹板高度都不太大，吊耳板直接用组合焊缝焊在腹板上，靠上游面板和下游翼缘板与吊耳板的连接焊缝即可满足传力要求。本叠梁门主梁腹板高度为5.80m，吊耳板置于腹板之上，由于吊耳板高度有限，很难将起吊的力传至相距达5.80m的上游面板和下游翼缘板上，而只能靠吊耳板与主梁腹板之间的组合焊缝传力，相应主梁腹板法向受力，可能存在产生层间撕裂的隐患。但考虑到叠梁为临时设备，只在封堵下门和回收启门时使用，为便于制造，设计时将相应的横隔板兼作吊耳板(单腹板吊耳)。为改善受力状态，在吊耳板中心线两侧均设置加劲板将上下两腹板连接在一起，同时要求对吊耳板与上主梁腹板间的焊缝进行全线的射线探伤以保证焊缝质量。由于两吊点间距很大，达15.60m，为保证吊耳的同轴度，制造时通过激光定位进行配钻。

(4)临时船闸坝段通航缺口封堵闸门埋件

临时船闸坝段通航缺口封堵叠梁门埋件(尤其是底节埋件)除承受巨大的外水压力外，由于跨度较大，还要承受因温度变体和门体挠曲变形产生的巨大的水平推力。叠梁门在水压力作用下门体产生挠度控制在2.3cm左右，门体受力作用点将产生1.08mm左右的偏移，相应偏移角约0.103度。由于偏移角的产生，当温度变化时门体将作用于埋件一水平分力。这一水平分力除与外水压力大小有关外，还和门体支承材料与埋件间的摩擦系数有关。即使按0.2的摩擦系数考虑，水平分力也达到180×9.8kN/m。由于门体作用在埋件上的力产生了偏移，埋件的计算就不能按规范的计算方法进行。经过几种计算方法进行计算比较，认为按郭尔布诺夫—坡萨道夫、基础为半无限大弹性体的计算方法比较合适，经计算偏心受压埋件下的混凝土最大压应力为215.3×9.8N/cm^2，这已超出了常用混凝土的允许应力。

针对上述技术难点，埋件设计采取了一系列的措施。首先从强度要求出发，对埋件和门体的支承材料进行了认真分析比选，最后选用ZG270—500；由于该材料间的摩擦系数最大为0.6，为了通过减小摩擦系数达到减小水平分力的目的，在埋件轨头上堆焊一层不锈钢，并涂抹二硫化钼锂基润滑脂，将摩擦系数降到0.2以下；为保证门体支承滑块与埋件轨头间为线接触，降低二者间的接触应力，并且利于相对转动，将埋件轨头设计成半径为600mm的弧面；同时在埋件侧向设计间距300mm，F_{36}水平插筋，以保证将巨大的水平力很好地传递到门槽混凝土中。上述一系列的新工艺、新措施在常规闸门的设计中都是从未采用过的。

4.6.1.6 临时船闸坝段大孔口封堵闸门启闭设备

各节叠梁门和事故检修门均为静水启门，叠梁门和事故检修门由设在坝体排架上的2×

1250kN单向桥式启闭机通过液压自动挂钩抓梁操作。桥机运行轨道高程155.50m，总提升高度90.00m。桥机属高扬程启闭机，而封堵叠梁体形是扁担形，为确保叠梁在启、闭过程中安全、可靠，起升机构设计采用可控硅定子调压无级调速，同时设置电气同步系统，以满足变速运行及双吊点同步要求。2×1250kN液压自动挂钩梁是桥机的重要配套设备。叠梁及事故检修门借助于挂钩梁，采用液压自动穿销启吊。启闭抓梁(挂钩梁)可满足两个功能：一是能适应各组叠梁吊点位置(重心)的变化，为此该启闭的抓梁是一套液压自动挂钩梁，通过液压支承调心装置来调节液压自动挂钩梁的工作位置，以适应各组叠梁吊点位置(重心)的变化；二是叠梁通过船运到临时船闸，从顺水流向旋转90°。而后转换双吊点才能通过门机吊运到门库存储，为此在液压自动挂钩梁中部设计一旋转式吊钩来吊运叠梁和事故检修闸门。启闭抓梁(挂钩梁)主要由轴承导向装置、旋转机构、梁体、柱塞油缸装置、液压系统及检测信号装置等部件组成。为适应各组叠梁重心位置变化，设计有液压机构以调节改变9组挂钩梁吊点位置。

4.6.2 临时船闸坝段通航缺口封堵施工技术

4.6.2.1 临时船闸坝段通航缺口封堵施工技术难点

临时船闸坝段通航缺口沿坝轴线长24.00m，顺水流向宽95.00m，设置3条纵缝分为四个坝块，自上游向下游各坝块宽度依次为28.00mm、22.00mm、23.00mm、22.00mm。临时船闸通航缺口封堵叠梁门下放到位后，在水库蓄水至水位135.00m前，临时船闸2号坝段(即通航缺口坝段)上(第Ⅰ)坝块混凝土需从建基面高程61.50m抢浇至高程90.00m，要求将高度28.50m的坝块混凝土在50d内完成，这在国内水利水电工程混凝土坝施工中尚无先例，其主要施工难点主要为下列两个方面：

①混凝土重力坝按常规混凝土浇筑层厚1.50～2.00m施工方法，在50d内不可能完成高度28.50m的坝块混凝土浇筑，为此必须采用超常规的施工技术。

②临时船闸2号坝段(通航缺口坝段)上(第Ⅰ)坝块高程61.50～90.00m混凝土浇筑时间安排在2003年4月下旬至6月上旬，气温较高，且采用的混凝土浇筑层厚突破常规，混凝土温度控制标准高、难度大。

4.6.2.2 临时船闸坝段通航缺口封堵施工技术措施

(1)临时船闸2号坝段(通航缺口坝段)混凝土施工加大浇筑层厚

临时船闸2号坝段(通航缺口坝段)上(第Ⅰ)坝块尺寸为24.00m×28.00mm，混凝土浇筑仓面面积672.00m^2。设计研究比较该坝块浇筑层厚1.50m、2.00m、3.00m三种方案。采用1.50m、2.00m浇筑层厚至少需120d左右的时间才能浇筑到高程90.00m，工期不能满足要求。为了确保在水库蓄水至水位135.0m以前，临时船闸2号坝段上(第Ⅰ)坝块浇至高程90.00m，最多只能分八层浇筑，平均浇筑层厚3.50m，考虑到下部基础强约束区按3.00m以上的升层，混凝土温度控制达不到要求，最后确定脱离基础强约束区后，混凝土浇筑层厚采用4.50m。对于混凝土重力坝大体积常态混凝土浇筑层厚采用4.50m，在水利水电工程建设中属首次采用。

(2)临时船闸2号坝段(通航缺口坝段)混凝土温控防裂技术

1)温控标准

临时船闸2号坝段上(第Ⅰ)坝块混凝土浇筑层厚4.50m,在已建混凝土重力坝大体积常态混凝土施工中尚无先例,尚无混凝土温控成果借鉴。加之临时船闸2号坝段(大孔口坝段)上(第Ⅰ)坝块高程90.00m以下混凝土浇筑时段在4月上旬至6月上旬间,气温较高。经温控分析计算,混凝土设计允许最高温度4月份为31℃、5月份33℃、6月份35℃,相应要求混凝土浇筑温度不高于18℃。

2)主要温控措施

针对临时船闸2号坝段(通航缺口坝段)上(第Ⅰ)坝块混凝土温控特点,为满足温度控制要求,在混凝土施工中采取以下温控措施:

①混凝土施工配合比优化。为保证混凝土力学性能满足设计指标的前提下,增加Ⅰ级粉煤灰掺量,并使用优质高效减水剂,减少水泥用量,尽可能采用四级配混凝土。坝体内部混凝土粉煤灰掺量40%,水胶比0.52,砂率29%,水泥用量103kg/m³;外部混凝土粉煤灰掺量35%,水胶比0.5,砂率28%,水泥用量124kg/m³。

②控制坝体浇筑温度。临时船闸2号坝段(通航缺口坝段)上(第Ⅰ)坝块高程90.00m以下混凝土浇筑时间为4—6月,气温较高。浇筑温度主要通过采用出机口温度为7℃的预冷混凝土控制。同时采取加快入仓及覆盖速度、对已浇混凝土覆盖隔热、表面流水、仓面喷雾等手段控制。实测混凝土入仓温度8.8~17℃,浇筑温度10.9~16.0℃。

③通水冷却。坝块混凝土浇筑层厚4.50m不可能依靠临空面散发水化热,而是更多地依赖制冷水吸收水化热来降低坝体温度,因此混凝土初期冷却是混凝土控制的重要环节。在浇筑层厚4.50m混凝土布置三层内径28mm聚乙烯PVC冷却水管,水管间距1.50m×1.20m,第一层布置在缝面,上两层分别距缝面1.50m和3.00m,上两层在浇筑过程中铺设。单根水管长度不超过200m,混凝土覆盖12h后即通制冷水,水温8~10℃,流量不小于20L/min,通水12d,每天交换一次进水方向。

(3)养护

混凝土浇筑完毕后12~18h及时采取洒水或喷雾等措施,使混凝土表面经常保持湿润状态。对于新浇混凝土表面,在混凝土能抵御水的破坏之后,立即采用流水养护。混凝土所有侧面也采取类似方法进行养护,连续养护时间不少于28d。

(4)临时船闸2号坝段(通航缺口坝段)混凝土温控防裂效果

临时船闸2号坝段(通航缺口坝段)上(第Ⅰ)坝块浇筑层厚4.5m的混凝土监测成果表明:混凝土最高温度一般出现在第8~9d,其温升值一般为13℃左右,最大为17.9℃,坝体混凝土最高温度为28℃,混凝土温控防裂效果很好。同时温度监测成果也证明大坝混凝土温控设计是科学、合理的。临时船闸2号坝段混凝土浇筑层厚4.50m的成功实施，为今后混凝土坝大体积常态混凝土快速施工提供了宝贵经验。

4.6.3 临时船闸坝段通航缺口封堵实施及运行验证

4.6.3.1 临时船闸坝段通航缺口封堵实施过程

临时船闸坝段通航缺口封堵叠梁门于2003年4月10日下门封堵，叠梁门止水效果很好，为临时船闸2号坝段混凝土浇筑创造了条件。通航缺口坝段（临时船闸2号坝段）上（第Ⅰ）坝块混凝土于4月22日开始浇筑，6月8日浇筑至高程91.00m，6月10日水库蓄水至水位135.00m。2004年9月，临时船闸2号坝段上（第Ⅰ）坝块混凝土浇筑至133.00m，中上（第Ⅱ）坝块浇筑至高程130.00m，中下（第Ⅲ）坝块浇筑至高程115.00～104.50m，下（第Ⅳ）坝块浇筑至高程104.50～79.50m。2004年9月，临时船闸1号及3号坝段混凝土从高程143.00m继续上升，2005年12月，临时船闸1～3号坝段混凝土浇筑至坝顶设计高程185.00m。

4.6.3.2 临时船闸坝段通航缺口封堵运行验证

水库蓄水至水位135.00m后，临时船闸1号及3号坝段的各项监测成果表明，垂直位移、接缝开度、锚索（杆）应力均变化很小，坝基渗压在设计允许范围内，各项监测值表明大坝运行正常。通航缺口封堵前，临时船闸3号坝段向左侧临空方向的位移，2001年1月实测值为9.53mm，2002年10月，实测值达10.2mm，变形趋势还有发展；同时临船1号及3号坝段侧向基岩与混凝土接触面的测缝计显示缝面张开。在通航缺口坝段封堵后，临船3号坝段向左侧的位移没有变化，趋于稳定；陡坡处基岩与混凝土接缝开度测值减小，表明接缝没有继续张开现象。

（1）临时船闸1号坝段监测成果

1）横缝开度

水库蓄水前，临时船闸1号坝段与左非8号坝段横缝高程87.00m处实测的开度为8.06mm，至2005年12月实测开度基本没有变化。

2）陡坡处基岩与混凝土接缝开度

水库蓄水前8支测缝计中仅有高程65.00m处的1支测缝计所观测的缝面是张开状态，最大开度达0.68mm，水库蓄水至水位135.00m后该测缝计的开度略有减小。另外2支测缝计和2支基岩变形计在蓄水前后的测值变化基本在观测误差范围内，表明陡坡处基岩与混凝土接缝没有继续张开现象。

3）建基面陡坡处锚杆应力

4支锚杆应力计在1998年后中断了观测。从观测的结果看，仅1支锚杆应力计受拉，其拉应力仅达120MPa。

4）纵缝开度

各纵缝灌浆时的开度为0.7～5.2mm，纵缝灌浆后，高程72.00m处的开度基本没有变化，高程 92.00m 和 120.00m 处的开度均随温度略有变化，灌浆后的最大增开度约在1.5mm 以内。2003 年以后坝体温度变化减小，各纵缝开度趋于稳定。

5)坝基渗压

坝基渗压很小，蓄水后主排水幕处扬压力系数为 0.02，远小于设计允许值。

(2)临时船闸 3 号坝段监测成果

1)坝基及坝体变形

基础廊道高程 66.50m 处向左岸的水平位移约在 3mm 以内，向下游的位移约在 1mm 以内。水库蓄水至水位 135.00m 后，水平位移没有明显变化。下闸蓄水前，高程 105.00m 和 135.00m 处的水平位移均表现为向上游和向左岸位移，且位移受温度变化的影响较大。高程 135.00m 向左岸的位移约为 10.32mm，向上游的位移约在 4.4mm 以内。2003 年 6 月水库蓄水至水位 135.00m 后，高程 135.00m 处向左岸的位移基本没有变化，约为 10mm，向上游的位移主要随气温变化，没有增大的趋势。临时船闸 3 号坝段坝体上部向左岸的水平位移较大主要与建基面存在侧面陡坡，以及坝体左侧临空受气温变化的影响较大有关。2005 年随着临时船闸 2 号坝段混凝土浇筑完成，其向左岸位移的条件已不存在，2006 年 3 月监测数据表明，向左岸位移有一定回复且趋稳定。

2)横缝开度

临时船闸 3 号坝段与左非 9 号坝段横缝实测最大开度为 6.89mm，水库蓄水后开度变化很小。

3)陡坡处基岩与混凝土接缝开度

蓄水前 8 支测缝计中仅有 1 支测缝计所观测的缝面是张开状态，最大开度达 0.43mm。蓄水前后各测点的测值变化基本在观测误差范围内。

4)建基面陡坡处锚杆应力

3 支锚杆应力计中除 1 支处于受压状态外，其余 2 支均处于受拉状态，最大拉应力分别为 202.6MPa 和 61.3MPa。水库蓄水至水位 135.00m 后锚杆应力计的应力变化很小。

5)纵缝开度

纵缝各测点的开度均在 5.4mm 以内。各纵缝高程 72.00m 处的开度在灌浆之后基本没有变化，高程 92.00m 和 120.00m 处开度则随温度变化，变幅为 0.5～1.2mm。临时船闸 2 号坝段浇筑至高程 90.00m 以后，高程 92.00m 处的开度也没有明显变化，高程 120.00m 处开度变幅减小。

6)坝基渗压

坝基渗压很小，水库蓄水至水位 135.00m 后，主排水幕处扬压力均在设计允许范围内。

4.6.3.3 临时船闸坝段通航缺口封堵实施及运行验证的综合评价

临时船闸坝段通航缺口封堵尺寸为 24.00m×78.50m，为当今世界水利水电工程最大的封堵孔口，其相邻的临时船闸1号及3号坝段坐落在陡岩边坡基础上，在通航缺口封堵期间，其复杂的受力结构尚无先例，在国内相关部门、科研单位的大力支持和配合及有关专家的帮助指导下，对临时船闸坝段结构及通航缺口封堵关键技术问题进行了大量试验研究和分析计算工作，取得了大量研究成果，指导设计和施工，成功地解决了临时船闸坝段通航缺口封堵技术难题。

临时船闸1号及3号坝段坐落在斜坡上，基础沿坝轴线方向呈台阶状，台阶高差达18.00m，在斜坡面上，坝体混凝土与基岩面容易脱开，同时在临时船闸坝段通航缺口封堵期，还要承受封堵叠梁门传来的巨大的水推力，工作条件极为不利，对此，设计根据研究成果采取了一系列技术措施来保证安全。临时船闸坝段通航缺口封堵实施及运行监测成果证明，临时船闸坝段通航缺口封堵设计和技术措施安全可靠、先进合理，在混凝土重力坝坝内大孔口结构及封堵技术方面有所突破，促进了水利水电科学技术的进展。

4.6.4 临时船闸坝段通航缺口结构及封堵技术

临时船闸坝段通航缺口结构及封堵关键技术的研究和成功解决，为在混凝土重力坝内布置通航缺口积累了实践经验，可供类似水利水电工程设计及施工借鉴。

4.6.4.1 临时船闸坝段通航缺口结构及封堵门槽结构设计

临时船闸坝段通航缺口跨度24.00m，封堵水头达78.50m。在临时船闸2号坝段封堵期间，临时船闸1号及3号坝段直接承受封堵门传递的顺流向荷载及封堵门收缩产生的横向摩擦力巨大荷载，其最大线荷载分别为9.81×950kN/m及9.81×180kN/m。临时船闸1号及3号坝段基础位于高陡边坡上，高达差18.00m。像临时船闸1号及3号坝段类似结构及受力情况以及封堵门槽承受这样大的作用力，在世界上已建的水利水电工程中尚无先例，没有成熟的计算方法和设计标准，更无现成的规程规范可遵循。临时船闸坝段结构及大荷载作用封堵门槽结构技术的研究，丰富和完善了水利水电工程混凝土重力坝通航缺口结构设计理论和计算方法。

临时船闸坝段通航缺口封堵，首次在坝体上游面使用微膨胀混凝土，利用混凝土微膨胀量抵消混凝土收缩变形，使之与相邻坝段紧密结合，形成支撑墙，再辅以其他综合结构措施，成功地解决了高陡边坡坝段受双向荷载坝基应力与变形问题，为混凝土重力坝通航缺口结构设计及封堵技术积累了实践经验。

临时船闸1号及3号坝段封堵门槽，位于坝轴线上游1.5m处，直接承受封堵门传来的顺流向荷载及封堵门收缩产生的横向摩擦力巨大荷载。针对封堵门门槽承受压力巨大、混凝土局部应力大的特点，首次采用CF60硅粉钢纤维混凝土，解决水工结构受力复杂问题，可用于水利水电工程中承受压力大，混凝土局部应力大的门槽结构设计。

4.6.4.2 临时船闸坝段通航缺口封堵叠梁门设计制造及吊装技术

临时船闸坝段通航缺口封堵叠梁门最大水头78.50m，净跨24.00m，最大水压力

74500×9.8kN，封堵门的规模及承受的水压力，已远远地超过了世界上已建的最大叠梁门。封堵门主梁采用实腹式变截面（变主梁高度、变主梁腹板厚度、变主梁下翼缘层数）的结构，成功地解决了高水头、大跨度闸门共槽、强度和刚度与自重间的矛盾等难题；在钢闸门设计研究分析中，率先引入了温度变化和门体挠曲变化对闸门埋件主轨产生水平推力概念；首次采用弧形轨头、并在轨头上堆焊不锈钢和涂抹二硫化钼锂基润滑脂等新工艺，成功地解决了埋件承受大荷载并要求低摩擦系数的问题；在闸门制造过程中，首次采用了激光定位配钻吊耳孔、提出了在产生自重挠度的状态下对面板顶底缘进行机械加工；以解决自重产生的挠度对面板顶底缘直线度影响的新制造工艺；首次采用液压自动挂钩梁并在抓梁中部设旋转吊耳，成功地解决了叠梁吊点位置（重心）的变化和转运问题。临时船闸坝段通航缺口封堵叠梁门设计、制造及吊装技术有所突破，可供类似水利水电工程借鉴。

4.6.4.3 临时船闸坝段通航缺口封堵坝体混凝土施工及温控防裂技术

三峡工程导流明渠截流后，临时船闸就成为长江的唯一通航航道，为了尽量减少断航时间，三峡工程施工总进度安排，临时船闸坝段通航缺口 2003 年 4 月 10 日开始封堵，三峡水库 2003 年 6 月 10 日蓄水至水位 135.00m，临时船闸坝段通航缺口封堵期间，长江断航 67d，这比葛洲坝水利枢纽建设长江断航时间少了 153d。为了满足通航缺口封堵期间及水库蓄水至水位 135.00m 后临时船闸的安全，水库蓄水至水位 135.00m 前，临时船闸 2 号坝段上（第Ⅰ）坝块混凝土需从高程 61.50m 浇筑到高程 90.00m。若按常规的施工技术进行施工，至少需 4 个月以上的时间。针对工期紧特点，在国内外水利水电工程中大仓面常态混凝土浇筑史上，首次采用浇筑层厚 4.5m，创造了 47d 浇筑高度 28.50m 大坝混凝土施工记录，确保了船闸按期通航。在混凝土施工过程中，采取了严格的温控标准和综合温控措施，确保大坝混凝土快速施工且未出现裂缝。临时船闸坝段通航缺口封堵坝体混凝土施工及温控防裂技术在大坝混凝土施工技术上有所突破。

4.7 大坝孔口闸门及启闭机

大坝泄洪建筑物共设泄洪深孔 23 个，泄洪表孔和导流底孔各 22 个，另在纵向围堰 1 号坝段和左导墙坝段上各设一个泄洪排漂孔；左厂坝段设 14 个进水口，另在电厂Ⅱ、Ⅲ安装场及相应的挡水坝段设有 3 个排沙孔；右厂坝段设有 12 个进水口，另在右非 1 号坝段设有一个排漂孔，在右厂排坝段和右安Ⅲ坝段共设 4 个排沙孔。大坝孔口闸门及启闭设备布置与操作特性表见表 4.7.1。

表 4.7.1 拦河大坝孔口闸门及启闭设备布置与操作特性表

项目	名称	孔数	闸门							启闭机						备注
			形式	孔口尺寸（m）	设计水头（m）	数量	吊点	启闭方式	底坎高程（m）	形式	容量（kN）	数量	扬程行程（m）	轨距（m）	安装高程（m）	
表孔	事故检修门	22	平面滑动	8.0×17.0	17.0	3	单吊点	动闭静启	157.468	泄洪坝顶双向门机	5000/2×630/400	3	150.0	21.0	185.0	回转吊扬程 50.0m
表孔	工作门	22	平面滑动	8.0×17.0	17.0	22	单吊点	动水启闭	157.701	共用泄洪坝顶双向门机	—	—	—	—	—	—
深孔	检修门	23	平面滑动反钩叠梁	9.6×14.0	85.0	3	双吊点	静水启闭	90.0	共用泄洪坝顶双向门机	—	—	—	—	—	—
深孔	事故门	23	平面定轮	7.0×11.0	85.0	6	单吊点	动闭静启	90.0	共用泄洪坝顶双向门机	—	—	—	—	—	—
深孔	工作门	23	弧形	7.0×9.0	85.0	23	单吊点	动水启闭	90.0	液压启闭机	4000/1000	23	10.35/11.71	/	117.50	/
泄洪排漂孔	事故门	2	平面定轮	10.0×15.426	43.378	1	双吊点	动闭静启	131.624	共用泄洪坝顶双向门机	—	—	—	—	—	1、2号排漂孔（左岸）
泄洪排漂孔	工作门	2	弧形	10.0×12.0	46.341	2	双吊点	动水启闭	128.662	液压启闭机	2×2000	2	9.3/9.8		157.0	1、2号排漂孔（左岸）

续表

项目	名称	孔数	闸门							启闭机						备注
			形式	孔口尺寸(m)	设计水头(m)	数量	吊点	启闭方式	底坎高程(m)	形式	容量(kN)	数量	扬程行程(m)	轨距(m)	安装高程(m)	
排漂孔	事故门	1	平面滑动	7.0×15.426	43.378	1	单吊点	动闭静启	131.622	共用电站坝顶双向门机	4500/1200/400	—	—	—	—	3号排漂孔(右岸)
	工作门	1	弧形	7.0×12.841	46.341	1	单吊点	动水启闭	129.834	液压启闭机	3000	1	8.9/9.81		161.1	3号排漂孔(右岸)
	出口检修门	1	平面滑动反钩叠梁	7.0×15.0	13.8	1	单吊点	静水启闭	60.0	临时机械		1				/
冲沙孔	事故检修门	2	平面定轮	5.5×11.49	73.0	2	单吊点	动闭静启	102.0	坝顶单向门机	2500	1	100/17.5	10.0	185.0	底孔事故门改造
	工作门	2	弧形	5.5×9.6	73.0	2	单吊点	动水启闭	102.0	液压启闭机	3200	2	13.2/11.2	/	135.87	/

4.7.1 大坝泄水孔口闸门及启闭机

大坝泄洪坝段设22个泄洪表孔、23个泄洪深孔和22个导流底孔(使用完成后已浇筑混凝土封堵)。泄洪表孔,堰顶高程158m,孔口宽8m,每孔设二道门槽,第一道为事故检修门,第二道为平面工作门,二种闸门结构相同;泄洪深孔,进口高程90m,孔口尺寸7m×9m(宽×高,下同),每孔设有三道闸门,第一道为平面检修门,为反钩叠梁门形式,第二道为平面定轮事故门,第三道为弧形工作门;导流底孔,中间16孔进口高程为56m,左右两侧各3孔,进口高程57m,孔口尺寸均为6m×8.5m(宽×高),每孔设有四道闸门,第一道为进口封堵检修门,为反钩叠梁门形式,第二道为平面定轮事故门,第三道为弧形工作门,第四道为出口封堵检修门(亦为反钩叠梁门形式)。此外,在大坝左导墙坝段和右纵1号坝段分别布置一个泄洪排漂孔,各设有一扇弧形工作门,在其上游设一扇共用的平面定轮事故检修门。上述深孔、底孔和排漂孔弧形工作门均采用液压启闭机操作,其他闸门均由坝顶门机操作(图4.7.1)。

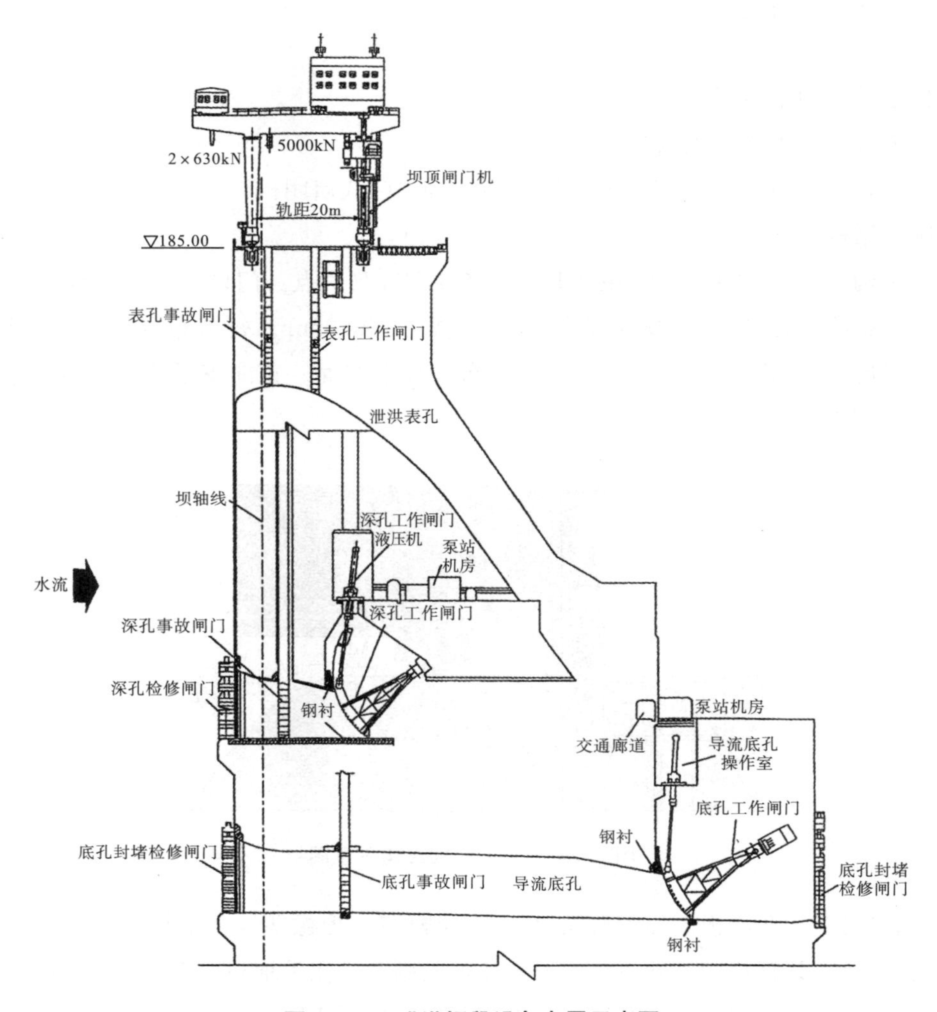

图4.7.1 泄洪坝段设备布置示意图

4.7.1.1 深孔闸门及启闭设备

(1)深孔检修门

1)主要参数

孔口尺寸 9.6m×14.0m

闸门形式 平板反钩叠梁门

闸门数量 3扇

底坎高程 90.0m

设计水位 175.0m

操作水位 175.0m

设计水头 85.0m

总水压力 106610kN

支承形式 钢滑块

支承跨度 10.20m

操作条件 静水启闭

平压方式 压盖式平压阀

启闭设备 坝顶5000/2kN×630/400kN(双向)门式启闭机

2)闸门结构设计

闸门结构,门体为焊接结构,主要材料为Q345C,双吊点。门体宽11420mm,沿高度方向分为5节叠梁单元,每节门高为2980mm,门总高14680mm。每节布置2根I字形主梁,顶节设有平压阀,布置3根I字形主梁,面板布置在下游面。正向支承为钢滑块,侧导向为反钩(图4.7.2)。

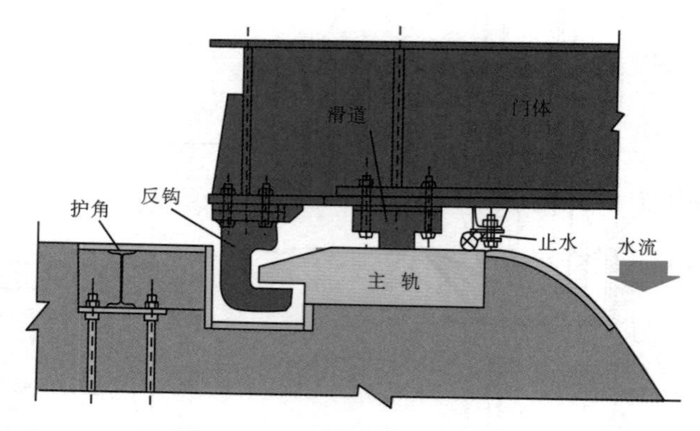

图4.7.2 反钩门槽结构示意图

顶、侧水封布置在面板侧的下游面,系夹三层帆布P形橡塑复合水封,材质LD-19,应整根装箱运往工地,其拐角接头处由承包者委托橡胶制造厂在工地热胶合,必须保证聚四氟乙烯包层的光滑平整。底止水为20mm厚的平板橡皮,材质LD-19。

3)主要构件强度和稳定计算

深孔检修闸门面板计算厚度 20mm,闸门面板实际厚度 22mm。

主梁挠度计算 $f_{max}=5.8\text{mm}<\frac{L}{750}=10.45\text{mm}$

深孔检修闸门主要构件强度和稳定计算结果列入表 4.7.2。

表 4.7.2 深孔检修闸门主要构件强度和稳定计算表

计算结果构件	主梁								面板	
	跨中		变截面处			支座边缘剪应力	主梁挠度	主梁稳定	应力	厚度 mm
	$\sigma_{弯}$ MPa	$\sigma_{与面板连接处}$ MPa	$\sigma_{弯}$ MPa	τ MPa	σ_{Zh} MPa	$\tau_{底}$ MPa	f_{mm}		σ_{Zh} MPa	
计算值	195.9	184.2	179.0	75.4	221.5	117.9	14.15	整体稳定满足要求	314.7	23
容许值	205	205	205	120	225.5	120	$[f]=$ 1/500 $=20.4$	$h_0/\delta<80$ 局部稳定满足	363	实际 24

深孔检修闸门设计强度及刚度满足要求。

4)启闭力计算

该门操作条件为静水启闭。门顶设有平压阀,按平压后 3m 水头差进行计算,启门力为 956kN。故选启门力为 2×630kN 悬臂吊。

计算启门力可作为确定启闭机启闭容量的依据。闸门结构采用平面体系假定和容许应力法设计。计算成果均在容许值之内。

(2)深孔事故闸门

1)主要参数

孔口尺寸 7.0m×11.0m

闸门形式 平板定轮门

闸门数量 6 扇

底坎高程 90.0m

设计水位 175.0m

操作水位 175.0m

设计水头 85.0m

总水压力 63500kN

支承形式 定轮

支承跨度 7.84m

操作条件 动水关门,平压静水启门

启闭设备　坝顶 5000/2×630/400kN(双向)门式启闭机

启闭机数量　3 台(共用)

2)闸门主要结构计算

①面板厚度验算

按式(4.7.1)验算面板控制点折算应力

$$\sigma_{zh} = \sqrt{(\sigma_{my})^2 + (\sigma_{mx} - \sigma_{ox})^2 - (\sigma_{my})(\sigma_{mx} - \sigma_{ox})} \leqslant 1.1\alpha[\sigma] \tag{4.7.1}$$

式中:σ_{my}——垂直于主梁轴线方向面板支承长边中点的局部弯曲应力,MPa

$\sigma_{my} = k_y q a^2/\delta^2$;

σ_{mx}——面板沿主(次)梁轴线方向的局部弯曲应力,MPa

$\sigma_{mx} = \mu\sigma_{my}$;

σ_{ox}——对应于面板验算点主梁上翼缘的整体弯曲应力,MPa。

其中:k_y——支承长边中点的弯曲应力系数;

q——面板计算区格中心的水压力强度,MPa;

a——面板计算区格的短边长度,由面板与主梁的连接焊缝算起,mm;

δ——面板厚度,mm;

μ——面板材质泊松比,取 $\mu=0.3$;

α——弹塑性调整系数,$b/a>3$ 时,取 $\alpha=1.4$;$b/a\leqslant 3$ 时,取 $\alpha=1.5$;

b——面板计算区格的长边长度,由面板与主梁的连接焊缝算起,mm。

②主梁强度和挠度计算

正应力:

$$\sigma = \frac{N}{A} \pm \frac{M}{W} \tag{4.7.2}$$

式中:N——计算截面轴向力;

A——计算截面毛截面面积;

M——计算主梁跨中最大弯矩;

W——计算主梁截面对中性轴的截面抵抗矩;

$[\sigma]$——钢材的抗弯容许应力,$[\sigma]=205$MPa。

主梁正应力计算 $\sigma=184.5\text{MPa}<[\sigma]=205\text{MPa}$。

主梁剪应力:

$$\tau = \frac{QS_x}{I\delta} \tag{4.7.3}$$

式中:Q——主梁计算截面沿腹板平面作用的剪力;

S_x——主梁计算剪应力处以上(下)毛截面对中性轴 x 轴的面积矩;

I——主梁的毛截面抵抗惯性矩;

δ——计算截面腹板厚度;

$[\tau]$——钢材的容许剪应力；

主梁剪应力计算 $\tau=108\text{MPa}<[\tau]=130\text{MPa}$

主梁挠度：

$$f_{\max}=\frac{5\times ql^4}{38\times EI_x} \tag{4.7.4}$$

式中：q——计主梁计算均布线荷载；

l——主梁计算跨度；

E——钢材的弹性模量，可取 $E=2.06\times10^5\text{N/mm}^2$；

I_x——主梁的毛截面对中性轴 x 轴的抵抗惯性矩。

3)启闭力计算

动水闭门力：

$$F_w=1.2\times(T_{zd}+T_{zs})-0.95\times G+P_t \tag{4.7.5}$$

动水启门力：

$$F_q=1.2\times(T_{zd}+T_{zs})+1.1\times G+P_x+W_s \tag{4.7.6}$$

式中：T_{zd}——闸门支承摩阻力，kN；

T_{zs}——闸门止水摩阻力，kN；

G——闸门自重，kN；

P_t——上托力，kN，包括闸门底缘上托力及止水上托力；$P_t=\gamma\beta_t H_s D_1 B_{zs}$

其中：γ——水的重度，取 10kN/m^3；

β_t——上托力系数，验算闭门力时，按闸门接近完全关闭考虑，取 $\beta_t=1.0$；计算持住力时，按闸门不同开度考虑，参照相关表列数据选用。

H_s——闸门底止水上的水头，m；

D_1——闸门底止水至上游面板的距离，m；

B_{zs}——两侧止水距离，m；

W_s——作用在闸门上的水柱压力。

(3)深孔弧形工作门

1)主要参数

孔口尺寸　7.0m×9.0m

闸门数量　23 扇

底坎高程　90.0m

设计水位　175.0m

操作水位　175.0m

设计水头　85.0m

总水压力　63500kN

弧门半径　16.0m

支铰形式　自润滑轴承圆柱铰

支铰中心间距　4.20m

操作条件　动水启闭

启闭设备　4000kN/1000kN 液压启闭机

启闭机数量　23 台

2)弧形工作闸门主要结构计算

①横梁

跨中正应力：

$$\sigma_{\max} = \frac{H'}{A} + \frac{M_{L0}}{W_{上}} \tag{4.7.7}$$

式中：H'——横梁的轴心压力；

A——横梁的净截面积；

M_{L0}——横梁跨中弯矩；

$W_{上}$——横梁跨中弯矩作用平面内受压毛截面模量(面板侧)。

跨中正应力计算 $\sigma_{\max}=115.3\text{MPa}<[\sigma]=205\text{MPa}$。

支座截面正应力：

$$\sigma_{压} = \frac{H'}{A} + \frac{M}{W_{上}} \tag{4.7.8}$$

式中：H'——横梁的轴心压力；

A——横梁的净截面积；

M——横梁支座处最大弯矩；

$W_{上}$——横梁支座处弯矩作用平面内受压毛截面模量。

支座截面正应力计算 $\sigma_{压}=82.7\text{MPa}<[\sigma]=205\text{MPa}$。

支座截面剪应力：

$$\tau = \frac{Q \cdot S}{I \cdot \delta} \tag{4.7.9}$$

支座截面剪应力计算 $\tau=109.7\text{MPa}<[\tau]=120\text{MPa}$。

式中：Q——横梁支座处计算截面沿腹板平面作用的剪力；

S——横梁支座处毛截面对中性轴的面积矩；

I——横梁的毛截面对中性轴抵抗惯性矩；

δ——横梁支座处截面腹板厚度。

②支臂

支臂在弯矩作用平面内稳定：

$$\sigma_{内} = \frac{V}{\Phi_p A} \tag{4.7.10}$$

式中：V——计算支臂轴心压力；

Φ_P——计算支臂截面弯矩作用平面内稳定系数；

A——支臂的毛截面面积；

支臂在弯矩作用平面内稳定计算 $\sigma_{内}=176.2\text{MPa}<205\text{MPa}$。

支臂在弯矩作用平面外稳定：

$$\delta_{外}=\frac{N_{启}}{\Phi_1 A} \tag{4.7.11}$$

式中：$N_{启}$——弧门启门时支臂截面承受的轴心压力；

Φ_1——计算支臂截面弯矩作用平面外稳定系数；

A——支臂的毛截面面积。

③支铰轴

轮轴弯曲正应力：

$$\delta=\frac{P(4a+L)}{0.785d^3} \tag{4.7.12}$$

式中：P——支铰轴承受最大径向荷载；

L——支铰轴轴承内圈作用宽度；

a——铰座支点与轴承内圈间距；

d——支铰轴直径。

轮轴支座处剪应力：

$$\tau=\frac{8P}{3\pi d^2} \tag{4.7.13}$$

式中：P——支铰轴承受最大径向荷载；

d——支铰轴直径。

④闸门面板计算厚度为18mm，闸门面板实际厚度为20mm。闸门设计强度、刚度及稳定满足要求。

3)埋件设计

弧门埋件侧轨、活动侧轨及侧衬等材料均采用Q235B钢板及型钢组合焊接结构，分节制造。主止水座为Q35B厚钢板组合$1Cr_{18}Ni_9Ti$(现标准对应为$12Cr_{18}Ni_9$)止水座面焊接结构，分节制造。门楣止水(Ω形橡皮)通过压板与主止水座连在一起。埋件底板承压应力3.5MPa。

4)闸门启闭力计算

闭门阻力矩：

$$M_{wmax}=1.2\times(T_{zd}\times r_0+T_{zs}\times r_1)+P_t\times r_3-1.0\times G\times r_2 \tag{4.7.14}$$

弧门闭门阻力矩计算 $M_{wmax}=-26241\text{kN}\cdot\text{m}$，可以靠自重闭门。

启门阻力矩：

$$M_{qmax}=1.2\times(T_{zd}\times r_0+T_{zs}\times r_1)+1.1\times G\times r_2+P_x\times r_4 \tag{4.7.15}$$

式中：T_{zd}——闸门支铰摩阻力，kN；

T_{zs}——闸门止水摩阻力,kN;

G——闸门自重,kN;

P_t——上托力,kN,包括闸门底缘上托力及止水上托力;

P_x——闸门底缘承受的下吸力;

$r_0 \sim r_4$——作用力对支铰中心力臂长度。

该最大启门阻力矩计算 $M_{qmax}=48323\text{kN}\cdot\text{m}$,发生在全关位置,由于启闭机启门力力臂是不断变化的,经计算确定液压启闭机启门力为 2×2000kN。

计算启门力和闭门力可作为确定启闭机启闭容量的依据(表 4.7.3)。

表 4.7.3　深孔闸门主要结构及零部件计算表

序号	项目	计算值(MPa)	规范容许值(MPa)
1	小纵梁最大弯曲应力	186.9	220
2	小纵梁最大剪应力	104.7	130
3	横梁最大弯曲应力	122.7	220
4	横梁最大剪应力	91.4	130
5	主纵梁最大弯曲应力	85	220
6	主纵梁最大剪应力	72	130
7	支臂在弯矩作用平面内应力	185	220
8	支臂在弯矩作用平面外应力	158	220
9	支臂剪应力	4	130
10	面板折算应力	196.3	379.5

闸门结构及各零部件的应力计算结果均小于规范容许值,即闸门强度满足设计要求。

5)埋件设计

埋件由侧轨、支承大梁、门楣、底坎及钢衬等组成,均为 Q345B 钢板与 Q235 型钢焊接的组合结构,门楣与侧轨上焊有不锈钢止水座板,其表面机加工,面板水密施焊,焊后磨平。各埋件结构均分节制造、运输,在现场二期埋设。埋件底板承压应力 10.7MPa。

6)深孔工作闸门启闭力矩计算

深孔工作闸门启闭力矩计算见表 4.7.4。

表 4.7.4　深孔工作闸门启闭力矩计算表

闭门力矩(t·m)							启门力矩(t·m)						
0 开度	0.2 开度	0.4 开度	0.6 开度	0.8 开度	全开	全开上提 1.5m	0 开度	0.2 开度	0.4 开度	0.6 开度	0.8 开度	全开	全开上提 1.5m
−365	−844	−1055	−1198	−1290	−1363	−2234	4334	4291	4654	4664	4610	4537	3665

(4)深孔弧形工作门液压启闭机

每扇弧形工作门各设一台液压启闭机,启门力为4000kN,闭门力为1000kN,采用单吊点。油缸布置在高程117.50m的机房内。

整个深孔由23套油缸和六套液压泵站组成。四台机(或三台机)共用一套液压泵站,其间以油管相连。泵站布置在96.00m高程的泵房内。

①主要技术参数:

额定启门力 4000kN

额定闭门力 1000kN

启门速度 0.8m/min

闭门速度 0.5m/min

工作行程 10.35m

最大行程 11.71m

②在闸门任一开度时,泄漏使闸门或油缸在48小时内下滑量不大于200mm,并可自动复位。

(5)泄洪坝段坝顶5000/2×630/400kN(双向)门式启闭机

安装在泄洪坝段坝顶,轨顶高程185m,共3台。门机主小车用于启闭导流底孔事故门、泄洪深孔事故门、表孔工作门、表孔事故门及排漂孔事故门。副小车用于启闭导流底孔封堵检修门和深孔检修门。回转吊用于坝面物品的吊运。

门机由主小车、副小车、回转吊、门架结构、大车运行机构夹轨器,门机轨道和阻进器等埋件、防风锚定装置、液压自动挂钩梁、电力拖动和控制设备以及必要的附属设备组成。

①门机主要参数:

· 主小车

额定启门力 主钩5000kN

扬程 总扬程140m,轨顶以上起升高度为20m

起升速度 1.25/2.5m/min

· 副小车

额定启门力 2×630kN

扬程 总扬程150m,轨顶以上起升高度为20m

起升速度 3/5m/min

· 回转吊

额定启门力 400kN

扬程 总扬程50m,轨顶以上起升高度为20m

起升速度 7.0m/min

大车轨距 21.0m

采用电缆卷筒供电，电源电压 AC10kV，50Hz。

②液压自动挂钩梁采用自动穿销方式，具有相应的检测挂钩梁到位、穿销、退销和平压阀开启的信号装置，并配有于深孔检修门和导流底孔进口封堵检修的双吊点水平误差的水平传感器。挂钩梁主要由梁体、吊耳柱塞缸装置、液压系统、各种信号装置、水下电缆插头、支承导向等组成。门机及挂钩梁设计由制造承包单位负责。

4.7.1.2 泄洪排漂孔闸门及启闭设备

在左导墙坝段和右纵 1 号坝段各布置一个泄洪排漂孔，共两孔。依次布置事故检修闸门和弧形工作门，事故检修闸门二孔共用 1 扇，用于弧形工作门的发生故障及孔道和弧门检修时挡上游水，由坝顶 5000kN 门机借助液压自动挂钩梁操作。有压段出口处设弧形工作闸门，一门一机，由 2×2000kN 液压启闭机操作。液压启闭机吊头与弧门支臂相连接。

(1)排漂孔事故闸门

1)主要参数

孔口尺寸　10.0m×15.426m

闸门形式　平板定轮门

闸门数量　1

底坎高程　131.622m

设计水位　175.0m

操作水位　175.0m

设计水头　43.378m

总水压力　55960kN

支承形式　定轮

支承跨度　10.88m

操作条件　动水关门、静水启门

启闭设备　坝顶 5000/2×630/400kN(双向)门式启闭机

2)闸门主要结构计算

①面板计算

排漂孔事故闸门面板厚度验算参见式(4.7.1)。

闸门面板计算厚度：13.8mm；门面板实际厚度：16mm

②主梁计算

正应力计算参见式(4.7.2)，计算正应力 $\sigma=191.6\text{MPa}<[\sigma]=220\text{MPa}$。

剪应力计算参见式(4.7.3)，计算剪应力 $\tau=90.2\text{MPa}<[\tau]=130\text{MPa}$。

挠度计算参见式(4.7.4)，计算挠度 $f_{\max}=10.2\text{mm}<\frac{1}{750}L=14.4\text{mm}$。

闸门设计强度及刚度满足要求。

3)闸门启闭力计算

闸门启闭的计算按最高水位175m，计算水头H=43.376m。

闭门力计算：

$$F_w = n_T(T_{zd} + T_{zs}) + P_t - n_G \times G \tag{4.7.16}$$

启门力计算：

$$F_Q = n_T(T_{zd} + T_{zs}) + n_G \times G \tag{4.7.17}$$

式中：n_T——闸门摩擦阻力安全系数，n_T=1.2；

T_{zd}——闸门支承摩阻力，N_K；

T_{zs}——闸门止水摩阻力，N_K；

P_t——上托力，kN；

n_G——闸门自重修正系数，n_G=0.9～1.0；

G——闸门自重，kN。

闸门闭门力计算F_W=－1402kN，闸门可以自重闭门。

计算启门力和闭门力可作为确定启闭机启闭容量的依据。

4)埋件采用二期埋设

门槽体形采用规范推荐的高水头条件下的优化门槽体形。

(2)排漂孔弧形工作门

1)主要参数

孔口尺寸	10.0m×12.4m
闸门数量	2扇
底坎高程	128.662m
设计水位	175.0m
操作水位	175.0m
设计水头	46.341m
总水压力	52030kN
支铰形式	球铰
支铰中心间距	6.2m
弧门半径	20.0m
操作条件	动水启闭
启闭设备	2×2000kN液压启闭机

2)闸门结构设计

弧门的设计水位为175.0m，孔口尺寸为10.0m×12.4m，设计水头为46.338m。弧门面板曲率半径R=20.0m，门叶为主横梁直支臂结构形式。主纵梁为箱形断面，门叶结构并设置有水平小横梁及纵向隔板，均为焊接件；支臂为实腹箱形焊接结构，分上下直臂二部分制造，焊接结构，直臂纵向联结系为实腹工字形结构。支铰轴承采用自润滑球面滑动轴承。弧门设有常规P形顶、侧止水和刀形底止水，门楣埋件出设置Ω形放射水装置，门叶设侧轮导向。

弧门门叶结构及支臂主要材料为 Q345B，铰链、支铰座材料为 ZG310—570，支铰轴 40Cr 锻钢，支铰轴承采用自润滑球面滑动轴承。

3)弧形工作闸门主要结构计算

参见泄洪深孔弧形工作闸门结构计算公式(4.7.7)至(4.7.15)。

(3)排漂孔弧形门液压启闭机

液压启闭机为竖式摆缸式，双吊点，吊头采用万向铰与弧门上支臂连接，油缸布置在坝体高程 157.0m 机房内，一机一泵。

主要参数：

额定启门力	2×2000kN
工作行程	9.3m
最大行程	9.8m
启门速度	0.8m/min
闭门速度	0.5m/min

操作条件动水启闭，要求两套油缸同步误差不大于 15mm。

4.7.1.3 泄洪表孔闸门(工作门、事故检修门结构相同)

泄洪表孔与深孔相间跨缝布置，共 22 孔，堰顶高程 158.0m，分别设平板事故检修门槽和平板工作门槽各一道，22 孔表孔共设 3 套平板事故检修门和 22 套平板工作门，工作门、事故检修门门体结构相同。闸门均由泄洪坝段坝顶 5000/2×630/400kN(双向)门式启闭机借助自动挂钩梁操作。在工作门槽下游侧设有门库供工作门存放。

①主要参数：

孔口尺寸	8m×17.0m
闸门形式	平板滑道门
闸门数量	工作门 22 扇；事故门 3 扇
堰顶高程	158.0m
设计水位	175.0m
操作水位	175.0m
设计水头	17.0m
总水压力	12876kN
支承形式	金属镶嵌自润滑复合滑道
支承跨度	8.6m
操作条件	工作门动水启闭；事故门静水启门、遇事故动水闭门
平压方式	事故门节间平压
启闭设备	坝顶 5000/2×630/400kN(双向)门式启闭机

②闸门结构分为上、下两个吊装单元，节间用轴和连接吊板连接。上下各节分为三个制造单元，在现场焊接成整体。闸门采用单吊点。闸门不工作时门体分节锁定在门槽顶部或门库内。

门叶结构采用主横梁式焊接结构，由主梁、纵隔板、水平次梁、边柱、面板等焊接组成；材质 Q345C 钢板及 Q235B 型钢。

结构采用平面体系假定和容许应力法设计。吊耳板、主支承钢滑块及反钩零部件均按规范要求进行计算，计算成果均在容许值之内。

③工作门槽埋件采用二期埋设，事故检修门槽采用一期埋设。由主轨、副轨、底坎等组成，主轨材质由不锈方钢和 Q345C 厚钢板焊接，其余构件材质为 Q235B 钢板及型钢焊接而成。轨道延伸到坝顶 185m 高程。坝顶设闸门锁定。

④闸门主要结构计算：

表孔闸门面板厚度验算参见式(4.7.1)，面板计算厚度 12mm，实际厚度 14mm。

⑤主梁强度和挠度计算：

正应力计算参见式(4.7.2)，计算正应力 $\sigma=87.8\text{MPa}<[\sigma]=198\text{MPa}$，

剪应力计算参见式(4.7.3)，计算剪应力 $\tau=49.1\text{MPa}<[\tau]=117\text{MPa}$，

挠度计算见式(4.7.4)，计算挠度 $f_{max}=5.9\text{mm}<\frac{1}{600L}=14.8\text{mm}$。

⑥泄洪表孔工作闸门启闭力计算：

闭门力计算：

$$F_w = n_T(T_{zd} + T_{zs}) + P_t - n_G \times G \tag{4.7.18}$$

闸门利用水柱重闭门计算：

$$F_w = n_T(T_{zd} + T_{zs}) + P_t - n_G \times G - W_s \tag{4.7.19}$$

启门力计算：

$$F_Q = n_T(T_{zd} + T_{zs}) + n_G \times G \tag{4.7.20}$$

式中：n_T——闸门摩擦阻力安全系数，$n_T=1.2$；

T_{zd}——闸门支承摩阻力，N_K；

T_{zs}——闸门止水摩阻力，N_K；

P_t——上托力，kN；

n_G——闸门自重修正系数，$n_G=0.9\sim1.0$；

G——闸门自重，kN。

闸门闭门力计算 $F_w=-1402\text{kN}$，闸门可以自重闭门。

4.7.2 厂房坝段孔口闸门及启闭机

4.7.2.1 左岸厂房坝段

左岸厂房坝段电站引水管进口顺流向依次设有拦污栅、检修门、快速门及机械设备等。左岸厂房坝段设有 3 个排沙孔，1 号排沙孔设在左非 18 号至安Ⅱ坝段，2 号、3 号排沙孔设在

安Ⅲ坝段，排沙孔进口设有平板事故挡水门，每年汛期水位在150.0m以下时用于排除厂前淤沙以减少进入机组引水管的泥沙量。

(1)电站进水口闸门(拦污栅)及启闭设备

1)进水口拦污栅

①拦污栅布置

左岸厂房1号至14号机组坝段，在坝轴线上游12.5m处的平台上设有平面式拦污栅，每台机组的拦污栅均由六跨组成，每跨净距4.75m，14台机组的所有拦污栅互通。拦污栅由栅墩上设置的栅槽支承，各册墩上设2道栅槽，其中前1道为工作栅槽，后1道为备用栅槽。拦污栅底坎高程根据枢纽地形条件分别为98m、102m和108m 3种，相应栅体高度为47m、43m、37m。

拦污栅共有94扇，其中3套备用栅，每扇拦污栅分为15节(14节、12节)，每节3.15m，节间用连接轴及连接板连接，再用长短吊杆直通坝面，吊杆锁定在坝面上，拦污栅由厂房坝段坝顶4500kN门机回转吊吊运，起吊重量为1200kN。坝顶设有吊杆挂钩锁锭和栅体锁锭。

②栅体结构

每扇拦污栅分为15节，每节栅高3.15m，横梁采用桁架式结构，拦污栅栅条按2m水头差设计，主梁按4m水头差设计，栅条间距200mm。其结构强度和稳定满足规范要求。

③拦污栅主要结构计算

拦污栅主梁及栅条结构强度和稳定计算结果列入表4.7.5。

表4.7.5 拦污栅主要构件强度和稳定计算表

计算结果 构件	主梁			栅条		
	跨中正应力 MPa	支座剪应力 MPa	挠度 $f_{max}=\frac{1}{852L}$	跨中正应力 $\sigma_{max}=\frac{M_{max}}{I}Y$ MPa	支座剪应力 $\tau_{max}=\frac{Q_{max}S}{Ib}$ MPa	稳定计算 $P_1=28.3\sqrt{EI_yGI_d}/L^2$ kg
计算值	114.2	24.7	5.81	22.2	2.35	9771.3
容许值	160	95		160	95	$kql=904$

④埋件设计

拦污栅槽埋件采用一期埋设。主轨、反轨、侧轨、底坎为槽钢焊接件，主要材料为Q235B。分节长度制造工厂可根据实际情况进行分节，但不大于3m。

2)进水口反钩检修闸门

检修闸门布置在机组进水喇叭口前沿，为减少常规门槽造成的水头损失，采用反钩式小门槽。

①主要参数

孔口数量　14

闸门形式　12.210m×18.070m

闸门数量　2

底坎高程　106.5m(106.15m)

设计水位　175.00m

操作水位　175.00m

设计水头　68.85m

总水压力　128200kN

支承形式　钢滑块

支承跨度　12.71m

操作条件　静水启闭

平压方式　阀盖式平压阀

启闭设备　坝顶4500/1200/400/100kN(双向)门机

②闸门结构设计

闸门结构分为上、下两大节，上下各节分为三个制造单元，在现场焊接成整体。闸门采用双吊点。闸门不工作时存放在门库内。

门叶结构采用主横梁式焊接结构，由主梁、纵隔板、水平次梁、边柱、面板等焊接组成；主要材质Q345C钢板及Q235B型钢。

结构采用平面体系假定和容许应力法设计。吊耳板、主支承钢滑块及反钩零部件均按规范要求进行计算，计算成果均在容许值之内。

③门槽采用反钩形式，二期埋设，由反钩主轨、副轨、门楣、底坎等组成，反钩主轨材质ZG270—500，其余构件材质为Q235B钢板及型钢焊接而成。轨道延伸到坝顶185m高程。

④闸门主要结构计算

面板厚度验算(实际厚度$\delta=22$mm)；

主梁强度和挠度计算；

正应力计算参见式(4.7.2)，计算正应力$\sigma=183\text{MPa}<[\sigma]=198\text{MPa}$，

剪应力计算参见式(4.7.3)，计算剪应力$\tau=78\text{MPa}<[\tau]=117\text{MPa}$，

挠度计算参见式(4.7.4)，计算挠度$f_{max}=13.6\text{mm}<\frac{1}{600}L=14.8\text{mm}$。

⑤启闭力计算

闸门静水闭门，平压分2节启门。

启门力：

$$Fq=1.2(T_{zd}+T_{zs})+1.1G+P_x+G_j \tag{4.7.21}$$

闸门结构计算强度、刚度稳定均满足《水利水电工程钢闸门设计规范(SL74—95)》要求。

3)电站进水口快速闸门

快速闸门设在进水口检修门后,引水钢管渐变段前。可在机组发生意外情况时动水快速关闭,闭门时间 3.5min。

①主要参数

孔口数量　14

孔口尺寸　9.2m×13.2m

闸门形式　平面定轮门

闸门数量　14

底坎高程　108.0m

设计水位　175.00m

操作水位　175.00m

设计水头　67.0m

总水压力　75550kN

支承形式　定轮

支承跨度　10.2m

操作条件　动水闭门、静水启门

启闭设备　液压启闭机

启闭容重　4000kN/8000kN(启门力/持住力)

②闸门结构设计

闸门结构,门体为焊接结构,主要材料为 Q345C,单吊点。门体宽 11000mm,高 15225mm,沿高度方向分为 5 节制造运输单元,节与节之间用高强螺栓在边柱腹板及两块纵向联结系腹板上连接,为保证其水密性,连接板下垫薄橡皮带一条。顶、底两节主梁为实腹箱形梁,其余主横梁为焊接 I 型断面。

正向支承为定轮,每套闸门共布置定轮 32 个,其中 30 个轮径为∅750mm,底部 2 个轮径为∅520mm,材质均为锻造合金钢 35CrMo。轮轴分别为 250mm、200mm,材质 40Cr 锻钢,轮子须整体调整。处理后表面硬度 $HB=270\sim310$,轴承为自润滑球面轴承。设置密封防止泥沙水进入。

反向支承为钢滑块。侧导向为侧轮,直径∅400mm,材质 ZG270-500,轴瓦为自润滑材料。

顶、侧水封布置在下游面,系夹三层帆布 P 形橡塑复合水封,材质 LD -19,应整根装箱运往工地,其拐角接头处由承包者委托橡胶制造厂在工地热胶合,必须保证聚四氟乙烯包层的光滑平整,底止水布置在底缘中部为平板橡皮材质 LD-19。

③闸门主要结构计算

电站进水口快速闸门主梁和面板强度稳定计算结果列入表 4.7.6。

闸门设计强度及刚度满足要求。

④埋件设计

主轨为Ⅰ型铸件，材质ZG42CrMo，正火后淬火，硬度HB＝330～360，淬硬层深不小于15mm，每根长4m。

反轨、底坎及侧坎为工字钢及钢板焊接成组合件。

胸墙为钢板焊接构件，止水底板采用不锈钢板，宽为150mm。埋件底板承压应力11.5MPa。

表4.7.6　　电站进水口快速闸门主要构件强度和稳定计算结果

计算结果部位	主梁					底节门叶	面板	
	跨中正应力(MPa)		支座边缘剪应力	挠度(mm)	稳定	由斜弯曲产生的各点应力(MPa)	应力(MPa)	厚度(mm)
	$\sigma_{底}$	$\sigma_{与面板连接处}$	$\tau_{底}$(MPa)					
计算值	165.9			11.3	整体稳定满足要求	σ_1、σ_2、σ_3、σ_4、σ_5	165.9	27.5
容许值	0.9[σ] 184.5	0.9[σ] 184.5	0.9[τ] 184.5	$[f]=\frac{2}{750}$ 13.8	$h_0/\delta=50<80$ 局部稳定满足要求	均小于 0.9[σ] 198	326.7	实际30

⑤启闭力计算

该门操作条件多动水闭门、静水启门、门顶设有平压阀，按平压后4m水头差计算。按规范计算方法并结合水工模型试验结果，计算持住力为5563kN，启门力为3908kN，选用4000/8000kN液压启闭机。

闸门结构及零部件均按规范进行计算，并满足容许应力要求。

4)左岸电站坝顶4500/1200/400/100kN(双向)门式启闭机

在左岸厂房坝段坝顶上设有2台门机，轨顶高程185m。根据回转吊设在门机上游左侧和上游右侧而分为Ⅰ型和Ⅱ型门机。门机主小车用于电站进口检修门和排沙孔进口平面事故挡水门的启闭和吊运，以及快速门及其液压启闭机的安装、检修吊运。付小车用于电站进口拦污栅的启闭和吊运。回转吊用于拦污栅的坝面转运和坝面零星物品的吊运。

①门机主要参数

额定容量：

主钩　4500kN

付小车　1200kN

回转吊　400/100kN

起升高度：

主钩　130mm

付小车　25m

回转吊　110m

坝面起升高度　均为 22m

轨距　16.0m

采用电缆卷筒供电，电源电压 AC10kV，50Hz

②液压自动挂钩梁

液压自动挂钩梁是该门机启闭和吊运电厂进口检修门、排沙孔进口事故挡水门的必要配套设备。采用自动穿销方式并具有相应的检测挂钩梁到位，穿销、退销和平压阀开启的信号装置。挂钩梁主要由梁体、吊耳柱塞缸装置、液压系统、各种信号装置、水下快速电缆插头、支承导向等组成。

电厂进口检修门液压自动挂钩梁、水下操作深度 68.5m，排砂孔进口挡水检修门液压自动挂钩梁、水下操作深度水下 100m。电站进口检修门液压自动挂钩梁一套，排砂孔进口挡水事故门液压自动挂钩梁一套，每套液压自动挂钩梁对两台门机均可互换作用。

5)左岸电站进水口快速闸门 4000/8000kN 液压启闭机

主要参数：

额定启门力　4000kN

额定持住力　8000kN

工作行程　14.5m

最大行程　15.0m

启门时间　20min

闭门时间　3.5min

操作条件　静水启门、动水快速闭门。

每一套液压泵站设二台手动变量油泵一电动机组，同时工作互为备用。在闸门任一开度时，泄漏使闸门或油缸在 48 小时内下滑量不得大于 200mm，并可自动复位。

(2)排沙孔闸门及启闭设备及排沙孔钢衬

1)排沙孔进口平面挡水事故闸门

①主要参数

孔口数量　3 孔

孔口尺寸　5.0×7.63m

闸门形式　平面定轮闸门

闸门数量　3 扇

底坎高程　75.00;90.00m

设计水位　175.00m

设计水头　100.00m

总水压力　37899kN

支承形式　铸铁滑块

支承跨度 5.8m

操作条件 动闭静启

启闭设备 4500kN 坝顶门机及液压自动挂钩梁

②闸门结构设计

闸门为平面定轮闸门，焊接结构，门叶顶部设平压阀装置，门叶分成3个制造单元，在工地焊接成整体。主横梁为焊接工字形实腹梁，底主梁为箱形结构，门叶主要材质为Q345C；正向支承为定轮，∅1000mm 12个，∅650mm 2个，材质为主轮35CrMo锻钢，轮轴40Cr锻钢，轴承为调心滚子轴承；止水及面板布置在上游侧，顶、侧止水为山形橡塑水封，底止水为刀形橡皮。侧向支承为侧轮，反向为铸钢滑块。

③闸门主要结构计算

闸门主要结构计算结果列入表4.7.7。

表4.7.7 排沙孔进口平面挡水事故闸门主要结构计算表

计算结果 构件	主梁			面板组合应力(MPa)	滚轮 σ_{max}(MPa)	轮轴	
	正应力(MPa)	剪应力(MPa)	挠度(mm)			正应力(MPa)	剪应力(MPa)
计算值	173	108	0.45	288	975	171	49
容许值	205	120	[f]=0.77	339	$3\delta_s=1170$		

④闸门埋件设计

埋件为二期安装。主轨为工形断面合金铸件，材质为ZG42CrMo，长3m，其余副轨、反轨、底坎、门楣及锁锭均为焊接组合件埋件。

闸门结构按有关设计规范进行强度设计，满足允许应力要求。

2)排沙孔工作阀门

排沙孔工作阀门作为排沙孔排沙时的操作控制设备，运用条件为135.00～150.00m水位，动水操作。排沙孔不排沙时由进口挡水门挡水。其中安Ⅱ段排沙孔工作阀门底坎高程60.50m，安Ⅲ段两个排沙孔工作阀门底坎高程57.50m。排沙孔工作阀门由设置在其上部的4000kN/1600kN液压启闭机动水启闭。

①主要参数

孔口数量 3孔

孔口尺寸 3.2m×5.0m

闸门形式 平面闸阀

闸门数量 3扇

设计水位 150.00m

操作水位 150.00m

设计水头 92.5m

总水压力 15000kN

支承形式 悬臂轮

支承跨度 3.8m

操作条件 动水启闭

启闭设备 液压启闭机

启闭容量 4000kN/1600kN

②闸门结构

为平面定轮高压阀门，工字形实腹主梁，一扇门由5根主梁、3块纵隔板及左右单腹板边柱、面板等构件焊接而成，材质为Q345低合金结构钢。正向支承为悬臂轮，偏心轴可调整左右8个轮子共面，采用柱面自润滑滑动轴瓦。面板、顶侧底止水均设在下游面。顶侧止水采用P60复合橡皮，底止水采用刚性止水。根据门叶结构布置，底缘与底坎夹角为40度。底缘与面板采用圆弧连接。

③闸门埋件

埋件为二期安装，采用带门龛钢衬的整体封闭式结构，整体门槽分两大部分，下部材质为$ZG0Cr_{13}Ni_5Mo$铸件；上部为焊接箱体结构，并与液压启闭机下端盖栓连接，材质为不锈钢复合板焊接件。门槽上、下游为不锈钢复合板焊接件；底坎为不锈钢板，材质$0Cr_{13}Ni_5Mo$。门槽上、下游侧分别与排沙孔一期钢衬焊接。

④闸门结构按有关设计规范进行强度设计满足允许应力要求并留有裕度。其中门叶底缘局部加强以增加刚度及抗磨损能力。

⑤闸门主要结构计算

排沙孔工作阀门面板厚度验算参见式(4.7.1)，阀门面板计算厚度小于实际厚度30mm。

⑥主梁强度和挠度计算

正应力计算参见式(4.7.2)，计算正应力$\sigma=120\text{MPa}<[\sigma]=205\text{MPa}$，

剪应力计算参见式(4.7.3)，计算剪应力$\tau=86\text{MPa}<[\tau]=120\text{MPa}$，

挠度计算参见式(4.7.4)，计算挠度$f_{max}=2\text{mm}<\frac{1}{750}L=4.2\text{mm}$。

⑦启闭力计算

动水闭门力 $F_w=1.2(T_{zd}+T_{zs})-0.9G+P_t$

动水启门力 $F_q=1.2(T_{zd}+T_{zs})+1.1G+P_x+G_j$

持住力 $F_t=1.1G+G_j+P_x-P_t-(T_{zd}+T_{zs})$

计算门叶主梁上翼缘正应力$\sigma=185\text{MPa}$，主梁下翼缘正应力$\sigma=87\text{MPa}$，主梁剪应力$\tau=110\text{MPa}$。

由于门叶顶底止水均在下游面，则闸门顶部作用有水柱$W=2370\text{kN}$，根据水力学试验

资料在0.4开度时闸门底缘局部出现负压，故计算启门力时上托力不计入。总水压力15000kN，悬臂定轮支承摩擦系数 $f=250/800\times0.2$(轴径/轮径×轴瓦摩阻系数)＝0.0625。计入止水摩阻力及门重后最大启门力为3700kN，闭门力为1200kN。液压启闭机按4000kN/1600kN配置。

⑧水力学及流激振动模型试验研究成果

根据排沙孔的复杂运行条件，对门槽段及工作阀门进行了水力学及流激振动模型试验研究，研究成果表明：

闸门底缘设在下游面对门槽水力学较有利。当闸门底缘设在下游面，门槽采用优化门槽，门后顶部采用1∶8.5压坡，可有效提高闸门区水流压力和水流空化数，优化的闸门底缘结构在各种试验条件下均未产生水流分离现象。

启闭过程中门后通气有明显的减蚀减振效果，也可改善启闭机工作条件和启闭力。

闸门自振频率为64～84Hz，远离脉动压力优势频率，不会发生水力共振。但在启闭过程水流明满流交替，闸门运行条件恶劣，闸门振动加速度及振幅较大，建议加强原型观测，并定期进行安全检查。

3)排沙孔出口平面检修门

①主要参数

孔口数量　3孔

孔口尺寸　2.8m×4.0m

闸门形式　反钩平面闸门

闸门数量　1扇

底坎高程　57.50m;60.50m

设计水位　79.4m

设计水头　21.9m

总水压力　2070kN

支承形式　铸铁滑块

支承跨度　3.4m

操作条件　静水启闭

启闭设备　尾水门机回转吊及吊杆

②闸门结构设计

闸门结构为平面滑动闸门，门叶顶部设平压阀，由吊杆连接于坝顶锁定。门叶整体制造，主横梁为工字形实腹梁，正向支承为铸铁滑块，侧、反向导承为反钩形铸件。顶侧止水采用P形橡皮，底止水采用刀形橡皮。

③闸门主要结构计算

排沙孔出口平面检修门面板验算参见式(4.7.1)，闸门面板计算厚度7.36mm，实际厚度10mm。

主梁计算：

正应力计算参见式(4.7.2)，计算正应力 $\sigma=89.9\text{MPa}<[\sigma]=230\text{MPa}$，

剪应力计算参见式(4.7.3)，计算正应力 $\tau=48.1\text{MPa}<[\tau]=135\text{MPa}$，

挠度计算参见式(4.7.4)，计算挠度 $f_{\max}=1.45\text{mm}<\frac{1}{750}L=4.53\text{mm}$。

闸门设计强度及刚度满足要求。

④埋件设计

门槽埋件为主轨、轻轨、反轨、门楣及底坎组成的焊接结构。主轨上设有不锈方钢，以减少闸门运行时摩阻力，门楣和主轨上焊有不锈钢止水座板，各埋件结构均分节制造、运输，在现场二期埋设。

主轨材料为 Q235B、$1Cr_{18}Ni_9Ti$ 板材组合件；反轨材料为 Q235B 板材、Q235B 型钢组合件；门楣材料为 Q235B 板材、Q235B 型钢、$1Cr_{18}Ni_9Ti$ 板材；底坎材料为 Q235B 板材、Q235B 型钢。

⑤闸门启闭力的计算

闸门为静水启闭。闭门时闸门可靠自重下落闭门。启门时靠闸门充水阀充水平压。

启门力计算：

$$F_Q=n_T(T_{zd}+T_{zs}+n_G\times G)$$

计算启门力可作为确定启闭机启闭容量的依据。闸门结构按有关设计规范进行强度设计满足允许应力要求。

4)排沙孔钢衬

自排沙孔进口渐变段后至出口均采用钢板衬护，整个排沙孔管道均为圆管，圆管直径∅5m。在出口工作阀门前渐变为矩形断面至出口。钢衬材质为不锈钢复合钢板，板厚 24mm。其中复合层厚 4mm。采用一期埋设。根据设计原则，钢衬不承受内水压力，按制造安装的刚度要求和外压稳定要求进行钢衬结构设计，并布置加劲环，管壁与混凝土间灌浆处理。

5)排沙孔出口工作阀门 4000kN/1600kN 液压启闭机设备

排沙孔出口工作阀门液压启闭机安装在安Ⅱ段高程 71.70m 和安Ⅲ段高程 68.70m 机房内、液压泵站安装在同一机房高程 75.30m 的专用机房内。

主要参数：

额定启闭门力　4000kN

额定闭门力　1600kN

工作行程　5.5m

最大行程　6.0m

操作条件　动水启闭

启门速度　0.5m/min

闭门速度　0.35m/min

启闭机总体布置形式为单吊点，前部法兰固定支承，双作用油缸，可现地控制或远方集中控制。

每套排沙孔出口工作阀门布置一台液压启闭机，共 3 台。由 3 套液压泵站驱动，采用“一泵一机”控制方式。

4.7.2.2 右岸厂房坝段

右岸厂房坝段电站引水管进口顺流向依次设有拦污栅、检修门、快速门及机械设备等。右厂电站进水口闸门(拦污栅)和启闭设备与左厂坝段布置相同，参见左厂坝段设计。

(1)排沙孔钢衬、闸门及启闭设备

右岸厂房坝段设有 4 个排沙孔，编号分别为 4 号至 7 号。4 号排沙孔设在右厂排坝段，5、6 号排沙孔设在右安Ⅲ坝段，进口底槛高程均为 75.00m；7 号排沙孔设在右非 1 号坝段，进口底槛高程为 90.00m，工作阀门底槛高程为 57.5m。四个排沙孔从进口至工作阀门上游均为直径 5m 的圆形断面，其后由圆渐变为矩形断面为工作阀门槽。距坝轴线下游 5m 处为进口挡水事故门槽，孔口尺寸 5.0m×7.63m(宽×高)，每孔设一扇挡水事故闸门，水库不排沙时用以挡水，按 175m 水位设计，180.4m 水位校核；在上游水位 135.0m 至 150.0m 排沙孔工作时，闸门遇事故可动水下落。闸门由坝顶门机操作。排沙孔出口渐变段后设有工作阀门，其孔口尺寸 3.2m×5.0m，由液压启闭操作。下游出口处 4 孔设一扇检修门，用于工作阀门检修时挡下游水。采用无门槽的反钩形式闸门，由尾水门机回转吊操作。

1)排沙孔工作阀门

①主要参数

孔口尺寸　3.2m×5m

闸门形式　平板门

底坎高程　60.50(57.50)m

设计水位　150m

操作水位　135～150m

设计水头　88mm

总水压力　15000kN

支承形式　悬臂轮

支承跨度　3.8m

操作条件　动水启闭

②门叶为焊接结构，布置 5 根Ⅰ型横梁，面板布置在下游面，底部两横梁之间用整板封闭以加强其刚度，底缘横梁空间过小防腐不便采用复合钢板，不锈钢层在内侧。制造时要求保证结构尺寸，承压面、面板底部、水封座面等整体加工。支承轮为 8 个悬臂轮，∅790mm，材质 ZG35CrMo，要求调质并时效，$HB=270\sim310$，轮子在工厂装在门叶上，用偏心轴调轮子共面。轴承为自润滑滑动轴承。轮子应严格按图样装配，尤其要求控制密封件间隙，装好

密封，保证轴承没有水沙进入。轴承摩擦面要求清洁，不允许有任何灰尘也不许涂油脂。顶、侧水封均布置在下游面，用夹三层帆布的P形橡皮，防100号，在工厂装在门叶上。底止水为刚性止水，要求与底槛埋件配装密合。检查其水密性。

③埋件为箱体式结构，主、反轨及护角分两块浇铸，上、下游为不锈复合钢板衬护，并与管道不锈复合板衬砌连接；门槽部件为铸件 $ZG0Cr_{13}Ni_5Mo$，块间用螺栓连接。主轨、止水面、反轨、侧轨及块间节间连接面均应加工，并在工厂组装。

要求底坎工作面刨加工，其局部不平度不大于0.1mm/m。

④闸门启闭力、门叶结构及埋件按有关设计规范进行设计，强度设计满足应力要求，启闭机容量按相应的启闭力进行配置。

2)排沙孔出口检修门

①主要参数

孔口尺寸　2.8m×4.0m

闸门形式　平板门

底坎高程　60.50(57.50)m

设计水位　79.40m

操作水位　低于79.40m

设计水头　18.9m

总水压力　2070kN

支承形式　铸铁滑块

支承跨度　3.4m

操作条件　静水启闭

②闸门结构设计

门叶结构为焊接件，布置四根工型主横梁，两主横梁间有小横梁系工字钢，面板布置在上游面，顶梁上设直径∅200mm平压阀；闸门整体制造，水封座面整体加工，除导向反钩在工地用螺栓连接外，其余部件在工厂组装。支承滑块材质为铸铁块；导向反钩，材质ZG270-500，保证各向尺寸以顺利入槽。吊杆为I型焊接断面，长5.5m，短吊杆长2.5m。

③闸门主要结构计算

检修闸门面板厚度验算参见式(4.7.1)，面板计算厚度小于实际厚度30mm。

主梁强度和挠度计算：

正应力计算参见式(4.7.2)，计算正应力 $\sigma=87\text{MPa}<[\sigma]=205\text{MPa}$，

剪应力计算参见式(4.7.3)，计算剪应力 $\tau=55\text{MPa}<[\tau]=120\text{MPa}$，

挠度计算参见式(4.7.4)，计算挠度 $f_{\max}=3.4\text{mm}<\frac{1}{500}L=6.8\text{mm}$。

④闸门启闭力的计算

闸门静水启闭，启门时，闸门为平压状态，启门力为 $F_Q=180\text{kN}$。

⑤埋件为二期安装，为钢板焊接件，长 5m，宽 0.9m，要求主轨工作面及反钩沟槽尺寸加工准确，平直。

闸门启闭力、门叶结构及埋件按有关设计规范进行设计，强度设计满足应力要求，启闭机容量按相应的启闭力进行配置。

3)右岸排沙孔工作阀门 4000/1600kN 液压启闭机

右岸排沙孔工作阀门 4000/1600kN 液压启闭机布置在电厂 15 号机、右安Ⅲ、右安Ⅱ坝段尾水平台。分别在电厂 15 号机、右安Ⅲ、右安Ⅱ坝段布置启闭机共 4 台(套)，每 1 台(套)操作控制 1 扇排沙孔工作阀门，每台启闭机由一套泵站系统控制(一泵一机)。该启闭机用于操作右岸排沙孔工作阀门。

①主要技术参数

额定启门力　4000kN

额定闭门力　1600kN

最大持住力　2500kN

工作行程　5500mm

最大行程　6000mm

启门速度　0.5m/min

闭门速度　0.38m/min

操作方式　动水启闭

②排沙孔工作阀门液压启闭机的组成

每台启闭机包括：油缸总成(包括密封座盖)、行程检测装置、液压泵站(包括油泵电动机组和阀组)、电控设备、油管与附件、检修密封装置及二期埋件等。

③启闭机布置与结构组成

启闭机油缸与闸阀式工作门顶盖通过法兰支承定位，油缸活塞杆与平板门栓接，使启闭机与闸阀组合成一体。油缸通过油管与泵站系统连接，检修平台与油缸连接。

④运行操作要求

动水启、闭闸门，无局部开启要求。

开启闸门前须先期打开通气孔电动蝶阀，闸门全开后及时关闭蝶阀；闸门关闭时，同步开启蝶阀，闸门关闭期间，蝶阀处于开启状态。

在闸门开启排沙期间，因油缸内、外泄漏造成闸门的下滑距离，在 48 小时内不得大于 200mm，当下滑量达到或超过 200mm 时，应有警示信号，并可自动开机将闸门提升到原开度位置。

4)右岸排沙孔钢衬

为提高排沙孔流道的抗冲蚀磨损能力，并解决坝内抗渗，排沙孔流道全部采用钢板衬护。钢衬施工随土建采用一期安装，工作阀门槽部位采用二期安装。钢衬材料采用抗磨蚀性能较好的不锈钢复合钢板。根据二期工程钢衬制作施工经验，复合板板厚采用 24mm，其中基材为 Q345C,厚度 20mm;复合层为 $00Cr_{22}Ni_5Mo_3N$,厚度 4mm。钢衬的受力将直接传递至坝体结构,其应力核算满足施工期安装的要求。

(2)右岸 3 号排漂孔闸门及启闭设备

右非 1 号坝段设 3 号排漂孔,用于右厂前排漂。排漂孔分别设平板事故检修门和弧形工作门各一套。事故检修门在不排漂时用以挡水,孔口尺寸 7.0m×15.426m,按 175m 水位设计,180.4m 水位校核,在上游水位 135.0m 至 150.0m 排漂孔工作时,事故检修门遇事故时可动水下落。弧形工作门按 175m 水位设计,孔口尺寸 7.0m×12.84m。排漂孔出口设下游检修叠梁门。

1)排漂孔工作门

①主要参数

孔口尺寸　7m×12.676m

闸门形式　弧形门

底坎高程　129.843m

设计水位　175.0m

校核水位　180.4m

操作水位　150.0m

设计水头　45.166m

总水压力　35606kN

支铰高程　139.40m

支铰形式　自润滑圆柱铰

操作条件　动水启闭

②闸门机构设计

弧门的设计水位为 175.0m,操作水位 150.0m,孔口尺寸 7.0m×12.676m,设计水头为 45.166m。弧门面板曲率半径 R=20.0m,门叶为主横梁直支臂结构形式。主纵梁为箱形断面,门叶结构并设置有水平小横梁及纵向隔板,均为焊接件;支臂为实腹箱形焊接结构,分上下直臂二部分制造,焊接结构,直臂纵向联结系为实腹工字形结构。支铰轴承采用自润滑柱面滑动轴承。弧门设有常规 P 形顶、侧止水和刀形底止水,门楣埋件出设置 Ω 形放射水装置,门叶设侧轮导向。

弧门门叶结构及支臂主要材料为 Q345B,铰链、支铰座材料为 ZG310-570,支铰轴 40Cr 锻钢,支铰轴承采用自润滑柱面滑动轴承。

③闸门主要结构计算

横梁跨中正应力计算参见式(4.7.7),横梁跨中正应力计算 $\sigma_{max}=64.8MPa<[\sigma]=205MPa$,

支座截面剪应力计算参见式(4.7.8),支座截面正应力计算 $\sigma_{压}=58.6MPa<[\sigma]=205MPa$,

支座截面剪应力计算参见式(4.7.9),支座截面剪应力计算 $\tau=70.5\text{MPa}<[\tau]=120\text{MPa}$,

支臂在弯矩作用平面外稳定计算参见式(4.7.10),$\sigma_{内}=150.3\text{MPa}<[\sigma]=205\text{MPa}$,

支臂在弯矩作用平面外稳定计算参见式(4.7.11),$\sigma_{外}=31.5\text{MPa}<[\sigma]=205\text{MPa}$,

支铰轴正应力计算参见式(4.7.12),计算剪应力 $\sigma=103.6\text{MPa}$。

剪应力计算参见式(4.7.13),计算剪应力 $\tau=46.2\text{MPa}$。

闸门面板计算厚度:18mm;闸门面板实际厚度:20mm

闸门设计强度、刚度及稳定满足要求。

④埋件设计

弧门埋件侧轨、活动侧轨及侧衬等材料均采用Q235B钢板及型钢组合焊接结构,分节制造。主止水座为Q35B厚钢板组合1Cr18Ni9Ti止水座面焊接结构,分节制造。门楣止水(Ω形橡皮)通过压板与主止水座连在一起。埋件底板承压应力3.5MPa。

⑤闸门启闭力计算

闭门阻力矩:

$$M_{wmax}=1.2\times(T_{zd}\times r_0+T_{zs}\times r_1)+P_t\times r_3+P_2\times r_4-1.0\times G\times r_2$$

结论:闭门阻力矩为负值,本弧门可以靠自重闭门。

启门阻力矩:

$$M_{qmax}=1.2\times(T_{zd}\times r_0+T_{zs}\times r_1)+1.1\times G\times r_2+P_2\times r_4$$

该最大启门阻力矩发生在全关位置,由于启闭机启门力力臂是不断变化的,经计算最大启门力 $F=2700\text{kN}$;确定液压启闭机启门力为3200kN。

计算启门力和闭门力可作为确定启闭机启闭容量的依据。

2)排漂孔挡水事故门

①主要参数

孔口尺寸　7.00m×15.426m

闸门形式　平板滑动门

底坎高程　131.622m

设计水位　175.00m

校核水位　180.40m

操作水位　150.00m

操作条件　动闭静启

②闸门结构设计

排漂孔挡水事故门门叶由两大节组成,共分成六个制造运输单元,采用多主横梁焊接结构,节间用长短轴及连接板联结。支承为镶嵌式复合滑道。埋件为二期安装。

③闸门主要结构计算

闸门面板厚度验算参见式(4.7.1),闸门面板计算厚度:17.8mm;门面板实际厚度:22mm。

主梁计算:

正应力计算参见式(4.7.2),计算正应力 $\sigma=177.2\text{MPa}<[\sigma]=220\text{MPa}$,

剪应力计算参见式(4.7.3),计算剪应力 $\tau=73.5\text{MPa}<[\tau]=130\text{MPa}$,

挠度计算参见式(4.7.4),计算挠度 $f_{max}=9.8\text{mm}<\frac{1}{750}L=10.7\text{mm}$,

闸门设计强度及刚度满足要求。

④闸门启闭力计算

闸门启闭的计算按最高水位 175m,计算水头 $H=42.252\text{m}$。

闭门力计算:$F_w=n_T(T_{zd}+T_{zs})+P_t-n_G\times G-W_s$,闸门利用水柱重可以闭门。

启门力计算:$F_Q=n_T(T_{zd}+T_{zs})+n_G\times G$

启闭机容量按相应的启闭力进行配置。

3)排漂孔出口检修门

①主要参数

孔口尺寸　7.00m×15.00m

闸门形式　平面滑动反钩叠梁门

底坎高程　60.00m

设计水位　73.80m

操作条件　静水启闭

②结构特征

平面滑动叠梁门,焊接结构,单吊点,闸门共分 5 节,每节为双主梁,工字形截面实腹梁。正向支承为钢滑块,反向、侧向导承为反钩形铸件。埋件为二期安装。

③闸门启闭力、门叶结构及埋件按有关设计规范进行设计,强度设计满足应力要求,启闭机容量按相应的启闭力进行配置。

4)排漂孔弧形工作门 3000kN 液压启闭机

该机安装在右安Ⅰ坝段排漂孔 161.10m 高程的机房内,共 1 套启闭机。本机专用于启、闭排漂孔弧形工作闸门。

①主要技术参数

额定启门力　3000kN

工作行程　8900mm

最大行程　9810mm

启门时间　14.0min

闭门时间　20min

启闭条件　动水启闭

闸门上吊点数　单吊点

②排漂孔工作门启闭机的组成。启闭机由油缸、摆动机架和固定机架、行程检测装置、液压泵站总成、管道、埋件、现地电气控制柜和专用检修检测工具组成，供货设备具有成套性。

③运行操作要求。动水启、闭闸门。该机可现地控制，亦可远程控制。现地控制分为现地程控和手动控制二种。远程控制和现地控制电气联锁。

4.7.3 冲沙孔闸门及启闭设备

临时船闸布置在左岸8号、9号非溢流坝之间，下游与升船机共用引航道，冲沙闸为临时船闸停用后封堵改建而成，临船2号坝段内设两个冲沙孔，冲沙孔进口底高程102.0m，孔口尺寸为5.5m×9.6m（宽×高）。2个冲沙孔各设一道平板闸门及一道弧形闸门，操作开启弧形闸门用以冲沙，平板闸门作为事故检修门；在不冲沙挡水期间，以平板闸门挡水，弧形闸门作为备用门。平板闸门由设置在坝顶的门机操作，弧形闸门由设置在坝内的液压启闭机操作。

4.7.3.1 冲沙孔闸门

(1)事故检修闸门（底孔事故闸门改造）

①主要参数

孔口尺寸　5.5m×11.49m

闸门形式　平板定轮门

闸门数量　2扇

底坎高程　102.0m

设计水位　175.0m

设计水头　73.0m

支承形式　定轮

支承跨度　6.84m

操作条件　动水关门平压静水启门

启闭设备　坝顶2500kN（单向）门式启闭机

②闸门结构及零部件均按规范进行计算，并满足容许应力要求。

③门槽埋件采用二期埋设，主轨各部位应力值均在允许应力范围内。

(2)弧形工作门

①主要参数

孔口尺寸　5.5m×9.6m

闸门数量　2扇

底坎高程　102.0m

设计水位　175.0m

操作水位　150.0m以下

设计水头　73.0m

弧门半径　18.0m

支铰形式 自润滑轴承圆柱铰

支铰中心间距 3.10m

操作条件 动水启闭

启闭设备 3200kN 液压启闭机

启闭机数量 2 台

②闸门结构结构及零部件均按规范进行计算,并满足容许应力要求。

4.7.3.2 冲沙孔闸门启闭机

(1)冲沙孔弧形工作门液压启闭机

每扇弧形工作门各设一台液压启闭机,启门力为 3200kN,闭门为 1000kN 采用单吊点。油缸布置在高程 135.00m 的机房内。启闭机房设有直通坝顶 185.00m 高程的吊物孔,供安装和检修时吊运启闭机油缸,也可吊运较大的物件。

冲沙孔共 2 孔,由 2 套油缸和 2 套液压泵站组成。每一套液压泵站设 2 台手动变量油泵—电动机组,同时工作,相互备用。泵站布置在 135.00m 高程的机房内。

①主要参数

额定启门力 3200kN

启门速度 0.8m/min

闭门速度 0.5m/min

工作行程 11.2m

最大行程 13.2m

②在闸门任一开度时,因泄漏使闸门及油缸活塞杆在 48h 内下滑量不大于 200mm,并可自动复位。

(2)冲沙孔(临时船闸坝段)坝顶 2500kN(单向)门式启闭机

门机安装在左岸冲沙闸坝顶 185.00m 高程,轨顶高程 185m,共 1 台。门机主起升借用泄洪坝段导流底孔事故检修门液压自动挂钩操作冲沙闸事故检修门。

门机由起升机构、门架结构、大车运行机构、夹轨器,门机轨道和阻进器及埋件、防风锚定装置、液压自动挂钩梁、电力拖动和控制设备以及必要的附属设备组成。

①门机主要参数

额定启门力 主钩 2500kN

总扬程 100m(轨顶以上起升高度为 17.5m)

起升速度 2.5/5.0m/min(满载运行/空载带自动挂钩梁)

大车运行速度 10m/min

大车运行荷载 2200kN

大车轨距 10.0m

大车运行距离 约 43.0m

供电方式 采用电缆卷筒供电，电源电压 AC380V，50Hz

②液压自动挂钩梁采用自动穿销方式，具有相应的检测挂钩梁到位、穿销、退销和平压阀开启的信号装置。挂钩梁主要由梁体、吊耳柱塞缸装置、液压系统、各种信号装置、水下电缆插头、支承导向等组成。

③门机及挂钩梁设计由制造承包单位负责。

4.7.4 升船机坝段(上闸首)辅助闸门(挡水门)

4.7.4.1 升船机坝段(上闸首)辅助门(挡水门)布置

升船机上闸首位于非溢流坝段之间，既是船舶进出升船机的上游口门，又是大坝挡水前沿的一部分，因此上闸首闸门布置需同时满足通航和挡水的需要。上闸首沿水流方向自上而下布置有三道门槽，第一道挡水门槽，第二道辅助门槽，第三道工作门槽。闸首顶高程185.0m 与坝顶齐平，航槽净宽 18m，航槽底高程 141.0m。在正常运行条件下，上闸首设备能适应上游 145.0～175.0m 的水位变幅，在防洪条件下能抵御 180.4m 的校核洪水位。挡水门槽用于在升船机建设期间或上闸首土建工程检修时挡水，挡水设备借用辅助门。辅助门的主要作用是根据上游的水位变化，协助工作门在无水条件下调整门位，并兼作事故检修门和上游防洪挡水门。

4.7.4.2 主要参数

闸门形式平板滑动闸门

闸门数量 1扇

底坎高程挡水门槽 141.00m

设计水位 156.00m(初期)

175.00m(后期)

设计水头 39.4m

支承形式滑动支承(不锈钢轨道和高强黄铜自润滑材料的滑道)

支承跨度 19.80m

操作条件 动水关门，平压开门

平压方式 闸门节间充水

反向支承弹性滑块

侧向支承滚轮

4.7.4.3 辅助门(挡水门)的组成及运行方式

辅助门由 8 节高 3.5m 的辅助叠梁和一节高 12.5m 的辅助大门组成。辅助大门兼做事故检修门，平时置于航槽上方，遇事故情况可随时动水下门。辅助门挡水条件按抵御180.4m校核洪水位设计，最大挡水水头 39.4m。

由于上游水位变化较大，而事故检修门门高仅有 12.5m，它必须与叠梁门同时运行，挡水叠梁的数量则根据上游水位和通航要求，随时由桥式启闭机操作调节，正常通航时，水下最上一根叠梁顶缘以上的水深不得小于3.5m且不得大于10.5m。上游最高通航水位为175.00m，遇超过通航流量的洪水时，事故检修门和叠梁门则作防洪挡水门应用，此时最高水位为180.40m。设计最高水位时，事故检修门及叠梁门(一)、(二)组成见表4.7.8。

表4.7.8 升船机坝段(上闸首)事故检修门及叠梁门组成

名称	门高(m)
事故检修门	12.50
叠梁(一)4节	14.00
叠梁(二)4节	14.00

上述组合的闸门总高度为40.50m，门顶高程为181.50m，比最高洪水位180.40m高出1.10m。正常通航时事故检修门由桥机挂住置于闸首堆放平台上，遇事故可就近吊入门槽，动水下落。

(1)辅助大门结构

辅助大门门高12.5m。下落关闭时处于挡水叠梁上部或底坎上。支承跨度19.80m，超高1.0m。

辅助大门分成上下两节，每节布置3根实腹板主梁，两节门间通过铰轴连接，可节间充水用。闸门采用实腹工字形结构，小横梁为工字钢，端柱为实腹工字形截面。吊耳设在纵向隔板处，吊点间距15.0m。上节门吊耳与桥机自动挂钩梁吊板相连。闸门材质为Q345B，闸门总重约325t。

(2)检修叠梁门结构

检修叠梁孔口净宽18.80m，8节叠梁，每节高3.50m，支承跨度19.80m，侧止水间距19.20m。8节叠梁按能承受的水头分为2组设计。各组叠梁的结构形式、外形尺寸、吊点中心基本一致。

检修叠梁为焊接实腹箱形结构，面板布置在下游面，吊点间距15.0m。叠梁小横梁为焊接工字钢，纵向隔板及端柱为单腹板截面。吊耳结构适应与液压自动挂钩梁脱、挂钩。叠梁材质为Q345B。

4.7.4.4 埋件

挡水门槽及辅助门槽埋件形式基本一致，埋件包括主轨、反轨、护角、底坎等，结构件均由Q345B厚薄板及型钢焊接而成。

4.8 大坝混凝土设计及温控防裂技术

4.8.1 大坝混凝土设计

4.8.1.1 大坝混凝土设计要求及试验研究

大坝混凝土设计将耐久性和强度指标要求并重，混凝土除满足强度要求外，还应满足抗渗、抗冻、抗裂等耐久性方面的要求。大坝混凝土设计标号及主要设计指标见表4.8.1。混凝土耐久性是大坝在实际运用条件下抵抗各种环境因素作用能长期保持外观的完整性和长久的使用性的能力。大坝混凝土耐久性的主要问题在于混凝土自身的均匀性、密实性和体积稳定性。除了大坝混凝土设计指标、原材料及配合比设计、混凝土施工质量等因素外，主要是水泥水化热造成坝体内温度差、混凝土干缩脱水等引起的收缩、干湿交替、冻融循环、表面碳化造成中性化及收缩、水质侵蚀或溶蚀，冲刷磨损及空蚀、钢筋锈蚀、碱骨料反应(Aikali-Aggregate Reaction—AAR)导致坝体混凝土不均匀膨胀破坏等。大坝混凝土耐久性主要涉及抗渗性、抗冻性、抗裂性、抗冲耐磨性、抗碳化、抗侵蚀性及碱骨料反应等性能。

表4.8.1　大坝混凝土标号及主要设计指标

序号	混凝土标号	级配	抗冻标号	抗渗标号	极限拉伸值(×10⁻⁴)		限制最大水胶比	水泥品种	最大粉煤灰掺量(%)	使用部位
					28d	90d				
1	R_{90}200	三	F_{150}	W10	≥0.80①	≥0.85①	0.55～0.50	中热525	30～35	基岩面2m范围内
2	R_{90}200	四	F_{150}	W10	≥0.80	≥0.85	0.55～0.50	低热425 中热525	10～15 30～35	基础约束区
3	R_{90}150	四	F_{100}	W8	≥0.70	≥0.75	0.55～0.60	低热425 中热525	20 40～45	内部
4	R_{90}200	三、四	F_{250}	W10	≥0.80	≥0.85	0.50	中热525	25～30	水上、水下外部
5	R_{90}250	三、四	F_{250}	W10	≥0.80	≥0.85	0.45	中热525	20～30	水位变化区外部、公路桥墩
6	R_{90}300	二、三	F_{250}	W10	≥0.80	≥0.85	0.45	中热525	15～20	孔口周边、胸墙、表孔、排漂孔隔墩、牛腿
7	R_{28}350	二	F_{250}	W10			0.35	中热525	15～20	弧门支承牛腿混凝土
8	R_{28}300	二、三	F_{250}	W10	≥0.85		0.40	中热425	15～20	底孔、深孔等部位二期
9	R_{28}250	二、三	F_{250}	W10	≥0.85		0.50	中热525	15～20	钢管外包混凝土
10	R_{28}250	二、三	F_{250}	W10	≥0.85		0.45	中热425	15～20	导流底孔回填迎水面外部②

续表

序号	混凝土标号	级配	抗冻标号	抗渗标号	极限拉伸值（×10^{-4}）		限制最大水胶比	水泥品种	最大粉煤灰掺量（%）	使用部位
					28d	90d				
11	$R_{28}200$	二、三	F_{150}	W10	≥0.80		0.50	低热 425 中热 525	10～15 30～35	导流底孔 回填内部②
12	$R_{28}400$	二	F_{250}	W10			0.30	中热 525	10～20	大坝抗冲磨部位③
13	$R_{90}150$	三	F_{100}	W6	≥0.60	≥0.65	0.50	中热 525	50	左导墙 RCC
14	$R_{90}200$	三	F_{150}	W8	≥0.70	≥0.75	0.50	中热 525	40	左导墙 RCC

注：①三期工程大坝 28d 极限拉伸值≥0.85×10^{-4}，90d 极限拉伸值≥0.88×10^{-4}。②该部位为泵送混凝土。③该部位混凝土具有抗冲磨性。

(1)混凝土的强度等级

大坝混凝土强度等级用混凝土标号表示，为利用混凝土后期强度，大坝坝体混凝土设计龄期采用 90d 龄期。大坝混凝土标号定义为按标准方法制作养护的边长为 15cm 的立方体试件，在 90d 龄期，用标准试验方法测得的具有 80%保证率的抗压强度。混凝土标号的符号 R 和 80%保证率的立方体抗压强度（以 MPa 计）表示。大坝基础约束区部位混凝土标号为 $R_{90}200$，坝体非基础约束区内部混凝土标号为 $R_{90}150$，水上、水下外部混凝土标号为 $R_{90}200$，水位变化区外部混凝土标号为 $R_{90}250$。坝内过流孔口及墩、墙、牛腿等结构混凝土标号有特殊要求，采用 $R_{28}300$、$R_{28}400$ 和 $R_{90}30$、$R_{90}40$。

(2)混凝土的抗冻性能

大坝混凝土抗冻性是混凝土耐久性的一个重要参数和指标。混凝土进行抗冻试验时，当相对动弹性模量下降至初始值的 60%或质量损失率达 5%时，即可认为试件已破坏，并以相应的冻融循环次数作为该混凝土的抗冻等级（标号，以 F 表示）；若冻融至预定的循环次数，而相对动弹性模量或质量损失率均未达到上述指标，可认为试验的混凝土抗冻性满足设计要求。三峡坝区多年平均气温为 17.3℃，实测极端最高温度 42.0℃，极端最低温度 −5.6℃，不是寒冷地区。但为了增强混凝土对自然风化因素的抵抗能力，提高大坝混凝土的耐久性，对大坝混凝土仍提出较高的抗冻性要求，大坝内部混凝土抗冻标号为 F_{100}，基础约束区部位混凝土抗冻标号为 F_{150}，大坝表部等其他部位混凝土抗冻标号为 F_{250}。混凝土性能试验表明，其抗冻融性取决于渗透性，浆体水饱和程度、可冻结水的数量、冰冻的速率以及浆体中任何一点达到冰点时，可安全形成自由表面间的平均最大距离。为了降低混凝土的冻结破坏，提高混凝土的抗冻性，可采取降低混凝土中的毛细管孔隙率，减少混凝土用水量，降低水胶比，使用高效减水剂和固体减水剂(如Ⅰ级粉煤灰)措施。特别是采用引气剂，可大大改善混凝土抗冻性。抗冻性所要求的含气量约为砂浆所占体积的9%，以混凝土体积计含气量应在4%～7%范围内，主要取决于粗骨料的最小粒径。混凝土的含气量主要取决于引气剂的掺量。在混凝土引入空气会造成混凝土强度的降低，一般含气量每增加1%将会使混凝土强度降低5%左右，但考虑到引入空气会改善混凝土和易性，减少泌水和离析，可以使用略小的水胶比达到相同的混凝土坍落度，从而弥补混凝土强度的降低；混凝土掺入引气剂，可相应降低2%～3%的砂率，从而使拌和物的用水量进一步降低，使由于引入空气造成混凝土强度损失进一步得到补偿。

在大坝混凝土配合比设计中，通过降低水胶比、采用引气剂、掺入Ⅰ级粉煤灰、降低用水量等综合措施来提高混凝土的抗冻耐久性。对拌和物的检测，以湿筛混凝土含气量控制，当水胶比大于0.35时，含气量可控制在4.5%～5.5%范围；当水胶比小于0.35时，混凝土含气量应控制在3.0%～4.0%范围。室内试验研究及施工现场实际应用检测表明，大坝混凝土抗冻性均达到并超过了设计指标，在达到设计要求的抗冻标号时其评定指标重量损失率及相对动弹性模量尚有较大的富余，可以判断内部和基础混凝土冻融循环可达200次以上，其他部位混凝土冻融次数可达300次以上，试验中最高冻融循环次数已达1250次，由此可见大坝混凝土具有很高的抗冻耐久性。

(3)混凝土的抗渗性能

大坝混凝土抵抗水流渗透的性能称为抗渗性，也可反映混凝土的密实性。抗渗性是混凝土耐久性的一个主要指标，混凝土的渗透性对混凝土的耐久性起着重要的作用，因为渗透性控制水分渗入的速率，也控制混凝土受热或冰冻时水的变化。抗渗好的混凝土抵抗环境介质侵蚀的能力较强。混凝土的抗渗性与水胶比关系密切，当水胶比大于0.50～0.60时，混凝土的抗渗等级随水胶比的增加急剧降低；掺入优质粉煤灰可以降低混凝土的单位用水量，改善混凝土拌和物的和易性，细化混凝土中的孔隙结构，提高混凝土的密实性，但粉煤灰掺量需控制在合适的范围，粉煤灰掺量过大，反而会降低混凝土的抗渗性。混凝土的抗渗性随骨料最大粒径的增加而降低。掺引气剂能增加混凝土的和易性，减少泌水以及形成不连通的孔隙，可提高混凝土的抗渗性，在其他条件不变时，混凝土含气量越大，抗渗量就越好。混凝土潮湿养护有利于水泥水化物的增长，可以减少水泥结石的孔隙体积，提高混凝土的抗渗性，延长混凝土的抗渗性；特别是混凝土早龄期阶段的养护，对提高其抗渗性特别有效。大坝混凝土通过掺入优质粉煤灰，采用高效减水剂引气剂以优化混凝土配合比，降低水胶比，减少用水量；以及正确的施工振捣和养护，来保证混凝土的抗渗性。检测结果表明各部位混凝土抗渗标号均满足设计要求，在达到设计抗渗标号的同时，试件渗水高度较低，当水压力加到现有抗渗仪的最大水压力1.6MPa时，试件渗水高度平均值只有52mm，离发生渗透还有98mm，说明混凝土具有良好的抗渗能力。

(4)混凝土抗裂性能

混凝土裂缝往往会引起渗漏、溶蚀、冻融破坏及钢筋锈蚀等，严重的裂缝还会影响建筑物的整体性和稳定性，甚至威胁建筑物的安全运行。因此，混凝土的抗裂性能是耐久性的一个重要方面。混凝土的极限拉伸值和弹性模量直接影响大坝混凝土抗裂能力，从提高混凝土抗裂性能考虑，要求混凝土极限拉伸值大些，弹性模量小些。混凝土的极限拉伸值和弹性模量试验结果表明：采用强度等级高的水泥配制混凝土的极限拉伸值较大，混凝土弹性模量随其强度的提高而增加，且混凝土弹性模量随养护温度的升高和龄期的延长而增大；混凝土水胶比小，其弹性等级高，极限拉伸值也大，弹性模量也高，在水胶比相同的条件，随粉煤灰掺量的增加，极限拉伸有降低的趋势，28d 前弹性模量也随着降低，到 90d，由于混凝土中的粉煤灰进一步水化，使混凝土强度得到发展，不同粉煤灰掺量的混凝土弹性模量比较接近；低热水泥混凝土的早期极限拉伸值低些，90d 时可赶上中热水泥，同一标号的混凝土，中热水泥和低热水泥对混凝土弹性模量的影响没有显著的区别；采用弹性模量低，黏结力好的骨料配制混凝土的极限拉伸值大，灰岩骨料混凝土比花岗岩混凝土的极限拉伸值大；骨料的性质对混凝土的强度影响不大，但对弹性模量有影响，骨料弹性模量越高，其混凝土的弹性模量越大，粗骨料的形状及表面状态也可能影响混凝土的弹性模量及应力——应变的曲率；极限拉伸值随混凝土龄期的增长而增大，但在 28d 龄期以前增长较快，28d 龄期以后增长较小；混凝土的龄期越长，弹性模量越高，后期的弹性模量增长大于强度的增长，混凝土的强度相同，早期养护温度高的，弹性模量较高。混凝土的自身体积变形也影响大坝混凝土的抗裂性能，混凝土试验和大坝混凝土观测资料表明，混凝土自生体积变形有单纯膨胀、单纯收缩、先膨胀后收缩和先收缩后膨胀等几种形式，从防止大坝混凝土裂缝出发，要求大坝混凝土是微膨胀型，利用微膨胀产生的预压应力，以补偿混凝土降温后的收缩，防止或减少大坝混凝土产生裂缝。混凝土的干缩变形是由混凝土中的水分损失所引起的，因此干缩变形与混凝土用水量有关，在其他条件相同的条件下，混凝土用水量越少，它在干燥过程中所失的水分也越少，因而干缩也越小。大坝混凝土性能试验结果表明，使用高效减水剂和掺Ⅰ级粉煤灰，可减少混凝土配合比中的用水量，这对减少混凝土的干缩值十分有利。大坝混凝土通过采用大掺量Ⅰ级粉煤灰、优质外加剂及内含 4%左右 MgO 中热水泥，改善了大坝混凝土变形性能，使大坝混凝土具有低热性及体积稳定性。试验结果表明，三峡大坝混凝土极限拉伸值均在 85×10^{-6} 以上(90d)；干缩变形较小，在 382×10^{-6} 以内(90d)；绝热温升值较低，在 19.9～22.9℃；混凝土具有微膨胀性，自生体积变形有$(15\sim45)\times10^{-6}$，满足混凝土抗裂性的要求。

(5)混凝土花岗岩骨料的碱活性试验研究及预防措施

1)花岗岩骨料的碱活性试验研究

碱骨料反应是指混凝土中水泥的碱与骨料的某些活性骨料发生化学反应，引起混凝土的不均匀膨胀，导致大坝开裂破坏。大坝混凝土 1610 万 m^3，利用坝址全体建筑物基础开挖的闪云斜长花岗岩轧制成粗骨料，采用坝址下游 12km 的下岸溪料场开采的斑状花岗岩制成细骨料及粗骨料。三峡总公司对大坝混凝土采用花岗岩骨料是否存在碱活性问题极为重视，组织中国水利水电科学研究院和长江科学院对花岗岩骨料进行了全面的碱活性检验及研究，采用的方法有：岩相法、化学法、砂浆长度法、砂浆棒快速法、压蒸快速试验法、混凝土棱柱体法等多种方法。

①花岗岩的岩性鉴定及化学全分析

坝址主体建筑物基础开挖花岗岩石及坝址下游12km的下岸溪料场开采的花岗岩石进行了岩相鉴定，两个料场的骨料为花岗岩和花岗斑岩，其矿物主要为石英、长石，含少量云母，极少量角闪石，基本不含活性成分，属非活性骨料。

对所取岩石按《水泥化学分析方法》(GB/T176—1996)对其化学成分进行了全面分析，试验结果表明，岩石主要化学成分为SiO_2和Al_2O_3，还有少量的Fe_2O_3、FeO、MgO、CaO、K_2O、Na_2O。

②岩石的化学法检验

化学法检验是按《水工混凝土试验规程》(SD105—82)第3.0.28条“骨料碱活性检验(化学法)”(相应于ASTMC289)进行。将试样放入浓度为1N的氢氧化钠溶液中，在80±1℃下反应24h后，测定可溶性二氧化硅含量(Sc)和碱度降低值(R_C)。当$R_C>70$，且$Sc>R_C$或者$R_C<70$，且$Sc>35+Rc/2$中任何一种时，该试样就被判定为具有潜在有害反应，否则判定为非活性。

针对大坝混凝土花岗岩骨料，不仅按标准测定了80±1℃下24h的Sc和Rc值，还延长了反应时间，测定了48h和72h的Sc和Rc值。试验结果表明，花岗岩骨料恒温24h后，所有试样都为非活性骨料，即使延长恒温时间到72h，仍表现为非活性骨料特征。

③砂浆长度法试验

砂浆长度法试验按《水工混凝土试验规程》(SD105—82)第3.0.29条(相应于ASTMC227)进行。试件在38℃下养护，分别在14d和1、3、6个月测量其膨胀率。当半年膨胀率小于0.1%时则判定为非活性，否则判定为具有潜在活性。

除按水泥正常碱含量(0.50%左右)进行试验外，又外加碱使水泥碱含量达到0.8%和1.2%进行试验。试验结果表明，两个料场的花岗岩母岩在水泥含碱量为0.5%、0.8%、1.2%的情况下，砂浆膨胀率随水泥碱含量增大而增大，但半年膨胀率最大值仅为0.034%，远小于0.1%。因此，判定花岗岩岩样为非活性骨料。

④小砂浆棒快速法检验

小砂浆棒快速法检验(简称压蒸法)，按中国工程建设标准化协会《砂石碱活性快速检验》CECS48：93进行。岩石破碎成粒径为0.16～0.63mm的细粒，制成灰骨比为10：1、5：1、2：1的三组试件，一组6根；试件尺寸为40mm×10mm×10mm，试件成型后一天脱模，测量其初始值，然后在100℃水蒸气中蒸养4h，再在150℃ 10% KOH溶液中压蒸6h，测量其最终膨胀值。当试件膨胀率小于0.1%时，该骨料判定为非活性，反之判定为活性骨料。

试验结果表明，试件的膨胀率为0.03%～01.066%，判定花岗岩岩样属非活性骨料。

⑤砂浆棒快速法试验

试验按美国ASTMC1260—94方法进行，把岩石破碎成表4.8.2所示的级配及比例组合的细骨料，与水泥混合制成砂浆棒。水泥与骨料的重量比为1：2.25，水灰比为0.47。试件成型后放入养护室养护 24±2h 拆模，并在 20℃±2℃的恒温室中测量试件的原始长度。然后把试件浸泡在装有自来水的聚丙烯塑料筒中密封，将塑料筒放入温度为 80℃±2℃的恒温水浴箱中恒温 24h 之后，测试试件基准长度。基准长度测量完后，试件浸泡在装有浓度为 1 摩尔的 NaOH 溶液的塑料筒中，放入 80℃±2℃的恒温水浴箱中，观测 3d、7d、14d 的砂浆膨胀率。当 14d 的砂浆膨胀率小于 0.1%，则骨料是无害的；膨胀率大于 0.2%，则表明骨料具有潜在碱活性；膨胀率在 0.1%和 0.2%之间需进行其他必要的辅助试验，也可将试件延至 28d 观测来做最后结论。这种方法用于测定碱—硅反应的骨料活性，适用于反应缓慢或在后期产生膨胀的骨料。

表 4.8.2　砂料级配表

筛孔尺寸(mm)	5～2.5	2.5～1.25	1.25～0.63	0.63～0.315	0.315～0.16
分级重量(%)	10	25	25	25	15

花岗岩骨料检验结果 14d 砂浆膨胀率为 0.008%～0.074%，判定为非活性骨料。

⑥混凝土棱柱体法试验

混凝土棱柱体试验按加拿大 CSAA23.2—14A 的方法进行，试件尺寸为 275mm×75mm×75mm，一组为 3 根试件。每立方米混凝土水泥用量为 420kg，外加碱使水泥含碱量达到 1.25%，粗细骨料比例为 60：40，仍按两级配，即 20～10mm、10～5mm 进行。试件在 20±2℃的拌和间成型，再放入 20±3℃相对湿度 95%以上的雾室中养护 24±4h 后拆模，在 20±2℃恒温室中测量试件的基准长度，然后装入养护筒中，放置在温度 38±2℃与相对湿度 95%以上的条件下储存，在 28d、56d、90d、180d 和 1 年龄期测量试件长度变化。当试件 1 年龄期的膨胀率≥0.04%，则判定骨料为具有潜在活性，膨胀率小于 0.04%时，则判定为非活性骨料。

试验结果表明，花岗岩骨料混凝土棱柱体试件 1 年膨胀率为 0.003%～0.018%，判定骨料为非活性骨料。

⑦花岗岩骨料碱活性试验长龄期观测

长江科学院分别于 1984 年和 1996 年成型了两批砂浆试件，长期观察混凝土碱——骨料反应的规律。试验按《水工混凝土试验规程》第 3.0.29 条[264-(3)-80]方法(砂浆长度法)并参照 ASTMC227 进行。1984 年成型的试件，水泥碱含量分别为 0.78%、0.8%、1.0%、1.2%、1.5%、2.0%。

观测成果表明，随着水泥含碱量的增加，砂浆膨胀率加大。13 年龄期内砂浆膨胀率随龄期一直在增长。13 年龄期后，水泥含碱量小于 1.0%时砂浆膨胀率的增长出现停滞；水泥含碱量大于 1.0%时砂浆膨胀率增长较小，增长趋势变缓。17 年龄期的砂浆膨胀率较 16 年龄期有所下降，呈现出收缩趋势。水泥含碱量大于 1.0%时，砂浆 12 年龄期的膨胀率超过了 0.10%，水泥含碱量小于 1.0%时，花岗岩砂浆试件 17 年龄期的最大膨胀率未超过 0.10%。花岗岩砂浆试件的长龄期观测结果表明，水泥含碱量 1.0%以下的砂浆膨胀率都很低，未超过限值，不会产生危害性膨胀。

2)花岗岩骨料的碱活性试验研究成果分析及结论

通过对大坝混凝土花岗岩骨料采用上述方法进行碱活性试验研究,并对砂浆和混凝土进行长期观测,取得大量的试验成果及观测资料,经分析可得出如下结论:

①大坝坝基及下岸溪料场花岗岩地层为上元古界前震旦系,距今已8亿年,地层相对稳定,但造山运动对本地区花岗岩仍有轻微影响,主要表现是石英受到应力作用,普遍出现波状消光,但波状消光发散角都不大,平均都在4.4°以下,最大仅为10°。另外在应力集中区,石英形成不同类型的位错,有位错弓弯、位错网和位错缠结等,位错密度及古应力值均小于法国Chambon坝。

两上料场的岩石均为花岗岩,基本不含活性成分,坝址主体建筑基础花岗岩(即闪云斜长花岗岩)主要矿物是斜长石、石英、黑云母和少量角闪石,岩石为花岗结构和块状构造。下岸溪料场花岗岩(斑状花岗岩)主要矿物组成是斜长石、钾长石、石英和少量绿泥石,呈花岗结构、斑状结构和块状构造。石英的粒度在0.3～2mm,属于细粒,没有发现微粒石英。X射线衍射分析表明,花岗岩中石英的半高指数(FWHM)为0.1151,与非活性的标准石英砂值0.1045相近。花岗岩波状消光角小,没有微晶石英,从岩相法试验来看,判定大坝所用花岗岩骨料属于非活性骨料。

②化学法检验结果表明,花岗岩骨料恒温24h判定为非活性骨料,延长恒温到72h,仍表现为非活性骨料特征。

③砂浆长度法检验结果表明,即使水泥含碱量达1.2%,砂浆试件180d膨胀率仍远小于0.10%,因此判定花岗岩骨料为非活性骨料。砂浆试件膨胀率长期(17年)观测结果表明,随着龄期延长膨胀率逐渐增加,水泥含碱量≤1.0%的砂浆试件17年膨胀率仍小于0.10%,而水泥含碱量>1.0%的砂浆试件17年膨胀率大于0.10%。

④用两种快速法测定花岗岩砂浆的膨胀率均低于0.1%,评定为非活性骨料。南非的砂浆棒快速法目前已为世界上很多国家采用,美国已将其列为正式标准,这种方法对鉴定骨料的碱活性,特别是缓慢反应型的骨料是有效的。我国的小棒快速法(压蒸法)试验条件更为严酷,在高碱、高温、高压条件下,反应速率加剧,此方法不会出现漏判。因此根据快速法的测定结果,可以判定花岗岩为非活性骨料。

⑤混凝土棱柱体检验结果为1年膨胀率0.003%～0.018%,远小于评定标准1年膨胀率<0.04%,故判定为非活性骨料。当延长观测时间至4年龄期,混凝土试件膨胀率随龄期延长逐渐增加,除黑云斜长片麻岩骨料混凝土试件的膨胀率>0.04%外,其余几种花岗岩骨料的混凝土试件的膨胀率均小于0.04%。

⑥尽管各种检验方法的检验结果均表明大坝混凝土的花岗岩人工骨料为非活性骨料,但从工程的重要性和人们目前认知水平的局限性考虑,大坝混凝土仍应采取预防碱骨料危害反应的措施,以保证大坝的长期耐久性。

3)大坝混凝土预防碱骨料反应的措施

大坝混凝土采用花岗岩人工骨料,虽经多种试验方法检测判定为非活性骨料,但仍研究采取预防碱骨料反应的措施。

①大坝混凝土掺入粉煤灰抑制碱骨料反应的研究

混凝土掺入粉煤灰对碱骨料反应有明显的抑制效果，国内外资料都有报道。对粉煤灰的抑制作用的试验，按照《水工混凝土试验规程》3.03.31条[366-80]抑制骨料碱活性效能试验(试行)进行，活性材料采用硬质玻璃，这是一种制造玻璃的半成品，为无定形的二氧化硅，是一种高活性的材料，其掺量为8%。试验用葛洲坝中热硅酸盐525水泥，外掺碱使水泥含碱量达到1.2%；检测了14d和56d砂浆棒的膨胀率，试验结果见表4.8.3。

表4.8.3 掺入粉煤灰抑制碱骨料反应试验结果表

水泥品种	含碱量(%)	硬质玻璃掺量(%)	粉煤灰掺量(%)	砂浆棒的膨胀率(%)		抑制效果(%)	
				14d	56d	14d	56d
中热硅酸盐水泥	1.2	8	0	0.017	0.045	/	/
中热硅酸盐水泥	1.2	8	10	0.008	0.037	53	18
中热硅酸盐水泥	1.2	8	15	0.005	0.018	71	60
中热硅酸盐水泥	1.2	8	20	0.005	0.014	71	69
中热硅酸盐水泥	1.2	8	25	0.004	0.012	76	73
中热硅酸盐水泥	1.2	8	35	0.002	0.012	88	73
中热硅酸盐水泥	1.2	8	40	0.010	0.011	41	76

从试验结果看，随粉煤灰掺量增加，砂浆膨胀率降低，掺15%～40%的粉煤灰，抑制效果可达到70%左右，能有效抑制碱骨料反应引起的混凝土膨胀。

②严格控制水泥含碱量和混凝土总碱量

大坝混凝土施工过程中，对混凝土原材料水泥、粉煤灰、外加剂等的碱含量和混凝土总碱量进行了严格限制，具体限制指标及实验检测值见表4.8.4。这些控制指标都严于国家相应标准和有关规定，从现场检测结果看，原材料碱含量远低于控制指标，水泥碱含量只有0.4%左右，粉煤灰碱含量只有1.0%左右，而以最不利情况即原材料以最大碱含量及混凝土以最高标号R_{28}450计算混凝土总碱量最大值为2.3kg/m^3，均未超过控制值。

表4.8.4 混凝土及其原材料碱含量控制指标表

控制项目	控制指标	目前工地平均值
525中热水泥熟料	≤0.5%	0.31%
525中热水泥	≤0.6%	0.39%
Ⅰ级粉煤灰	≤1.5%	1.17%
减水剂	硫酸钠含量≤8.0%	Na_2SO_4 3.08% 总碱量7.39%
混凝土	≤2.5kg/m^3	2.3kg/m^3(最大值)

③花岗岩人工骨料碱活性定期跟踪检查

由于大坝混凝土骨料的使用数量巨大，为了掌握岩石性质在料场不同高程和部位的变化情况，从1998年开始，每年对大坝所用的砂石骨料的碱活性定期进行跟踪检验。跟踪检验采用岩相法、化学法、小砂浆棒快速法、砂浆棒快速法以及混凝土棱柱体试验等方法。已有的跟踪检验结果与前述检验结果基本一致，尚未发现花岗岩骨料存在碱活性骨料的迹象。

4.8.1.2 大坝混凝土原材料试验研究及优选

(1)水泥

大坝混凝土使用的水泥主要为湖北荆门葛洲坝水泥厂生产的三峡525中热硅酸盐水泥及三峡425低热硅酸盐水泥、湖北黄石华新水泥厂生产的525中热硅酸盐水泥、湖南石门水泥厂生产的42.5中热水泥及42.5低热水泥。水泥熟料化学成分及矿物组成见表4.8.5。大坝混凝土优先考虑使用中热硅酸盐水泥，这种水泥的各项性能除满足国家标准外，还可根据工程的具体使用情况提出一些特殊的要求，如水泥的细度，水泥厂生产的中热硅酸盐水泥的细度只有1%～2%，偏细，水泥越细，水化越快，对混凝土抗裂性能越不利，为获得抗裂性能良好的混凝土，要求水泥的比表面积控制在250～300m²/kg，即筛余量控制在3%～6%。中热硅酸盐水泥的矿物组成，为了降低水泥的水化热，要求硅铝三钙(C_3S)的含量在50%左右，铝酸三钙(C_3A)含量小于4%；而且，由于硅铝三钙和铝酸三钙含量降低，水化较为平缓，对裂缝的愈合越有利。中热硅酸盐水泥的化学成分，三氧化硫(SO_3)应控制在1.6%～2.4%，若波动范围大，容易造成水泥与掺和物及外加剂的不适应，使混凝土产生假凝或凝结时间过长，影响混凝土的质量；为避免碱骨料反应，水泥熟料中碱含量应控制在0.5%以内，氧化镁(MgO)的含量国家标准规定水泥中氧化镁含量不宜大于5.0%，水泥厂家一般控制在2.0%左右，为了使混凝土具有微膨胀性能，以补偿混凝土在降温过程中的收缩，要求水泥熟料中氧化镁含量控制在接近国家标准的上限，即4.0%～4.5%范围，对控制混凝土裂缝是有利的。

表4.8.5 水泥熟料化学成分及矿物组成

生产厂家及品种		化学成分(%)								矿物组成(%)			
		CaO	SiO_2	Al_2O_3	Fe_2O_3	MgO	SO_3	含碱量	LOSS	C_3S	C_2S	C_3A	C_4AF
湖北荆门葛洲坝水泥厂	中热525	63.12	21.96	4.24	5.35	4.32		0.36		52.47	23.98	2.19	16.26
	低热425	64.05	21.44	4.95	5.43	1.95				53.50	21.64	3.85	16.67
湖南石门特种水泥厂	中热42.5	62.18	20.87	5.07	5.71	4.28	0.57	0.52	0.25	50.04	22.07	3.76	17.38
	低热42.5	60.37	22.76	4.61	5.40	4.84	0.70	0.46	0.25	31.59	41.42	3.09	16.42
湖北华新水泥厂	中热525	63.13	21.96	4.24	5.35	4.32		0.36		52.47	23.98	2.19	16.28
GB200—2003	中热							≤0.60		≤55		≤6.00	
	低热							≤0.60			≥40	≤6.00	

大坝混凝土水泥供应厂家生产的水泥运至现场进行跟踪检测，水泥品质检测成果见表 4.8.6，由表 4.8.6 可以看出，三个水泥厂生产的中热水泥均满足国家标准和三峡工程质量标准(TGPS03—1998)要求。

表 4.8.6　大坝混凝土水泥供应厂家水泥品质检测成果

厂家	细度(%)	安定性	凝结时间 h(min)		抗压强度(MPa)			抗折强度			SO_3含量(%)	MgO含量(%)	碱含量(%)	水化热(kJ/kg)	
			初凝	终凝	3d	7d	28d	3d	7d	28d				3d	7d
荆门葛洲坝水泥厂	1.7	合格	2∶20	3∶39	26.8	40.4	63.6	5.3	6.7	9.0	1.65	4.22	0.38	242	274
黄石华新水泥厂	1.4	合格	2∶21	3∶42	24.8	38.6	63.4	5.2	6.6	8.9	1.60	4.34	0.38	230	267
湖南石门特种水泥厂	1.2	合格	2∶35	3∶50	25.7	38.0	60.9	5.3	6.6	8.7	1.99	4.36	0.41	237	268
TGPS 03—1998	≤12	合格	≥1∶00	≤12∶00	≥20.6	≥31.0	≥52.5	≥4.1	≥5.3	≥7.1	≤3.5	3.5～5.0	≤0.60	≤251	≤293

(2)粉煤灰

大坝混凝土掺粉煤灰，根据国标 GB/T1596—2005《用于水泥混凝土中的粉煤灰》的规定，用于混凝土掺合料的粉煤灰，按含水量、细度、烧失量、三氧化硫(SO_3)含量和需水量比五项指标划分为Ⅰ、Ⅱ、Ⅲ个等级。通过对掺不同品质和等级(Ⅰ、Ⅱ、Ⅲ级)的粉煤灰所做的混凝土用水量及性能的对比试验，发现粉煤灰需水量比与混凝土单位用水量存在特别显著相关关系，Ⅰ级粉煤灰具有减水效果。由于Ⅰ级粉煤灰中微珠含量较多，在混凝土中可起到滚珠轴承作用，易于振捣，混凝土中掺入粉煤灰增加了灰浆体积，足量的灰浆填充混凝土孔隙，覆盖和润滑了骨料颗粒，增加拌和物的黏聚性和可塑性，大大改善混凝土的和易性，其形态效应、火山灰效应和微集料效应比Ⅱ级粉煤灰更显著，能改善和提高混凝土的各项性能，降低混凝土绝热温升，抑制碱骨料反应。经综合考虑，确定三峡工程混凝土采用Ⅰ级粉煤灰，并在国家标准基础上，又增加了一项控制指标，即粉煤灰碱含量不得超过 1.5%，这是防止碱骨料反应限制混凝土总碱量的又一措施。同时，根据粉煤灰需水量比对混凝土用水量的影响，将国家标准Ⅰ级粉煤灰以需水量比 91%为界，划分为优质Ⅰ级灰(需水量比≤91%)和合格Ⅰ级灰(91%<需水量比≤95%)，这样便于科学分配混凝土资源，有利于质量控制，不致因同一拌和楼使用不同厂家、不同质量的粉煤灰而影响混凝土配合比。

掺粉煤灰的混凝土早期强度较低，随着混凝土龄期的增长，粉煤灰的火山灰效应不断增强，使混凝土的强度逐渐得到发展，到 90d 或更长的龄期，粉煤灰混凝土强度一般能达到甚至超过不掺粉煤灰的混凝土强度；在混凝土掺入部分粉煤灰代替水泥，可延长混凝土的凝结时间，并随掺量的增加而增加，有利于高温下的大坝混凝土；混凝土掺粉煤灰能有效地降低水泥水化热和混凝土绝热温升，有利于混凝土温控防裂；在混凝土掺粉煤灰可降低早期弹性模量，对防止混凝土早期出现裂缝有利；但粉煤灰会降低混凝土的早期极限拉伸，随着龄期增长、极限拉伸值能达到甚至超过不掺粉煤灰的混凝土极限拉伸；在混凝土掺优质粉煤灰可以减少混凝土的干缩变形，掺入粉煤灰后，混凝土的早期徐变有所增大，随着龄期增长徐变变小，到90d龄期，混凝土徐变明显小于不掺粉煤灰的混凝土；混凝土中掺粉煤灰可显著降低透水性，提高混凝土的抗渗能力；粉煤灰混凝土中掺引气剂，并使其有足够的含气量时，掺30%的粉煤灰也能够经受300次冻融循环，但粉煤灰掺量较高时会造成引气困难，对大坝混凝土有较高抗冻要求时(如300次循环)，粉煤灰掺量以不超过30%，水胶比不大于0.5为宜；掺粉煤灰可提高混凝土抗硫酸盐侵蚀和溶出性侵蚀的抗溶蚀能力。

大坝混凝土掺合料粉煤灰，主要供应厂家的粉煤灰运至现场进行跟踪检测，粉煤灰品质检测结果见表4.8.7。从表4.8.7中可以看出，各厂粉煤灰品质符合国家标准和满足三峡工程质量标准(TGPS04—1998)。

表4.8.7 大坝混凝土粉煤灰供应厂家粉煤灰检测结果

厂家		细度(%)	需水量比(%)	烧失量(%)	三氧化硫含量(%)	碱含量(%)
安徽平圩电厂		6.1	90	0.8	0.37	1.12
重庆珞璜电厂		7.3	93	3.1	1.28	1.16
华能南京电厂		7.8	90	1.1	0.55	1.30
南京热电厂		7.2	95	4.0	0.66	1.12
武汉阳逻电厂		6.3	90	2.0	0.67	1.27
汉川电厂		5.2	92	2.4	0.54	1.25
神头电厂		7.6	93	1.0	0.60	0.45
南通电厂		9.3	93	2.8	0.97	1.37
石门电厂		6.2	93	2.7	0.55	1.23
鸭河口电厂		6.6	92	1.8	0.53	1.26
邹县电厂		7.0	92	1.0	0.85	1.19
TGPS04—1998	优质品	≤12.0	≤91	≤5.0	≤3.00	≤1.50
	合格品		≤95			
GB/T1596—2005	Ⅰ	≤12.0	≤95	≤5.0	≤3.0	≤1.0
	Ⅱ	≤25.0	≤105	≤8.0	≤3.0	≤1.0
	Ⅲ	≤45.0	≤115	≤15.0	≤3.0	≤1.0

注：细度为45μm方孔筛筛余量。

(3)外加剂

外加剂的主要作用是提高大坝混凝土拌和物的和易性、强度和耐久性。外加剂已发展成为拌制混凝土不可缺少的组分，由于花岗石人工骨料混凝土用水量高，造成水泥用量增多，温控难度大，并影响混凝土的单价及一系列性能，因此必须采取措施降低混凝土用水量。选用品质优良、减水率高的高效减水剂则是降低混凝土用水量的重要措施之一。在混凝土中掺减水剂，可以改变水泥浆体的流变性能，进而改变水泥及混凝土结构，起到改善混凝土性能的作用，在保持流动性及水胶比不变的条件下，可以减少用水量及水泥用量。混凝土中掺入引气剂，搅拌过程中能引入大量均匀分布的稳定而封闭的微小气泡，能显著提高大坝混凝土的抗冻性和抗渗性，气泡还可使混凝土弹性模量有所降低，这有利于提高混凝土抗裂性能。为了节约水泥，改善混凝土性能，提高混凝土质量，尤其是提高混凝土的抗裂性及耐久性，应掺用优质减水剂及引气剂。为适应施工浇筑仓面大，浇筑强度高、高温季节需连续施工等特点，减水剂必须具有缓凝、高效减水等综合性能。另外为了确保大坝混凝土的耐久性，还需在混凝土中掺用引气剂以引入结构合理的气泡，使混凝土达到适宜的含气量，因此还必须选用品质优良的引气剂。经对 32 种减水剂、7 种引气剂的对比试验，从混凝土用水量、拌和物性能、混凝土强度和耐久性等综合论证比较，优选出减水率大于 18%、其他指标均满足国标一等品要求的 3 种萘系缓凝高效减水剂（ZB-1A、JG-3）及 R561C 和满足国标一等品要求的 2 种引气剂（DHQ）。针对高标号抗冲耐磨混凝土，为进一步减少用水量和水泥用量、减轻温控负担，又专门选用了一种减水和增强效果更好的丙烯酸类高效减水剂（X404）。这些外加剂均有良好的适应性。高效减水剂能使水泥早期水化放热推迟，尤其是掺粉煤灰的混凝土，这种延迟放热作用更明显。大坝混凝土对高效减水剂的要求是在既能有效地降低早期水化放热量，尤其是大幅度降低 24h 之内的放热量的同时，又要在 2～7d 内使水化热有一定程度的增长，以便于混凝土强度的增长和内部结构的发展，并有利保证混凝土施工进度。从混凝土水化放热曲线看，选用的高效减水剂可以满足上述要求。大坝混凝土浇筑仓面埋设温度计观测结果表明，掺 X404 混凝土的温度明显低于掺 JG3 混凝土的温度，各厂家生产的减水剂和引气剂运至现场进行跟踪检测，减水剂品质检测结果见表 4.8.8，引气剂品质检测结果见表 4.8.9，各厂生产的减水剂品质和引气剂品质符合标准和满足三峡工程质量标准（TGPS05—1998）。

表 4.8.8　　减水剂品质检测结果

生产厂家	减水剂品种与剂量	减水率(%)	含气量(%)	凝结时间差(min)		泌水率比(%)	收缩率比(%)	抗压强度比(%)			Na_2SO_4 含量(%)
				初凝	终凝			3d	7d	28d	
浙江龙游	ZB-1A 0.6%	23.5	1.4	+348	+379	40.0	98.7	173	180	145	4.36
北京冶建	JG-3 0.6%	22.1	1.5	+615	+670	19.9	96.0	165	178	146	4.85
上海麦斯特	R561C	20.0	2.5	+400	+575	90.0		115	147	138	2.45

续表

生产厂家	减水剂品种与剂量	减水率(%)	含气量(%)	凝结时间差(min)		泌水率比(%)	收缩率比(%)	抗压强度比(%)			Na_2SO_4含量(%)
				初凝	终凝			3d	7d	28d	
意大利马贝	X404 0.8%	21.0	0.9	+63	+66	76.8	93.9	168	169	134	1.14
TGPS05—1998		≥18	≤3.0	+120～+300 >+360*		≤100	≤125	≥125	≥125	≥120	<8.0

注：*缓凝高效减水剂分为两种型号：混凝土初凝时间比未掺缓凝减水剂延缓120～300min型产品，用于低温条件下施工；混凝土初凝时间比未掺缓凝减水剂延缓>360min型产品，用于高温条件下施工。日平均气温15～20℃为两种型号减水剂的转换控制温度。

表4.8.9　引气剂混凝土试验结果

生产厂家与品种	掺量(‰)	减水率(%)	含气量(%)	泌水率比(%)	凝结时间差(min)		抗压强度比(%)			28d收缩率(%)	抗冻性能			
					初凝	终凝	3d	7d	28d		次数	相对动弹模(%)	质量损失率(%)	抗冻标号
河北石家庄外加剂厂DH95	0.070	9.5	4.7	55.1	−45	−47	101	104	106	104	450	96.43	2.90	>F450
上海麦斯特AIR202	0.12	7.4	4.6	52.7	2	−1	95	99	95					
TGPS 05—1998		≥6	4.5～5.5	≤70			≥95	≥95	≥90	≤125	冻融循环次数≥300			

(4)混凝土骨料

大坝混凝土骨料的强度应高于混凝土的设计强度，花岗岩抗压强度大于100MPa，石质坚硬密实、强度高、密度大、吸水率小。骨料的表观密度取决于矿物组成和孔隙大小及数量，骨料孔隙率大小在一定程度上会影响混凝土的吸水性，拌和物的用水量以及混凝土的强度和耐久性。测定骨料的吸水率，特别是饱和面干吸水率，不仅能够判断骨料质量的坚实性，也能控制混凝土用水量，从而保证混凝土的和易性、强度及耐久性。大坝混凝土的线膨胀系数、比热和导热系数受影响较大，当骨料与水泥浆的线膨胀系数之差超过5.5×10^{-6}m/℃

时，混凝土抗冻性就受到影响。不同岩性骨料和线膨胀系数是不同的，用作混凝土骨料的大多数岩石的线膨胀系数为 $5.5\times10^{-6}\sim13.0\times10^{-6}$m/℃，水泥浆线膨胀系数为 $1.1\times10^{-6}\sim16.0\times10^{-6}$ m/℃，大坝混凝土骨料花岗岩的线膨胀系数 8.5×10^{-6} m/℃、导温系数为 0.003471m^2/h、导热系数为 2.50W/(m·℃)、比热容 959J/(kg·℃)。混凝土的骨料级配对水胶比及胶骨比有影响，关系到混凝土的和易性和经济性，良好的骨料级配，可使骨料间的空隙率和总表面积减少，降低混凝土用水量和水泥用量，改善拌和物和易性及抗离析性，提高混凝土强度和耐久性，且可获得良好的经济性。花岗岩加工的粗骨料中针片状含量直接影响大坝混凝土水泥和砂的用量。通过采用国产破碎机加工粗骨料试验，结果表明，粗、中、细破碎机的破碎骨料中 5～20mm 粒径级的针片状含量分别超过 20%、30%、50%，最后选用进口诺德伯公司的破碎设备，该破碎机具有独特的破碎腔型，能有效地改善破碎花岗岩石的粒形，以保证粗骨料针片状含量<15%，提高了粗骨料粒度质量和减少超径、逊径。粗骨料中减少针片状含量可节省混凝土中砂及水泥用量，据工程相关资料统计，若粗骨料中的针片状含量降低 10%，混凝土单位水泥用量可降低 10%左右，每立方米混凝土可节省 6～8 元的费用。另外，水泥用量减少，水化热温升相应降低，不仅可节省混凝土温控费用，也有利于提高混凝土质量，防止混凝土产生裂缝。花岗岩加工的细骨料中石粉含量及人工砂细度模数影响混凝土的和易性和抗分离性。下岸溪人工砂生产系统改变了国内传统棒磨机制砂和圆盘式制砂机单独制砂的工艺，引进 SVEDALA 公司的 Rarmac9000 冲击破碎机制砂，采用由破碎筛分筛下物(石屑砂)、立式冲击破碎机和棒磨机联合制砂并掺和回收石粉的新工艺，具有充分利用破碎筛分筛下物、立式冲击破碎机制砂产量高、磨耗小、细度偏粗、棒磨机制砂细度模数可调和掺石粉以提高人工砂中石粉含量等综合效果，从而降低了人工砂成本，提高了人工砂成品质量，减少了人工砂生产系统石粉排放量，有利于环境保护。人工砂成品细度模数严格控制在 2.5±0.2(规范规定为 2.2～2.8)；砂含水率小于 6%(规范规定 6%～8%)；石粉含量控制在 10%～17%(规范规定为 8%～12%)，提高人工砂中石粉含量，有利于改善混凝土和易性与抗分离性，提高混凝土 28d 龄期抗压强度和抗渗能力。

大坝混凝土所用成品粗骨料及人工砂品质检测结果见表 4.8.10 和表 4.8.11，从现场检测结果看，大坝混凝土所用人工骨料质量稳定，符合三峡工程质量标准(TGPS01—1998 及 TGPS02—1998)。

表 4.8.10　　粗骨料品质检测结果

料场名称	骨料粒级(mm)	表观密度(kg/m^3)	吸水率(%)	含泥量(%)	针片状含量(%)	有机质	坚固性(%)	压碎指标(%)
古树岭	5～20	2725	0.6	0.3	2.6	合格	0.6	9.5
	20～40	2731	0.4	0.2	2.5	—	0.4	—
	40～80	2741	0.2	0.1	—	—	0.01	—
	80～150	2738	0.2	0.1	—	—	0.1	—

续表

料场名称	骨料粒级(mm)	表观密度(kg/m³)	吸水率(%)	含泥量(%)	针片状含量(%)	有机质	坚固性(%)	压碎指标(%)
下岸溪	5～20	2636	0.7	0.6	2.2	合格	0.1	11.7
	20～40	2640	0.5	0.4	2.0	—	0.1	—
	40～80	2646	0.3	0.3	0.1	—	0.1	—
TGPS 01—1998	D20、D40 D80、D150 (D120)	>2550	<2.5	<1.0 <0.5	<15	不允许存在	<5	C30～C40 ≤16 ≤C25 ≤20

表 4.8.11　人工砂品质检测结果

统计项目	细度模数	石粉含量(%)	表观密度(kg/m³)	吸水率(%)	云母含量(%)	坚固性(%)	有机质
下岸溪	2.66	12.4	2642	0.74	0.4	2.3	合格
TGPS02—1998	2.4～2.8	10～17	>2500	—	<2	<8	不允许存在

4.8.1.3 大坝混凝土配合比设计

(1)混凝土配合比设计的基本原则及主要技术措施

大坝混凝土配合比设计的主要任务是新拌混凝土满足大坝施工要求的和易性,硬化混凝土满足大坝混凝土标号及主要设计指标要求,并符合经济原则。大坝混凝土配合比设计需满足设计要求和施工要求,鉴于大坝混凝土采用花岗岩人工骨料,表面粗糙,粒形不好,在使用一般高效减水剂和Ⅱ级粉煤灰条件下,四级配混凝土用水量仍高达110kg/m³,与较为先进的水工混凝土配合比用水量85kg/m³左右相比还有较大差距。混凝土的高用水量,造成水泥用水量增多,温控难度大,并影响混凝土一系列性能及单价,因此必须采取措施降低花岗岩人工骨料混凝土用水量。同时为满足大坝高强度大仓面快速施工的特点,要求混凝土具有良好的工作性,便于振捣密实。大坝为大体积混凝土,温控防裂极为重要,必须尽可能减少温升,并提高混凝土本身的抗裂能力。尤其要研究解决提高大坝混凝土高耐久性问题。大坝混凝土配合比设计从传统的强度设计转变为按耐久性为主设计。在混凝土配合比设计试验中,采取了如下主要技术措施:选用Ⅰ级粉煤灰,用以减水、提高工作性、节约水泥、降低混凝土温升、减少干缩、改善混凝土性能;选用具有微膨胀性质的中热525水泥,将MgO含量适当提高,利用其膨胀来补偿混凝土降温阶段体积收缩;以减少裂缝;选用减水率大于18%的高效减水剂,这是降低人工骨料混凝土用水量的一个重要措施;掺用引气剂提高混凝土抗冻耐久性,同时也能减水和改善混凝土工作性;采用减小水胶比、增大粉煤灰掺量的技术路线，水胶比小、混凝土孔隙率小、耐久性好，Ⅰ级粉煤灰掺量多，其微珠效应和减水效果更突出；限制原材料碱含量和混凝土的总碱量，所选配合比混凝土总碱量应≤2.5kg/m³，这是为防止碱骨料反应所采取的严格措施。

(2)大坝混凝土配合比设计

在原材料优选的基础上，采用以上主要技术措施，通过不同水胶比、不同粉煤灰掺量的多种组合对混凝土配合比进行了力学、热学、变形等全面性能试验。通过选用Ⅰ级粉煤灰、高效减水剂、引气剂，三者联掺，综合减水效果达30%以上，最大限度地降低了混凝土用水量，成功地解决了人工骨料混凝土用水量高的难题，使四级配混凝土用水量由原来的110kg/m³降到了85kg/m³左右，为配制高性能大坝混凝土奠定了基础。混凝土坍落度按3～5cm控制，含气量按4.5%～5.5%控制。经技术、经济综合比较，优选出大坝各部位混凝土配合比见表4.8.12。

(3)大坝混凝土各项指标检测结果

1)混凝土强度

大坝各部位、各主要标号混凝土抗压强度抽检结果统计见表4.8.13。检测结果表明，混凝土抗压强度均满足设计要求，且普遍超强，强度保证率在99%以上。

2)混凝土抗冻性

大坝各部位混凝土抗冻试验结果见表4.8.14。从试验结果看，在达到设计要求的抗冻标号时，其评定指标质量损失率及相对动弹模还有很大的富余，可以判断内部和基础混凝土冻融循环可达200次以上，其他部位混凝土冻融次数可达300次以上，其中有22组做到破坏为止，最高冻融循环次数已达1250次，由此可见，大坝混凝土具有高抗冻耐久性。

3)混凝土抗渗性

大坝各部位混凝土抗渗试验检测结果见表4.8.15，从检测结果看大坝各部位抗渗标号均满足设计要求，在达到设计抗渗标号的同时，试件渗水高度较低，当水压力加到现有抗渗仪的最大水压力1.6MPa时，试件渗水高度平均值只有52mm，离渗透还有98mm。有11组试件做到抗渗仪的极限水压力，抗渗标号均大于W16，具有良好的抗渗能力。

4)混凝土极限拉伸值

大坝各部位混凝土极限拉伸值检测结果见表4.8.16，检测结果表明混凝土极限拉伸值均满足设计要求，且有一定的富裕，90d富裕更多一些。

5)混凝土总碱量

为防止大坝混凝土发生碱—骨料危害反应，除掺用Ⅰ级粉煤灰抑制碱骨料反应外，又对混凝土原材料的碱含量和混凝土总碱量进行了严格限制，具体限制指标及现场实测值列于表4.8.17。

表 4.8.12 大坝各部位混凝土施工配合比

大坝施工分期		大坝部位	混凝土设计标号	级配	水胶比	粉煤灰掺量(%)	砂率(%)	外加剂			用水量(kg/m³)	胶凝材料		
								ZB-1A(%)	DH9(1/万)	AIR202(1/万)		水泥(kg/m³)	粉煤灰(kg/m³)	胶材总量(kg/m³)
一、二期工程左岸非溢流坝段左岸厂房坝段泄洪坝段左导墙坝段纵向围堰坝段(高程90.00m以下为一期工程)	1	基础2m	R_{90}200 F150 W10	三	0.50	35	31	0.60	0.7		108	140	76	216
	2	基础约束区	R_{90}200 F150 W10	四	0.50	35	26	0.60	0.7		85	111	60	171
	3	内部	R_{90}150 F100 W8	四	0.55	40	28	0.70	0.6		88	98	65	163
	4	水上水下外部	R_{90}200 F250 W10	三	0.50	30	30	0.50	1.1		106	148	64	212
	5	水位变化区	R_{90}250 F250 W10	三	0.50	20	29	0.60	1.3		98	157	39	196
	6	引水管周边	R_{28}250 F250 W10	二	0.45	20	36	0.50	0.8		131	233	58	291
	7	结构混凝土	R_{90}300 F250 W10	三	0.45	20	30	0.50	0.8		111	198	49	247

续表

大坝施工分期		大坝部位	混凝土设计标号	级配	水胶比	粉煤灰掺量(%)	砂率(%)	外加剂			用水量(kg/m³)	胶凝材料		
								ZB-1A(%)	DH9(1/万)	AIR202(1/万)		水泥(kg/m³)	粉煤灰(kg/m³)	胶材总量(kg/m³)
二、三期工程右岸非溢流坝段右岸厂房坝段	1	基础 2m	R_{90}200 F150、W10	三	0.50	35	33	0.60	0.7	1.4	100	130	70	200
	2	基础约束区	R_{90}200 F150、W10	四	0.50	35	27	0.60	0.7	1.4	91	118	64	182
	3	内部	R_{90}150 F100、W8	四	0.55	40	27	0.60	0.7	1.4	90	98	65	163
	4	水上水下外部	R_{90}200 F250、W8	三	0.50	35	30	0.60	0.7	1.4	99	129	69	198
	5	水位变化区	R_{90}250 F250、W8	三	0.48	30	30	0.60	0.7	1.4	100	146	63	209
	6	引水管周边	R_{90}250 F250、W10	二	0.45	20	33	0.60	0.7	1.4	121	215	54	269
	7	结构混凝土	R_{90}300 F250、W10	三	0.45	20	28	0.60	0.7	1.4	102	181	45	226

注：大坝混凝土施工按导流方式分为三期：一期工程施工纵向围堰坝段、左岸非溢流坝段；二期工程施工左厂房坝段及溢流坝段；三期工程施工右岸非溢流坝段及右厂坝段。

表 4.8.13　　大坝主要标号混凝土抗压强度试验结果统计

工程部位	设计要求	水胶比	粉煤灰掺量(%)	检测组数	抗压强度(MPa)			强度保证率(%)	不低于设计强度的百分率(%)
					7d	28d	90d		
内部	R_{90}150F100W8	0.55	40	136		18.2	28.7	99.70	100
基础	R_{90}200F150W10	0.50	35	87		22.8	34.5	99.28	100
水上、水下外部	R_{90}200F250W10	0.50	30	31		25.6	37.5	99.98	100
水位变化区	R_{90}250F250W10	0.45	30	79		31.0	43.5	99.84	100
结构	R_{28}250F250W10	0.45	20	265	21.0	36.5	—	99.53	100
	R_{90}300F250W10			167		35.1	46.1	99.87	100
	R_{28}300F250W10	0.40	20	8	24.6	41.3			87.5
	R_{28}350F250W10	0.35	20	26	34.0	52.8			100
抗冲磨	R_{28}400F250W10	0.30	20	50	41.3	59.7		99.63	96.7
	R_{28}450F250W10	0.30	10	12	42.6	62.5			100
	R_{90}400F150W10	0.38	20	24		41.4	54.3		100

表 4.8.14　　大坝各部位混凝土抗冻性试验结果

部位	设计指标	水胶比	粉煤灰掺量(%)	水泥用量(kg/m^3)	粉煤灰用量(kg/m^3)	用水量(kg/m^3)	抗冻试验结果			
							冻融次数	质量损失率(%)	相对动弹模(%)	抗冻标号
基础	R_{90}200F150W10	0.50	35	133	71	102	150	0.77	86.96	>F150
内部	R_{90}150F100W10	0.55	40	94	62	86	100	0.59	98.70	>F100
外部	R_{90}200F250W10	0.50	30	123	53	88	250	0.56	79.51	>F250
水位变化区	R_{90}250F250W10	0.45	30	184	78	118	250 850	0.5 3.2	93.2 53.2	F800
结构	R_{28}250F250W8	0.45	20	181	46	102	250	1.10	88.94	>F250
		0.45	25	198	66	119	250 400	0.19 0.64	80.01 59.85	F350
	R_{90}300F250W10	0.45	20	185	46	104	250 800	0.50 2.53	90.60 68.34	>F800

续表

部位	设计指标	水胶比	粉煤灰掺量（%）	水泥用量（kg/m³）	粉煤灰用量（kg/m³）	用水量（kg/m³）	抗冻试验结果			
							冻融次数	质量损失率（%）	相对动弹模（%）	抗冻标号
抗冲磨、结构	R_{28}350F250W10	0.35	20	281	70	123	250	−0.33	87.76	>F250
抗冲磨	R_{28}400F250W10	0.30	20	285	71	107	250 1250	−0.33 1.27	96.94 67.09	F1250
	R_{28}450F250W10	0.30	10	375	42	125	250 550	0.54 1.87	88.05 62.88	F550
	R_{90}400F150W10	0.38	20	255	42	121	150	0.25	91.53	>F150

表 4.8.15　　大坝各部位混凝土抗渗性能试验结果

部位	设计指标	水胶比	粉煤灰掺量（%）	水泥用量（kg/m³）	粉煤灰用量（kg/m³）	用水量（kg/m³）	抗渗试验结果		
							试验水压力（MPa）	渗透高度（mm）	抗渗标号
基础	R_{90}200F150W10	0.50	35	133	71	102	1.0	69.0	>W10
内部	R_{90}150F100W10	0.55	40	94	62	86	1.0	150.0	W9
外部	R_{90}200F250W10	0.50	30	123	53	88	1.0	130.3	>W10
水位变化区	R_{90}250F250W10	0.45	30	184	78	118	1.0	49.2	>W10
结构	R_{28}250F250W8	0.45	20	181	46	102	1.0	87.8	>W10
		0.45	25	198	66	119	0.8	21.3	>W8
	R_{90}300F250W10	0.45	20	185	46	104	1.6	18.8	>W16
结构、抗冲磨预应力	R_{28}350F250W10	0.35	20	281	70	123	1.0	26.8	>W10
抗冲磨	R_{28}400F250W10	0.30	20	285	71	107	1.0	25.8	>W10
	R_{28}450F250W10	0.30	10	375	42	125	1.6	32.0	>W16
	R_{90}400F150W10	0.38	20	255	42	121	1.0	30.0	>W10

表 4.8.16 大坝各部位混凝土极限拉伸性能试验结果

工程部位	设计要求	极限拉伸值($\times10^{-4}$)	
		28d	90d
内部	R_{90}150F100W8 $\varepsilon_{P28}=0.70\times10^{-4}$,$\varepsilon_{P90}=0.75\times10^{-4}$	0.84	0.90
基础	R_{90}200F150W10 $\varepsilon_{P28}=0.80\times10^{-4}$,$\varepsilon_{P90}=0.85\times10^{-4}$	0.93	0.97
水上、水下外部	R_{90}200F250W10 $\varepsilon_{P28}=0.80\times10^{-4}$,$\varepsilon_{P90}=0.85\times10^{-4}$	0.86	0.93
水位变化区	R_{90}250F250W10 $\varepsilon_{P28}=0.80\times10^{-4}$,$\varepsilon_{P90}=0.85\times10^{-4}$	0.95	1.04
结构	R_{28}250F250W10 $\varepsilon_{P28}=0.85\times10^{-4}$ R_{90}300F250W10 $\varepsilon_{P28}=0.80\times10^{-4}$,$\varepsilon_{P90}=0.85\times10^{-4}$	0.99	1.02
抗冲磨	R_{28}350F250W10	1.10	—
	R_{28}400F150W10	1.19	—
	R_{28}450F150W10	1.17	—
	R_{28}400F150W10	0.96	1.06

表 4.8.17 大坝混凝土碱含量控制指标

控制项目	控制指标	目前工地平均值
525 中热水泥熟料	≤0.5%	0.31%
525 中热水泥	≤0.6%	0.39%
Ⅰ级粉煤灰	≤1.5%	1.17%
减水剂	Na_2SO_4含量≤8.0%	Na_2SO_4含量 3.08%总碱量 7.39%
混凝土	≤2.5kg/m^3	2.3kg/m^3(最大值)

这些控制指标都严于相应国家标准和有关规定,从现场检测结果看,原材料碱含量远低于控制指标,水泥碱含量只有 0.4%左右,粉煤灰碱含量只有 1.0%左右,而以最不利情况即原材料以最大碱含量及混凝土以最高标号(R_{28}450)来计算混凝土总碱量,到目前为止最大值为 2.3kg/m^3,未超过控制值。从现有技术水平看可认为由于采取了以上措施,大坝混凝土不会发生危害性碱骨料反应。

(4)大坝混凝土配合比设计综合评价

大坝混凝土配合比设计采用优选的原材料,通过不同水胶比、不同粉煤灰掺量的多种组合对混凝土配合比进行了力学、热学、变形等全面性能试验,优选出的大坝混凝土配合比各项性能均满足设计要求,且具有优越的性能。混凝土抗冻性内部可达 F100 以上、水位变动区可达 F300 以上,在抗冻耐久性达到设计最高要求的同时,混凝土水泥用量不高,绝热温升较低,内部混凝土平均为 20℃左右,自生体积变形为微胀,弹性模量和干缩都较低。混凝土的极限拉伸值比较高，大坝内部混凝土 90d 极限拉伸位为 0.86×10^{-4}，水位变化区为 1.00×10^{-4}，对混凝土抗裂十分有利。通过优选缓凝高效减水剂与引气剂联掺以及使用Ⅰ级粉煤灰，将大坝四级配混凝土用水量由 110kg/m³ 降至 85kg/m³，减少了水泥用量，降低了大坝混凝土的绝热温升和干缩，改善了混凝土的综合特性，提高了混凝土体积稳定性和耐久性，满足了极限拉伸和混凝土抗裂性要求，并使混凝土具有良好的施工和易性和经济性，为防止混凝土裂缝和保证大坝混凝土质量创造了条件。

4.8.1.4 大坝混凝土质量检测

(1)混凝土钻孔取芯检测

大坝所使用的原材料及由各拌和系统生产的混凝土经检测，其质量均满足标准要求。但最终产品——浇筑在大坝上的混凝土质量如何，则还需通过钻孔取芯进行检测。为对大坝混凝土进行全面质量鉴定，按每万立方米混凝土取芯约 10m 的标准进行布孔取芯。为了能较全面和真实地反映大坝混凝土质量，按全面性、随机性、兼顾针对性的原则进行布孔。

检测内容主要包括，芯样获得率、外观描述、孔内录像及声波测试、压水试验、芯样密度及抗压强度检测。芯样孔径分三种∅76、∅168、∅219。目前总计完成钻孔 252 个、总进尺 3771.2m。

从已取得的检测结果看，混凝土芯样获得率为 98.4%；声波波速在 4255m/s 以上，平均值为 4547m/s；压水试验结果表明，混凝土透水率小于 0.3Lu，且压水总进水量小于 2L/m，以上结果均满足设计要求。芯样的密度在 2429kg/m³ 以上，平均值为 2478kg/m³，满足设计要求，且与室内试验的混凝土密度一致。混凝土芯样的抗压强度平均值在 50MPa 以上，全部满足设计要求。以上说明现场混凝土浇筑振捣质量良好，混凝土密实。

芯样的外观描述主要包括芯样整体状况描述与芯样缺陷描述两个方面。芯样整体状况包括芯样的完整程度、骨料与砂浆分布情况、胶结情况、破碎情况；缺陷描述主要包括架空、空洞、孔洞、气泡、层面胶结情况以及其他异常情况等。从已取的芯样看，大部分芯样表面光滑、致密，骨料分布均匀，优良率为 91.5%，合格率为 97.1%。除了观测芯样外，还在钻孔内进行录像观测，观测结果与芯样描述结果基本一致。

(2)混凝土自生体积变形原型观测

大坝 1998 年开始使用 MgO 含量为 3.5%～5.0%的中热水泥，大坝左岸厂房坝段及泄洪坝段和右岸厂房坝段共有 56 支仪器的观测资料。混凝土自生体积变形原型观测统计资料列入表 4.8.18。

大坝和厂房混凝土 56 支仪器的观测资料表明，混凝土自生体积变形为微膨胀或无收缩的有 47 支，占仪器总数的 83.9%，其中纯膨胀的为 43 支，占仪器总数的 76.8%；变形为收缩(含先收缩后膨胀至 $0\mu\varepsilon$ 以下)的有 2 支，占仪器总数的 3.6%。

1)混凝土自生体积变形与大坝部位的关系

按仪器埋设的工程部位统计分析，左岸厂房坝段及泄洪坝段共埋设了48支无应力计，35支反映出膨胀变形，占仪器总数的72.9%；4支为无收缩（变形量为±10$\mu\varepsilon$），占8.3%；6支为先收缩后膨胀至0～25$\mu\varepsilon$，占12.5%；3支为收缩变形，变形量为－10～－30$\mu\varepsilon$，占6.3%。膨胀、无收缩和先收缩后膨胀的共计占仪器总数的93.7%。

表4.8.18 大坝混凝土原型自生体积变形观测统计资料

工程部位		变形情况					仪器总数
		膨胀	无收缩	先缩后胀至0$\mu\varepsilon$以上	先缩后胀至0$\mu\varepsilon$以上	收缩	
左岸厂房坝段、泄洪坝段	仪器支数	35	4	6	1	2	48
	变形量（$\times10^{-6}$）	10～210	±10	－15～－25→0～25	－18→－10	－12～－20	
右岸厂房坝段	仪器支数	8					8
	变形量（$\times10^{-6}$）	19～72					

注：泄洪坝段膨胀变形的18支仪器变形量为10×10^{-6}～210×10^{-6}，其中10×10^{-6}～65×10^{-6} 16支，65×10^{-6}～95×10^{-6} 1支，95×10^{-6}～210×10^{-6} 1支。

右岸厂房坝段埋设了8支仪器，均为膨胀。

由以上资料可以看出，反映混凝土膨胀变形的仪器数量所占仪器总量的比例，右岸厂房坝段比左岸厂房坝段及泄洪坝多。

2）混凝土自生体积变形与时间的关系

膨胀变形：大多数为6～12个月后变形趋于稳定，也有的3～5个月后变形趋于稳定。

先收缩后膨胀：28d以内为收缩，28d后为膨胀，5个月左右变形稳定。

4.8.2 大坝混凝土温度控制标准

4.8.2.1 大坝分缝分块

（1）泄洪坝段

泄洪坝段横缝间距21.00m，坝块顺流向最大宽度126.70m，设两条纵缝，分三块。泄1～7号坝段各仓顺流向宽度分别为25.00m、44.70m及47.20～57.00m（两条纵缝分别距坝轴线25.00m及69.70m）；泄8～23号坝段各仓顺流向宽度分别为25.00～30.00m、39.00m及52.90m（两条纵缝分别距坝轴线25.00m及64.00m）。纵缝Ⅰ从坝基向上伸至高程137.00m，在高程137.00m设廊道并缝；纵缝Ⅱ从坝基向上伸至101.00m高程（泄1～7号坝段）或99.00m高程（泄8～23号坝段），设廊道并缝。泄洪坝段典型剖面见图4.8.1。

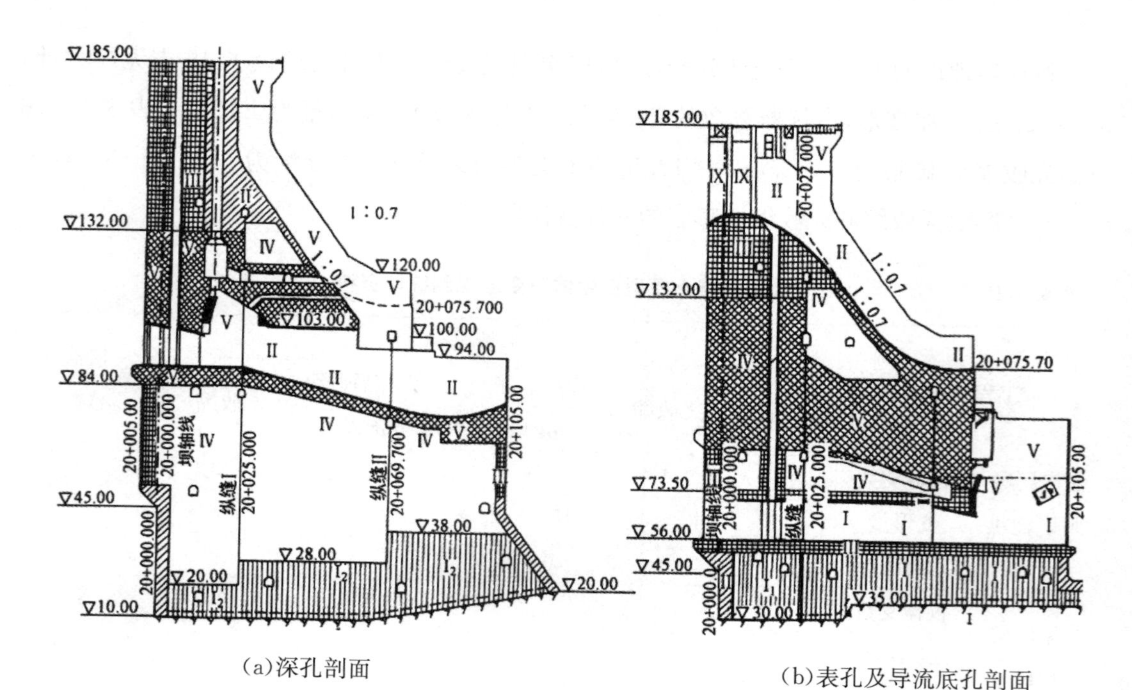

(a)深孔剖面

(b)表孔及导流底孔剖面

图 4.8.1 泄洪坝段混凝土典型分区剖面(单位:m)

图例与混凝土分区标号及指标

编号	部位	图例	混凝土标号	龄期(d)	抗冻	抗渗	抗冲磨	极限拉伸值(×10⁻⁴) 28d	极限拉伸值(×10⁻⁴) 90d	级配
I_1	基础约束区底层混凝土(厚 2m)		200	90	F150	W10		≥0.8	≥0.85	三
I_2	基础约束区混凝土		200	90	F150	W10		≥0.8	≥0.85	四
Ⅱ	水上、水下外部混凝土		200	90	F250	W10		≥0.8	≥0.85	三、四
Ⅲ	水位变幅区混凝土结构混凝土(2)		250	90	F250	W10		≥0.8	≥0.85	三、四
Ⅳ	坝内混凝土		150	90	F100	W10		≥0.7	≥0.75	四
Ⅴ	结构混凝土(1)		300	90	F250	W10		≥0.8	≥0.85	二、三
Ⅶ	弧门牛腿混凝土		300	28	F250	W10				二
Ⅸ	底孔跨缝板二期混凝土过流部位抗冲磨混凝土		400	28	F250	W10	√			二、三
Ⅹ	底孔孔顶孔侧过流部位抗冲磨混凝土		400	90	F250	W10	√			二、三

(2)厂房坝段

左厂房坝段共分 15 个坝段(含左安Ⅲ坝段),每台机组对应坝段沿坝轴线长度 38.30m(其中 14 号坝段长 14.30m),1～13 号坝段内设横缝将坝段分为 25.00m 长的钢管坝段和 13.30m 长的非钢管坝段(实体坝段)。14 号坝段设横缝将坝段分为 25.00m 长的钢管坝段和 20.30m 长的非钢管坝段(实体坝段)。安Ⅲ坝段设横缝将坝段分为 19.15m 两段。左厂坝 1～5 号坝段设一条纵缝,纵缝位于坝轴线下游 25.00m,两仓顺流向宽度分别为 44.00m 及 43.40m;左厂坝 6 号坝段设二条纵缝,分别距坝轴线 25.00m 和 50.00m,三仓顺流向宽度分别为 42.50m、25.00m 及 25.60m;左安Ⅲ坝段设二条纵缝,分别距坝轴线 31.00m 和 75.00m,三仓顺流向宽度分别为 43.50m、44.00m 及 43.00m;左厂坝 7 号-1、8～10 号坝段设二条纵缝,分别距坝轴线 35.00m 和 75.00m,三仓顺流向宽度分别为 35.00m、40.00m 及 43.00m;左厂 7 号-2 坝段设二条纵缝,分别距坝轴线下游 39.00m 和 75.00m,三仓顺流向宽度分别为 39.00m、36.00m 及 43.00m;左厂 11～14 号坝段顺流向最大宽度 118.00m,设二条纵缝,分三仓,二条纵缝分别距坝轴线 35.00m 和 75.60m,三仓顺流向宽度分别为 35.00m、40.00m 及 43.00m。左岸厂房坝段典型剖面见图 4.8.2。

右厂房坝段共分 14 个坝段(含右厂排坝段),全长 525.00m,每台机组对应坝段沿坝轴线长度 38.30m(其中右厂排坝段长 16.00m,26 号坝段长 49.40m)。右厂 15～25 号坝段内设横缝将坝段分为 25.00m 长的钢管坝段和 13.30m 长的非钢管坝段(实体坝段),26 号坝段设横缝将坝段分为 25.00m 长的钢管坝段及 24.40m 长的非钢管坝段(实体坝段);安Ⅲ坝段设横缝将坝段分为 19.15m 两段;右厂排坝段长 16.00m。右厂排至右厂 26 号坝段设二条

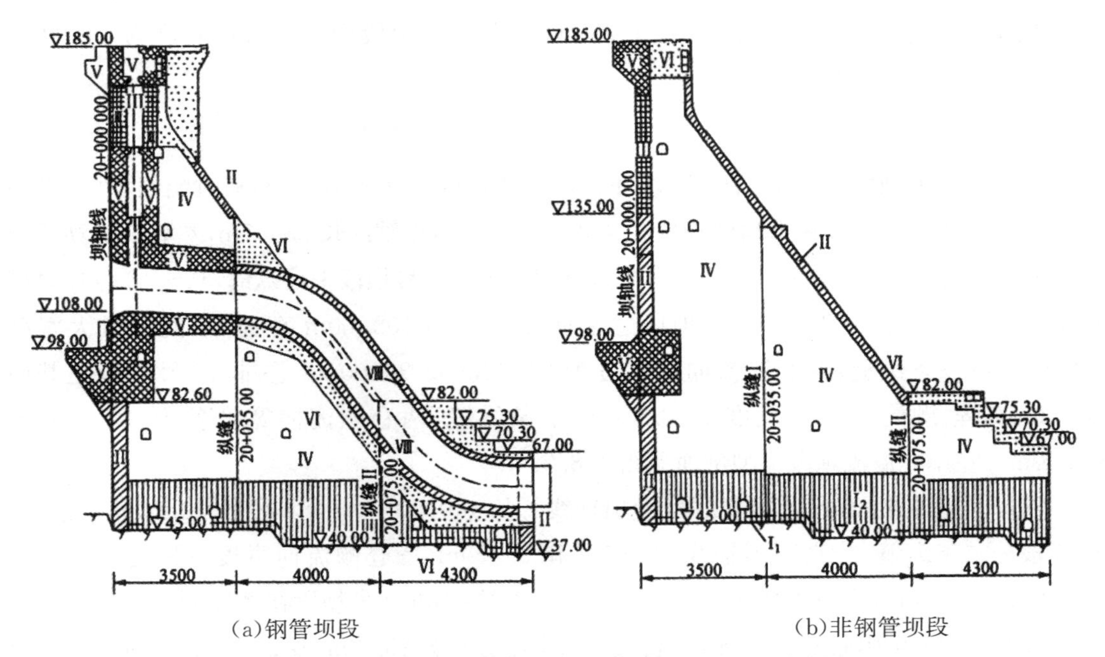

(a)钢管坝段　　　　(b)非钢管坝段

图 4.8.2 厂房坝段混凝土典型分区剖面(尺寸单位:cm,高程单位:m)

图例与混凝土分区标号及指标

编号	部位		图例	混凝土标号	龄期(d)	抗冻	抗渗	极限拉伸值($\times10^{-4}$)		级配
								28d	90d	
I_1	基础约束区底层混凝土(厚2m)			200	90	F150	W10	≥0.8	≥0.85	三
I_2	基础约束区混凝土			200	90	F150	W10	≥0.8	≥0.85	四
Ⅱ	外部位	水上、水下		200	90	F250	W10	≥0.8	≥0.85	三、四
Ⅲ		水位变化区		250	90	F250	W10	≥0.8	≥0.85	三、四
Ⅳ	坝内混凝土			150	90	F100	W8	≥0.7	≥0.75	四
Ⅴ	结构混凝土(1)			300	90	F250	F10	≥0.8	≥0.85	二、三
Ⅵ	结构混凝土(2)			250	90	F250	W10	≥0.8	≥0.85	二、三
Ⅶ	引水管周边混凝土			250	28	F250	W10	≥0.85		二、三

纵缝(右厂24～26号实体坝段为三条纵缝)。纵缝距坝轴线距离:纵缝Ⅰ为35.00m(右厂排和右安Ⅲ坝段为31.00m、右24～26号坝段实体坝段为25.00m),纵缝Ⅱ为75.00m(右厂24～26号坝段实体坝段为50.00m),纵缝Ⅲ为87.63m。右厂排和右安Ⅲ坝段三仓顺流向宽度分别为31.00m、44.00m及43.00m;左厂15～23号坝段三仓顺流向宽度为35.00m、40.00m及43.00m(其中右厂19号坝段的实体坝段三仓顺流向宽度为39.00m、36.00m及43.00m);左厂24～25号坝段钢管坝段三仓顺流向宽度为35.00m、40.00m及43.00m,非钢管坝段四仓顺流向宽度为25.00m、25.00m、37.5m及30.50m;右厂26号坝段钢管坝段三仓顺流向宽度为44.00m、25.00m及68.00m,非钢管坝段四仓顺流向宽度为44.00m、25.00m、37.00m及31.00m。

(3)非溢流坝段

左岸非溢流坝段分为18个坝段,其间布置升船机坝段(上闸首)和临时船闸坝段,沿坝轴线总长494.89m。左岸非溢流坝段除左非8号坝段沿坝轴线长23.07m,左非9号坝段长12.82m,其余坝段均为20.00m。左岸非溢流坝段1～11号坝段未设纵缝,12～18号坝段横缝间距20.00m,其中12～17号坝段建基面100.00～108.00m高程,顺流向最大宽度52.05m,设一条纵缝,两仓顺流向宽度各为25.00m及28.00m。左非18号坝段建基面86.00m高程,顺流向最大宽度79.50m,设一条纵缝,两仓顺流向宽度各为39.00m及40.50m。左岸非溢流坝段典型剖面见图4.8.3。

右岸非溢流坝段分为7个坝段,沿坝轴线总长140.00m,每个坝段长20.00m。右非1号坝段分二条纵缝,分别距坝轴线20.50m和63.50m,三仓顺流向宽度分别为26.50m、29.00m及30.50m,第一条纵缝在高程114.93m并缝;右非2号坝段在高程115.00m以下分一条纵缝,纵缝距坝轴线25.00m,二仓顺流向宽度分别为25.00m及27.05m,高程115.00m以上并缝;右非3号坝段在高程160.00m以下设一条纵缝,纵缝距坝轴线20.00m,二仓顺流向宽度分别为 20.00m 及 30.00m，高程 160.00m 以上并缝。右非 4～7 号坝段由于顺流向小而不设纵缝。

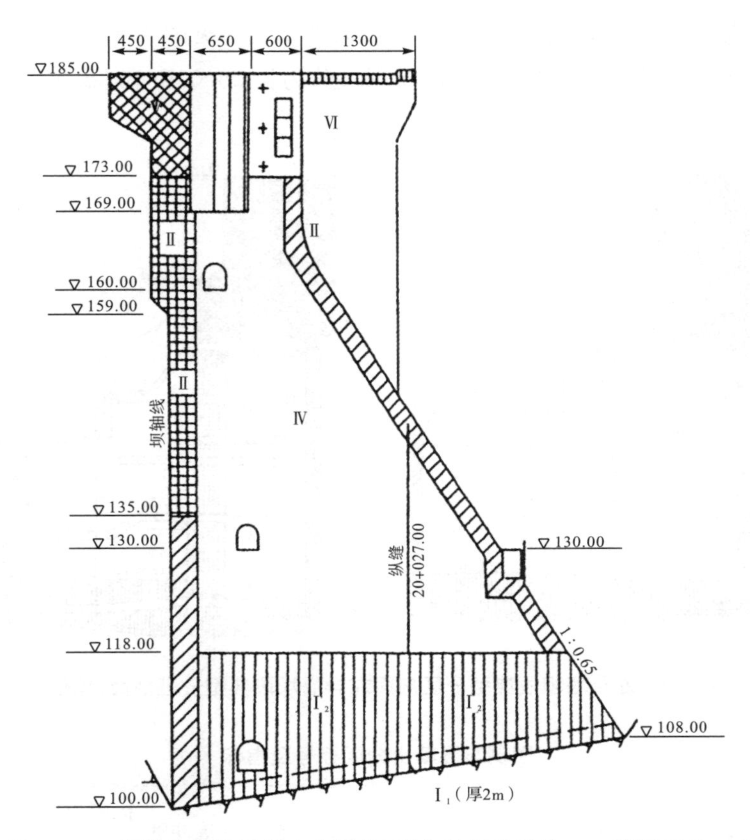

图 4.8.3　非溢流坝段混凝土典型分区剖面（尺寸单位：cm，高程单位：m）

图例与混凝土分区标号及指标

编号	部位		图例	混凝土标号	龄期(d)	抗冻	抗渗	极限拉伸值($\times 10^{-4}$)		级配
								28d	90d	
I_1	基础约束区底层混凝土(厚 2m)			200	90	F150	W8	≥0.8	≥0.85	三
I_2	基础约束区混凝土			200	90	F150	W8	≥0.8	≥0.85	四
Ⅱ	外部位	水上、水下		200	90	F250	W10	≥0.8	≥0.85	三、四
Ⅲ		水位变化区		250	90	F250	W10	≥0.8	≥0.85	三、四
Ⅳ	坝内混凝土			150	90	F100	W8	≥0.7	≥0.75	四
Ⅴ	结构混凝土(1)			300	90	F250	W10	≥0.8	≥0.85	二、三
Ⅵ	结构混凝土(2)			250	90	F250	W10	≥0.8	≥0.85	二、三

(4)左导墙坝段及纵向围堰坝段

左导墙坝段沿坝轴线长度为 32.00m，设三条纵缝，距坝轴线距离分别为 25.00m，

47.00m和78.50m，对应浇筑仓宽度分别为25.00m、22.00m、31.50m及39.50m。在上游第一、二仓中部设一条临时施工横缝，将坝块分为16.00m及16.00m两块，该横缝和第一条纵缝在116.50m高程设并缝廊道并缝。左导墙坝段典型剖面见图4.8.4。坝外厂坝导墙顺流向长度216.00m，设顺坝轴线方向永久缝，将坝块分为长25.00m和32.00m的块体。

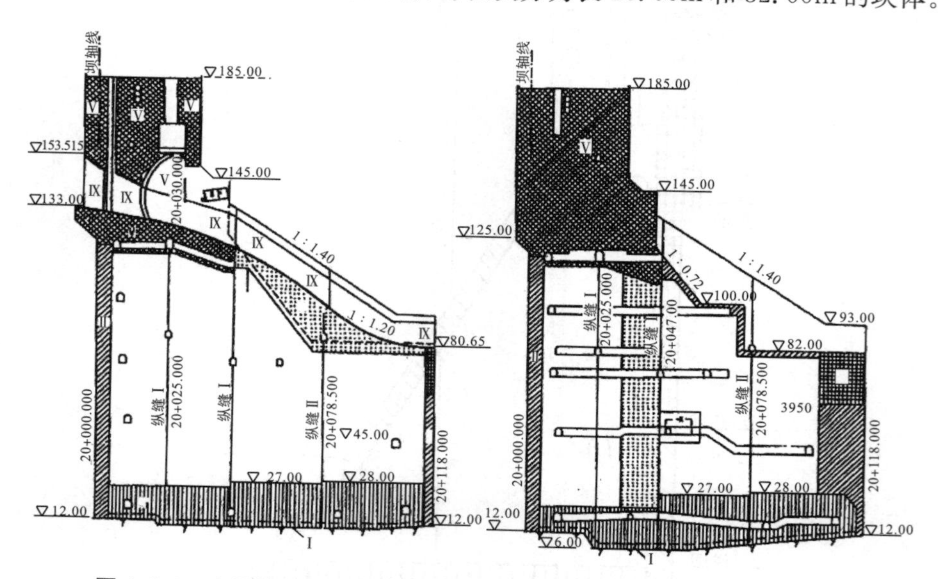

图4.8.4 左导墙坝段典型分区剖面左导墙坝段典型分区剖面（单位：m）

图例与混凝土分区标号及指标

编号	部位		图例	混凝土标号	龄期(d)	抗冻	抗渗	抗冲磨	极限拉伸值(×10⁻⁴) 28d	极限拉伸值(×10⁻⁴) 90d	级配
Ⅰ₁	基础约束区底层混凝土(厚2m)			200	90	F150	W8		≥0.8	≥0.85	三
Ⅰ₂	基础约束区混凝土			200	90	F150	W8		≥0.8	≥0.85	四
Ⅱ	外部混凝土	水上、水下		200	90	F250	W10		≥0.8	≥0.85	三、四
Ⅲ	外部混凝土	水位变化区(▽135以上)		250	90	F250	W10		≥0.8	≥0.85	三、四
Ⅳ	坝内混凝土			150	90	F100	W8		≥0.7	≥0.75	四
Ⅴ	结构混凝土(1)			300	90	F250	F10		≥0.8	≥0.85	二、三
Ⅵ	结构混凝土(2)			250	90	F250	W10		≥0.8	≥0.85	二、三
Ⅶ	弧门牛腿混凝土			300	28	F250	W10				二
Ⅸ	过流部位抗冲磨混凝土			400	28	F250	W10	√			二、三

纵向围堰坝段长68.00m，顺流向宽度为115.00m，高程90.00m以下采用碾压混凝土，横缝间距按36.00m和32.00m设置，不分纵缝通仓施工，在上游常规混凝土部位坝块中部

设置诱导横缝。高程 90.00m 以上坝体采用常规混凝土浇筑，右纵 2 号坝段在其中部设一条横缝通至坝顶，设一条纵缝将坝体分为 33.75m 及 31.50m 两块。右纵 1 号排漂孔坝段在高程 90.00m 以上设三条纵缝，纵缝位置与左导墙坝段坝段相同，四仓顺流向宽度分别为 25.00m、22.00m、31.50m、36.50m。第一、二仓在排漂孔下部设一条横缝，将坝块分为 16.00m及 16.00m 两块，排漂孔坝段第一、二仓内纵横缝在排漂孔下部 116.50m 高程处并缝。

4.8.2.2 坝体稳定温度场

稳定温度是指大坝建成投入运转后，施工期温度（初始温度、混凝土水化热温升）的影响已经消失，在环境温度（坝区气温、上游库内水温、下游河水温度）作用下，最终达到的长期稳定的温度状态。虽然坝体在运转期与其表面接触的气温与水温是随时间变化的，但影响深度不超过 15.00m，对占坝体绝大部分的中部区域温度，将不受外界气温与水温的变化影响（只取决于年平均值），而处于稳定状态。由此可见，对高大的实体重力坝，总存在稳定温度场；而对厚度或高度较小的结构，整个结构都在变化的气温与水温影响范围以内，即不存在稳定温度，而处于年复一年的重复循环变化之中，即所谓准稳定温度，如三峡船闸闸室侧墙、底板以及厂房尾水管等。稳定温度是分析坝体内部温差与温度应力的基准温度，基础温差控制就是相对于稳定温度而言。因此稳定温度的合理确定非常重要，直接影响到大坝温控及坝体冷却灌浆的温度要求。

坝体稳定温度场主要与上、下游水温、气温、坝体结构等诸因素有关，尤其水库水温对坝体稳定温度场影响很大。

（1）边界条件

1）库表水温

影响库表水温的主要因素有：坝址纬度、气温、河水温、径流量、日照辐射热、总库容等。针对以上因素进行了多种分析计算，并结合已建水库水温的实测资料进行类比分析后，从偏于安全考虑，库表水温年平均值取 18.0℃。

2）库底水温

按水体受扰动的程度，水库可分为稳定型、过渡型和混合型三种类型。水库类型对库底水温有重要影响。

对水库类型影响较大的因素有年径流量、总库容及水库形状。三斗坪坝址处的多年平均年径流量为 4530 亿 m^3，正常蓄水位 175.00m 时相应的库容为 393 亿 m^3，其比值 α 为 11.53。参照《大中型水利水电工程水文规范》，当 α 值在 10～20 时，属过渡型水库。从水库形状上看，三峡水库为长条形，属河道形水库，水体在入库过程中的扰动将较充分。据此可初步判断三峡水库属过渡型水库，其库底将难以形成稳定的低温水层。

对于过渡型和混合型水库的库底水温值的确定，国内外尚无较成熟的方法。考虑上述主要影响因素，并与国内外已建水库实测库底水温进行类比，进行多种回归分析计算和水库调度运行影响计算，库底水温计算值为 14～16.8℃，偏于安全取年平均库底水温值为 14.0℃。

3)库水温垂直分布

年均库水温垂直分布值,设计采用折线变化。即水面175m为18.0℃,直线变化至高程107m为14.0℃,高程107m以下保持14℃不变。

4)下游水温

由于下游水流扰动较大且水深较小,相对蓄热能力较差并受上游排水水温制约。综合分析以上因素后,取下游水面76m年均水温17℃。下游河床底部高程10.00m的年均水温15℃,其间为直线变化。

5)气温

采用坝址多年平均气温17.3℃。

6)太阳辐射热

根据大坝所处地理位置、气候条件及坝体形状,经计算并参照国内外已建工程有关资料后,下游坝面受太阳辐射热影响的年均升温值取为4.5℃。

7)地温

坝址地温资料表明,深层地温较年均气温略高。考虑到水库蓄水后的影响,在地基150m深处取地温为17℃。

(2)计算模型及成果

考虑大坝坝体沿坝轴线较长且为混凝土重力坝,水泥水化热等影响经长期散热作用已渐消失,坝体稳定温度场可简化为无热源平面问题求解。在上述边值条件下,通过计算得大坝泄洪坝段及厂房坝段典型剖面的稳定温度场如图4.8.5至图4.8.8所示。

大坝混凝土施工采用分层分块浇筑,为便于对各坝段混凝土进行温度控制,设计将各典型坝段稳定温度场按分缝分块的不同高程范围计算得出平均稳定温度。设计采用的泄洪坝段和厂房坝段各高程坝体稳定温度见表4.8.19至表4.8.21。

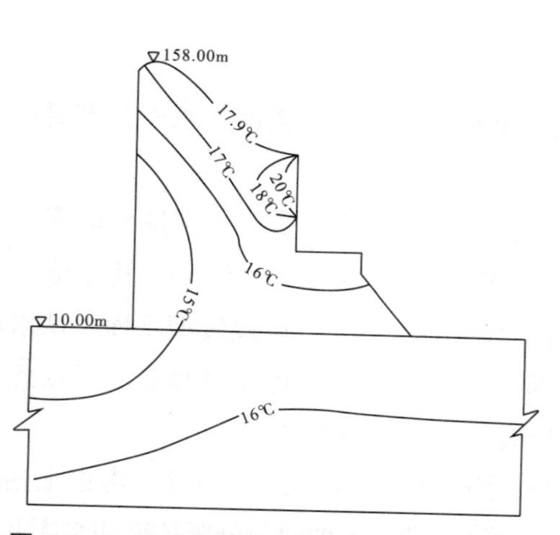

图4.8.5　泄洪坝段表孔典型剖面稳定温度场

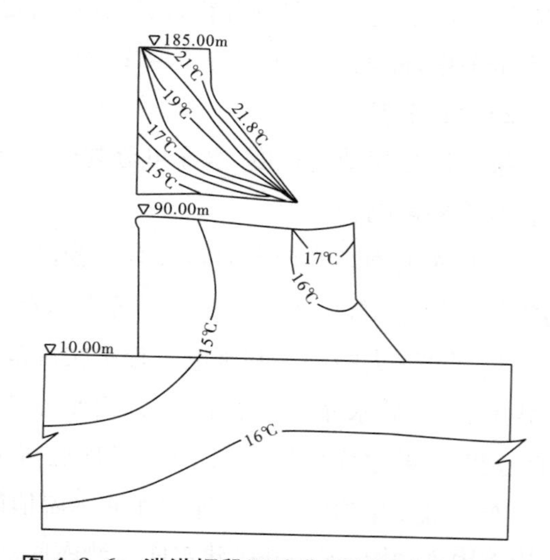

图4.8.6　泄洪坝段深孔典型剖面稳定温度场

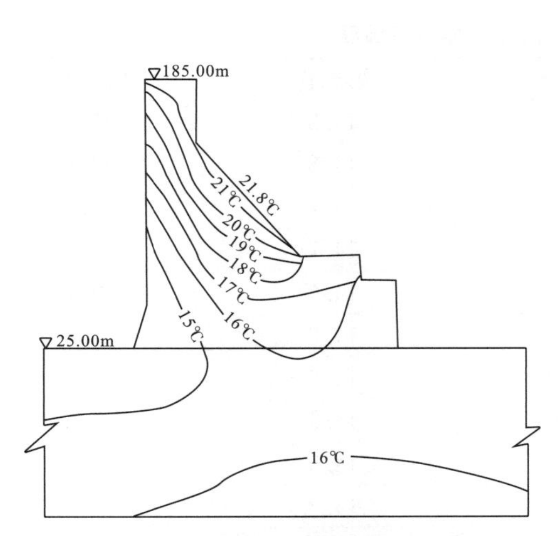

图 4.8.7 厂房实体坝段典型剖面稳定温度场

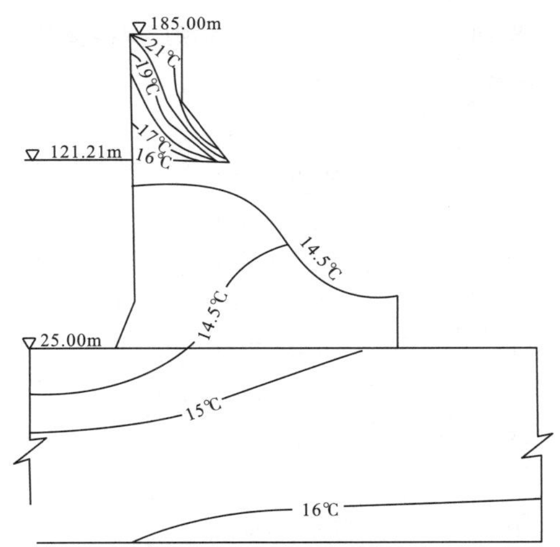

图 4.8.8 厂房钢管坝段典型剖面稳定温度场

表 4.8.19 大坝泄洪坝段各高程坝体稳定温度 单位:℃

序号	高程(m)	第一仓	第二仓	第三仓
1	10.0～15.0	14.6	15.5	15.6
2	15.0～20.0	14.6	15.5	15.6
3	20.0～25.0	14.6	15.5	15.6
4	25.0～30.0	14.6	15.5	15.7
5	30.0～35.0	14.6	15.5	15.8
6	35.0～40.0	14.6	15.6	15.9
7	40.0～45.0	14.6	15.6	16.0
8	45.0～50.0	14.6	15.7	16.0
9	50.0～55.0	14.6	15.8	16.3
10	55.0～60.0	14.6	15.9	16.5
11	60.0～65.0	14.6	16.0	16.8
12	65.0～70.0	14.7	15.8	17.0
13	70.0～80.0	14.7	16.3	17.8
14	80.0～90.0	14.7	17.2	18.5
15	90.0～100.0	15.2	16.6	18.7
16	100.0～110.0	15.2	17.6	18.5
17	110.0～120.0	15.8	18.1	
18	120.0～135.0	16.6	18.9	
19	135.0～150.0	17.6	20.0	
20	150.0～165.0	18.6		

表 4.8.20　　大坝厂房钢管坝段各高程坝体稳定温度　　单位:℃

序号	高程(m)	第一仓	第二仓	第三仓
1	25.0～30.0	14.6	14.8	15.0
2	30.0～35.0	14.4	14.8	14.9
3	35.0～40.0	14.3	14.7	14.9
4	40.0～45.0	14.3	14.7	14.8
5	45.0～50.0	14.3	14.6	14.7
6	50.0～55.0	14.2	14.6	14.6
7	55.0～60.0	14.2	14.5	14.6
8	60.0～65.0	14.2	14.5	14.5
9	65.0～70.0	14.2	14.5	14.5
10	70.0～80.0	14.2	14.5	14.5
11	80.0～90.0	14.2	14.5	
12	90.0～100.0	14.3	14.5	
13	100.0～110.0	14.4	14.5	
14	110.0～120.0	14.5	14.5	
15	120.0～130.0	15.9	18.0	
16	130.0～140.0	17.7	20.7	
17	140.0～150.0	18.7		

表 4.8.21　　大坝厂房非钢管坝段各高程坝体稳定温度　　单位:℃

序号	高程(m)	第一仓	第二仓	第三仓
1	25.0～30.0	14.7	15.8	15.8
2	30.0～35.0	14.7	15.8	15.8
3	35.0～40.0	14.7	15.9	15.9
4	40.0～45.0	14.7	16.0	16.0
5	45.0～50.0	14.8	16.1	16.1
6	50.0～55.0	14.8	16.2	16.3
7	55.0～60.0	14.8	16.3	16.5
8	60.0～65.0	14.9	16.5	16.7
9	65.0～70.0	15.0	17.0	17.0
10	70.0～80.0	15.1	17.5	18.5
11	80.0～90.0	15.2	18.1	20.0
12	90.0～100.0	15.4	19.0	21.4
13	100.0～110.0	15.8	19.6	
14	110.0～120.0	16.5	20.2	
15	120.0～130.0	17.1	20.5	
16	130.0～140.0	17.8	20.9	
17	140.0～150.0	18.6	21.3	

4.8.2.3 大坝温控标准

大坝为混凝土重力坝,其大体积混凝土裂缝主要来自温度应力。混凝土浇筑后由于水泥在水化凝固过程中,散发大量水化热,使内部温度急剧上升,此时,混凝土弹性模量小、徐变大,升温引起的压应力不大;在后期混凝土逐渐冷却、温度降低时,弹性模量较大,而徐变小,在一定约束条件下会产生较大的拉应力。另外,大坝混凝土常年暴露于大气中,有些部位与水接触,一年四季气温和水位的变化都会在混凝土结构中产生较大的拉应力。混凝土的抗裂能力较低,抗拉强度一般仅为抗压强度的 1/10。当温度变化引起的拉应力超过混凝土的抗拉强度时,混凝土可能产生裂缝。大坝混凝土温度控制主要控制基础温差、内外温度、上下层温差。由于这三个温差都与混凝土内部的最高温度有关,因此,直接控制的是大坝混凝土的最高温度。大坝设计中为防止坝体混凝土产生裂缝,通过对各坝段的温度应力计算分析,提出各坝段设计允许最高温度、大坝纵缝并缝混凝土温控标准、大坝基岩石填塘及陡坡混凝土温控标准。

(1)基础允许温差

大坝大体积混凝土由于水泥水化过程中产生的水化热导致浇筑后初期大体积混凝土内部温度急剧上升,引起混凝土膨胀变形。此时混凝土弹性模量小,升温引起受基础约束的膨胀变形,产生的压应力很小。但在日后温度逐渐降低、混凝土产生收缩变形时,弹性模量较大,降温引起受基础约束的收缩变形,会产生相当大的拉应力,当拉应力(约束拉应变)超过混凝土抗拉强度(或极限拉伸值)时就会产生裂缝,因此国内外大坝为防止危害性裂缝,均提出基础允许温差控制标准。

大坝混凝土采用分坝段分仓柱状块浇筑法,基础允许温差按表 4.8.22 控制。陡坡和填塘部位混凝土基础允许温差应视所在部位的结构要求和其特征尺寸,参照平面基础温差标准适当加严。混凝土浇平相邻基岩面后,应停歇冷却至与周围基岩温度相近时,再继续浇筑混凝土。

表 4.8.22　　基础允许温差　　单位:℃

部位	浇筑块长边尺寸				
	≤20m	21～30m	31～40m	41～50m	通仓
基础强约束区	22	20～21	17～19	16	14
基础弱约束区	25	23～24	20～22	19	17

注:①高度 0～0.2L 为基础强约束区,0.2～0.4L 为基础弱约束区,L 为块体长边尺寸;②基岩与混凝土弹性模量比取 1.5。

(2)上、下层温差标准

当坝体下层混凝土龄期超过 28d 成为老混凝土时,上部新浇混凝土温度变形将受到弹性模量较高的下层老混凝土的结束而产生温度应力。为防止不利温度应力产生裂缝,其上层混凝土浇筑应控制上、下层温差。对连续上升坝段且浇筑高度大于 0.5L(L 为浇筑块长边尺寸)时,允许老混凝土面上、下在 $L/4$ 范围内,上层混凝土最高平均温度与新混凝土开始浇筑时下层实际平均温度之差不大于 17℃;浇筑块侧面长期暴露时或上层混凝土高度<0.5L 或非连续上升时,应加严上、下层温差标准。

(3)表面保护及坝体最高温度控制标准

大量工程实践表明,混凝土建筑物温度裂缝中绝大多数为表面裂缝,且大多数表面裂缝是在混凝土浇筑初期遇气温骤降等原因引起的;中后期深层裂缝和贯穿裂缝也往往是由表面裂缝在一定条件下发展而成的。因此加强表面保护、短间歇连续上升、控制内外温差或坝体最高温度控制是防止混凝土表面裂缝或深层裂缝的有效措施。

1)表面保护标准

①初期气温骤降。大坝在整个施工期内浇筑的混凝土几乎每月均有可能遇到气温骤降的袭击。新浇混凝土遇日平均气温在 2~3d 内连续下降超过 6~8℃时,基础强约束区和特殊部位龄期 2~3d 以上、一般部位龄期 3~4d 以上必须进行表面保护。

②中后期气温年变化及气温骤降的综合影响。在气温年变化和气温骤降的同时作用下,在无保护条件下极可能使混凝土表面产生裂缝。在施工期间内,应视不同浇筑季节和不同部位,结合考虑后期通水情况,进行中期通水冷却,并采取必要的表面保护措施。

2)坝体最高温度控制标准

参照部分已建工程经验,并兼顾内外温差要求和实际施工条件,对均匀上升浇筑块,各季节坝体常态混凝土最高温度按表 4.8.23 控制。

表 4.8.23 大坝混凝土最高温度控制标准 单位:℃

月份	12—2	3、11	4、10	5、9	6—8
$\leqslant R_{90}200$	23~24	26~27	31	33~34	35~38
$\geqslant R_{90}250$	24~27	28~29	31~33	34~35	37~39

注:重要部位和较低标号混凝土取下限值。

(4)并缝混凝土温控标准

并缝混凝土除满足设计允许最高温度要求外,并缝时下部混凝土应冷却至坝体稳定温度。上部混凝土宜安排在低温季节(11 月至次年 3 月)浇筑,并满足设计提出的有关技术要求,应按设计图纸和技术要求在并缝处埋设构造钢筋,按照设计要求作业。

(5)填塘、陡坡混凝土温控标准

填塘、陡坡部位混凝土温控标准原则上按基础约束区允许最高温度执行,但位于大坝迎水面附近、面积较大或夏季(5—9 月)施工时加严 1~2℃。高差大于 2.00m 的填塘、陡坡混凝土应分层浇筑,并在层面埋设冷却水管,混凝土浇筑收仓后 12h 开始通水冷却。高差为 2.00~3.00m 的填塘、陡坡混凝土在第一层混凝土温度降至 20~22℃、且第二层混凝土按正常间歇后方能浇筑上部混凝土。高差大于 3.00m 的填塘、陡坡混凝土待混凝土浇筑到相邻基岩面高程附近并冷却至与基岩温度相近(18～20℃)时方能浇筑上部混凝土。高差小于2.00m的填塘、陡坡混凝土要求原则上按基础强约束区设计允许最高温度控制,浇平基岩坡顶后正常间歇再行上升。

(6)大坝各坝段设计允许最高温度

根据大坝各部位稳定温度及上述温控标准和坝体最高温度控制标准,确定大坝泄洪坝段及左导墙坝段、左厂坝1～14号坝段、左非12～18号坝段、右厂坝15～26号坝段及右非坝段设计允许最高温度分别见表4.8.24至表4.8.27。

表4.8.24 大坝泄洪坝段及左导墙坝段设计允许最高温度 单位:℃

部位	区域	月份				
		12—2	3、11	4、10	5、9	6—8
1～23号坝段第一仓 左导墙坝段第一仓	基础强约束区	23	26	30	33	34
	基础弱约束区	23	26	30	33	35
	脱离约束区	23	26	30	33	35～36
左导墙坝段第二仓 及其第三仓	基础强约束区	24	27	31	33	34
	基础弱约束区	24	27	31	33	36
	脱离约束区	24	27	31	34	36～37
8～23号坝段第二仓 左导墙坝段第四仓	基础强约束区	24	27	31	33	33
	基础弱约束区	24	27	31	33	35
	脱离约束区	24	27	31	34	36～37
1～7号坝段第二仓 17～23号坝段第三仓	基础强约束区	24	27	31	32	32
	基础弱约束区	24	27	31	33	34
	脱离约束区	24	27	31	34	36～37
1～16号坝段第三仓	基础强约束区	24	27	31	31	31
	基础弱约束区	24	27	31	33	33
	脱离约束区	24	27	31	34	36～37

注:导流底孔区域混凝土5—9月份浇筑时加严1～2℃。

表4.8.25 大坝左厂坝段设计允许最高温度 单位:℃

部位	区域	月份				
		12—2	3、11	4、10	5、9	6—8
1～5号坝段第一仓 6号钢管坝段第一仓 6、7号非钢管坝段第一仓 安Ⅲ坝段第一仓	基础强约束区	23	26	30	31	31
	基础弱约束区	23	26	30	33	33
	脱离约束区	23	26	30	33	35～36

续表

部位	区域	月份				
		12—2	3、11	4、10	5、9	6—8
6～10号钢管坝段第三仓 7～10号非钢管坝段第三仓 1～5号非钢管坝段第二仓 安Ⅲ坝段第二、三仓	基础强约束区	24	27	31	31	31
	基础弱约束区	24	27	31	33	33
	脱离约束区	24	27	31	34	36～37
7～10号钢管坝段第一仓 8～10号非钢管坝段第一仓 7～10号钢管坝段第二仓 1～5号、7～10号非钢管坝段第二仓	基础强约束区	24	27	31	32	32
	基础弱约束区	24	27	31	34	34
	脱离约束区	24	27	31	34	36～37
6号钢管坝段第二仓 6号非钢管坝段第二、三仓	基础强约束区	24	27	31	33	33
	基础弱约束区	24	27	31	34	35
	脱离约束区	24	27	31	34	36～37
11～14号钢管坝段第一仓及第二仓 11～14号非钢管坝段第一仓及第二仓	基础强约束区	24	27	31	32	32
	基础弱约束区	24	27	31	34	34
	脱离约束区	24	27	31	34	36～37
11～14号钢管坝段第三仓 11～14号非钢管坝段第三仓	基础强约束区	24	27	31	31	31
	基础弱约束区	24	27	31	33	33
	脱离约束区	24	27	31	34	36～37

表 4.8.26　大坝左非 12～18 号坝段设计允许最高温度　单位:℃

部位	区域	月份				
		12—2	3、11	4、10	5、9	6—8
左非12～17号坝段	基础强约束区	24	27	31	34	34
	基础弱约束区	24	27	31	34	36
	脱离约束区	24	27	31	34	37～38
左非18号坝段	基础强约束区	24	27	31	32	32
	基础弱约束区	24	27	31	34	34
	脱离约束区	24	27	31	34	36～37

表 4.8.27 大坝右厂坝及右非坝段设计允许最高温度 单位:℃

部位	区域	月份				
		12～2	3、11	4、10	5、9	6～8
右厂 15～23 号坝段第一、二仓 右厂排、右安Ⅲ坝段第一仓	基础强约束区	24	27	31	32	32
	基础弱约束区	24	27	31	34	34
	脱离约束区	24	27	31	34	36～37
右厂 24～26 号坝段第一仓	基础强约束区	23	26	30	31	31
	基础弱约束区	23	26	30	33	33
	脱离约束区	23	26	30	33	35～36
右厂排、右安Ⅲ坝段第二、三仓 右厂 15～23 号坝段第三仓 右非 1 号坝段第二仓	基础强约束区	24	27	31	31	31
	基础弱约束区	24	27	31	33	33
	脱离约束区	24	27	31	33	36～37
右厂 24 号、25 号坝段 第二、三仓	基础强约束区	24	27	31	33	33
	基础弱约束区	24	27	31	34	35
	脱离约束区	24	27	31	34	36～37
右非 1 号坝段第一仓 右非 2 号坝段第一、二仓	基础强约束区	24	27	31	34	34
	基础弱约束区	24	27	31	34	36～37
	脱离约束区	24	27	31	34	36～37
右非 1 号坝段排漂孔泄槽		24	27	28	28	28
右非 3～7 号坝段		24	27	31	34	36～37

4.8.3 大坝混凝土温控防裂措施

大坝混凝土施工过程中，为防止混凝土裂缝，采取综合性温控防裂措施。

4.8.3.1 优化混凝土配合比，提高混凝土抗裂能力

大坝混凝土配合比设计和混凝土施工时，除满足混凝土标号及抗冻、抗渗、极限拉伸值等设计指标外，还应达到表 4.8.28 中混凝土匀质性指标。同时，加强施工管理，提高施工工艺，改善混凝土性能，以提高混凝土抗裂能力。三期工程大坝混凝土极限拉伸值较二期工程大坝混凝土有所提高，28d 龄期极限拉伸值由 0.80×10^{-4} 提高至 0.85×10^{-4}，90d 龄期极限拉伸值由 0.85×10^{-4} 提高至 0.88×10^{-4}。

表 4.8.28 大坝混凝土施工质量评定指标

	大体积混凝土		结构部位混凝土		预应力混凝土
	150#	200#	250#	300#	≥350#
C_v	≤0.16	≤0.15	≤0.14	≤0.12	≤0.10
P	大体积混凝土≥80%，钢筋混凝土≥90%				

注：预应力混凝土预制构件还应满足合格率 100%、优良率≥80%的要求。C_V 为强度离差系数，P 为强度保证率。

4.8.3.2 控制大坝浇筑块最高温度

①应采取必要的温度控制措施，使坝块实际出现的最高温度不超过设计允许最高温度。控制坝体实际最高温度的有效措施是降低混凝土浇筑温度、减少胶凝材料、合理的层厚及间歇期、初期通水等。

②降低混凝土浇筑温度主要是降低混凝土出机口温度和减少混凝土运输中及仓面的温度回升。夏季浇筑基础约束区混凝土时，应采用预冷混凝土，控制混凝土出机口温度达到7℃，为减少预冷混凝土的温度回升，使混凝土浇筑温度满足设计要求，须严格控制混凝土运输时间和仓面混凝土浇筑坯覆盖前的暴露时间，并对运输混凝土途中及仓面混凝土采取保温措施，使预冷混凝土的浇筑温度比机口温度回升率不大于 0.25。大坝各部位混凝土出机口温度及浇筑温度要求见表 4.8.29。

表 4.8.29　　大坝混凝土出机口温度及浇筑温度

<table>
<tr><th rowspan="2">混凝土温度</th><th rowspan="2">区域</th><th colspan="6">月份</th></tr>
<tr><th>1</th><th>2</th><th>3</th><th>4—10</th><th>11</th><th>12</th></tr>
<tr><td rowspan="2">出机口温度</td><td>基础约束区</td><td colspan="2">自然入仓</td><td colspan="3">7℃</td><td>自然入仓</td></tr>
<tr><td>脱离基础约束区</td><td colspan="3">自然入仓</td><td>14℃</td><td colspan="2">自然入仓</td></tr>
<tr><td rowspan="2">仓面浇筑温度</td><td>基础约束区</td><td colspan="2">自然入仓</td><td colspan="3">12～14℃</td><td>自然入仓</td></tr>
<tr><td>脱离基础约束区</td><td colspan="3">自然入仓</td><td>16～18℃</td><td colspan="2">自然入仓</td></tr>
</table>

③夏季浇筑大坝混凝土应注意浇筑能力要适应入仓强度要求，尽量避免晴天在 10—16 时浇筑混凝土，并在仓面采取喷雾降温措施。对于脱离约束区的高标号混凝土也按出机口温度 7℃控制。应加强对新浇混凝土保护，必要时辅以表面流水养护，表面流水养护可使混凝土早期最高温度降低 1.5℃左右。

4.8.3.3 大坝混凝土合理的浇筑层厚及间歇期

(1)大坝大体积混凝土浇筑层厚

基础约束区一般为 11 月至次年 3 月采用 1.50～2.00m，4—10 月采用 1.50m；脱离基础约束区一般为 2.00m，三期工程非约束区混凝土浇筑层经过温控分析计算后，采用全年浇筑 3.00m 层厚施工技术：在 3.00m 浇筑层中埋设水管(间距 1.50m×1.50m)。12 月至次年 2 月浇筑混凝土自然入仓，浇筑温度不高于 10℃，初期通江水进行冷却；3 月和 11 月控制混凝土浇筑温度不高于 14℃；4 月和 10 月浇筑温度不高于 16℃；5—9 月浇筑温度不高于 18℃，初期通水通 6～8℃的制冷水进行冷却。3.00m 层厚混凝土层间间歇采用 9～10d，在备仓保证的情况下可适当缩短间歇期。

(2)大坝墩、墙混凝土层间间歇时间

大坝墩、墙混凝土浇筑层厚及层间间歇时间见表 4.8.30。

表 4.8.30 大坝墩、墙混凝土层间间歇时间 单位:d

部位	层厚	层间间歇时间
厚度小于 2.5m	3～4m	4～9d
压力管道周围混凝土	2～3m	6～10d

注:低温季节取下限值。

4.8.3.4 大坝混凝土施工程序和施工进度

大坝混凝土施工程序和施工进度应满足以下要求:

①大坝基础约束区混凝土、导流底孔、深孔、排漂孔及排沙孔等重要结构部位,在设计规定的间歇期内连续均匀上升,不得出现薄层长间歇。基础约束区混凝土宜在低温季节施工。

②其余部位基本做到短间歇连续均匀上升。

③相邻块、相邻坝段高差符合设计允许高差要求。相邻块高差不大于 6.00～8.00m,相邻坝段高差不大于 10.00～12.00m。

4.8.3.5 大坝基础约束区混凝土避开在夏季浇筑

通过对大坝混凝土温度应力计算成果分析,夏季浇筑基础约束区混凝土则坝体水平受拉区范围较大,坝段各块基础约束区都呈受拉状态,大于 1.0MPa 的拉应力在距基岩面 8.0～10.0m 的区域,最大值均发生在距基岩 1.0m 的部位,即第一层 2.0m 厚的混凝土内;坝段各块水平拉应力较大,后期通水结束后,坝段第三块(丙块)基岩面附近的最大水平拉应力分别为 2.1MPa,稳定温度时的最大水平拉应力为 1.9MPa,混凝土存在产生裂缝的风险,应安排在 8 月份以后浇筑。设计针对三峡大坝基础岩体特点,在总结二期工程大坝基础上采用浇筑找平混凝土(厚 0.3m 左右)封闭式固结灌浆实践经验,三期工程大坝建基岩体大部分采用浇筑找平混凝土封闭式固结灌浆,对建基岩体裂隙发育及边坡部位,仍采用引管进行有盖重固结灌浆。2003 年 6—9 月,完成了大坝基础固结灌浆,为 10 月份大面积浇筑基础约束区混凝土创造了条件,2004 年 5 月,混凝土全部脱离基础约束区。

4.8.3.6 大坝混凝土浇筑层长间歇面的防裂措施

大坝右厂房坝段的钢管坝段,由于钢管安装及其备仓等原因,有些浇筑层面的间歇时间较长,如右厂 15～20 号钢管坝段甲块高程 106.5m 层面间歇期约 60d,右厂 21～25 号钢管坝段甲块高程 106.5m 层面间歇期约 40d。对长间歇面采取的防裂措施:在长间歇面浇筑层的最后一个坯层(厚 50cm)的混凝土中掺聚丙烯纤维,其掺量为 1kg/m^3。大坝上游面 4.0m 范围和坝块顺水流向两三分点之间布置一层钢筋网。大坝上游面 4.0m 范围内沿坝轴线向钢筋采用 ϕ25@20,顺流向为 ϕ22@20,L=4m 及 5m(交错布置);坝块顺水流向两三分点之间区域钢筋网为 ϕ25@20,顺水流向相邻钢筋错距为 1.0m。钢筋网距坝块边线 5cm,距收仓面顶面 6cm。

4.8.3.7 大坝混凝土通水冷却

(1)初期通水

初期通水是削减坝体浇筑层混凝土水化热温升的有效措施之一,对于采用预冷混凝土浇筑坝体时,在高温季节最高温度仍可能超过设计允许值者,应采取初期通水冷却以削减混凝土最高温度(据初步计算,坝体设计允许最高温度在6—8月为≤33℃及5月、9月为≤31℃时,相应月份混凝土浇筑温度为12~14℃,均需进行初期通水冷却)。对于基础约束区和导流底孔部位,当高温季节采用预冷混凝土浇筑时,最高温度未超过设计允许值者,也宜进行初期通水冷却,以确保坝体最高温度在允许范围内。初期通水应采用6~8℃的制冷水,通水时间为10~15d,并在混凝土收仓后12h内开始通水,且单根水管通水流量不小于18L/min。初期通6~8℃制冷水,混凝土最高温度可降低2~3℃。

(2)中期通水

中期通水是削减坝体混凝土内外温差的有效措施,对于高温或较高温时段浇筑的大体积混凝土,应进行中期通水,以削减坝体混凝土内、外温差。中期通水开始时间:凡当年5—8月份浇筑的混凝土,应于9月开始;4月及9月浇筑的,于10月初开始;10月浇筑的于11月初开始。中期通水采用江水进行,通水时间1.5~2.5个月,以混凝土块体温度达20~22℃为准,单根水管通水流量应达18~25L/min。

(3)后期通水

后期通水是使大坝混凝土柱状块达到接缝灌浆的必要措施。可采用通河水和通制冷水相结合的方案,以满足大坝柱状块施工部位分期分批冷却、灌浆的需要。

(4)填塘、陡坡部位通水

在混凝土收仓1~2d后进行通水冷却,通水类别根据季节及进度要求采用制冷水或江水,4—10月一般采用8~10℃制冷水,其余季节采用江水,通水时间以混凝土块体达到或接近基岩温度(18~20℃)为准。单根水管通水流量不小于18L/min。

(5)冷却水管布置

①埋设部位:在埋设灌浆管道进行接缝灌浆的临时施工缝两侧坝体(包括灌区顶部9.00m厚的压重块)部位以及有初期、中期通水冷却要求的部位均需埋设冷却水管,冷却水管采用直径2.54cm的黑铁管。经论证后也可采用塑料管。

②冷却水管及供水管的规格、类型、间距、长度等应满足坝体设计最高允许温度、填塘陡坡通水降温及坝体初、中、后期通水降温各项要求。

(6)冷却水管的布置要求

①供水管应按两套布置,在坝外布置进回水交换设施,以满足通水冷却的要求。

②供水管布置自成系统,冷却通水供水管的布置应尽可能利用现有的廊道布置形式避免相互干扰。

③坝内埋设的蛇形水管一般按1.50m(浇筑层厚)×2.00m(水管间距)或者2.00m(浇筑层厚)×1.50m(水管间距)布置，埋设时要求水管距上游坝面2.00～2.50m，距下游坝面2.50～3.00m，水管距接缝面、坝内孔洞周边1.00～1.50m。单根水管长度不宜大于250.00m。对于墩、墙等结构尺寸大于6.00m的部位也应按设计要求埋设水管。坝内蛇形水管按接缝灌浆分区范围结合坝体通水计划就近引入廊道。

(7)"个性化通水"和初、中期通水细化

初期通水作用是降低大坝混凝土早期最高温度，控制混凝土最高温度不超过设计允许的最高温度。中期通水是将大坝混凝土温度在入秋前降至20～22℃，以减小内外温差，防止冬季大坝混凝土遇寒潮而产生裂缝。设计通过对一、二期工程大坝混凝土产生裂缝原因分析后认为，大坝混凝土在入秋后冷却至20～22℃，冬季遭遇气温骤降仍使大坝混凝土内外温差过大，尤其是保温不及时而产生裂缝。为此，三期工程大坝混凝土通水冷却对初期和中期通水进行了深入研究和细化，并推行"个性化通水"方案。

①"个性化通水"。对高标号、高流态混凝土等个别水泥用量较多的部位埋设测温管，采用加密布置冷却水管，并在初期实施了大流量通水(25～30L/min)，待最高温度出现后改为小流量通水(18～20L/min)的冷却措施，有效控制大坝内部混凝土最高温度，并防止对混凝土冷却过速。

②初、中期通水分季节区别。在高温季节浇筑的混凝土初、中期通水分别进行，并将初期通水时间延长5～10d，适当降低最高温度；对9月份以后浇筑的混凝土则初、中期通水连续进行。

③加大中期通水效果。在做好混凝土表面保温工作的同时，将中期通水时间提前10d开始，将越冬坝体混凝土温度由20～22℃调整为18～20℃。

4.8.3.8 大坝混凝土表面保护

大坝暴露面大，坝址气温骤降频繁，更突出了表面保温的重要性。为此，应根据设计表面保护标准确定不同部位、不同条件的表面保温要求。并应重视基础约束区、上游面及其他重要结构部位的表面保护。尤其应重视防止寒潮的冲击。所有混凝土工程在最终验收之前，还必须加以维护及保护，以防损坏。浇筑块的棱角和突出部分应加强保护。

(1)大坝各部位保温要求

①保温材料：应选择保温效果好且便于施工的材料，选定的保温材料须验算其β值。保温后混凝土等效放热系数：大体积混凝土$\beta \leqslant 2$～3.0W/m℃；导流底孔、深孔、排漂孔等结构混凝土：$\beta \leqslant 1.5$～2.0W/m℃。

②对于永久暴露面，10月至次年4月份浇筑的混凝土，浇完拆模后立即设永久保温层；5—9月浇筑的混凝土，10月初设永久保温层。β值取①中的下限值。

③每年入秋(9月底)，应将导流底孔、深孔、排漂孔、竖井、廊道及其他所有孔洞进出口进行封堵。

④当日平均气温在2～3d内连续下降超过(含等于)6℃时，28d龄期内混凝土表面(顶侧面)必须进行表面保温保护。β值取①中的上限值。

⑤低温季节如拆模后混凝土表面温降可能超过6～9℃以及气温骤降期，应推迟拆模时间，否则须在拆模后立即采取其他表面保护措施。

⑥当气温降到冰点以下，龄期短于7d的混凝土应覆盖高发泡聚乙烯泡沫塑料或其他合格的保温材料作为临时保温层。

⑦坝体上下游面、泄洪孔、排沙孔表面在混凝土浇筑时，于模板内侧粘贴保温材料等永久性保温措施，确保坝体上、下游面及泄洪、排漂孔等重要部位的保温防裂。

(2)三期工程大坝各部位的保温措施

①临时暴露面，如大坝横缝侧面、仓面仍采用聚乙烯塑料卷材外套彩条布保温材料，但厚度由原来的1.5～2.5cm改为2.0～3.0cm。

②大坝上、下游面为永久暴露面，采用聚苯乙烯泡沫板(导热系数不大于0.042W/m·k)，粘贴于混凝土表面保温。大坝上游面高程98.0m以下及基础约束区，外贴厚5.0cm的聚苯乙烯板，其余部位外贴厚3.0cm的聚苯乙烯板；大坝下游面及需经历1个冬季的钢管槽侧墙等部位，外贴厚3.0cm聚苯乙烯板。

③对孔口异性部位采用喷聚氨酯(厚1.5cm)发泡保温。

④冬季浇筑的混凝土，收仓后3～5d进行保温。

4.8.3.9 大坝混凝土养护

养护一般应在混凝土浇筑完毕后12～18h及时采取洒水或喷雾等措施，使混凝土表面经常保持湿润。对于新浇筑混凝土表面，在混凝土能抵御水的破坏之后，立即覆盖保水材料或其他有效方法使表面保持湿润。混凝土所有侧面也应采取类似方法进行养护。混凝土连续养护时间不短于28d。

4.8.3.10 实行天气预警、温度控制预警、间歇期预警三个预警制度

在总结二期工程大坝混凝土温控防裂经验教训的基础上，三期工程大坝混凝土施工监控方面，创造性建立天气预警、温度控制预警、间歇期预警三个预警制度。

①天气预警。包括高温与气温骤降预警、降雨预警、雷电大风预警。三峡总公司气象预报中心每天全天候向各施工、监理、设计单位有关人员发布气象信息，合理安排大坝混凝土施工和科学落实温度控制及防裂措施。

②温度控制预警。混凝土浇筑温度回升过快预警，敦促拌和楼骨料预冷系统加强控制，确保骨料预冷效果。实测仓面浇筑温度距设计允许值2～3℃预警，敦促现场加强保温被覆盖、启动喷雾、加快混凝土入仓强度等，且连续3点超温实行停仓制度。通过测温管监测混凝土初期水化热温升过快或最高温度距设计允许值2～3℃预警，采取加大通水流量、仓面流水养护、优化混凝土配合比等措施。

③层间间歇预警制度。低温季节大坝甲块按间歇7d预警，乙、丙块按10d预警。通过

控制层间间歇期，可以合理调配资源，使大坝整体均匀薄层连续上升。适当的间歇期既有利于浇筑块散热，同时可减少受气温骤降袭击的机会，控制相邻坝块高差，有利于纵缝张开进行接缝灌浆。

4.8.4 大坝混凝土温控防裂实施效果

4.8.4.1 大坝混凝土浇筑温度控制效果

大坝混凝土入仓温度和浇筑温度的控制效果见表 4.8.31。

表 4.8.31　　监理单位实测大坝混凝土入仓温度和浇筑温度统计表

控制标准	入仓温度						浇筑温度					
	2003 年		2004 年		2005 年		2003 年		2004 年		2005 年	
	检测次数	平均	检测次数	平均	检测次数	平均	检测次数	平均	检测次数	平均	检测次数	平均
$TP \leqslant 14℃$	2372 次	8.7℃	1095 次	7.9℃	1288 次	8.0℃	2402 次	11.3℃	1134 次	10.9℃	1112 次	9.5℃
$TP \leqslant 16℃$	486 次	10.8℃	773 次	9.2℃	952 次	10.4℃	403 次	15.0℃	1473 次	12.8℃	879 次	13.0℃
$TP \leqslant 18℃$	60 次	10.3℃	4035 次	10.4℃	656 次	11.1℃	57 次	14.1℃	6166 次	13.5℃	5325 次	12.03℃
$TP \leqslant 20℃$			633 次	12.3℃	1385 次	12.5℃			2526 次	14.7℃	1158 次	15.0℃

4.8.4.2 大坝混凝土初期、中期通水冷却效果

(1)大坝混凝土初期通水

①通制冷水：平均进水温度 10.7℃，平均出水温度 18.0℃，平均进出水温差 7.2℃，平均通水流量 20.8L/min，闷温后平均温度 25.1℃。

②通江水：平均进水温度 15.0℃，平均出水温度 18.2℃，平均进出水温差 3.2℃，平均通水流量 22.9L/min，闷温后平均温度 21.3℃。

(2)大坝混凝土中期通水

每年 9 月初开始中期通水冷却，至 11 月中旬基本结束，11 月 15 日抽测坝体混凝土温度平均 21.7℃，越冬要求的温度为 20.0～22.0℃。

4.8.4.3 大坝混凝土最高温度控制效果

2004 年共检测 177 个仓次，埋设 183 组测温管，各标号混凝土最高温度监测成果为：$R_{90}150^{\#}$ 混凝土最高温度 34.3℃，平均最高温度 29.4℃，符合率 100%；$R_{90}200^{\#}$ 混凝土最高温度 27.5℃，平均最高温度 25.6℃，符合率 100%；$R_{90}250^{\#}$ 混凝土最高温度 33.3℃，平均最高温度 26.5℃，符合率 100%；$R_{90}300^{\#}$ 混凝土最高温度 36.4℃，平均最高温度 28.6℃，符合率 95.9%；$R_{90}400^{\#}$ 混凝土最高温度 32.3℃，平均最高温度 30.4℃，符合率 100%。2005 年共监测 221 个仓次，埋设 230 组测温管，实测最高温度均未超温，平均富裕度 7.8℃。

4.8.4.4 大坝混凝土保温效果

2003 年 9 月 24 日至 10 月 3 日，在右厂 18-2 块和右厂 20-2 块上游面进行外贴 5cm 厚聚苯乙烯板的现场保温试验。右厂 18-2 甲块上游面聚苯乙烯板内部温度在 23.8～24.4℃，温度变幅 0.6℃，连续两测点变化最大为 0.3℃。气温为 14.0～35.0℃，温度变幅为21.0℃，连续两点变化最大为 6.8℃。右厂 20-2 甲块上游面聚苯乙烯板内部温度为 24.4～25.9℃，温度变幅为 1.5℃，连续两点变化最大为 0.1℃。气温为 14.0～35.0℃，温度变幅为21.0℃，连续两点变化最大为 6.3℃。现场跟踪检测成果表明：聚苯乙烯板厚 5cm 的内外温差可达 10℃，板厚 3cm 的内外温差达 7℃以上，聚氨酯发泡材料内外温差为 6℃。

4.8.4.5 大坝混凝土裂缝检查结果

三期工程施工的大坝裂缝检查由业主、设计、监理、施工四方代表联合进行，同时邀请三峡总公司质量总监办公室、三峡建委三峡枢纽工程质量检查专家组工作组成员参与检查。其检查结果见表 4.8.32。

表 4.8.32 三期工程大坝上游面裂缝检查结果

部位		检查范围	检查面积	检查结果
高程 98.0m 以下	基础约束区	上游建基面以上 4m 范围全坝段贯通抽条检查	检查 25 个坝段水平抽条 25 幅 550m²	均未发现裂缝
	典型坝段	右厂 17-1 甲水平抽条 1 幅 右厂 22-1 甲水平抽条 3 幅	检查 2 个坝段水平抽条 4 幅 88m²	
高程 98.0m 以上	右安Ⅲ-1 甲至右非 1 号坝段	高程 106.5～108.0m 贯通水平抽条检查	检查 15 个坝段水平抽条 15 幅 245m²	均未发现裂缝

大坝施工按导流方式分为三期，混凝土总量达 1610 万 m³，是当今世界已建大坝混凝土量最多、坝体过流孔口最多、泄流量最大的重力坝。大坝混凝土施工中采取了严格的温控标准和综合温控防裂措施，使大坝裂缝得到有效控制。一、二期工程施工的大坝混凝土，出现浅表层裂缝为 0.032 条/万 m³，没有贯穿性裂缝，较为严重的裂缝为二期工程施工的泄洪坝段上游面位于导流底孔之间的部位出现 40 条竖向浅表层裂缝。三期工程施工的大坝混凝土总量 396.5 万 m³，经检查未发现 1 条裂缝，创造了当今世界混凝土重力坝筑坝史上的奇迹。

4.9 大坝施工技术

大坝分 3 期施工，其主要工程量及各施工期的实际施工工程量见表 4.9.1。

表 4.9.1 大坝主要工程量汇总表

阶段 工程量 项目		开挖(万 m^3)		混凝土 (万 m^3)	钢筋 (万 t)	接缝 灌浆 (万 m^2)	坝基灌浆(万 m)		坝基 排水孔 (万 m)	金属 结构 万 t	备注
		明挖	洞挖				固结	帷幕			
初步设计		576.03	0.70	1483.92	10.73	13.92	21.80	21.72	14.66	4.23	
技术设计		849.17	1.05	1660.99	21.40	68.96	18.11	23.39	21.64	6.43	执行概算工程量
实际施工	合计	1900.48	1.05	1608.79	22.33	66.50	15.21	18.32	17.06	10.31	
	一期	1115.09		31.55	1.05		0.26	0.07			
	二期	726.66	1.05	1155.08	16.75	42.56	10.26	12.46	10.99	7.84	
	三期	58.74		422.16	4.53	23.94	4.69	5.79	6.07	2.47	

4.9.1 大坝分期施工项目及进度

4.9.1.1 大坝一期工程施工项目及进度

(1)大坝一期工程施工项目

大坝一期工程施工纵向围堰坝段和左厂 10 号坝段以左部位的坝段,包括左厂 1～10 号坝段坝基开挖,左非 12～18 号坝段坝基开挖;左非 1～11 号坝段及位于左非 7 号与 8 号坝段之间的升船机坝段(升船机上闸首)、坝基开挖及大坝混凝土施工;位于左非 8 号与 9 号坝段之间的临时船闸坝段及其坝段下游的临时船闸左非 1～11 号坝段及升船机坝段、临时船闸坝段安全监测设施埋设、开挖及混凝土施工和金属结构及机电设备安装。

(2)大坝一期工程施工进度

大坝左岸非溢流坝 1～11 号坝段,升船机坝段及临时船闸坝段坝基开挖于 1994 年 4 月开始施工,1995 年 12 月坝基交面开始浇筑混凝土,至 1998 年 3 月,左非 10 号、11 号坝段混凝土浇筑至高程 120.0m,2002 年 4 月浇筑至坝顶高程 185.0m;左非 1～9 号坝混凝土浇筑至坝顶高程 185.0m,升船机坝段及临时船闸坝段混凝土浇筑至高程 140.00m。左非 12～18 号坝段坝基开挖于 1994 年 4 月开始施工,1998 年 10 月基本完工。左厂 1～10 号坝段坝基开挖于 1994 年 4 月开始施工,1998 年 10 月基本完工。

4.9.1.2 临时船闸及其坝段与纵向围堰段施工

(1)临时船闸及其坝段施工

临时船闸位于临时船闸坝段下游侧,其中心线与坝轴线呈 76°交角。临时船闸主体段由上、下闸首及闸室组成,总长 300.5m。临时船闸坝段分为临船 1 号、2 号、3 号坝段,中间临船 2 号坝段前缘长 24m,为临时船闸上游航道,两侧临船 1 号、3 号前缘长均为 19m,在 1998 年 5 月临时船闸通航前混凝土浇筑至高程 143.0m。临时船闸上游的引航道长 1000m,左侧紧接临船 1 号坝段设有导航墙。上闸首顺水流向结构总长 30.5m,顶高程 79.5m;闸室段结构总长度 244m，其中有效长度 240m，上游设 4m 长镇墩段，闸室有效宽 24m，槛上水深 4m；下闸首结构长度 26.0m，闸顶高程 79.5m。临时船闸设计年通过能力 1100 万 t，最大通航流量 45000m^3/s。临时船闸于 1994 年 4 月开始施工，1998 年 4 月完建。自 1998 年 5 月 1 日投入运用到 2003 年 4 月 9 日封航，共运行 7446 闸次，通过船舶 47522 艘次，运送旅客 66.05 万人次，货物 1228.24 万 t。

(2)纵向围堰坝段

纵向围堰坝段简称右纵坝段，为纵向围堰的坝身段，1994 年 12 月坝基开挖开始，1995 年 10 月开始浇筑坝体混凝土，坝基固结灌浆于 1995 年 11 月至 1996 年 2 月完成，坝体混凝土在 1997 年 4 月浇筑至高程 140.0m。

4.9.1.3 大坝二期工程施工项目及施工进度

(1)大坝二期工程施工部位及施工项目

大坝二期工程施工部位：左非 12～18 号坝段及左厂 1～10 号坝段坝基处理帷幕灌浆及排水孔、大坝混凝土浇筑，左厂 11～14 号坝段、左导墙坝段及泄洪坝段坝基开挖及处理与帷幕灌浆及排水孔，大坝混凝土浇筑，大坝泄洪深孔、表孔、导流底孔、电站进水口及压力管道、排沙孔等金属结构安装及机电设备安装，大坝安全监测设施埋设等。

(2)大坝二期工程施工进度

1)坝基开挖及处理

①左非 12～18 号坝段坝基开挖于 1999 年 9 月完工，坝基固结灌浆在 2001 年 10 月完成；临时船闸 1 号坝段、左非 8 号坝段和升船机坝段坝基深层化学灌浆于 2003 年 3 月完工。

②左厂房坝段坝基开挖于 1999 年 5 月完工，坝基固结灌浆在 2001 年 11 月完成。

③泄洪坝段坝基开挖 1998 年 4 月开工，1999 年 12 月完工；坝下游防坦地基开挖 1998 年 7 月开工，2002 年 5 月完工。坝基固结灌浆 1998 年 11 月开工，2001 年 1 月完工。

2)坝基渗控工程

①左非 1～18 号坝段坝基帷幕灌浆于 1998 年 6 月开始施工，2002 年 8 月完工。坝基排水孔自 2000 年 5 月开始施工，2002 年 12 月全部完工。

②左厂房坝段坝基帷幕灌浆 2000 年 6 月开始施工，2002 年 3 月完工；坝基帷幕浅层化学灌浆于 2002 年 2 月完成。坝基排水孔于 2001 年 3 月开始施工，2002 年 5 月完工。

③泄洪坝段坝基帷幕灌浆 2000 年 6 月开始施工，2002 年 1 月完成；坝基帷幕浅层化学灌浆于 2002 年 2 月完工。坝基排水孔于 2001 年 3 月开始施工，2002 年 4 月完工。

3)大坝混凝土工程

①左非 10～18 号坝、升船机坝段混凝土浇筑于 2002 年 4 月达到坝顶高程 185.0m，相应坝体接缝灌浆于 2003 年 3 月完成。升船机坝段结构预应力锚索 412 束于 2002 年 12 月完成。

②左厂坝段坝体混凝土于 1997 年 12 月开始浇筑，2002 年 10 月全线达坝顶高程

185.0m；电站进水口拦污栅混凝土于2003年4月浇筑，至坝顶高程185.0m；坝后背管混凝土左厂1～10号坝段2003年2月完工，左厂11～14号坝段2004年2月完工；坝段接缝灌浆于1999年12月开始施灌，2003年4月完成。

③泄洪坝段混凝土于1998年9月开始浇筑，2002年10月全线达坝顶高程185.0m；左导墙于1999年7月开始浇筑混凝土，2001年8月完工；坝体接缝灌浆于1999年10月开始施灌，2003年3月纵缝及横缝灌浆全部灌至设计高程。

纵向围堰坝段右纵2号坝段在1998年10月混凝土浇筑至高程160.0m；2004年11月恢复上升，2005年7月浇筑至坝顶高程185.0m。

泄洪坝段22个导流底孔封堵，2005年汛前封堵2个底孔，2006年汛前封堵6个底孔；2007年2月全部底孔封堵混凝土浇筑完成，3月中旬回填、接触、接缝灌浆全部完工。

泄洪坝段22个泄洪表孔溢流面缺口回填混凝土和22个表孔及2个泄洪排漂孔被120m栈桥占压部位墩墙施工。2006年9月开始表孔溢流面预留缺口回填混凝土施工至2007年11月完工；2006年12月开始表孔及排漂孔占压部位墩墙施工，至2008年6月全部完工。

4）金属结构及机电设备安装工程

①左非坝段11号、12号坝段上游布置电源电站进水口，大坝高程122.0m设电源电站引水钢管；左非16号坝段设水厂进水口结构；左非17号坝段设2号观光电梯井。左非18号坝段高程90.0m设1号排沙孔，进口尺寸5m×7m，排沙孔钢衬直径500cm，钢衬制作安装1998年6月开工，2006年6月完工；挡水事故门及二期埋件安装2001年6月开工，11月完工；出口工作门、检修门及二期埋件、启闭机于2000年7月开工，2002年6月完工。

②左厂坝段坝顶设2台4500kN门式起重机，均于2003年5月135m水位蓄水验收前安装完成；电站进水口拦污栅埋件、栅体均于2003年5月135m水位蓄水验收前安装到位；电站进水口反钩检修闸门、快速闸门及液压启闭机均于2003年5月135m水位蓄水前验收完成安装及调试；左厂1～14号引水压力钢管于2002年12月全部安装完成；左厂安Ⅲ坝段2个排沙孔钢衬及启闭机安装均于2003年5月135m水位蓄水验收前完成。左厂7号坝段的2号渗漏排水泵房、坝前接地装置及左厂坝段1号、2号变电所均于2003年5月135m水位蓄水验收前完成。坝顶结构及装修工程于2004年9月全部完工。

③泄洪坝段22个导流底孔进口封堵叠梁、故事门、工作门、出口封堵叠梁门及其启闭机，进口检修门及事故门槽埋件安装及二期混凝土浇筑于2003年3月完成，其他于2003年4月完成；23个泄洪底孔进口检修门、事故门、工作门及启闭机，进口检修门槽埋件安装及二期混凝土浇筑于2003年3月完成，其他于2003年4月完成；22个泄洪表孔设事故检修门及工作门，事故检修门埋件安装及二期混凝土浇筑于2002年10月完成，工作门槽埋件安装及二期混凝土浇筑于2003年9月完成；事故检修门及工作门安装于2004年2月完成；2个泄洪排漂孔事故检修门、工作门及其启门机均于2003年4月安装调试完成；泄洪坝段坝顶设3台5000kN门机，2003年4月安装完成；坝体渗漏排水2～3号泵房机电设备于2002年4月

完成安装;坝前和下游人工接地网分别于上下游基坑进水前完工,1～4 号变电所于 2003 年 4 月完工;与以上机电设备相关的消防系统及装置的安装于 2003 年 4 月完成,5 月底完成调试。

4.9.1.4 大坝三期工程施工项目及施工进度

(1)大坝三期工程施工部位及施工项目

大坝三期工程施工部位:右厂排坝段、右厂 15～26 号坝段、右非 1～7 号坝段坝基开挖及处理,坝基帷幕灌浆及排水、大坝混凝土浇筑、金属结构及机电设备安装、大坝安全监测设施埋设等。

(2)大坝三期工程施工进度

1)坝基开挖及处理

①右厂排坝段、左厂 15～24 号坝段坝基开挖于 2003 年 1 月开始施工,2004 年 3 月完工;右厂 24～25 号坝段坝基开挖于 2001 年 1 月开始施工,2002 年 12 月完工。

②右非坝段 2～7 号坝段坝基开挖于 1997 年 6 月开始施工,1998 年 2 月完工;右非 1 号坝段坝基开挖于 2001 年 1 月开始施工,2002 年 12 月完工。右非 3～5 号坝段坝基固结灌浆于 1998 年 3 月开始施灌,1999 年 11 月完工;右非 6 号、7 号坝段坝基固结灌浆于 2003 年 1 月开始施灌,2006 年 1 月完工;右非 2 号坝段坝基固结灌浆于 2005 年 9 月开始施灌,2006 年 1 月完工。

2)坝基渗流控制工程

①右厂排坝段、右厂 15～26 号坝段坝基主帷幕灌浆及封闭帷幕灌浆分别于 2004 年 5 月及 2005 年 3 月开始施灌,2006 年 4 月底全部完工;坝基排水孔于 2005 年 4 月开钻,2006 年 6 月完工。

②右非坝段坝基帷幕灌浆 2004 年 6 月开始施钻,2006 年 4 月底完工;坝基排水孔于 2005 年 8 月开钻,2006 年 6 月完工。

3)混凝土工程

①右厂排坝段及右厂 15～26 号坝段大坝混凝土于 2003 年 2 月开始施工,2006 年 4 月全部达坝顶高程 185.0m;右岸电站进水口拦污栅墩混凝土 2006 年 9 月全部达坝顶高程;电站引水压力管道混凝土浇筑于 2006 年 12 月全部完工;坝体接缝灌浆 2004 年 12 月开始施灌,2006 年 3 月全部完工。

②右非 3～5 号坝段高程 160.0m 以下混凝土在二期工程施工,于 1998 年 1 月开始浇筑,11 月完工;右非坝段三期工程大坝混凝土于 2002 年 11 月开始施工,2006 年 5 月浇筑至坝顶高程 185.0m。坝体接缝灌浆右非 3 号坝段的 3 个灌区于 1993 年 3 月施灌,右非 1～2 号坝段的 2 个灌区于 2006 年 1 月施灌。

4)金属结构及机电设备安装

①右岸电站进水口金属结构及机电设备安装、4～7 号排沙孔金属结构及机电设备安

装、3号排漂孔金属结构及机电设备安装均于2006年5月完工。

②右岸电站引水压力管道安装于2006年10月完成。

③右岸大坝坝顶2台4500kN门式起重机于2006年4月安装完工,并投入运行。

5)大坝三期工程混凝土施工机械布置

右岸大坝施工的机械设备布置与左岸大坝相似,共布置4台塔带机、6台大型门(塔)机2台胎带机。另外,施工单位还自带了若干中、小型机械设备。

4.9.2 大坝坝基开挖及坝基处理施工

4.9.2.1 大坝坝基开挖施工

(1)大坝坝基开挖分期施工部位及建基面高程

①大坝一期施工部位大坝建基面高程:左非1～7号坝段为169.00～112.00m;左非8号、9号坝段为79.50m;左非10—17号坝段为90.00～100.00m;升船机坝段为48.00～95.00m;临船1号、2号坝段为61.50～57.50m;左非18号坝段为85.00m,左厂1～6号坝段为85.00～90.00m。左非坝段除1～4号、左非11～16号坝段坝基局部利用弱风化下带岩体外,其余坝段均为微风化岩体;左厂1～3号、5号、6号坝段坝基局部利用弱风化下带岩体,其余均为微风化岩体。

②大坝二期施工部位大坝建基面高程:左7号至左厂14号坝段为85.00～15.00m;左导墙坝段为6.00m;泄洪坝段为4.00～43.00m。开挖高程最低的坝段为左导墙坝段、泄洪1～3号坝段,建基面高程分别为6.00m、4.00m、4.00m和7.00m。左厂7～14号坝段左高右低,从高程90m至15m,左厂10～14号坝段坝基局部利用弱风化下带岩体,其余均为微风化岩体;左导墙坝段岩面高程10～15m,泄洪坝段岩面高程4～45m,基岩仅有1.8%面积为弱风化下带岩体,其余均为微风化岩体。

左岸岸坡开挖高差约50m;左厂7号坝段至泄洪坝段位于河床,原始河床漫滩与深槽地形高差约70m,最大开挖高度约45m。右岸地下电站进水口明挖设4条马道,最低开挖高程99.00m,最大开挖高度86.00m。

③大坝三期施工部位大坝基岩面右厂排至右非2号坝段左低右高,从高程30m至108m,其中右非2号坝段以右为一期挖设完成。右厂排至右厂22号坝段范围布置导流明渠,高程45～58m,三期在导流明渠底板上进行建基面开挖,三期大坝基岩为弱风带下部和微风化带岩体,岩石新鲜坚硬,建基岩面平台高程30m、35m、40m、55m,其间以坡比1∶0.6、坡高2～5m的低坡相连。右厂23号至右非2号坝段建基面左低右高,高程48～108m,建基岩面除右厂24号坝段左侧为弱风化下带岩体外,其余均为微风化岩体。

(2)大坝坝基开挖方法及施工程序

坝基开挖采用分区、分层、自上而下的施工方法,基岩开挖及缺陷处理施工程序为:梯段石方开挖→保护层开挖→基础联合检查及初验→地质及施工缺陷处理→基础终验。三峡工程建基面基础验收,由业主、设计(包括地质和施工)、监理和施工单位组成的四方基础验收领导小组进行，制订了较为完整的技术标准和验收办法。

(3)大坝基岩开挖爆破质量控制

三峡工程基岩整体性好、强度高，坝基石方开挖方法和质量控制较好，钻爆参数以泄洪坝段为例，见表4.9.2。

表4.9.2　　泄洪坝段坝基开挖钻爆参数

<table>
<tr><th rowspan="3"></th><th rowspan="3" colspan="2">爆破类型</th><th colspan="5">爆破参数</th><th colspan="2">单响药量(kg)</th></tr>
<tr><th>孔径</th><th>孔距</th><th>排距</th><th>单耗</th><th>线密度</th><th rowspan="2">最大</th><th rowspan="2">最小</th></tr>
<tr><th>(mm)</th><th>(m)</th><th>(m)</th><th>(kg/m^3)</th><th>(g/m)</th></tr>
<tr><td rowspan="6">导墙坝段、泄洪坝段</td><td rowspan="3" colspan="2">梯段爆破</td><td>150</td><td>3～4</td><td>2～3</td><td>0.5～0.6</td><td></td><td>500</td><td></td></tr>
<tr><td>100</td><td>3</td><td>3</td><td>0.5～0.6</td><td></td><td></td><td></td></tr>
<tr><td>89</td><td>3</td><td>2</td><td>0.5～0.6</td><td></td><td></td><td></td></tr>
<tr><td colspan="2">边坡预裂爆破</td><td>100</td><td>0.8～1.0</td><td></td><td>0.5</td><td>400～480</td><td><50</td><td></td></tr>
<tr><td rowspan="2">保护层开挖</td><td>垂直浅孔</td><td>89
105</td><td>1.5～1.8</td><td>1.0～1.2</td><td>0.5～0.6</td><td rowspan="2">380～450</td><td><50</td><td></td></tr>
<tr><td>水平预裂</td><td>89</td><td>≤0.8</td><td></td><td>0.5</td><td></td><td></td></tr>
<tr><td rowspan="5">护坦</td><td colspan="2">梯段爆破</td><td>100</td><td>2～3</td><td>1.5～1.2</td><td>0.5～0.6</td><td></td><td><18</td><td></td></tr>
<tr><td colspan="2">边坡预裂爆破</td><td>42</td><td>0.4～0.5</td><td></td><td>0.5</td><td>120～130</td><td><18</td><td></td></tr>
<tr><td rowspan="3">保护层开挖</td><td>垂直浅孔</td><td>42</td><td>0.6～1.2</td><td>0.5～0.6</td><td>0.5～0.6</td><td></td><td><18</td><td></td></tr>
<tr><td rowspan="2">水平预裂</td><td>42</td><td>0.4～0.5</td><td></td><td>0.5</td><td>120～130</td><td><18</td><td></td></tr>
<tr><td>100</td><td>0.8～1.0</td><td></td><td>0.5～0.6</td><td>430～470</td><td></td><td></td></tr>
</table>

大坝基岩开挖爆破的质量控制主要为以下几个方面：

①一般石方开挖采用深孔梯段爆破，自上而下，分区分段分层开挖，每区临近边坡和建基面按设计要求预留保护层，靠近水平保护层的梯段，最大起爆药量控制不大于300kg，其他部位梯段，最大起爆药量不大于500kg。

②预留保护层厚度控制应不小于上一层梯段爆破装药直径的35倍，一般为1.50～3.00m。坝坡保护层开挖采用预裂爆破；水平保护层开挖采用抽先锋槽和水平预裂(或光爆)辅以浅孔梯段爆破的施工方法；严格控制紧临建基面和设计边坡部位的爆破，最大起爆药量不大于100kg，预裂孔或光爆孔最大起爆药量不大于50kg。

③实施中，左非18号坝段至左厂10号坝段水平保护层开挖采用3.00～4.00m水平浅孔光爆破，左厂11号至泄23号坝段采用水平预裂为主的方法，水平预裂深度约10.0m；厂坝工程基础保护层一期1.50m，二期2.50m，保护层光爆孔距0.45～0.60m，空制单响起炮药量20～50kg。厂房边坡开挖采用预裂爆破，最大单响药量50kg。右岸地下电站进水口开挖认真做好梯段爆破试验，优化爆破参数，确保开挖料粒径和级配，以满足茅坪溪坝坝料的要求，梯段爆破最大单响药量300kg。

(4)大坝坝基保护层开挖爆破技术

1)坝基保护层采用水平预裂和光面爆破一次成型快速施工技术

泄洪坝段(左导墙坝段至右纵坝段)坝基开挖面积达8.9万m^2(平面投影),保护层开挖量大,且工期紧。建基保护层开挖中,主要采用了抽先锋槽,架设快速钻造∅100mm、孔深10～12m的水平孔,预留的3～5m保护层上部爆破孔与临时预裂孔同时装药、起爆的快速开挖施工技术,右纵坝段与泄21～22号坝段中块部分建基采用了手风钻浅孔分层光爆技术。因全面采用水平预爆和光爆的方法,建基平整度与爆破影响深度得到了较好的控制,取得了爆破影响深度小、开挖轮廓尺寸全部符合设计要求、建基面平均平整度控制在0.25m范围内、超欠挖量较小的成果。

2)泄洪坝段下游护坦建基保护层采用复合柔性垫层一次成型爆破技术

泄23～16号坝段下游护坦开挖面积达2万m^2。相邻坝段终验时,相应下游护坦部位须达到初验标准。泄23～21号坝段护坦保护层开挖在一期工程(临时船闸及升船机坝段)柔性材料垫层开挖保护层施工技术的基础上,炮孔下部采用0.3～0.35m新型复合柔性垫层进行一次性成型开挖生产性试验。经部分清理基岩底部检测,起伏差一般为0.2～0.35m(未整修前),质量较好。

3)保护层复合柔性垫层及聚能爆破一次成型爆破科学试验

施工单位与长江科学院联合在左厂12-1-乙块、泄16～19号坝段下游护坦(1∶20)斜坡上进行了复合柔性垫层与聚能爆破一次成型爆破科学试验。采用CM351与阿特拉斯848HC钻机造垂直孔,底部放置特制复合柔性垫层材料(0.3～0.35m)和新研制的侧向聚能药包,以上采用一般梯段爆破间隔装药结构,孔内分段起爆,一次性开挖到位。经检测,爆破后建基面一般起伏差为0.3～0.5m,陡倾角裂隙较发育处(或有地下水处)爆破效果较差,局部欠挖较多,聚能药包形式及药形罩材料与形式及间隔装药方式还有待于进一步探讨。爆破成功的区域经声波检测,建基岩体下部爆前爆后变化率η值小于10%,爆破影响深度在0.4m左右。

4)爆破质点振动速度监测

大坝二期工程开挖对左厂5号坝段新浇混凝土和齿槽混凝土、开挖边坡质点振动速度进行跟踪检测,质点振动速度分别为0.13～1.81cm/s、0.58～4.47cm/s和0.33～1.17cm/s,表明坝基开挖爆破质量控制良好。

4.9.2.2 大坝坝基地质缺陷处理

坝基开挖过程中,对地质缺陷进行了挖除、砂浆锚杆加固、布设陡坡钢筋以及加强固灌等处理措施。

(1)不利地质结构面的组合、切割而产生的个别楔形体处理

左导墙坝段1～3号坝块左侧1～3号三个塔带机基座岩体边坡与壁面,泄洪2～5号坝段结合部边坡,泄洪坝22～19号坝段下块边坡等存在的较大块体,均按设计、监理的要求进

行砂浆锚杆锚固，部分块体沿结构体缝面或专门打孔预埋上引灌浆管，待浇筑混凝土厚度达3m后，固结灌浆施工前先对预埋灌浆引管进行灌浆处理；对部分坝段（或坝块）结构缝（纵横缝）附近的边坡，因挖除而影响止水基座形式且不利于混凝土冷却管布置的地质缺陷，主要采用修改止水基座形式、增设陡坡钢筋（凡处理后台阶高度大于2m以上者）、先行浇筑填塘混凝土（高度大于2m的增设垂直冷却水管）的措施进行处理。

（2）不稳定的块体以及因局部岩质破碎与倾角较缓且厚度不大的岩块处理

采用挖除上覆岩体及布设随机锚固等措施，如泄19～20号坝段上块、泄2～3号坝段上块、左导墙坝段左导左块等。

（3）浅表层存在一些中一陡倾角裂隙与裂隙密集带处理

主要以增布和加密灌浆孔数与灌浆孔的深度来加强浅表层固结灌浆（或提高灌浆压力、加强裂隙冲洗、减少段长）、增布钢筋网等措施进行加固处理；如泄洪坝段1～2号坝段下块及左导墙第七块因存在张开度较大的缓倾角的裂隙，裂隙中还有一定压力的潜水涌出，对坝体稳定不利，四方基础验收小组决定在此部位进行部分挖除（厚度小于2m者）与加强锚固、加强固灌等综合处理措施。

（4）卸荷裂隙发育区域、岩体经声波检测纵波与地震波波速较低的部位处理

采用小规模松动爆破或光面爆破，并辅以人工撬挖进行混凝土置换处理；对各种规模的断层及破碎带、影响带主要先采用抽槽，槽宽为1～1.5倍缺陷宽度，经基础验收小组验收合格后再进入下一道工序施工。

（5）右纵坝段建基缺陷处理

右纵坝身段基础开挖达到设计高程后，因断层裂隙与风化夹层发育，出露大面积整体性差的风化疏松岩体，经设计、监理研究决定做全面下降清挖处理，右纵1、2号坝段调整到高程44m、45m、38m。其中右纵2号坝段右上角及F_{12}断层带部位，做了进一步深挖处理，F12槽底达到高程36.5～37.5m，并增加了底层钢筋与固结灌浆加固处理、增设陡坡钢筋等处理措施。右纵1号坝段高程45m建基面清除f_7、f_{20}、f_4为代表的三处破碎疏松岩体后，建基岩体工程地质性状有较大改善，地震波V_p值除个别较低点外，可达3500～4000m/s。

4.9.2.3 大坝坝基开挖质量评价

（1）建基面轮廓尺寸检测

建基面开挖及整修后的体形轮廓尺寸、平面与坡面高程经检测，均在设计允许范围内；缺陷处理范围与整修质量符合基础验收小组与部颁有关规程规范和设计要求。

（2）边坡坡面平整度检测成果

坝段间边坡预裂面上部或孔口处及中部平整度一般值为10～18cm，下部一般为15～22cm，边坡预裂面轮廓平均起伏差为0.13～0.16m；早期边坡预裂面爆破后的平整度总体上基本形态是上部及中部平整状况明显优于下部；经进一步提高预裂孔的造孔质量，优化预裂

和光面爆破顶部的装药结构、堵塞长度等参数，随后进行的边坡预裂平整度比初期平整度好，均控制在水利部颁发的有关规程规范的范围内。总体上来讲，采用光面爆破的边坡较采用预裂方法的边坡平整度质量要好。

(3)弹性波质量检测成果

1)地震波检测成果分析

建基面通过岩体完整性系数 K_v 值统计见表 4.9.3。

表 4.9.3 建基面声波及地震波测试成果

施工部位	测试项目	最大值(m/s)	最小值(m/s)	平均值(m/s)	分布范围(m/s)	声波测孔(个)/地震波测线(条)	K_v 范围值	完整性面积/总面积
左导墙坝段	声波(V_p)	5882	4000	5480	5500～5750	42/60	$0.45<K_v<1.0$	96.0%
	地震波	5747	3143	4415	4000～4750			
左导墙	声波(V_p)	5882	3125	5346	5500～5750	109/100		
	地震波	5747	3200	4454	4000～4750			
泄洪坝段	声波(V_p)	6060	2941	5435	5500～5750	806/367	$0.48<K_v<0.78$	80.0%
	地震波	6000	2860	4322	4000～4500			
下游护坦及防冲墩	声波(V_p)	5882	3333	5473.8	5101～5626	38/19	$K_v>0.45$	
	地震波	5600	3100	4322	4100～4500			
坝身段及上纵堰外段	声波(V_p)	6360	3970	5295	5100～5850	46/23	$0.45<K_v<0.75$	99.8%

说明：①$K_v=(V_p/V_{pr})^2$，式中 V_{pr} 为完整岩体的地震波与声波 V_p，其中地震波取 $V_{pr}=5500$m/s；声波 $V_{pr}=6100$m/s。K_v 值>0.45 一般为岩质良好级别。②泄洪坝段 K_v 范围值为 $0.48<K_v<0.78$ 时，其地震波 V_p 平均值取 5432m/s；岩质为 A 类加 B 类岩体。③左导墙及左导墙坝段 K_v 范围值为 $0.45<K_v<1.0$ 时，其地震 V_p 平均值取 5432m/s；岩质为 A 类加 B 类良质岩体。

建基岩体绝大部分地震波波速为 4000～4500m/s，地震波 V_p 值在 5000m/s 以上的区域都在两组断层带分割成"方"形区域的中心部位，说明离断层一定距离的岩体完整性好；地震波低速(4000m/s 以下)部位一般在 NNE 走向和 NWW 走向等几条相交的较大断层周围，但地震波 V_p 等值线并没有完全与断层规模和分布相吻合，表明这些断层在发育过程中破碎物质胶结较好，抗风化能力强，且与两侧围岩接触较为紧密。

2)钻孔声波法检测成果分析

建筑物坝基声波 V_p 值主要为 5000～5750m/s；其中 5500～5750m/s 的频态相对最高，达 50%以上。结合建基面完整性系数 $K_v>0.45$ 统计结果，泄洪坝段 98.78%的岩体完整性较好；不足整个面积的 1%的 D 类岩石(声波值不足 4100m/s)主要分布在一些断层带及局部交会带上；左导墙及左导墙坝段因地质条件相对较差，以 B 类良体岩石为主，其岩体完整性较好的面积也达到 96%以上。

坝身段及上纵堰内段声波主要为 5100～5850m/s；其中 5600～5850m/s 的频态相对最高，达 28%以上。结合建基面完整性系数 $K_v>0.45$ 统计结果，坝身段完整性较好的 A、B 类岩体占总面积的 99.8%；中等及中等以下岩体主要沿断层带分布，仅占 0.2%。施工过程中对断层带作降低建基岩面、沿断层挖槽回填混凝土处理后，满足设计要求。

3）单孔声波 V_p 值随深度特征

通过大量的检测数据统计，泄洪坝段建基面表层声波一般为 5250m/s 左右，但随着深度的增加，建基面岩体质量愈来愈好；1.8m 以下声波 V_p 值一般大于 5500m/s 且趋于稳定。左导墙及左导墙坝段声波 V_p 值频态分布与泄洪坝段基本相同。

4）断层破碎带 V_p 值随深度特征

通过单孔与跨孔声波测试数据统计，从断层及影响带检测情况看，V_p 值总体上随着深度的增加（一般深度为 0.8～1.0m，$V_p<5200$m/s），波速愈来愈高。说明断层破碎带下部岩体质量有较大改善；仅局部交会带比周围岩体差（泄 18 上块，F_{18}断层带；泄 7 与泄 4 下 F_{33}与 F_{53}断层带），跨孔声波未达到 4100m/s，此处陡倾角裂隙的延伸深度为 0.8～1.0m。

5）低速区的处理

局部弹性波纵波及表面地震波波速 V_p 值低于 5000s/m 与地震波波速低于 4000s/m 的区域（断层与断层交会带），均按基础验收小组的要求进行了彻底处理。少数区域进行了加强固灌（提高灌浆压力、加强裂隙冲洗，加密固灌孔布置等）、加强系统锚杆锚固、增布钢筋网等处理措施，整修后的施工总体质量均能满足合同及有关规程规范与设计要求。

（4）坝基开挖及地质缺陷处理施工质量评价

坝体建基以弱风化带下部为主，其余为微风化岩体。基础开挖轮廓尺寸、高程、建基面平整度符合设计要求，地质缺陷已按基础验收小组意见进行挖除、加强固结灌浆、回填混凝土等措施进行了处理；平均声波速度 V_p 值大于 5000m/s，岩体质量优良。施工质量满足三峡 TGPS 标准及有关规程、规范和设计要求。

4.9.2.4 大坝基岩固结灌浆

三峡大坝建基于闪云斜长花岗岩，属微新或弱风化下部岩体，整体性较好，透水性微弱，强度高，饱和抗压平均强度为 75～100MPa，变形模量为 15～40GPa，平均纵波波速大于 5000m/s，建坝的地质条件优良。

灌浆水泥采用 425 号或 525 号普通硅酸盐水泥。常规固结灌浆孔采用 425 号湿磨细水泥浆或采用 525 号水泥浆灌注，中、深兼起辅助帷幕的及有特殊要求的固结灌浆孔须采用湿磨细水泥浆灌注。

普通硅酸盐水泥细度要求通过 80μm 筛筛余量小于 5%；湿磨细水泥浆细度要求 d_{95} 小于 40μm。

固结灌浆施工一般是在有混凝土盖重下进行的，在左厂坝段、泄洪坝段、右厂坝段有的部位，为了解决固结灌浆与大坝混凝土浇筑施工的干扰问题，采用了找平混凝土封闭方式进行固结灌浆，找平混凝土为 R200D150S10，二级配，厚度一般为 30～40cm。

(1)固结灌浆主要施工方法

固结灌浆主要采用橡胶阻塞、自上而下分段，孔内循环的方法灌浆。坝后坡及副厂房基础部位斜坡上的固结灌浆孔因受场地限制地质钻机无法就位，采用潜孔钻施工，为保证孔斜精度在征得监理、设计单位同意后采用“一次成孔、自下而上分段灌浆”的方法施工。

灌浆水灰比采用 3∶1、2∶1、1∶1、0.6∶1 四个比级，开灌采用 3∶1，在灌浆过程中，当某一级浆液的注入量达 300L 以上或灌注时间已达 1h 以上，灌浆压力或注入率均无改变或改变不显著时，可改浓一级水灰比的浆液进行灌注，否则，在正常情况下，以 3∶1 开灌，以 3∶1结束。

混凝土厚度不足 3m 时，接触段灌浆压力为 0.25MPa；混凝土厚度为 3m 时，接触段Ⅰ序孔灌浆压力为 0.3MPa，Ⅱ序孔灌浆压力为 0.5MPa；混凝土厚度大于 3m 时，接触段灌浆压力以 3m 厚混凝土的灌浆压力为基础，按混凝土厚度每超过 1m，灌浆压力增加 0.025MPa 控制。

(2)固结灌浆施工过程特殊情况处理

对于固结灌浆钻孔过程中打断冷却水管的孔，灌浆时将灌浆塞下到冷却水管高程以下，封孔时只封冷却水管以上部分，保持冷却水管畅通。

对于固结灌浆过程中出现的冒(漏)浆现象采用低压、浓浆、限流、限量、间歇灌注、嵌缝、地表封堵等方法处理。

对于固结灌浆过程中出现的少数串孔现象采用将串通孔封堵后正常灌浆的方法施工。

(3)左厂 1～5 号坝段下游坡顶基岩固结灌浆

灌浆孔布置为梅花形。斜坡部位布孔 3 排，钢管槽部位 2 排。孔排距基本为 2.50m 和 3.00m，个别部位孔距 2.00m 或 3.00m。灌浆孔在下游边坡的顶部钻进，开孔以高程控制，第一排孔开孔高程为 89.50m，第二排孔分为 87.00m 和 86.50m 两类，第三排孔为 83.50m。钻孔为下斜孔，倾向上游，与水平呈 15°角，孔深 20.00m。

灌浆在下游边坡坡顶基岩岩面进行，分为两序施工。灌浆孔一次成孔，自下而上分勾 8m、8m、4m 三段进行灌注。灌浆采用 525 号普通硅酸盐水泥，浆液水灰比分为 3∶1、2∶1、1∶1、0.6∶1 等四个比级。在设计压力下，注入率不大于0.4L/min，延续 30min 可结束灌浆。

(4)大坝基岩固结灌浆质量检查及评价

①压水试验。左厂坝段钻检查孔合计 139 个，压水试验 218 段，各部位合格率在 97%以上，其中左厂 1～5 号坝段、6～10 号坝段检查孔透水率小于 1Lu 的段数分别占检查总段数的 93.7%和 94.7%。其中多数段为 0，左厂 11～14 号则为 71.6%。安Ⅲ坝段检查孔压水

合格率100%，且透水率均小于1Lu。左导墙坝段和泄洪坝段检查孔合格率分别为94%和90%，经过补灌，达到合格。

②大坝基岩固结灌浆各部位水泥注入量均很小，单位注入量依次分别为4.5kg/m、6.1kg/m和4.3kg/m。

③大坝基岩固结灌浆分为两序施工，单位注入量递减明显，符合灌浆一般规律。Ⅱ序孔单位注入量最大值仅为2.8kg/m。

④岩体波速检测。泄洪坝段在泄14号坝段下块布设4个测试孔，进行了单孔一发双收和跨孔一发一收的波速测试。单孔测试，灌前为5164～5222m/s；平均值为5198m/s；灌后为5501～5598m/s，平均值为5544m/s，提高了6.6%。跨孔测试，灌前为5419～5584m/s，平均值为5500m/s；灌后为5569～5687m/s，平均值为5617m/s，提高了2.1%。

左厂坝段在左厂4-1中块和左厂13-2下块分别布设3个孔进行灌前、灌后岩体波速测试；灌前V_p=3252～3593m/s，平均值为3424m/s，灌后V_p=4648～4834m/s，平均值为4731m/s，提高了38.1%。

⑤大坝基岩固结灌浆质量检查评价。验收专家组鉴定意见为“大坝工程固结灌浆施工质量良好，灌后岩体的整体性、均质性和力学性能都得到提高，满足设计要求”。

4.9.2.5 左厂1～5号坝段坝后坡预应力锚索施工

(1)预应力锚索布置及工程量

对左岸1～5号坝段坝后坡缓倾角相对发育的浅层岩体和深层结构面进行加固，设计布置3000kN级预应力锚索125束，分布在左厂1～5号坝段下游边坡，桩号为：48+99.00至48+290.5m，高程为82.5～88.0m范围，锚索孔深为30～55m不等。钻孔总进尺为5101.7m；为了加固钢管槽1号隔墩和2号隔墩的不利岩块，设计布置2000kN级对穿锚索16束，分布在1号墩桩号20+114至20+106，高程为63～56.5m范围内，2号墩桩号20+106至20+114，高程62～56m范围。对穿锚孔深为24.1m，总进尺为385.6m；坝基岩体开挖揭露后，设计、地质进一步研究，在左厂1～3号坝段增布3000kN级预应力锚索77束，主要目的是加固左厂1～3号坝段的深层结构面岩体。分布桩号为：48+99.0至48+213.9，高程为48.8～79.5m，锚索孔深为30～50m，钻孔总进尺为2945m。

(2)预应力锚索施工质量控制及评价

左厂1～5号坝段后坡预应力锚索加固工程，于1997年3月26日开工，1998年2月28日竣工，历时11个月，共造孔1218个，合计完成3000kN级预应力锚索工程量：孔202个，合计进尺：8046.7m。2000kN级预应力锚索工程量：孔16个，合计进尺：385.6m。总计完成：预应力锚索孔：218个，总进尺：8432.2m。

左厂1～5号坝段后坡预应力锚索加固工程已进行了竣工验收工作，质量评定结果为：共分218个单元工程，其中优良单元197个，优良率为90.4%。坝后坡锚索工程严格按设计要求及相关技术规范进行施工，各项质量检测成果均满足设计要求。

4.9.3 大坝坝基渗流控制工程施工

4.9.3.1 大坝坝基帷幕灌浆

(1)大坝坝基帷幕灌浆施工

1)大坝坝基帷幕灌浆范围及布置

①主帷幕

根据大坝坝基渗流控制设计方案,在左非1号至右非7号坝段坝基上游距挡水前缘6～12m的基础灌浆廊道内布置一道连续主防渗帷幕,左端通过左坝肩及以左的中间山体段(高程185m平台)与双线五级船闸上游第一闸首防渗帷幕相连接,右端接右岸地下电站进水口帷幕。

一般部位,主帷幕孔按单排布置,孔深一般为60～90m,规模较大、性状较差的断层带、裂隙密集发育带、风化透水深槽等地质条件较差部位采用双排布置,岸坡坝段及坝肩局部全强风化岩体区采用3～4排孔加强灌注。

主帷幕灌浆孔距一般为2m,左非连接段及左非1号坝段全强风化岩体区的3排帷幕灌浆孔为直孔,排距0.8m。其他双排孔区排距一般为0.2m,其前排帷幕孔一般为倾向上游、顶角为1.5°斜孔,后排为直孔。

②封闭帷幕

右厂排至右厂21号坝段、纵向围堰坝段、泄洪坝段、左导墙坝段、左厂7～14号坝段及左厂1～6号机组段采用封闭抽排方案,除上游布置主防渗帷幕外,下游基础廊道内布置一道连续的封闭灌浆帷幕。

二期工程在纵向围堰坝段、泄洪坝段、左导墙坝段、左厂7～14号坝段下游基础灌浆廊道内布置一道连续封闭帷幕,其左端自左厂7号坝段折向下游接左厂1～6号机组段封闭帷幕,左端延伸至高程82m厂前区平台内30m;右端接三期工程封闭帷幕。二期工程封闭帷幕一般为单排布孔,孔距为2.5m。施工过程中,左厂1～6号机组尾水段因涌水较严重,增加一排水泥灌浆孔和一排浅层基岩丙烯酸盐化学浆材灌浆孔;左厂7号至泄15号坝段局部透水性较强的地段补充加密了帷幕灌浆孔,重点对左厂14号至泄4号坝段深厚的中等至弱透水岩体区采取了加强、加密灌注,如将左导墙坝段至泄2号坝段封闭帷幕孔深由高程－58m加深至高程－80m;在泄2号坝段补充一排封闭帷幕孔进行斜孔灌浆;在基岩浅层透水率较大但灌浆单耗较小的封闭帷幕孔两侧补孔进行丙烯酸盐化灌,补充化灌孔孔深5m等。大坝右纵2号至左厂7号坝段封闭帷幕孔深一般为50～60m,最深者位于河床LW6深厚透水岩体区的泄1～3号坝段,达97m;左岸电站厂房机组段帷幕设计底线高程为－14m,孔深一般为34m。

三期工程在右厂排至右厂21号坝段下游基础灌浆廊道内布置一道连续封闭帷幕,左端接二期工程封闭帷幕:其右端自右厂21号坝段折向下游接右机安Ⅲ至右厂前区的机组段封闭帷幕,即在右21～26号机组尾水段高程24m基础廊道内布置一道封闭帷幕和封闭排水幕，并向右沿右机安Ⅱ段左侧横向斜廊道上升至电站厂房上游高程 44m 交通廊道后，封闭帷幕沿高程 44m 交通廊道轴线向右延伸至厂前区高程 82m 平台内 30m，封闭排水幕则继续上延至与大坝高程 25m 基岩排水洞内排水孔幕相接。三期工程封闭帷幕为双排布孔，孔距为 2.5m，排距 0.2m。第 1 排帷幕孔（主排孔）设计底线高程为－25～－15m，孔深 50～60m；第 2 排帷幕孔设计底线高程一般为－10～5m，孔深 40～45m。

2）坝基帷幕灌浆钻孔、镶管及测斜

①帷幕灌浆均采用金刚石钻头钻进，开孔前钻机前后埋设地锚，校正钻机立轴。

②镶管孔口管除升压浅孔和化灌孔外的其他帷幕孔在第一段（接触段）灌浆结束后埋设，孔口管采用无缝钢管，孔口管露出底板高度为 10cm 左右，埋设深度按深入基岩 2m 控制；孔口管埋设后待凝 3～5 天，经检查合格后进行下一工序的施工。

③钻孔孔斜测斜使用 KXP-1 型测斜仪进行孔内测斜，一般每 10～20m 进行一次钻孔跟踪偏斜测量，当发现偏差超过偏斜允许值，则及时采取纠偏补救措施处理；当纠偏无效果则报设计监理批准后重新开孔。

3）钻孔冲洗及压水试验

①钻孔冲洗：每孔段灌浆前均进行钻孔冲洗，每段钻终后立即用大流量压力水将孔内岩粉冲出，至回水清延续 10min。

②裂隙冲洗：灌浆孔除第一段进行裂隙冲洗外，其他孔段一般不进行裂隙冲洗。裂隙冲洗采用压力水脉动式，回水清延续 10min 且总的裂隙冲洗时间不小于 30min；裂隙冲洗压力采用 80%灌浆压力（大于 1MPa 时采用 1MPa）。

③压水试验。先导孔、物探孔及检查孔采用单点法做稳定压水试验，一般灌浆孔均采用简易压水试验；压水试验稳定标准，在稳定在稳定的设计压力下，每 5min 测记一次压入流量 Q，当连续四次读数中 $(Q_{最大}-Q_{最小})/Q_{最终}<10\%$ 或 $Q_{最大}-Q_{最小}<1L/min$ 时，即可结束压水试验，以 Q 最终值来计算该孔段的透水率。

压水试验压力采用表 4.9.4 中的压力进行控制。

表 4.9.4　水泥帷幕灌浆压水试验压力(MPa)

类别＼钻孔	水泥灌浆孔	化灌孔	物探孔	帷幕检查孔
主帷幕	1.0	2.0	1.0	2.0～2.6
封闭帷幕	0.3～1.0	1.0	1.0	1.0

注：封闭帷幕各类钻孔 2001 年 5 月 13 日之前第 1 段采用 0.3MPa，第 2 段及以下各段采用 1.0MPa；2001 年 5 月 13 日以后各段均采用 1.0MPa。

4）灌浆

①水泥帷幕灌浆接触段采用“常规阻塞灌浆法”，第二段及以下各段采用“小口径钻孔、孔口封闭、自上而下分段、孔内循环”的灌浆方法。

②基岩段长8m的浅孔排帷幕采用"常规阻塞灌浆法"自上而下分段灌浆。

③化学材料帷幕灌浆采用自上而下分段压水,常规阻塞灌浆法阻塞基岩面以上50cm灌浆(两段一起灌浆)。

④段长划分:"孔口封闭法是"灌浆第一段(接触段)为2m,第二段为1m,第三段为2m,第四段及以下各段为5m,地质缺陷部位经监理批准可适当缩短段长;终孔段根据实际情况可适当加长,但最大段长不大于10m。

升压浅孔第一段为2m,第二段为1m,第三段为5m。

帷幕化灌孔第一段为2m,第二段为3m。

⑤水泥灌浆采用新鲜无结块的525号普通硅酸盐水泥,以湿磨细水泥浆为主,以普通水泥浆为辅;湿磨细水泥浆中加入水泥重量0.7%的UNF-5型号高效减水剂。灌浆压力及改变见表4.9.5。

表4.9.5　帷幕灌浆压力控制表

灌浆压力(MPa) 帷幕类型	第一段	第二段	第三段	第四段及以下各段
主帷幕	1.5(3.5)	3.0(4.0)	4.5	6.0(5.0)
封闭帷幕	1.0(1.5)	1.5(2.0)	2.0(3.0)	4.0(5.0)

注:①"( )"内表示设计变更后的压力值。②丙烯酸盐化灌灌浆压力主帷幕2.5MPa,封闭帷幕1.5MPa。

化学灌浆主要材料为丙烯酸盐,主要成分见表4.9.6。

表4.9.6　化学灌浆浆材组成及浆液配置表

材料名称	作用	含量(%)	备注
丙烯酸盐	主剂	12	pH值大于8
甲撑双丙烯酰胺	交联剂	1~2	
三乙醇胺	促进剂	1~2.5	
铁氰化钾	缓凝剂	0~0.1	
过硫酸铵	引发剂	0.5~1.5	
水	溶剂	78.9~87.5	

注:①帷幕化学灌浆孔段,灌前做10min简易压水试验,采用自上而下分段钻孔,分段阻塞压水,第一段压水段长为2m,阻塞在接触面以上混凝土内50cm。第二段压水段长为3m,阻塞在第一段段底。简易压水试验压力为该段灌浆压力,以检验阻塞、试精及估算配浆量,主帷幕压水压力为2.0MPa,封闭帷幕压水压力为1.0MPa。灌后检查孔压水试验全部采用单点法。②采用"两种浆液,分批混合"纯压式方法进行全孔一次性灌浆,灌浆时阻塞在接触面以上混凝土内50cm。主帷幕灌浆压力为2.0MPa,封闭帷幕灌浆压力为1.0MPa。

⑥浆液水灰比(重量比):自开工至2001年1月2日期间采用3∶1、2∶1、1∶1、0.6∶1四个比级,开灌采用3∶1。2001年1月2日至完工采用2∶1、1∶1、0.6∶1三个比级,开灌

采用 2∶1。当孔段漏水率>40L/min 或注入率>30L/min 时可先灌注普通水泥浆，当注入率<10L/min 后，灌注湿磨细水泥浆。

⑦变浆标准：

(a)灌浆过程中，当灌浆压力保持不变，注入率持续减少；或当注入率不变，而压力持续升高时，不得改变水灰比。

(b)当某一级浆液注入量已达 300L 或灌浆时间已达 1 小时以上，而灌浆压力不变时，应变浓一级水灰比进行灌注。

(c)当注入率>30L/min 时，视具体情况可越级变浆。水灰比改变后，如灌浆压力突增或吸浆量突减到原吸浆量的 1/2 以下时，应调稀到改变以前的水灰比进行灌注。

(d)丙烯酸盐化灌浆液变化根据灌段透水率大小确定：

- 当 $q \leqslant 5$L/min 时，胶凝时间采用 50～60min；
- 当 5L/min$< q \leqslant$10L/min 时，胶凝时间采用 40～50min；
- 当 $q>10$L/min 时，胶凝时间采用 20～30min。

⑧结束标准：

(a)水泥帷幕灌浆。在设计压力下，当灌浆孔第 1～3 段注入率<0.4L/min，第四段及以下各段注入率<1L/min 时，延续灌注时间不少于 90min，且灌浆全过程中，在设计压力下的灌浆时间≥120min，方可结束灌浆。

(b)丙烯酸盐化灌。在设计压力下，连续三个读数小于 0.1L/min 时结束灌浆，以最后一批浆胶凝时间为准，闭浆延时 1h 拔塞。

5)封孔

封孔采用“置换和压力灌浆封孔法”。一般帷幕孔在全孔灌浆结束后直接用浓浆进行置换封孔；丙烯酸盐化灌孔全孔灌浆结束后须进行全孔扫孔后再用浓浆进行置换封孔。

封孔压力采用灌浆孔的最大灌浆压力，封孔灌浆时间≥1h，封孔采用 0.5∶1 的新鲜普通水泥浆液。

待孔内浆液凝固后，若灌浆孔上部空余大于 3m 时，应在清除孔内污水、浮浆后用“机械压浆封孔法”进行封孔。小于 3m 时，在清除孔内污水、浮浆后可使用水泥砂浆封填密实。

6)深孔固结兼辅助帷幕施工

为减少占用混凝土浇筑施工的直线工期，有利于大坝基础混凝土浇筑尽快脱离约束区，经业主、设计、监理同意，部分坝段的深孔固结兼辅助帷幕灌浆孔，移入基础灌浆廊道与帷幕灌浆一起施工，并与帷幕灌浆一起竣工验收。

移入基础灌浆廊道内的辅助帷幕孔灌浆压力较原设计压力有所提高(首段 1.0MPa；第 2 段及以下段为 2.0MPa)。改用打斜孔的方式，斜孔与原直孔在相同孔底终孔；同时在原上游深孔固结兼辅助帷幕灌浆孔位上，增补入岩深度 6m 的常规固结灌浆孔；斜孔位布设在两个帷幕孔中间距廊道壁 0.6m，孔径∅60mm，基岩孔深约为 10.1m，分两段进行灌浆，第一段 3.0m，第二段 7.1m，采用分段阻塞、孔内循环的常规灌浆方法，分两序施工。移入基础灌浆廊道部分深孔固结兼辅助帷幕，在相邻坝段帷幕开灌前先行施工，施工方法与要求同帷幕灌浆基本相同，终孔遇涌水则加深一段，直至不在涌水止，达到终孔标准灌毕后全孔进行复灌结束。

(2)大坝坝基帷幕灌浆施工质量控制

1)孔位、孔斜和孔深

灌浆孔开孔孔位与设计孔位偏差不大于10cm。因故移动孔位须经监理工程师同意并签证。

孔斜须满足技术要求中的允许偏差，采用上海地质仪器厂生产的KXP-I型测斜仪进行检测。对于偏距超出技术要求的钻孔，由监理工程师确定在其旁适当位置重新补孔，并从超偏孔深的上一段开始进行补充灌浆的办法处理。

终孔孔深由监理工程师验收签证。

2)钻孔冲洗与裂隙冲洗

钻孔冲洗要求回水澄清10min，孔底残留物厚度不大于20cm。

灌浆孔的第1段(接触段)要求进行裂隙冲洗，至回水澄清10min，及总冲洗时间不少于30min。不良地质地段钻孔或串通孔接触段的冲洗时间不少于2h。冲洗压力为1MPa，并不大于灌浆压力的80%。其他灌浆孔段不进行专门的裂隙冲洗。

3)压水试验

先导孔和检查孔采用单点法压水试验，特殊部位采用五点法压水试验，一般灌浆段灌浆前进行简易压水。灌前压水试验压力一般为1.0MPa，但不超过同段灌浆压力的80%，坝块浇筑高度小于30.0m的主帷幕灌浆和全部封闭帷幕灌浆的第1、2段采用0.3MPa。灌后主帷幕质量检查孔压水试验压力为1.0MPa或2.0～2.6MPa，封闭帷幕为1.0MPa。

4)灌浆压力

根据技术要求规定，主帷幕最大灌浆压力为6.0MPa，孔口1、2、3段为1.5～4.5MPa；封闭帷幕最大灌浆压力4MPa，孔口1、2、3段为1.0～2.0MPa。

2001年2—4月，根据国务院三峡枢纽工程质量检查专家组关于提高帷幕灌浆孔口段灌浆压力的意见，进行了升压灌浆试验。试验表明，在有70.00m以上混凝土盖重的条件下，帷幕灌浆孔口段灌浆压力可以提高到3.5～4.0MPa。据此，自2001年6月1日起，设计通知将左厂10号至泄18号坝段主帷幕以及集中涌水部位第1段的最大灌浆压力提高至3.5～4.0MPa；对水头较低的左非18号至左厂9号坝段的灌浆压力提高至2.5MPa。对在此之前已经完成主帷幕施工的左厂10号至左导、泄5～10号、泄14～17号坝段，在其前增设一排孔深8m的灌浆孔(浅排)，采用3.5～4.0MPa压力，分3段进行补充灌浆。对封闭帷幕的孔口1、2、3段的压力提高到1.5～3.0MPa。这样，三峡二期工程帷幕灌浆孔口第1段的灌浆压力全部达到了“不小于2倍坝前水头”的要求。

5)浆液质量

灌浆水泥采用由 525 号普通硅酸盐水泥浆加入高效减水剂 UNF-5(掺量为水泥重的 0.7%),通过 3 台串联的湿磨机,进行磨细后应用。湿磨水泥浆的颗粒细度由长江委采用激光测试仪进行监测。要求颗粒细度达到 $d_{95} \leqslant 40\mu m$。湿磨水泥浆水灰比采用 2∶1、1∶1、0.6∶1三个比级,2∶1 开灌。

当孔段吸水率大于 40L/min 或吸浆率大于 30L/min 时,先灌普通水泥浆,待吸浆率减小至 10L/min 以后,再灌注湿磨水泥浆。

6)灌浆结束标准及封孔

灌浆段的灌浆在设计压力下注入率小于 1.0L/min(孔口 1、2、3 段小于 0.4L/min),延续灌注 90min;并且在设计压力下的总灌浆时间不少于 120min,该段灌浆可以结束。终孔段的灌浆结束后采用"置换和压力灌浆封孔法"封孔。鉴于终孔段灌浆以及封孔灌浆的重要性,终孔段灌浆及封孔实行全过程旁站监理。

7)灌浆参数自动记录

灌浆过程中使用了长江科学院研制的 GJY-Ⅲ型等自动记录仪对灌浆参数进行自动记录。自动记录仪统一由长江委有关部门进行检测、率定和经常性检查。

自动记录仪发生故障时,由监理工程师监察进行人工记录。

8)抬动观测及控制

技术要求抬动值应小于 200μm,施工过程中个别灌浆段曾发生过的最大抬动值为 164μm。

(3)大坝坝基帷幕灌浆异常情况及其处理

鉴于三峡坝基岩体裂隙发育的不均一性,不少孔段发生了浆液失水变浓(吸水不吸浆)、大漏浆、涌水等异常情况。对此,按照有关技术规范和国务院三峡枢纽工程质量检查专家组的意见进行如下处理:

1)浆液失水变浓

灌浆过程中,回浆密度超过进浆密度一个比级,则换用与原浆相同比级的新浆进行灌注,若效果不明显,则继续灌注 30min,并达到总灌注时间不少于 120min,停止灌注。为此,左非连接坝段至右纵坝段范围内,较多数坝段在帷幕前增设浅孔帷幕,灌注丙烯酸盐浆液。

2)大漏浆量孔段

遇到大漏浆量孔段要求灌浆前充分做好灌浆机具、浆液和管路系统的准备或维修,保证灌浆设备正常运行,连续灌浆至结束。对少数难以正常结束的孔段采用低压、浓浆限流、限量、扫孔复灌的方法处理至正常结束。

3)涌水孔段

在二期工程帷幕灌浆施工中,部分坝段有钻孔涌水现象,如厂房封闭帷幕有 75 孔 233 段出现钻孔涌水,约占 16%,最大涌水量为 85L/min,涌水压力 0.02～0.31MPa。在 8 个检查孔中仍有 42 段涌水,占 51.20%,最大涌水量 8.0L/min。对涌水孔段灌浆要求:灌前测记涌水量和涌水压力,提高灌浆压力(设计压力+涌水压力),灌浆结束后屏浆 1h,闭浆 24～

48h。待凝以后扫孔至原孔深观察，若仍有涌水，则继续进行复灌，直至本孔段不再涌水。对其他部位涌水孔段，处理方法类同。

4)终孔段透水率及注入水泥量偏大

少数钻孔达到设计帷幕底线后，透水率或注入水泥量仍较大，处理如下：

①按控制条件进行加深，有的钻孔一直加深了4段(20.00m)，直至达到要求。

②由于涌水关系，在建基面高程最低的左导墙至泄4号坝段，设计将其主帷幕深度由－85.00m加深至高程－120.00m，又将泄14～19号坝段主帷幕上游排加深至与下游排同深，将左导至泄2号坝段封闭帷幕深度由高程－58.00m加深至－80.00m。依此，本工程帷幕灌浆最大深度达到141.50m(X2-I-12号孔)。

(4)大坝坝基帷幕灌浆成果分析

大量的灌浆施工成果资料由施工、监理单位使用计算机进行整理和分析。帷幕灌浆成果统计资料可见：

①大坝坝基岩体主要为前震旦系闪云斜长花岗岩的微风化岩体，部分地段保留有少量的弱风化带下部岩体，属微透水的裂隙岩体，透水率一般小于1Lu，小部分为1～10Lu，极少部分为10～100Lu。强度水岩体分布在断层影响带，裂隙密集带、岩脉、浅部岩体。鉴于此，总体上讲，坝基岩体整体性较高，可灌性较差。根据灌浆成果初步统计，大坝主帷幕、封闭帷幕平均单位注入量10.1kg/m，而局部弱风化(浅部)岩体注入量大于30kg/m，这相对于其他工程仍是一个较小数值。

②大坝从左、右厂坝段主帷幕的灌浆成果分析，封闭帷幕基岩的单位注入量和透水率均高于主帷幕的岩体，而河床深槽除泄洪坝段两者单位注入量接近外，其余坝段也具相同特点。

③大坝坝基帷幕灌浆过程中的压水资料显示，各坝段各序孔平均透水率小于1Lu，表明坝基岩体完整。为了提高坝基岩体的防渗能力，采用高的灌浆压力和灌注细水泥浆是合适的。

④大坝坝基帷幕灌浆过程中，从左非坝段直至泄洪坝段，部分坝段钻孔涌水情况较多，尤其是有些检查孔中涌水段数仍较多。为此调整了帷幕的孔深、加大灌浆压力，增设浅排帷幕化学灌浆，灌注丙烯酸盐浆液。共设548个孔，灌浆5592.42m，注入化学浆液75879L，提高了帷幕的防渗能力。

⑤大坝坝基灌浆孔段单位注入量次序递减较为明显。在同一排内，单位注入量随灌浆次序的增加而减少，如泄洪坝段主帷幕下游排(先灌排)Ⅰ、Ⅱ、Ⅲ序孔的平均单位注灰量分别是27.3kg/m、8.5kg/m和7.3kg/m。上游排(次灌排)Ⅰ、Ⅱ、Ⅲ序孔的单位注灰量分别是7.0kg/m、7.9kg/m和6.4kg/m；浅排(后灌排)Ⅰ、Ⅱ、Ⅲ序孔的单位注灰量分别是1.7kg/m、1.9kg/m和1.6kg/m。其他坝段也大致如此。

⑥岩体透水率也呈次序递减趋势。以泄洪坝段为例，其下游排、上游排和浅排(后灌浆)各Ⅰ、Ⅱ、Ⅲ序孔灌前平均透水率分别为0.76Lu、0.29Lu、0.23Lu，0.27Lu、0.24Lu、0.21Lu

和0.21Lu、0.1Lu、0.12Lu。从宏观看，采用湿磨细水泥浆液灌浆取得了较好效果，帷幕幕体的密实性和连续性是逐序增强的。

(5)大坝坝基帷幕灌浆质量评价

帷幕灌浆灌后质量检查结果显示，其压水透水率合格率在99%以上。对于压水结果不合格的段次已按照设计要求布置加密孔进行了处理，处理结果满足设计要求。灌后物探测试结果全部满足设计要求。

另外为了检查帷幕灌浆效果，在左厂3坝段ZC3-l-10号帷幕灌浆孔下游0.5m处，布置一大口径(∅=1000mm)检查孔，孔深40.0m，对帷幕灌浆质量进行检查，根据检查孔检查揭露情况，孔内混凝土与基岩接触面胶结密实、岩体总体质量较好，裂隙被水泥结石充填，且密实、坚硬，胶结良好。结石芯样的饱和单轴抗压强度为28MPa，抗拉强度为1.2MPa，抗剪强度为1.3MPa。“检查孔所揭示的磨细水泥结石芯样的抗压强度、抗拉强度、抗剪强度等试验指标均较高，表明在高水头作用下稳定性较好，帷幕可靠”。

大坝坝基帷幕灌浆通过分部分项工程验收，并通过上、下游基坑进水前验收及明渠截流前验收，专家组鉴定意见为：“根据灌浆后质量检查和灌浆成果资料及物探测试成果等综合分析认为，大坝工程帷幕灌浆施工质量满足施工规范和设计技术要求。”

4.9.3.2 大坝坝基排水工程施工

(1)大坝坝基排水工程施工范围及布置

大坝坝基排水工程主要分为主排水孔、封闭排水孔和辅助排水孔三个施工项目，坝基主排水孔与封闭排水孔布置在主帷幕和封闭帷幕下游侧，均为单排，孔深范围为40～80m，约为相邻帷幕深度的2/3；辅助排水分横向与纵向，主要分布在泄洪坝段，孔深范围一般为25～40m。

1)左非1号至右非7号坝段排水孔布置

①主排水幕。在左非1号至右非7号坝段主帷幕后设一道连续主排水幕，其孔距为2.0m，孔深一般40～60m，孔径∅110mm。主排水孔一般为倾向下游、顶角15°的斜向俯孔，但基岩排水洞及有特殊要求部位的排水孔孔向根据实际情况确定。

②封闭排水。在左厂7号至右纵2号坝段下游基础廊道内，于封闭帷幕内侧布置一道封闭排水幕，其左端自左厂7号坝段折向下游接左厂1～6号机组段封闭排水幕，右端接三期工程右厂坝段封闭排水幕。封闭排水孔一般为顶角15°、倾向上游封闭抽排区内的斜向俯孔，其孔距为2.5m，孔深一般30～40m，孔径∅110mm。

③辅助排水。在左厂7号至泄18号坝段上游距主排水幕20～22m和下游距封闭排水幕22～28m的坝基中部两条纵向基础排水廊道内各布置一道纵向辅助排水幕；左厂7号至泄18号坝段每隔80～100m沿坝基横向基础排水廊道设一道横向辅助排水幕：泄18号坝段、左厂7号坝段中部的横向排水廊道内各布置一道横向分区排水幕，将封闭抽排区分隔成两个封闭抽排单元。纵、横向辅助排水孔孔距均为3.5m，横向分区排水孔孔距为2.5m。上

游纵向辅助排水孔基岩深一般为30m，下游纵向辅助排水及横向辅助排水孔基岩孔深一般为20m，横向分区排水孔基岩孔深按设计原则结合该区段地质条件布置，一般深20～60m。各类辅助排水孔及分区排水孔大多为直孔，极少数为斜孔。辅助排水孔孔径均为∅91mm。

2）左厂1～6号坝段基岩排水洞与排水孔布置

①在左厂1～6号坝段坝基上游主帷幕后高程74m和高程50m、下游高程25m基岩内各布置一条排水洞，在位于左侧洞端的左非17号坝段基岩中布置一条连接上游高程50m和下游高程25m排水洞的侧向排水洞，形成左侧封闭条件。

②左厂1～6号坝段上游主排水孔自基础廊道打穿低层（高程50m）排水洞洞顶，再自该层排水洞打至排水幕设计底线高程23m。并在高程74m排水洞内布置一排直仰孔和一排直俯孔形成辅助排水幕，其仰孔孔深按打至上部建基面控制，俯孔按打穿下部高程50m排水洞洞顶控制。侧向排水洞内布置一排直仰孔和一排直俯孔形成侧向封闭排水孔幕，以疏排侧向渗水，其仰孔按打穿上部建基面控制，孔深40～62.4m，俯孔深10m。

③在左厂1～6号机组尾水段封闭帷幕内侧布置一道封闭排水幕，其左端自左安Ⅱ机组段折向上游，经左安Ⅱ机组段横向基础廊道和基岩排水洞向上游延伸，在左非17号坝段与上游主排水幕连接，形成下游和左侧封闭条件；右段至左安Ⅲ后，经左安Ⅲ横向基础廊道向上接大坝左厂7号至右纵2号坝段封闭排水幕。左厂1～6号机组尾水段封闭排水孔设计底线高程－2m，孔深21m。左安Ⅱ机组段至左非17号坝段左侧封闭排水孔底线高程－2～23m。

④左厂1号至左安Ⅲ坝段坝基下游高程25m排水洞内布置一排直向仰孔和一排直向俯孔形成辅助排水幕，其仰孔孔深一般为15m，俯孔深10m。

3）临时船闸坝段辅助排水孔与封闭排水孔布置

在临时船闸1～3号坝段基础廊道后高程66m的U形排水廊道内布置一排竖直向封闭排水孔，形成完全封闭的排水形式，排水孔基岩段深12m；在临时船闸1号、3号坝段基础廊道后高程66m的U形排水廊道内布置2排陡坡段斜向辅助排水孔，孔深均为深入基岩内5m，两排斜向辅助排水孔均倾向侧向边坡岩体内，一排为斜向仰孔，顶角55°，另一排为斜向俯孔，顶角30°。

在排水孔施工过程中，位于临船2号坝段坝趾丙号坝块基础廊道中的封闭排水孔出现失水现象，对此进行了示踪检查及钻孔彩电录像。跟踪检查在下游临船至升船机基坑及电源电站洞井中未发现外露点；钻孔检查揭示失水主要发生在浅表固结灌浆岩层以下，孔壁存在多条裂隙。分析认为，透水主要因F_{23}层影响带及其拌生的岩脉局部风化加剧、岩体破碎、透水性好、固结灌浆深度未影响到。对此，在失水深度范围进行了加深固结灌浆，灌浆后在原排水孔间重开排水孔未发现失水现象。

失水发生在F_{23}断层影响带及其拌生岩脉，F_{23}断层上游在二期工程中已进行两排湿磨细水泥浆液灌注及一排具有高强度、高抗渗性能的CW环氧类化学浆材化灌，且经检查全部合格并已在二期工程中通过验收；失水孔段为浅层排水孔（L＝12m），与上游库水已被帷幕及浅层固结隔断。该部位下游为改建后的冲沙闸消力池，消力池底板基岩设有出水孔口更低的基岩排水孔。综合分析，该部位的失水现象经加强灌浆处理后，不会发生渗透破坏。

4)升船机及左非8号坝段基岩排水洞与排水孔布置

在升船机坝段及左非8号坝段主帷幕后高程53m基岩内布置一条基岩排水洞，主排水孔自基础廊道打穿该排水洞洞顶，再自该排水洞打至排水幕设计底线高程43m左右。

5)右厂排至右厂21号坝段封闭抽排区内封闭排水及辅助排水布置

①封闭排水：在右厂排至右厂21号坝段下游基础廊道内，于封闭帷幕内侧布置一道封闭排水幕，并在右安Ⅲ坝段分支折向下游接右机安Ⅲ段至右厂前区段封闭排水幕，左端接二期工程封闭排水幕。封闭排水孔一般为顶角15°、倾向上游封闭抽排区内的斜向俯孔，其孔距为2.5m，孔深一般30～40m。

②辅助排水：在右厂排至右厂21号坝段上游距主排水幕15m和下游距封闭排水幕23m左右的坝基中部两条纵向基础排水廊道内各布置一道纵向辅助排水幕；每隔70～80m即两个坝段沿坝基横向基础排水廊道设一道横向辅助排水幕；右厂排坝段、右厂21号坝段中部的横向排水廊道内各布置一道横向分区排水幕，将本封闭抽排区与二期的封闭抽排区、右厂22号至右非2号坝段厂坝联合封闭抽排区分隔开来。纵、横向辅助排水孔孔距均为3.5m，横向分区排水孔孔距为2.5m。上游纵向辅助排水孔基岩深一般为30m，下游纵向辅助排水及横向辅助排水孔基岩孔深一般为20m，横向分区排水孔基岩孔深按设计原则结合该区段地质条件布置，一般深20～30m。各类辅助排水孔及分区排水孔均为直孔。

6)右厂22号至右非2号坝段封闭抽排区坝基排水洞与排水孔布置

①在右厂23号至右非2号坝段上游主帷幕后高程59m、右厂22号至右非1号坝段下游高程25m坝基岩体内共布置2条与坝轴线平行的基岩排水洞，在右侧(右非1号与右非2号坝段界线)布置一条顺流向的侧向排水洞。上述排水洞内均钻设仰孔和俯孔，形成疏干式排水条件。

②右厂23号至右非2号坝段上游主排水孔自基础廊道打穿高程58m排水洞洞顶，再自该层排水洞打至排水幕设计底线高程。并在排水洞内布置一排直仰孔，其仰孔孔深按打至上部建基面控制。侧向排水洞内布置一排直仰孔和一排直俯孔形成侧向封闭排水孔幕，以疏排侧向渗水，其仰孔按打穿上部建基面控制，孔深30～55m，俯孔深10～30m。

③右厂22号至右非1号坝段坝基下游高程25m排水洞内布置一排直向仰孔和一排直向俯孔形成辅助排水幕，其仰孔孔深一般为25～30m，俯孔深10m。

7)泄洪坝段下游护坦基岩排水孔布置

泄洪坝段下游护坦基岩上布置有孔径为∅60的基础排水孔645个，排水孔穿过护坦混凝土导向管深入基岩0.6m。其施工方法为：第二层(上部最后一层)混凝土浇筑前，将长度为25cm，直径大于60mm的钢管(导向管)竖向与护坦的面层钢筋点焊固定(保证钢管位置在纵、横向面层钢筋交错的空当)，钢管顶部高程平护坦顶部高程。混凝土浇筑时木塞将管口塞住。混凝土浇完至少3d后用回转钻或手风钻按设计深度正对钢管中心进行钻孔。

(2)大坝坝基排水工程施工

1)排水孔施工程序

测量放样→打地锚→校正钻机→钻孔→测斜→镶孔口管→注水检查。

2)排水孔施工方法

待相邻坝段帷幕(包括帷幕检查孔)周边30m范围灌浆结束后,经监理批准,开始组织排水孔施工。先测量定位,逐孔放样标识,而后打地锚,采用两点法固定钻机,主排水孔采用ϕ110mm、封闭排水与辅助排水孔采用ϕ91mm金刚石钻头造孔。

①钻孔采用XU-300型钻机。施工机组以3～4台钻机配备,多机组平行作业法施工。

②垂直排水孔每钻进10m测斜一次,斜孔钻进每5～6m测斜一次,发现偏斜超标及时调整钻机和其他措施纠偏,钻孔结束后进行孔壁冲洗,使孔内沉淀物不大于20cm。

③对存在裂隙集中的基岩钻孔,孔内采用硬质塑料花管外包工业过滤布进行保护。过滤管在厂内制作成形,孔口安装下设定位。

④所有孔在钻孔工作全部完成并验收合格后安装孔口装置。

(3)大坝坝基排水孔施工质量控制及评价

1)排水孔质量控制

排水孔施工现场质量检查实现二级管理、三级质检制度,每道工序的开始和结束须经质检人员的审核检查,合格后方可转入下道工序。施工过程中加强过程质量控制力度,严把质量关。一个单元工程(或坝段)排水孔施工完成并经三级质检验收合格后,报请监理单位按排水孔总量的5%进行抽样检查验收,经验收合格签证后,方可进行下道工序的施工。检查项目包括孔深、孔斜及孔口装置均应满足设计要求。

①孔位放样质量控制。排水孔孔位放样由测量队将各坝段主要控制孔位按要求进行测放,并向施工单位提交放样单,孔位误差控制在±10cm以内;再由施工单位技术人员依照控制点逐个定出所有孔位,孔位放样均经监理工程师旁站认可。

②开孔质量控制。为避免廊道内施工用水倒灌进排水孔,影响后期排水效果,要求在开孔前对廊道底板进行清理,确保施钻部位不被污水淹没。所有排水孔均采用回转式钻机及金刚石钻头造孔。

③钻孔孔斜的质量控制。采用"两点法"固定钻机,确保钻机稳定,利用角度尺和地质罗盘(左右方向吊垂球)校正钻机立轴,控制钻孔精度。孔口以下20m范围内由专职人员对孔斜进行跟踪测量,发现钻孔超偏时及时采取纠偏措施,钻孔过程中注意控制钻进速度和压力,特别是地质条件比较复杂的孔段。

④钻孔孔型质量控制。所有钻孔终孔后,均采用KXP-1型测斜仪进行孔斜测量;采用细钢丝测绳进行孔深测量,确保每一孔段均能满足设计要求,否则,须进行扩孔或补孔处理。

⑤孔口装置埋设质量控制。除业主发文前已安装好无缝钢管孔口装置的排水孔外,所有排水孔均采用PVC高密聚乙烯管,外径为108mm和88mm,内径为100mm和80mm,出

水支管外径为38mm，均引向廊道底板排水沟。孔口装置外壁与孔壁之间采用棉絮加固止水，孔口采用水泥砂浆砌成3cm×20cm的水泥平台防渗。

⑥排水孔孔内保护。根据设计要求，对部分孔应安设孔内保护装置。因设计还未指定须保护的排水孔，故所有已验收的排水孔均未安装孔内保护装置。

2)排水孔质量检测成果

①孔口装置安埋完毕后，为检查其止水效果，从支管进水进行充水试验。充水压力0.1～0.2MPa，观察孔口管周边是否漏水，检查孔内水位高度、孔深及标识。经检查所有埋设的孔口管均满足设计要求。

②排水孔孔斜在施工单位全面自检的基础上，由监理工程师按照每个单元排水孔孔数的5%～10%进行抽检，对孔斜超标孔已按照监理工程师要求重新补钻了排水孔，再次验收全部合格。

③所有排水孔孔深都达到或超过设计孔深。

3)坝基排水孔质量评价

①单元工程质量评定。监理工程师对坝基排水孔单元工程进行质量评定，合格率为100%，优良率为92.1%；下游护坦及防冲隔墩基础排水孔，合格率为100%，优良率为86.4%。

②施工质量评价。坝基排水孔钻孔孔斜控制在设计允许范围内，孔深均达到或超过设计底线，已预埋的部分孔口装置均经监理、施工单位质检人员全面试压检查合格。施工质量符合三峡工程质量标准及有关规范和设计要求。

4.9.4 大坝混凝土施工

4.9.4.1 大坝二期工程混凝土施工

(1)大坝混凝土施工难点

大坝混凝土分三期工程施工，施工高峰为二期工程。大坝混凝土施工主要难点如下：

①工程量巨大、工期紧，要求高强度连续施工。初步设计大坝混凝土总量为1608万m^3，为世界已建大坝混凝土量之冠(表4.9.7)。其中大坝二期工程混凝土总量约1200万m^3，控制工期45个月。

②大坝结构复杂，施工难度大。大坝布置的泄洪、排(冲)沙、排漂孔及引水压力管道等共计105条孔(道)，且泄洪坝段三层孔错落布置，钢筋密集、混凝土等级多，金属结构和设备安装等穿插进行。

③混凝土设计主要指标及施工质量要求高，温控难度大。大坝混凝土多为大体积混凝土，须进行严格温度控制；其高强度连续施工的特性，决定了高温季节也要照常施工，从而给预冷混凝土生产、现场温控提出了高难度要求。

④施工干扰因素多，协调难度大。大坝和厂房均分标切块划片施工，标段多，施工队伍多，施工设备多，增加了组织协调与管理的难度。

表 4.9.7　　国内外已建混凝土量大于400万 m³的重力坝特征表

大坝名称	国家	大坝			水库		电站		泄水建筑物总泄量（m³/s）	建成年份
		坝顶长（m）	最大坝高（m）	混凝土量（万 m³）	总库容（亿 m³）	有效库容（亿 m³）	装机容量（万 kW）	年发电量（亿 kW·h）		
三峡	中国	2309.5	181	1605.1	450	165	2250	900	97000～119050	2008
吉绍	印度	680	236	950	18.1		3		23019	1995
阿比丘	美国	469	108	901.6	2.09					1963
福尔瑟姆	美国	3109	104	686.6	12.46		16.2		16056	1956
萨尔达尔萨罗瓦尔	印度	1210	163	670	95	58	145		92000	
龙滩	中国	761.3	192	665.6	162.1		420	156.7		2008
大狄克桑斯	瑞士	695	285	589	4		86.4/170			1962
古里	委内瑞拉	1242	162	528	1350	854	1030.5	510	30000	1986
德沃夏克	美国	1002	219	493	42.8	24.97	106	19.2	5300	1973
克拉斯诺亚尔斯克	俄罗斯	1430	125	442	1693	482	450	226	7100	1964
乌斯季伊利姆	俄罗斯	1477	105	415	594	280	450	219	10000	1979
巴克拉	印度	518	226	413	96.2	71.9	135.4		8122	1963
向家坝	中国	909.3	162	804.12	51.63		600	307.5		2014

注：表中设计主要工程量不包括地下电站和电源电站工程量，不包括机电工程量，包括地下电站进水口预建工程量。

(2)大坝混凝土施工方案选择

针对上述施工难点，为做到优质高效施工，对施工方案进行了研究，比较了缆索起重机方案、胶带机配塔式起重机方案（塔带机方案）、高架门机方案和大型塔机方案，最后集中比较塔带机方案与大型塔机方案。

1)塔带机方案

胶带机供料线与塔带机配合浇筑，并布置3条栈桥配合施工（即在大坝上、下游各布置一条高程50.00m栈桥，大坝下游面布置一条高程120.00m栈桥）。大坝高程120.00m以下混凝土，采用塔带机浇筑，高程50.00m栈桥的高架门（塔）机配合施工；大坝高程120.00m以上混凝土，主要采用高程120.00m栈桥上的大型门（塔）机施工。

该方案优点：生产效率高和造价较低；工厂化施工，质量安全有保证。缺点是：浇筑四级配混凝土时存在骨料分离；砂浆损失；预冷混凝土在运输过程中温度回升快；难以适应同一仓号内不同等级、不同级配混凝土的快速变换要求；属于国内混凝土浇筑的重大创新，尚缺乏施工技术与管理经验；高程 120.00m 以上施工仍需要其他设备。

2)大型塔机方案

布置 4 条栈桥，于坝前、坝后、厂坝间布置三条高程 50.00m 栈桥，及在大坝下游面布置一条高程 120.00m 栈桥。大型塔机先安装在高程 50.00m 栈桥，将大坝混凝土浇筑到高程 120.00m，再转移到高程 120.00m 栈桥，将大坝浇筑到坝顶高程 185.00m。

该方案优点：起吊高度高、起重量大，工作范围广；塔机为自升式，安装容易，工期短；高塔架低栈桥，工程量小，费用低，安装速度快，且大部分布置在坝后，可回收利用；大型塔机可用于安装栈桥，一机多用：国外已有类似塔机，技术上可行。缺点是：虽有的类似塔机，但仍不满足三峡大坝混凝土浇筑的参数要求，且国内外尚无设计、制造和运行成功的先例：大型塔机塔架高，平稳性较门机差；需要两次架设栈桥和起重机，对混凝土施工进度有一定影响。

3)施工方案选定

大坝混凝土施工方案选择按照适应三峡大坝施工特点、保证施工质量和进度、有利缩短工期、设备配置既可浇筑混凝土又能进行金属结构安装、设备技术先进、稳定可靠、便于管理的原则，最后确定大坝混凝土施工采用以塔带机为主、大型门（塔）机及缆机为辅的施工方案。

(3)大坝混凝土施工实施方案

大坝一期工程仅右纵坝段施工使用了 1 台塔带机，其他施工部位均采用门（塔）机；二、三期工程大坝混凝土施工采用以塔带机为主、大型门塔机和缆机为辅助的施工方案，高程 160.00m 以下的混凝土主要采用塔带机浇筑，以上采用位于高程 120.00m 栈桥上的大型门（塔）机施工。二期工程大坝混凝土施工实施方案如下：

1)二期工程大坝混凝土施工机械布置

二期工程河床左侧大坝混凝土施工共布置 6 台塔（项）带机、9 台大型门（塔）机、2 台摆塔式缆机，并配置了 4 台胎带机进行机动支援。另外，施工单位还自带了若干中、小型机械设备。二期工程大坝（含厂房）混凝土施工机械设备平面布置见图 4.9.1，下游立视见图 4.9.2，主要施工机械配置见表 4.9.8。塔（顶）带机布置。泄洪坝段和左厂一7～14 号坝段位于基坑范围内建基面高程较低的部位，坝体高、体积大，且工期紧张。6 台塔（顶）带机布置分别在泄洪坝段的 1 号、7 号、14 号、21 号坝段下块以及左厂 8 号、12 号坝段中块，将上述范围全部覆盖，充分发挥了塔带机高强度浇筑的优势。塔带机浇筑至高程 155.00～160.00m，浇筑量约 740 万 m^3，约占厂坝二期工程混凝土总量的 60%；高程 160.00m 以上为坝顶结构，结构复杂，采用高程 120.00m 栈桥上的门（塔）机浇筑。

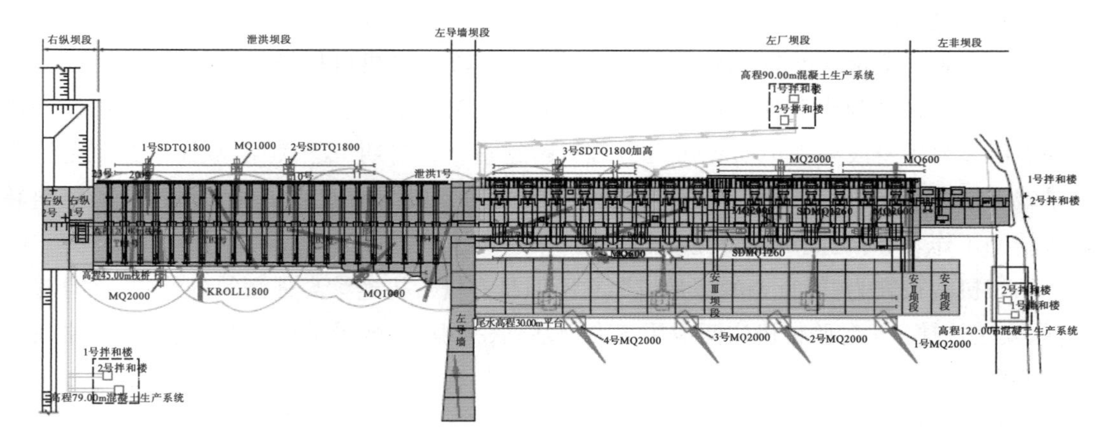

图 4.9.1 二期工程大坝(含厂房)混凝土施工机械设备平面布置图

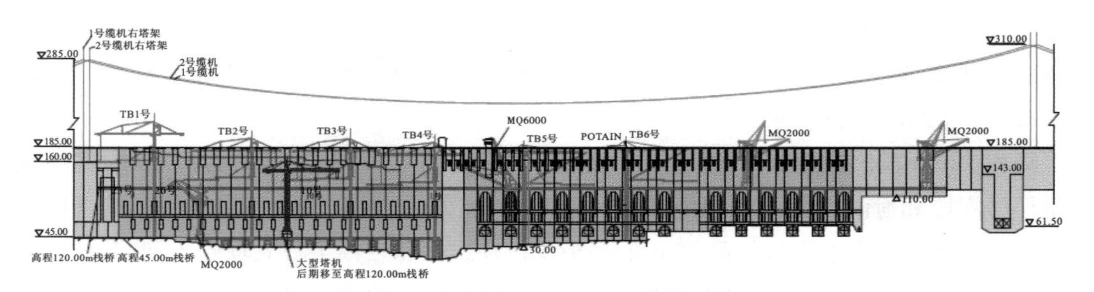

图 4.9.2 二期工程大坝混凝土施工机械设备布置下游立视图

表 4.9.8 大坝二期工程混凝土施工设备配置表

设备名称	型号	数量(台)	安装部位
塔带机	TC2400	4	泄洪坝段
顶带机	MD2200—TB30	2	左厂坝段
高架门机	KQ2000	6	泄洪坝段、左厂坝段、左非 12～18 号坝段
	SDTQ1800	1	泄洪坝段、左厂坝段
金结专用门机	MQ6000	1	厂坝 82m 栈桥
大型塔机	KROLL-1800	1	泄洪坝段
摆塔式缆机	20t×1416m	2	覆盖泄洪左厂坝段
胎带机	CC2200	4	灵活机动

塔带机供料线布置位于坝前和坝后，供料线速度为 3.5～4.0m/s，混凝土在皮带上的运输时间为 3.0～5.0min，高温季节预冷混凝土温度回升 0.8～1.0℃/100m。

门(塔)机布置。位于施工栈桥和施工平台上，施工栈桥共布置 3 座：泄洪坝段下游基坑高程 45.00m 栈桥、大坝下游坡面(距坝轴线 60.5m)高程 120.00m 栈桥、厂坝间高程 82.00m栈桥。在上述栈桥和施工平台上共布置 9 台大型门塔机(7 台 MQ2000 高架门机、1 台 K1800 塔机和 1 台 MQ6000 金结安装专用门机)，主要负责金属结构与机组埋件安装、混凝土浇筑及仓面准备等工作。

缆机布置。缆机跨度为 1416.1m，单台吊重 25t，2 台缆机可抬吊 46t 大件。2 台摆塔式缆机分别布置在坝轴线下游 10m 和 40m 处，主塔设在左非 8 号坝段高程 185.00m 处，副塔设在右纵 2 号坝身段高程 160.00m 处。缆机跨越整个第二期工程大坝，顺流向控制范围为坝轴线上游 15m 至下游 65m。主要负责该范围内的金属结构安装、仓面设备转移、材料转运等辅助工作，同时也浇筑少量混凝土。

胎带机。被誉为“能行走的塔带机”，它不但具有塔带机连续高强浇筑的特点，而且移动灵活、安装快捷。4 台胎带机广泛应用于大坝基础、护坦、盲区等部位，在混凝土施工中发挥了重要作用。

2)施工栈桥

大坝施工共布置三道栈桥。泄洪坝段施工时，在大坝下游高程 45.00m 和坝后坡高程 120.00m 各设一道施工栈桥（简称 45m 栈桥和 120m 栈桥，以下类同）；左右厂房坝段施工时，在厂坝间高程 82.00m 平台布置一道施工栈桥，并在坝后坡布置一道施工栈桥，与泄洪坝段布置的 120m 栈桥连通。

高程 120m 栈桥自左非 13 号坝段一直通至右非 3 号坝段，总长度约为 1850m，贯通左、右岸厂房坝段和泄洪坝段，位于坝轴线下游约 60,5m 处，栈桥上布置高架门（塔）机，行驶载重 20t 的混凝土运输车辆和载重 120t 的平板车。在二期和三期工程大坝施工期间，作为左、右岸连通的交通桥梁、混凝土和金属结构安装件运输通道、高架门机运行轨道；三期工程施工收尾阶段，可作为导流底孔封堵混凝土回填的施工栈桥。此外，还可作为施工期敷设水管、电缆、通信，线路的通道。

(4)大坝混凝土优质快速施工技术

1)塔带机浇筑技术与配套工艺

大坝泄洪坝段横缝间距 21.0m，坝体顺流向最大宽度 126.7m，设 2 条纵缝分三块浇筑混凝土，顺流向宽度 25.0～52.9m，仓面面积 525.0～1110.9m^2；顺流向最大宽度 57.0m，最大仓面面积达 1197.0m。为保证大坝混凝土施工质量，要求混凝土连续入仓，浇筑强度高、难度大。

塔带机将大型塔机与皮带机有机结合，既有塔机的功能，又融合了皮带机的特点，它将混凝土水平、垂直运输及仓面布料功能融为一体，与混凝土供料线配合使用，实现了混凝土从拌和楼到仓面的工厂化、一条龙施工。显著特点是：供料连续性好、强度高，具有仓面布料功能，利于安全文明施工。它简化了生产环节，大大地提高了生产效率，实现了平浇法施工。

塔带机的使用采用“一楼一带一机”配套作业模式，即一条供料线对应一座拌和楼及一台塔带机。为发挥其供料均匀、连续、高强的特性，采取了优化混凝土原材料及配合比、合理配置仓面施工资源、改进浇筑工艺等，形成了一套适合塔带机混凝土浇筑的方法和工艺。

①混凝土原材料及配合比

为防止混凝土拌和物在运输过程中产生骨料分离和破碎，采取降低特大石比例、调整粒径、控制超径等措施。将特大石常规比例由30%降到20%～25%，粒径由80～150mm调整到80～120mm，且严格控制超径石不大于5%，混凝土总胶凝材料用量按不低于160kg/m³控制。

为控制混凝土和易性，保持混凝土坍落度稳定，并减少泌水，砂的细度模数控制在2.6±0.2，含水率控制在6%以内。

采用Ⅰ级粉煤灰。粉煤灰中的“微珠”在混凝土中起“轴承”作用，可改善混凝土的和易性，预防胶带机转接及下料时出现堵料现象。

②拌制预冷混凝土

在总结葛洲坝工程拌制7℃预冷混凝土实践经验基础上，三峡工程首创混凝土拌和系统采用二次风冷骨料新技术。混凝土制冷系统容量达77049kW，是世界规模最大的低温混凝土生产系统。预冷混凝土生产工艺流程见图4.9.3。

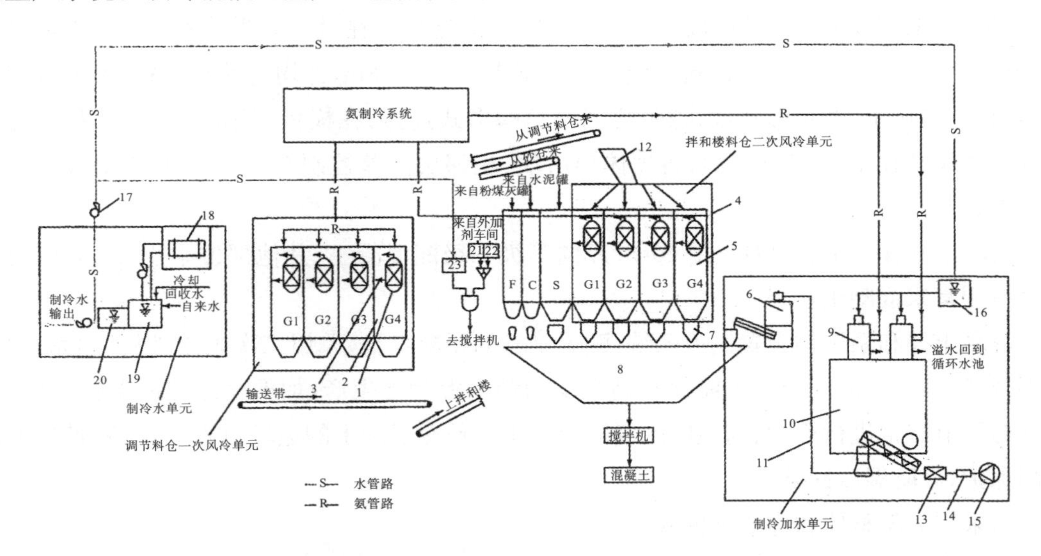

1—空气冷却器；2—骨料调节仓；3—离心风机；4—轴流风机；5—拌和楼料仓；6—调节小冰仓；7—称量器；8—拌和楼集中斗；9—片冰机；10—贮冰库；11—输冰管道；12—喂料器；13—冷却器；14—消声器；15—罗茨风机；16—水箱；17—水泵；18—螺杆冷水机组；19—循环冷却水池；20—冷水池；21—外加剂；22—外加剂；23—拌和用水

图4.9.3　预冷混凝土生产工艺流程图

③混凝土浇筑仓面配套设备

为发挥塔带机连续、高强的供料优势，仓面资源配置应充足而恰当。塔带机虽一定范围的盲区，或操作不熟练导致布料不均匀时，应配置平仓机，一般情况下，仓内布置1台平仓机。塔带机供料能力强，仓面上须配备足够的振捣设备，其振捣能力应按浇筑强度的1.5～2倍配置；应针对浇筑仓的具体情况，采用大功率振捣臂（6～8头振捣器，直径150mm，高度850mm，振频7000～8000次/min，振幅2.8mm）与手持式振捣棒相结合的配套方式；对止水片、止浆片及模板、埋件、廊道周围混凝土，需专人负责，并用手持式振捣棒细心振捣，以保证混凝土的密实性。

大坝钢管坝段仓位(长 40m×宽 25m)一般配置平仓机 2 台、ϕ130 振捣棒 4 台、ϕ100 振捣棒 2 台;实体坝段(长 40m×13.3m 宽)一般配置平仓机 1 台、ϕ130 振捣棒 4 台、ϕ100 振捣棒 2 台。遇特殊部位时,根据需要另配置长柄振捣棒或软管振捣棒。

④混凝土浇筑方法

塔带机具有连续高强度的混凝土供料能力,原则上,应尽量采用平浇法。其坯层覆盖时间控制低温季节应不大于 4～6h,高温季节应不大于 2～4h,平均浇筑强度应不低于 80～120m^3/h。仓号结构复杂、钢筋网密集等条件限制,不适宜高强度施工时,选用台阶法施工,台阶法必须采用较大的台阶宽度(8～10m 以上),台阶数量不宜大于 4 层,浇筑强度应与仓面大小相适应,确保混凝土料不初凝。

⑤混凝土浇筑仓面施工工艺

塔带机采用 9～15m 长的胶带筒下料,为防止混凝土在这一环节产生分离,应重点控制:没有钢筋的仓面,胶带筒卸料口应距仓面不大于 1.5～2m,并均匀移动布料,不得堆积过高;布料条带清晰,有足够宽度,条带之间呈鱼鳞形式连接;在模板周围布料时,卸料点与模板的距离保持在 1～1.5m 以内;将坝体前后块、相邻块高差控制在 6m 之内,创造较好的布料条件。

大坝迎水面 8m 范围内采用 20cm 厚同等级二级配混凝土、其他部位采用 40cm 厚同等级三级配富浆混凝土。

混凝土拌和系统均设置制冷系统,配置足够的预冷容量,采用二次风冷骨料、加冰、加冷水等技术措施,在高温季节也能保持高强度的预冷混凝土生产,加上全过程的温控措施,确保高温季节照常进行连续、高强度的混凝土施工。预冷混凝土的运输过程中,在胶带机上加遮阳保护,以防温度回升。

2)采用大型整体和标准钢模板

为使大坝优质快速上升,确保混凝土内实外光,模板选用采取以下措施:推广使用大型整体钢模板。大坝上下游面、横缝面等无体形变化的平面部位,均要求采用大型悬臂整体钢模板(多卡模板)。优化廊道布置及统一模板。坝内廊道纵横交错、规格各异,逐一立模现浇制约大坝的快速上升。为解决该难题,将不同类型尺寸、不同坡度的爬坡廊道进行优化,尽量做到体形一致,坡度一致,采用统一规格的定型整体钢模板施工。同时,为确保细部质量,廊道排水沟也采用定型模板。

3)大坝混凝土升层厚 3m 浇筑

大坝混凝土施工采用了 3m 升层,以加快进度。采用 3m 升层要解决模板的强度和刚度、夏季温度控制和入仓强度问题。处理模板问题通过 2m 升层多卡模板加高和加固予以解决:温度控制采取了 7℃预冷混凝土,加密冷却水管,个性化通水等措施;混凝土入仓强度则主要采用了拌和楼双口供料方式予以解决。

高温季节混凝土浇筑温度超温率控制在 0.3%以下:最高温度均未超标:浇筑强度平均 80～100m^3/h,最大 180m^3/h:混凝土坯层覆盖时间平均 3.2h。实现了大坝年上升平均高度

60.0m,最高块上升 81.5m。

4)其他技术措施

①推广钢筋机械连接。除有抗震和抗疲劳等有特殊要求的部位外,推广使用钢筋机械连接技术。主要采用的钢筋机械连接方式有钢筋镦粗直螺纹和滚轧直螺纹。钢筋机械连接技术的应用,可降低工作强度,加快备仓时间。

②无盖重固结灌浆。在灌浆试验成功的基础上,利用高温季节交面不宜浇筑基础强约束区混凝土的时机,坝基较大范围采用无盖重固结灌浆,缩短了固结灌浆时间,加快大坝混凝土上升。

③固结灌浆兼帷幕灌浆移至廊道内施工。避免局部施工影响整个工作面上升,同样加快大坝混凝土上升。

④背管浅槽埋设。引水压力管道背管段采取浅槽埋设方式,使大坝混凝土浇筑与引水压力钢管安装、管道钢筋混凝土施工分离,解除对大坝混凝土上升的制约。

⑤简化混凝土品种。大坝设计不同的部位采用不同等级(级配)的混凝土,混凝土品种繁多。施工设计阶段,为方便施工,对混凝土品种进行优化和调整。例如:廊道周边改用与周围同等级的混凝土;局部低等级适当提高,使其与周围混凝土同等级。

⑥间歇期控制。低温季节大坝甲块按 7d 预警,乙、丙块按 10d 预警;厂房一般仓号按 15d 预警。适当的仓面间歇期既有利于浇筑块散热,减少受气温骤降袭击开裂的几率;同时,可以合理调配资源,使坝体整体均匀、薄层、连续上升。

⑦止水(浆)片架立为确保止水(浆)片在混凝土浇筑后满足设计要求埋设的位置和形状,施工中对先浇块安装止水(浆)片采用定型模板架立;对后浇筑块安装止水(浆)片采用定位托架架立(图 4.9.4)。

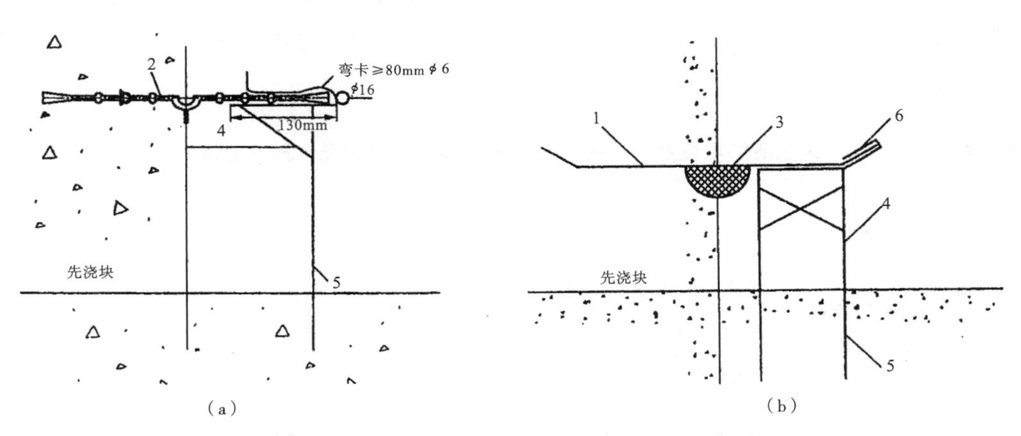

1—水平铜止水片;2—水平塑料止水(浆)片;3—沥青麻绳槽;4—支承托架(铜止水片托架@2~3m;塑料止水片托架 ϕ16@1.5m);5—预埋插筋(ϕ16);6—弯卡(铜止水片弯卡≥5cm;塑料止水片弯卡≥80mmϕ6)

图 4.9.4 止水(浆)片定位托架安装示意图

(5)大坝混凝土温控防裂技术

1)大坝坝体混凝土温控防裂措施

①大坝混凝土温控标准

大坝左厂房坝段横缝间距与机组坝段间距相同,为38.3m,左厂1～13号坝段分为25.0m的钢管坝段和13.3m的非钢管坝段,左厂14号坝段分为25.0m的钢管坝段和20.3m的非钢管坝段。左厂1～5号坝段设1条纵缝,分2块浇筑混凝土,两仓顺流向宽度分别为44.0m及43.4m;左厂6～14号坝段设2条纵缝,分3块筑混凝土,三仓顺流向宽度分别为35.0～42.5m、25.0～44.0m及25.6～43.0m。泄洪坝段横缝间距21.0m,顺流向最大宽度126.7m,设2条纵缝,分3块浇筑混凝土,三仓顺流向宽度分别为25.0～30.0m、39.0～44.7m及47.2～57.0m。基础允许温差:左厂房坝段强约束区为21～16℃,弱约束区为24～19℃;泄洪坝段强约束区为21～14℃,弱约束区24～17℃。大坝混凝土施工上下层温差标准:当坝体下层混凝土龄期超过28d为老混凝土时,其上层混凝土浇筑应控制上、下层温差,对连续上升坝段,且浇筑高度大于0.5L(浇筑仓长边长度),允许老混凝土面上下各1/4范围内上层混凝土最高平均温度与新浇混凝土开始浇筑时下层实际平均温度之差不大于17℃;浇筑块侧面长期暴露或上层混凝土高度<0.5L或非连续上升时,应加严上下层温差标准。大坝坝体最高温度控制标准实质上是控制坝体混凝土内外温度差。对均匀上升大坝坝体浇筑块,其各月坝体混凝土最高温度按表4.9.9控制。

二期工程大坝混凝土浇筑中,对拌和楼混凝土出机口温度、大坝仓面浇筑温度和混凝土最高温度三项指标按设计要求严格控制。大坝基础约束区混凝土,除12月至次年2月按自然温度入仓外,其他月份采用制冷拌和预冷混凝土,出机口温度≤7℃,仓面浇筑温度≤12～14℃;脱离基础约束区后,除11月至次年3月自然温度入仓外,其他月份预冷混凝土出机口温度控制在14℃以下,相应仓面浇筑温度≤16～18℃。并进行初期及中期通水冷却,检测结果混凝土最高温度超标5%左右。

表4.9.9 大坝泄洪坝段及左厂坝段各月坝体混凝土设计允许最高温度 单位:℃

<table>
<tr><th rowspan="2">坝段</th><th rowspan="2">部位</th><th rowspan="2">区域</th><th colspan="5">月份</th><th rowspan="2">备注</th></tr>
<tr><th>12—2</th><th>3、11</th><th>4、10</th><th>5、9</th><th>6—8</th></tr>
<tr><td rowspan="6">泄洪坝段</td><td rowspan="3">泄1～23号坝段第一仓</td><td>基础强约束区</td><td>23</td><td>26</td><td>30</td><td>33</td><td>34</td><td></td></tr>
<tr><td>基础弱约束区</td><td>23</td><td>26</td><td>30</td><td>33</td><td>35</td><td></td></tr>
<tr><td>脱离约束区</td><td>23</td><td>26</td><td>30</td><td>33</td><td>35～36</td><td></td></tr>
<tr><td rowspan="3">泄1～23号坝段第二仓、第三仓</td><td>基础强约束区</td><td>24</td><td>27</td><td>31</td><td>31～33</td><td>31～33</td><td rowspan="3">泄1～7号坝段第二仓,泄1～16号坝段第三仓,5—9月按下限控制</td></tr>
<tr><td>基础弱约束区</td><td>24</td><td>27</td><td>31</td><td>33</td><td>33～35</td></tr>
<tr><td>脱离约束区</td><td>24</td><td>27</td><td>31</td><td>34</td><td>36～37</td></tr>
</table>

续表

<table>
<tr><th rowspan="2">坝段</th><th rowspan="2">部位</th><th rowspan="2">区域</th><th colspan="5">月份</th><th rowspan="2">备注</th></tr>
<tr><th>12—2</th><th>3、11</th><th>4、10</th><th>5、9</th><th>6—8</th></tr>
<tr><td rowspan="6">左厂房坝段</td><td rowspan="3">左厂1～14号钢管坝段及非钢管坝段第一仓
左厂11～14号钢管坝段及非钢管段第二仓</td><td>基础强约束区</td><td>23～24</td><td>26～27</td><td>30～31</td><td>31～32</td><td>31～32</td><td rowspan="3">左厂1～6号钢管坝段及1～7号非钢管坝段按下限控制</td></tr>
<tr><td>基础弱约束区</td><td>23～24</td><td>26～27</td><td>30～31</td><td>33～34</td><td>33～34</td></tr>
<tr><td>脱离约束区</td><td>23～24</td><td>26～27</td><td>30～31</td><td>33～34</td><td>35～37</td></tr>
<tr><td rowspan="3">左厂1～14号钢管坝段第三仓及左厂1～10号钢管坝段及非钢管段第二仓</td><td>基础强约束区</td><td>24</td><td>27</td><td>31</td><td>31～33</td><td>31～33</td><td rowspan="3">左厂1～6号钢管坝段第二仓及第三仓，7～10号钢管坝段及1～10号非钢管坝段挡下限控制</td></tr>
<tr><td>基础弱约束区</td><td>24</td><td>27</td><td>31</td><td>33～34</td><td>33～35</td></tr>
<tr><td>脱离约束区</td><td>24</td><td>27</td><td>31</td><td>34</td><td>36～37</td></tr>
</table>

②大坝坝体混凝土表面保温

大坝施工期内冬春季每月浇筑的混凝土都有可能遭遇降温冲击，新浇混凝土遇日平均气温在2～3d内连续下降温度≥6～8℃时，基础约束区和特殊部位混凝土龄期2～3d以上、一般部位3～5d以上均需进行表面保温。坝体混凝土在气温年变化和气温骤降的同时作用下，无保护时极可能使混凝土表面产生裂缝。大坝施工期内，应视混凝土浇筑的不同月份和不同部位，结束考虑后期通水情况，进行中期通水冷却，并采取表面保护。在冬季对大坝混凝土长期暴露面、孔洞、临时施工缝面分别采用厚1～2cm的发泡聚乙烯卷材料外包编织彩条布作为保温材料，保温效果相对较差，后对大坝上下游坝面采用聚苯乙烯泡沫板（导热系数不大于0.042W/m·k），粘贴于大坝混凝土表面保温，保温效果良好。

2）大坝坝顶混凝土温控防裂措施

坝顶结构复杂，门槽、孔洞较多，大部分为薄壁结构；坝体混凝土浇筑至高程184.80m，其上浇筑20cm找平层，由于坝顶金结设备安装需要，高程184.80m层面一般为长间歇面。结合坝顶结构的特点，采取如下温控防裂措施：

①结构措施：在高程184.80m长间歇面下部50cm范围内浇筑纤维混凝土，聚丙烯纤维掺量为1kg/m³；各类孔口、边角、坝后桥墩与坝体结合处等应力集中部位，边角增设“八字”防裂钢筋；钢管坝段坝前牛腿与坝体结合部位，增设水平防裂钢筋网；坝顶铺装层增设一层ϕ10@20防裂钢筋网；为防止因拦污栅梁系变形，导致与坝体结合部位出现不规则拉裂，其结合部位的混凝土面不凿毛，且应在拦污栅支撑梁侧面和端部设置伸缩缝，梁底铺设可滑动垫层，拦污栅支撑梁与坝体连接的钢筋，应作过缝处理。

②温控措施：坝顶最后两层混凝土（4～6m）初、中期通水采取连续完成，通水结束标准按 18～20℃控制（较一般中期冷却标准少 2℃）；坝顶铺装层按坝段分缝，单个坝段分块尽量减小，施工时把握时机，适时切缝，在冬季来临前完成铺装层混凝土浇筑，以对坝体混凝土加以保护；坝顶风大，混凝土容易失水干裂，坝体混凝土养护采用花管喷洒并辅以人工养护，夏季连续养护，铺装层和路面应采用麻布袋保湿养护。

4.9.4.2 大坝三期工程混凝土施工

(1)大坝三期工程混凝土施工机械配置

大坝三期工程河床右侧大坝混凝土施工的机械设备布置与河床左侧大坝相似，共布置 4 台塔带机、6 台大型门（塔）机 2 台胎带机。另外，施工单位还自带了若干中、小型机械设备。右岸大坝主要施工机械配置见表 4.9.10，施工机械平面布置见图 4.9.5。

表 4.9.10 大坝三期工程混凝土施工机械配置表

设备名称	型号	数量（台）	安装部位	备注
塔带机	TC2400	4	右厂坝段	位于右厂 16 号、19 号、21 号、25 号实体坝段
高加门机	MQ2000	2	右厂坝段	位于坝后 120.00m 栈桥
	SDTQ1800	1	右厂坝段	先位于坝前 58.00m 栈桥，后移至 120.00m 栈桥
	MQ1260	1	右厂坝段	先位于 120.00m 栈桥，后移至厂坝间 82.00m 栈桥
大型塔机	KROLL-1800	1	右厂坝段	先位于坝前 58.00m 栈桥，后移至 120.00m 栈桥
金属结构专用门机	MQ6000	1	厂坝 82.00m 栈桥	用于大型机组埋件吊装
胎带机	CC2200	2	右岸厂坝	

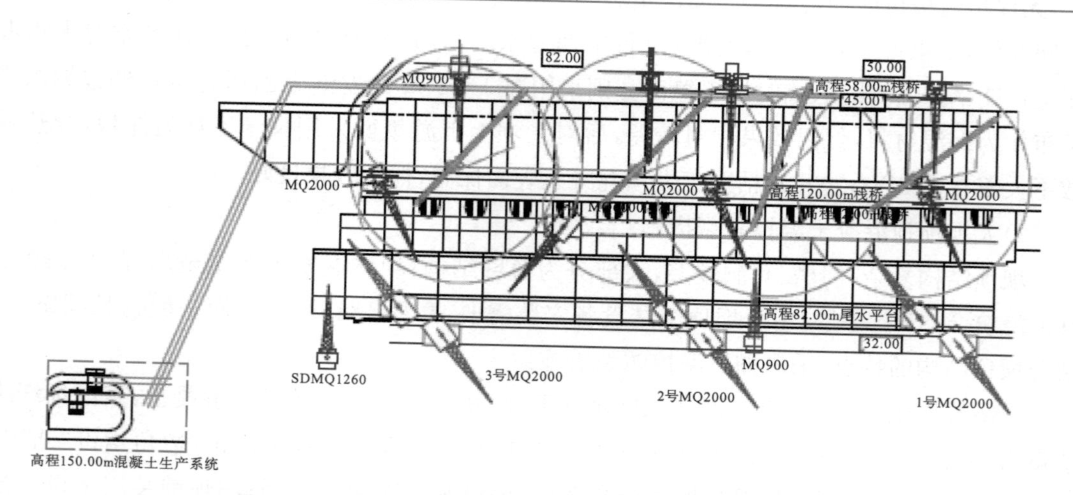

图 4.9.5 大坝三期工程混凝土施工机械设备平面布置图

(2)塔带机布置

4 台塔带机分别位于右厂 16 号、19 号、21 号和 25 号坝段的实体坝段中部（塔带机编号分别为10号、9号、8号、7号），距坝轴线下游42m处，主要用于高程160.00m以下大体积混凝土的浇筑。高程160.00m以上的混凝土由位于120.00m栈桥上的门塔机浇筑到坝顶。塔带机供料线通过右非高程160.00m布置在坝前。

(3)门塔机布置

施工初期，门塔机布置于坝前高程58.00m、103.00m平台，主要用于初、中期混凝土浇筑、仓面辅助作业、坝内埋管段吊装等；同时，在厂坝间82.00m栈桥上加装了MQ1260门机，用于辅助坝后一线钢管吊装及管槽混凝土浇筑，并支援坝后厂房施工。中后期，门塔机主要布置于高程120.00m栈桥，主要用于施工高程160.00m以上坝顶结构及坝后背管。混凝土主要由高程150.00m拌和系统供应，混凝土粗、细骨料均由下岸溪人工骨料加工系统生产。

(4)混凝土优质快速施工技术

大坝三期工程混凝土优质快速施工技术同二期工程。

(5)大坝三期工程混凝土温控防裂技术措施

1)优化大坝混凝土配合比，提高混凝土抗裂能力

大坝混凝土配合比设计中选用具有微膨胀性的强度等级为42.5的中热水泥。掺用缓凝高效减水剂和引气剂，在满足混凝土标号及抗冻、抗渗、极限拉伸值等主要设计指标前提下，尽量增大Ⅰ级粉煤灰掺量，降低水胶比，并要求满足混凝土匀质性指标及强度保证率，改善混凝土性能，提高混凝土抗裂能力。三期工程大坝混凝土极限拉伸值较一、二期大坝混凝土有所提高，28d龄期极限拉伸值由0.80×10^{-6}提高至0.85×10^{-6}，90d龄期极限拉伸值由0.85×10^{-6}提高至0.88×10^{-6}。

2)控制大坝坝块混凝土最高温度

①大坝混凝土浇筑仓面大、强度高，采用塔带机为主、门塔机为辅的施工方案。为控制坝块混凝土最高温度不超过设计允许的最高温度，需采取降低混凝土浇筑温度、合理的层厚及间歇期、初期通水等措施。严格控制混凝土运输时间和仓面浇筑坯层面覆盖前的暴露时间。混凝土运输机具设置保温设施，使高温季节混凝土自拌和楼出机口运至仓面浇筑坯层被覆盖前的温度回升率不大于0.25，设计对三期工程大坝混凝土施工塔带机胶带（长800～1050m）输送预冷混凝土温度回升率进行分析计算，温度回升4～6℃，回升率为0.17～0.18，与测试结果基本一致。

②在高温季节或较高温月份浇筑大坝混凝土时，采用预冷混凝土。基础约束区混凝土浇筑除冬季12月至次年2月自然入仓外，其他季节浇筑温度均不得超过12～14℃（相应的拌和楼出机口混凝土温度为7℃）；脱离基础约束区混凝土11月至次年3月自然入仓，其他季节不得超过16～18℃（相应的拌和楼出机口混凝土温度不大于14℃）。夏季浇筑能力要适应入仓强度要求，避免在中午高温时间浇筑。高温季节浇筑混凝土表面采取流水养护措施，可使混凝土早期最高温度降1.5℃左右。

3)大坝基础约束区混凝土避开在夏季浇筑

大坝混凝土温度应力计算,结果表明,若在夏季浇筑基础约束区混凝土则坝体水平受拉区范围较大,坝段各块基础约束区都呈受拉状态,大于 1.0MPa 的拉应力在距基岩面 8.0~10.0m 的区域,最大值均发生在距基岩 1.0m 的部位,即第 1 层 2.0m 厚的混凝土内;坝段各块水平拉应力较大,后期通水结束后,坝段第 3 块(丙块)基岩面附近的最大水平拉应力均为 2.1MPa,稳定温度时的最大水平拉应力为 1.9MPa,混凝土存在产生裂缝的风险。因此,浇筑大坝基础约束区混凝土应安排在 8 月份以后。设计针对大坝基础岩体的特点,在总结二期工程大坝坝基采用浇筑找平混凝土(厚 0.3m 左右)封闭式固结灌浆实践经验的基础上,三期工程大坝建基岩体大部采用浇筑找平混凝土封闭式固结灌浆,对建基岩体裂隙发育及边坡部位采用引管进行有盖重固结灌浆。2003 年 6—9 月完成了大坝坝基固结灌浆,为 10 月份大面程浇筑基础约束区混凝土创造了条件。2004 年 5 月,混凝土全部脱离基础约束区。

4)大坝混凝土浇筑采取合理的浇筑层厚及间歇期

大坝基础约束区一般在 11 月至翌年 3 月采用的浇筑层厚为 1.5~2.0m,4—10 月采用的浇筑层厚为 1.5m;脱离基础约束区一般的浇筑层厚为 2.0m。三期工程大坝非约束区混凝土浇筑层厚经过温控分析计算后,采用全年 3.0m 层厚,使大坝混凝土提前半年于 2006 年 5 月全线浇筑至设计高程 185m。温控措施为:

①在 3.0m 浇筑层中埋设水管(间距 1.5m×1.5m)。

②12 月至翌年 2 月浇筑混凝土自然入仓,浇筑温度不高于 10℃,初期通江水进行冷却;3 月和 11 月控制混凝土浇筑温度不高于 14℃,4 月和 10 月浇筑温度不高于 16℃,5—9 月浇筑温度不高于 18℃,初期通水 6~8℃的制冷水进行冷却。

③3.0m 层厚混凝土浇筑时层间间歇采用 9~10d,在备仓保证的情况下可适当缩短层间间歇期。应严格控制大坝大体积混凝土浇筑的层间间歇期和墩、墙等结构混凝土层间间歇期不应少于 3d,也不宜大于 10d。

5)控制大坝混凝土施工程序并合理安排施工进度

①基础约束区混凝土、排漂孔、尾水管及排沙孔等重要结构部位,在设计规定的间歇期内连续均匀浇筑上升,不得出现薄层长间歇期;其余部位基本做到短间歇连续均匀地浇筑上升。

②相邻的浇筑块高差不大于 6~8m,相邻坝段高差不大于 10~12m。

6)大坝混凝土浇筑层面长间歇期面的防裂措施

大坝右厂房坝段的钢管坝段,由于钢管安装及其备仓等原因,有些浇筑层面的间歇时间较长,如右厂 15~20 号钢管坝段甲块高程 106.5m 层面的浇筑间歇期约为 60d,右厂 21~25 号钢管坝段甲块高程 106.5m 层面的浇筑间歇期约为 40d。对长间歇浇筑面采取的防裂措施如下:

①长间歇面层 50cm 厚浇筑纤维混凝土。在长间歇面浇筑层的最后一个坯层(厚 50cm)的混凝土中掺 1kg/m^3的聚丙烯纤维。

②大坝上游面 4.0m 范围和坝块顺水流向中部 1/3 坝块面积布置一层钢筋网。大坝上游面 4.0m 范围内沿坝轴线方向的钢筋采用 ϕ25@20,顺流方向的钢筋为 ϕ22@20(交错布置);坝块顺水流向中部 1/3 坝块面积布置的钢筋网为 ϕ25@20,顺水流方向相邻钢筋错距为 1.0m。钢筋网距坝块边线的距离为 5cm,距收仓面顶面的距离为 6cm。

7)大坝混凝土通水冷却

①初期通水。对于采用预冷混凝土浇筑坝体时,在高温季节最高温度仍可能超过设计允许值者。应采取初期通水冷却措施以削减混凝土最高温度(据计算,坝体设计允许最高温度在 6—8 月小于或等于 33℃,5 月和 9 月时小于或等于 31℃,相应月份的混凝土浇筑温度为 12～14℃,均需进行初期通水冷却)。对于基础约束区部位,当高温季节采用预冷混凝土浇筑时,最高温度未超过设计允许值部位也宜进行初期通水冷却,以确保坝体最高温度在允许范围内。初期通水应采用 6～8℃的制冷水,通水时间为 10～15d,并在混凝土收仓后 12h 内开始通水,且单根水管通水流量不小于 18L/min。

②中期通水。对于高温或较高温时段浇筑的大体积混凝土,应进行中期通水,以削减坝体混凝土的内、外温差。中期通水开始时间如下:凡当年 5—8 月份浇筑的混凝土,应于 9 月开始进行中期通水;4 月及 9 月份浇筑的,于 10 月初开始进行中期通水;10 月浇筑的混凝土于 11 月初开始进行中期通水。中期通水采用江水进行,通水时间为 1.5～2.5 个月,以混凝土块体温度达到 20～22℃为准,单根水管通水流量应达到 18～25L/min。

③填塘、陡坡部位通水。在混凝土收仓 1～2d 后进行通水冷却,通水类别根据季节及进度要求采用制冷水或江水,4—10 月一般采用 8～10℃制冷水,其余季节采用江水,通水时间以混凝土块体达到或接近基岩温度(18～20℃)为准。单根水管通水流量不小于 18L/min。

④"个性化通水"和初、中期通水细化。初期通水的作用是降低大坝混凝土的早期最高温度,控制混凝土最高温度不超过设计允许的最高温度。中期通水是将大坝混凝土温度在进入低温季前降至 20～22℃,以减小内外温差,防止冬季大坝混凝土遇寒潮而产生裂缝。设计通过对一、二期工程大坝混凝土产生裂缝的原因分析后认为,大坝混凝土在进入低温季后冷却至 20～22℃,冬季遭遇气温骤降仍使大坝混凝土内外温差过大,尤其是保温不及时而产生裂缝。为此,三期工程大坝混凝土通水冷却对初期和中期通水进行了深入研究和细化,并推行"个性化通水"方案:对高标号、高流态混凝土等个别水泥用量较多的部位埋设测温管,采用加密布置冷却水管,并在初期实施了大流量通水(25～30L/min),待最高温度出现后改为小流量通水(18～20L/min)的冷却措施,有效控制大坝内部混凝土最高温度,并防止对混凝土冷却过速。初、中期通水分季节区别。在高温季浇筑的混凝土初、中期通水分别进行,并将初期通水时间延长 5～10d,适当降低最高温度。对 9 月份以后浇筑的混凝土则初、中期通水连续进行。在做好混凝土表面保温工作的同时,将中期通水时间提前 10d 开始,将越冬坝体混凝土温度由 20～22℃调整为 18～20℃。

8)大坝混凝土表面保护

大坝暴露面大,坝址气温骤降频繁,更突出了表面保温的重要性。为此,根据设计表面保护标准确定不同部位、不同条件的表面保温要求。并重视基础约束区、上游面及其他重要结构部位的表面保护。尤其应重视防止寒潮的冲击。所有混凝土工程在最终验收之前，还必须加以维护及保护，以防损坏。浇筑块的棱角和突出部分应加强保护。三峡三期工程大坝各部位主要保温要求：临时暴露面，如大坝横缝侧面、仓面仍采用聚乙烯塑料卷材外套彩条布保温材料，但厚度由原来的1.5～2.5cm改为2.0～3.0cm。大坝上、下游面为永久暴露面，采用聚苯乙烯泡沫板（导热系数不大于0.042W/m·k），粘贴于混凝土表面保温。大坝上游面高程98.0m以下及基础约束区，外贴厚5.0cm的聚苯乙烯板，其余部位外贴厚3.0cm的聚苯乙烯板；大坝下游面及需经历1个冬季的钢管槽侧墙等部位，外贴厚3.0cm聚苯乙烯板。对孔口异性部位采用喷聚氨酯（厚1.5cm）发泡保温。冬季浇筑的混凝土，收仓后3～5d进行保温。

9）大坝混凝土养护

养护一般应在混凝土浇筑完毕后12～18h及时采取洒水或喷雾等措施，使混凝土表面经常保持湿润状态。对于新浇筑混凝土表面，在混凝土能抵御水的破坏之后，立即覆盖保水材料或其他有效方法使表面保持湿润状态。混凝土所有侧面也应采取类似方法进行养护。混凝土连续养护时间不短于28d。

10）大坝混凝土施工监控实行天气、温度控制、间歇期三个预警制度

三峡总公司工程建设部在大坝混凝土施工监控方面，创造性建立天气、温度控制、间歇期三个预警制度。

①天气预警。高温与气温骤降预警、降雨预警、雷电大风预警。三峡总公司气象预报中心每天全天候向各施工、监理、设计单位有关人员发布气象信息，合理安排大坝混凝土施工和科学落实温度控制及防裂措施。

②温度控制预警。混凝土浇筑温度回升过快预警，敦促拌和楼骨料预冷系统加强控制，确保骨料预冷效果；实测仓面浇筑温度距设计允许值2～3℃预警，敦促现场加强保温被覆盖、启动喷雾、加快混凝土入仓强度等，且连续3点超温实行停仓制度；通过测温管监测，混凝土初期水化热温升过快或最高温度距设计允许值2～3℃预警，采取加大通水流量、仓面流水养护、优化混凝土配合比等措施。

③层间间歇预警制度。低温季节大坝甲块按间歇7d预警，乙、丙块按10d预警。通过控制层间间歇期，可以合理调配资源，使大坝整体均匀薄层连续上升。适当的间歇期既有利于浇筑块散热，同时可减少受气温骤降袭击的机会，控制相邻坝块高差，有利于纵缝张开进行接缝灌浆。

4.9.5 三峡枢纽工程质量检查专家组对工程质量评价

4.9.5.1 一期工程

一期工程实施在质量检查专家组成立之前，不在质量检查专家组评价范围。1997年9月28日三峡建委组织了大江截流前枢纽工程验收组，对一期工程进行了检查和验收，验收

组审议认为“三峡工程5年的建设中，施工形象进度达到了初步设计预定的目标，工程质量总体良好”。

4.9.5.2 大坝和电站厂房质量评价

(1)坝基及电站厂房地基开挖与基础处理质量

大坝与电站厂房建基于闪云斜长花岗岩微新或弱风化下部岩体，岩体坚硬完整，强度高，透水微弱，抗压强度75～100MPa，变形模量15～40GPa，平均波速大于5000m/s。

大坝与电站厂房基础开挖总量为2150万m^3，施工高峰发生在二期工程，高峰强度达80万m^3/月，三期工程开挖强度达40万m^3/月以上。基础开挖量的70%为岩石。

开挖过程中严格控制单响药量。岩石开挖采用梯段爆破、边坡预裂和保护层光面爆破。大坝建基面平整度按±20cm控制。

对主要断层、深风化槽、缓倾角裂隙和开挖卸荷等地质缺陷，采用挖除、回填混凝土、混凝土塞与加强固结灌浆等措施处理。常规固结灌浆范围为坝踵及坝趾各1/4坝底宽范围，采用32.5号普通水泥灌注，要求灌后基岩压水透水率<3Lu，基岩平均弹性波速不小于5000m/s。

对左厂1～5号坝段及右厂24～26号坝段缓倾角结构面作了特殊地质勘探，采取了多项综合工程措施，以保证抗滑稳定安全。

质量检查专家组认为：坝基及电站厂房地基开挖与基础处理施工质量优良。

(2)坝基渗控工程质量

大坝及电站厂房二期、三期工程主防渗帷幕平均透水率和平均单位注浆量(水泥)列入表4.9.11。

表4.9.11 大坝及电站厂房二期、三期防渗帷幕成果汇总表

工程	孔序	平均透水率(Lu)	平均单位注入量(kg/m)
二期工程	Ⅰ	0.513	20.72
	Ⅱ	0.289	8.25
	Ⅲ	0.227	5.97
三期工程	Ⅰ	1.18	26.6
	Ⅱ	0.41	7.2
	Ⅲ	0.27	3.0

从帷幕灌浆的施工及质量检查的情况进行分析：随孔序、排序的加密，基岩压水试验透水率和单位注入量递减明显；对涌水孔段、大坝左厂1～5号坝段缓倾角裂隙区、泄洪坝段深槽部位等地质复杂部位都进行了加强灌浆处理；并按帷幕灌浆总工程量的10%布置了质量检查孔，做了压水试验，透水率均满足小于1Lu的要求。单元灌浆工程质量合格率100%，优良率83%(二期工程)～90%(三期工程)。

蓄水至156m高程后，坝址总渗流量为3704L/min，其中左岸大坝和厂房渗流量422L/min，右岸大坝和厂房渗流量为400L/min，船闸基础廊道渗流量2882L/min，远小于设计排水量。左、右岸大坝坝基扬压力系数均小于设计值。质量检查专家组认为：坝基渗控工程质量优良。

(3)混凝土工程质量

1)混凝土浇筑

①大坝及电站厂房二期工程在1999年、2000年、2001年连续三年分别浇筑混凝土450万m^3、543万m^3和403万m^3，创造了世界纪录。二期大坝和厂房工程混凝土总量1238万m^3，其中塔带机浇筑混凝土740万m^3，约占60%。三期大坝和厂房工程混凝土总量570万m^3，其中塔带机浇筑混凝土318万m^3，占55.8%。单台塔带机最高月浇筑强度达6.47万m^3，瞬时小时强度达200～240m^3/h，平均小时强度80～150m^3/h，满足了快速施工的要求。实践证明选用以塔带机为主的浇筑设备是正确的，可将混凝土水平运输、垂直运输和仓面布料功能融为一体，实现了连续、均匀、高效的施工，达到了国内外大坝浇筑的先进水平。

②仓面平仓振捣工艺：大坝混凝土浇筑以塔带机为主，一般情况下，仓内仅布置1台平仓机。振捣能力按浇筑强度1.5～2.0倍配置，主要采用大功率振捣臂(ϕ150mm×850mm、振频7000～8000次/min、振幅2.8mm)，HIB1130型手持式振捣棒和ϕ100型手持式振捣棒，并配置布料机作为塔带机浇筑盲区的补充。

③浇筑方法有平浇法和台阶法，二期工程大坝及电站厂房施工初期采用平浇法比例较低，以后提高至70%～80%。三期工程采用平浇法较多，厂房采用平浇法比例达到87%～91%。为满足层间结合要求，在大坝迎水面8m范围内采用20cm厚同标号二级配垫层混凝土，其他部位采用40cm厚同标号三级配垫层混凝土代替砂浆。

二期工程初期，由于经验不足，在1999—2000年度的塔带机浇筑中存在以下问题：

一是塔带机仓面下料快、料堆高、骨料分离较严重，主要采用振捣器平仓，易出现漏振。

二是仓面设备配置不足，缺少平仓机和振捣机，主要用小功率手工振捣棒，难以满足浇筑强度。

三是浇筑仓面监理旁站不到位、夜间更差。当布置有水平钢筋网时，容易产生振捣不密实现象。2000年出现的泄洪坝段10～16号坝段下块导流底孔底板下部混凝土质量问题，与此有关。

出现以上问题后，在质量检查专家组的批评监督下，三峡总公司采取多项措施：制定了《使用塔(顶)带机浇筑大坝混凝土铺料方法的规定》，在高温季节(6—9月)规定500m^2以下仓面采用平铺法；制定《三峡混凝土工程止水(浆)片施工技术要求》,《三峡工程建筑物过流面及永久外露面模板施工工艺技术要求》等技术规定，以及全面推行仓面设计制度，严格执行混凝土温度控制措施等。为保证铺料厚度、平仓和振捣有序，在仓面四周划出坯层高程线，增加平仓机、振捣机和ϕ130mm振捣棒。在右岸三期工程的混凝土施工中，浇筑质量更有明显提高，得到了专家组的好评。

④采用3m升层：三期工程大坝混凝土施工，为了加快施工进度，经研究决定在钢管坝段和压力钢管背管部位采用3m升层施工方案。为保证混凝土浇筑质量，采取以下措施：增强模板的稳定和刚度，加强温控管理，保证入仓强度不低于$120m^3/h$和覆盖时间≤4h。

⑤泄洪深孔施工：深孔抗冲磨混凝土强度等级为C40D250S10和C45D250S10，胶材用量高、水化热温升大，浇筑后出现不少Ⅰ、Ⅱ类裂缝。经室内和现场生产试验引用X404高效减水剂，使单位胶材用量减少47kg，混凝土温度降低6℃，且坍落度损失小、强度高、极限拉伸值大和抗冻性好。混凝土出现裂缝现象明显减少。

2)混凝土温控防裂

①二期工程：在大坝混凝土浇筑中，对出机口温度、浇筑温度和混凝土最高温度三项指标按设计要求严格控制，对基础约束区，除12月至次年2月以自然温度入仓外，其他季节出机口温度控制在≤7℃，浇筑温度≤12～14℃。脱离基础约束区后，除11月至次年3月自然入仓外，其他季节出机口温度控制在14℃以下，相应浇筑温度≤16～18℃。并进行初、中期通水冷却。根据检测结果超温率总体小于15%，混凝土最高温度超标为5%～10%，温控取得较好成效。在冬季对混凝土永久暴露面、孔洞、临时施工缝面分别采用1～2cm厚的发泡聚乙烯卷材外包编织采条布作为保温材料，效果相对较差。

②三期工程：对三期工程混凝土的温控防裂采取更高的标准、更严的要求，创造了一流工程质量。

首先，合理安排施工进度，大坝基础约束区混凝土安排在2003年10月至2004年5月的低温季节内施工。其次，切实加强每一个环节的温度控制措施，并严格检查，执行有力。第三，对永久暴露面改用聚苯乙烯板保温，防裂效果显著。上述措施取得了很好的效果。右岸大坝和厂房2003年至2006年高温季节浇筑的混凝土出机口温度合格率达到98.7%，浇筑温度的合格率达到99.7%。特别是右岸大坝和厂房混凝土的最高温度合格率接近100%。2005年夏季右岸大坝浇筑3m层厚混凝土136仓，共26万m^3，其实际最高温度比设计标准低3～5℃。导流底孔封堵最高温度合格率也达到100%。

3)接缝灌浆

①接缝灌浆施工：三峡工程接缝灌浆总面积约49.37万m^2。均安排在每年12月至次年3月的低温季节进行接缝灌浆。

三峡总公司统计资料表明：二期工程的横缝平均张开度1.72mm，单位注入量$5.33kg/m^2$；纵缝平均张开度1.97mm，单位注入量$5.72kg/m^2$。三期工程的横缝平均张开度1.76mm，单位注入量$3.72kg/m^2$；纵缝平均张开度2.57mm，单位注入量$4.05kg/m^2$。接缝灌浆完成28日后按灌区总数的5%抽查质量，重点检查施工有异常的灌区。以钻孔取芯、压水检查为主，并结合孔内录像等手段进行综合性检查。

②接缝灌浆施工质量评价。二期工程：混凝土施工造成的缺陷是影响接缝灌浆施工进度和质量的主要原因。检查发现部分灌区灌浆注入量偏大，主要集中在导流底孔底板下块的第5灌区，有10个灌区的单位注入量达$20.50～32.31kg/m^2$，分析原因是导流底孔底板

下块局部混凝土不密实，止水片埋设不规范，造成多个灌区串通或串通坝体排水槽，直接影响接缝灌浆质量。

灌浆施工异常情况均按规定要求进行了处理，处理后钻孔取芯可见水泥结石充填密实、胶结良好，压水试验透水率在1Lu以下。左非、左厂和泄洪坝段的接缝灌浆合格率99.8%～100%，优良率64.7%～86.2%，总体质量满足设计要求。

三期工程：接缝灌浆施工中灌区外漏、串通情况较少，较二期工程大为改善，未出现异常情况。钻孔检查芯样获得率在98%以上，绝大部分缝内水泥结石充填密实，胶结良好。压水试验检查全部一次合格，透水率为0～0.02Lu，表明接缝灌浆质量良好。

纵缝灌浆后再张开问题：监测资料表明，二期工程泄洪坝段、左岸厂房坝段，坝体纵缝在完成接缝灌浆后均有不同程度的增开现象。

质量检查专家组认为：大坝二期工程接缝灌浆质量总体优良，三期工程接缝灌浆质量优良。

4)电站厂房混凝土施工

①混凝土浇筑：混凝土浇筑以MQ2000门机为主。左岸厂房混凝土局部采用了石门双膨胀中热42.5水泥。右岸电站厂房蜗壳二期混凝土主要采用了低热42.5水泥。厂房混凝土主要采用平浇法施工，部分采用台阶法。

厂房肘管浇筑方式：肘管底部第一层混凝土厚约50cm，下料振捣困难，第一坯层采用泵送二级配混凝土，第二坯层以上采用自密实一、二级配混凝土，第二层以上采用平浇法，门机入仓，以上均用三级配混凝土浇筑。为保证混凝土与钢衬紧密结合，左岸厂房肘管钢衬采取了钻孔灌浆措施，但可灌性较差；右岸厂房肘管钢衬改用了拔管回填灌浆措施，灌后敲击检查，拔管灌浆的部位满足质量要求。

厂房尾水肘管顶部设置了封闭块，封闭块回填在11月至次年3月进行，两侧混凝土龄期在1个月以上，封闭温度20～23℃，层间间歇5～7d。

②背管混凝土施工：坝后背管采用钢衬钢筋混凝土联合受力结构，河床坝段在下游坝面留浅槽布置背管，岸坡坝段背管布置在岩槽内。钢衬与外包混凝土之间作回填灌浆。外包混凝土(C25)厚度为2m，浇筑采用定型钢模板。背管底部采用高流态混凝土，上弯段、下弯段和上平段钢衬底部100范围进行回填灌浆，灌浆孔采用塑料拔管形成。

坝后钢管外包混凝土采用门机吊卧罐配溜筒或侧卸车＋MY·BOX配溜槽入仓。多采用平浇法浇筑，右岸在高程120m栈桥未贯通前，部分采用门机＋泵送混凝土入仓方式。

对厂房坝段钢管槽部位温控提出了严格要求，槽底采用2cm厚保温被保温，整个冬季侧面采用3cm聚苯乙烯板保温，其他用3cm保温被保温；高温季节用6～8℃制冷水进行初期通水。2002年底，在左厂1～10号背管发现不同程度的环向或非环向不规则裂缝。三期右厂背管裂缝较少。

③主厂房免装修墙混凝土施工：主厂房外墙面高程82.0m以上、内墙75.3m以上部位为清水墙混凝土(免装修墙面)，平整度要求在2.0m范围内误差±3mm，绝对误差不大于

20mm。厂房外露墙体全部采用大型悬臂模板，主厂房下游外墙面采用 WISA 模板，在模板上设置角钢收仓样架，每仓画出坯层线，定位锥采用拉线调平调直，保证混凝土面定位锥孔成一条线。使用手持振捣器并进行复振，浇筑后外观效果较好。

由于重视混凝土墙体规格和外观质量，采用精细的工艺，模板施工质量良好，至三期施工时，已基本消除了常见的错台、挂帘、蜂窝和麻面等表面质量缺陷，混凝土墙面质量达到了较高水平。

④右岸电站厂房大二期坑混凝土浇筑：主厂房下部高程 50m 以下混凝土浇筑，由于机组埋件供货滞后，为不影响厂房浇筑，设计将高程 42m 以下大体积混凝土改为"预留大二期坑"的浇筑方式，同时设置了宽槽：即将Ⅰ、Ⅱ、Ⅲ区间原错缝改直缝浇筑，Ⅰ、Ⅲ区可预先上升，预留Ⅱ区。在Ⅱ、Ⅲ区分界的Ⅱ区混凝土内预留了宽 1.20m、长 38.3m、深 8m 的宽槽。对宽槽回填制定了温控措施和技术要求。宽槽两侧混凝土龄期 4～6 个月，宽槽内埋设冷却水管，通制冷水（10～12℃）冷却，中、后期冷却至 18℃。2004 年 4 月 10 日完成宽槽回填。

⑤蜗壳外包混凝土施工：左岸厂房蜗壳二期混凝土全部采用保温保压浇筑方案，并于 2000 年 12 月 29 日开始浇筑 4 号机组蜗壳二期混凝土。单机混凝土量约 11000m^3，施工质量良好，蜗壳及二期混凝土工作性态正常。

右岸厂房蜗壳二期混凝土采用保温保压、设垫层和直埋三种方式浇筑以资对比。混凝土浇筑时段为 2003 年 1 月至 2007 年 8 月。其中 15 号机为直埋浇筑，17 号、18 号、25 号、26 号机组设"垫层"浇筑，其余机组为保温保压浇筑。设计要求分 6 层浇筑，施工时改为 5 层，并埋设冷却水管通水冷却。11 月至次年 3 月用常温混凝土入仓，4—10 月用 7～14℃低温混凝土入仓。设计允许最高温度为 31～33℃。在蜗壳底部、座环基础环阴角部位采用自密实混凝土，并进行回填灌浆。三期右岸厂房蜗壳二期混凝土回填灌浆量较二期左岸厂房量大。左岸回填灌浆水泥耗用量单耗为 454～5517kg，平均值为 3396kg，右岸回填灌浆水泥耗用量单耗为 5326～29298kg，平均值为 14245kg。这是由于对蜗壳底部及座环基础环阴角部位采用不同浇筑方法引起的。

⑥下游副厂房结构缝漏水处理：左岸下游副厂房施工后，在下游基坑充水前发现在高程 44.0m 廊道和结构缝部位有多处渗水。2002 年 7 月经对漏水结构缝进行钻孔压水检查，查明分缝处垂直和水平止水有缺陷。因此对高程 61.24m、55.48m、49.72m 层 5 条结构缝，进行了嵌缝灌浆处理；在高程 82.0m 尾水平台对 6 条结构缝进行钻孔灌浆处理。灌浆材料采用 LW-Ⅱ水溶性聚氨酯化学材料。同时在高程 44.0m 交通及操作廊道采取了渗水引排措施，下游副厂房结构缝渗漏基本得到解决。

2005 年 10 月对右岸厂房 15～18 号机组段结构缝止水槽高程 42.5～67.35m 部位压水检查，漏水量为 0；2005 年 11 月，对 19～26 号机组标段结构缝止水槽高程 42.5～67.35m 部位压水检查，其中有 17 条止水槽漏水，随即进行化学灌浆（LW 浆材）。对高程 50.0m 以下的结构缝也做了化灌处理。

5)混凝土工程质量评价

①原材料和拌和物质量检测：三峡工程的原材料、拌和物质量检测和机口试件强度检验，采用施工单位自检、监理单位抽检(10%)，以及总公司试验中心全面检验控制三种方式。混凝土原材料品质一直处在良好的受控状态中，尤其是人工砂细度模数和表面含水率长期稳定。

②强度检验指标：大多数混凝土抗压强度均超强。总公司试验中心有全面系统的试验成果报告。对二期工程，标准差 4.0～5.9，强度保证率 96.9%～99.9%；对三期工程，标准差 3.0～5.9，强度保证率 97.9%～99.9%。

③大坝混凝土密实性检查：检查项目有钻孔压水试验、芯样抗压强度和容重、芯样获得率、芯样外观鉴定，以及孔内声波测试和电视录像。

上游防渗层钻孔压水试验要求混凝土透水率≤0.1Lu，其他部位要求混凝土透水率≤0.3Lu。实际钻孔压水试验混凝土透水率均小于标准要求。

二期工程：除泄洪坝段高程 90m 以下的混凝土在少数Ⅲ类孔范围内进行了灌浆处理外，其余部位均满足要求。高程 90m 以上的混凝土密实性和浇筑质量更有明显提高。

三期工程：对大坝混凝土密实性质量检查和混凝土浇筑施工质量过程控制更为严格，无异常情况。

综上，二期、三期大坝混凝土密实性质量检查均达到标准要求。

④大坝监测情况：各项监测成果表明：左、右岸大坝的位移变形、应力、应变、基础渗流量和扬压力值等均符合设计规定，在蓄水 135m 和 156m 运行期，大坝运行正常。

⑤大坝基础廊道混凝土外观质量。质量检查专家组认真检查坝内廊道外观质量，这是直接反映浇筑质量的一个指标，以大坝高程 49m 基础灌浆排水廊道中间一段为例，该段廊道中间 68m 位于纵向围堰坝段，属一期工程范围：左侧是泄 22、泄 23 等泄洪坝段，为二期工程建造；右侧是右厂房坝段，为三期工程建造。廊道上游侧边墙距上游坝面 8m，在库水位 156m 时，承受水头已超过 100m，廊道内墙面干燥，说明大坝混凝土密实度和抗渗性能总体上良好。但中间一段墙面较为粗糙，说明当时施工还不够认真；左侧二期工程的墙面就比较平整，说明施工已比较正规，而右侧三期工程部分，墙面光滑、平整，是文明施工的表现。这种外观质量的变化，反映出来三峡枢纽工程三个建设阶段的工程质量确实连续上了两个台阶，从总体良好到总体优良，再上升到优良，最后达到了一流工程的水平。

⑥混凝土工程质量总评价：综合以上情况，质量检查专家组认为：二期大坝、厂房混凝土工程质量总体优良；三期大坝、厂房混凝土工程质量优良。

(4)金属结构及埋件安装质量

1)二期工程

大坝泄洪坝段布置有：22 孔泄洪表孔设 22 扇平板工作门，共用 3 扇平板事故检修门，均由泄洪坝段坝顶 5000/2×630/400kN 门式启闭机操作。

23 个泄洪深孔每孔设有三道闸门，第一道为平面反钩式叠梁检修闸门，共 3 扇；第二道为平面定轮事故闸门，共 6 扇；检修门与事故门均由坝顶门式启闭机操作；第三道为弧形工作闸门，共23扇，由液压启闭机操作。

22个导流底孔，每孔设有四道闸门，自上游至下游第一道为进口封堵检修闸门，第二道为平面定轮事故闸门，均由坝顶门机操作。第三道为弧形工作闸门，由液压启闭机操作。第四道为出口封堵检修闸门，由临时机械操作。

泄洪坝段左侧导墙坝段和右侧纵向围堰坝段各设有泄洪排漂孔1孔。每孔设置两道闸门，第一道为事故检修闸门，由泄洪坝段坝顶门机操作。第二道为弧形工作闸门，由液压启闭机操作。

泄洪坝段共设有3台5000/2×630/400kN坝顶门式启闭机。

左岸厂房坝段和非溢流坝段有排沙孔3孔，每条排沙孔设有三道闸门，进口设平面挡水事故检修门一道，由坝顶门机操作。排沙孔管道采用不锈钢复合板钢管衬砌。钢管内径∅5000mm，管壁厚24mm，三孔共用一扇事故闸门，由尾水门机操作。

左岸电站厂房坝段进口依次设有拦污栅、检修闸门和快速闸门，以及相应的启闭机。共有拦污栅94扇(含备用3扇)，14个进水口共设有检修闸门2扇，由坝顶门机操作；快速门14扇，由液压启闭机操作。每台机组尾水管出口共分为三孔，各设尾水管检修闸门槽一道，检修闸门由尾水门机操作。在厂坝连接处1～6号机组压力钢管设垫层管，7～14号机组设带波纹管的套筒式伸缩节。其他有临时船闸封堵叠梁门、电源电站进口及出口闸门、右岸地下电站进水口预建工程进口金属结构等。

二期工程金属结构设备制造安装过程处于受控状态，制造、安装工艺措施合理可行，监理单位对各单项工程进行监控。质量检查专家组认为：二期金属结构安装质量优良。

2)三期工程

金属结构及埋件主要位于右岸电站、排沙孔、排漂孔系统。另外还有电源电站、临时船闸改建冲沙闸和升船机上闸首等部位项目。

右岸电站共12台水轮发电机组，拦污栅共84扇(另有3扇备用)。检修闸门共2扇，由厂房坝段坝顶2台门机操作。快速闸门共12扇，分别由液压启闭机操作。

右非1号坝段设3号排漂孔一孔。排漂孔进口设一道事故检修闸门和一道工作闸门，由坝顶门机操作。弧形工作闸门由液压启闭机操作。出口设一道检修叠梁闸门。

电源电站共装机两台，采用一机单管引水，塔式进水口设箱涵进口拦污栅。临时船闸坝段改建为2孔冲沙闸，每孔进口依次设置一道事故挡水闸门和一道弧形工作闸门。坝顶设置一台容量为2500kN(单向)门式启闭机，弧形门由设在启闭机房的3200kN液压启闭机操作。升船机上闸首金属结构设备包括挡水门槽埋件，辅助门槽埋件，8节叠梁闸门和1扇平面辅助闸门。

三期工程金属结构及埋件的制造、安装、监理单位质量保证体系比二期工程有所进步，施工环境比二期工程有所改善，整个制造安装过程处于受控状态，经检查验收各项设备制造、安装质量均达到或优于相关标准的要求。

质量检查专家组认为：三期工程金属结构安装质量优良。

4.9.6 大坝泄洪坝段上游面裂缝处理与裂缝发展趋势分析

4.9.6.1 泄洪坝段上游面裂缝检查

泄洪坝段上块(第一仓)建基岩面以泄1、2号坝段最低,高程为4.00m,自左向右逐渐抬高,泄18~23号坝段建基岩面高程为45.00m,泄20号坝段1998年9月30日开始浇筑混凝土,至1999年4月14日泄5号坝段浇筑混凝土,泄洪坝段23个坝段上块建基岩面全部覆盖混凝土,浇筑混凝土厚3.00~6.00m作为固结灌浆盖重,固结灌浆完成后恢复浇筑混凝土,坝体继续上升,2002年10月15日全线浇筑至坝顶设计高程185.00m。2000年11月中旬,在泄洪坝段16号坝段上游面高程56.00m发现竖向裂缝,裂缝位于坝段中间,缝长16.17m(高程45.05~61.22m),缝宽0.2m,通过钻斜孔压风检查,测得缝深在50~60cm。12月中旬,泄洪坝段9号、10号、11号、12号、13号等5个坝段上游面高程56.00m相继发现7条竖向裂缝(其中泄11号、12号坝段均为2条裂缝,裂缝位置与泄16号坝段裂缝相似,缝长3.30~10.00m,缝宽均小于0.1mm。2001年9—10月,对泄洪坝段上游面高程90.00m以下进行了全面检查,未发现裂缝,2001年11—12月,在2000年12月未发现裂缝的坝段又发现裂缝,已发现裂缝的坝段,原裂缝沿长度方向有所发展,个别坝段又增加新裂缝,对泄洪坝段上游面裂缝的位置、形状、缝宽、缝深进行了全面检测,裂缝位置、形状设置测站用极坐标法测绘,缝宽用读数放大镜量测,缝深采用钻斜孔压风和声波测试两种方法检查。截至2002年2月底,23个泄洪坝段上游面均发现了裂缝,共有40条,裂缝位置大多在高程45.00~77.00m,裂缝长度大多为15.00~30.00m,泄16号坝段裂缝最长达35.00m,裂缝宽一般为0.10~0.30mm,泄9号坝段裂缝最宽达1.25mm,裂缝深度一般小于2.00m。泄洪坝段上游面裂缝检查统计见表4.9.12,裂缝分布见图4.9.6。

表4.9.12 泄洪坝段上游面裂缝统计表

坝段	裂缝条数	底端高程(m)	顶端高程(m)	最大缝宽(mm)	缝深(m)
泄1号	2	49.29	79.29	0.43	<3.0
泄2号	2	46.10	76.24	0.50	<2.0
泄3号	2	48.77	77.08	1.02	<3.0
泄4号	2	46.13	77.72	0.63	<1.0
泄5号	3	46.18	73.24	0.58	<2.0
泄6号	1	46.12	80.01	0.95	<1.0
泄7号	1	45.00	79.89	0.82	<2.0
泄8号	2	46.38	79.94	0.78	<2.0
泄9号	1	45.18	79.19	1.25	<2.0
泄10号	1	44.97	77.41	0.95	<1.0

续表

坝段	裂缝条数	底端高程(m)	顶端高程(m)	最大缝宽(mm)	缝深(m)
泄11号	1	46.66	67.98	0.46	<1.0
泄12号	1	46.28	74.86	0.42	<2.0
泄13号	2	45.29	76.30	0.45	1.90
泄14号	2	45.31	77.19	0.57	<3.0
泄15号	2	46.71	77.39	0.56	<1.0
泄16号	2	35.88	77.05	0.83	
泄17号	3	36.37	71.05	0.35	1.90
泄18号	2	45.00	77.74	0.50	<1.0
泄19号	1	45.00	75.87	0.72	<1.0
泄20号	2	45.00	77.49	0.90	2.30
泄21号	3	46.12	78.03	0.43	
泄22号	1	45.00	75.25	0.72	
泄23号	1	51.39	65.92	0.28	<1.0

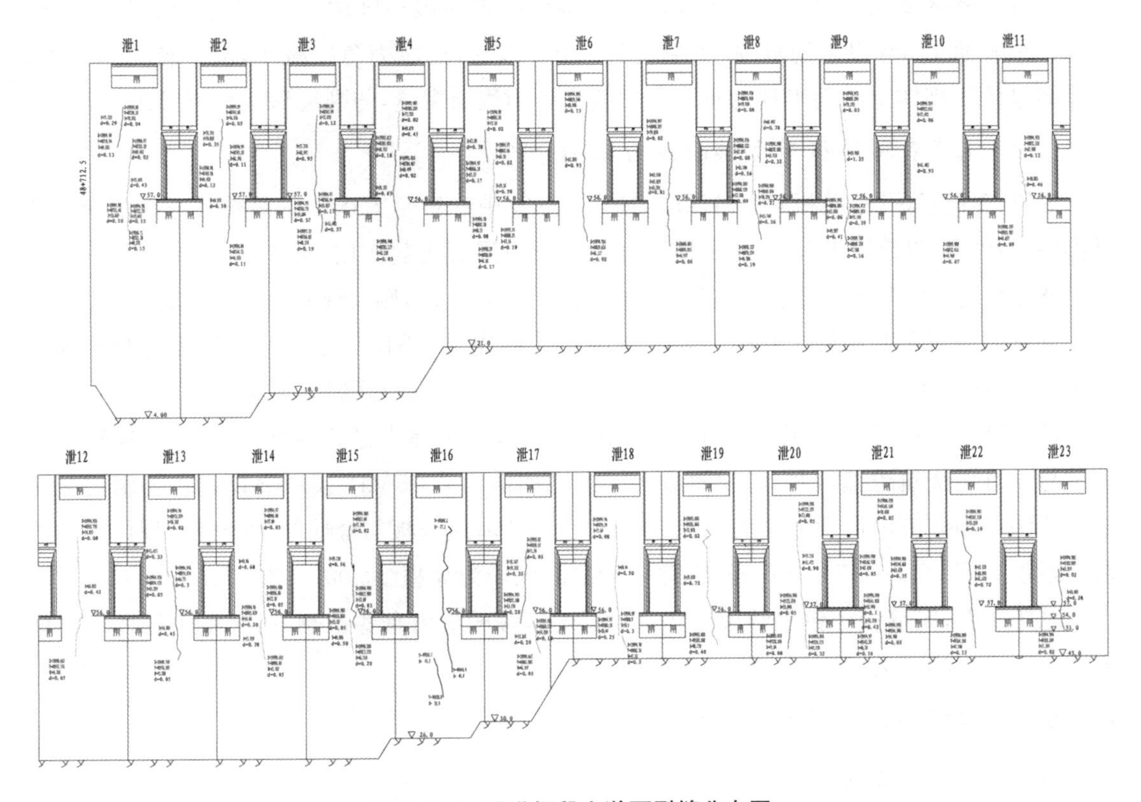

图 4.9.6　泄洪坝段上游面裂缝分布图

4.9.6.2 泄洪坝段上游面裂缝成因分析

(1)裂缝的成因分析

泄洪坝段上游面产生裂缝的成因是诸多综合因素造成的，属于由表面向浅层发展的温度裂缝。气温的年变化及冬季的气温骤降，使坝体混凝土内外温度和表面温度梯度偏大，是导致坝面混凝土开裂的主要因素。泄洪坝段结构复杂，布置三层泄流孔口，尤其是导流底孔部位坝体混凝土同时受到上游面和底孔侧面气温变化的影响最为敏感。混凝土材料抗拉安全裕度相对较小，相应部位大坝上游面没有进行长期保温，致使裂缝较上一年有更多的增加和发展，通过研究分析，裂缝的成因主要有：

①气温的年变化及冬季的气温骤降，使坝体混凝土内外温差和表面温度梯度偏大，是导致坝面混凝土开裂的主要因素。

②泄洪坝段坝体结构复杂，布置有三层孔口，尤其导流底孔部位坝体混凝土同时受到上游面和底孔侧面气温变化的影响，内外温差加大。导流底孔混凝土跨缝板和金属结构埋件，在低温季节浇筑时对坝面应力的影响很小，附加拉应力小于0.05MPa。

③混凝土的拉压比较小，弹性模量高，极限拉伸值无富裕度，抗裂性能较差，使泄洪坝段表面混凝土在气温骤降时，易产生浅表性裂缝。

④气温骤降期间产生的拉应力仅限于上游面附近的极小区域，且产生的较大拉应力区仅限于距表面1.0m以内的范围，在距表面1.0m以后，拉应力急剧减小，甚至转为压应力，计算结果认为坝体上游面出现的垂直向裂缝为表面浅层裂缝，与裂缝深度检查结果一致。

(2)导流底孔跨缝板对上游面应力影响分析

为研究导流底孔跨缝板对上游面应力影响，计算中针对厚1.00m的跨缝板考虑了两种情况：第一种情况，设跨缝板混凝土未开裂，此时主要由混凝土起作用，不计钢筋的作用；第二种情况考虑跨缝板混凝土已开裂(大多数跨缝板属于此种情况)，则只计板内所配钢筋的作用。

计算时考虑了跨缝板3月中旬和5月中旬两种浇筑时间，实际跨缝板的浇筑时间为：3月份14个，4月份6个，5月上旬2个(设计要求在3月份以前低温季节浇筑)。

计算结果分析可知，跨缝板在低温季节浇筑时，对坝体上游面坝轴向应力影响较小，3月份与5月份浇筑跨缝板时，对坝面最大应力增加值为0.05MPa、0.20MPa，底孔闸门金属结构埋件对坝体应力最大分别为0.01MPa、0.43MPa，跨缝板与金属结构埋件对坝体应力的影响限于高程45.00～75.00m范围，影响明显的区域为高程50.00～62.00m。

总体上看，跨缝板中钢筋约束主要是对局部区域的应力有些影响，而对整个坝体上游面坝轴向应力影响不大。

4.9.6.3 泄洪坝段上游面裂缝处理

(1)上游面裂缝处理方案

上游坝面的裂缝，先采用低黏度的环氧系列材料LPL(弹性模量小于2.5GPa)进行灌浆，对裂缝进行封闭和充填；再在缝面开凿宽 8cm、深 5cm 的“U”形槽，槽内填充以丁基橡胶、有机硅等高分子为主要原料的塑性止水材料 SR2(断裂伸长率 800%～850%)，槽外骑缝粘贴宽 60cm 氯丁橡胶片，橡胶片外层粘贴 SR 防渗盖片，最后用钢筋混凝土及 PVC 板保护 SR 防渗盖片，裂缝处理方案见图 4.9.7。

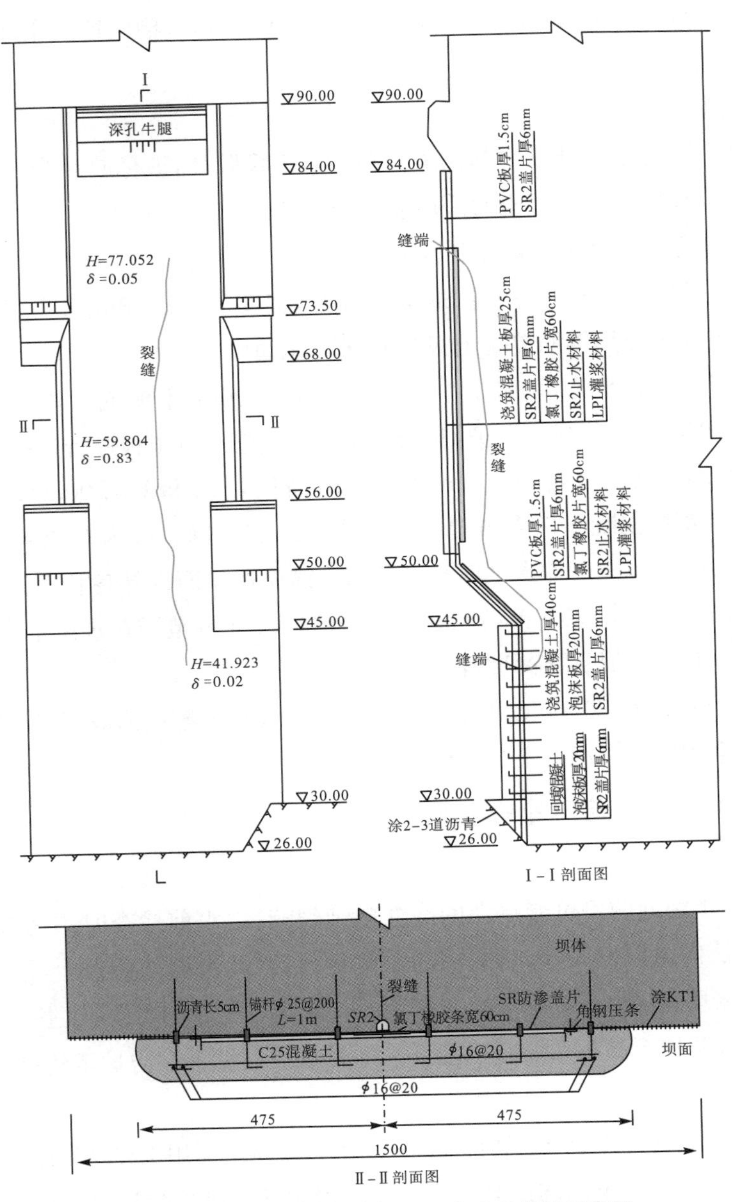

图 4.9.7 泄洪坝段上游面裂缝处理方案示意图

裂缝处理各工序分述如下：

1)裂缝内化学灌浆

裂缝宽度 $\sigma<0.3$mm 以及宽度 $\sigma\geqslant0.3$mm 但缝深 $h<100$cm 的裂缝，灌浆孔采用骑缝布

置，间距30cm左右；宽度$\sigma \geqslant 0.3$mm，且缝深$h \geqslant 100$cm的裂缝灌浆孔采用骑缝和斜孔布置，斜孔按每孔灌浆面积1m²左右布置。裂缝处理施工时，随着灌浆工艺的改进，后改为骑缝贴嘴灌浆方式。灌浆材料采用低黏度的环氧系列材料LPL。

2）裂缝表面骑缝凿槽嵌填止水材料

凿槽槽口宽8cm、深5cm，凿槽向裂缝两端各顺延0.50m，槽内冲洗干净后嵌填SR2塑性止水材料。

3）在凿槽外粘贴橡胶片

凿槽槽内嵌填SR_2塑性止水材料的表面粘贴氯丁橡胶片，该橡胶片为止水材料，橡胶片厚3mm、宽60cm，橡胶片与混凝土面采用氯丁胶粘贴。

4）在橡胶片外层粘贴SR防渗盖片

坝面粘贴橡胶片外层再加贴一道SR防渗盖片，宽度范围8.00m。

5）SR防渗盖片表面用钢筋混凝土板及PVC板保护

泄1～17号坝段高程45.00～55.00m（46.00～56.00m）上游面反坡处，防渗盖片表面采用厚6mm的PVC板进行封闭保护，其余部位采用钢筋混凝土板进行保护。高程45.00m（46.00m）以下钢筋混凝土板宽10.00m，厚40cm，高程56.00m（57.00m）以上混凝土板宽9.50m、厚25cm。钢筋混凝土板内布置一层ϕ16@20钢筋网。板内布置ϕ25锚筋，锚筋长1.50m，间距2.00m×2.00m，伸入坝面长度75cm，锚筋在坝面内外各长5cm表面需涂刷沥青。高程45.00m（46.00m）以下钢筋混凝土板两侧各2.00m范围在水泥基渗透结晶型防水材料表面喷厚8～10cm的聚丙烯纤维混凝土。

泄5～17号坝段高程30.00以下上游开挖岩面与大坝上游面形成了"V"形槽，"V"形槽内SR盖片表面采用回填素混凝土封闭保护。

（2）上游面裂缝处理范围外的防护

1）防护范围

裂缝两侧：对于裂缝两侧可能存在的隐性微细裂缝，蓄水前检查时不易被发现，蓄水后高压水的渗入可能向纵深发展，影响大坝的正常运行，因此裂缝两侧按全坝段进行防护；裂缝上端：裂缝上端防护至高程84.00m；裂缝下端：泄1～4号坝段建基面高程4.00～10.00m，裂缝下端防护至高程24.00m；泄5～23号坝段裂缝下端防护至建基岩面。

2）防护材料

裂缝两侧各4.00m宽粘贴SR防渗盖片后，在盖片周边采用L30×5的角钢封闭，对SR防渗盖片两侧各6.50m宽范围的混凝土坝面喷涂水泥基渗透性结晶型防水材料进行防护。

泄18～23号坝段裂缝已接近基岩面，为了防止水库蓄水后高压水经基岩裂隙渗入裂缝内，泄18～23号坝段坝踵部位需进行防渗处理。处理方案采用浇筑压浆板后，对裂缝周边岩体进行固结灌浆。压浆板尺寸为10.00m×3.00m×2.00m（长×宽×高），固结灌浆材料采用丙烯酸盐。

4.9.6.4 泄洪坝段上游面裂缝监测

对泄洪坝段上游面已经出现的裂缝，选择典型断面布设测缝计和渗压计，以了解裂缝及两端处理过程中缝面开合及缝面渗透水压力的变化情况。根据裂缝张开程度及深度，选择泄2号、9号、16号、22号、23号坝段作为典型监测断面。

上游坝面共埋设9支测缝计，具体部位为：泄2号坝段高程57.00m和裂缝下端各布设1支测缝计，泄9号坝段高程57.00m以及裂缝上、下缝端各布设1支测缝计，泄16号坝段高程57.00m和70.00m处各布设1支测缝计，泄22号坝段高程57.00m和70.00m处各布设1支测缝计。

实测成果表明，裂缝处理后的实测开度变化非常小，基本在观测误差范围内，2003年6月蓄水前监测裂缝没有继续张开现象。水库蓄水至135.00m后，上游面测缝计的电缆被损坏，2003年12月冬季后没有测值。

4.9.6.5 大坝挡水运行初期，泄洪坝段上游面裂缝发展趋势分析

(1)大坝挡水前后，泄洪坝段上游面裂缝发展趋势分析

为研究泄洪坝段上游面裂缝发展趋势，以泄2号、16号坝段为重点研究对象，采用三维有限元法进行三维应力仿真计算，模拟坝面裂缝，对裂缝的深度、宽度及开裂后坝面应力分布进行计算分析。计算考虑了以下工况：①对泄2号坝段，考虑了跨缝板混凝土开裂(仅有钢筋约束)与跨缝板混凝土不开裂两种情况；②对泄16号坝段，考虑了跨缝板混凝土开裂(仅有钢筋约束)与无跨缝板(不考虑跨缝板及钢埋件)两种情况。计算成果如下：

1)裂缝宽度和深度

计算结果表明，泄2号坝段上游面在2001年12月初的气温骤降后开裂，2002年1月中旬，裂缝又有进一步的扩展，此后裂缝基本稳定，不再向纵深发展；泄16号坝段上游坝面在2000年11月上旬的气温骤降后即开裂，与泄2号坝段一样，在2002年6月上游基坑进水后，裂缝基本稳定。泄2号坝段裂缝(高程45.00～84.00m)长度小于泄16号坝段(高程40.00～84.00m)，但深度略大。两坝段裂缝计算深度、表面宽度见表4.9.13。

表4.9.13　　泄洪坝段上游面裂缝计算深度、宽度值

高程(m)	泄2号坝段								泄16号坝段	
	裂缝深度(m)				表面宽度(mm)				裂缝深度(m)	表面缝宽(mm)
	11/2001	01/2002	01/2003	01/2004	11/2001	01/2002	01/2003	01/2004	11/2000	11/2000
72.00	5.0	6.5	6.5	6.5	0.94	1.19	1.71	0.16	5.0	0.60
62.00	3.0	5.0	5.0	5.0	0.55	0.95	0.67	闭合	2.7	0.51
50.00	5.0	6.5	6.5	6.5	0.91	1.30	0.95	闭合	4.0	0.71
41.00	未裂	未裂	未裂	未裂	0.0	0.0	0.0	0.0	1.2	0.16

在2000年底时，泄2号坝段未开裂；泄16号坝段开裂范围在高程40.00～84.00m，最大缝深约5.00m，裂缝最大表面宽度0.7mm左右。在2001年11月至2004年1月的计算时段内，泄2号坝段开裂范围变化不大，在高程45.00～84.00m，但最大深度从5.00变化到6.50m，有所增加，缝面最大宽度为1.71mm，出现在2003年1月的气温骤降后，位于高程72.00m附近。

计算所得裂缝宽度与实测值相当，但计算所得裂缝最大深度在6.50m比实测值大，与计算中未考虑混凝土的拉伸软化作用有关。2004年1月，泄2号坝段高程72.00m计算裂缝表面宽度由最大1.71mm减至0.16mm，高程50.00m及62.00m裂缝缝面已闭合，说明大坝挡水后，改善了坝面环境温度条件，裂缝宽度减小或趋于闭合。

2)开裂后坝面应力分布

泄2号坝段2001年12月初、2002年11月中的气温骤降后，上游面坝轴向应力弹性计算和开裂计算结果表明，坝体上游面开裂后，坝段对称面附近坝面坝轴向应力急剧减小，应力得到释放。2002年11月中旬上游水位68.00m，泄2号坝段在遇2002年11月中旬的虚拟的极端气温骤降作用，即使对称面已经开裂，水位以上部分与水位以下部分拉应力差2.0～4.0MPa，水位以下裂缝部位拉应力较小，水位以上拉应力较大，可见大坝挡水后会对上游坝面坝轴向应力改善较大。

(2)导流底孔不对称运行对坝体上游面裂缝影响分析

为了分析部分底孔过水、部分底孔关闭产生的不对称温度和水压力荷载对坝体上游面应力的影响，取泄2号坝段为研究对象，仿真计算至2003年11月底后，从2003年12月1日至2004年3月底模拟一孔过水、一孔检修的工况。

导流底孔不利情况下的运行水位取高程135.00mm，上游面水温边界为：高程67.00m以下取14℃，高程67.00至库水面按线性分布：检修底孔内温度边界取多年旬平均气温，考虑孔内空气对流不畅，表面放热系数取β为12.0W/(m^2·K)。

在上述计算条件下，模拟一孔过水、一孔检修的工况进行了仿真计算。计算结果分析，不论是对称水压还是非对称水压运行，在高程41.00～80.00m范围内，坝体上游面坝轴向基本处于受压状态。由于不对称水压的作用，在过水底孔一侧高程72.00m孔顶进口角点处，有应力集中现象。不对称过水与对称过水运行相比，在坝段对称面高程62.00m处坝轴向压力减小了约0.6MPa，但坝体上游面坝轴向仍处于受压状态。

(3)导流底孔封堵对坝体上游面裂缝影响分析

在枢纽进入初期运行(库水位156.00m)前，将全部导流底孔有压段封堵回填，导流底孔封堵体按设计水位175.00m、校核水位180.40m进行结构设计。

导流底孔封堵回填分为3段，封堵段全长78.00m，宽6.00m，高12.00m，第一段长28.00m，第二、三段均为25.00m。事故检修门槽高程74.00m以下的回填混凝土应与第一段封堵体顶层混凝土同时浇筑，事故检修门槽高程74.00m以上在横缝部位分缝回填。封堵混凝土标号第一段至第三段分别为 R_{28}250 号、R_{90}200 号和 R_{90}250 号。

1)底孔封堵体对坝体上游面应力影响分析

在仿真计算中，取泄 2 号坝段作为计算分析对象，考虑混凝土分区、施工顺序、间歇期、通水冷却、变化的边界条件、不同上游水位、混凝土徐变以及材料的力学、热学性能随时间变化等因素，进行了温度场、温度应力、封堵体与坝体缝面接触仿真计算，主要研究封堵体的应力及底孔范围内上游坝面应力状况。计算时将导流底孔封堵体采用整体结构，即封堵体横缝处未设结构缝，在此基础上，分析了对封堵体对坝体上游面应力的影响。

①计算成果表明，第一段封堵体中间未分横缝时，上游表面孔侧间隙 0.2～0.4mm，孔顶约 0.01mm；封堵体中部孔侧间隙约 0.05mm，孔顶约 0.36mm。

②考虑冷却水管的作用，可使混凝土温升降低 5～8℃，能使上游面最大拉应力降低 18%～28%，应力状况有较好的改善。

③封堵体施工期对坝体上游面应力有一定影响，但上游坝面对称面坝轴向应力始终处于受压状态。蓄水后，上游坝面的外界温度边界条件有所改善，压应力增加。

2)底孔封堵体施工技术措施

根据以上分析，为减小导流底孔封堵对上游坝面应力状态的影响，导流底孔封堵时采取了以下措施：

①导流底孔封堵要求在低温季节施工，并采取严格的温控措施，以尽量减小底孔封堵对上游面附加拉应力。

②在第一段封堵体中间设置横缝，减少混凝土收缩时对上游面产生的拉应力。并在横缝上游部位设置止水和排水槽，保证止水的封闭性。

③事故检修门槽高程 74.00m 以上回填时，要求采取措施与周边老混凝土脱开，减少混凝土收缩时对上游面产生的拉应力。

④导流底孔封堵结构设计时，将导流底孔封堵体上游止水后移，上游第一道止水片距上游坝面为 6.00m，封堵体距上游坝面 2.00m，蓄水后对上游坝面起到侧向平压作用，对限制裂缝发展有利。

综上所述，导流底孔封堵时，采取了严格的温控措施和多种结构措施，以减少和消除导流底孔封堵体混凝土收缩对上游坝面产生的附加应力，不影响上游面裂缝的稳定性。

4.9.6.6 大坝按正常蓄水位 175.00m 运行对泄洪坝段上游面裂缝影响分析

(1)大坝按初期蓄水位 156.00m 运行对泄洪坝段上游面裂缝检查

泄洪坝段上游面裂缝于 2002 年 5 月上游基坑进水前进行了处理并验收。2003 年 6 月，坝前水位蓄至 135.00m 运行后，泄洪坝段上游面裂缝的监测仪器损坏，对裂缝处理后的状况缺乏观测资料。2006 年 10 月，坝前水位蓄至 156.00m 运行。2007 年 3 月，三峡建委三峡枢纽工程质量检查专家组建议对大坝泄洪段上游面裂缝处理效果进行评价，并进一步研究分析裂缝发展趋势。为此，需对泄洪坝段上游面裂缝进行检查，对其处理效果进行评价，并对大坝蓄至正常蓄水位 175.00m 运行时裂缝的发展趋势进行分析。

大坝坝前水位 156.00m，泄洪坝段上游面裂缝检查主要在大坝廊道内进行，上游面裂缝位置在高程 45.00～77.00m，对应泄洪坝段的上游廊道主要有高程 80.50m 廊道，高程 49.00m廊道及基础廊道。

1)泄洪坝段上游面裂缝对应区域廊道渗水检查

2002 年 5 月上游基坑进水，大坝挡水运行至今，虽然泄洪坝段上游面裂缝监测仪器损坏失效，但从大坝运行情况看，泄洪坝段运行正常，裂缝所在高程对应的大坝廊道内未发现渗水等异常现象。

2007 年 11 月，组织检查人员对泄洪坝段高程 90.00m 以下全部上游廊道进行了检查，各层廊道表面未发现新增裂缝和渗水点，廊道壁面无异常情况。高程 80.50m 廊道内，因各坝段仅在深孔两侧各布置一根排水管，且上游廊道较干燥，为此重点对高程 49.00m 上游廊道坝面排水管的渗水情况进行了检查。检查结果表明，泄洪坝段高程 49.00m 上游廊道内各坝段上游面裂缝对应的坝面排水管渗水量较小，大部分排水管不渗水，渗水量大的排水管主要集中在各坝段横缝两侧，与上游坝面裂缝无关。为进一步查明高程 49.00～80.50m 廊道间部分坝体渗水量较大，排水管内渗水分布情况，特别是导流底孔底板高程 56.00m 和孔顶高程 68.00m 附近渗漏水情况，对泄洪坝段部分渗水量较大排水管进行孔内录像检查。检查结果表明，各坝段排水管孔内漏水出水点主要分布在导流底孔封堵体高程 56.00m 或 68.00m 附近，少数坝段排水管渗漏出水点分布零散。根据廊道内渗水检查情况，廊道内与裂缝对应坝段中间的廊道壁面未发现新增裂缝和渗水点，且坝段中部的排水管基本无渗水。

2)泄洪坝段上游面裂缝深度检查

考虑泄洪坝段上游面裂缝深度未超过 2.00m，裂缝发生在坝段中间。为此，采用钻孔声波测试进行裂缝深度检查。检查孔跨裂缝两侧平行布置，并在另一侧同等间距布置一个对比孔进行声波检测。为不破坏大坝防渗层混凝土，检查孔孔端距上游面 3.00m，因此，检查结果只能评价距上游坝面 3.00m 后侧是否存在裂缝，若检查区域未发现裂缝，则可判明裂缝深度仍在距上游面 3.00m 以内。检查坝段选取在裂缝宽度和深度较大的泄 3 号坝段(裂缝宽 1.02mm，深＜3.00m)裂缝规模较大的泄 16 号坝段(裂缝区域高程 35.88～77.05m)，裂缝裂至基岩的泄 22 号坝段进行裂缝深度检查。

泄 3 号、泄 16 号、泄 22 号坝段的 3 个裂缝检查孔岩芯鉴定与录像成果基本一致，检查孔内均未发现裂缝。

泄 3 号、泄 16 号、泄 22 号坝段检查孔进行了物探检查，从检查孔波幅检测结果表明，泄 3 号、22 号坝段检查孔波幅值最大值与最小值均在 2～3 倍差值之间，且每个坝段两对跨孔声波幅值没有明显变化，说明泄 3 号、22 号坝段混凝土浇筑质量较好，未发现存在裂缝现象；泄 16 号坝段跨孔除孔口段波幅值差异性大外，在孔深 10.40～12.00m 纵波首波波幅明显下降，为了进一步查明原因，采用不同发射功率的换能器进行了第二次测试，除了幅度的大小不同之外，其相对大小分布规律完全一致。结合孔内电视录像结果，说明泄 16 号坝段局部可能存在有浇筑略差的混凝土,但未发现存在裂缝的现象。检查孔波速检查结果表明,跨孔波速平均值最大为4496m/s,最小为4432m/s,单孔波速平均值最大为4479m/s,最小为4400m/s,各检查孔波速值差异性较小,无明显突变区域,说明混凝土未出现裂缝。泄16号坝段单孔波速较其他孔低,最小值为3846m/s,但平均值均超过4450m/s,且根据距上游坝面5.50m的钻孔(ZK16-2孔)孔深9.00~9.50m局部孔壁见明显的粗骨料架空现象,但未发现与上游库水连通的现象,也未发现存在裂缝的现象。

上游面钻孔岩芯和物探检查资料表明,在距上游坝面3.00m后的检查孔波速均匀、变化小,验证上游面裂缝经过综合处理后,裂缝深度小于3.00m,未向坝内发展。

(2)2008年汛末试验性蓄水位172.00m对泄洪坝段上游面裂缝影响分析

1)坝面温度的年变幅对裂缝的影响

泄洪坝段上游面裂缝属由表面向浅层发展的温度裂缝,气温的年变化及冬季的气温骤降,使坝体混凝土内外温度和表面温度梯度偏大,是导致混凝土坝面开裂的主要因素。研究结果表明,裂缝无外水压力的条件下,影响裂缝宽度和深度的主要因素是坝面温度应力。泄2号坝段和泄18号坝段作为典型监测断面,在距上游面10cm部位埋设温度计,其实测温度与水库水温基本一致。从2002年至今,坝前水位经历上游基坑进水、蓄水位135.00~139.00m、蓄水位156.00m、试验性蓄水位172.00m四个阶段。2002—2008年实测泄2号和泄18号两坝段上游库水温度很接近,年平均水温18.5~20.0℃,差异很小;上游库水温变幅为0.2~24.2℃,其值随高程增加而加大,裂缝高程79.00m以下水温变幅为0.2~16.0℃,以泄2号坝段为例,其坝体上游面温度计实测高程135.00m以下的库水水温为10.0~28.0℃;2008年高程13.00m处的水温变化较小,年变幅为0.7℃,高程132.00m处水温年变化量最大,年变幅为15.2℃。各测点年平均库水温为19.0℃。随着高程的降低,坝面处年最高温度减小,年平均温度略有降低,坝面温度年变幅明显减小;蓄水位135.00m期间,裂缝部位坝面温度年变幅小于13.5℃;蓄水位156.00m期间,裂缝部位坝面温度年变幅小于12.6℃;试验性蓄水位172.00m期间,裂缝部位坝面温度年变幅小于2006年,即水库蓄水和坝前泥沙淤积可一定程度削减气温对坝面温度年变幅影响,故坝前水深加大有利于防止裂缝发展。

2)冬季气温骤降对裂缝的影响

实测泄洪坝段上游坝面冬季最低库水温比最低日平均气温高10℃以上,这对防止大坝上游面已处理的裂缝进一步扩展有利。2002—2008年坝面温度监测结果表明,近几年冬季的坝面温度相近,不具备裂缝继续张开的条件;2002—2008年冬季水温的骤降程度相近,无特殊变化。2008年对大坝上游面裂缝检查结果表明,裂缝形态自处理后一直保持稳定,表明裂缝处于稳定状态。

3)裂缝检查情况

2008年试验性蓄水至172.0m水位以来,以人工巡查方式,对泄洪坝段上游廊道渗水情况和对高程49.00m上游廊道坝面排水孔的渗水情况进行了检查,廊道内与裂缝对应坝段中间廊道壁面未发现新增裂缝和渗水点，裂缝对应区域坝体排水管渗水（滴水）现象与2007年检查情况一致，说明裂缝未向坝内发展。试验性蓄水位172.00m后，借鉴左非及左厂坝段裂缝监测资料分析成果，裂缝经处理后，经历蓄水位135.00m、156.00m和试验性蓄水位172.00m阶段，未发现裂缝有张开现象，裂缝处于稳定状态。泄洪坝段虽与左非及左厂坝段不同，但裂缝规律相同，其裂缝处理方式基本相同，可供泄洪坝段裂缝评价分析借鉴。

上述成果表明，试验性蓄水172.00m后，泄洪坝段上游面裂缝区域库水温度相对更加稳定，对坝面环境温度条件有较大改善，随着坝前水深增加和泥沙淤积，分析认为大坝上游面裂缝会更加稳定，缝宽减少或趋于闭合。

（3）大坝按正常蓄水位175.00m运行对泄洪坝段上游面裂缝影响分析

对大坝泄洪坝段上游面裂缝经多次研究结果表明，裂缝在无外水压力的条件下，影响裂缝宽度与深度的主要因素是坝面温度应力。上游基坑进水和水库蓄水后，对坝面环境温度条件有较大改善，裂缝宽度减小或趋于闭合。

泄洪坝段泄2号、18号坝段作为典型监测断面，在距上游坝面10cm部位埋设了温度计，其实测温度与库水温基本一致。从2002年至今，坝前水位经过了上游基坑进水、围堰挡水发电蓄水位135.00m和大坝初期蓄水位156.00m三个阶段，2006年10月库水位已达156.00m，2003年至2007年泄2号、18号坝段各测点坝面温度年变幅及年平均温度见表4.9.14。

表4.9.14　　泄2号、18号坝段上游坝面温度年变幅及年平均温度

测点编号	高程(m)	年温度变幅(℃)				年平均温度(℃)			
		2004年	2005年	2006年	2007年	2004年	2005年	2006年	2007年
T07XH02	13	0.5	0.2	0.3	0.5	18.72	18.61	18.56	18.55
T17XH02	34	10.1	8.5	4.1	2.3	19.01	18.83	19.01	19.36
T29XH02	57	12.4	12.5	15.1	12	18.66	18.56	19.68	19.11
T51XH02	79	13.2	13.3	16.1	12.6	18.8	18.53	19.83	19.1
T73XH02	119	14.1	15.2	17.6	12.7	18.88	18.66	20	18.94
T76XH02	132	14.6	15.4	17.7	13	18.81	18.67	19.98	19.32
T07XH18	71	11.6	13.5	15.6	12.6	19.01	18.78	19.81	19.23
T20XH18	108	14.6	15	17	12.5	18.8	18.79	19.88	18.69
T26XH18	119	13.9	14.8	17.3	12.5	19	18.44	20.01	18.78
T29XH18	132	14.2	14.9	17.2	12.7	19.01	18.47	20.2	19.03
T33XH18	143	20.5	22.5	23.5	12.9	19.15	18.54	20.37	19.04
T36XH18	155	20.4	23	24.2	18.2	18.78	18.11	19.99	19.89

泄2号、泄18号坝段上游坝面温度变幅表明：

①随着高程的降低，坝面处年最高温度减小，年平均温度略有降低，坝面处表面温度年变幅明显减小；坝体上游面温度计实测的高程 135.00m 以下的库水水温为 10～28℃，高程 13.00m 处的水温变化较小，高程 132.00 处水温年变化量较大，年均库水温为 18.7℃，实测最低库水温比最低日平均气温高 10℃，对防止坝体上游面已处理的裂缝进一步扩展有利；

②蓄水 135.00m 期间，裂缝部位坝面温度年变幅小于 13.5℃；蓄水 156.00m 期间，裂缝部位坝面温度年变幅小于 12.6℃。

以上分析可以推断，当蓄水至 175.00m 水位时，泄洪坝段裂缝区域（高程 90.00m 以下）库水温度变幅更小，泄洪坝段上游坝面温度趋于稳定，随着环境温度的改善，裂缝会更稳定，裂缝宽度减小或趋于闭合。

泄洪坝段裂缝处理时，进行了缝面灌浆、凿槽回填 SR 止水材料、外部粘贴氯丁橡胶片及粘贴 SR 盖片，并采取了钢筋混凝土板进行表面保护，裂缝经过综合措施处理后，结合 2007 年 11 月检查情况，裂缝防渗处理效果较好，水库蓄水后，除了库底泥沙淤积外，无其他外力破坏，在钢筋混凝土板的保护下，裂缝防渗处理材料不会遭到破坏。

通过泄洪坝段上游面裂缝深度检查、廊道内坝面排水管检查和对裂缝发展趋势分析后得出如下结论：

①泄洪坝段上游面导流底孔之间坝面中部的裂缝属于表面浅层温度裂缝，对裂缝采用综合措施进行处理。裂缝处理通过了上游基坑进水、蓄水位 135.00m 和蓄水位 156.00m 等阶段验收，验收鉴定意见认为，泄洪坝段上游面裂缝经认真处后，质量合格，满足设计要求。

②泄洪坝段上游面裂缝历次研究成果表明：泄洪坝段裂缝主要是气温年变化引起的，蓄水后上游面裂缝温度环境条件得到改善，裂缝有闭合趋势，不会发展。

③根据泄洪坝段上游面裂缝检查成果分析，裂缝对应区域坝体排水管工作正常，裂缝处理效果较好；上游面裂缝深度仍小于 3.00m，库水位蓄至 156.00m 后，裂缝处于稳定状态。

④对大坝在库水位蓄至正常蓄水位 175.00m 运行后上游面裂缝发展趋势分析认为，导流底孔封堵不影响裂缝的稳定性，由于导流底孔封堵段横缝止水下移，库水位抬升后将增加止水上游段的平压水压力，有利于限制裂缝的扩展；蓄水至正常蓄水位 175.00m 后裂缝区域库水温度更加稳定，将会使裂缝更趋稳定或趋于闭合。

4.10 混凝土重力坝设计及施工技术问题的探讨

4.10.1 重力坝应力及稳定安全性评价方法问题

重力坝应力及稳定安全性评价方法和安全标准大体分为定值安全系数设计法和基于可靠度理论的设计法。

4.10.1.1 定值安全系数设计法

定值安全系数设计法反映在 SL319—2005《混凝土重力坝设计规范》中，规范划分出大坝的安全级别和荷载组合方式，规定了相应的安全系数。大坝上的各种荷载分为基本荷载和特殊荷载两类，根据各种荷载实际作用的可能性，选择最不利的组合，区分基本组合和特殊组合分别进行计算。规范要求采用材料力学法计算坝体应力，采用刚体极限平衡方法，按抗剪断强度公式计算大坝抗滑稳定安全系数，同时规定大坝应力应小于或等于混凝土设计强度，抗滑稳定安全系数应大于或等于最小安全系数。由此可见，大坝应力和抗滑稳定的安全性评价所采用的计算方法、力学参数、荷载组合和安全系数是相互配套和严格规定的，因此不能简单地仅仅对某一方面从理论上或实践经验上加以合理化。比如，抗滑稳定安全系数 K 值仅仅是大坝抗滑稳定安全评定的一个综合指标，它包含了对重力坝所有作用的可能超载、材料强度的可能变化以及其他一些因素在内的不确定性、不可知性和模糊性的通盘考虑，并不是真正意义的安全程度。世界上其他国家重力坝设计规范中，因为抗剪断强度参数（f'和c'）的取值规定不尽一致，所以 K 值的规定也各有不同。

4.10.1.2 基于可靠度理论的设计法

基于可靠度理论的设计法体现在 DL5108—1999《混凝土重力坝设计规范》中，混凝土重力坝设计采用概率极限状态设计原则，以分项系数极限状态设计为实用设计方法，已经达到实用程度。与定值安全系数设计法不同，可靠度设计法从一贯沿用的作用和结构抗力的定值概念转向计入其随机性的非定值概念，从长期以来主要依靠经验积累确定的安全系数转向系统地应用统计学原理定量给出一定基准期内结构统一可比的可靠指标，这是设计理论的重大突破，符合工程技术发展的国际趋势。

但是，可靠设计法只是针对安全评价中的作用及抗力中属于随机性的不定因素，以基于客观的样本统计的概率理论和方法，求解综合考虑其联合概率的可靠指标，并不能解决安全性评价中涉及的未认知性和模糊性的不确定因素。鉴于水工结构较为复杂，其作用效应的计算模型及有关参数的取值大多仍基于工程经验，未认知性和模糊性的影响仍难以被忽略，仅考虑随机性不确定因素的目标可靠指标尚难以完全替代综合各种不确定因素的安全系数。尽管当前水利水电工程界对水工建筑物的可靠度设计法尚存争议，但可靠度设计方法正在改进和完善，毫无疑问，它仍然代表了工程结构设计理论的发展方向。

4.10.1.3 重力坝应力及稳定安全性评价方法的应用问题

潘家铮院士在审查《水利水电工程结构可靠度设计统一标准》会议上提出“积极慎重，转轨套改”的指导思想，仍然是当前改进重力坝坝体断面设计及稳定分析方法的有效途径。在向分项系数极限状态设计方法“转轨套改”中，一个重要的问题是如何处理好与传统方法的关系。因为采用可靠度分析方法而否定、摒弃建立在安全系数基础上的传统方法是不可取的。由于可靠度方法可以定量分析大坝荷载和岩体强度参数等随机变量所包含的不确定性，因而在进一步积累经验的基础上，可以通过目标可靠度指标对综合安全系数值进行修正调整。在目前情况下，可靠度指标还不能看成安全系数的替代品，而是一种补充。同时计算安全系数和失效概率比单独计算任何一个更好。虽然还不能准确地判别安全系数和失效概率，但是两者互补可以大大提高计算成果的精度，因此它们不是相互排斥的，而是可以相互转换的。

按照可靠度设计方法，混凝土重力坝分别按正常使用极限状态和承载能力极限状态进行计算和验算。对于作用效应函数中作用设计值，取标准值乘以作用分项系数后的数值，表示结构物作用可能超载的情况；对于抗力函数中坝体混凝土与坝基岩体抗剪断强度参数的设计值，采用抗剪断参数的标准值 f'_k 和 c'_k 除以相应材料分项系数后的数值，表示坝体混凝土与坝基岩体抗剪断强度参数所需的强度安全储备。其中，坝体混凝土和坝基岩体之间抗剪断强度参数的分项系数，对于摩擦系数 f'_k 和黏聚力 c'_k 分别采用不相同的数值，f'_k 的分项系数取 1.3，c'_k 的分项系数取 3.0。目前采用的可靠度设计方法实际上是将定值安全系数设计方法转轨到以可靠度理论为基础的分项系数极限状态设计方法上来的，仍以定值安全系数规定的安全目标为基础，求解其他分项系数并作为可靠度设计标准的规定，所以上述两种设计体系对于具体工程而言，设计成果基本一致。在水电工程设计中，除混凝土重力坝设计外，其他建筑物结构也已广泛实行分项系数极限状态设计法。

三峡混凝土重力坝设计采用定值安全系数设计法，对坝基岩体及结构面抗剪断强度参数（f'和 c'）做了大量试验研究工作，按最不利的荷载组合工况，采用材料力学法和有限元法计算坝体应力；采用刚体极限平衡方法，按抗剪断强度公式计算大坝抗滑稳定，并用有限元法（包括非线性有限元）、地质力学结构模型等多种方法进行研究和分析计算。

4.10.2 重力坝坝基深层抗滑稳定分析计算问题

重力坝坝基深层抗滑稳定的计算分析还处于半理论半经验状态。近些年来，深层抗滑稳定研究仍然是重力坝设计工作的重点，已有的研究成果进一步加深了人们对深层滑动模式机制的认识，因而建立起相应的计算方法和安全评价的基本规定。

重力坝深层滑动模式大致分为以下几类：单滑面模式、双滑面模式、三滑面模式、多滑面模式和“切脖子”模式等。在实际工程中，上述各种失稳模式可能在同一工程的不同坝段存在。例如，在向家坝重力坝深层抗滑稳定的分析中就存在上述二滑面、三滑面和“切脖子”滑动模式。

双滑面是重力坝深层抗滑稳定最常见的一种失稳模式。这种模式的分析方法也有多种，常用的有两种：一是被动抗力法，即假定被动滑体的安全系数为 1，据此计算作用在主动滑体上的条间力，这一方法被混凝土重力坝设计规范所采用；二是等 K 法，在双滑面条件下，等 K 法和 Sarma 法是等效的，即假定两块体的安全系数相等，该方法在重力坝设计中应用最为广泛。

近年来，数值计算方法的发展也为重力坝深层稳定分析提供了新的方法和思路。抗滑稳定计算分析的方法可以分为三种：一是采用设计荷载和设计物理力学参数进行计算分析，然后核算滑动面上的安全系数；二是超载法，将水荷载乘以 K 倍，并将 K 逐渐增大，直至大坝失稳破坏；三是强度折减法，即逐步降低软弱结构面等的力学参数，直至大坝失稳破坏，从而得到强度储备系数。

有时重力坝坝基存在的软弱结构面的倾向与滑动方向不完全相同，有一些软弱结构面在坝轴线方向展布有较大的变化，不同剖面的软弱结构面的数量和位置是不相同的，相应各坝段的抗滑稳定安全系数也会有很大的差别，这种情况下，进行深层抗滑稳定的三维分析更加符合实际。尽管规范尚没有为三维分析规定相应的安全系数值，但是从二维分析到三维分析的安全系数的绝对差值，对于判断大坝抗滑稳定安全裕度具有重要意义，对确定相应的对策和措施也是十分有用的。三峡、向家坝、百色等一些工程尝试开展了深层抗滑稳定的三维分析，研究成果表明，在考虑软弱结构面的三维空间分布情况后，坝基深层抗滑稳定安全系数都有不同程度的提高。

三峡混凝土重力坝坝基为坚硬完整的花岗岩，其中左岸厂房 1～5 号坝段建基面高程为 90.00m，坝基上游侧设齿槽高程 85.00m，基岩属微新花岗岩，但坝基岩体内存在较发育的、倾向下游的缓倾角节理，坝后厂房最低建基高程 22.2m，致使大坝建基岩面下游临空，形成坡度约 54°、临时坡高 67.80m 的高陡边坡，高度近 90.00m 的混凝土重力坝着落在坡顶，岩体中倾向下游的缓倾角结构节理面构成极不利的滑移面，成为大坝设计中的重大技术问题。在三峡工程大坝技术设计阶段，对左岸厂房 1～5 号坝段深层抗滑稳定采用刚体极限平衡法、有限元法(包括非线性有限元)、地质力学结构模型试验等多种方法进行分析研究。按最不利的左岸厂房 3 号坝段的坝基抗滑稳定概化模式和相应的计算条件及参数，采用刚体极限平衡(等 K)法计算成果与有限元法、地质力学模型试验成果进行了对比分析，表明在正常情况下大坝抗滑稳定安全系数满足 $K \geqslant 3.0$ 的要求。鉴于三峡工程的重要性、左岸厂房 1～5 号坝段坝基地质条件的复杂性、大坝抗滑稳定计算方法的近似性，为确保大坝安全，设计仍采取了加固、排水和监测等综合处理措施。

4.10.3 高水头泄流大孔口工作闸门及启闭机设计问题

4.10.3.1 高水头泄流大孔口体形及工作闸门布置

三峡工程大坝泄洪深孔设计水头 85.0m，孔口尺寸宽 7.0m、高 11.0m。在初步设计阶段围绕深孔体形及其闸门止水布置方式进行了多种布置方案的比较，并根据泄洪坝段坝体结构布置要求推荐深孔采用有压短管孔道，工作闸门为不突扩常规止水的弧形门布置方案。并结合深孔孔道水力学及坝体结构分析，对孔道体形及闸门止水布置进行了多种不同方案的专题研究，同时进行了水工模型试验，集中研究了门槽突扩突跌、跌坎掺气等布置(对应闸门止水采用液压伸缩式和常规不突扩门槽止水)。试验结果表明，突扩与不突扩方案各有优缺点，突扩门槽对闸门止水布置较为有利，在水力学方面均可满足设计要求，在实际工程中均有成功实例，减压试验表明门槽侧扩不是空化源。但从工程实践经验、运行条件、结构复杂程度等方面仍有差异。

①从水力学角度，通过优化深孔体形的突扩门槽方案尽管可以避免空化，但在侧墙的水舌冲击区存在不稳定的压力分布区，流态复杂，如布置不当，可能使侧壁水流冲击区成为空化源，其整体水力学特性稍次于跌坎门槽。跌坎门槽方案侧壁水流平顺，且应用经验较多。

②深孔运用条件复杂，要求在水位 135～175m 的各种工况条件下均取得较优的水力学

流态，且多在低水位条件下运行，相比之下跌坎掺气门槽方案对各种运行水头适应性较强。

③大坝泄洪坝段布置3层泄洪及导流孔，坝体结构复杂而单薄，突扩门槽对坝体削弱较多。

综合以上比较，并经三峡枢纽单项工程技术设计审查大坝技术设计专家组专题审定，采用跌坎掺气门槽方案，跌坎高1.5m。

4.10.3.2 高水头泄流大孔口工作闸门止水布置

(1)高水头泄流大孔口工作闸门止水布置形式

泄流孔道工作水头低于60m时，闸门止水采用常规预压式止水，实际运行中均能达到良好的止水效果。而当工作水头大于80m时，闸门止水多采用突扩门槽变形止水(偏心铰或液压伸缩式)。但随着水工闸门设计制造技术水平的提高，尤其是止水橡皮材料性能及闸门面板制造加工技术创新，一些中高水头(80m左右)的闸门不再使用突扩门槽。

弧形闸门转铰式防射顶水封，在国内中高水头工程实例中的应用日益普遍，并已取得一定的成功运行经验，如已建的鲁布革水电站底孔弧门(7.5m×7m—74m)(宽×高—水头，下同)、故县水库底孔弧门(3.5m×4.5m—80m)，经多年运行止水效果良好。

近年来多个在建已建工程如小浪底明流洞弧门(8m×10m—80m)，珊溪水库深孔弧门(7m×7m—90m)等均采用了上述止水布置。转铰止水与突扩门槽相比在中高水头弧门运用中具有明显优势：转铰止水较容易适应闸门径向变形量，且对闸门面板精度要求相对较低；结构简单、操作方便，不需另外设置偏心铰操作机构或加压控制设备等。可大大降低造价和制作难度；孔道平顺，水流条件较好，有利于高速水流的衔接。

但是由于转铰止水和侧止水布置不在同一曲面上，在顶侧止水连接角隅处易发生漏水。同时其连接多为现场粘接的方式，在闸门开启过程中橡皮与侧墙摩擦易产生撕裂损坏。在泄流孔弧门止水设计中应研究解决。

(2)三峡深孔弧形闸门止水形式

三峡枢纽大坝泄洪深孔运行期历经施工导流期、初期运行期及正常蓄水位运行期，工作水头变幅在45～85m变化，设计经过对国内已建、在建工程设计运行实践的调查研究，选定深孔弧门采用不突扩的门槽体形，顶止水采用固定P形水封和转铰式防射水装置(图4.10.1)，底侧止水为常规预压式。

1)三峡深孔弧形闸门止水设计进行的优化

①优化连接方式。由于常规不突扩止水所固有的弱点，其顶侧止水的结构形式虽较难改变，但其连接可由现场胶合改为工厂整体模压成型，制成异型连接构件，其与顶止水和侧止水的连接分别在直段胶合，加强顶侧止水角隅局部的连接强度。

②改善止水橡皮的材料性能。国内止水橡皮是参照苏联闸门橡胶止水的有关技术规范，用天然橡胶或合成橡胶及优质高效配合剂制作而成，具有优良的弹性、耐磨、抗撕裂等性能。根据工程实践的经验，封水水头越高，需止水橡皮材料的硬度和强度就越大，然而橡胶

太硬又不易变形，对封水效果反而不利。经与有关橡胶止水生产厂家和科研单位联合研究试制，最终选定的硬度为邵氏 75，扯断强度为 28.6MPa 的橡胶配方材料，其硬度、强度和弹性等综合指标均较优。

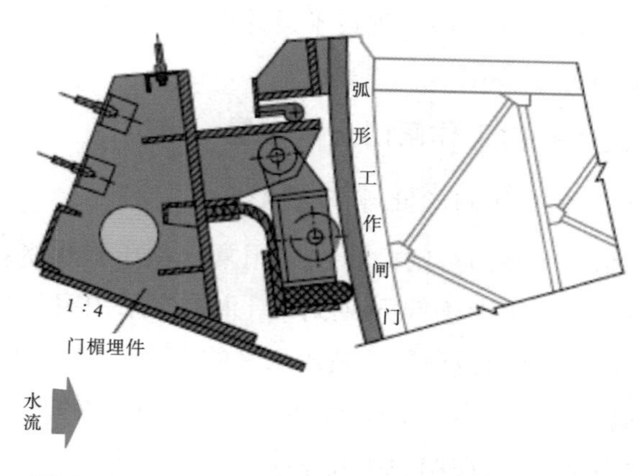

图 4.10.1　深孔弧门顶止水转铰式防射水装置图

2）止水断面模型和整体动态模型试验结果

①试验认为在满足一定橡皮压缩量条件下设计止水方案整体密封效果良好，能满足 80～100m 封水要求。

②顶水封预压缩量 3mm，底水封预压缩量 8～10mm，侧水封预压缩量 3～5mm，转铰水封预压缩量 3～4mm。

③承压水头 85m，通过反复启闭弧门，使水封与门槽反复摩擦，通过试验可知：水封的摩擦破坏先由聚四氟乙烯开始；当聚四氟乙烯与橡胶黏结不好时，聚四氟乙烯易被反复挤压断裂破坏，当聚四氟乙烯与橡胶黏结较好时，聚四氟乙烯被逐渐磨薄而露出橡胶；然后橡胶受磨损坏。当水封聚四氟乙烯与橡胶黏结良好，侧水封经原型弧门全开全关约 100 次（模型水封反复开启 2600 次，每次行程 50cm），聚四氟乙烯磨损而露出橡胶；转铰水封经原型弧门全开全关 40～50 次（模型水封反复开启 1200 次）后，聚四氟乙烯磨损而露出橡胶（局部有撕裂现象）；聚四氟乙烯磨损而露出橡胶后，水封尚可止水，但耐磨性较差。

深孔弧形闸门转铰式防射板止水布置在门楣顶部门槽埋件上，借助于不锈钢片和上游库水压力推动止水元件绕转轴转动，压紧在经过机加工的弧门面板上，以适应闸门受水压变形并达到封水目的。这种布置具有适应变形能力强、结构简单、制造加工操作运行方便等特点。为适应三峡各种运行水位，做到在低水位时不漏水，高水位时不致将止水橡皮压坏，在转铰止水上设置限位支承轮，以控制橡皮压缩量，并起导向作用。由橡胶止水头与面板接触可以适应面板的不平度，同时在频繁操作的条件下可减少对面板防腐涂层的磨损，延长防腐寿命。另在闸门顶部设置盖板式顶止水一道，以确保闸门在全关状态的止水效果。侧止水用方头 P 形橡皮，摩擦面包四氟减少摩阻力。底部采用刀形橡皮，并与底坎垂直布置。

4.10.3.3 泄洪深孔工作闸门结构形式及水力设计

(1)泄洪深孔工作闸门结构形式

三峡枢纽大坝泄洪深孔工作闸门选用弧形门，孔口尺寸 7m×9m(宽×高)，设计水位 175m，底坎高程 90m，设计水头 85m，校核水头 90.4m，设计总水压力 66000kN，支铰高程依据水工模型试验的水面曲线定为 103.0m(至底坎 13m)，面板曲率半径 16m(约孔口高的 1.8 倍)。深孔弧门的门体结构形式根据孔口尺寸为窄高形而采用主纵梁布置，为尽量减少现场安装工作量和难度，主要工作均在工厂完成，确保闸门结构最终的质量，提高安装进度。因此闸门结构按纵向分为左右两块，节间用高强螺栓连接，且门叶与支臂、支臂与铰链间均采用螺栓连接，避免现场焊接引起的二次变形。

闸门由箱型主纵梁、小纵梁、小横梁、边梁及面板组成门叶梁系焊接结构，门叶结构采用焊后整体退火处理消除焊接应力及变形。门叶面板、左右门叶连接面进行机加工。支臂结构为箱型断面 Q345D 低合金钢板焊接结构，焊后整体退火处理消除焊接应力，板厚 30mm，断面轮廓尺寸 1.0m×1.2m。并按有关设计规范进行强度稳定计算。上、下、左、右支臂支杆间由连系杆件连成整体。上支臂在裤衩处用法兰螺栓连接。左右门叶在工地安装后弧面拼缝用 V 形坡口水密焊。弧门支铰采用圆柱铰，铰座铰链均采用 45 号铸钢，支铰轴为 40Cr 锻钢，表面镀铬，轴瓦采用进口(DEVA)铜基镶嵌自润滑免维护轴承，轴承内径 f800mm，内设密封圈。

(2)大坝泄洪深孔工作闸门水力设计

深孔闸门水力学分别委托中国水利水电科学研究院和长江科学院进行大比尺深孔闸门水力学及动力特性模型试验研究，为三峡深孔弧门的设计和安全运行提供依据和可靠保证。模型试验表明：各种泄流条件下，深孔闸门段未发现特殊流态，作用于孔壁与弧门面板上的时均压力随水位升高而增大，随流速增加而减少，符合一般规律。

流激振动试验结果表明：

①作用在弧形闸门上的动水荷载，主要为高速水流的压力脉动和止水漏水缝隙射流形成的动水荷载，该荷载不但对结构强度产生影响，且可能诱发闸门振动，1∶26 模型试验进行两组库水位 175.0m 及 180.4m 和弧门开度 0.1～0.9 九种工况的脉动压力测试，压力大小与上游水位，闸门开度及测点位置有关，其随闸门开度的增加而增大，靠近侧止水的边柱及门的底缘处，脉动压力较大。

②全水弹性模型闸门在各种泄流条件下试验表明，在常规的不模拟侧止水条件下，作用在闸门上的脉动压力的优势频率都在 6.0Hz 以内频带上，按水弹性模型中的脉动压力频率比尺换算到原型，则作用在原型闸门上的脉动荷载能量大的频率分量分布在 1.34Hz 以内频带上。模态分析已知原型闸门的第一阶自振动频率为 3.96Hz，闸门自振频率远离脉动荷载优势频率，因此，闸门不会与其发生共振，而 6.0Hz(原型为 1.34Hz)以上某些脉动压力频率分量能量较小，不足以对闸门产生明显动力放大作用。振动将以随机强迫振动为主。

③振动位移随上游库水位增加而增大，位移的最大均方根值为 431.23μm，出现在主纵梁与闸门底缘交接处，动应力最大均方根值为 3.77MPa，出现在弧门面板顶部中间位置。

4.10.3.4 高水头泄流大孔口工作闸门启闭机型式选择

三峡枢纽大坝泄洪深孔弧门液压启闭机选择液压启闭机。每扇弧门各设一台液压启闭机，启门力为 4000kN，闭门为 1000kN，闭门速度 0.5m/min，工作行程 10.35m。油缸布置在高程 117.50m 的机房内。

液压启闭机组成包括：油缸总成、摆动机架、下机架、二期埋件、行程检测与指示装置、行程限位装置、泵站液压系统、管路系统、电气控制系统等。

油缸支承设在缸体中部，活塞杆吊头与闸门吊耳间的连接采用进口球面滑动轴承。闸门开度显示与油缸行程检测装置设在油缸机架上，传感器钢丝绳与活塞杆吊头相连。在油缸有杆腔油口处装设闭锁阀组、避免闸门开启泄洪期间因管路破裂而造成事故。

整个深孔设有 23 套油缸和 6 套液压泵站，4 台机（或 3 台机）共用一套液压泵站，其间以管路相连接。液压泵站布置在 116.50m 高程的泵房内。

液压启闭机采用独立的阀组控制分时操作，6 个泵站可同时开启（或关闭）6 扇弧形门。每台泵站系统设 3 套手动变量轴向柱塞泵组，其中 2 套工作，1 套备用。3 套泵组共用 1 个油箱。每台泵站系统设 3 套或 4 套独立的液压阀组，每套阀组分别控制 1 台启闭机油缸。

在闸门任一开度时，由于启闭机系统泄漏使闸门或油缸在 48h 内下滑量不大于 200mm。并可自动复位。

启闭机电控方式实行中央控制室集中控制并可进行现地控制（现地程序控制，现地手动控制），现地控制与中央集控联锁。

电控系统能对闸门开度、液压系统运行工况、行程、上下极限位进行控制和监测。

4.10.4 大坝纵缝灌浆后增开对大坝安全运行影响分析问题

4.10.4.1 三峡大坝纵缝开度变化情况

(1)泄洪坝段纵缝张开情况

泄洪坝段于 1998 年 9 月 30 日开始浇筑混凝土，2001 年 12 月浇筑至高程 151.00m，2002 年 10 月浇筑至坝顶高程 185.00m，坝体接缝灌浆为 1999 年冬至 2000 年春、2000 年冬至 2001 年春、2001 年冬至 2002 年春、2002 年冬至 2003 年春施工。

根据纵缝测缝计监测资料分析，泄洪坝段纵缝在接缝灌浆完成后均有增开。泄 1～17 号坝段纵缝顶部在墩墙并缝，纵缝Ⅰ张开度在中部最大，高程 57.00～65.00m 张开达 8.27mm，顶部较小，高程 135.00m 张开近 5.74mm。泄 2 号坝段 2003 年 8 月，不同高程增开度如下：高程 13.00m 为 0.36mm，高程 23.00m 为 0.18mm，高程 34.00m 为 0.29mm，高程 46.00m 为 1.15mm，高程 57.00m 为 0.18mm，高程 124.00m 为 0.96mm，高程 135.00m 为 1.48mm。泄 18～23 号坝段为宽槽并缝，纵缝Ⅰ的张开度沿坝高逐渐加大。高程 135.00m张开达 10.54mm，高程 65.00～75.00mm 张开度为 5mm。泄 18 号坝段 2003 年 8

月，不同高程增开度如下：高程65.00m为0.65mm，高程75.00m为0.92mm，高程124.00m为1.98mm，高程135.00m为2.33mm。

为进一步查明纵缝增开情况，2003年11月对泄2号坝段和泄20号坝段纵缝Ⅰ高程116.5m廊道钻骑缝孔，钻孔为仰孔，孔径150mm，孔深12.10m，并进行了孔内电视录像。2004年4月在泄2号、18号坝段纵缝增开度最大部位分别布置了2个补充检查钻孔（后因仪埋原因泄2坝段取消了2号钻孔），并于2004年9月进行了电视录像。

根据钻孔检查发现，泄2号坝段纵缝的张开度和增开度与纵缝监测结果一致，泄18号坝段纵缝的张开度和增开度均比监测结果小。

（2）厂房坝段纵缝张开情况

左厂房坝段于1997年12月11日开始浇筑混凝土，2002年10月26日浇筑至坝顶高程185.00m。坝体接缝灌浆为1999年冬至2000年春、2000年冬至2001年春、2001年冬至2002年春、2002年冬至2003年春施工。右厂房坝段于2003年2月16日开始浇筑混凝土，2006年5月20日浇筑至坝顶高程185.00m。坝体接缝灌浆为2004年冬至2005年春、2005年冬至2006年春施工。

左、右岸厂房坝段在左厂14号钢管坝段和右厂17号钢管坝段、右厂26号钢管坝段纵缝Ⅰ、Ⅱ上布设有测缝计。根据纵缝测缝计监测资料分析，左、右厂房坝段纵缝在接缝灌浆完成后均有增开。

左、右岸厂房坝段坝后引水压力管道坝后部分采用下游坝面预留槽的背管布置形式，管道一期预留槽与坝体同步施工，后期待坝段纵缝灌浆完成后，再安装钢管及进行管道外包混凝土施工。

根据纵缝测缝计监测资料，管道混凝土浇筑完成前，左厂14号坝段纵缝Ⅰ张开度在顶部高程95.00m最大张开达4.44mm；底部较小，高程32.00m最大张开2.61mm。左厂14号坝段纵缝Ⅰ灌浆后，2000年4月至2003年6月蓄水至水位135.00m前，不同高程最大增开度在高程32.00m为0.05mm，高程55.00m为1.07mm，高程75.00m为1.2mm，高程95.00m为2.27mm。纵缝Ⅰ的最大张开度沿坝高逐渐加大。2003年5月至2003年7月纵缝Ⅰ上部的管道混凝土浇筑完成，2003年6月10日，水库蓄水至135.00m，之后纵缝Ⅰ开度变化不明显，除高程95.00m受温度变化引起的增开度变化为0.71～1.2mm，以下高程点的纵缝增开度变化为－0.04～0.1mm，表明左厂14号坝段高程75.00m以下纵缝Ⅰ缝面基本闭合。

根据纵缝测缝计监测资料，右厂在2006年6月上游基坑进水前，右厂17号坝段纵缝Ⅰ张开度在顶部最大，高程102.00m最大张开达5.07mm；底部较小，高程47.00m最大张开1.17mm。右厂17号坝段纵缝Ⅰ灌浆后，2004年12月至2006年5月，不同高程最大增开度在高程47.00m为0.12mm，高程64.00m为0.32mm，高程83.00m为1.57mm，高程102.00m为1.77mm。纵缝Ⅰ的最大张开度沿坝高逐渐加大。

4.10.4.2 三峡大坝纵缝开度变化分析

设计对纵缝开度变化问题进行了一系列研究：收集三峡大坝纵缝的监测资料，分析纵缝张开度和增开度的变化规律；通过模拟泄洪坝段和厂房坝段纵缝实测增开度，对控制工况下坝体的应力和变形进行分析；模拟泄洪坝段和厂房坝段混凝土浇筑、接缝灌浆及蓄水过程，对纵缝开度、坝体应力及变形进行仿真分析等。通过计算分析得到如下成果。

（1）大坝纵缝开度监测及钻孔资料分析

通过对泄洪坝段纵缝监测及钻孔资料分析，发现纵缝的张开度及灌浆后的增开度变化有以下规律：

①泄 1～17 号坝段纵缝顶部已在墩墙并缝。纵缝Ⅰ张开度在中部最大，高程 57.00～65.00m 张开达 8mm；顶部较小，高程 135.00m 张开近 4.91mm。

②泄 18～23 号坝段为预留宽槽后期并缝。纵缝Ⅰ的张开度沿坝高逐渐加大，高程 135.00m张开达 10.54mm，高程 65.00～75.00m 张开 5mm。

③厂房坝段纵缝Ⅰ的张开度沿高程逐渐加大。右厂 17 号坝段高程 102.00m 位于纵缝顶部，距管道预留槽底 2.62m，该点张开度最大，达 5.07mm。底部张开较小，高程 47.00m 处张开 1.17mm。

④泄 1～17 号坝段纵缝Ⅰ的增开度在坝体中部最大，顶部较小，底部最小；泄 18 号坝段的增开度沿坝高逐渐加大。

⑤厂房坝段纵缝Ⅰ的增开度沿坝高逐渐加大。左厂 14 号坝段 2003 年 6 月水库蓄水至 135.00m 后，纵缝的增开度较蓄水前减小，纵缝高程 75.00m 以下纵缝闭合，上部（高程 95.00m）测点增开度随外界气温有波动。

⑥纵缝的增开度及张开度在夏季最大，冬季最小，其变化主要与外界气温变化有关。

⑦上部灌区灌浆对下部高程灌区纵缝的张开度没有影响。

⑧泄 2 号坝段和泄 18 号坝段钻孔检查表明，纵缝在灌浆后有所增开，纵缝张开度与测缝计显示的分布规律相近，张开度比实测值小，缝面局部脱开、局部贴紧。

（2）大坝纵缝开度变化仿真分析

为研究大坝纵缝灌浆后增开的原因，以泄 2 号坝段作为分析对象，模拟全坝段混凝土浇筑过程，灌浆过程及大坝挡水过程，长江科学院采用三维有限元进行接触问题非线性分析，考虑温度及混凝土徐变的影响；对大坝纵缝开度及坝体变形进行仿真分析。

1）计算模型与边界条件

温度场计算中考虑整个泄 2 号坝段和相邻的泄 1 号、泄 3 号各半个坝段。根据结构、荷载的对称性取泄 2 号与泄 1 号坝段各半个坝段作为计算模型，基础深度方向、上下游方向各取一倍坝高，宽度与坝段相同。整个模型为 420m×21m×378m（长×宽×高），单元数为 95622，结点数为 110080，温度应力计算中，模型取泄 2 号半个坝段为研究对象，单元数为

47811，结点数为 57877。

在温度场计算中，基础各侧面、底面、坝段两侧面取绝热边界，基础上游与下游顶面、坝体上游面水位以下取水温，其他暴露面取气温边界。在温度应力计算中，基础左右两侧面，基础下游面、坝体对称面取法向约束，基础底面取三向约束；基础上游面自由，考虑坝体侧面与相邻坝段之间有横缝，也取为自由面。

仿真计算中纵缝采用可传压、传剪的接触单元模拟，摩擦系数 $f'=0.7$，黏结力 $c'=20$MPa，抗拉强度 σ_p 和初始法向间隙 W_0 为 0，纵缝键槽在垂直方向传剪，只考虑缝面在垂直方向传剪，未考虑坝轴线方向的传剪。灌浆之前处于张开状态的缝面，灌浆结束后，其张开度为 0。

2）大坝挡水位 135.00m、156.00m 及 175.00m 运行期的计算成果

①坝体变形：坝体上、下游面均向下游变形，坝体沿坝高向下游变形逐渐加大，库水位越高坝体向下游变形越大。坝体上、下游面变形受气温影响，呈现周期性变化。夏季气温升高，上游坝面向上游变形，坝体上块（甲块）向下游位移减小；下游坝块向下游变形，坝体下块（丙块）向下游位移加大，冬季气温下降，上游坝面向下游变形，坝体上块（甲块）向下游位移加大；下游坝块向上游变形，坝体下块（丙块）向下游位移减小。

②纵缝的开度：纵缝Ⅰ：大坝挡水位 135.00m，高程 57.00m 以下（除高程 46.00m 局部外）纵缝已闭合，其上纵缝开度随气温呈周期性变化，夏季张开，冬季闭合；高程 135.00m 夏季增开度 1.5mm，冬季闭合；大坝挡水位 175.00m 高程 124.00m 以下（除高程 46.00m、69.00m局部外）纵缝已闭合，其上纵缝开度随气温呈周期性变化，夏季张开，冬季闭合。高程 135.00m 夏季增开度 0.4mm，冬季闭合。大坝挡水位 175.00m 局部高程纵缝未闭合，高程 46.00m 增开度 0.68mm，高程 69.00m 增开度 0.14mm，且不随气温变化。原因是高程 46.00m 在上部灌区灌浆时（2001 年 4 月）增开度已达 1.8mm，高程 69.00m 在上部灌区灌浆时（2002 年 1 月）增开度已达 2.3mm，受计算模型限制、上部纵缝接触状态的影响，蓄水后此处纵缝不易闭合。纵缝Ⅱ：大坝挡水位 135.00m、156.00m 及 175.00m，高程 57.00m 以下部位纵缝已闭合，其上纵缝开度随气温呈周期性变化，夏季增开度大，冬季增开度小。高程 69.00m，大坝挡水位 135.00m 夏季增开度 1.1mm，冬季增开度 0.4mm，大坝挡水位 175.00m，夏季增开度 0.7mm，冬季增开度 0.2mm。

③坝踵应力：大坝挡水位 135.00m 运用期，坝踵均为压应力，且随气温呈周期性变化，夏季压应力大，冬季压应力小，最大值为−6.44MPa，变幅 0.68MPa。大坝挡水位 156.000m 运行期，坝踵仍为压应力，为 2MPa。大坝挡水位 175.00m 运行期，坝踵为拉应力，且随气温呈周期变化，夏季拉应力小；冬季拉应力大，最大值 3.37MPa，变幅 0.91MPa；拉应力范围很小，顺水流向约 0.5m。高程 5.00m 上坝体断面 σ_y 均为压应力。在大坝挡水位 135.00m 以前，若将纵缝Ⅰ、Ⅱ均进行二次灌浆，保证缝面不再脱开，即假定纵缝Ⅰ、纵缝Ⅱ均为 0 间隙，则在大坝挡水 175.00m 运行期，冬季坝踵处拉应力为 3.09MPa，比有缝情况可减小 0.3MPa，拉应力范围为 0.40m，可减小 0.10m。

3)三维仿真计算成果分析

通过对泄 2 号坝段进行三维仿真计算,其计算成果表明:

①在自重作用下,坝体向上游变形,且随着坝体不断升高,坝体向上游变形逐渐加大。

②在大坝挡水位 135.00m、156.00m 及 175.00m 工况,坝体上、下游面变形受气温年变化的影响,呈现周期性变化。夏季气温升高,坝顶向上游变形,冬季气温下降,坝顶向下游变形。

③纵缝灌浆后又增开主要是坝体上、下游面受气温的影响使坝体产生上下游向的变形所致;上部混凝土自重对纵缝张开度及增开度有一定的影响,但较小。纵缝Ⅰ的张开度在坝体中部最大,顶部较小,底部最小,纵缝Ⅱ的张开度沿坝高加大。

④仿真计算纵缝的张开度及增开度变化规律与实测资料分析结果基本一致。

⑤水库蓄水后纵缝的开度减小。纵缝Ⅰ在大坝挡水位 135.00m 时,高程 57.00m 以下(除高程 46.00m 局部外)纵缝已闭合,其上纵缝开度随气温呈周期性变化,夏季张开,冬季闭合。大坝挡水位 156.00 及 175.00m 高程,124.00m 以下(除高程 46.00m、69.00m 局部外)纵缝已闭合,其上纵缝开度随气温呈周期性变化,夏季张开,冬季闭合。纵缝Ⅱ在大坝挡水位 135.00m、156.00m 及 175.00m 时,高程 57.00m 以下部位纵缝已闭合,其上纵缝开度随气温呈周期性变化,夏季开度大,冬季开度小。

⑥坝踵部位竖直向应力在整个施工期和大坝挡水位 135.00m 运行期均为较大的压应力;大坝挡水位 156.00m 运行期,坝踵仍为压应力 2MPa;大坝挡水位 175.00m 运行期,坝踵为拉应力,且随气温呈周期性变化,夏季拉应力小,冬季拉应小,最大值 3.37MPa,变幅 0.91MPa。拉应力范围不大,顺水流向约为 0.50m,高度方向 1.00m。

在大坝挡水位 135.00m 以前,若对纵缝Ⅰ、纵缝Ⅱ均进行二次灌浆,使缝面不再脱开,即假定纵缝Ⅰ、纵缝Ⅱ均为 0 间隙,则在大坝挡水位 175.00m 运行期,坝踵处拉应力为 3.09MPa,比有缝情况可减小 0.3MPa,拉应力范围为 0.40m 可减小 0.10m。

(3)大坝纵缝开度变化对安全运行影响分析

为研究大坝纵缝开度变化对大坝安全的影响,选取泄 18 号坝段、泄 2 号坝段和左厂 14 号坝段进行了三维有限元计算,分析自重和水压力作用下坝基和坝体应力分析,以及纵缝的接触状态。计算工况取坝体自重,大坝挡水位 135.00m、大坝挡水位 175.00m 三种工况,坝体结构分整体坝(无纵缝)、有纵缝无间隙(0 间隙)和有纵缝有间隙三种模型,以整体坝模型模拟现行规范考虑的坝体运行状态,以有纵缝无间隙模型模拟接缝灌浆(包括二次灌浆)后坝体的理想状态,有纵缝间隙模型模拟坝体的实际运行状态(包括极端不利状态)。

通过泄 18 号坝段、泄 2 号坝段和左厂 14 号坝段三维有限元静力计算,分析坝体自重对纵缝Ⅰ和纵缝Ⅱ不同高程张开度的影响,分别模拟纵缝Ⅰ和纵缝Ⅱ按实测的增开度与 0 间隙情况,对自重、水压力作用下坝体的应力分布进行对比;对泄 2 号坝段进行地震作用下动力响应计算分析,采用时程逐步积分法,进行地震作用的结构非线性有限元动力响应计算,分析纵缝Ⅰ和纵缝Ⅱ按实测的增开度与 0 间隙情况坝体的地震影响程度；计算成果表明：

①在自重作用下，坝体纵缝Ⅰ、纵缝Ⅱ均向上游变形；泄18号坝段纵缝Ⅰ在高程100.00～120.00m缝面脱开，最大张开度在高程111.00m为0.14mm，纵缝Ⅱ在高程100.00～120.00m缝面脱开，最大张开度在高程120.00m为0.62mm；泄2号坝段纵缝Ⅰ在高程40.00～140.00m缝面脱开，最大张开度在高程87.00m为2.44mm，纵缝Ⅱ在高程60.00～120.00m缝面脱开，最大张开度在高程120.00m为4.13mm；左厂14号坝段纵缝Ⅰ在高程60.00m以上张开，开度随高程增加而增大，最大张开度位于顶部，其值为6.16mm。纵缝Ⅱ在高程60.00m以上张开，顶部最大张开0.29mm，纵缝灌浆后再增开主要受大坝上、下游面外界气温影响，引起坝体变形所致，受坝体自重影响较小。

②大坝挡水位135.00m工况，纵缝有间隙情况和0间隙情况下，坝踵、坝趾处均为压应力，且纵缝Ⅰ和纵缝Ⅱ缝面已基本接触，缝面可以传力。

③大坝挡水位175.00m工况，有间隙情况：泄2号坝段坝踵处最大拉应力2.53MPa，拉应力范围沿坝高及顺流向约1.00m，高程5.00m以上坝体断面σ_y均为压应力；泄18号坝段坝踵处最大拉应力为1.48MPa，拉应力范围沿坝高及顺流向约0.84m，高程45.84m以上坝体断面σ_y均为压应力。左厂14号坝段坝踵处最大拉应力为0.99MPa，拉应力范围顺河向0.41m，沿坝高0.36m。0间隙情况：泄2号坝段坝踵处拉应力为1.49MPa，拉应力范围0.65m；泄18号坝段0间隙情况坝踵处拉应力为0.42MPa，拉应力范围0.32m；左厂14号坝段坝踵拉应力为0.82MPa，拉应力范围顺河向0.34m，沿坝高0.30m。由此可见，纵缝灌浆后增开对坝踵应力有轻微影响，进行二次灌浆处理的改善作用不大。

④关于扬压力荷载，通过对大坝挡水位175.00m工况有间隙情况采用不同计算方法，分析坝基面扬压力对坝踵应力的影响，泄2号坝段坝踵拉应力为4.24MPa，拉应力范围为2.00m，左厂14号坝段坝踵拉应力为2.49MPa，拉应力范围顺河向1.00m，坝基面应力范围满足SL319—2005《混凝土重力坝设计规范》的要求。

⑤右岸厂房坝段少数坝段纵缝Ⅱ部分灌区因缝面张开度小尚未实施接缝灌浆，计算中取缝面张开度为0.5mm，可认为上述计算成果已包含了此部分灌区不做处理的情况。

⑥纵缝有间隙情况下，泄洪坝段地震动位移与纵缝无间隙情况的地震动位移接近，坝踵动应力S_y前者小于后者，坝基面纵缝处最大动应力在0.767MPa以内，缝面动应力S_y和缝端动应力S_x均不大，分布规律基本相同；纵缝有、无间隙坝顶加速度放大系数接近，分别为3.66、3.62。

⑦纵缝有间隙情况下坝踵综合应力S_y和拉应力范围有所增加，坝踵在水平和坝高方向的拉应力范围，以纵缝有间隙情况最大，水平范围为2.50m，有纵缝无间隙情况水平范围为1.41m。

⑧缝面剪应力很小，地震过程中纵缝处于闭合状态。

4.10.4.3 三峡大坝挡水位156.00m运行后纵缝开度监测与分析

(1)泄洪坝段纵缝开度监测成果分析

1)泄2号坝段纵缝监测成果

泄2号坝段纵缝Ⅰ沿高程(13.00m、23.00m、34.00m、46.00m、57.00m、69.00m、124.00m、135.00m)埋设8支测缝计,其中高程69.00m测缝计失效,高程124.00m、135.00m的测缝计在2001年8月以后埋设。泄2号坝段纵缝Ⅱ沿高程(23.00m、57.00m、69.00m)埋设3支测缝计。

①纵缝Ⅰ在坝体中部的张开度最大,高程13.00m灌浆时张开度为2.33mm,高程57.00m的最大张开度达8.27mm,2001年4月5日灌浆时纵缝张开度为7.30mm。灌浆后纵缝继续张开,2001年8月最大增开度为0.67mm,此后又开始下降,2001年12月增开度为0.27mm;2002年8月增开度为0.97mm;2003年6月水库蓄水至水位135.00m后,增开度为−0.07~0.18mm;2006年5月增开度为−0.07mm,此后增开度变化不大,2007年10月为−0.10mm。高程124.00m和135.00m于2001年8月开始浇筑混凝土,至2001年冬季此处的张开度尚未稳定,纵缝Ⅰ还在继续张开;高程124.00m灌浆时张开度4.76mm,灌浆后纵缝继续张开,2002年8月增开度最大为1.08mm,2003年6月水库蓄水至水位135.00m,增开度减小为0.61mm,2004—2005年冬季最小增开度为0.08~0.11mm,夏季最大增开度为0.29~0.74mm,2006年5月增开度为0.10mm,蓄水至水位156.00m期间增开度为0.05~0.33mm。高程135.00m灌浆时张开度为4.26mm,灌浆后最大增开度1.19mm,蓄水至水位135.00m后,2003年9月增开度1.53mm,2004—2005年夏季最大增开度1.14~1.19mm,冬季最小增开度0.11~0.12mm,2006年5月增开度为0.37mm,蓄水至水位156.00m期间增开度为0.14~1.25mm,2007年10月为0.30mm。

②纵缝Ⅱ在坝体高程57.00m灌浆时的张开度2.56mm,高程23.00m的张开度为2.31mm,高程69.00m为1.40mm;灌浆后增开度高程69.00m为1.40mm,高程57.00m为0.90mm,高程23.00m为0、7mm,蓄水至水位135.00m,增开度减小,2003年8月高程69.00m增开度为2.35mm,高程57.00m为0.83mm,高程23.00m增开度基本不变。高程69.00m 2004—2005年夏季最大增开度2.43~2.54mm,冬季最小增开度1.48~1.67mm;2006年5月为2.01mm,2007年10月为1.82mm;高程57.00m 2004—2005年夏季增开度0.61~0.74mm,冬季增开度为0.94~1.02mm;2006年5月为0.74mm,蓄水至水位156.00m增开度为0.70~0.84mm,2007年10月为0.74mm。

观测成果表明,泄2坝段纵缝Ⅰ在库水位135.00m至156.00m期间,高程13.00m、23.00m、34.00m、57.00m处增开度基本不变,高程46.00m、124.00m、135.00m处增开度夏季较大、冬季较小。纵缝Ⅱ高程23.00m、57.00m处增开度基本不变,高程65.00m处夏季较大、冬季较小。

2)泄18号坝段纵缝监测成果

泄18号坝段纵缝沿高程(56.00m、65.00m、75.00m、124.00m、135.00m)埋设5支测缝计,其中高程56.00m的测缝计失效。泄18号坝段纵缝Ⅱ沿高程(51.00m、65.00m、75.00m)埋设3支测缝计。

①纵缝Ⅰ在坝体上部的张开度最大,高程135.00m最大张开度为9.25mm,灌浆后最大增开度1.04mm;2003年6月蓄水至水位135.00m时,最大增开度为2.48mm,12月为0.42mm;2004—2005年夏季增开度最大2.15~2.36mm,冬季增开度最小0.72~0.89mm;2006年5月为1.58mm,蓄水至水位156.00m期间增开度0.98~2.49mm,2007年10月为1.48mm。高程65.00m灌浆时张开度为4.22mm,灌浆后增开度随季节变化;2001年8月为0.93mm,12月为0.49m;2002年8月为0.90mm,12月为0.64mm;2003年6月蓄水至水位135.00m,增开度为0.65m;2003—2005年夏季最大增开度为0.68~0.57mm,冬季最小增开度为0.48~0.50mm;2006年5月为0.54mm,蓄水至水位156.00m期间,纵缝增开度0.52~0.58mm,2007年10月为0.56mm。

②纵缝Ⅱ在坝体中部的张开度最大,高程65.00m灌浆时最大张开度4.60mm,灌浆后纵缝随季节变化继续张开,2001年8月最大增开度为0.08mm,12月为-0.41mm;2003年6月蓄水至水位135.00m后,2003—2005年夏季增开度为0.21~0.25mm,冬季为0.02~0.06mm,增开度很小;蓄水至水位156.00m期间,增开度0.47~0.60mm。高程51.00m灌浆时张开度为2.38mm,灌浆后变化不大,增开度很小;蓄水至水位156.00m,增开度0.03~0.09mm,2007年10月为0.03mm。高程75.00m灌浆时张开度为2.29mm,灌浆后继续张开,2001年8月增开度为0.19mm,12月为0.47mm;2002年8月为1.07mm,12月为0.76mm;2003年6月蓄水至水位135.00m,最大增开度1.06mm,2003—2005年夏季最大增开度为0.96~1.15mm,冬季最小增开度为0.73~0.91mm,2006年5月为1.2mm,蓄水至水位156.00m期间,增开度0.99~1.07mm,2007年10月为1.02mm。

3)泄洪坝段纵缝开度监测成果分析

泄洪坝段纵缝开度监测成果见表4.10.1。纵缝开度监测资料表明:泄洪坝段纵缝Ⅰ高程65.00m及以下各测点开度稳定,其测值与水库蓄水至水位135.00m测值相同,高程124.00m及以上测点开度年内仍有变化,冬季小、夏季大,最小值与水位135.00m时同期数值相同,最大值较水位135.00m时同期数值小;泄洪18号坝段纵缝Ⅰ的增开度比泄洪2号坝段纵缝Ⅰ大,分析其原因主要是泄洪2号坝段纵缝Ⅰ在高程141.50~151.00m宽槽(宽1.80m)并缝,其上布设6层ϕ32并缝钢筋;而泄18号坝段表孔墩墙高程151.00m预留1∶1倒悬槽(宽1.80m)至坝面并缝,说明纵缝并缝形式对其增开度影响较大。纵缝Ⅱ除高程69.00m以外各测点开度稳定,其测值与水位135.00m测值相同,高程69.00m测点开度年内仍有变化,冬季小、夏季大,最小值与水位135.00同期数值相同,最大值较水位135.00m时同期数值小。

表 4.10.1 泄洪坝段纵缝开度监测成果表

纵缝位置		高程(m)	增开度(mm)								
			05-10-20	06-1-20	06-4-20	06-8-20	06-10-20	07-1-20	07-4-20	07-8-15	07-10-20
泄洪2号坝段	纵缝Ⅰ	13	0.36	0.38	0.34	0.36	0.40	0.38	0.42	0.40	0.40
		23	0.18	0.17	0.18	0.17	0.17	0.15	0.15	0.15	0.15
		34	0.22	0.22	0.22	0.21	0.21	0.20	0.19	0.19	0.19
		46	0.80	0.74	1.14	1.19	1.16	1.10	1.08	1.13	1.11
		57	0.01	−0.06	−0.06	−0.07	−0.08	−0.09	−0.09	−0.09	−0.10
		124	0.29	0.08	0.08	0.78	0.20	0.04	0.04	0.33	0.05
		135	0.67	0.12	0.17	1.25	0.60	0.14	0.16	0.77	0.30
	纵缝Ⅱ	23	0.01	0.01	0.01	0.00	0.00	0.00	0.00	0.00	0.00
		57	0.84	0.72	0.73	0.84	0.78	0.72	0.70	0.74	0.74
		69	2.09	1.59	1.83	2.37	2.01	1.52	1.51	2.04	1.82
泄洪18号坝段	纵缝Ⅰ	65	0.54	0.56	0.52	0.58	0.54	0.54	0.52	0.54	0.56
		124	1.50	1.27	1.28	2.01	1.43	1.28	1.25	1.47	1.36
		135	1.67	0.93	1.29	2.49	1.65	0.89	1.18	2.12	1.48
	纵缝Ⅱ	51	0.03	0.09	0.05	0.07	0.05	0.09	0.03	0.04	0.03
		65	0.56	0.49	0.47	0.60	0.51	0.47	0.47	0.53	0.55
		75	0.96	1.03	1.07	1.04	1.00	1.00	1.01	0.99	1.02

(2)泄洪坝段纵缝开度仿真成果分析

对泄2号坝段纵缝的接触状态及其坝体应力的仿真分析表明,2003年6月,上游水库水位上升到135.00m后,纵缝Ⅰ除高程46.00m,高程69.00m,高程124.00m、高程135.00m仍有开度外,其余部位(含高程34.00m以下、高程57.00m)缝面闭合,出现这种沿高程间断闭合的现象与灌浆过程有关,当纵缝某一段灌浆以后,经过一段时间缝面会重新张开,特别是该段的顶部,此时对上部灌区进行的灌浆使得此处的缝面难以闭合(没有考虑浆体渗入下部缝面)。纵缝Ⅱ高程57.00m以下缝面闭合,高程57.00m、高程69.00m仍有开度。

库水位上升到156.00m以后,纵缝Ⅰ高程46.00m、高程69.00m、高程124.00m、高程135.00m、高程141.00m处张开度和纵缝Ⅱ高程69.00m处张开度均减小。纵缝Ⅰ及纵缝Ⅱ在水库蓄水位135.00m、156.00m、175.00m过程中不同高程开度过程线说明,除个别点(纵缝Ⅰ高程69.00m)外,未闭合的各点开度仍呈夏季大、冬季小的规律。与库水位135.00m时相比,纵缝Ⅰ高程141.30m处增开度夏季由1.4mm减小为1.0mm,冬季仍闭合;高程135.00m处增开度夏季由1.45mm减小为0.95mm,冬季仍闭合;高程124.00m处增开度夏季由0.5mm减小为0.2mm,冬季仍闭合,高程69.00m处增开度夏季由0.7mm减小为0.4mm,冬季由0.85mm减小为0.45mm;高程57.00m处增开度全年仍闭合;高程46.00m处增开度全年由0.85mm减小为0.75mm。纵缝Ⅱ高程69.00m处增开度夏季由

1.2mm减小为0.9mm，冬季由0.35mm减小为0.25mm；高程57.00m处增开度夏季由0.1mm减小为0mm，冬季仍闭合。

对泄洪坝段2号坝段的仿真计算成果表明：蓄水位156.00m时，纵缝Ⅰ高程57.00m以下纵缝（除高程46.00m外）开度已闭合，高程124.00m以上纵缝开度随气温呈周期性变化，夏季张开、冬季闭合；纵缝Ⅱ高程57.00m以下部位纵缝已闭合，高程57.00m以上纵缝开度随气温呈周期变化，夏季开度大、冬季开度小，其最大值、最小值均较蓄水位135.00m时小。

(3)大坝纵缝开度监测成果与计算成果对比分析

泄2号坝段在大坝挡水位135.00m和156.00m运行条件下，纵缝增开度的监测成果与仿真分析成果对照如表4.10.2。

表4.10.2　泄2号坝段纵缝增开度监测成果与仿真分析成果对照表

纵缝位置	高程(m)	灌浆时开度(mm)	增开度(张开度)(mm)							
			135m水位仿真		135m水位实测		156m水位仿真		156m水位实测	
			冬季	夏季	冬季	夏季	冬季	夏季	冬季	夏季
纵缝Ⅰ	13	2.3	0	0	0.41(2.71)	0.43(2.73)	0	0	0.41(2.71)	0.43(2.73)
	23	1.5	0	0	0.17(1.67)	0.18(1.68)	0	0	0.15(1.65)	0.15(1.65)
	34	3.02	0	0	0.21(3.23)	0.22(3.24)	0	0	0.20(3.22)	0.21(3.21)
	46	1.71	0.85	0.85	1.14(2.85)	1.20(2.91)	0.75	0.75	1.08(2.79)	1.13(2.84)
	57	7.3	0	0	−0.06(7.24)	0(7.30)	0	0	−0.09(7.21)	−0.09(7.21)
	124	4.76	0	0.5	0.08(4.84)	0.78(5.54)	0	0.2	0.06(4.80)	0.33(5.09)
	135	4.26	0	1.45	0.10(4.36)	1.30(5.56)	0	0.95	0.14(4.40)	0.77(5.03)
纵缝Ⅱ	23	2.31	0	0	0.02(2.33)	0.02(2.33)	0	0	0(2.31)	0(2.31)
	57	2.56	0	0.1	0.71(3.27)	1.01(3.57)	0	0	0.70(3.26)	0.75(3.31)
	69	1.40	0.35	1.20	1.58(2.98)	2.53(3.93)	0.25	0.9	1.46(2.86)	2.04(3.44)

对照监测成果与仿真分析成果可以看出，在大坝挡水位156.00m时：

纵缝Ⅰ高程57.00m以下，仿真计算成果表明缝面已闭合（高程46.00m处虽未闭合，但开度值年内已无变化）；监测资料显示各测点开度稳定，其测值与水位135.00m测值相同。

纵缝Ⅰ高程124.00m以上，仿真计算成果表明开度随气温呈周期性变化，夏季张开、冬季闭合，夏季的开度值较水位135.00m时减小；监测成果显示各测点开度年内仍有变化，夏季大、冬季小，最大值较水位135.00m时同期数值小，最小值与水位135.00m时同期数值相同。

纵缝Ⅱ高程23.00m，仿真计算成果表明缝面已闭合，监测成果显示开度为0。纵缝Ⅱ高程57.00m以上，仿真计算成果表明缝面增开度夏季由水位135.00m时的0.1mm减小为0mm，冬季仍闭合。监测成果显示缝面增开度最小值与水位135.00m时同期数值相同，最大值较水位 135.00m 时同期数值小。

(4)大坝纵缝钻孔检查情况

2003 年、2004 年，为进行大坝纵缝开度与监测仪埋成果的对比分析，在泄 2 号坝段纵缝Ⅰ部位高程 80.50m、116.50m 廊道及泄 20 号坝段纵缝Ⅰ部位高程 116.50m 廊道布置有骑缝孔，泄 18 号坝段布置有两个检查孔，均进行了孔内电视录像。为进一步检查泄洪坝段纵缝开度，于 2007 年 10—11 月对泄 2 号坝段纵缝Ⅰ部位高程 80.50m 廊道内的两个钻孔 ZK2-3、ZK2-2 再次进行孔内电视录像。

ZK2-2 孔距坝段右边横缝 8.00m，为俯孔，录孔深度 35.20m。ZK2-2 孔距坝段左边横缝 3.00m，为俯孔，录孔深度 33.70m。录像采用了全数字化电视录像技术，直接读取纵缝宽度数值。因纵缝设置了三角形键槽，在立面上有凸凹变化，故骑缝孔揭示的缝面不是贯通全孔的直线，而是分段的折线，每段缝面在录像展视图中呈“0”形(除高程 80.50m 廊道底的第一段外)。总深度 35.20m 的录像共显示 22 段缝面(被止浆片隔开的，上下各算作一段)。缝面一般宽 4～9mm，多为水泥结石充填，与混凝土胶结密实，局部微张。ZK2-3 孔录像显示：高程 80.50m 至高程 72.50m，止水片(止浆片)以上和排气槽铁片盖板范围，缝面未填充或张开，张开值大者 1.9mm；高程 76.70m 至高程 66m，缝面部分张开，张开值 0.5～1.9mm，在一个缝段内，或上部、中部张开而下部闭合，或上部张开而中部、下部闭合；高程 65.00m 至高程 48.40m，缝面全段闭合；高程 48.40m 至高程 45.80m，缝面全段张开，张开值 1.2mm。ZK2-2 孔录像显示：高程 80.50m 至高程 79.00m 止水片(止浆片)以上和排气槽铁皮盖板范围，缝面未填充或张开，张开值大者 1.9mm；高程 78.00m 至高程 66.00，缝面部分张开，张开值 1.4～1.9mm，在一个缝段内，或上部、中部张开而下部闭合，或上部张开而中部、下部闭合；高程 65.00m 至高程 50.00m，缝面全段闭合；高程 48.40m 至高程 47.30m，缝面全段张开，张开值 1.4mm。

与前期(2004 年 09 月录像成果)成果对比，混凝土接缝的接触状态无明显变化。由于设置了键槽，纵缝面成为一个折线面，上下游坝块相对位移的水平分量使缝面总体张开，其垂直分量则可能使得某个斜面贴紧。纵缝的测缝计均埋设在缝面的铅直段上，测缝计测得有开度并不一定说明附近的斜面也有开度。泄 2 号坝段高程 80.50m 廊道内俯孔孔内电视录像可以看出，部分缝段的上部(斜面)、中部(铅直面)张开而下部(斜面)闭合，或者上部张开而中部、下部闭合。由此可见，对于蓄水至水位 135.00m 以后，测缝计测值年内无变化的区段，上下游坝块的斜面已闭合，键槽已起到传力作用。

(5)大坝挡水位 156.00m 纵缝开度监测成果分析

1)蓄水至水位 156.00m 一年来的监测资料所表明的纵缝增开度变化规律与泄洪坝段仿真分析成果相吻合，进一步验证了仿真分析方法的合理性。

2)孔内电视显示纵缝缝面的接触状态无明显变化

3)蓄水至水位 156.00m 以来，受库水压力的影响，大坝纵缝缝面闭合的部位由低高程向上扩展。靠近坝面较高高程部位缝面仍呈张开状态，开度呈夏季大、冬季小的规律，开度值较大坝挡水位135.00m减小。

(6)175.0m试验性蓄水运行以来监测资料分析

2008年175.0m水位试验性蓄水运行以来，坝体纵缝开度的变化没有明显影响，泄2号坝段纵缝Ⅰ高程124m以下(图4.10.2)、纵缝Ⅱ在高程69m以下缝面开度测值已无变化。根据仿真分析成果、钻孔检查情况和实测资料综合判断，纵缝大部分缝面已闭合，上、下游坝块已由键槽起到传力作用，不影响大坝的安全运行。

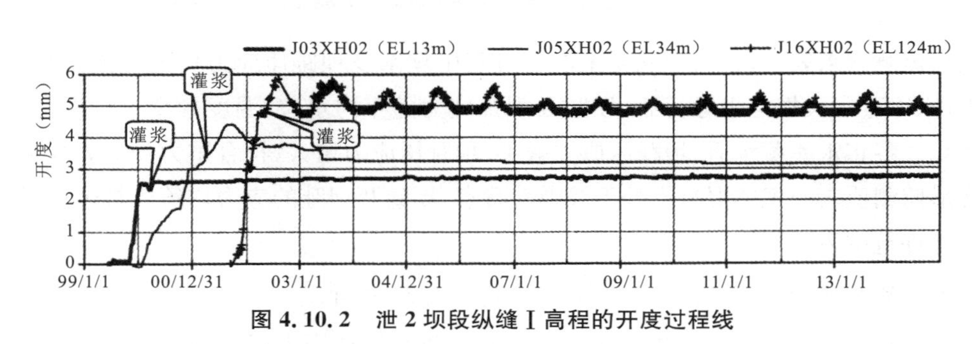

图4.10.2 泄2坝段纵缝Ⅰ高程的开度过程线

4.10.4.4 大坝坝踵及坝趾处应力监测与分析

(1)泄洪2号坝段坝踵及坝趾处应力监测成果

泄2号坝段上游侧在高程9.00m(建基面以上5.00m)及坝下游侧坝面下游2.00m处各埋设一组五向应变计组，测试值以计算坝踵及坝趾处应力。

监测资料显示，2003年5月蓄水前，泄2号坝段坝踵垂直正应力为－6.01MPa(负号表示压应力)，坝趾为－0.86 MPa；7月蓄水至水位135m后，坝踵垂直正应力为－5.34MPa，坝趾为－1.89 MPa，坝踵压应力减小，坝趾压应力增大，符合重力坝应力变化规律。2006年9月蓄水前，坝踵垂直正应力为－6.19 MPa，坝趾为－2.23 MPa；10月蓄水至水位156m后，坝踵垂直正应力为－5.55MPa，坝趾为－2.31 MPa；坝踵压应力减小，坝趾压应力增大。

2008年175m水位试验性蓄水前(9月28日水位145.32m)实测泄2号坝段坝踵压应力5.90MPa，坝趾压应力1.96MPa；11月10日蓄水至水位172.8m，坝踵压应力5.56MPa，坝趾压应力2.43MPa。2010年蓄水前(8月22日水位147.39m)，泄2号坝段坝踵压应力5.73MPa，坝趾压应力2.34MPa；10月26日蓄水至水位175m，坝踵压应力5.05MPa，坝趾压应力2.73MPa。试验性蓄水前后，坝踵压应力减小0.42MPa，坝趾压应力增加0.43MPa，大坝坝踵铅直向压应力随水位升高而减小，而坝趾压应力则随水位升高而增大，符合重力坝应力变化规律。2017年3月实测大坝泄2号坝段坝踵压应力为5.06MPa，坝趾压应力2.72MPa。说明大坝在正常蓄水位175m运行几年以来，坝踵及坝趾应力变化不大。泄2号坝段坝踵处实测混凝土应力过程线见图4.10.3。

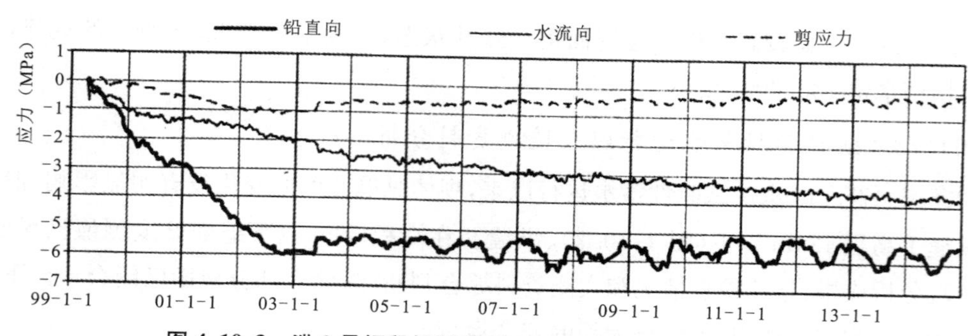

图 4.10.3　泄 2 号坝段坝踵高程 9m 处实测混凝土应力过程线

大坝监测成果表明，在大坝混凝土浇筑过程中坝踵及坝趾压应力均随坝体升高而应力值增大，水库蓄水大坝挡水运行后，坝踵及坝趾应力随年内水位、温度的变化呈现稳定的周期性变化。各年水库蓄水后，坝踵压应力减小、坝趾压应力增大，符合重力坝应力变化规律；大坝变形监测值表明坝体混凝土处于线弹性状态，坝踵及坝趾的应力均符合规范要求，测值在设计允许范围内。

(2)大坝坝踵处应力监测成果与计算成果对比分析

仿真计算成果表明，蓄水位 135m 运水期，坝踵及坝趾均为压应力，且随气温呈周期性变化，夏季压应力略大，冬季压应力略小，应力值在－4.6～－4.4 MPa；蓄水位 156.00m 运行期，坝踵应力值在－3.4～－3.2 MPa，较蓄水位 135.00m 压应力减小 1.2 MPa；蓄水位 175.00m 运行期，坝踵应力为－2.0 MPa。

大坝实测坝踵压应力大于坝趾压应力，与设计计算值差别较大，在国内外混凝土坝应力观测中也存在类似现象。泄 2 号坝段坝踞应变计组实测的混凝土鉛直向应力与钢筋应力变化规律一致，可近似互为线性表达，相互验证，说明实测坝踵应力是可信的。坝踵及坝趾应力实测过程线与常规认识的差异主要是：水库蓄水前坝踵压应力测值超出计算值较多，蓄水过程中的变幅值小于计算值，其原因尚待探索及研究，初步分析是由于坝体各部位混凝土特性差异、施工期及运行期温度应力、坝体坝基渗流影响及混凝土湿胀等因素所致。

4.10.4.5　2008 年汛末试验性蓄水位 172.00m 监测资料分析

(1)大坝纵缝钻孔检查与测缝计监测资料对比

2008 年 6—7 月，对泄 2 号、泄 18 号和泄 20 号坝段骑缝孔再次进行孔内电视录像，并在泄 6 号、泄 21 号坝段增加骑缝孔进行钻孔检查。孔内电视录像仍采用全数字化电视录像，与前期已有录像成果相对比，大部分钻孔录像显示混凝土纵缝在长度、宽度及形态上无明显变化，纵缝张开部位，宽度及其形态也未见异常变化。孔内录像可以看出，高程 80.50m 廊道以下的缝段绝大部分未见张开，可见张开的缝段均在止浆片以外的非灌浆区或排气槽与止浆片之间灌浆死角；高程 116.50m 廊道至高程 80.50m 廊道之间，除止浆片以外的非灌浆区或排气槽与止浆片之间灌浆死角外，未见张开的缝段占总缝段数的 70%；高程 116.00m 廊道以上，大部分缝段张开，少数缝段未张开。孔内录像与测缝计监测资料对比，测缝计资料表明纵缝Ⅰ高程65.00m及以下各测点开度稳定，孔内录像显示高程80.50m以下的缝段绝大部分未见张开；测缝计资料表明高程124.00m及以上测点开度在年内仍有变化，冬季闭合、夏季张开，孔内录像显示高程120.50m以上的缝段大部分张开，两者成果一致。

(2)试验性蓄水位172.00m监测资料分析

根据泄洪坝段的监测资料，在2008年9—11月试验性蓄水至172.00m水位运行期间，坝踵的垂直应力减小，压应力减小量值为0.21～1.14MPa，符合重力坝挡水位抬高后的应力变化规律，坝踵应力仍为压应力。在试验性蓄水位172.00m抬升期间，泄2号、泄18号坝段纵缝Ⅰ在高程135.00m处分别由4.92mm减至4.37mm和由10.11mm减至9.17mm，即分别压缩了−0.55mm和−0.92mm。又据对泄洪坝段纵缝骑缝钻孔检查表明，纵缝接缝灌浆充填水泥结石厚5～7mm，结石与周围混凝土存在脱开现象，开度0.2～0.6mm。键槽的设置使纵缝缝面成为一个折线面，孔内电视录像显示，纵缝一段键槽的三个面并不同等宽度地张开，上下游坝块相对位移的水平分量使缝面总体张开，其垂直分量则可使得某个斜面贴紧。测缝计均埋设在缝面的铅直段上，其测得的开度并不一定说明附近的斜面也张开，许多铅直段张开的缝段斜面已闭合，上、下坝块已由键槽起到传力作用。

通过对大坝纵缝钻孔检查和监测资料分析认为，大坝接缝灌浆后张开的纵缝不再进行灌浆处理尚不致影响大坝的安全运行。

4.10.4.6 大坝纵缝灌浆后增开对大坝的正常运行影响分析结论

通过分析三峡泄洪坝段和厂房坝段纵缝张开度和增开度的变化规律，模拟坝体纵缝实测开度，进行地震作用的结构非线性有限元动力响应计算、对各种工况下坝体的应力和变形进行安全运行影响分析以及模拟泄洪坝段混凝土浇筑过程、灌浆过程及蓄水过程，对纵缝开度及坝体变形进行仿真分析，可得出以下主要结论：

①大坝纵缝监测资料分析成果表明，大坝纵缝开度变化与外界气温年变化相关，主要呈现夏季大、冬季小的变化规律。钻孔检查验证了测缝计所表明的纵缝的张开度和增开度情况。

②泄洪坝段仿真分析所得纵缝开度变化规律与监测资料相吻合，主要影响因素为外界气温。水库蓄水后增开度减小，且随气温年变化，夏季张开、冬季闭合。

③通过分析初期蓄水位156.00m以来泄洪坝段纵缝开度、近坝踵处应力的变化情况，并与仿真分析、坝体应力变形分析成果进行对比分析，说明纵缝增开度变化规律和坝踵应力变化情况与泄洪坝段计算分析成果相吻合，进一步验证了计算方法的合理性和计算成果的可信度。计算分析的相应成果能够作为判断大坝运行安全状况的依据。

大坝纵缝监测资料分析表明，2008年9—11月试验性蓄水位172.00m以来，纵缝开度变化规律与蓄水位135.00～139.00m及蓄能水位156.00m同期的变化规律一致，测值无突变，进一步验证了仿真计算成果：纵缝大部分缝面已闭合，在上部近坝面一定范围的纵缝随气温呈周期性变化，夏季张开、冬季闭合，纵缝缝面张开主要出现在键槽缝的铅直面处(测缝计均埋设在铅直面处)，键槽缝的斜面是闭合的，上、下游坝块仍能通过键槽缝面传力，可保障大坝的整体作用和安全运行。

④2008 年汛末实施 175m 水位试验性蓄水运行以来，对大坝纵缝开度的变化没有明显影响，泄 2 号坝段纵缝Ⅰ高程 124.00m 以下、纵缝Ⅱ高程 69.00m 处张开度测值已无变化(图 4.10.4)，根据大坝纵缝仿真分析成果、钻孔检查情况和实测资料综合判断，纵缝大部分缝面已闭合，上、下游坎块已由键槽起到传力作用，缝槽上部近坝面局部纵缝随气温呈周期性变化，夏季张开、冬季闭合，不影响大坝安全运行。

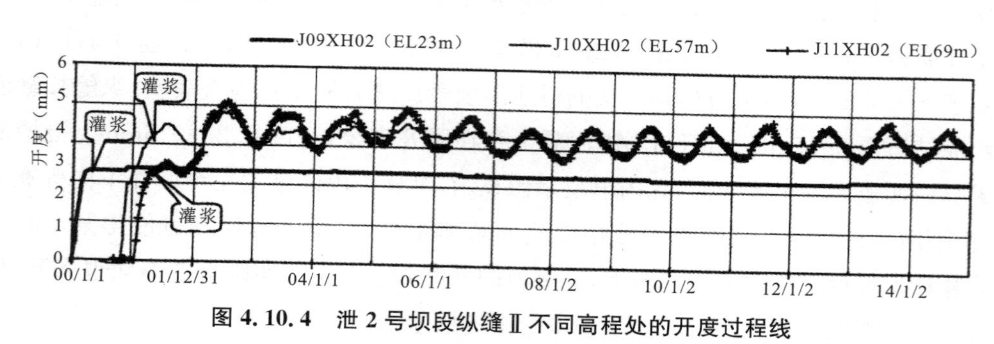

图 4.10.4　泄 2 号坝段纵缝Ⅱ不同高程处的开度过程线

4.10.5　重力坝设计提高混凝土耐久性及使用年限问题

4.10.5.1　三峡大坝提高耐久性及使用年限的重要性

三峡大坝高度 181.00m，正常蓄水位 175.00m，相应库容为 393.0 亿 m^3；校核水位 180.40m，总库容 450.44 亿 m^3；汛期防洪限制水位 145.00m，防洪库容 221.5 亿 m^3，是长江防洪体系中的关键性控制水库。大坝混凝土量大、施工条件复杂、工期长、投资大，施工过程中及投入运行后，受到环境温度、湿度及降雨、冰冻等大气作用和有害物质的侵蚀，对施工质量和耐久性造成不利影响，并产生一些缺陷及潜在的病害隐患，致使大坝存在施工安全和运行安全的风险，大坝一旦失事将给坝下游造成重大灾难。因此，提高三峡大坝的安全性和耐久性，降低失事风险，延长使用年限直接关系到落实以人为本、构建和谐社会和经济社会可持续发展的要求，也关系到大坝功能的长期发挥和长期使用的经济效益，是落实科学发展观的具体实践。

4.10.5.2　三峡大坝混凝土设计从传统的按强度设计转为按耐久性与强度并重设计

大坝混凝土设计除满足强度要求外，还应满足抗冻、抗渗、抗裂、抗冲磨、抗碳化、抗侵蚀性及防止碱骨料反应等耐久性方面的要求。并采取如下措施提高大坝混凝土的耐久性。

(1)混凝土中全部掺引气剂，提高抗冻指标

混凝土中全部掺引气剂是提高混凝土耐久性、抗裂性和工作性的一项重要措施。在混凝土中掺与不掺引气剂是我国与技术水平先进的国家在混凝土技术上的重要差距。由于在混凝土中掺了引气剂，优选出的混凝土配合比不但满足设计对抗冻耐久性的要求，而且大部分混凝土都能达到国内有关规范最高要求的 300 次冻融循环。通过优选混凝土配合比的试验研究发

现，不掺引气剂的混凝土，水胶比就是降至0.35，抗冻耐久性也很低，难以达到设计要求。由此可见，在混凝土中掺引气剂是保证三峡大坝混凝土耐久性和使用年限的重要措施。

(2)混凝土中掺用Ⅰ级粉煤灰

粉煤灰作为大坝混凝土的掺合料在国内外已是成功的经验，在国内过去主要应用Ⅱ、Ⅲ级粉煤灰，目的在于节约水泥，并改善混凝土施工和易性。而三峡大坝混凝土由于花岗岩骨料混凝土(四级配)用水量采取了常用措施后还达到过110kg/m^3。为减少混凝土用水量以及提高大坝混凝土的耐久性，力荐采用具有固体减水剂之称的Ⅰ级粉煤灰。三峡大坝混凝土将Ⅰ级粉煤灰作为功能材料掺用，这在国内水电站大坝混凝土施工中还尚无先例。

Ⅰ级粉煤灰微珠含量在90%以上，小于10μm颗粒含量在40%，硅铝氧化物含量高达80%左右，因此具有更高的活性。Ⅰ级粉煤灰颗粒细、烧失量低、需水量比小，在混凝土中掺20%时，减水率可达10%；掺40%时，减水率可达14%左右。

三峡大坝混凝土掺Ⅰ级粉煤灰可大大改善混凝土的和易性，因为Ⅰ级粉煤灰中的微珠在混凝土中起“轴承”作用，易于振捣，粉煤灰掺量越多，所需振捣时间越短，这对胶凝材料用量少的人工骨料大坝混凝土更为重要，增加了混凝土的密实性就是提高了混凝土的耐久性。掺Ⅰ级粉煤灰可利用其活性高的特点和水泥水化产物生成稳定的、具有一定强度的物质，避免了由于$Ca(OH)_2$结晶产生的内应力，使混凝土各种性能在后期还能得到继续发展。掺Ⅰ级粉煤灰还能抑制碱活性骨料反应，改善混凝土体积变形的稳定性。掺Ⅰ级粉煤灰节约水泥效果更明显，可进一步降低混凝土的温升，有利于防止温度裂缝。掺Ⅰ级粉煤灰有明显的减水作用，可大大减少混凝土干缩，降低干缩应力，避免和减少出现干缩裂缝。

众所周知，水胶比是影响混凝土强度和耐久性的重要因素。水胶比越大，混凝土孔隙率越大，强度越低，耐久性也越差。从混凝土内部孔结构分析，混凝土强度和耐久性不仅与孔隙率有关，与孔径的大小、孔形和孔的排列方向关系更大。据研究，混凝土中孔径大于200nm为多害孔，50～200nm为有害孔，20～50nm为少害孔，小于20nm为无害孔。掺粉煤灰的作用则可细化、匀化混凝土孔结构，可使有害孔变为少害孔，少害孔变为无害孔。特别是掺Ⅰ级粉煤灰，由于其微珠效应和减水效果，改善混凝土孔结构的作用更为突出。三峡大坝混凝土采用优化的混凝土配合比均能满足设计提出大坝混凝土性能指标要求，增加了粉煤灰掺量，使水胶比减小，有利于提高混凝土的耐久性。

(3)混凝土中选用品质优良的高效减水剂

在混凝土中是选用高效减水剂还是选用普通减水剂，主要是根据混凝土减水和综合性能的需要确定，而不只是强度的需要，不能片面地认为只有高强混凝土才需要掺高效减水剂。例如在大坝混凝土中以内部混凝土强度最低，而内部混凝土由于对温升的严格要求，希望胶凝材料用量不能过高，否则温控和耐久性就难以过关，要控制胶凝材料用量，必须把用水量减到合理的范围。对三峡大坝混凝土采用花岗岩人工骨料而言，只有掺高效减水剂才能达到有效减水的目的，但在外加剂优选混凝土配合比选择试验中，大量试验结果均表明，就是用达到国标一等品的高效减水剂(减水率在14%左右),混凝土用水量仍不理想,四级配混凝土用水量仍在100kg/m³以上。在外加剂进一步优选之后,确定了品质更好、减水率更高的高效减水剂(减水率达20%左右),混凝土用水量才有明显降低,通过与引气剂和Ⅰ级粉煤灰联合掺用,可使四级配混凝土用水量降到85kg/m³左右,有效地解决了花岗岩人工骨料混凝土用水量高的难题。为此,三峡总公司明确提出,只有减水率在18%以上,其他指标满足国标一等品的高效减水剂才可用于大坝混凝土。这是降低混凝土用水量的一个重要措施,为配制高性能大坝混凝土奠定了基础。

(4)混凝土使用具有微膨胀性能的水泥,减少收缩变形

在混凝土配合比试验中发现,有部分混凝土出现了收缩,且现场亦有类似情况。为能解决这一问题,利用水泥中方镁石后期水化体积膨胀的特点,以补偿混凝土降温阶段体积收缩,三峡总公司试验中心根据试验资料和国内研究成果以及其他工程经验,提出了中热水泥熟料中MgO含量宜控制在3.5%~5.0%范围内。二期工程施工的大坝混凝土使用这种具有微膨胀性能的中热水泥。通过室内校核试验,混凝土均为微膨胀型。这项措施可减少大坝混凝土裂缝。

(5)严格限制水泥的碱含量和混凝土总碱量

鉴于三峡大坝耐久性及安全性特别重要,为防止出现类似法国桑本坝建成50年后发生碱活性反应破坏的现象,三峡大坝对水泥和混凝土中的碱含量进行了严格控制:中热水泥熟料中碱含量不得超过0.5%,水泥中碱含量不得超过0.6%,天然骨料混凝土总碱量应小于2.0kg/m³,花岗岩人工骨料混凝土总碱量应小于2.5kg/m³。中热水泥熟料的碱含量限值已严于国标要求,混凝土中碱含量限值与国外相比也是严格的。根据优选的混凝土配合比及现场使用混凝土配合比计算,人工骨料混凝土总碱量均在2.5kg/m³以下。上述限制可以确保三峡大坝混凝土不会发生碱骨料反应,保证三峡大坝混凝土的耐久性和使用年限。

4.10.6 重力坝混凝土温控防裂技术应用问题

三峡大坝混凝土采取综合温控防裂技术措施,二期工程施工的大坝基础约束区未出现裂缝,三期工程施工的大坝混凝土未出现裂缝,创造了混凝土重力坝筑坝史上的奇迹,为大坝混凝土又好又快施工积累了经验。三峡大坝混凝土温控防裂技术有所创新,可在我国水利水电工程混凝土大坝施工中应用和推广。

(1)优化混凝土配合比,提高混凝土抗裂性能

在大坝混凝土配合比优化设计试验过程中,采取了降低水胶比,使用具有微膨胀性能的中热水泥,掺用Ⅰ级粉煤灰并适当加大粉煤灰掺量,掺高效减水剂和引水剂等技术措施,使混凝土的单位用水量降低了30%左右,成功地把四级配混凝土用水量降至85kg/m³,减少了水泥用量,降低了大体积混凝土的绝热温升和干缩,绝热温升平均为20℃左右,自身体积变形为微胀,弹性模量和干缩都较低,极限拉伸值较高,90d内部混凝土为86×10^{-6},水位变化

区混凝土为 100×10^{-6}，提高了大坝混凝土的抗裂性。

1)使用具有微膨胀性能的中热水泥

一期工程施工的大坝混凝土使用的中热水泥自身体积变形为收缩型，长江科学院曾开展低热水泥和中热水泥混凝土的自身体积变形对比试验研究，试验成果表明中热水泥、掺30%粉煤灰、人工骨料混凝土在龄期5d约发生 5.00×10^{-6} 的膨胀变形，以后逐渐收缩，到90d龄期逐渐稳定至 -0.22×10^{-6} 的收缩变形。

为改善中热水泥的变形性能，使混凝土具的微膨胀性质，提高混凝土抗裂能力，三峡总公司根据试验资料和国内大量工程实践经验于1998年决定，供应三峡大坝中热水泥的生产厂家均在满足国标前提下把水泥熟料中 MgO 含量控制为3.5%～5%，二期工程施工的大坝混凝土在推广应用水泥原材料的改性新技术方面，取得了显著成效。采用微膨胀性质的中热水泥成为具有特色的温控防裂重要措施之一。

2)使用Ⅰ级粉煤灰，减少水泥用量

一期工程施工的大坝混凝土使用长江天然砂石料，在高效减水剂和Ⅱ级粉煤灰条件下，三、四级配混凝土用水量为80～90kg/m³。但二期工程施工的大坝混凝土使用花岗岩人工骨料，在高效减水剂和Ⅱ级粉煤灰条件下，三、四级配混凝土用水量高达110～120kg/m³，比天然骨料混凝土高30%左右，将直接导致三、四级配混凝土胶凝材料用量增加50～60kg/m³，从而带来温控防裂的困难和混凝土单价攀升。因此降低人工骨料混凝土用水量，缓解温控防裂矛盾，成为工程急需解决的关键问题之一。三峡总公司组织中国水利水电科学研究院、长江科学院和三峡总公司试验中心开展二期工程施工的大坝混凝土配合比试验研究，通过试验研究寻求到Ⅰ级粉煤灰具有显著的减水作用，在使用高效减水剂和Ⅰ级粉煤灰条件下，三、四级配人工骨料混凝土用水量可成功地降低至80～95kg/m³，相当于胶凝材料降低约50kg/m³，从而可以显著降低水化热温升，有利于抗裂能力的提高。此外Ⅰ级粉煤灰颗粒细、微珠含量高，可明显改善混凝土的工作性能。

3)使用高效缓凝减水剂

中国水利水电科学研究院、长江科学院和三峡总公司试验中心三个单位对多种减水剂、引气剂的试验研究，优选出数种萘系高效减水剂和引气剂，在实施中减水率达18%以上，在二期工程施工的大坝混凝土中广泛使用在大坝内部、基础和外部混凝土部位，有效地降低了混凝土用水量和胶凝材料用量。

在抗冲磨高标号混凝土部位，经过试验研究和比选，选用X404缓凝高效减水剂，具有减水率高，可降低水泥的早期水化热、含碱量低等优点，与参比的萘系高效减水剂相比，性能更好，综合减水率高达30%。对 $R_{28}400$、对 $R_{28}450$ 高标号混凝土，掺X404与掺萘系同标号混凝土相比，可以减少混凝土胶凝材料用量40～47kg/m³，浇筑层实测最高温度降低5℃左右，有利于大坝温控防裂，为抗冲耐磨部位混凝土夏季施工提供了有力的技术支持。同时由于X404缓凝高效减水剂综合减水率高，还改善了混凝土的干缩、强度等一系列性能，提高了混凝土的抗裂能力和耐久性。二期工程施工的大坝在抗冲磨高标号混凝土部位推广应用丙烯酸类缓凝高效减水剂，在其他标号混凝土中应用丙烯酸类缓凝高效减水剂首次获得成功，具有明显的社会效益。

(2)首创二次风冷骨料技术，生产低温混凝土

三峡大坝混凝土温控防裂要求，除11月至次年3月低温期，均要求生产低温混凝土浇筑。设计对低温混凝土生产设计，利用多年研究成果，在充分论证基础上首创二次风冷骨料技术。在一期工程大坝混凝土生产系统应用成功后，继续应用在二期及三期工程大坝混凝土生产系统。二次风冷技术利用骨料二次筛分后的地面骨料调节仓兼作风冷仓，对骨料进行第一次风冷，以代替常规的水冷骨料工艺；骨料第一次风冷后通过上料胶带机进入拌和楼贮料仓，再对骨料进行第二次风冷，以达到设计要求的骨料温度，简称二次风冷骨料。第一次风冷与第二次风冷骨料的组成形式基本相同，所有设备基本一样，配风形式，冷风循环系统，外部的制冷主、辅机形式都大致相同。但两者布置形式、冷却地点不同，第一次风冷骨料在地面冷却仓，第二次风冷骨料在拌和楼料仓；氨制冷系统蒸发温度不同，第一次风冷蒸发温度较高，第二次风冷蒸发温度较低；骨料仓形式不同，第一次风冷的料仓为非定型产品，可根据不同工程对低温混凝土产量及制冷系统的要求设计，而第二次风冷的料仓大多是利用拌和楼贮料仓。三峡大坝混凝土施工中，低温混凝土生产系统创夏季混凝土生产世界纪录。系统实施效果表明，二次风冷骨料新工艺与传统的先水冷后风冷工艺相比，生产工艺单一、运行操作简便，易于控制；以一次风冷代替水冷，冷却调幅大，系统运行灵活，冷耗低，冷量利用率高，运行稳定可靠；系统布置紧凑，占地面积小；设备相对简单，数量少，土建工程量小，施工期短、安装拆除方便，可重复利用率高；可减少系统设备和土建投资，节省运行成本。二次风冷预冷骨料工艺在三峡大坝混凝土施工中首创并成功应用，标志我国低温混凝土生产技术达到国际领先水平。

三峡二期工程大坝施工配置的低温混凝土生产系统是世界已建水利水电工程中规模最大、温控要求最严的系统，混凝土制冷系统装机总容量达82865kW(含大坝初期制冷水容量6688kW)，配合五大混凝土生产系统9座拌和楼，在夏季生产出机口温度为7℃的低温混凝土，设计生产能力为1720～1770m^3/h，夏季高峰月混凝土浇筑强度为44.13万m^3/月。1999—2001年三年夏季的6—8月共生产低温混凝土396.76万m^3，其中1999年6—8月生产126.59万m^3，2000年6—8月生产126.50万m^3，2001年6—8月生产96.67万m^3，三年6—8月月平均产量为38.86万m^3，1998年8月和2000年6月产量分别为46.69万m^3和46.28万m^3，超过夏季低温混凝土设计浇筑量44.13万m^3。实测混凝土出机口温度为1.6～13℃，7℃混凝土平均温度6.85℃，低温混凝土合格率在90%以上。三峡工程大坝配置低温混凝土首创的二次风冷技术与长江葛洲坝工程、巴西伊泰普工程采用的先水冷后风冷工艺相比，其设计产量相同的低温混凝土生产系统配置的制冷容量见表4.10.3。

表 4.10.3　三峡工程与葛洲坝工程、伊泰普工程混凝土生产系统制冷容量配置对比

工程名称	葛洲坝工程	三峡工程	伊泰普工程
低温混凝土生产工艺	水冷＋风冷＋冰	二次风冷＋冰	水冷＋风冷＋冰
拌和楼规格型号	4×1.5m^3拌和楼 2座	4×3m^3拌和楼 1座	4×3m^3拌和楼 1座
低温混凝土设计生产能力(m^3/h)	90×2＝180	180	180
配置制冷容量(kW)	10955	7560	10234
产冰量(t/d)	100	150	217
制冰制冷容量(kW)	1163	1745	2093
骨料预冷配置量(kW)	9792	5815	8141
冷量配比	1.0	0.594	0.934
单位体积预冷混凝土占地面积(m^2/m^3)	60	≤10	60

(3)大坝泄洪深孔侧面抗冲磨混凝土部位布设立面冷却水管，有效削减高标号混凝土最高温度

在泄洪坝段泄洪深孔的侧墙部位，过流面一侧设有 R_{28}400 抗冲磨混凝土，而内部为 R_{90}300结构混凝。一般冷却水管沿浇筑层面布设，距周边 2～3m 进行等间距布置。因此对于有等间距布置水管的结构混凝土部位，水管可起到有效削减水化温升的作用，但对侧面厚度 1.00～2.00m 的高标号抗冲磨混凝土部位，则没设水管削减水化温升，往往容易产生温度裂缝。为此参建各方进行探索和试验，在二期工程施工的大坝泄洪深孔侧墙抗冲磨混凝土部位采用了立面布置的塑料水管，间距 1.50～2.00m，固定在立面的钢筋上，与结构部位平面布置分开，各自单独形成回路进行初期通水冷却。通过测温管观测表明，抗冲磨混凝土部位采用立面水管通制冷水措施后，可以有效削减最高温度 4～5℃，因此在泄洪坝段深孔侧墙抗冲磨混凝土部位均普遍采用了这一有效的新工艺，在高标号混凝土温控防裂上取得了明显的效果。

第5章 左、右岸坝后电站

5.1 左、右岸坝后电站布置

5.1.1 三峡枢纽电站总体布置

三峡电站水轮发电机组单机容量700MW，总装机32台水轮发电机组。分为3个电站，左、右岸电站为坝后式厂房，分别位于泄洪坝段左、右两侧并紧接岸边，左岸电站安装14台机组，右岸电站安装12台机组；另在右岸设电源电站，地下厂房安装6台机组（图5.1.1）。左岸电站1～6号机组和右岸电站24～26号机组坝段位于岸坝坝段，其厂房不与坝体直接相联（厂房上游侧为岩体）；左岸电站7～14号机组和右岸电站15～23号机组坝段位于河床坝段，其厂房上游侧为坝段，通过伸缩变形缝与坝体相连。另在左岸坝后电站左侧山体布置电源电站，地下厂房内安装2台50MW水轮发电机组。

电站建筑物包括进水口及引水管道、主厂房及安装场、副厂房、尾水渠、排沙及排漂设施、厂外油库、通信调度设施等。

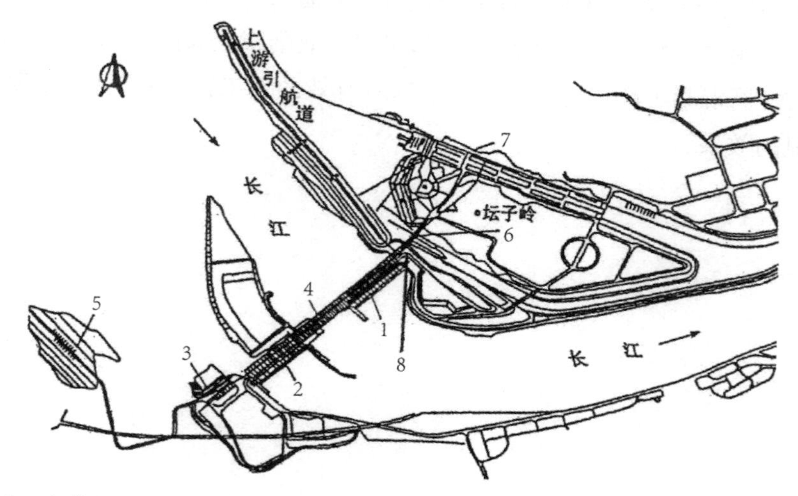

1—左岸电站厂房；2—右岸电站厂房；3—右岸地下电站厂房；4—大坝泄洪坝段；5—茅坪溪防护坝；6—升船机；7—船闸；8—电源电站地下厂房

图5.1.1 三峡水利枢纽电站厂房布置图

5.1.1.1　左岸坝后电站总体布置

左岸坝后电站厂房与大坝平行布置，主厂房沿坝轴线总长度 644.7m，其左侧为进厂公路及厂前区，右侧与泄洪坝段左导墙相连(图 5.1.2)。主厂房共布置 14 台机组和 3 个安装场。1～13 号机组段及安Ⅱ、安Ⅲ段长均为 38.3m，14 号机组段长 41.2m，安Ⅰ段长29.0m。主厂房顺水流向水下(水轮机层高程 67.0m 以下大体积钢筋混凝土)结构宽68.0m、水上结构宽 39.0m，主厂房内净宽 34.8m。上游副厂房布置在主厂房上游侧厂坝平台高程 82.0m 的上部和下部，厂坝平台宽 31.6m，副厂房宽 17.0m，其上游侧宽 14.6m，为变压器运输通道，也是引水钢管运输通道。下游副厂房布置在主厂房下游墙与下挡水墙之间的尾水管扩散段上部，尾水平台宽 19.5m。

左岸坝后电站共设 3 个排沙孔，1 号排沙孔布置在安Ⅱ段，进口底板高程 90.0m，出口底板高程 60.5m，出口向右偏转 10°，以减小近岸流速；2 号、3 号排沙孔布置在安Ⅲ段，进口底板高程 75.0m，出口底板高程 57.5m。排沙孔为圆形断面，直径 5.0m，出口尺寸 2.8m×4.0m。在左岸电站厂房的两侧左导墙坝段和右纵(纵向围堰)坝段各布置 1 个排漂孔，进口底高程 133.0m，孔口尺寸 10m×12m。

图 5.1.2　左岸电站实景

左岸坝后电站机组采用单机单管引水，进水口底高程 108.0m，引水管道沿坝体下游坡预留槽背管布置，钢管直径 12.4m，水轮机安装高程 57.0m，电站尾水渠底高程 50.0m，尾水管出口底高程 29.9m，其出口后以 1∶5 反坡与尾水渠高程 50.0m 平段连接。左岸电站布置见图 5.1.3。

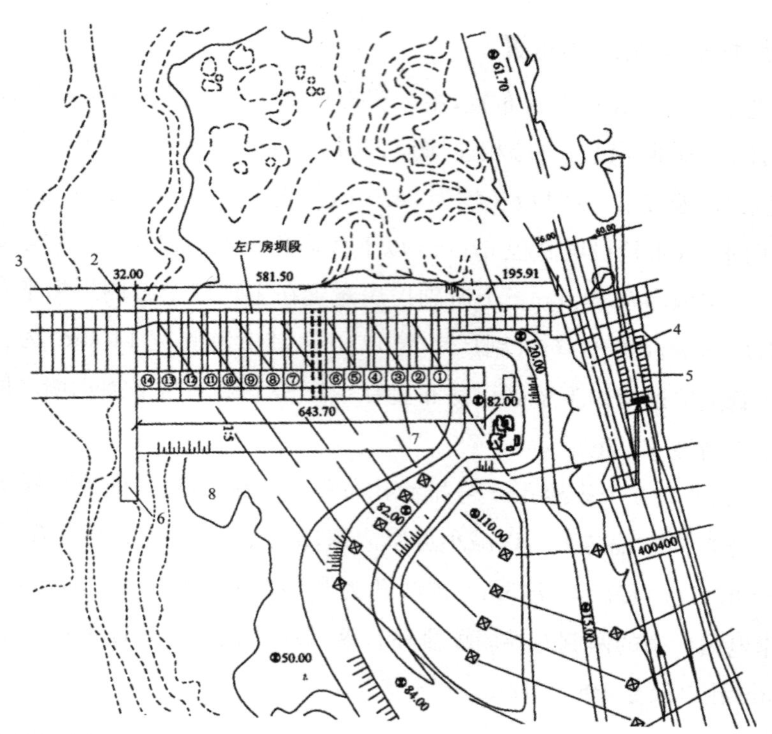

1—左岸非溢流坝段；2—左导墙坝段；3—泄洪坝段；4—临时船闸改建冲沙闸消力池；5—升船机；6—左导墙；7—电站引水渠；8—尾水渠

图 5.1.3　左厂房平面布置图(单位:m)

5.1.1.2　右岸坝后电站总体布置

右岸坝后电站厂房与大坝平行布置，主厂房沿坝轴线长 574.8m，其右侧为进厂公路及厂前区，左侧为消防通道（宽 34.5m）与右纵（纵向围堰）坝段下游纵向围堰（右导墙）相连（图 5.1.4）。主厂房共布置 12 台机组和 3 个安装场。16～26 号机组及安Ⅲ段长均为 38.3m，15 号机组段长 42.4m，安Ⅰ段长 28.0m，安Ⅱ段长 44.8m。主厂房顺水流向水下（水轮机层高程67.0m以下大体积钢筋混凝土）结构宽 68.0m、水上结构宽 39.0m，主厂房内净宽34.8m。上游副厂房布置在主厂房上游侧厂坝平台高程 82.0m 的上部和下部，厂坝平台宽31.6m，副厂房宽 16.7m，其上游侧宽 14.9m，为变压器及引水钢管运输通道。下游副厂房布置在主厂房下游墙与下挡水墙之间的尾水管扩散段上部，尾水平台宽 19.5m。

右岸坝后电站共设 4 个排沙孔，其中 4 号排沙孔布置在 15 号机组左侧的右厂排坝段内，5 号、6 号排沙孔布置在安Ⅲ段，7 号排沙孔布置在安Ⅱ段，此外，安Ⅱ段还布置 3 号排漂孔及右岸地下电站的排沙洞进入厂房后形成的 8 号排沙孔。4 号、5 号、6 号排沙孔进口底高程 75.0m，出口底高程 57.5m；7 号排沙孔进口底高程 90.0m，出口底高程 60.5m；8 号排沙孔出口底高程 60.5m。排沙孔孔径均为 5.0m，出口尺寸 2.8m×4.0m。在右岸电站厂房右端安Ⅱ段及相对应的右非 1 号坝段布置 1 个排漂孔，进口底高程 130.0m，孔口尺寸 7m×10m。

图 5.1.4　右岸电站实景

右岸坝后电站机组采用单机单管引水，进水口底高程 108.0m，引水管道沿坝体下游坡预留槽背管布置，钢管直径 12.4m，水轮机安装高程 57.0m，电站尾水渠是在导流明渠基础上扩的，尾水管出口底高程 29.9m，其出口后以 1∶5 反坡接至尾水渠水平段，渠底高程分别为 45.0m 及 58.0m，形成一复式断面。右岸电站布置见图 5.1.5。

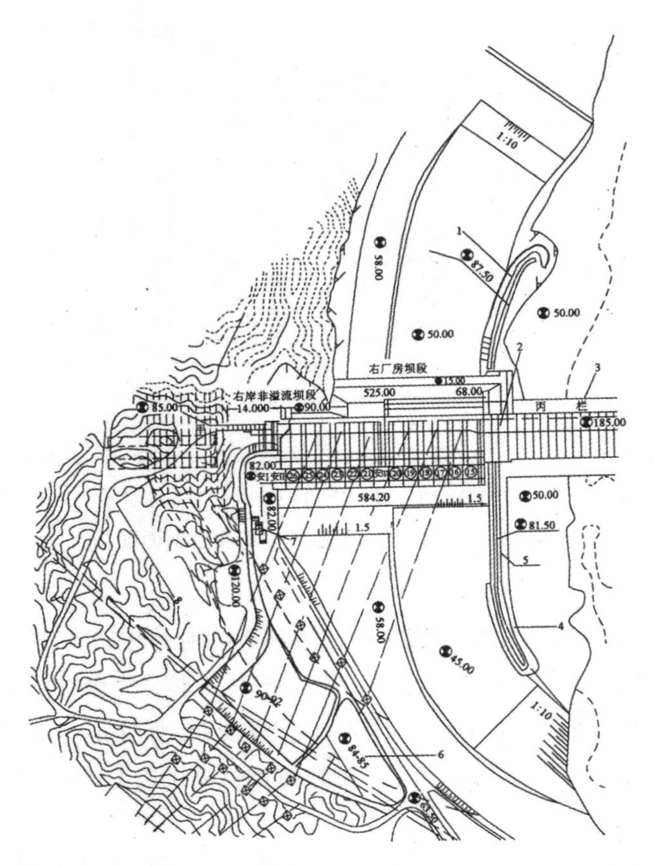

1—混凝土上游纵向围堰；2—纵向围堰坝段；3—泄洪坝；4—下纵防冲护脚；5—混凝土下游纵向围堰；6—机电设备拼装厂；7—电站通信管理楼；8—右岸地下电站厂房位置

图 5.1.5　右厂房平面布置图(单位：m)

5.1.2 左、右岸坝后电站厂房结构布置

5.1.2.1 左岸坝后电站厂房结构布置

(1)主厂房结构布置

1)机组段结构布置

厂房结构分为下部(水下)结构和上部(水上)结构(图 5.1.6)。水下结构为厂房水轮机层高程 67.0m 以下的大体积钢筋混凝土结构,而水上结构为厂房的板梁柱(或墙)钢筋混凝土结构。

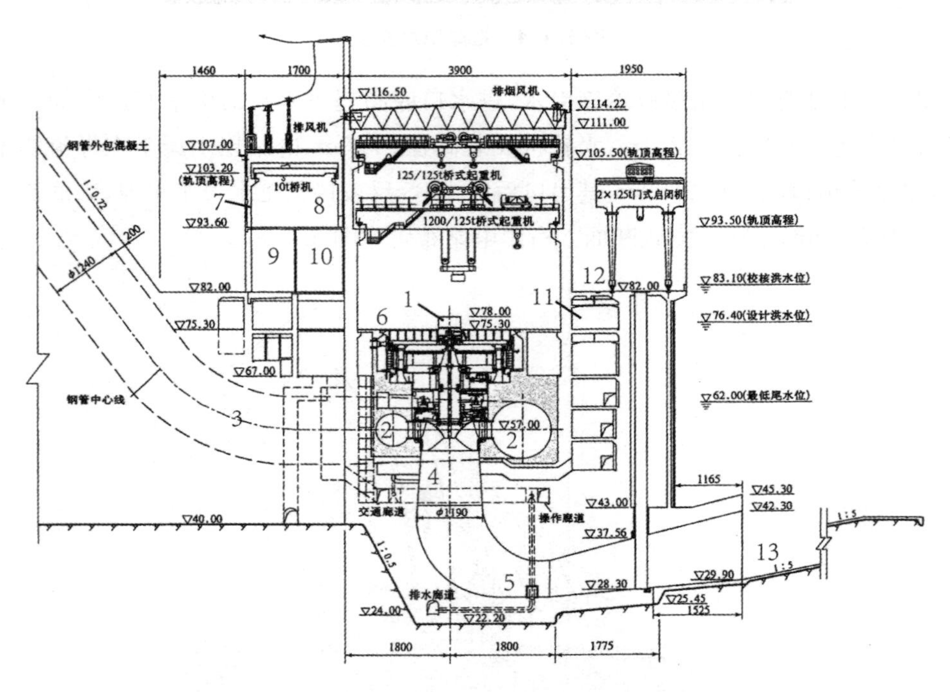

1—发电机;2—水轮机蜗壳;3—引水压力钢管;4—锥管;5—尾水管;6—发电机层;7—上游副厂房;8—GIS 室;9—主变室;10—厂用变室;11—下游副厂房;12—尾水平台;13—尾水渠

图 5.1.6 左右岸电站主厂房典型剖面图

①水下结构

水下结构包括厂内尾水管、蜗壳、发电机机坑和下游闸墩、挡水墙等。

尾水管自建基面高程 22.2m 至高程 53.02m,按其体形分为锥管段、肘管段、扩散段,是一个由圆形经转弯并逐渐变成方形的空间结构,形状复杂,尺寸不一,机组中心线至尾水管出口长 50.0m,宽 31.9m,高 30.0m,其中扩散段进出口高度由 6.5m 变至 12.4m,平面上分三孔,每孔净宽 9.0m。

尾水管肘管段和扩散段为一整体单跨和三跨闭合框架结构,边墩最小厚度 3.2m,中墩厚 2.45m,底板厚分别为 4.8m 和 3.0m,闸门后的分离底板厚 0.8m。顶板最大厚度 17.0m,最小 3.0m,顶板迎水面布置预制倒“T”形梁。

蜗壳层和水轮机层自高程50.0m至高程67.0m，结构混凝土根据施工安装程序分为一期混凝土和二期混凝土。一期混凝土即高程52.22m以下混凝土和主厂房的上游墙和下游墙，上游墙厚度4.5m，下游墙厚2.5m。14号机右端墙厚2.9m。

蜗壳二期混凝土包括尾水管里衬、座环、蜗壳、水轮机井外围混凝土结构及发电机墩混凝土结构。蜗壳外围二期混凝土最小厚度0.9m。采用保压浇筑蜗壳外围二期混凝土，保压闷头布置在主厂房内，在高程67.0～50.0m设有平面尺寸14.0m×3.6m的三期混凝土坑，待二期混凝土浇完，闷头拆除、压力钢管安装焊接后，回填三期混凝土。

水轮机井直径14.0m，下机架坑直径21.0m，下机架支承面高程65.0m，发电机定子基础分24块和16块支承方式。

尾水管扩散段顶板以上高程49.72～82.0m，布置尾水闸墩、挡水墙及下游副厂房。

②水上结构

水上结构包括高程67.0m以上的发电机围墙及发电机层楼板、梁、柱，主厂房上、下游墙和屋面结构。

高程67.0～75.3m布置发电机围墙，内径25.0m，墙厚0.8m，在墙上$+Y$轴反时针转27.71°，中心高程72.2m处设有低压母线洞，尺寸2.2m×6.2m，在第Ⅱ、Ⅳ象限对称处布置有发电机围墙进入门，尺寸0.8m×2.0m，该门为密封门，墙顶部按上机架要求在支臂处留二期混凝土墙。

发电机层楼板厚0.60m(结构厚度0.57m)，上、下游侧支承在主厂房墙的牛腿上，左、右两侧与机组缝边框架梁柱连接，楼板中部与发电机围墙连接，板面第Ⅱ、Ⅳ象限布置有吊物孔，孔口尺寸分别为2.0m×2.5m和4.0m×4.2m。

主厂房上下游墙高程67.0～114.5m，墙体高度为47.5m。大桥机牛腿轨顶高程92.8m以下的上游墙厚度为2.2m，下游墙厚度为2.0m；高程92.8～111.0m，墙厚均为1.5m；高程111.0～114.5m，墙厚为1.0m。

上游墙顶部布置高压出线塔架基础，墙顶高程116.5m，塔基分别布置在2号、4号、6号、8号、10号、12号、14号机组段及安Ⅲ段，塔基平面尺寸3.0m×3.0m。在上游墙的高程71.1～73.3m右侧，布置有低压母线出线洞，尺寸2.2m×6.2m，中心高程72.2m，洞中心线距机组中心线6.65m，洞中设两道厚0.26m隔墙将出线洞分成3个孔。

上下游墙的内墙面，根据发电机层楼板及大、小桥机轨道支承要求设置纵向条带牛腿，牛腿高程分别为74.7m、93.3m、105.3m。桥机轨道牛腿及网架支承面均预留有埋件及二期混凝土。屋面采用网架结构及轻型屋面板，网架支座布置在上下游墙的内墙面高程111.0m处。

2)安装场结构布置

①安Ⅰ段

安Ⅰ段建基面高程66.6～69.6m，顺水流向宽度为39.0m，垂直水流向长度为29.0m，地面高程82.0m。安Ⅰ段布置有透平油库、事故油池、油处理室，高程82.0m卸货平台和上部结构。高程 72.6m 透平油库，底板厚 3.0m，板下设有 13.0m×14.5m 事故油池，油池底板高程 69.6m。在高程 72.6m 层上设有支承油罐的 5 个圆筒形混凝土基础，其中 3 个外径为 4.3m，2 个外径为 4.5m，壁厚均为 0.4m，高度为 1.0m。

安Ⅰ段高程 82.0m 地面平台为板墙结构，板面积 34.8m×27.0m，厚度为 0.6m，板的上游侧、下游侧和左侧，三边均支承在墙的牛腿上，另一侧支承于右边梁上，同时在板下纵向布置 4 道 0.8m 的支承墙。在厂内上游侧板下还布置了 4 根主变压器运输轨道梁，中心距 2.07m。

安Ⅰ段上下游墙高程 82.0m 以上对称于中线布置 8.0m×12.0m 的进厂大门，左端墙高程 82.0m 布置 18.0m×8.5m 的侧向临时安装运输通道，待 14 台机组安装完毕后，再进行门洞的混凝土回填封闭，屋面及其他结构与主机段相同。

②安Ⅱ段

安Ⅱ段因 1 号排沙孔及右侧 1 号机的开挖高程不同，其建基面高程为 22.2～72.3m。高程 75.3m 以下为大体积混凝土结构，底板最小厚度 3.0m，板上布置有转子大轴支承坑。下部布置有 1 号排沙孔，排沙孔出口段有液压工作门及启闭机房，出口外设有反钩检修门。

尾水平台高程 82.0m 设有尾水门库，尺寸为 4.0m×13.0m，底高程 66.5m。

安Ⅱ段上部结构与主机段不同的是在上游墙高程 93.6m 布置了一个 1.0m×2.0m 的桥机进入门孔(在安Ⅲ段及 14 号机组段，也布置同样的进入门孔)。

③安Ⅲ段

安Ⅲ段位于 6 号、7 号机之间。高程 67.0～114.5m 的上、下游墙结构布置与机组段相同。在高程 67.0m 以下布置检修排水集水井，渗漏集水井，基础抽排集水井，2 号、3 号排沙孔，风道及各种廊道等。安Ⅲ段建基最低高程 8.0m，平面面积 59.0m×38.3m，高程 67.0m 以下结构高度从 8.0m 到 67.0m 计 59.0m。

安Ⅲ段高程 75.3m 楼面为机组 5 大件拼装检修主要场地，布置为空间框架结构。楼板上下游侧支承在墙面牛腿上，左右与框架梁柱连成整体。楼板厚 0.6m，柱断面 0.9m×0.9m，柱高 8.3m，梁断面 0.8m×1.7m。发电机转子总质量 2200t，板下采用双重圆筒墙支承，内圆筒直径 1.7m、壁厚 0.8m，外圆筒直径 18.0m、墙厚 0.8m。在对应集水井水泵中心位置的板上各开 1.4m×1.4m 和 1.2m×1.2m 水泵吊装孔，另设一个 1.5m×2.0m 吊物孔。

(2)副厂房结构布置

1)下游副厂房

下游副厂房布置在主厂房下游墙与下挡水墙之间的尾水管顶板之上，共分五层，各层高程分别为 49.72m、55.48m、61.24m、67.0m 及 75.3m，顶板为高程 82.0m 尾水平台(图 5.1.3)。

下游副厂房主要布置有技术供水装置、滤水器、供水室，以及空气处理机房和排风机房等。另外在下游副厂房安Ⅱ段和安Ⅲ段布置排沙孔工作门起闭机房，在安Ⅲ段布置空压机室。

下游副厂房下部四层底板厚均为 0.6m，顶层板厚 0.8m。五层楼板均与主厂房下游墙和下游挡水墙固端连成整体结构，高程82.0m和75.3m板下还设有混凝土风道层。

2)上游副厂房

上游副厂房设在厂坝之间(图5.1.3)。桩号20+101.00～20+118.00m，高程67.0～107.0m，宽17.0m，总高40.0m，总长619.8m。上游副厂房按大坝坝段划分成非钢管段(长13.3m)和钢管段(长25.0m)，总长38.3m，与机组段长度相同，但坝段分缝较机组段分缝均向左侧错缝4.1m。由于大坝的岸坡坝段和河床坝段基础开挖高程不同，上游副厂房1～5号机非钢管段建于基岩上，6～14号机非钢管段建于坝体上，钢管段建于压力钢管的顶板混凝土上。

高程67.0m以上，机组段上游副厂房分5层，安Ⅱ、安Ⅲ段上游副厂房分7层，分层布置风道、冷却装置、电缆、单元控制盘、低压厂用配电设备、主变压器、中控室、继电保护及照明、通信、维护和GIS等设备，高程107.0m屋面层上布置电压互感器、阻波器、避雷器及母线支架等电器设备。在高程67.0m以下，7～14号机钢管段布置钢管伸缩节室。

副厂房上游侧高程82.0m以下为墙体结构，墙体厚度为1.5m，高度为15.0m，长度分别为13.3m(非钢管段)和25.0m(钢管段)。在13.3m非钢管段，因上部布置主变压器和GIS设备，故在副厂房中心线和下游侧又各布置了一道墙；中间墙高程67.0～82.0m墙体厚1.0m，高程82.0～93.6m墙体厚0.5m；下游侧的一道墙，高程82.0～67.0m厚0.5m；这两道墙上均留有3个发电机低压母线出线洞，每个孔洞尺寸2.2m×2.2m。墙均与大坝混凝土或底板混凝土相连。

上游副厂房墙、梁、板、柱为现浇混凝土结构。高程82.0m主变压器层和高程93.6mGIS室，是上游副厂房中最大承重结构层。主变压器下部布置5根轨道梁并支承在下部墙上，梁之间设变压器集油坑，坑宽7.0m，长13.0m，坑底板为厚0.2m的倾斜板，坑深0.8～1.2m。在油坑下游侧高程82.0m楼板上设母线洞，尺寸2.2m×7.2m，在2号、4号、10号、12号机组钢管段高程82.0m层，各设主变压器电抗器轨道梁和油坑(尺寸5.5m×7.0m)。另外，在2～14号机组段布置小电抗器，小电抗器下设事故油坑。高程93.6mGIS层楼板厚0.35m，在1号、11号机钢管段的板上布置30m×7.2m吊物孔，其中11号机为临时吊物孔，在GIS设备安装完成后进行封堵。安Ⅱ段及7号、14号机钢管段楼板上布置电梯孔及楼梯孔，部分机组段及安Ⅲ段板上还设3个∅0.8m高压出线孔，另外根据GIS组合电器设备需要，在楼板上开电缆孔、通风洞和管道孔。

上游副厂房屋面高程107.0～107.51m，以坡度3%向上游找坡。在双号机组段及安Ⅲ段屋面板上布置∅0.8m高压出线洞各3个，以及与每相出线对称的套管、电压互感器、阻波器、避雷器等出线设备基础。在安Ⅱ段屋面板上布置4台空调机组，在14号机屋面板上布置1台空调机组，空调机组基础的尺寸为2.5m×7.0m。

安Ⅱ段布置5号楼梯和6号电梯，7号机组段布置8号楼梯和7号液压电梯，14号机组段布置10号楼梯和8号电梯。

(3)厂内廊道及集水井布置

1)厂内廊道

厂房内廊道分为帷幕灌浆排水廊道、排水廊道、交通廊道、操作廊道、安全廊道、引风廊道、电缆廊道、油管廊道、进人廊道等。

在厂房1～6号机组段尾水闸门槽底板内(20＋166.75m)设置纵向(平行坝轴)帷幕灌浆排水廊道,在安Ⅱ段的右侧和安Ⅲ段右侧布置横向帷幕灌浆排水廊道。廊道断面2.7m×3.0m,纵向廊道底板高程23.0～44.0m,全长281.75m,位于安Ⅱ段的横向廊道底板高程24.0～44.0m,与厂内上游交通廊道相接,位于安Ⅲ段的纵向廊道底板高程23.4～44.0m,其横向廊道底板高程44.0m,与厂内上游交通廊道相接,廊道纵横向连通。

2)集水井

左岸电站集水井分为渗漏集水井、检修集水井和抽排集水井,布置在左岸厂房安Ⅲ段。三个集水井相互不连通,渗漏集水井主要收集厂内渗漏水,包括生活和生产用水、水下结构渗漏水、空调冷却结露水、设备水管漏水、机组运行漏水以及不能直接排出厂外的水等。厂房水下各层均形成完整的集中的排水系统,渗漏水通过各层的排水沟、管排入渗漏集水井,设计渗漏水量约400m^3/h,厂内排水系统不与机组检修排和厂外排水设施连通,由布置在渗漏集水井3台立式水泵(其中1台备用)排入尾水渠;检修集水井主要收集机组检修时放空蜗壳及尾水管内的积水,机组检修时的排水通过在尾水管以下高程24.0m上游侧设置的排水廊道,汇集后再排入检修集水井,并通过排水泵排入尾水渠,在检修井顶部高程67.0m进人处设密封盖板,以防止事故时水淹厂房;抽排集水井只收集抽排廊道内的集水。

检修排水集水井布置在安Ⅲ段右侧,距7号机组段左边缝3.0m,井底高程19.0m,平面尺寸4.0m×16.0m。在井室中间设一道隔墙,其墙上布设连通洞孔,墙底部设过人孔。井左侧墙内设1.2m×1.0m×3.0m潜水泵孔,水泵室高程67.0m;集水井与上游高程24.0m的排水廊道相通,井内设11号楼梯供运行人员检修用。渗漏集水井位于检修排水集水井下游,井底高程24.0m,平面尺寸4.0m×7.7m,侧墙底部设1.2m×1.0m×3.0m潜水泵孔,渗漏集水井与主厂房内高程44.0m操作廊道相通。抽排集水井布置在安Ⅲ段尾水墩墙下游部位,距6号机右侧缝2.0m,井底高程10.0m,平面尺寸3.0m×5.0m,在井顶部高程49.72m布置抽水泵房,抽排集水井与下游侧高程24.0m抽排廊道相通。

左岸电站厂房内廊道布置见表5.1.1。

表5.1.1 **左岸电站厂房廊道汇总**

序号	廊道名称	位置	高程	尺寸	说明
1	排水廊道	1～14号机组段尾水管底板内	24.0m纵向	2m×2.5m×572.4m	纵向平行坝轴线
2	帷幕灌浆排水廊道	安Ⅱ段至安Ⅲ段	23.6m纵向 23.6～44.0m横向	2.7m×3m×234m 2.7m×3m×46m×2m	横向垂直坝轴线

续表

序号	廊道名称	位置	高程	尺寸	说明
3	操作廊道	机组段、安Ⅲ段	44.0m纵向	2m×2.5m×575m	
4	交通廊道	机组段、安Ⅲ段	44.0m纵向 44.0m横向	2m×2.5m×575m 2m×2.5m×357m	
5	安全廊道	2号、7号、14号机组段	24～82.0m横向	1m×2m×240m	竖井断面为1m×1m
6	引风廊道1号 引风廊道2号 引风廊道3号	大坝至安Ⅲ段下游副厂房 安Ⅲ段中部至下游副厂房右端 14机上游副厂房至下游副厂房	52.7m横向 49.72m纵向 48.5～49.72m横向	2.5m×3m×70m 2.5m×3m×17m 3m×2.5m×41m	
7	通风廊道	大坝至上游副厂房（1号、6号、7号、11号机）	71.0m横向	2m×3m×90m	
8	电缆廊道	安Ⅱ段段及7号、14号机组段上游副厂房	71.0m横向	2m×2.5m×90m	
9	油管廊道	安Ⅰ段至1号机组段	70.0m纵向	1.5m×2m×41m	
10	尾水管进入孔	每个机组段操作廊道	44.0～27.0m垂直	2m×2.5m	
11	锥管进入廊道	机组段+Y轴至2号楼梯 机组段−Y轴至下游副厂房	50.5m横向 50.5～49.72m横向	2m×2.2m 2m×2.2m	
12	蜗壳进入廊道	机组段偏+Y轴43°至2号楼梯	56.0m纵向	2m×2.5m	
13	水轮机井进入廊道	机组段+Y轴至2号楼梯	61.0m横向	2m×2.5m	
14	灌浆排水廊道进入孔	安Ⅱ、安Ⅲ段操作廊道	44.0～37.0m垂直	1m×2.7m	
15	1号排沙孔进入廊道	1机水轮机层高程67.0m至孔侧	67～63.0m纵向	2m×2.5m	
16	2号排沙孔进入廊道 2号排沙孔操作廊道	6号机组段2号楼梯至孔侧 安Ⅲ段高程44m操作廊道至孔下	59.3～58.35m纵向 44.0～58.35m纵向	2m×2.5m 2m×2.5m	
17	3号排沙孔进入廊道 3号排沙孔操作廊道	安Ⅲ段11号楼梯至孔侧 安Ⅲ段高程44.0m操作廊道至孔下	58.95～58.35m纵向 44.0m	2m×2.5m 2m×2.5m	
18	伸缩节室进入廊道	主厂房上游侧高程44.0m交通廊道至引水钢管下部	44～48m	1.2m×2m	

3)安全通道

电站左岸厂房排水廊道共设三个安全通道,分别设在2号、7号、14号机组段右侧,通道下端起自高程24.0m排水廊道。2号、7号机组段安全通道采用台阶斜廊道,由高程24.0m升至38.0m,再通过竖井升至高程82.0m尾水平台;台阶斜廊道断面尺寸1m×2m(宽×高),竖井尺寸1m×1m。14号机组段安全通道采用台阶斜廊道由高程24.0m上升至38.8m,高程38.8~82.0m,由12号安全楼梯与尾水平台连通,台阶斜廊道断面尺寸1m×2m,楼梯井尺寸1.5m×4.24m。安全通道出口均设防雨设施。

(4)厂内竖向交通设施布置

左岸电厂竖向交通设施包括:楼梯、电梯、吊物井(或垂直通道)。

1)楼梯

左岸电厂内共设置36处楼梯,编号为1~13号,其中主厂房内16处,下游副厂房内7处,14号机组段右侧边墩1处,安Ⅰ段门厅内1处,上游副厂房内11处。楼梯均采用现浇钢筋混凝土结构。

2)电梯

左岸电厂内共设置8部电梯,其中下游副厂房设置4部垂直电梯,上游副厂房内设置4部垂直电梯。2~5号电梯各1部,2号、3号、4号电梯与3号楼梯相邻,分别设置于2号、6号、9号机组段下游副厂房内,5号电梯设置在14号机组段下游副厂房右侧;6号电梯2部设在安Ⅱ段上游副厂房内,7号电梯1部为液压电梯,设在7号机组上游副厂房钢管段内,8号电梯1部设在14号机组段上游副厂房非钢管段内。电梯井采用钢筋混凝土井筒结构,平面尺寸为2.2m×2.2m。原1号电梯布置在主厂房内,由安Ⅰ高程82.0m至安Ⅱ高程75.3m,后改为13号楼梯。

3)厂内吊物孔(井)

左岸电厂内共布置各种吊物孔(井)共45个,其中主厂房内29个,下游副厂房15个,上游副厂房1个。

(5)厂外布置

左岸电厂厂外布置主要指厂前区及左侧边坡、厂坝平台、尾水平台、尾水渠及左侧边坡等。

1)厂前区

区内建筑物均设在高程82.0m,范围是安Ⅰ段以左和尾水渠左岸至厂前区左侧坡顶(47+941.00m),总平面面积约22000m²。布置宽16m的进厂公路,厂前布置电缆廊道,厂外布置排水沟及主变排水涵管沟、厂区绿化及公用设施等。

2)厂坝平台

厂坝平台右端48+680.50m至安Ⅰ段左端48+035.80m,全长644.7m;安Ⅱ至6号机组坝段上游20+086.40m至下游20+101.00m,宽14.6m;安Ⅲ至14号机组坝段上游20+

074.16m至下游20+101.00m，最大宽度26.84m，最小宽度14.6m。1～5号机组段非钢管段高程82.0m平台下为基岩，6～14号机组段为大坝混凝土。平台高程82.0m上布置主变压器运输纵、横向轨道；安Ⅲ段平台上布置力学观测室及中央空调机组；12号机平台布置枢纽总监测站；14号机平台布置2×1000kW自备柴油发电机房；高程82.0m平台下，在双号机组段的钢管段，高程75.3～82.0m，布置4.3m×20.8m×6.0m主变压器事故油池；安Ⅱ、7号机段及14号机的高程71.0m有污水池及抽污泵房；沿整个厂坝平台，布置厂外排水沟及挡水墙，布置的主变排水涵管沟分别由厂房两端排入尾水渠。平台结构为现浇混凝土墩墙板结构。平台板下布置支承主变运输轨道、施工门机轨道的混凝土墙等。

3)尾水平台

平台右端桩号48+680.50m，左端桩号48+103.10m，总长577.4m，宽19.5m，高程82.0m平台板厚0.8m，每台机组段板上布置3个10.4m×2.0m尾水闸门孔并设盖板。平台上布置尾水门机和施工门机轨道共4根，尾水门机轨距9.5m，施工门机轨距分别为10.5m和12.0m，其中一根轨道为施工门机和尾水门机两机共用，上游侧施工门机轨中心线距主厂房下边墙外2.9m。在2号、6号、9号、13号机组段平台上有3号楼梯出口，14号机组段平台上有12号安全楼梯出口，2号、7号机组段平台上有安全通道出口。安Ⅱ、安Ⅲ段还布置了排沙孔工作闸门孔和反钩检修门固定装置，其中安Ⅱ段另设一个尾水闸门门库和一个抽排廊道的吊物孔(也可进人)，安Ⅲ段另设排沙孔检修闸门门库，孔中均设盖板。安Ⅲ段尾水平台还设施工临时吊物孔，待设备安装完成后进行封堵。

4)消防通道

左岸电站消防通道采用环形道，即由厂前区经厂坝平台，至厂房右端(14号机组与左导墙间)，再经尾水平台到厂前区形成环形道，也可作为设备运输、施工运输通道，但更主要的是在任何情况、任何位置都能保证消防设施运行畅通无阻。

厂内的对外出口共有13处。上游副厂房有5个通往厂外的出口，布置在安Ⅱ段、1号机、6号机、安Ⅲ段和14号机。下游副厂房也有5个出口通往高程82.0m尾水平台，即安Ⅰ段和2号、6号、9号、14号机组段的3号楼梯。安Ⅰ段上游、下游设2处大门，在左山墙有一处通往厂外的出口，为进出厂房的主要通道。

5)尾水渠

尾水渠自尾水管出口20+186.0～20+286.0m，在长度100m范围内，按1∶5坡比向上延至高程50.0m，其后按高程50.0m延至20+440.0m左右，按下游横向围堰拆除高程50.0m后以1∶5坡度与地面相连。尾水管出口处48+680.5～48+103.1m宽577.4m，左导墙末端至尾水渠左侧边坡坡脚最小渠宽370.0m。

尾水渠内上游长120.0m范围采用厚0.5m的混凝土衬护，末端设置齿墙，深度1.0m。14号机尾水管出口因河床高程较低，尾水渠在高程21.0m接下游天然地形，左侧按1∶3坡度与左侧1∶5反坡的尾水渠相接，衬护范围亦长120.0m。20+240.0m处尾水渠两侧各布置尾水位观测井，右侧水位计井紧靠左导墙，左侧水位计井与尾水边坡混凝土同浇。水位井为现浇混凝土井结构，建在基岩上，高程 82.0m 以下水位塔采用外径 3.2m、内径 1.8m 的空心圆柱结构，高程 82.0m 以上采用外径 5.0m 圆形结构，塔顶高程 88.0m。

5.1.2.2 右岸坝后电站厂房结构布置

(1)主厂房结构布置

1)机组段结构布置

厂房结构分为水下结构和水上结构。水下结构即厂房水轮机层高程 67.0m 以下的大体积钢筋混凝土结构，而水上结构即厂房的板梁柱(或墙)钢筋混凝土结构。

①水下结构

水下结构包括厂内尾水管、蜗壳、发电机机坑和下游闸墩、挡水墙等。

尾水管自建基面高程 21.5m 至高程 53.02m，按其体形分为锥管段、肘管段、扩散段，是一个由圆形经转弯并逐渐变成方形的空间结构，形状复杂，尺寸不一，机组中心线至尾水管出口长 50.0m，宽 31.9m，高 30.0m，其中扩散段进出口高度由 6.5m 变至 12.4m，平面上分三孔，每孔净宽 9.0m。

尾水管肘管段和扩散段为一整体单跨和三跨闭合框架结构，边墩最小厚度 3.2m，中墩厚 2.45m，底板厚分别为 5.5m 和 3.7m，闸门后的分离底板厚 0.8m。顶板最大厚度 17.0m，最小 3.0m，顶板迎水面布置预制倒“T”形梁。

蜗壳层和水轮机层自高程 49.5m 至高程 67.0m，结构混凝土根据施工安装程序分为一期混凝土和二期混凝土。一期混凝土即主厂房的上游墙和下游墙及下游副厂房，上游墙厚 4.5m，下游墙厚 2.5m。15 号机左端墙厚 4.1m。

蜗壳二期混凝土包括尾水管里衬、座环、蜗壳、水轮机井外围混凝土结构及发电机墩混凝土结构。蜗壳外围二期混凝土最小厚度 0.9m。蜗壳二期混凝土浇筑采用保压浇筑和垫层浇筑及直埋浇筑三种方式，其中采用保压浇筑蜗壳外围二期混凝土，保压闷头布置在主厂房内，在高程 67.0～49.5m 设平面尺寸 14.4m×3.6m 的三期混凝土坑，待二期混凝土浇完，闷头拆除、压力钢管安装焊接后，回填三期混凝土。

水轮机井直径 13.9m(15～18 号机组水轮机井直径为 13.1m)，下机架坑直径各机组都不相同，最小直径 15.8m，下机架支承面高程 65.5m(23～26 号机组为 65.3m)，发电机定子基础分 20 块和 16 块支承方式。

尾水管扩散段顶板以上，高程 49.72～82.0m，布置尾水闸墩、挡水墙及下游副厂房。

②水上结构

水上结构包括高程 67.0m 以上的发电机围墙及发电机层楼板、梁、柱，主厂房上、下游墙和屋面结构。高程 67.0～75.3m 布置发电机围墙，内径 25.0m，外径 26.6m，墙厚 0.8m，在墙上 $+Y$ 轴反时针转 16.8°、28.3°和 39.8°，中心高程 72.7m 处设 3 个主母线洞，尺寸都为 2.2m×2.2m，在第Ⅱ、Ⅳ象限对称处布置发电机围墙进人门，尺寸 1.0m×2.0m，该门为密封门，墙顶部按上机架要求在支臂处留二期混凝土槽。

发电机层楼板厚0.6m，上、下游侧支承在主厂房墙的牛腿上，左、右两侧与机组缝边框架梁柱连接，楼板中部与发电机围墙连接，板面第Ⅱ、Ⅳ象限布置吊物孔，孔口尺寸分别为2.0m×2.5m和4.0m×4.2m。左右边缝框架柱的断面尺寸为0.9m×0.9m。

主厂房上下游墙高程67.0～114.5m，墙体高47.5m。大桥机轨顶高程93.3m以下，上游墙厚2.2m，下游墙厚2.0m；高程93.3～111.0m，墙厚1.5m；高程111.0～114.5m，墙厚1.0m。

上游墙顶部布置高压出线塔架基础，墙顶高程116.5m，塔基分别布置在26号、24号、22号、20号、18号、16号机组段及安Ⅲ段，塔基平面尺寸3.0m×3.0m。在上游墙的高程71.6～73.8m，布置3个主母线出线洞，尺寸都为2.2m×2.2m，中心高程72.7m，中间的母线洞中心线距机组中心线6.65m，两侧的两个母线洞与中间洞由0.3m混凝土墙分隔。

上、下游墙的内墙面，根据发电机层楼板及大、小桥机轨道支承要求设置纵向条带牛腿，牛腿高程分别为74.7m、93.3m、105.3m。桥机轨道牛腿及网架支承面均预留埋件及二期混凝土。屋面采用网架结构及轻型屋面板，网架支座布置在上下游墙的内墙面高程111.0m处。

2)安装场结构布置

①安Ⅰ段

安Ⅰ段建基面高程66.6～69.6m，顺水流向宽度为39.0m，垂直水流向长度为28.0m，地面高程82.0m。在安Ⅰ段布置透平油库、事故油池、油处理室、高程82.0m卸货平台和上部结构。高程72.6m透平油库，底板厚3.0m，板下设13.0m×14.5m事故油池，油池底板高程69.6m。在高程72.6m设支承油罐的5个圆筒形混凝土基础，其中3个外径为4.3m，两个外径为4.5m，壁厚均为0.4m，高度为1.0m。

安Ⅰ段高程82.0m地面平台为板墙结构，板面积34.8m×27.0m，厚度为0.6m，板的上游侧、下游侧和左侧，三边均支承在墙的牛腿上，另一侧支承于右边梁上，同时在板下纵向布置4道厚0.8m的支承墙。在厂内上游侧板下还布置了4根主变压器运输轨道梁，中心距2.07m。上下游墙高程82.0m以上对称于中线布置8.0m×12.0m的进厂大门，屋面及其他结构与主机段相同。

②安Ⅱ段

安Ⅱ段位于安Ⅰ段与26号机组段之间，因左侧设置抽排廊道，其底板建基面高程变化较大，从55.5m高程经过三级1∶0.2、1∶0.3的陡坡开挖至高程22.0m与26号机组段建基面相接。安Ⅱ段高程75.3m以下为大体积混凝土结构，底板最小厚度2.0m，板上布置转子大轴支承坑。下部布置7号、8号排沙孔及3号排漂孔，排沙孔出口段有液压工作门及启闭机房，出口外设反钩检修门。排漂孔出口段布置反钩门。

安Ⅱ段上、下游承重墙结构与主机段相同，与主机段不同的是在上游墙高程93.6m和高程107.5m各布置一个1.0m×2.0m的桥机进入门孔（在安Ⅲ段及15号机组段布置同样的进入门孔）。

③安Ⅲ段

安Ⅲ段设在20号、21号机之间，长38.3m。高程67.0～114.5m的上、下游墙结构布置与机组段相同。在高程67.0m以下布置检修排水集水井、渗漏集水井、5～6号排沙孔、风道及各种廊道等。安Ⅲ段建基面最低高程7.0m，平面面积59.0m×38.3m。高程67.0m以下结构高度从7.0m至67.0m计60.0m。

安Ⅲ段高程75.3m楼面为机组5大件安装检修主要场，系为空间框架结构。楼板上、下游侧支承在墙面牛腿上，左、右与框架梁柱连成整体。楼板厚0.6m，柱断面0.9m×0.9m，柱高8.3m，梁断面0.8m×1.9m。发电机转子总质量2200t，板下采用圆筒墙支承，其外径18.1m，内径16.5m，墙厚0.8m。在对应集水井各泵中心位置的板上各开0.5m×0.5m吊装孔，另设一个1.5m×2.0m吊物孔，两个1.4m×1.4m吊装孔。

(2)副厂房结构布置

1)下游副厂房

下游副厂房布置在主厂房下游墙与下挡水墙之间的尾水管顶板之上，共分五层，各层高程分别为49.72m、55.48m、61.24m、67.0m及75.3m，顶板为高程82.0m尾水平台。

下游副厂房主要布置技术供水装置、滤水器、供水室，以及空气处理机房和排风机房等。另外在下游副厂房安Ⅱ和安Ⅲ段，布置排沙孔工作门起闭机房，在安Ⅲ段布置空压机室。

下游副厂房下部四层板厚0.6m，顶层板厚0.8m。五层楼板均与主厂房下游墙和下游挡水墙固端连成整体结构，高程82.0m和75.3m板下设混凝土风道层。

2)上游副厂房

上游副厂房设在厂坝之间。桩号20+101.3～20+118.0m，高程67.0～107.0m，宽16.7m，总高40.0m。上游副厂房按大坝坝段划分成非钢管坝段长13.3m和钢管坝段长25.0m，两段共长38.3m，与机组段长相同，但坝段与机组段缝均错缝4.1m。由于大坝的岸坡坝段和河床坝段基础开挖高程不同，24～26号机组段的上游副厂房分别建于基岩(非钢管坝段)和钢管段的顶板混凝土上，15～23号机组段建于大坝混凝土上。

高程67.0m以上，机组段上游副厂房分5层；安Ⅱ段上游副厂房分9～11层；安Ⅲ段上游副厂房分7层。分层布置风道、管线廊道、冷却装置、电缆、单元控制盘、低压厂用配电设备、主变压器、中控室、继电保护及照明、通信、维护和GIS等设备。15～23号机组钢管段副厂房下部布置钢管伸缩节室。

副厂房上游侧高程82.0m以下为墙体结构，厚1.8m，长38.3m(单机)。在13.3m段，因上部布置主变压器和GIS设备，故在副厂房中线和靠主厂房上游墙边又各布置了一道墙。中间墙高程82.0～67.0m墙厚1.0m，高程82.0～93.6m墙厚0.5m，该墙上留有发电机低压母线出线洞，洞中心高程为86.45m，洞尺寸为2.2m×7.6m；靠主厂房的一道墙，高程82.0～67.0m厚0.5m，该墙上留有3个发电机低压母线出线洞，洞中心高程为72.7m，洞尺寸都为2.2m×2.2m。墙均与大坝混凝土或底板混凝土相连。

上游副厂房墙、梁、板、柱为现浇混凝土结构。高程82.0m主变压器层和高程93.6m

GIS层，是上游副厂房中最大承重结构层。主变压器下部布置4根轨道梁并支承在下部墙上，梁之间设变压器集油坑，坑宽7.0m，长13.0m，坑底板为厚0.3m的倾斜板，坑深0.8～1.1m。油坑下游侧高程82.0m板上设母线洞，尺寸2.6m×7.6m，在20号、21号机组钢管坝段副厂房内，各布置主变电抗器轨道梁和油坑（尺寸5.5m×7.0m）。高程93.6m“GIS”层板厚0.35m，相应机组段板上布置2.0m×4.0m吊物孔，安Ⅱ段及15号机组段板上布置电梯孔，安Ⅱ、安Ⅲ段及15号机组段板上布置楼梯孔，其他“双号”机组段及安Ⅲ段板上还有3个∅0.8m高压出线孔。另外，根据GIS组合电器设备需要，在楼板上开电缆孔、通风洞和管道孔。

上游副厂房屋面高程107.2m板上，在“双号”机组段及安Ⅲ段布置∅0.8m高压出线洞各3个，以及与每相对称的套管、电压互感器、阻波器、避雷器等出线设备基础。安Ⅱ段有5号楼梯和4号电梯，以及15号机组段布置的10号楼梯和1号电梯。

(3)厂内廊道及集水井布置

1)厂内廊道

厂内廊道分为交通廊道、帷幕灌浆排水廊道、排水廊道、操作廊道、安全廊道、引风廊道、电缆廊道、油管廊道、进入廊道等。

在厂房21～26号机组段尾水闸门槽底板内(20＋166.75m)设置纵向(平行坝轴)帷幕灌浆排水廊道，在安Ⅲ段的右侧和安Ⅱ段的左侧布置横向帷幕灌浆排水廊道。

廊道断面2.7m×3.0m，纵向廊道底板高程23.26～24.0m，全长249.2m，位于安Ⅱ、安Ⅲ段的横向廊道底板高程23.3～44.0m，与厂内上游交通廊道相接，全长2×46.0m，廊道纵横互相连通。抽排廊道进入口设在安Ⅱ、安Ⅲ段高程44.0m交通廊道内。厂内廊道布置见表5.1.2。

表5.1.2　右岸电站厂内廊道汇总

序号	廊道名称	位置	高程	尺寸	说明
1	排水廊道	尾水管底板	24.0m纵向	2.0m×2.5m	平行坝轴线
2	操作廊道	机组段、安Ⅲ段	44.0m纵向	2.0m×2.5m	
3	交通廊道	机组段、安Ⅲ段	44.0m纵向、横向	2.0m×2.5m	
4	安全廊道	15号、21号、25号机组段	24.0m横向	1.0m×2.0m	竖井断面1.0m×1.0m
5	1号引风廊道	大坝至安Ⅲ段下游副厂房	52.7m横向	2.5m×3.0m	
6	2号引风廊道	安Ⅲ段中部至下游副厂房右端	49.72m纵向	2.5m×3.0m	
7	3号引风廊道	15号机组上游副厂房至下游副厂房	49.72m横向	3.0m×2.5m	
8	通风廊道	大坝至18号、20号、21号、25号机组段上游副厂房	70.3m横向	2.0m×3.0m	

续表

序号	廊道名称	位置	高程	尺寸	说明
9	电缆廊道	大坝至15号、19号、22号机组段上游副厂房	70.3m横向	2.0m×2.5m	
10	油管廊道	安Ⅰ段至26号机组段	70.8m纵向	1.5m×2.0m	
11	尾水管进入孔	每个机组段操作廊道	44.0m垂直	2.0m×2.5m	
12	锥管进入廊道	机组段+Y轴2号楼梯 机组段−Y轴至下游副厂房	49.0m横向 48.0m横向	2.0m×2.2m	
13	蜗壳进入廊道	机组段偏+Y轴43°至2号楼梯	56.0m纵向	2.0m×2.5m	
14	水轮机井进入廊道	机组段+Y轴至2号楼梯	61.25m横向	2.0m×2.5m	
15	伸缩节室进入廊道	主厂房上游侧高程44.0m交通廊道至引水钢管下部	44.0～48.0m	1.2m×2.0m	
16	4号排沙孔进入廊道	15号机水轮机层高程61.27m至孔侧	61.27～59.4m纵向	2.0m×2.5m	
17	4号排沙孔操作廊道	高程49.75m操作廊道至孔盘形阀室	49.75～51.0m纵向	2.0m×2.5m	
18	5号排沙孔进入廊道	20号机组段2号楼梯至孔侧	59.4m纵向	2.0m×2.5m	
19	5号排沙孔操作廊道	安Ⅲ段高程44.0m操作廊道至孔下	44.0m纵向	2.0m×2.5m	
20	6号排沙孔进入廊道	安Ⅲ段11号楼梯至孔侧	59.4m纵向	2.0m×2.5m	
21	6号排沙孔操作廊道	安Ⅲ段高程44.0m操作廊道至孔下	44.0m纵向	2.0m×2.5m	
22	7号排沙孔进入廊道	26号机高程67.0m下游副厂房右端至安Ⅱ54.0m	67.0～54.0m纵向	2.0m×2.5m	
23	7号排沙孔操作廊道	安Ⅱ高程54.0m操作廊道至孔下	54.0m纵向	2.0m×2.5m	
24	8号排沙孔进入廊道	安Ⅱ段高程75.3m至孔侧	75.3～62.2m纵向	2.0m×2.5m	
25	8号排沙孔操作廊道	安Ⅱ段高程54.0m操作廊道	54.0m	2.0m×2.5m	
26	帷幕灌浆排水廊道	安Ⅱ段至安Ⅲ段	23.26～24.0m纵向 23.3～44.0m横向	2.7m×3.0m 2.7m×3.0m	横向垂直坝轴线

2)安全通道

电站右岸厂房检修排水廊道共设三个安全通道，分别设在25号、20号、15号机组段右侧，通道下端起自排水廊道，入口高程24.0m，20号、25号机组段之安全通道采用台阶斜廊道，由高程24.0m升至50.0m，再通过竖井升至高程82.0m尾水平台；台阶斜廊道尺寸1.0m×2.0m(宽×高)，竖井尺寸1.0m×1.0m。15号机组段之安全通道，由高程24.0～

38.8m，采用台阶斜廊道上升；高程38.8～82.0m，则设置12号安全楼梯连通，台阶斜廊道尺寸1.0m×2.0m，楼梯井尺寸2.0m×4.24m。安全通道出口均有防雨设施。

3)集水井

右岸电站集水井分为渗漏集水井、检修集水井和抽排集水井，布置在右岸厂房安Ⅲ段。三个集水井相互不连通，渗漏集水井主要收集厂内渗漏水，包括生活和生产用水、水下结构渗漏、空调冷却结露水、设备水管漏水、机组运行漏水以及不能直接排出厂外的水等。厂房水下各层均形成完整的集中的排水系统，渗漏水通过各层的排水沟、管排入渗漏集水井，设计渗漏水量约350m^3/h。厂内排水系统不与机组检修排水和厂外排水设施连通，由布置在渗漏集水井3台立式水泵(其中一台备用)排入尾水渠；检修集水井主要收集机组检修时放空蜗壳及尾水管内的积水，机组检修时的排水通过在尾水管以下24.0m高程上游侧设置的排水廊道，汇集后再排入检修集水井，并通过排水泵排入尾水渠，在检修集水井顶部高程67.0m进人处设密封盖板，以防止事故时水淹厂房；抽排集水井则只收集抽排廊道内的集水。

抽排集水井设在高程9.0～47.76m，距20号机组段右侧缝20.6m，位于安Ⅲ段尾水墩墙下游部位；井底高程9.0m，基岩高程7.0m，平面尺寸3.0m×5.0m，外围混凝土最小厚度2.0m。对应井顶部高程47.76m布置抽水泵房，尺寸5.0m×7.0m，高5.5m，泵房由20号机下游副厂房高程49.72m层出入。

检修排水集水井设在高程19.0～67.0m，距21号机组左边缝3.0m。井底高程19.0m，底板厚2.0m，平面尺寸4.0m×16.0m。集水井中间设厚0.9m隔墙，在隔墙上设2排0.3m×0.3m连通孔，孔中心距2.0m，共2×15孔，隔墙底部设2.0m×2.5m过人孔，井左侧墙内设1.02m×1.0m×3.0m潜水泵孔。集水井与20号、21号机排水廊道或排水洞相通，井内有楼梯，供运行人员检修用。

渗漏集水井设在高程19.0～67.0m，位置与检修排水集水井平行。井底高程19.0m，基岩高程17.0m，平面尺寸4.0m×7.7m，外围混凝土厚3.0m，侧墙底部设1.02m×1.0m×3.0m(深×宽×高)潜水泵孔。渗漏集水井与主厂房内高程44.0m操作廊道相通。

5号、6号排沙孔中心线坐标分别为49+521.2m、49+535.7m，中心高程60.0m，孔径5.0m。孔外围混凝土厚度大于4.5m，孔内采用钢板衬砌。流道出口段布置有液压工作门及启闭机房，出口处设有反钩检修门轨。

(4)厂内竖向交通布置

右岸电厂竖向交通包括三部分：楼梯、电梯、吊物井(或垂直通道)。

1)楼梯

右岸电厂内共设置31处楼梯，编号1～13号，其中主厂房内13处，下游副厂房内6处，15号机组段左侧边墩1处，安Ⅰ段内1处，安Ⅲ段内1处，上游副厂房内9处。楼梯均采用现浇钢筋混凝土结构。

2)电梯

右岸电厂共设置7部电梯，其中下游副厂房设3部垂直电梯，上游副厂房内设4部垂直电梯。1号电梯设在15号机上游副厂房左侧，与10号楼梯相邻；2号、3号、6号电梯设在下游副厂房内，与3号楼梯相邻，分别设于26号、20号、16号机组内；4号电梯有两个，并列设在安Ⅱ段，由高程75.3m上升至上游副厂房屋面高程116.0m；5号电梯设在21号机组段内，为液压电梯。电梯井采用钢筋混凝土井筒结构，尺寸为2.1m×2.25m。

3)吊物井

右岸电厂内共布置各种吊物孔(井)39个，其中主厂房内25个，下游副厂房12个，上游副厂房2个。

(5)厂外布置

右岸电厂厂外布置主要指厂前区、厂坝平台、尾水平台、消防通道、尾水渠等。

1)厂前区

厂前区高程82.0m，范围是安Ⅰ段以右和尾水渠右侧边坡及其高程82.0m以上右侧边坡。厂前区布置宽31.7m的进厂公路、电缆廊道、厂外排水涵管和厂区公用设施等。

2)厂坝平台

厂坝平台右端49+855.3m至4号排沙孔段左端49+245.0m，全长610.3m；安Ⅱ段至24号机组段上游20+086.4m至下游20+100.7m，宽14.9m；15～23号机组段上游20+074.16m至下游20+100.7m，最大宽度27.14m，最小宽度14.9m。24～26号机组段非钢管坝段高程82.0m平台下为基岩，15～23号机组段为大坝混凝土。平台高程82.0m上布置主变压器运输纵、横向轨道；安Ⅲ段平台上布置风冷设备，20号机组段平台布置电抗器及轨道；16号机组段平台布置枢纽总监测站；平台布置2×1000kW自备柴油发电机房；高程82.0m平台“双号”机组段的钢管坝段，高程75.3～82.0m，布置4.3m×20.8m×6m主变压器事故油池；安Ⅱ、21号机组段的高程71.0～82.0m有污水池及抽污泵房；平台上游布置主变冷却水及地面雨水的排水涵管沟，分别由厂房两端排入尾水渠。平台结构为现浇混凝土实体结构。

3)尾水平台

平台右端桩号49+826.3m，左端桩号49+263.5m，总长562.8m，宽19.5m；高程82.0m平台由板厚0.8m、梁高1.5m的梁板结构构成，每台机组段板上布置3个10.4m×3.0m尾水闸门孔并设盖板。平台上布置尾水门机和施工门机轨道，尾水门机轨距9.5m，施工门机轨距15.0m，上游侧施工门机轨中心线距主厂房下边墙外2.9m。在双号机组段平台上有3号楼梯出口，15号机组段平台上有12号安全楼梯出口，21号、25号机组段平台上有安全通道出口。安Ⅱ、安Ⅲ段还布置了排沙孔、工作闸门孔，安Ⅲ段另设排沙孔、检修闸门门库，均有盖板。

4)消防通道

右岸电厂消防通道采用环形道，即由厂前经厂坝平台，至厂房左端(4号排沙孔段)，再经尾水平台到厂前形成环形道，也可作为设备运输、施工运输等，但更主要的是在任何情况、任何位置都能保证消防设施运行畅通无阻。

厂内的对外出口共有12处。上游副厂房有3个通到厂外的出口，布置在安Ⅱ段(6号楼梯)、21号机组段(8号楼梯)、15号机组段(10号楼梯)。下游副厂房有9个出口通至高程82.0m平台，即双号机组段的3号、4号楼梯和15号机组段的12号楼梯。安Ⅰ段上游、下游设2处大门，为进出厂房的主要通道。

5)尾水渠

26号机组段至安Ⅲ段尾水渠自尾水管出口20+186.0～20+316.5m，全长130.5m范围内，按1∶5坡比向上延至高程56.0m，其后按高程26.0m与导流明渠高渠相接，20～15号机尾水渠自尾水管出口20+186.0～20+256.5m。全长70.5m范围按1∶5坡比上延至高程45.0m，其后按高程45.0m与导流明渠低渠相接。

尾水渠底20+186.0～20+276.0(20+336.0)m采用厚0.5m的混凝土衬护，末端设置齿墙，深度1.0m。

尾水渠靠近进厂公路侧布置有一个自计水位计井，水位计井的桩号为20+256.0m，49+777.0m。水位计井为现浇混凝土井结构，高程82.0m以下水位塔采用外径2.8m、内径1.2m的空心圆柱结构，高程82.0m以上采用圆台形混凝土框架结构配合全玻璃幕墙造型，房顶高程86.7m。

5.2　左、右岸坝后电站厂房结构设计

5.2.1　坝后电站厂房整体稳定与基础应力分析

三峡左、右岸电站为坝后式厂房，在厂坝之间设永久缝，厂房各机组段及安装场段之间设永久缝，分隔成独立块体，仅左厂1～6号机组段，右厂24～26号机组段在高程46.0m以下厂房上游混凝土与基岩之间采用接触灌浆等处理措施，确保混凝土与岩坡结合良好，使厂房与上游大坝基岩联合受力。左岸电站厂房原地面高程140.0～20.0m，从左至右逐渐降低，左安Ⅰ段至安Ⅲ段坐落在岸边上，7～14号机组段坐落在河床漫滩上，基坑开挖基本呈三面(上游、下游和左侧)台阶状边坡，成形较好，有利于边坡稳定。就整个厂房基础而言，基岩较均匀完整、强度高。右岸电站厂房原地面高程150.0～60m，自右至左逐渐降低，右安Ⅰ段至22号机组段坐落在岸边，15～21号机组段坐落在后河床上，基坑开挖呈三面台阶状边坡，成形较好，有利于边坡稳定。就整个厂房基础而言，基岩较均匀完整、强度高。左厂7～14号机组和右厂15～21号机组厂坝之间设永久缝分开，厂房各机组段之间、机组段与备安装场段之间均设永久缝，分成独立块体。

左岸坝后电站厂房机组段单独受力整体稳定各种工况计算成果抗滑稳定安全系数达19.0～29.3、抗浮安全系数达2.05～2.38。左安Ⅰ段、安Ⅲ段抗滑稳定安全系数达22.18～571.0、抗浮安全系数达1.95～5.18，基础应力均为压应力。左岸电厂整体稳定和基础应力计算成果远大于规范要求。右岸坝后电站厂房整体稳定和基础应力计算成果与左岸厂房相近，均满足规范要求。左厂1～6号机组段和右厂24～26号机组段高程46.0m以下与大坝连成整体，联合受力。经计算，大坝传给厂房的推力为20000kN/m，厂房上游侧扬压力折减

系数取0.3,计入大坝推力的厂房抗滑稳定安全系数在各种工况下为7.1～17.8,基础应力均为压应力,满足规范要求。

5.2.2 坝后电站厂房上部(水上)结构

5.2.2.1 坝后电站厂房上部结构方案研究

坝后电站厂房上部结构为水轮机层高程67.0m以上板、梁、柱(或墙)钢筋混凝土结构(图5.2.1)。上游墙采用实体墙。针对下游墙的结构类型,研究比较了梁柱方案、实体墙方案和墙柱结合方案。清华大学、大连理工大学、天津勘测设计研究院、华东勘测设计研究院受三峡总公司技术委员会委托,先后参加了有关内容的论证研究工作。

图5.2.1 坝后厂房上部结构

(1)坝后电站厂房上部结构静力分析

1)静力分析计算条件及假定

①上部结构各方案的结构尺寸

(a)梁柱方案

上游墙高程67.0～93.3m墙厚2.4m,高程93.3m以上墙厚1.5m;下游侧为6跨7根柱,高程67.0～90.5m的柱断面为3.0m×1.4m,高程90.5～111.0m的柱断面为1.7m×1.4m,并在大、小桥机牛腿及网架支座处分设了3根刚度较大的连系梁。尾水平台以下柱间连系墙加厚至2.0m及3.0m。屋架支承系统为网架结构,网架上、下弦铰接。发电机楼板与上、下游墙柱整体相连。

(b)实体墙方案

上游墙高程67.0～93.3m墙厚2.2m,高程93.3～111.0m墙厚1.5m;下游墙高程67.0～93.3m墙厚2.0m,高程93.3～111.0m墙厚1.5m。

(c)墙柱结合方案

上游墙高程67.0～93.3m墙厚2.0m,高程93.3m以上墙厚1.5m;下游墙高程93.3m以上仍采用柱结构,柱断面尺寸为1.8m×1.4m。

②计算工况

(a)运行期

厂房上部结构土建已完成,蜗壳外围混凝土及发电机楼板已浇筑,假定高程 67.0m 以下,上、下游墙的内侧受侧向变形约束,或简化为固端于高程 67.0m,厂房屋架已全部建成,将上、下游墙(柱)连接为空间整体框架。计算时考虑两种最不利工况:

计算工况 1:机组检修,两台大桥机吊装发电机转子,横向移动时刹车,刹车力指向下游,下游尾水位73.8m(枢纽下泄流量 56700m^3/s),小桥机空车停放。

计算工况 2:同上,但横向移动时刹车力指向上游。

(b)施工期

厂房上部结构已浇筑至设计高程,但屋架支承系统尚未安装,蜗壳外围混凝土及发电机楼板未施工,故上、下游墙需分开独立计算。上游墙假定为底部固结于高程 50.5m、顶部自由,并预留后安装引水压力钢管的大孔洞的单片变截面实体墙;下游墙(柱)为顶部自由,高程 82.0m 以下与其副厂房组合成整体空间结构,固结于尾水管顶板。依据电站土建施工及机组安装进度计划安排,考虑两种工况:

计算工况 3:使用一台小桥机吊装蜗壳、座环等部件(最大件重 800kN),下游尾水位为73.8m,并假定大桥机停放在其他机组段或安装场。

计算工况 4:使用一台大桥机吊装座环整体定位(座环整体重 4300kN),下游尾水位73.8m,并假定小桥机停放在其他机组段或安装场。

③计算荷载及荷载组合

厂房上部结构分析计算荷载及荷载组合见表 5.2.1。

④计算方法及材料特性

厂房上部结构三种类型比较的静力分析,均取一个机组段长 38.3m 为计算单元。按三维空间有限元模型进行计算,采用 SUP-SAP 通用程序。假定厂房屋顶网架下弦与墙柱铰接,并忽略网架自身轴向变形;网架结构则假定上、下弦与墙(柱)整体相连。厂房上部结构混凝土标号为 R250 号,静弹性模量 $E_C=2.85\times10^7 kN/m^2$,泊松比 $\mu_c=0.1667$,容重 $\gamma_c=25kN/m^3$。钢屋架及网架钢号为 A_3,弹性模量 $E_S=2.1\times10^8 kN/m^2$,泊松比 $\mu_s=0.3$。

2)上部结构各方案静力计算位移成果分析

①梁柱方案运行期工况 1:上游墙大桥机牛腿面(轨顶面高程 93.3m)的位移为1.38mm,下游柱大桥机牛腿面的位移为 2.30mm;工况 2:上游墙大桥机牛腿面的位移为-2.45mm(向上游位移),下游柱大桥机牛腿面的位移为-1.60mm。施工期工况 4′:刹车力指向下游时,上游墙大桥机牛腿面的位移为 10.76mm,刹车力指向上游时,下游柱大桥机牛腿面的位移为-6.16mm。若不考虑发电机层的整体相连,即上游墙和下游柱在高程 75.3m 发电机层楼板不存在侧向约束作用,则运行期大桥机轨顶位移比高程 75.3m 侧向约束明显加大,其值将由-2.45mm 增加至-7.83mm,说明发电机层楼板适当加厚并与上、下游墙柱整体相连是合理的。

表 5.2.1

厂房上部结构分析计算荷载及荷载组合

计算工况		桥机计算轮压(1个轮子)(kN)		桥机计算刹车力(1个轮子)(kN)		屋面荷载(kN/m²)	屋架(网架)质量(kN)	风压(kN/m²)	下游尾水位(m)	温度升降(℃)	尾水平台均布荷载(kN/m²)	尾水副厂房楼面荷载(kN/m²)	上部墙柱结构自重(不含屋盖)γ=25kN/m²	说明
		上游侧	下游侧	指向上游	指向下游									
运行期	工况1	1000	900	54.5	/	5.0	每榀 90	/	/	/	20	10	应力及位移分析均计入	大桥机吊发电机转轮,吊点位于机组中心附近
	工况2	1000	900	/	54.5	5.0	每榀 90	/	/	/	20	10	应力分析计入,位移分析不计入	同工况1,但刹车力指向上游
施工期	工况3	415	150	13	/	/	/	0.3	73.8	/	/	/	应力分析计入,位移分析不计入	小桥机吊装 800kN 部件,吊点靠上游侧极限位置
		593	420	/	13	/	/	0.3	73.8	/	/	/		小桥机吊装 800kN 部件,吊点靠下游侧极限位置
	工况4(或4′	800	800	29.7		/	/	/	73.8	/	20	/	应力及位移分析均计入	大桥机吊装座环整体定位
		800	800		29.7	/	/	/	73.8	/	20	/		

注:①屋面荷载包括屋面自重、吊顶、活载、雪载等。②工况4不计刹车力,工况4′计入刹车力。

②实体墙方案运行期工况1：上游墙大桥机牛腿面的位移为1.04mm，下游墙位移为2.29mm；工况2：上游墙大桥机牛腿面的位移为−2.67mm，下游墙位移为−1.27mm。施工期工况4′：刹车力指向下游时，上游墙大桥机牛腿面的位移为10.76mm，刹车力指向上游时，下游墙位移为−6.19mm。

③墙柱结合方案运行期工况1：上游墙大桥机牛腿面的位移为1.30mm，下游墙柱位移为2.04mm；工况2：上游墙大桥机牛腿面的位移为−2.38mm，下游墙柱位移为−1.50mm；施工期工况4′：刹车力指向下游时，上游墙大桥机牛腿面的位移为10.76mm，刹车力指向上游时，下游墙柱位移为−6.39mm。

④厂房上部结构三种方案，若屋顶采用网架结构且上、下弦与墙顶双铰支座形式，则可提高上部结构的整体刚度，有利于减小墙顶及轨顶的位移。屋顶支承系统采用上、下弦双铰支座网架结构，温度升降时，影响厂房上部结构的侧向位移需引起重视。

⑤发电机层楼板与上、下游墙整体相连，对墙体起侧向支撑作用，有利于提高厂房上部结构的整体刚度，特别是对上游墙体的作用更为明显，但是，由此导致的发电机层楼板温度变化作用会对墙体结构产生不利影响，因此需选择接缝的闭合时机，尽量降低其不利影响。

⑥将高程67.0m以下尾水闸墩伸入副厂房内，可提高施工期下游墙的刚度。尾水闸墩伸入副厂房内，提高尾水闸墩承受下游水压力作用的刚度，可减小闸墩受水压作用产生的侧向位移对上部结构的不利影响。

3）上部结构各方案静力计算应力成果分析

①梁柱方案：当屋盖采用单铰桁架结构时，下游柱大桥机牛腿面（轨顶面高程90.5m）及尾水平台处截面的拉应力降至1.231MPa和2.326MPa，可按构造配筋；若屋盖采用网架结构双铰支座，其拉应力分布规律有较大改变，拉应力主要集中在小桥机牛腿面（轨顶面高程103.3m）以上的小柱部位，其中下游柱柱顶连系梁处的小柱断面拉应力最大达2.665MPa，为结构薄弱部位，构造上需加强处理。实体墙方案拉应力出现在网架上、下弦支座与小桥机牛腿面以上墙体，最大拉应力为1.239MPa，比梁柱方案下游小柱最大拉应力小近50%，可按构造配筋。墙柱结合方案与梁柱方案类似，最大拉应力出现在柱顶连系梁下的部位，为2.643～2.473MPa，需加强构造措施。

②从应力大小对各方案进行比较，最有利方案是实体墙方案，应力分布较均匀。其次是墙柱结合方案和梁柱方案，拉应力主要分布在小桥牛腿以上至屋架支座之间的上、下游墙柱，以及下游侧大桥牛腿以下至尾水平台之间的大柱部位。

③梁柱方案或墙柱结合方案的下游小桥牛腿以上的小柱及与柱顶连系梁的连接部位应力较大，除需加强构造措施之外，实体墙方案基本上满足钢筋混凝土结构构造配筋要求。

④各方案皆推荐发电机层楼板与上、下游整体相连，整体相连后在运行期工况1或工况2情况下（未计温度作用）发电机层楼板承受顺河水平向拉力。梁柱方案每一柱跨7.4m长的总拉力约为1108kN（其他方案也相差不多），在正常配筋范围内，构造上亦无特殊困难。但是发电机层楼板由于增加了两侧的约束作用，温度应力作用加大，设计需予以考虑。

⑤施工期假定屋盖系统尚未吊装，上、下墙独立承受大、小桥机运行。上游预留钢管洞

的洞顶及洞右侧截面(2.2m×4m)是薄弱部位,洞顶上游侧的拉应力(横河向)各方案相近,将达到1.640MPa,宜结合钢管安装方式进一步研究优化。下游墙(柱)与尾水平台连接处也是应力较集中部位,连接处顺河向的水平拉应力为1.838~1.662MPa,需配置足够的受拉钢筋以保证结构的整体性。

⑥屋盖支承系统与上、下游墙的连接支座是应力集中部位。若采用下支承单铰支座的钢桁架,在桥机等外荷载作用(未计温度作用)下,支座节点的水平向剪力,在工况1和工况2时分别为181kN与142kN。若采用上、下桁双铰支座的网架结构,在运行工况下,上弦的水平向反力分别为666.7kN(上游墙)和617.0kN(下游柱),下弦的水平向反力分别为769.2kN和685.5kN(已计入±20℃作用,支座间距为3.15m),需加强对支座节点处的墙柱及连系梁结构设计。

(2)上部结构动力分析

1)上部结构动力分析计算条件及假定

①上部结构各方案的结构尺寸

上部结构动力分析,主要对梁柱方案和实体墙方案两种尺寸的动力特性及响应进行计算,三峡总公司委托长江科学院、天津大学、大连理工大学、清华大学参加了研究计算工作。各研究单位进行上部结构动力分析计算所采用的结构尺寸见表5.2.2。

②计算模型

上部结构假定固结于高程67.0m处。表5.2.2所列除天津大学计算未考虑发电机层楼板及尾水副厂房结构外,其余的各研究单位均考虑高程67.0m以上发电机层楼板及尾水副厂房结构的整体作用。

厂房上部结构与厂房下部结构整体相连,下部结构对上部结构的动力特性有一定影响。对此种影响曾经作过论证,把厂房上下部结构作为整体和独立取上部结构(基础固结于67.0m),分别进行动力计算,计算结果说明结构的前10阶自振频率基本相同,差值很小。因此,在上部结构类型及尺寸的动力自震特性比较时,为简化计算工作量,取固结高程在67.0m处是可行的。但在进行共振校核时,可适当考虑下部结构的放大作用。当研究上部结构地震动力响应时,根据《水工建筑物抗震设计规范》(DL 5073—1997)的规定,地震波的输入应取下部结构顶部的加速度。也就是说,应计入下部结构对上部结构的动力放大作用。根据抗震规范规定可不考虑竖向地震作用。

③材料物理力学性能

混凝土:动弹性模量$E_{cv}=3\times10^{-4}\sim3.4\times10^{4}$MPa,$\mu_c=0.169$,容重$\gamma_c=24.5$kN/m³。

屋盖钢结构:动弹性模量$E_{sv}=2.6\times10^{5}$MPa,$\mu_s=0.2$,容重$\gamma_c=78.6$kN/m³。

④地震动参数

电站厂房按Ⅶ度地震设防。各研究单位的地震作用效应计算方法基本相同,都是采用反应谱理论。但亦有不同,其一是按《水工抗震设计规范》(SDJ 10—1978)公式确定,另一是按《建筑抗震设计规范》(GBJ 11—1989)公式确定。

表 5.2.2　厂房上部结构动力计算采用的墙厚及柱截面尺寸(柱、根数一宽×高)　单位:mm

方案组序号	研究单位	梁柱方案					实体墙方案				屋盖支承结构	说明
		上游墙		下游柱(墙)			上游墙		下游墙			
		高程(m)		高程(m)			高程(m)		高程(m)			
		67.0～93.3	93.3～111.0	67.0～90.5(93.3)	90.5～111.0(93.3)	83.5～75.3～67.0柱间墙	67.0～93.3	93.3～111.0	67.0～93.30	93.3～111.0		
Ⅰ	长江科学院	2.2	1.5	7—1.4×3.0	7—1.4×1.7	2.0	2.2	1.5	2.2	1.5	每一机组段7榀钢桁架,下弦铰支座	发电机层楼板及尾水副厂房与墙柱整体结构
Ⅱ	大连理工大学	2.0	1.5	6—1.4×3.0	6—1.4×1.7	1.5	2.0	1.5	2.0	1.5	每一机组段6榀钢桁架,下弦铰支座	同上
Ⅲ	天津大学	1.7	1.2	6—1.4×2.5	6—1.4×1.2	未考虑	2.0	1.2	2.0	1.2		未考虑发电机层楼板及尾水副厂房作用
Ⅳ	清华大学	2.4	1.5	7—1.4×3.0	7—1.4×1.7	2.0及3.0	2.4	1.5	2.2	1.5	上、下弦双铰支座网架结构	发电机层楼板及尾水副厂房与墙柱整体结构

(a)按水工抗震设计规范公式计算时,地面输入水平地震加速度为0.1g,反应谱曲线按该规范确定,谱特征周期 T_g=0.2s,阻尼比为0.05,β_{max}取2.25,地震主震周期 T_0=0.2s,综合影响系数 C_z分别取1.0,0.35,0.25不同情况,长江科学院按此规范进行分析计算。

(b)按建筑设计规范公式计算时,水平地震影响系数取最大值 α_{max},Ⅶ度地震取0.08,反应谱曲线按该规范确定,谱特征周期近震 T_g=0.2s。请清华大学、天津大学以及大连理工大学按此规范进行分析计算。

2)上部结构振型及自振频率

①梁柱方案与实体墙方案结构自振特性对比

(a)梁柱方案组序号Ⅲ结构自振频率偏低,第一阶、第二阶频率分别为0.65Hz及0.71Hz。方案组序号Ⅳ采取结构加强措施,其第一、第二阶的频率分别为1.015Hz及2.420Hz,与实体墙方案的第一、第二阶频率1.009Hz及2.445Hz相当。

(b)梁柱方案振型比较复杂,下游柱变形形态多样,既有顺水流向震动,又有沿坝轴向振动,且多伴有扭转振动;而实体墙方案主要为顺水流向振动,振型多呈对称或反对称,沿坝轴向及扭转振动变形微小,基本上可以不考虑。

方案组序号Ⅰ实体墙方案的水平主震方向震型参与系数均小于梁柱方案,差别比较明显,这些差别对地震动力响应有较大影响。

(c)梁柱方案频率比较密集,如方案组序号Ⅰ,第18阶频率仅为6.139Hz;而实体墙方案频率比较分散一些,其第18阶频率为12.018Hz,是梁柱方案的2倍,其影响如何,还需在共振效应分析时加以考虑。

②桥机梁、桥机自重作用以及发电机层楼板不同的连接方式、不同的屋面重量及屋架类型对厂房上部结构自振频率的影响。

(a)考虑桥机作用的影响

上述自振频率及振型为不计桥机的情况,若计入大、小桥机自重,由于桥机自重轮压对墙柱偏心,加大了上部结构挠曲变形,使自振频率下降。大连理工大学研究取前5阶作比较:梁柱方案1~3阶降低约15%,4~5阶降低约42%;实体墙方案1阶降低约14%,3~4阶(顺河向)降低约34%,2、5阶则降低约4%。若既计入自重又考虑桥机梁的刚度作用,根据长江科学院计算成果,与不考虑桥机作用对厂房上部结构自振频率及振型的差别不大。

(b)楼板不同连接方式的影响

各研究单位计算成果是假定风罩下端为固端,发电机层楼板与上、下游墙也是整体连接的。大连理工大学以实体墙为例,补充计算了楼板与上下游墙固接、铰接和不考虑风罩及发电机层楼板的三种方式。

计算结果表明:发电机层楼板与上、下游墙铰接与固结方式相比,厂房上部结构前8阶自振频率降低很小,在3%以内。忽略发电机层楼板与固接方式比较,其1、3阶和4阶顺水流向自振频率降低8.6%~16%,影响较大;第2阶顺水流向伴有扭转振动,降低6%,影响较小。

③屋面板不同质量的影响

屋顶结构原技术设计屋顶质量 519kg/m²(包括钢屋架)，大连理工大学曾另假定四种屋顶质量分别为 619 kg/m²、719 kg/m²、419 kg/m²和 319 kg/m²等效厚度的屋面板，其他结构参数和边界条件均不变，算出梁柱方案和实体墙方案厂房上部结构前 8 阶自振频率，取其前 4 阶与原技术设计的 519 kg/m²比较。当屋顶质量(包括钢屋架)增加至 719 kg/m²时，梁柱方案自振频率 1～3 阶降低 3.5%～6.0%，实体墙方案 1～3 阶降低 0.7%～4.3%；当屋顶质量(包括钢屋架)减至 319 kg/m²时，梁柱方案自振频率 1～3 阶增加 6.0%～6.6%，实体墙方案 1～3 阶增加 0.3%～5.3%。由此可见，屋面板加厚和减薄一些，对厂房上部结构自振频率影响不大。

④屋架类型对自振频率的影响

屋架类型采用网架上、下弦铰支承(网架两边的上弦和下弦分别与墙柱顶铰接)与网架下弦铰支承(网架两边仅下弦与墙柱顶铰接)对上部结构动力特性具有差异。计算结果表明：采用上、下弦铰接支承比下弦铰接支承结构的第一阶频率增大约 93%，网架上、下弦铰接支承的刚度要比仅下弦铰接支承的刚度大。为提高上部结构刚度，有利于抗震，屋盖网架宜采用上、下弦铰接支承。

3)发电机层楼板的自振特性

在厂房上部结构整体动力特性中，发电机层楼板竖向振动虽属于高阶次的振动，但对厂内正常运行影响较为明显，有的电站甚至发生共振现象。为此，有必要再截取发电机层楼板与风罩作为独立的结构体系，进行自振特性分析，校核是否会与机组振动发生共振。

天津大学曾对发电机层楼板两边简支(温度缝处)、两边固结(上下游侧)和四边简支两种体系进行自振特性计算。假定风罩底部固定，风罩和发电机楼板厚度均为 0.5m，未考虑孔洞，取一个机组段进行分析。从两种体系的前 8 阶自振频率(振型竖向)可见，两边简支(横缝两侧)、两边固结(上、下游侧)体系比四边简支体系的频率高出 9.8%～21.8%，显然对抗振有利。但是否仍会发生共振效应，尚需视震源情况而定。

4)地震动力反应

①地震动应力计算成果分析

(a)方案组序号Ⅰ：梁柱方案在顺水流向水平地震作用下，动应力变化大的部位均出现在下游柱、柱截面及刚度突变的部位。如高程 75.3m 处由于有发电机层楼板支撑作用，柱截面动应力(竖向弯曲拉压应力)达 1.75MPa(C_z=0.35，不计输入放大作用)。而相应的上游墙的动应力仅为 0.7 MPa(C_z=0.35，不计输入放大作用)。最大动拉应力，在考虑 67.0m 地震输入放大 1.37 倍后，出现在下游柱与尾水平台交接处，可达 2.4MPa(C_z=0.35)，牛腿处约为 1.8MPa(C_z=0.35)。

实体墙方案，上、下游墙动应力及分布基本相同，都比较均匀，没有明显的集中现象。动应力以顺水流向振动为主，坝轴线向振动的分量很小。高程 93.3m 牛腿处动应力为 0.57MPa(C_z=0.35)。最大动拉应力，在考虑输入放大 1.37 倍后，为 1.15MPa(C_z=0.35)。

这里所述的动应力均未计入桥机作用。比较后可见实体墙的动应力普遍小于下游柱的动应力。

(b)方案组序号Ⅱ:在顺水流向和坝轴向的水平地震作用下不计桥机作用的动应力,梁柱方案的下游柱最大值为1.06MPa(不计输入放大作用),上游墙最大动应力为0.47MPa(不计输入放大作用)。实体墙方案动应力最大为0.59MPa(不计输入放大作用)。

(c)方案组序号Ⅳ:梁柱方案最大动拉应力为1.4MPa,出现在柱顶连系梁交面处;实体墙方案最大动拉应力为0.76MPa,发生在墙顶与网架支座处。

比较上述各组计算成果可见,梁柱方案的下游柱的动应力较为复杂,最大组合应力达1.75MPa(C_z=0.35,且未计输入放大作用),计入输入放大后则为2.4MPa(C_z=0.35)。各研究单位成果有一定差异,其原因除结构尺寸、荷载差别外,还有使用的规范不同。实体墙动应力几种计算成果比较相近,动应力较小,其最大值为0.57(C_z=0.35)~0.59MPa。方案组序号Ⅳ情况特殊,动应力分析与方案组序号Ⅰ、Ⅱ有较大变化,主要是屋盖系统采用网架上、下弦铰支座结构而引起的,并且已计入桥机自重作用。

②地震动位移计算成果分析

在Ⅶ度设防烈度下,各研究单位计算成果见表5.2.3,在常遇地震情况下两种方案的墙柱顶动位移较接近,梁柱方案为1.03~1.23cm,实体墙方案为0.76~1.20cm,相应结构中应力处于弹性阶段,也可以说是考虑了折减系数C_z而得出的。如遇罕见地震,则应力要发展到弹塑性阶段,此时动位移将大为增大,若以C_z=1.0计并考虑输入放大作用(放大系数1.37),则墙(柱)顶动位移可能达到4.028cm(梁柱方案)和2.93cm(实体墙)。

表5.2.3 **地震动位移** 单位:cm

部位	方案组序号Ⅰ				方案组序号Ⅱ		方案组序号Ⅳ(网架屋顶)	
	梁柱方案		实体墙方案		梁柱方案	实体墙方案	梁柱方案	实体墙方案
	C_z=0.35	C_z=1.0	C_z=0.35	C_z=1.0				
上游墙板	1.03	2.94	0.76	2.14	1.23	1.20	1.34	1.44
下游墙(柱)顶	1.03	2.94	0.76	2.14	1.23	1.20	1.03	1.02

注:①方案组序号Ⅰ及Ⅱ未计桥机自重作用,方案组序号Ⅳ计入桥机自重作用;②表中数值未计地震输入放大作用;③厂房上部结构抗震动力安全性评价。

上述下游柱最大动拉应力可达到2.4MPa,实体墙最大动拉应力可达到1.15MPa。前者将接近或略超过C25等级动抗拉强度,须加强配筋;后者尚有一定的动抗拉安全储备,按构造要求配筋即可。此外,地震动应力还需与结构静应力进行组合,最终配筋尚应根据组合后应力情况进行配置,并满足抗震构造要求,特别是下游柱截面变化的交接部位、柱根部位,除加强构造配筋外,还应加密箍筋,以提高结构的延性和抗剪能力。

地震弹性动位移,若不计桥机自重作用,墙(柱)按顺水流向为1.02~1.23cm;若计入桥机自重作用，则为 1.67cm(实体墙方案)和 1.83cm(梁柱方案)。遇罕见地震弹塑性位移，不计桥机自重时，墙(柱)顶顺水流向为 2.14cm(实体墙方案)和 2.94cm(梁柱方案)。若计入桥机自重及地震输入放大作用(放大系数为 1.37)，则墙(柱)顶顺水流向最大位移，实体墙方案可达 4.1cm，梁柱方案可达 6.0cm。梁柱方案略微超过厂房上部结构高程的 1/800，此值虽然较大，但属于罕见地震情况，故仍是允许的。

③抗震性能评价

梁柱方案和实体墙方案两种类型，结构上均为可行。但从地震响应而言，梁柱方案震型比较复杂，主震方向有顺水流向和沿坝轴向，并伴有扭转振动，动应力和动位移大于实体墙方案。实体墙方案主振型为顺水流向，坝轴向刚度大，振动很微小，其响应基本可以忽略，相对动应力及动位移较小。

5.2.2.2 厂房上部结构方案选择

(1)三种结构方案的对比分析

1)静力分析。运行期和施工期最不利的荷载组合的计算成果表明，三种结构方案应力值都较小，结构强度方面都是安全的，大小桥机轨顶面的位移值均符合规范要求，可满足桥机正常运行条件。但以实体墙方案的位移相对较小，说明静力刚度较优。

2)动力分析计算成果表明：厂房上部结构自振频率，实体墙方案大于梁柱方案，地震作用下实体墙方案的墙顶动位移和动应力小于梁柱方案，说明实体墙方案在动力刚度方面优于梁柱方案。从抗震讲，其结构强度亦可满足安全可靠要求。

3)从施工程度与进度看，实体墙方案与梁柱方案没有较大差异，但工程投资却有差异：实体墙方案较梁柱方案增加 6590 万元。

4)三个方案在结构上都是可行的，但从结构刚度、应力、抗震施工等方面综合比较，实体墙和墙柱方案优于梁柱方案。

(2)厂房上部结构方案的选定

厂房上部结构方案审查后确定采用实体墙方案。

5.2.2.3 厂房上部结构设计

主厂房上部结构包括水轮机层高程 67.0m 以上的部分，即发电机风罩及发电机层楼板、梁、柱，主厂房上、下游墙及下游副厂房和屋面结构。

(1)主厂房上、下游墙

机组段上、下游墙均为实体墙。墙底和墙顶高程分别为 67m 和 114.5m，墙高 47.5m。大桥机轨顶高程 93.3m 以下(水轮机层至大桥机牛腿面)，上游墙厚 2.2m，下游墙厚 2.0m；高程 93.3～111.0m，上、下游墙厚均为 1.5m；高程 111.0～114.5m，上、下游墙厚均为 1.0m。

大、小桥机轨道支承牛腿高程分别为 93.3m 和 105.3m。桥机轨道牛腿及网架支承面均预留有埋件及二期混凝土。屋面为网架结构，在内墙面高程 111.0m 处以固定铰支座与上、下游墙相连。

结构计算采用三维整体有限元方法。墙体的变形受桥机轨顶的水平位移控制，在各种工况下，轨顶的侧向位移不得超过吊车正常运行允许的限度（小于 10mm）。

计算模型取一机组段的水轮机层高程以上范围的结构进行计算。屋面网架、发电机层楼板和风罩、梁、柱，上、下游墙，尾水平台，高程 67m 以上副厂房及尾水墩墙等，分别采用三维杆、壳、梁及实体单元。发电机层楼板与上游墙连成整体，与下游墙分开，下游侧按垂直的简支考虑。

计算荷载：结构自重、屋面、雪、风、温度、大小桥机、各层楼面及地震等荷载。最不利的荷载组合为桥机满载运行并计入刹车力。

由于大、小桥机的运行有多种情况，对应的荷载组合也较多，因而在厂房墙体结构计算中要对各种可能的荷载组合工况进行分析：包括两台大桥机联合吊起发电机转子，计入或不计入横向刹车力；上述工况中计入或不计入屋面网架温升（或温降）；计入或不计入纵向刹车力；计入大桥机歪斜行走水平侧向力以及一台大桥机、一台小桥机停在一个机组段并遇 7 度地震等。

计算成果表明：在各种工况下，上游墙大桥机轨道侧向位移值均小于要求的 10.0mm 限值。根据结构内力计算成果进行结构配筋。

上、下游墙结构配筋相同，沿墙体上、下游表面各布一层钢筋，高程 111.0m 以下竖向筋 ϕ36@20，水平向筋 ϕ28@20；高程 111.0m 以上竖向筋 ϕ28@20，水平向筋 ϕ25@20，两层钢筋由 ϕ140@100 的水平拉筋相连。

(2)发电机层楼板、梁、柱

发电机层楼板为开有大孔口的板梁结构。发电机层楼板高程 75.3m，楼板结构厚度 0.57m，其上、下游边分别支承于厂房上、下游墙的条带牛腿上，左、右侧与边梁连接，边梁由五根立柱支承。楼板与发电机围墙整浇，支承楼板的梁和风罩围墙在高程 67.0m 处为固端。楼板下还另设立柱三根、横梁六根，立柱截面均为 90cm×90cm，边梁及横梁截面均为 80cm×180cm。板、梁、柱均为现浇混凝土结构。

结构计算：采用 SAP84 结构通用分析程序，以一个机组建立三维整体模型进行计算。楼板和风罩按平板单元离散，梁、柱按三维框架结构模拟。

计算荷载：楼面均布荷载按 50kN/m^{2}计。除静荷外，楼板和风罩等构件还考虑机组运行时的振动和温度作用的活荷载。

计算工况：正常运行和正常运行＋温度荷载。

根据结构内力计算成果进行配筋。机组段高程 75.3m 楼板配置 2 层钢筋，板面和板底各配置 1 层钢筋。板面钢筋垂直水流向为 ϕ28@20，顺水流向为 ϕ28@20；板底钢筋垂直水流向为 ϕ28@20，顺水流向为 ϕ28@20。框架梁按矩形断面配筋，在跨中梁底配置 ϕ10@32 钢筋，在端部梁顶配置 ϕ7@36 钢筋，利用跨中钢筋设置 2 根 ϕ32 的弯起筋，设置 4 根 ϕ22 的腰筋，箍筋为4支箍 ϕ14@15，并设 ϕ8 的拉筋。

(3)发电机围墙

发电机围墙为内径25m，墙厚0.8m的薄壁圆筒结构，墙底高程67.0m及墙顶高程75.3m处，分别与蜗壳外围混凝土顶板和发电机层楼板整体浇筑。

5.2.2.4 厂房屋架结构及面板设计

(1)厂房屋架结构类型选择

厂房屋架结构类型比较了钢桁架结构与网架结构方案，网架结构具有如下优点：网架空间刚度大，整体性好，安全度高；网架重量轻，网格不大，有利于选用轻型屋面板；网架结构抗震性能优于钢桁架结构；网架杆件和节点定型生产，工厂制作，可保证质量；建筑造型轻巧美观；施工简便，经济适用。

图5.2.2 主厂房屋顶网架结构

经综合比较，厂房屋架选用网架结构(图5.2.2)。

(2)网架结构尺寸及结构计算假定

网架结构尺寸按厂房上游墙厚2.2m，下游墙厚2.0m，厂房屋顶网架支承在上、下游墙高程111.0m处，网架采用正放四角锥变高网架，上、下弦网格尺寸为3.15m×3.03m，屋面两面对称坡，坡度为5.9%，起坡高度2.4m。计算取一个机组段进行整体分析，包括网架，上、下游墙，发电机层楼板，风罩及梁柱，高程67.0m以上下游副厂房，尾水平台及尾水墩墙。假定上部结构下端固结于高程67.0m。发电机层楼板与上游墙连成整体，按固定铰接考虑，发电机屋楼板与上、下游分开，按活动铰接考虑。网架两端与墙体采用下弦固定铰支座连接，以传递水平推力。

(3)网架结构计算分析

运行期上部结构的主要荷载有大桥机起吊最大部件(发电机转子质量2200t)时厂房所受的轮压、刹车力以及风压力、屋面荷载等。计算厂房侧向位移时，结构自重引起的位移已经形成，可不考虑厂房墙、柱结构的自重作用。

1)计算工况

运行期，最不利的荷载组合工况：

工况①。大桥机起吊发电机转子，小车处在机组中心线附近，横向移动时刹车。

上游墙：轮压 $P=1000$kN(两台桥机联合起吊，每侧24个轮子)；刹车力(每个轮子54.5kN，方向指向下游)；屋面荷载(按5kN/m^{2}计，包括屋面自重、活载、雪载)；网架自重。

下游墙：轮压900kN(两台桥机联合起吊，每侧24个轮子)；刹车力(每个轮子54.5kN，方向指向下游)。

工况②。轮压同工况①，但刹车力指向上游，考虑风压(0.3kN/m^2)。

计算工况分析了两台大桥机联合吊发电机转子遇刹车以及遇温度变化等11种工况。

2)计算成果分析

①位移

静力分析表明墙体水平位移主要受两台大桥机吊发电机转子横向刹车及温度变化的工况所控制。此工况下大桥机轨顶水平位移最大值，上游墙为9.20mm，下游墙为6.71mm，均未超过《水电站厂房设计规范》规定的允许值。相对应的小桥机轨顶水平位移最大值，上游墙为21.20mm，下游墙为15.10mm，此值虽较大，但小桥机已不运行。在小桥机满载工况下，其轨顶的水平位移较小，不成为控制条件。

在各工况下网架支座处的水平位移最大值，上游墙为28.8mm，下游墙为22.6mm，上、下游对应支座相对位移最大值为24.9mm，网架最大挠度为72.37mm，可满足规范要求。

②网架传递的水平力

在各工况下，网架传递的水平力最大值为2814kN，单个支座最大为416kN，能够有效地使上、下游墙连为一个整体，提高了上部结构的整体刚度，在网架设计中应考虑外荷载。

③墙体内力

在各工况下，上部结构墙体内力：上游墙单位宽度最大弯矩1879kN·m，最大轴向压力2696kN·m；下游墙最大弯矩1624 kN·m，最大轴向压力2148kN。基本上属于构造配筋，抗裂安全系数亦较大。

④上部结构自振特性

上部结构前10阶自振频率见表5.2.4，基频为0.730，略比上、下弦铰支方式基频0.8282Hz小。

表5.2.4　　厂房上部结构自振频率

阶次	1	2	3	4	5	6	7	8	9	10
自振频率(Hz)	0.730	1.845	2.118	2.283	2.642	2.704	3.416	3.522	3.607	4.429

3)厂房屋架结构及面板设计

厂房屋架结构采用正放四角锥两面起坡的网架结构，网架构造尺寸：上、下弦网格尺寸均为3.15m×3.03m，屋面两面对称坡比5.9%，起坡高度2.4m。网架杆件采用3号钢高频焊管或无缝钢管，选用螺栓球节点，钢球按《优质碳素结构钢号及一般技术条件》(GB 3077—1988)规定采用40Cr钢，螺栓采用45号钢。网架为下弦支承，支座采用传递上、下游水平力效果较好，且隔震、减震、减小温度应力效果明显的“板式橡胶支座”。网架构件及球节点防锈采用镀锌或镀铝锌处理，喷锌、喷富锌聚氟碳漆等措施。厂房屋顶采用平天窗，以利用自然光线采光；相应屋顶采用双坡排水，排水坡度为5%，主厂房内采用机械通风排烟。屋面板采用BHP彩色钢板，构件自防水、自保温，不另作装饰，彩色钢板颜色用浅灰色。厂房耐火等级为一级，所有的构件外表涂一层防火涂料，满足1.5h耐火极限。

5.2.3　左、右岸坝后电站厂房下部结构

5.2.3.1　左、右岸坝后电站厂房下部结构刚度研究

厂房下部结构为水轮机层高程以下的大体积钢筋混凝土结构(图5.1.3)。鉴于三峡电站机组容量大,厂房下部结构除了满足稳定和结构静力强度及变形要求外,还需具备一定的动力刚度,以避免产生过大的振动。对机组振源响应起关键作用的首先是厂房下部结构(包括机墩),然后上传于上部结构。在厂房布置总格局不大变动的情况下,需尽可能提高下部结构刚度和质量,以利于降低干扰力引起的动力反应,减少振幅,加大结构自振频率。

(1)下部结构动力特性分析

长江科学院考虑厂房下部结构与上部结构动力耦联作用,采用上部结构与下部结构整体模型和单独下部结构模型,分别进行动力特性计算,由于高程67.0m以下尾水闸墩伸入副厂房内,下部结构自振频率明显提高,顺水流向自振频率整体模型为5.12Hz,单独模型为5.91Hz。长江科学院研究了下部结构对上部结构地震动力响应的放大作用,求出在高程67.0m处的动力放大倍数为1.37,以用于上部结构的地震动力反应分析。

(2)机组振源与共振初步分析

天津大学对机组振源包括水动力、机械和电气等方面作了初步分析,鉴于产生振动的机理较复杂,其常见的振源初步分析如下:

1)尾水低频涡带摆动和接近转频的尾水管压力脉动是已建电站运行中常见的振源。振动响应明显的部位主要是锥管进人孔及其周边的管壁,有的电站比较严重,甚至引起进人孔门框破裂,只得采取加固措施。但这些振动影响范围不大,主要原因是其振源处位于厂房下部结构底部,振动能大都被底部大体积混凝土结构所抑制。底部结构质量越大越有利,相应的向上传播的振动能越有限。三峡机组转频为1.25Hz,根据经验公式估算,尾水管低频涡带摆动频率为0.35Hz,尾水管压力脉动接近转频的频率为1.3～1.4Hz。厂房下部结构的固有频率在3Hz以上,发电机层楼板和风罩结构采用两边固结及加厚后,自振频率也较高,所以此种振源尚不致引起厂房水轮机层和发电机层的明显振动,更不会共振。

2)水击振荡是水电站运行要遇到的,当机组负荷突变时,引水流道及蜗壳将发生水击现象,以致引起压力管道和蜗壳水体周期性压力脉动。当此压力脉动与压力管道和蜗壳的自振频率合拍时将产生共振。三峡电站压力引水管道长约160m,包括蜗壳当量长度总长约190m,水击波传播速度取$\alpha=1200\mathrm{m/s}$,则振荡频率$f=\frac{ma}{zl}=\frac{1\times1200}{2\times190}=3.16,6.32,9.48\mathrm{Hz}$(水体振动振频阶数$m=1,2,3$),与长江科学院计算的前几阶的自振频率为4.46～5.12Hz比较,不致引起与结构基频共振,但水体高阶次的振动仍有与结构高阶自振频率发生局部共振响应的可能性。但即使发生,随着机组过渡到稳态运行仍会自行消失。上述水体振荡频率与尾水管低频涡带和尾水管中、低频的压力脉动频率(0.35～1.40Hz)相差较大。可初步认为,三峡电站压力管道及蜗壳的水体振动与尾水管低频涡带和尾水管中、低频的压力脉动

之间不致发生水体共振，而引发机组强烈振动。

3)可能发生机组转频、倍频、高频振动的振源，还有机组机械不平衡、电磁不平衡以及水轮机水动力等其他原因引起的振动。三峡电站机组单机容量大、水头变幅大。导水叶片部分开度的某种可能不利工况区运行时，可能引发水轮机强烈振动的问题，在厂房结构设计中应予以重视。因为这种振动将会通过机组支承结构传至发电机层楼板及风罩结构，引起楼板结构共振。

鉴于机组振源机理复杂，为避免厂房发生强烈振动，首先要保证机组性能和制造及安装质量优良，并要求结构具有抗振刚度，使机组正常运行中不发生结构共振，这也是厂房结构设计必须重视的问题。

(3)厂房下部结构加强刚度的措施

为提高厂房下部结构刚度，工程中将尾水闸墩上延并伸入到尾水副厂房内，并将副厂房下部回填 2 层混凝土，增加下部结构混凝土量；主厂房外围宽度由 38.0m 调整为 39.0m，厂房外围宽增加 1.0m，尾水副厂房增宽 1.5m。

5.2.3.2 厂房下部结构设计

(1)机组段尾水管结构

尾水管按其结构特点分为：弯管段底板、弯管段顶板、扩散段顶板。

尾水管底板建基面高程 22.2m，底板在尾水闸门槽处设缝，以上为整体底板，厚度为 4.8～3.0m；以下为分离式底板，厚度 0.8m。尾水门槽上游侧尾水管顶板厚 17.0～12.0m，下游侧顶板厚 5.0～3.0m。除 14 号机组段右边墩厚 6.1m 和 15 号机组左边墩厚 7.3m 外，其余边墩厚 3.2m，中墩厚 2.45m。弯管段断面形状为单孔箱型，扩散段为 3 孔箱型。单孔为变宽，最大净跨 31.9m；3 孔单跨净宽为 9m。在尾水闸门槽上游侧尾水管顶板浇筑时预留 3 处“封闭块”。“封闭块”分别设在尾水管弯管段顶板中部和扩散段两个中墩上部，弯管段顶板“封闭块”宽 2.0m，顺流向长 12.0m；扩散段顶板两个“封闭块”宽度均为 2.05m，顺流向长 11.21m。尾水管扩散段顶板采用倒“T”形模板梁。“封闭块”两侧一期混凝土内设置键槽，三处“封闭块”顶部高程均为 42.0m，“封闭块”后期回填混凝土。尾水管为现浇钢筋混凝土结构，混凝土标号为 R_{28}250 号。尾水管流道中，锥管段及部分弯管段为钢板衬砌，其余部位采用厚度不小于 0.5m 的抗冲耐磨混凝土，其标号为 R_{28}350 号。

1)弯管段底板结构计算

弯管段底板分别采用交叉三维框架法和三维有限元法进行结构计算。交叉三维框架法是将底板、边墩、中墩等简化为纵横交叉的梁、柱，形成交点位移协同的网格框架系统，按空间框架计算结构内力。截取一个机组段宽度 38.3m，上游至厂坝分缝，下游至扩散段分界；上部至顶板下缘(高程 33.5～40.0m)，下部至基岩面高程 21.5m。计算模型在上部及下游边加水平约束，基岩对底板的抗力作用用弹性支座模拟。计算中考虑节点刚度及剪切变形和扭曲变形。厂房上部荷载在模型上部施加，浮托力作用于底板，缝水压力施加在边墩上。

底板弹性支座只允许受压，不允许受拉，若弹性支座出现拉力，则取消该弹性支座，以合理模拟基岩抗力。

三维有限元法与交叉三维框架法的计算范围基本相同，采用三维实体单元划分网格进行分析计算。模型在顶板下缘高程 33.50m 处施加固端约束，在下游面施加水平约束。厂房上部传递到尾水管上的荷载转换为地基反力，浮托力和地基反力施加在尾水管底板，缝水压力施加在边墩。结合交叉三维框架法计算所得的底板弹性支座反力分布规律，将地基反力分区施工，在边墩、中墩底部及其周围作用较大比例的地基反力，在底板中部作用较小比例的地基反力。

作用在底板的荷载主要有地基反力、浮托力和机组周边缝水压力。地基反力是在不同的工况下，根据整个厂房的自重及作用的各种荷载计算求得。浮托力和缝水压力按下游尾水位 73.8m 计算。计算工况及荷载组合：①施工完建：地基反力；②机组检修：地基反力＋浮托力＋缝水压力。

按计算结果进行结构配筋：弯管段底板配置 3～4 层钢筋，底板下面 2 层：垂直水流向下层为 ϕ36@20，上层为 ϕ32@20；顺水流向下层为 ϕ36@20，上层为 ϕ32@20；底板上面在大二期坑底部 1 层；垂直水流向为 ϕ32@20，顺水流向为 ϕ28@20；其他部位为 2 层：垂直水流向下层为 ϕ32@20，上层为 ϕ36@20；顺水流向下层为 ϕ28@20，上层为 ϕ28@20。在中墩、边墩周围的底板内配置 ϕ32@20 弯起钢筋。

2)弯管段顶板结构计算

在弯管段顶板跨度最大处(净跨 30.96m)垂直水流向切取单宽断面，断面形状为单孔箱型，包括顶板、底板、两边墩，长度同机组长度 38.3m，下部至基岩面，上部至交通廊道底板高程 44.0m。断面概化为平面框架，基岩抗力用弹性支座模拟，考虑节点刚度和剪切变形，用结构力学方法计算。

荷载及计算工况：尾水管顶板为大厚度钢筋混凝土结构，施工期温度变化是引起结构应力的主要因素，因此，顶板结构计算主要荷载是施工期温度荷载和结构自重。由于尾水管顶板设有“封闭块”，施工期温度荷载指的是“封闭块”浇筑封闭时的温度与施工期混凝土最低温度的差值。温差的大小不仅取决于“封闭块”封闭时间，而且与混凝土水泥用量、水化热高低、外加剂用量、浇筑温度、浇筑分层分块大小、间歇长短、养护手段等有关，因此，温度荷载有多种可能。计算时，结合“封闭块”回填封闭时间(回填时间为 9 月至次年 5 月)，分析了多种温度荷载工况。计算温度荷载时，考虑混凝土徐变作用，混凝土弹性模量取 2/3 设计值，同时将温度内力折半后与自重内力叠加，作为结构配筋依据。

按计算结果进行结构配筋：弯管段顶板下面配置 2 层纵横向均为 ϕ36@20 的钢筋，顶板内部随浇筑层配置了纵横向均为 ϕ25@20 的钢筋以控制顶板温度裂缝。

3)扩散段底板结构计算

扩散段底板以尾水门槽为界分为两种类型：门槽上游为整体式底板，门槽下游为分离式底板。

①整体式底板

结构分析按平面问题考虑，在地基反力较大部位，垂直水流向切取单宽断面，断面长度为一机组段长度 38.3m，高度自建基面至尾水管顶板下缘。将断面概化为平面框架，框架上部加固端约束，考虑节点刚度和剪切变形，用结构力学方法计算。由于扩散段底板跨中由两中墩支撑，底板刚度较大，根据《水电站厂房设计规范》(SL 266—2001)中公式计算，$\beta_L<1$，故地基反力按均匀分布施加。

计算工况及荷载组合：同弯管段底板。

结构配筋：扩散段底板配置 4 层钢筋，上下面各 2 层。底板下面钢筋垂直水流向下层为 ϕ36@20，上层为 ϕ32@20，顺水流向下层为 ϕ36@20，上层为 ϕ32@20；底板上面钢筋垂直水流向上、下层均为 ϕ32@20，顺水流向上、下层均为 ϕ28@20。在中墩、边墩周围的底板内配置 ϕ32@20 弯起钢筋。

②分离式底板

由于分离式底板位于尾水门下游，底板上设有排水孔，在任何工况下，底板只承受自重或浮重及其引起的地基反力，两力大小相同，方向相反，故底板只需按构造配筋。底板上、下面各配置一层钢筋，纵横向钢筋均为 ϕ14@20。

4)扩散段顶板结构计算

在扩散段垂直水流向切取两个单宽断面，断面形状为 3 孔箱形，包括顶板、底板、两边墩、两中墩，长度同机组端长度 38.3m，下部至基岩面，上部至高程 44.0m 或顶板上表面。断面概化为平面框架，基岩抗力用弹性支座模拟，考虑节点刚度和剪切变形，用结构力学方法计算。

荷载及计算工况：扩散段顶板主要荷载同弯管段顶板，主要是温度荷载和结构自重，各工况下温度荷载的计算及与结构自重荷载的组合同弯管段。

结构配筋：扩散段前部顶板下面配置两层钢筋，顺水流向两层 ϕ32@20，垂直水流向两层 ϕ36@20；中部顶板下面配置一层钢筋，顺水流向 ϕ32@20，垂直水流向 ϕ36@20；尾水门槽下游顶板下面配置一层纵横向均为 ϕ25@20 的钢筋，顶板上面配置一层钢筋，顺水流向 ϕ25@20，垂直水流向 ϕ28@20；尾水管顶板内部随浇筑层配置纵横向均为 ϕ25@20 的钢筋以控制顶板大体积混凝土温度裂缝。边墩及中墩左、右侧各配置一层钢筋，竖向筋 ϕ36@20，水平筋 ϕ28@20。

(2)机组段蜗壳埋设结构

三峡电站水轮发电机组单机容量为 700MW，一个机组段沿坝轴线方向长 38.3m，钢蜗壳包角 345°，平面最大宽度为 34.325m，蜗壳进口断面直径 12.4m，运行期最大静水头为 118.0m，蜗壳中心线高程 57.0m，设计水头 139.5m。

右岸电站蜗壳埋设结构，采用蜗壳保压埋入浇筑混凝土和垫层埋入浇筑混凝土及直接埋入浇筑混凝土方式；左岸电站蜗壳埋设结构均采用保压埋入浇筑混凝土方式。蜗壳埋设结构根据三维有限元计算成果，按各典型断面主拉应力图形的面积进行配筋。

(3)下游挡水墙结构

下游挡水墙位于下游副厂房下游侧，为变厚度的钢筋混凝土实体墙，下端与尾水管顶板连接，高程为49.72m，顶部至尾水平台高程82.0m，墙高32.28m；高程61.24m以下墙厚2.5m，以上墙厚2.0m。挡水墙与尾水墩墙整体浇筑，净跨9.0m，在高程55.48m、61.24m、67.0m、75.3m及82.0m处与下游副厂房各层楼板及尾水平台整体浇筑连接。

下游挡水墙结构分析采用平面框架和三维框架两种方法。平面框架方法是在挡水墙不同高程切取单宽水平断面，断面包括挡水墙、中墩、边墩及下游隔水墙，为3孔箱形，概化为平面框架计算。三维框架方法取一机组段高程为49.72～82.0m的结构，包括上游墙、下游副厂房楼板、尾水平台、挡水墙、下游隔水墙、中墩及边墩等。采用纵横交叉的梁、柱将结构概化，形成三维框架模型，框架在高程49.72m处加固端约束，采用结构力学方法计算分析。计算荷载主要有结构自重、下游水压力、尾水平台及各层楼面荷载、高程82.0m以上的下游墙传递的荷载等。

计算工况：1)设计工况：结构自重＋尾水平台及各层楼面荷载＋下游墙传递荷载＋下游水位76.4m水压力。2)校核工况：①结构自重＋尾水平台及各层楼面荷载＋下游墙传递荷载＋下游水位83.1m水压力；②结构自重＋尾水平台及各层楼面荷载＋下游水位73.8m水压力(蜗壳外围混凝土未回填)。

结构配筋：高程61.24m以下挡水墙上、下游面各配置两层钢筋，外层竖向钢筋ϕ36@20，水平钢筋ϕ32@20，内层竖向、水平钢筋均为ϕ32@20；高程61.24m以上挡水墙上、下游面各配置一层钢筋，竖向钢筋ϕ36@20、水平钢筋ϕ32@20。尾水隔墩配筋竖向ϕ36@20，水平向ϕ32@20。

(4)排沙孔结构

排沙孔布置在厂房安Ⅱ、安Ⅲ底部大体积混凝土中，穿过厂房部位的排沙孔均有钢板衬护作为防渗措施，其中从安Ⅱ段穿出的排沙孔由于孔边距基岩壁混凝土厚3.15m，其孔周混凝土结构尺寸最薄，为排沙孔结构计算的控制性断面。沿垂直水流向切出一单位厚度平面，按平面有限元法分析孔周应力，并与有限宽坝体内开圆孔承受均匀内水压力的查表计算方法进行对比，取其最大值作为配筋依据。

排沙孔运行时上游水位150.0m，取计算水头h_0＝87.25m，计算中考虑全部内水压力由混凝土结构承担，混凝土标号R_{28}250号。计算荷载为混凝土自重＋内水压力。按平面有限元计算和坝体内开圆孔查表计算的结果，其配筋率均小于0.2%，若采用最小配筋率0.2%，排水孔结构底板厚度大于5.0m，其拉应力最大，需配置较多的钢筋，既不合理，也不经济，因此，设计按少筋混凝土配筋。

5.2.3.3 坝后电站厂房振动设计研究

三峡坝后式电站是三峡工程关键的永久性结构物之一。左右岸坝后电站共安装26台单机容量700MW水轮发电机组，在电力系统中占有重要地位。鉴于电站厂房的重要性及其结构的复杂性，机械设备制造安装误差引起的自身振动，引水管内的水锤、蜗壳内水流及下游尾水的紊动等引起的脉动水压力都可能成为电站振动的振源。为研究振动对电站厂房土建结构的安全运行和人体健康的影响，开展了厂房振动计算分析及试验研究。

(1)计算参数及作用荷载

1)设计基本参数

设计基本参数主要包括机组设备参数和材料物理力学参数。

机组设备参数由设备厂家提供,包括设备自重、轴向水推力及发电机额定转速、飞逸转速等。

材料物理力学参数包括:

①混凝土:C25:弹性模量:$E=28.5\text{GPa}$;泊松比:$\mu=0.17$;重度:$\gamma=25\ \text{kN/m}^3$;线膨胀系数值:$\alpha=1.0\times10^{-5}$。

②网架钢材:20# 优质碳素钢:弹性模量:$E=206\text{GPa}$;泊松比:$\mu=0.28$;重度:$\gamma=78.5\text{kN/m}^3$;线膨胀系数值:$\alpha=1.2\times10^{-5}$。

③蜗壳钢材:NK-HITEN610U2:弹性模量:$E=205\text{GPa}$;泊松比:$\mu=0.3$;重度:$\gamma=78.5\text{kN/ m}^3$;线膨胀系数值:$\alpha=1.2\times10^{-5}$。

④基岩:闪长斜长花岗岩;弹性模量:$E=35\text{GPa}$;泊松比:$\mu=0.2$。

2)作用荷载

作用荷载包括机组动荷载及脉动水压力荷载。

①机组动荷载

机组动荷载由机组制造厂家提供,包括垂直作用力、径向力及水平切向力,分别作用于下机架基础板及定子基础板。机组运行时,由于机组转动部分质量偏心或机组中心轴线安装偏差,将引起水平向的机组偏心离心力,方向为径向。

机组转动部分质量偏心造成的水平离心力 F_e 采用式(5.2.1)计算:

$$F_e = me\omega^2 \tag{5.2.1}$$

式中:m 为发电机转子或转轮的质量;e 为偏心量;ω 为旋转圆频率,$\omega=\frac{\pi n}{3}$,n 为机组转速。

如果大轴中心偏离了轴承中心,则大轴存在绕轴承几何中心的弓状回旋,从而在转子和转轮处产生不平衡离心力,计算时,轴的偏心距均按 0.4mm 计算。则偏心力在大轴上同时产生作用力 F'_r 和 F'_t,计算见式(5.2.2)及式(5.2.3):

$$F'_r = m_r e_0 \omega^2 \tag{5.2.2}$$

$$F'_t = m_t e_0 \omega^2 \tag{5.2.3}$$

式中:m_r、m_t分别为发电机转子和水轮机转轮的质量,$e_0=0.4\text{mm}$。

综上所述,作用在大轴上的水平离心力为 F_1、F_2,计算见式(5.2.4)及式(5.2.5):

$$F_1 = F_{er} + F'_r \tag{5.2.4}$$

$$F_2 = F_{er} + F'_t \tag{5.2.5}$$

式中:F_1、F_2分别为作用在转子和转轮处的水平动荷载,F_{er}、F_{et}分别为转子和转轮处的质量偏心离心力,F'_r、F'_t分别为转子和转轮处由于弓状回旋所产生的离心力。这里均假设所有荷载同时作用且作用方向相同，并同时达到最大值，此时为最不利的组合情况。

作用在大轴上的水平离心力通过导轴承的支承系统传递给混凝土机墩结构，为简化计算，假定转子处的水平动荷载由下导轴承传递给混凝土结构，转轮处的水平离心力由水导轴承传递给混凝土结构。

②脉动水压力

计算所用的脉动水压力荷载是根据三峡水轮发电机组的其中两个供货商 VGS 集团和 ALSTOM/KE 集团模型试验测试数据换算而来的。

该模型的主要结论是：

(a)压力脉动幅值特性：a)幅值与流量关系：基本可分为三个区间，小流量区和大流量区压力脉动较小，过渡区(Q=500～700m^3/s)脉动压力较大，最大可达 11%～13%；b)幅值与导叶开度关系：压力脉动最大区域为导叶相对开度 30%～70%工况。

(b)频率特性：a)顶盖下压力脉动，即导叶后和转轮前区域，高频脉动的频率范围分别为 18～54.7Hz(ALSTOM/KE)和 16～89.3Hz(VGS)，低频范围为 0.2～0.5Hz，部分工况大于 0.5Hz；b)蜗壳进口处压力脉动，主要为低频振动，频率 0.2～0.5Hz，有时大于 0.5Hz，有时超过 1Hz；c)尾水管压力脉动，大部分出现在 0.3～0.5Hz，流量为 600～800 m^3/s 时，频率大于 1Hz，且脉动压力较突出。

压力脉动主要表现为导叶后和转轮前区域的高频脉动，以及尾水管的低频压力脉动。尾水管低频脉动是比较典型的，频率相对明确；高频脉动的频率离散性较大，与运行工况关系密切，脉动的频率成分更复杂。

(2)计算模型

电站厂房的振动计算选取一个完整的机组段厂房结构，采用 ANSYS 大型通用的结构分析商业软件进行有限元计算，具体模型范围为：垂直水流向长度为机组段长度 38.3m；顺水流向自厂坝分缝线到尾水管出口宽 68m。包括厂房屋顶网架结构、上下游墙、下游副厂房、发电机层楼板风罩、蜗壳、尾水管等结构，厂房计算整体模型见图 5.2.3。

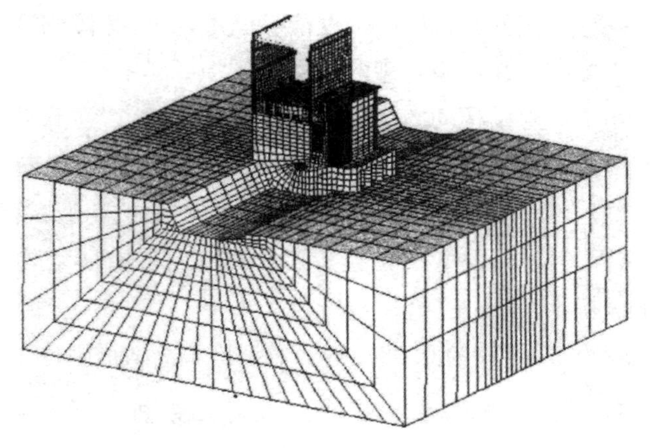

图 5.2.3　坝后厂房计算整体模型

模型中考虑一定范围的基岩，以考虑地基的弹性耦合作用。

设计基本假定：

1)假定混凝土结构和基岩的材料均为各向同性，按线弹性结构考虑。

2)材料的物理力学参数按设计标准值选取。动力计算中，混凝土弹性模量取为动态弹性模量，即为静态弹性模量的 1.3 倍。

计算采用的是大型通用计算软件 ANSYS，该软件可进行结构分析、热分析、电磁分析、流体分析及耦合场分析等各种不同类型的计算，计算精度较高，具有较强大的前后处理能力。计算的通用性和可靠性较好，计算结果具有良好的可信度。

(3)计算分析

三维有限元计算分析成果表明：

1)三峡水电站厂房结构复杂，各部分结构刚度不同，自振特性有较大差异。计算分析表明，厂房上部结构刚度较低，下部较高。上部结构第 1 阶振型为顺流向，频率为 0.78Hz；发电机层楼板竖向基频为 28.31Hz，同时，自振频率密集，振型复杂。

2)按照 20%～30%的频率错开标准，可能的共振区间为：①2 倍转速频率(或飞逸转速频率)与厂房上部结构的 2～5 阶频率；②转轮叶片数频率与楼板、风罩结构的前 5 阶频率；③导叶数频率与发电机层楼板前若干阶竖向自振频率；④导叶后和转轮前存在的特殊压力脉动区与发电机层楼板前若干阶频率。分析认为：2 倍转速频率和飞逸转速频率振动出现的概率较低，共振的危害性较小；由于楼板、风罩结构的前 5 阶自振频率均为水平方向的振动频率，发生振动的可能性较小；导叶数频率与楼板的前若干阶竖向自振频率的错开度均小于 20%，因此发生振动的可能性较大；导叶后和转轮前存在的特殊压力脉动区，其频率区间宽广，涵盖 16～89.3Hz 频域，发电机层楼板及风罩前 30 阶频率都在这个区间内，因此存在水轮机特殊压力脉动区频率和发电机层楼板的自振频率间的共振耦合问题，且不容易避免和消除，可从振动强度的角度加以控制和解决。

3)机组在振动荷载(机械力和电磁力)作用下，机组支撑结构(主要是定子基础和下机架基础)振幅和动应力计算结果表明，机墩的强度能够满足要求，整体刚度也足够大，可以认为三峡水电站厂房机组支撑结构设计是合理的。

4)脉动水压力作用下厂房结构动力反应分析是研究的重点，在脉动水压力作用下，各方向的位移和均方根速度沿高程的传递规律基本表现为底部(蜗壳、机墩)较小，顶部较大，即随着高程的增加，位移值表现为增大的趋势；顺河向和竖向加速度沿高程的传递则基本表现为在底部较大，随着高程的增加而减小，但接近厂房顶部时又有所增加；而横河向加速度则随着高程的增加基本保持不变。

厂房结构动应力较小，最大仅为 0.084MPa，对结构不会造成强度上的破坏。

(4)正常运行阶段厂房结构动力响应测试及对比分析

2003 年 1 月，长江设计院提出了对厂房振动进行测试要求，该测试工作由三峡水力发电厂、中国水利水电科学研究院(以下简称中国水科院)、华中理工大学等单位实施并对测试结果进行分析研究。

根据 VGS 水轮机模型试验资料,《三峡电站厂房抗振研究》(中国水科院)不考虑机械力,对模型与原型的压力脉动荷载作了如下假定:

①对于水轮机导叶后转轮前区域,取模型压力脉动频率与原型基本一致;

②对于尾水管内压力脉动,原型与模型的脉动频率可通过式(5.2.6)换算:

$$f_p = \frac{D_M}{D_p} \cdot \frac{\sqrt{H_p}}{\sqrt{H_M}} f_M \tag{5.2.6}$$

式中:f_p、f_M分别表示原型、模型脉动压力频率,D_p、D_M分别表示原型、模型的水轮机转轮直径,H_p、H_M分别为原型、模型水轮机工作水头。

③对于原型—模型压力脉动幅值,通过式(5.2.7)进行转换:

$$\frac{\Delta h_p}{H_p} = \frac{\Delta h_M}{H_M} \tag{5.2.7}$$

式中:Δh_p、Δh_M分别为原型、模型脉动压力水头。式(5.2.7)表明,原型—模型的压力脉动相对振幅比例取为1.0。

在上述假定的基础上,《三峡电站厂房抗振研究》(中国水科院)根据6个测点的时程数据进行线性假设并形成整个流场。现场测试的运行水位约为135m,与计算的73m水头接近。鉴于楼板的竖向动力响应为重点关注对象,且测试结果竖向速度的主频与分布规律类似于与加速度,故仅对竖向位移与竖向加速度进行对比分析。

实测和计算结果的对比分析表明,由尾水管涡带低频脉动引起的楼板竖向位移,实测和分析结果在幅值、频率和分部规律上都较接近。对于竖向加速度而言,实测和计算的幅值也比较接近。说明计算分析中采用的尾水管涡带频率、幅值原型—模型转换关系以及由少数测点设定流道内压力脉动分布的方法是基本可行的。

(5)坝后厂房振动研究结论

1)在机组振动荷载(机械力和电磁力)作用下,机墩的强度能够满足要求,整体刚度也足够大,机组支撑结构设计是合理的。厂房发电机层楼板、上下游实体墙、机墩、网架各部位位移、速度、加速度都能满足要求。

2)在脉动压力作用下,由于压力脉动幅值在模型转换到原型时,受众多复杂因素的影响,不存在严格的相似理论意义上的转换关系。从安全上考虑,按不同的原模型脉动水压力相似比对三峡水电站厂房抗振安全进行评价。

①振动位移方面:当相似比为2.0时,网架水平及竖向位移均超标。但发电机层楼板和机墩的水平及竖向振动位移、上下游实体墙竖向位移,在相似比为2.5时,也没超过控制标准0.2mm。

②振动速度方面:出于结构安全考虑,在相似比为2.5时,机墩竖向振动速度为5.965mm/s,超过了控制标准5.0mm/s,但其水平向速度不超标。发电机层楼板、上下游实体墙、网架等部位两个方向速度在相似比为2.5时也不超标。

出于人体健康考虑，发电机层楼板水平向振动速度在相似比为 2.5 时，为 4.625mm/s，小于人体连续 8h 受振的水平速度控制标准 6.4mm/s。竖向振动速度在相似比为 2.0 时为 3.990mm/s，相似比为 2.5 时为 4.988mm/s，超过了人体连续 8h 受振的竖向速度控制标准 3.2mm/s，但小于人体连续 4h 受振的标准 5.1mm/s。

③振动加速度方面：从结构安全考虑，机墩竖向加速度在相似比为 2.0 时为 1.278m/s^2，已超过了控制标准 1.0m/s^2。但其水平向加速度及厂房其他部位结构水平向和竖向加速度在相似比为 2.5 时也不超标。

按人体健康考虑，发电机层楼板水平向加速度在相似比 2.5 时为 0.330 m/s^2，也远小于人体连续 8h 受振的水平加速度控制标准 1.13 m/s^2。而竖向加速度在相似比为 1.5 时为 0.483 m/s^2，已超过人体连续 8h 受振的竖向加速度控制标准 0.40m/s^2，但不大于人体连续 4h 受振的控制标准 0.67m/s^2。当相似比为 2.5 时，竖向加速度为 0.805 m/s^2，超过了人体连续 4h 受振的控制标准。

三峡水电站水轮发电机组是高度自动化控制的，机组运行时，工作人员主要在电站中控室工作，而中控室布置在上游副厂房，与机组主厂房之间设有永久结构缝分隔，受机组振动引起的人体不适可能性较小。到机组发电机层楼板上的活动主要为巡视工作，不会在发电机层楼板上连续长时间工作（如 4h），因此，虽然在相似比为 2.5 时，楼板竖向加速度超过了人体连续 4h 受振的控制标准，但结合三峡水电站实际情况，这也是允许的。

虽然相似比大于 2.0 时，厂房的部分结构振动位移、速度超过了标准要求，但根据已建水电站的实测结果，相似比大于 2.0 的情况很少。同时考虑到在计算三峡水电站厂房振动时，流道内侧脉动水压力是根据 6 个测点的压力数值按同频率同相位推算的，这样计算出的结果是偏大的，要比实际的高。所以认为三峡电站厂房抗振性能可以满足要求。

脉动作用下厂房结构动应力较小，最大仅为 0.084MPa，对结构不会造成强度上的破坏。

综合以上考虑，在脉动水压力作用下，无论从结构安全方面，还是人体健康方面，厂房发电机层楼板、上下游实体墙、机墩、网架各部位的位移、速度、加速度都能满足要求。而在仪器设备方面，要求位移不大于 0.01mm，速度不大于 1.5mm/s，而发电机层楼板位移、速度虽然都超过了标准，但考虑三峡水电站厂房实际情况，发电机层楼板上没有放置仪器设备，可以不受该标准约束。

3）三峡电站厂房振动计算研究、现场测试对比分析以及多年机组运行表明，三峡电站厂房抗振性能可以满足使用要求，电站厂房结构抗振安全，运行可靠。

5.2.4 左、右岸坝后式电站厂房安全监测

5.2.4.1 坝后式电站厂房安全监测项目

（1）变形

厂房地基沉降、断层变形和机组段水轮机层不均沉降监测。

(2)渗流

扬压力或渗压力监测、渗漏量监测、水质分析。

(3)应力应变

蜗壳钢板应力、蜗壳与外包混凝土之间的接缝开度、钢筋应力、混凝土温度等。

(4)流道水力学

5.2.4.2　坝后式电站厂房安全监测资料分析

(1)变形

各机组段沉降主要发生在2008年汛末175m水位试验性蓄水前，相邻机组段间沉降差在1mm以内，没有不均匀沉降现象，2008年试验蓄水运行以来没有明显变化。

左、右岸水轮机层沉降分别在10. 5mm以内和3.5mm以内，同时相邻机组段间沉降差在1mm以内，机组间没有不均匀沉降现象。

(2)渗流渗压

实测左、右岸厂房封闭抽排区下游主排水幕处测压管水位较低，其扬压力系数均小于0.3的设计值。

左岸厂房抽排区渗漏量已从蓄水后的2003年2月约101L/min减少至2014年12月31日的18.21L/min;2018年2月20日实测渗漏量为18.09 L/min。右岸厂房抽排区渗漏量已从蓄水后的2007年5月约87L/min减少至2014年10月31日的27.20L/min,2018年2月20日实测渗漏量为19.24 L/min,呈逐年减小趋势。渗漏量减少主要是渗漏通道淤堵所致。

(3)蜗壳变形及受力情况

三种埋设方式的蜗壳监测资料分析表明，各项测值均是正常的，保压和垫层方式的蜗壳应力水平没有明显区别，直埋方式的蜗壳应力略小。垫层和直埋方式同样能满足设计要求。

1)蜗壳应力

保压蜗壳在充水保压过程中，蜗壳一般产生一个拉应力增量，但环向应力增量比水流向大，各机组保压后蜗壳最大应力为80～103MPa。

各机组调试运行前后，蜗壳一般产生拉应力增量，环向应力变化比水流向变化明显，蜗壳部位比过渡板变化明显，应力变化最大的部位一般在蜗壳腰部及以上部位。机组调试运行前后的最大应力增量约为132MPa,运行时的最大应力约为200MPa。保压方式和垫层方式蜗壳的应力变化、分布和应力水平没有明显的区别。直埋方式的15号机蜗壳应力相对较小，最大应力约为60MPa。

2)蜗壳与外包混凝土间开度

垫层方式：蜗壳与混凝土间开度在运行后均产生一个压缩量，26号机垫层最大压缩量达9.0mm,25号、18号和17号垫层的最大压缩量分别为3.43mm、2.37mm和2.93mm。各机组开度的变化规律基本一致，一般腰部开度变化最大，顶部次之，底部开度变化不明显。

保压方式：调试运行前蜗壳与混凝土间开度最大，运行后开度减小。24 号、16 号、19 号和 10 号调试运行前后开度的最大变化量分别为 6. 27mm、2. 11mm、6. 08mm 和 3. 03mm。各机组开度的变化规律基本一致，一般腰部开度变化最大，顶部次之。另外，运行期 135m 以上库水位条件下实测开度均在 0. 2mm 的观测误差范围内，蜗壳与混凝土间基本无间隙，表明蜗壳与混凝土是贴紧的，与计算结果也是一致的。

直埋方式：充水前各测点开度－0. 15～0. 24mm，开度均较小；2008 年 11 月 11 日库水位 172. 7m 运行时，垫层部位处开度在－1. 75～－1. 05mm，垫层均有所压缩，其他直埋部位测点开度在－0. 11～0. 10mm，均无明显间隙。

3)蜗壳外包混凝土钢筋应力

各机组蜗壳外包混凝土钢筋应力受机组调试及运行的影响较小，钢筋应力主要随温度变化，较大的钢筋应力均是在施工期就产生的温度应力。除少数测点外，实测钢筋应力在 100MPa 以内，绝大部分钢筋应力在 50MPa 以内。不同蜗壳埋设方式的机组混凝土钢筋应力没有明显区别。

4) 蜗壳外包混凝土应力

实测调试运行前后，蜗壳腰部及 45°处混凝土环向一般产生一个拉应力增量，各测点应力增量在 2. 4MPa 以内。运行期混凝土应力实测值与计算值规律基本一致，数量相当。

(4)流道水力学监测成果

2010 年 10 月，结合右岸电站机组调试并网运行，分别对右岸电站 21 号、26 号机组在 174. 4m 水位(下游水位 64. 9m)各种负荷稳态运行及甩负荷等试验工况下，坝前进口水面平稳，水流顺畅，未见漩涡等不良流态；尾水出口水流翻滚涌浪不大，为 0. 5～0. 8m，右侧水域回流较小，不影响机组平稳运行。

机组稳态运行时，其过流系统时均压力分布正常，脉动压力幅值较低。机组甩负荷过程中，压力钢管内的动水压力最大升高值远小于设计允许值，尾水管段动水压力略有降低，未出现负压，表明机组甩负荷过程过流系统形成有害冲击的可能性不大。

5.3 左、右岸坝后电站进水口

5.3.1 左、右岸坝后电站进水口类型比较

5.3.1.1 左、右岸坝后电站进水口类型方案

(1)双孔进水口类型

坝后式电站进水口拦污栅多采用单独的半圆弧折线平面布置，进水口大多采用单孔大喇叭进口(简称大孔口)，坝面喇叭口面积一般是闸门孔口面积的 3～4 倍，闸门孔口面积与引水管道面积之比为 1. 45 ∶ 1 左右，以降低电站进水口流速，使水流自拦污栅至压力管道流态平稳过渡，并尽量使其水力损失降至最小。三峡电站单机引用流量大(966. 4m^3/s)，闸门设计水头高，进水口采用大孔口方案，闸门尺寸及启闭机规模较大，需采用双孔进水口，增设

一个中墩，进口段相应增大。双孔进水口坝面喇叭口入口宽度 11.9m，入口高度 19.36m，喇叭口入口段侧壁曲线为椭圆弧且与中墩轮廓相匹配的过渡曲线，喇叭口顶板与底板形状上下不对称。坝面喇叭口面积为闸门孔口面积的 3.81 倍，闸门孔口面积为引水管道面积的 1.43倍。进水口段长 31.6m，其中渐变段长 12.4m，为 1 倍引水管道长度，中墩与两侧边墩厚度均为 4.0m，双孔净宽为 2×6.5m，进水口底坎高程 108.32m(图 5.3.1)。

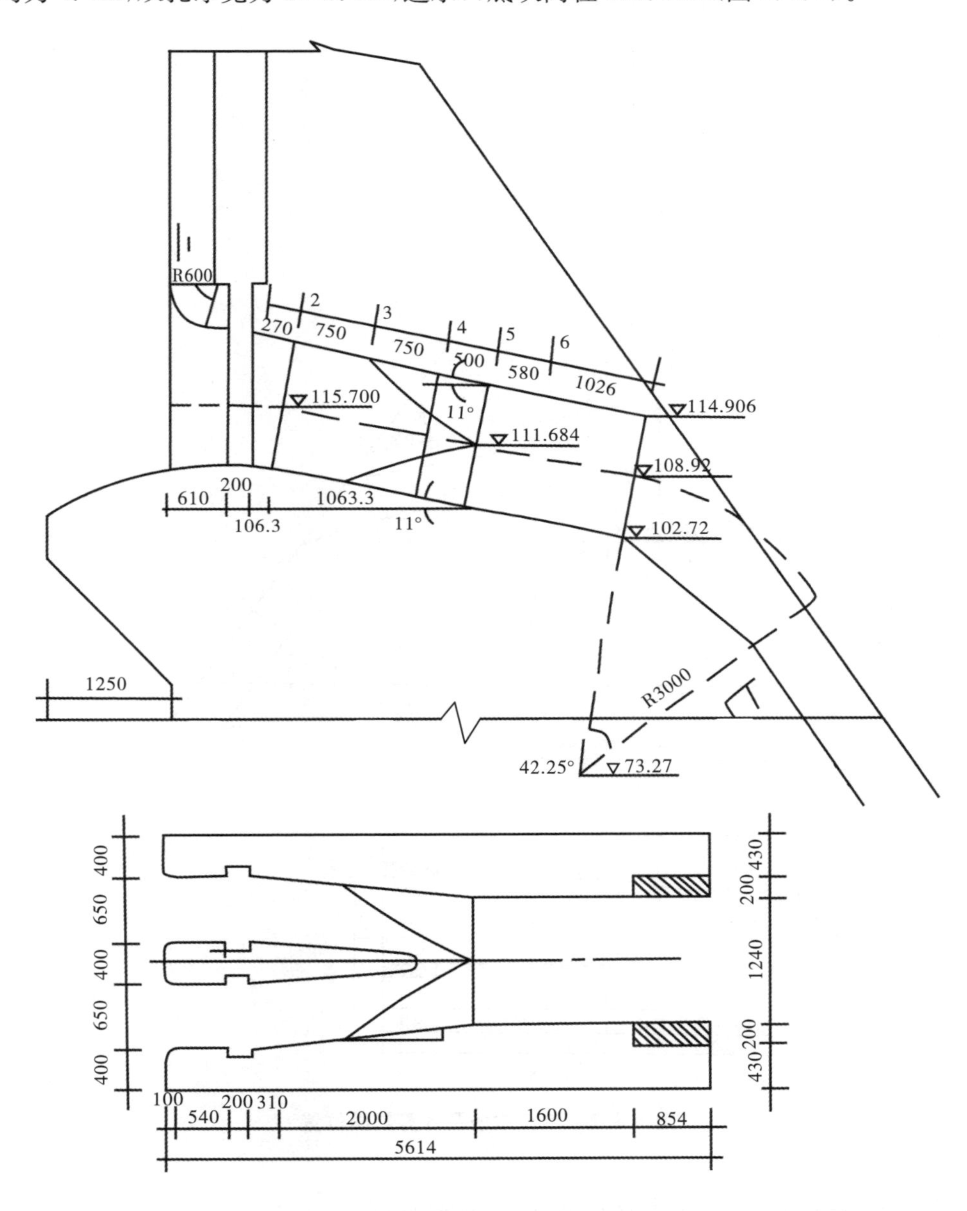

图 5.3.1 双孔体型尺寸及计算剖面位置

(2)单孔进水口类型

单孔进水口采用小喇叭进口(简称小孔口)，坝面喇叭口入口宽度：后端 14.3m、前端

18.45m，喇叭口入口段侧壁曲线为变半径双圆弧曲线，喇叭口顶板与底板形状上下对称，进水流向基本水平。坝面喇叭口面积为闸门孔口面积的2.19倍，闸门孔口面积等于引水管道面积。进水口段长23.02m，其中渐变段长15.0m，单孔口净宽9.2m。进水口底坎高程108.0m(图5.3.2)。

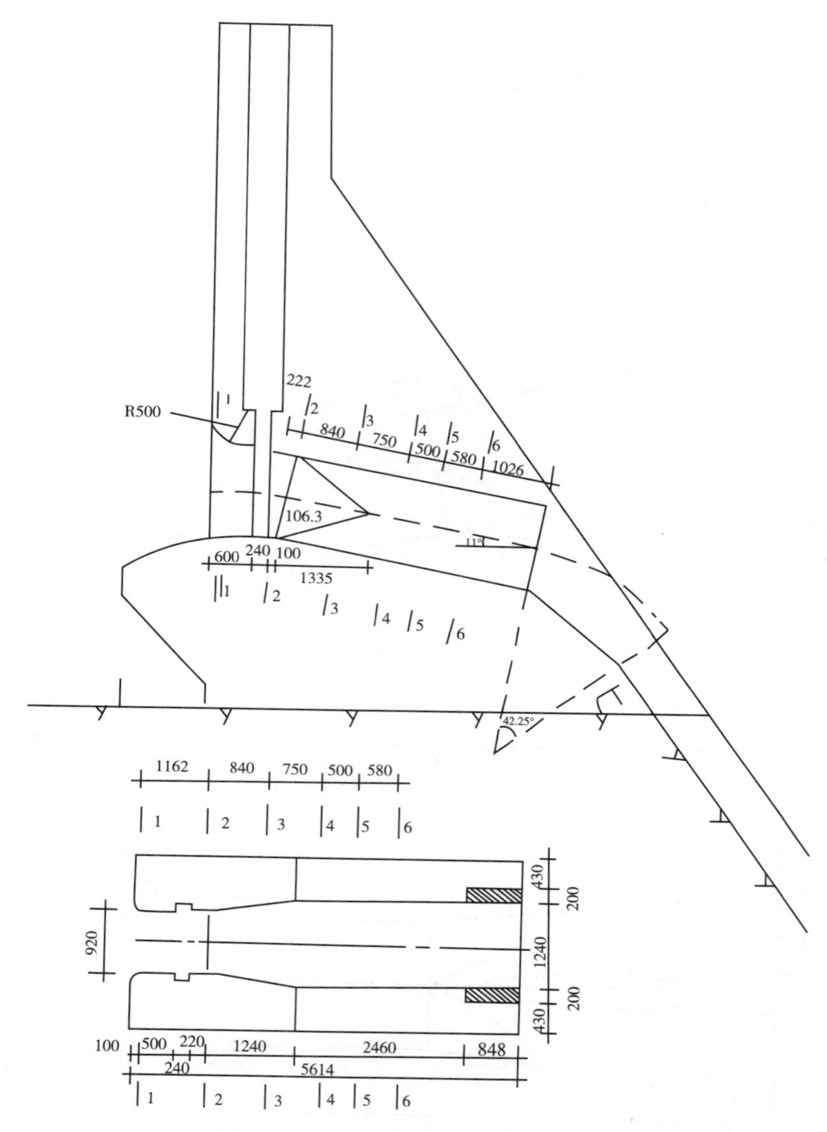

图5.3.2 单孔体型及计算剖面位置

5.3.1.2 左、右岸坝后电站进水口水力学试验研究

长江科学院及清华大学平行进行了三峡电站进水口单孔方案与双孔方案水力学试验，模型比尺1∶30，单孔及双孔两个方案的模型均安装在同一模型台上，供水条件、量测方法也相同，各测点位置相互对应，共用一个量水堰测流量(量水堰流量核算在最终对比试验中统

一采用雷伯克公式)。两单位的模型均采用优质有机玻璃制造,糙率达0.008,基本满足进口段边壁及压力钢管段对模型糙率的要求。

(1)电站进水口水流流态

单孔方案在库水位135.0m、流量880m³/s工况下,有随机出现的表面漩涡,但未发现挟气的漏斗或气泡进入引水管道,进水口前水流平稳,流态良好。

双孔方案,两单位的试验结果相近。清华大学的试验,在库水位135.0m、流量880m³/s工况时,进水口上游水流平稳,未见有立轴漩涡,表面漩涡也极少;库水位降至132.0m时,才有立轴漩涡出现。长江科学院的试验,在坝前水位135.0m、流量900m³/s工况下,流态良好,偶见表面漩涡。

(2)电站进水口水头损失

全程水头损失系指水库观测断面至蜗壳进口断面(桩号0+118.0m)的损失(包括拦污栅);进口段水头损失,长江科学院是指水库观测断面至渐变段末端;清华大学是指水库观测断面至上弯段起始断面之间(包括拦污栅)。

水头损失值h_f按式(5.3.1)计算:

$$h_f = H_0 - \left(Z + \frac{P}{\gamma}\right) - \frac{\alpha V^2}{2g} \tag{5.3.1}$$

式中:H_0为坝前水位;$Z+\dfrac{P}{\gamma}$为观测断面的测压管水头;$\dfrac{\alpha V^2}{2g}$为观测断面的流速水头;α为流速不均匀系数。

水头损失系数C按式5.3.2计算:

$$C = h_f / \frac{V^2}{2g} \tag{5.3.2}$$

长江科学院模型试验实测单孔方案库水位135.0m:进水口段h_f=0.33～0.36m、C=0.132～0.144,全程h_f=0.77～0.88m、C=0.336～0.322;库水位156.0m:进水口段h_f=0.41m、C=0.14,全程h_f=0.94m、C=0.321。双孔方案库水位135.0m:进水口段h_f=0.53～0.83m、C=0.193～0.187,全程h_f=0.95～1.44m、C=0.345～0.324;库水位156.0m:进口段h_f=0.91m、C=0.177,全程h_f=1.62m、C=0.315。清华大学模型实测单孔方案库水位135.0m:进口段h_f=0.399m、C=0.147,全程h_f=0.96m、C=0.353;库水位145.0m:进口段h_f=0.399m、C=0.124,全程h_f=1.05m、C=0.325;库水位156.0m:进口段h_f=0.33m、C=0.132;全程h_f=0.879m、C=0.352。双孔方案库水位135.0m;进口段h_f=0.485m、C=0.179,全程h_f=0.88m、C=0.325;库水位145.0m:进口段h_f=0.535m、C=0.166,全程h_f=0.997m、C=0.309;库水位156.0m:进口段h_f=0.403m、C=0.162,全程h_f=0.753m、C=0.302。

长江科学院和清华大学水力学模型试验成果虽存在微小差别,但可以认为基本一致。试验成果表明:①单孔方案及双孔方案进水口全程水头损失值不大,在1.0m左右;②长江科学院试验成果单孔方案比双孔方案水头损失小；清华大学试验成果双孔方案进口段水头损失大于单孔方案，但全程水头损失双孔方案较单孔方案略有减小，可以认为单孔方案与双孔方案水头损失基本相同。

(3)进水口压强分布

通过布设在进水口沿程的孔顶、侧壁(包括双孔方案的中墩)中部侧压管的观测，发现单孔与双孔沿程压强略有起伏变化，估计可能与门槽及中墩影响有关，但未出现负压。鉴于总的流速相对较低(钢管内最大流速约 8.0m/s)，当不致产生空化或空蚀现象，所设计体形均属可行。

5.3.1.3 两岸坝后电站进水口金属结构及启闭机研究对比

进水口无论单孔方案与双孔方案，拦污栅布置及类型基本相同，均采一列式通仓邻孔补水，底槛高程随着进水口淹没深度及喇叭口形式和进水需要，两个方案稍有不同。原技术设计单孔方案每一机组共分 5 孔，两种跨度。为运行、维修方便，以利栅片通用、互换，优化后均改为 6 孔一种跨度，不影响单孔与双孔的方案比较，故以下仅就单孔方案与双孔方案进水口的检修门与工作门及其启闭机械的技术经济条件进行比较。

(1)检修闸门及其启闭机械

1)单孔方案：仍按原技术设计，建议采用反钩平板滑动闸门，紧贴坝上游面进口布置，运用方式静水启闭。闸门尺寸优化后约为 12.6m×18.5m，总水压力为 135540kN，如采用胶木滑块，最大线压 4400kN，已超过其允许承压上限。检修闸门门叶左右岸厂房各两扇，共 4 扇，单扇门重达 3500kN，由坝顶电站排沙孔事故检修 2×2500kN 双向门机操作。

2)双孔方案：为了改善中墩体形，并有利于闸门的操作维修，双孔优化方案的检修门改为选用坝内设门槽的平板滑动闸门，闸门尺寸为 7.093m×14.192m，总水压力约 6×10^4kN，可用一般胶木滑块承压，闸门启闭利用坝顶门机操作。

3)单、双孔比较：单孔方案采用无门槽反钩装置启闭，门叶尺寸大，门压高，需采用金属滑块。此外，由于取消了门槽，对门轨、埋件和导向装置的安装必需使起吊中心与门叶重点一致，以保证闸门操作过程的平稳与顺利。双孔方案采用有门槽的检修门，属于常规布置，入槽、导向、升降均比较方便可靠。

(2)快速工作闸门及其启闭机械

1)单孔方案：技术设计采用胶木滑块平板闸门，闸门尺寸(宽×高)为 9.2m×13.4m，总水压力为 73920kN，滑道支承的线压强度达 3800kN/m，闸门为动水关闭，静水开启。相应的液压启闭机容量为 5000kN/10000kN。审查时认为胶木支承方式虽具有结构简单、维修方便的特点，但单孔方案总水压力大，滑道支承的线压强度已超过现行设计规范的许用值，且存在滑块磨损、老化、有可能导致启闭机械超载或故障等缺点，为此单孔优化方案均改为定轮支承快速闸门。

设计对单孔定轮门的支承设计研究了三种方案：①一门分四节，每节一侧设 2 个走轮，共设16个走轮,此方案平均轮压5080kN,最大轮压达5800kN,均已大大超过现有水平,缺乏实践经验,不宜采用。②一门分三节,每节一侧设4个∅800mm和2个∅600mm的走轮,共设36个走轮,平均轮压为2130kN,最大轮压约2750kN(含考虑不均系数1.1),走轮采用调心滚动轴承以适应门叶变形,轮轴采用偏心轴,以调正各定轮踏面共垂面和适应埋件的实际安装精度,保证闸门各定轮受力均匀。③一门分四节,每节一侧设2个∅990mm和2个∅600mm的定轮,共设32个走轮,总水压力75800kN(单Ⅲ方案),最大轮压为4000kN/2250kN,采用滑动可调心轴承,液压启闭机容量为8000kN/4500kN。

技术设计审查认为第③方案相对比较可行,但需采用一些相应措施,如轮、轨、轴套的选材,门叶轴孔整体镗孔,提高加工精度和制造工艺,加大充水阀等。依据国内制造水平,可望得到解决。

2)双孔方案:由于闸门尺寸小(6.5m×12.56m),总水压力减至50500～54700kN,支承方式也研究过滑道支承和定轮支承,均属可行。如采用胶木滑块,其线压强度约为2800kN/m,控制在现行规范允许值3500kN/m以内,并有裕度。相应启闭机容量为4500kN/2700kN。考虑到更有利于工程长期运行安全和操作顺利,仍以采用常规的定轮支承方式为宜。每扇定轮门叶分四节,每节一侧设2个走轮,共16个走轮,则最大轮压为4100kN,用滚动轴承时,启闭机容量为1200kN/1600kN,用滑动轴承时启闭机容量为4100kN/2350kN。

3)单双孔比较:在技术设计审查中认为两个方案在技术上都是可行的,单孔方案虽在闸门设计制造上有一定难度,也是可以解决的。在经济上单孔方案由于闸门及埋件、液压启闭机数量远少于双孔,在工程量造价上有明显优势。

5.3.1.4　左、右岸坝后电站进水口坝体结构应力及配筋对比

(1)进水口坝体结构应力分析

1)三维有限元应力计算

①计算原则及假定

取钢管坝段25m宽分别对单孔与双孔两个方案进行三维有限元弹性应力分析。重点研究坝内进水口至斜平段部位的应力。建基面取高程85m,计算边界:两侧取钢管坝块的横缝,作为自由面,不计坝体纵缝影响。基础上游取离坝轴线100m,下游取离钢管道下坡脚150m,基础深度取到高程－60m。基础底面边界假定固定约束,基础左、右边界假定为法向约束。

计算模型采用20节点等参六面体单元。使用APOLO工作站上TISCAP-3D程序进行计算。单孔方案共有7235个结点,双孔方案共8892个结点。

计算中假定地基弹性模量和坝体相同,建基面扬压力系数α＝0.25,地震设计烈度7度(按《水工建筑物抗震设计规范SDJ(10—1978)》规定计算),不计钢管的联合作用,即内水压力假定全部传到坝体孔洞,也不计入混凝土收缩及温度变化产生的应力。坝体假设为不透水体,扬压力只作用在建基面上。为研究坝体横缝灌浆效果,还计算灌浆后横缝开度为

1.0mm及0.5mm坝体应力变化情况。

②计算工况

工况一，坝完建未蓄水：仅坝体自重。

工况二，校核洪水位(高程180.4m)：坝自重+外水+孔洞内水压。

工况三，正常蓄水位或设计洪水位(高程175.0m)：坝自重+外水+孔洞内水压。

工况四，关闭检修门时检修水位(高程175.0m)：坝自重+外水。

工况五，正常蓄水位遇地震：坝自重+外水+孔洞内水压+7度地震。

③计算成果分析

(a)双孔及单孔的最大拉应力皆出现在矩形孔段孔顶底的上、下角缘部位。工况二的角缘边最大拉应力，双孔及单孔分别为3.70MPa(2-2剖面右下角)与3.48MPa(1-1剖面右上角)，两者差别不大。

(b)渐变段边缘拉应力，单孔以顶、底板孔中间部位较大。工况二分别达1.72MPa与1.94MPa，角缘拉应力小于孔中间；双孔以角缘的拉应力较大，工况二最大达1.97MPa，大于顶、底板中间部位。圆管段边缘拉应力，单孔与双孔基本一致，工况二最大达2.52MPa。

(c)双孔比单孔应力不利主要反映在边墩上，矩形孔段边墩出现较大的拉应力。工况二双孔边墩中部外侧拉应力达到3.03MPa(1-1剖面)，双孔边墩上下端内侧角缘拉应力达到2.87MPa(1-1剖面)。相对应的情况，单孔边墩外侧拉应力仅为0.65MPa，边墩内侧拉应力为0.99MPa。

(d)双孔边墩侧向最大位移为2.38mm，如横缝灌浆，限制边墩侧向位移，则可明显降低边墩的拉应力。当限制边墩侧向最大位移为1.0mm时，2-2剖面边墩拉应力可由原来的2.75MPa降至0.13MPa。

2)材料力学方法计算应力

采用材料力学方法计算双孔与单孔沿进水口中心平剖面部位坝体边墩结构的总体应力。计算成果表明：边墩在叠架受侧向内水压力所产生的弯曲应力后，在校核洪水工况下，计与不计截面上渗透水压力，在靠上游剖面边墩外侧边综合应力，单孔为0.363MPa(拉)与−0.067MPa(压)；双孔为2.66MPa(拉)与2.08MPa(拉)。与三维有限元计算成果接近。

(2)进水口坝体结构配筋

三维有限元计算成果表明：从坝体结构应力情况看，两个方案都是可行的，进水口坝体无论单孔与双孔，孔顶、底及边墩拉应力都是超过混凝土许可拉应力的，应按强度需要配置钢筋。拉应力未超过混凝土许可拉应力的部位，也需配置构造筋。

进水孔口周边坝体混凝土标号R_{28}300号，钢筋采用Ⅱ级钢。配筋计算按《水工钢筋混凝土结构设计规范》(SDJ 20—1978)规定进行，各截面拉应力大于混凝土许可抗拉强度者，由钢筋承担，扣除的许可拉应力不超过全部拉应力面积的25%。

计算配筋时，将钢筋设计强度降低20MPa，以抵偿温度变化的安全储备。无侧限情况下，每一钢管坝块，双孔比单孔增加钢筋129t，26台水轮发电机组共增加钢筋3354t。

上述应力是大坝横缝无侧限情况下的成果，如考虑坝缝灌浆后横缝张开度限制为1.0mm的情况，应力条件可以大大改善。

5.3.2　左、右岸坝后电站进水口类型选定

进水口的结构类型，从水力条件、金属结构、坝体应力、施工条件、运行维护条件、工程量及造价等方面进行了综合比选。分述如下：

5.3.2.1　水力学条件

单、双孔进水口类型的水力学条件主要从水力损失和流态两方面来比较。

1)水力损失。双孔方案进水面积大，同一过机流量情况下，进水口段的流速较单孔方案小，从流速水头考虑，无疑水力损失应减少，但由于双进水口需设中墩，水流在墩尾交汇，多1条流道，多1道门槽，流道周长较长；而单进水口则与之相反，由于体型的差异，与沿程及局部损失有关的水力损失系数，亦必然不同。两种进水口水流皆非高流速，流速水头损失差异较水力损失系数差异小，而两种进水口类型的进口段水力损失不同，是由水力损失系数起主要作用的结果。水工试验不仅从概念上而且从数值上证明了：双孔方案进水口段的水力损失大于单孔方案；从拦污栅至管道末端的总水力损失，双孔方案也较单孔优化方案增加6～11cm(对应不同流量)。

2)淹没深度。双孔方案虽然流速较小，但由于喇叭口高度较大，其淹没深度与单孔方案相比，没有明显的优势。由于进水口前流速大小及分布的差异，双孔方案进水口流态较单孔方案稍好，但试验证明经体型优选后的单孔方案，由于体型的优越使进水口流态与双孔方案基本相当，因此这两个方案的进水口流态和淹没特性都是良好的，在最低运行水位135.0m时，完全可以满足进水口设计规范对淹没深度的要求，并均具有一定的安全裕度。

5.3.2.2　金属结构

1)检修闸门在静水中启闭。单、双孔方案均采用钢滑块支承的平板闸门，在技术上均是可行的，在设计和制造方面都不存在困难。

2)快速工作闸门为动水关闭、静水开启。单孔方案采用定轮支承的平板闸门，平均轮压2130kN，最大轮压2750kN。定轮采用调心滚动轴承，以适应门叶变形。轮轴采用偏心轴，以调整各定轮踏面和适应埋件的实际安装精度，保证闸门各定轮受力均匀。

单孔方案的定轮平板闸门技术上是可行的，在常规范围以内。定轮闸门由于摩擦系数小，可降低启闭机容量，简化启闭机运行条件。

双孔方案快速工作闸门因尺寸较小，可采用滑道支承，滑道支承线压强约为2800kN/m。滑道支承结构简单、门轻、单价低。

检修闸门由4台坝顶门机操作，门机容量由电站排沙孔事故检修门的启闭力控制，对单、双孔方案的门机容量均可满足要求。

快速工作闸门由液压启闭机操作，单孔方案定轮闸门持住力为1500kN，启门力为2800kN；双孔方案滑道闸门持住力、启门力相应分别为2700kN、4500kN。两方案的门机容

量互有差异，制造难易度稍有差别，但技术上均是可行的。

对于闸门及启闭机工程量，双孔方案较单孔方案多。

5.3.2.3 坝体结构应力分析

单、双孔方案对坝体结构的影响主要表现在孔口应力方面。在进水口段，单进水口对坝体宽度削弱为38%，而双进水口则为52%，因而在静力作用下，同一部位的双孔方案最大拉应力较单孔方案大2倍以上；在地震荷载作用下，双孔方案的动应力较单孔方案大8%～17.8%。所以从坝体结构来说，对坝体的削弱和孔口应力条件，单孔方案优于双孔方案，而双孔方案通过增加配筋的办法也是可行的。

5.3.2.4 施工及运行维护条件

在坝体施工条件方面，双孔方案除钢筋和模板量大、对施工有一定影响外，更因为门槽及液压启闭机较单孔方案多1倍，埋件及启闭机的安装工作量也多1倍，将给大坝混凝土浇筑和金属结构安装增加难度，工期也会受影响。

在电站运行及维护条件方面，单孔方案工作闸门高宽比值为1.43，虽较双孔方案闸门宽高比值2.04为小，但采用单机单吊点布置，闸门是可以稳定运行的。虽单孔方案闸门采用定轮支承，维护要求较高，但双孔方案进口闸门多、设备多，双孔闸门在事故关闭时需达到一定的同步要求，油路和电控系统较为复杂，故障概率相对大，这些均对电站的安全运行不利。同时闸门和液压设备的维护工作量也较单孔方案多1倍。

5.3.2.5 工程量及投资

单、双孔方案在投资上的差异，除孔口钢筋和模板用量外，主要是金属结构工程量差别较大。

经计算分析，双孔方案每台机组的钢筋量较单孔方案多129t，金属结构多193t。按1995年第4季度临时船闸金属结构制造投标价格，另加7%安装费计算，双孔方案每台机组较单孔方案造价高340万元以上，26台机组共增加造价884万元。

综上所述，从水力条件、金属结构、坝体应力、运行及施工条件、工程量和投资等方面综合论证比较，最终选择单孔小孔进水口类型作为三峡电站的进水口。

5.3.3 左、右岸坝后电站进水口结构设计

5.3.3.1 左、右岸坝后电站进水口结构布置

进水口底高程108.0m，进口喇叭口长5.60m、宽11.90m、高18.62m，以半径8.55m及半径1.70m的圆弧变至宽9.20m、高13.24m与闸门槽相接；下接渐变段长15.00m、轴线水平夹角3.5℃，断面由9.20m×13.24m(宽×高)的矩形渐变至直径12.40m的圆形断面。进水口结构布置见图5.3.3。

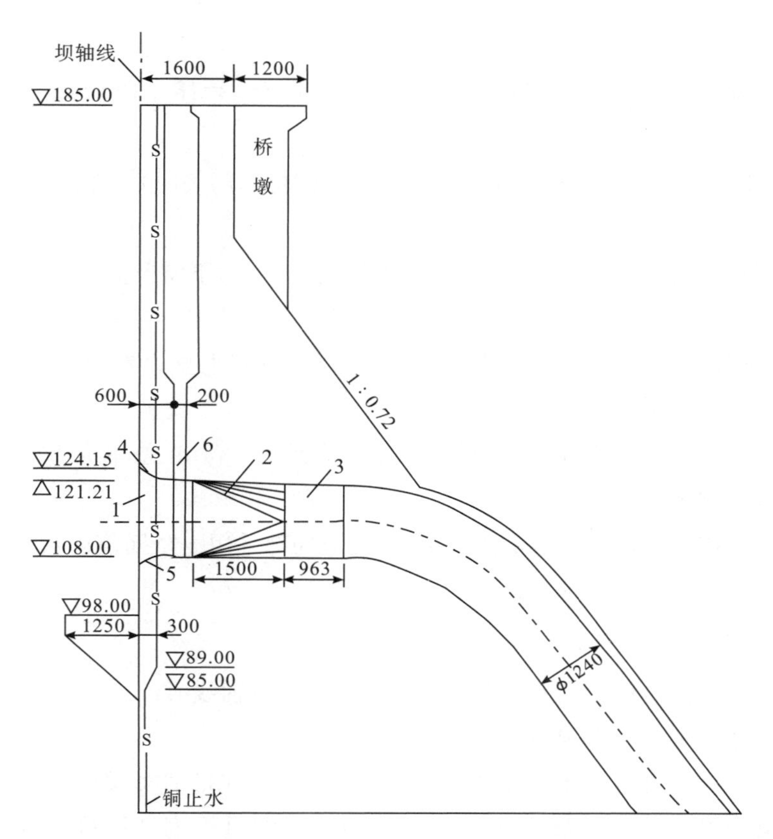

1—进口喇叭口段；2—渐变段；3—圆管段；4—半径8.55m圆弧；5—半径1.70m圆弧；6—事故检修门槽

图5.3.3　坝后电站进水口结构布置

5.3.3.2　左、右岸坝后电站进水口孔口应力分析

(1)计算条件及计算模型

1)计算条件

①材料力学参数

混凝土容重24.5kN/m³、弹性模量26GPa、泊松比0.167；基岩弹性模量30GPa、泊松比0.22；钢衬容重78 kN/m³、弹性模量210GPa、泊松比0.3。

②计算荷载

荷载包括：坝体混凝土自重；水荷载分为孔口内水压力、工作闸门内水压力，上、下游坝面水压力和横缝止水前侧向水压力；泥沙压力(泥沙浮容重5 kN/m³、淤沙高程104m)。

③荷载组合

(a)自重工况：仅计坝体混凝土自重；

(b)围堰挡水发电工况：混凝土自重＋135m水位(水荷载$H_{上}=175.0$m，$H_{下}=62.0$m)；

(c)设计工况：混凝土自重＋175m水位(水荷载$H_{上}=175.0$m，$H_{下}=62.0$m)＋泥沙

压力；

(d)校核工况：混凝土自重＋180.4m水位（水荷载 $H_{上}=180.4m$，$H_{下}=83.1m$）＋泥沙压力；

(e)检修工况：混凝土自重＋175m水位检修（上游检修门关闭）＋泥沙压力。

2)计算模型

计算模型取单个长25m的钢管坝段，基础计算范围：上、下游及深度方向均取1倍坝高。根据结构的对称性，只取坝段的一半进行计算。

约束边界条件：假定基础上游垂直面为自由边界；下游垂直边界、两侧及底部为法向约束；对称面上取法向约束。

网格划分：在孔口周围网格划分较细，最小单元尺寸1m，总单元数2916，总节点数3771，总自由度方程数61003。

单元模式：采用高阶位移插值形函数单元，孔口局部采用4阶插值函数，1m的网络相当于8节点等参单元中0.25m的网格尺寸。

(2)进水口孔口应力计算成果

进水口孔口应力计算剖面位置（图5.3.4）分别距坝轴线4.0m、6.0m、10.0m、18.0m、24.0m。进水口孔口应力计算成果见表5.3.1。

由表5.3.1可见，自重工况下，孔顶、孔底最大 δ_Z 发生在Ⅲ剖面（胸墙下游表面），孔顶 δ_Z 为1.89MPa，配筋拉应力区深度2.1m（指拉应力大于混凝土容许抗拉强度的拉应力区深度），孔底 δ_Z 为1.87MPa，配筋拉应力区深度2.2m。

设计工况下，孔顶、孔底最大拉应力发生在Ⅵ剖面（渐变段末端），孔顶 δ_Z 为2.64MPa，配筋拉应力区深度3m；孔底 δ_Z 为2.88MPa，配筋拉应力区深度3.3m；围堰挡水发电工况配筋应力面积，在Ⅱ剖面以后小于设计工况，校核工况配筋应力面积比设计工况略大，但属特殊荷载组合。因此，电站进水口配筋由基本设计工况控制。

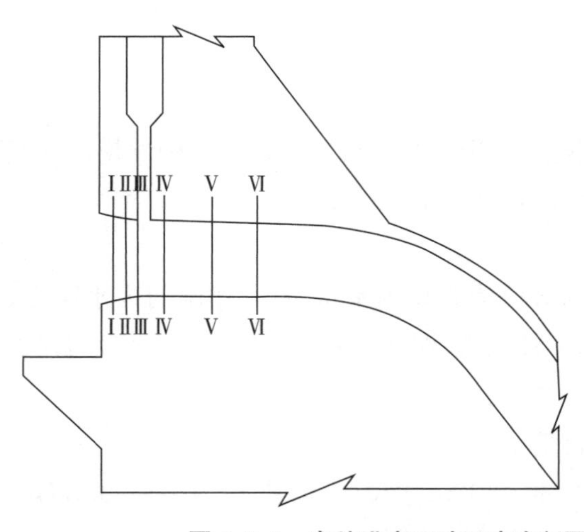

图5.3.4 电站进水口孔口应力剖面位置示意图

表5.3.1 电站进水口典型剖面孔口应力成果

剖面	部位	特征值	自重工况	围堰发电工况	设计工况	校核工况
Ⅱ	孔顶	表面 δ_Z(MPa)	1.78	1.83	1.30	1.09
		配筋拉应力面积(MPa·m)	2.33	*2.75	2.38	2.05
		配筋拉应力深度(m)	2.0	2.3	2.5	2.4
	孔底	表面 δ_Z(MPa)	1.77	1.73	1.01	0.8
		配筋拉应力面积(MPa·m)	2.29	*2.4	1.56	0.74
		配筋拉应力深度(m)	2.0	2.1	1.9	1.0
Ⅲ	孔顶	表面 δ_Z(MPa)	1.87	1.97	1.59	1.38
		配筋拉应力面积(MPa·m)	2.49	3.07	*3.79	3.72
		配筋拉应力深度(m)	2.1	2.5	3.5	3.7
	孔底	表面 δ_Z(MPa)	1.86	1.86	1.19	0.99
		配筋拉应力面积(MPa·m)	2.59	*2.91	2.45	2.15
		配筋拉应力深度(m)	2.2	2.4	2.7	2.6
Ⅴ	孔顶	表面 δ_Z(MPa)	1.62	1.94	2.21	2.2
		配筋拉应力面积(MPa·m)	1.52	2.34	*3.79	3.95
		配筋拉应力深度(m)	1.5	2.1	3.2	3.3
	孔底	表面 δ_Z(MPa)	1.73	2.1	2.42	4.42
		配筋拉应力面积(MPa·m)	1.62	2.04	*4.37	4.63
		配筋拉应力深度(m)	1.5	1.7	3.4	3.7
Ⅵ	孔顶	表面 δ_Z(MPa)	1.45	1.86	2.64	2.77
		配筋拉应力面积(MPa·m)	1.18	1.92	*3.85	4.16
		配筋拉应力深度(m)	1.3	1.8	3.0	3.2
	孔底	表面 δ_Z(MPa)	1.56	2.07	2.88	3
		配筋拉应力面积(MPa·m)	1.26	2.19	*4.38	4.75
		配筋拉应力深度(m)	1.3	1.9	3.3	3.4

注:①Ⅱ、Ⅲ、Ⅴ、Ⅵ剖面分别距坝轴线下4m、6m、18m、24m。②*号表示控制工况。

5.3.3.3 左、右岸坝后电站进水口配筋设计

电站进水口孔口部位结构混凝土标号为R_{28}300号,抗拉设计强度1.75MPa,抗裂设计强度2.1MPa。

电站进水口孔口拉应力δ_Z,主要由施工期坝体自重荷载和运用期水荷载引起。从孔口结构来看,渐变段上游孔口为矩形断面,孔口跨度9.4m,孔口拉应力δ_Z约1.8MPa。渐变段孔口断面由矩形变为圆形,圆形孔口孔顶、孔底拉应力较小,约1.5MPa。

在自重和水荷载共同作用下,孔口配筋拉应力面积最大断面为渐变段末端,其次为胸墙下游表面。而且整个电站进水口孔口拉应力值由设计工况和围堰挡水发电工况控制。进水

口孔口配筋按限裂设计,采用水工钢筋混凝土结构裂缝宽度公式计算,孔口裂缝宽度满足水工钢筋混凝土设计规范限裂要求。

电站进水口配筋,在事故门槽前顶部布置Ⅱ级筋 3 排 ϕ40@18 钢筋,钢筋层间间距 20cm,底部布置 3 排 ϕ36@20 钢筋,层间间距同顶部,顺流向钢筋为 ϕ28@20;渐变段顶部配置Ⅱ级筋 3 排 ϕ40@16.7,底部 4 排 ϕ40@15;两侧配筋分两段,前 13.00m 为 2 排 ϕ32@15,后 2.0m 为 2 排 ϕ36@15。管道顺流向钢筋为 ϕ28@33.3。

5.4 左、右岸坝后电站引水压力管道

5.4.1 左、右岸坝后电站引水压力管道布置

5.4.1.1 左、右岸坝后电站引水压力管道水力设计

电站引水管道进口段与渐变段承受的内水压力不高,且形状不规则,采用钢筋混凝土结构,不设钢衬。引水压力管道由进水口渐变段末端至水轮机蜗壳进口,全长约 170.0m,其水力设计主要包括经济直径及转弯半径的选择。

国内外已建电站中,引水压力管道流速一般为 5.0～7.0m/s,大型机组一般在 8.0m/s 以上,如伊太普水电站为 8.66m/s,大古力第三水电厂为 8.44m/s,萨扬舒申斯克水电站为 8.1m/s。当然,确定管道流速大小的影响因素较多,有的是从管道本身的经济流速考虑,有的则是为了避免设置调压设施而适当加大了管径,有的则是由于施工等其他原因而加大了管径。我国《水工设计手册·水电站建筑物》推荐的管道经济流速为 4.0～6.0m/s,美国垦务局推荐的经济流速为 6.1～9.15m/s。

压力管经济直径的优选原则,就是要使其建设费用、维修费用和水头损失费用的总和最小。其中水头损失费用,是指由于管道的水头损失而少生产的电能费用。所有这些费用,特别是电能费用和维修费用,均随时间改变,计算非常复杂。

国内外有关设计手册推荐的经济直径公式形式相同,只是各系数的取值不一。我国《水工设计手册·水电站建筑物》推荐的压力管道经济直径经验公式如下:

$$D = (KQ^3/H)^{1/7} \tag{5.4.1}$$

式中:K 为系数,一般为 5～15,取 5.2(钢材较贵、电价较廉时取较小值);D 为管道直径,m;Q 为管道最大设计流量,m^3/s;H 为设计水头,m。

美国垦务局推荐的经验公式为:

$$D = 0.7P^{0.43}/H^{0.65} \tag{5.4.2}$$

式中:P 为水轮机的额定出力,kW;H 为作用于水轮机的净水头,m。

按以上两式计算出三峡电站引水压力钢管直径分别为 12.56m、12.3m,最终选定直径 12.4m,满足机组调节保证计算的要求。

压力钢管的弯段分上弯段和下弯段,国内外推荐的转弯半径上下弯段是相同的。根据国内外已建工程的统计资料,上弯段转弯半径一般较下弯段大,上弯段转弯半径一般为 $3D$,

下弯段则为2.5D。

在大古力第三水电厂钢管转弯半径模型试验中,由于上弯段紧接进水口,其流速分布受进水口的影响较大,因此美国垦务局要求上弯段半径大些,而下弯段基本不受进水口的影响,转弯半径可以小些。大古力第三水电厂试验方案上弯段转角45°,转弯半径48.8m(4D),沿程损失系数0.03,局部损失系数0.05,总损失系数为0.08;下弯段转角为45°,是直径12.2~10.7m的渐缩管,转弯半径由30.5m增加到42.7m(2.3~3.5D),总损失系数由0.1增加到0.11(半径变大,沿程损失减小,反而使总损失系数增加),变化并不大。扣除由于渐缩产生的损失系数约0.03,下弯段总损失系数为0.07~0.08。从上述情况可看出,对于相同的弯道损失,上弯段的转弯半径就应比下弯段大。当然弯道损失产生的原因,是水体在离心力作用下断面流速不均匀所致,因此较大的转弯半径和较低的管道流速,对减小水头损失是有利的。

根据三峡电站引水压力管道具体布置要求,上弯段半径为35m(约2.8D),下弯段半径为30m(约2.4D)。

5.4.1.2 左、右岸坝后电站引水压力管道布置

三峡电站引水压力管道特点:一是管道条数多,共26条;二是管道直径大,为12.4m,HD值达1730m^2,属超巨型压力管道。引水压力管道的布置和结构分析,已超出常规压力管道设计范围,在大坝坝体上布置时,必须考虑上述两个特点。

重力坝上电站引水压力管道的布置通常采用坝内埋管类型。这种管道布置类型较经济,水头损失相对略小,且具有较高的安全度。但是压力钢管安装与坝体混凝土浇筑同步进行,容易造成相互间施工干扰。有的国内外工程重力坝上的压力钢管采用背管布置类型,即进水口后的管道穿过坝体,沿下游坝面布置,如国内的五强溪水电站、巴西的伊太普水电站、加拿大的李维尔斯托克水电站、俄罗斯的克拉斯诺雅尔斯克水电站和库尔普萨依水电站等。这种布置类型可避免管道安装与坝体混凝土施工之间的干扰,还可使管道随机组投产安排逐步施工,以减少投资积压。

对三峡两岸坝后电站引水压力钢管的布置着重研究了以下几种布置类型:

1)坝内埋管布置。

2)下游坝面背管布置,管道布置于下游坝面之外。

3)下游坝面预留槽布置,又分全留槽类型(管道施工安装后管截面顶部与下游坝面齐平)和半留槽类型(管道施工安装后管截面一半在下游坝面之间,一半在下游坝面之外)。

通过二、三维线性有限元分析和非线性有限元分析计算,以及仿真材料模型试验、光弹模型试验、脆性材料模型试验等,上述3种布置类型均是可行的,各有其优缺点:①坝内埋管方案的优点是可节省坝体工程量,缺点是坝内埋管的安装施工与坝体混凝土浇筑相互干扰。此外,由于管径大(12.4m),但钢管所在的坝段长度受到混凝土温控和施工的限制,最大为25m,钢管坝段长与管径之比为2.01,远小于一般埋管的比值(一般大于3),对埋管周围混凝土中的应力较为不利;②下游坝面背管布置,对坝体没有任何削弱,但管道稍长,并增加了厂

坝距离，坝体工程量有所增加；③下游坝面预留槽布置综合考虑了背管和埋管的优缺点。全留槽布置与坝内埋管布置相近，对坝体的稳定和应力削弱较大，留槽两侧的混凝土墙宽4.3m、高16.4m，受力复杂；为避免内水压力作用下的管道应力传至侧墙使侧墙开裂，需在管道与侧墙之间设置大面积的软垫层。其优点与埋管相同：可节省岸坡坝段石方开挖量和管道长度。半留槽布置类型综合了上述各种布置类型的特点，故选用。在进行引水管布置时，还需考虑坝体下游坡上高程120m施工栈桥的布置，使之不影响管道的布置和施工。为此，进水口以后的管段略带倾斜，对上弯段的水力学条件有利；减小预留侧墙高度，以减少管道布置对坝体的削弱程度。经综合比较，确定采用浅预留槽布置类型，即槽深6.47m，约1/3的管体在槽内，2/3的管体外露于下游坝面。

5.4.2 左、右岸坝后电站引水压力管道结构

5.4.2.1 左、右岸坝后电站引水压力管道结构类型

(1)引水压力管道类型研究

国内外已建高水头、大直径的水电站引水压力管道逐渐增多，目前解决引水压力管道设计和施工复杂的技术问题主要采取两种途径：一是采用高强合金钢，研究解决合金钢、厚钢材的加工焊接等施工技术问题；二是采用钢衬钢筋混凝土受力管，钢衬与外包钢筋混凝土共同承担内水压力和其他荷载，用钢筋代替部分钢板，以减薄钢衬厚度，或避免使用高强合金钢而代之以普通钢材（如16Mn），解决了引水管道采用高强合金钢或厚钢板施工工艺的难度。目前国内外采用钢衬钢筋混凝土管道的部分水电站及其特征值列于表5.4.1。

表5.4.1 国内外水电站引水压力管道采用钢衬钢筋混凝土管道部分工程特征统计

工程名称	国名	坝型（坝高，单位：m）	计算水头 H(m)	管道内径 D(m)	HD值 (m^2)	钢衬厚度 (mm)
克拉斯诺雅尔斯克	俄罗斯	重力坝(125)	112	9.3	1041.6	32～40
奇尔克伊	格鲁吉亚	拱坝(232.5)	129	5.5	709.5	20
结雅	俄罗斯	支墩坝(115)	100	7.8	780	14～16
库尔普萨依	吉尔吉斯斯坦	重力坝(113)	101	7.0	707	
东江	中国	拱坝(157)		5.2	840	14～16
紧水滩	中国	拱坝(102)		4.5	440	
李家峡	中国	拱坝(165)		8.0	1280	
五强溪	中国	重力坝(87.5)		11.2	820	
萨彦舒申斯克	俄罗斯	重力拱坝(236)	226	7.5	1695	16～30
三峡	中国	重力坝(181)	139.5	12.4	1730	28～36

从20世纪60年代中期开始，苏联对坝后式钢衬钢筋混凝土压力引水管进行了较系统

的试验和理论研究，提出了设计准则并修改了相应的设计规范。迄今，这种结构已在苏联8个大型工程中得到应用。我国20世纪80年代建成的东江和紧水滩2座双曲薄拱坝率先采用这种坝后背管的结构类型，管道直径分别为5.2m和4.5m。20世纪90年代建成的五强溪水电站，坝型为重力坝，坝后背管为钢衬钢筋混凝土管，直径为11.2m，已与三峡电站引水压力管直径接近。于1997年初投入运行的李家峡水电站，为双曲拱坝，坝后背管也采用钢衬钢筋混凝土管，直径为8.0m。针对三峡电站钢衬钢筋混凝土管，进行了大量的、系统的试验和计算分析研究，并进行了比例尺为1∶2的平面模型试验、比例尺为1∶9的上弯段和下弯段局部范围整体模型试验，在这些模型上尝试性进行了温度应力试验。

通过大量试验研究和原型观察资料分析，对钢衬钢筋混凝土压力引水管可得出如下结论：①钢衬钢筋混凝土管在内水压力作用下，以及在内水压力和轴向力联合作用下，无论管道混凝土是否开裂，钢衬和钢筋混凝土都能可靠地联合工作。②在设计内水压力作用下，管道混凝土一般会开裂，管道的钢筋混凝土在多条裂缝的状态下工作，有利于充分发挥钢材的作用。如果在设计内水压力作用下不出现裂缝，钢材的应力将是很小的，说明混凝土过厚。③为保证钢衬钢筋混凝土管道的耐久性，对混凝土的裂缝宽度应加以限制（如小于0.3mm）。限制裂缝宽度，则要增加该部位混凝土中钢筋的含钢率，限制钢筋的应力水平。一般希望暴露于大气中的管道表面的缝宽减小，这就需要提高管道表层混凝土的含钢率。增加管道外层钢筋的数量。④管道混凝土裂缝处的钢衬中各层钢筋应力比较接近。一般外层钢筋的应力略大于中层、内层钢筋应力。这与裂缝宽度为外宽内窄是一致的。管道内水压力全部由钢衬和钢筋承担。⑤钢衬钢筋混凝土管有着相当高的承载能力，工作安全可靠。

(2)引水压力管道结构类型比较

三峡电站引水压力管的背管段设计比较了两种结构类型：钢衬钢筋混凝土管和明钢管（内水压力全部由钢管承担）。明钢管的设计理论和方法简明，有规程规范可循，有较多的工程实践经验和运行经验。明钢管方案选用600MPa强度级钢材，板厚32.0～60.0mm。为避免钢管直接受日晒，减少温度影响，在钢管外包一层混凝土，厚度取1.0m。为减小外包混凝土中由内水压力传来的作用力，在钢管与外包混凝土之间设置软垫层，如PV泡沫板，厚度约30.0mm。外包混凝土中也需配置一定数量的温度钢筋和受力钢筋。钢衬钢筋混凝土管方案中钢板、钢筋选用16Mn材质，钢衬的厚度从上至下为30.0～36.0mm；钢筋需配置3层，直径为32.0～45.0mm；下弯段为4层钢筋（外层钢筋采用双筋）。

对钢衬钢筋混凝土管和明钢管两种引水管结构类型对比分析如下：

1)安全可靠性。明管有成熟的设计方法及规范可循，有大量的同类型和同规模的工程实例（如巴西的伊太普、美国的大古里第三、委内瑞拉的古里第二等水电站，其水头和管径与三峡电站相当），证明运行是安全可靠的；钢衬钢筋混凝土联合受力管，在俄罗斯和我国也有工程实践经验，运行也是安全可靠的。同时，针对三峡工程这种管型的试验表明，钢衬钢筋混凝土管有相当高的承载能力，加之设计中对其安全系数作了某些具体规定，使得联合受力管的总安全系数较高。存在的主要问题是联合受力管出现贯穿性裂缝对钢筋锈蚀不利；钢筋数量过多,影响混凝土浇筑质量等。因此,要进行限裂设计,在运行中发现过宽的裂缝要进行处理,还需设法尽量减少钢筋数量并作出构造上的规定,以保证混凝土浇筑质量。对明管,则是焊缝质量保证问题。高强度合金钢的厚板,万一因焊缝质量发生事故,其危害较大,为此,需采取各种措施,保证焊接质量,以策安全。此外,对两种管型的事故发生概率、抗震性能需作研究并采取相应措施。因此,两种管型运用上都是安全可靠的。

2)施工条件。明管采用高强合金钢、板厚 32.0～60.0mm,在钢管制作加工、焊接及消除焊接应力等方面,与厚度 36.0mm 以内的 16Mn 钢板相比,显然是施工工艺要求高、难度大;但联合受力管钢衬外层的钢筋数量多,增加了施工的复杂性,会影响混凝土的浇筑质量。此外,两者工期亦无大差别。

3)工程量与造价。设计对两种管型的工程量进行了比较:联合受力管与明管相比,钢材少 1.31 万 t,钢筋多 1.43 万 t,混凝土多 7.7 万 m^3,两者工程量按 1993 年 7 月价格水平,因明管钢板需进口,故造价略高于联合受力管。随着设计的深入,联合受力管的钢筋量增至 3.8 万 t,使上述造价结论产生了相反的变化。

4)钢材。明管采用 600MPa 强度级的钢板,厚度达 60mm,当时国内生产不能满足数量和质量要求,需从国外进口,而联合受力管采用 16Mn 钢板,厚度在 36.0mm 以下,可立足于国内生产,质量和数量均可满足要求,不受国外条件的制约。

两种管型各有优缺点,但都可行。综合分析比较,钢衬钢筋混凝土联合受力方案,两者在同一部位同时出现缺陷并都达到破坏的概率很小,万一发生事故,也不是撕裂性的突发事故,其管道的整体安全度相对较高;钢板采用 16Mn 钢板,厚度比明管方案薄,缓和了对高强度厚钢板的材质要求及焊接的困难;造价比明管方案低,单管工期施工期比明管方案短 1.5 个月;抗地震性能较好。存在的问题是钢衬钢筋混凝土联合受力结构管道设计,目前国内尚无统一规范可以遵循;外包钢筋混凝土在外荷载和温度变化作用下的开裂规律及裂缝对钢筋、钢衬应力的影响,尚需进一步研究。为确保水平段底部混凝土与钢衬结合紧密,以保证钢衬钢筋混凝土联合作用,施工需采取相应的措施。由上,确定引水压力管道的背管段(包括上、下弯段和斜直段)采用钢衬钢筋混凝土联合受力的结构类型;对穿过坝体的上斜段按坝内埋管设计;对下弯段后的下水平段采用明管结构。

5.4.2.2 左、右岸坝后电站引水压力管道坝内埋管设计

(1)坝内埋管结构类型比较

三峡电站引水压力管渐变段后的上斜段为坝内埋管段,其主要特点是:①坝段的长度与管道直径比值约为 2;②进水口布置较低,坝内埋管段的水头约 70.0m,由坝体应力引起的管道应力大;③由于采取下游坝面背管布置,在穿出下游坝面附近,长约 5.0m 的管道顶部混凝土较薄,小于 5.0m。

针对上述特点,设计研究了两种埋管类型,即钢衬钢筋混凝土联合受力管道和钢管外设置软垫两种结构类型:

1)坝内钢管直接埋设方案。坝内埋管段长25.0m,其中长约13.0m的管段顶覆混凝土厚度大于管径12.4m,可采用钢衬钢筋混凝土联合受力类型;另有长约7.0m的管段管顶上覆盖混凝土的厚度为1.0~0.5倍管径,经论证亦可采用钢衬钢筋混凝土联合受力类型;坝内埋管与背管上弯段相连长约5.0m管段,其顶部混凝土厚度小于0.5倍管径,考虑与背管部分的连续性,此段也按联合受力结构设计。

2)坝内垫层管方案。沿埋管段全长设置软垫层,垫层包角180°。由于管顶混凝土小于0.5倍管径的管段长仅约5.0m,且下接下弯段,在此范围内设置垫层将影响上弯段的锚固,此外,局部应力和变形的突变对管道受力不利。

设计原则:①内水压力全部由钢衬承担,按明管允许应力要求确定钢管厚度;②按20%内水压力传递给管周混凝土,并据此确定软垫层的厚度和力学参数;③管周混凝土承受全部坝体应力,以及20%设计内水压力引起的拉应力,按应力图形法配筋。

钢衬厚度根据明管校核条件、钢管构造要求及上弯段钢衬的衔接,确定3段管道的钢衬厚度分别为30mm,32mm,34mm(含2mm锈蚀厚度),钢材为16Mn;管周混凝土配筋按管顶、底配筋2排ϕ28~36mm@20,管侧按构造配筋。

(2)坝内埋管结构类型比选

两种坝内管类型在技术上均是可行的,均有成功工程的实例。

两种类型的用钢量基本相同,联合受力管钢筋用量比例大,垫层管钢板用量比例大。此外,垫层的力学参数是不稳定的,受力状况复杂。垫层的施工增加了1道工序。联合受力管由于两侧和底部的混凝土厚度大,顶部也在2.0m以上,管周混凝土大部分将不会出现开裂。

坝内埋管段下接上弯段,上弯段受很大的不平衡内水压力。为此在上弯段沿径向配置了钢筋。联合受力管道由于管壁与管周围混凝土紧贴,其摩擦力足以抵消不平衡水推力,所以联合受力管道是有利的。从造价和施工方面考虑,联合受力管道也稍有利。因此,设计推荐采用坝内钢管直接埋设方案,钢衬钢筋混凝土联合受力结构管道。垫层管只在为满足特殊要求的条件下,为保证钢管外的混凝土不开裂才考虑采用。

(3)坝内埋管结构设计原则

①按钢管(衬)承担全部内水压力确定管壁厚度,钢衬允许应力取0.9δ_S(δ_S为钢材屈服强度);②在管道内水压力和坝体其他荷载作用下计算钢衬和管道周围混凝土的应力,按拉应力图形法配筋;③对温度应力不作计算,只对混凝土的允许应力取较大安全系数,或适当降低(设计时降低20MPa)钢筋允许应力,作为对温度应力的考虑;④对管顶混凝土厚度小于1/2管径的管段,采用与背管段相同的设计原则。由于此段管道位于坝体应力较大的下游区,细部设计时,局部加厚上覆混凝土,用以满足抗裂要求;或在下游坝面布设钢筋网,限制裂缝开展。计算和试验表明,壁厚2.0m的混凝土管道初裂荷载为0.7MPa(R_{28}250号混凝土与钢衬钢筋的配置影响不大),这正好为该管段的设计内水压力值。若将上覆混凝土厚度

由最小 2.0m 加厚至 2.5m，则有可能使管体混凝土不开裂。

(4)坝内埋管周围混凝土应力计算分析

坝内埋管周围混凝土的应力按三维线弹性有限元分析，在计算中，考虑钢衬(管)刚度相对较小，未模拟钢衬；坝体荷载包括上游库水压力、泥沙压力、坝体自重和压力管道内水压力等。

根据计算结果，管周混凝土应力分布有如下特点：

1)在管周混凝土的总拉应力中，由内水压力和坝体应力作用引起的拉应力约各占一半。与一般坝内埋管相比，坝体应力荷载所占的比例大。这无疑与本埋管段布置高程低且穿过坝体下游区有关，该区域坝体应力大，最大主应力与管轴线交角也大。因此，在判断管周混凝土是否开裂时不能仅根据管内水压力作用下的应力。管周混凝土的开裂特性还需借助于非线性有限元分析和仿真材料模型试验。

2)设计工况下孔周拉应力范围较小，拉应力沿圆周向衰减很快。一般孔顶($\theta=90°$)、孔底($\theta=-90°$)拉应力最大，分别为 2.03MPa 和 2.22MPa。至 $\theta=\pm45°$时，即已衰减至 0.2～0.3MPa。管腰则为压应力，最大值为－2.28MPa。孔顶和孔底拉应力沿径向衰减较快，一般在距孔壁 3.0m 处即已衰减至 R_{28}250 号混凝土允许的应力范围以内。

(5)坝内埋管结构设计

1)钢衬板厚的确定

埋管段长 14.2m，设计水头 67.9m，选用 16Mn 钢板，δ_S为 310MPa，计算板厚为 26mm，为与坝后背管上弯段相协调，埋管段钢管管壁厚采用 28mm。

2)孔周混凝土配筋

根据规范规定的拉应力图形法配筋，选用Ⅲ级钢筋，设计抗拉强度为 380MPa，允许应力取 210MPa。实际配筋：管顶 3 层 6ϕ36，管底 2 层 6ϕ36 加 1 层 6ϕ40；管道纵向钢筋为 ϕ28@33.3，兼承受轴向温度应力。

3)考虑管壁抗外压稳定(设计外压值 0.39MPa)，确定加劲环间距 1.0m，截面为 28mm×300mm。

坝内埋管结构采用结构模型试验和计算分析两种手段进行研究，在 1∶31 和 1∶5 仿真结构模型进行了试验研究和三维有限元及非线性有限元进行计算，表 5.4.2 和表 5.4.3 分别列出了设计荷载下不同研究方法所得的结构应力应变值和开裂荷载。从上述成果分析，可以说明：①4 种研究方法所得应力应变值有一定差异，但分布规律一致，在设计荷载下钢衬和钢筋应力都比较低；②混凝土拉应变大于或接近混凝土抗拉强度所对应的拉应变值，但混凝土都未开裂；③不同研究方法所得出的破坏荷载都比较高，与设计内压力相比，超载系数为 3.05～4.03，说明管周混凝土有相当高的抗裂安全度，在设计荷载下可能不致开裂。④内压超载时裂缝最早在管顶部位发生。

表 5.4.2　坝内埋管设计荷载下不同研究方法所得的应力应变值

方法＼项目	钢材应力(MPa)				孔口边缘混凝土应变(10^{-6})			备注
	钢材	管顶	管侧	管底	管顶	管侧	管底	
三维计算	钢衬	16.5			76	−53	72	无温度荷载
非线性计算	钢衬	43.2	−1.86	14.4				有温度荷载
	内层钢筋	37.9	−1.10	12.8				
	外层钢筋	33.5		11.0				
1∶31结构模型试验	钢衬	14.5	−9.4	14.2	50	−49	54	无温度荷载
	内层钢筋	9.3	−8.8	12.4				
	外层钢筋	−0.6		6.9				
1∶5结构模型试验	钢衬	12.3	−0.5	10.3	45	−14	47	无温度荷载
	内层钢筋	10.7	−3.0	11.7	98	87	66	有温度荷载

表 5.4.3　坝内埋管结构开裂荷载和裂缝特性

方法＼项目	开裂荷载	内水压超载系数	第1条裂缝位置
非线性计算	设计坝体荷载 设计温度荷载 超载内水压 P=2.9MPa	4.03	管顶
1∶31结构模型试验	设计坝体荷载 超载内水压 P=2.8MPa	3.9	管顶
1∶5结构模型试验	设计坝体荷载 设计温度荷载 超载内水压 P=2.2MP	3.05	管顶

5.4.2.3　左、右岸坝后电站引水压力管道坝下游面管道(背管)设计

引水压力管道位于坝下游面管段称为背管，划分为4段：上弯段、斜直Ⅰ段、斜直Ⅱ段和下弯段，如图5.4.1所示。背管采用钢衬钢筋混凝土联合受力结构类型。

(1)背管设计原则

1)将钢衬钢筋混凝土作为整体承担荷载，按钢衬、钢筋混凝土联合承载极限状态设计。在各种荷载组合产生的环向应力中，钢衬仅分担由内水压力引起的环向应力；外包钢筋混凝土除分担部分内水压力外，还承担坝体荷载产生的环向应力。

2)在设计内水压力作用下，允许外包钢筋混凝土开裂，钢衬与钢筋混凝土共同承担全部内水压力，其安全系数大于2.0，钢衬单独承担设计内水压力时安全系数不小于1.2。

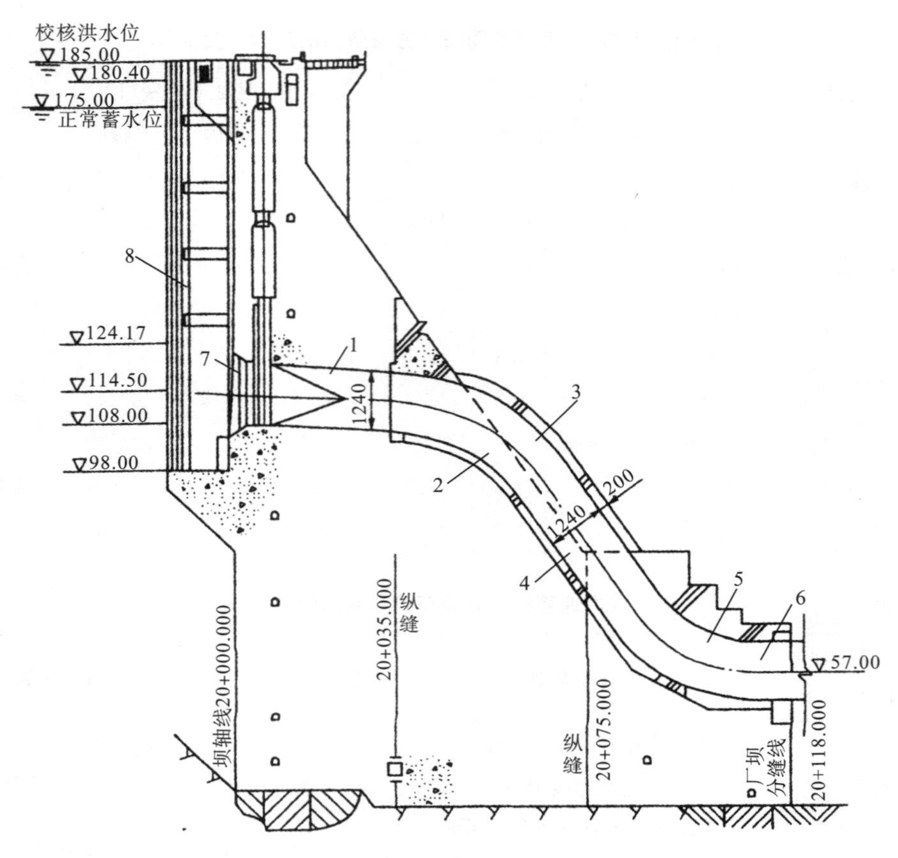

1—上平段；2—上弯段；3—斜直段Ⅰ；4—斜直段Ⅱ；5—下弯段；6—下平段；7—进口段；8—拦污栅

图 5.4.1 坝后电站引水压力管道布置

3）坝体与管道共同工作时，对管道形成的轴向应力由钢衬和钢筋混凝土共同承担。

4）钢衬钢筋混凝土管道需按满足两种极限状态设计：

①承载能力极限状态：假定混凝土开裂，不承担环向拉力，仅传递径向压力，环向拉力由钢材承担，钢衬及钢筋的配置面积需满足以下公式：

$$KPR \leqslant F_g R_g + F_s \Phi \delta_3 \tag{5.4.3}$$

$$\Phi \delta_3 F_s / PR \geqslant K_s \tag{5.4.4}$$

$$F_g R_g / PR \geqslant K_g \tag{5.4.5}$$

式中：P 为设计内压；R 为管道半径；K 为总安全系数；K_s、K_g 为钢衬、钢筋分别单独承受内水压力时的安全系数；R_g、δ_s 分别为钢筋、钢衬的设计强度；Φ 为钢衬焊缝系数，取0.95；F_g、F_s分别为钢筋、钢衬面积。

②正常使用极限状态：验算外包混凝土裂缝控制满足要求，并用允许应力法对钢衬应力进行复核。

(2)背管钢衬与外包混凝土钢筋配置

上弯段、斜直Ⅰ段、斜直Ⅱ段和下弯段各段按其末端断面进行设计。根据机组调节保证计算结果,各段设计内水压力(含水击压力)见表5.4.4。

表5.4.4 各管段设计内水压力值 单位:MPa

工况	库水位(m)	上弯段	斜直Ⅰ段	斜直Ⅱ段	下弯段
设计	175.0	0.89	1.05	1.21	1.38
校核	180.4	0.95	1.11	1.27	1.44

背管钢衬厚度和每米长度管道内钢筋的面积可按式(5.4.6)、式(5.4.7)、式(5.4.8)计算。

$$K=\frac{(1/100)F_gR_g+t\Phi\delta_s}{p_r}\geqslant 2.0 \tag{5.4.6}$$

$$K_1=\frac{(1/100)F_gR_g+t\Phi\delta_s}{p_r}>0.8 \tag{5.4.7}$$

$$K_2=\frac{t\delta_s}{P_r}>1.2 \tag{5.4.8}$$

式中:K 为管道总安全系数,设计荷载组合取2.0,校核荷载组合取1.8;K_1 为钢筋单独承受内水压力时的安全系数;K_2 为钢衬单独承受内水压力时的安全系数;F_g 为每米管道所需钢筋面积,cm^2;R_g 为钢筋设计强度,MPa;t为所求钢衬计算厚度,cm,钢衬设计厚度另需加锈蚀厚度。此外,钢衬厚度尚需满足结构厚度要求($D/800+4$);Φ 为钢板焊接系数;δ_s 为钢板屈服强度,MPa;P 为设计内水压力,MPa;r 为管道内半径,cm。

背管各段的钢衬厚度(已含锈蚀厚度2mm)和环向钢筋配置见表5.4.5。

表5.4.5 背管各管段钢衬及钢筋配置

管段	钢板型号	钢衬厚度(mm)	Ⅲ级钢筋配置
上弯段	16MnR	28	3ϕ36@25
斜直Ⅰ段	16MnR	30	3ϕ36@22
斜直Ⅱ段	16MnR	34	3ϕ36@19
下弯段	16MnR	34	3ϕ40@21

(3)背管外包混凝土厚度的拟定

1)为充分发挥钢衬和钢筋的作用,管道较薄的圆环部分混凝土(对于背管来说,一般不是等圆环形的)在设计内水压力作用下总会出现若干条裂缝。少量增加外包混凝土的厚度,只能对外包混凝土的初裂荷载有所提高,但在设计荷载下混凝土仍带裂缝工作,裂缝条数有所减少,而缝宽有所增加,这对管道的耐久性反而不利。若将外包混凝土加得很厚,可足以在设计内水压力作用下不产生裂缝，然而对于三峡电站引水压力管，承受最大内水压力(1.44MPa)的管段，其混凝土厚度需加至5.0m，混凝土工程量将增加2倍。而在施工期和运行期温度荷载作用下(最大温差可达10℃左右)，仍不能保证混凝土不开裂。如五强溪水电站引水管中最后1条，还未充分运行，管道顶部已出现了裂缝。因此，一般说来，没有必要为使管道混凝土不开裂而过多增加外包混凝土厚度。

2)试验研究表明，适当增加混凝土内的含钢率，如1%～2%，将大大改善布筋部位混凝土的抗拉性能，混凝土开裂时，裂缝的间距将减小，同时裂缝宽度也减小。因此在管道混凝土的外缘增加布筋，能达到限裂要求。从三峡电站引水压力管1∶2平面模型看，模型混凝土厚100cm，钢筋的布置为：内缘1层，外缘2层，中间有60cm厚的素混凝土。在设计内水压力作用下，管道混凝土外缘裂缝的平均间距为27cm，缝宽0.1～0.2mm；而中间混凝土裂缝的平均间距为0.9～1.0m，缝宽大于0.3mm。这说明在配筋量一定的条件下，过多增加钢筋间的距离(亦即增加厚度)并无好处。苏联曾对不同配筋方式和混凝土环厚进行试验，研究表明，模型内径2.0m、混凝土环厚分别为40cm、12.8cm、8.8cm，所配钢筋面积相同，含筋率分别为0.86%、2.67%、3.89%，裂缝平均宽度分别为0.092mm、0.172mm、0.266mm，说明并非在相同配筋条件下，混凝土厚度越小，含筋率越高，裂缝宽度就愈小，而且可能会出现相反的效果。另有研究表明，2层钢筋之间应有一定的间隔，为钢筋直径的6～9倍。含钢率应控制在1%～2.5%。

3)钢筋之间的间距还应考虑有利于钢筋施工和混凝土浇筑，以保证施工质量。三峡电站引水管钢筋直径为36～40mm，则两层钢筋的间距应有20～40cm。这样外包混凝土的厚度可选取1.0～2.0m。对外包混凝土厚度取0.8m、1.0m、1.5m、2.0m、3.1m五种情况，采用几种公式计算上弯段至下弯段各段内水压力作用下的裂缝宽度。当厚度为2.0m时，裂缝宽最小。

综上分析并参考有关工程实例，三峡电站引水压力管道外包混凝土厚度为2.0m，型号为R_{28}300号(施工时改为R_{28}250号)。

(4)背管管道的断面形状

国内外已建电站引水压力管道中，钢衬钢筋混凝土背管管道的断面形状一般采用方圆形，个别将混凝土外缘部分做成多边形。这种管道在设计内水压力作用下，圆形部分的钢筋混凝土形成若干条裂缝；方形部分，由于混凝土断面的加大和管坝之间刚性连接的约束作用，该部分钢筋混凝土一般不出现裂缝，这种断面的方圆形底部，即与坝体连接部分的混凝土部分，可与圆形部分等厚，也可适当加厚，以保证管道的裂缝不向坝体发展。

由于三峡电站引水压力管道采用下游坝面浅留槽背管布置类型，因而设计研究了以下3种管道断面：

1)上半部圆形、下半部局部正八边形。这种断面主要是有利于留槽部分坝体应力，尽量少削弱坝体并减小角缘的应力集中，见图5.4.1(a)。但对管道在内水压力作用下管坝应力的研究表明，为使管道周边的坝体混凝土不产生裂缝，除管底宽6.75m处以外，管道与坝体接触的侧边均需设置软垫层。这样管坝之间的刚性连接部分显得太少，不利于管道的整体稳定性。而且管道底部混凝土断面减小，刚度也减小，拉应力将增加，不利于坝体防裂。

2)方圆形加小贴角断面。这与一般背管的断面形状一致，只是为减小预留槽角缘处的应力集中而加一小贴角，见图5.4.2(c)。断面底部的管坝接触宽度进一步加大，增至14.4m。

3)底部半圆形加倒梯形断面。这种断面使管道底部与坝体的连接宽度增加，由6.75m增至12.4m，见图5.4.2(b)。从对倒梯形断面和加小贴角断面进行的有限元分析结果看，两者钢衬、钢筋、管体混凝土和坝体混凝土中的应力分布规律的数值接近，方圆形加小贴角略好，且管道底部混凝土断面的刚度有所增加。以往试验研究表明，管道底部混凝土在设计荷载下不出现裂缝。因此，管型选用方圆形加小贴角类型。

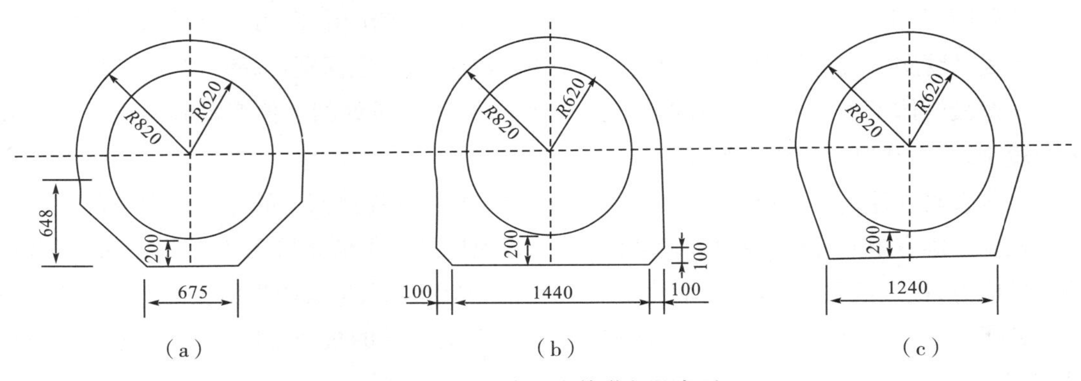

图5.4.2　引水压力管道断面类型

(5)背管与坝体连接

背管与坝体连接包括引水压力管道两侧与坝体间设置软垫层，上、下弯段的锚固措施和引水压力管底部与坝体的连接设计。

1)引水压力管两侧与坝体间设置软垫层。引水压力管和坝体的线性、非线性有限元分析表明，引水压力管两侧与坝体间需设置软垫层，以减小管道对留槽侧墙的作用力，垫层材料为高压聚乙烯闭孔泡沫塑料L-600，厚30mm，变形模量为2.4MPa，可有效防止管道两侧的坝体混凝土产生塑性区和裂缝。

浅留槽在下游坝面以内的管体部分约为1/3，该部分混凝土一般不会开裂。所以，为简化工序，引水压力管侧面的管坝接触面涂上一层沥青，设置软垫层更为安全。

2)上、下弯段的受力特性与锚固措施。上、下弯段管体是空间结构，受力复杂。主要承受两类荷载的作用：一是大坝整体变位产生的给弯管段的作用力；二是为管体本身承受的内水压力，包括静水压力、水击压力、不平衡内水压力和水流离心力等。

对上弯段管道进行了三维有限元分析和仿真材料模型试验研究。试验中，先对引水压力管、大坝进行整体分析，然后对上弯段管道进行局部分析。通过分析上弯段的应力、承载力和破坏形态，可得出如下结论：①设计荷载组合作用下，上弯段轴向应力均为压应力，各断面分布较均匀。②环向拉应力主要由内水压力产生，在设计工况下(不考虑温度荷载)，上弯段混凝土处于开裂与不开裂的临界状态，超载系数大于3。③上弯段管坝结合面上法向应力分布较复杂；弯段中心角等分线上游均为压应力，其下游结合面中点区为压应力，外缘区为拉应力，最大值为0.59MPa。④上弯段管坝结合面上剪应力均指向下游，最大值达1.0MPa。⑤设计工况下，上弯段管腰部不仅环向应力大，且承受较管坝结合面更大的剪应力，处于不利的受力状态。

为不使承受剪应力和受力复杂的上弯段混凝土产生裂缝，顶部外包混凝土厚度宜适当加厚。对下弯段也应有类似的考虑，因下弯段的受力条件也较复杂。但总体上说，下弯段受力状态较上弯段有利。

在考虑上弯段坝体受有不均匀内水压力及管道温度等作用下，配置上弯段径向锚固钢筋时，不计及与上弯段两端相连的钢衬、钢筋混凝土的连接作用，作用力全部由锚固钢筋承担。为提高管腰的抗剪能力，钢筋穿过管腰在坝体内伸入一定深度，以起到“销栓”作用。

下弯段管体不均匀内水压力的合力指向坝体，且下弯段处的坝体变形和温度变化均较上弯段小，受力状况较上弯段为好。

3)背管与坝体连接面设计。管坝连接面设计主要根据连接面上的应力条件进行。

根据三维有限元分析，在设计荷载作用下，管坝连接面上的正应力为0.27～0.87MPa，均为压应力，最大值在下弯段；剪应力为0.02～0.70MPa，上、下弯段坝面上的剪应力指向下游，斜直段上方向相反。为保证接缝面连接牢固和具有足够的抗剪强度，对缝面采取设置键槽、布置插筋和混凝土表面凿毛等措施。

(6)背管钢衬钢筋应力复核计算

1)应力复核计算原则

①按钢衬钢筋混凝土联合承载，混凝土已径向开裂，计算钢衬钢筋应力。②计算钢筋应力时，假定钢衬与外包混凝土之间无缝隙；计算钢衬应力时，假定钢衬与混凝土之间存在初始缝隙。③假定钢衬、钢筋环向应力仅由内水压力引起。钢衬承受坝体作用的轴向应力和温度变化荷载的作用。根据三维有限元计算结果，钢衬承受的轴向力为14.8MPa。运行期温度荷载按温差16℃计算。④复核计算钢衬、钢筋应力，不应超出各自的容许应力。钢筋容许应力可取320/1.65=194MPa，钢衬容许应力可取1.05×0.55×0.95×310=170MPa。

2)钢衬、钢筋应力复核计算

钢衬、钢筋应力的计算，将管道视为具有径向裂缝的混凝土厚壁圆环，按正交异性体处理，同时又假设：钢筋与混凝土变形相容；忽略泊松比影响；将管道作为轴对称结构。计算见式(5.4.9)至式(5.4.11)。

$$J_i = \left(1 + \frac{\delta_i}{\sum_{j=i+1}^{n}} \frac{r_i + 1}{r_i} + \frac{E_s}{E_c} \frac{\delta_i}{r_i} \ln \frac{r_i + 1}{r_i}\right)^{-1} \tag{5.4.9}$$

式中：J_i为第i层钢环与混凝土之间的荷载传递系数；δ_i为第i层钢环厚度；r_i为钢环内半径；E_s、E_c为钢材、混凝土弹性模量。

第 i 层钢环的环向应力 $\delta_{Q_i}=(1-J_i)P_i\gamma_i/\delta_i$

第 $i+1$ 钢环内侧径向力 $P_{i+1}=J_iP_ir_i/r_{i+1}$

当钢衬与混凝土间存在初始计算缝隙 Δ，设计内水压力为 ΔP_0 时，钢衬的环向应力

$$\delta_{Q衬}=\frac{E_s}{1-\mu^2}\cdot\Delta/r_1+(1-J_1)\left(P_0-\frac{E_s\Delta\delta_1}{(1-\mu^2)r_1^2}\right)r_1/\delta_1 \tag{5.4.10}$$

考虑钢衬为二向应力状态，则钢衬的折算应力为

$$\delta=(\delta_{Q衬}^2+\delta_z^2-\delta_{Q衬}\delta_Z)^{1/2} \tag{5.4.11}$$

式中：δ_Z 为轴向应力，其算式 $\delta_Z=\mu\delta_{Q衬}-\delta_Z^1-\delta_t$（$\delta_Z^1$ 取 1.48MPa）；δ_t 为温度应力，$\delta_t=Ea\Delta t$（Δt 取 16℃）。

钢衬应力复核计算结果表明，各管段钢衬折算应力为 180.7～188.4MPa，满足允许应力要求。

关于钢衬与混凝土间的计算缝隙值，对于背管尚无明确规定，一般不考虑初始缝隙存在。为安全计，计算缝隙值：

$$\Delta=1.56\times10^{-5}\Delta tr_1+\Delta_1$$

式中：Δ_1 为施工缝隙，取 0.2mm；Δt 为运用期温差，取 16℃。

计算的缝隙达 1.8mm。此值较偏大。

按上述的计算公式和假定，各管段钢衬、钢筋应力均能满足各自的容许应力要求。对钢衬应力，已如前面指出，由于背管是连续敷设于坝面，钢衬的轴向应力很小，折算应力（考虑二向应力）与环向应力很接近。钢筋应力则远小于允许应力。实际上，钢衬钢筋混凝土引水管联合受力的总安全系数要大于钢筋混凝土结构的安全系数，也大于明钢管规定的安全系数。

(7)背管管道温度应力分析

钢衬钢筋混凝土管道的温度应力是个复杂的问题，在偏于安全的假定下就环向温度应力、纵向温度应力和管道后期混凝土施工对坝踵应力的影响等作如下分析。

1)运行期环向温度应力分析

运行期环向温度应力由管内水温与管外气温差引起。

计算假定与计算方法：将管道视为由钢衬、混凝土、钢筋等组成的轴对称多层圆环，混凝土已产生若干条径向贯穿裂缝，混凝土只传递径向压力，钢衬钢筋承受环向拉力，管体温度按对数曲线分布。按平面应变问题，推求管体在内外温差作用下钢衬、钢筋应力计算式，编制计算程序。

根据水库库内水温，计算得电站进水口处逐月平均水温，气温与水温之差最大值发生在6月、7月，为 8.1℃，最小值发生在 12 月，为−8.5℃。据此进行温度应力和裂缝宽度计算，并与武汉大学所作三峡钢衬钢筋混凝土压力管道大比尺平面结构模型试验成果相比较，列于表 5.4.6。

表 5.4.6 运行期温度应力和裂缝宽度变化(温差为-8.5℃)

温度应力及裂缝宽 \ 部位		钢衬	内筋	中筋	外筋
温度应力(MPa)	计算值	-4.9	-2.8	5.5	12.0
	试验值	-7	-6	13	11
裂缝宽度(0.01mm)	计算值		-0.4	0.6	1.1
	试验值		0.3	1.7	1.7

可见计算和试验所得温度应力规律一致,数值较接近,由温差引起的裂缝宽度变化很小。

2)引水压力管道纵向温度应力及纵向钢筋

将钢筋混凝土管道视为基础(坝体)上矩形浇筑块的温度应力处理,并作如下计算假定:①假定坝体混凝土(视为基础)保持稳定温度不变;②以管道混凝土最高温度的平均值 T_{max} 作为浇筑块的平均温度,并以此作为温度应力计算的起点(这种假定偏高,因管道尺寸相对不大,而浇筑时间又较长);③以运行期管体混凝土最低温度平均值 T_{min} 作管道混凝土的最低温度,计算温降 $\Delta T=T_{max}-T_{min}$;④计算温度应力时,将混凝土的弹性模量乘以 0.65,作为对徐变的考虑。

据此计算得出,管坝接缝处管体混凝土轴向拉应力约为 1.8MPa,管顶混凝土轴向拉应力约为 0.9MPa。按限裂配筋设计:管道下半圆 90°范围内选配 ϕ36mm@20,配筋率 $\mu=0.76\%$;管腰 90°范围内选配 ϕ32mm@20,$\mu=0.6\%$;管顶 90°范围内,选配 ϕ28@20,$\mu=0.46\%$。以上配筋率均满足受拉构件最小配筋率要求。

3)引水压力管道后期浇筑混凝土对坝体应力的影响

由于大坝混凝土先期施工,预留背管浅槽,背管混凝土后期施工,因此背管混凝土施工时,假定大坝预留槽附近区域的混凝土已接近稳定温度场,所以坝体混凝土与管道混凝土之间存在相对温差,引起温度应力。下面主要分析背管混凝土与上弯段合拢之前,管体混凝土收缩对坝踵应力的影响。将问题作如下简化处理:①计算简化为重力坝下游坝面平行加高分期施工。按《水工设计手册·混凝土坝》建议的简化计算方法,将温降应力转化为作用在合拢断面的边界力 M,X,Y;②假定坝体已降至稳定温度保持不变。将管体各段的最高温度平均值与合拢时的月平均气温之差作为计算温降。按施工进度安排,管道施工一般从 10 月开始到次年 7—8 月施工完毕,可认为合拢时间为 8 个月。

根据上述假定计算,管体混凝土的温度收缩对坝踵产生的拉应力不到 0.01MPa,其影响可忽略。

(8)岸坡坝段管道基岩槽开挖形状

岸坡坝段电站引水压力管道的设计与河床坝段相同,采用钢衬钢筋混凝土管道,管道敷设在开挖成的基岩槽内。基岩槽的开挖形状底部定为八边形(部分),这可较省开挖量。坝基岩体下游面的开挖形状研究了3种方式:①下游基岩坡面与引水管底面齐平;②下游基岩坡面与大坝下游面齐平;③下游基岩坡面与引水管顶面齐平。

对以上3种开挖方式进行了平面非线性有限元分析,结果如下:开挖方式①混凝土与基岩的应力情况见图5.4.3(Ⅰ)(单位:m),混凝土开裂深度约2m,开裂区宽度约4m;开挖方式②,基岩应力及塑性区见图5.4.3(Ⅱ),塑性区深约3m,宽约5m;开挖方式③,基岩应力及塑性区见图5.4.3(Ⅲ),由图可见,多留基岩使基岩内的塑性区大为缩小,对管道之间的岩体是有利的。

当一管充水运行、一管无水检修时,基岩内应力和塑性区情况见图5.4.4(a)(单位:m),塑性区深约2m,宽约4m,略大于相邻管道同时充水工况。若在混凝土管侧面加设一软垫层,则基岩内拉应力大为减小,不再出现塑性区,见图5.4.4(b)。

根据上述计算成果,并考虑到管槽之间的岩体宽约22m,适当多预留基岩对坝基有利;岸坡坝段基岩内存在有缓倾角结构面,多留基岩也有利于抗滑稳定。因此,采用开挖方式③,即管槽间基岩下游开挖坡面与引水压力管顶面齐平。

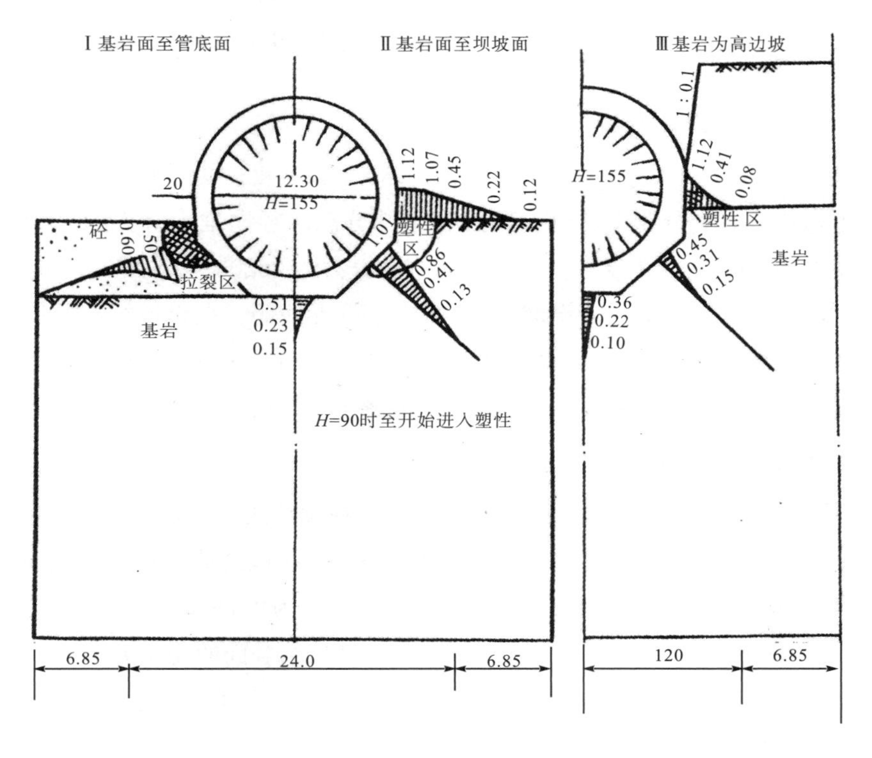

(Ⅰ)—基岩面至管底面;(Ⅱ)—基岩面至坝坡面;(Ⅲ)—基岩为高边坡

图5.4.3　基岩应力分布图

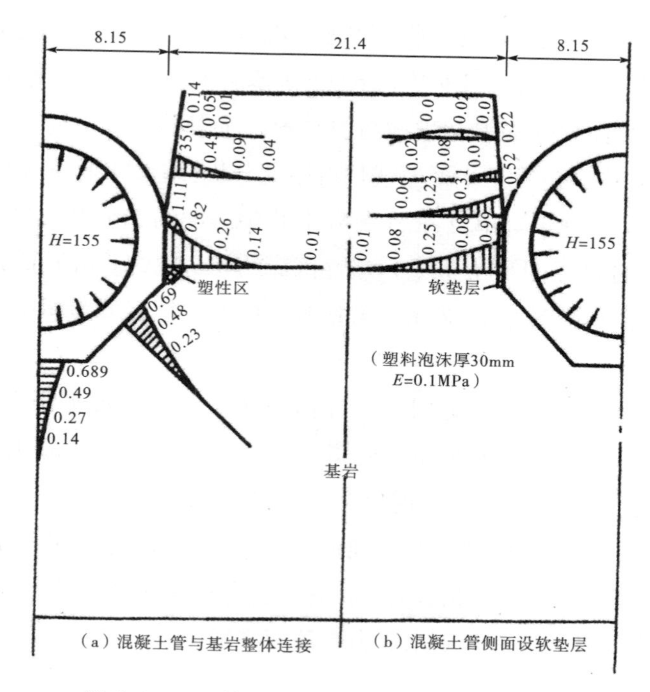

图 5.4.4 一管充水一管无水基岩应力分布图

(9)上、下弯段锚固设计

1)上弯段锚固设计:设计中考虑了不平衡内水压力、温度应力、自重三种荷载。在实际配筋中,以上弯段中心处分为上、下两部分,上半部分总的径向推力合力约 250kN/m,仅需构造配筋 2×34ϕ40@33.3,下半部分总的径向推力合力约 1620kN/m,配 2×56ϕ40@25。

2)下弯段锚固设计:槽面只需设键槽,并按构造设置插筋。在岸坡坝段锚筋 ϕ25@200,按梅花形布置,锚筋插入岩槽 3.0m,伸入管道混凝土 1.0m。在河床坝段插筋也采用 ϕ25@200 也按梅花形布置,插入坝体 3.5m,伸入管道混凝土 1.0m。

(10)背管抗震性能分析

钢衬钢筋混凝土背管段与大坝刚性连接,且敷设在预留浅槽内,管道本身具有刚度大的特点,对管道的抗震是有利的。计算和模型试验都表明,在地震荷载作用下,管道结构的振动形态与大坝结构的振动模态一致,管壁应力以轴向应力为主,环向应力较小。上弯段与下游坝面交按处为薄弱部位,最大动应力为 0.8MPa。管坝结合面的动应力很小。坝后钢衬钢筋混凝土引水管的钢衬外包——较厚的钢筋混凝土管,大大增强了管道的刚度,且与坝体连续刚性连接,能提高抗震性能(包括抗地震和抗激流振动)。

5.4.3 左、右岸坝后电站引水压力管道伸缩节

5.4.3.1 左、右岸坝后电站引水压力管道厂坝间设置伸缩节研究

三峡电站进水口为坝式进口,每台机组为单管引水,最大引用流量 966.4m^3/s;钢管内

径12.4m，设计最大水头（计及水锤升值）139.5m；机组安装高程57.0m；钢管采用坝下游坡浅留槽坝面管布置，管轴线平行坝坡距坝面1.73m；钢管全长122.6m；下弯管弯曲半径30.0m，弯角54.25°，钢管末端距机组中心线（X轴）13.2m。

厂、坝各按独立结构设计，厂坝间设有温度沉陷缝。一般情况下厂坝连接处的钢管均要设置伸缩节，以适应各种荷载作用下产生的钢管轴向变位、竖向不均匀沉降及相对转角。设置伸缩节不仅使工程投资和运行费用增加，对于三峡这样的巨型管道，伸缩节的制造、安装以及运行期的止水等技术问题也很突出。

(1)厂、坝接缝处位移量分析

厂房与大坝间的水平位移和不均匀沉陷值是由温度变化和不同的荷载条件所引起的。厂坝间分缝处的初始温度，考虑了大坝和厂房施工形成缝面时的各自温度。左厂1～6号坝段施工期最高温度为26～36℃。由于大坝尺寸很大，施工期自然散热的作用可忽略不计，故取上述温度为大坝初始温度。厂房该部位基本脱离基础约束区，设计选择最不利浇筑混凝土的最高温度为其初始温度，其值为38℃。

大坝、厂房经过施工期和运行期散热，各自降至其特定温度状态。厂坝分缝处温度水平变位（张开度变化）主要取决于大坝和厂房各自初始温度降至大坝稳定温度和厂房运行期最低温度的量值。

大坝稳定温度在该区为15.2～16.1℃，厂房分析了一般结构厚度在施工期、运行期的最低温度，其控制条件为运行期，电站运行期最低温度为11～12℃。

起控制作用的大坝温度水平变位温度降低值，常规混凝土岸坡坝段为10.4～19.4℃；起控制作用的电厂温度水平变位温度降低值为26～27℃。

根据上述的温度条件，考虑上游水位135.0m、156.0m、175.0m不同工况，分别计算岸坡坝段及河床坝段的变位值，以及厂房的变位值。在57.0m高程处的水平相对位移值为5.10～9.13mm，厂坝间不均匀沉陷值最小为0.03mm，一般为0.7mm，最大达3.09mm。

(2)钢管应力计算

下水平段钢管按明管设计，选用600N/mm^{2}强度级钢板，根据规范，计算的容许应力值为177MPa。钢板厚度为54mm，如果不设伸缩节，该段钢管要承受厂坝间沿钢管轴向的水平相对位移、垂直相对不均匀沉陷产生的附加应力和温度变化（12℃）产生的应力，以及钢管自重、水重和内水压力作用下所产生的应力。假定长度8.0m的钢管两端分别被固定在大坝和厂房（大体积混凝土）上，计算得出的应力为299.71～351.91MPa，显然采用54mm厚的600N/mm级钢板不能满足允许应力要求。

由上述位移和应力值成果，厂坝间压力钢管以设伸缩节为宜，是否可在部分坝段或特定条件下取消，视具体情况另行研究。

(3)伸缩节类型研究

伸缩节直接关系到引水压力钢管的安全可靠性，其类型选择至关重要，借鉴国内外水电站引水压力钢管采用的伸缩节类型，设计比较三种结构：

1)单向伸缩节：又称为套筒式温度伸缩节，它只能适应钢管轴向的位移，而微量的不均匀沉陷，靠套筒承环与管壁来适应。丹江口电站厂坝间伸缩节(内径7.5m)、隔河岩电站钢管上伸缩节(内径8.0m)，均为这种类型。

2)双向伸缩节：又称为温度—沉陷伸缩节，它除了可以适应比较大的沿钢管轴向位移外，还可以适应比较大的垂直不均匀沉陷。清江隔河岩电站压力钢管厂坝间分缝处设有这种伸缩节。对这种大型的双向伸缩节，国内制造、安装均有成功经验，但制造复杂，费用高。

3)内接式伸缩节：可以适应一定量的轴向位移及垂直向位移。三峡大坝、厂房基础好，不均匀沉陷量小，温度产生的轴向位移量不是很大，采用这种伸缩节在结构上是可行的，但与前两种伸缩节相比较，国内尚无可供参考的经验，还需要进一步研究。

经对上述三种伸缩节进行比较，说明内接式伸缩节具有一定的优越性，可作为推荐方案，但这种伸缩节在国内尚未制造过，还有许多问题需要落实。单向伸缩节在国内已有较成熟的设计制造经验，可作为备用方案。

5.4.3.2 左、右岸坝后电站引水压力钢管厂坝间取消伸缩节采用垫层管方案研究

引水压力钢管厂坝间可否取消伸缩节，采用垫层管替代，主要取决于垫层管两端的相对位置值所产生的钢管应力是否在允许应力的范围内。为验证伸缩节的安全可靠性，有关科研单位对三峡电站厂坝间相对位移值和垫层管应力值进行了复核计算。中国水利水电科学研究院、大连理工大学、长江科学院承担了复核计算工作。岸坡坝段和河床坝段各取一个代表性坝段，用三维非线性有限元对大坝、厂房和垫层管的相互作用进行仿真计算，复核垫层管的两端相对位移和钢管应力。

(1)复核计算的主要参数

1)垫层管合拢时间和主要荷载

合拢时间：左厂1～6号岸坡坝段按垫层管“先合拢后蓄水”，左厂7～14号河床坝段垫层管“先蓄水(135m水位)后合拢”考虑。

2)垫层管合拢后的温度荷载

合拢时间分别按春、夏、秋、冬四个节进行复核计算，分析温度荷载对相对位移和钢管应力的影响，以便选择有利的合拢时段。

3)垫层参数

垫层厚度为50mm，变形模量为2.4MPa，计算时不计泊松比值。

4)蜗壳与混凝土间的摩擦力，按 $f=0.5$ 计(值)，不计凝聚力($c=0$)

5)基岩和混凝土的变形模量值

岸坡坝段，采用坝基岩石 $E_0=15$GPa，建基面以下7.5m和钢管槽周围10.0m的岩石 $E_0=10$GPa，厂房基岩 $E_0=26$GPa。

河床坝段，坝基岩石 $E_0=15$GPa，厂房基岩 $E_0=30$GPa。

大坝混凝土 E_0＝26GPa，厂房混凝土 E_0＝33GPa。

6）蜗壳保压浇筑混凝土水头 78.0m。

7）考虑三峡工程混凝土采用中热水泥的 MgO 含量较高，计算不考虑混凝土自身体积变化的影响。

8）计算中垫层管长按 10m 计算，其中坝内长 5.8m（位于上游副厂房下），主厂房内长 4.2m，垫层在钢管外围 360°全包，10m 垫层管分四段：坝内 5.8m，穿厂房上游墙 4.2m 可分为Ⅰ期混凝土穿墙段 2.2m 和Ⅱ期混凝土 2.0m 段以及墙体下游侧至蜗壳进口的 1.1m 段，见图 5.4.5、图 5.4.6。

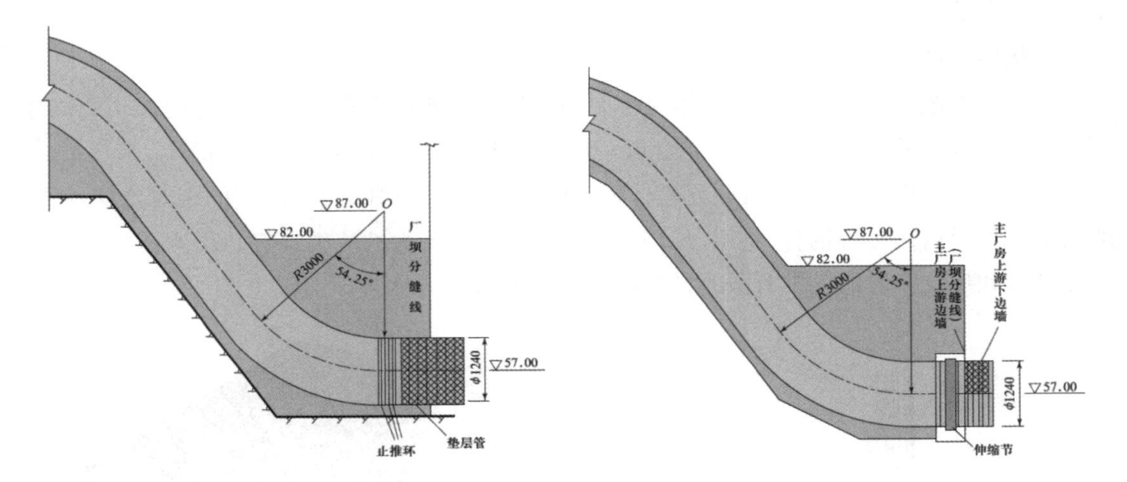

图 5.4.5 垫层管取消伸缩节位置

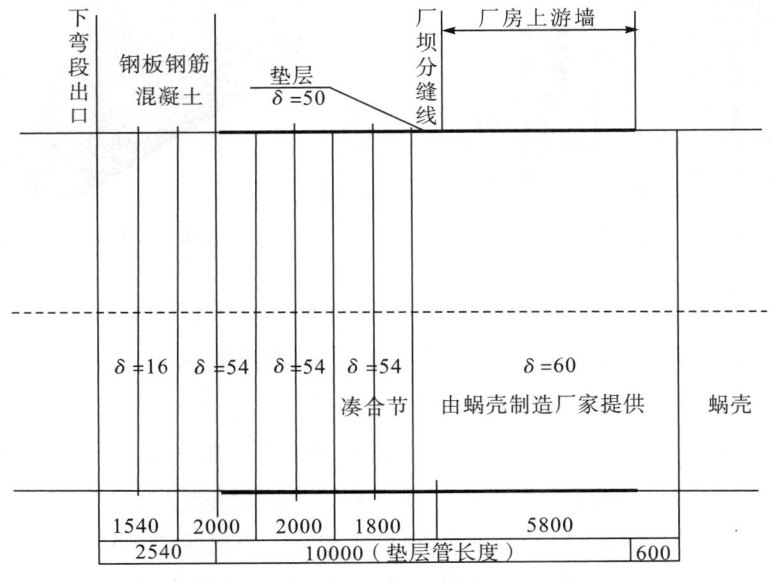

图 5.4.6 取消伸缩节后垫层管布置

(2)基本计算模型

1)三维有限元整体结构模型

岸坡坝段的建基面取高程 90m,河床坝段取高程 25m;岩基上、下游侧及深度方向各取一倍坝高。基岩上游侧自由,横河向与下游侧基岩法向约束,坝体段、厂房侧面分缝视为自由面。

厂坝分缝计算模型:

岸坡坝段:高程 50m 以下已进行接缝灌浆。

河床坝段:①厂坝间分缝面设软垫层,按不传力考虑,但厂房下部高程 25m 以下混凝土与上游基础接触面传力;②厂坝间分缝面高程 50m 以上不传力,高程 50m 以下仅传递推力,不传拉力和剪力。

2)垫层管计算模型

垫层管长按 10m 计算,其中坝体内长 5.8m(位于上游副厂房下),主厂房内长 4.2m(穿厂房上游墙)。垫层在钢管外围 360°全包。10m 长垫层管上、下游端均设止推环。

在计算过程中,先在三维有限元整体模型中算出垫层管(10m 长)两端的相对位移;而后取出垫层管脱离体进行钢管、垫层、外围混凝土结构联合受力的应力计算。引水压力钢管与蜗壳结构和垫层管段的三维有限元计算网络图见图 5.4.7 及图 5.4.8。

图 5.4.7 岸坡坝段网格图

图 5.4.8 垫层管段段网格图

(3)复核计算成果

复核计算垫层管顶上、下游两端相对位移差值和垫层管的最大组合应力见表 5.4.7、表 5.4.8。

从表 5.4.7、表 5.4.8 可以看出,三单位计算结果规律基本一致。数据方面,常规荷载下的位移差和膜应力值接近,温度荷载下的位移差和应力值相差稍大。

设计根据我国有关规范,垫层管的允许应力在膜应力区为 230MPa,在局部应力区为 365MPa。据此,对上述计算结果进行判别,可见:岸坡坝段垫层管的应力在各种工况下均满足要求,完全可以用垫层管代替伸缩节;河床坝段除湊合节冬天合拢、夏天运行时垫层管最大组合应力略超过允许值外，其他工况均满足要求。对这种略超过允许值的工况，若采用适当措施，使应力值降到允许值以下，也有条件采用垫层管取代伸缩节。

表 5.4.7　　10m 长垫层管的两端位移差(mm)

部位	工况		长江科学院			大连理工大学—中国水科院		
			顺河向 ΔU	横河向 ΔV	垂直向 ΔW	顺河向 ΔU	横河向 ΔV	垂直向 ΔW
岸坡坝段	常规荷载					1.47(顶)	-0.42	-0.39
	温度作用	凑合节夏天合拢				0.15	-0.27	-1.29
		凑合节冬天合拢				1.81	0.21	-0.90
	组合	凑合节夏天合拢	1.21	-0.29	0.32	1.62	-0.69	-1.68
		凑合节冬天合拢	1.79	-1.15	-0.77	3.28	-0.21	-1.29
河床坝段	常规荷载		3.80	-0.21	-1.79	3.27	-0.52	-1.18
	温度作用	凑合节夏天合拢	0.02	-0.17	0.82	0.31	-0.32	-1.64
		凑合节冬天合拢	0.96	-0.84	-0.09	2.97	0.03	-2.43
	组合	凑合节夏天合拢	3.82	-0.38	-0.97	3.58	-0.84	-2.82
		凑合节冬天合拢	4.76	-1.05	-1.88	6.24	-0.49	-3.61

注：位移差 Δ=上游端位移-下游端位移；顺河向位移向下游为正，横河向位移向左岸为正，垂直向位移向上为正。计算不考虑留环缝，河床坝段厂坝接缝不考虑传力。

表 5.4.8　　10m 长垫层管最大应力值(MPa)

部位	工况		长江科学院						大连理工大学—中国水科院					
			膜应力区			局部应力区			膜应力区			局部应力区		
			轴向 δ_x	环向 δ_6	组合 δ_e	轴向 δ_x	环向 δ_6	组合 δ_e	轴向 δ_x	环向 δ_6	组合 δ_e	轴向 δ_x	环向 δ_6	组合 δ_e
岸坡坝段	常规荷载								30	135		29	142	
	温度作用	凑合节夏天合拢							-21	-0.2		-23	-14	
		凑合节冬天合拢							-78	-0.5		-87	-36	
	组合	凑合节夏天合拢	-15	157	151	-244	106	251			134			143
		凑合节冬天合拢	-73	159	192	-373	99	330			175			184
河床坝段	常规荷载		-43	158	180	-346	96	308	-46	130	154	-54	142	178
	温度作用	凑合节夏天合拢	-13	0	19	-48	2	44	-25	-0.2		-28	-15	
		凑合节冬天合拢	-76	2	77	-140	-10	121	-99	-25		-111	-37	
	组合	凑合节夏天合拢	-68	159	188	-331	100	297			170			185
		凑合节冬天合拢	-134	159	243	-447	88	398			235			248

注：轴向、环向应力：正值为拉，负值为压；计算不考虑预留环缝，河床坝段厂坝接缝不考虑传力；应力计算中，长江科学院不考虑垫层传力作用，大连理工大学—中国水科院考虑垫层传力作用。

(4)引水压力钢管厂坝间取消伸缩节采用的结构措施研究

根据长江科学院和大连理工大学—中国水科院的计算成果进行分析,引水压力钢管厂坝间取消伸缩节而采用垫层管替代后,需采用相应的结构措施:

1)计算成果表明,在上游副厂房下方设预留环缝,可以等待有利时机进行合拢,但对施工带来不便,是否设置预留环缝可根据施工条件等综合考虑确定。当不设预留环缝时,蜗壳进水口上游端附近闷头切除处设置的凑合节焊缝,可作为垫层管的合拢焊缝。

2)对于不设预留环缝的情况,三单位计算成果都表明:岸坡坝段不论春、夏、秋、冬四季进行合拢焊接,垫层管的应力均不超过允许应力值。而河床坝段的垫层管则对合拢时间有一定的要求:在上、下游端均设止推环的情况下,应在气温较高的春、夏、秋对接,合拢时,要求创造人工小气候条件,适当提高环境温度。

3)在垫层管和钢管结合处设止推环,虽然对垫层管应力稍有提高,但有利于制约蜗壳在运行期的位移和扭转,增加蜗壳的稳定性,因此建议在蜗壳进口设止推环。

4)关于垫层管的长度,各单位的计算成果都表明,10m 长的垫层管无论对岸坡坝段还是河床坝段,其应力水平基本满足设计要求。但 12m 长的垫层管,其应力值可比 10m 长的垫层管减少 10%左右。因此,在有条件时,垫层管宜适当加长。

5)关于厂坝间的分缝面的处理,计算结果都表明,采用传压(但不传拉应力和剪应力)的接触方式,可以减少垫层管应力和轴向位移,因此,河床坝段钢管取消伸缩节时,在高程 51m 下,尽可能采用厂坝连接传压方式。

5.4.3.3 左、右岸坝后电站岸坡坝段引水压力钢管厂坝间设置垫层管

设计综合分析各科研单位对引水压力钢管厂坝连接处位移和应力复核计算的成果,岸坡坝段左岸厂房 1～6 号坝段和右岸厂房 24～26 号坝段最大平均相对位移为:管轴向 2.29mm(压缩变形)、坝轴向 1.29mm、竖向 0.93mm。岸坡坝段钢管冬天合拢时,中段最大等效应力为 237MPa,端部最大等效应力为 357MPa;其他节合拢情况下,中段等效应力不超过 253MPa,端部等效应力不超过 330MPa,在春夏秋冬四季进行合拢焊接,钢管的应力均不超过允许应力值。确定两岸岸坡坝段引水压力管间厂坝间取消伸缩节,设置垫层管适应厂坝连接处的轴向变位和径向变位,垫层管在轴向变位和径向变位中,相对于外围混凝土可以自由变位。

垫层管长 10m,按明管设计,管壁厚 60mm,材质为 600MPa 级调直钢,与相邻下弯段材质相同。垫层材料为聚乙烯闭孔泡沫塑料 L-600,变形模量为 2.4MPa/m^3,厚 50mm,垫层将钢管全包(360°)。钢管合拢焊缝为对接“X”形坡口,内外双面焊,焊接后浇筑外围钢筋混凝土。外围钢筋混凝土按全水头设计,安全系数不小于 1.0。

5.4.3.4 左、右岸坝后电站河床坝段引水压力钢管厂坝间设置伸缩节

各科研单位对引水压力钢管厂坝连接处位移和应力复核计算成果表明:河床坝段左岸厂房 7～14 号坝段和右岸厂房 15～23 号坝段最大平均相对位移为:管轴向 5.26mm(压缩变

形)、坝轴向1.35mm、竖向2.36mm。河床坝段钢管夏季合拢时,中段最大等效应力为221MPa,端部最大等效应力为309MPa;其他节合拢情况下,中段等效应力超过253MPa,端部等效应力超过368MPa。河床坝段7～23号引水压力钢管厂坝间设置垫层管工作条件相对复杂,除夏季合拢条件尚可满足允许应力要求外,其他时间合拢均超过允许应力,而在现有条件下,提出加长垫层管、提高垫层管允许应力和营造垫层管段合拢小气候以及厂坝间填缝等工程措施和技术保障措施尚难以落实,并有可能导致技术条件进一步复杂化,左岸电站机组制造厂家VGS水电公司基于蜗壳应力条件提出的变形控制要求,采用垫层管方案不能满足,只有设置伸缩节管才能满足要求。经综合分析比较,确定河床坝段7～23号引水压力钢管厂坝间设置伸缩节。

(1)选择伸缩节

比较了常规套筒式单向伸缩节、加设内波纹水封的单向套筒伸缩节、加设内波纹水封的套筒式伸缩节和新型伸缩节(内接式、Ω形波纹伸缩节)之后,推荐加设内波纹水封的套筒式伸缩节(图5.4.9),即在常规套筒式伸缩节套筒内加设不锈钢制成的波纹形钢水封,其套筒部分和波纹水封系统可单独满足强度、刚度、稳定性、变形疲劳寿命及封水不漏水等要求。伸缩节长2.2m,质量为75t,与常规套筒式伸缩节相比,由于在自由伸缩部位增设波纹管,解决了伸缩节漏水问题。

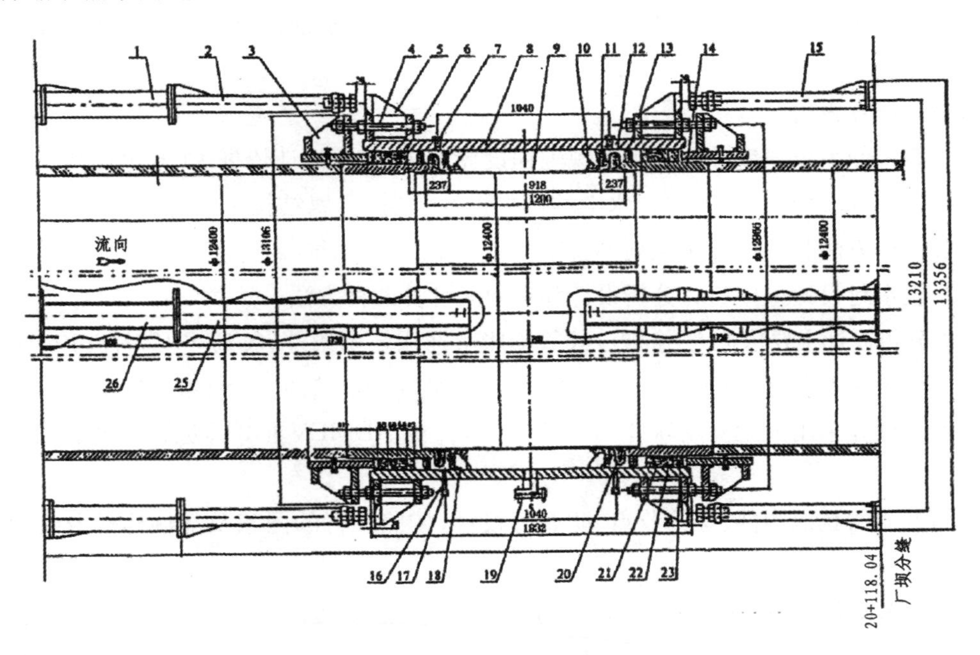

1—上游限位支位;2—上游限位杆组件;3—密封圆压环;4—双头螺栓;5—固定环;6—密封圆挡环;7—堵头1;8—外套管;9—导疏板;10—导流板支承;11—端环;12—波纹管;13—加强环;14—内套管;15—下游限位杆组件;16—波纹管漏水信号接头;17—堵头2;18—端环加强板;19—排水孔组件;20—弹性填料;21～23—密封圈;24—吊耳;25—支座1;26—支座2

图5.4.9　伸缩节组装图

(2)伸缩节设计

1)伸缩节设计计算参数

①荷载和伸缩节室两端相对位移

内水压力1.4MPa;顺水流向最大相对位移15mm;径向最大相对位移5mm;顺水流向循环相对位移10mm;径向循环相对位移3mm;循环次数1000。

②温度条件:

水温变幅17℃;气温变幅23℃。

③伸缩节管段内水流流速及压力脉动频率

最大引用流量1020m^3/s;相应流速8.5m/s;压力脉动频率10～50Hz。

④伸缩节周边材料

(a)外围混凝土

弹性模量26GPa;泊松比0.167;线膨胀系数0.85×10^{-5}/℃。

(b)垫层

厚度30mm;弹性模量2.4MPa。

(c)与伸缩节相接的上、下游钢管

材料(JIS标准)SUMITEN610F;屈服极限(δ_s)460MPa;强度极限(δ_b)600～720MPa;弹性模量210GPa;泊松比0.3;线膨胀系数1.2×10^{-5}/℃;上游钢管壁厚54mm;下游钢管壁厚58mm。

2)设计计算方法

①套筒式伸缩节强度计算采用常规工程设计方法,主要设计依据为《水电站压力钢管设计规范(试行)》(SD 144—1985)、《水电站机电设计手册(金属结构·二)》和《水电站压力钢管伸缩节计算方法》(长江流域规划办公室)。

②波纹水封设计采用应力分析设计和有限元计算两种方法:

应力分析设计主要依据为《金属波纹管膨胀节通用技术条件》(GB/T 12777—1999),并参考《压力容器波形膨胀节》(GB 16749—1997)、《美国膨胀节制造商协会标准》(EJMA—1998)。

有限元计算采用大型商用软件NASTRAN,并按ADMEVⅢ-2篇进行强度和疲劳寿命评定。

③伸缩节的其他构件、焊接节点、防腐等设计,按照现行的国家及部颁标准及规范进行设计。

④伸缩节对伸缩节检修室两端墙处钢管的影响(应力、变形)采用有限元计算方法。计算采用大型商用软件NASTRAN,并按ADMEVⅢ-2篇和《水电站压力钢管设计规范(试行)》(SD 144—1985)进行强度评定。

3)伸缩节的材料特性

加设内波纹水封的套管式伸缩节的材料特性如下:

①内套管、外套管、加强环、端环

材料：SUMITEN610F；机械性能：E＝210GPa，δ_s＝460MPa；δ_b＝600～720MPa；泊松比＝0.3，线膨胀系数＝1.2×10^{-5}/℃；内套管壁厚58mm；外套管壁厚60mm。

②压圈、法兰等受力结构件

材料：Q345B；机械性能：E_b＝210GPa，δ_s＝295MPa；δ_b＝470～620MPa；壁厚：40mm。

③波纹水封

材料：SUS316L；机械性能：E_b＝195GPa，$\delta_{0.2}$＝177MPa；δ_b＝480MPa；线膨胀系数＝1.6×10^{-5}/℃；壁厚1.5mm×5。

④普通橡胶水封填料

技术特性：拉伸强度10～15MPa；肖氏硬度：50～60；延伸率：400％～500％；在－40～40℃温度下工作不发生冻裂或硬化。

⑤遇水膨胀橡胶

技术特性：拉伸强度≥4MPa；遇水后体积膨胀率≥200％；肖氏硬度：40±5；延伸率：650％。

在模拟工况条件下压缩应力为1.2MPa时，根据试验测得，水封填料对内、外套接触压力为1.205～1.208MPa，干摩擦系数为0.920，湿摩擦系数为0.355。

4)波纹管水封系统及其与套筒系统之间的位移协调

波纹水封采用带加强的U形波纹管，复式自由型膨胀结构，波纹管内填可平衡水压的充弹性发泡材料用于阻沙，并可在波纹管内积沙。波纹水封与中间外套管共用，波纹管水封长度L_u＝1200mm，单侧波数为1个波。

当内套管内直径D_1＝12400mm，壁厚t＝58mm，外套管内直径D_2＝12676mm，橡胶填料层厚度H＝80mm，波纹水封长度L_u＝1200mm，两侧填料层中心距离L＝1662m时，套筒系统在变位后发生的尺寸关系变化见表5.4.9。

表5.4.9　套筒系统在变位后发生的尺寸关系变化

位移分配(mm)	$X_1+X_2=0$	$(X_1+X_2)/2=12.5$（两侧均匀分配）	$X_1+X_2=25$（集中在一侧）	转角(°)
$(Y_1+Y_2)/2=4$（上下平均分配）	B＝15.2	B＝27.7	B＝40.2	0.138
$Y_1+Y_2=6.5$	B＝24.6	B＝37.1	B＝49.6	0.224
$Y_1+Y_2=8$（集中在一侧）	B＝30.3	B＝42.8	B＝55.3	0.276

由于外套管在伸缩节位移时发生了转角和单侧滑移（当伸缩节垂直变位时，上、下两侧的滑移量最大），为了使内部的波纹水封系统不发生干涉，从安全考虑，在波纹水封的两端外侧预留滑移长度，当中间外套管取得较长时，其转角较小，单侧滑移长度也较短，在几何变形上是比较有利的。

为减少因两侧橡胶填料压紧后摩擦力不均造成波纹管水封两侧轴向位移分配不均匀对套筒系统的影响，结构上采取了限位措施。

由于一次性位移 X_1 为压缩性位移，采取限位措施后，伸缩节可供安装调节的余量为：拉伸 0～20mm。

5)套筒填料密封系统

伸缩节套筒式填料密封系统采用复式结构，以满足变位要求。

①组合式填料层

组合式填料层两侧采用普通橡胶，并在橡胶和内套管接触的层面上复合聚四氟乙烯层，以减少该层面上的摩擦阻力。填料层中间采用遇水膨胀橡胶。该材料已广泛应用于隧道、地铁等场合，是一种大尺寸构件永久性止水的有效材料。为了在一旦波纹水封失效后填料密封尽快投入运行，在靠内水一侧的普通橡胶层上设有若干导水孔，使遇水膨胀橡胶有更大的遇水接触面积，加快其遇水膨胀速度。普通橡胶盘根与遇水膨胀橡胶盘根相间布置，当波纹水封正常工作时，可减小伸缩节轴向变位时的摩阻力，并方便水封填料的安装。在各填料层中均预埋有若干螺母，供拆卸水封填料使用。

②压圈、法兰和内外套管组件

由压圈、法兰、内套管、外套管和紧固件组成的填料压紧结构，是一种比较成熟的典型套筒式伸缩节结构。压圈和法兰材料采用 Q345B，为双法兰结构，整个结构的各部件强度按材料力学的设计方法进行设计计算。

③波纹水封泄漏检测

在位于波纹水封和水封填料之间的外套管上布置测压孔，当波纹水封或其与套筒连接焊缝破坏时，可通过压力表监测泄漏情况，取得事故信号。测压孔兼作伸缩节水压试验的加压孔。

(3)伸缩节运用情况

2006 年 1 月机组冬修期间，检修发现左岸厂房 7 号坝段和 12 号坝段引水压力钢管伸缩节导流板部分槽形板连接螺栓断裂、个别连接焊缝出现开裂等现象。随即对导流板开裂焊缝进行焊补，将连接螺栓更换为 M16 8.8 级镀锌螺栓。2006 年 11 月机组冬修期间，检修发现左岸厂房 12 号坝引水压力钢管伸缩节导流板螺栓连接情况完好，仅在槽形板与导流板的焊缝连接处出现断裂，个别出现撕裂。初步分析认为，2006 年 1 月更换螺栓后，振动产生的交变应力转移到焊缝上，振动引起的高周应力疲劳造成焊缝产生裂纹。

2006—2007 年冬修将左岸厂房坝段 7～14 号引水压力钢管伸缩节导流板连接螺栓全部更换为 M16 8.8 级镀锌螺栓；单条裂纹尾部打止裂孔，裂纹(缝)处开坡口焊补磨平后，焊加强板；腰线以下部位 3/4 的平压孔加装封板，其余 1/4 平压孔直径改为 30～50mm；右下侧的导流板上设置顺水流向的加强筋；所有导流板的连接支架上两侧加焊加强板。右岸厂房坝段 15～23 号引水压力钢管伸缩节导流板在安装时已将上游侧平压板全部用盲板封堵，下游侧用盲板和直径 30mm 的孔板间隔封堵；导流板连接螺栓采用 M18 1Cr13 螺栓。

2007—2008年冬修发现左岸厂房坝段12号、13号引水压力钢管伸缩节腰线以上导流板出现裂纹(腰线以上平压孔未封堵),螺栓均未发现裂断。经研究对伸缩节导流板腰线以上平压孔上游侧全部用盲板封堵,下游侧用盲板和直径30mm的孔板间隔封堵,裂纹焊补。检修发现右岸厂房坝段17号、18号、20号、21号、22号引水压力钢管伸缩导流板部分连接螺栓断裂,随即进行更换。

2008—2009年冬修检查发现左岸厂房坝段8号、11号引水压力钢管伸缩节导流板再现裂缝等缺陷。随即将8号、11号引水压力钢管伸缩节导流板腰线以上平压孔上游侧全部用盲板封堵,下游侧用盲板和直径30mm的孔板间隔封堵,裂纹焊补。检修发现右岸厂房坝段引水压力钢管伸缩节导流板又有部分连接螺栓断裂,将导流板连接螺栓由M18 1Cr13螺栓全部更换为M18 8.8级内六角螺栓。

2009年9月检测发现右岸电站22号机组运行振动较大,检修人员对22号机组开蜗壳门检查,发现6块伸缩节导流板有3板脱落,卡在固定导叶部位,另有2块已严重变形,处于悬挂状态,1块完整未脱落。经研究,将原大导流板改为小板(每块大板改为15块小板),在端环加强板上焊接梯形梁,导流板通过螺栓与梯形梁连接。针对22号引水压力钢管伸缩节导流板脱落问题,结合机组检修,对右岸厂房坝段15号引水压力钢管伸缩节、左岸厂房坝段9~14号引水压力钢管伸缩节进行了检查,均未发现异常,为保证伸缩节导流板运行安全,2009年10月9日,组织相关单位专家,对三峡电站引水压力钢管伸缩节导流板处理进行了研讨,决定对其他引水压力钢管伸缩节导流板进行加固处理,其加固方案为:在每块导流板的环向增加4个一字梁(长300mm),2个布置在每块导流板的两端,另外2个沿导流板圆周以20°角均布,同时对所有导流板的连接螺栓进行防松动处理。

2010年1月29日,左岸厂房坝段9号引水压力钢管伸缩节导流板加固完成后,在压力钢管充水过程中出现漏水现象。漏水点位置为上游侧内、外套管与橡胶密封之间。初步分析认为,漏水现象由伸缩节波纹管焊缝裂纹所致。根据制造厂家中国华电电站装备工程(集团)总公司的处理意见,对伸缩节外套管上游侧橡胶密封圈螺栓进行全面调整,使橡胶密封均匀压缩,压缩量为7mm。经处理后该伸缩节渗漏呈滴渗状态。其他引水压力钢管伸缩节未发现渗漏。

5.5 左、右岸坝后电站水轮机蜗壳埋设结构

5.5.1 水轮机蜗壳埋设方式研究

三峡电站单机容量700MW,水轮机蜗壳*HD*值高(1773m·m),受力条件复杂,其埋设方式直接影响结构安全性、机组运行稳定性、厂房动态特性等,成为电站厂房设计中关键技术问题之一。蜗壳的埋设方式有直接埋入法、垫层埋入法和保压埋入法,后两种方法蜗壳外围混凝土承担较小比例的内水压力,直接埋入法蜗壳外围混凝土承担较大比例的内水压力,需配置较多的钢筋。长江设计院对蜗壳埋设方式进行了深入的研究,并委托大连理工大学、长江科学院、中国水利水电科学研究院、武汉大学、河海大学、哈尔滨电机有限责任公司(简称哈电)、东

方电机股份有限责任公司(简称东电)分别参与了蜗壳外围混凝土结构动力及静力计算分析、仿真模型试验、垫层埋设方式和保压埋设方式流道的刚度及强度复核计算等工作,长江设计院对蜗壳三种埋设方式进行跟踪监测,将监测成果与设计计算值进行了对比分析。

5.5.1.1 保压埋设方式

通常将钢蜗壳视为压力容器,根据其设计、安装规范,钢蜗壳按明管设计,并对在现场焊接成型的钢蜗壳进行1～1.5倍设计压力的打压试验,以检验其焊接质量及局部削减焊接应力。在完成对钢蜗壳质量检测之后,再采用(0.5～0.9)倍设计压力状态下浇筑外围混凝土,即蜗壳保压埋设方式。

(1)保压水头

保压埋设方式的保压水头是指在蜗壳外围混凝土浇筑过程中,钢蜗壳中心高程处的静压水头、三峡电站机组中心高程为57.0m。三峡工程分期蓄水,分三阶段逐步抬高运行水位:围堰挡水发电期,运行水位135.0m,蜗壳静压水头78.0m;初期运行期,夏水位135.0m,蜗壳静压水头78.0m,冬运行水位156.0m,蜗壳静压水头99.0m;正常运行期,夏水位145.0m,蜗壳静压水头88.0m,冬运行水位175.0m,蜗壳静压水头118.0m。围堰挡水发电期和初期运行期时间较短,不作为保压水头选择的依据。正常运行期长期的运行水位是保压水头选择的依据。为保证机组安全稳定运行,保压水头的选择应保证机组在长期运行的水头范围内,钢蜗壳与混凝土能大部分紧密接触,提高整体刚度,兼顾短期运行的工况,并应尽量发挥蜗壳的承载能力,减少混凝土承载比,使混凝土配筋合理,节省造价。为此选择正常运行期蜗壳最小静压水头的0.8倍(88.0m×0.8=70.4m)作为保压水头,即保压水头选用70.0m。

(2)保温保压浇筑蜗壳外围混凝土

研究表明,蜗壳内水温的变化对其变形较敏感,经计算,水温升高1℃,相当于蜗壳内水头增加约2.0m。三峡坝址冬最低水温为9℃左右,夏最高水温为26℃左右,相差17℃。蜗壳外围混凝土浇筑时间需四五个月,且需全年施工,蜗壳外围混凝土施工时其内水温与机组运行时蜗壳水温存在差值,此差值影响内水压力的大小。为此,采用蜗壳外围混凝土浇筑时,视蜗壳内水温的变化,通过对蜗壳内调节压力或水温的办法解决。即在蜗壳充水浇筑外围混凝土过程中,需同时控制蜗壳内的水压和蜗壳内的水温。三峡电站机组蜗壳的容积约6000m^3,长江设计院开发一套由蜗壳闷头、座环密封环、承压式电热水锅炉、循环水泵、测温装置、加压泵、膨胀水箱及补水箱等组成的保温保压装置,水温低时可加温,水温高时可降温或调降蜗壳内水压力。蜗壳外围混凝土浇筑过程中,将蜗壳内水温控制在16～22℃,并成功地对蜗壳内水压力进行了控制。

(3)蜗壳外围混凝土结构设计

三峡电站机组蜗壳外围混凝土结构几何形态复杂,采用线弹性三维模型进行静力分析。在计算模型及范围的选取、边界条件模拟、机组荷载作用等方面均作一些假定。

1)计算模型

选取一个机组段,左右界面为机组分缝,模型宽 38.3m,上下游界面由厂坝缝至主厂房下游墙下游面模型长 39.0m,高程界面由水轮机层 67.0m 至尾水管锥管层 40.0m,模型高 27.0m。模型范围立体分布有交通操作廊道、锥管进人廊道、水轮井进人廊道、接力器坑、楼梯竖井及吊物孔等空腔,尺度一般为 2~3m,计算时空腔未计。

计算模型包括蜗壳、座环(上下环板及固定导叶)、压力钢管及外围混凝土等结构,其中压力钢管敷软垫层。钢蜗壳与混凝土间直接传递径向力及切向摩擦力,并通过垫层传递径向力。模型下边界为固端约束,其他界面为自由边界。压力钢管为水平约束。

钢构件材料参数:$E=210\text{GPa}$,$\mu=0.3$,$\gamma=78.5\text{kN/m}^3$;混凝土材料参数:$E=28.5\text{GPa}$,$\mu=0.1667$;$\gamma=25.0\text{kN/m}^3$;垫层材料参数:$E=2.5\text{MPa}$。

2)设计荷载

蜗壳保压浇筑完外围混凝土并卸压后,钢蜗壳与混凝土之间存在初始间隙,假设机组运行蜗壳充水至保压水头时,该初始间隙完全闭合,超过保压水头部分由钢蜗壳与混凝土共同承担。蜗壳设计水头 139.5m,保压水头 70.0m 由钢蜗壳承担,剩余 69.5m 由蜗壳与混凝土共同承担。

作用在结构上的荷载:设计水头与保压水头之差 69.5m,发电机定子质量 1400t,下机架支座传递的作用力为 58000kN,水轮机层荷载 20kN/m^2,模型自重及水轮机层以上结构自重等。计算未考虑温度荷载的影响(包括保压水温的影响)。

3)蜗壳外围混凝土结构设计

鉴于蜗壳外围混凝土结构的应力状态较为复杂,其混凝土结构设计是按弹性状态下各截面的主拉应力图形面积确定配筋数量。

当主拉应力图形偏离线性分布较大时,采用式(5.5.1)计算钢筋用量。

$$A_g = k_g \times T/R_g \tag{5.5.1}$$

式中:k_g为受拉钢筋的强度安全系数;T为由钢筋承担的拉应力合力,当截面宽度为b时,$T=\omega_1\times b$;ω_1为拉应力图形面积中扣除应力小于混凝土许可拉应力$[R_1]$后的图形面积,但扣除部分的面积不宜超过全部拉应力图形面积的 25%[《水工混凝土结构设计规范》(SL/T 191—1996)中为 30%];$[R_1]=R_1/K_h$,K_h为混凝土结构的抗拉强度安全系数;R_g为钢筋许用应力。

当应力图形受力区高度大于或等于应力图形总高度的 2/3 时,应按受拉区应力图形的全部面积计算钢筋用量。

由三维线弹性有限元计算结果可知,应按受拉区应力图形的全部面积计算钢筋用量。钢筋的配置方式应根据应力分布图形及结构的特点视具体拉应力分布情况而定,一般配置在蜗壳外缘拉应力较大的区域,在拉应力较小的范围内相对减少钢筋量。所配置的钢筋既要满足结构受力的要求,同时要尽可能地做到方便施工。

4)座环径向柔度分析

在三峡电站左岸厂房蜗壳外围混凝土结构设计过程中，机组制造商 ALSTON 曾要求土建设计提供座环、蜗壳及混凝土整体结构的柔度值，并以此来说明当机组运行时，座环、蜗壳及混凝土整体结构的刚度是否能保证机组的稳定运行。机组制造商根据巴西伊泰普电站的经验，认为座环的最大柔度不能超过 0.22μm/kN，三峡电站要求其值为 0.05～0.22μm/kN 且更接近 0.05μm/kN 为宜。

ALSTON 提供了三峡机组水导轴承水平径向力作用在座环上环板上径向力的分布见图 5.5.1 及 24 个作用点、力的大小和方向（表 5.5.1）。作用力的合力为 10kN，X 轴的方向在其作用的座环上环板平面上是任意的。据此，设计对蜗壳与外围混凝土结构完全贴紧状态下的整体结构进行三维线弹性分析，计算出座环的最大柔度为 0.038μm/kN。

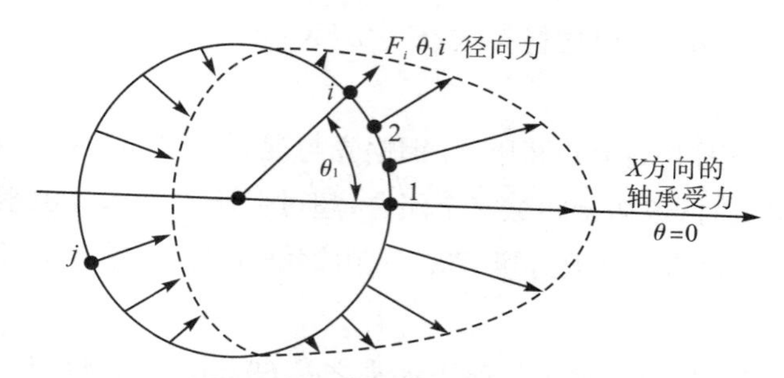

图 5.5.1 水导轴承作用在座环上的受力分布

表 5.5.1 座环各作用点上的径向力

作用点	角度(°)	径向力(kN)	作用点	角度(°)	径向力(kN)	作用点	角度(°)	径向力(kN)
1	0	1188	9	120	−541	17	240	−541
2	15	1052	10	135	−563	18	255	−456
3	30	869	11	150	−552	19	270	−286
4	45	598	12	165	−530	20	285	−30
5	60	281	13	180	−571	21	300	281
6	75	−30	14	195	−530	22	315	598
7	90	−286	15	210	−552	23	330	869
8	105	−456	16	225	−563	24	345	1052

(4)保压埋入方式对蜗壳外围混凝土结构的影响因素

1)蜗壳边界条件改变

蜗壳外围混凝土在保压浇筑混凝土过程中，保压阶段蜗壳进口端和座环内侧分别装闷头和座环密封圈，这时蜗壳的变形与机组运行时蜗壳的变形有差别。保压时和运行时蜗壳变形示意图见图 5.5.2。

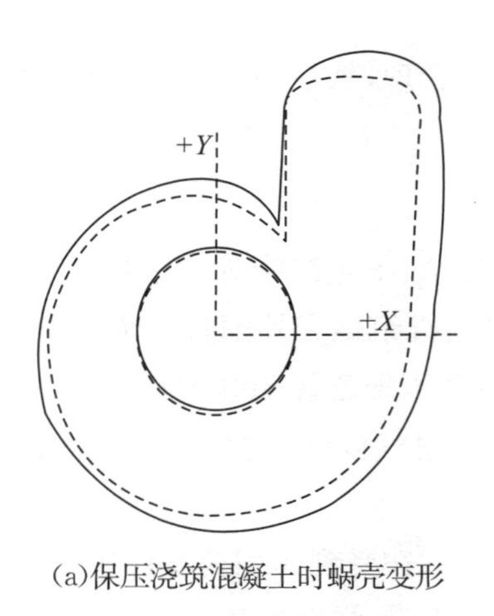

(a)保压浇筑混凝土时蜗壳变形

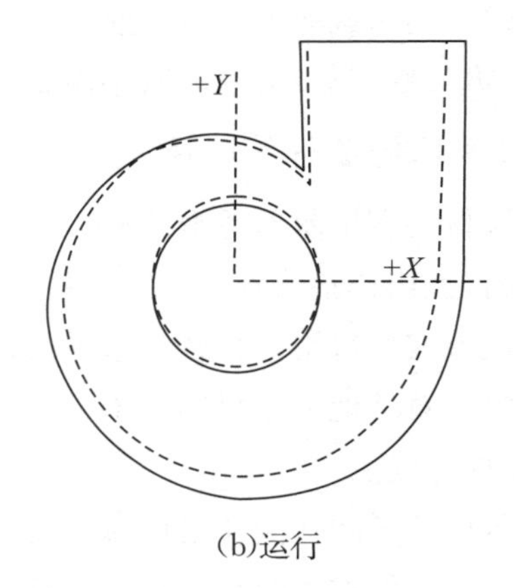

(b)运行

图 5.5.2 保压和运行时蜗壳变形示意图

保压时蜗壳支承在支墩上，闷头平衡了蜗向水推力，钢锅壳整体趋向上游变形，进口段整体趋向外侧变形，闷头约束了进口段的膨胀变形；混凝土浇筑完成，蜗壳卸压后其变形基本回复到保压前状态，而混凝土结构内轮廓已按蜗壳保压时的变形状态形成。

机组运行时，在蜗向水推力作用下，钢蜗壳整体趋向下游变形，而下游混凝土结构内轮廓逐渐变小，使得蜗壳过早地与混凝土结构贴紧，混凝土结构实际承受的内水压力将比计算值大，在混凝土结构设计中应考虑这个不利因素。

2)保压水温的影响

三峡机组蜗壳直径大，水温对蜗壳的径向变形影响较大，水温变化1℃相当于保压水头变化2.18m的效果。三峡天然河段各月平均水温的最大温差17℃，相当于37.0m水头。如果直接抽取天然河水按70.0m水头充水保压，可能会出现这种情况：冬施工的机组，夏运行水头43.0m施工的机组，冬运行水头107.0m时蜗壳与混凝土才贴紧。由于保压水头为70.0m，蜗壳与混凝土联合承担水头也约为70.0m，温差引起的水头变化均超过50%，无论对混凝土结构受力，还是对机组稳定运行，都是很大的影响。所以，必须采取措施减小这种影响。研究过水头补偿和水温补偿两种措施。水头补偿就是随着水温的变化调节保压水头，冬季施工采用43.0m保压水头，夏季施工采用107.0m保压水头。由于闷头布置在主厂房内，布置空间限制了闷头高度，设计水头107.0m的闷头设计及布置相当困难。另外，考虑加压设备的选择和调节水箱布置场地的困难，最终采用了水温补偿措施。

水温补偿的目的是调节蜗壳钢板的温度，控制蜗壳的变形。保压浇筑混凝土历时5个月，水温不仅受充水温度影响，还受混凝土水化热影响，水温传递快，调节水温对蜗壳温度影响更直接。机组引水处多年平均水温18℃左右，将保温水温控制在16～22℃。冬季浇筑蜗壳混凝土时，蜗壳内压力水需要加温，夏季需要降温。实际保压水头控制在(70.0±1.0)m，保压水温控制在(21±1)℃，即为保温保压浇筑蜗壳外围混凝土。

5.5.1.2 垫层埋设方式

钢蜗壳外围一定范围敷设软垫层浇筑混凝土的方式称为垫层埋设方式。该方式可充分发挥钢蜗壳的承载能力，使蜗壳外围混凝土结构受力较为合理，软垫层对蜗壳具有一定约束作用，可吸收蜗壳振动位移，减小混凝土结构的振动荷载。

(1)弹性垫层材料选择

垫层材料有聚苯乙烯泡沫板、聚乙烯泡沫板、软木、油毡、羊毛织物等。这些材料均属非线性材料，且用作垫层各自存在一些缺点。根据三峡电站机组蜗壳外围敷设垫层浇筑混凝土的埋设方式对垫层材料各参数的要求，经比较后选用高压聚乙烯闭孔泡沫板(PE)，因为该种材料相对其他垫层材料具有复原率高，有无吸水性、耐气候性、耐化学药品性、耐老化性、环保性等优点。

高压聚乙烯闭孔泡沫板仍属非线性高分子聚合材料，它在受到压缩荷载作用的过程中，其应力与应变的相关曲线上每点的切线斜率均会发生改变，其弹性模量是个变数。垫层埋设方式在进行三维有限元线弹性分析计算中，垫层厚30mm，计算中假定垫层材料的弹性模量为2.5MPa，为此要求实际所使用的垫层材料从应变的初始值至最大值之间的平均压缩变形模量在2.5MPa左右，使实际的结构中所产生的应力、应变值与理论计算值比较接近。根据实际垫层材料抽样检测结果来看，该材料符合此要求。

由于该垫层材料为低发泡闭孔泡沫板，其吸水率很低。可以避免造成混凝土施工时水分大量侵入垫层材料中，从而改变其压缩性能的不利情况发生(尽管实际应用时，垫层材料与蜗壳之间还设有排水槽和排水管)。

由于蜗壳内水压力是变化的，尤其是在机组检修放空后，再充水发电的反复加载，要求垫层材料有很好的复原性。尽管垫层材料生产厂商提供的资料表明该材料在25%压缩变形时的复原率可达97.3%，而一般垫层材料在压缩变形较小时也有70%～80%的复原率，但压缩变形超过50%后，有的复原率很低，有的几乎不能产生回弹变形。设计要求所使用的垫层材料在产生50%的压缩变形后仍能有近90%的复原率，作为选择三峡电站所使用的垫层材料的重要指标。

三维有限元计算结果表明：蜗壳外围混凝土结构采用垫层埋入方式，蜗壳的局部最大变形量为8～9mm，30mm的垫层厚度最大压缩变形率小于30%。但由于该材料永久变形的存在，且在反复加载过程中逐渐积累，有一定的不可恢复量，使机组在运行中反复加载若干年后再检修时，蜗壳与垫层间的间隙会逐渐加大。也就是说，机组经过检修再运行时，在蜗壳内水压力的作用下，蜗壳将先产生一定的局部自由变形，然后才与垫层材料接触。此情形与保压方案的原理相似。虽然短时间有间隙存在，但经过一定量的局部自由变形后的蜗壳将更多地分担内水压力，垫层材料受到的压缩应力将减小，这使得以后垫层材料的永久变形率逐渐变小，最终将维持在一个动态的平衡状态。蜗壳在此状态下虽然可能承担更多的内水压力，但由于蜗壳是按在自由变形状态下承担百分之百设计水头的条件设计的，蜗壳本身的安全不存在问题。而且由于垫层也只是在局部范围内布设，在不敷设垫层的范围，蜗壳外围混凝土是直埋的，混凝土结构对蜗壳仍有很大的约束作用。由垫层永久变形产生的蜗壳拉应力增量也有限，不会超出其在自由变形状态下承担百分之百设计水头时的拉应力允许值，且仍有较大的安全系数。此外，蜗壳及其外围混凝土结构的自振频率在此情况下降值有限，因此，整体结构无论是动态还是静态依然是安全的。

(2)垫层敷设范围

机组运行荷载中，蜗壳蜗切向水推力、顶盖垂直水压力及水导轴承径向力等荷载，应能直接传递到混凝土整体结构中，才能利于机组安全稳定运行。这些荷载大多通过座环、蜗壳传递给混凝土，需要加强座环及附近范围混凝土的约束作用。实际上由于蜗壳、机坑里衬的布置，座环顶部的混凝土往往相当单薄，布置钢筋也相当困难，因此，在座环上环板与蜗壳连接处一定范围不能敷设垫层，且考虑到此范围内混凝土受力非常复杂，而采取提高混凝土标号的方法来解决该部位混凝土结构的承载能力。经分析，右岸电站采用垫层埋设方式的机组，距机坑里衬 3～2.5m 水平距离范围的蜗壳顶部不敷设垫层(图 5.5.3)，并将该部位的混凝土标号由原 250 号提高到 400 号(一般为蜗壳顶高程以下)，以确保混凝土结构对蜗壳及座环的约束作用，改善过渡板附近的受力。

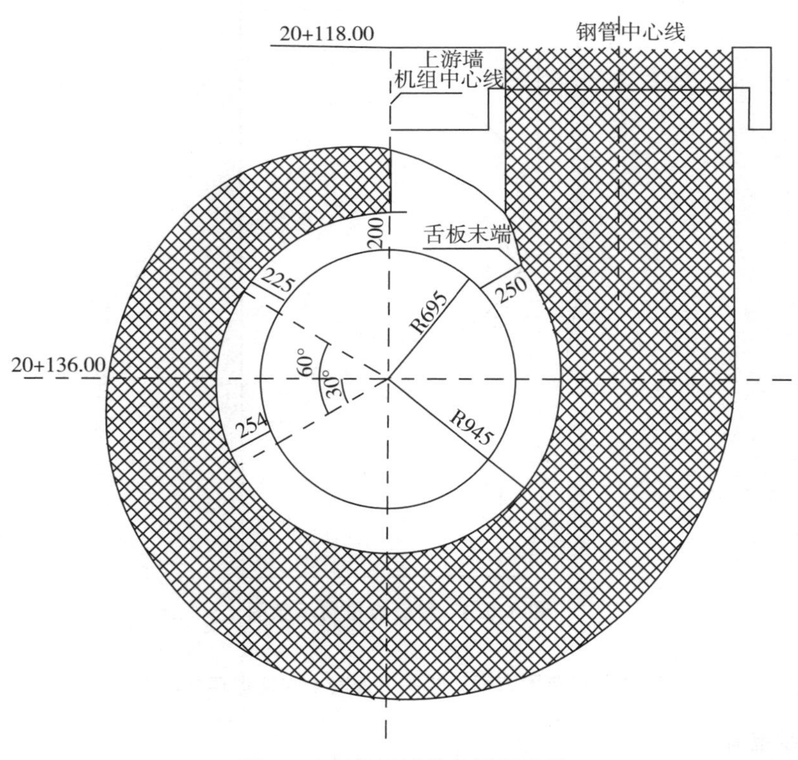

图 5.5.3　垫层铺设范围示意图

敷设垫层的目的是改善混凝土结构受力，垫层敷设的范围除控制混凝土承担的总内压外，还需改善混凝土结构关键部位的受力状态，但为了利于机组稳定运行，敷设范围也需有所限制。混凝土结构最单薄的断面往往在蜗壳中心高程外侧，即蜗壳腰部，因此垫层敷设范围往往控制在蜗壳腰部附近。

对垫层埋设方式研究了垫层敷设至蜗壳腰部及腰部上下1～2m范围共5个方案，采用轴对称模型进行有限元计算，计算时取垫层弹性模量2.5MPa，垫层厚3cm。方案1：垫层敷设至腰线以上2m；方案2：垫层敷设至腰线以上1m处；方案3：垫层敷设至腰线处；方案4：垫层敷设至腰线以下1m；方案5：垫层敷设至腰线以下2m。

计算模型及特征点示意图见图5.5.4，特征点混凝土环向应力计算结果见表5.5.2。

随着垫层敷设范围的增加，混凝土环向拉应力减小，但减幅也在缩小，以拉应力最大的C点为例，方案1至方案5的拉应力减幅分别为0.16MPa、0.15MPa、0.11MPa、0.09MPa。

垫层刚度也是结构受力的主要影响因素，由垫层的厚度和弹性模量控制。根据三峡电站机组蜗壳计算结果，设计水头作用下，蜗壳最大径向变形约9mm，垫层厚30mm，将最大压缩量控制在25%～30%，能较好地发挥垫层材料的力学性能。在研究垫层刚度对结构受力的影响时，针对垫层敷设至腰线的情况，计算下列3种垫层弹性模量方案：方案6：垫层弹性模量5MPa；方案3：垫层弹性模量2.5MPa；方案7：垫层弹性模量1.25MPa。

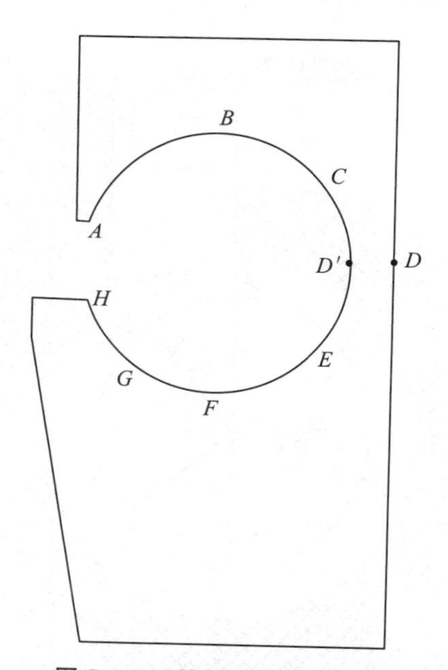

图5.5.4 特征点位置示意图

表5.5.2 **垫层敷设范围方案比较——混凝土特征点环向应力** 单位：MPa

方案	垫层范围	*A*	*B*	*C*	*D*	*E*	*F*	*G*
1	腰上2m	0.41	1.61	2.65	2.08	1.47	1.2	0.28
2	腰上1m	0.26	1.48	2.49	1.87	1.29	1.12	0.14
3	腰部	0.11	1.37	2.34	1.61	1.12	1.05	0.04
4	腰下1m	−0.09	1.3	2.23	1.39	0.98	0.99	−0.01
5	腰下2m	−0.38	1.26	2.14	1.29	0.9	0.94	−0.04

方案3、方案6和方案7的混凝土特征点环向应力列于表5.5.3。

表5.5.3　垫层弹性模量比较——混凝土特征点环向应力及垫层顶部压缩量

方案	垫层弹性模量(MPa)	混凝土特征点环向应力(MPa)						垫层顶部	
		B	*C*	*D*	*E*	*F*	*G*	压应力(MPa)	压缩量(mm)
7	1.25	1.08	1.81	1	0.7	0.81	−0.42	0.3	7.14
3	2.5	1.37	2.34	1.61	1.12	1.05	0.04	0.46	5.54
6	5	1.71	2.96	2.31	1.6	1.31	0.58	0.64	3.89

垫层弹性模量增加，混凝土拉应力、垫层压应力增大。在内表面的*B*～*G*点，垫层弹性模量每增加一倍，混凝土拉应力增加0.3～0.7MPa，顶部垫层的压应力分别为0.3MPa、0.46MPa、0.64MPa。占内水压力总量(1.395MPa)的22.5%、34.4%、47.9%，混凝土的承载比例依次增加约12%。

当垫层弹性模量为5MPa时，混凝土的环向拉应力过大，最大值接近3MPa；而垫层弹性模量为1.25MPa时，各特征点中的最大值仅为1.8MPa。综合比较，垫层弹性模量为2.5MPa的垫层刚度比较合适。

(3)蜗壳外围混凝土结构设计

1)结构静力计算

静力计算采用三维线弹性有限元方法，计算模型范围、约束条件及作用荷载与保压方式基本相同。

三峡电站压力钢管与钢蜗壳在厂坝分缝处的连接方式有两种：一种是通过伸缩节连接，伸缩节下游设置止推环；另一种是通过垫层管连接，不设伸缩节和止推环。计算结构中，用D_1代表设置伸缩节和止推环机组，D_2代表不设伸缩节和止推环机组。

静力计算模型垫层敷设范围：内侧起点距机坑里衬水平距离2～2.5m，外侧终点至腰线下1m；蜗向至蜗壳270℃止；蜗壳进口段钢管为上半圆180°。垫层材料的平均压缩模量为2.5MPa，垫层铺设厚度为30mm。钢蜗壳与混凝土间摩擦系数取0.25。不设伸缩节机组，蜗壳进口钢管向上游延长约10m并在上游端部固定，以模拟垫层管的约束作用。

混凝土内侧环向应力计算结果，表明混凝土拉应力较保压埋设方式小。蜗壳外围混凝土结构仍按各典型断面主拉应力图形面积来配置钢筋，其配筋原则与充水保压浇筑混凝土方式一致。从配筋量来看，由于垫层埋设方式各典型断面主拉应力图形的面积比保压埋设方式小，其配筋量约为保压埋设方式的70%。

2)座环柔度计算

单位水导轴承作用力沿各个角度作用，其最大径向位移一般出现在力作用方向。由计算结果可看出，垫层埋设方式最大柔度为0.0376μm/kN，合力作用角度$\theta=60°$，是否设伸缩节和止推环对其结果基本没有影响。初步分析认为，对上座环柔度起主要作用的是外围混凝土与座环相连接处混凝土结构对座环的嵌固作用的效果，垫层埋设方式在此处正好未敷设垫层，因而该方式的座环最大柔度值与保压埋设方式相近。如果将蜗壳上半圆垫层敷设的范围延伸至蜗壳与座环的连接处，其座环柔度最大值为 0.088μm/kN，与无垫层时相比有所降低。

(4)钢蜗壳与外围混凝土的摩擦因数

经分析，钢蜗壳与外围混凝土或垫层间的接触关系存在三种状态：①完全黏接，即钢蜗壳与外围混凝土或垫层接触面变形协调、无相对位移；②摩擦接触，即钢蜗壳与外围混凝土或垫层接触面存在一定的摩擦因数，产生相对位移；③光滑接触，即钢蜗壳与外围混凝土或垫层接触面摩擦因数为 0。

钢蜗壳与混凝土或弹性垫层间的接触关系，对结构计算结果影响较大。计算结果表明，完全黏接模型混凝土结构中产生较大的拉应力集中现象，并使整个蜗壳底部混凝土结构的拉应力值偏大，这种现象显然与实际情况不符。光滑接触显然也与实际情况不符，蜗壳表面几何上是光滑的，但钢板或防锈层与混凝土、弹性垫层是存在摩擦因数的。摩擦接触比较符合实际，由于弹性垫层弹性模量较低，计算模型中可不考虑钢蜗壳、混凝土与弹性垫层间的摩擦因数，只考虑钢蜗壳与混凝土间的摩擦因数。

钢蜗壳与混凝土的摩擦因数对结构计算结果有一定影响，曾对摩擦因数 0(光滑接触)、0.25 和 0.5 三种埋设方式，采用轴对称模型进行有限元计算，计算时取垫层敷设至腰线处，垫层弹性模量 2.5MPa，垫层厚度 3cm。计算模型及特征点示意图见图 5.5.4，特征点混凝土环向应力计算结果见表 5.5.4。

表 5.5.4　摩擦因数的影响比较——混凝土特征点环向应力　单位：MPa

方案	摩擦因数	*A*	*B*	*C*	*D*	*E*	*F*	*G*	*H*
3	0	0.11	1.37	2.34	1.61	1.12	1.05	0.04	3.2
8	0.25	0.24	1.4	2.52	1.62	1.13	1.18	1.41	9.65
9	0.5	0.68	1.43	2.62	1.69	1.18	1.94	2.18	8.97

摩擦因数增大后，上半圆垫层范围及其附近混凝土的环向应力变化不大，对比方案 9 和方案 3，*B*～*E* 点拉应力增加 0.06～0.28MPa，而远离的底部混凝土拉应力增大较多，在下座环附近的应力变化尤其显著，如在 *F* 点和 *G* 点，拉应力分别增加 0.89MPa 和 2.14MPa，说明摩擦力限制了钢蜗壳切向变形，这个区域混凝土承担了更多的荷载。

根据实际经验，钢板和混凝土之间不可能完全光滑，在静力分析中摩擦因数取 0.25 比较合适。

5.5.1.3　直接埋设方式

蜗壳外围混凝土直接浇筑称为蜗壳直埋方式。

直接埋设方式属于钢衬钢筋混凝土联合承载结构，是为解决高 *HD* 值管道结构钢衬厚度过大并保证其整体安全性的一种设计理论和工程技术。类似三峡电站大直径蜗壳结构的工程，国内外尚没有先例。

相对于保压埋设方式，直接埋设方式的优点是施工程序简单、工期短。但由于三峡电站机组蜗壳 *HD* 值高，外围混凝土相对较薄，按我国现行规范设计，外围钢筋混凝土结构将承担很大的内水压力，导致裂缝范围和宽度较大、配筋量大和配筋布置困难。同时，外围混凝土大范围开裂后，作为机组支承体的厂房水下结构的整体刚度和抗振性能可能会有所降低，变形将有所增加，对机组安全稳定运行造成不利影响。另外，过于密集的配筋将导致蜗壳周围管路布置和混凝土施工困难。

(1)蜗壳外围混凝土结构设计

1)结构静力计算条件

钢衬钢筋混凝土联合承载结构，是为解决高 *HD* 值压力管道钢衬厚度过大的结构，三峡电站蜗壳直埋方式有别于联合承载结构之处是蜗壳厚度按明管设计，而不是按埋管设计。三峡电站采用直埋蜗壳的为15号机组，机组段长42.4m(标准机组段为38.3m)，即蜗壳进口侧混凝土比标准机组段厚4.1m，其余尺寸与保压、垫层机组段相同。蜗壳层混凝土分为一、二期浇筑，一期混凝土为上、下游墙和左端墙，在决定采用直埋蜗壳前已按保压蜗壳设计配筋施工完毕。

蜗壳外围混凝土结构厚度及一期混凝土配筋见表5.5.5和图5.5.5。

三峡电站蜗壳直径12.4m，设计水头143m，特征内力17730kN/m，蜗壳厚度及机组埋管已经确定。蜗壳层机组埋件主要有蜗壳、座环、机坑里衬、油气水及通风管路、下机架及定子基础。蜗壳进口至厂坝缝为长5.3m压力钢管，厂坝缝上游侧布置有钢管伸缩节。计算范围取高程67～40m，平面39m×42.4m。计算中模拟了混凝土、压力钢管、蜗壳、座环等。一、二期混凝土按整体结构考虑，压力钢管设伸缩节，座环含固定导叶。未考虑尾水管、水轮机井等钢衬作用。压力钢管上半圆敷设弹性垫层。蜗壳钢板与混凝土之间按摩擦考虑，摩擦因数 $f=0.25$。

表5.5.5　蜗壳各断面混凝土结构厚度及一期混凝土配筋

断面	蜗壳直径(m)	侧面厚度(m)			侧面一期混凝土配筋	顶面厚度(m)
		一期混凝土	二期混凝土	总厚度		
直管段	12.40	4.10	2.20	6.30	2ϕ32@20	3.80
0度	11.45	4.10	2.90	7.00	2ϕ32@20	4.28
90度	10.44	2.50	1.51	4.01	2ϕ32@20	4.78
180度	8.89		2.00	2.00		5.55
270度	6.20	4.50	1.04	5.54	2ϕ32@20	6.90

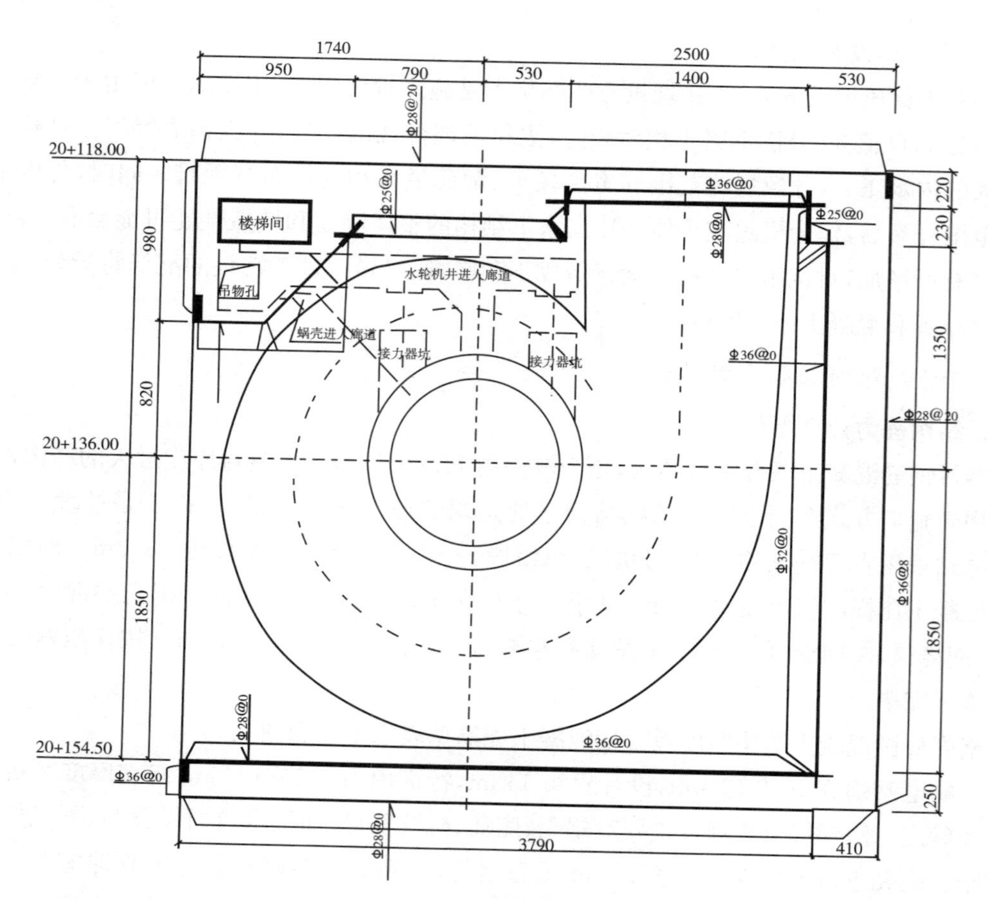

图 5.5.5　蜗壳外围一期混凝土配筋示意图

材料力学参数见表 5.5.6，表中混凝土强度表示"设计值/标准值"。

表 5.5.6

材料参数

材料名称	材料型号	容重(kN/m³)	弹性模量(GPa)	动弹性模量(GPa)	泊松比	抗压强度(MPa)	抗拉强度(MPa)
混凝土	C25	25.0	28.0	36.4	0.167	12.5/17.0*	1.3/1.75*
混凝土	C40	25.0	32.5	42.3	0.167	/27.0	/2.45
混凝土	CF25	25.0	28.0	36.4	0.167	/27.0	/2.57
钢蜗壳	NK-HITEN610	78.5	210	273	0.30	370	370
座环	Q235B	78.5	210	273	0.30	205	205
钢　筋	Ⅱ级	78.5	210	273	0.30	310	310
垫层	厚度 3cm	1.4	0.0025	0.00325	0.25		

按规范规定：采用有限元法设计结构，当验算其设计承载力时，材料强度应取设计值；当验算裂缝控制时，材料强度应取标准值。

计算荷载：混凝土及钢材结构自重；水轮机层楼面荷载 0.02MPa；蜗壳高程 57m 处最大

内水压力1.43MPa；发电机转子质量1694.5t，水轮机转轮质量473.3t，水轮机主轴质量108.5t，水轮机轴向水推力20800kN，作用在下机架6个基础板位置；发电机定子质量706.9t，作用在16个定子基础板位置；水轮机顶盖传递给座环上环板的力62100kN，铅直向上。

加荷步骤：第一步施加与水荷载无关的荷载，第二步施加与水荷载有关的荷载，第二步减去第一步的计算结果，代表蜗壳内水压力、水轮机顶盖水压力和转轮水推力荷载作用的结果，用以分析机组运行前后对结构应力、变形的影响。

控制标准：强度控制，结构系数、设计状况系数、荷载分项系数等各种系数及材料许用应力按现行规范取值。裂缝控制，混凝土表面允许最大裂缝宽度按规范取0.3mm；为保证结构整体性与刚度，不希望出现贯穿性裂缝。位移控制，混凝土变形受制于机组对其基础变形的要求，由于目前没有具体标准，主要采取与保压方案进行类比的原则控制。

2)线弹性理论计算

线弹性理论计算是规范通常采用的方法，主要计算混凝土配筋，满足强度控制要求。采用三维模型，依据规范SL/T 191—1996或DL/T 5057—1996按应力图形法配筋。混凝土环向最大应力出现在腰上45°部位内侧(蜗壳0°断面为2.58MPa，180°断面为2.74MPa)，蜗壳180°断面腰线由于混凝土结构单薄，外侧拉应力(1.93MPa)大于内侧拉应力(1.48MPa)。按主拉应力配筋，计算最大配筋面积39232mm²/m，相当于32根ϕ40(6层间距15～20cm)的钢筋。

蜗壳应力计算值较小(12.1～40.4MPa)，承载比在15%以下，85%以上内水压力由外围混凝土承担。

在蜗壳内水压力作用下，各部位的上抬量及相对上抬量是不均匀的，管径越大的部位上抬量越大。就同一断面而言，下机架基础的上抬量比定子基础和座环上环板大。下机架基础板绝对上抬量在2mm左右，相对上抬量在1mm左右。

3)非线性理论计算

三维模型中考虑压力管道厂坝下游7.5m范围上半圆敷设垫层，即基本不考虑蜗壳范围敷设弹性垫层。蜗壳外围混凝土按6ϕ40配筋，蜗壳最大应力为111MPa，若配筋减少，蜗壳承力增大。计算蜗壳外围钢筋混凝土环向钢筋最大应力96MPa，未超过设计强度，裂缝最大宽度0.18mm，小于0.3mm，在控制范围内。

当内水压力为0.47MPa时，下座环附近混凝土首先开裂，为应力集中部位：首先在直管段顶部混凝土外侧开裂，起裂荷载为0.82MPa，内水压力达到1MPa时，鼻端出现裂缝；达1.17MPa时，蜗壳45°、135°断面附近出现了垂直于水流向的裂缝。裂缝分布见图5.5.6。

设计内压1.43MPa时出现6条裂缝，除5号裂缝外，其余5条均为贯穿性裂缝，还有1个裂缝密集区。1号裂缝、2号裂缝位于直管段顶部，由高程67.0m贯穿至钢衬；3号裂缝位于蜗壳40℃断面，4号裂缝位于蜗壳125℃断面，铅直方向，水平长度16～13m，由高程67.0m往下贯穿至蜗壳顶部；5号裂缝位于蜗壳0°断面至蜗壳180°断面，沿径向向外围混凝土内延伸6m；6号裂缝位于蜗壳150°断面至蜗壳200°断面，高程57.0m沿径向向外贯穿；裂缝密集区位于机井至蜗壳之间，流向为整周。

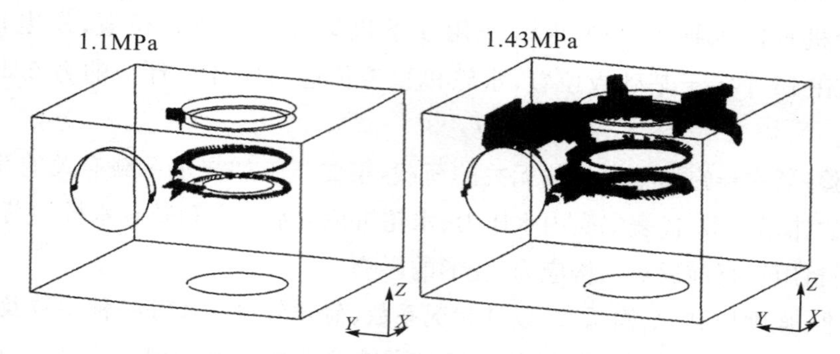

图 5.5.6 不同内水压力时裂缝分布图

定子及下机架基础的上抬变形较大，蜗壳外围混凝土结构按 6ϕ40 配筋，绝对上抬 4mm，相对上抬 3mm，均大于线弹性计算的绝对上抬 2mm，相对上抬 1mm。

非线性理论计算成果与线弹性计算结果存在差异：强度控制按线弹性计算环向最大配筋 6ϕ40，但非线性计算钢筋及钢蜗壳应力较小，配筋可以减少。裂缝控制：增加配筋可有效减小缝宽，但不能完全控制贯穿性裂缝产生。非线性理论计算配筋 6ϕ40 可控制表面裂缝宽度不超过 0.3mm。位移控制：非线性理论计算定子及下机架基础上抬位移大于线弹性计算值，混凝土起裂荷载为 0.8MPa，大于保压埋设方式的剩余水头，即保压埋入方式基本不裂，其上抬量相当于线弹性计算结果。分析认为，蜗壳外围混凝土配筋 6ϕ40 的上抬位移仍不满足控制要求。

(2)减小机组基础位移的研究

机组基础位移控制标准按保压埋设方式和垫层埋设方式最大上抬量控制，其基础上抬量计算值见表 5.5.7。

表 5.5.7 保压埋设方式和垫层埋设方式基础上抬量

单位：mm

计算单位	部位	特征值	垫层方式		保压方式	
			线弹性	非线性	线弹性	非线性
长江科学院	定子基础	绝对上抬	1.00	1.30	1.01	1.21
		相对上抬	0.64	0.87	0.62	0.79
	下机架基础	绝对上抬	1.46	1.89	1.46	1.60
		相对上抬	0.88	1.16	0.82	0.97
大连理工大学	下机架基础	绝对上抬	1.634	1.709	1.804	1.904
		相对上抬	0.861	0.921	0.887	0.972

表 5.5.7 说明，保压埋设方式和垫层埋设方式定子及下机架基础按线弹性计算和非线性理论计算差别不大，保压埋设方式和垫层埋设方式基本不开裂。直接埋设方式将机组相对上抬量控制在 1.0～1.2mm，与保压埋设方式和垫层埋设方式基本相当。

(3)减小机组基础位移的措施

1)增加蜗壳外围混凝土配筋量

蜗壳外围混凝土配筋增加40%～103%,混凝土裂缝分布基本不变,钢筋应力和裂缝宽度有所减小,下机架基础相对上抬量减小3%～17%。增加配筋仍不能满足结构变形要求。

2)蜗壳外围混凝土局部提高标号

在蜗壳顶部混凝土中设厚2m的C40混凝土,定子基础相对上抬量减小12.8%～25.9%,下机架基础相对上抬位移减小12.1%～13.8%,对减小机组基础上抬变形有一定作用,但仍不能满足基础变形控制标准要求。

3)扩大垫层敷设范围

垫层敷设至蜗壳0°断面比敷至7.5°处,定子基础相对上抬量减小11.8%,下机架基础相对上抬量减小19.8%;垫层敷设至45°断面比敷至0°,定子基础相对上抬量减小15.4%,下机架基础相对上抬量减小15.0%。可见,随着垫层敷设范围的扩大,结构变形明显减小,垫层敷设至蜗壳45°断面,蜗壳顶部设1层厚度2m的C 40混凝土,机组基础相对上抬量与保压方案基本相当。

4)直接埋入方式蜗壳外围混凝土结构

经结构静力计算与综合分析,直接埋入方式蜗壳外围混凝土结构采用5层ϕ40配筋,垫层敷设至蜗壳45°断面,蜗壳顶部设1层厚2m的C 40混凝土,可满足结构强度控制要求,基本满足裂缝和变形控制要求,保障机组安全稳定运行。

(4)物理模型试验

1)模型比尺采用1∶12

长江科学院模型:厂坝缝下游7.5m敷设垫层,6ϕ40配筋,压力钢管伸缩节采用外平压措施模拟。混凝土28天抗压强度29.8MPa,抗拉强度2.03MPa,弹性模量27.6GPa,主要试验期有28天。蜗壳内水压1.43MPa;结构自重,并补偿模拟高程63.0～67.0m的混凝土自重;水轮机楼面荷载20kN/m^2。

武汉大学模型:厂坝缝下游5m敷设垫层,5ϕ40配筋,混凝土46天拉伸弹性模量33.6GPa,抗拉强度为2.4MPa,与主要试验同步。荷载:蜗壳内水压1.4MPa及结构自重。

根据相似理论,模型应力与原型相似,位移近似于原型1/12,裂缝起裂荷载相似,缝宽和缝长不相似。

成果中除裂缝宽度、长度为模型值外,其余均为原型值。

2)设计工况及加载

长江科学院模型内压1.3MPa时1～4号缝出现,内压1.43MPa时5号、6号缝出现(见图5.5.7)。混凝土表面最大应变:内压1.18MPa时为113$\mu\varepsilon$,内压1.43MPa时为321$\mu\varepsilon$。通过分析,1～4号缝的起裂荷载在1.18～1.3MPa,5号、6号缝起裂荷载为1.3MPa。裂缝长0.25～0.8m,宽0.01～0.1mm。

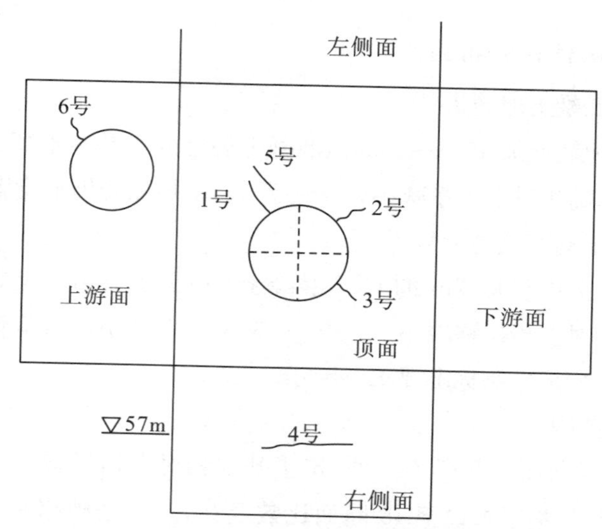

图 5.5.7 内压 1.43MPa 时混凝土表面裂缝分布

内压 1.43MPa 时，相当于定子基础部位的绝对上抬量 2.78mm，相对上抬量 1.29mm；蜗壳应力 7～79MPa，环向钢筋应力 13～32MPa；混凝土承载比大于 85%。

武汉大学模型内压 1.3MPa 时钢筋应力发生波动，可能发生混凝土初裂。内压 1.4MPa 时，裂缝 L_1 出现：裂缝长度约 0.3m，环向钢筋最大应力 60MPa；蜗向最大应力 18MPa，蜗壳最大应力 154MPa，混凝土表面最大应变 89με。

内压超载至 2.4MPa，由 1.45MPa 起先后出现 6 条(L2～L7)新裂缝(图 5.5.8)。最大缝宽 0.601mm，蜗壳最大应力 333MPa，环向钢筋最大应力 186MPa。内压超载至3.07MPa，除原 6 条裂缝继续扩展外，由 1.65MPa 起先后出现 5 条(7～11 号)新裂缝。最大缝宽 0.939mm，最大缝长 1.81m。蜗壳最大应力 157MPa，环向钢筋最大应力 210MPa，混凝土承载比 66%。

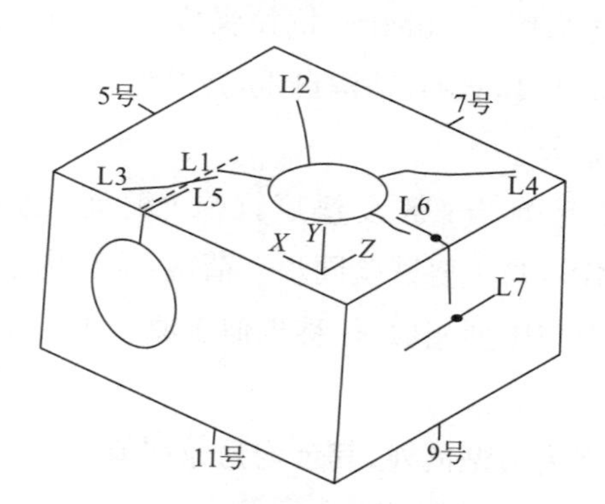

图 5.5.8 模型裂缝分布示意图

3)模型计算

长江科学院对裂缝位置及分布和起裂荷载进行了计算，其成果与模型试验结果对比见表 5.5.8；计算的裂缝宽度与试验结果对比见表 5.5.9。

表 5.5.8　　裂缝、位置、起裂荷载对比

裂缝位置		起裂荷载(MPa)	
计算	试验	计算	试验
鼻端	鼻端	1.21	1.18～1.3
蜗壳 135°断面,垂直水流向	蜗壳 135°断面,垂直水流向	1.21	1.18～1.3
蜗壳 45°断面,垂直水流向	蜗壳 45°断面,垂直水流向	1.27	1.18～1.3
蜗壳 180°断面,腰部	蜗壳 180°断面,腰部	1.35	1.18～1.3
直管段顶部	直管段顶部	1.29	1.3～1.43
—	直管段进口	—	1.3～1.43
蜗壳 180°断面,顶部,垂直水流向	蜗壳 180°断面,顶部,垂直水流向	1.63	1.65
上游面腰部下 30°左右	上游面腰部下 30°左右	1.77	1.43
蜗壳 15°断面,垂直水流向	蜗壳 15°断面,垂直水流向	1.81	
蜗壳 90°断面,顶部,垂直水流向	蜗壳 90°断面,顶部,垂直水流向	2.07	1.89～2.36
蜗壳 90°断面,腰部	蜗壳 90°断面,腰部	2.07	1.89～2.36

计算的裂缝分布和起裂内压与试验吻合。

表 5.5.9　　1.43MPa 内水压力时的裂缝宽度　　单位:mm

计算裂缝编号	1号	2号	3号	4号	5号
裂缝位置	鼻端	135°断面	45°断面	直管段顶部	180°断面腰部
计算裂缝宽度	0.07	0.08	0.06	0.07	0.05
试验实测裂缝宽度	0.10	0.06	0.08	0.04	0.08

计算的裂缝宽度与试验相差 25%～42%。

蜗壳应力计算值与试验结果相差 6%～8%;计算定子基础上抬量与试验值相差 5%～24%,计算值偏大。

鉴于模型试验存在重力不相似问题和模型边界条件存在诸多假定,试验成果可供参考。通过模型计算可以说明有限元计算是成熟的。

(5)结构柔度计算

对 3 种裂缝模型:无裂缝模型、独立裂缝模型和各向异性弹性模量等效模型,从不利方面考虑,裂缝按静力计算最严重情况,即混凝土产生 6 条裂缝和 1 个裂缝密集区(图 5.5.9)。座环上环板部位在 10kN 合力作用下的水平最大柔度应不超过 0.22μm/kN 为设计标准。实际计算了无裂缝和裂缝情况下蜗壳与混凝土脱空、座环处混凝土弹性模量降至 10%等各种极端情况。

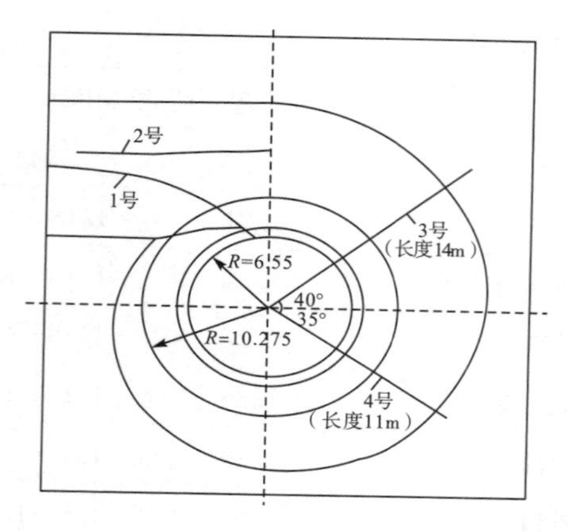

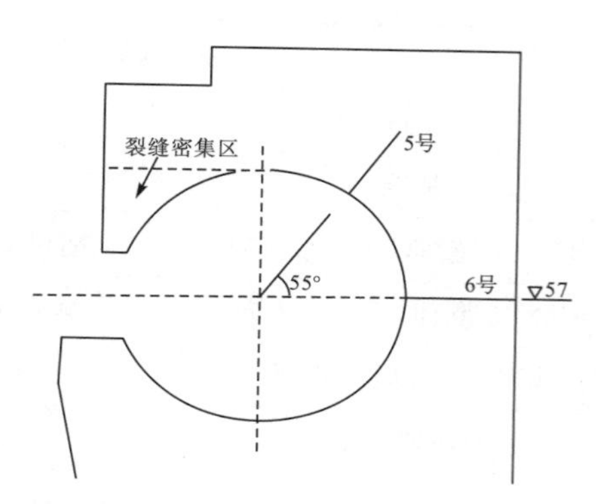

图 5.5.9 模型计算裂缝分布

计算结果表明：结构无裂缝时，座环径向最大柔度为 0.03～0.038μm/kN，结构混凝土开裂后为 0.036～0.118μm/kN；独立裂缝模型和弹性模量折减模型分别为 0.033μm/kN 和 0.036μm/kN，差别不大；蜗壳与混凝土接触和脱空分别为 0.040μm/kN 和 0.052μm/kN，有一定影响；座环外围混凝土不降低和降低分别为 0.052μm/kN 和 0.112μm/kN，均小于 0.22μm/kN，满足要求。

5.5.2 水轮机蜗壳埋设结构特性分析比较

对大型混流式水轮机蜗壳的三种埋设方式进行了动、静力计算，对直埋方式还做了物理模型，并对各种埋设方式从蜗壳外围混凝土浇筑、安装调试进行了跟踪监测，综合分析比较如下。

5.5.2.1 结构静力特性

静力计算采用的剖面和计算点见图 5.5.10、图 5.5.11。

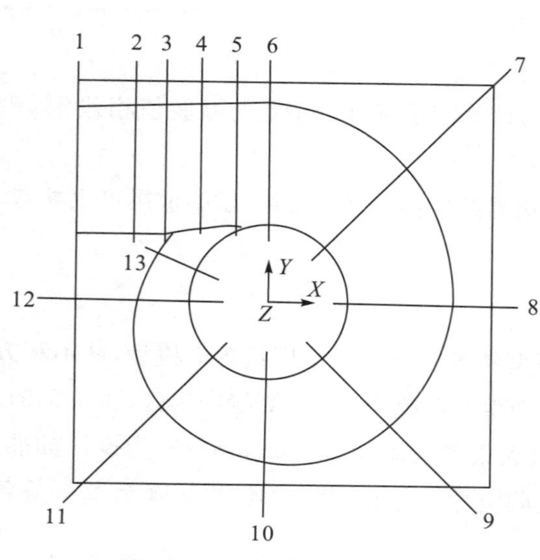

图 5.5.10 剖面位置示意图

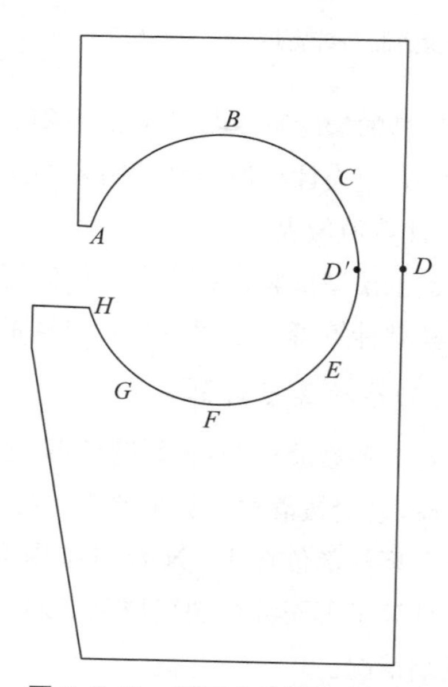

图 5.5.11 剖面内的特征点位置

(1)蜗壳变形

图5.5.12表示 X 正轴剖面充水后的变形，从图中可看出垫层埋设方式和保压埋设方式的变形规律是不一致的。在垫层埋设方式中，在垫层敷设范围内，蜗壳向外的膨胀量大，垫层在水压力的作用下压缩，在垫层敷设的末端附近，外围混凝土对蜗壳的嵌固作用，使钢板存在弯曲变形，限制了周边蜗壳的膨胀。对保压方案，在保压水头70m(为蜗壳最小承压水头的0.8倍)条件下，由于保压方案在施工中存在充水保压浇筑混凝土，拆除闷头和密封环后存在卸压，机组运行过程中又不断出现卸压、重新充压过程，加之蜗壳体形复杂，对施工过程进行三维静力仿真计算表明，各阶段蜗壳变形呈现不均匀性，卸压后蜗壳与混凝土之间的间隙分布也是不均匀的，如蜗壳支墩之间的变形要大于支墩处的变形。直接埋设方式理论上在充水前蜗壳与混凝土基本处于接触状态，充水后蜗壳受混凝土约束，变形较小。

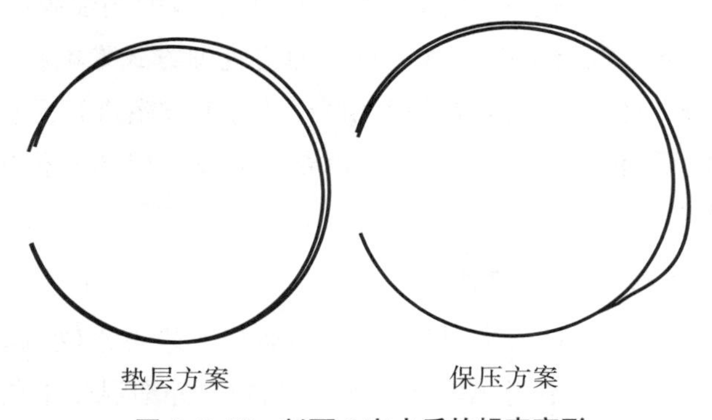

图5.5.12　剖面6充水后的蜗壳变形

垫层埋设方式最大位移出现在腰线附近，为7mm。保压埋设方式在腰线以下最大位移达20mm。直接埋设方式蜗壳腰上135°径向膨胀约1.57mm。

(2)蜗壳与外围混凝土之间隙

设计研究蜗壳与外围混凝土之间隙，对混凝土干缩后的初始间隙尚未考虑。对保压埋设方式，在保压水头70m下，考虑了浇筑蜗壳外围混凝土时水温与长期运行时蜗壳水温的补偿措施，当混凝土浇筑完成并卸压后，钢蜗壳与外围混凝土交界面之间存在间隙，在运行中还可能存在部分间隙。

理论计算和实践表明，由于大型蜗壳体形复杂，钢蜗壳钢板厚薄不一，蜗壳又有多条纵、环向焊缝，加上保压浇筑混凝土在充卸压的施工过程、运行中又重复充卸压，各阶段蜗壳重复变形的不均性、不一致性是存在的，即使再适当降低保压水头，这种不均匀的变形也依然存在。因此，在一些水头段的运行中，蜗壳与混凝土之间存在局部间隙是不可避免的，但不致影响机组安全运行。

(3)下机架基础不均匀上抬位移

鉴于蜗壳体形的不规则，上蜗壳充水后承受运行水头，作用于上机架和发电机定子基础板四周上抬力的不均匀，导致基础板上抬位移量的不均匀。垫层埋设方式和保压埋设方式在175m水位时，按线弹性计算下机架上抬位移分别为1.46～1.63mm及1.46～1.80mm，基础板对角相对位移差分别为0.86～0.88mm及0.82～0.89mm。按非线性计算，下机架上抬位移分别为1.71～1.89mm及1.60～1.90mm，基础板对角相对位移差分别为0.92～1.16mm及0.97mm。垫层埋设方式和保压埋设方式下，蜗壳外围混凝土产生贯穿性裂缝的可能性不大，采用弹性计算结果比较符合实际。

对于直接埋设方式，按线弹性计算，下机架基础绝对上抬变形2.0～2.16mm，相对上抬变形0.6～1.18mm，蜗壳外围混凝土可能产生贯穿性裂缝；非线性三维模型计算结果表明，下机架基础板上抬位移2.6～7.3mm，对角相对位移差2.2～3.5mm，增加配筋数量，可将混凝土表面裂缝宽度控制在0.3mm以内，但下机架基础上抬位移仍大于3.8mm，相对值大于2.1mm。推力轴承布置在发电机的下机架上，由于基础产生不均匀上抬位移，特别是对角上抬存在的位移差，可能使推力轴承瓦块间产生较大的高差，影响油膜厚度的均匀，将危及推力轴承安全稳定运行，导致机组不能正常运行。为使直埋方式发电机下机架基础对角上抬位移量与垫层埋设方式或保压埋设方式基本相当，经对多方案进行了比选计算，设计采用5层ϕ40配筋，垫层敷设至蜗壳Ⅳ象限45°断面，蜗壳顶部设一层2m厚400号混凝土，基本满足裂缝和变形控制要求。

(4)钢蜗壳与外围混凝土承载比

从安全与工程设计边界条件考虑，机组在各种运行方式下水轮机蜗壳按承受最大压力进行设计。由于蜗壳埋设方式不同，蜗壳充水后钢蜗壳向外围混凝土传递的压力是不同的，外围混凝土的承载力大小影响其配筋量和钢蜗壳实际的承载力。采用有限元法对模拟蜗壳的三维空间，对不同的埋设方式，对蜗壳向外围混凝土的传力情况进行了计算。其结果表明，在直接埋设方式中，蜗壳外围混凝土平均承载比达80%～90%；保压埋入方式设止推环及伸缩节，平均承载比45%～50%，设伸缩节不设止推环，平均承载比43%～44%；垫层埋设方式设止推环及伸缩节，平均承载比18%～30%，不设止推环及伸缩节，平均承载比11%～22%。垫层埋设方式，蜗壳钢板承受的内水压力最大，保压埋设方式次之，直接埋设方式最小。不论采用哪种埋设方式，钢蜗壳减小了承担的部分水压力，提高了钢蜗壳按承受全部水压力计算的安全度。

(5)蜗壳外围混凝土应力

各种埋设方式中，蜗壳外围混凝土承受的环向应力计算成果表明，对比蜗壳0°和180°断面各特征点的混凝土应力，其最大环应力，垫层埋设方式为1.93MPa，保压埋设方式为2.13MPa，直接埋设方式为2.74MPa。从蜗壳进口至正X轴的直管段，底部和靠近底部处垫层埋设方式应力大于保压埋设方式(0.11～0.59MPa)，顶部和腰部应力相差不大。直管段外的其他区域，各断面和各特征点两种埋设方式的应力不同：垫层埋设方式应力为0.40～1.67MPa，保压埋设方式应力为0.30～1.54MPa。总体而言，应力相差不大，处于同一水平。在蜗壳的鼻端附近，由于垫层埋设方式中未敷设垫层，类似于直接埋设方式，因此，其拉应力要大于保压埋设方式，在腰部相差约1.3MPa。

(6)流道钢部件应力

对不同埋设方式中流道各主要部件钢蜗壳、座环、过渡板、固定导叶等的应力和变形进行了有限元计算。保压埋设方式流道各部位的应力和变形由两部分叠加而成：一部分是保压水头70m作用下的结果，另一部分是钢蜗壳和外围混凝土共同受力的结果。共同受力水头为69.5m(等于设计水头139.5m减去保压水头70m)。

流道各主要部件钢蜗壳、座环、过渡板、固定导叶等的最大等效应力见表5.5.10。

表5.5.10 不同埋设方式各典型断面流道钢结构的最大等效应力 单位：MPa

部位＼方案	垫层设伸缩节、止推环	垫层不设伸缩节、止推环	保压设伸缩节、止推环	保压不设伸缩节、不设止推环	直埋设伸缩节、止推环	允许应力
钢蜗壳	219	217	98.7	96.9	28.4	305
上过渡板	198	199	174	167	77.0	305
下过渡板	189	179	172	169	67.6	305
上环板	184	195	129	120	97.8	245
下环板	124	123	126	127	91.8	245
固定导叶	81.4	83.2	67.2	67.3	75.4	225

从表5.5.10可看出，垫层埋设方式中，蜗壳钢衬的等效应力整体上高于保压埋设方式和直接埋设方式，说明敷设垫层能有效提高钢衬承担内水压力，在确保蜗壳有足够安全裕度的条件下，减少混凝土的承载力，减少配筋，既节省了投资，又方便了施工，这是工程设计应遵循的原则。在确保蜗壳钢衬运行安全的前提下，从降低蜗壳外围混凝土拉应力水平和提高钢衬承担内水压力的比例来看，垫层埋设方式优于保压埋设方式，保压埋设方式优于直接埋设方式。

(7)座环柔度

蜗壳座环是机组旋转轴系的支承体系之一，是水导轴承的支承结构，刚度大小(柔度)是机组轴系临界转速和大轴摆度等振动稳定性指标的控制条件之一。从机组的轴系稳定出发，机组制造商ALSTOM提供了三峡机组水导轴水平作用力引起的作用在座环上的径向力分布见图5.5.1，对应的24个作用点、力的大小和方向见表5.5.11，作用于上环板，合力为10kN，并要求水平方向的柔度不大于0.22μm/kN。图中X轴的方向在其作用的座环环板平面上是任意的，因此需计算X轴指向多个角度情况。对蜗壳的不同埋设方式按表5.5.11的24个角度，计算了24种情况下的柔度值(即座环的最大径向位移)，从中得出最大的柔度值。

表 5.5.11 座环各作用点上的径向力

作用点	角度(°)	径向力(N)	作用点	角度(°)	径向力(N)	作用点	角度(°)	径向力(N)
1	0	1188	9	120	−541	17	240	−541
2	15	1052	10	135	−563	18	255	−456
3	30	869	11	150	−552	19	270	−286
4	45	598	12	165	−530	20	285	−30
5	60	281	13	180	−571	21	300	281
6	75	−30	14	195	−530	22	315	598
7	90	−286	15	210	−552	23	330	869
8	105	−456	16	225	−563	24	345	1052

计算结果为：垫层埋设方式最大柔度为 0.0376μm/kN。保压埋设方式中，蜗壳与混凝土全脱开情况为 0.0446μm/kN，比垫层埋设方式增大 0.007μm/kN；全黏接情况（间隙为 0）为 0.0372 为 μm/kN，与垫层埋设方式相当。

直接埋设方式中，混凝土未开裂时为 0.0378μm/kN，与垫层埋设方式及保压埋设方式完全接触情况相当；假设混凝土存在裂缝，裂缝处结构分开，边界自由，不考虑钢筋作用，最大柔度为 0.0404μm/kN，比垫层埋设方式稍大，但小于 0.22μm/kN。

5.5.2.2 结构动力特性

(1)左岸坝后电站机组激振力的动力响应

对蜗壳不同埋设方式的选择，关注静力强度及蜗壳、座环、过渡板和固定导叶等流道结构部件的振动。为此，对机组在运行中存在的机械、电磁、水力脉动等激振源进行了分析，认为水轮机在运行中产生的水力脉动作用于流道，引起流道各部件振动是主要的激振荷载，从而使流道各主要部件在承受静力的基础上叠加动荷载。另外，通过流道传递至蜗壳外围混凝土结构，除增加动荷外，是否引起厂房局部结构的过大振动？为弄清上述问题，长江设计院根据左岸电站水轮机模型 6 种工况水力脉动试验结果，换算成真机的水力脉动时程曲线。对左岸电站厂房结构动力计算表明，在水头为 89.4m、机组出力为 473.8MW 的第 4 种工况下，动力响应最大。以该工况的动力荷载，对保压方式（无间隙）、垫层方式、保压方式（有间隙）、直埋方式的流道包括蜗壳钢板、过渡板、座环及厂房混凝土结构等进行了动力计算。

1)流道振动位移及速度

蜗壳：蜗壳钢板各方向的最大位移幅值、均方根速度和均方根加速度垫层埋入方式明显大于保压埋设方式的对应值，这是因为蜗壳钢板通过弹性垫层与混凝土相接触，各方向的动力相应变化小。保压埋设方式蜗壳钢板振动以顺河向和竖向为主，顺河向最大动位移为 0.032mm，位于左侧顶部偏下游内侧，振动加速度和速度以竖向为主，均位于左侧顶部偏下游内侧，其值分别为 0.451m/s²、2.032mm/s；垫层埋设方式，由于弹性垫层结构的刚度小，振动相对较大，最大位移、均方根速度和加速度的最大幅值均表现为横河向最大、顺河向次之、竖向最小，横河向最大动位移为0.112mm，速度均方根值最大为8.582mm/s，加速度均方根值最大为1.975m/s²，均位于蜗壳进口处最左侧。顺河向各变量的幅值的最大值均位于蜗壳钢板结构的最下游侧处，竖向各变量幅值的最大值均位于蜗壳进口处顶部。直接埋设方式考虑混凝土开裂后刚度降低，蜗壳振动反应加大，最大动位移为0.143mm，速度均方根值最大为11.125mm/s，加速度均方根值最大为2.584m/s²。

过渡板：垫层和保压埋设方式上过渡板的振动反应均大于下过渡板的振动反应，垫层埋设方式过渡板各方向最大位移幅值、竖向和横河向最大均方根速度和均方根加速度均有所减小，而顺河向最大均方根速度和均方根加速度则略微有所增加，分别增加2.1%和2.4%。保压埋设方式过渡板的最大动位移顺河向较大，最大为0.035mm，位于上过渡板的下游侧，竖向最大动位移为0.028mm，位于上过渡板的左侧偏下游侧；振动速度和加速度则均以竖向为主，速度均方根值最大为1.738mm/s，加速度均方根值最大为0.387m/s²，均位于上过渡板蜗壳进口处。垫层埋设方式过渡板的最大动位移也是顺河向较大，最大为0.033mm，位于上过渡板的蜗壳进口处，竖向最大动位移为0.023mm，位置同上；振动速度和加速度则均以竖向为主，速度均方根值最大为1.480mm/s，加速度均方根值最大为0.329m/s²，均位于上过渡板蜗壳进口处。直接埋设方式考虑混凝土开裂后刚度降低，过渡板振动反应加大，最大动位移为0.041mm，速度均方根值最大为2.874mm/s，加速度均方根值最大为0.641m/s²。

座环：垫层和保压埋设方式座环上环板的振动反应比下环板大，座环结构各方向振动反应除顺河向和横河向的动位移外，垫层埋设方式均比保压埋设方式略有减小，对于顺河向和横河向的动位移，垫层埋设方式比保压埋设方式略有增加，分别从32.69μm增至33.02μm及从12.26μm增至13.32μm，分别增加了1.0%及8.0%。保压埋设方式座环的最大动位移出现在上环板蜗壳进口处的顺河向，为33μm；竖向最大为24μm，振动速度和加速度也均以竖向为主，最大值分别为1.575mm/s及0.351m/s²。垫层埋设方式座环结构的最大动位移出现在座环上环板左侧偏下游侧处的顺河向，为0.033μm，竖向最大动位移为0.22μm，位于座环上环板蜗壳进口处。直接埋设方式考虑混凝土开裂后刚度降低，座环振动反应加大，最大动位移为0.038mm，速度均方根值最大为2.8mm/s，加速度均方根值最大为0.625m/s²。

2）流道振动应力

蜗壳钢板：垫层埋设方式蜗壳钢板各结点的第一和第三主应力幅值均大于保压方案下的对应值，上部结点的应力增加得较大，下部结点的应力增加得较小，是由于蜗壳钢板上部与垫层相连，垫层的刚度较小，而蜗壳钢板下部与刚度较大的混凝土相连所致。保压埋设方式蜗壳钢板各结点的最大第一主应力和第三主应力幅值分别为0.791MPa及0.496MPa，均位于蜗壳进口处顶部偏外侧。垫层埋设方式蜗壳钢板上部各结点的第一和第三主应力幅值均相对较大，最大值分别为4.894MPa及3.296MPa，均位于蜗壳进口处最左侧，但仍远小于钢材的抗拉和抗压强度，而下部结点的应力较小，相比上部结点的最大值，减小了将近一个数量级。直接埋设方式考虑混凝土开裂后刚度降低，蜗壳振动反应加大，最大动应力为6.42MPa。过渡板：无论蜗壳采用保压埋设方式还是采用垫层埋设方式，过渡板各结点中最大第一主应力幅值和最大第三主应力幅值均位于上过渡板左侧偏下游侧，最大第一主应力幅值均为1.369MPa，最大第三主应力幅值分别为0.965MPa及0.946MPa，相差很小。保压埋设方式过渡板的最大动应力值比蜗壳钢板的大一些。垫层埋设方式过渡板的最大动应力值比蜗壳钢板小很多。直接埋设方式考虑混凝土开裂后刚度降低，过渡板振动反应加大，最大动应力为4.63MPa。

座环结构：最大第一主应力幅值垫层埋设方式相对较小，最大第三主应力幅值垫层埋设方式相对较大。保压埋设方式座环结构的应力值比蜗壳钢板的大，但第一主应力比过渡板处相对小一些，最大第一主应力幅值为1.254MPa，位于座环上环板的下游侧，最大第三主应力幅值为1.169MPa，位于座环下环板的蜗壳进口处，比过渡板的相对大一些。垫层埋设方式座环结构的应力值比蜗壳钢板的小许多，且最大第一主应力幅值比过渡板处相对小一些，仅为1.037MPa，最大第三主应力幅值则比过渡板处相对大一些，为1.478MPa，均位于座环上环板蜗壳进口处，直接埋设方式考虑混凝土开裂后刚度降低，座环振动反应加大，最大动应力为3.63MPa。

固定导叶：垫层埋设方式下固定导叶各部位的主应力值均略小于保压埋设方式下的对应值；保压埋设方式和垫层埋设方式固定导叶的主应力均较小，最大第一主应力幅值分别为1.386MPa及1.324MPa，最大第三主应力幅值分别为1.193MPa及1.133MPa，均位于与座环上环板连接处；导叶中部应力相对较小。

3)坝后电站厂房结构振动位移及速度

在进行三峡左岸坝后电站主厂房振动分析研究时，已经对国内外相关的建筑物、机械设备、仪器仪表和人体保健等方面的振动控制标准进行了详细论证，提出了厂房振动控制标准建议值，如表5.5.12所示。

表5.5.12　　三峡水电站主厂房振动控制标准建议值

<table>
<tr><th colspan="2" rowspan="2">结构构件</th><th rowspan="2">振动位移(mm)</th><th colspan="2">振动速度(mm/s)</th><th colspan="2">加速度(m/s²)</th></tr>
<tr><th>竖向</th><th>水平</th><th>竖向</th><th>水平</th></tr>
<tr><td rowspan="5">楼板</td><td>作为建筑结构</td><td>0.2</td><td colspan="2">5.0</td><td colspan="2">1.0</td></tr>
<tr><td>作为仪器基础</td><td>0.01</td><td colspan="2">1.5</td><td colspan="2"></td></tr>
<tr><td rowspan="3">人体健康评价</td><td rowspan="2">0.2</td><td rowspan="2">3.2</td><td rowspan="2">5.0</td><td>0.25</td><td>0.71</td></tr>
<tr><td>0.42</td><td>1.13</td></tr>
<tr><td colspan="5">噪声指标：80～85dB</td></tr>
<tr><td colspan="2">实体墙、风罩</td><td>0.2</td><td colspan="2">10.0</td><td colspan="2">1.0</td></tr>
<tr><td colspan="2">机墩、蜗壳混凝土</td><td>0.2</td><td colspan="2">5.0</td><td colspan="2">1.0</td></tr>
</table>

注：表中人体健康评价加速度标准中，上面的数字表示连续工作且持续受振8h，下面的数字表示连续工作且持续受振4h。

从表5.5.12可看出，三种埋设方式，厂房各部位混凝土结构的最大位移幅值、均方根速度以及均方根加速度基本上能满足规定的要求，只是各方式发电机层楼板的最大动位移、保压埋设无间隙方式发电机层楼板的最大均方根速度大于仪器设备振动允许值，保压无间隙及垫层埋设方式发电机层楼板的竖向最大均方根加速度值大于人体连续工作8h情况下的允许值，而小于人体连续工作4h情况下的允许值。

蜗壳外围混凝土结构，垫层埋设方式蜗壳外围混凝土结构各方向的最大振动反应均小于保压埋设方式的对应值，主要是由于垫层结构的刚度相对较小，因此作用在蜗壳钢板上的脉动水压力通过垫层传到蜗壳外围混凝土上的荷载较小，说明垫层结构有吸振和减振的作用。保压埋设方式蜗壳外围混凝土结构的最大动位移幅值出现在水平顺河向，为0.039mm，发生在顶部(下机架基础截面)上游侧的内侧，竖向位移幅值最大为0.036mm，发生在顶部左侧偏下游侧的内侧，横河向动位移幅值相对较小。振动速度和加速度均以竖向为主，振动速度均方根值最大为2.366mm/s，加速度均方根值最大为0.529m/s^2，均发生在顶部左侧偏下游侧的内侧，水平向振动速度和加速度相对较小。垫层埋设方式蜗壳外围混凝土结构的最大动位移幅值也出现在水平顺河向，约为0.038mm，发生在顶部(下机架基础截面)上游侧的外侧，竖向位移幅值最大为0.030mm，发生在左侧偏下游侧垫层上端处，横河向动位移幅值相对较小。振动速度和加速度也均以竖向为主，速度均方根值最大为1.845mm/s，加速度均方根值最大为0.409m/s^2，均位于左侧偏下游侧垫层上端处，水平向速度和加速度相对较小。直接埋设方式蜗壳外围混凝土振动反应加大，最大动位移为0.061mm，速度均方根值最大为4.368mm/s，加速度均方根值最大为0.937m/s^2；但由于直埋蜗壳为边机组，受端墙约束，厂房上部墙体结构比保压埋设方式小，最大动位移为0.052mm，速度均方根值最大为0.853mm/s，加速度均方根值最大为0.062m/s^2。

4)厂房结构振动应力

蜗壳外围混凝土应力见表5.5.13。垫层埋设方式蜗壳外围混凝土结构除与垫层上端连接外，其余部位的第一和第三主应力最大幅值均小于保压埋入方式的对应值；保压埋设方式蜗壳外围混凝土结构沿水流方向各截面的最大第一和第三主应力幅值基本上发生在上座环顶部混凝土结构的内侧，第一主应力幅值最大为0.210MPa，第三主应力幅值最大为0.142MPa，均位于蜗壳进口处；垫层埋设方式蜗壳外围混凝土结构沿水流方向各截面的最大第一和第三主应力幅值基本上发生在上座环顶部混凝土结构的内侧或与垫层上端连接处，第一主应力幅值的最大值为0.136MPa，第三主应力幅值的最大值为0.095MPa，均位于蜗壳进口上座环顶部混凝土结构的内侧。直接埋设方式蜗壳外围混凝土振动应力幅值与保压和垫层埋设方式相当，均较小，第一主应力幅值的最大值为0.208MPa，第三主应力幅值的最大值为0.139MPa，比保压埋设方式略小，比垫层埋设方式略大。至于厂房结构其他各部位的动应力都比较小，不作进一步分析。

表 5.5.13 厂房混凝土结构动应力最大值汇总 单位:MPa

结构构件		保压埋设方式		垫层埋设方式		保压有间隙		直接埋设方式	
		第一	第三	第一	第三	第一	第三	第一	第三
蜗壳周围混凝土		0.211	−0.142	0.136	−0.095	0.150	−0.106	0.208	0.139
定子基础		0.064	−0.044	0.046	−0.040	0.030	−0.029	0.09	0.079
风罩		0.038	−0.040	0.037	−0.039	0.035	−0.036	0.139	0.095
实体墙	上游	0.034	−0.034	0.032	0.032	−0.032	−0.033	0.024	0.033
	下游	0.057	−0.049	0.057	0.058	−0.049	−0.049	0.04	0.041
发电机层楼板		0.043	−0.048	0.037	−0.040	0.019	−0.020	0.046	0.046

5)综合分析

①计算表明,三种埋设方式(包括有间隙和无间隙情况),在脉动水压力的作用下,三峡右岸主厂房的振动均较小,能够满足相关的要求。对于混凝土结构,保压埋设方式的振动反应基本上大于垫层埋设方式的振动反应;流道中的座环结构、过渡板各方向的振动反应,总体而言保压埋设方式较大;采用垫层埋设方式时,蜗壳钢板各方向的振动反应均比采用保压埋设方式时大,因为垫层的约束刚度明显比混凝土的约束刚度小许多,因此对蜗壳钢板的约束作用有明显降低,使蜗壳钢板的振动反应较大。对于机组稳定性影响较大的座环部分的刚度和振动,由于采取了措施,其振动水平受蜗壳埋设方式的影响很小,不会对机组的稳定性产生明显的不利影响。直接埋设方式考虑混凝土开裂后刚度降低,蜗壳外围混凝土振动反应加大,但由于直埋蜗壳为边机组,受端墙约束,厂房上部墙体结构比保压埋设方式小,蜗壳外围混凝土振动应力幅值与保压和垫层埋设方式相当,均较小;直接埋设方式蜗壳、过渡板及座环振动反应加大,但幅值与保压及垫层埋设方式基本属同一量级,均较小。

②垫层埋设方式由于距机坑里衬 2.5～3m 采用直接埋设方式,流道中的座环结构、过渡板结点各方向的振动反应,基本上比采用保压埋设(无间隙)方式时的振动反应有所减小。而对于与垫层相连的蜗壳钢板来说,当蜗壳采用垫层埋设方式时,其各方向的振动反应均比采用保压埋设方式时大很多,主要原因是垫层的约束刚度明显比混凝土的约束刚度小很多,因此对蜗壳钢板的约束作用有明显降低,导致蜗壳钢板的振动反应增大。

③蜗壳采用保压埋设方式且蜗壳与混凝土之间存在间隙时,流道金属结构各部位振动反应最大值与保压埋设方式无间隙情况及垫层埋设方式的对应结果相比,由于与座环上环板连接的外围混凝土厚度较小,因此,座环上环板各典型结点水平向振动反应均比保压埋设方式无间隙情况及垫层埋设方式的对应值有一定程度的增加,而竖向振动反应则有所减小。由于蜗壳钢板和过渡板与混凝土之间存在间隙,因此蜗壳中的脉动水压力基本上由钢板承担,所以其各方向的振动反应均比保压埋设方式无间隙情况及垫层埋设方式时的对应值大很多。

与上两条所述原因相同,混凝土结构对流道金属结构约束作用的不同,厂房混凝土结构大部分结点各方向的振动反应，基本上表现为保压埋设无间隙情况下较大，保压埋设有间隙情况下较小，垫层埋设方式位于中间。

④流道金属结构当采用垫层埋设方式时，最大第一主应力幅值为4.89MPa，最大第三主应力幅值为3.3MPa，位于蜗壳钢板。当保压埋设方式无间隙，最大第一主应力为1.386MPa，最大第三主应力幅值为1.193MPa，位于固定导叶。保压埋设方式有间隙，最大第一主应力为6.574MPa，最大第三主应力值为4.32MPa，均位于下过渡板处，远小于钢材的抗拉和抗压强度；混凝土结构的最大第一主应力为0.211MPa，最大第三主应力为0.142MPa，均产生在蜗壳采用保压埋设方式无间隙时，位于与上座环连接处，远小于混凝土的抗拉和抗压强度。说明在脉动压力作用下，强度已经不是厂房结构的控制因素。从动应力强度的角度评价，结构是安全的。

⑤当蜗壳采用垫层埋设方式时，厂房混凝土结构的主应力值均比采用保压埋设方式时有不同程度的减小，座环结构和下过渡板的主应力也均有所减小。而蜗壳钢衬的主应力则增加较多，因为垫层的刚度较小。上过渡板受其影响，主应力有所增加。

⑥当蜗壳采用保压埋设方式且蜗壳与混凝土之间存在间隙时，厂房混凝土结构的最大主应力幅值比采用保压埋设方式无间隙情况和垫层埋设方式小，而流道中的金属结构则均有不同程度的增加，其中过渡板处增加较多，座环处增加幅度相对较少。

⑦垫层埋设范围的敏感性分析。垫层上末端埋设起点与基坑里衬距离从2.5m增至3.0m，对振动反应幅值的降低有一定作用，但不是特别显著。鉴于流道结构和钢筋混凝土结构的振动反应均不突出，单纯从控制振动幅值的角度出发，增大在座环上环板附近的直埋范围，必要性不显著。

(2)右岸电站机组激振力的动力响应

右岸电站机组水轮机模型试验测量的水压力脉动比左岸电站机组有所减小。对动力响应进行了复核计算，结果表明：右岸电站机组水轮机模型试验测得的脉动水压力幅值有所减小，在脉动水压力作用下，流道金属构件以及外围混凝土结构的振动反应(振幅、速度、加速度和应力)比左岸电站机组脉动水压力荷载计算对应的结果约小一个数量级，且主厂房的振动很小，能满足控制条件要求。对于混凝土结构，保压埋设方式振动反应基本上大于垫层埋设方式；流道中的座环结构、过渡板以及与混凝土连接的蜗壳钢板结构的各方向的振动反应，保压埋设方式的较大；而对于与垫层相连的蜗壳钢板来说，若蜗壳采用垫层埋设方式，其各方向的振动反应均比采用保压埋设方式大很多，因为垫层的约束刚度明显比混凝土的约束刚度小很多，因此对蜗壳钢板的约束作用有明显降低，使蜗壳钢板的振动反应较大。

5.5.3　水轮机蜗壳埋设结构疲劳强度分析

结构某些点(断面)在小于材料屈服极限的循环应力作用下，经过足够多的循环次数而发生局部永久结构变化，导致结构破坏的现象称为疲劳。疲劳断裂是构件最常见的破坏形式。据统计，在各种金属构件的断裂事故中有80%以上属于疲劳断裂，所以疲劳分析是一个重要的研究领域。疲劳的本质是一个裂纹形成、扩展、最后导致结构构件瞬断的过程。疲劳分析的目的是，尽可能准确地估算所考虑的结构构件的疲劳寿命(或积累损伤率)，评价节点相对重要性以及可能出现的疲劳破坏形式。线性积累损伤理论假定材料在各应力水平下的疲劳损伤是独立的，总损伤量可以线形叠加。本节采用 Miner 法则，对三种埋设方式流道的金属构件进行了疲劳分析计算。计算结果见表 5.5.14。

表 5.5.14　各埋设方式最大动应力节点处的最大总 V. Mises 应力

方式		部位	钢材种类	最大动应力(MPa)	最大动应力处最大静应力(MPa)	最大总应力(MPa)	循环特征	疲劳极限(MPa)
依据左岸厂房荷载数据	保压方式	钢蜗壳	NK-HITEN610U2	0.676	70.987	71.663	0.9904	490
		上环	TSTE335/Z35	0.597	7.424	8.021	0.9289	295
		下环		0.573	21.69	22.263	0.9753	295
		固定导叶	SM490B	0.597	7.424	8.021	0.9289	275
	垫层方式	钢蜗壳	NK-HITEN610U2	2.858	96.417	99.275	0.9712	490
		上环	TSTE335/Z35	3.203	27.612	30.815	0.8953	295
		下环		1.010	35.518	36.528	0.9723	295
		固定导叶	SM490B	3.203	27.612	30.815	0.8953	275
	直埋方式	钢蜗壳	NK-HITEN610U2	2.96	80.80	83.76	0.929	490
		上环	TSTE335/Z35	1.59	35.20	36.79	0.914	295
		下环		1.62	63.60	65.22	0.950	295
		固定导叶	SM490B	1.62	76.70	78.32	0.959	275
依据右岸厂房荷载数据	保压方式	钢蜗壳	NK-HITEN610U2	0.228	97.8	98.028	0.9953	490
		上环	TSTE335/Z35	0.080	56.4	56.48	0.9971	295
		下环		0.085	47.5	47.585	0.9964	295
		固定导叶	SM490B	0.085	47.5	47.585	0.9964	275
	垫层方式	钢蜗壳	NK-HITEN610U2	0.514	121	121.514	0.9915	490
		上环	TSTE335/Z35	0.117	78	78.117	0.9970	295
		下环		0.117	34	34.117	0.9931	295
		固定导叶	SM490B	0.117	34	34.117	0.993	275

分析认为，由于动应力的幅值很小，其循环特征(最小应力与最大应力的比值)均接近于 1.0。根据疲劳极限图，此时材料的疲劳极限可以看作与材料的屈服极限相等，材料的应力水平远小于材料的屈服极限，所以认为三种埋设方式流道各主要构件的交变应力水平对钢蜗壳不产生疲劳损伤，在使用期限内均不会产生疲劳破坏。也就是说，钢结构的疲劳强度是比较高的。

从表中看出，垫层埋设方式水轮机脉动压力产生的动应力比保压埋设方式的大，主要是钢蜗壳的动应力有所提高，但是动应力最大值比其疲劳极限要低得多，应力循环特征仍然极接近1.0。分析复核认为，流道结构抗疲劳设计是安全的。

动应力幅值最大值与静应力最大值往往并不发生在相同的位置，设计按最不利情况进行组合，即考虑静水压力造成的各部位的最大应力与脉动水压力造成的最大动应力的最不利组合时，各部位的V. Mises应力水平也远小于材料的疲劳极限。分析认为该应力水平不会使材料产生疲劳损伤，流道结构在设计使用年限内是安全的。

5.5.4 水轮机蜗壳各埋设方式观测成果与计算值的对比分析

5.5.4.1 监测项目及监测断面

(1)监测机组

本节对左岸电站10号机组和右岸电站16、19、24号机组保压埋设方式、右岸电站17、18、25、26号机组垫层埋设方式和右岸电站15号机组直接埋设方式进行监测。

(2)监测项目及仪器

1)蜗壳应力

采用钢板应变计观测。保压蜗壳的钢板计在保压前全部安装就绪并取得基准值，垫层及直接埋设蜗壳的钢板计在测点部位浇筑混凝土前安装就绪并取得基准值。蜗壳应力是采用钢板实测应变与弹性模量之积计算的，钢板弹性模量$E=205\text{GPa}$，应力符号：蜗壳应力“＋”表示拉应力，“－”表示压应力。

2)蜗壳与外包混凝土之间开度

采用测缝计观测。测缝计在测点部位浇筑混凝土时埋设，在混凝土浇筑并终凝后读取基准值。垫层和直接埋设蜗壳在混凝土浇至腰部高程57m左右时，蜗壳底部需进行灌浆使蜗壳上抬并造成腰部以下测缝计张开，但实际上这一开度间隙被水泥浆充填，因此，垫层和直埋蜗壳腰线以下测缝计取蜗壳底部灌浆后的测值作为修正基准值。开度符号：“＋”表示蜗壳与混凝土间间隙增大，“－”表示间隙减小(对垫层部位为垫层压缩量)。

3)蜗壳外包混凝土钢筋应力

采用钢筋计观测。应力符号：“＋”表示拉应力，“－”表示压应力。

4)蜗壳外包混凝土应力

采用应变计和无应力计观测。混凝土应根据实测应变、弹性模量及徐变资料计算而得。应力符号：“＋”表示拉应力，“－”表示压应力。

5)下机架基础变形

采用水准仪。

(3)监测断面及测点

蜗壳监测断面的平面位置见图5.5.10，监测断面上测点的点位及标识见图5.5.11。

5.5.4.2 观测成果与计算值的对比分析

(1)对比成果说明

实测成果为静水压力作用下的观测值,为便于与其比较,采用三种埋设方式的线弹性计算成果。主要对156.0m、172.7m水位时的蜗壳钢板应力、钢筋应力、外围混凝土应力、蜗壳与外围混凝土之间的开度、下机架上抬位移量、混凝土承载比等观测成果与计算值进行分析对比。

因计算成果没有考虑温度荷载,为消除实测成果中的温度影响并具有可比性,156m水位的观测成果采用机组调试(充水)前后观测量的增量作为实测值,172.7m水位的观测成果采用机组调试(充水)前后观测量(调试后为156m水位)的增量与2008年10—11月汛后水位上升过程中156m与172.7m水位观测量增量的累加值作为比较的观测成果。因调试前后和水库蓄水过程时间较短,可基本消除温度的影响。

(2)直埋方式

主要对直接埋设的15号机蜗壳钢板应力、钢筋应力、混凝土应力和下机架基础板上抬量的实测值与计算值进行比较。

1)蜗壳钢板应力比较

实测应力与计算应力的比较表明,除敷设有垫层的3-3断面外,直接埋设部位5-5和8-8断面应力规律一致,数值比较接近(表5.5.15)。

2)钢筋应力比较

实测应力与计算应力的比较表明,各断面应力规律一致,数值比较接近(表5.5.16)。

3)混凝土应力比较

实测应力与计算应力的比较表明,各断面应力规律一致,数值比较接近(表5.5.17)。

表5.5.15　15号机钢板应力实测值与计算值比较　单位:MPa

编号	断面	方向	部位	156m水位		172.7m水位	
				实测值	计算值	实测值	计算值
GS03CJ15	3-3	环向	120°	38	74	63	87
GS09CJ15	5-5	环向	腰部	15	14	22	16
GS11CJ15	5-5	环向	120°	14	10	19	12
GS17CJ15	8-8	环向	腰部	19	18	29	21
GS19CJ15	8-8	环向	120°	13	8	20	9
GS10CJ15	5-5	水流向	腰部	1	7	8	8
GS12CJ15	5-5	水流向	120°	−1	0	8	0
GS18CJ15	8-8	水流向	腰部	3	6	8	8
GS20CJ15	8-8	水流向	120°	−9	4	0	4

表 5.5.16　**15 号机钢筋应力实测值与计算值比较**　单位:MPa

编号	断面	方向	部位	156m 水位		172.7m 水位	
				实测值	计算值	实测值	计算值
R16CJ15	3-3	环向	−30°	6.5	6.6	8.8	7.9
R17CJ15	3-3	环向	腰部	1.6	3.8	6.1	5.1
R20CJ15	3-3	环向	45°	6.5	9.7	8.8	12.4
R21CJ15	3-3	环向	顶部	3.2	5.6	4.6	6.9
R30CJ15	5-5	环向	−30°	7	10.3	11.5	12.2
R31CJ15	5-5	环向	腰部	7.8	11.3	12.4	13.5
R33CJ15	5-5	环向	45°	12.1	14.3	17.6	17.2
R34CJ15	5-5	环向	顶部	9.8	11.1	15.3	13
R46CJ15	8-8	环向	腰部	9.8	14.4	16.1	17.2
R48CJ15	8-8	环向	45°	12.3	14.9	17.9	19.2
R49CJ15	8-8	环向	顶部	5.4	7.9	11.5	9.4
R18CJ15	3-3	水流向	腰部	0.5	1.1	2.7	1.2
R22CJ15	3-3	水流向	顶部	0.3	0.8	0.4	0.7
R32CJ15	5-5	水流向	腰部	3	2.5	8.4	2.9
R35CJ15	5-5	水流向	顶部	1.4	1.3	8	1.5
R47CJ15	8-8	水流向	腰部	1	1.2	6.1	1.4
R50CJ15	8-8	水流向	顶部	1.5	2.1	8.9	2.7

表 5.5.17　**15 号机混凝土应力实测值与计算值比较**　单位:MPa

编号(CJ15)	断面	方向	部位	156m 水位		172.7m 水位	
				实测值	计算值	实测值	计算值
S01	3-3	环向	−30°	1.4	1.0	1.1	1.2
S03	3-3	环向	腰部	0.6	0.5	0.8	0.6
S05	3-3	环向	45°	1.3	1.3	1.2	1.5
S17	5-5	环向	腰部	1.6	1.5	1.7	1.7
S19	5-5	环向	45°	2.2	1.9	2.2	2.3
S21	5-5	环向	顶部	1.7	1.4	1.9	1.6
S31	8-8	环向	腰部	2.0	2.0	2.1	2.3
S33	8-8	环向	45°	2.2	1.9	2.2	2.2
S35	8-8	环向	顶部	0.9	1.0	1.0	1.2
S02	3-3	水流向	−30°	0.1	0.4	0.4	0.5
S04	3-3	水流向	腰部	0.1	0.1	0.2	0.3

续表

编号 (CJ15)	断面	方向	部位	156m水位		172.7m水位	
				实测值	计算值	实测值	计算值
S06	3-3	水流向	45°	0.2	0.3	0.3	0.4
S08	3-3	水流向	顶部	0.2	0.2	0.2	0.2
S18	5-5	水流向	腰部	0.5	0.5	1.1	0.6
S20	5-5	水流向	45°	0.5	0.5	1.2	0.6
S22	5-5	水流向	顶部	0.3	0.3	1.1	0.3
S32	8-8	水流向	腰部	0.1	0.3	0.7	0.4
S34	8-8	水流向	45°	0.3	0.3	0.9	0.4
S36	8-8	水流向	顶部	0.3	0.2	1.3	0.3

(3)保压埋设方式

选取保压埋设方式埋设的24号机蜗壳钢板应力、混凝土应力实测值与计算值作比较，并将保压埋设方式埋设的10号机蜗壳仿真计算的蜗壳与混凝土间间隙结果与实测情况进行比较。

1)蜗壳钢板应力比较

除3-3断面腰部环向GS09CJ24相差较大外，其他实测应力与计算应力的规律基本一致，数值比较接近(表5.5.18)。

表5.5.18　　24号机钢板应力实测值与计算值比较　　单位：MPa

编号	断面	方向	部位	156m水位		172.7m水位	
				实测值	计算值	实测值	计算值
GS10CJ24	3-3	水流向	腰部	36	46	47	47
GS11CJ24	3-3	环向	45°	64	58	74	60
GS13CJ24	3-3	环向	顶部	78	65	88	68
GS15CJ24	3-3	环向	120°	54	64	62	65
GS29CJ24	5-5	环向	腰部	48	68	53	70
GS30CJ24	5-5	环向	腰部	33	57	41	58
GS31CJ24	5-5	环向	45°	50	65	56	70
GS33CJ24	5-5	环向	顶部	74	69	83	71
GS35CJ24	5-5	环向	120°	74	63	81	64
GS53CJ24	8-8	环向	45°	57	61	66	64
GS12CJ24	3-3	水流向	45°	20	21	30	22
GS14CJ24	3-3	水流向	顶部	12	32	21	33
GS16CJ24	3-3	水流向	120°	−6	17	0	17

续表

编号	断面	方向	部位	156m水位		172.7m水位	
				实测值	计算值	实测值	计算值
GS32CJ24	5-5	水流向	45°	11	34	20	60
GS34CJ24	5-5	水流向	顶部	5	39	12	39
GS36CJ24	5-5	水流向	120°	－5	17	3	17
GS52CJ24	8-8	水流向	腰部	72	52	82	53
GS54CJ24	8-8	水流向	45°	11	35	17	36

2)混凝土应力比较

24号机混凝土实测应力与计算应力的规律基本一致，数值比较接近(表5.5.19)。

表5.5.19　　24号机混凝土应力实测值与计算值比较　　单位:MPa

编号(CJ24)	断面	部位	156m水位		172.7m水位	
			实测值	计算值	实测值	计算值
S01	3-3	腰部	0.9	1.0	1.5	1.4
S02	3-3	45°	0.8	1.1	1.3	1.5
S05	5-5	腰部	0.7	0.9	1.2	1.1
S06	5-5	45°	1.2	0.9	1.8	1.3

3)蜗壳与混凝土间间隙比较

对10号机保压浇筑混凝土及运行过程的仿真计算结果表明，139m水位运行期蜗壳与混凝土已基本贴紧，冬季平均传压仅为0.12MPa，可以认为此时内水压力主要由蜗壳承担。而实测成果表明，135m以上水位条件下运行蜗壳与混凝土间间隙为－0.2～0.2mm，均在仪器观测误差范围内，蜗壳与混凝土均是贴紧的。

在卸压后的冬季，钢蜗壳与外围混凝土间的间隙为:平均间隙为2.04mm;3-3断面管顶间隙0.28mm，管腰间隙3.15mm，5-5断面管顶间隙0.07mm，管腰间隙5.62mm，管腰间隙均大于管顶间隙(这与前期计算结果的规律性一致)。实测值与计算值比较(表5.5.20)表明，两者管腰间隙基本一致，管顶间隙实测值大于计算值。

表5.5.20　　10号机卸压后的冬季计算间隙与实测值比较　　单位:mm

断面	3-3断面		5-5断面		
部位	管顶	管腰	管顶	管腰	管底
计算值	0.28	3.15	0.07	5.62	0.28
实测值(2002年12月31日)	2.50	4.00	1.70	4.90	0.70
实测值(2004年3月1日)	0.90	2.80	1.00	4.00	0.30

对右岸电站采用保压埋设方式的16号、19号、24号机组，在156m、172.7m水位下的间隙实测表明，间隙测值无变化，表明钢蜗壳已与外围混凝土绝大部位贴紧了。

(4)垫层埋设方式

主要对垫层埋设方式的26号、25号及17号机蜗壳钢板应力、混凝土应力及蜗壳与混凝土间间隙的实测值与计算值进行比较。

1)蜗壳钢板应力比较

实测应力与计算应力的比较表明，各断面应力规律基本一致，大部分数值比较接近(表5.5.21、表5.5.22)。

表5.5.21　　25号机钢板应力实测值与计算值比较　　单位：MPa

编号	断面	方向	部位	156m水位		172.7m水位	
				实测值	计算值	实测值	计算值
GS07CJ25	3-3	环向	底部	9	47	23	56
GS09CJ25	3-3	环向	腰部	61	61	70	72
GS13CJ25	3-3	环向	顶部	90	67	94	79
GS27CJ25	5-5	环向	底部	40	55	51	66
GS31CJ25	5-5	环向	45°	86	65	102	77
GS33CJ25	5-5	环向	顶部	68	62	69	77
GS35CJ25	5-5	环向	120°	8	39	10	46
GS08CJ25	3-3	水流向	底部	10	27	16	32
GS10CJ25	3-3	水流向	腰部	19	38	21	44
GS14CJ25	3-3	水流向	顶部	22	30	20	35
GS28CJ25	5-5	水流向	底部	11	36	20	43
GS34CJ25	5-5	水流向	顶部	11	33	7	39
GS36CJ25	5-5	水流向	120°	17	19	18	21
GS52CJ25	8-8	水流向	腰部	62	51	71	60
GS54CJ25	8-8	水流向	45°	25	34	38	41

表5.5.22　　17号机钢板应力实测值与计算值比较　　单位：MPa

编号	断面	方向	部位	156m水位		172.7m水位	
				实测值	计算值	实测值	计算值
GS01CJ17	3-3	环向	腰部	24	61	32	72
GS03CJ17	3-3	环向	120°	106	73	121	87
GS09CJ17	5-5	环向	腰部	16	76	23	89

续表

编号	断面	方向	部位	156m 水位		172.7m 水位	
				实测值	计算值	实测值	计算值
GS11CJ17	5-5	环向	120°	48	39	53	46
GS19CJ17	8-8	环向	120°	52	65	58	77
GS12CJ17	5-5	水流向	120°	−11	19	−1	21
GS18CJ17	8-8	水流向	腰部	27	51	37	60
GS20CJ17	8-8	水流向	120°	12	14	20	16

2)混凝土应力比较

实测应力与计算应力的比较表明，各断面应力规律基本一致，大部分数值比较接近(表5.5.23)。

表5.5.23　25号机混凝土应力实测值与计算值比较　单位：MPa

编号(CJ24)	断面	部位	156m 水位		172.7m 水位	
			实测值	计算值	实测值	计算值
S01	3-3	腰部	0.4	0.7	0.6	0.9
S02	3-3	45°	0.7	1.3	1.3	1.5
S05	5-5	腰部	0.5	0.7	0.8	0.9
S06	5-5	45°	1.5	0.9	2.2	1.1

3)蜗壳与混凝土之间开度比较

实测开度与计算开度比较表明，26号机实测垫层压缩量比计算值大，17号机和18号机实测垫层压缩量比计算值略小(表5.5.24、表5.5.25)。

表5.5.24　156m水位时蜗壳与外包混凝土之间开度(压缩量)比较　单位：mm

断面	部位	实测值(156m)				计算值(156m)
		26号机	25号机	17号机	18号机	
3-3	腰部	−6.18	−3.14	−0.72	−0.16	−2.07
3-3	顶部	−2.49	−2.48	−1.29	−1.29	−3.42
5-5	腰部	−4.16	−1.02	−1.20	−0.43	−2.65
5-5	顶部	−1.20	−1.44	−1.37	−1.35	−3.58
8-8	腰部	−1.34	−0.04	−0.09	−0.27	−1.55
8-8	顶部	0.38	−0.12	−0.10	−0.44	−1.74

表 5.5.25　172.7m 水位时蜗壳与外包混凝土之间开度(压缩量)比较　单位:mm

断面	部位	实测值(172.7m)				计算值
		26 号机	25 号机	17 号机	18 号机	(172.7m)
3-3	腰部	−6.56	−3.33	−0.73	检修	−2.40
3-3	顶部	−2.62	−2.68	−1.35		−4.05
5-5	腰部	−4.42	−1.07	−1.17		−3.07
5-5	顶部	−1.17	−1.45	−1.48		−4.21
8-8	腰部	−1.43	−0.03	−0.08		−1.80
8-8	顶部	−0.38	−0.11	−0.07		−2.46

(5)各机组混凝土承载比

根据各机组 3-3(+X)、5-5(−Y)及 7-7(−X)断面实测蜗壳应力,计算出各机组在 172.7m左右(18 号机为 156m)库水位运行时的实测平均混凝土承载比(表 5.5.26)。混凝土承载比实测值与计算值规律一致,直埋最大、保压其次,垫层最小。

表 5.5.26　各机组混凝土承载比实测值与计算值比较

机组情况	实测库水位(m)	实测平均混凝土承载比(%)	计算混凝土承载比(%)
26 号(垫层、哈电)	172.7	20	18~30
25 号(垫层、哈电)	172.7	24	
18 号(垫层、东电)	156	21	
17 号(垫层、东电)	172.7	38	
24 号(保压、哈电)	172.7	37	45~50
16 号(保压、东电)	172.7	44	
19 号(保压、ALSTOM)	172	48	
10 号(保压、ALSTOM)	172	50	
15 号(直埋、东电)	172.7	78	80~90

注:表中计算混凝土承载比为蜗壳设计内水压力水头 139.5m 时的计算值。

(6)下机架基础板上抬量

结合机组调试,对 15F 直埋、18F 垫层、24F 保压的发电机下机架基础板的对角上抬位移差进行了真机监测。不同埋设方式发电机下机架基础板的对角上抬最大位移差计算值和实测值见表 5.5.27。

从表 5.5.27 可看出,计算和真机实测表明,三种埋设方式中,发电机基础板对角上抬最大位移差,直接埋设方式大于垫层埋设方式,垫层埋设方式又稍大于保压埋设方式,实测值与计算值基本相当。

表 5.5.27　　下机架基础板对角上抬量最大差值　　单位：mm

机组号及埋设方式	15F 直埋		18F 垫层		24F 保压	
	坝前水位(m)	相对变形(mm)	坝前水位(m)	相对变形(mm)	坝前水位(m)	相对变形(mm)
实测值	157.68	0.59				
计算值	156	0.69	156	0.64	156	0.53
实测值			170.26	0.73	170.86	0.45
计算值	172.7	0.77	172.7	0.74	172.7	0.67

注：上述计算值为线弹性计算值。

5.5.5　水轮机蜗壳埋设方式的综合分析

对三峡电站700MW水轮发电机组蜗壳采用保压、垫层、直埋三种埋设方式经设计选定并实施具体埋设方式，对三种埋设方式进行了动力、静力计算，直接埋设方式做了物理模型试验；结合右岸电站机组的安装调试和运行，在156.0m、172.7m水位下，对三种埋设方式进行真机监测，并对监测数据与设计计算值进行分析对比，结果基本一致。三种埋设方式投运的机组，运行总体良好，机组的振动、摆度、推力瓦温正常，表明三种埋设方式的研究成果基本正确，蜗壳外围混凝土结构设计合理，能使机组安全稳定运行。

5.5.5.1　蜗壳埋设方式的主要性能参数

蜗壳保压、垫层、直埋三种埋设方式主要性能参数见表5.5.28、表5.5.29。

表 5.5.28　　蜗壳三种埋设方式静力计算成果汇总表

项目		单位	保压方式	垫层方式	直埋方式
蜗壳	钢板应力	MPa	98.7	219	28.4
	最大变形	mm	20	8	1.57
	上过渡板应力	MPa	174	199	77
	下过渡板应力	MPa	172	189	67.6
座环	上环板应力	MPa	129	195	97.8
	下环板应力	MPa	127	123	91.8
	径向最大柔度	μm/kN	0.0372	0.0376	0.0404
固定导叶应力		MPa	67.3	83.2	75.4
外围混凝土	最大拉应力	MPa	2.13	1.93	2.74
	内压平均承载比	%	45～50	18～30	80～90
下机架基础相对上抬位移		mm	0.97	1.16	1.3

表 5.5.29 蜗壳三种埋设方式动力计算成果汇总表

项目		单位	保压方式	垫层方式	直埋方式
蜗壳	钢蜗壳应力	MPa	0.791	4.894	6.42
	过渡板应力	MPa	1.369	1.369	4.63
	钢蜗壳振动位移	mm	0.035	0.100	0.143
	过渡板振动位移	mm	0.035	0.033	0.041
	钢蜗壳振动速度	mm/s	2.032	8.582	11.125
	过渡板振动速度	mm/s	1.738	1.48	2.874
	钢蜗壳振动加速度	m/s^2	0.451	1.975	2.584
	过渡板振动加速度	m/s^2	0.387	0.329	0.641
座环	环板应力	MPa	1.254	1.478	3.63
	振动位移	mm	0.033	0.033	0.038
	振动速度	mm/s	1.575	1.401	2.800
	振动加速度	m/s^2	0.351	0.312	0.625
固定导叶应力		MPa	1.386	1.324	3.63
蜗壳外围混凝土	最大应力	MPa	0.211	0.136	0.208
	最大动位移	mm	0.042	0.041	0.061
	最大振动速度	mm/s	2.366	1.845	4.368
	最大振动加速度	m/s^2	0.529	0.409	0.973
蜗壳上部混凝土	最大应力	MPa	0.057	0.058	0.139
	最大动位移	Mm	0.11	0.058	0.052
	最大振动速度	mm/s	1.925	1.299	2.952
	最大振动加速度	m/s^2	0.348	0.278	0.652

从表 5.5.28、表 5.5.29 可看出，蜗壳不同埋设方式在性能参数上虽存在差异，但各项技术指标都满足有关规范、规程和机组合同要求。

5.5.5.2 水轮机蜗壳保压埋设方式

当蜗壳承受的水压力大于保压水头运行时，钢蜗壳与外围混凝土之间绝大部分已贴紧，并兼顾短期运行的条件，是保压方式的设计原则和目标。设计研究和工程实践表明，保压水头按蜗壳运行承受最小水压的 0.8 倍选取，并在蜗壳外围混凝土施工过程中采用温度补偿措施的研究成果是正确的。长江设计院自主开发设计的一套保温保压装置经工程使用，证明是成功的。

对保压埋设方式，在保压值确定后，钢蜗壳与外围混凝土结构各自受力明确。明确了蜗壳承力、外围混凝土结构设计的荷载条件，关系到配筋的多少和施工的难易，而保压水头的选取与机组运行水头的变幅有密切的关系。对运行水头变幅大的机组，从提高蜗壳与外围混凝土结构的整体刚度以减小机组振动出发，要求一年四季内在长期运行的水头范围内，钢蜗壳与外围混凝土结构绝大部分处于贴紧状态，保压水头宜按长期运行承受最小静水压力的0.8倍选取。三峡工程长期运行水头为145～175m，水位变幅为30m，保压水头选取70m，考虑水锤效应后蜗壳承受的最大水压力为140m水柱，外围混凝土结构应按承载70m内水压力设计。由于保压水头选得相对较低，配筋相对较多，对运行水头变化范围不大的机组而言，保压水头相对提高，可提高钢蜗壳的承载力，减少外围混凝土结构的承载力，减少配筋，降低工程造价和方便施工。另一方面，不论机组在何种水头范围运行，在保压浇筑混凝土过程中，需增加闷头、密封环并对施工过程中需采用温度或压力补偿措施，蜗壳需充、泄水，因此施工程序相对复杂，工期较长，投入相对较大，且在工程设计中，无论是明厂房还是地下厂房，都需考虑布置闷头的位置和相应的吊装设施，而上述设施的投入和施工期长短与机组蜗壳尺寸的大小有密切关系。三峡机组蜗壳 HD 值(1773m·m)较高，属中低水头，因此蜗壳进口直径达12.4m，平面宽度达34.325m，蜗壳的容积约为6000m^3，是目前世界上最大的混流式水轮机蜗壳。上述设施的投入相对较多，施工期也较长，保压埋设方式工程量与垫层埋设方式相比，混凝土量相同，钢筋增加约108t，一套辅助装置需430万元。保压埋设方式单台机投资比垫层埋设方式单台机增加约495.6万元(未考虑有些设施可重复使用)，比直接埋设方式增加约269.2万元。因此，在三峡电站具体条件下采用保压埋设方式不是最好的。

鉴于上述，机组运行水头范围变化不大，保压值可适当提高，增加钢蜗壳的承力，对减少外围混凝土的配筋有利。也就是说，在施工程序相对复杂可接受的情况下，保压埋设方式较适合在水头变幅不大的机组中采用。对机组容量不大、运行水头较高、蜗壳进口及平面尺寸不大及外围混凝土方量不大并在较短时间内浇完外围混凝土，只要浇筑季节选择适当，可不考虑浇筑时温度补偿的电站或采用调节蜗壳内的水压力方式进行温度补偿的，也可采用保压埋设方式。

5.5.5.3 水轮机蜗壳垫层埋设方式

垫层埋设方式关注两个问题：一是过渡板附近体形复杂，机组运行再加上振动，过渡板是否受力过大并引起疲劳破坏。对此，在距机坑里衬2.5～3.0m处直浇混凝土，以改善受力条件。从前述可知，在运行中的各种应力都在安全范围内，且有较大的安全裕度。二是关注垫层材料的寿命，垫层材料选用高压聚乙烯闭孔泡沫板，这种泡沫板在紫外线照射下会老化。敷在蜗壳外部没有紫外线的照射，并在动力响应计算中对垫层材料老化失效出现大面积脱空的敏感性分析表明，垫层方式能使机组长期安全稳定运行。另外，通过对弹性垫层材料、敷设范围的优化设计研究，垫层材料经现场测试并对有关参数调整后，选用弹性模量为(4.0±0.4)MPa、厚3cm的高压聚乙烯封孔泡沫板(PE)，敷设范围至腰线或腰线下10°。实践表明，这些成果都是成功的。

垫层埋设方式计算和真机实测表明，运行中钢蜗壳将承受70%～82%的内水压力，是三种埋设方式中承受内水压力最大的，外围混凝土承受内水压力最小，配筋量最少，比保压和直接埋设方式分别减少17%、29%，施工也相对简单。

鉴于上述，对700MW级水轮机的蜗壳，在运行水头变幅大、HD 值较高(1773m·m)、运行水头较低(71～113m)、蜗壳进口钢管直径较大(为12.4m)等情况下，采用垫层埋设方式，能有效地减小机组的振动、工程投入少、方便施工，是一种较好的埋设方式。

5.5.5.4 水轮机蜗壳直接埋设方式

直接埋设方式是在钢蜗壳外表面直接浇筑外围混凝土，在运行中钢蜗壳与外围混凝土绝大部分处于紧贴状态，整体刚度较高，有利于减小机组振动，又方便施工。由于三峡水轮机蜗壳平面尺寸较大，蜗壳截面直径不对称差值较大，在充水至蜗壳最大静压水头118m，由于蜗壳体形不对称，导致发电机下机架不对称上抬量较大。从推力轴承安全运行出发，东方电机股份有限公司提出，下机架不对称的上抬量应不大于0.4mm，土建结构要达到此要求较困难。在设计研究中发现，采用垫层和保压埋设方式，发电机下机架也存在不均匀上抬，量值比直接埋设方式小，国内已投运的机组并未发现推力轴承有什么问题，据此将发电机下机架不对称上抬量控制在与垫层、保压埋设方式相当的水平。为此，增加了不少工程措施和一定的施工工作量。直接埋设方式在三种埋设方式中钢蜗壳承力最小，钢筋使用最多，单台机约用钢筋899t。通过15号机的调试和运行，推力瓦温和瓦块之间的温差正常，可安全稳定运行。通过对真机发电机下机架不对称上抬量的实测，与计算值基本一致，表明设计研究的成果是正确的。但也给设计提出一个问题：发电机下机架的最大允许上抬量，按与保压和垫层埋设方式相当的不对称上抬量控制，是否科学、合理？目前工程实施所采用的方案在很大程度上是受发电机下机架不均匀上抬量制约的，若上抬量可进一步放宽或不受此限制，工程的实施方案会有所改变，会影响直埋方案的评价和使用。因此，如何科学合理地确定发电机下机架的不对称上抬量，对直接埋设方式来说，是需重点研究、进一步解决的问题。

研究发现，在一定的*HD*值下，直接埋设方式采用可能与蜗壳进口直径大小密切相关，如溪洛渡水电站，机组运行水头为154.6～229m，*HD*值为2086.49m·m，蜗壳的进口直径为7.27m，平面最大宽度为23.969m，而发电机下机架的不对称上抬量与蜗壳承受的内水压力和蜗壳不对称的截面积比成正比，而蜗壳的截面积近似与蜗壳的直径平方成正比。因此，在溪洛渡水电站中，蜗壳充水至最大静水压力时，发电机下机架的不对称上抬位移量有减小的趋势。直接埋设方式与机组容量、运行水头密切相关，需针对水电站的具体条件，设计研究后决定是否采用。

从上述可知，实际上三峡电站采用的垫层和直接埋设方式，这两种埋设方式相互采用，区别仅在于垫层敷设所采用范围：垫层埋设方式垫层敷设范围约为718m^2，直接埋设方式垫层敷设范围约为344m^2。

5.6 左、右岸坝后电站施工

5.6.1 左右岸坝后电站施工项目及主要工程量

5.6.1.1 左、右岸坝后电站施工项目

左、右岸坝后电站施工包括厂房及尾水渠开挖、厂房地基固结灌浆、防渗帷幕灌浆及排水孔、混凝土工程、金属结构及机电设备安装等，主要工程量见表5.6.1。

表 5.6.1 左右岸坝后电站主要工程量

阶段 工程量 项目	土石方（万 m³）		混凝土（万 m³）	钢筋（万 t）	厂房基岩灌浆（万 m）		厂房基岩排水孔	锚索（束）	锚杆（万根）	金属结构（万 t）	机组及电气设备安装	备注
	开挖	填筑			固结	帷幕						
初步设计	1723.93	209.40	292.61	9.83	3.84				0.82	11.94	26 台	
技术设计	1779.44	212.90	351.92	14.07	4.63	4.40	1.26	50	2.09	11.49	26 台	执行概算工程量
实际施工 合计	927.72	212.90	298.88	13.90	5.72	2.66	0.83	50	2.09	11.49	26 台	
实际施工 左岸电站	728.28		159.64	6.38	3.13	1.25	0.39				14 台	
实际施工 左岸电站	199.44		139.24	7.52	2.59	1.41	0.44				12 台	

5.6.1.2 左岸坝后电站厂房施工分期与施工项目及进度

（1）左岸坝后电站厂房一期工程施工

左岸坝后电站厂房一期工程施工部位为：①安Ⅰ段、1～6 号机组段及 7～14 号机组段，电站尾水渠高程 110. 0m 以上部位开挖于 1994 年 4 月开始，1995 年 6 月有完成；②利用 6 号机组段部位基岩作为挡水石埂，对安Ⅰ段、1～5 号机组段及尾水渠高程 110. 0m 以下岩石开挖，同时施工左边坡及厂前区，1995 年 8 月开工，1997 年 11 月完成开挖。

（2）左岸坝后电站厂房二期工程施工部位与施工项目及进度

1）厂房地基开挖及处理

①左岸坝后电站厂房地基开挖二期施工范围为左厂 6～14 号机组段及尾水渠，1998 年 6 月开始施工，1999 年 1 月完工交面。

②左岸坝后电站厂房地基常规固结灌浆、厂房下游侧固结灌浆兼辅助帷幕灌浆、左厂 1～6 号机组段坝后坡无盖重固结灌浆及后期补充固结灌浆、厂房Ⅳ区补充固结灌浆均于 1993 年 3 月开工，2002 年 5 月完工。

③左厂 1～6 号机组段厂坝交界陡坡处混凝土与基岩面实施接触灌浆，

2001 年 2 月开始施灌，3 月完工。

2）渗流控制工程

①左厂封闭帷幕从厂前区，安Ⅰ、安Ⅱ段至左厂 1～6 号机下游高程 24m 廊道，安Ⅲ段一线于 2001 年 7 月开工施灌，2002 年 5 月完工。

②左厂封闭帷幕排水孔于 2002 年 3 月开工施钻，6 月完工。

3）混凝土工程

①上游副厂房在 2003 年 7 月混凝土浇筑完工。

②主厂房上下游墙于 2003 年 5 月混凝土浇筑到顶，屋面工程于 2003 年 12 月完工。

③下游副厂房于2001年9月封顶，形成尾水高程82.0m平台。

④尾水渠混凝土、护坡混凝土于2002年5月完工。

4)金属结构及机电设备安装

①左岸坝后电站厂房14台机组计42扇尾水闸门安装于2002年6月完工，并开始挡水；82m尾水平台上布设2台门式启闭机，先后于2002年5月及12月安装完成。

②左岸坝后电站1～3号排沙孔的工作门、检修门安装于2002年6月完成。

③左岸坝后电站厂房尾水管及排水孔盘形阀门于2002年5月安装完成。

④左岸坝后电站厂房安Ⅲ部位的机组检修排水系统、抽排廊道排水系统及厂房渗漏排水系统三个集水井，布设13台深井泵，2002年4月开始安装，5月底完工。

⑤主厂房和副厂房的金属结构及机电设备的一期埋件于2004年4月全部安装完工。

⑥左岸坝后电站厂房布设4套污水处理系统，2004年3月安装及调试完成。

⑦左岸坝后电站主厂房内2台1200/125 t桥式起重机、2台125/125 t桥式起重机于2001年10月安装完工。

5)水轮发电机组安装

①1号、2号、3号、7号、8号、9号机组由VGS联营体制造，4号、5号、6号、10号、11号、12号、13号、14号机组由ALSTOM制造。机组安装包括700MW水轮发电机组及其附属设备，以及与机组对应的离相封闭母线、500kV升压变压器在内的发电单元设备、机组供水系统、自用电系统、发变单元保护、现地LCU、20kV干式高压厂用变压器和高些设备之间的电缆安装。

②VGS联营体机组于2001年11月12日开始安装，2005年9月完成最后一台机组(9号机组)安装调试；ALSTOM机组于2002年3月初开始安装，2005年7月完成最后一台机组(14号机组)安装调试。

6)左岸坝后电站土建工程2003年5月通过国家验收，7月进行了首批机组(2号、5号机组)启动验收。2005年9月，左岸电站14台机组全部通过验收并投入运行。

5.6.1.3 右岸坝后电站厂房施工项目及进度

(1)右岸坝后电站厂房土建工程施工项目及进度

1)厂房地基开挖及处理

①右岸坝后电站厂房地基开挖于2002年9月开始施工，2003年10月完工。

②右岸坝后电站厂房地基固结灌浆于2003年2月开始施灌，2004年5月完工。

2)渗流控制工程

①右厂封闭帷幕灌浆于2004年3月开始施灌，2006年2月完工。

②右厂封闭帷幕排水孔于2005年4月开钻，2006年6月完工。

3)混凝土工程

①上游副厂房在2006年7月混凝土浇筑完工。

②主厂房上、下游墙于2006年8月混凝土浇筑到顶，屋面工程于2007年9月完工。

③下游副厂房于2005年7月封顶，形成尾水高程82m平台。

④尾水渠护坦混凝土、护坡混凝土于2007年2月完工。

⑤右岸电站22～26号机厂房混凝土结构与坝后陡坡基岩面接缝灌浆于2007年2月完工，大二期坑接缝灌浆于2007年3月完工。

4)金属结构及机电设备安装

①右岸坝后电站厂房12台机组计36扇尾水闸门安装于2007年3月完工，82m高程尾水平台上启闭机于2007年8月安装完成。

②右岸坝后电站4～7号排沙孔和地下电站8号排沙洞的工作门、检修门及启闭机于2007年7月安装完成。

③3号排漂孔工作门、检修门及启闭机于2007年3月安装完成。

④右岸电站厂房安Ⅲ部位的机组检修排水系统、厂房渗漏排水系统及抽排廊道排水系统设备安装于2007年1月完工并投入运行。

⑤主厂房内2台1200/125 t桥式起重机及2台125/125 t桥式起重机安装在2006年5月完成。

⑥右岸坝后电站机组段(含安Ⅰ～安Ⅲ段)金属结构及启闭机械一期埋件、尾水闸门门槽、4～7号排沙孔、8号排沙洞工作门门槽及检修门门槽、3号排漂孔出口检测门门槽、机电设备一期埋件、暖通空调及给排水一期混凝土埋件、消防一期混凝土埋件安装等均在2007年3月全部完工。

⑦接地，随混凝土浇筑仓布置接地网安装。

⑧自计水位计井钢栈桥制造安装及5组出线柱制造安装、厂房尾水管及排水沙盘开阀安装、所有与厂房下游迎水面连通的管路安装、管口封堵、阀门安装在2007年1月完工。

(2)水轮发电机组安装

1)15号、16号、17号、18号机组由东电制造，19号、20号、21号、22号机组由ALSTOM制造，23号、24号、25号、26号机组由哈电制造。机组安装包括700MW水轮发电机组及其附属设备，以及机组对应的调速系统、励磁系统、机组技术供水系统、IPB及相关设备、500kV升压变压器及中性点设备、GCB设备、机组自用电设备、接地、机组保护、录波及电源、机组现地监控及测量设备、电缆(光缆)的敷设与连接等安装项目。

2)哈电机组于2006年5月11日开始26号机组安装，至2008年8月22日完成最后一台机组(23号机组)安装调试；ALSTOM机组于2006年6月12日开始机组安装，至2008年6月18日完成最后一台机组(19号机组)安装调试；东电机组于2006年7月29日开始18号机组安装，至2008年10月29日最后一台机组(15号机组)安装调试。2007年共有七台700MW机组投产，2008年五台700MW机组投产。

3)右岸电站土建工程2007年1月通过国家验收，11月进行了首批机组(18号、22号、26号)验收，2008年10月右岸电站12台机组全部通过验收并投入运行。

5.6.2 左、右岸坝后电站厂房地基开挖及处理工程施工

5.6.2.1 左、右岸坝后电站厂房地基开挖

(1)左、右岸坝后电站厂房地基开挖

在确保开挖边坡稳定的情况下，采取自上而下、分层分区分台阶同时平行交叉开挖的方案。

主要施工程序为：覆盖层开挖→梯段开挖→保护层开挖→初验→缺陷处理→整修→建基面质量检测→终验。

一般覆盖层开挖主要采用推土机送料，大型装载机及液压正铲、反铲、电铲直接挖装，配20t及以上自卸车运至规定渣场。边坡开挖采用人工配合反铲削坡，遇块球体辅以手风钻光爆。

梯段开挖一般高度为5～7m，主要采用宽孔距、小排距梅花形布孔，微差起爆。

对电站厂房坝体建基水平保护层开挖采用抽先锋槽，水平预裂与光爆挖除，一次钻孔深度10～12m，最大一段装药量≤50kg；坑槽及缺陷开挖采用小孔径浅孔、小药量控制爆破技术。施工过程中，左厂1～10号坝段水平保护层开挖采用3～4m水平浅孔光面爆破，左厂11～14号坝段采用水平预裂为主的方法，水平预裂深度为10m。

特殊部位如止水基座及新浇混凝土附近、临近新灌浆区附近及水平保护层开挖等，根据技术规范及设计、监理的要求，开挖时在需保护的建筑物侧面，或保留体侧打减震孔（孔距0.2～0.5m）或防震孔（孔距约0.2m）进行防护，采用预裂或光面爆破，小台阶开挖（高度3～5m），并控制单段药量、起爆方向等防震、减震措施，以避免爆破飞石、振动对建筑物造成危害。同时进行不定期的爆破质点振动速度跟踪监测，复核控制爆破的影响。对开挖地质缺陷，按设计通知或经基础验收小组现场初验时研究决定的处理方案进行处理，对爆破松动和损伤岩体，局部尖角破碎的不良地质部位，清除破碎岩体；对断层、软弱风化层、陡倾角裂隙或软弱带等地质缺陷，一般按1～1.5倍出露宽度进行齿槽深挖，清除软弱破碎岩体，按设计要求设置锚杆和回填混凝土。

(2)坝后坡及钢管槽开挖

左岸厂坝1～6号坝段及左非18号坝段坝基后坡布置6条压力钢管槽和1条排沙孔管槽；右岸厂坝24～26坝段坝基后坡布置3条压力钢管槽，其中钢管槽宽为16.6m，槽间隔墩宽为21.7m，槽深41.2m，槽两侧为28.3m的直立坡，槽后壁为1∶0.72的斜坡。排沙孔槽宽8.5m，与钢管槽之间的隔墩只有7.7m宽，槽深22.5m，两侧为10.5m高的直立边坡，槽后坡由1∶2.4过渡到1∶0.72的斜坡。采用手风钻小梯段正台阶法，周边光面爆破，利用孔间和排间微差、孔外导爆管接力网络起爆技术，逐层下挖。为了加快施工进度，后期改为上、下两台阶开挖方法，梯段高度3m，宽16.6m，先爆下台阶，后爆上台阶，采用排间微差起爆网络，结合周边光面爆破，各管槽与坝后坡保护层开挖同步下降，保证开挖进度和开挖质量。

(3)左、右岸坝后电站排水洞开挖

排水洞用手风钻打孔正台阶法进行开挖，上台阶掌子面高度为1.7～2.0m，下台阶高度

为1.8～2.3m,上下台阶之间长度为3m。上台阶开挖采用中心楔形掏槽,周边光面爆破的施工方法,周边光爆孔距为0.5m,每循环进尺1.8～2.2m。用小型机械设备出碴。装药结构:掏槽孔和主爆孔采用直径32mm药卷不偶合连续装药,光爆孔采用直径25mm药卷不偶合不连续装药,线装药密度为250g/m,用非电毫秒雷管连网起爆,单响药量控制12kg以内。

(4)左、右岸坝后电站厂房地基缺陷处理

厂房地基开挖缺陷处理包括施工缺陷和地质缺陷的处理,一般性缺陷由基础验收小组现场初验时研究决定处理方案,规模较大的缺陷按设计通知进行,处理质量经监理单位旁站检查和验收小组终验验收。

1)爆破松动和损伤岩体、局部尖棱和裂隙切割破碎的不良地质部位,按要求予以清除。

2)断层、软弱风化层、陡倾角的碎裂及软弱带等地质缺陷,除设计有特殊要求外,一般按1～1.5倍出露宽度进行齿槽深挖,清除软弱破碎岩体,按设计要求设置锚杆和回填混凝土。

①尾水左边弧线段开挖中,揭露多条断层形成的不稳定岩体,按设计修改的开挖图扩挖,并增设锚筋桩、加强锚杆、系统锚杆和排水孔。

②尾水边坡安Ⅱ高程50.00m以上30.00m边坡按设计要求进行二次扩挖,由于岩体结构面拉开,故增设锚筋桩、加强锚杆、系统锚杆和排水孔。高程37.00m以下按设计轮廓线进行修整和加固。

③安Ⅲ段是经过一、二期工程完成后开挖的,两期开挖后岩体稳定性较差,采用锚杆、镦头锚索、对穿锚杆和对穿锚索加固。

(5)左、右岸坝后电站厂房地基开挖施工质量检测及评价

1)开挖施工质量检测

三峡总公司委托长江委勘测局和武汉大学水利学院(以下简称弹性波检测组)采用地球物理方法对主体建筑物建基面进行了声波(V_p)和地震波等岩体弹性波检测,西北院监理中心还用ES-25型信号增强地震仪和CTG-45型非金属超声检测仪,在开挖中进行基岩声波和地震波的测试。

①检测原则和标准

根据弹性波检测试验成果,设计采用声波作为判断标准。声波检测孔采用手风钻成孔,孔深2～3m,测量间距及点距为0.2m。测试孔数视建基面岩体地质条件和单元面积不同由地质和测试人员具体选定,一般布置在断层带、裂隙密集带、缓倾角裂隙和风化加剧等地质条件不良部位。设计要求根据基岩实际情况每100m^{2}布置1.5～2孔,每单元内各孔的测点加权平均声波$V_p \geq 5000$m/s。

②检测成果

电站厂房地基开挖后,对岩体均布置了声波或地震波检测,平均测孔布置数为1.6个/100m^2,布孔数满足设计要求。左、右岸电站厂房地基各部位平均声波大于5000m/s,满足设计要求。

2)电站厂房地基开挖施工质量评价

厂房地基开挖和缺陷处理的施工程序、过程控制合理,验收制度健全;从坝坡开挖总体看,左、右岸电站厂房地基开挖及缺陷处理满足设计要求。

5.6.2.2 左、右岸坝后电站基岩固结灌浆施工

(1)固结灌浆孔布置

固结灌浆孔分为常规固结灌浆孔和固结兼辅助帷幕灌浆孔,常规灌浆孔布置为梅花形,孔距及排距均为2.50m,孔深一般入岩5.00m,固结兼辅助帷幕灌浆孔孔深入岩10.00m,斜坡区为30°~63°斜孔,入岩5.00m,其余为直孔。

(2)固结灌浆质量检测及评价

1)固结灌浆资料分析和质量检测

①固结灌浆质量检查共布设检查孔72个,压水试验141段,合格140段,占99.3%。其中,较多试段透水率$q\leqslant 1$Lu,不合格的1段,其值为3.2Lu,经补灌后合格。

②根据灌浆资料分析,各部位固结灌浆注入水泥量均很少,整体平均单位注入量仅3.9kg/m。各部位Ⅰ、Ⅱ序孔单位注入量递减明显,符合固结灌浆一般规律,Ⅱ序孔单位注入量最大值仅3.1kg/m。

③为检查固结灌浆效果,布置了岩体波速测试孔。基岩单孔声波波速平均提高4.45%,跨孔地震波波速平均提高3.55%。

2)固结灌浆质量评价

①固结灌浆依据技术规范和技术要求施工,并自动记录。灌浆资料全面、清楚,资料整理系统、可信。

②各部位固结灌浆水泥注入量均较少,虽然大多数部位采用湿磨细水泥灌注,但水泥注入量平均小于12kg/m,表明基岩较完整,裂隙少。

③灌浆分两序施工,Ⅰ、Ⅱ序孔单位注入量递减比较明显,符合灌浆一般规律。

④固结灌浆后,检查孔压水试验多数部位,合格率在95%以上,透水率为0和小于1Lu的段数很多,表明灌浆效果较好,不合格的部位经补灌均达到合格。

⑤普通硅酸盐水泥浆和湿磨细水泥浆细度检测,均满足设计要求。

⑥施工过程中对有涌水的少数孔段和地质缺陷均进行了处理。

固结灌浆资料和检测成果总体分析,左、右岸坝后电站厂房基岩固结灌浆满足施工规范和设计技术要求。

5.6.3 左、右岸坝后电站厂房渗流控制工程施工

5.6.3.1 左、右岸坝后电站厂房帷幕灌浆施工

(1)电站厂房渗控工程施工范围

左、右岸坝后电站厂房渗控工程:左厂1~6号机组段采用封闭抽排方案,除上游布置主

防渗帷幕外，下游基础廊道内布置一道连续的封闭灌浆帷幕。其左端自左厂7号坝段折向下游接左厂1～6号机组段封闭帷幕，左端延伸至高程82m厂前区平台内30m；右端接三期工程封闭帷幕。封闭帷幕一般为单排布孔，孔距为2.5m。施工过程中，左厂1～6号机组尾水段因涌水较严重，增加一排水泥灌浆孔和一排浅层基岩丙烯酸盐化学浆材灌浆孔；右岸坝基封闭帷幕其右端自右厂21号坝段折向下游接右机安Ⅲ～右厂前区的机组段封闭帷幕，即在右机组尾水段高程24m基础廊道内布置一道封闭帷幕和封闭排水幕，并向右沿右机安Ⅱ段左侧横向斜廊道上升至电站厂房上游高程44m交通廊道后，封闭帷幕沿高程44m交通廊道轴线向右延伸至厂前区高程82m平台内30m，封闭排水幕则继续上延至与大坝高程25m基岩排水洞内排水孔幕相接。三期工程封闭帷幕为双排布孔，孔距为2.5m，排距0.2m。第1排帷幕孔（主排孔）设计底线高程为－25～－15m，孔深50～60m；第2排帷幕孔设计底线高程一般为－10～5m，孔深40～45m。在封闭帷幕后布设排水孔，左厂安Ⅱ～安Ⅲ沿帷幕线内侧布置一排封闭排水孔，排水孔130个，封闭排水孔底线高程为－2m。右厂21～26号机组尾水段高程24m基础廊道内布置一道封闭帷幕和封闭排水幕，排水孔距2.5m。

（2）帷幕灌浆施工

1）灌浆材料

帷幕灌浆使用浆材为525号普通硅酸盐水泥浆（在注入量特大时才能使用）或使用525号普通硅酸盐湿磨水泥浆（经3台湿磨机串联湿磨）加0.7%的UNF-5配成，细度检测合格标准：$d_{95}<40\mu m$。

化学灌浆使用浆材为丙烯酸盐浆材，首先对采购的丙烯酸盐原材料进行检测，检测其外观、丙烯酸盐含量、密度、pH值、黏度。合格后，以设计给出的浆液基本配比，反复进行室内配比试验，当浆液及凝胶性能达到设计和施工生产要求时，确定其配比，根据当班施工生产需要，在室内配制好甲液和乙液。甲液存放时间不能过长，一般不超过12h，乙液和铁氰化钾现配现用。

2）水泥灌浆施工

① 水泥帷幕灌浆施工程序

各类钻孔施工顺序：抬动观测孔→先导孔→帷幕灌浆Ⅰ序孔→帷幕灌浆Ⅱ序孔→帷幕灌浆Ⅲ序孔→帷幕灌浆Ⅳ序孔→质量检测孔→封闭排水孔。

单孔施工顺序：孔位放点→地锚埋设→钻机稳装→第一段钻孔→冲洗→压水试验→灌浆→孔口管灌注→待凝→第三段钻孔、冲洗、压水灌浆→……→终孔段钻孔→终孔验收→冲洗、压水、灌浆→浓浆压力封孔。

② 灌浆施工方法

（a）钻孔

孔口管的镶铸：帷幕孔孔口管段采用直径91.00mm金刚石钻头钻进，入岩3.00m，灌铸直径73.00mm无缝钢管，以下各段采用直径60.00mm金刚石钻头钻进。

钻孔测斜：钻孔各孔段均按要求进行孔斜测量，各孔孔底最大允许偏差值均未超出设计偏差值。

(b)压水试验

先导孔灌浆前各段进行单点法压水试验，一般帷幕孔灌浆前各段进行简易压水试验。压水压力第一、二段为0.3MPa，以下各段为1MPa。

由于1～6号机封闭帷幕孔有很大部分孔段涌水，地下水位按孔口计算，取23.80m高程作为压力计算零线，对于有涌水的孔段，涌水压力以负值计入。

(c)灌浆

接触段灌浆采用孔内阻塞孔内循环方式灌注，以下各段采用孔口封闭孔内循环方式灌注。灌浆分段及压力控制见表5.6.2。

表5.6.2　左、右岸坝后电站厂房封闭帷幕灌浆分段长及压水、灌浆压力

段次	段长(m)	灌浆前压水压力	灌浆压力(MPa)	备注
第一段	3.0	0.3	1.0	终孔段长以不大于10m控制
第二段	1.0	0.3	1.5	
第三段	2.0	1.0	2.0	
第四段及以下各段	5.0	1.0	4.0	

灌浆自1.0MPa开始，分级缓慢升压，每级压力增量为0.5MPa，各个压力阶段稳定时间不少于10min，以$q_{升压后}/q_{升压前}<1.5$为标准控制，否则不升压。严格控制吸浆量和压力关系，吸浆量大于等于10L/min，灌浆压力不得超过4MPa。施工过程中的压力控制均满足以上标准。

浆液变换、结束标准：当某一级水灰比灌注量大于300L或灌注时间大于1h，且压力不变，应变浓一级水灰比；当注入率大于30L/min时，可视具体情况越级变浆。灌浆过程中，若压力不变，注入率持续减少，或注入率不变而压力持续升高时，不得改变水灰比。

在设计压力下，灌浆孔第1～3段注入率小于0.4L/min，第4段及以下各段注入率小于0.1L/min时，保持回浆压力不变。采用孔内循环方式(大循环自动记录或人工记录)延续灌注90min，在设计压力下灌浆总时间不少于120min。满足以上条件才能结束灌浆，施工过程中浆液变换、灌浆结束均依照以上标准进行。

3)化学灌浆施工

①化学灌浆整体施工顺序

室内化学灌浆配比试验→Ⅰ序孔施工→Ⅱ序孔施工。

单孔施工顺序：孔位放点→地锚埋设→钻机稳装→第一段钻孔→冲洗→下阻浆塞→压水试验→室内配浆→现场配浆→留浆样→灌浆→待凝→拔管→进行扫孔和下一段钻灌→封孔(或扫孔安装孔口管进行水泥灌浆)。

②灌浆施工方法

(a)钻孔

钻孔采用地质钻机金钢石钻头钻进，钻直径为56～76cm的孔。

(b)钻孔冲洗

每段钻孔结束后，应立即用大流量水流将孔内岩粉冲出，直至回水澄清10min后结束，并测量、记录冲洗后钻孔孔深。钻孔冲洗后孔底残留物厚度小于20.00cm。

(c)压水试验

每段钻孔冲洗结束后，将阻塞器下到高出灌浆段顶约0.50m处，射浆管插入距孔底30.00cm左右，进行简易压水试验。压水压力使用0.3MPa。

压水试验稳定标准：在稳定压力下，压水10min，每5min测读一次压入流量，取最终值作为岩体透水率q计算值。

(d)化学灌浆

水泥帷幕灌浆第一段采用孔内阻塞，孔内循环方式灌注，以下各段采用孔口封闭、孔内循环方式灌注。

浅层化学灌浆孔孔深6m，分两段采用自上而下分段阻塞的填压式灌浆法施工。按设计要求，第一段段长2m，采用0.5～0.7MPa灌浆压力进行灌浆；第二段段长4m，采用1MPa灌浆压力进行灌浆。

灌浆时应将甲液、乙液分批混合，第一批混合浆量以满足管路和钻孔占浆量再加开始15min的吸浆量为限。每段灌浆混合浆液取样观察胶凝时间和胶凝体情况，均正常。

灌浆开始时，打开孔口排水阀门，浆液将孔内积水顶出后，关闭阀门，进行填压式灌浆，并在较短时间内使灌浆压力升到设计压力值。

灌浆结束标准：在设计灌浆压力下，灌至连续3个读数小于0.1L/min时即结束灌浆；地下水流速较大时应灌至浆液胶凝。当灌浆时间超过胶凝时间0.5～1倍还未达到结束标准时，可逐步缩短胶凝时间。待最后一批混合浆液胶凝1.0h后，松开阻塞器→拔管→进行扫孔和下段钻灌。

封孔：帷幕灌浆全孔灌浆结束，经监理验收合格后，采用置换与压力灌浆法进行封孔。封孔灌浆时间不少于1.0h，封孔灌浆压力采用该孔的最大灌浆压力，用0.5∶1的浓浆进行封孔。

(3)帷幕灌浆工程质量评价

左、右岸坝后电站厂房帷幕灌浆从各序孔透水率分析，Ⅰ序孔平均透水率q_1为1.78Lu，Ⅱ序孔平均透水率q_2为0.85Lu，Ⅲ序孔平均透水率q_3为0.38Lu，即$q_1>q_2>q_3$，说明随着孔序的增加，透水率呈递减趋势，符合帷幕灌浆规律，且Ⅱ序孔比Ⅰ序孔透水率减少52.25%；Ⅲ序孔比Ⅱ孔减少55.3%，说明帷幕灌浆效果明显。

从各序孔单位注入率分析，Ⅰ序孔平均注入量C_{I}为48.47kg/m，Ⅱ序孔平均注入量C_{II}为15.53 kg/m，Ⅲ序孔平均注入量C_{III}为4.58 kg/m，，即$C_{\text{I}}>C_{\text{II}}>C_{\text{III}}$，平均单耗减少67.96%，Ⅲ序孔比Ⅱ孔平均单耗减少70.51%，说明帷幕灌浆效果明显，有效填充了裂隙。左、右岸坝后电站厂房帷幕灌浆通过分部分项工程验收，并通过下游基坑进水前验收。验收专家组意见：根据灌浆后质量检查和灌浆成果资料及物探测试成果综合分析认为，坝后电站厂房帷幕灌浆施工质量满足施工规范和设计技术要求。

5.6.3.2 左、右岸坝后电站厂房封闭排水幕施工

(1)排水幕排水孔施工方法

先测量定位,逐孔放样标识,然后打地锚固定钻机,封闭排水孔采用直径 91mm 金刚石钻头造孔。

1)钻孔:钻孔前按设计图纸统一编号,放孔。依技术要求对俯孔采用地质钻机钻进,其中主排水孔和封闭排水孔分别采用直径 110mm 和直径 91mm 金钢石钻头钻进,仰孔采用风动潜孔钻机,用直径 91mm 金钢石钻头钻进。

2)孔斜控制:排水孔钻孔过程中每 10m 进行一次孔斜测量,开孔 5m 及终孔段进行孔斜测量复测。

3)孔深控制:对需打穿下层廊道的排水孔按实际深度进行计量。对帷幕灌浆及封闭帷幕灌浆廊道内的主排水孔及排水洞中的仰孔按总孔深控制。对封闭排水孔及排水洞中的俯孔则按基岩深度控制。

4)钻孔冲洗:排水孔钻孔结束后,立即用大流量水流将孔内岩粉等物冲出至回水澄清 10min 后结束,并测量、记录冲洗后钻孔孔深。钻孔冲洗后孔底残留物厚度不得大于 20cm。

5)钻孔记录:在钻孔过程中,详细记录钻孔过程内容,对返水颜色、岩芯破碎程度、特殊性状的岩芯长度、裂隙、钻孔过程的快慢及钻孔过程中的异常情况,均认真予以记录,为钻孔孔内保护提供必要的基础资料。

6)排水孔孔口装置:采用无缝钢管以及高密聚乙烯塑料管。安装时,先用棉纱缠紧孔口管下部后塞入孔内,再在孔口管外侧灌入水泥砂浆,将孔口管与钻孔间隙填实,待凝 3 天以上,然后进行充水检查。

(2)排水孔施工质量控制效果与评价

排水孔施工过程中严格按质量标准规定的要求对孔径、孔深、孔斜进行控制,并按质量标准要求的取排水孔总数的 5%进行抽检,抽检结果全部合格,合格率为 100%。

左、右岸坝后电站厂房封闭排水孔钻孔孔斜检测资料,孔斜偏差均控制在设计允许范围内,排水孔最大偏距不超过 1m。孔深均达到或超过设计底线。埋设的孔口装置经压水检查,未发现渗漏现象,封闭排水孔施工质量满足施工规范和设计技术要求。

5.6.4 左、右岸坝后电站厂房混凝土施工

5.6.4.1 坝后电站厂房混凝土施工难点

1)工程量大、工期紧,强度高。电站厂房混凝土总量 298.88 万 m^3。其中,左岸厂房 159.64 万 m^3,右岸厂房 139.24 万 m^3。在 3~4 年完成 130 万~140 万 m^3结构混凝土,左厂高峰年浇筑强度 51.88 万 m^3(1999 年),高峰月浇筑强度 5.75 万 m^3(1999 年 7 月);右厂高峰年浇筑强度 56.16 万 m^3(2005 年),高峰月浇筑强度 6.64 万 m^3(2004 年 12 月)。施工组

织协调、管理难度大。

2)结构复杂,施工难度大。电站厂房水下部分,除尾水管底板以下为少量大体积混凝土以外,其他部分均为大体积钢筋混凝土,要求错缝浇筑:尾水管为多腔体箱型结构,且左厂房设置了“封闭块”,右厂房预留了大二期坑和宽槽;水上部分主要为梁、板、柱结构,钢筋密集。厂房混凝土体型复杂,仓面埋件、钢筋密布,施工难度大、工效低。

3)土建施工与机电安装干扰大。大型700MW机组埋件和机电管路多,土建与机电埋件不仅要求进度上紧密配合,而且要求频繁穿叉作业,施工干扰大。

4)混凝土等级高,温控难度大。厂房水下结构为大体积混凝土,主要混凝土等级为C25,多为二级配混凝土,水泥用量大,温控难度大。

5)土建施工及机电安装质量要求高。机电埋件定位要求精确,封闭块、大二期坑、宽槽回填、蜗壳外围混凝土施工技术要求高,水轮机层以上内外墙面要求免装修,均成为厂房施工质量和技术方面所面临的挑战。

5.6.4.2 坝后电站厂房施工机械布置

(1)坝后电站厂房施工机械

两岸坝后电站厂房施工,混凝土水平运输采用汽车,垂直运输采用门机,主要采用6m^3吊罐。坝后电站厂房混凝土主要施工设备为MQ2000门机,大型机组埋件吊装主要设备为MQ6000金属结构专用门机。厂房混凝土总量的85%以上由MQ2000门机完成,MQ2000门机理论浇筑月强度为1.5万m^3。实测显示,在浇筑高峰(1999年)期,该类门机月浇筑产量为0.60万~0.75万m^3,平均月0.70万m^3,其综合利用系数为0.4~0.5,平均0.46。

左岸、右岸厂房主要施工设备分别为4台、3台上海MQ2000港机,并根据需要安装1~2台MQ1260及其他诸如MD900塔机、圆筒门机(10/30 t)等中小型设备辅助施工。主要设备未形成前,将小型门机安装到仓内,发挥安拆方便、快捷、见效快的优势。

(2)坝后电站厂房施工机械布置

坝后电站 下游副厂房封顶形成82m尾水平台后,将主要设备转移至尾水82m平台,并在厂坝间高程82m平台安装中小型塔机辅助上游副厂房施工。主要施工电站厂房上部结构(主厂房上下游墙、部分蜗壳上围结构、风罩、发电机层楼板等)和上游副厂房。以主厂房上、下游墙浇筑到顶,上游副厂房封顶为标志。

左岸、右岸坝后电站厂房从尾水渠移装至下游副厂房尾水82m平台的主要施工设备均为4台上海MQ2000港机,并在安Ⅰ位置安装1台MQ1260辅助施工。在厂坝间82m平台安装1~2台MD900塔机或圆筒门机(10/30 t),辅助上游副厂房施工。后期,主要施工屋面工程(网架和太空板安装、屋面防水等)及装修,剩余机组段的蜗壳外围混凝土、风罩及发电机层楼板、蜗壳进口段凑合节三期混凝土等。以向机电安装交面或移交运行为完成标志。左岸、右岸坝后电站厂房施工机械布置典型剖面见图5.6.1。

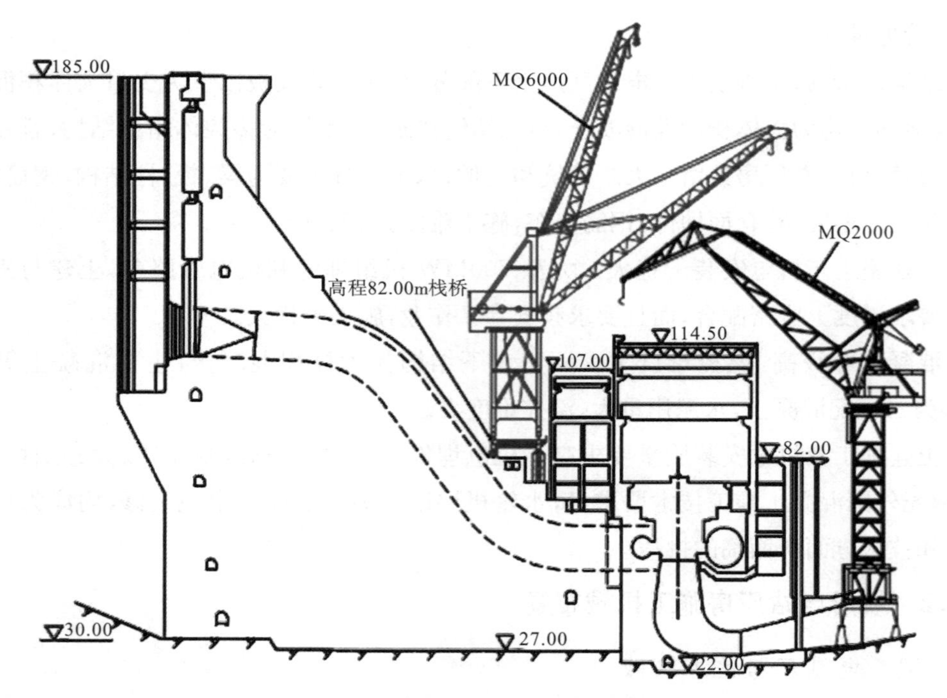

图 5.6.1 坝后电站厂房施工机械布置典型剖面

5.6.5 左、右岸坝后电站厂房混凝土施工及温控防裂技术

5.6.5.1 坝后电站厂房混凝土施工技术

1)坝后电站厂房结构复杂,钢筋、机电埋件多,混凝土等级高。厂房施工在钢筋、缝面、埋件(止水、止浆)等方面,与大坝施工相近,其主要施工特点是多种形式模板的使用。

2)厂房水下部分主要结构为尾水管和蜗壳二期混凝土,水上部分主要为板、梁、柱、墙结构,其结构体型、混凝土内部和外观质量要求高。针对不同功能部位,使用不同形式的模板,模板使用个性化。一般部位使用大型钢模板:尾水闸墩部位、下游迎水面弧形墩头部位、发电机风罩内外墙及立柱混凝土、尾水门槽及二期混凝土、上游副厂房各立柱混凝土和现浇廊道。尾水肘管使用整体异型模板:电站厂房的各机组段尾水肘管下弯段和带圆弧的扩散段。

3)无特殊外观要求的大型立面采用大型悬臂钢模板。下游副厂房迎水面、下游副厂房各层内墙面采用特定尺寸的大型钢模板,主厂房下游墙内墙高程 67～75.3m、主厂房上游墙(外墙高程 67m 以上,内墙高程 67～75.3m)等均使用了大型悬臂钢模板。免装修墙面采用 WISA 面板。为使主厂房内外墙达到平整、光滑,色泽自然的免装修标准,主厂房下游墙(外墙高程 82m 以上,内墙高程 75.3～104m),主厂房上游墙(内墙高程 75.3～104m),主厂房左右侧墙内、外墙外露面(内墙面至高程 111m 网架支座面以下)均采用大型悬臂钢模板支架配高质量的 WISA 面板。

4)特殊过流面采用钢衬。鼻端里衬、肘管(左岸电站为肘管上段,右岸电站全段)和锥管采用钢衬。

5.6.5.2 坝后电站厂房混凝土温度防裂技术

(1)坝后电站厂房下部结构

厂房下部结构(指水轮机层高程67m以下)为大体积钢筋混凝土，强度等级为C25，尾水管周边50cm范围过流面为C35(C30)抗冲耐磨混凝土，混凝土等级高，水化温升高；尾水管为多腔体箱型结构，左岸厂房设置了封闭块，右岸厂房预留了大二期坑并设置宽槽，结构复杂，回填技术要求高。蜗壳外围混凝土结构形式多元，直埋方案混凝土等级达C40，温控难度大。施工中采取以下温控防裂措施：

1)分缝分块。厂房结构复杂，考虑到结构的整体性、温控要求，结合国内外工程经验，采用错缝为主结合直缝分块。单机沿坝轴线方向长38.3m分成两块，分缝间距18.5～19.8m，错缝搭接；厂房顺流向长68m，分成四块，长度分别为19.6m、18.44m、18.31m及11.65m，其中Ⅰ、Ⅱ、Ⅲ块以及Ⅲ、Ⅳ块底板之间的竖向施工缝为错缝搭接，Ⅲ、Ⅳ块底板以上为直缝。

安装间沿坝轴线分成两块，两块宽度基本相当，采用错缝搭接；顺流向长度为28～59.5m，分成3块，长度分别为18m、19m及22.5m，采用错缝搭接。

混凝土分层浇筑厚度：基础约束区及温控较严部位为1～2m，非约束区为1.5～2.5m，结构尺寸较小的墩、墙部位为2～3.5m。厂房水下部位混凝土总高度为59.8m，共分20层。

竖向错缝按层错缝，错缝水平搭接宽度一般不大于1/2层厚，且小于1.2m，搭接面不进行毛面处理，但搭接段以外的水平施工缝面需冲毛处理；在先浇块的垂直施工缝面设置键槽，进行凿毛处理，并视结构要求在重要部位布置缝面插筋。

2)温控标准

最高温度控制标准：厂房大体积钢筋混凝土实施最高温度控制，设计允许最高温度控制标准。

基础允许温差：厂房混凝土基础允许温差按表5.6.3控制。

表5.6.3 左、右岸坝后电站厂房设计允许最高温度控制标准 单位：℃

部位		12月至次年2月	3月、11月	4月、10月	5月、9月	6—8月
机组段第1、Ⅱ区	基础强约束区	24～25	29	32	32	32
	基础弱约束区	24～26	29	32	34	34
	脱离基础约束区	24～26	29	32	34	36～38
机组段第Ⅲ区	基础强约束区	24～25	28	28	28	28
	基础弱约束区	24～26	29	30	30	30
	脱离基础约束区	24～26	29	32	34	37～39

续表

部位		12月至次年2月	3月、11月	4月、10月	5月、9月	6—8月
机组段第Ⅳ区	基础强约束区	24～26	29	30	31	31
	基础弱约束区	24～26	29	32	34	34
	脱离基础约束区	24～26	29	32	35	37～39
安Ⅰ、安Ⅲ	基础强约束区	26	29	32	34	34
	基础弱约束区	26	29	32	35	36
	脱离基础约束区	26	29	32	35	37～39
安Ⅱ	基础强约束区	26	28	28	28	28
	基础弱约束区	26	29	30	30	30
	脱离基础约束区	26	29	32	34	36～38
尾水渠护坦		27	31	34	37	40

注：基础强约束区为建基面0～0.2L，基础弱约束区为0.2～0.4L，其中L为浇筑块长边尺寸；重要部位采用下限值。左岸厂房施工执行上表控制标准，右岸厂房施工时，对等级$C_{90}20$以上的混凝土调整最高温度限值。

稳定温度场：电站厂房等结构散热厚度较薄的部位，一般可简化为半无限体或无限平板两种类型。由于厚度较薄，不存在稳定温度场，仅存在施工期或运行期的准稳定温度场，且以施工期准稳定温度（受气温影响而发生的最低温度）控制。

3）温控措施。电站厂房混凝土温控，在优选原材料及优化施工配合比基础上，针对厂房结构和施工的特点，采取综合温控措施。

①采用预冷混凝土。大体积混凝土采用预冷混凝土。出机口温度控制选7℃、10℃、14℃三个标准，一般12月至次年2月为常温；3月、11月为14℃；4月、10月为10℃；5—9月为7℃。

②实施通水冷却。厂房下部为多腔体结构，无稳定温度场，传统施工做法为自然冷却。三峡厂房大体积结构混凝土中全面埋设冷却水管，进行通水冷却，右岸厂房除进行初期通水冷却外，还进行中期通水冷却。这在我国电站厂房施工中尚属首次。左岸厂房施工时，在14号机组封闭块两侧母体混凝土中试埋设冷却水管，争取在高温季节来临前完成封闭块回填。在此基础上，在右岸厂房下部结构（尾水管、蜗壳外围结构等）大体积钢筋混凝土中全面埋设冷却水管，实施初期通水冷却控制最高温度峰值；在冬前中期通水，使混凝土内部温度降至22～24℃后越冬；有回填要求的封闭块、大二期坑及宽槽等部位，进行人工通水，将其两侧母体混凝土冷却至稳定温度，邻近混凝土冷却至接近稳定温度。冷却水管布置加层加密，规格采用2.0m（竖向）×1.5m（横向）、2.0m×1.0m、1.0m×1.5m、1.0m×1.0m等。

③越冬温度控制。左岸厂房在冬之前未进行中期冷却；右岸厂房大体积结构混凝土进行中期冷却，在越冬之前（每年的11月15日），采取通水方式将混凝土冷却至20～22℃，结

构单薄部位冷却至24℃。宽槽回填部位，冷却至14～16℃。

④混凝土保护。夏季实行长流水养护，仓面用自动旋喷，墙面采用花管流水养护，并辅以人工养护。对于有免装修要求的清水墙面，为防止生长青苔，以保湿为主，不宜采用流水养护。秋来临前，厂房混凝土暴露面实施保温和孔口封堵，保温及工艺要求与大坝工程施工相同。冬季水平仓面保温，采用保温为主、保湿为辅方案。白天揭保温被，洒水保湿备仓，夜晚盖被保温。

(2)坝后电站厂房尾水管扩散段封闭块施工技术

1)尾水管扩散段设置封闭块

厂房尾水管扩散段为三跨大体积框架结构，由于顶板跨度大，施工期出现温度变化时，结构将产生较大的温度应力。采用常规温控措施仍不能有效防裂，因此，采取增设"封闭块"措施。设置封闭块后，可降低尾水管在施工期温度应力，同时降低尾水管因混凝土变形引起的结构应力。尾水管顶板混凝土从封闭块开始预留到回填，间隔2～4个月，大部分混凝土变形在此期间完成。

顶板浇筑时预留三处"封闭块"，分别设在尾水管肘管段顶板中部和扩散段两个中墩上部。肘管段顶板(Ⅱ区)跨中"封闭块"宽2m，顺流向长12m，最深处约10m；扩散段顶板(Ⅲ区)的两处封闭块，宽度均为2.05m，顺流向长11.21m，深6～2m。三处"封闭块"顶部高程均为42m，在混凝土浇筑中逐层预留形成，并于两侧一期混凝土内设置键槽。尾水管扩散段顶板封闭块设置见图5.6.2。

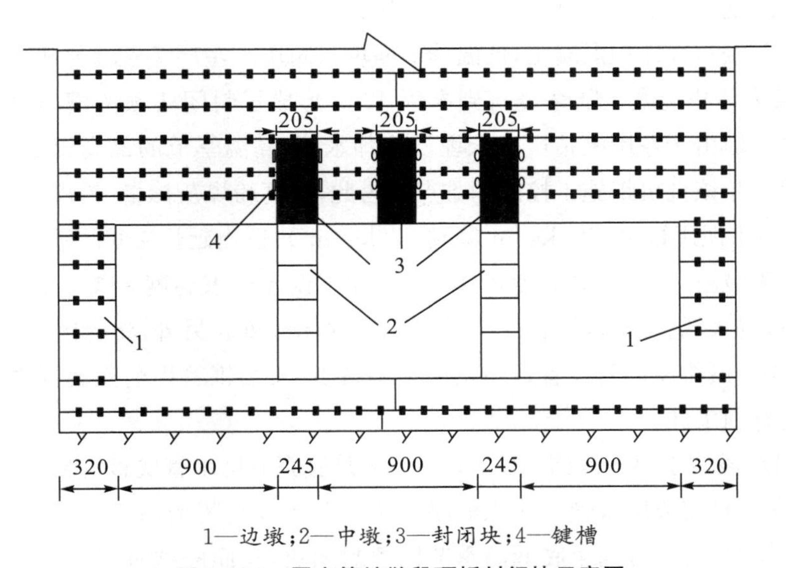

1—边墩；2—中墩；3—封闭块；4—键槽

图5.6.2　尾水管扩散段顶板封闭块示意图

2)尾水管扩散段封闭块回填技术要求

①回填节及时间：回填时间宜安排在低温节11月至次年4月；回填时封闭块两侧母体混凝土龄期应在1个月以上，且应达到封闭温度。封闭温度略低于尾水管多年平均温度，采

用 20～23℃。

②封闭槽内钢筋处理：在封闭块两侧母体混凝土施工过程中，应先将两侧结构受力钢筋及温度分布筋断开，以利于两侧大体积混凝土在自由状态下充分完成温度和体积变形，然后在回填混凝土之前逐根进行连接。

③层厚及层间间歇：分层厚度与封闭块两侧母体混凝土分层一致，均为 2m，层间间歇 5～7d，利于顶面散热。

3)左岸坝后电站厂房尾水肘管顶板封闭块回填技术措施

左岸厂房下部结构施工时，在尾水肘管顶部设置封闭块。右岸厂房施工时，由于机组埋件订货滞后，肘管外围预留大二期坑，取消封闭块，同时在Ⅱ区、Ⅲ区结合部位的Ⅱ区内预留宽槽。封闭块回填条件要求严，施工进度处于厂房总进度关键线路上，优质高效完成封闭块回填是厂房施工的难题。

封闭块回填技术要求高，若当年应封闭回填而实际不具备封闭条件，则影响一年工期。一般情况下，各台机组的开工时间不一致，按正常的施工进度，全部机组段不可能在一个低温具备封闭回填条件。针对左厂封闭块施工的不同进展，采取的相应措施分三种情况顺利完成回填。

①低温节完成封闭块两侧大体积混凝土浇筑和封闭块的回填。左厂 1～5 号机组段，自 1998 年 4 月初开始全面浇筑基础混凝土，于 1999 年 1—2 月到达封闭块顶面高程，并于 2—3 月完成封闭块回填。主要措施：斜坡采用找平混凝土封闭式固结灌浆、初期布置中小型门机快速形成浇筑能力、尾水管采用拼装式整体模板等。

②高温季节浇筑大体积混凝土，低温季节回填封闭块。左厂 7～13 号机组段在 1999 年 8—9 月尾水管大体积混凝土陆续浇筑到高程 42m，形成了封闭块预留槽，具备当年完成封闭回填的条件。但由于左岸电站厂房未埋设冷却水管，高温季节的最高温度控制和低温季节达到封闭温度是该批机组施工控制的难点。为此，提高粉煤灰掺量(粉煤灰掺量由 20%提高到 25%，相应水泥用量由 190 kg/m^3降到 170kg/m^3)；适当延长层间间歇，实施流水养护，以利顶面散热等措施，监测最高温度仍达 39℃，高于设计要求温度 34℃。由于时间充裕及厂房结构单薄，进入低温季节后，自然降温达到了封闭温度。另外，将封闭块顶高程由高程 42m 提高到 44m，既维持肘管设置封闭块的结构特点，又为锥管提前安装提供安装平台，为后续施工创造有利条件。

③14 号机组段位于河床深槽部位，2000 年 2 月底完成尾水管底板混凝土浇筑。如按正常进度，预计在 6 月完成尾水管大体积混凝土施工并形成封闭槽，此时已进入高温季节，不能满足封闭回填要求：若待到年底低温季节回填封闭块，仓面停歇时间太长，对进度影响较大。针对以上情况，采取了以下措施：资源倾斜，加快施工进度，于 4 月 23 日完成大体积混凝土浇筑，形成封闭槽：两侧母体混凝土采用 7℃预冷混凝土浇筑，并埋设冷却水管，通江水冷却；封闭块采用 7℃预冷混凝土。同时，由于Ⅰ区、Ⅱ区采用错缝上升，要求通水冷却应逐层、连续、缓慢降温，防止错缝被拉开，且控制上、下层温差；回填封闭块后，停止两侧大体积

混凝土人工冷却，以免母体混凝土收缩拉开缝面。采取上述措施后，该机组段于2000年5月底完成封闭块回填，达到设计要求。

左厂房尾水管扩散段回填实施，取得如下经验：由于封闭块回填有严格的季节、混凝土龄期及封闭温度的限制，因此，在制定厂房施工实施计划时，应统筹安排，让封闭块两侧大体积母体混凝土施工、间歇期间及回填时段均处于受控状态；优化结构布置，将封闭块与肘管二期坑顶面设在同一高程，利用封闭块间歇期进行肘管安装，然后同时回填封闭块和肘管二期混凝土，减少一次长间歇，既可缩短直线工期，也能减少混凝土受寒潮冲击出现裂缝的概率；超前研究不同季节进行封闭块回填的技术措施，提出施工预案。

5.6.6　左、右岸坝后电站引水压力钢管及其伸缩节制造与安装

5.6.6.1　压力钢管制造与安装

(1)压力钢管制造

两岸坝后式电站共26条压力钢管(含17个伸缩节)，总质量约36200t。压力钢管的制造由安装单位在工地设厂制造。每条钢管分72个制造管节，直线段管节长2m，每个制造管节分三个瓦片组焊成整圆。

为减少现场环缝焊接工作量，根据安装现场的吊装能力，在制造厂内将两个制造节组焊成一个安装节(也称摞节)出厂，最重件质量达80t(含内支撑)，该措施既保证质量又加快进度。

在压力钢管的制造初期，焊缝采用手工焊。为确保质量并加快进度，从中期开始，纵缝焊接全部改为富氩气体保护全自动焊，摞节环缝和加劲环焊接均采用富氩气体保护半自动焊。

压力钢管焊缝分三类：所有纵缝和按明管段设计的环缝为一类焊缝；除明管段之外的环缝及加劲环对接焊缝和设计图上注明的其他焊缝为二类焊缝；不属于一类、二类焊缝的其他焊缝为三类焊缝。

(2)压力钢管安装

压力钢管单节一般采用高程120m栈桥上的MQ2000门机吊装，摞节主要采用在厂坝间82m栈桥(实际桥面高程87.5m)上的MQ6000门机(工作幅度为25～80m，起重质量为100～60t)吊装。

压力钢管分为72节，编号从进口至与蜗壳相接的管节依次为1～72号，其中G7、G67、G71为凑合节。G72为与蜗壳连接的凑合节。为适应大坝上升和厂房施工，主要分四个工作面先后安装：

第一工作面，坝内埋管段安装。为不影响大坝上升，适时安装坝体埋管段(G1～G6)，始装节为上斜段第一安装单元(摞节G1/G2)，向下游方向安装。

第二工作面，坝后浅埋式背管段安装(G66～G68)。该工作面工程量最大，始装节(摞节G65/66)为下平段的最上游一个安装单元，向上游方向安装。

第三工作面，主厂房穿墙管安装(G69～G71)。为满足电站主厂房上游墙施工要求，适时安装下平段G69/G70(穿墙段)，始装节为G69管节，向下游方向安装。

第四工作面，伸缩节安装。伸缩节室位于电站上游副厂房下部，在伸缩节室四周边墙体形成后，应立即安装伸缩节(G68)，与下游端已安装完成的G69管节相连，然后再安装伸缩节上游的凑合节(G67)。压力钢管安装顺序见图5.6.3。

整条钢管设置3个凑合节:G7为上斜段与上弯段之间的凑合节，G67为下弯段的始装节与伸缩节之间的凑合节，G71为穿墙管G70与G72之间的凑合节(G72为与蜗壳相接的管节)。

为确保钢管安装的质量和进度，在吊装手段允许的部位，均采用摞节方式施工。在厂内完成单节钢管制作后进行摞接，将现场部分焊缝移到厂内完成，利于控制质量，现场一次吊装两节，加快施工进度。

同时，钢管凑合节采取整节凑合。严格控制上、下管口的施工质量，待其施工完成后进行边界条件的量测，然后才进行凑合节下料加工，实现整节凑合。在右岸电站压力钢管头凑合节安装采用整节凑合方案，将现场瓦片吊装和焊接移到厂内完成，提高安装质量，缩短安装工期。

压力钢管安装焊缝基本上采用手工焊接，少量采用半自动气体保护焊。仅在11号机压力钢管G6/G7管节安装环缝上采用了全位置气体保护自动焊技术。实践表明，压力钢管安装采用全位置自动焊存在准备工作量大、与周围环境(如外露钢筋头)干扰等缺点。

(3)压力钢管焊接残余应力消除处理

对于厚度38mm及以上的高强度钢板制作的压力钢管的纵缝和环缝的焊接残应力采用爆炸法消除，焊接残余应力后的残余应力应不大于±0.5倍母材的屈服强度(即50%σ_s=245MPa)。由于水轮机制造商有不同意见，蜗壳与压力钢管的连接环缝未做消应(改善应力)处理。钢管采用爆炸法消应的部位为钢管下平段、厂内管段的环缝和纵缝。厂内管段凑合节的环缝和纵缝采用锤击法消应。与伸缩节连接的管节环缝不作消应处理。

爆炸消应是通过在钢管焊缝内、外壁敷设炸药起爆，以爆力来改善焊缝局部应力的一种消应工艺。消应处理选用条状炸药，截面为10mm×12mm，爆速5000m/s。药条与钢板之间临时敷设2mm厚的防烧蚀缓冲胶垫。环缝药条布置采用在钢管焊缝内、外壁对称布置4条药条方式，药条间距10～15mm;纵缝采用3条药条布药方式，每次布药应搭接100m，一次起爆药量3～5kg，避免发生漏炸。

选用盲孔法和压痕法测试爆炸消应效果。盲孔法测试作为评价依据，压痕法测试作为对比参考。消应处理的实测结果都达到了预期要求，残余应力不大于245MPa(即50%σ_s)。

爆炸消应后，采用超声波对焊缝进行复验，如有缺陷则按要求进行处理。

5.6.6.2 压力钢管伸缩节制造与安装

(1)伸缩节布置与特性

1～6号机与24～26号机位于岸坡坝段，坝基与厂房间不留结构缝，压力钢管设置弹性垫层管。7～23号机位于河床坝段，坝体与厂房间设有永久结构缝，压力钢管设置双向伸缩节。伸缩节内、外套管之间轴向和径向的少量相对位移，可补偿因温度、地质变化在大坝与厂房分缝处产生的水平和垂直位移。压力钢管伸缩节技术性能见表5.6.4。

表5.6.4　压力钢管伸缩节技术性能

项目	参数
工作压力(MPa)	1.4
设计压力(MPa)	1.4
设计温度(℃)	20
温度变幅(℃)	17
工作介质	水
顺水流向轴向最大补偿量(mm)	15
横向最大补偿量(mm)	5
顺水流向轴向循环补偿量(mm)	10
横向循环补偿量(nun)	3
循环次数(次)	＞1000
最大水流量(m^3/s)	1020
压力脉动频率(Hz)	10～50
轴向自振频率(Hz)	≥178.4
横向自振频率(Hz)	≥59.0
安装拉伸裕度(mm)	10

(2)伸缩节结构

压力钢管伸缩节采用常规双向套筒式伸缩节，内附加U形波纹管水封系统，即附加波纹管水封系统的双向套筒式伸缩节，套筒部分和波纹管水封系统各自均能满足强度、刚度、稳定性、变形疲劳寿命及止水要求，内、外套管之间形成双重水封止水系统，以确保伸缩节止水的可靠性。

伸缩节由外套管、水封填料和压圈、上下游内套管、上下游波纹管水封装置及导流筒等组成。同时设置有显示位移、应力、应变、波纹管漏水等内容的原型观测设备。外套管内径12676mm，壁厚60mm，宽2200mm；内套管内径12400mm，壁厚58mm；内、外套管，端环与内套管加强法兰等材质为SUMITEN610F，组合法兰及压圈法兰材质为Q345B。伸缩节结构见图5.6.3。

常规止水系统为上、下两套橡胶密封圈，每套有3圈橡胶条，两侧为聚氯乙烯贴面橡胶，中间为遇水膨胀橡胶。波纹管水封系统采用加强型单波U形波纹管，复式自由型膨胀结构。为防止泥沙沉积，在U形槽内填充弹性发泡材料。压力钢管伸缩节立体结构见图5.6.4。

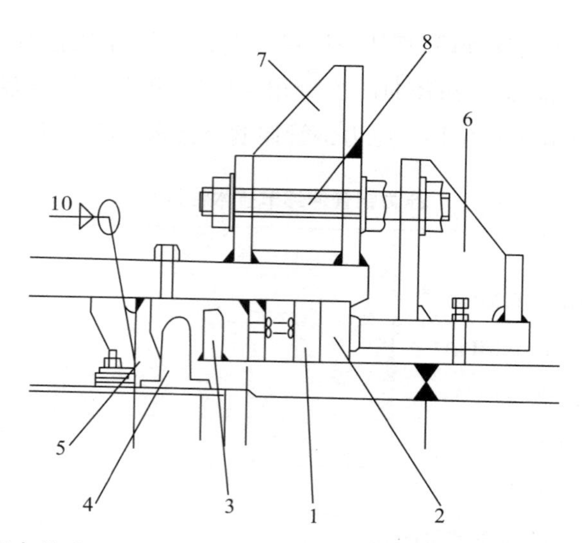

1—中间密封圈；2—两侧密封圈；3—加强环；4—弹性填料；5—端环；7—限位挡块阻件；8—双头螺栓

图 5.6.3 伸缩节橡胶密封和波纹管密封止水结构

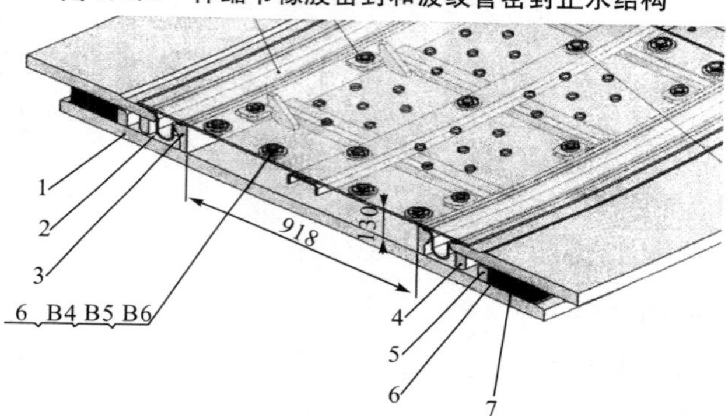

1—外套管；2—波纹管；3—端环；4—加强环；5—挡圈；6—合成橡胶；7—遇水膨胀橡胶

图 5.6.4 压力钢管伸缩节立体结构示意图

波纹管采用五层 1.5mm 厚 SUS316 不锈钢整体液压成型，平均直径 12.533m，周长上只有一个焊接接头，每层接头错开。

(3)波纹管成型与测试

波纹管制成后，首套产品在特制专用试验装置上进行了试验。应力测试结果与计算值基本吻合。波纹管应力测试结果见表 5.6.5。

表 5.6.5　　伸缩节波纹管应力检测结果与计算值对比

应力名称	计算值	实测值	试验条件
压力产生的径向表面应力(MPa)	−192MPa	−203	波纹管内加水压力 1.4 MPa，位移 19.1mm，转角 3.85°
压力产生的周向应力(MPa)	103 MPa	65.9	
位移产生的表面应力(MPa)	571 MPa	386	

疲劳寿命设计要求1000次，按设计循环位移±12mm条件下进行了13922次，仍然正常，将循环位移增加到±27.5mm后第187次时出现破裂漏水。波纹管疲劳寿命试验结果见表5.6.6。

表5.6.6　伸缩节波纹管疲劳寿命试验结果

项目	试验工况			实测结果
	名称	设计要求	实测值	
类型试验	波纹管内加水压力(MPa)	1.4	1.36～1.45	2615次
	循环位移(mm)	±12	±12	
	平均循环转角(℃)	±1.9	±1.9	
	循环频率(次/min)	4.5	4.5～5	
破坏性疲劳试验(一)	波纹管内加水压力(MPa)	1.4	1.36～1.45	11307次
	循环位移(mm)	±12	±12	
	平均循环转角(°)	±1.9	±1.9	
	循环频率(次/min)	4.5	6.5～8.5	
破坏性疲劳试验(二)	波纹管内加水压力(MPa)	1.4	1.36～1.46	186次
	循环位移(mm)	±12	±27.5	
	最大转角(°)	±1.9	±5	
	循环频率(次/min)	4.5	3～4	

(4)伸缩节制造及安装

伸缩节主体钢管外套在现场钢管厂加工，波纹管委托专业厂家制造并运回现场组装，进行水压试验。

水压试验主要检验波纹管和常规填料水封的特性。水压试验通过在伸缩节内套筒的内侧设置试压环及○形水封止水进行封闭，试验压力为1.75MPa(工作压力的1.25倍)。

三峡引水压力钢管伸缩节共17套，其中有6套进行了水压试验。试验的对象为前2套和以后随机抽样的4套。单节伸缩节质量约84t，现场安装与钢管摞节相似。

5.6.7　左、右岸坝后电站机组安装

5.6.7.1　左岸坝后电站机组安装

(1)单项工程技术设计审查机电专家组和厂房专家组对左岸电站机组安装审查意见

机电专家组和厂房专家组(以下简称专家组)对三峡左岸电站机组安装专题分为：①电站土建工程和机电安装的工期配合；②700MW机组安装工期；③机组安装进度(2-4-4-4方案)的可行性问题；④厂内起重机配置；⑤安装场地布置。共审查5个问题，专家组主要审查意见如下：

1)电站土建工程和机电安装的工期配合

专家组认为:"左岸电站共安装 14 台 700MW 水轮发电机组,要充分利用 1～6 号机组段水上提前开挖,厂房土建工程提前具备机组安装条件的有利因素,让机组安装工作提前进行。这样,不但减轻机组安装高峰的施工强度,同时有可能促进 2003 年多投产机组。专家组对左岸电站厂房几项土建工程的主要面貌提出了具体要求。建议机组蜗壳的挂装、焊接在厂房已封顶的情况下进行,为便于土建工程材料的吊装和运输,厂房封顶的段数需为已安装和正在安装的机组数加 1;建议尾水平台的 DBQ3000 门机的上游行走支腿不要正落在厂房下游墙上,可适当向下游退一定距离,以保证厂房下游墙的施工和按要求进行封顶。"

2)700MW 机组安装工期

专家组认为:"长江委提出的以单机安装工期从尾水管里衬安装起到投运为 31 个月,从座环安装起为 27 个月是适合的。单机安装工期 31 个月留有一定裕度,也是必要的。因为同时安装的机组台数多、年安装强度高,相互干扰、施工组织配合及设备运输问题复杂,以及难以预测的问题都可能发生。如定子采用水内冷则安装总工期应增加 1～2 个月。此外对若干部件的安装工序、工艺、工期等,专家组提出了意见和建议:①尾水管肘管和锥管尺寸较大,建议分为两期安装浇筑混凝土,以避免浇筑高度太大,造成设备变形变位。②座环的安装工期应结合座环连接方式(螺栓把合或焊接)通航考虑。同时应考虑座环组装后可能需整体转动或平移找中心,而此时厂房外高架门机起吊重量已不能满足要求,需考虑使用厂内桥机的可能性。③蜗壳安装工期如不考虑水压试验和充水浇筑混凝土,多数专家认为在长江委提出的蜗壳组装焊接工期 5 个月的基础上延长 0.5～1 个月为宜。④基础环至机坑里衬顶部的二期混凝土浇筑工期可缩短 0.5～1.0 个月(原为 4 个月)。⑤座环和导水机构应在制造厂内进行预装,至少预装一台。为缩短安装工期,应尽量减少设备在工地的加工工作量。"

3)机组安装进度(2-4-4-4 方案)的可行性问题

机组定子和转子的安装工位及工期是控制年投产机组的主要矛盾,根据长江委以及其他有关单位的研究分析:一台发电机定子安装总工期为 9 个月(270d),其中定子机座组焊、铁芯装配、铁损试验工期为 130d,吊运就位安装 10d,机坑内下线、耐压试验 130d。一台发电机转子从圆盘支架组装、焊接、磁轭叠片,挂磁极到耐压试验,总安装工期为 5.5 个月(165d)。利用 1、2 号机坑或其他机坑作为定子机座组、焊、叠片的场地;安Ⅱ、安Ⅲ各有一个转子组装场地。这样,无论对定子或转子,每一安装工位在一年内都可完成两台组装任务,这就为一年投产 4 台机组创造了必要条件。因此一年内右岸厂房全厂完成 4 台机组的安装投产任务是可行的,经过努力是可以实现的。经初步估计每台机组要达到投入运行,仅机组设备即需完成 8000t 的安装量,年投产 4 台,即达 32000t,其他机电设备还没有计算在内,这样大的安装强度是相当艰巨的。左岸电站要完成装机进度 2-4-4-4 方案,则意味着在 4 年内要完成大强度的安装任务。此外,还应注意到总体装机计划中 2003 年将出现 14 台机组中的 12 台机组同时进行安装工作,遇到的问题将是复杂的,所以施工组织、科学管理始终是重要的研究课题。鉴于三峡工程左岸电站 1～6 号机组为岸边厂房,土建施工条件特别有利,有提前进行机电安装的可能,部分专家提出第一年(2003 年)有可能投入 3 台或 4 台,但需要对土建施工、机电设备订货、安装等作进一步深入研究和经济比较。

4)厂内起重机配置

专家组分析实现机组安装进度 2-4-4-4 方案任务的艰巨性和复杂性,也比较了厂房内采用半门机和桥机两种方案的利弊,认为桥机具有行走速度快、使用灵活安全方便、相互干扰少等优点,对实现机组安装进度 2-4-4-4 方案更为有利,专家一致倾向于采用双层四台桥机(二大二小)方案,认为大桥机位于上层较好,更有利于小桥机运行。

5)安装场地布置

专家组认为:由于左岸厂房布置设计的限制,安装场地已难以扩大,对实现连续 3 年投产 3 台机组来说,安装场面积偏小,建议进行以下几方面的研究,力求进一步改善。①如厂房进厂公路高程可以降低,安Ⅰ段可与安Ⅱ段在同一高程,这样将有利于安装、运行和检修,也有利于消防。如安Ⅰ、安Ⅱ段仍维持目前的高差,部分专家建议适当减少安Ⅰ段宽度,增加安Ⅱ段宽度的可能性,这样既不影响卸货,又可以增大安装场地。②发电机上机架组装在安Ⅰ段,不利于进出车辆和装卸,建议放到厂外或其他位置。③建议研究充分利用安Ⅰ段左侧过道,将小桥梁延长至厂外,左侧端墙在施工期敞开,这也可以加大卸货场地和大部件在厂外组装后运进厂内,以缓解厂内场地紧张。

(2)左岸电站机组安装实施进度

1)左岸电站首批 2 号机组及 5 号机组埋件分别于 1998 年 6 月及 4 月开始安装,至 2001 年 8 月完成,2001 年 11 月向机电安装移交。2 号机组水轮机于 2002 年 1 月开始安装,至 2003 年 6 月结束;发电机于 2001 年 11 月开始安装,至 2003 年 6 月结束。5 号机组水轮机于 2002 年 2 月开始安装,至 2003 年 6 月结束;发电机于 2001 年 12 月开始安装,至 2003 年 6 月结束。2 号及 5 号机组于 2003 年 7 月 16 日通过首批机组启动验收,两台机组并网发电。1 号、3 号、4 号、6 号机组分别在 2003 年 11 月、8 月、10 月、8 月投产,创造一年安装投产 6 台 700MW 机组的世界纪录。左岸电站机组安装见图 5.6.5。

图 5.6.5 左岸电站机组安装

2)左岸电站 10 号机组、7 号机组于 2004 年 4 月并网发电,11 号机组、8 号机组分别于 7 月及 8 月并网发电,12 号机组于 11 月并网发电,2004 年安装投产 5 台 700MW 机组。

3)左岸电站 13 号机组、14 号机组分别于 2005 年 4 月及 7 月并网发电,9 号机组于 9 月 16 日并网发电,左岸电站 14 台 700MW 水轮发电机组全部投产。

5.6.7.2 右岸坝后电站机组安装

右岸电站12台700MW混流式水轮发电机组分别由哈电、东电和天津ALSTOM各制造4台机组。三种型号的水轮机与左岸电站有较大的不同,稳定性都提高,可消除左岸电站机组存在的特殊压力脉动带。三种型号的发电机仍采用半伞结构。东电和天津ALSTOM的定子线圈仍为水内冷却,哈电是自主创新的全空冷水轮发电机。右岸电站机组安装计划是2007年和2008年各安装6台,实际上2007年安装并网发电7台机组;22号机组2006年6月12日开始安装,2007年6月11日投产;26号机组于2006年5月11日开始安装,2007年7月10日投产;18号机组2006年7月29日开始安装,2007年10月22日投产;21号机组2006年10月24日开始安装,2007年8月20日投产;25号机组2006年11月21日开始安装,2007年11月6日投产;20号机组2006年12月19日开始安装,2007年12月18日投产;17号机组2007年2月7日开始安装,2007年12月27日投产。2008年安装并网发电5台机组:24号机组2007年3月26日开始安装,2008年4月26日投产;16号机组2007年7月17日开始安装,2008年7月2日投产;19号机组2007年7月27日开始安装,2008年6月18日投产;23号机组2007年9月10日开始安装,2008年8月22日投产;15号机组2007年11月7日开始安装,2008年10月30日投产。

5.6.8 右岸坝后电站厂房预留大二期坑施工

5.6.8.1 右岸坝后电站厂房预留大二期坑方案研究

(1)右岸坝后电站厂房混凝土分缝分块

1)厂房结构布置及尺寸

右岸电站厂房建基面高程21.5m,水轮机装机高程57.0m,发电机层高程75.3m,尾水管底板高程27.0m,尾水平台高程82.0m,大桥机轨道高程93.5m,小桥机轨顶高程105.5m,屋顶高程116.0m,厂房建基面顺流向的总宽度68.0m,沿坝轴线方向长度584.2m。厂房安装12台机组,编号为15~26号机组,设安Ⅰ、安Ⅱ、安Ⅲ三个安装场,安Ⅰ、安Ⅱ布置在厂房最右端,安Ⅲ位于20号机组与21号机组之间,安Ⅰ段安装平台高程82.0m,沿坝轴线长28.0m,安Ⅱ、安Ⅲ段安装平台高程均为75.3m,与发电层同高程,长度均38.3m。厂房施工线一机一缝,横缝间距38.3m。

2)厂房混凝土分缝分块

鉴于厂房结构复杂的特点,考虑其结构的整体性、温控要求和国内外工程实践经验,厂房混凝土采用错缝为主结合直缝分块。单机沿坝轴线长38.3m分为两块,分缝间距18.5~19.8m,错缝搭接;厂房顺流向长68m。从上游至下游分为Ⅰ、Ⅱ、Ⅲ、Ⅳ浇筑区,长度分别为19.6m、18.44m、18.31m及11.65m,其中Ⅰ、Ⅱ、Ⅲ以及Ⅲ、Ⅳ区底板之间的竖向施工缝为错缝搭接,Ⅳ区为尾水管部分,与Ⅲ区之间设直缝后期浇筑,Ⅱ区高程50~67m为蜗壳层,上下游设直缝与Ⅰ区及Ⅲ区分期浇筑,尾水管里衬预留小二期坑后期浇筑,其余部位均设错缝。尾水管扩散段顶板每个机组段设2个封闭块,每个封闭块长13.25m、宽2.05m,最大高度7.8m,分2层施工。

(2)厂房尾水管肘管段高程42.0m以下预留大二期坑方案研究

1)厂房尾水管肘管段高程42.0m以下预留大二期坑方案

鉴于右岸电站机组采购招标进度比原计划推迟,尾水管形状及尺寸的确定和尾水管肘管钢衬等埋件供货进度,与尾水管结构设计和该部位混凝土施工工期发生矛盾。为保证右岸电站总工期及厂房混凝土浇筑如期施工,设计对左岸电站两个机组供货厂商所采用的尾水管形式及有资格参加右岸机组投标厂商可能采用尾水管形式进行分析的基础上,选定一种尾水管一期混凝土结构及尺寸,并以此确定尾水管扩散段的轮廓和尺寸。鉴于左岸电站机组尾水管肘管采用半钢衬的形式,只需在其确定的半钢衬周围预留一个较小的安装空间,后期回填二期混凝土。而对于右岸电站机组尾水管肘管段一期混凝土结构轮廓和尺寸,则需预留一个比左岸电站大的二期混凝土坑,以便各机组供货厂商在进行水轮机转轮改进模型试验后,再给出新的肘管全钢衬,便于安装,并且与已形成的尾水管扩散段一期混凝土轮廓顺利衔接。右岸厂房机组段Ⅱ区预留大二期坑至高程42.0m封闭,待尾水管肘管里衬安装,且大二期坑混凝土回填后再浇筑高程42.0m以上混凝土。右岸厂房尾水管肘管段高程42.0m以下埋件预留大二期坑,见图5.6.6。

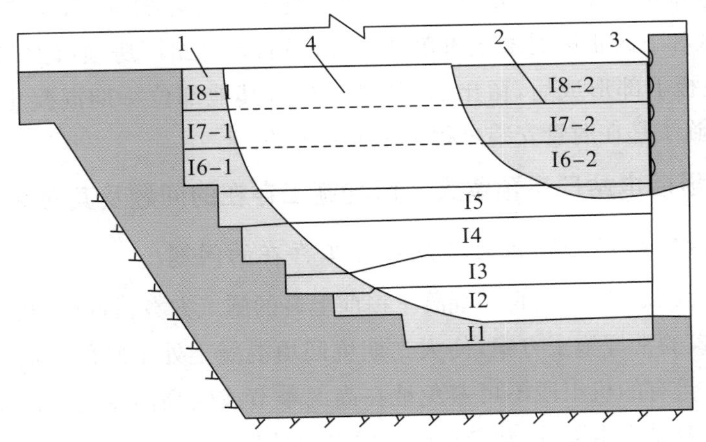

1—预留大二期坑边线;2—混凝土浇筑分层线;3—键槽;4—肘管

图5.6.6　右岸电站厂房机组预留大二期坑示意图

2)厂房尾水管肘管段高程42.0m以下预留大二期坑的结构措施

厂房尾水管肘管段高程42.0m以下预留大二期坑,采用下列结构措施:

①尾水管底板开挖高程降低0.7m,将一期混凝土厚度加厚至4.0m

鉴于肘管钢衬底部须预留出1.5m的安装空间,尾水管底板一期混凝土厚度减至3.3m,考虑增加尾水管底板一期混凝土厚度,可弥补其结构在施工期和运行期的承载力,为此将尾水管底板开挖高程降低0.7m,尾水管一期混凝土厚度增至4.0m。

②Ⅱ区大二期坑壁面设键槽和接缝钢筋

为使大二期坑一期混凝土结构面与二期混凝土能够良好地黏接为整体，在与二期混凝土结合的一期混凝土表面均进行凿毛处理，并布设键槽和接缝钢筋。

③大二期坑回填混凝土温控要求

大二期坑回填混凝土应采取相应的温控措施和增加温度钢筋，并安排在低温季节施工，取消大二期坑尾水管弯管段顶板封闭块。尾水管扩散段顶段仍按2个封闭块施工。

④高程42.0m以上混凝土仍采用错缝浇筑方式

(3)厂房预留大二期坑方案研究

根据右岸电站机组埋件到货滞后和厂房混凝土实际浇筑形象进度的情况，三峡总公司要求设计单位进一步优化右岸电站厂房的施工设计，采取有力措施，确保厂房Ⅰ区、Ⅲ区高程42.0m以上混凝土浇筑连续上升。

设计研究在厂房预留大二期坑方案(图5.6.6)：Ⅱ区大二期坑未回填混凝土至高程42.0m前，上游侧Ⅰ区在高程42.0m留台阶，然后直缝上升至高程50.0m，缝面设键槽和接缝钢筋；下游侧Ⅲ区沿大二期坑壁面设直缝上升至高程50.0m，大二期坑混凝土回填至高程42.0m后，在高程42～50.92m设宽1.2m的宽槽，槽面布置键槽、接缝钢筋和并缝钢筋，Ⅲ区上升至高程61.0m。右岸电站厂房预留大二期坑与左岸电站厂房无大二期坑的施工程序主要差别在于：左岸电站肘管安装与厂房一期混凝土浇筑穿插进行，浇筑至高程50.92m后，厂房上游Ⅰ区和下游Ⅲ区混凝土再单独上升；而右岸电站厂房预留大二期坑方案，在厂房高程25.5m底板下部形成后，留出肘管安装空间，其他部位一期混凝土继续浇筑上升。大二期坑混凝土施工是在肘管安装过程中逐步实施的。

5.6.8.2 右岸坝后电站厂房预留大二期坑施工存在的问题及其对策

(1)右岸坝后电站厂房预留大二期坑施工存在的问题

1)厂房预留大二期坑和Ⅰ、Ⅲ区混凝土提前上升的施工方案，打破了机组段及该部位混凝土采用错缝浇筑的常规施工方案，使大二期坑回填混凝土处于底部及周边为老混凝土强约束的边界条件，且有的机组段不可避免地在高温季节或较高温度时段浇筑大二期坑混凝土，其混凝土本身容易产生裂缝，新老混凝土面也容易张开。

2)在厂房尾水管肘管段大二期坑高程42.0m以下混凝土未浇筑前，单独上升Ⅰ区、Ⅲ区混凝土，将在尾水管底板产生附加剪应力，可能导致底板及其他部位产生裂缝，影响厂房结构的整体性和耐久性。

3)厂房结构的整体性是保证电站水轮发电机组运行抗振稳定性的基础，三峡电站厂房水下结构因预留大二期坑对其结构的强度和刚度有一定的削弱。单独上升厂房大二期坑上游侧Ⅰ区和下游侧Ⅲ区混凝土，若施工分缝处理不当或可能产生的结构裂缝，均有可能进一步削弱结构的整体刚度，降低厂房结构的抗振性能。

4)厂房Ⅱ区预留大二期坑混凝土与Ⅰ区、Ⅲ区混凝土的不均衡上升，使结构应力进一步增大，经计算分析，相对于高程42m以上均衡上升施工方案，若Ⅲ区混凝土提前上升至高程

61m，在自重作用下，底板剪应力增加0.11MPa，边墙剪应力增加0.59MPa，加大混凝土产生裂缝的风险。

5)如果底板和边墙混凝土开裂，新老混凝土结合面张开，大二期坑混凝土不能与上游侧Ⅱ区及下游侧Ⅲ区混凝土形成整体结构，厂房水下结构自振频率只有原设计的1/2，其结构刚度只有原设计的1/4，将严重影响厂房的抗震性能。如果厂房水下结构混凝土出现较多裂缝，也将影响结构的整体性和耐久性。

(2)厂房预留大二期坑施工采取的结构加强措施

1)在Ⅱ区大二期坑高程42.0m以下混凝土未回填前，上游侧Ⅰ区在高程42m留台阶，直缝上升至高程50m，缝面设键槽和接缝钢筋；下游侧Ⅲ区沿大二期坑壁面直缝上升至高程50m；大二期坑混凝土回填至高程42m后，Ⅱ区与Ⅲ区之间高程42～50m(单号机为高程50.92m)预留宽1.2m、长38.3m的宽槽(图5.6.7)，在宽槽面设键槽，宽槽内设5层ϕ32@20的接缝钢筋。宽槽混凝土回填严格按设计技术要求施工。

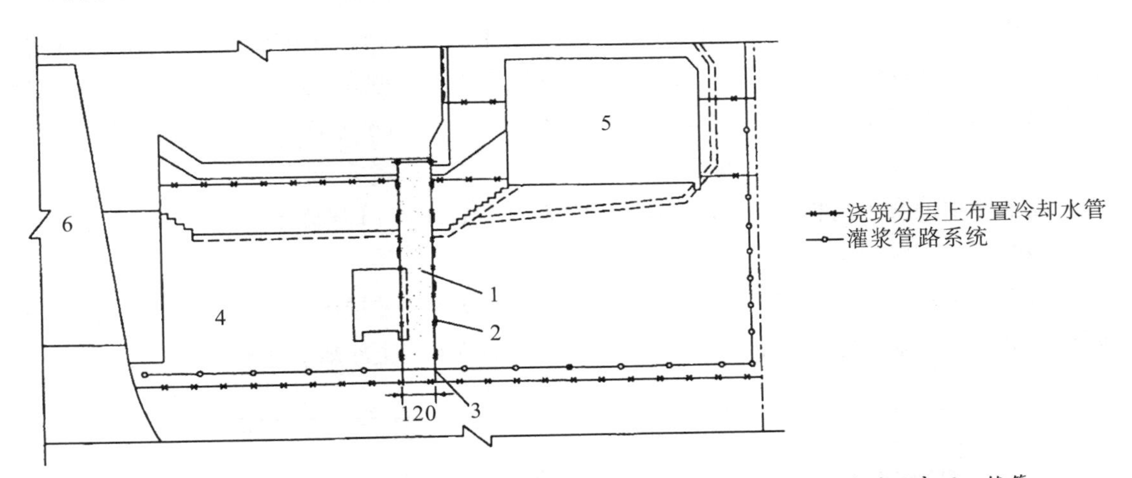

1—预留宽槽；2—键槽；3—主厂房与下游副厂房分缝；4—主厂房；5—下游副厂房；6—锥管

图5.6.7 右岸电站厂房机组大二期坑浇筑混凝土预留宽槽示意图

2)为保证大二期坑及宽槽回填混凝土与老混凝土结合良好，将大二期坑和宽槽直缝面及竖直键槽面在回填混凝土浇筑前凿毛并冲洗干净，回填混凝土边上升边对其壁面涂刷浓水泥浆；对水平施工缝按常规方式冲毛至微露小石。

3)大二期坑直缝面预留接缝灌浆系统，进行水泥(或化学)灌浆。

4)对大二期坑混凝土和宽槽混凝土回填进行严格的温控和施工工艺控制，确保混凝土施工质量。

5)大二期坑混凝土及宽槽混凝土回填前，严格控制下游副厂房及Ⅲ区混凝土上升高程不得超过高程62.21m(下游副厂房第2层楼板高程)。蜗壳外围混凝土浇筑前，须先完成宽槽混凝土回填，宽槽回填混凝土28d后，Ⅲ区混凝土可由高程61m继续上升。

5.6.8.3 右岸坝后电站厂房大二期坑回填混凝土施工技术研究

(1)大二期坑回填混凝土施工程序

1)肘管安装及二期混凝土施工

肘管由厚度25mm的Q235钢板卷制,分为6节安装;肘管二期混凝土高程25.5~42m分8层施工(图5.6.6)。

2)锥管二期混凝土施工

锥管二期混凝土高程42~50m(单号机组高程50.92m)分4层施工,中部预留安装锥管的空间,其下游侧与Ⅲ区混凝土预留宽1.2m的宽槽。

3)锥管安装及三期混凝土施工

锥管由厚度25mm的Q235钢板制作,分为2节安装,上节为整圆,下节分2个瓦片安装;锥管三期混凝土高程42~50.92m分3~4层施工。

4)基础环、座环及蜗壳安装

基础环高1995mm,分2瓣安装;座环分6瓣安装,座环上下环板厚220mm,组装成内径13230mm、外径15000mm的座环。有24个固定导叶(高3.0m);蜗壳由高强钢板制作,进口段钢板厚54mm,内径12.74m,蜗壳由30个管节组成,平面尺寸为34.3m(左右)×30.1m(上下游)。

5)Ⅱ-Ⅲ区宽槽回填混凝土施工

宽槽回填混凝土高程42~50m(单号机组50.92m)分3~4层施工。

6)蜗壳二期混凝土施工

蜗壳二期混凝土高程49.5~66.97m(单号机组67.8m)分6层施工(图5.6.8)、蜗壳底部及阴角部位混凝土浇筑剖面布置见图5.6.9、底部锥管部位混凝土冷却水管布置见图5.6.10。

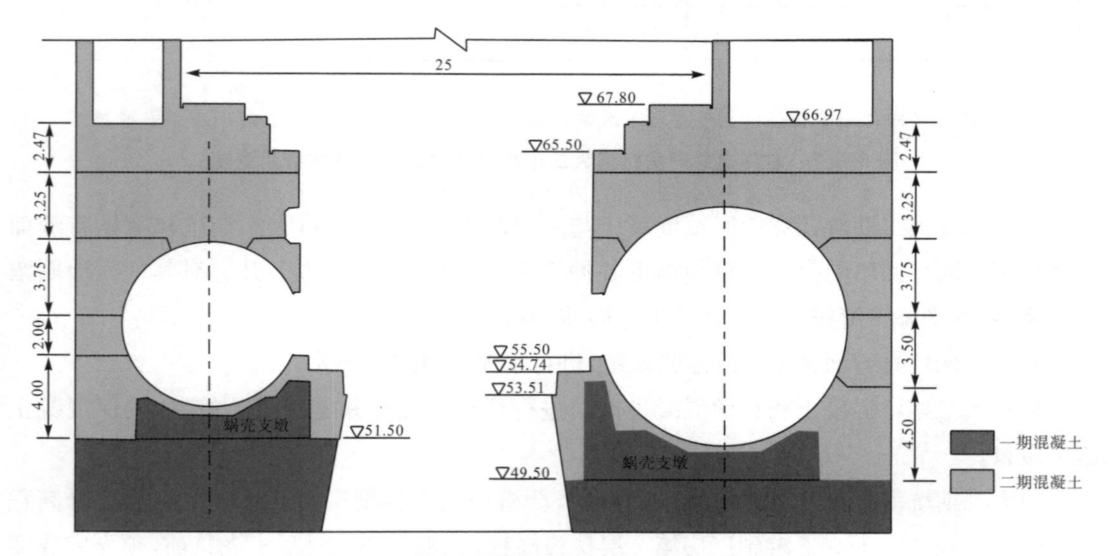

图5.6.8 蜗壳二期混凝土典型机组段浇筑分层图

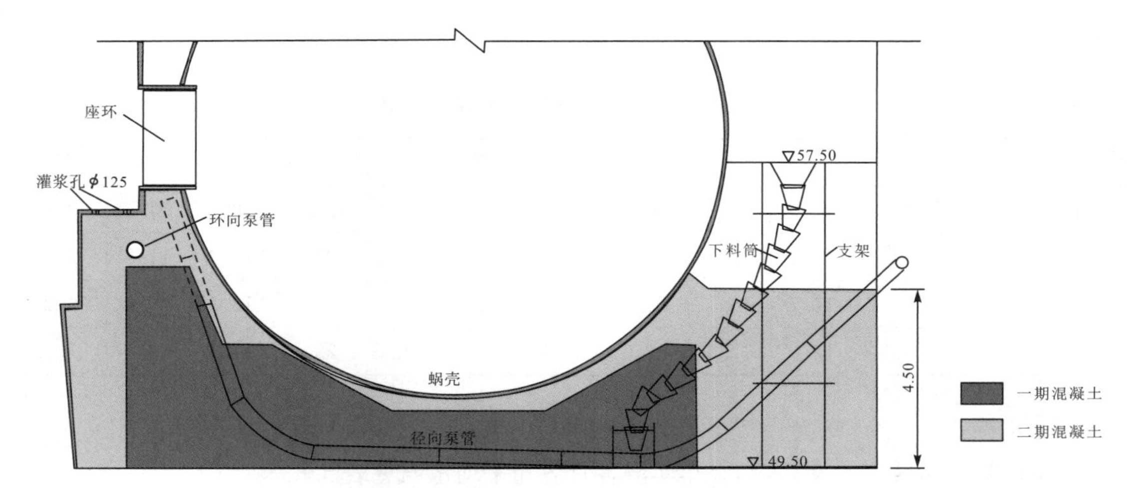

图 5.6.9 蜗壳底部及阴角部位浇筑剖面布置图

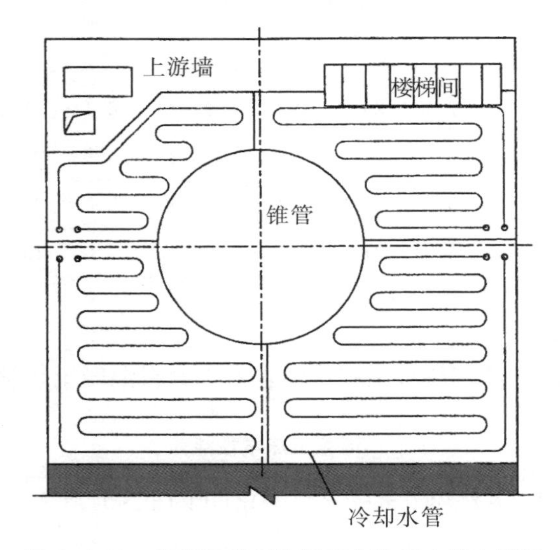

图 5.6.10 底部锥管部位混凝土冷却水管布置图

(2)大二期坑回填混凝土施工温度计算

1)计算条件

①气温

气温采用三峡坝区气象站1999—2004年实测气温资料,6年平均气温见表5.6.7及式(5.6.1)拟合气温函数:

$$T = 17.46 + 10.16 \times \sin[\omega(\tau - 106.98)] \tag{5.6.1}$$

对于顶面及下游阳光照射部位,考虑太阳辐射热的影响,表面温度:

$$T = 20.96 + 12.16 \times \sin[\omega(\tau - 106.98)] \tag{5.6.2}$$

式中:$\omega = 2\pi/P$ 为温度变化的圆频率,P 为温度变化的周期,τ 为时间。

越冬期间,电站机组尾水管口进行遮蔽,尾水管内环境温度较高,冬季分别取10℃

及12℃。

表5.6.7 三峡气象站1999—2004年平均气温 单位:℃

月	1	2	3	4	5	6	7	8	9	10	11	12
上旬	7.4	8.3	11.3	16.9	20.2	24.1	26.7	28.0	24.6	19.4	14.5	9.1
中旬	7.0	10.1	12.9	17.9	22.1	25.4	27.5	25.5	23.7	17.3	11.8	7.4
下旬	6.3	10.8	14.7	18.1	22.4	25.9	28.3	26.2	22.1	16.5	10.9	6.2
月平均	6.9	9.7	13.0	17.6	21.6	25.1	27.5	26.6	23.5	17.7	12.4	7.6

②水温

三峡坝区黄陵庙水文站2003年实测各月各旬平均水温见表5.6.8。

表5.6.8 各月、旬平均水温 单位:℃

月	1	2	3	4	5	6	7	8	9	10	11	12
上旬	11.1	11.7	13.9	17.1	20.6	22.1	23.3	26.1	24.4	21.9	18.8	14.9
中旬	10.5	11.7	14.4	19.1	21.5	23.5	23.2	26.9	22.5	20.5	17.8	13.6
下旬	11.2	13.1	14.9	19.3	21.2	23.1	24.4	25.1	22.0	19.5	17.2	12.7
月平均	10.9	12.1	14.4	18.5	21.1	22.9	23.6	26.0	23.0	20.6	17.9	13.7

③混凝土热学性能

采用长江科学院室内试验资料，三峡花岗岩人工骨料混凝土热学性能取值见表5.6.9。

表5.6.9 混凝土热学性能

导温系数(m^2/h)	导热系数[W/(m·℃)]	比热[J/(kg·℃)]	线膨胀系数($\times10^{-5}$/℃)
0.003471	2.50	959	0.85

④混凝土标号及配合比

大二期坑回填混凝土设计标号为C25，混凝土配合比采用实际施工配合比，见表5.6.10。

表5.6.10 混凝土施工配合比

混凝土强度等级	级配	水胶比	砂率	每m^3混凝土材料用量(kg/m^3)						
				水	水泥	粉煤灰	ZB-1A溶液	引气剂溶液	砂	石
C25	三	0.45	28%	106	188	47	7.07	1.649	578	1485
C25	二	0.45	33%	133	236	59	8.87	2.069	635	1289

⑤混凝土绝热温升

采用长江科学院室内试验实测 $R_{90}300^{\#}$ 混凝土绝热温升资料，并根据实际胶凝材料用量作相应调整，计算式如下：

C25 三级配混凝土：

$$T=\frac{30.31\tau}{0.894+\tau} \tag{5.6.3}$$

C25 二级配混凝土：

$$T=\frac{38.04\tau}{0.894+\tau} \tag{5.6.4}$$

C25 自密实混凝土：

$$T=\frac{56.49\tau}{0.894+\tau} \tag{5.6.5}$$

混凝土绝热温升曲线见图 5.6.11。

⑥通水冷却

冷却水管水平间距 1.5m，每个浇筑层埋一层水管。

初期通水收仓后开始，通 10～12℃的制冷水，高程 42m 以下通水冷却至 20～22℃，高程 42m 以上混凝土初期通水冷却 15d 后，连续通水至 16～18℃。

2)计算方法

采用有限元法计算，选用通用有限元软件 ANSYS 程序进行温度仿真计算。考虑到肘管下部混凝土温度对宽槽回填影响较小，故仅选取肘管上部混凝土进行计算，计算网格见图 5.6.11。

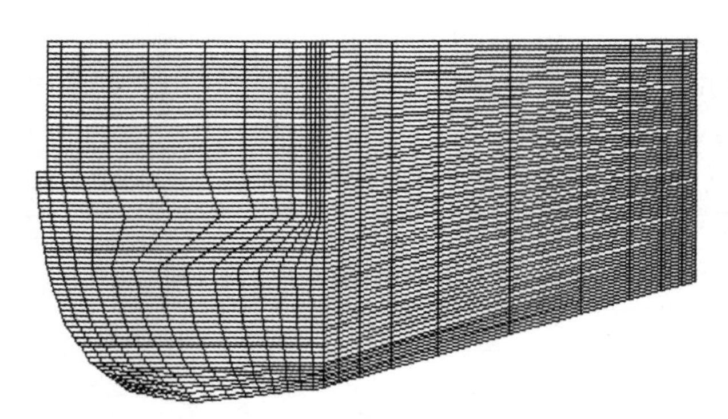

图 5.6.11　肘管上部混凝土温度计算网格

边界条件：Ⅲ区下游侧、Ⅱ区顶部等受阳光照射的部位，表面气温取气温加太阳辐射热，放热系数 β 取 15W/(m² · ℃)，保温时取 3W/(m² · ℃)；肘管及尾水管侧放热系数 β 取 3W/(m² · ℃)；宽槽未回填时宽糟内部表面放热系数 β 取 5W/(m² · ℃)；Ⅲ区顶部与上部混凝土接触，按绝热表面处理。

3)大二期坑回填混凝土施工期温度计算

取右岸电站 18 号及 24 号机组段大二期坑进行计算，计算截至 2004 年 10 月底已浇筑部分混凝土施工进度及混凝土浇筑温度取实际施工资料，未浇筑部分根据施工进度计划及设计浇筑温度要求取值。18 号及 24 号机组段大二期坑回填混凝土施工期温度计算结果见表 5.6.11、表 5.6.12。

表 5.6.11　　18 号机组段大二期坑回填混凝土施工期温度

浇筑仓号	顶面高程(m)	浇筑时间	浇筑温度(℃)	早期最高温度(℃)					
				无初期通水			初期通水冷却		
				最高点温	最高平均温度	1个月后平均温度	最高点温	最高平均温度	通水结束时平均温度
5-1	35.3	2004 年 9 月 10 日	13	33.8	29.1	26.2	32.2	28.1	21.8
6-1	37.2	2004 年 9 月 22 日	13	35.3	31.3	28.8	32.5	29.1	21.9
7-1	39.6	2004 年 10 月 4 日	11.9	36.1	31.9	29.5	32.6	29.1	21.9
8-1	42	2004 年 10 月 16 日	8.6	34.2	29.8	27.1	29.8	24.9	21.9
9-1	44	2004 年 10 月 28 日	12	35.0	30.5	27.6	31.5	27.4	15.9
10-1	46	2004 年 11 月 9 日	15	36.1	30.9	27.8	33.1	28.6	15.9
11-1	48	2004 年 11 月 21 日	15	35.8	30.5	26.4	32.8	28.3	15.9
12-1	50	2004 年 12 月 3 日	10	32.5	28.3	24.8	28.9	24.1	15.9

表 5.6.12　　24 号机组段大二期坑回填混凝土施工期温度

浇筑仓号	顶面高程(m)	浇筑时间	浇筑温度(℃)	早期最高温度(℃)					
				无初期通水			初期通水冷却		
				最高点温	最高平均温度	1个月后平均温度	最高点温	最高平均温度	通水结束时平均温度
5-1	35.3	2004 年 11 月 20 日	15	32.3	26.8	18.8	31.6	25.9	17.9
6-1	37.2	2004 年 12 月 2 日	10	30.4	25.6	21.3	28.7	24.2	19.2
7-1	39.6	2004 年 12 月 14 日	10	32.1	27.2	23.5	30.2	25.5	21.8

续表

浇筑仓号	顶面高程	浇筑时间	浇筑温度(℃)	早期最高温度(℃)					
				无初期通水			初期通水冷却		
				最高点温	最高平均温度	1个月后平均温度	最高点温	最高平均温度	通水结束时平均温度
8-1	42	2004年12月26日	10	32.4	27.4	23.6	30.2	25.4	21.4
9-1	44	2005年1月7日	10	31.2	26.3	22.7	29.2	24.6	15.8
10-1	46	2005年1月19日	10	31.0	26.2	22.5	29.0	24.5	15.9
11-1	48	2005年1月31日	10	31.0	26.1	22.4	29.0	24.5	15.9
12-1	50	2005年2月1日	10	31.2	25.6	20.6	29.1	24.3	15.8

施工期最高温度包络线分别见图5.6.12至图5.6.15。

大二期坑混凝土连续通水冷却计算结果表明，高程42m以下各层混凝土在初期通水15～24d后均能冷却至20～22℃，高程42m以上各浇筑层在初期连续通水19～42d后也能冷却至16～18℃。选取18号机计算初期通水15d，在宽槽回填前再将宽槽上游侧混凝土以及下部两层混凝土温度冷却至16～18℃，计算结果见表5.6.13。结果表明各层混凝土在初期通水15d后，在宽槽回填前只需再通水10～26d均能冷却至16～18℃，浇筑仓12-1由于表面及侧面散热条件较好，在宽槽回填时其平均温度达到16～18℃，不需再进行后期通水。

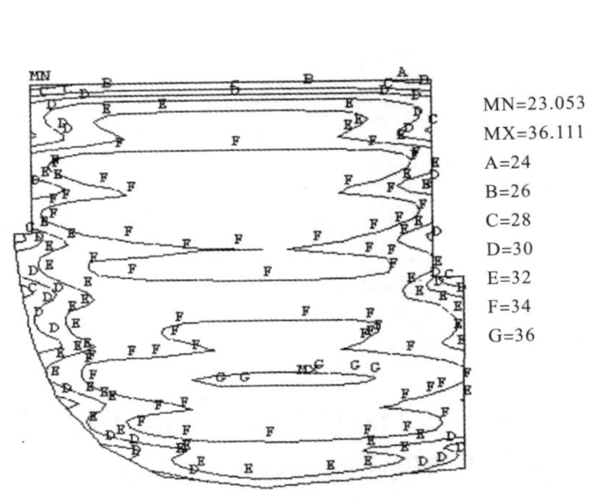

图5.6.12　18号机大二期坑混凝土施工期最高温度包络线(无初期通水)

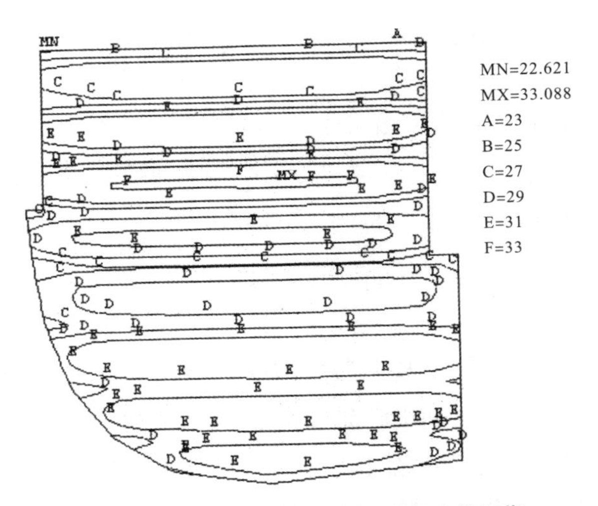

图5.6.13　18号机大二期坑混凝土施工期最高温度包络线(初期通水冷却)

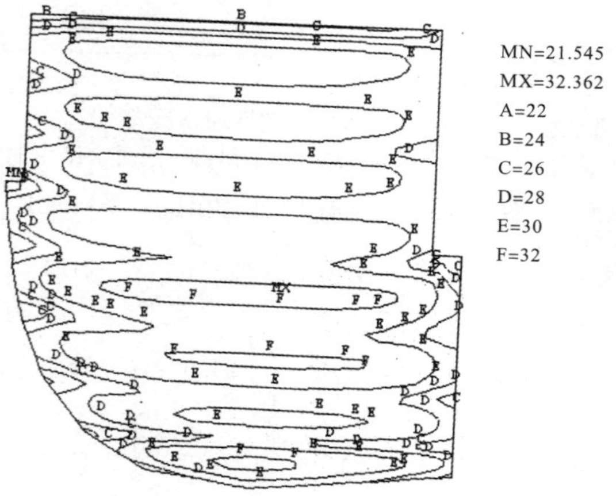

MN=21.545
MX=32.362
A=22
B=24
C=26
D=28
E=30
F=32

图 5.6.14　24号机大二期坑混凝土施工期最高温度包络线(无初期通水)

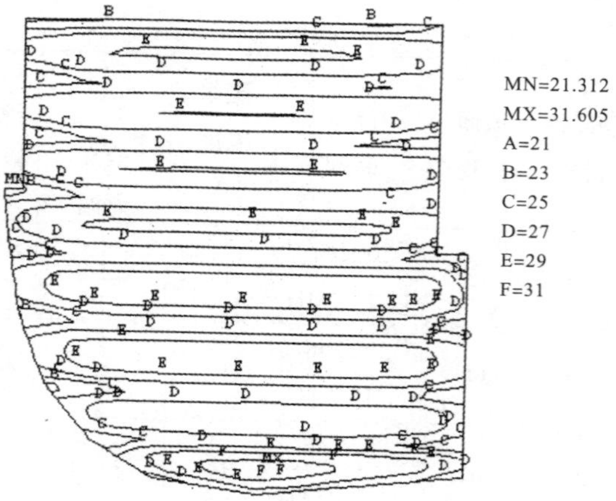

MN=21.312
MX=31.605
A=21
B=23
C=25
D=27
E=29
F=31

图 5.6.15　24号机大二期坑混凝土施工期最高温度包络线(初期通水冷却)

表 5.6.13　18号机组段大二期坑回填混凝土通水冷却计算结果(初期通水与后期通水分开进行)

浇筑仓号	顶面高程(m)	初期通水天数(d)	初期通水结束时平均温度(℃)	后期通水开始时间	后期通水开始时平均温度(℃)	后期通水天数(d)	后期通水结束时平均温度(℃)	宽槽回填时平均温度(℃)
5-1	35.3	15	23.8					15.1
6-1	37.2	15	24.3					16.8
7-1	39.6	15	24.1	2005年2月1日	20.1	23	15.9	15.5
8-1	42.0	15	22.3	2005年2月1日	20.3	26	15.9	15.6
9-1	44.0	15	22.2	2005年2月1日	20.2	26	15.9	15.6
10-1	46.0	15	22.6	2005年2月1日	19.6	23	15.9	15.5
11-1	48.0	15	21.6	2005年2月1日	18.3	10	15.9	15.3
12-1	50.0	15	17.5					14.8

(3)厂房大二期坑回填混凝土施工技术措施

肘管二期坑底部高程25.5m,顶部一期混凝土在42.0m高程,高差为16.5m。肘管里衬与二期坑壁之间空间狭小,最窄处仅容1人通过。肘管下弯段底部空间狭小,底部净高不足1m,钢筋安装、焊接、模板施工及混凝土下料难度很大。肘管里衬加劲环高30cm,加劲环处排气较难。针对这些不利特点经研究,已采取一些特殊施工技术措施。

1)混凝土标号与级配

大二期回填混凝土标号与周边混凝土标号相同,其使用的水泥品种、强度等级、粉煤灰掺量及品质也应与周边混凝土相同。尽可能采用三级配混凝土浇筑,在钢筋密集部位采用二级配,混凝土应分坯振捣密实。对不便振捣的部位,可采用自密实混凝土浇筑。

在肘管底部高程25.5～27.3m,由于人工无法振捣,采用自密实二级配混凝土浇筑,高程27.3～32.8m采用泵浇二级配混凝土,辅以人工振捣。以上部位采用吊罐浇筑三级配混凝土。

2)层厚及层间间歇期

根据右岸电站厂房分缝分块图,肘管二期混凝土共分7～8层施工,平均层高2.0m,每层分2块。块与块之间错缝搭接。层间间歇期5～7d。

3)施工缝面处理

为保证混凝土新老混凝土结面良好,直缝面及竖直键槽面在混凝土浇筑前凿毛并冲洗干净,混凝土边上升边涂水灰比为0.40～0.45的浓水泥浆,水平施工缝(不含错缝搭接段)按常规方式冲毛至微露小石,冲洗干净,上层上升时铺设砂浆。

4)温控要求及措施

设计允许最高温度:12月至次年2月:26℃;3月、11月:29℃;4月、10月:32℃;5月、9月:34℃;6—8月:36℃。相应12月至次年2月自然入仓,其他季节控制浇筑温度不超过14℃。

混凝土浇筑层间埋设冷水管,进行初期通水,水管水平间距1.5m,通水水温为6～8℃,通水流量18L/min,控制初期通水15d并控制初期通水降温6℃即停止初期通水。有宽槽回填时,两侧混凝土再通水冷却至宽槽回填要求的温度。

根据7月上中旬浇筑的右岸厂房18号机肘管里衬二期混凝土的实测温度,混凝土最高温度达50℃(最高测点超过52℃),且实际采用了10℃制冷水进行初期通水,混凝土与冷却水温差已达40℃,大于三峡工程质量标准和招标文件要求,为此对该部位的通水要求作如下调整:

控制标准:控制混凝土温度与通水温差原则上不超过25℃;6—8月初期通水降温幅度原则上按6～8℃控制;混凝土温度降至20～22℃方可进行回填灌浆。并建议:对埋设的测温管每天进行温度测试,以了解混凝土内部温度情况,便于控制混凝土温度与水温之差,在8月底之前浇筑的混凝土初期降温6～8℃停止通水(约通水一周,其中前3天通15℃左右的制冷水,后4天通江水),待1个月后(或9月初)再进行中期通水,直到混凝土温度降至20～22℃,9月后浇筑的混凝土连续通水至20～22℃。混凝土边浇筑边通水(在混凝土浇筑前应对冷却水管的封闭性进行检查),通江水时可适当将通水流量加至25L/min。

5)其他施工措施

吊罐浇筑三级配混凝土采用台阶法浇筑,下料采用搭设受料平台下挂溜槽方式入仓。混凝土平仓主要采用ϕ100高频插入式振捣器,但靠近钢里衬30cm范围内采用

$\phi50$ 软轴振捣器小心振捣，保证充分排气。振捣时，振捣器应充分靠近钢里衬，但应防止碰撞钢里衬。肘管下弯段（即高程 25.5～30.8m 仓位）在施工前报监理工程师批准后采用 $R_{28}250^{\#}D_{250}S_{10}$ 二级配泵送混凝土，同时在肘管底部设置接触灌浆系统，以保证下弯段的混凝土浇筑质量。

5.6.8.4 厂房大二期坑宽槽回填混凝土施工技术研究

(1)宽槽回填混凝土施工方法及施工分层

1)宽槽回填混凝土施工方法

宽槽是在大二期坑混凝土回填至高程 42.0m 后，留在Ⅱ、Ⅲ块之间，宽 1.2m、长38.3m、深度大于 8.0m 的宽槽。宽槽下游侧面设置键槽和 $\phi25$ 接缝钢筋，在高程 43.0m、高程 43.2m、高程 47.0m、高程 47.2m、高程 50.5m 共有 5 层 $\phi25$@20 的钢筋网。

为防止钢筋网造成混凝土骨料分离，以保证混凝土浇筑质量，同时考虑施工工期紧张，拟将宽槽回填分 2～3 层进行，可采用吊罐或混凝土泵入仓浇筑。按施工进度分析，宽槽回填期间可能是蜗壳安装时段。由于蜗壳安装是控制土建交面及发电工期的关键项目，宽槽回填需尽量避免影响蜗壳安装进度。根据蜗壳平面布置，靠下游侧的蜗壳距厂房下游墙约 0.9m，宽槽宽 1.2m，长 38.3m，只有中间 7～8m 长的范围被蜗壳部分遮挡。被蜗壳遮挡的宽槽部位仍可从侧面采用混凝土泵入仓，也不影响施工人员进入仓面。因此宽槽回填可在蜗壳安装期间进行，不影响蜗壳安装工期。

如宽槽回填混凝土采用吊罐浇筑，为控制混凝土下料高度不大于 2m，吊罐需接溜槽入仓。对于中部被蜗壳遮挡的部位，溜槽无法直接入仓的部分需人工转料。

2)宽槽回填混凝土施工分层

宽槽回填混凝土可分 2 层施工，每层浇筑 4m，浇筑时间 1～2d，层间间歇 5～7d，一个宽槽回填工期约 10d。如果宽槽底部因钢筋密集需采用自密实混凝土，则可考虑分 3 层施工，底层 2m，第二、三层 3m，层间间歇 5d 左右，一个宽槽回填工期为 12～15d。

(2)宽槽母体混凝土龄期缩短至 2～3 个月的可行性研究

通常，宽槽回填施工技术要求，宽槽两侧母体混凝土龄期 4～6 个月，其温度为 16～18℃，回填施工在低温季节 12 月至次年 3 月。右岸电站厂房大二期坑宽槽若按上述技术要求，宽槽回填混凝土只能安排在 2005 年 12 月至 2006 年 3 月施工，此时各机组段蜗壳安装已完成，下游副厂房浇筑至高程 82m，部分机组段厂房下游墙已浇筑至高程 92.8m。宽槽回填时下游侧面临约 50m 的高墙，上游侧为蜗壳，部分槽段被蜗壳遮挡，施工场地狭小，施工难度较大。同时宽槽两侧高差很大对结构安全也不利。

从以上分析，如按常规宽槽回填技术要求，厂房大二期坑宽槽回填混凝土施工将制约电站厂房施工总进度要求，对结构安全不利，宽槽回填施工难度大。因此，需研究采取措施缩短宽槽回填等待龄期和放宽宽槽回填季节的要求。

通过对厂房大二期坑宽槽回填时机及进度的影响分析，在 2005 年 4 月底之前将宽槽回填完毕，对右岸电站机组2007年及2008年投产发电及三期工程其他目标的实现是最有利的。在母体混凝土龄期2～3个月回填宽槽，同时宽槽回填混凝土与两侧母体混凝土必须较好地粘接即保证结构整体性，宽槽回填时两侧混凝土自生体积变形之收缩变形基本完成，两侧混凝土温度达到宽槽回填要求的16～18℃，且宽槽回填混凝土具有适量的膨胀。

1)混凝土自生体积变形

三峡工程混凝土采用MgO含量3.5%～5.0%的中热水泥，原型观测表明，混凝土自生体积变形总体属于微膨胀或不收缩类型。表5.6.14为右岸电站厂房埋设的无应力计实测的混凝土自生体积变形值。

厂房无应力计实测资料表明：混凝土自身体积变形一般先收缩后膨胀，收缩变形一般在1个月内基本完成，仅1支在2个月内完成，收缩变形完成后均转为膨胀变形，一年后大多数膨胀可达10×10^{-6}～60×10^{-6}，这对缩短母体混凝土龄期是有利的。设计研究可将母体混凝土的龄期缩短至2～3个月，以达到在2005年4月底前完成宽槽回填混凝土施工的目标。

表5.6.14 右岸电站厂房埋设的无应力计实测混凝土自身体积变形值

仪器编号	X坐标(m)	高程(m)	自身体积变形10^{-6}			
			60d	90d	180d	360d
N_{01}YCF22S	20+149	22.75	−18	−17	−7	5
N_{02}YCF22S	20+149	22.75	−10	−7	3	15
N_{03}YCF22S	20+161	22.75	−14	−9	22	39
N_{04}YCF22S	20+161	22.75	−43	−47	−30	−23
N_{01}YCF24S	20+149	23.5	−10	−10	−2	19
N_{02}YCF24S	20+149	23.5	13	13	26	30
N_{03}YCF24S	20+162.5	22.8	24	35	51	62
N_{04}YCF24S	20+162.5	22.8	−9	1	13	7
N_{01}YCF15S	10+131	28	−16	−11	4	3
N_{01}YCF18S	20+133	28	9	19	30	
平均值			−7	−3.3	11	17

2)宽槽两侧母体混凝土温度

除24号、25号机组段Ⅲ区混凝土内埋设的冷却水管在通水冷却至20℃左右误封填不能在宽槽回填前通水冷却外，其余宽槽两侧及下部均可通过通水冷却将混凝土温度降至16～18℃。24号机组段Ⅲ区4月封填冷却水管时测得混凝土温度约21℃，降至18℃按自由收缩变形约0.2mm，初步认为影响不大，可将另一侧混凝土温度适当降低。从提高宽槽回填接缝质量考虑，可将宽槽两侧有水管的母体混凝土冷却至16℃，同时对宽槽下部高程38～42mⅡ、Ⅲ区混凝土冷却至16～18℃。

(3)宽槽回填施工期混凝土温度计算

1)计算条件

①混凝土标号及胶凝材料用量

计算时,宽槽回填混凝土考虑泵浇混凝土和吊罐混凝土两种。其中泵浇混凝土为二级配C25级混凝土,吊罐混凝土为三级配C25级混凝土,同时考虑宽槽底部因钢筋密集,也分析了浇筑底层自密实混凝土的情况。混凝土配合比采用实际施工中使用的混凝土配合比,见表5.6.15。

表5.6.15 **混凝土施工配合比**

混凝土强度等级	级配	水胶比	砂率	每m^3混凝土材料用量(kg/m^3)						
				水	水泥	粉煤灰	ZB-1A溶液	引气剂溶液	砂	石
C25	三	0.45	28%	106	188	47	7.07	1.649	578	1485
C25	二	0.45	33%	133	236	59	8.87	2.069	635	1289
C25	自密实	0.40	51%	175	350	88	10.94	0.875	853	819

②浇筑温度

采用泵浇混凝土时,3月、4月进行宽槽回填时浇筑温度分别按12℃及14℃计算,采用吊罐混凝土时浇筑温度分别按10℃及12℃计算。

③通水冷却

宽槽混凝土内每个浇筑层布置一根冷却水管,水管竖直间距1.2m左右,初期通10~12℃制冷水10d左右。

2)宽槽两侧母体混凝土冷却情况分析

宽槽回填时要求两侧母体混凝土温度冷却至16~18℃,宽槽上游侧大二期坑混凝土浇筑时进行初期通水冷却后,在宽槽回填前再将其通水冷却至16~18℃。24号、25号机组宽槽下游侧Ⅲ区混凝土内冷却水管已封堵,水管封堵前已冷却至20℃左右,该部位混凝土宽槽回填前按自然冷却温度,其他机组均埋设有水管,可在宽槽回填前根据其温度状况进行通水冷却。

考虑到肘管、尾水管等部位内部空气流动较少,内部气温与外界气温相差较大,表面热交换较缓慢等因素,在改变肘管内气温计算函数以及表面散热系数后,重新计算宽槽两侧母体混凝土的冷却情况。计算结果见表5.6.16。结果表明:在考虑这些因素之后,宽槽回填时两侧母体混凝土平均温度要高0.1~0.5℃。

3)宽槽回填施工期混凝土温度计算

根据施工进度安排,18号、15号、24号机宽槽混凝土回填分别在2005年3月中旬、4月中旬及4月下旬进行,计算时回填混凝土考虑泵浇混凝土,吊罐浇筑混凝土,底部采用自密实混凝土、上部采用泵浇混凝土三种情况分别进行计算。

表 5.6.16　宽槽两侧母体混凝土冷却情况

机组号	宽槽回填时间	宽槽上游侧母体混凝土		宽槽下游侧母体混凝土	
		冷却至16℃时间	宽槽回填时母体混凝土平均温度(℃)	冷却至16℃时间	宽槽回填时母体混凝土平均温度(℃)
18号	2005年3月10日	2004年12月30日	14.1	2004年12月25日	14.8
15号	2005年4月10日	2005年2月20日	15.7	2004年12月30日	15.9
24号	2005年4月20日	2005年3月5日	17.0	冷却水管被回填	19.5

宽槽回填施工期温度，在使用泵浇筑二级配混凝土时，18号、15号、24号机组段在有初期通水情况下(通10℃制冷水10d)，最高点温度分别为27.5℃、30.0℃及30.9℃，最高平均温度分别为23.5℃、26.4℃及27.6℃；在使用吊罐浇筑三级配混凝土时，18号、15号、24号机组段在有初期通水情况下，最高点温分别为23.3℃、25.9℃及26.6℃，最高平均温度分别为20.4℃、23.4℃及24.4℃；在使用自密实混凝土与泵浇混凝土结合方式时，自密实混凝土部分温度较高，18号、15号、24号机组段在初期通水情况下，最高点温分别为34.0℃、36.5℃及37.3℃，最高平均温度分别为29.5℃、30.5℃及31.2℃。计算结果表明，宽槽回填时宽槽部位混凝土(不包括自密实混凝土)最高平均温度3月最低，4月底最高，4月底浇筑进行初期通水冷却时混凝土最高温度与3月浇筑不进行初期通水冷却时基本相等，宽槽混凝土降至运行期温度时在自由变形条件下收缩量约0.1mm。在使用自密实混凝土时，混凝土最高平均温度较高。为了了解使用不同回填混凝土品种对宽槽内混凝土最高温度的影响，计算使用C30级回填混凝土时的施工期温度情况，结果表明，在使用C30级回填混凝土时的最高温度比相同条件下用C25级混凝土时最高温度高1℃左右。

4)宽槽回填混凝土施工技术措施

①宽槽回填时段及母体混凝土温度要求

在研究设置宽槽方案时，为确保宽槽回填施工质量，在蜗壳安装完毕及蜗壳周围混凝土回填前，将宽槽混凝土分层回填完毕，宽槽回填一般要求安排在低温季节(12月至次年3月)施工，同时两侧母体混凝土龄期不少于6个月及母体混凝土内部温度必须降至16～18℃方可开始回填混凝土。如果龄期不足6个月(但必须大于4个月)，采用降低混凝土内部温度1℃进行补偿。通过分析混凝土实测自生体积变形，并对施工期混凝土温度计算分析后认为，回填季节可延长到4月底，宽槽两侧母体混凝土龄期可缩短至2～3个月，同时建议两侧母体混凝土冷却至16℃，将宽槽下部高程38～42mⅡ、Ⅲ区冷却至18℃，高程42～50mⅠ区冷却至16～18℃，以避免局部温差过大。

②回填混凝土标号及级配

宽槽回填混凝土标号为$R_{28}250^{\#}$、D250、S10。

宽槽回填混凝土用强度等级为42.5的中热硅酸盐水泥，粉煤灰掺量20%，尽可能采用三级配混凝土。下部钢筋密集部位可采用泵送混凝土浇筑。

③混凝土浇筑温度及通水冷却

宽槽回填混凝土浇筑时混凝土浇筑温度不超过12℃，并埋设水管通水冷却。每个浇筑层埋设1根水管，水管竖直间距1.2m，底部新老混凝土层面也宜埋设水管，每层混凝土浇筑后通10℃制冷水10d左右。

④层厚及间歇期

宽槽回填混凝土分2～3个浇筑层，层间间歇期5～7d。

⑤缝面处理

水平施工缝要求施工缝面应完全清除水泥乳皮，缝面上1.25～5mm粗砂面积占冲毛面积的70%。为保证回填混凝土与老混凝土结合良好，在进行宽槽回填混凝土浇筑前，宽槽内壁老混凝土均应进行打毛、冲洗，并随回填混凝土上升涂刷水灰比为0.45的浓水泥浆液，浓水泥浆采用强度等级为42.5级的中热硅酸盐水泥配制。

⑥过缝钢筋连接

宽槽内钢筋采用焊接连接。接头焊接质量应满足有关规程规范、设计图纸和有关文件的要求。过缝钢筋在宽槽层面大二期坑混凝土浇筑时先断开，连接应在该层宽槽回填混凝土浇筑前完成。

⑦混凝土浇筑控制

由于混凝土浇筑区域狭窄，且宽槽回填高度较大、钢筋密集，为避免水化温升过高和保证浇筑质量，应尽量采用吊罐入仓方式，同时采用其他有效措施，控制混凝土下料高度不大于2m，防止骨料分离。同时应采取有效措施加强振捣。

对局部钢筋过于密集和狭窄部位采用二级配泵浇混凝土时，应严格按照泵送混凝土有关要求执行。

⑧养护与保温

为防止因气温骤降及早期干缩等原因引起的混凝土裂缝，应按三峡工程有关标准要求进行养护和保温。

5.6.8.5 右岸坝后电站厂房大二期坑施工

(1)右岸坝后电站厂房大二期坑施工程序

厂房大二期坑施工程序见图5.6.16。

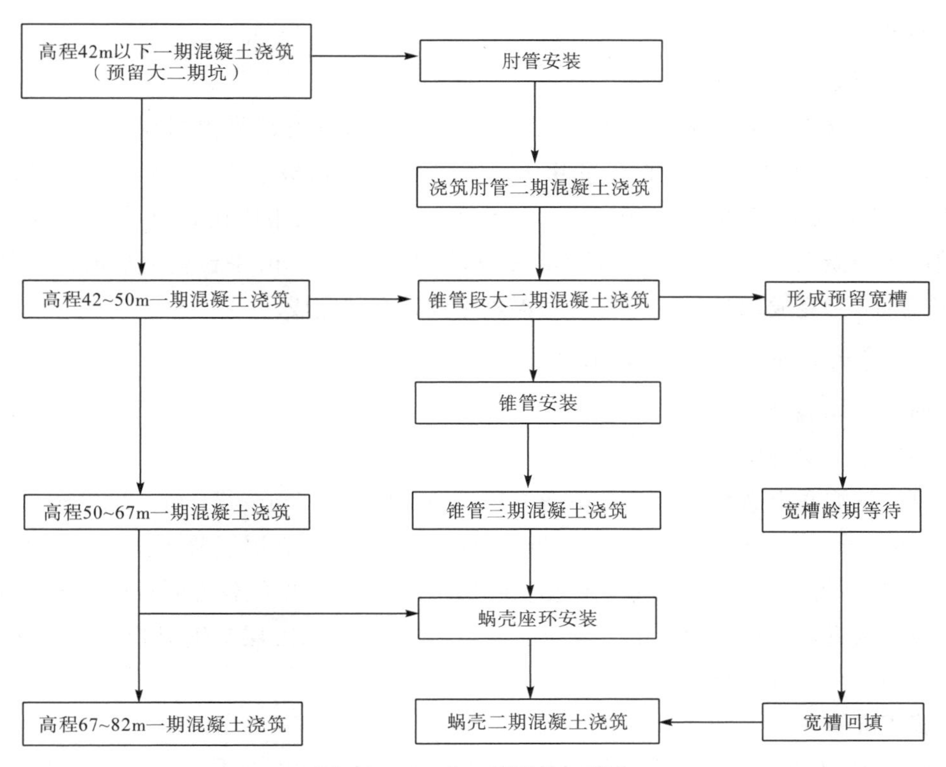

图5.6.16　大二期坑施工程序

(2)右岸坝后电站厂房大二期坑施工进度

1)厂房大二期坑一期混凝土施工进度

右岸厂房底板混凝土于2002年12月开始浇筑，2004年2月Ⅰ区及Ⅲ区一期混凝土浇筑至高程42.0m，形成大二期坑；2004年4月下游侧Ⅲ区沿大二期坑壁面设直缝浇筑至高程50.0m，上游侧Ⅰ区在高程42.0m留台阶，直缝上升至高程50.0m。

2)肘管安装及肘管二期混凝土回填施工进度

右岸厂房肘管于2004年3月开始安装，至2004年11月全部安装完成；2004年6月开始回填肘管二期混凝土，至2004年10月回填混凝土全部完成；2005年1月完成锥管段二期混凝土浇筑，在其下游侧高程42～50m预留宽1.2m的宽槽。大二期坑上游侧一期混凝土浇筑至高程50.0nm。

3)锥管安装及锥管段三期混凝土回填施工进度

右岸厂房锥管于2005年2月开始安装，至2005年5月全部完成安装。2005年3月开始回填锥管段三期混凝土，2005年5月回填混凝土全部完成。2005年6—10月蜗壳支墩混凝土全部完成，2005年8月至2006年7月完成蜗壳安装。厂房上、下游墙体一期混凝土浇筑至高程67.0m。

4)宽槽混凝土回填施工进度

右岸厂房大二期坑预留宽槽于2005年2月开始回填混凝土，至2005年4月宽槽回填混凝土全部完成。

5)厂房混凝土施工进度

右岸厂房蜗壳二期混凝土于2006年1—11月施工;安Ⅱ段发电机层楼板于2004年9月形成,安Ⅲ段发电机层楼板在2006年4月形成,机组段楼板于2006年12月全部形成;主厂房上、下游墙安Ⅰ、安Ⅱ段于2005年5月到顶,安Ⅲ段及机组段在2006年6月全部到顶;下游副厂房混凝土2005年7月全部浇筑完成,尾水高程82.0m平台全部形成;主厂房封顶于2006年12月完成,2007年10月厂房混凝土浇筑全部完成。

(3)厂房大二期坑回填混凝土施工

1)肘管二期混凝土施工

①混凝土分层分块

肘管二期混凝土高程25.5~42m分8层浇筑:高程25.5m~27.3m~28.8m~30.8m~32.8m~34.8m~37.2m~39.6m~42.0m。原设计要求1~5层混凝土浇筑左右两侧必须对称下料,且不得超过20cm高差。根据实际情况,实际施工中经各方同意后将1~5层左右两块合成一块进行浇筑。为防止出现薄层尖角,在第一至第五层与钢肘管交接处立一与钢肘管夹角不小于60°的模板。

②施工准备

缝面处理:为保证新老混凝土结合良好,直缝及竖直键槽面在混凝土浇筑前凿毛并冲洗干净,混凝土边上升边涂刷水灰比为0.4~0.45的浓水泥浆。水平施工缝(不含错缝搭接段)按常规方式冲毛至微露小石,冲洗干净。除第一层外的其他层次混凝土浇筑时均铺设2~3cm的砂浆。

一期插筋处理:对一期插筋调直,去锈,与钢肘管安装有矛盾时,采用扳弯或割除(预留30cm的焊接长度)的方式。后期恢复的插筋与原来插筋长度相同(即1m),在场地受限制时采取弯曲90°的方式来满足锚固长度。

③钢筋、模板制安

钢筋在钢筋厂按设计图纸要求加工成型,形体复杂的钢筋先放大样。钢筋用载重汽车运至高程40m平台,用布置于高程32m平台上的门机吊入仓内。

高程25.5~27.3m层底部为钢筋安装难度最大的部位。安装该部位钢筋时,待钢肘管支墩安装完毕并根据支墩布置图在每一排及每一列内预先摆放钢筋,使两排钢支墩之间的钢筋数量和型号准确,纵向钢筋放置在环向钢筋的下面,待钢肘管安装完毕,先将环向钢筋安装好,再安装纵向钢筋。钢筋遇钢支墩时能避让时尽量避让,不能避让的弯曲90°后与钢支墩进行焊接。

第一至五层取消了左右分块,无需立模。第五层以上模板均采用散钢模和木模现立。

④混凝土施工

混凝土标号为R_{28}250F250W10,混凝土振捣采用ϕ50mm与ϕ100mm振捣棒,钢筋密集部位,先用ϕ100mm振捣,再用ϕ50mm复振。

高程25.5～27.3m层混凝土为肘管底部混凝土，施工场地狭窄，钢筋密集，金属结构埋件较多，施工极为困难。该部位混凝土采取平铺法浇筑，坯层厚度40cm。最后两个坯层因无法进人振捣而采取自密实混凝土。自密实混凝土塌扩度为55～65cm，其余各坯层均采用常态泵送二级配混凝土，混凝土坍落度16～18cm。放空阀室上游侧辅以喇叭挂250mm钢管下料，混凝土接近初凝后将250mm钢管拆除。高程27.3m以上钢肘管两侧及上游侧主要采用喇叭口挂溜筒的方式入仓，钢肘管顶部混凝土采用门机吊3m³或6m³罐直接下料。喇叭口尺寸采用60cm×60cm，每间隔4m布置一个。高程27.3m以上采用常态混凝土，钢筋密集部位采用二级配，其他部位采用三级配，坍落度7～9cm，混凝土浇筑时先铺筑2～3cm砂浆。

⑤混凝土温控措施

大二期坑混凝土回填质量要求高，温度控制严格。为满足设计要求，使混凝土内部最高温度不超过设计允许的最高温度。控制相应温差、控制混凝土温度应力、防止裂缝产生所采取的主要温控措施有：

(a)优化混凝土施工配合比，通过试验在混凝土中掺加高效减水剂，改善混凝土和易性，采用合理的混凝土级配，尽可能采用三级配混凝土，减小混凝土水化热温升。

(b)高温季节浇筑混凝土时采用出机口温度为7℃的预冷混凝土，仓内配置2～3台喷雾风机，配置一定数量的保温被，及时覆盖，以防温度倒灌。混凝土尽可能安排在早、晚、夜间或阴天浇筑。

(c)混凝土浇筑层间埋设直径为2.54cm的黑铁管冷却水管，水平间距1.5m，高程32.8m以上各层混凝土埋设两层冷却水管，通10～12℃的制冷水，通水流量18～25L/min，初期通水时间15d。

(d)采用合理的分层浇筑层高及层间浇筑间歇，层间间歇为5～7d，混凝土表面及时流水养护。

⑥回填灌浆

由于钢肘管底部宽度大，长度大，混凝土进料和振捣困难，因此混凝土浇筑中难免出现脱空情况，为保证混凝土与钢肘管结合牢靠，待混凝土浇筑完毕后，对肘管底部进行脱空检查，主要采用锤击方式判断脱空情况，对脱空区用红油漆作好标识，并作好素描图。

回填灌浆采用前期预埋拔管、后期进行回填灌浆的方式。拔管采用20mm充气软管，混凝土浇筑前将充气软管充满气，待混凝土浇完后约10h，将拔管内的气放掉，把拔管拔出来。拔管在肘管安装完、钢筋安装前进行安装，紧贴于钢肘管内壁且从肘管中间开始向两边环向布置，间距100cm。灌浆时采用不大于0.2MPa的灌浆压力，42.5号水泥，水灰比0.5，灌浆完毕屏浆30min。

2)宽槽部位混凝土回填

宽槽回填时要求两侧母体混凝土冷却至16℃，宽槽下部高程38～42mⅡ、Ⅲ区混凝土及高程42～50m范围Ⅰ区混凝土均需冷却至18℃，以避免局部温差过大。同时要求宽槽混凝土回填尽量控制在12月至次年3月低温季节，最晚在2005年4月底前完成并满足两侧母体混凝土龄期 2～3 个月的要求。

宽槽部位混凝土回填区域狭窄，回填高度较大，钢筋密集，凿毛、清基、排水困难，同时宽槽内有高程 44m 廊道、尾水管进人孔等结构，混凝土入仓、振捣难度较大。

①回填施工分层：原设计要求按三至八层分层进行回填，在实际施工中按高程 42.0m～44.0m～48.0m～50.0m(50.92m)分三层施工。每层混凝土量分别为 90m^3、190 m^3、101 m^3（单号机 166 m^3），混凝土总量为 381 m^3，单号机混凝土总量为 446m^3。

②混凝土标号与级配：宽槽混凝土标号 C25F250W10。设计要求该部位应尽量采用三级配浇筑，但由于宽槽部位钢筋密集，部位狭窄，下料高度大，采用三级配平仓振捣难度大、容易架空、骨料易分离，实际施工中先期浇的 22 号机组第一层采用陷度为 16～18cm 的二级配混凝土，后续机组根据实际情况把陷度优化为 14～16cm 及 12～14cm。高程 47.0m 以上部位空间相对开阔，因此该部位除局部使用二期配混凝土外，大部分使用三级配混凝土。

③混凝土入仓与振捣：宽槽内钢筋密集，共有五层拉结筋，同时高程 44m 廊道顶、底板各有一层水平筋和角缘筋，宽槽内壁上下游侧还布置有键槽插筋，因此混凝土入仓和振捣很困难。宽槽部位混凝土采取整块方式平铺法浇筑。入仓采用门机吊 6m^3罐或 3m^3罐卸料至宽槽上游侧受料斗内，经斜溜槽溜至宽槽顶部喇叭口经溜筒入仓。为减少拉结筋割断的根数，溜筒采用自制的直径为 30cm 的溜筒，按 5.5m 的间距布置 7 组。混凝土振捣采用长柄振捣棒和直径为 50mm 的软轴振捣棒。

④温控措施：宽槽内每个浇筑层埋设一根冷却水管，水管竖直间距 1.2m。冷却水管采用 PVC 管，冷却水管进出口引至高程 44m 廊道排水沟底板或向上引出宽槽顶面。宽槽混凝土覆盖后开始通制冷水，通水水温 8～10℃，通水流量不低于 18L/min，通水时间 10d 左右。

⑤其他措施：第二层混凝土浇筑厚度较大，高程 44m 廊道侧壁模板除采用三道直径为 12mm 的拉筋内拉外，在廊道内还采用两道钢管斜撑加固。排水采用预埋两根直径为 165mm 排水管的方式，排水管从大二期坑引入，宽槽混凝土每浇一次排水管接引一次。

5.6.9 700MW 水轮发电机组保温保压浇筑蜗壳外围混凝土施工技术

5.6.9.1 700MW 水轮发电机组保压浇筑蜗壳外围混凝土控制标准

三峡水电站工程采用额定水头 80.6m，额定容量 700MW，最大容量 840MVA 的混流式水轮发电机组。水轮机的蜗壳最大宽度 34.21m，进水口的蜗壳直径 12.4m，蜗壳的内容积约为 5720m^3，外表面积约为 2474m^2，蜗壳之大堪称世界之最。

在初步设计和水轮发电机组招标文件编制以及机组合同中，从远离机组在运行中作用于厂房激振力的频率、避免引起厂房结构产生局部振动出发，三峡电站水轮机蜗壳浇筑二期混凝土采用了填层方案，即蜗壳按承受全水头压力设计；在单项技术设计审查中，参照了伊泰普、大古力、古里等已建成的、装有单机容量为 700MW 水轮发电机组的大型水电站，这些电站的蜗壳在进行压力试验的基础上都采用保压浇筑二期混凝土。审查专家认为，在机组运行时，蜗壳外边缘与外围大体积混凝土紧贴，对抗震更为有利，改为保压浇筑蜗壳二期混凝土。这样蜗壳由原来的单独受力变成了蜗壳与外围混凝土联合受力。根据三峡电站的具体情况，与机组制造商协商后，保压水头定为70m，当水头超过70m时，超过部分的水压力改由蜗壳外围混凝土承担。

运行中水温随季节不断变化，对三峡坝址来说，冬季最低水温为9℃左右，夏季最高水温为26℃左右，最高水温与最低水温相差约17℃。经计算，水温变化1℃，影响保压水头的变化约为2m。因此，若在冬季最低水温时浇筑二期混凝土，机组在夏天最高水温运行时，由于蜗壳膨胀致使混凝土额外增加受力水头34m，要满足此受力要求，则蜗壳外层将要多布钢筋，增加钢筋用量且不说，混凝土浇筑的难度也大为增加，振捣困难，很难保证混凝土的浇筑质量。反之，若在夏季最高水温时浇蜗壳二期混凝土，经计算，蜗壳与外围混凝土之间将产生约1.26mm的空隙，与采用保压浇筑蜗壳混凝土的原则相违背。在这种情况下，既要在一年四季各种运行水头下使蜗壳外缘与外围混凝土贴紧，又要使蜗壳外围混凝土受力适中，尽量减少钢筋配置，便于混凝土浇筑，保证施工质量。为了实现上述目标，曾考虑在混凝土浇筑过程中，随着水温的变化用调整蜗壳内的水压力的办法加以解决，即在高温季节浇筑混凝土时，降低蜗壳内的水压力，在低温季节浇筑混凝土时，升高蜗壳内的水压力。由于水轮机蜗壳的闷头等部件已按保压水头70m±1m设计制造，升高压力已不可能，且随着水温的变化调节压力，要保持稳定的压力也比较困难。在这种情况下，经过大量的分析研究，提出用保温保压的办法浇筑蜗壳二期混凝土，即浇筑混凝土时蜗壳中心平面保压水头控制在70m±1m，水温控制在16～22℃，并得到了ALSTOM、VGS机组制造商的同意。于是提出了在冬季浇筑蜗壳外围混凝土时，蜗壳内的压力水需要加温；夏季浇筑蜗壳外围混凝土时，蜗壳内的压力水需要降温的问题。

在确定了上述方案后，从确保混凝土的浇筑质量、满足施工总体进度、能全天候浇筑二期混凝土和方便施工等方面出发，对保温保压浇筑蜗壳二期混凝土除提出了全面的施工技术要求外，还提出了施工过程中水温与压力关系曲线，见图5.6.17。并进一步明确，保压浇筑蜗壳二期混凝土时，蜗壳内压力水的区域温差应控制在(21±1)℃范围内，蜗壳内平均水温不得低于16℃，也不得高于22℃。压力变幅在±1m范围内。冬季浇筑蜗壳二期混凝土时，蜗壳内水体采取加温保温措施；夏季高温条件下浇筑蜗壳二期混凝土时，当蜗壳内平均水温超过22℃时，采取降温措施或将保压水头按温度与压力关系曲线适当调低，但不得低于62m水头。

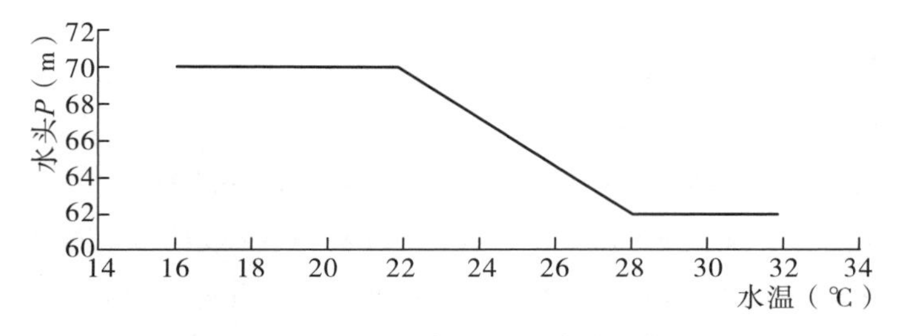

图5.6.17 水温与保压水头关系曲线

5.6.9.2 保温保压浇筑蜗壳外围混凝土的主要施工技术

(1)环境条件的合理选择

采取保温措施后,冬季蜗壳水温高于环境温度,蜗壳内的水通过蜗壳外表面向周围环境散热,此时需及时补充热量;夏季蜗壳水温低于环境温度,吸热,需消除热量。这种热量交换的大小与环境温度、日照、雨雪、风速及蜗壳表面干、湿状况都有着极大的关系。若都按最不利环境条件考虑,冬季环境温度取 0℃,加上雨雪的影响,夏季不采取遮阳措施,让太阳直射在蜗壳表面,则加温和降温装置的容量将成倍增加。因此在浇筑蜗壳二期混凝土时可采用蜗壳外围用泡沫塑料覆盖,冬季在蜗壳周围用电炉适当加热,夏季可用水喷雾等措施以改善局部的小气候。在采取上述措施后,冬季环境温度按不小于 10℃、夏季环境温度按不大于 37℃作为加温和降温装置设计的环境条件是恰当的。

(2)加温装置容量的选择条件

冬季浇筑混凝土时,设定保温温度为(21±1)℃。蜗壳内的水由 9℃加热上升到 21℃,开始进行保温保压浇筑混凝土。步骤是:先将整个蜗壳充满水,然后从蜗壳内不断地抽取部分水进行循环加热,在不断循环中使蜗壳内的水温逐步上升到保温值。在加热过程中,随着水温的提高,通过蜗壳外表面积的散热量也随着增加,这是一个动态过程。因此蜗壳内的水升到保温值的时间与加热装置的容量选择有关。装置容量小,投资较低,但水温加热时间长;反之,装置容量大,投资较大,但水温加热时间短。考虑到水温加热时间占施工的直线工期,时间不宜太长,宜控制在 2~3 天内。当蜗壳水温上升到保温值后,进入保温阶段,此时蜗壳内的水通过蜗壳外表面向周围空间散发的热量也达到最大,此时要求保温装置的容量应不小于这一阶段蜗壳水向外散发的热量。

(3)保温保压计算方法

在水加热升温过程中同时伴有向周围环境散热,且与周围环境条件密切相关,寻求升温过程中水温与时间的关系,没有现成的计算公式可以借用,参考并研究了多种计算方法,根据工程设计的具体条件,推导出如下计算公式。

干工况散热量公式:$Q_g = \alpha F(\theta - t)$;

散湿量公式:$\Phi = FY(P_1 - P_2)760/P_{dg}$;

湿工况散热量公式:$Q_s = Q_g + \Phi_\gamma$;

干、湿工况散热量比:$\varepsilon = Q_s/Q_g$;

干工况升温过程中水温与时间的关系式(5.6.6)、式(5.6.7):

$$\tau = -(GC/\alpha F)\ln[(N + \alpha Ft - \alpha F\theta)/(N + \alpha Ft - \alpha F\theta_0)] \tag{5.6.6}$$

$$\theta = -[(N + \alpha Ft - \alpha F\theta_0)/\alpha F]e^{-(\alpha F/GC)\tau} + [(N + \alpha Ft)/\alpha F] \tag{5.6.7}$$

湿工况升温过程中水温与时间的关系式(5.6.8)、式(5.6.9):

$$\tau = -(GC/\varepsilon\alpha F)\ln[(N + \varepsilon\alpha Ft - \varepsilon\alpha F\theta)/(N + \varepsilon\alpha Ft - \varepsilon\alpha F\theta_0)] \tag{5.6.8}$$

$$\theta=-[(N+\varepsilon\alpha Ft-\varepsilon\alpha F\theta_0)/\varepsilon\alpha F]e^{-(\varepsilon\alpha F/GC)\tau}+[(N+\varepsilon\alpha Ft)/\varepsilon\alpha F] \tag{5.6.9}$$

式中：N 为加热设备容量(kW)；$Q(Q_s、Q_g)$ 为加热(散热)量(kW)；α 为蜗壳外表面放热系数(kW/m^2℃)；F 为蜗壳外表面积(m^2)；θ 为蜗壳内水温(℃)，随时间而变化，保温阶段稳定在16～22℃；θ_0 为蜗壳水初始水温(℃)；t 为蜗壳周围外环境温度(℃)；Φ 为蜗壳外表面水蒸发散湿量(kg/h)；Y 为水的蒸发系数；γ 为水在20℃时的汽化潜热(kJ/kg)；P_1 为室外环境温度的水蒸气分压力(mmHg)；P_2 为蜗壳外表面湿饱和空气层的水蒸气分压力(mmHg)；P_{dg} 为宜昌地区室外空气大气压(mmHg)；G 为蜗壳充水量(kg)；τ 为充水后升温时间(h)；C 为水的定压比热(kJ/(kg·℃))。

(4)保压方案的选择

比选了用加压泵保压和高位膨胀水箱保压两个方案。加压泵方案具有设备占用空间小，易布置，水轮发电机组制造商已随机提供1台管道加压泵等优点。但靠人工维持保压值精度的难度较大，需增加一套保压自动调节装置。另外，保压浇筑混凝土的时间长达4～5个月之久，需经常开停加压泵，加压泵一旦出现故障，就不能保压，可靠性较差。而高位膨胀水箱可根据保压值的要求，选择好膨胀水箱的安装位置，膨胀水箱内利用浮球阀和补水箱保持一定水位且通大气，水箱与蜗壳内的水通过膨胀管直接连接，这样既可以容纳并泄掉由于加热而膨胀的蜗壳水，还可根据蜗壳内压力的变动对蜗壳进行自动补水，不需人员维护就能达到保压目的。从方便运行、安全可靠出发，选用了高位膨胀水箱的保压方案。

(5)蜗壳内水温的均匀性问题

在蜗壳内布置了3个(ALSTOM机组)或4个(VGS机组)测温断面，每个断面布置了5个测温点，共15或20个。在整个保温保压浇筑二期混凝土的过程中，蜗壳内的水温应保持均匀，因此要求同一个断面内各测点的温度值以及各断面间的平均温度的差值均小于1℃。为实现上述目标，则必须使加温后进入蜗壳内的水和循环出水的流态能使热交换均匀进行。研究后在蜗壳中部架设一条环管，在环管上每隔一定的距离，沿圆周方向均匀开设小孔，使环管内热水均匀流出。

5.6.9.3 升、降温装置的实施方案

(1)升温装置

根据现场的实际情况，决定采用电锅炉加温保温的方案。一台机组浇筑二期混凝土的工期为4～5个月，时间较长，因此按蜗壳外表面干、湿两种不同工况，在48～72h内将水温升至保温值(21℃)进行设计，并留了适当的裕度。选用2台同型号的承压式电热水锅炉，单台加热容量为930kW，2台锅炉加热容量总共为1860kW。初始加温时，2台锅炉同时使用，达到规定温度后进行保温时，可酌情降低锅炉加热负荷，或只开1台锅炉。

水泵选用3台管道式离心水泵，2用1备。每台水泵的流量为200m^3/h，扬程为18m，电机功率为18.5kW。运行时2台水泵同时从蜗壳内抽水(400m^3/h)，经电热水锅炉加温后

(升 4℃),再送人到蜗壳内,如此不断地循环,对蜗壳内压力水进行加温和保温。蜗壳内加热环管采用 $D325\times10$ 的无缝钢管,该环管一端通过蜗壳闷头上的进水管接口与循环水泵的供水管连接,另一端沿蜗壳弯曲方向敷设至舌板附近,其端部用钢板封堵。在加热环管上每隔 60cm 沿圆周方向均匀开小孔,以供环管内热水均匀地流出。蜗壳内的水直接通过闷头上的出水管接口外接回水管,流回到锅炉内加热。

考虑到水加热时体积会膨胀,因此设置高位膨胀水箱来满足水的膨胀要求。该膨胀水箱还兼作蜗壳内压力水的定压水箱。由于蜗壳内水容积大,如果要将所有膨胀的水全部收集,则膨胀水箱的容积势必要做得很大。因此,在膨胀水箱上设置溢流管,将多余的膨胀水溢流掉。膨胀水箱还外接补水箱。补水箱接自来水源,利用浮球阀控制补水箱,进而控制膨胀水箱内自来水水位,当整个水系统由于各种原因产生漏水时,膨胀水箱、补水箱内水位降低,浮球阀打开,自来水通过补水箱、膨胀水箱、膨胀管向系统补水,从而保证蜗壳水压力不因系统漏水而降低,维持压力的恒定。其系统原理图见图 5.6.18。

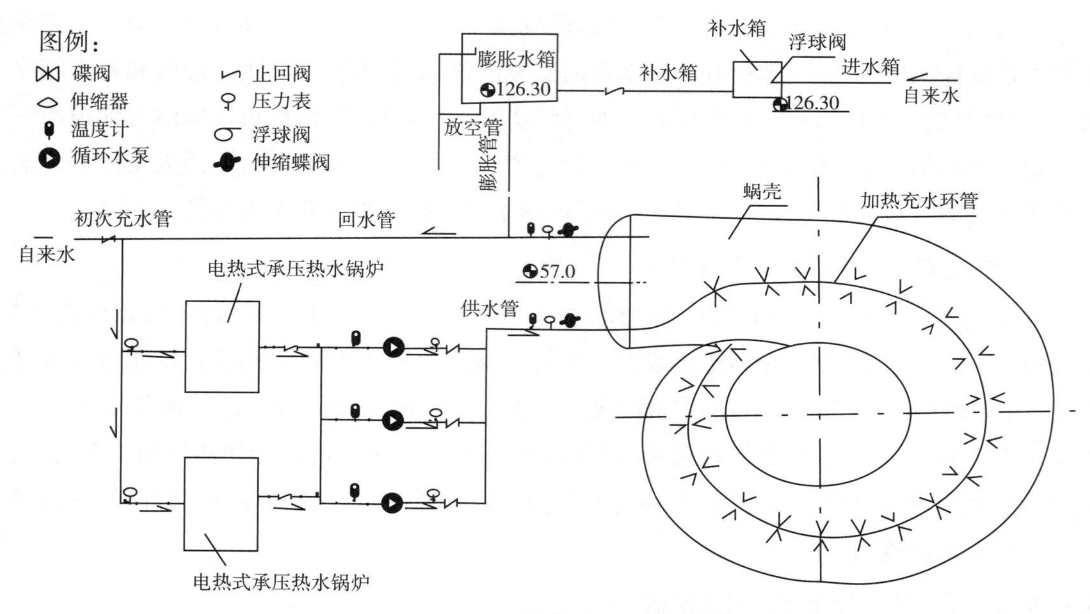

图 5.6.18 升温装置系统原理图(高程:m)

(2)降温装置

根据施工进度的安排,6 号机将在最热季节 7~9 月浇筑二期混凝土。根据保压时应控制的水温和压力关系曲线,比选了调整压力和控制水温两个方案,采用了降温控制水温的方案。理由如下:①根据多年三峡坝址实测水温资料,表明每年 7 月至 11 月中旬的水温变幅为 26.9~16.2℃。由控制曲线可知,当保压值为 70m 水头时,对应于这一压力值温度允许变化的范围为 16~22℃,若选择 22℃为温度控点,有利于减少冷冻水量的供应。②从7 月至 11 月中旬将有 4 个半月的时间,浇筑蜗壳二期混凝土时间为 4~5 个月,即使在 11 月中旬浇完，其水温也在16℃以上，在正常的水温控制范围内，对蜗壳中的水不需再用升温措施，采用单一的降温装置，设施简单，管理方便。③施工单位已经在现场敷设了供混凝土浇筑时冷却混凝土所用的供水管路，可以提供11℃的冷冻水。经计算，当环境温度为37℃时，每小时提供11℃的冷冻水量为75m³，可使蜗壳内的水温控制在(22±1)℃范围内。④可利用高位膨胀水箱进行保压。

降温装置采用的计算公式如下：

蜗壳外高温环境和二期混凝土向蜗壳内压力水传递热负荷Q计算见式(5.6.10)：

$$Q=\alpha\times\beta\times F\times(t_{\omega}-t_{n}) \tag{5.6.10}$$

冷冻水量W计算见式(5.6.11)：

$$W=Q/[(t_{n}-t_{1})\times C\times 1000) \tag{5.6.11}$$

式中：Q为蜗壳外高温环境和二期混凝土向蜗壳内压力水传递的热负荷(kW)；α为蜗壳外表面放热系数(kW/m²℃)；F为蜗壳外表面积(m²)；β为考虑到蜗壳外绑扎的钢筋导致蜗壳传热面积的增加系数(取β=1.1)；t_{ω}为蜗壳外高温环境和二期混凝土温度(37℃)；t_{n}为蜗壳内压力水的温度(22℃)；t_{1}为冷冻水的温度(11℃)；C为水的定压比热容(kJ/(kg·℃))；W为冷冻水供应量(m³/h)。

从减少设备的购置和降低造价出发，蜗壳内的环管加工制作及布置走向、测温装置、膨胀水箱及补水箱的布置等与冬季升温装置完全相同，只选用了2台冷冻水泵(一用一备)和1个冷水箱，用来向蜗壳内环管供应冷冻水；保留冬季加热工况的一台循环水泵，用来对蜗壳内压力水进行循环，其系统原理图见图5.6.19。运行中当蜗壳内的水温达到(22±1)℃保温值后，停运冷冻水泵。为使水温均匀，可适当开启循环水泵，对蜗壳内水进行循环搅拌。

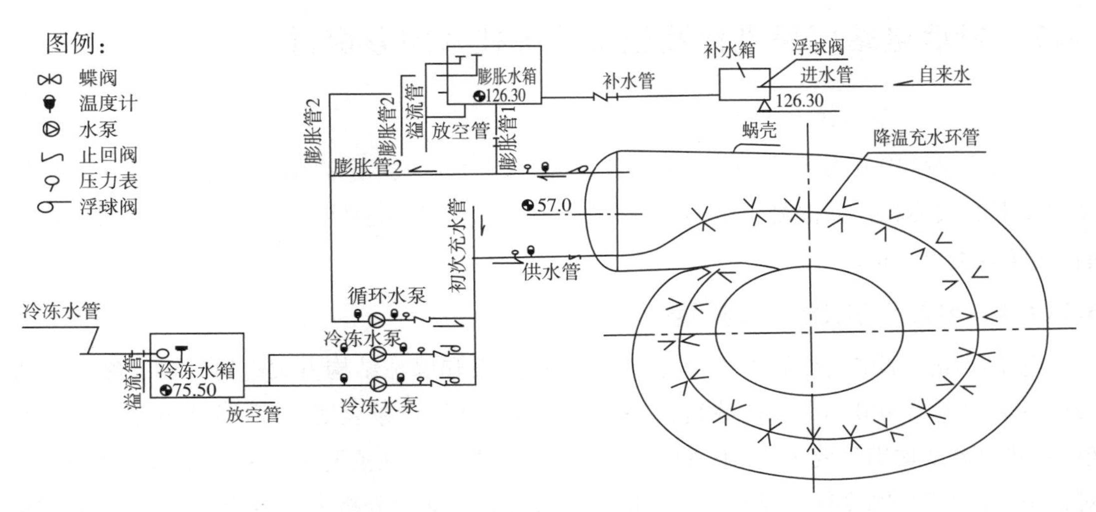

图5.6.19　降温装置系统原理图(高程：m)

5.6.9.4　保温保压浇筑蜗壳外围混凝土施工运行情况

上述保温保压系统的设计方案，经中国长江三峡开发总公司组织专家审查，并得到了

ALSTOM公司驻现场专家同意后实施。现将冬、夏两个工况介绍如下：

(1)冬季施工工况

左岸电站4号机组于2000年12月24日开始浇筑蜗壳二期混凝土，2001年5月30日结束，历时5个多月。保温保压系统同期运行，对蜗壳水进行初期升温定压和后期的保温保压。

蜗壳内的压力水从2000年12月24日15:30初始水温12℃左右开始升温，经过36h的升温以后，于2000年12月26日3:30水温达到保温值21℃，然后进入保温阶段。在保温阶段，蜗壳压力水的水温值稳定在21℃左右。在整个二期混凝土的浇筑期间，2台电热水锅炉随着环境温度的变化和混凝土浇筑的进程不断地调节开启的负荷，在浇筑后期甚至只开1台锅炉就可以确保蜗壳水的温度在(21±1)℃。另外，在升温阶段，蜗壳内各个测温断面之间平均温度的差值以及每个测温断面内各个测温点之间的差值均小于1℃。

(2)夏季运行工况

左岸电站6号机组于2001年6月29日开始浇筑蜗壳二期混凝土，至2001年10月30日结束，历时4个多月。保温保压系统同期运行，由于夏季水温较高，蜗壳水的初始水温即在22℃左右，所以从一开始就进入充冷冻水降温保温阶段。

在降温保温阶段，蜗壳内各个测温断面之间平均温度的差值以及每个测温断面内各个测温点之间的差值均小于1℃。

浇筑蜗壳外围混凝土经过1年多的实施，证明设计是成功的，所采用的传热方式以及所选定的保温保压系统满足实际施工的需要。

5.7 坝后电站厂房设计及施工关键技术问题探讨

5.7.1 电站厂房结构问题

电站厂房结构分为下部(水下)结构和上部(水上)结构。下部结构为电站厂房水轮机层高程以下的大体积钢筋混凝土结构，上部结构为电站厂房水轮机层高程以上的板、梁、柱(或墙)钢筋混凝土结构。

5.7.1.1 电站厂房上部结构问题

电站厂房上部结构比较了梁柱方案、实体墙方案和墙柱结构方案。对三种方案分别进行运行期和施工期最不利的荷载组合的静力分析。计算成果表明，三种结构方案应力值都很小，结构强度均满足要求，大小桥机轨顶的位移值都满足规范要求。但实体墙方案位移相对较小，说明静力刚度优于梁柱方案和墙柱结合方案。动力分析成果表明，厂房上部结构自振频率，实体墙方案大于梁柱方案，地震作用下实体墙方案的厂顶动位移和动应力小于梁柱方案，说明实体墙在动力特性和抗震方面优于梁柱方案和墙柱结合方案。经对三个结构方案的静力分析及动力分析，计算结果表明三个方案的结构刚度均可满足桥机正常运行条件，动力刚度可满足规范要求。分析认为，厂房上部结构三个方案技术上都是可行的，但从结构的刚度、应力、抗震以及工程量、投资等方面综合比较，实体墙方案和墙柱结合方案优于梁柱方案。而墙柱结合方案在大桥机牛腿以下，左右对称、变形均衡，既有实体墙刚度较大的优点，也可自然采光，并为建筑艺术处理留有较多余地。如厂房建筑专业不强调大开窗，宜采用实体墙方案；如厂房建筑物专业要求大开窗，可采用梁柱方案或墙柱结合方案。如采用梁柱方案，需进一步加强其纵向刚度，增加和加强纵向联系梁，形成梁柱排架结构，并增加其结构强度与刚度，提高抗振性能，以减小水轮发电机组运行时的振动。

电站厂房刚度包括静力刚度和动力刚度。厂房抗振问题是动力问题，动力作用有三种情况：①机组运行中存在机械、电磁、水力脉动等激振源，主要有尾水管内的低涡带、尾水管接近转频的脉动，压力管道中的水力振动，机械缺陷引起的振动及机组的电磁振动等。水轮机运转中产生的脉动作用于流道，引起流道各构件振动是主要的激振力。②桥机起吊运行引起的振动。③地震。三种动力作用中，机组运行引起的振动是主要的，长期作用在厂房结构上。要避免产生过大的振动，更不允许产生共振。三峡电站单机容量700MW，台数多，机组振动问题引起建设各方的关注。电站厂房上部结构类型梁柱方案的地震反应振型比较复杂，而实体墙方案的地震反应振型比较对应，且动应力也比较小。上部结构需满足主厂房运行和结构方面的要求，适应水轮发电机组安装、运行与检修等各种工况。研究分析表明，两台大桥机联合吊装转子，考虑刹车并计入温度作用时为最不利工况。为此，要求将厂房屋架与上、下游墙体按固定铰支座相接，以便传递水平力，这样不仅抗振性能好，并且有防止地震作用和机组诱发振动的特性。主厂房上、下游墙体高度较大，用屋架将上、下游连成整体，可增加刚度，相互约束墙顶位移，可实现两墙刚度互补。综合分析比较，三峡电站主厂房上部结构结合厂房和大坝立面的建筑设计，最终选用实体墙方案。电站厂房上部结构采用上、下游实体墙方案，封闭式厂房对电厂运行环境造成不利影响，为此采用屋顶设天窗以利用自然光线采光，在网架结构屋盖面板中安装了采光玻璃。

5.7.1.2 电站厂房屋架结构问题

三峡电站厂房屋架结构设计初选采用钢桁架与大型屋面板方案。钢桁架与上游墙及下游排架柱为铰接，桁架跨距均为36.0m，每个机组段设有11榀桁架，上游端支承于厂房上游墙墙顶，下游端支承于下游排架柱，柱顶与柱间联系梁上。厂房专家组审查时提出为加强厂房上部结构刚度，建议研究比较厂房下游墙采用实体墙方案或墙柱结合方案，厂房屋架结构类型比较网架结构方案。经对各方案的综合分析对比，厂房屋架采用网架结构方案整体性优于桁架结构方案，有利于增强厂房上部结构纵向和横向刚度，建筑造型轻巧美观。参照国内已建五强溪、李家峡、万家寨等水电站厂房相继采用网架结构的经验，三峡电站主厂房上部结构空间尺寸大，且受力情况较为复杂，屋架采用网架结构能更大地发挥空间结构的整体作用，有利于加强上部结构的整体刚度，且用钢量相对于桁架结构方案较少。因此采用网架结构方案是可行的和合理的。网架两端与上游墙及下游墙(柱)支承,采用网架上、下弦与墙铰支连接方式,能显著减小桥机轨顶及墙顶的水平位移,有利于提高厂房上部结构整体抗侧移刚度和抗震能力;经计算分析,采用网架下弦固定铰支座与墙连接方式,可以保证上、下游墙水平力的传递,提高厂房上部结构的刚度,在大桥机运行时其轨顶水平位移不超过规范的限值。

5.7.1.3 电站厂房下部结构问题

电站厂房下部(水下)结构为带有大孔洞的实体钢筋混凝土结构。下部结构除满足稳定和结构静力强度及变形要求外,还需具备一定的动力刚度,避免产生过大的振动。对机组振源响应起关键作用的首先是厂房下部结构(包括机墩),然后上传至上部结构。在电站厂房总体布置格局不大变动的情况下,应尽可能增大下部结构刚度和质量,以利于降低干扰力引起的动力反应,减小振幅,加大结构自振频率,提高其抗振性能。

从机组振源分析,要求机组在任何工况下不发生振动是不可能的,但要避免发生强烈振动和共振。三峡电站厂房设计,为提高其下部结构刚度,将尾水管闸墩上延并伸入到尾水副厂房内,并将副厂房下部 2 层回填混凝土,增加下部结构混凝土量;上游墙高程 67.0m 以下由 2.0m 加厚至 2.4m,高程 67.0m 以上由 1.7m 加厚至 2.2m;主厂房外围宽度由 38.0m 调整为 39.0m,厂房外围宽增加 1.0m,尾水副厂房增宽 1.5m。

三峡水电站厂房下部结构尺寸与国外巴西—巴拉圭伊泰普水电站、美国大古力水电站、委内瑞拉古里水电站、俄罗斯萨扬诺—舒申斯克水电站厂房下部结构尺寸对比见表 5.7.1。

由表 5.7.1 可见,三峡电站厂房下部结构尺寸与美国大古力电站第三厂房下部结构尺寸基本相当,较巴西—巴拉圭伊泰普电站厂房下部结构尺寸及混凝土方量略有减小,其空腔比略大。三峡左岸电站机组运行 8 年以来,机组振动很小,表明厂房结构刚度满足抗振要求,可保证安全运行。

表 5.7.1 三峡水电站厂房下部结构尺寸与国外同类电站厂房对比

分项	指标 \ 电站名称	巴西—巴拉圭伊泰普	美国大古力三厂	委内瑞拉古里二厂	俄罗斯萨扬诺—舒申斯克	中国三峡左、右电厂
电站规模	单机容量(MW)	700	700	730	640	700
	水轮机直径(m)	8.15	9.15	7.20	6.77	9.85
	单机容量×水轮机直径(MW·m)	5705.0	6405.0	5256.0	4976.0	6895.0
	总装机容量(MW)	18×700	3×600 3×700	10×730	10×640	左厂 14×700 右厂 12×700

续表

分项	指标＼电站名称	巴西—巴拉圭伊泰普	美国大古力三厂	委内瑞拉古里二厂	俄罗斯萨扬诺—舒申斯克	中国三峡左右电厂
厂房下部结构尺寸	机组段长(m)	34.00	36.27	28.00	23.82	38.30
	主厂房跨度(m)	29.25	32.50	25.25	31.25	33.00
	发电机层至尾水管底高差(m)	54.0	55.5	47.0	33.2	53.1
	蜗壳上游一、二期混凝土总厚(m)	5.8	5.8	6.4	5.7	5.6
	蜗壳下游一、二期混凝土总厚(m)	4.40	4.30	5.20	2.25(下游墙与二期混凝土分开)	2.50(下游墙与蜗壳二期混凝土分开)
	蜗壳外围混凝土最小厚度(m)	1.85	1.95	1.00	2.25	0.60
	蜗壳 X-X(m)	24.0	30.0	24.1	20.6	34.1
	蜗壳 Y-Y(m)	34.4	26.6	21.8	18.8	30.2
	机组中心至尾水管出口长度(m)	54.00	45.75	37.30	29.50	50.0
	主桥机下承重墙或下游墙厚	2.7	1.9	4.9	2.4	2.0
单台机组发电机层以下混凝土方量(万 m^3)		4.066	4.261	2.461	1.34	4.232
空腔比(%)		32.3	35.3	29.4	46.0	35.8

注：空腔比为发电机层楼面以下至尾水管底及主厂房上游墙上游面至下游墙下游面的混凝土方量与上述范围内毛体积之比。

5.7.1.4　电站厂房结构动力特性及抗震问题

在水电站厂房结构设计中，为避免机组运行时各类振源可能诱发厂房结构发生共振，首先应要求水轮发电机组设计、制造和安装确保质量优良，机组在设计运行水头和出力变化范围内保证有良好的性能；其二是鉴于电站厂房各类振源问题较为复杂，应根据经验对其中可能会影响电站正常运行的主要振源进行分析，在厂房结构设计时尽可能使其自振频率与振源频率不要接近，以防止发生共振。短时或瞬时发生在过渡过程中的振源难以避免时，可设法加大结构阻尼或适当加大结构强度，以保证抗震安全。

鉴于水电站厂房结构的复杂性，为更准确地反映结构的固有振动特性，三峡电站厂房设计分别建立了若干不同的结构模型，如上部(水上)结构和下部(水下)结构的整体模型，发电机层以下的结构模型和蜗壳及其外围混凝土结构的局部模型。分析认为，结构的振型复杂，各阶自振频率密集，根据不同的研究目标，建立不同的模型是十分必要的。机组运行中的振源特性十分复杂，可能出现的振源很多，频率从低频(1Hz 以下)到高频的分布极广，难以错开所有的共振区间。

电站厂房上部结构的刚度较低，整体计算模型中大部分振型为上部框架结构的或网架结构的，第 1 阶频率为 1.2～1.3Hz；发电机层以下厂房结构的振动，以上、下游实体墙的振型较为突出，第 1 阶频率为 3.41 和 3.49 Hz；蜗壳结构局部模型的自振频率较高，振型较复杂，第 1 阶频率为 16.05Hz 和 17.28Hz。左岸电站厂房计算中，上部排架结构第一阶自振频率为 0.8Hz 左右，而 15 号机组属于边机组段。由于边墙的作用，厂房整体刚度提高，导致自振频率提高为 1.2～1.3Hz 而接近于机组的转速频率，可能引起共振。从共振复核结果来看，除尾水管低频涡带和电气高频外，转频、中频涡带和飞逸频率与整体频率前 4 阶较为靠近，尤其是转频及中频涡带与整体 1 阶频率极为靠近甚至重合，极有可能引起上部结构共振。虽然水轮机叶片数频率、导叶数频率和特殊压力脉动区频率，一般属于高频区，出现的概率较小，但较接近于蜗壳局部结构的自振频率，可能引起蜗壳结构共振。总体而言，厂房及蜗壳结构与机组主要存在的共振为转频和中频涡带的振动，通过动力响应分析判断对结构没有危害。

厂房下部蜗壳直接埋设结构的振动位移、均方根速度和振动应力均大于蜗壳保压埋设结构，因蜗壳系直接埋设结构，其蜗壳顶部混凝土产生严重裂缝，致使结构刚度减小，其均方根加速度变小。从水轮机模型测值看，右岸电站机组的水力荷载比左岸电站机组小得多，只有左岸电站机组的 1/3～1/19，且其激励频率较左岸电站水轮机的小 1 半以上，因此在各部位产生的振动反应小于左岸电站，能够满足设计要求。厂房下部结构对振源来说是关键部位，以增加下部结构的刚度，以吸收振源的能量，设计采取将尾水闸墩伸入到尾水副厂房内，并将副厂房高程 52.0m 以下的 2 层回填混凝土，以增加下部结构混凝土方量，减小其空腔比。

等效系数对不同的物理量影响不同：对加速度的影响大，对位移的影响相对较小，其原因可归结为主要荷载蜗壳以及导叶后转轮前区域的脉动压力表现为高频振动。等效系数对不同部位的影响不一样；对蜗壳主应力的影响最大。对混凝土结构而言，从下到上的影响呈减小趋势。采用独力模型或等效模型，对结构的振动反应有一定影响，数值上有大有小，规律性不明显，基本上表现为对位移影响较大，对速度、加速度及应力影响较小。独立裂缝模型的大部分动力响应指标比等效弹性模量($\xi=63\%\sim40\%$)模型的振动位移、振动速度、振动加速度基本相当，振动位移相差 2%以内，振动速度相差 3%以内，振动加速度相差 5%以内，$\xi=63\%\sim50\%$差别更小。总体而言，等效模型计算值稍大于独力模型计算值(平均概念)，由于各参数绝对值较小，所以各指标也均在同一数量级上，两者相关不大。

从结构自振特性分析可知，墙体结构相对于其他结构而言，其刚度较低，在顺河向地震作用下的动力响应会大于其他结构，因此墙体结构在顺河向地震作用下的动力响应是研究的重点。总体来讲，厂房上、下游墙顺河向设计地震作用下的动应力水平较低，最大不超过

1.5MPa，结构是安全的。依据振动反应计算结果，对流道金属结构在脉动压力作用工况进行了疲劳分析，分析结果表明，由于脉动压力引起的流道金属结构的动应力变幅很小，且结构的应力水平相对较低，疲劳强度复核认为这些部位在使用期限内不会产生疲劳破坏。对于机组充水、排空和甩负荷工况，也得出同样结论。

5.7.2 坝后式电站进水口类型及进口水力设计问题

5.7.2.1 坝后式电站进水口类型选择问题

大多数坝式水电站进水口工程采用大孔口类型，即工作闸门孔口面积约为引水管道断面积的1.4倍以上，喇叭口进口断面积为引水管道断面积的3.5倍以上，以降低进口流速，使引水水流自拦污栅到引水管道流态平稳过渡，并尽量使其水头损失降至最小。随着电站单机容量增大，引水流量随之增加，大孔口尺寸越来越大，大孔口布置带来的问题是闸门尺寸及启闭设备规模相应加大，增加其设计、制造、安装难度，使得进水口设计不得不采用双孔口。采用双孔口进水口减小单孔断面积，但因增设中墩，使引用水流边界复杂，水流在墩交汇，沿程及局部水头损失增大，且闸门及启闭设备成倍增加，使运行可靠度降低，工程投资加大。

三峡电站水轮发电机组单机容量700MW，引用流量966m^3/s，引水管道内径12.4m，长度170m，电站进水口尺寸大，运行水位变幅大、水头高；进水口坝段宽25.0m，两侧坝体结构厚度只有0.5倍管道直径，进水口坝段宽度相对较小。针对上述特点，设计进水口应尽量缩小孔口尺寸，以减小闸门制造安装的难度以及对坝体结构应力的不利影响；进水口体形及闸门布置力求合理，以尽量减小水头损失和改善进口水流流态；尽量减小渐变段长度，以适应坝体结构尺寸。长江设计院结合三峡电站进水口设计，对大孔口和小孔口、单孔口和双孔口、水平孔口和倾斜孔口等进水口型进行了大量的分析研究和水工模型试验。进水孔口的水工试验得出与美国垦务局相同的结论：小孔口的流速相对于大孔口增大，但体形设计合理，水头损失略小于大孔口。充分说明大容量机组进水口设计中，采用小孔口是可行的，也是合理的。小孔口由于孔口断面较小，可将检修闸门布置在喇叭口进口断面，有利于减小进水口水头损失和减小进水口对坝体应力的影响，孔口曲线简化，并与流线更加符合。通过分析研究电站小孔口进水口水工试验资料，对小孔口设计采用的主要参数为：①喇叭口进口断面积一般为引水管道断面积的1.8倍，末端断面积为引水管道断面积的1倍或稍大，其高宽比一般为1.5；②喇叭口的顶板、两侧及底板由多种半径的圆弧曲线组成，并力求尽量形成四边对称的钟形喇叭口；③将检修闸门布置在喇叭口进口，断面为反钩平板检修闸门，工作闸门布置在喇叭口末端，采用定轮支承（自润滑球面滑动轴承）快速闸门；④渐变段长度一般为引水管道直径的1倍或稍大，由矩形渐变至圆形，通常采用上下左右四圆弧等面积过渡。

美国大古力水电站，1982年扩建的第三电厂装有3台600MW和3台760MW水轮发电机组，6根引水钢管内径均为12.2m，进水口采用小孔口，喇叭口为带有小圆弧四边对称形式，宽12.02m，高16.45m，检修闸门设在喇叭口进口断面，有利于减少门槽水头损失。工作闸门设在喇叭口末端，孔口尺寸为8.83m×13.24m，高宽比为1.5∶1，孔口面积同引水钢管。单机容量700MW，当通过设计引水流量820m³/s，流速达7.01m/s时，喇叭口进口流速为4.15m/s。1∶41.74水工模型试验表明：该小孔口体形的进水口，包括拦污栅在内的进水口水头损失系数约为0.125，小孔口体形的进水口流态最佳，水头损失最小，闸门运行安全可靠，优于其他类型的进水口。对于大容量机组的电站进水口，可选用小孔口类型的进水口。

5.7.2.2 坝后电站进水口水力设计问题

(1)电站进水口进口水流流态

《水电站进水口设计规范》(SD 303—1988)要求深式进水口淹没深度不产生负压，为安全起见，压强应不小于2m水柱，并要求避免进水口前产生串通式挟气漩涡。漩涡的产生、形式和强度与进口水流流态、进水口处流速、进水口尺寸、体形及淹没程度有关。电站进水口前产生串通式挟气漩涡对水轮发电机组运行十分有害，不仅降低水轮机效率，引起振动，而且会把水中漂浮物吸入水轮机，或阻塞拦污栅，造成水轮机不能正常安全运行。国内外学者对预测水电站进水口漩涡做过许多试验研究，但尚未有精确公式可以计算。为防止产生贯穿式漏斗漩涡，《水电站进水口设计规范》(SD 303—1988)推荐戈登(Gordon)公式估算进水口的最小淹没水深：

$$S = CVd^{1/2} \tag{5.7.1}$$

式中：S为进水口孔口淹没深度，m；V为进水口进口断面平均流速，m/s；d为进水口进口高度，m；C为淹没系数，当水流对称时C取0.55，不对称时C取0.73。

戈登公式是根据加拿大29座水电站进水口原型观测资料研究提出的无吸气漩涡临界淹没深度经验公式，仍有一定的局限性，特别是进口水流边界或进水口体形比较复杂时，按此公式估算淹没深度误差较大，淹没深度为26.2m，已超过按戈登公式估算要求的最小淹没深度17.9m，但有时也出现漩涡。国内外已建水电站进水口按戈登公式换算的进口淹没系数C值一般为0.4～1.0。但有的电站进水口淹没系数C值虽大于0.73也产生吸气漩涡，有的电站进水口淹没系数C值小于0.55而运行正常。这说明水电站进水口的许多复杂因素与边界条件，不可能用一个系数完全反映出来。从水力现象看，涡流产生的诱因在于表面回流和表面流速的大小，进水流条件好些，淹没水深大些，就可以减小表面回流及表面流速，产生立轴漩涡的概率就少，产生漩涡的根源是回流。因此，除淹没深度是必须考虑的因素外，电站进水口位置和进水渠布置，均应考虑水流来流方向与进水方向的关系，进水口地形的边界形状，以及其他建筑物的关系等因素。

根据已建水电站的统计资料和试验成果分析，大容量机组实际淹没系数一般要比戈登经验系数小些，小容量机组实际淹没系数一般要比戈登经验系数大些，这可能是戈登统计资料范围的局限性所致。大多数经验公式是建立在有限的模型试验及原型观测资料的基础上的，超出资料的外延，就可能导致很大的误差，因此，对于大型或重要工程的电站有压进水口，通过水工模型试验确定进水口的位置、进水口类型、进口底坎高程及水头损失，防止进水口前水流流态产生串通式挟气漩涡。

(2)坝后式电站进水口水头损失

对于一般进水口，各种水力学手册都有估算水头损失的方法，可用于中小型工程或预可行性研究阶段进行估算。对于小孔口进水口，美国垦务局提出了一些设计参考值，如拦污栅的水头损失系数可取0.05，进水口(从喇叭口进口至渐变段末端)的水头损失系数，水平孔口可取0.15，倾斜孔口可取0.17。大古力第三电厂进水口的试验结果，进水口的水头损失系数为0.08。在伯努利方程中，修正系数α数值的大小反映了能损失的大小。在均匀流中$\alpha=1$，在均匀紊流中$\alpha=1.01\sim1.10$，但在过渡段或加速、减速区，α值可能达到2或更大。因而小孔口进水口的设计理论就是让α接近1，以减小水头损失，其具体做法就是让水流进入孔口后，较快地以等速运行，减小流速梯度，避免产生加速、减速区，这样就可以减小水头损失。从另一方面分析，当无限水域中的水体在一定深度以下进入进水口孔口时，其流线为以轴线为对称轴的钟形体，只要进口体形符合这条流线，其水头损失最小。至于大孔口就是将喇叭口进口延伸较远，而小孔口则是将喇叭口延伸较近，对水头损失，大孔口和小孔口不会相差太大，但由于大孔口进水口无法将检修闸门布置在喇叭口进口断面，而必须在喇叭口后设置检修闸门和工作闸门两道闸门门槽，使得大孔口的水头损失大于小孔口。双孔口进水口水流条件较复杂，其水头损失不可能小于小孔口进水口。

5.7.3 坝后式电站引水压力管道类型及结构设计问题

5.7.3.1 坝后式电站引水压力管道类型问题

(1)坝后式电站引水压力管道坝内埋管结构类型

1)坝后式电站引水压力管道坝内钢管直接埋设结构类型

坝内埋管是将引水压力钢管埋置于大坝坝体混凝土内，对于坝后式厂房，必须有部分引水压力管道采用坝内埋管。坝体混凝土直接埋设钢管是坝内埋管常采用的结构，钢管与坝体混凝土共同承担内水压力，钢管周边混凝土配置钢筋。坝内钢管直接埋设结构简单，但钢管安装和坝体混凝土浇筑存在施工干扰，若采用预留钢管槽浇筑坝体混凝土，对于钢管管径较大而需预留槽尺寸大时，将影响坝体应力和大坝上升进度。

2)坝后式电站引水压力管道坝内垫层钢管结构类型

引水压力钢管埋入坝体混凝土时，在钢管上半部周边180°～220°范围铺设软垫层，将钢管与混凝土坝体隔离，坝内垫层钢管结构类型可使钢管承担大部分内水压力，软垫层可以吸收钢管在内水压力作用下的径向变位，从而使内水压力仅有较少部分传至坝体混凝土，减少钢管周边坝体混凝土的拉应力，提高坝体抗裂安全裕度。但仍未能解决钢管安装与坝体混凝土浇筑施工干扰。坝内垫层钢管结构常用于坝内钢管与厂房连接处的部分管段，以适应厂坝不同变位的要求。随着坝内钢管直径加大，水头增高，坝内垫层钢管结构类型已开始扩展应用于坝内埋管的主要部位。

(2)坝后式电站引水压力管道坝下游面管道(背管)结构类型

1)明钢管结构类型

引水压力管道坝内埋管段穿出坝体后接坝下游面管道(背管)的上弯段,上弯段钢管锚固在坝体混凝土内,为坝下游面明钢管的上固定端,明钢管支承在坝下游面上的支座上,其布置与构造同一般的明钢管。钢管斜直段下接下弯段,下弯段钢管锚固在坝体上,是坝下游面明钢管的下固定端,最后进入坝后厂房与蜗壳相接。坝下游面管道采用明钢管结构类型,现场安装工作量小,工艺单一,与坝体施工干扰少。但当钢管直径大、水头高时,将增大钢管材料和焊接工艺的难度,且坝面钢管段必须设置伸缩节,铺设在坝下游面上的明钢管一旦失事,水流直冲厂房,后果严重,要求明钢管必须安全可靠。

2)钢衬钢筋混凝土管道结构类型

钢衬钢筋混凝土管道结构类型在坝下游面管道(背管)中已较为常用。钢衬钢筋混凝土管道在坝下游面的位置宜位于坝段中间,穿坝体的管道可为水平或有一定的坡度,有一定坡度的管道在弯管段的水流条件较好,且可缩短上弯段长度。钢衬钢筋混凝土管道与坝下游面的连接方式可紧贴坝下游面,管道外包混凝土的底面与坝下游面一致,这种连接方式不削减坝体,更适用于拱坝;在坝下游面预留管槽,预留槽的深度为管道外径的1/2～1/3,管道部分或全部布置于坝下游面以内,可缩短厂坝间距离,减少厂房基础开挖量,并有利于抗御横河向地震。

5.7.3.2 坝后式电站引水压力管道结构设计问题

(1)坝后式电站引水压力管道坝内埋管结构设计问题

坝内埋管结构特点:管内水压力通过钢管传至管周边坝体混凝土,钢管分担小部分内水压力,大部分内水压力由坝体混凝土承担,从而使管道周边混凝土产生拉应力;管道空腔的存在,使得由坝体荷载(库水压力、自重等)产生的坝体应力和实体坝相比,发生了很大变化,管道周边坝体内产生拉应力集中。因此,从结构上看,坝内埋管是由钢管和管外坝体混凝土两部分组成。鉴于大坝为挡水建筑物,其强度和安全非常重要。所以坝内埋管结构设计不能只考虑钢管本身,必须对坝体混凝土进行结构分析。

坝内埋管在运行期主要承受内水压力、坝体自重和温度荷载。坝内埋管是空间结构,其结构受力分析采用三维数值分析方法。但因管径与管长度之比较小,可按平面问题分析坝内埋管结构。在钢管轴线上与其垂直切取断面,断面两侧为坝段横缝,上端为下游坝面,下端为上游坝面或坝基,假定钢管与坝体混凝土间无缝隙。在内水压力作用下,钢管与坝体混凝土产生环向拉应力,位于钢管顶($\theta=0°$)与管两侧($\theta=90°$、$270°$)截面;在坝体自重作用下,钢管与坝体混凝土产生环向拉应力,在钢管顶与管底截面内,钢管与靠近管周边的坝体内为拉应力,离管周边一定距离后坝体内转为压应力;在温度荷载(钢管内水温低)作用下,钢管及靠近管周边的坝体内是拉应力,离钢管周边一定距离后转为压应力。钢管外降温与此相反,与管内壁垂直方向的径向应力是压应力,其值很小;与管轴平向方向的应力(对于重力坝)是压应力,其值也不大,均对结构受力不起重要作用。将钢管和坝体混凝土均视为均质线弹性体,把上述3种荷载分别作用下的应力叠加,即得出3种荷载同时作用时钢管与坝体混凝土的应力状态。钢管顶和钢管底截面的钢管和靠近管内周边的坝体内拉应力值最大,离钢管周边一定距离后,环向应力可能转为压应力,也可能全截面均为拉应力。这两个截面上的应力梯度(应力集中程度)较大。

钢管两侧截面内,钢管与靠近其管周边的坝体内为拉应力,离钢管周边一定距离后转为压应力,也可能全截面均是压应力;钢管管径大内水压力大时,有可能全截面均是拉应力。不论哪种工况,钢管两侧截面上的应力梯度和拉应力值均较小。

若钢管和坝体混凝土之间存在缝隙,则钢管和坝体之间分担荷载的关系会有所改变:钢管应力值增加,坝体内的拉应力值减少,但应力分布仍基本保持不变。设计工况下,钢管应力不会首先达到其屈服强度,而是钢管外周边坝体混凝土首先开裂。因为在正常施工和气候条件下,坝内埋管外的缝隙不会很大。根据钢管和坝体混凝土变形一致的条件,混凝土开裂前钢管的应力不大,通常不致屈服。即使钢管首先屈服,只要坝体不开裂或变形不大,由于钢材具有良好的塑性变形性能,钢管仍可承载。坝内埋管的真正破坏主要是由坝体混凝土开裂逐渐丧失承载力(丧失强度或发生不可容许的变形)引起的。

坝内埋管周边混凝土首先开裂的部位是管顶或管底及其附近拉应力值(或拉应变值)最大或者总拉力值最大的区域。一般由于钢管顶部混凝土厚度较小,易于先出现裂缝,致使钢管底部截面承受的环向拉力增大,导致钢管底部混凝土也产生裂缝。钢管顶部和底部混凝土从内周边处开始产生裂缝后,若钢管顶部和底部坝体混凝土厚度较大,同时该处钢筋配置较多,如荷载不增加,裂缝可能限于一定深度内而不致裂穿坝体。但使钢管顶和管底截面坝体能承载的净面积减小,裂缝尖端应力集中,随着荷载的增加,裂缝将会继续延展,甚至全断面裂穿,这种从开始产生裂缝发展到裂穿的过程可能是比较快的,也就是说,裂缝扩展是一个不稳定而难于控制的过程。如果荷载继续增加,其他截面也可能相继产生裂缝。但是最早出现裂缝的钢管顶、管底处钢管和周边坝体内钢筋的应力和裂缝宽度通常是最大的,因此成为坝内埋管设计的控制部位。如果荷载继续增加,该处钢管和钢筋应力达到材料的屈服强度,变形和裂缝宽度继续增加,结构达到其极限承载状态。因此,坝内埋管结构设计可采用线弹性有限元方法计算设计组合的应力状态,并根据拉应力图形配筋,确定钢管材料及管壁厚度、钢管周边坝体混凝土等级及其配筋、钢管抗外压设施。考虑混凝土的非线性本构关系,分析钢管周边坝体混凝土的抗裂能力,并保证混凝土的抗裂安全度;按钢管周边坝体混凝土裂穿的极端状态下的强度要求配置钢管和钢筋,以保障坝内埋管的承载安全性。由于线弹性计算尚未考虑混凝土材料的非线性性质,仍不能可靠判断坝体混凝土开裂性状。因而需采用平面结构模型试验对设计进行校核,模型采用与坝体相同的材料制作,在抗裂安全度判断方面较为可靠。

坝内埋管结构设计中应综合考虑荷载组合工况,并按坝内埋管实际形状分析其应力,不应简化为轴对称组合圆筒;坝内埋管是三维结构,采用三维方法进行应力分析,其应力状态和平面分析的结果会有所不同。研究成果表明，一般情况下，三维计算的应力值比二维计算结果要小，但应力分布基本相同。

(2)坝后式电站引水压力管道坝下游面钢衬钢筋混凝土管道结构设计问题

坝下游面钢衬钢筋混凝土管道应按联合承载结构设计，由钢衬和外包钢筋混凝土共同承担设计内水压力。

在钢衬钢筋混凝土管道设计时不再分别校核钢衬的应力和钢筋的应力，也不规定其各自的承载能力及其比例；钢衬钢筋混凝土管按极限状态设计，并用同一个安全系数；钢衬钢筋混凝土管在设计内水压力作用下允许混凝土出现径向裂缝，对裂缝宽度适当加以限制。必要时对裂缝采取保护措施，防止钢筋锈蚀；钢衬钢筋混凝土管进行强度设计时，可不计及钢衬与管道混凝土间由于混凝土干缩、温度等因素引起的缝隙的影响，因其缝隙相对较小，对于管道的整体变形是很小的量，不可能使钢衬产生过大的附加应力，以致达到或超过钢材的屈服点。钢衬钢筋混凝土管是按极限状态法设计的，这种缝宽的存在不会影响管道的极限承载能力；管道钢衬、钢筋设计用量，在满足总用钢量的条件下，其比例可不作规定，但钢衬应满足最小结构厚度要求，钢筋的配置(钢筋的间距和层数)应不影响混凝土施工质量。在满足钢衬要求条件下，宜多用钢筋，有利于提高管道的整体安全度和减少混凝土裂缝宽度，且有利于提高钢衬制安工艺和降低造价。

关于钢衬钢筋混凝土管道结构设计内水压力是主要荷载。结构计算主要包括钢衬与外包混凝土环向钢筋用量，管道上弯段锚固钢筋、管坝结合面应力分析及构造措施等。

钢衬钢筋混凝土管道结构计算方法，国内外学者通过长期试验研究，采用结构力学弹性中心法、轴对称法和钢筋混凝土非线性有限元方法对管道结构进行计算分析，取得了较好的结果。

钢衬钢筋混凝土压力管道，作为一种新型结构，全面分析研究了这种管道在受力过程中混凝土产生裂缝前，裂缝发展的过程，以及最终裂缝状态下混凝土、钢衬及各层钢筋的应力状况，通过各种计算方法的研究并结合大量模型试验研究和原型观测，对这种管道的认识起到重要作用，总结出钢衬钢筋混凝土管道设计宜采用极限状态设计方法。从模型试验及计算分析的成果看，是符合实际情况的，设计的管道具有足够的安全度。这种结构已经经历数十年的实践检验。

钢衬钢筋混凝土管道上弯段作用有不平衡内水压力和水流离心力，这种力指向坝外，而上弯段一般为部分或全部在坝体断面以外，为此需设置锚固钢筋。作用在上弯段的不平衡内水压力和水流离心力可由整个上弯段或单位长度弯段求得。这种力全部由锚固钢筋承担。在锚筋设计时，还应考虑管道和水体自重以及管坝间的温度作用。锚固钢筋宜环包整个钢管周边并锚于坝体。同时，上弯段上半圆的纵向钢筋直径应加大。

钢衬钢筋混凝土管道与坝结合面应力分析及构造措施：坝体在各种荷载作用下将发生变形，管道与坝体结合面上将产生正应力和剪应力，可通过大坝和管道整体应力分析求得。在正常运行工况下，重力坝管坝结合面上是压剪状态，拱坝管坝结合面上可能发生拉剪。地震作用下管坝结合面上均会有拉剪。管坝结合面处应采取构造措施，大坝施工时在结合面设置键槽，并设置插筋，保证管坝紧密结合，并有足够的抗剪强度，在坝体键槽面布设钢筋，以防止并控制管道混凝土裂缝向坝体发展。

钢衬钢筋混凝土管道温度应力：试验研究表明，管道运行期的温度应力，由管道内外温差引起。低温一侧受拉，高温一侧受压，与内水压力引起的应力组合后，低温一侧的拉应力加大，高温一侧的拉应力减小。考虑温度的影响后，管道的总体安全度基本不变，因此可不增加钢材用量。运行期的温度应力分析，可用于分析对混凝土裂缝宽度的影响，不作为确定配筋量的依据。

钢衬钢筋混凝土管道环向受力钢筋布置于接近混凝土外表面。如需要布置三层钢筋，则两层布置于外侧，一层布置于内侧。这主要为保护钢筋混凝土中的钢筋不受锈蚀，需控制混凝土的外表面裂缝宽度。从三峡管道 1∶2 的模型试验成果看，外层布置两层钢筋，内侧一层钢筋，圆形管道部分外表面的混凝土裂缝间距加密，裂缝宽度减小。出于同样考虑，外层钢筋的布置应与管道外轮廓一致，在减小圆形管道部分混凝土外表面裂缝宽的同时，也可控制管道底部与坝体接触部分混凝土的裂缝，不致向坝体发展。

钢衬钢筋混凝土管混凝土，在满足钢筋和混凝土施工要求的条件下，宜薄不宜厚，厚度一般为 1～2m。在相同配筋情况下，混凝土薄则含筋率高，有利于控制混凝土裂缝的宽度。钢筋保护层一般为 10～15cm，内外层钢筋径向间距可取 0.6～1m，外层两层钢筋间距可取 20～30cm。

对于寒冷地区的钢衬钢筋混凝土管，如需考虑保温作用，管道混凝土可适当加厚，也可采取其他保护措施，如俄罗斯部分已建工程拟对这类管道设置保温围护结构。

苏联克拉斯诺雅尔斯克管道混凝土厚 1.5m(内径 7.5m)，萨扬・舒申斯克电站管道厚 1.5m(内径 7.5m)；我国东江管道厚 2m(内径 5.2m)，李家峡管道厚 1.5m(内径 8m)，五强溪管道厚 3m(内径 11.2m)，三峡管道厚 2m(内径 12.4m)。为使管道底部混凝土裂缝不发展至坝体，管道底部混凝土可适当加厚。如管道圆形部位的混凝土厚度取 1.5m，底部可取 2m。三峡管道模型试验表明底部混凝土裂缝较少，且未裂穿管体混凝土。

管道混凝土的强度等级，可根据管道的 *HD* 值和所配钢筋的级别确定，可采用 C20～C30。三峡水电站压力管道的混凝土采取混凝土标号 R_{28}250。

在钢衬钢筋混凝土管钢衬的起始端必须设阻水环，并应在阻水环后设排水设施，以减小钢衬外的渗水压力。三峡管道的阻水环之间设置遇水膨胀橡胶止水带，以提高防渗能力。对于下游坝面预留槽的钢衬钢筋混凝土管，管道混凝土底面与坝体应设置键槽或台阶，并配置插筋；坝面预留槽两侧与管道混凝土之间，宜设置软垫层，以减小传至两边侧墙管道应力。从三峡管道大模型的试验成果看，这种措施是有效的，可防止管道混凝土裂缝向侧面延伸。三峡压力管道两侧与坝体结合处设置厚 30mm 的高压聚乙烯闭孔泡沫塑料 L-600。

预留槽两个直角处宜设置贴角，以减小该处的应力集中。但贴角的尺寸不宜太大，以保证管道与坝体的牢固连接。三峡管道预留槽贴角的尺寸为 1m×1m。

重力坝下游面钢衬钢筋混凝土管在地震作用下的动力效应：数值计算和地震模型试验均表明，在 7 度地震作用下，坝下游面钢衬钢筋混凝土管的动力效应不大，不采取附加措施即能满足要求。但在高地震烈度区，例如场地基本烈度为Ⅷ度，设计烈度为Ⅸ度，管道混凝土开裂后，斜直段中部钢衬与钢筋的环向应力和轴向应力、管坝接缝面的拉应力和剪应力均很大。因此，宜对高地震烈度地震区坝下游面钢衬钢筋混凝土管的抗震设计加强研究。

(3)坝后式电站引水压力管道坝下游面钢衬钢筋混凝土管道混凝土裂缝问题

坝下游面钢衬钢筋混凝土管道设计允许外包混凝土出现裂缝，要求限制裂缝宽度不得超过 0.30mm，以保证管道结构的耐久性。国内外工程钢衬钢筋混凝土管道测到的外包混凝土宽度已超过 0.30mm，裂缝宽度过大不仅影响管道结构的耐久性，也表明裂缝处钢材局部应力较大。因此，在钢衬钢筋混凝土管道结构设计时，对管道外包混凝土裂缝进行重点研究，在理论计算、模型试验和原型观测等方面已取得一些成果。

三峡工程对电站钢衬钢筋混凝土管道进行了大量模型试验研究。武汉大学水电学院和中国水利水电科学研究院完成了三峡电站钢衬钢筋混凝土管道不同布置和结构方案的很多模型试验。其中 1993 年完成了浅埋预留槽（管道两侧与坝体预留槽用软垫层隔开）方案的两个平面模型试验。模型比例尺为 1∶30.75，钢衬厚 1mm，内中外三层钢筋折算厚度分别为 0.192mm、0.251mm、0.251mm，含筋率 1.068%。1 号及 2 号模型裂缝最大宽度与钢材平均环向应力的关系见图 5.7.1(a)。

武汉大学水电学院、三峡大学水电学院、葛洲坝集团公司等三个单位共同于 1996 年完成了一个大比尺的平面结构模型试验。模型比例尺为 1∶2，钢衬厚 16mm，钢筋采用直径 28～32mm，钢筋折算厚度 12.2mm，含筋率 1.22%。在内水压逐步增加时，混凝土管壁径向裂缝也增加。为了更准确地测量裂缝处钢材应力，在靠近管腰的裂缝 L_1 和 L_3 及靠近管顶的裂缝 L_{20} 上，将裂缝表面混凝土打开，在裂缝处钢材上加贴应变计，重复试验。这几个裂缝上钢材应力测量结果见图 5.7.1(b)。实测管腰的 2 条裂缝 L_1 及 L_3 的缝宽值最大。这两条裂缝的管外周缝宽与钢材平均环向应力关系如图 5.7.1(c)所示。

综合管道模型试验结果，对裂缝宽度有以下认识：增加钢材用量，降低钢材应力，可减少外包混凝土裂缝宽度；总用钢量不变时，增加钢筋用量的比例，可以减少外包混凝土裂缝宽度；钢筋用量不变时，减少外包混凝土厚度，提高含筋率，可以减少裂缝宽度；钢筋用量不变时，增加外包混凝土的钢筋用量，可以减少外包混凝土裂缝宽度。

三峡电站投产后，2007 年 2 月（蓄水位 156.0m），中国长江三峡集团公司监测中心对坝下游面钢衬钢筋混凝土管道外包混凝土裂缝进行观测，以 13 号机组引水压力管道为例，裂缝状况如图 5.8.2 所示，共发现 31 条裂缝，最大缝宽 0.35mm，最大缝深 28.7cm，其中 14 条为大致环向的裂缝，每条裂缝长度为 5～14m，缝宽测点 48 个，其中 0.11～0.2mm 的 9 个，0.21～0.28mm 的 38 个，最大的 1 个缝宽 0.35mm；17 条为基本轴向的裂缝，裂缝长 1.4～4m 的有 16 条，最长的 1 条为 10.0m。2009 年 2 月（最高蓄水位为 172.8m），三峡水力发电站对 13 号机组引水压力钢管外包混凝土裂缝进行观测，共发现 48 条裂缝，最大缝宽 0.

35mm，最大缝深28.4cm，其中15条为大致环向的裂缝，缝长2.7～15m，缝宽测点49个，最大缝宽0.35mm；33条为基本轴向的裂缝，缝长1～15m，缝宽测点62个，最大缝宽0.23mm，较2007年新增裂缝17条，其中1条为大致环向的裂缝，缝长2.7m，缝宽0.25mm；16条为基本轴向裂缝，缝长1～6.4m，缝宽0.1～0.25mm；2007年发现的31条裂缝宽度没有变化，深度变化不大，长度增加1～5m。三峡蓄水位当时尚未蓄至正常运行水位175m，对引水压力管道外包混凝土裂缝尚待长期观测。

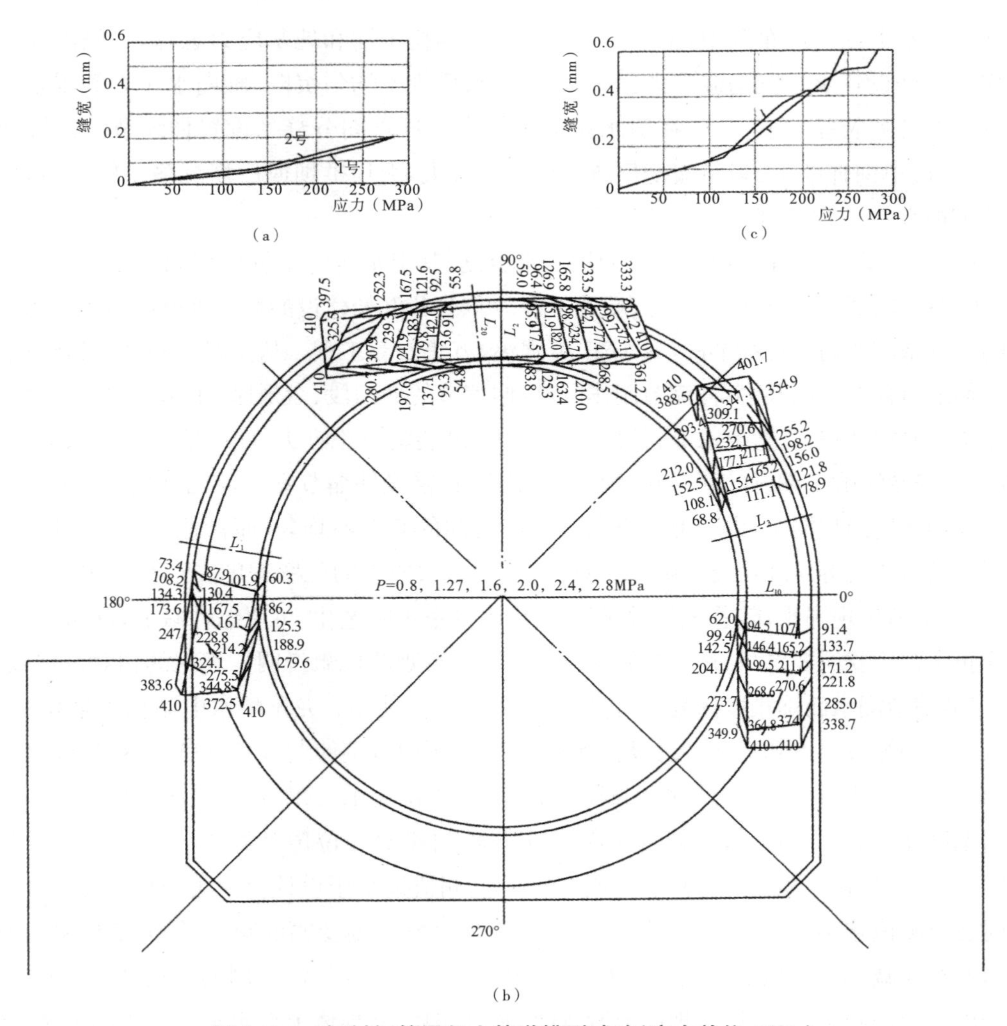

图5.7.1　钢衬钢筋混凝土管道模型试验(应力单位:MPa)

钢衬钢筋混凝土管道是钢管和钢筋混凝土的组合结构，其仿真材料模型试验也存在混凝土裂缝相似率问题，管道模型试验成果中，只提交模型中的裂缝宽度测值，而对原型裂缝宽度未能明确回答。从多种类型构件的试验结果，混凝土裂缝宽度超过1.0mm处的钢筋已进入屈服状况，但坝下游面钢衬钢筋混凝土管道结构复杂，不等同于构件。用结构试验结果只能估计管道外包混凝土裂缝处的钢筋应力状况。对钢衬钢筋混凝土管道外包混凝土裂缝的形状及规律、成因及其他量分析仍需深入全面地进行研究。

三峡电站引水压力管道坝下游面钢衬钢筋混凝土管道外包混凝土裂缝已结合坝面保护，在混凝土表面喷涂保护材料，可防止雨水进入裂缝处造成钢筋锈蚀，以提高管道外包钢筋混凝土的耐久性。

5.7.3.3 坝后式电站引水压力管道厂坝间设置伸缩节问题

(1)坝后式电站引水压力管道厂坝间设置垫层管取代伸缩节问题

在坝后水电站厂房布置中，由于大坝和厂房的结构不同和地基应力悬殊，一般需在大坝与厂房相接处设置永久沉陷缝。为适应温度变位、厂坝不均匀沉陷、轴向水压力等因素所产生的轴向变位差及径向变位差，在引水压力钢管穿过厂坝间分缝处设置伸缩节。以轴向变位为主时，设单向伸缩节；当径向变位或扭转变位较大，大坝拱坝或厂坝沉陷差较大时，设双向伸缩节或允许一定角度变位的其他形式伸缩节。

我国在20世纪80年代以前建成的坝后水电站，其引水压力钢管厂坝间均设置套筒式伸缩节，如新安江、刘家峡、丹江口、三门峡等工程。80年代开始建设的坝后水电站引水压力钢管厂坝间也有采用双筒式伸缩节的，如东江、五强溪、万家寨等工程。从实践经验和运行情况看，双筒式伸缩节存在问题甚多:伸缩节制作困难，伸缩节的伸缩段、盘根座、压圈的加工直径和圆度偏差均控制很严格，工艺要求高；伸缩节重量大，吊装就位难度大，伸缩节组焊要求高、工期长，伸缩节安装影响工期；伸缩节为明管段，价格高，还需设伸缩节室，增加工程投资；伸缩节运行中均不同程度出现漏水，由于伸缩管与盘根座之间的空隙不均匀，而盘根是基本等厚的，要使压紧的盘根均匀等压地填充空隙是很难的，止水盘根四周的压紧程度在运行中也会产生变化，致使伸缩节出现漏水；随着运行时间延长，止水盘根不断老化，可压缩性减弱，漏水量增大，如更换止水盘根就需要停机，运行维修困难。实际运行观测成果说明厂坝间的相对位移较少，因此，当伸缩节漏水而确难以修复时，将伸缩节焊死不再使用。龙羊峡水电站在1号和2号引水压力钢管伸缩节上方和右侧腰线设置观测架，开展国内首例伸缩节变位观测，从1987年9月至1989年1月，伸缩节管中心高程2448m，观测其库水位变化在2527～2547m，变幅为20m，伸缩节室温度变化在7～17℃，变幅为10℃。实测轴向相对变位值为2.46～2.58mm(设计值30mm)，径向变位在1.0mm以内(设计值5mm)，实测值远小于设计值。实测轴向变位规律为温升时变位测值减小，温降时变位测值变大，且随伸缩室气温变幅的减小，轴向变位测值及其测值差亦相应减小。大坝变形观测成果:夏季坝体下游坝面受气温控制温升较高，而坝体上游坝面受库水温控制温升较低，大坝向上游弯曲，所以在夏季，坝体上部水平变位指向上游，冬季则相反，坝体上部水平变位指向下游。引水压力钢管厂坝间设置的伸缩节位于坝趾附近，伸缩节部位夏季向下游变位最大，此时坝体与厂坝间的距离最小；冬季向上游变位最大，此时坝体与厂坝间的距离最大，这是由于坝体下部坝趾附近以及厂房水平向体积热胀冷缩为主所致，造成伸缩节变位观测值远小于设计值。

我国从20世纪80年代以来建设的坝高100m以上，装机容量250MW以上的水电站，已有很多坝后水电站引水压力钢管厂坝间取消伸缩节。李家峡水电站引水压力钢管厂坝间设置垫层管取代伸缩节，垫层管长8m，为1倍引水钢管直径。垫层材料选用聚氨酯软木，变形模量为3.556MPa，厚度6mm。垫层管传给外围混凝土的内水压力外传比例为40%～60%，垫层厚度同时满足适应径向变位的要求。垫层管壁厚由相接管段的36mm增大为40mm，钢材均为16Mn钢。垫层管段不作接触灌浆，也不设抗外压加劲环。李家峡水电站5条引水压力钢管有4条在厂坝间设置垫层管取代伸缩节，仅在1号钢管厂坝间设置伸缩节，其目的是进行对比观测，验证取消伸缩节的可靠性。观测从施工期到库水位蓄至2170m（正常蓄水位为2180m），对应时段为1995年6月至2000年9月。电站运行期的观测成果：伸缩节室气温，1997年为3.5～15.5℃，变幅为12℃，至2000年为4.0～11.3℃，变幅下降为7.3℃；轴向变位规律为温升时变位测值减小，温降时变位测值变大，且随伸缩节室气温变幅减小，轴向变位测值及其测值差亦相应减小。1999年以后，伸缩节室气温变幅降至10℃以内，轴向变位测值差减至2.43mm以下；实测大坝相对于厂坝段的切向（即垂直于管轴的水平方向）变位值在1mm以内。2000年温升过程，伸缩节室平均温升为7.5℃，切向变位量为0.34mm。

三峡水电站引水压力钢管厂坝间是否取消伸缩节，长江设计院进行了长时间的设计研究和多方案的比选，三峡总公司委托长江科学院、中国水利水电科学研究院、大连理工大学等单位进行了多年的计算研究，取得了很多科研成果，为最终确定取消伸缩节，请上述单位进一步复核计算外，并向俄罗斯专家进行咨询。据俄罗斯专家咨询会上介绍，在20世纪末的25年中，俄罗斯坝后式水电站引水压力钢管厂坝间均取消了伸缩节，以垫层管取代之，原型观测厂坝间的变位值是设计计算值的50%～60%，且垫层管没有发现有损坏的；双筒式伸缩节在运行中易发生漏水，主要原因是只能适应轴向位移，而不能适应转角和径向位移；国外岸坡坝段的引水压力钢管厂坝间均不用伸缩节，甚至不用垫层管。三峡水电站引水压力钢管厂坝间取消伸缩节，设置垫层管的复核计算研究，上述三个单位都采用了三维有限元程序，进行不同运行工况的仿真计算。成果分析说明，岸坡坝段无论是否预留环缝，无论春夏秋冬合拢，也无论下游端是否设止推环，都可以取消伸缩节；河床坝段适当采取措施，也有条件采用垫层管取代伸缩节。对垫层管的位移和应力计算，俄罗斯专家采用的三维有限元程序虽与我国上述三单位所采用的不同，但是定性结论一致，定量也较接近。对垫层管的设计，垫层管应力根据我国压力钢管设计规范，明管设计采用系数0.55，考虑为垫层管，乘以系数1.1，焊缝系数0.95，60kg级钢板应力为235MPa。俄罗斯垫层钢管模应力区允许应力取材料屈服强度乘以0.5的系数，即60kg钢板为230MPa，局部弯曲应力区允许应力可取365MPa。三峡工程技术设计审查水电站专家组建议引水压力钢管取消伸缩节，设置垫层管，垫层厚度50mm，长度10m。采用垫层管考虑钢管合拢前厂坝已发生的不会再影响垫层管应力的位移值，仔细检验厂坝的相对转动的可能性及其数值；垫层管必须考虑向两端结构传递固定端的力，垫层管不设加劲环，其两端钢管设置止推环；增加垫层管长度能增加可补偿的相对位移；为防止垫层管事故，应设置排水检测和关闭进水口事故闸门的压力传感器；高温季节合拢对垫层管段的应力有利，合拢选在高温季节时，河床坝段也可取消伸缩管；垫层管外包钢筋混凝土可按全水头设计。三峡总公司决定两岸岸坡坝段引水压力钢管厂坝间取消伸缩节,设置垫层管。2003 年 6 月首批机组投产以来,引水压力管道运行正常,说明钢管厂坝间取消伸缩节而代之以垫层管是成功的。

(2)坝后式电站引水压力管道加设内波纹水封的套筒式伸缩节运行情况

加设内波纹水封的套筒式伸缩节与常规套筒式伸缩节相比,是在常规套筒式伸缩节套管伸缩部位加设不锈钢板制成的波纹形水封,以解决伸缩节漏水问题。因在波纹管内侧加设导流板且用螺栓(M18 1Cr13 螺栓)连接,运行过程中螺栓断裂,致使导流板脱落,处理方案是将 6 块大导流板改为小块(每块大板改为 15 块小板)。在端环加强板上焊接梯形梁,导流板通过螺栓(更换为 M18 8.8 级内六角螺栓)与梯形梁连接。经加固处理后伸缩节运行正常。

5.7.4 坝后式电站厂房混凝土预留大二期坑施工问题

5.7.4.1 坝后式电站厂房混凝土预留大二期坑施工程序问题

三峡左、右岸主厂房建基面高程 22.2m,水轮机装机高程 57.0m,发电机层高程 75.3m,尾水管底板高程 27.0m,尾水平台高程 82.0m,大桥机轨道高程 93.5m,小桥机轨道高程 105.5m,上下游墙顶高程 114.5m,主厂房屋顶高程 116.0m,厂房建基面顺流向的总宽度 68.0m,机组段沿坝轴线长 38.3m。厂房下部混凝土为带有大孔洞的实体结构,采用错缝浇筑方式,机组段从上游至下游分Ⅰ、Ⅱ、Ⅲ、Ⅳ浇筑区,其中Ⅳ区为尾水管部分,与Ⅲ区之间设有直缝后期浇筑,Ⅱ区高程 50.92～67.0m 为蜗壳层,上、下游设直缝(设键槽和接缝钢筋)与Ⅰ、Ⅲ区分期浇筑,尾水管里衬预留二期混凝土浇筑,其余部位均为错缝浇筑。由于右岸电站水轮发电机组埋件供货滞后,为不影响右岸电站厂房混凝土施工,在主厂房下部混凝土Ⅱ区采用预留大二期坑,Ⅰ区及Ⅲ区混凝土继续上升,在Ⅱ区大二期坑未回填至高程 42.0m 前,Ⅰ区在高程 42.0m 留台阶,Ⅲ区留直缝,缝面设键槽和插筋,Ⅰ区及Ⅲ区混凝土继续浇筑上升至高程 50.92m;在Ⅱ区大二期坑肘管安装完成并回填二期混凝土至高程 42.0m,锥管段预留三期坑,浇筑二期混凝土至 50.0m(单号机组 50.92m),下游侧预留宽 1.5m 宽槽,缝面设键槽、插筋和并缝钢筋,Ⅰ区及Ⅲ区的上、下游墙混凝土继续上升至高程 61.0m;Ⅱ区在锥管段三期坑内安装锥管并回填三期混凝土,蜗壳座环安装,回填宽槽混凝土至高程 50.0m(单号机组 50.92)。28d 龄期后,Ⅰ区及Ⅲ区的上、下游墙体混凝土由高程 61.0m 继续上升。三峡右岸电站厂房下部混凝土采用预留大二期坑和Ⅰ、Ⅲ区混凝土提前上升的施工方案,解决了因水轮发电机组埋件供货滞后而制约电站厂房混凝土继续施工的难题。大二期坑回填混凝土处于底部,加上周边老混凝土强约束的条件,多数机组段是在高温或较高温度时段浇筑大二期坑部位混凝土。回填混凝土本身存在产生裂缝的风险,周边新老混凝土结合面也容易张开,而影响厂房下部结构混凝土的整体性。设计研究了大二期坑和宽槽混凝土回填施工技术及温控要求、施工程序,施工过程中严格控制质量,取得较好的效果。大二期坑和宽槽周边新老混凝土结合良好,未发现张开,回填混凝土也未发现裂缝,保证了机组安全稳定运行。

5.7.4.2 坝后式电站厂房混凝土预留大二期坑回填施工技术问题

电站厂房混凝土预留大二期坑和Ⅰ、Ⅲ区混凝土提前上升的施工方案,突破了厂房机组段大体积混凝土采用错缝浇筑的常规施工方式，其主要技术问题是大二期坑回填混凝土浇筑处于底部及周边老混凝土强约束的条件，成为浇筑强约束区混凝土，需按强约束区混凝土温控要求施工，以防止大二期坑回填混凝土产生裂缝。其回填混凝土与大二期坑周边的老混凝土结合面的结合质量直接影响厂房下部结构混凝土的整体性，尤其重要的是锥管以下结构的整体性和结构刚度，关系到水轮发电机组运行稳定安全问题。设计对厂房预留大二期坑设置宽槽，在宽槽两侧母体混凝土壁面设置键槽，并埋设接缝及并缝钢筋等结构措施；混凝土埋设冷却水管进行通水冷却，严格控制宽槽回填混凝土浇筑时间以及采用微膨胀混凝土等综合技术措施后，可以保障厂房下部混凝土结构，尤其是锥管以下结构的整体性和结构刚度。

设计经对大二期混凝土及宽槽回填混凝土施工期温度计算分析及右岸电站厂房埋设的无应力计实测混凝土自生体积变形分析，认为宽槽回填时，宽槽两侧母体混凝土龄期可缩至2～3个月，宽槽回填季节可延长至4月底，同时采取控制宽槽回填时两侧母体混凝土温度、宽槽回填采用预冷混凝土浇筑并埋设冷却水管初期通水冷却等措施，控制宽槽回填时内部最高温度。大二期坑回填混凝土浇筑过程中，严格按设计提出的综合技术措施和技术要求控制施工质量，并在宽槽两侧缝面埋设监测仪器，监测资料表明，宽槽两侧缝面结合良好，厂房下部高程50.92m以下结构整体性和结构刚度满足设计要求，可以保证电站厂房内的水轮发电机组运行安全。

5.7.5　坝后式电站水轮机蜗壳埋设结构问题

5.7.5.1　坝后式电站水轮机蜗壳埋设方式的选用问题

三峡巨型水轮机蜗壳采用保压、垫层、直埋三种埋设方式，设计对各方案进行了动、静力计算和对直接埋设方式进行了物理模型试验研究，并根据研究成果，针对蜗壳各种埋设方式的特点，选定了具体的工程实施方案；结合右岸电站机组的安装调试和运行，在156m、172.7m水位下，对三种埋设方式进行真机监测并对监测数据进行分析，结果表明，与理论计算成果基本一致。三种不同埋设方式的水轮发电机组，运行总体良好，机组的振动、摆度、推力瓦温正常，表明蜗壳三种埋设方式的设计研究成果正确，蜗壳外围混凝土结构设计合理，能保证机组安全稳定运行。但蜗壳不同埋设方式在性能参数、工程的投入、施工期长短和难易等方面存在差异。蜗壳直接埋设结构的振动位移、均方根速度及振动应力均比保压埋设方式的大，分析原因主要是直接埋设结构混凝土产生了一定程度的裂缝，特别是蜗壳顶部混凝土裂缝比较严重，因此直接埋设将钢蜗壳“抱紧”并不减小其振动反应，因结构刚度减小，致使其均方根加速度变小。

结合三峡工程具体特点，机组额定容量为700MW，长期运行水头为71～113m，水头变幅大达42m，*HD*值较高，为1773m·m，但蜗壳进口直径和平面尺寸相对较大，分别为12.4m、34.325m。在蜗壳三种埋设方式比较中，垫层埋设方式各种技术参数满足机组安全稳定运行要求，钢蜗壳承力最大(为最大全水压的70%～80%)，外围混凝土承力最小(为最大全水压的18%～30%)，配筋量最少，比保压和直接埋设方式分别减少17%、29%，单台投资比保压埋设方式少495.6万元(未考虑有些设施可重复使用)，比直接埋设方式少253.4

万元，施工工期短并相对简单，结合三峡工程条件，采用垫层埋设方式好。但蜗壳最优埋设方式的选取与机组的容量、运行水头范围和水头变幅等有密切的关系，且有些设计条件尚需进一步研究确定，应结合水电站的具体条件择优选择。

东电和哈电分别于 2005 年 9 月、10 月提供《三峡右岸电站座环蜗壳与混凝土刚强度计算报告(蜗壳垫层埋设方式)》《三峡右岸电站蜗壳和座环刚强度计算报告》。东电研究结论：①水轮机座环、蜗壳采用垫层埋设方式的刚强度能满足机组安全、稳定运行的刚强度条件；②蜗壳进水口设置止推环，对减小蜗壳的变形量和减低蜗壳进水口与舌板连接处高应力区域的应力峰值具有一定作用。哈电研究结论：三峡右岸采用保压和垫层埋设方式，蜗壳和座环在升压水头作用下，各板件的最大应力在允许范围内。考虑钢筋混凝土与蜗壳座环的联合受力对蜗壳座环的加强作用，各板件的应力会进一步下降，从疲劳强度安全系数来看，蜗壳、座环也具有很高的安全裕度，因此该蜗壳和座环在机组运行时具有足够强度。针对三峡电站机组单机容量大，其蜗壳尺寸大、*HD* 值高，受力条件复杂及其运行水头变幅大的特点，水轮机蜗壳埋设方式、垫层埋设方式优于保压埋设方式及直接埋设方式。鉴于蜗壳直接埋设方式其外围钢筋混凝土承担大部分内水压力，致使混凝土产生较严重的裂缝，机组下机架基础不均匀变形较大，设计采取在蜗壳直径较大的进口端一定范围内(蜗壳进口至蜗壳 45°断面)敷设弹性垫层，并适当增加蜗壳外围混凝土配筋量，局部提高混凝土强度等级等措施，以限制混凝土裂缝宽度，防止出现贯穿性裂缝，确保机组安全稳定运行。因此，三峡水轮机蜗壳采用直接埋设方式，其与垫层埋设方式的区别在于垫层敷设范围大小，垫层埋设方式垫层敷设范围约为 718m^2，而直接埋设方式垫层敷设范围约为 344m^2。

国外已建水电站单机容量超过 500MW 的水轮机蜗壳大多采用充水加压埋设方式，美国大古力水电站、委内瑞拉古里水电站、巴西—巴拉圭水电站单机容量 700MW(古里水电站单机容量为 730MW)，水轮机蜗壳均进行了 1.5 倍设计压力的水压试验。苏联初期水轮机蜗壳采用垫层埋设方式，在钢蜗壳上半圆敷设数厘米厚的油浸毛毡、钢蜗壳承受全部内水压力；后期随着电站水头增高和单机容量的增加，苏联研究应用钢蜗壳不敷设软垫层，直接浇筑其外围混凝土，钢蜗壳与外围混凝土联合承载的结构，设计按钢蜗壳与外围混凝土共同承担内水压力，以将蜗壳钢板厚度减薄，并可避免使用高强钢材，外围混凝土增加配筋，成为钢筋混凝土与钢衬联合承载蜗壳，直接浇筑蜗壳外围混凝土，在机组运行中钢蜗壳与外围混凝土绝大部分处于紧贴状态，其整体刚度较高，有利于减小机组振动又方便施工，具有施工工艺简单的优点。鉴于三峡电站水轮机蜗壳已按承受全部内水压力设计制造，采用直接埋设方式也不可能将蜗壳钢板厚度减薄，且由于蜗壳平面尺寸较大，蜗壳截面直径不对称差值较大，在充水至蜗壳设计静压水头 118m 时，由于蜗壳体形不对称导致发电机不对称上抬量较大，难以达到机组制造厂家“下机架不对称的上抬量控制值不大于 0.4mm”的要求，土建结构要达到此要求难度更大。因此，对蜗壳直接埋设方式尚待研究解决发电机下机架的不对称上抬量问题。蜗壳直接埋设方式与水轮发电机组容量、运行水头密切相关，需针对水电站的具体条件研究后是否选用。

5.7.5.2 电站水轮机蜗壳设弹性垫层其周围混凝土结构设计计算问题

(1)计算方法

采用将空间问题简化为平面问题的方法，即沿垂直水流方向切出一系列的单位宽度的断面，进行平面框架及平面有限元计算其内力和应力。①在平面框架计算中，增加了考虑承受15%的内水压力的组合；②在平面有限元计算中，按实际的内水压力及其他作用荷载，由钢板、弹性垫层以及蜗壳周围混凝土结构共同受力。

(2)计算简图

当蜗壳包角 $\Psi=345°$时，其混凝土结构厚度最薄、跨度最大，因此以该断面作为控制性断面来计算。

1)平面框架的计算：切取1m厚、断面为变截面的"┏"形框架进行内力分析。水平杆截面高4.32～6.57m；竖杆截面高2.45～5.05m。水平杆与座环相接点为铰支，竖杆底端与尾水管顶板相接为固定端。计算中考虑节点刚度和剪切变形的影响。计算断面如图5.7.2。

2)平面有限元的计算：按照结构的实际尺寸，将蜗壳钢板、弹性垫层和蜗壳周围混凝土分别划分单元。

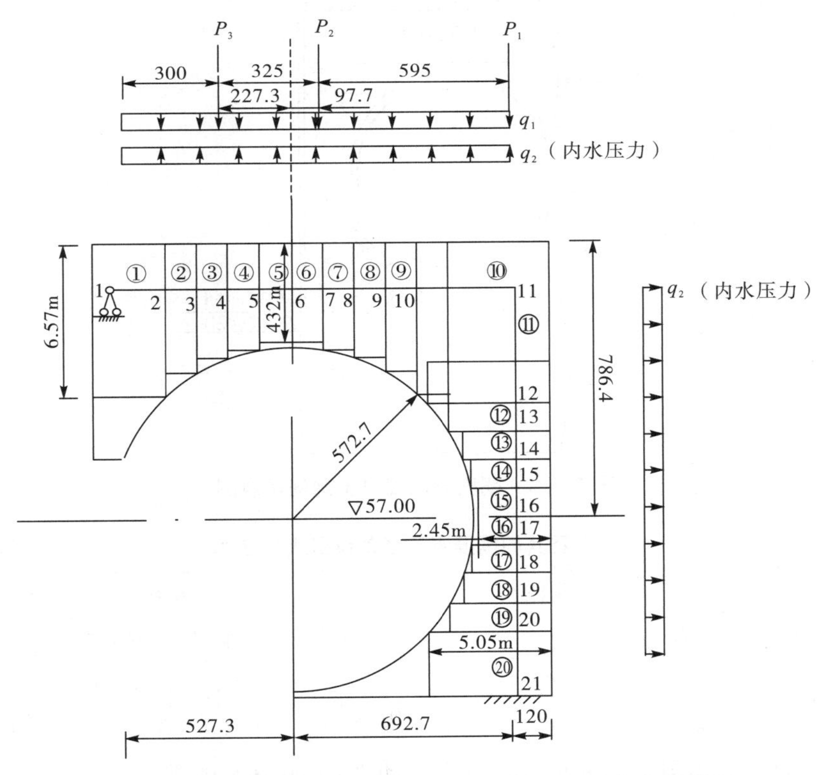

图5.7.2 蜗壳周围混凝土结构 $\Psi=345°$断面平面框架计算图

(3)荷载及材料参数

主要荷载有：结构自重、机墩传下荷载、水轮机层活荷载、内水压力(1.395MPa)，不计地震力。混凝土标号为 250#；弹性垫层采用聚苯乙烯泡沫板，厚 10cm，弹性模量为 2.7MPa。

(4)计算工况

1)平面框架的计算工况有：

①基本荷载(结构自重＋机墩传下荷载＋水轮机层地面活荷载)；

②基本荷载＋15%内水压力。

2)平面有限元计算工况有：

①基本荷载(结构自重＋机墩传下荷载＋水轮机层地面活荷载)＋全部内水压力；

②改变弹性垫层的铺设范围(由 $\theta=180°$ 变为 $\theta=195°$ 和 $\theta=210°$)，其他荷载与①相同；

③无内水压力，只计基本荷载。

(5)计算结果及分析

1)按平面框架计算，蜗壳周围混凝土结构均按构造配筋并满足规范规定的抗裂全系数要求，即计算的 $Kf_{max}=2.2>1.15$。蜗壳周围混凝土结构配筋见图 5.7.3。

2)平面有限元计算典型结果列于表 5.7.2 及图 5.7.4。

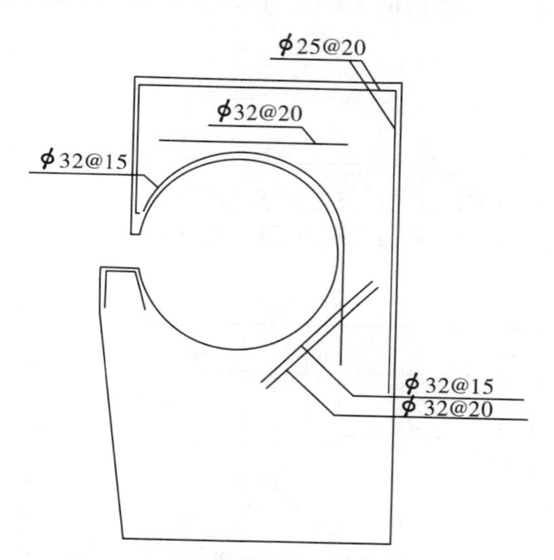

图 5.7.3 蜗壳周围混凝土配筋示意图

表 5.7.2 蜗壳及其周围混凝土各部位最大拉应力 单位：MPa

工况部位	混凝土					钢板		蜗壳计算点位置
	A	B	C	D	E	上半圆	下半圆	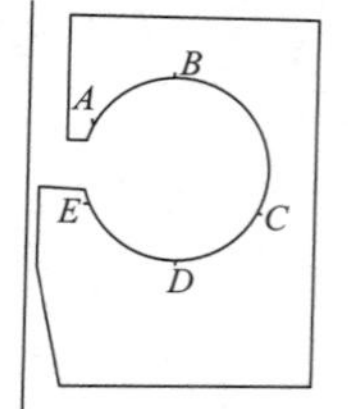
①	2.67	2.15	4.60	3.16	2.58	105.9	30.1	
②—1	2.07	2.00	4.76	3.18	2.56	105.95	30.7	
②—2	1.54	1.81	4.61	3.04	2.55	106.00	30.3	
③	0.6	1.03	0.41	O.37	1.67	受压	3.2	

注：(1)工况②—1 弹性垫层包角 195°；(2)工况 ②—2 弹性垫层包角 210°。

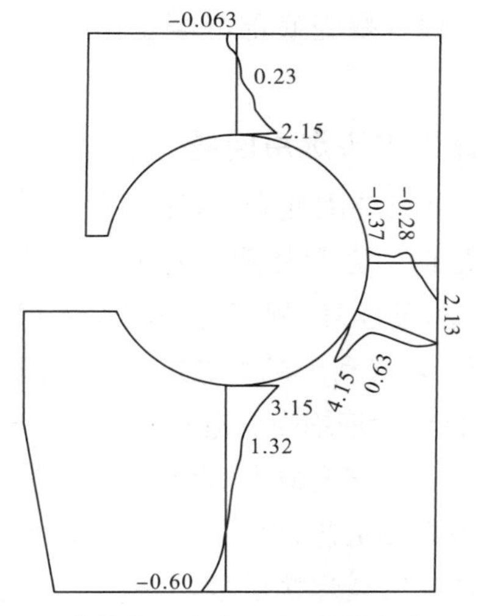

(1)垂直荷载＋内水压力,垫层包角 180°

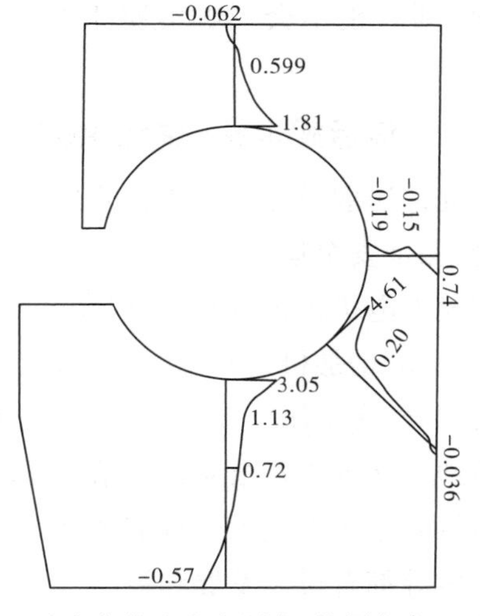

(2)垂直荷载＋内水压力,垫层包角 210°

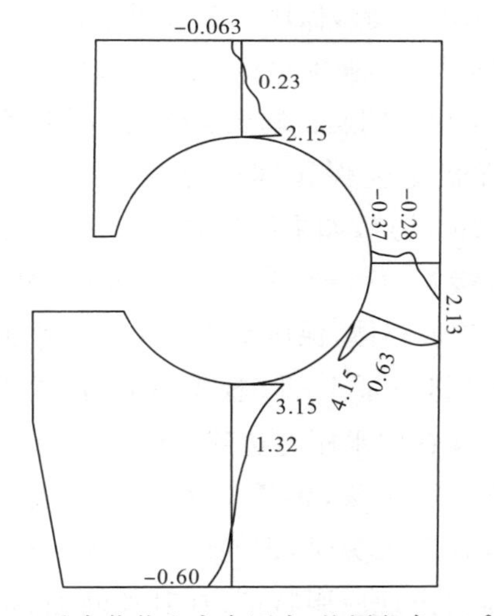

(3)垂直荷载＋内水压力,垫层包角 195°

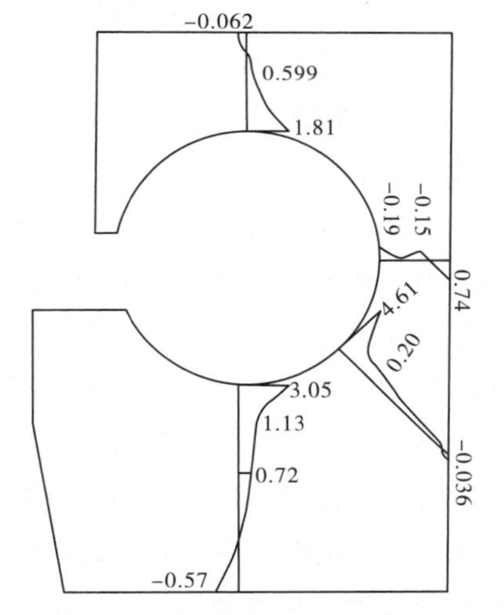

(4)垂直荷载＋内水压力,垫层包角 180°

图 5.7.4 蜗壳周围混凝土的应力分布

平面有限元计算结果表明:在蜗壳的顶部和底部以及侧墙的内边拉应力较大,主拉应力最大值依次为 2.15 MPa,3.16 MPa 及 4.6MPa。不考虑内水压力时,混凝土内拉应力值基本上小于其允许拉应力值,不需要配置钢筋。这说明尽管采用弹性垫层,但计算时考虑由钢板、垫层及外围混凝土结构共同承受内水压力的作用,对蜗壳周围混凝土结构的影响是很大的,在混凝土结构中引起的拉应力不可忽略。蜗壳底部未设弹性垫层部位,蜗壳钢板仅直接承受不到 30%的内水压力,其余的都直接传给了混凝土结构,使混凝土中产生较大拉应力。但是当混凝土产生裂缝之后,就会有一定的环向变形,而这个环向变形将引起蜗壳钢板环向受力,从而使钢板发挥其自身的抗拉能力,并限制了混凝土的进一步开裂。只要蜗壳钢板在均匀水压力作用下受力较均匀,不致在混凝土裂缝处产生应力集中,也就不会危及蜗壳钢板的安全，同时也不会影响混凝土结构的承载能力。因此，蜗壳底部混凝土结构中可不设钢筋。

5.7.5.3 坝后式电站水轮机蜗壳保压埋设方式保压水头选用问题

蜗壳保压埋设方式主要目的是通过蜗壳充水保压浇筑外围混凝土，使蜗壳与混凝土紧密结合，保证安全运行。从理论上讲，充水加压蜗壳是钢蜗壳和外围混凝土联合承载的结构。水轮发电机组运行时，钢蜗壳能与外围混凝土贴紧，使座环、蜗壳与外围大体积混凝土结合成整体，增加机组基础的刚度，减小机组振动和变形，有利于机组稳定运行。国外大型水轮机蜗壳，多采用 $1.5H_{max}$ 压力进行水压试验，可直接检验钢蜗壳制造和安装焊接质量，并能有效地消除焊接残余应力及结构局部应力，避免钢蜗壳的交变应力，也有利于减振。鉴于水轮机蜗壳是按独立承受全部内水压力设计的，且目前焊接工艺、焊接质量保证体系和焊缝检验手段等都有很大发展和提高，可以保证钢蜗壳制造和安装焊接质量，其残余应力也能通过其他方法消除。为此，三峡电站水轮机蜗壳不进行打压试验，采用蜗壳充水保压浇筑外围混凝土。根据机组制造商 ALSTOM 集团和 VGS 集团的经验，保压水头按机组长期运行蜗壳承受最小静压水头的 0.8 倍选取。三峡电站正常运行期，夏季水位 145.0m，蜗壳静压水头 88.0m；冬季水位 175.0m，蜗壳静压水头 118m。机组长期运行蜗壳承受最小静压水头为 88.0m，取其 0.8 倍为 70.4m，为此，三峡电站水轮机蜗壳保压埋设方式保压水头选用 70.0m。针对三峡电站水轮发电机组运行水头变幅大的特点，如采用较高保压水头，由于在低水头运行时钢蜗壳与外围混凝土之间大部分没有接触，存在空隙，并可能发生“磨卡”现象。为保证在机组运行期间蜗壳与外围混凝土贴紧，连成整体，保压水头应采用较小的保压值。长江科学院对三峡电站水轮机蜗壳保压埋设方式进行了 1∶12 模型试验，钢锅壳在保压 70m 水头下浇筑外围混凝土，并保压养护 28d。试验在内水压力达到设计静水头（118m）以前，外围混凝土钢筋应力很小，直到超载 2 倍设计静水头，钢筋应力明显增大。高程 57.0m环向钢筋在蜗壳进口断面，内水压力 1.8 倍设计静水头时，钢筋应力出现拐点（此时混凝土在此位置出现裂缝），到 250m 水头时，钢筋应力出现屈服特征；在其他断面，是水头 250m 以后才出现拐点。蜗壳底部环向钢筋应力和顺流向钢筋拉应力均较小，起控制作用的是高程 57.0m 的环向钢筋应力。蜗壳外围混凝土初裂荷载为 1.8 倍设计静水头，说明钢蜗壳及包围混凝土结构整体安全度较高；在超出保压压力后，蜗壳与外围混凝土可联合受力，钢筋在混凝土开裂前起的作用相对较小，主要起强度储备作用。

5.7.5.4 坝后式电站水轮机蜗壳垫层埋设结构长期使用问题

垫层材料选用高压聚乙烯闭孔泡沫板，对它的寿命是 30 年还是 50 年目前很难定论。三峡电站水轮机蜗壳垫层埋设结构三维有限元计算蜗壳的局部最大变形量为 9mm，对于厚度 30mm 垫层材料，其最大压缩变形率小于 30%，设计要求使用的垫层材料在产生 50%的压缩变形后仍能有近 90%的复原率。但由于垫层材料永久变形的存在，且在机组长期运行反复加载过程中逐渐积累，有一定的不可恢复量，机组在运行中反复加载若干年后再检修时，蜗壳与垫层间隙会逐渐加大，蜗壳与外围混凝土间将有空隙。在动力响应计算中，对垫层材料老化失效出现脱空情况的敏感性分析表明，发电机层楼板的振动位移、振动速度和加速度与正常垫层情况基本一致，稍有增大，座环上环板振动位移、振动均方根速度和加速度与正常垫层情况相差甚微；蜗壳混凝土动应力无变化，蜗壳钢衬最大主拉应力为6.98MPa，最大压应力为8.77MPa，对应的正常垫层情况的动应力分别为5.17 MPa、4.04 MPa，脱空后动应力有所增加。上述计算用左岸机组的水力脉动荷载，由于右岸机组的水力特性有所改善，用右岸机组水力脉动荷载复核计算表明，各部位动力响应计算值只有左岸机组的1/3～1/10；另外对脱空后的整体模型自振频率进行计算，自振频率及振型与正常垫层情况一致，第1阶频率正常垫层情况为5.468Hz，垫层脱空情况为5.463Hz。蜗壳垫层埋设结构虽有空隙存在，但经过一定量的局部自由变形后的蜗壳将更多地分担内水压力，垫层材料受到的压缩应力减小，使以后机组运行中垫层材料的永久变形率逐渐变小，最终维持动态平衡。蜗壳在此状态下有可能承担更多的内水压力，但由于钢蜗壳是按自由状态下承担全部内水压力设计的，蜗壳的安全不存在问题。且不敷设垫层的混凝土结构对钢蜗壳仍有约束作用，由垫层永久变形产生的蜗壳拉应力增量有限，不会超出蜗壳在自由状态下承担全部内水压力工况的拉应力允许值，且仍有较大的安全系数。蜗壳及其外围混凝土结构的自振频率在此情况下降值有限，因此，蜗壳垫层埋设整体结构无论动态还是静态都是安全的。从上述分析可知，蜗壳垫层埋设结构可保证水轮发电机组长期安全稳定运行。

5.7.5.5 坝后式电站水轮机蜗壳变形问题

理论计算和实践表明，由于大型水轮机蜗壳的体形复杂，钢蜗壳钢板厚薄不一，又加之蜗壳有较多的纵环向焊缝，保压浇筑、充卸压的施工、运行中重复充卸压，造成各阶段蜗壳变形不均匀和无规律变形是客观存在的，即使适当降低保压水头，这种不均匀的变形依然存在。因此在一些水头段的运行中，蜗壳与混凝土之间的局部间隙是不可避免的。对承受全水压设计的蜗壳，局部间隙是否会影响安全稳定运行？设计对此问题进行了研究，并得出如下认识：①按极端情况考虑，假设蜗壳与混凝土全脱开情况，对机组制造厂有特别要求的座环径向柔度进行了计算，柔度为0.0446μm/kN，全黏接情况（间隙为0）为0.0372μm/kN，仍能较好地满足制造厂不大于0.22μm/kN的柔度要求。②在低水位运行条件下，蜗壳与混凝土之间存在一定间隙，对结构振动影响的计算表明，混凝土结构的最大主应力幅值与无间隙的情况相比，有不同程度的减小，流道中的金属结构件如蜗壳、过渡板、座环等均有不同程度的增加，而应力的最大值均远小于钢材的抗拉和抗压强度。③蜗壳与混凝土有间隙时，蜗壳振动可能产生钢蜗壳与混凝土之间时而接触又时而非接触状况，即钢蜗壳与混凝土发生断断续续的摩擦，由于钢蜗壳的硬度和强度大于混凝土，钢蜗壳不会受到损坏。因此局部间隙的存在不危及机组安全稳定运行。

5.7.5.6 坝后式电站水轮机蜗壳外围混凝土温控防裂问题

三峡电站水轮机蜗壳外围混凝土起始高程49.5m，顶部高程67.8m，混凝土设计标号为C25、抗冻标号为F250、抗渗标号为W8，在高程61.25～65.0m浇筑层上游侧推力器坑及孔洞较多部位混凝土设计标号为C40F250W8。单台机组蜗壳外围混凝土方量约12000m^3，其中二级配泵送混凝土约 1630m³、普通二级配混凝土 2640m³，三级配混凝土 7730m³。蜗壳外围混凝土设计要求分 6 层，每层分 4 块浇筑，采用错缝搭接。实际施工时按 5 层，每层分 4 块浇筑。分层高层依次为：高程 49.5m～高程 54m～高程 57.5m～高程 61.25m～高程 65～67.8m。设计提出混凝土允许最高温度：12 月至次年 2 月为 25～27℃，3 月、11 月为 28～30℃，4 月、10 月为 32～34℃，5 月、9 月为 35～36℃，6—8 月为 38℃。施工时根据浇筑时段不同，采取相应的温控措施：高温季节（5—9 月）尽可能安排早、晚、夜间或阴天开仓，浇筑混凝土时采用拌和楼出机口温度为 7℃的预冷混凝土；仓面上布设喷雾机，降低仓面温度，保持仓面湿度；对混凝土浇筑表面及时覆盖保温被，防止温度倒灌；混凝土浇筑完后及时洒水或仓面流水养护。低温季节在混凝土外露面覆盖保温被保温。为降低混凝土早期最高温度，在 4—10 月浇筑的混凝土沿蜗壳圆周靠近蜗壳的浇筑中间偏下位置布设一层冷却水管，进行初期通水冷却；冷却水管采用直径为 1 英寸的黑铁管，冷却第一层布置于基础面并伸入蜗壳底部，且在浇筑层中部增布一层，水管水平间距 1.5m，竖向间距 1.5～2m；混凝土浇筑收仓后 12h 开始通水，5—9 月通 8～10℃制冷水，4 月、10 月通江水，通水 10d，并不超过浇筑层间间歇时间。单根水管通水流量为 18～20L/min，在混凝土内部埋设温度计、测温管等施工期监测仪器，根据监测混凝土温度，随时调整冷却水管通水流量。三峡电站水轮机蜗壳外围混凝土施工中采取综合温控防裂措施，混凝土未发现裂缝，保证蜗壳外围混凝土的整体性，有利于提高其结构刚度。

5.7.5.7 坝后式电站水轮机蜗壳及座环底部回填灌浆问题

水轮机蜗壳底部结构复杂，钢筋及埋件密集，空间狭窄，施工人员进出和混凝土进料困难，钢筋网影响混凝土下料和振捣，易产生骨料分离及脱空，影响混凝土密实性。为此，对蜗壳及座环底部进行回填灌浆。在蜗壳底部混凝土浇筑时预埋灌浆管路，蜗壳外围混凝土浇筑至高程 57.5m（蜗壳腰线高程 57.0m）后 5～7d 对蜗壳及座环底部进行回填灌浆。浆材采用 42.5 级中热水泥，浆液水灰比为 0.5∶1 一个比级；蜗壳底部灌浆最大控制压力小于 0.15MPa，灌浆管口最大控制压力小于 0.1MPa；蜗壳底部灌浆采用Ⅰ→Ⅲ→Ⅱ→Ⅳ“跳象限”的灌浆顺序，第Ⅰ象限管口全部出浓浆后，第Ⅱ象限管口接着进浆灌注，由低向高依次推进，第Ⅲ象限管口全部出浓浆后，第Ⅳ象限管口接着进浆灌注，由低向高依次推进。座环底部灌浆由机组制造厂家预留 24 个灌浆孔，座环底部灌浆在蜗壳底部灌浆结束后，各管口进浆灌注。蜗壳底部回填灌浆过程中须严格控制抬动变形值小于 5.0mm，当灌浆抬动达预警值 4.0mm 时，降低灌浆压力，同时加密观测抬动变形，在抬动值稳定的情况下可继续进浆灌注，直至管口出浓浆结束；若降低灌浆压力，观测抬动值升至 4.5mm 时，停止灌浆。座环底部回填灌浆过程中严格控制抬动变形值小于 0.3mm，当灌浆抬动达预警值 0.25mm 时停止灌浆。蜗壳及座环底部回填灌浆应严格按预警参数要求控制，以确保灌浆过程中抬动变形值在规定允许范围内。

第6章 船 闸

图 6.1.1 双线五级船闸全貌

6.1 船闸总体布置

6.1.1 船闸总体布置研究的技术问题

三峡船闸总体布置的基本任务是：以先进的技术、合理的工程量和投资，满足船闸在不同时期的船舶(队)安全、正常过坝的要求。为保证船闸的功能、效率、安全等，要求在全面开展船闸各专项设计之前，首先在总体上对关系三峡水利枢纽的整体效益、船闸的技术可行性、工程量造价和技术先进性等重大技术问题进行研究。

6.1.1.1 研究适应复杂水沙条件和满足长期使用的船闸总体布置

三峡工程是一个具有巨大综合效益的枢纽工程，建筑物多，坝址河势复杂，不同时期水沙条件不同，因此需选择合理的船闸线路，处理好通航建筑物与枢纽其他建筑物的关系，处理好通航建筑物与河流水流和泥沙条件的关系，使船闸水流条件特别是上下游引航道及其口门区水流条件满足通航的要求，泥沙淤积不致影响船舶的通航尺度，以保证船闸的长期正常使用。在综合性大型水利枢纽中的船闸总体布置是船闸总体设计需要解决的重要课题之一。三峡船闸总体布置涉及枢纽工程的总体规划、坝址的河势、水沙条件，船舶类型、规模与运行方式，以及有关的规程、规范和航运主管部门的要求等多种因素。

三峡船闸由于水头高、布置要求的直线段长，结合三峡坝址的地形特点，船闸总体布置主要是处理好船闸及上下游引航道与天然河势、水沙条件及船闸充泄水的关系，使引航道及口门区的流速、流态、波浪等满足通航水流条件的要求。同时考虑泥沙淤积，将影响引航道的通航尺度及其口门区的通航水流条件，在泥沙冲淤平衡后船闸仍能正常使用。

三峡船闸研究工作，采取设计研究、模型验证与专家审查相结合的方法，具体从船闸的布置条件和需采用的工程措施两个方面进行设计研究和比较论证。

(1)长江航运对三峡船闸的要求

1)三峡船闸的通过能力必须满足规划过坝运量的要求，并要为远景运量的进一步发展留有一定的余地。

2)在枢纽布置和通航建筑物布置中，必须正确处理好防洪、发电、航运这3个主要的开发目标之间的关系，必须处理好通航建筑物与枢纽其他建筑物的关系，以及与工程施工的关系。

3)正确处理好船闸及上下游引航道与天然河势、水沙条件及船闸自身充泄水的关系，引航道及口门区的流速、流态、波浪等满足通航水流条件的要求。

4)随着工程运行年数增加，泥沙不断淤积，将影响引航道及其口门区的通航尺度和水流条件，因此，在船闸布置中必须考虑必要的防淤清淤措施，以保证船闸长期使用。

长江为我国最大的通航河流，三峡双线5级船闸是三峡工程建成后全面提高长江通航标准和通过能力的重要环节，对长江航运的发展十分重要。船闸工程要求的设计年限长、坝址河道的水沙条件复杂、船舶过闸的通航条件要求高和对一些因素变化的预测困难等诸多因素，使船闸在枢纽中布置的问题变得十分复杂。

(2)三峡船闸总体布置的特点

1)需比较的总布置方案多

按照三峡船闸设计总水头113m和船闸输水技术的水平对船闸进行不同分级，各级船闸是连续还是分散布置，连续多级船闸不同水级划分方式，船闸不同线路位置等，可形成在一般船闸上所不常见的多种船闸布置方案。

2)满足通航水流条件和解决泥沙问题的技术难度大

三峡工程有船闸和升船机两个永久通航设施，运行分围堰发电期、初期和后期3期，要求船闸能够在枢纽泥沙淤积平衡后仍能长期运用。船闸线路位置，除要考虑枢纽泄洪和发电对引航道口门区水流条件的影响外，还要考虑船闸充泄水对升船机通航条件可能产生的影响，以及枢纽在水库泥沙淤积平衡后对通航条件变化影响的技术措施。

(3)三峡船闸线路位置研究

三斗坪坝址河谷开阔，河岸弯曲，右岸为凹岸，地势陡峻，河道主流直冲岸坡，通航建筑物布置在右岸，下游受溢流坝下泄水流顶冲，进出口与主流交角大，上、下游引航道口门区的水流条件难以满足航行要求，同时主体结构的布置条件较差，工程量较大。根据枢纽总布置，中堡岛右侧为施工导流明渠，坝址上下游离坝轴线一定范围需布置施工期临时码头和永久码头，不利于枢纽的总体布置和工期安排，不具备布置大型船闸的条件。

坝址的左岸为凸岸，地形相对平缓，能满足船闸布置主体建筑物及其上、下游闸前一定范围内为一条直线的要求。在凸岸调整船闸线与河床的距离比较容易。三峡左岸的下游许家冲一级阶地的凹塘为葛洲坝水库所淹没，属于缓流回流区，船闸布置在左岸，在直线的下游端连接一个弯段，并在外侧修建防淤隔流堤，能使引航道口门与岸线平顺连接且远离坝轴线，大坝泄流对船舶航行的影响较小。在上游漫滩上布置上游引航道，开挖底高程在 130m 附近的开挖量不大，线路的开挖量主要集中在船闸的主体段，上游隔流堤处于地形较低的山坡上较易于布置。上游引航道距原河床和建坝后的主流区有一定的距离，通航水流条件较好。船闸线路位置与施工期及永久管理机构同在左岸，施工交通较为便利，有利于运行管理，故船闸布置在左岸。针对三峡船闸为连续 5 级船闸方案，为寻求一条既能满足近期通航条件，又能满足在几十年直至泥沙淤积达到平衡后通航条件的线路，先后在左岸研究了 4 条线路（图 6.1.2），即船闸中心线与坝轴线交点距升船机轴线分别为 350m 的Ⅰ线、580m 的Ⅱ线、730m 的Ⅲ线和 950m 的位于坛子岭左侧的Ⅳ线。

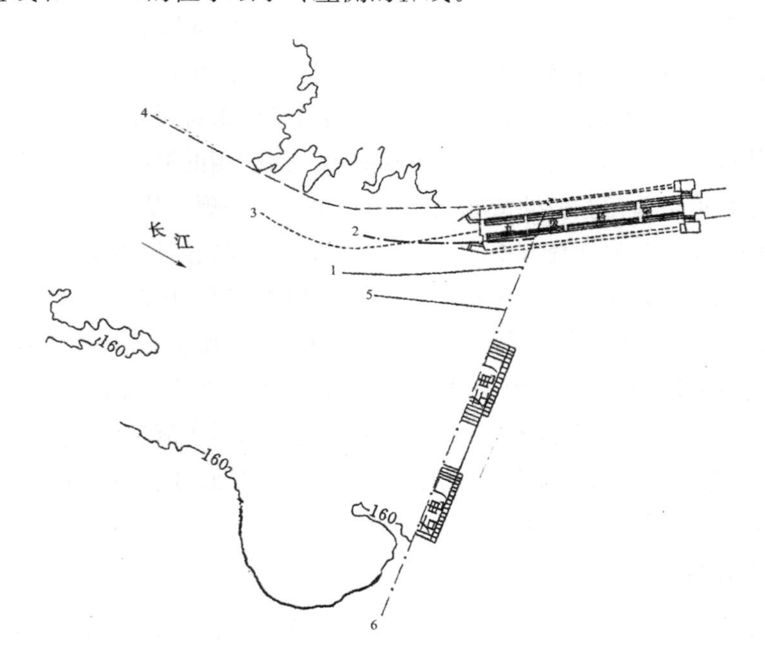

1—Ⅰ线方案；2—Ⅱ线方案；3—Ⅲ线方案；4—Ⅳ线方案；5—升船机轴线；6—拦河大坝轴线

图 6.1.2 双线五级连续船闸线路比较方案示意图

Ⅰ线方案闸前直线段长为 500m，接半径为 1000m 的弯道，再以一段直航线与主河道连接。基于连续梯级船闸以单向运行为主，船队通过弯道之后，各有一倍船队长度的顺直段及停靠段。正常运行时，船舶（队）停靠在导航段上，闸前直线段长 500m 远大于最大的船队

(长 264m),可以满足船舶进闸的要求。若一线船闸停航检修,另一线船闸运行,可采用成批过闸,定期换向的运行方式,换向时迎向运行。经水工模型试验验证:上下游口门区水流条件可以满足航行要求。上游水域在设计航宽范围内,纵向流速<2.0m/s,回流流速<0.2m/s。船模航行试验表明,船队可顺利进出闸。下游引航道口门区占主河道范围较大,水流在口门区扩散并有回流,但回流流速较小,回流区外纵向流速2.0m/s,横向流速除个别点为0.56m/s外,一般小于0.3m/s。船模航行试验表明,在流量56700m^3/s时,船队可靠岸侧航行,流量3.0万m^3/s以下时,靠河一侧行驶,同样可顺利进出。

Ⅱ线方案的航道布置尺度与Ⅰ线基本相同,Ⅱ线较第Ⅰ线向左平移230m,是为了上游引航道在布置防淤隔流堤时减少填方数量。经泥沙模型试验验证,上游防淤隔流堤与冲沙设施可在水库运行中、后期兴建。

Ⅲ线方案布置与Ⅰ、Ⅱ线的不同点主要是闸前直线段长度按照审查意见由500m增为930m。若一线船闸停航,另一线定时换向运行,等待过闸的船队可停靠在闸前930m处,减少换向的时间。由于船闸上下游总的直线长度增加了860m,故线路必须左移。第1闸首中心线距升船机航道中心线730m。船闸中心线通过地形较高的坛子岭。航线总长6327m,其中第1级船闸上闸首至第5级船闸下闸首结构长度1617m,上游引航道长度1930m,下游引航道长度2780m。下游引航道布置类型与一线基本相同,但隔流堤加长至3700m。

Ⅳ线方案闸前直线段930m,位于坛子岭左侧,距升船机轴线950m,上游隔流堤堤头位置是将原堤头左移50m再向上游延伸约100m,距祠堂包约390m。

经分析比较,船闸布置在左岸的四条线路,从通航条件来看,技术上均可行。Ⅲ、Ⅳ线上下游引航道直线段长度930m,对一线船闸检修时另一线船闸的换向运行有一定好处。Ⅳ线比Ⅲ更能适应今后航道口门左偏的情况,引航道线路更为平顺。从工程技术条件比较,四条线路的船闸结构均位于基岩深挖方中。Ⅰ、Ⅱ线边坡最大开挖高度为130m,Ⅲ、Ⅳ线边坡最大开挖高度为170m,开挖工程量和高边坡处理难度相对较大,其他工程技术条件四条线路均相当。从经济上看,Ⅰ线最省,Ⅱ线次之,Ⅲ、Ⅳ线相当,都比Ⅰ、Ⅱ线增加较多。从工程的长期使用比较,Ⅳ线线路较平顺。模型试验表明,工程运行30年上游引航道水沙条件能满足通航水流条件的要求,按工程运行80年后的淤积地形测得水流条件除上游航道口门区右侧局部超标外,其余满足通航水流条件的要求,9×1000t船模可顺利进出口门,单线船闸运行时,船闸转向较方便,故予以选用。

(4)防淤清淤措施

三峡船闸作为世界级特大型工程,根据工程的特殊重要性和长江航运的特殊地位,三峡船闸的使用年限要能够满足工程长期使用的要求。

研究解决工程长期使用问题的关键,是要求在保证船闸工程质量的前提下,研究解决三峡工程运行后期,水库泥沙淤积逐渐达到平衡,由于淤积导致船闸引航道及其口门区通航水流条件和通航尺度变化,影响船舶正常通航的问题。

解决三峡船闸泥沙问题,首先参照下游的葛洲坝工程,通过引水冲沙的工程措施,较成功地解决了泥沙淤积问题,保证了工程的长期使用的成功经验,对三峡船闸泥沙淤积的状态和引水冲沙的效果进行了研究。研究发现,三峡船闸引航道泥沙淤积的状态和引水冲沙的效果与葛洲坝明显不同:一是两个枢纽上、下游引航道泥沙淤积对通航产生影响的时间不同。葛洲坝是河床式电站,库容很小,泥沙淤积对通航产生影响的时间很短;三峡工程是高坝大库,工程投入运行后,泥沙淤积对通航影响发生在更长时间以后。二是泥沙淤积的部位和引水冲沙的效果不同。葛洲坝大部分泥沙淤积在引航道内,在每年汛末或汛后引水冲沙后,引航道内只要少量挖泥甚至不再需要挖泥,可以维持船舶(队)的通航;三峡工程只有总量约 1/3 的泥沙淤积在引航道内,2/3 的泥沙淤积在引航道口门以外,在引航道内引水冲沙只有部分效果,对淤积在口门以外的泥沙,引水冲沙的效果很差。这说明两个水利枢纽虽然在同一条江上,相隔只有40km,但由于工程特性不同,泥沙对通航的影响不同,葛洲坝工程的成功经验,在三峡工程中不能直接加以引用,必须根据三峡工程自己的特点,设计研究解决泥沙淤积影响通航问题的措施。根据三峡工程泥沙淤积的特点和引水冲沙可能达到的效果,解决三峡船闸几十年乃至更长时间以后引航道泥沙淤积问题的可行方案,应以挖泥为主,引水冲沙为辅。

按照研究结果,最后提出并经审定的防淤清淤方案为:首先在上下游引航道右侧,分别修建长度为 2680m 和 3700m 的防淤隔流堤,减少引航道内的泥沙淤积,并将临时船闸坝段改建为冲沙闸,全部工程与船闸同期建成,应对以后可能发生的碍航淤积泥沙,通过冲沙闸下泄 $2500m^3/s$ 流量进行冲沙,必要时可降低引航道水位或采用机械松动淤沙措施,以提高冲沙的效果;其次是根据需要,先加宽引航道的宽度,按挖泥通航两不误的原则购置一定数量的大容量高效挖泥船挖泥,作为工程清淤的主要手段;在船闸与升船机之间预留增建冲沙隧洞的条件。

6.1.1.2 研究解决特高水头船闸输水问题的途径

三峡船闸设计总水头 113m,远大于世界上已建船闸的水头(表 6.1.1),找出解决特高水头船闸输水问题的途径,通过对船闸分级的研究,解决船闸输水在技术上存在的主要问题。

表 6.1.1 国内外已建多级船闸统计

船闸名称	国家	河流	线数	总水头(m)	级数	类型	单级最大水头(m)	闸室有效尺寸	建成时间(年)
卡马	俄罗斯	卡马河	双线	22.0	6			250m×30m	1954
三峡	中国	长江	双线	113.0	5	连续	45.2	280m×34m×5.0m	2003
福尔斯	美国	惠勒梅脱河	单线	61.6	4	连续	9.15	60m×11.28m×1.98m	1870
布赫达明	哈萨克斯坦	额尔齐斯河	单线	68.5	4	连续	32.0	100m×18m	1963
加通	巴拿马	巴拿马运河	双线	25.9	3	连续		305m×33.5m×13.7m	1914
半瑞扶洛	巴拿马	巴拿马运河	双线	25.9	3	分散		305m×33.5m×13.7m	
韦1号、2号、3号	加拿大	韦兰运河	单线	42.0	3	分散	14.0	233.5m×24.4m×9.1m	1932

续表

船闸名称	国家	河流	线数	总水头（m）	级数	类型	单级最大水头（m）	闸室有效尺寸	建成时间（年）
韦4号、5号、6号	加拿大	韦兰运河	双线	43.0	3	连续	30.0	233.5m×24.4m×9.1m	1932
第聂伯1号	乌克兰	第聂伯河	单线	38.7	3	连续	25.0	120m×18m×3.65m	1932
新西伯利亚	俄罗斯	鄂毕河	单线	19.8	3			140m×18m	1957
水口	中国	闽江	单线	57.36	3	连续	41.74	160m×12m×3.0m	1994
五强溪	中国	沅水	单线	60.9	3	连续		130m×12m×2.5m	1994
韦7号、8号	加拿大	韦兰运河	单线	14.5	3	分散	14.0	233.5m×24.4m×9.1m	1932
威尔逊(老)	美国	田纳西河	单线	30.5	2	连续	30.5	183m×33.5m	
古比雪夫	俄罗斯	伏尔加河	双线	29.0	2	分散	29.0	290m×30m	1955
鲍哈努阿	加拿大	圣劳伦斯河	单线	24.4	2			234m×24m	
齐姆良	俄罗斯	顿河		26.6	2			220m×20m	
伏尔加格勒	俄罗斯	伏尔加河	双线	27.0	2	连续	27.0	290m×30m	1958
沃特金	俄罗斯	卡马河	单线	23.0	2	连续	23.0	240m×30m	1961
双牌	中国	萧江	单线	43.0	2	分散	21.5	58m×8m×2.0m	1962
西津	中国	郁江	单线	21.7	2	连续	21.7	190m×154.4m	1966
卡因齐	尼日利亚	尼日尔河	单线	30.0	2			198m×12.2m	1968
铁门	罗马尼亚	多瑙河	双线	34.4	2	连续	34.4	310m×34m×4.5m	1970
图库鲁伊	巴西	托坎廷斯河	单线	72.8	2	分散	36.5	210m×33m×6.5m	
高尔基	俄罗斯	伏尔加河	双线	17.0	2			290m×30m	1955

按照三峡工程的水位条件，船闸上游最高通航水位175m，运行初期和施工期上游最低通航水位135m，下游最高通航水位73.8m，下游最低通航水位63m。根据三峡电站调峰和下游葛洲坝工程上闸首底槛高程具备按62m最低水位运行的条件，三峡船闸下游最低通航水位实际按62m实施，三峡船闸输水系统的总设计水头为113m。

据有关资料统计，目前世界上除三峡船闸以外，已经建有大小船闸上千座。其中，水头大于等于20m的单级船闸27座，其中大型单级船闸以美国1968年在哥伦比亚河上建成的约翰德船闸的设计水头最高，为34.5m，闸室平面有效尺寸为206m×26.2m×4.75m。已建和在建水头大于等于20m的多级船闸22座，其中大型分散布置的船闸，以巴西1984年开工在托坎廷斯河上修建的图库鲁伊单线分散开布置2级船闸的总设计水头最高，为72.8m，闸室平面有效尺寸为210m×33m×6.5m。大型连续布置的船闸，以加拿大1932年在韦兰运河上修建的韦4号、5号、6号双线连续3级船闸的总设计水头最高，为43.0m，闸室平面有效尺寸为233.5m×24.4m×9.1m。小型连续多级船闸，以哈萨克斯坦1963年在额尔齐斯河上建成的布赫达明连续4级船闸的总设计水头最高，为68.5m，闸室平面有效尺寸为100m×18.0m。

从统计资料可以看出，三峡船闸的水头和规模，较世界上已建的船闸大得多，超高水头船闸的输水技术问题是船闸总体设计必须解决的关键技术难题。

(1)三峡船闸输水系统基本要求

1)闸室充、泄水时间12～13min。

2)船舶(队)在闸室内能安全停泊，缆绳拉力纵向≤5t，横向≤3t。

3)人字闸门开启时前后水位差≤20cm。

4)防止输水系统及阀门发生空蚀和声振。

5)船舶(队)能在引航道内正常航行和停泊。

6)船闸能方便地按不同水位和不同级数运行。

(2)三峡船闸水级划分

确定船闸级数和布置方式后的水级划分主要是根据目前船闸可能达到的最大水头，枢纽工程水位的运行调度和船闸上下游水位的组合，结合船闸部位的地形、地质条件，以及船闸的运行特性和工程量造价，解决多级连续船闸各级闸室之间水头分配的问题，以及确定闸室底板高程和闸墙顶部高程。

1)水级划分的原则

①水级划分后的船闸单级最大工作水头，应符合运行可靠、防止输水系统产生空化、气蚀及阀门发生有害振动和满足输水时间与船舶停泊条件等要求。

②能兼顾施工期、运行初期及后期各种运行水位，使初后期运行的水力指标相近。

③根据三峡船闸各种运行水位的特点，合理采用补溢水措施，既考虑节省又要便于运行管理。

④船闸石方开挖及混凝土浇筑工程量比较节省。

⑤尽可能使船闸的工作闸门高度相同，便利设计、制造和维修管理。

2)水级划分方式

连续5级船闸的水级划分方式，与枢纽上、下游水位变化的条件，坝址的地形、地质条件，工程的技术难度，船闸运行分期，船闸工程量、造价，船闸运行和管理的条件等因素有关。按照各级船闸的水头是否相等，闸室充(泄)水时是否考虑补水或溢水，可以得出许多种水级划分的方式。

三峡水库的运行水位分为围堰发电期135m、初期135～156m和运行后期145～175m。船闸在初期和后期运行需适应的上游水位变幅分别为21m和30m；下游水位变化范围为62～73.8m，最大水位变幅为11.8m。

根据船闸上游水位变幅大和船闸在岩体中开挖的特点，采用不补不溢方案，船闸运行简便，简化阀门操作控制，但闸室底板需降低很多，增加闸墙、闸门高度和技术难度，岩石开挖量增加较多，该方案显然不合理。因此在水级划分方式研究中，充分利用水位变幅在年内变化具有规律性、年际基本稳定的特点，重点研究又补又溢和只补不溢两类方案。

①又补又溢方案

闸室高水位按上游补水下游溢水确定。以上游 175m 水位为第一闸室高水位，考虑下游 66m 水位为葛洲坝经常出现水位，所以第五级溢水水位在 66～73.8m 选择，为使闸墙、闸门同高，选下游水位 72m 为溢水水位，据此按 175～72m 组合并均分各级水位差，确定五级船闸各闸室高水位，再据此在各级闸室高水位以上加超高，确定各级闸室的闸顶高程。考虑 145m 水位运行时间较长，且水位低不宜补水，按照上游最低水位 135m 确定第一级闸室的低水位，145m 与下游最低水位（采用预留的低水位 62m）组合，并均分各级水位差，分别确定第二级至五级闸室的低水位，再据此在低水位以下减去闸槛最小水深，确定各级闸室的闸槛高程，并以此推算第一级不补水水位为 165.75m。按此水级划分，上游 154.4～165.75m 与 135～145m 水位补水，下游 72～73.8m 水位溢水。该方案需在第五闸室增设溢水设施。

研究的另一种又补又溢方案为第一级溢水又补水、第五级溢水方案，即闸室最低水位仍按 135m、145～62m 水位确定，最高水位按 171～68m 水位确定。上游水位超过 171m 即需在第一级溢水，150.4～165.75m 水位需补水至第二闸室，135～145m 水位需补水至第三闸室，下游水位 68～73.8m 需溢水。该方案闸门、闸墙也同高，且可较前一种方案降低 4m，但需从第一闸室往下游布置较长溢水道，第五闸室也需增设溢水设施，补水、溢水时间较前一方案略有延长。

又补又溢方案水级划分详见图 6.1.3。

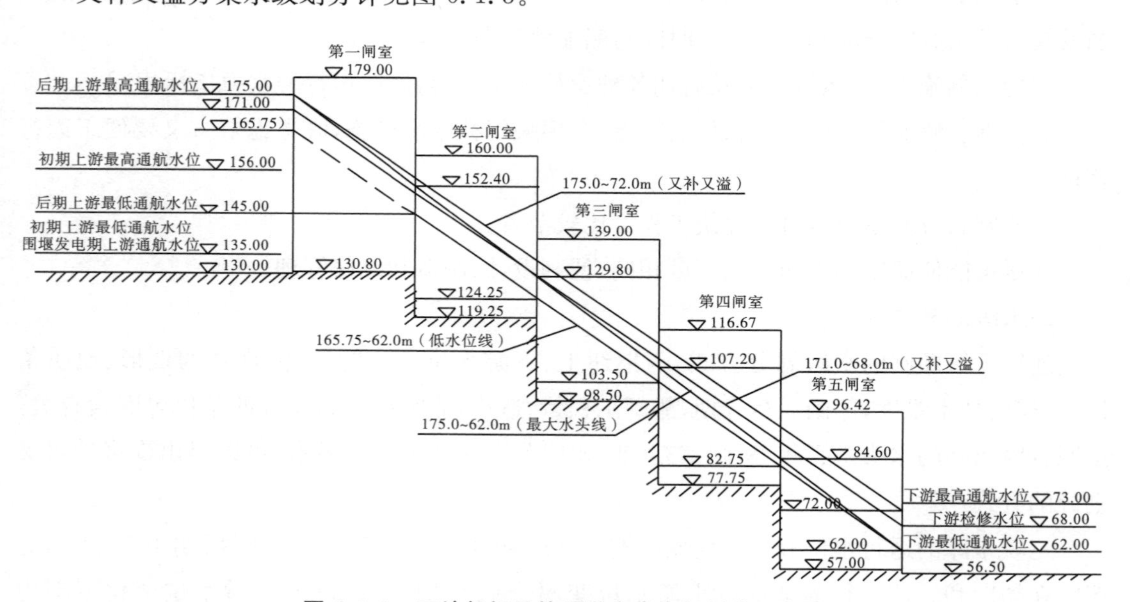

图 6.1.3　三峡船闸又补又溢方案水级划分示意图

②只补不溢(或基本不补不溢)方案

按照不同运行期上游最高通航水位 175m、156m 和 135m 与下游水位组合,船闸能分别按五级、四级和三级运行以及船闸在汛期最大通航流量时上、下游水位组合,等分总水头,确定各级闸室的高水位,再根据上下游水位实际出现的情况,进一步优化四、五两级船闸的水位,据此在各级闸室高水位以上加超高,确定各级闸室的闸顶高程,闸室低水位同又补又溢方案。该方案第二、三、四级闸墙高度较又补又溢方案的相应闸墙高度略有增加,但因闸墙均在山体开挖后衬砌,工程量增加甚少。

按照这种水级划分方式,围堰发电期,水库水位为 135m,船闸可只用后面三级。当下游水位为 67.2～68m 时,船闸第四、五闸首的级间最大工作水头 45.2m;当下游水位低于 67.2m时,第四、五闸首的级间最大工作水头达 46.0m,运行水位略大于设计最大级间水头 45.2m,但由于在这种工况下阀门相应的最小淹没水深较大(达 31.0m),阀门水力学条件可以满足要求。船闸也可只使用后面的四级,但第三级船闸需要补水,最大的补水厚度为 10m,船闸级间的最大工作水头为 41.5m。

在运行初期(库水位 135～156m),水库水位低于 145m 时,船闸按四级运行,第三级船闸需要补水,最大的补水厚度及级间的最大工作水头,与围堰发电期 135m 水位运行的工况相同。且水库水位为 135.0m 时的运行方式也与围堰发电期的相同。水库水位为 145～152.4m 时,船闸仍只用后四级,不需要补水,中间级最大级间水头 45.2m。水库水位在 152.4m 至初期正常水位 156m 时,船闸按五级运行,第二级船闸需要补水,最大的补水厚度为 13.35m,中间级最大级间水头为 41.5m。但由于船闸为适应分期蓄水条件的原因,此时第一闸首的闸槛处于适应 135m 水位运行的高程,第一闸首人字闸门尚不能挡水,需要用第一闸首的事故检修闸门作为工作闸门挡水。

在运行后期(库水位 145～175m),第二闸首的人字闸门已按后期运行水位进行改装,第一、二闸首的闸槛已经根据水库水位不再低于 145m 加高,第一闸首已正式改用人字闸门挡水,水位为 145～152.4m 时,运行状况与初期在该区间运行基本一样。水库水位超过 152.4m后,船闸均按五级运行。水位为 152.4～165.75m 时,第二级船闸需要补水,最大的补水厚度及级间的最大工作水头,与初期 152.4m 以上水位区间运行的情况相同;水库水位在 165.75m 至后期正常蓄水位 175.0m 时,船闸按五级运行,级间的最大工作水头 45.2m,不再需要补水。

船闸不同运行期工作水头及补水情况详见表 6.1.2。

这种水级划分方式,充分考虑了三峡坝址在船闸部位的地形地质条件和水库水位运行分期的特点。由以上对各种不同运行期船闸运行状况的分析可见,采用这种基本不补不溢的水级划分方式,在围堰发电期,水库水位全年基本稳定在 135m,船闸如按三级运行,可不补水。运行初期,船闸在汛期防洪下限水位 135m 运行期间,基本不需要补水,只在汛后蓄水过程中有些时段需要补水。运行后期,水库水位基本稳定在 145m 的整个汛期,水库水位蓄至 165.75m 以后,直至整个 175m 正常蓄水位运行期,船闸都不需要补水,只在汛后水位由145m蓄至175m过程中有些时段需要补水。按照设计，船闸的补水直接利用船闸自身的输水系统通过控制阀门完成，船闸的补水遵循不要少补、可以适当多补的原则，阀门的控制比较简单。闸室需要补水的厚度、补水过程的实施，均编有控制程序。

表 6.1.2 三峡船闸不同运行期工作水头及补水情况

<table>
<tr><th rowspan="2">运行分期</th><th rowspan="2">上游水位(m)</th><th rowspan="2">运行级数</th><th colspan="2">最大工作水头(m)</th><th rowspan="2">最大补水厚度</th><th rowspan="2">备注</th></tr>
<tr><th>一般情况</th><th>电站日调节</th></tr>
<tr><td rowspan="2">围堰发电期</td><td rowspan="2">135</td><td>4</td><td>34.5</td><td>36.5</td><td>10m</td><td></td></tr>
<tr><td>3</td><td>46</td><td></td><td>不需补水</td><td>最大输水水头略大于45.2m，但能保证运行安全</td></tr>
<tr><td rowspan="2">运行初期</td><td>135～145</td><td>4</td><td>39.5</td><td>41.5</td><td>10m</td><td>只在水库蓄水和水位消落过程中遇到</td></tr>
<tr><td>145～152.4</td><td>4</td><td>43.2</td><td>45.2</td><td>不需补水</td><td></td></tr>
<tr><td rowspan="2">运行初、后期</td><td rowspan="2">152.4～156</td><td>4</td><td>45</td><td>47</td><td>不需补水</td><td>电站日调节下游水位为62m时仍用五级，但存在四级运行的可能性</td></tr>
<tr><td>5</td><td>37.6</td><td></td><td>13.35</td><td>只在水库蓄水和水位消落过程中遇到，初期第一闸首需利用事故工作门运行</td></tr>
<tr><td rowspan="2">运行后期</td><td>156～165.75</td><td>5</td><td>39.9</td><td>41.5</td><td>9.75</td><td>只在水库蓄水和水位消落过程中遇到，第一闸首人字闸门已投入运行</td></tr>
<tr><td>165.75～175</td><td>5</td><td>43.6</td><td>45.2</td><td>不需补水</td><td></td></tr>
</table>

(3)三峡船闸水级划分方式

船闸采用只补不溢(或基本不补不溢)方案，这种水级划分方式，与采用不补不溢的水级划分方式相比，能大幅度减少船闸的开挖工程量，降低船闸边墙的结构高度和相应的土建结构与闸门的工程量和技术难度，与又补又溢水级划分方式相比，不需增设溢水设施，工程布置简单，运行管理较方便，相对于三峡工程的具体条件，这是一种具有自身特点、工程综合技术经济指标比较优越的水级划分方式。

根据船闸上游水位随水库调度，在年际基本稳定、在年内的变化具有明显规律的特点，按照尽可能减小工程的技术难度、节省工程量和造价、运行管理方便等原则，经过研究比较，最终采用船闸充(泄)水时，只在库水位上升或下降过程中的少数时间补水，全年基本不溢水的基本不补不溢的水级划分方式。水级划分详见图 6.1.4。

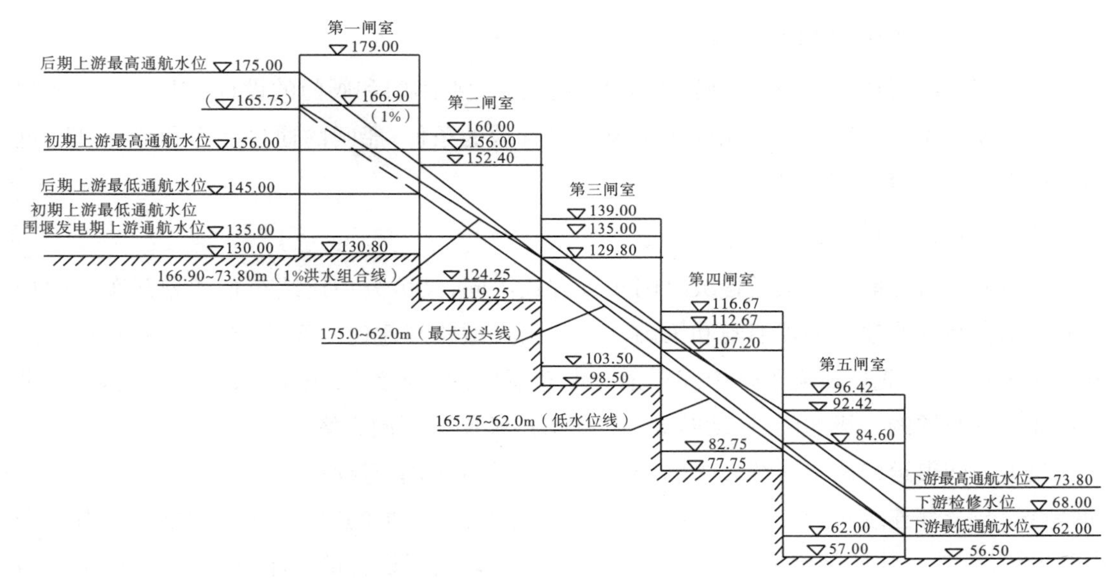

图 6.1.4 三峡连续五级船闸水级划分示意图(不补不溢)

(4)船闸分级的研究

1)单级船闸

普通单级船闸是通常在船闸设计中最先考虑的一种方案。随着船闸设计水头增高,船闸输水技术难度和过闸耗水量加大,目前国外在规模较小的工程上,通过采取一些工程措施,已设计建成水头达 42m 的单级小型井式船闸。三峡船闸设计水头 113m,解决高水头船闸的输水问题,通常采用的单级船闸已不能适应,需考虑对船闸的水头进行分级,从解决高水头船闸输水和节省过闸耗水考虑,也研究过在闸室两侧带节水楼的井式省水船闸方案。

在船闸两侧设多层节水楼的方案,包括两线单级船闸水体互补的方案,这种船闸在技术上都是可行的,其突出的优点是船队过闸的闸室少,运行调度比较灵活。其突出的缺点是由于采用分层充、泄水,船闸的设备布置和操作复杂,每次充、泄全部水头水体的充、泄水时间长,通过能力较小。为满足通过能力的要求,对三峡船闸而言,船闸需布置四线,工程量和工程投资多,占用的场地大。船闸的闸墙和节水楼均需在岩体中直立开挖,超过 100m。下游的通航孔为洞挖,高度、跨度均较大,高直立坡及洞顶岩石加固技术十分复杂。下闸首大跨度、超高水头淹没式闸门的设计制造安装难度太大,闸门工作的可靠性难以得到保证。

2)多级船闸

解决三峡特高水头船闸输水问题的另一途径是采用多级船闸的方案,其关键是根据国内外输水技术的水平,研究对船闸的总设计水头进行分级,确定船闸的级数,确定闸室最大的输水水头,在此基础上,规划确定船闸输水系统类型、布置和必须采取的相关技术措施,实现船闸快速安全输水。

船闸总体设计,着重从总体上研究直接关系船闸输水技术可行性和船闸工程量造价与运行特性的船闸水头分级而确定船闸级数的问题。

(5)船闸分级考虑的主要因素

主要因素有:目前高水头船闸输水技术的水平;大型闸门和阀门的设计、制造水平;船闸分级后可能采用的布置方式和船闸施工及维修管理的条件;船闸的通过能力和船舶(队)过闸的耗水量;工程量和工程投资。

(6)船闸的分级

多级船闸按照船闸分级后各级之间布置方式不同,又可分为连续布置和分开布置两种类型。结合我国修建葛洲坝船闸和国内外高水头大型船闸建设的经验,对三峡船闸不同的分级和布置方式,先后研究了带中间渠道分散布置的两个连续二级船闸、分散三级船闸、带蓄水池连续布置的三级船闸、连续四级和连续五级船闸等不同方案。

1)带中间渠道的两个连续二级船闸方案,同时具有闸室连续布置和分散布置两类方案的特点。与全部连续布置的船闸相比较,其优点是在上、下两个连续二级船闸之间设置一个中间渠道后,在一线船闸检修时,虽同样只能保持一线船闸运行的效率,但船闸仍可采用迎向运行的方式,船闸运行比较灵活。其主要缺点是船闸的最大工作水头达 56.5m,输水系统的技术难度超出现有水平较多,船闸的充、泄水时间长,通过能力小;船闸充、泄水在中间渠道中引起的涌浪和泥沙淤积,需采取消波工程等措施,技术复杂;船闸布置线路长,对施工布置的影响大,工程造价高,甚至影响三峡工程的发电工期。

2)带蓄水池连续布置的三级船闸,其优点是减少了船闸级数,缩短了船闸线路的长度,增加了船闸线路布置的灵活性。其缺点是船闸的充、泄水技术难度大、时间和船舶的过闸间隔时间长,减少了船闸的通过能力,需增加船闸的线数,使工程量和投资加大。带蓄水池的方案,由于设置了蓄水池,结构布置和过闸操作也较复杂。

3)连续四级船闸方案,其优点是船闸的直线段长度略短,船闸线路布置稍灵活。其缺点是中间级最大工作水头为 56.5m,由于工作水头大,与带中间渠道的两个连续二级船闸一样,增加了输水系统的技术难度,减少了船闸的通过能力。

4)分散三级船闸方案,曾作为带中间渠道分散布置船闸的代表性方案,重点与连续五级船闸方案进行了比较。其线路位置在坝轴线处离左岸电站厂房 1.1km,在三级船闸之间布置两个带弯段的中间渠道,船闸的第一级处于较坚硬完整岩石的深切开挖槽中,第二、三级基本上处于全强风化岩层中,其结构第一级为钢筋混凝土薄衬砌式,其他两级为重力式。第一级船闸的上闸首位于坝轴线上游约 2.1km 处,第一、二级船闸之间的中间渠道长度为 3114m,第二、三级船闸之间的中间渠道长度为 2280m。根据地形,两个中间渠道右侧需建最大坝高约 70m 的土石坝挡水,其基础为全强风化带,需设混凝土防渗墙。枢纽坝轴线的延长线由第一中间渠道的中部通过。船闸的上游引航道为直线,右侧设隔流堤,口门位于五厢庙,引航道长度 1410m。下游引航道亦为直线,右侧亦设隔流堤,口门位于黄陵庙对岸下游约 0.5km 处,引航道长度 1160m。船闸线路总长 9248m。该布置方案突出优点是船闸主要为大体积混凝土结构,在技术上相对比较简单;在一线船闸检修另一线船闸继续通航时,船闸的换向调度比较灵活,万一两线都有一座船闸发生事故,只要这两座船闸不在同一级,则仍有可能利用中间渠道换线运行,维持船闸继续通航。但该方案相当于 3 个单级船闸最大工作水头 39.66m,最大一次充、泄水体的体积为 41.5 万 m^3,解决高水头船闸水力学问题的难度相对较大,一次充、泄水时间为 16min,超过了设计规定,船闸的通过能力较规划运量略小;闸室充、泄水时,在中间渠道内产生的涌浪对正在航行船队的航行条件造成不利影响,中间渠道内的泥沙淤积较难处理,且在中间渠道内容易发生堵船甚至海损事故;人字闸门的最大高度达 45m,较葛洲坝船闸高 10.5m,超出目前世界水平较多,在技术上较难解决;船闸布置分散,运行管理相对不便;船闸的线路长,与枢纽工程施工总布置的矛盾大;船闸土石方工程量和投资大,施工强度高,难以满足枢纽施工总进度要求。据分析,至少将推迟发电工期 1 年。

5)连续五级的船闸布置方案,其优点是:船闸的闸首、闸室可充分利用基础石较坚硬完整的特点,采用衬砌钢筋混凝土结构,可大量节省混凝土工程量;连续五级船闸中间级的最大工作水头 45.2m,虽然仍是船闸设计的关键技术问题,但利用船闸在充、泄水时,闸室间上、下游水位一降一升的有利条件,高水头船闸水力问题相对地比较容易解决,船闸最大一次充、泄水体体积 23.7 万 m^3,船闸的充、泄水时间较易满足设计规定 12～13min 的要求;船闸的人字闸门最大高度较分散布置的单级船闸相对较小,为 38.50m,较下游已建的葛洲坝 1 号船闸仅高约 4m,技术上较有把握;船闸线路布置的长度较分散布置方案短,与枢纽工程施工总布置的矛盾较小,船闸设备布置较简单;在正常运行条件下,船闸采用一线上行,一线下行,两线船闸单向过闸的运行方式,运行管理集中方便,过闸效率高;工程量和投资明显节省,枢纽工程的发电工期更有保证。该方案的主要缺点是在某一级船闸发生故障时,将影响全线船闸的运行。但发生这种情况的机会极少,通过加强对船闸设备的维护管理,可减少甚至避免这种情况的发生。一线船闸检修时,靠另一线船闸用单向成批过闸定时换向的方式运行,运行调度不够灵活。最后以连续布置的五级船闸与分开布置的三级船闸两个方案作为代表,全面深入地进行技术经济比较。由于连续五级船闸方案在解决高水头船闸输水问题和闸门、阀门及启闭设备的技术难度,工程施工的难度和工期,船闸的管理和维护,船闸耗水量和年通过能力,船闸工程量和投资等方面,均较分散三级船闸方案具有明显优势,三峡船闸选用连续 5 级船闸。

6.1.1.3 研究在深切岩槽中修建船闸的类型及中隔墩结构

目前世界上已建的大、中型船闸一般均采用重力式结构,特别是船闸闸首,还没有采用分离式衬砌式结构的先例。三峡船闸在深切开挖的岩石槽中修建,按照其独特的地形、地质条件,对船闸的结构进行研究,充分利用三峡的基础条件,在通常采用的船闸结构类型中寻求突破,以大大节省船闸的土石方开挖和混凝土工程量。

根据三峡船闸线路布置,三峡船闸位于河床左岸制高点坛子岭左侧,两线相邻平行布置,船闸区基岩为前震旦纪闪云斜长花岗岩,间含少量岩脉,横剖面自上而下分为全、强、弱、微四个风化带,船闸建筑物的基础以微新岩体为主。微新岩体较完整,岩石抗压强度高,船闸的主体建筑物基本处于深切开挖的岩石槽中，建筑物布置总长度 1621m。船闸开挖深度一般为 100～160m，最深达 170m。三峡两线船闸工程规模大，主体建筑物包括 12 个闸首、10 个闸室及其输水系统，闸首结构的最大高度 68.5m，闸室结构的最大高度 48m。结构工程量大，采用不同的结构类型，对工程的技术难度、安全运行和工程造价有很大的影响。因此，研究船闸主体结构的基本类型、两线船闸间中隔墩的类型和必要的结构技术措施，与边坡开挖断面的形状、基础的开挖工艺、开挖边坡的稳定、混凝土结构的工程量和工程的技术难度关系十分密切，是船闸总体设计需要研究决策的重大技术问题之一。

两线船闸并列布置，针对三峡船闸的地形地质条件，船闸中隔墩结构主要研究两类方案：一类为将两线船闸之间的岩体全部挖除再建以重力式或其他类型的混凝土结构；另一类保留两线船闸之间的岩体，闸墙采用衬砌式结构。

挖除岩体方案将两线船闸之间的岩石全部挖除，再根据闸室和闸首的结构要求建造重力式或扶壁式混凝土结构，输水主廊道及其阀门井分设于混凝土结构中，见图 6.1.5。全部挖除岩体采用重力式的方案技术上肯定是可行的，其优点是船闸的结构比较简单，开挖施工的难度小，并可免去中隔墩两侧形状较复杂的直立边坡开挖和用锚索、锚杆加固，以及下部输水隧洞的开挖的工作量。

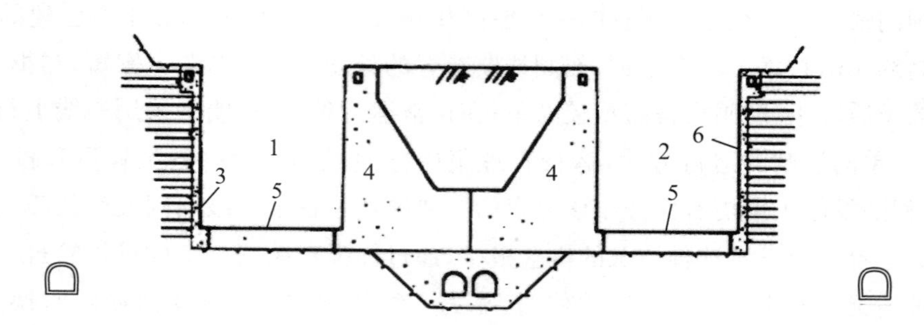

1—左线船闸；2—右线船闸；3—左线船闸左边墙衬砌式结构；4—中隔墩重力式混凝土结构；5—船闸底板；6—右线船闸右边墙衬砌式结构

图 6.1.5 双线船闸重力式中隔墩混凝土结构剖面图

岩体中隔墩方案首先研究保留岩体中隔墩的可行性。主要从中隔墩的整体稳定、局部稳定、输水系统布置对中隔墩的影响、中隔墩岩体的力学形态等方面进行综合分析，结合布置要求，选择保留岩体中隔墩宽度为 60m 的方案。

1）整体稳定

当双线船闸一线高水位运行另一线检修时，中隔墩须挡御水深为 40m 左右侧向水荷载。中隔墩的整体稳定取决于岩体的地质条件，可能出现由上、下游侧的陡倾角结构面和左右向的中、缓倾角结构面组成失稳的滑移面。根据地质资料分析，船闸区域中、缓倾角裂隙并不发育，与高陡倾角断层、裂隙或边坡组合成整体滑动体的地质条件不充分。中隔墩是在岩体深切开挖后形成，开挖卸荷及爆破振动可能使原生裂隙进一步扩展延伸，或相互连通，为安全起见，将中隔墩整体稳定概化成图 6.1.6 所示模型。

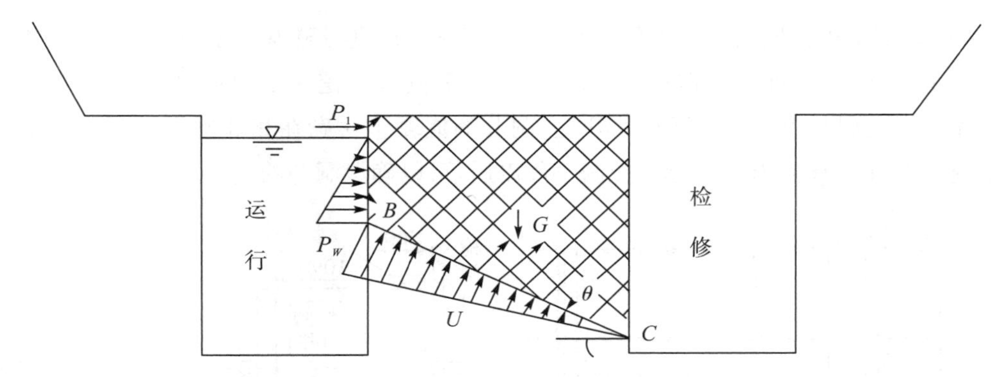

图 6.1.6　中隔墩整体稳定概化模型图

注：P_f 为船舶挤撞荷载；G 为岩体自重及顶面作用荷载；P_w 为水荷载；BC 为滑移路径；U 为扬压力；θ 为滑移面倾角。

模型中假定上下游完全由陡倾角结构面切割，底部存在缓倾角滑移面，据对岩体的滑移面不同倾角 θ、不同连通率（极限状态取 $\eta=100\%$）整体抗滑稳定验算，K_c 值均大于 3，故中隔墩整体抗滑稳定满足要求。

2）局部稳定

中隔墩岩体的局部稳定问题大致可分为两类：一类为由不利的结构面与开挖边坡构成的定位或半定位失稳块体，这类块体主要依靠施工过程中的随机支护（或予以清除）保持稳定，不致影响方案是否成立；另一类是由于开挖卸荷，使一部分岩体进入塑性屈服区，岩体的抗剪强度降低，可能构成塑性屈服区的局部岩体失稳。经分析，将这部分岩体的抗剪强度降至残余强度，在没有明确的结构面切割的条件下，岩体能够维持稳定，如果在开挖过程中，对塑性区及时加强支护，如施加适量的预应力锚索和在近直立边坡顶部一定范围内，施于长度适中的平台锁口锚杆等，能在一定程度上限制塑性屈服区的扩展，提高岩体的整体刚度和抗剪强度，保证塑性区的局部稳定。

3）输水隧洞及竖井对中隔墩结构的影响

根据船闸输水系统的布置方案，在每线船闸的左、右两侧各布置一条上圆下方的门洞型输水主廊道，布置在中隔墩的两条廊道对称于中隔墩中心线，在岩体中合并成一个断面开挖形成，再用混凝土结构分隔成两条独立的输水主廊道。在每一级闸首附近分别设输水反弧门的工作阀门井和检修门井，中隔墩两线廊道的阀门井均先开挖成一个大井，再用混凝土结构衬砌分隔成左右两组门井，其布置详见图 6.1.7。

①隧洞竖井的成洞（井）条件及围岩的稳定分析

闸室岩槽明挖对中隔墩岩体的完整性虽有一定的损伤，但由于隧洞埋置较深，隧洞围岩受明挖的影响不大，整体成洞条件仍较好。而对于竖井，由于平面开口尺寸较大（工作门井开口宽度约占中隔墩岩体总宽的 45%），且开挖深度超过 70m，井壁与边坡间的保留岩体相对较单薄（每侧尚余 16m 左右），井口一定范围内的岩体及井壁（尤其是在反复爆破振动影响下）的稳定条件受到一定的影响。经研究，采取施加一定数量的锁口锚杆等加固支护措施，并采取地下工程开挖在同段内先于相邻闸室明挖，在进行隧洞开挖时，相邻闸室建基面以上至少留 30m 厚的保留岩体；竖井开挖先于相邻闸室明挖一个闸室爆破梯段以上（$H<15m$）；先进行隧洞开挖后再进行竖井开挖；洞井的混凝土衬砌在相邻闸室的开挖结束后进行等合适的施工程序及有效的爆破控制手段以后，可以确保洞井的施工安全。

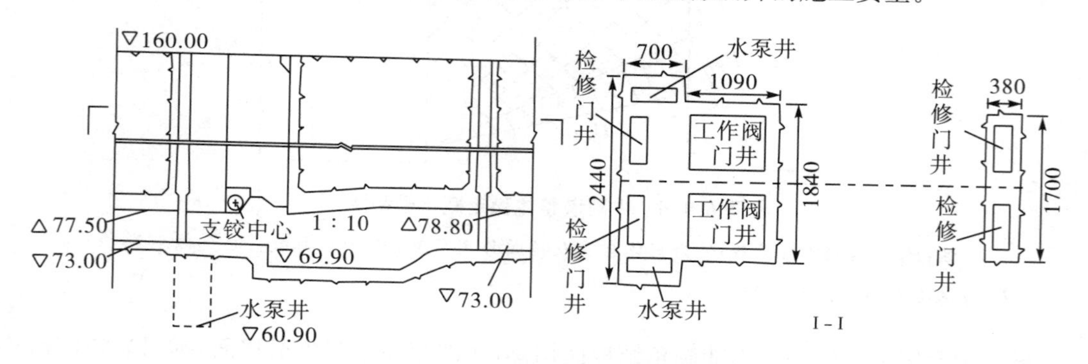

图 6.1.7　中隔墩输水系统布置图

②船闸运行条件下，闸室输水对中隔墩结构的影响分析

船闸充水运行时，输水主廊道及阀门承受内、外水荷载作用，此时，廊道及阀门井衬砌结构的支撑围岩须提供足够的抗力，以维持衬砌结构稳定、强度和变形的要求，因而要求围岩具有足够的刚度。据分析，输水主廊道围岩的完整性较好，竖井左右两侧由于离闸室边墙较近，岩体相对破损，采取可靠的支护及结构措施可以解决。

船闸运行对中隔墩另一个方面的影响是洞、井衬砌结构可能由于施工或运行荷载作用产生裂缝而形成渗漏，在船闸最大达 45.2m 的工作水头作用下，若裂缝规模大，则可能形成压力渗流，对边坡岩体稳定不利，可利用完善的边坡排水系统解决。

4）中隔墩岩体力学性态研究

需要重点研究的力学问题主要是开挖卸荷后的力学性状和船闸运行条件下的结构性能。

船闸主体段基岩为闪云斜长花岗岩（弱风化下部或微风化新鲜岩体），在未经开挖扰动的条件下，岩性完整，强度高，断层数量少，胶结好，能满足作为建筑物的基础的要求。根据地应力测试成果，船闸区域地应力的水平主应力随着深度而增加，在船闸中隔墩岩体部位以构造应力为主，最大水平主应力为 6～11MPa，主要为 NNW 向。

中隔墩保留岩体经开挖后三向卸荷，岩体的整体性受到一定程度的削弱。对于中隔墩岩体的力学性态，分别采用二维和三维弹塑性、黏弹性力学等多种方法进行了多角度计算分析和研究，计算中模拟了开挖程序、地应力场、地下水压力及锚固措施等条件，并进行了岩体力学参数敏感性和开挖分步及锚固措施优化分析。不同的计算方法得出的主要表征基本一致，大致可归纳为以下几方面：

①中隔墩具有明显的开挖卸荷回弹变形效应，变形为：除向上回弹外，还随左右边坡坡高的差异，向坡高较低的一侧弯曲变形。典型剖面的中隔墩变形详见图 6.1.8。开挖施工

后，在较短的时间内，变形完成后趋于稳定，随时间增大的流变量值极小。

图 6.1.8 船闸中隔墩岩体变形典型剖面图

②中隔墩顶部一定范围内存在的塑性屈服区详见图 6.1.9。开挖卸荷后，距开挖表面一定深度范围岩体将进入屈服后的塑性状态，采用不同的计算方法和屈服准则所得出的中隔墩的屈服范围有所不同，但都揭示了中隔墩岩体顶部存在屈服区，屈服区内岩体力学性态属岩石力学界尚待深入探索的理论问题。从宏观分析，在塑性屈服区，岩体的微裂隙进一步发展，力学参数降低，岩体整体刚度及强度降低，通过计算研究，采用以水平方向为主的锚杆锚索加固支护措施可有效改善中隔墩岩体力学性状，保证中隔墩的稳定和受力条件。

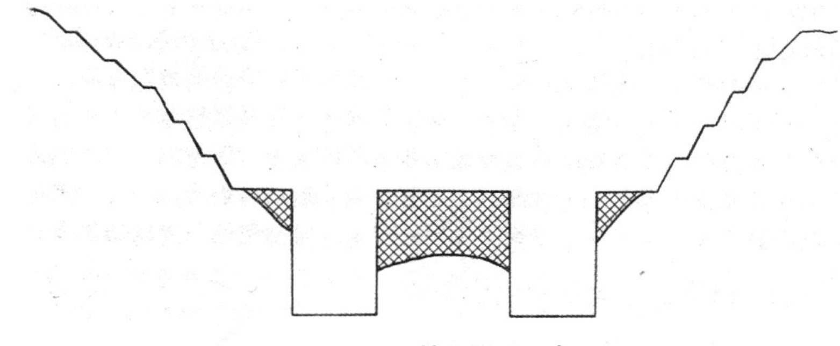

图 6.1.9 塑性屈服区示意图

通过对保留岩体中隔墩的研究，岩体中隔墩在闸墙顶部高程以下采用直立开挖，保留两线船闸之间的岩体，闸首和闸室墙采用衬砌式结构，与保留岩体共同受力。直立坡最大高度 68.5m，每隔 15m 留宽度为 0.3m 的小台阶。中隔墩结构总宽为 60m，其中保留岩体闸室部位底宽 57m，闸首部位 36m。在保留岩体下部，另外开挖船闸的输水主廊道。

5)两类方案对比分析

上述两种方案在技术上都是可行的。将岩体挖除的混凝土结构方案技术条件相对简单，船闸结构有较多的工程经验，较保留方案减少岩面开挖施工控制爆破的难度，施工场地开阔，施工组织相对简便，并减少一定数量的边坡锚杆和锚索的施工工程量，可以加快施工进度。

保留中间岩体方案，在经济上具有明显的优越性，可节约坚硬岩石的开挖近 300 万 m^3，混凝土工程量超过 200 万 m^3，综合造价仅为全挖方案的一半。但船闸结构相对复杂；高边坡下部与船闸主体结构接触的部位，需按照结构轮廓直立开挖，在直立坡地下隧洞开挖时，存在高边坡经受开挖爆破震动和卸荷影响两侧边坡和中隔墩岩体稳定与变形控制等挑战性问题,在船闸结构、岩石边坡开挖和输水隧洞开挖等方面,大大增加了难度。通过对中隔墩岩体力学性态和在内部开挖输水隧洞对中隔墩岩体结构的影响分析,采取合理的开挖程序和有效的爆破控制手段,保留中隔墩岩体可作为船闸结构的组成部分,与混凝土结构共同受力。

经比较,保留岩体中隔墩方案在技术上可行,经济上合理,因此,决定采用保留岩体中隔墩的方案。

6.1.2 船闸总体布置方案

6.1.2.1 船闸主体段结构布置

双线五级船闸布置在左岸坛子岭左侧,其轴线与坝轴线延长线交角为 67°25′20″。船闸第一、二级位于坝轴线延长线的上游,大坝挡水一线从左岸非溢流坝段一号坝段左端向上游转弯到船闸第一闸首的右侧岸边连接段,再经一闸首与船闸左侧的岸坡相接(图 6.1.10)。每线船闸主体结构段设五个闸室、六个闸首(图 6.1.11)。第一闸首闸顶高程 185.0m,人字门底槛施工期高程 131m,后期加至高程 139m;第二、三、四闸首长度分别为 43.5m、43.5m 和41.5m,闸顶部高程分别为 179m、160m 和 139m,基底高程分别为 123.7m、112.95m 和 92.2m;第五、六闸首长分别为 52.8m(北边墩 60m)和 56.0m,闸顶高程分别为 116.67m 和 92.2m,基底高程分别为 71.45m 和 49m。第一闸室结构长 265m,第二、三、四、五闸室结构长分别为 263.5m、265.5m、265.5m 和 254.2m,闸室有效长度 280m。

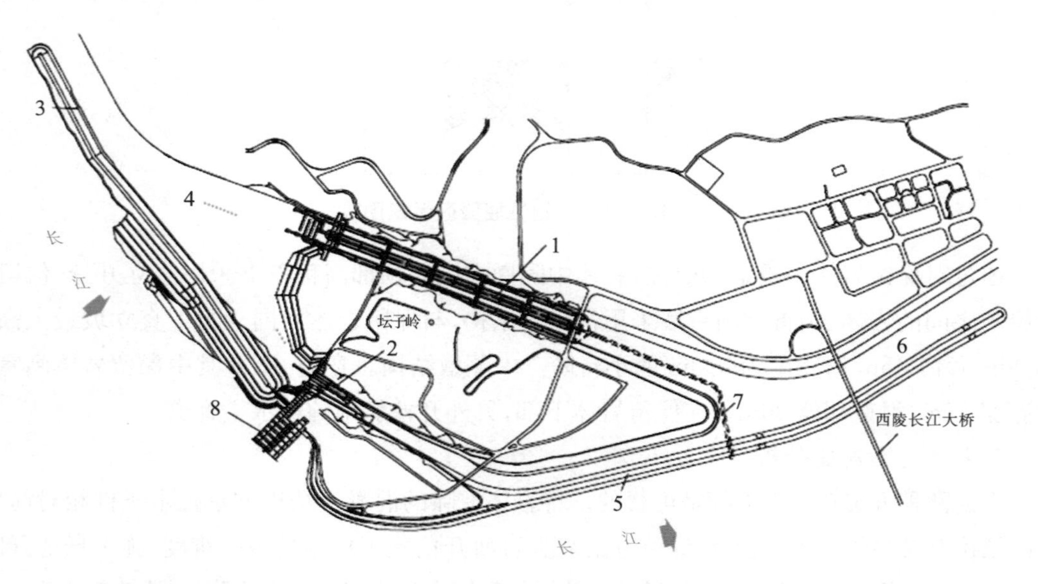

1—双线五级连续船闸;2—升船机;3—上游隔流堤;4—上游引航道;5—下游隔流堤;6—下游引航道;7—船闸下游泄水箱涵;8—大坝左厂坝段及左厂房

图 6.1.10 三峡水利枢纽通航建筑物布置图

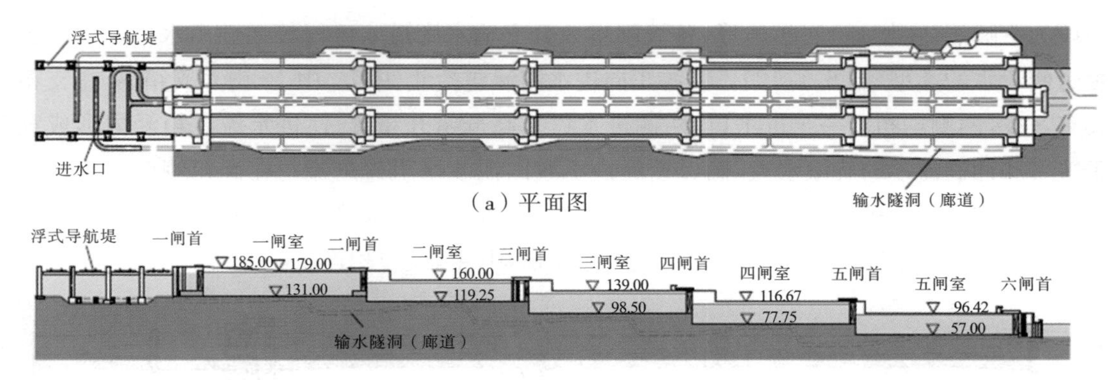

（a）平面图

（b）纵剖面图

图6.1.11 船闸主体结构段平面及纵剖面图

双线五级船闸在山体中开挖修建，两线船闸之间保留宽55～57m、高50～70m的中间岩体隔墩，闸槽两侧直立坡顶为一宽15～30m的平台，以上按岩体风化程度确定开挖坡度为：微风化及新鲜岩石1∶0.3，弱风化岩1∶0.5，强风化岩1∶1，全风化岩1∶1～1∶1.5；两侧边坡每15m设一级宽5m的马道，在弱风化岩石顶部马道加宽至10～15m；直立坡顶以下每开挖梯段高15m留一级宽0.3m的小台阶，以便布置钻孔机械。南北两侧边坡纵向以第二、三闸室段最高，坡高向上、下游逐渐降低，呈中间高、两端低的凸形，各闸室底板顺流向呈台阶下降，北坡和中隔墩直立坡顶为与底板一致的阶梯式平台，南坡直立坡顶为一条贯穿上、下游的斜坡公路。开挖成形后，北坡最大坡高140m，位于3闸首；南坡最大坡高160.0m，局部170m，位于三闸室中部。由于布置船闸输水系统阀门井及启闭设备的需要，每级闸首部位边坡自闸室顶高程以上，均向山体两侧内凹，形成局部扩宽的平台及凹坡。各闸室底板均位于闪云斜长花岗岩石微新岩体内。第一至第五闸室墙顶高程和墙底高程分别同第二至六闸首，各级闸室底板高程分别为130m、119.25m、98.5m、77.55m和57m。边坡支护和加固包括系统锚索、系统锚杆和坡面喷混凝土；边坡排水采用地表截、防排水与地下排水相结合，以地下排水为主，地表截防排水为辅的方案。两侧边坡岩体内各布置7层排水洞，洞距坡面水平距离30～45m，高程为200～70m，一般纵坡5‰，洞断面尺寸2.5m×3.0m(宽×高)，兼作锚固洞断面尺寸为3m×3.5m(宽×高)。在排水洞内布设1～2排排水孔，下层排水洞内的排水孔深入到上层排水洞底板以上5.0m，形成完整的排水幕。在直立坡与闸室边墙衬砌混凝土之间设有排水管网，管网中的渗水通过闸室边墙底部的纵向排水廊道汇集至第六闸首南、北两侧集水井，再抽排至下引航道。中隔墩上部布设2～3排3000kN级对穿锚索，南、北直立坡中上部布设2排3000kN级对穿锚索，在对应高程的排水洞(兼作锚固洞)施工；第二、三闸室斜边坡布设1～2排1000kN及1排3000kN锚索，其他部位视开挖揭露岩石情况和块体稳定需要，布设随机锚索；斜边坡采用系统锚杆与喷混凝结合支护。

6.1.2.2 输水系统布置

船闸输水系统采用正向进水，两侧对称布设地下输水主隧洞(主廊道)，阀门后中间级阀门段为主隧洞(主廊道)底扩体形,各级闸室 8 分支输水廊道 4 区段等惯性出水口加消能盖板旁侧泄水的类型(图 6.1.12)。上游正向进水箱涵包括北、中北、中南、南 4 支箱涵,每支箱涵有 8 段,两侧均布设一个进水口,两侧进水口呈高低错开布置,使进水流在箱涵内形成利于狭带和冲刷泥沙的旋滚水流,确保箱涵内不致因泥沙堵阻碍进流。在涵箱侧墙外壁每个进水口外布设拦污栅,其栅体可以检修和更换。上游正向进水箱涵底高程 117.5m,箱涵顶高程 127.50m,4 支箱涵分别与相对应的输水主隧洞(主廊道)相连。

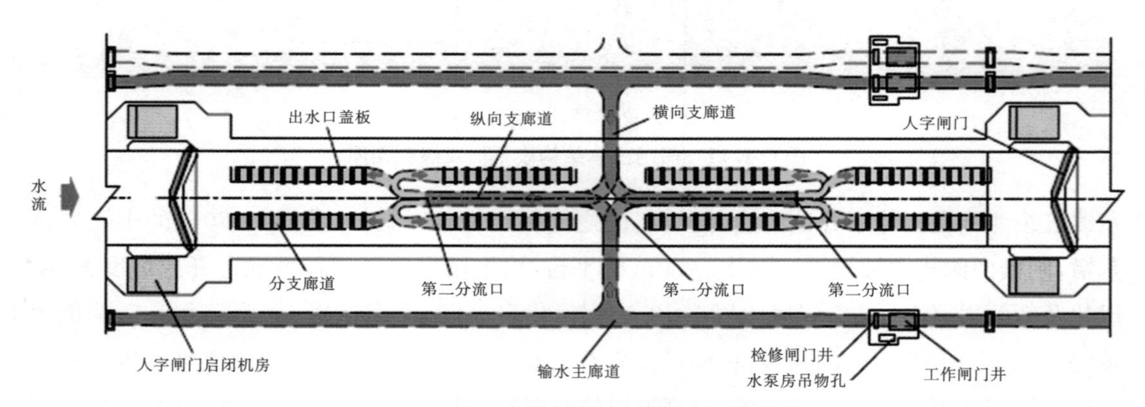

图 6.1.12 船闸闸室输水系统平面布置示意图

输水主隧洞(主廊道)分别位于两线船闸的南北边坡及中隔墩岩体内,其轴线与同线船闸闸室中心线距离为 43.75m,其中心线距闸墙边线均为 26.75m,南北边坡为单洞,中隔墩则采用混凝土衬砌分成南北双线洞,分别向南北线闸室充、泄水,单条洞长约 1733.0m。在每条输水主隧洞布设 6 组竖向阀门井,共计 24 个工作阀门井和 48 个检修门井,分别由 24 道反向弧形工作阀门控制各级闸室的充泄水过程,反向弧形工作阀门的上、下游均布设检修门。

泄水经每线船闸末级闸室的输水主隧洞(主廊道),下接涵水箱涵横穿下引航道,从隔流堤外泄入长江;另有小部分水体通过末级闸室辅助泄水廊道(图 6.1.13)泄入下游引航道,使闸室水位与下游引航道水位平齐。

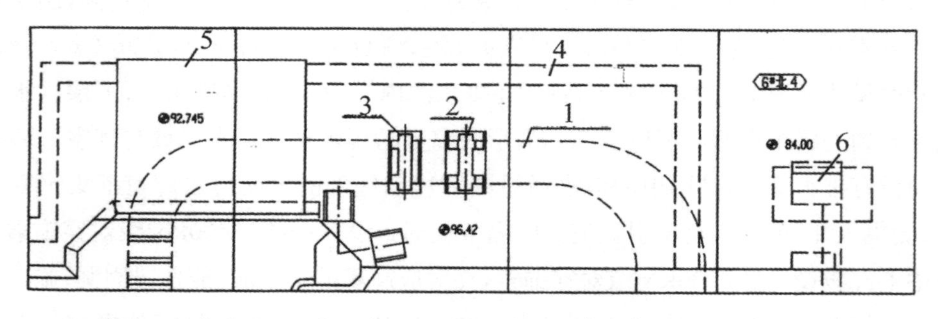

1—辅助泄水廊道;2—工作门井;3—检修门井;4—管线廊道;5—机房;6—水泵井

图 6.1.13 辅助泄水廊道平面布置图

6.1.2.3 船闸引航道布置

双线五级船闸线路总长 6442m,其中主体结构段长 1621m,上游引航道长 2113m,下游引航道长2708m。为了在枢纽运用不同时期减少引航道的泥沙淤积，满足通航水流条件，设计研究比较了上游引航道缓建防淤隔流堤、“小包方案”、先短堤后长隔流堤、“大包方案”和“全包方案”等，并进行了枢纽整体水工模型试验研究。在研究和比较各布置方案利弊，在大量的科研工作和分析的基础上，提出了上游隔流堤采用由船闸右侧向上游延伸至祠堂包堤头的“全包”方案，双线五级船闸和升船机的上游引航道共用航道，临时船闸改建为减淤冲沙闸下游和升船机共用下游引航道的总体布置格局。

(1)上游引航道布置

上游引航道由第1闸首往上游直线段长930m，接半径1000m、圆心角为42°的弯段，再接450m长的直线段至隔流堤头，其上游为530m长的口门区，往上游再接半径为1200m、圆心角32°弯段后，用切线与库区航线相接。上游引航道宽180.0m，口区宽220m；引航道底高程130.0m，其右侧布置长度2720m的隔流堤。如果修建传统方式的隔流堤工程量将非常巨大，结构设计也非常复杂，为此，设计研究采用“汛期隔流，枯期漫顶”的新型隔流堤。隔流堤堤顶高程150m，坝前段上部为混凝土堤，其他部位为土石料填筑堤。将大坝临时船闸坝段及临时船闸改建为冲沙闸，用以对以后上游及下游引航道可能发生的碍航淤积泥沙，通过冲沙闸下泄2500m^3/s流量进行冲沙，可配合降低引航道水位或采用机械松动淤沙措施，以提高冲沙的效果；并预留了在必要时可以增建冲沙隧洞的条件。

第1闸首上游引航道左右两侧布置上游浮式导航墙，全长250m，由8个重力式支墩和8节钢筋混凝土浮厢组成，浮厢单长52～56m型，型宽9.4m、型深5.0m，舱内由纵横隔板分隔为35个隔舱，两端连接于第1闸首边墩和支墩导槽内，能适应库水位135～180.4m变化；上游辅导墙布置在第一闸首中隔墩上游，为混合式透水结构。上游引航道直线段向下游200m布置上游停靠段，在引航道两侧各布置一排靠船墩，每排9个，间距25m，墩顶高程177.5m，最大墩高61.5m，两排靠船墩错开布置。引航道底高程130.0m，其右侧布置长度2720m的土石隔流堤。上游引航道布置见图6.1.14。

(2)下游引航道布置

下游引航道由第6闸首往下游直线段长930m，接半径1000m，圆心角54°的弯段后，再接850m长的直线段至下游隔流堤头，其下游为530m的口门区，下接半径1000m、圆心角10°的弯道连接段与长江主航道衔接。下游引航道起始段宽128m，至直线段末端加宽至180m，往下与升船机引航道交汇处底宽350m，再往下右侧底边线逐渐缩窄至180m，在距口门400m处再增宽至200m；底高程56.5m，其右侧布置长度3700m的土石隔流堤。第6闸首下游引航道左右两侧布置下游导航墙，全长196m，上游段16m为重力式结构，设有基础排水泵井和下游浮式检修门槽，下游段180m为墩板式导航墙，共设10个重力式支墩，将导航航墙板分为10跨；下游辅导墙布置在第6闸首中隔墩下游，顶部高程77.5m，建基面高程56.5m，辅导墙两侧和下游分设浮式检修门槽和浮式检修门门库；下游引航道直线段末段长200m为下游停靠段，两侧均布置9个靠船墩，间距25m，墩顶高程76.3m，墩底高程54.0m。下游引航道布置见图6.1.15。

图 6.1.14 上游引航道实景图

图 6.1.15 下游引航道实景图

6.2 船闸结构

6.2.1 船闸结构采用衬砌式结构类型的研究

6.2.1.1 船闸衬砌式结构的技术特点

1)衬砌结构与岩体联合受力。

2)墙后岩体是结构体系的基础,要求坚硬、完整,除自身稳定、变形满足设计要求外,还需承受衬砌结构传递的荷载。

3)衬砌闸首受力变形满足人字闸门及启闭机的运行要求。

4)混凝土墙体是结构体系的主体,要求能保证自身的强度、限裂和防渗。

5)锚杆作为高薄衬砌结构与岩体之间的连系构件,受力条件比较复杂,不仅承受渗压产生的轴力,而且还承受结构自重及温度变形产生的弯曲应力,其布置对衬砌结构的受力有较大的影响,是体系可靠工作的关键。

6)渗压力是衬砌结构的主要荷载,为有效地控制渗压力,衬砌墙背与岩面间的排水系统是体系正常工作的重要保证。

6.2.1.2 船闸衬砌式结构研究的主要问题

1)深切开挖直立岩坡的研究。

2)衬砌结构性状研究。

3)衬砌墙、结构锚杆、岩体联合受力体系的受力机理研究。

4)结构锚杆的构造和防腐技术研究。

5)墙后排水系统研究。

6.2.1.3 船闸直立岩坡加固技术研究

船闸深切直立岩坡开挖轮廓复杂,边坡岩体地应力释放和岩体卸荷,对边坡稳定造成不利影响。同时，船闸结构和设备运行，对岩体变形限制要求严格，为满足稳定及控制变形要求，对岩坡加固开展了大量的研究和处理工作，保证了高陡岩坡的稳定与变形控制要求。

直立岩坡按船闸衬砌式结构岩基要求进行开挖，作为结构的组成部分，在整体稳定和变形控制满足要求的前提下，需对受开挖爆破和卸荷松弛影响的直立岩坡及块体按结构要求进行加固和处理。

(1)直立岩坡块体分布特征与破坏形式

直立墙顶部及各级闸首纵横向开挖面交界拐角处最易形成块体，半数以上的块体分布于这些部位，块体沿坡顶走向出露范围约占直立坡总长度的三分之一。

直立坡开挖期间，共发现和编录各类块体 784 个，其中 60%以上的块体方量不足 $100m^3$，由于其出露范围和规模较小且失稳大多与开挖同时发生，处理相对简单，对直立坡的成形及施工安全影响不大。相对而言，$100m^3$ 以上的块体虽然数量较少，但体积占块体总量的 90%以上，其危害性、复杂性及处理难度都远超 $100m^3$ 以下的小规模块体。

块体失稳破坏的主要形式是滑移。对于规模较大的块体，尽管组成块体的结构面往往很多，但控制性滑移面仍只有 1～2 个。因此，所有的滑移块体最终都可概化为单滑面块体和双滑面块体两大类。

另一类失稳形式是倾倒式破坏，主要是由反倾坡内的高陡倾角结构面切割形成的单薄块体。由于块体重心高，底部支承面积小，受开挖卸荷或爆破振动等影响，块体易脱离边坡产生向坡外的明显变形，但由于岩体弹模及抗压强度很高，最终发生破坏时仍是沿块体底部某个最不利方向或相对薄弱面剪断滑出。

(2)直立岩坡块体加固技术

1)加固计算模式

船闸直立坡块体的稳定分析及加固设计一般采用刚体极限平衡法，对重要部位的特大型块体还采用有限元法进行岩体应力应变分析，闸首支持墙作用于块体的结构荷载通过三维有限元计算确定。

针对直立坡段块体外荷载作用特点，刚体极限平衡法一般采用改进 Hoek 公式进行计算。对于二维单滑面块体，其稳定应满足(6.2.1)式：

$$K \geqslant \frac{CA + f'(W\cos\phi + V\cos\phi - U - H\sin\phi + T\cos\theta)}{W\sin\phi + V\sin\phi + H\cos\phi - T\sin\theta} \tag{6.2.1}$$

式中：K 为安全系数；C、f' 为滑动面黏聚力、摩擦系数；A、θ 分别为滑动面面积、滑动面倾角；U 为作用于滑动面上的地下水压力；H、V 分别为作用于块体上的外荷载垂直、水平分力；T 为锚固支护力；W 为块体自重；ϕ 是滑面倾角。

对于三维双滑面块体，其稳定计算基本表达式为：

$$K \geqslant \frac{C_1A_1 + C_2A_2 + N_1f'_1 + N_2f'_2}{S} \tag{6.2.2}$$

式中：N_1、N_2 为各滑动面法向压力，为 W、H、V、T 及滑动面产状及锚固力方位角的函数；S 为块体沿滑动面交棱线的下滑力，为 W、H、V、T 及滑动面产状及锚固力方位角的函数。

2)块体处理

针对块体采取的工程处理措施，其目的主要是提高块体稳定性，使之达到设计要求的标准。块体处理的工程措施主要包括以下方面：

①为了充分保护岩体和尽量保持结构要求的开挖轮廓，块体处理以锚固作为普遍采用的主要加固措施，对于 $100m^3$ 以下块体一般采用锚杆加固；$100m^3$ 以上的块体一般采用预应力锚索加固。

②对于严重松动的块体和软弱破碎岩体采取挖除置换处理，但由于三峡船闸直立坡岩体既硬又脆，且隐蔽裂隙发育，一次开挖卸荷后再次爆破很容易造成岩体的二次损伤或裂隙的松弛张开，因此对挖除措施的采用较为谨慎，在能够采取其他措施时，一般尽量避免进行重复开挖。

③结合墙背排水系统增设穿过块体结构面的排水孔以降低地下水压力，是改善块体稳定、特别是抗倾覆稳定条件的重要措施。

④根据直立坡块体分布与基岩状况，必要时通过适当调整衬砌结构的布置或改变结构的形式，改善块体的稳定条件。

6.2.1.4 船闸闸墙衬砌式结构设计理论研究

船闸闸墙薄衬砌结构受力需要考虑混凝土、岩体、锚杆三者的共同协调工作，相关计算分析必须考虑衬砌与岩体之间接触关系，且混凝土与岩体均存在非线性力学行为，因此，船闸闸墙薄衬砌结构分析和设计要比一般船闸复杂得多，研究建立船闸薄衬砌结构的设计理论、方法和技术标准。

船闸薄衬砌结构分析的关键是解决衬砌结构与岩体接触关系的准确模拟，传统的接触面本构假定接触面闭合时，界面能承担不超过剪切强度的切向力，界面张开时则无切向刚度和切向力。事实上，由于开挖后岩体表面不是绝对平整，与混凝土之间会形成咬合力，即使岩体与混凝土衬砌之间有一定的张开，切向咬合力仍然存在。三峡衬砌结构在温度作用下有时某部位会与岩体脱开，即岩体与衬砌接触面会部分张开，这时若采用传统界面本构关系，就大大低估了岩体与衬砌界面实际的切向咬合力，为此，提出了能考虑岩体与衬砌界面切向咬合力的衬砌结构与岩体接触面的本构关系。假设接触面初始法向间隙为 d，两个切向的初始间隙为 d_t 和 d_s，在荷载增量作用下产生的缝面两侧法向、切向的相对位移增量分别为 ΔW_n、ΔV_t 和 ΔV_s，则衬砌结构与岩体接触面的物理方程如式(6.2.3)所示：

$$\sigma_n = K\left(\sum \Delta W_n + d\right), K = \begin{cases} K_n, \left(\sum \Delta W_n + d\right) \leqslant 0 \\ 0, \left(\sum \Delta W_n + d\right) > 0 \end{cases} \tag{6.2.3a}$$

$$\tau_t = K'_t\left(\sum \Delta V_t - d'_t\right)\mathrm{sgn}\left(\sum \Delta V_t\right), K = \begin{cases} K_t, \left(\sum \Delta V_t - d'_t\right) \geqslant 0 \\ 0, \left(\sum \Delta V_t - d'_t\right) < 0 \end{cases} \tag{6.2.3b}$$

$$\tau_s = K'_s\left(\sum \Delta V_s - d'_s\right)\mathrm{sgn}\left(\sum \Delta V_s\right), K = \begin{cases} K_s, \left(\sum \Delta V_s - d'_s\right) \geqslant 0 \\ 0, \left(\sum \Delta V_s - d'_s\right) < 0 \end{cases} \tag{6.2.3c}$$

式中：σ_n 为接触面法向应力；τ_t、τ_s 为接触面切向应力；K_n 为缝面单位面积的法向刚度；K_τ 为缝面单位面积的切向刚度。K_s 表示相对位移差的符号。

由于墙后岩体作用，衬砌墙厚度对墙体的受力条件不起主要作用，闸室薄衬砌墙厚度主要取决于锚杆在墙中的结构布置及施工要求，提出衬砌墙最小厚度根据式(6.2.4)拟定：

$$\delta_{\min} = \delta_R + \delta_D + \delta_C \tag{6.2.4}$$

式中：δ_R 为锚杆抗拔出最小厚度；δ_D 为锚头厚度；δ_C 为保护层厚度。

衬砌式结构需通过高强锚杆保证混凝土与岩体的联合受力，锚杆不但要承受渗透水压产生的拉力，还要承受由于衬砌结构变形所产生的剪力。锚杆在衬砌墙混凝土中的承载力由混凝土抗拔剪力锥或锚杆强度控制，锚杆的强度应满足式(6.2.5)：

$$\left(\frac{V_1 P_u}{\phi_2 P_c}\right)^{\frac{4}{3}} + \left(\frac{V_1 V_u}{\phi_2 V_c}\right)^{\frac{4}{3}} \leqslant 1 \tag{6.2.5a}$$

$$\left(\frac{V_1 P_u}{\phi_1 P_s}\right)^{2} + \left(\frac{V_1 V_u}{\phi_1 V_s}\right)^{2} \leqslant 1 \tag{6.2.5b}$$

式中：P_u 为锚杆承受的拉力；V_u 为锚杆承受的剪力；P_c 为混凝土拉拔锥达到屈服破坏时受到的拉力；V_c 为混凝土拉拔锥达到屈服破坏时受到的剪力；P_s 为锚杆达到屈服强度时承受的拉力；V_s 为锚杆达到屈服强度时承受的剪力；V_1 为锚杆强度安全系数取 1.9；ϕ_1 为系数，取 1；ϕ_2 为系数，取 0.85。

衬砌与岩体之间的高强锚杆在接触面靠岩体一侧设置能自由变形的“自由段”，有效减小锚杆对衬砌墙体切向变形的约束，降低锚杆的剪应力，改善锚杆跨缝处的应力条件，充分发挥锚杆抗拉强度大而抗剪强度低的特点。根据实测资料，衬砌与岩体接触面处的锚杆最大拉应力均小于设计要求的限值，接触面测缝计实测值为−0.5～0.6mm（正值为张开），船闸充泄水及水库蓄水均对测值变化没有明显影响。

截至 2015 年 12 月，三峡船闸已通航运行 12 年，并历经 5 年的水库试验蓄水。对船闸各项监测成果的分析表明，船闸边坡变形是稳定的，边坡地下水及墙背渗压、闸首及闸室墙变形、高强结构锚杆应力等均在设计允许范围内，输水系统运行正常，其主要技术指标均达到或超过设计标准。经运行实践验证，三峡船闸所采用的技术先进、合理、可靠，使世界船闸技术取得了突破性的发展。

6.2.2 船闸闸首结构及衬砌式结构技术

6.2.2.1 船闸闸首结构

(1)三峡船闸闸首结构特点

三峡船闸闸首采用衬砌式结构，闸首边墩与底板之间设有永久结构缝，各自独立受力，结构具有以下特点：

1)衬砌式结构闸首边墩不能依靠自身的体量维持结构的稳定性和结构的强度、变形要求，必须依靠墩墙后较为完整坚硬的岩体与边墩混凝土结构联合受力，才能满足结构稳定、强度和变形要求。在高水位工况下，利用墙后岩体的支承作用以抵抗人字闸门推力、内水压力等荷载；在完建、检修工况下，利用结构锚杆将边墩结构与岩体连成整体，共同承受渗压力等荷载作用。

2)闸首边墩结构为衬砌结构—锚杆—岩体联合受力的空间结构体系，混凝土结构与岩体结合面具有非线性受力特点，由于三者之间相互约束，结构体系受力复杂。

3)三峡船闸为连续五级，根据水级划分，结构采用闸首边墩上段(门龛段)建基面高程与上级闸室底板相同，边墩下段(人字闸门支持墙)建基面高程与下一级闸室底板建基面相同的结构，两段高差26m，支持墙高68m。门推力作用在支持墙的中、上部，边墩整体结构受力复杂。

(2)船闸闸首结构

1)第一闸首

双线船闸第一闸首有枢纽挡水功能，闸顶高程与大坝坝顶相同，均为185m，第一闸首及其两侧挡水坝与中隔墩上游面组成全长325.5m的挡水前缘。第一闸首顺流向长70m，两侧边墩为混合式结构，底宽12m，顶宽20m，高59m～65m。设两条施工横缝(垂直水流向)将其分为三段，第一段长30.0m，第二段和第三段长15.7m及24.3m，施工缝设键槽和浅槽，通过键槽接缝灌浆及浅槽钢筋连接跨缝回填混凝土，将三段边墩连成整体。第一闸首中间航槽宽34m(垂直水流向)，两侧边墩与底板采用分离式结构，在边墩航槽侧2m处设两条结构缝(顺水流向)，将边墩与底板分开，底板宽30m，混凝土厚5～11m。第一闸首第一段设临时封堵门槽和事故检修门槽，第二、三段边墩航槽侧布设人字门，临时封堵门槽宽5m、深1.35m，事故检修门槽位于临时封堵门槽下游，宽5m、深1.35m，底槛高程139m(施工通航期运行底槛高程131m)。第一段上游面设置浮堤导墙，宽1.5m、深1.2m、槽底高程132m。第1段顶部桥机排架柱，柱顶高程203.55m，布设两台2×2500kN桥机，第一段中隔墩两侧结构混凝土内布设人字门上游水位计井；第二、三段迎水面设人字门段，门库长26m，深5.4m，顶部设人字门启闭机房(平面尺寸16m×13.5m)，底高程175.745m，第三段布置人字门A、B拉杆槽和通向机房的电缆廊道(尺寸2.5m×2m)、观测井及观测室，第三段中隔墩两侧结构混凝土内布设人字门下游水位计井。第一闸首结构见图6.2.1。第一闸首上游侧建基岩面最低高程120m，距上游面6m高程124.5m设置闸基灌浆廊道，穿过闸首底板及边墩，圆拱直墙式断面宽3.0m、高3.5m，廊道上设防渗帷幕，下游侧设排水帷幕，在第一闸首左侧挡水坝段基岩内高程152m和右侧挡水坝段基岩高程145m各布设一条基岩排水洞，洞内钻设俯孔及仰孔排水孔形成疏干式排水幕。第一闸首右侧挡水坝段第四坝段直线延伸28m，平行船闸轴线折向下游，穿过坛子岭山体灌浆平洞与拦河大坝左非连接坝段防渗线相接。

第一闸首结构缝在迎水面布设两道铜止水片，上游面竖向止水设止水基座嵌入岩体内，形成封闭止水，两道铜止水片间设置检查槽检查止水埋设质量，水平止水与竖向止水设分区止水片。第一闸首边墩背面贴岩坡布置水平和竖向排水廊道，水平排水廊道尺寸1.1m×2m(宽×高)北线船闸左侧布置3层(高程分别为126m、138m、153.7m)，右侧和南线船闸左、右侧均布置2层(高程为126m、138m)；竖向排水廊道间距5m，断面为80cm×80cm。

2)第二、三、四闸首

第二、三、四闸首边墩为衬砌式结构，顺流向顶高程分别为179.00m、160.00m、

139.00m，长度分别为43.5m、43.5m、41.5m，设一条横缝（垂直水流向）将其分为门龛段和闸门支持体段，两结构之间设永久变形缝，各自单独受力。第二、三闸首门龛段长度均为24.8m，其建基岩面高程分别为124.5m及112.75m；第四闸首门龛段长22.8m，建基岩面高程为92.2m，门龛段边墩下部为薄衬砌结构，上部按布置需要采用重力式结构。第二、三、四闸首人字门支持体段长均为18.7m，其建基岩面高程分别为112.75m、92.2m及71.45m，支

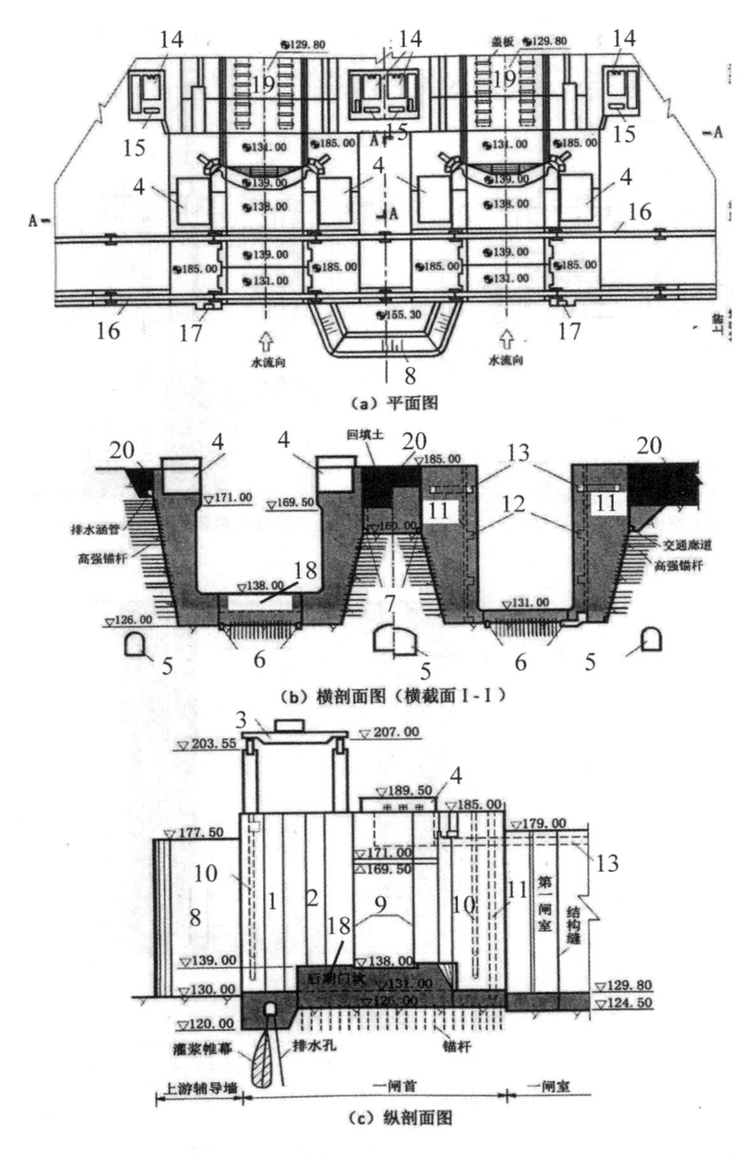

1—临时封堵门槽；2—事故检修门槽；3—2×2500kN桥机；4—人字门启闭机房；5—输水隧道；6—基础排水廊道；7—排水廊道；8—上游辅导墙；9—闸墙混凝土键槽缝；10—水位计井；11—观测井；12—观测室；13—管线廊道；14—工作阀门井；15—检修门井；16—桥机轨道梁；17—导航堤导槽；18—后期加高门坎；19—一闸室底板；20—闸首顶板混凝土护面

图6.2.1 船闸一闸首结构布置图

持体高度分别为66.25m、67.8m及67.55m，边墩采用厚衬砌式结构。门龛段布设人字门启闭机房（平面尺寸16m×13.5m），第二闸首机房底高程在初期运行时为167.745m，后期运行加至175.745m高程，第三、四闸首机房底高程分别为155.995m及135.245m。门龛段迎水面设人字门门库，门库长24m、深5.4m。第二、三闸首设置防撞警戒装置，其导槽设在门龛段上游端部结构混凝土内。门龛段中墩两侧结构混凝土内布设直径1.2m的水位计井。门龛段两侧边墩墙顶部混凝土内设电缆廊道（高2.5m、宽2m），其上游与闸室墙内电缆廊道连通，下游通向人字门启闭机房。第二、三、四闸首结构见图6.2.2。

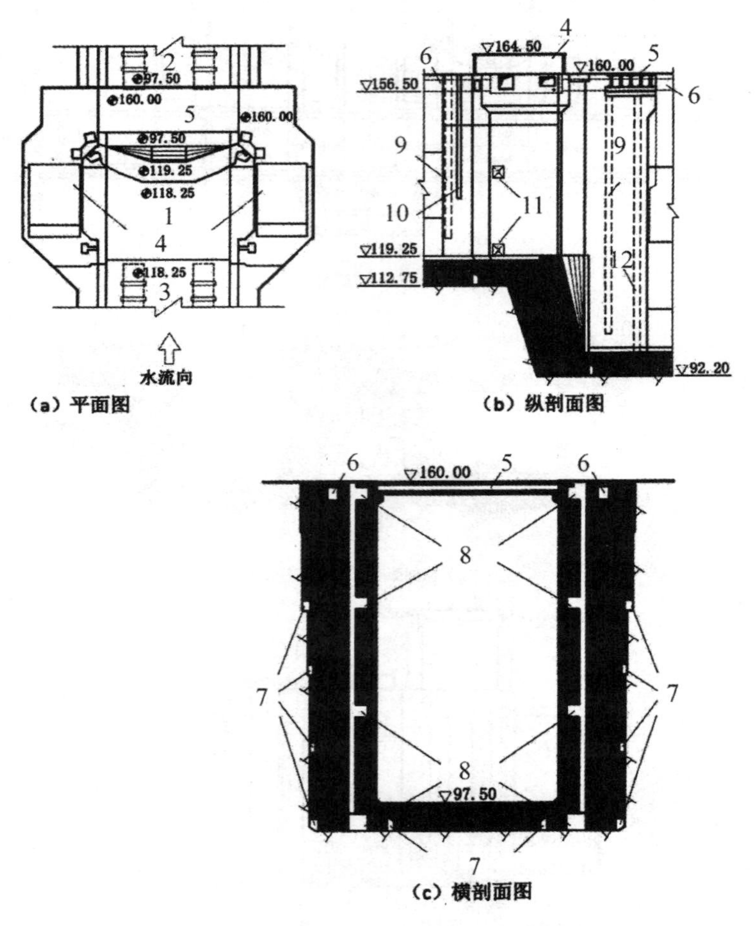

1—三闸首；2—三闸室；3—二闸室；4—人字门启闭机房；5—公路桥；6—管线廊道；7—基础排水廊道；8—观测室；9—水位计井；10—防撞槽；11—限位墩；12—进人孔

图6.2.2 典型闸首(三闸首)结构布置图

第二、三、四闸首两侧边墩和底板采用分离式结构。门龛段两侧边墩为钢筋混凝土衬砌墙，厚1.5m；闸门支持体段底部在底板范围内结合纵缝布置悬壁2m，墙厚14m，底板以上墙厚12～13.9m。各闸首支持体距下游面3m处布置从闸顶通向建基面的观测竖井（断面1.5m×1.2m），沿竖井高程靠闸室侧布设观测室，顶部观测室与管线廊道相通；支持体内布置正垂孔，北线船闸北边和南线船闸南边布设传高孔和倒垂孔，观测室与正垂孔及传高孔连通；支持体段两侧边墩墙顶部混凝土内设电缆廊道（高 2.5m、宽 2m）上游通向人字门启闭机房，下游与闸室墙内电缆廊道连通，横向通向交通桥下的电缆廊道；支撑体段中隔墩两侧边墩墙靠下游面布置直径 1.2m 的水位计井。三个闸首迎水面一侧布置宽 1m、高 2.4m 的连续牛腿，其顶面高程分别为 176m、157m 及 136m，长均为 11.5m。

第二、三、四闸首底板结构布置相同，纵向分两段：第一段为闸首帷墙，贴坡浇筑混凝土，水平投影长 18.5m，宽 30m；第二段结构长 12.5m，在船闸中心线设一条纵缝，将底板分为各宽 15.0m。第二闸首初期运行时帷墙高 18.25m，人字门底槛高程 131m，后期运行加高 8m 至 139m 高程，并在初期浇筑的混凝土表面预留齿槽（长 26m、宽 5.5m、深 0.8m），第二段底板混凝土厚 5.5m；第三、四闸首帷墙高 27.05m，人字门底槛高程 119.25m 及 98.5m。结构缝均布设两道铜止水片，间距 50cm，铜止水片间设检查墙，第一道止水距迎水面 50cm，水平止水和竖向止水设分区止水片，第二闸首底板均预留后期加高的止水接头。

第二、三、四闸首边墩墙贴岩坡面设水平和竖向排水系统。门龛段水平和竖向排水采用排水管；支持体段水平排水廊道 1.1m×2m（宽×高），竖向排水廊道间距约 6m，断面为 80cm×80cm，竖向排水廊道间设竖向排水管。第二闸首边墩墙布置 3 层水平排水廊道，第三、四闸首边墩墙均布置 4 层。底板布纵、横结构缝面底部布设宽 1.5m、高 2～2.75m 的排水廊道，墙后渗水通过闸墩墙底部的基础排水廊道汇集到北线船闸北边和南线船闸南边的集水井后抽排至下游引航道。

3)第五闸首

第五闸首受闸基地质条件限制和结构布置要求，门龛段建基面高程 71.45m，支持体段建基面高程 50.7m，支持体高度 45.72～65.97m，北边墙长 66m，中南、中北、南边墙长 52.8m，门龛段长均为 22.8m，均采用混合式结构，下部为薄衬砌结构，上部为重力式结构，其结构类型和受力特点与混合式闸室墙相同。北边墙支持体段长为 43.2m，其余均为 30m。两侧边墩采用混合式结构。闸首边墙布设人字门启闭机房（平面尺寸 16m×13.5m），机房底高程 109.34m。

第五闸首两侧边墩墙和底板采用分离式结构。门龛段两侧边墩墙上部重力式与下部衬砌墙设一道水平缝，北边墩墙水平缝高程为 90m，南边墩墙水平缝高程为 95m，中北水平缝高程 85m，中南边墩墙基因地质缺陷处理进行扩挖，不设水平缝；上部重力式结构底宽约为 26m，下部钢筋混凝土衬砌墙 1.5m；门龛段迎水面设人字门库（长 24m、深 5.4m），在中隔墩两侧结构混凝土设直径 1.2m 的水位计井。支持体段底宽 14m，顶宽 20m，北边墩开挖高程 80m 以下为 1∶0.1 斜坡，中北边墩开挖高程 75m 以下为 1∶0.1 斜坡；75～85m 高程为 1∶0.5斜坡；中南边墩开挖高程 80m 以下为 1∶0.1 斜坡，80～85m 高程为 1∶0.5 斜坡；南边墩开挖高程 95m 以下为 1∶0.1 斜坡，混凝土贴坡浇筑至 95m 高程后，铅直上升至高程顶 116.67m，三个边墩墙分别在高程 80m 及 85m 扩大断面为重力式结构，并在高程 95m 以 1∶1斜坡至高程 101.5m 后，再铅直升至高程顶 116.67m。北边墩长 43.2m，其中下游

15.7m顶高程 96.42m；其他三个边墩长均为 30m，其中下游 2m 顶高程 96.42m。第五闸首迎水面一侧布设连续牛腿（宽 1.0m，高 2.4m），顶面高程 113.67m，长度 11.5m，北边及中南、中北背水侧顶顶部外挑 1.62m，以满足闸顶面交通要求，南边采用填土形成交通道路。

第五闸首门龛段与支持体段在边墩墙设结构缝分开，支持体段边墩墙增设一道键槽缝，中隔墩两侧和南边坡下游面与闸室墙上部重力式结构接触面中南、中北边墩墩背接触面也为键槽缝，进行接灌浆。第五闸首设电缆廊道、观测竖井、观测室、正垂孔、传高孔、倒垂孔及水位计井等。结构缝设两道铜止水片及止水检查槽，上述布置及尺寸与其他闸首基本相同。门龛段和支持体段贴岩坡面设有水平和竖向排水系统。支持体段北侧边墩墙高程 60～80m，中北、中南边墩墙高程 69～85m 贴岩坡面进行接触灌浆；门龛段水平和竖向排水采用排水管，支持体段水平排水设排水廊道（宽 1.1m、高 2m），竖向排水廊道间距约 6m，断面为 80cm×80cm，南坡布设 2 层水平排水廊道，中南及中北布置 2 层，南坡布设 3 层。底板排水布置与其他闸首相同。

第五闸首底板与两侧边墩墙采用分离式结构，底板结构布置与第三、四闸首相同，纵向分两段，第一段为闸首帷墙，人字门底槛高程 77.75m，建基面高程 50.7m，帷墙高 27.05m，第二段底板厚 5.3m。

4）第六闸首

第六闸首两侧边墩长 56m，顶高程 96.42m，建基面高程 49m，边墩高度 47.42m，采用混合式结构。边墩结构纵向分为门龛段长 16.71m 支持体段长 39.29m，两段之间设永久变形缝，各自独立受力。在支持体中间设键槽缝，后期接缝灌浆。支持体下游接下游导墙或辅导墙（浮式检修门槽段）长 16m。南、北边墩检修门槽段为大体积混凝土结构并与支持体段间设键槽灌浆缝，将两者联成整体共同受力；中南、中北边检修门槽段为钢筋混凝土衬砌墙结构，与支持体段之间设永久变形缝，各自单独受力。根据布置要求，第六闸首门龛段和支持体段底宽均为 16m，顶宽 20m。北边墩上游 25m 衬砌结构高度 21m，下游 31m 衬砌结构高度 16m，岩体开挖坡比 1∶0.185；中南、中北边墩对称布置，衬砌高度 36m，岩体开挖坡比高程 85～49m，由 1∶0.5 渐变为 1∶0.15；南边坡衬砌结构高度 41m，岩体开挖坡比高程 90～80m 为 1∶0.5，高程 80～49m 为 1∶0.19。北边墩衬砌混凝土贴坡浇筑，上段在高程 70m，下段在高程 65m 扩大断面为重力式结构，并分别在高程 77m 和 72m 以 1∶1～1∶0.574 的斜坡渐变到 83.75m 高程，再钻直升至闸顶高程 96.42m。中南、中北边墩和南边墩衬砌段分别贴坡浇筑至高程 80m 和 90m，再钻直升至闸顶高程 96.42m。第六闸首边墩布设辅助泄水廊道和一道检修门槽及一道平板工作门槽，两道门槽间距 5m，布置在边墩支持墙内，开槽尺寸顺流向检修门槽 1.02m、工作门槽 0.82m 宽均为 5.2m，下游工作门槽在高程 59.3m 以上扩大作为平板工作门的检修门槽，顺流向长 2.9m，宽 5.2m。辅助泄水廊道底高程 51.25m，其中心线距支持墙迎水面 8.8m，廊道断面自工作门槽下游面 7.3m 以上为 3.6m×3.75m（宽×高），以下高度不变，宽度逐渐扩宽至 5.6m。第六闸首结构平面布置见图 6.2.3。

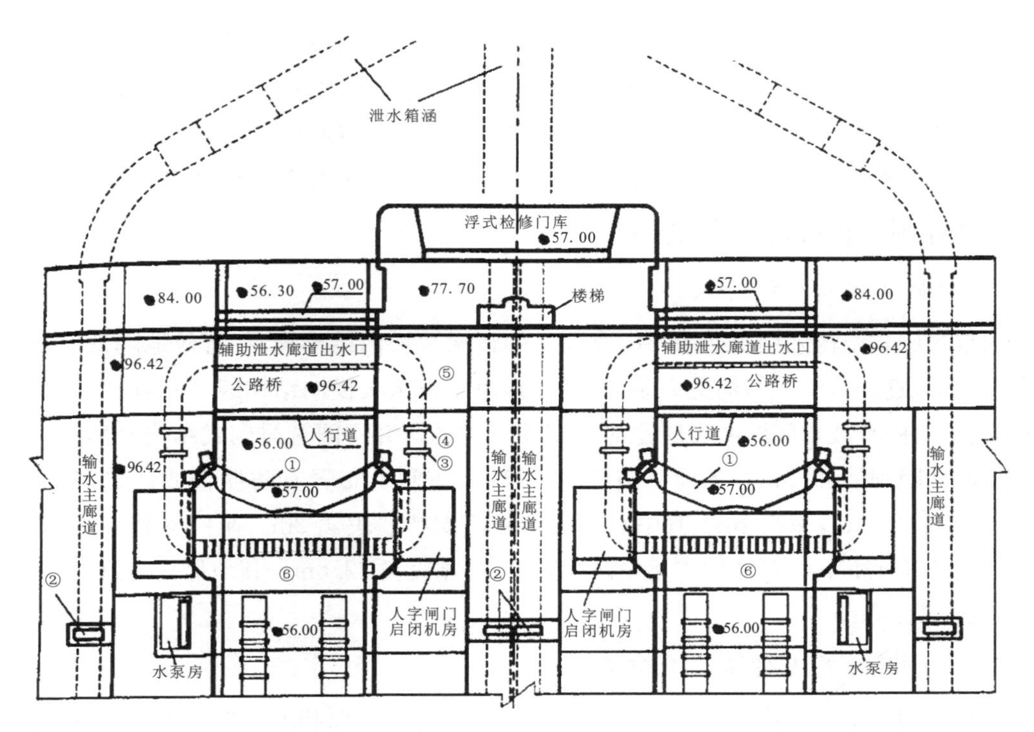

①人字闸门底坎；②输水廊道下游检修闸门井；③辅助泄水廊道工作闸门井；④辅助泄水廊道检修闸门井；⑤辅助泄水廊道；⑥辅助泄水廊道进水口

图 6.2.3 第六闸首结构平面布置图

第六闸首底板与两侧边墩采用分离式结构，底板长 58m，宽 30m，建基面高程 49m，底板顶面高程 56m，设垂直水流向缝将底板分为三块，长度分别为 16.71m、22.29m、19.00m。人字门底槛高程 57m，第一、二块底板厚 7m，第 3 块上段 5.4m 板厚 7m，下段 13.6m 顶面高程由 56m 降至 51.25m，板厚由 7m 减至 2.25m，与浮门底板组成长 15.6m 的凹槽，布置出水廊道。辅助泄水廊道进水孔（尺寸 40cm×360cm）布设在底板第十块，共 22 孔，其中 6 孔在门龛段底板上；出水孔（尺寸 100cm×160cm）布设在第三块的凹槽内，为两侧面出水，两侧共设 28 孔。

南、北支持体下游面的导墙（浮式检修门槽段）长 16m，顶宽 20m，顶高程 84m，墙基高程及墙后开挖与支持体相同，墙底部局部下挖至高程 42.9m 布置集水井（长 4m、宽 2.5m、深 5.5m），高程 49～79m 为泵井（长 4m、宽 1.5m），在高程 79～84m 处设泵房（长 8m、宽4.5m），泵井中心线距迎水面 6.75m。中南、中北辅导墙（浮式检修门槽段）对称布置，为薄衬砌墙结构，长 16m，厚 3m，墙基高程上游长 5.5m 为 49m，下游 10.5m 抬升至 53.5m，中南、中北辅导墙设浮式检修门槽（长 7m、深 1.47m）。南、北侧导墙设浮式检修门槽（长3.5m、深 2.4m），其下游面为方便浮门进出设 45°倒角。导墙段底板基岩高程上游长 5.5m 为 49m，下游 10.5m 抬升至 53.5m。浮门底槛高程 57m，底板顶面高程 56.3m。

第六闸首边墩和底板与基岩接触面布设排水管网，水平和竖向排水管网以排水廊道(80cm×80cm)为主，并在竖向排水廊道间设竖向排水管，渗水均通过基础排水廊道汇集至南北两侧排水井后抽排至下游引航道。北线闸首北边墩墙背回填石碴混合料至80m高程，南线闸首南边墩墙背回填石碴混合料至96.42m高程，回填料底部布设排水涵管。

6.2.2.2 船闸闸首衬砌式结构技术

(1)衬砌式结构分缝分块

闸首衬砌式结构采用支持墙与门龛段之间设永久横向结构缝，将有效地降低门龛段结构混凝土的拉应力，改善结构受力条件。同时，由于设永久横向结构缝，门龛段受力条件与闸室墙相同，闸首技术问题的实质是对支持墙技术的研究。闸首衬砌式结构分离式边墙在闸底板两侧距闸墙面2m处各设一道纵缝。第二、三闸首布置有防撞警戒装置，门龛段长24.8m，门库长24m，深5.4m。其中利用人字闸门支持墙段4.2m。闸门支持墙段18.7m。闸首结构总长43.5m。第4闸首不设防撞装置，门龛段长22.8m。其他尺寸与第二、三闸首相同，总长41.5m。

(2)衬砌式结构支持墙设置结构锚杆

闸首衬砌式结构支持墙断面为18.7m×12m，支持墙背面和下游面均布设高程锚杆，以有效地限制支持墙与岩体接触面的张开度，保证支持墙与岩体的联合受力条件。锚杆选用直径32mm，屈服强度≥800MPa，极限抗拉强度≥1000MPa，延伸率≥6%，冷弯a=8d、弯曲90的高强精轧螺纹Ⅴ级钢筋。边墩下部高15m范围，锚杆长9m；中部高15m范围内，锚杆长11m；上部锚杆长一般为13m，锚杆间距1.5m×1.5m，锚入结构混凝土内2.5～3.0m。为避开边墩墙背的排水管网，以及满足墩墙混凝土施工要求，高强锚杆采用矩形布置。锚杆在混凝土内设有锚头，锚杆垂直岩面，采用水泥砂浆有压注浆。第二至五闸首底板帷幕斜坡段布设水平高强锚杆，其中，第三至五闸首帷幕斜坡段高度基本一致，下部设5排锚杆，长9m，中部设4排锚杆，长11m，上部设3排锚杆，长13m；第二闸首帷幕斜坡段较低，锚杆相应减少。底板锚杆间距1.5m×1.5m，锚入结构混凝土2.5m。第六闸首底板1、2、4块设普通锚杆，长6m；第3块布设辅助泄水廊道出水口，设置高强锚杆，长9m，锚杆垂直布置，间距2m×2m。

高强锚杆在岩体与结构混凝土接触面设置自由变形段，以减小锚杆对衬砌墙的约束。闸首支持段高强锚杆自由段长度一般为1m，自由段杆体进行喷锌及涂料封闭和外套橡皮管的联合防腐方式处理。要求喷锌两道，总厚度120～180μm，封闭材料采用三油两布(油料为BW9355型改性环氧重防腐涂料，布料为玻璃纤维布，封闭层的干膜厚度300～500μm；橡胶套管采用耐磨的硅橡胶或普通橡胶套管，壁厚大于6mm)。高强结构锚杆构造见图6.2.4。

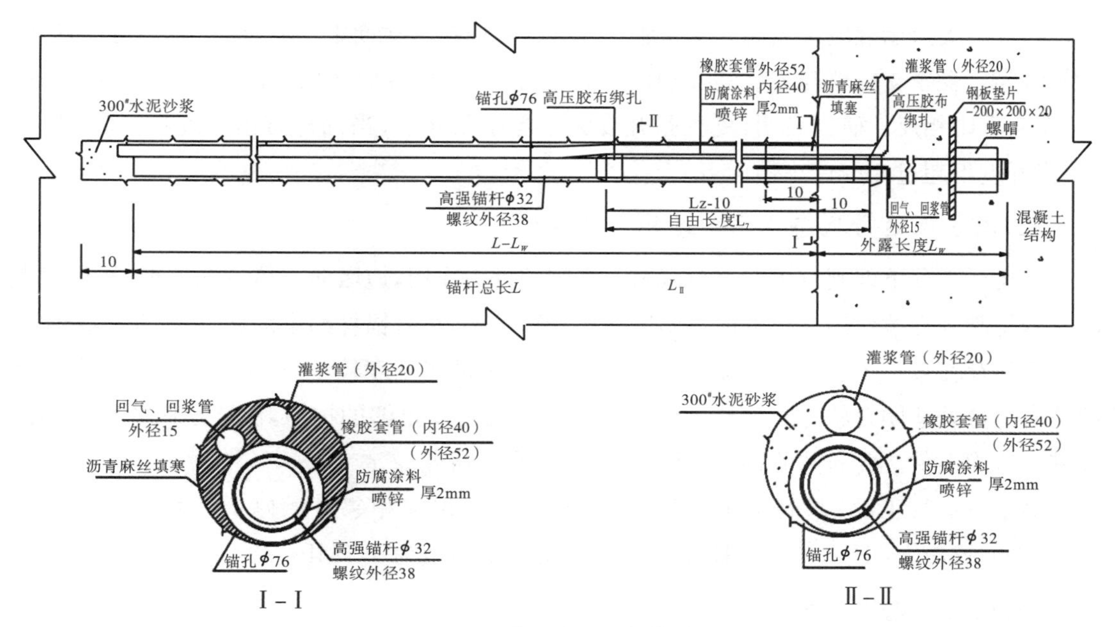

图 6.2.4 高强结构锚杆构造图

(3)墙背面设置排水系统

支持墙与岩体接触面设置高效、可靠的排水系统，严格控制墙背面水位，保证衬砌结构与岩体联合工作条件。闸首边墙贴岩坡面设有水平和竖向排水系统，门龛段水平和竖向排水采用排水管，支持墙水平排水廊道宽 1.1m，高 2m，竖向排水廊道间距约 6m，断面为 80cm×80cm。竖向排水廊道间还设有一竖向排水管。

闸首底板根据布置要求由 3 部分组成，帷墙上游段，帷墙段和帷墙下游段，3 段之间设缝分开。底板宽 30m，帷墙上、下游段厚 5.3m。根据水级划分，帷墙高度为 22.6m，为衬砌式结构。底板内设基础排水廊道，闸首纵向排水廊道与闸室纵向排水廊道相连。底板上、下游段各设一条横向排水廊道，形成底板的封闭排水系统，以降低底板的渗压力。

6.2.2.3 闸首衬砌式结构体系的力学分析

闸首衬砌式结构是一个复杂的非线性空间体系，其结构研究主要包括闸首结构的应力应变状态，与岩基的接触情况及锚杆的受力规律等。对该结构体系的力学分析如下：

(1)闸首混凝土结构与基岩初始接触形态的研究

重点研究施工过程和完建期混凝土结构与岩基之间的接触形态、锚杆的初始应力、混凝土结构的应力和变形状态等，并为运行工况下的结构分析，确定非线性边界条件和结构的初始应力状态。分析采用考虑混凝土施工浇筑过程和收缩徐变特性的有限元仿真计算方法。分别对支持墙与基岩之间不设锚杆、设锚杆且锚杆在接触面处的自由长度分别为 50cm 和 100cm 等方案结合面的张开度研究表明，当不设锚杆时，张开度最大达 7mm，且接触面从上到下全部张开；对于有锚杆的情况，夏季顶部合拢下部张开，冬季顶部和底部张开，中部高程闭合。表明支持墙混凝土表面夏季膨胀，冬季收缩，而在接触面上，温度变化极小，且滞后约半年时间。夏季支持墙与岩坡的接触面受到锚杆的约束，缝面在顶部向岩体靠拢而中间张开，在冬季则相反。研究表明，夏季张开度大于冬季张开度，当锚杆自由长度在 50cm 以上时，张开度不超过 3mm。

(2)高水位运行状态下闸首结构计算分析

在运行工况下即闸首承受水荷载及人字闸门推力作用，边墩向岩体方向变形，岩体对混凝土结构起到支撑作用。根据前述温度变形计算结果，在有锚杆约束的条件下，虽然墙体与岩体之间存在某一形态初始间隙的影响，但初始间隙的张开度较小，且不论夏季还是冬季缝隙总有部分处于闭合状态。部分岩体可以为支持墙提供足够的抗力，保证结构的整体稳定和基底应力条件。此时忽略锚杆作用，作为分析模型研究。

高水位运行工况：基底基本上均处于受压状态，仅在相邻航槽侧上游角点局部出现 0.1MPa的拉应力，但拉应力范围很小，基底最大压应力值为 3.5MPa。

(3)检修状态下闸首结构分析

在检修工况下，闸首边墩主要承受墙后渗水压力，墙体向航槽方向变形。由于假定混凝土结构与岩体之间不承受拉应力，因此在这种工况下，接触面的缝隙形态对结构力学性态影响可忽略不计，主要分析锚杆的受力状态及其对混凝土结构应力、应变的影响。衬砌式闸首在检修状态下，锚杆强度满足设计要求。

(4)支持墙变形

由于支持墙、结构锚杆和岩体联合受力，墙背设置排水系统，在各种条件下，支持墙变形均很小，满足人字闸门及其设备的运行要求。

(5)岩体徐变

三峡船闸因开挖卸荷地应力释放而导致岩体变形，对船闸结构有影响的主要是船闸衬砌墙浇筑和人字闸门安装后继续发生的岩体变形，即运行期岩体的时效变形。但大量计算分析表明，高边坡每开挖一级，在 10d 内约可完成总变形的 90%，一般 15～20d 基本稳定。边坡开挖完工至人字闸门安装投入运行的间隔时间长达 3 年左右，人字闸门真正投入运行后，岩体的流变量非常微小，一般在结构的允许范围。但在闸门结构上仍然预留一定微调裕度，以满足岩体发生小量变形后对闸门进行微调的要求。

6.2.2.4 闸首衬砌式结构锚杆应力分析

在船闸进行反复充、泄水的过程中，衬砌墙的墙前、墙后水压力使锚杆承受一种拉、压交替的荷载作用。当墙背与岩体间黏接面开裂后，锚杆不但要承受渗透水压产生的拉力，同时，由于岩基对墙体的约束不再是由岩基直接作用到墙体上，而是通过锚杆转换作用到墙体上，使锚杆同时承受部分混凝土自重及温度荷载产生的剪力和拉力。

研究表明，当混凝土与岩基黏接良好时，由于衬砌墙与岩基的接触面比锚杆的面积大得多,衬砌墙与岩基的相互作用几乎不涉及锚杆,锚杆仅在其中受到很小的轴力,且无剪力作用。当混凝土与岩基接触面处于脱开状态时,锚杆受力最大。

混凝土与岩体的接触面的接触状态直接影响结构的变形和应力,是人们长期以来关心的复杂问题,而且缝面的初始接触状态直接影响后期荷载作用下的缝面接触状态和结构中的应力分布,因此,需从施工期开始即对缝面的接触状态进行仿真计算研究。接触面均按接触问题考虑,布置接触单元。

(1)计算模型

1)闸首支持墙

在混凝土浇筑过程中基础部位层厚1.5m,共3层,其他部位层厚2m,每一层布置两排单元。10月1日开始浇筑混凝土,间歇期7d,连续上升。计算时段为:浇筑期间一天一步,混凝土浇筑到顶后,逐渐过渡到一个月一步,共计495个时段。

2)闸室衬砌墙

由于混凝土闸室衬砌墙较薄,基础混凝土浇筑层厚1.5m,其他部位层厚3~4m。按一天浇筑一层,间歇6d,即七天一层,连续上升。开始浇筑日期取在10月1日。整个施工、运行期模拟了5年。

(2)材料参数

1)混凝土强度等级R250,水泥用量为205kg/m^3,入仓温度见表6.2.1。

表6.2.1 混凝土入仓温度

月份	1	2	3	4	5	6	7	8	9	10	11	12
入仓温度(℃)	10	10	16	20	19					19	16	10

2)年气温变化采用气温曲线。

3)混凝土和基岩的热学及力学参数见表6.2.2。

表6.2.2 混凝土及基岩的热学、力学参数

项目	混凝土	基岩	单位
导温系数	0.083	0.083	m^2/d
放热系数	1304.66	1304.66	kJ/(m^2·d·℃)
比热	0.9576	0.9576	kJ/(kg·℃)
密度	24.01	26.46	kN/m^3
变形模量		35	GPa
泊松比	0.167	0.2	
线膨胀系数	0.85×10^{-5}	1×10^{-5}	1/℃

(3)边界条件

混凝土与基岩之间界面的摩擦系数f=0.7,黏结力C=0MPa。设缝面摩擦系数和黏结

力分别为 f、C,初始法向间隙为 W。在某荷载作用下产生的缝面两侧法向 n、切向 τ 和 S 的相对位移分别为 w_r、u_r 和 v_r,则缝面的物理方程:

$$\{\boldsymbol{\sigma}\}=\begin{Bmatrix}\sigma\\ \sigma\\ \sigma\end{Bmatrix}=[\boldsymbol{D}]\begin{Bmatrix}\left(1-\dfrac{\omega_0}{|\omega_r|}\right)\mu_r\\ \left(1-\dfrac{\omega_0}{|\omega_r|}\right)v_r\\ (\omega_r+\omega_0)\end{Bmatrix} \tag{6.2.6}$$

式中:$[\boldsymbol{D}]=\begin{bmatrix}K'_t & & 0\\ & K'_s & \\ 0 & & K'_n\end{bmatrix}$ $K'_t=\begin{cases}k_t, \omega_r+\omega_0<0 \text{ 且} \sqrt{\tau_t^2+\tau_S^2}<C-f\cdot\sigma_n\\ 0, \omega_r+\omega_0>0 \text{ 或} \sqrt{\tau_t^2+\tau_S^2}<C-f\cdot\sigma_n\end{cases}$

$K'_s=\begin{cases}k_s, \omega_r+\omega_0<0 \text{ 且} \sqrt{\tau_t^2+\tau_S^2}<C-f\cdot\sigma_n\\ 0, \omega_r+\omega_0>0 \text{ 或} \sqrt{\tau_t^2+\tau_S^2}<C-f\cdot\sigma_n\end{cases}$ $K'_n=\begin{cases}k_n, \omega_r+\omega_0<0\\ 0, \omega_r+\omega_0>0\end{cases}$ 以上各式中,k_t、k_s、k_n 为缝面单位面积的切向刚度和法向刚度,若 k_t、k_s、k_n 取无穷大,则当缝面连续,即法向闭合,但不发生滑动时,缝面两侧的相对位移趋于零。实际计算中一般取比混凝土的弹模高一个数量级。

K'_t、K'_s、K'_n 中,$w_r+w_0<0$,表示法向闭合,$w_r+w_0>0$,表示法向张开。缝面从张开状态($w_r+w_0>0$)向闭合状态($w_r+w_0<0$)变化时,在法向闭合前,切向位移不产生剪应力,剪应力表达式中出现了比例系数$(1-w_0/|w_r|)<1$。此外,当法向闭合时,剪应力可能超过抗剪强度而产生滑移,因此剪应力还要满足条件 $\sqrt{\tau_t^2+\tau_S^2}\leqslant C-f\cdot\sigma_n$。缝面采用厚度趋于 0 的八结点单元模拟。

在考虑施工期温度徐变影响的缝面接触问题的全过程仿真计算中,按常规办法计算出各计算时段的变温和徐变产生的荷载增量,以上一时段的缝面接触状态和接触应力作为本时段的初始值,进行接触问题非线性迭代,直至前后两次迭代的计算结果接近,转入下一时段。

(4)计算结论

1)衬砌闸首锚杆应力及接触缝状态

锚杆自由长度为 1m、0.5m 及 0.2m 方案,各部位锚杆的最大应力随着锚杆自由长度的减小,锚杆轴向应力增大。当锚杆的自由长度为 0.5m 或 1m 时,锚杆轴向应力都在其强度范围内。而当锚杆的自由长度为 0.2m 时,局部锚杆的轴向应力超出了其抗拉强度。当锚杆自由长度为 50cm 时,各锚杆发生的最大平均剪应力极小。随着气温的周期变化,锚杆应力也呈很有规律的周期变化。这说明锚杆轴向应力有很大一部分是在运行期由温度引起的。

支持墙与基岩之间不设锚杆时,张开度最大达 7mm,且接触面从上到下全部张开。对于有锚杆的情况,夏季顶部合拢,下部张开,冬季顶部张开最大,中部高程闭合,再往下呈张开状。研究表明,夏季张开度大于冬季张开度,而当锚杆自由长度在50cm以上时,张开度不超过3mm。

2)衬砌闸室墙锚杆应力及接触面状态

当锚杆自由长度分别为0.5m及0.2m时,各部位锚杆的最大应力随着锚杆自由长度的减小,锚杆轴向应力增大,但都小于锚杆的抗拉强度。

锚杆的剪应力,当锚杆自由长度为20cm时,其值为20～40MPa,锚杆自由长度为50cm时,锚杆剪应力小于8.3MPa。显然,锚杆自由长度越大,锚杆剪应力越小。

6.2.3 船闸闸室结构及衬砌墙结构技术

6.2.3.1 船闸闸室结构

(1)三峡船闸闸室结构特点及主要功能

1)闸室结构的特点

三峡船闸布置在花岗岩区,其岩性坚硬、完整,是良好的建筑物基础。闸室结构以两侧花岗岩作为依托,设计成直立式薄衬砌墙,闸顶以上开挖成稳定边坡。闸室结构采用分离式结构,沿船闸轴线方向设有两条纵缝,闸墙与底板分开,纵缝距闸墙面2m。

根据结构稳定要求,衬砌墙需借助锚杆与岩体连成整体。闸墙为带锚杆的钢筋混凝土衬砌墙,充分利用墙背的岩体作为支撑,与混凝土结构联合受力,共同承受结构荷载,节省工程投资。其结构的主要特点是通过结构锚杆,将衬砌墙与墙后支持岩体连成整体,共同承受外荷载的作用。

对衬砌结构的基本要求:①高水位运行,在闸室内水压力等荷载作用下,衬砌结构依靠墙后岩体支撑,衬砌结构应能有效地向墙后岩体传递荷载;②检修工况,衬砌墙在渗压力作用下,墙身自重锚杆向岩体传力维持结构稳定,衬砌墙的稳定及强度由结构锚杆的受力条件控制;③高薄衬砌墙受锚杆和岩体约束,温度荷载影响较大,需采取构造措施解决。

2)衬砌结构主要功能

三峡船闸结构,曾对闸室墙结构采用喷锚方案或直接利用岩面作为闸室墙的技术可行性进行了研究。三峡船闸属世界上规模最大、水头最高的多级大型船闸,水力学条件相对复杂。经论证,岩面不衬护和在表面只用混凝土喷护的岩槽型闸室,难以满足闸室的水力学条件和船舶安全过闸的要求,且不能隔断闸室与岩体进行水体交换,对岩坡的稳定有不利影响,故未采用。

为保证船闸工程的安全可靠性、经济性、适用性,闸室确定采用钢筋混凝土薄衬砌结构。衬砌墙主要功能如下:①构成一个平整的闸室墙面,并在上设置系船、监控、监测、管线和交通等设备设施,方便船队进出闸,避免因闸室墙面的不平整,造成船只进出时受损,同时避免充泄水过程中引起闸室水体扰动,影响闸室停泊条件;②起到隔水作用,防止岩体与闸室进行水体交换,影响岩体的稳定;③建筑物整齐、美观,美化环境。

(2)船闸闸室边墩墙及底板结构

1)闸室边墙

船闸闸室及闸首在山体岩石中深切开挖修建,根据地形地质条件,闸室基岩位于弱风化下带顶板高程以下,闸室边墙采用钢筋混凝土衬砌墙结构,通过结构锚杆将衬砌墙与墙后支持岩体连成整体,共同承受其作用的外荷载,见图 6.2.5(a);当弱风化下带顶板高程低于闸室顶部高程时,闸室墙采用混合式结构,见图 6.2.5(b)。混合式闸墙顶部宽度一般为6.6m,其中1.6m为悬挑结构,在交通平台部位无悬挑结构,闸墙顶宽 5m。重力墙基岩为弱风化下带,其建基面高程随弱风化下带顶板高程的变化而变化,墙后坡比为 1∶0.65。闸室墙纵向分缝间距一般为 12m,各闸室第一分化下带顶板高程的变化而变化,墙后坡比为 1∶0.65。闸室墙纵向分缝间距一般为 12m,各闸室第一分流口为 24m。第一闸室边墙基底高程 124.5m,闸顶高程 179m,墙高 54.5m,闸墙沿高程设水平结构缝,北墙设在高程 145.2m、161.2m、174.5m,中北墙设在高程 138m、153.7m、170m,南墙及中南墙设在高程 145.2m、160～165m;第二闸室边墙基底高程 112.75m,闸顶高程 160m,墙高 47.25m,水平结构缝四个边墙均设在高程 127.75m、142.75m、155.5m;第三闸室边墙基底高程 92.2m,闸顶高程 139m,墙高 46.8m,水平结构缝四个边墙均在高程 107.2m、122.2m、134.5m;第四、五闸室为上部重力墙,下部衬砌墙结构,水平缝视地质条件确定。第一闸室北边墙为钢筋混凝土衬砌墙,底部墙厚 1.5m,顶部墙厚 2.1m,墙高 54.5m;中隔墩北边墙,除中北 0.1 及 0.2 重力墙高 14m,其余 19 个结构块重力墙高度均为 9m;中隔墩南边墙,中南 04～中南 14 重力墙高 19m,其余 10 个结构块重力墙高度均为 14m;南边墙南 01～南 16 重力墙高度为 19m,其余 5 个结构块重力墙高度均为 14m。第二层及第三闸室边墙均为钢筋混凝土衬砌墙,底部墙厚 1.5m,顶部墙厚 2.1m,墙高分别为 47.25m 及 46.8m。第 4 闸室北边墙北 01～北 08 为衬砌式结构,北 09～北 21 为混合式结构,重力墙高度 16.67～26.67m;中北边墙中北 01～中北 08 为衬砌式结构,中北 09～中北 21 为混合式结构,重力墙高度 8.67～31.67m;中南边墙中南 01～中南 07 为衬砌式结构,中南 08～中南 21 为混合式结构,重力墙高度 8.67～31.67m;南边墙南 01～南 11 为衬砌式结构,南 12～南 21 为混合式结构,重力墙高度8.67～21.67m。第 5 闸室北边墙北 01～北 06 重力墙高度 28.42m,北 07～北 13 重力墙高度 16.42m,北 14～北 20 重力墙高度均为 26.42m;中隔墩北边墙中北 01～中北 07 重力墙高度 24.62m,中北 08～中北 12 重力墙高度 16.42m,中北 13～中北 20 重力墙高度均为 21.42m;中隔墩南边墙中南 01～中南 05 重力墙高度 21.42m,中南 06～中南 16 重力墙高度11.42m,中南 17～中南 20 重力墙高度为 21.42m;南边墙南 01～南 03 重力墙高度 16.42m,南 04～南 20 重力墙高度均为 6.42m。

闸室每侧边墙顶部布设管线廊道(2m×2.5m),在南、北侧墙管线廊道内布置一条引张线,其首、尾端点各以正、倒垂线为工作基点,监测船闸水平位移,通过倒垂和第一至五级船闸基础排水廊道内设置的双金属标监测船闸垂直位移。闸室墙迎水面布置浮式系船柱、制动带缆柱和爬梯等船舶航行设施,背水面布置水平、竖向排水管。墙背与基岩接触面设置排水管网，排水管网中心距顺流向 4m、竖向 7.5m，并在纵向及横向结构缝面后相应布设三角形排水沟，要求竖向排水管垂直以便检修疏通，衬砌墙底部布设与基础排水廊道相通的连通槽，基础排水廊道(断面宽 1.5m、高 2～2.5m)布置在纵缝面靠底板一侧，每线船闸布置两条，从第一闸首通向第六闸首后，合并为一条，将水引向第六闸首下游的集水井，抽排入下游航道。

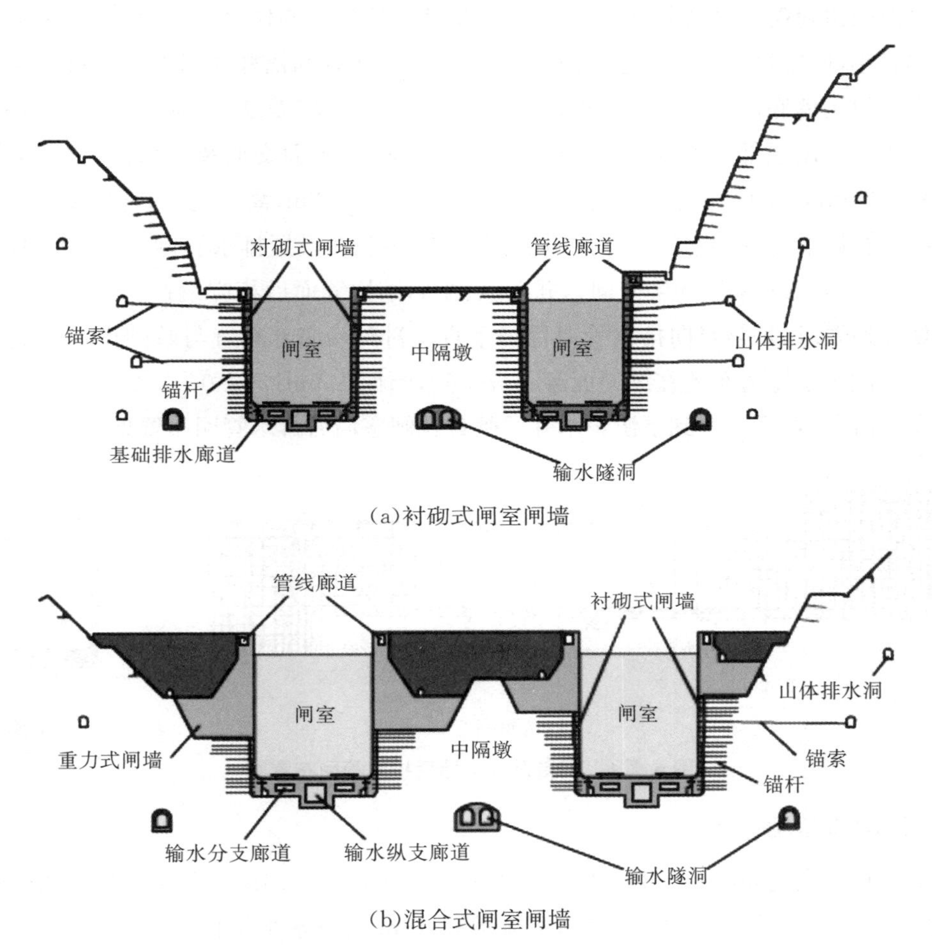

图 6.2.5 船闸闸室墙结构示意图

2)闸室底板

闸室底板与两侧边墙采用分离式结构，在边墙航槽侧 2m 处布设两条纵缝(沿船闸轴线方向)，将闸墙与底板分开，底板宽 30m。底板横缝(垂直船闸轴线方向)间距一般为 12m，第一、二分流口横缝间距 24m。闸室底板分为 3 种结构：①分流口底板，第一分流与第二分流口底板厚度均为 8.7m，底板平面尺寸 30m×24m(宽×沿船闸轴线长)。②分支廊道底板，混凝土厚度 5.3m，布设两条分支廊道(廊道断面高 2m、宽 5m，廊道顶板混凝土厚 1.8m、底板混凝土厚 1.5m)，每级闸室在分支廊道底板(两端各 4 块)。底板平面尺寸为 150m×12m(宽×沿船闸轴线长)。③分支廊道及支廊道底板，布设二条分支廊道和一条支廊道底板，在分支廊道处底板同②,支廊道(廊道断面高 5.2m、宽 5m,廊道顶板混凝土厚 1.8m。底板混凝土厚 1.7m)处闸室底板混凝土厚 8.7m,平面尺寸为 30m×12m(宽×沿船闸轴线方向长)。

6.2.3.2 闸室衬砌墙结构技术

(1)优选衬砌墙厚度

通过对闸室衬砌墙厚度研究分析,发现衬砌墙背后岩体的作用,衬砌墙厚度对墙体受力条件影响较小,闸室衬砌墙厚度选用薄墙,应满足设备布置和锚杆在墙内锚头布置的构造及受力要求。衬砌墙底部墙厚 1.5m,根据开挖要求每 15m 高,需设一 30cm 的施工小平台,故中部墙厚为 1.8m,顶部一般墙厚 2.1m。根据管线廊道、闸面交通及系船、消防设备等布置要求,最上部 5m 高度墙宽为 5m,内设有断面尺寸 2.5m×2m(高×宽)的管线廊道。

为减少衬砌墙背的渗水压力作用,墙背与岩体接触面设置排水管网。排水管网中心间距约为 4.0m×7.5m(顺流向×竖向),并在纵、横向结构缝面后相应设置三角形排水沟。为满足检修疏通要求,每条竖向排水管要保证垂直。衬砌墙底部布置与基础排水廊道相通的连通槽。基础排水廊道布置在纵缝面靠底板一侧,断面 1.5m×(2.0~2.25m)(宽×高),每线船闸布置两条,最后汇合到下游集水井。闸首及闸室墙后排水管网布置见图 6.2.6。

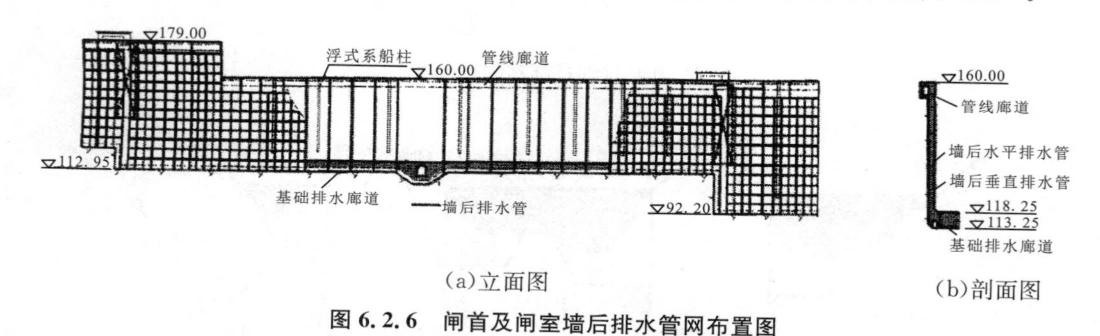

图 6.2.6 闸首及闸室墙后排水管网布置图

(2)衬砌墙结构分缝

闸室衬砌墙横缝间距一般为 12m,各闸室第一分流口为 24m。为改善施工期衬砌墙混凝土温度应力及结构锚杆的受力条件,衬砌墙每 15m 高设水平结构缝,水平结构缝面抹平收光且钢筋过缝。

(3)衬砌墙设结构锚杆

闸室边墙采用钢筋混凝土薄衬砌结构的墙段,其结构锚杆将衬砌墙与墙后岩体连成整体,位于边墙中下部的结构锚杆长 8m,间距 2m×1.5m~1.5m×1.35m;在边墙中上部的锚杆长 10m,间距 2m×1.8m;在边墙上部的锚杆长 12m,间距 2m×2m。锚杆锚入结构混凝土 1.45~2.05m。边墙上部采用重力墙结构的墙段,在靠近重力墙墙基岩体部位的结构锚杆适当加密。为避开墙背排水管网以及满足边墙混凝土施工要求,高强锚杆采用矩形布置,锚杆在边墙混凝土内布设锚头。锚杆垂直岩面,采用水泥砂浆有压注浆。高强锚杆在结构混凝土与岩体接触面设置自由板,以减小锚杆对衬砌墙的约束,闸室衬砌墙结构锚杆自由段长度 50cm,其防腐蚀处理要求同闸首结构锚杆。

(4)衬砌墙背后设排水管网

为减小衬砌墙背后的渗水压力,墙背与岩体接触面设置排水管网。排水管网中心间距顺流向 4m、竖向 7.5m。为减少衬砌墙背的渗水压力作用,墙背与岩体接触面设置排水管网。排水管网中心间距约为 4m×7.5m(顺流向×竖向),并在纵、横向结构缝面后相应设置三角形排水沟。为满足检修疏通要求,每条竖向排水管要保证垂直。衬砌墙底部布置与基础排水廊道相通的连通槽。基础排水廊道布置在纵缝面靠底板一侧,断面 1.5m×(2~2.25m)(宽×高),每线船闸布置两条,最后汇合到下游集水井。

6.2.3.3 闸室衬砌墙结构计算分析

闸室衬砌墙为混凝土、锚杆、基岩三者相互作用、实际上是联合受力的非线性结构体系。为了较真实地求解衬砌墙混凝土结构、锚杆及支持岩体在各种荷载工况作用下的应力应变状态,对该结构体系运用非线性有限元方法进行结构仿真计算。

(1)计算分析内容

研究衬砌墙的温度及温度徐变应力;研究衬砌墙的锚杆布置方案和锚杆的受力状态;研究各种运行工况下衬砌墙的应力状态。

(2)计算分析主要结论

1)衬砌墙在运行荷载或温度荷载作用下,内外表面均出现较大的拉应力,衬砌墙宜考虑双面双向布筋,配筋按承载力及正常使用条件要求进行。

2)当考虑混凝土与岩基面完全黏接时,衬砌墙锚杆的受力较小,但当考虑混凝土与岩基面脱开时,锚杆承受较大的剪力和拉力,采用在混凝土与岩基接触面间设置能自由弯曲和拉伸的锚杆"自由段"能有效地降低锚杆内力,并使锚杆受力分布均匀。

3)在考虑混凝土与岩基完全脱开时,在渗压作用下,锚杆的内力与衬砌墙锚杆相应作用区域的渗压荷载成正比。因此,为满足衬砌墙的强度和稳定要求,结构锚杆应自上而下逐步加密。

4)衬砌墙接触面各部位的张开状态随着季节而变化,每一部位出现最大张开度的时刻是不一致的。显然,锚杆自由长度越小,对墙体的抑制作用越大,张开度也就越小。

6.2.4 三峡船闸衬砌式结构运行检验

6.2.4.1 船闸衬砌式结构监测成果分析

(1)船闸闸首及闸室衬砌墙与岩基结合面的开度监测

在船闸第一闸首及第三闸首和第二、三闸室南坡及北坡直立坡和中隔墩两侧直立坡衬砌墙背与岩基结合面不同高程对应布设测缝计,用于观测衬砌混凝土与岩基结合面的开度。测缝计实测到的衬砌墙与岩基结合面张开度均很小,实测值为−0.5~0.6mm(正值为张开),实测最大张开度基本上在仪器观测误差范围内,可以认为这些测点处的结合面从未张开过，有明显张开现象的部分测点处的结合面张开主要发生在衬砌混凝土浇筑后的1～2月内，之后测缝计测值变化很小。船闸充水及泄水和水库蓄水对测缝计测值度化没有明显影响。

(2)船闸闸首及闸室衬砌墙变形监测

船闸各闸首均布设正、倒垂线观测闸首的水平位移，各级闸室南、北坡闸顶部管线廊道布设引张线(一般间隔一个闸块有一个测点，南2、南3闸室段各设8个测点，其他闸室段均设11个测点)观测船闸衬砌墙的水平位移。各级闸首累计位移和闸顶及底部相对变形量均较小，闸室充水及泄水和水库蓄水对船闸闸首及闸室衬砌墙的位移影响不明显。各级闸首衬砌墙顶部向闸室的累计位移为－0.83～6.64mm(负值为向岩体位移)，闸室衬砌墙顶向闸室的累计位移为－1.11～6.91mm，位移没有随时间增加的趋势，绝大部分测点的水平位移小于1.0mm。

(3)船闸闸首及闸室衬砌墙高强锚杆应力监测

在船闸闸首及闸室衬砌墙与岩基结合面处的高强锚杆自由段上共布设48支弦式应变计，用于观测高强锚杆的应力。实测48支锚杆在各种条件下的受力状态良好，两支锚杆应力计(分别位于第一闸首北坡高程133.00m和第3闸室中北坡高程132.70m)最大应力超过100MPa，均不在衬砌墙部位。其他锚杆应力计最大拉应力均在100MPa以内。闸首支持体高强锚杆应力变化主要与气温变化有关，闸墙部位的高强锚杆应力受温度影响相对较小，受闸室充水及泄水影响不明显。衬砌墙结构锚杆实测应力普遍较小，远小于高强锚杆强度的设计值。

(4)船闸闸首及闸室衬砌墙墙背渗压监测

船闸闸墙背后岩体地下水渗压力是影响衬砌结构稳定的主要荷载，为监测衬砌墙周边的渗压情况，在混凝土与岩基结合面处的岩体内埋设渗压计，布置衬砌墙中下部距建基面4～24m的高度范围。79支闸墙墙背及支持体背渗压计的观测成果表明，渗压计测值基本在仪器观测误差范围内，表明测点部位基本无渗压，衬砌墙背和支持体背的排水管起到了良好的排水降压效果。水库蓄水和船闸闸室充水及泄水对衬砌墙背渗压没有影响。

6.2.4.2 船闸衬砌式结构运行检验评价

船闸运行10多年的各项安全监测成果表明，船闸高陡边坡变形已稳定，衬砌墙背渗压、变形测值均在设计允许范围内，衬砌墙混凝土与墙背岩基结合面呈闭合状态，衬砌墙结构锚杆实测应力远小于高强锚杆强度设计值，船闸衬砌式结构是安全可靠的。

6.3 船闸输水系统

6.3.1 船闸输水系统上游取水和下游泄水

三峡双线船闸中心线相距94.0m的并列布置，要求具备当一线船闸充水或泄水时，不能影响另一线船闸人字闸门操作或船舶(队)进出闸航行和停泊的条件;在临时船闸右侧修建的"全包"隔流堤,使船闸和升船机共用上下游引航道,船闸充泄水在引航道内产生的涌浪和不利流态,也不能影响通过升船机的船舶(队)航行和停泊。因此,如何针对双线船闸并列布置和船闸与升船机共用上下游引航道的特点,确定输水系统取、泄水类型,以保证引航道的通航水流条件是需要研究的重要技术问题。

6.3.1.1 船闸输水系统上游取水口类型研究

三峡船闸上游引航道右侧防淤隔流堤布置方案不同,输水系统进水口研究引航道外侧向进水口和引航道内正向进水口两种布置类型。侧向进水口位于第一闸首上游240m处引航道右侧的隔流堤外,两线船闸各建一个混凝土导水墙,每个导水墙设一组分散式进水口,两导水墙相向布置。每线船闸的进水口归入一条廊道引至引航道底部,至第一闸首前再分别对称于每线船闸,分成两条廊道引向闸室的两侧,并接输水主廊道。这种进水口类型避免了船闸充水对上游引航道通航水流条件的影响,但由于取水廊道太长,船闸输水时间不能满足设计要求,降低了通过能力。正向进水口比较了导墙上垂直多支孔进水口和引航道底部横支廊道进水口两种类型。根据船闸总体布置,第一闸首下部为薄衬砌式结构,闸首前为较高岩体边坡,主廊道系在岩体内开挖的隧洞,进水口高程必须埋深在最低通航水位135m以下,若直接在岩体内布置进水口,由于进水口面积大,需多支孔进水,岩体难以成洞,需挖除岩体,建混凝土导水墙,并在墙内布置进水口,即导墙上垂直多支孔进水口类型,会增加工程量。且该种进水口要求较大淹没水深,其进口高程较航道底部分散式进水口方案更加低。双线船闸进水口设在引航道左、右侧进水,单线船闸充水时,易在引航道内形成回流,不利于进出另一线船闸的船舶(队)航行和停泊,故未予采用。进水口布置在引航道底部,每线船闸均可在航道全宽118m范围内进水,进水均匀,无论单线、双线船闸充水,都不致发生回流及漩涡等不良水力现象,且仅需布置进水管,结构简单,工程量小,所以采用引航道底部进水。由于不具备检修条件,要求输水系统进水口按照在各种水位条件下均能正常取水;不发生严重的漩涡,航道内的通航水流条件(流速、波高及系缆力等指标)满足船闸设计规范要求;防止泥沙淤积影响取水流量,延长输水时间以及推移质进入输水系统;不影响闸室的停泊条件等要求进行布置。并进行了模型试验验证。

双线船闸4条主廊道的进水箱涵,横跨引航道垂直于船闸轴线,布置在闸前航道底部,4个箱涵在上、下游方向的布置间距31.0m,最下游一个箱涵与第一闸首上游面的距离约80m。每个进水箱涵在上、下游两侧,各设有16个分散布置的侧向进水口。为了使进水口进流均匀,进水口尺寸沿箱涵进水方向递减,从2m×3m(宽×高,下同)~1.1m×2m,进水口设有拦污栅。输水系统进水口平面布置详见图6.3.1。

在上游引航道,船闸和升船机之间的水域比较开阔,船闸输水系统布置分散式进水口,两线船闸之间、船闸与升船机之间的引航道的通航水流条件能满足设计要求。

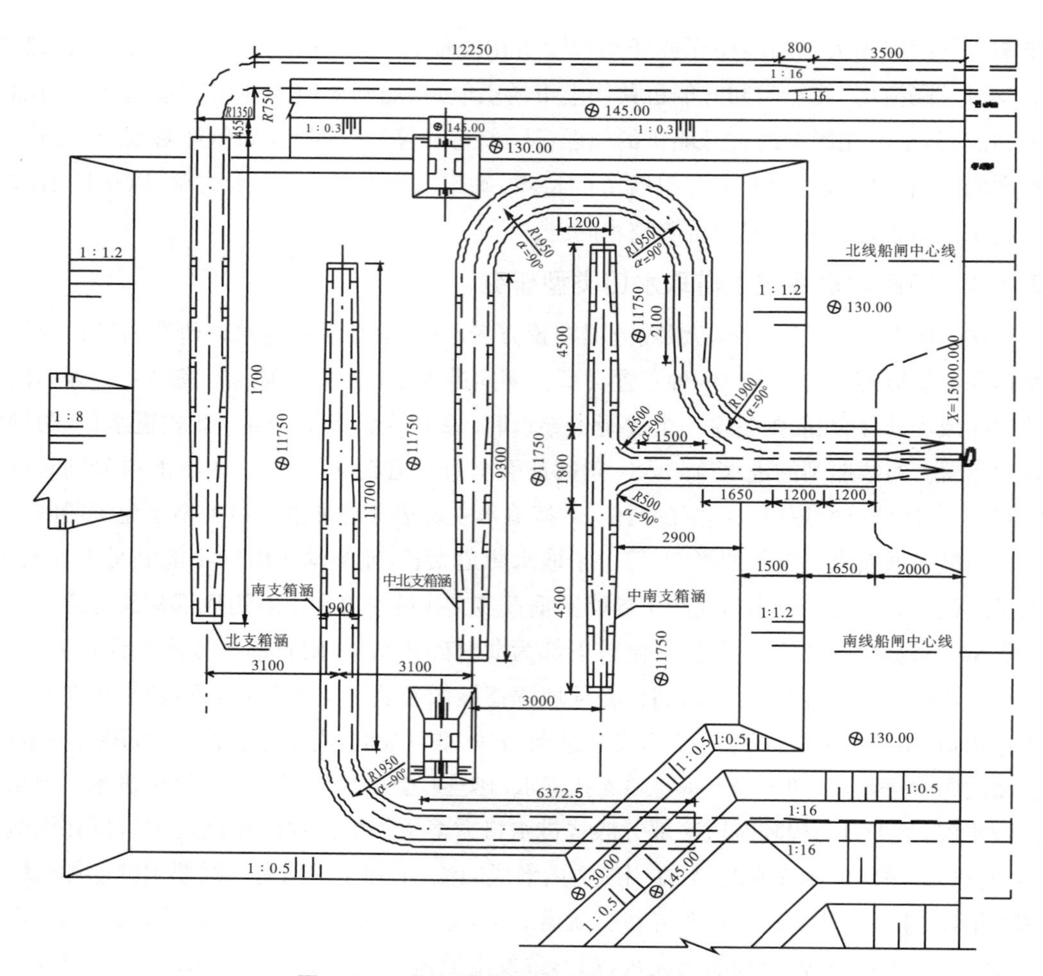

图 6.3.1 船闸输水系统进水口平面布置图

6.3.1.2 船闸输水系统下游泄水技术研究

船闸下游引航道为限制性航道，模型试验表明，如第五闸室水体直接泄入引航道，引航道内将产生近 2.0m 高的涌浪，无法满足引航道内船舶(队)的通航、停泊和升船机承船厢内设计允许超载水深的要求。因此船闸输水系统采用侧向泄水方式，即每线船闸的两条输水主廊道在第六闸首下游合并为一个 9.6m×9.6m 的泄水箱涵，泄水箱涵布置在引航道底部，向右穿过下游隔流堤，将水体直接泄入长江。为消除泄水箱涵出口与下游引航道口门之间的水力坡降引起的人字闸门前后水位差，每线船闸在第六闸首布置了一对辅助输水短廊道，断面为矩形，阀门为平板门，断面尺寸为 3.6m×3.75m。两侧短廊道在门龛段沿闸室宽度方向分散布置 22 个顶部取水孔，孔尺寸为 0.4m×3.6m(宽×长)。在人字闸门后的底板内，横跨航道布置短廊道的泄水廊道。泄水廊道两侧各布置 14 个泄水孔，顺廊道出流方向孔宽依次为 1.2m、1m 和 0.8m，孔高均为 1.6m。在泄水末期，通过短廊道辅助泄水，保证人字闸门前后水位达到齐平。输水系统旁测泄水箱涵及辅助泄水廊道平面布置详见图 6.3.2。

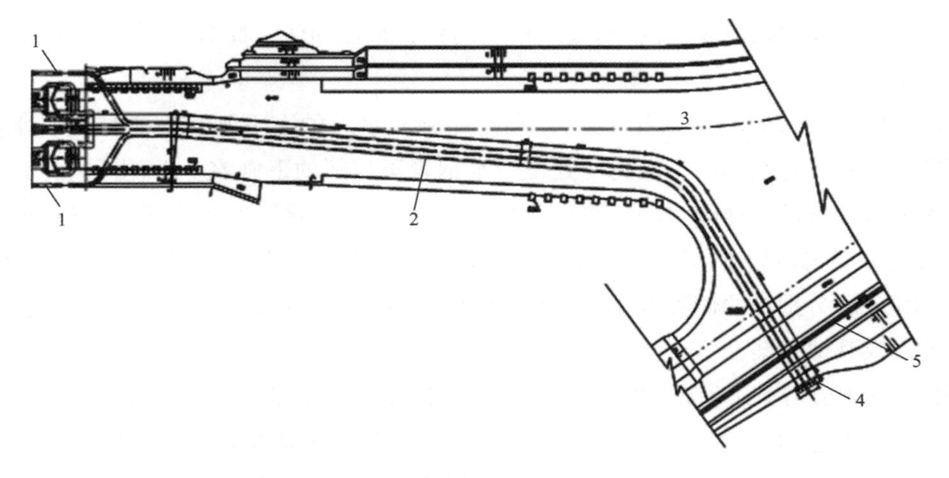

1—下游辅助泄水廊道;2—下游泄水箱涵;3—下游引航道;4—泄水箱涵出口;5—下游隔流堤

图 6.3.2 船闸输水系统下有辅助泄水廊道及旁侧泄水箱涵平面图

6.3.2 船闸输水系统防止泥沙淤积技术

长江为多沙河流,其汛期水流含沙量大,在水库运行30多年以后,库区的泥沙淤积,将逐渐对上游引航道和闸室的通航条件产生不利影响。

根据长江来水资料和下游葛洲坝船闸运行经验,三峡船闸运行至一定年限以后,在闸室底部和输水廊道的进水口会产生泥沙淤积。闸室内的泥沙淤积不仅会影响闸室的槛上最小水深,在闸首部位,泥沙淤积会增大人字闸门的重量和闸门开关时的运行阻力,甚至使人字闸门不能正常运行;泥沙在进水箱涵内的淤积,将会减小过水断面,延长输水时间。多级船闸闸室的防淤和清淤战线长、部位多,给船闸的维护增加困难。因此,闸室泥沙淤积以及进水口和廊道内的泥沙淤积问题将成为维持船闸正常通航需要妥善解决的技术问题。

6.3.2.1 闸室防淤技术

由于船闸建在多沙河流上,为减少闸室内泥沙淤积,在闸室出流方式上首选顶部出流,按照三峡船闸输水系统在闸室内的布置,根据闸室内廊道布置与三峡船闸相似的葛洲坝1号船闸的泥沙淤积资料,在闸室底部布置出水孔的范围,借助顶部出水经盖板消能后,在出水孔之间和出水孔与闸墙之间形成水流对冲,扰动泥沙并将泥沙随闸室泄水时的水流带走,因此,基本不会有泥沙淤积;在船闸中心线附近及两侧闸墙边虽有条形淤积出现,但淤积高度不大,对船舶过闸没有影响。闸室内泥沙主要淤积在闸室内无出水孔布置的第一分流口段、第二分流口段、上闸首帷墙附近、下闸首门槛区和出水孔消能盖板的顶部等部位。泥沙淤积多数形成锥形沙丘,这些部位是闸室防淤的重点部位。因此,从减小闸室内无出水孔区域、在淤积部位产生具有一定流速的水流,使泥沙不易沉积着手,研究了采用引客水防淤、利用船闸充水时水位差冲淤防淤、闸室冲淤钢管、调整分支廊道进出水孔布置等方案。

引客水方案,即利用主钢管从水池引水到闸室内,在淤积部位设若干支管,支管上每隔1m左右设喷嘴,达到冲淤减淤目的。闸室墙顶部的主钢管布设在管线廊道内,通向闸室底部的垂直钢管埋在闸墙混凝土内，闸室底板上的钢管采用明管。此方案要求必须形成适当的水头和水量。

利用船闸充水时水位差冲淤方案，即利用船闸充水时的上下闸室的水位差引水防淤。从相邻的上闸室下游侧闸墙一定高度处设引水钢管至相邻的下闸室上游侧闸墙再设分管，在阀门室内各分管设电动阀，各分管分别通向上述五大淤积区。水平和垂直钢管均埋设在闸首及闸墙内，末端伸出闸墙，各段设垂直船闸轴线的支管若干条，支管为明管，其上每隔1m设1个喷嘴，分别向两侧喷水。该方案只适用于第三至五闸室，而第一、二闸室还需采用引客水方案或其他方案。

调整分支廊道出水孔布置方案，即适当调整出水孔布置，尽量减少无出水孔区域达到防淤减淤目的。其中包括闸室冲淤钢管方案以及活动式扁平钢廊道方案。针对上述重点防淤积区，从防淤冲淤效果、工程量、方便运行管理、运行费用，结合施工进度等方面分析比较，最终采用调整分支廊道出水口区段两端出水孔布置，设置活动式扁平侧向出水冲沙钢廊道的方案，即在8条分支廊道的首和末各两孔之间，设置孔口宽度为0.45m的引水口，每个引水口接净高约0.4m的"U"形钢廊道，通向各自防淤部位，在每支钢廊道的两侧和末端布置冲沙孔。该方案优点在于可不改变闸室内4区段出水的布置，与船闸充泄水同步进行，不需另外增加运行设备，方便运行管理。这种可适用于多沙河流上与船闸的输水系统相结合，进一步解决闸室内防淤问题的技术方案，为三峡船闸独创，是船闸输水系统设计的新发展。模型验证表明，该方案对减少闸室内五大淤积区的淤积都有明显效果，不影响闸室的停泊条件和充泄水时间。鉴于船闸闸室泥沙淤积导致影响船闸运行的过程要在相当长时间以后才会发生，为此在闸室冲淤孔周围预留了埋件，并将该孔封闭，待需要时再安装钢廊道，以减少相应的维护工作。

闸室冲淤廊道布置详见图6.3.3、图6.3.4和图6.3.5。

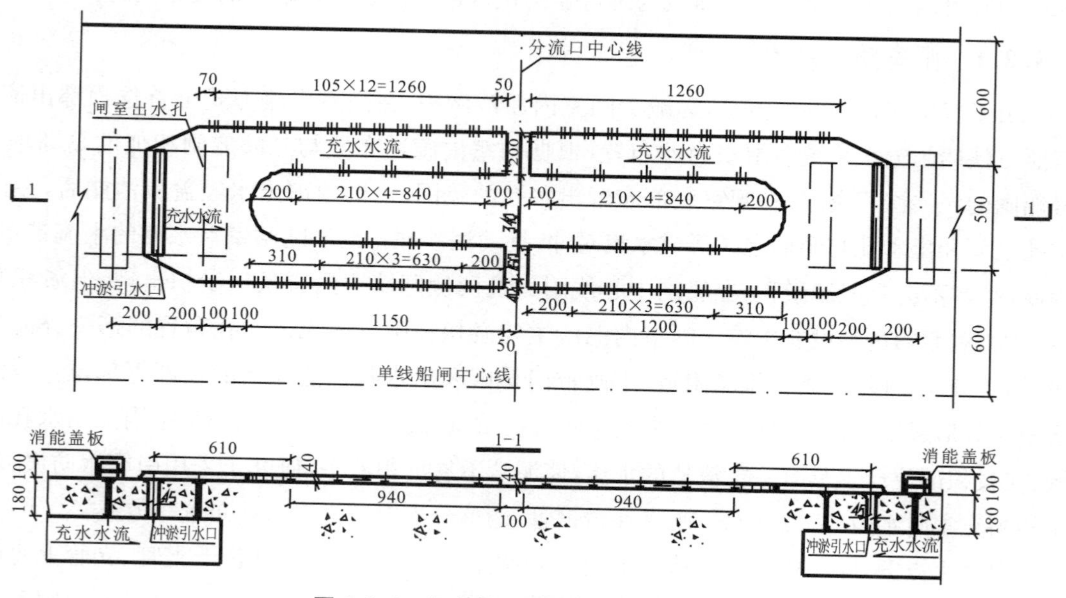

图6.3.3 闸室分流口段冲淤廊道布置图

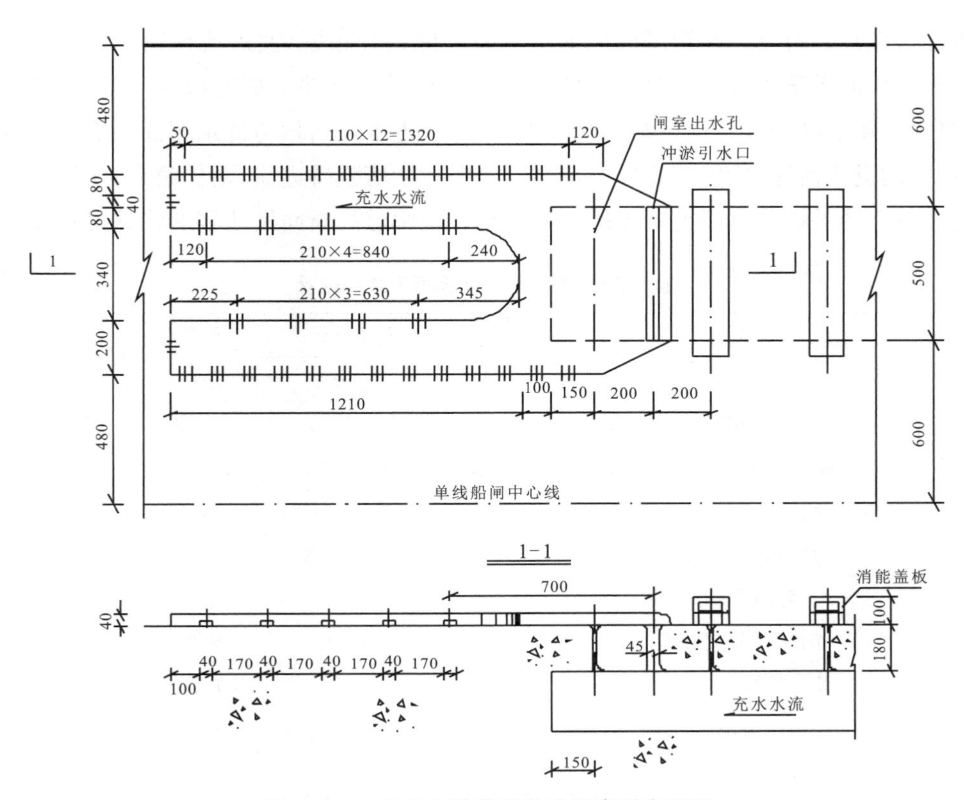

图 6.3.4 闸室上游幕墙段冲淤廊道布置图

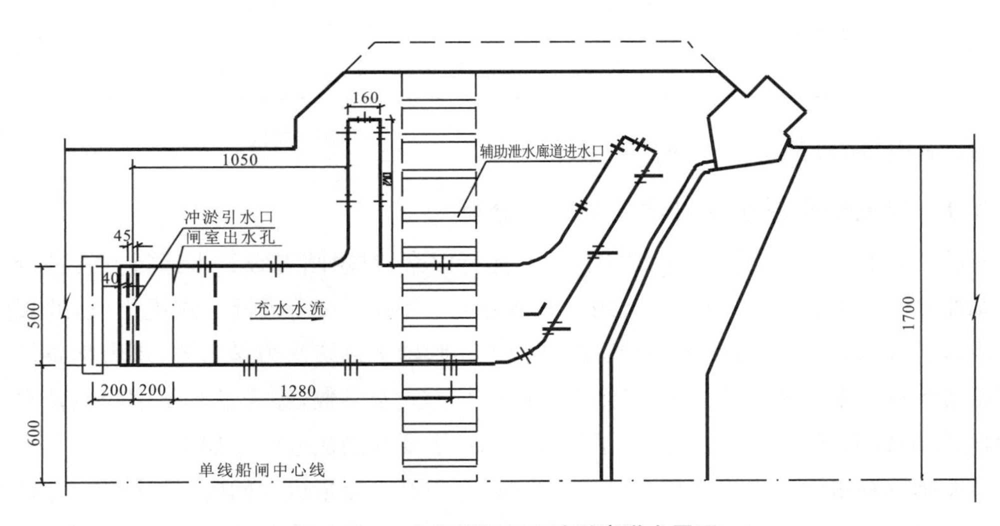

图 6.3.5 人字闸门门库冲淤廊道布置图

6.3.2.2 船闸输水系统上游进水箱涵防淤技术

输水系统分散式进水口底高程较引航道底低 10m 左右，汛期在往复流和异重流作用下易造成泥沙淤积。为了使各进水口在含沙水流环境下，水流能顺利带走底部泥沙，进水箱涵进水口按照在进水箱涵内，泥沙达到冲淤平衡时，能够长期保持均匀进流，不影响输水时间的要求进行设计。每支进水箱涵两侧的进水口高低错开布置，使进流在箱涵内形成利于挟带和冲刷泥沙的漩滚水流。同时为了使进水箱涵在任何条件下都能保持一定流速，以带走泥沙，将进水箱涵断面设计成逐渐扩大的类型，并使进水口面积与进水箱涵断面面积保持一定比例，控制进水流速，确保箱涵内部不会因为泥沙淤堵阻碍进流，延长输水时间。

通过对上述关键技术研究确定的船闸输水系统廊道的断面尺寸和形状见表 6.3.1。

表 6.3.1 输水系统廊道各部分断面尺寸和形状

部位	面积(m^2)	形状	备注
进水口	210	矩形	64 个孔
第一级充水阀门前主廊道	32.32×2	方圆形	5×7m/条
第一级充水阀门后主廊道、第五级泄水阀门前主廊道	30.82×2	方圆形	5×6.7m/条
第五级泄水阀门后主廊道	33.5×2	矩形	5×6.7m/条
其余各级主廊道	24.32×2	方圆形	5×5.4/条
各级支廊道	26×2	矩形	5×5.2m 条
第二级分支廊道	11×8	矩形	5×2.2m/条
其余各级分支廊道	10×8	矩形	5×2m/条
第一级出水孔	76.8	矩形	96 个孔
其余各级出水孔	67.2	矩形	96 个孔
第一、五级充、泄水阀门面积	24.75×2	矩形	4.5×5.5m/扇
其余各级阀门面积	18.9×2	矩形	4.2×4.5m/扇
泄水箱涵	92.16×2	方形	9.6×9.6m/条

6.3.3 船闸输水系统运行检验

6.3.3.1 船闸输水系统水力学观测成果分析

三峡工程 2008 年实施 175m 试验性蓄水运行以来，对船闸五级补水运行方式进行了连续跟踪监测。针对五级补水运行、五级不补水运行、六闸首阀门运行方式优化、辅助阀门不投入运行、辅助阀门投入运行等多种工况进行了船闸辅水系统水力学监测，水力学条件满足船闸正常运行要求。推荐的第一、二闸首阀门运行方式及参数，经受了八年试验性蓄水的检验，对船闸的长期安全高效运行提供了技术保障。主要观测成果汇总如下：

1)船闸原补水运行方式在高水位区运行时，存在充水流量过大问题，易导致二闸室 T 形管及分流口部位发生空化水流，对船闸建筑物安全不利。经调整优化，采用间歇开启阀门方式后，船闸输水的最大流量得到有效控制，间歇期间门楣进气较稳定通畅，输水系统各水听器未监测到明显空化噪声信号，输水全过稳阀门运行平稳，闸室出水均匀，水面流态平稳，输水时间满足设计要求。

2)船闸五级补水和不补水运行期，第一闸首阀门采用双阀连续开启方式运行，输水时间和门阀门启闭力满足设计要求，第一闸首阀门段和一闸室 T 形管及中支廊道等部位典型测点压力均较高;采用双阀间歇开启方式运行时,第一闸首阀门段廊道压力脉动大且持续时间长,阀门启闭力出现较大跳动现象,第一闸首阀门宜采用双阀连续开启方式运行。

3)船闸无论是五级补水运行还是五级不补水运行,为改善阀门单边运行条件下输水系统的水力特性,避免第二闸首出现异常声响,提高阀门启闭机运行的平稳性,并改善二闸室分流口、T形管的水力学条件,第二闸首阀门宜采用间歇开启方式运行。

4)在通航流量范围内,对枢纽下泄不同流量时第六闸首阀门进行了两种运行方式的调试与优化。采用第六闸首主辅廊道联合运行方式,输水过程中,主输水廊道阀门和人字闸门启闭机油缸油压和启闭力均在设计允许范围内,输水系统各部位未监测到有害负压,第六闸首人字闸门处水面平稳,开启时闸门最大反向水头较小,总泄水时间满足设计要求。鉴于方式一需依赖两口水位计读数运行,而两口水位计检查标定均较复杂,结合工程实际情况,设计推荐方式二使船闸运行更加安全可靠。

6.3.3.2 船闸输水系统运行检验评价

1)输水系统已通过最高工作水头运行的检验,输水系统运行正常,输水时间满足设计要求。船闸闸室充水、泄水过程中,出口均匀,闸室水面平稳,船舶系缆力满足要求。

2)船闸闸室无论阀门双边输水或单边输水,通过在输水末期提前关闭阀门,均可有效控制闸室的超灌超泄。

3)船闸在设计水头下,无论阀门双边或单边运行,门楣均能持续且稳定地通气,充分抑制了门楣缝隙空化和阀门底缘空化,在阀门动水开启和关闭过程中,启闭系统运行平稳。

4)船闸补水运行时,阀门运行采用间歇开启方式后,船闸输水系统最大流量得到有效控制,间歇期间门楣进气稳定通畅,输水全过程阀门运行平稳。

5)船闸10多年运行情况表明,输水系统各项水力学指标已达到或超过设计参数,输水系统的工作性态比预期要求良好,水力学监测未见影响安全的异常测值,船闸历次排干检查未发现危及建筑物安全的缺陷。船闸运行实践证明,输水系统可保证船闸安全可靠地运行。

6.4 船闸高陡边坡及加固处理

6.4.1 船闸高陡边坡的特点及地质条件

6.4.1.1 船闸高陡边坡的特点

三峡船闸是在长江左岸劈山开挖,人工建设的一段新的长江航道,第一至第六闸首为主体段,总长1621m,全部是在山体中切岭深挖而成的岩质边坡。航槽最大开挖深度达174.5m,形成的边坡最高达170m。其中第三闸首附近有长400m、高120~170m的边坡,其余坡高一般为50~120m。边坡下部为高40~70m的直立坡,在两线船闸之间,保留最大宽度为57m的岩体中隔墩。在两侧边坡下面和中隔墩岩体内,开挖有输水隧洞和阀门竖井。要求开挖后的岩体尽可能保持完整并长期保持稳定,闸首和闸室墙后的直立岩体为船闸结构的一部分,与衬混凝土砌结构协同工作,闸首两侧直立岩体的变形,需控制在人字闸门运行的允许范围内。因此，保持开挖后岩体的完整性及稳定性和控制边坡的变形，直接影响到船闸运行安全和长江黄金水道的航运安全，是高陡边坡设计需要解决的关键技术难题。

6.4.1.2 船闸高陡边坡的地质条件

(1)船闸主体段的原始地形及开挖形态

船闸位于长江左岸坛子岭以北约 200m，其主体段从上游金子山至下游大丘湾(图 6.4.1、图 6.4.2)，从高到低穿过左岸山体，沿线沟谷均与主体段轴线斜交。区内主山脊大岭斜穿第三闸首，其走向约 340°，高程 250～266.7m。大岭上游以西山脊高程 210～250m，山坡坡度 20°～30°，地势北高南低，主要冲沟为斜穿第一闸室段的屈家湾沟及其 3 条小沟，冲沟走向 200°～250°，沟底高程 170～200m，宽 40～80m，沟梁相对高差 20～40m；大岭下游以东山脊高程从 250m 逐渐降至 130m，山坡坡度除大岭东坡为 30°～40°外，其他均小于 20°。大岭以东地势南高北低，有 4 条宽浅支沟穿越第三至第五闸室，由南北北汇入许家冲，沟底高程 90～130m，宽 30～50m，沟梁相对高差 20～50m。

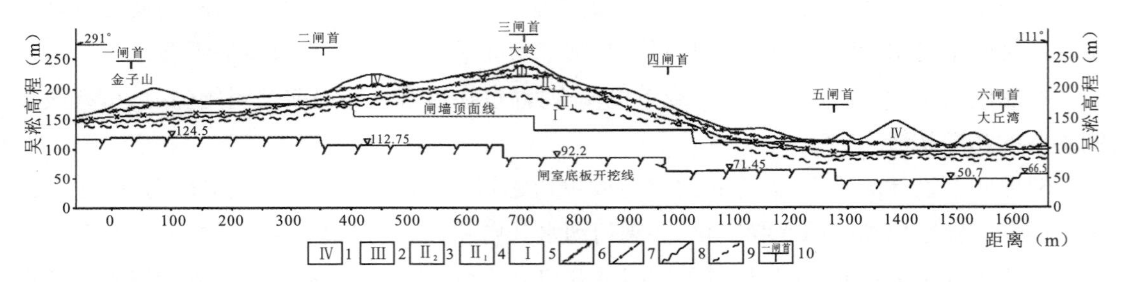

1—全风化带；2—强风化带；3—弱风化上部；4—弱风化下部；5—微风化带；6—全风化下限；7—强风化下限；8—弱风化上部下限；9—弱风化下部下限；10—闸首位置

图 6.4.1 船闸主体段中心线剖面图

船闸受原始地形及船闸结构控制，主体段闸首及闸室开挖轮廓较复杂。如闸基坑开挖后，穿过闸室部分的山脊已被挖除，形成人工开挖岩质边坡形态。闸墙以上为斜坡，全强风化带坡比为 1∶1～1∶1.5，弱风化带上部为 1∶0.5，弱风化带下部及微新岩体为 1∶0.3，斜边段每 15m 布设一条宽 5m 的马道，在强风化带底部设一条宽 10～12m 的马道。从开挖横剖面看，坡度上缓下陡，闸墙部位为直立坡，整个剖面呈“W”形(图 6.4.2)。由于在第三闸首处地形最高，从纵剖面看，边坡高度从第三闸首向上游及下游方向递减(图 6.4.1)。在每个闸首部位因为结构均需要开挖成向闸墙内嵌入的凹槽。在第一闸室和第四、第五闸室，闸墙为上部重力式下部衬砌式的混合结构。双线五级连续船闸的右线南坡、左线北坡和中隔墩部位各级闸首及闸室部位的坡高与开挖深度见表 6.4.1，最大开挖深 174.5m。第一、第二闸室段北槽比南槽开挖深度大 15～20m；第三～第五闸室段则南槽比北槽开挖深度大 10～30m，中隔墩部位的开挖深度 40～110m，第二、第六闸首处开挖深度仅 20m。

(2)船闸地基岩性

船闸区出露的基岩为前震旦系的结晶岩，岩性以闪云斜长花岗岩为主，其中含有范围不大的片岩捕虏体和数量不多的中细粒花岗岩脉、伟晶岩脉、辉绿岩脉及石英脉。

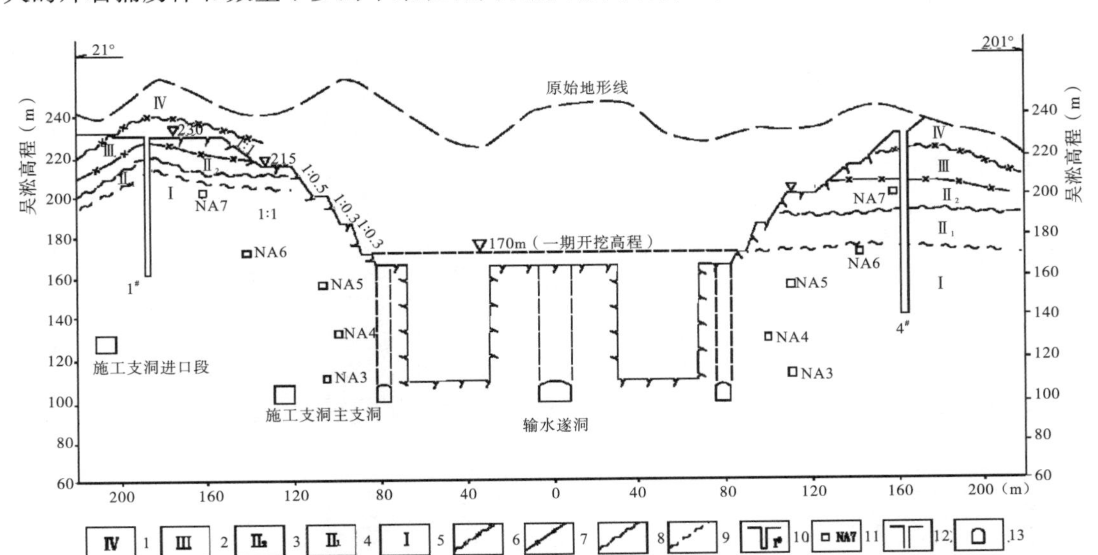

1—全风化带；2—强风化带；3—弱风化上部；4—弱风化下部；5—微风化带；6—全风化下限；7—强风化下限；8—弱风化上部下限；9—弱风化下部下限；10—地下水长期观测孔及编号；11—山体排水洞及编号；12—输水阀门井；13—输水隧洞

图 6.4.2 船闸主体段横剖面图

（图中Ⅰ Ⅱ$_1$ Ⅱ$_2$ Ⅲ Ⅳ为风化带代号，SA3—SA7、NA3—NA7 为排水洞编号）

闪云斜长花岗岩：是组成船闸边坡的主体岩石，新鲜状态下为灰白色，一般为中粗粒结构，从全风化至新鲜状态，全风化带平均厚度 9～26m，第一闸首最厚、第六闸首最薄，颜色呈渐变状态，从黄褐色渐变为灰白色，岩石具花岗结构，块状构造。片岩捕虏体：由南坡第三闸室斜穿到北坡第三闸首，岩性为灰黑色角闪石石英片岩，宽 20～30m，总体走向 345°，倾SW，倾角 58°～75°，与围岩一般呈突变紧密接触，局部裂隙接触。花岗岩脉：肉红色，少量白色，一般为细粒结构，宽一般小于 1m，长度一般小于 30m，延伸不规则，与围岩一般呈突变紧密接触，少量裂隙接触。伟晶岩脉：肉红色，伟晶结构，数量较少，延伸不长，一般小于 20m，与围岩呈突变紧密接触。辉绿岩脉：灰绿色，少数为深灰色及猪肝色，脉体致密，坚硬性脆，一般与围岩呈突变紧密接触，少数为裂隙接触，宽度一般 0.3～2m，个别宽达 10～12m。片岩捕虏体与岩脉：在新鲜状态下其强度与闪云斜长花岗岩相当，但岩脉内裂隙相对较发育。岩脉的抗风化能力较围岩强。

(3)地质构造

1)断层

船闸各部位断层的发育特征基本一致，按走向主要可分为 4 组，即 NNW 组、NE～NEE 组、NNE 组及 NW～NWW 组。第一组和第二组最发育，第三组较发育，第四组不发育。前 3 组断层在不同地段的发育程度有所差异，但走向与边坡夹角小于 30°的皆不发育，一般占 6%～10%。

表 6.4.1 双线五级连续船闸主体段开挖坡高及开挖深度汇总

工程部位		一闸首	一闸室	二闸首	二闸室	三闸首	三闸室	四闸首	四闸室	五闸首	五闸室	六闸首
桩号		15+000～15+070	15+070～15+335	15+335～15+407	15+407～15+642	15+642～15+714	15+714～15+951	15+951～16+021	16+021～16+258	16+258～16+310.8	16+310.8～16+565	16+565～16+621
右线	原始地面高程(m)	175～195	180～205	210	215～240	265	185～263	180	120～170	140	110～155	120
	闸底板高程(m)	120～126	124.5	112.75	112.75	92.2	92.2	71.45	71.45	50.7	50.7	49
	南坡坡高(闸墙直立坡高)(m)	130(34)	60(35.5～40.5)	65.95(52.25)	123(47～65.95)	153.8(67.6)	157.8(46.6～67.6)	128.55(67.35)	78.55(23.55～45.02)	89.3(23.55)	59.3(29.3～39.3)	49.5(41)
	最大开挖深度(m)	69	80.5	97.25	127.25	172.8	170.8	108.55	98.55	89.3	104.3	71
中隔墩	原始地面高程(m)	210	185～210	20	205～255	266.2	175～250	185	130～175	125	110～140	15
	顶面高程(m)	160	178.7～182	178.7	159.8	159.8	138.8	138.8	85～116.47	85	70～98.55	85
	坡高(闸墙直立坡高)(m)	34(34)	57.5(35.5～45.5)	65.95(65.95)	47(47)	67.6(67.6)	46.6(46.6)	67.35(67.35)	13.55～40.22(13.55～40.22)	34.3(34.3)	47.8(19.3～34.3)	34.3(34.3)
	最大开挖深度(m)	00	50	21.3	95.2	16.9	111.2	46.2	58.53	40	50	20

续表

工程部位		一闸首	一闸室	二闸首	二闸室	三闸首	三闸室	四闸首	四闸室	五闸首	五闸室	六闸首
桩号		15+000～15+070	15+070～15+335	15+335～15+407	15+407～15+642	15+642～15+714	15+714～15+951	15+951～16+021	16+021～16+258	16+258～16+310.8	16+310.8～16+565	16+565～16+621
左线	原始地面高程(m)	185～215	185～225	205	205～255	250～266.7	170～250	170～175	120～165	130	100～125	100
	闸底板高程(m)	120～126	124.5	112.75	112.75	92.2	92.2	71.45	71.45	50.7	50.7	49
	北坡坡高(闸墙直立坡高)(m)	74(59)	90.5(54.5～60.57)	92.25(65.95)	117.25(47)	170～137.8(67.6)	77.8～137.8(46.4)	98.55(67.35)	53.55～83.55(18.55～45.02)	59.3(29.3)	44.3(19.3～29.3)	21(21)
	最大开挖深度(m)	89	100.5	92.25	142.25	174.5	157.8	98.55	93.55	79.3	74.3	51

断层以陡倾角为主，多为裂隙性断层，延伸长度一般小于100m。断层宽度一般小于0.5m，f215断层最宽，局部宽度达4.5m。较大的断层有f1050、f215、f1339、f1096、f10、f1441(f5)等，前4条断层皆穿过整个闸室段南北坡，且该4条断层的走向与边坡夹角皆大于35°。在4组断层中，NE～NEE组断层构造岩胶结较差，呈疏松—半疏松状或半疏松—半坚硬状；NNW组及NNE组断层构造岩大多胶结较好，呈半坚硬—坚硬状；NW～NWW组断层构造岩胶结较差，呈半疏松—半坚硬状。走向NW～NWW组中大部分断层和走向NEE组中少数断层与边坡夹角较小，对边坡稳定和变形不利，其他断层对边坡稳定和变形影响较小。船闸主要断层特征见表6.4.2。

2)裂隙

船闸各部位裂隙的发育特征基本一致，按走向分为4组，即NE～NEE组、NNW组、NNE组及NW～NWW组。第一组最发育，第二、三组较发育，第四组不发育。裂隙大多为陡倾角、延伸长度一般为5～10m，NNW组延伸性最好，而NW～NWW组一般延伸短小、裂隙面多平直稍粗，局部微弯，以无充填和充填绿帘石占多数，绝大部分为硬性结构面。走向NW～NWW组中的大部分裂隙和走向NEE组中的少数裂隙与边坡夹角较小，走向与边坡夹角小于30°的裂隙一般不发育，对边坡的稳定和变形有一定的影响。

(4)岩体风化

船闸各部位边坡自坡顶至闸底板，岩体的风化程度逐渐减弱，即边坡岩体由全风化、强风化、弱风化带上部和弱风化带下部，逐渐过渡为微风化—新鲜岩体。由于船闸主体段原始地形由三闸首向上游及下游逐渐降低，各底板高程也随之下降，在第一闸室及第四闸室中部至第六闸首部位，弱风化带下部顶面高程低于闸顶设计高程。

(5)水文地质

1)地下水补排条件

船闸区在施工开挖前，地下水分水岭与地表分水岭基本一致，在山脊处地下水位最高，向上游及下游逐渐降低。地下水主要为大气降水补给，降水大多形成地表径流，并通过各级冲沟排入长江，少部分降水入渗成为地下水，一部分沿复杂的岩体裂隙网络向深部长江方向运移，一部分沿透水性较好的岩脉和断层等结构面在沟谷底部以泉水形式出露。泉水一部分转化为地表径流沿沟谷流入长江，一部分则形成二次入渗，重新补给地下水。船闸结构混凝土浇筑完毕后，在南坡山体，降水为地下水的主要补给源，而排水洞及坡面排水管网为主要的排泄通道；在北坡山体，降水和较远处山体中地下水的侧向补给，为地下水的主要补给源，同南坡一样，排水洞和坡面排水管网为主要排泄通道；在中隔墩，地下水基本无补给源，两侧直立坡坡面排水管网为主要的排泄通道。

表 6.4.2 船闸基岩主要断层特征

断层编号	分布部位	产状(°)			出露长度(m)	断层宽度(m)						胶结程度	断面类型	特征	备注
		走向	倾向	倾角		糜棱岩	碎斑石	角砾岩	碎裂岩	碎裂××岩	总宽				
f1050	一闸室	50~75	320~345	58~81	81.4		0~0.3	0~0.4	0~0.5	0.3~3.5	1~4	差	弯曲粗糙	具上、下断面,分布近水平擦痕。碎斑岩呈黄绿色,胶结差,风化加剧,岩质呈半疏松—疏松状。角砾岩呈果绿色,岩质呈半坚硬状,内含方解石团块。碎裂岩呈灰绿色,胶结差,岩质呈半疏松状。碎裂××岩呈棕黄色,其内裂隙发育,岩质呈半疏松状	断层岩性差,已作槽挖量换混凝土处理
f1239	二闸首	60~70	340~350	55~75	138.0					0.2~1.0	0.2~1.0	差	起伏粗糙,局部稍粗	构造岩主要为紫红色碎裂××岩,沿断面分布少量碎裂岩及绿帘石膜,有擦痕岩石受风化影响,岩质呈半坚硬—半疏松状	为块体R2S102主滑面
f215	三闸室	40~70	310~340	60~85	>150.0	0~0.01	0~0.10	0~1.00	0~0.5	0.5~3.1	0.5~3.1	差	起伏粗糙,微弯稍粗	具多个断面,辉绿岩脉与伴生。主断面局部分布少许黄绿色糜棱岩,胶结差。角砾岩呈透镜体状分布,灰绿色带浅红色,胶结差,具溶蚀孔隙,风化加剧严重,岩质呈半疏松状。碎裂岩和碎裂××岩呈黄褐色,胶结差,风化加剧,岩质呈半疏松状。在直立坡上有地下水渗出,潮湿—微渗水	沿断层带已作抽槽处理

续表

断层编号	分布部位	产状(°)			出露长度(m)	断层宽度(m)						胶结程度	断面类型	特征	备注
		走向	倾向	倾角		糜棱岩	碎斑石	角砾岩	碎裂岩	碎裂××岩	总宽(m)				
f1096	四、五闸室	47～60	120～143	60～80	＞150		0.1～0.3	0～0.9	0～0.3 局部 1.5	0～3.0	0.2～4 局部 9.5	差	起伏粗糙	具上、下断面，附糜棱岩。角砾岩和碎裂岩胶结较差，风化加剧，岩质呈疏松～半疏松状夹半坚硬块。碎裂××岩呈黄褐色，胶结差，岩质呈半疏松状～半坚硬状。在直立坡上沿断层有少量渗水	断层带已作抽槽处理
f1441(f5)	二闸室三闸首中隔墩	275～298	5～28	49～73	284				0.01～0.1	0.1～1.6	0.1～1.7	差	起伏粗糙	具多个断面，见倾角40°及垂直擦痕，局部分布暗绿色碎斑岩，胶结差，风化加剧，岩质呈半疏松。碎裂岩及碎裂××岩呈黄褐色，胶结差，风化加剧，岩质呈半疏松状。断层带及两侧同断层裂隙发育，岩体破碎	

2)排水洞疏排水量

船闸南坡及北坡各七层排水洞排水沟处共设置水堰44个,监测资料显示:①南坡总渗漏量为175~935L/min,北坡总渗漏量为136~590L/min,南坡及北坡全部排水洞的总渗漏量为360~1356L/min。受降雨的影响在6—9月渗漏量大些,边坡形成后渗水量没有增大的趋势,2008年实施175m水位试验性蓄水以来,水库蓄水位对排水洞渗漏量没有明显影响。②北坡排水洞均有渗水排出,南坡第7层排水洞基本没渗水,2004年以后,南坡第5~7层排水洞内的排水孔绝大部分无渗水,有渗水的孔比北坡少。

(6)地应力

船闸边坡开挖前,在主体段共布设7个钻孔测试地应力,测试结果表明,船闸区地应力量级不高,各闸室底板附近微新岩体中最大水平主应力一般为9.5~10MPa,方向为NW。全强风化带结构疏松,构造应力已充分释放,其地应力按自重应力场处理。弱风化带上部岩体中的水平应力则根据弹性模量的相对大小,取微新岩体相对地应力的1/3。

(7)岩体结构

岩体风化程度不同,岩体中结构面性状及发育程度不同,因此岩体结构类型不同,划分为六种,即整体结构、块状结构、次块状结构、镶嵌结构、碎裂结构和散体结构。船闸区弱风化下带及微新岩体以块状结构为主,部分为整体结构和次块状结构,局部断层构造岩及裂隙密集带为镶嵌结构或碎裂结构,全强风化岩体为散体结构。

(8)岩体(石)物理力学性质

三峡工程施工前的各勘测设计阶段,对坝区及船闸区岩体(石)和结构面物理力学性质进行了大量的室内试验和现场试验及研究。船闸线路选定后,在其北坡的3011平洞中对不同类型岩体及结构面补充进行了抗剪及变形试验,并在6个水压致裂法地应力测试孔中,作岩石的抗压强度测试。根据上述试验成果,考虑下述的条件及因素,提出各类岩体(石)及结构面物理力学参数。

1)以试验成果为依据,结构试点(块)地质条件及其所处地质单元中的代表性进行分析选取。

2)变形参数主要根据现场试验成果,并考虑岩体风化分带,结合试点岩体的完整性即岩体结构类型取值。

3)岩体抗剪强度取值以抗剪断峰值强度为依据,并参考有关规范和工程类比确定;结构面抗剪强度取值以抗剪断峰值强度为依据,并考虑摩擦试验和试件地质条件进行适当调整。

4)岩体抗拉强度取值,微新岩体按算术平均值进行折减作为岩体抗拉强度值。船闸区岩体(石)和断层构造岩及裂隙密集带物理力学参数建议值见表6.4.3和表6.4.4,表中的参数均未考虑开挖爆破及卸荷松弛的影响。船闸开挖施工过程中的各类稳定分析计算,皆考虑边坡岩体的卸荷松弛分带及爆破影响等因素,对各种参数作了不同程度的折减。在边坡块体稳定性分析计算中,结构面的抗剪强度值设计取用残余强度值(表6.4.5),较地质建议值有所降低。

表 6.4.3　　闪云斜长花岗岩体(石)物理力学参数建议值

风化分带		岩体结构类型	岩石抗压强度(湿)(MPa)	岩体抗拉强度(MPa)	密度(t/m³)	岩体变形模量(GPa)	泊松比	岩体抗剪强度	
								f′	c′(MPa)
新鲜		块状似层状	90～110	2.5	2.70	35～45	0.20	1.7	2.0～2.2
微风化		块状似层状	85～100	2.5	2.70	35～45			
		次块状		2.0	2.70	25～30	0.22	1.5	1.6～1.8
弱风化	下部	块状	75～85	2.0	2.68	25～30	0.22		
		次块状	75～85	1.5	2.68	15～20	0.23	1.3	1.4～1.6
	上部	块状	40～70	0.5	2.68	5～20	0.25	1.2	1.0
		碎裂	15～20	0	2.65	1～5		1.0	0.5
强风化		碎裂	15～20		2.65	0.5～1	0.3	1.0	0.3～0.5
全风化		散体	0.5～1.0		2.55	0.02～0.05	0.4	0.8	0.1～0.3

表 6.4.4　　断层构造岩及裂隙密集带物理力学参数建议值

岩石名称		风化分带	岩体构造类型	岩体抗压强度(湿)(MPa)	密度(t/m³)	岩体变形模量(GPa)	泊松比	岩体抗剪强度	
								f′	c′(MPa)
断层构造岩	碎裂××岩	新鲜	镶嵌	80～90	2.67	10～20	0.22		
		微	镶嵌	60～80	2.67	10～20	0.23	1.0～1.2	0.9～1.2
		弱	镶嵌	30～60	2.65	5～10	0.25		
	碎裂岩	微	镶嵌	50～70	2.61	10～20	0.23	0.9～1.0	0.8～1.0
		弱	镶嵌	40～50	2.60	5～10	0.25		
	碎斑岩	微	镶嵌	50～70	2.58	10～15	0.23	0.9～1.0	0.8～1.0
	f215 软弱构造岩	微	碎裂散体		2.56	0.2～0.5	0.30		
裂隙密集带		微	镶嵌	80～90	2.67	10～20	0.23		

表 6.4.5　　船闸区岩体及结构面强度指标设计取用值

岩体名称	风化强度	抗剪强度		残余强度	
		f′	c′(MPa)	f	c(MPa)
闪云斜长花岗岩	微风化	1.8	1.8	1.3	0.7
	弱风化	1.3	1	1.1	0.35
	强风化	1.0	0.35	0.9	0.15
	全风化	0.7	0.1	0.7	0.07

续表

岩体名称	风化强度	抗剪强度		残余强度	
		f'	c'(MPa)	f	c(MPa)
软弱结构面	微新、弱风化	0.6	0.18	0.5	0.08
	强风化	0.4	0.12	0.35	0.05
硬性结构面		0.7	0.2	0.6	0.1

6.4.2 船闸高陡边坡加固处理

6.4.2.1 高陡边坡稳定分析

船闸沿线基岩为闪云斜长花岗岩，边坡大部分为微新岩体或弱风化岩体下部，岩体完整，整体强度高。高边坡顶部的全强风化带可能会发生圆弧滑动；弱风化带以下岩体，主要由断层、裂隙相互切割形成在坡面上出露的几何块体沿结构面的滑动稳定。根据船闸运行的要求边坡抗滑稳定安全系数，设计工况采用1.5，校核工况采用1.1～1.3。当不能满足稳定要求时采用锚杆和预应力锚索加固处理。高边坡稳定分析包括整体稳定分析和局部稳定分析两大部分。边坡整体稳定分析，主要研究边坡变形稳定条件，反映边坡岩体的应力、位移，以及塑性区分布和范围，为边坡的整体稳定性评价提供基础，以指导边坡支护设计。边坡局部稳定分析，主要研究边坡抗滑稳定条件，计算边坡块体抗滑稳定安全系数，为边坡块体支护设计提供支撑。

(1)高陡边坡整体稳定分析

边坡整体稳定分析以有限元计算为主，辅以刚体极限平衡法计算。

1)有限元分析计算边坡岩体应力及变形

考虑边坡系在地应力场条件下深开挖及边坡几何形态复杂的特点，为了解边坡岩体应力及变形状态，在各设计阶段展开了大量二维和三维数值仿真分析，包括弹性、弹塑性、弹脆塑性、黏弹性、弹塑黏性、弹塑性断裂损伤、流变损伤断裂等多种模型的二维及三维分析。分析成果表明：①随着边坡下挖，岩体应力状态不断调整、局部出现拉应力，边坡上部斜坡段，弱风化带拉力区延伸较大，微新岩体拉力区一般在15m内，在南北两侧直立墙顶马道向下1/4高度，中隔墩顶部向下2/3高度等区域均有一个因开挖卸荷而产生的受拉、拉剪的塑性区，拉应力最大值0.8MPa，一般为0.2MPa。对此，塑性区进行滑动稳定校核，仍能满足抗滑稳定要求。在闸室底板与直立墙底部的拐角处有压应力集中现象，最大压应力为25MPa，仍在岩体允许应力范围内。其余部位均在岩体安全范围内。②随边坡下挖，南北两侧边坡呈现卸荷回弹变形，北侧边坡(左边坡)向右上方变形，而南侧边坡(右边坡)向左上方变形；中隔墩顶面主要向上变形，两侧分别向右上及左上方变形，且随两侧坡高的差异，坡高较低一侧水平位移小，较高一侧水平位移大，最大水平位移：南北坡全强风化带为20～28mm，北坡直立坡顶为20～21mm，南坡直立坡顶为19～33mm；最大垂直位移：南北坡全强风化带为43mm，北坡直立坡顶为17mm，南坡直立坡顶为32mm，中隔墩顶为54mm，且各种分析方法变形值相差不大，均为同量级。边坡变形的量值是上部大于下部，水平位移值为20～60m，边坡岩体流变特性微弱，属稳定性流变，考虑流变的时间因素，则流变产生的水平位移位占总位移的10%左右。边坡下挖每一梯段结束后，10d完成变形的90%，一般15～20d达到基本稳定；边坡在开挖完工后，半年即可达基本稳定，此后的流变位移值在毫米级内，因此在运行期内边坡岩体不会产生较大变形而影响船闸的安全运行。

2）刚体极限平衡法计算边坡稳定安全系数 k_c

南坡及北坡整体稳定刚体极限平衡法稳定分析，分为整体高边坡（指南坡及北坡顶至直立坡底）和直立坡两种情况进行，其中直立坡分析包括能量法（EMU）计算和常规计算。

高陡边坡整体稳定分析，采用中国水利水电科学研究院EMU计算程序，进行二维刚体极限平衡方法分析。将边坡视为均质体，进行最危险滑裂面自动搜索，在边坡顶假设一条10m深的垂直拉裂缝，缝内渗压取全水头。不计边坡普通砂浆锚杆作用，在直立墙部位加2m3000kN级的预应力锚索，水平布置。计算结果表明：无地震、不加锚索，$k_c>2.9$；在7度地震作用下，不加锚索 $k_c>2.5$，均满足设计规定要求。计算施加预应力锚索，对整体高边坡整体稳定影响甚微。

直立坡整体稳定分析，采用EMU法计算，原理和程序同上。直立坡顶平台垂直拉裂缝深度假定为15m，缝内渗压取全水头。计算结果表明：无地震，不加锚索 $k_c>1.7$；在7度地震作用下，不加锚索 $k_c>1.5$，均满足设计规定要求。计算施加预应力锚索，对直立坡整体稳定作用较为明显，整体稳定安全系数值可提高约10%。

直立坡整体稳定分析，采用常规计算，基本以有限元计算的塑性区为分析对象，进行平面刚体极限平衡法抗滑稳定计算，计算范围取直立坡顶平台宽度15m，高度40m；考虑开挖卸荷后裂隙连通率增加一倍，取20%；假设开挖卸荷后直立坡顶平台产生垂直拉裂缝深7.5m，缝内渗压取全水头；边坡开挖后塑性区岩体受到损伤，滑面力学参数采用残余强度。计算结果 $k_c>2.7$，满足设计安全系数规定，该安全系数相当于运行期设计工况的安全系数。

（2）高陡边坡局部稳定分析

高边坡局部稳定分析是针对各种结构面切割而成的块体的抗滑稳定分析，采用刚体极限平衡法计算。考虑高边坡上块体一般深度较浅，受开挖卸荷和爆破影响较大，稳定计算采用岩体结构面的残余强度，对于体积小于100m³的块体不计 C 值作用。

根据地质勘查所揭露的结构面，将边坡块体分为三类：①定位块体，是指由断层与断层（岩脉）组合的在边坡坡面上出露的可移动块体，定位块体自稳条件较好；②半定位块体，是指由定位断层（岩脉）与裂隙组合的在边坡坡面出露的可移动块体，半定位块体自稳条件不及定位块体，大部分需采取加固措施；③随机块体，是指由裂隙与裂隙组合的在边坡出露的可移动块体，随机块体难以根据现有地质资料确定。船闸边坡开挖施工中，设计将主体段边坡稳定问题概括为块体、潜在不稳定岩体区和岩体破碎区三大类型。

经高边坡开挖揭露，共发现块体 1054 个，其中直立坡上 790 个，占总数的 75.0%。在 1054 个块体中，小于 $100m^3$ 的块体 694 个，占块体总数的 65.8%，其中直立坡段有 473 个，占该类块体的 68.2%。$1000m^3$ 以上的块体有 52 个，占大于 $100m^3$ 块体总数的 14.4%，大于 $10000m^3$ 的特大块体 1 个，占大于 $100m^3$ 块体总数的 0.28%。在直立坡段有 9 个大于 $1000m^3$ 块体发生了大于 $100m^3$ 的局部失稳，另有 1 个块体完全失稳已全部挖除。设计虽不能对大多数块体进行预先定位，但对块体稳定性的判断基本正确。施工中发生过局部失稳块体，经锚固处理，均未发生继续失稳现象。

潜在不稳定岩体区和岩体破碎区，是指虽有结构面组合，但结构面不连通，尚未形成在边坡坡面出露的可移动块体。由于潜在不稳定岩体区和岩体破碎区岩体完整性差，边坡开挖后，加之卸荷和爆破振动影响，可能产生垮塌、变形甚至失稳，因此需进行锚固喷护处理。船闸主体段高边坡开挖岩体可划分为开挖损伤区（表层松动带），距坡面 0～8m，岩体受爆破卸荷影响较为明显，变形大于局部岩体，岩体受到损伤，裂隙大多张开、力学参数明显降低；卸荷影响区（应力调整带），距坡面 8～20m，受卸荷影响，岩体产生松弛变形，松弛由外向内呈渐变，局部表现为结构面张开，力学参数也有所降低；轻微或未扰动区，距坡面 20m 以后，受开挖卸荷影响轻微，岩体性状基本未受到影响，力学参数与开挖前相同。对开挖损伤区和卸荷影响区岩体需进行稳定分析，对不满足设计要求的稳定安全系数规定的部位及块体，均需进行加固处理。

6.4.2.2 船闸高陡边坡加固处理

(1)高陡边坡排水系统

高陡边坡稳定分析成果显示，地下水是影响边坡稳定的主要因素。边坡开挖形成后，降低岩体内的地下水位是保证边坡稳定的主要措施。三维渗流场分析成果表明，船闸基坑开挖成形后，在坡面喷护防渗条件下，遇连续降雨，若无排水设施，南北两侧边坡岩体地下水自由下降不大，坡面出逸点在微风化带顶板附近；如只设排水洞，地下水自由面有所降低，但不明显；如在排水洞间设置排水孔幕，地下水有较大幅度降低，南北坡地下水出逸点也接近闸室底板，排水效果显著。现场岩体疏干试验成果亦表明：微新岩体中如仅采用单一的排水洞，不能产生明显的排水效果；当在排水洞内钻设排水孔幕时，则有明显的疏干效果。据此，确定船闸高边坡采用地表截、防排水和地下排水结合，以地下排水为主，地表截、防排水为辅的综合排水设计方案。通过截、防、导排，尽可能降低高边坡岩体地下水位，减小渗水压力，提高边坡稳定性。

1)地表截、防、排水系统

地表排水系统的作用是拦截边坡外地表径流，阻隔地面及地下水力联系，将地表水尽快排离边坡范围，减少坡面入渗。该系统具体布置如下：

①坡面喷混凝土及浇筑混凝土防护

在距边坡开口线15～30m范围坡顶进行表面清理后喷混凝土厚度12cm；全强弱风化岩坡面挂镀锌铁丝网后喷混凝土厚12cm；闸墙以上微新岩石坡面喷混凝土厚7cm，边坡马道浇筑混凝土厚度20cm，中隔墩顶面及闸墙顶公路浇筑混凝土厚25cm护面。

②截、排水沟

紧邻坡顶喷混凝土层外侧设置周边截水沟；各级马道上设纵向排水沟，并与周边截水沟相连；坡面每100～150m设一条横向排水沟，连接上下层马道及纵向排水沟。截水沟与纵向及横向排水沟构成坡面排水沟系统，设计标准按实测最大小时降雨量101.6mm排水沟不漫流控制截水沟及排水沟断面。

③坡面排水孔

边坡坡面均设置上倾10°的排水孔，其孔排距3m×3m，孔深0.7～3.0m，孔径46mm，以释放由各种原因形成的喷混凝土层后残余渗水压力。

2)地下排水系统

地下排水系统的作用是排泄山体岩石渗水，降低南北两侧边坡岩体地下水位，由地下排水洞及洞内钻设的排水孔组成。具体布置如下：

①排水洞

南北两侧边坡岩体内各布置7层排水洞，洞距坡面水平距离30～45m，一般纵坡5‰。各层排水洞高程自上而下分别为200m、170～175m、152～177m、130～152m、110～125m、89～94m和70～72m。在南北两侧边坡各布置2个通风吊物竖井，通过水平交通支洞与各层排水洞相连，竖井断面为直径3m的圆形。位于直立坡中部和上部的排水洞兼作直立坡预应力锚索施工洞，断面为3.0～3.5m，其余各层排水洞断面为2.5m×3m。南北坡各7层排水洞总长度23825.3m，洞挖方量为13.5万m^3。

②排水孔

南北坡最上层排水洞与其余排水洞在相对最上层范围的洞段均设置2排排水孔，深入强风化岩3～5m，其余各洞段相对下层范围的洞段均设1排排水孔，下层排水洞的排水孔深入到上层排水洞底板以上5m，从而形成完整的排水幕。排水孔孔距第一闸室部位的排水洞因距上游水库较近，孔距为2m，其他排水洞段的排水孔距均为2.5m，排水孔均为仰孔，孔径91mm，相互塔接形成连续的排水幕。施工过程中，根据基岩排水孔出水量大小及山体排水洞洞壁湿润程度，在局部洞段适当增设了向山体侧的加强排水孔。南北坡7层排水洞内设置的排水孔总进尺为13.5万m。

为防止船闸输水系统因混凝土裂缝而引起内水外渗，增加地下水压力，在船闸基础排水廊道及部分山体排水洞段内向中隔墩及两侧地下输水廊道(输水洞)顶方向设置盖顶式斜向基岩排水孔，以充分降低地下水位。排水孔进尺为8.3万m。

在直立坡与船闸边墙衬砌混凝土之间设有排水管网，并将排水管网中的渗水通过船闸边墙底部的纵向排水廊道汇集到第六闸首南北两侧集水井，然后抽排至下游引航道。集水井设计排水能力为$250m^3/h$。

根据船闸区山体渗流分析，由排水洞及排水孔幕组成的岩体排水系统可起到良好的排水效果，排水后的地下水位线基本为各层排水洞的连线。

(2)高陡边坡支护加固

1)高陡边坡系统加固

高陡边坡系统加固是指在充分采取排水措施，维持边坡整体自稳的开挖轮廓的前提下，改善边坡岩体的受力及变形条件和边坡塑性区岩体的整体性，以提高边坡岩体稳定度。系统加固措施包括边坡喷混凝土、系统锚杆和系统锚索(图6.4.3)等。

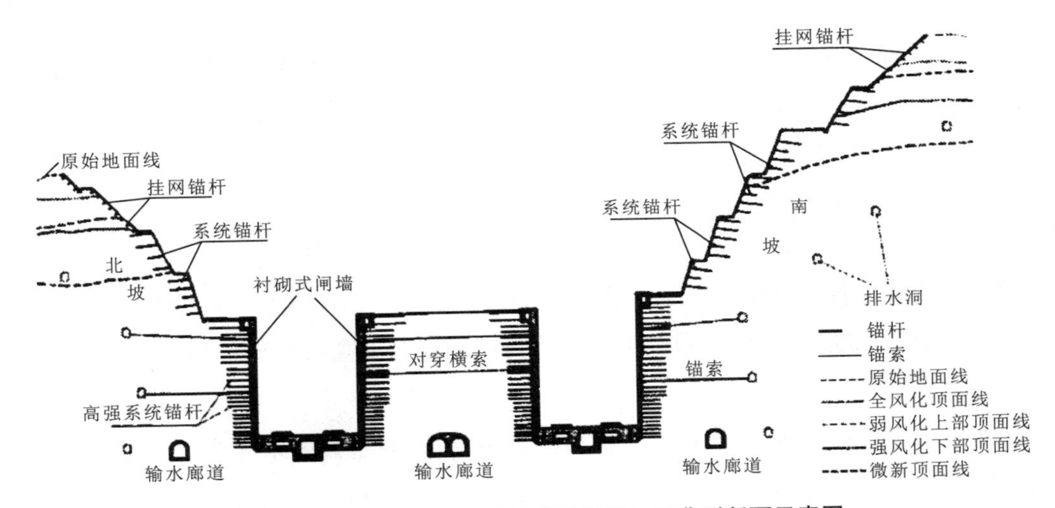

图6.4.3 船闸高边坡系统锚索及锚杆加固典型断面示意图

①坡面喷混凝土支护

高边坡斜坡面均采用喷混凝土或挂网喷混凝土，防止岩体进一步风化和减少雨水入渗。挂网采用机编镀锌铁丝网，喷混凝土厚12cm。

②系统锚杆加固

系统锚杆均为全长黏接砂浆锚杆。主要用于与坡面喷混凝土结合，提高边坡表层松动带的整体性、加固边坡出露的小块体，直立坡段兼作船闸衬砌墙结构锚杆。具体布置如下：

(a)斜坡段

全强风化层岩体垂直坡面系统布置2m×2m，深1.5m挂网锚杆；弱风化层岩体下倾7°布置4m×4m，深6～8m的系统锚杆，间插2m×2m，深1.5m挂网锚杆；弱风化层岩体下倾7°布置3m×3m，深5～8m的系统锚杆。系统锚杆均为ϕ25mmⅡ级钢。斜坡段共布设系统锚杆 4144 根，挂网锚杆 21038 根，总量达 255182 根/43484m。

(b)直立坡段

垂直坡面自上而下布置 2m×2m～1.5m×1.35m，长 8～12mϕ32mm 高强结构锚杆，兼作边坡支护锚杆，共约 10 万根/100 万 m，并在直立坡顶部坡口系统布置 3 排“锁口”锚杆，孔距 3m、排距 2m，深 12～14m，ϕ32mmⅡ级钢，共约 7000 根。

③系统锚索加固

系统锚索主要限制边坡塑性区卸荷裂隙的扩展，改善直立坡及中隔墩岩体的应力状态及变形条件，提高边坡稳定性。具体布置如下：

(a)斜坡段

在第二、三闸室段弱风化层至微风化层岩体斜坡面系统布置 1～2 排 1000kN 级和 1 排 3000kN 级预应力端头锚索，以防止边坡张裂，锚索深 35～40m，间距 3m。

(b)直立坡段

南北两侧直立坡及中隔墩的塑性区系统布置 2 排 3000kN 级锚索，上排布设在坡顶以下 4～6m 处，长 40～55m，下排布设在直立坡中部，长 35～55m，间距均为 3～4m；南坡及北坡与对应高程地下排水洞对穿；中隔墩两侧对穿。

2)高陡边坡局部加固

船闸高边坡局部加固主要是指边坡开挖过程中在坡面出现的块体、不完全切割块体及反倾薄板状岩体等各类块体的加固。通过对块体的加固处理，改善和提高块体稳定性，使其达到设计要求的标准，以确保船闸施工期和运行期的安全。高边坡局部加固处理采取如下工程措施：

①对不完全切割块体，一般在上一梯段开挖中就可预报，裂隙未完全连通，有部分为岩桥，自身可保持稳定，但如果施工中爆破不当或卸荷变形未加限制，可能使岩桥被切断，导致形成完全块体，并产生滑移失稳破坏。设计从偏安全考虑不考虑岩桥的作用，与完全切割块体同等对待，视块体的体积和岩石性状及块体形态，通过计算分析确定加固处理措施。

②对反倾薄板状岩体为与边坡近平行且倾向坡内的结构面切割形成的薄板状岩体，主要为倾倒变形，当变形未加限制时，在爆破及卸荷等因素影响下可发展为倾倒或失稳破坏。一般采取结合锁口锚杆、高强系统锚杆及系统锚索和另布设随机锚杆的加固处理措施，而体积较大的增布随机锚索加固。

③对直立坡顶面采取找平混凝土封闭，防止降雨入渗；闸室槽开口第一梯段采用“锁口”锚杆，必要时采用挂网喷混凝土防护等临时支护措施，以确保施工期安全。对直立坡顶部有张开裂缝的直立坡上部的块体，需增加“锁口”锚杆以限制裂缝扩展。

④对小于 100m^3 的块体，其埋深较浅，视现场情况采用挖除或普通锚杆加固达到稳定要求。对大于 100m^3 的块体，设计逐个进行计算分析，布设随机锚索、锚杆进行加固。对高薄

型块体，结合墙背排水系统增设穿过块体结构面的排水孔，降低地下水压力、改善块体稳定条件，并提高抗倾覆稳定性。对严重松动的块体和软弱破碎岩体，经分析论证其他措施不能满足安全要求时，采取挖除处理。

⑤对大于 1000m^3 的块体，其块体的岩石性状、形态和各自的条件是复杂多变的，需要针对具体的情况进行适时、灵活和符合实际的分析和判断，通过分析计算，采取多种措施相结合的处理方案，并埋设多点位移计、锚索测力计、位移外观点及地下水观测孔等监测项目实施监控。

船闸直立坡面发现大于 1000m^3 块体 52 个，其中 4 个块体自稳可不作处理，48 个块体需进行处理。左线北坡直立坡≥1000m^3 块体 11 个，其中 1 个挖除，其余 10 个采用预应力锚索加固处理；右线南坡直立坡≥1000m^3 块体 12 个，均采用预应力锚索加固处理；中隔墩两侧直立坡≥1000m^3 块体 25 个，其中 1 个挖除，其余 24 个采用预应力锚索加固处理。高边坡共布置系统锚索 1000kN 级端头锚锚索 230 束，3000kN 级端头锚锚索 666 束，3000kN 级对穿锚索 1271 束。加固直立坡潜在不稳定块体共布置 3000kN 端头锚锚索 1309 束，3000kN 级对穿锚索 528 束。对采取预应力锚索加固处理的 46 个块体，其中 30 个块体安装了监测设施。船闸直立坡典型块体加固处理方案及其处理效果分述如下：

(a)f5 块体(块体编号 L3S10)

f5(f1441)断层位于第二闸室至三闸首中隔墩，走向与船闸轴线接近平行，侧向 5°～28°，倾角 49°～73°，并与上游 f2、f6 等垂直流向的断层切割形成大型潜在不稳定块体，称 f5 块体或称块体 L3S101，块体几何形状复杂(见图 6.4.4)，为凹形块体，体积可达 29659m^3。该块体部位原已布置 51 束 3000kN 级锚索，后又增布加固锚索 274 束，总共布置 274 束 3000kN 级锚索，增布排水孔 188m。为了解块体稳定状况和加固处理效果，在该块体部位埋设多点位移计、锚索测力计、钻孔倾斜仪、测缝计和锚杆测力计。边坡块体稳定计算设计工况荷载组合为块体自重＋闸室内水＋重力墙荷载＋地下水全水头＋门推力(闸首部位)。该块体稳定分析成果表明，自重情况下块体滑移模式为单滑，结构面参数 $f'=0.70$，$c'=0.80$MPa，抗滑稳定安全系数 k_c 为 0.39。随着加固锚索数量的增加，块体滑移模式由单滑变为双滑，安全系数 k_c 随着增加，当锚索数量增加到 200 束时，k_c 提高至 1.72；布置锚索 274 束，k_c 为 2.64。f5 块体布置锚索测力计 9 支监测锚索受力情况，测力计均穿过 f5 断层说明 f5 块体部位锚索受力正常；两台多点位移计监测成果显示，块体变形处于稳定状态；第三闸首高程 160m 平台上与 f5 块体相关的 5 个测点的位移曲线显示，第三闸首高程 160m 平台显现三面开挖的卸荷回弹变形特点，变形随下挖深度增大，1999 年 4 月开挖完工后变形开始趋于稳定，变形未出现突变现象，说明 f5 块体没有产生相对滑动变形，处于整体稳定状态；钻孔倾斜仪、测缝计和锚杆后力计测值也都说明 f5 块体稳定。

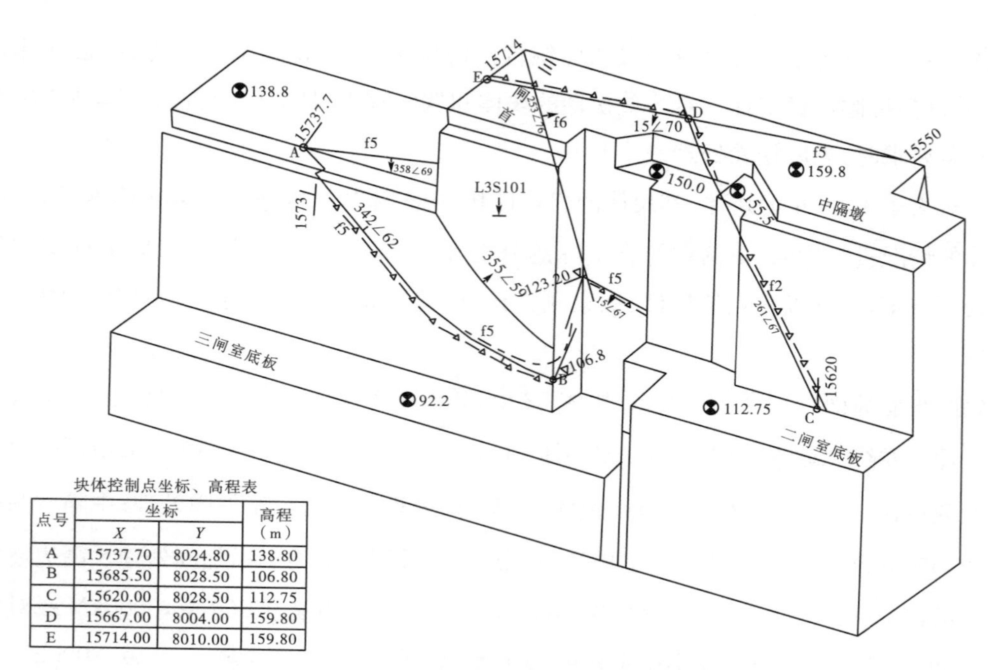

块体控制点坐标、高程表

点号	坐标		高程(m)
	X	Y	
A	15737.70	8024.80	138.80
B	15685.50	8028.50	106.80
C	15620.00	8028.50	112.75
D	15667.00	8004.00	159.80
E	15714.00	8010.00	159.80

图 6.4.4 f5 构成的 L3S101 块体立体示意图

(b)f1239 块体(块体编号 R2S102)

位于右线第二闸首南侧,是由走向 60°～70°,倾角 55°～75°的 f1239 断层切割第二闸首支持体凸角岩体形成的潜在不稳定块体,体积 $4252m^3$。在块体上共布设 3000kN 级预应力锚索 124 束,排水孔 650m。该块体稳定分析成果表明,自重情况下块体滑移模式为单滑,块体几何形状见图 6.4.5。结构面抗剪参数 $f'=0.60$,$c'=0.10$MPa,抗滑稳定安全系数 k_c 为 1.04,施加预应力锚索 68 束,安全系数 k_c 提高到 1.91;布设 3000kN 预应力锚索 124 束,k_c 为 3.00。f1239 块体布设 6 束端头锚索测力计和 1 束对穿锚索测力计,监测结果表明锚索预应力损失呈缓慢增长,没有出现锚固力增大的现象,说明锚固体及锚索受力正常。在锚索密集区布设多点位移计,孔深 20m,且安装与锚索施工同时进行,实测的位移均为压缩变形。位移曲线显示:开挖完工后压缩变形还呈现缓慢增大的趋势,这说明预应力锚索对于加固类似 f1239 这类有一定厚度的软弱结构面的块体效果较为明显。穿过 f1239 断层的多点位移计没有出现拉伸位移,也说明 f1239 块体处于稳定状态。f1239 块体顶面的外观监测点观测结果显示,Y 方向位移随下挖深度的增加而增大,开挖完工后位移趋势于稳定;X 方向位移值较小;垂直方向表现为上抬位移,测值约 5mm;位移变化规律与没有块体的部位相同,说明块体加固后,处于稳定状态。

(c)L2S109 块体

块体 L2S109 位于第二闸室(第一闸首挡水前沿下游 494m)中隔墩北墙,由 f2 和 f3 切割形成,体积为 $7216m^3$。该块体稳定分析成果表明,自重情况下,块体滑移模式为单滑,结构面抗剪断参数 $f_1'=0.65$,$G'=0.15$MPa,抗滑稳定安全系数为 0.99,随着锚索数量的增加,块体滑动模式由滑变为双滑($f_2'=0.60$,$c_2'=0.10$MPa,)安全系数k_c随着增大,块体共布设3000kN级锚索58束,安全系数k_c为2.23。在中隔墩北南墙分别布置外观监测点、闸槽开挖后,由于块体L2S109的存在,中隔墩北墙的Y向(闸槽方向)水平位移变化速率明显大于南墙,闸槽开挖完工后,北墙的Y向水平位移变化透率明显降低,说明块体处于稳定状态,也说明预应力锚索加固作用显著。

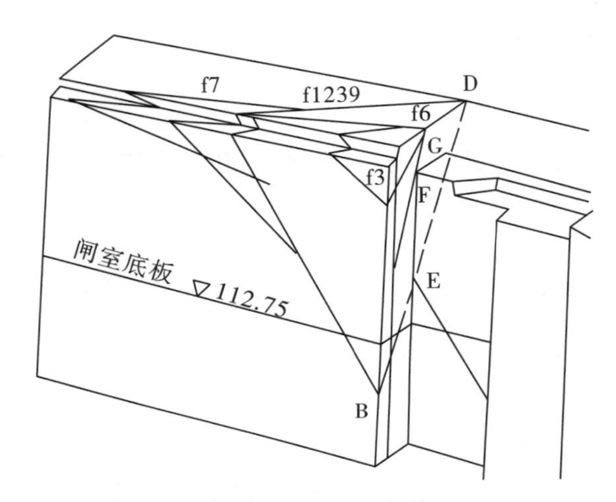

图6.4.5 f1239构成的块体块体立体示意图

6.4.3 中隔墩裂缝处理

6.4.3.1 中隔墩裂缝成因分析

船闸开挖在1998年6月第一闸室至五闸室航槽开挖一半深度时,发现中隔墩顶面找平混凝土及阀门井周围产生不同程度的裂缝。第二闸室至三闸室首段是边坡最高部位,也是裂缝较严重部位,经调查统计在第二闸室至三闸首(第一闸首挡水前沿下游407~714m)中隔墩顶部浇筑找平混凝土范围内共发现裂缝140条。多数裂缝规模较小,延伸长度和开度均不大,一般长度小于10m,占裂缝总数的76%,少量裂缝长10~20m,长度大于20m的共10条,占裂缝总数的7%,裂缝最长31.4m;裂缝开度小于3mm的占裂缝总数的76%,少量裂缝开度3~10mm,裂缝开度大于10mm的4条,占裂缝总数的3%,裂缝最宽达23mm;裂缝下切深度一般约10m,中隔墩1号竖井观测最大下切深度为20m。裂缝主要集中在中隔墩岩体裂缝密集带,且顺纵向发展。中隔墩顶部找平混凝土裂缝的成因是多方面的,除混凝土本身干缩及温差因素外,分析裂缝成因是:地质构造是裂缝出现的主要内因;开挖卸荷是裂缝的主要内因;爆破影响是岩体开裂和裂缝扩展的原因之一;锚固不及时导致裂缝扩展和缝宽增大。

6.4.3.2 裂缝处理措施

1)锚固支护,作为限制中隔墩裂缝扩展的主要处理措施。结合边坡块体加固共增布中隔墩裂缝处理3000kN级预应力锚索283束。

2)对中隔墩找平混凝土上的所有裂缝进行防渗处理,对裂缝集中部位增加表层岩体固结灌浆。

3)补充监测设施,观测中隔墩岩体深部断层及裂隙的发展情况,以便及时采取补充处理措施。

6.4.4 船闸高边坡变形控制监测资料分析

6.4.4.1 高陡边坡监测设施布置

(1)高陡边坡变形监测

主要监测设施:测边交会点、倒垂线、引张线、钻孔测斜仪、多点位移计、伸缩仪、精密水准点等。

1)水平位移监测

①边坡表层水平位移监测

在南坡及北坡各级马道和中隔墩顶部,按监测断面和实际监测需要布设水平位移监测点,共布设表层水平位移测点 141 个。

②边坡深部水平位移监测

(a)引张线。在对应于第二闸室闸顶高程的南坡及北坡第 5 层排水洞内,布置引张线 4 条,设测点 41 点。其中,北坡 2 条,南坡 2 条。各引张线的端点以倒垂线作为工作基点(南坡及北坡各 3 条倒垂线)。

(b)钻孔倾斜仪。在第二、三闸室各监测断面南坡及北坡各级马道和中隔墩两侧岩体中,共布设钻孔倾斜仪 22 个;在 15-15(位于二闸室、距一闸首挡水前沿 570m)、17-17(位于第三闸首,距一闸首挡水前沿 675m)、20-20(位于第三闸室、距第一闸首挡水前沿 785m)监测断面直立坡共布设 12 个钻孔倾斜仪测孔;另在第四、六闸首南坡、第五闸首北坡各布设 1 个测孔。

(c)水平向多点位移计。在第 3 层排水洞(17-17 及 20-20 监测断面南坡及北坡)、第 4 层排水洞(17-17 及 20-20 监测南坡及北坡、15-15 监测断面南坡),垂直于船闸中心线向闸室方向布置水平多点位移计,共布设 9 套;在直立坡及中隔墩不稳定块体布设 19 支水平向多点位移计,以监测块体变形情况。其中 f5 块体 4 套,f1239 块体 2 套。另在右线船闸第二闸室中部南侧的 8 号勘探平洞内布设 7 套多点位移计。

(d)伸缩仪及精密量距。在第二、三闸室南坡及北坡第 4~7 层排水洞的监测支洞内,垂直于船闸中心线布置水平向伸缩仪测线。共布设伸缩仪 34 套,并与伸缩仪测线结合布置精密量距测线 44 条。另在右线船闸第二闸室中部南侧的 8 号勘探平洞内布设 9 套伸缩仪,并与之结合布置精密量距测线 9 条。

2)垂直位移监测

①表层垂直位移监测

在南坡及北坡各级马道和中隔墩顶部,对应于各水平位移监测点布置垂直位移监测点,以监测高边坡表层岩体垂直位移变化。

②深部垂直位移监测

(a)垂直向多点位移计高边坡开挖初期,在第二、三闸室监测断面南坡及北坡马道上,各钻孔倾斜仪测孔附近布置垂直向下的多点位移计,共布设13套;在高边坡监测支洞共布设8套多点位移计。

(b)深部垂直位移监测点。在第二、三闸室监测断面南坡及北坡第4~7层排水洞及其8号勘探平洞内,与伸缩仪测点对应,布置垂直位移监测点;在第3~7层排水洞和8号勘探平洞的其他部位,亦布置垂直位移测点,对不同深部岩体进行全面监测。

3)倾斜监测

高边坡开挖初期,为尽快了解边坡岩体的倾斜变形,在南坡及北坡马道和排水洞及监测支洞内,共布设手提式倾角计测点25个。

4)裂缝监测

第二闸室、三闸首中隔墩部位由于f5断层穿过且三面临空,加之开挖卸荷致使中隔墩顶面找平混凝土产生多条裂缝,为监测裂缝变化情况,在中隔墩部位布设8台锚索测力计、8台水平向多点位移计、4支测缝计、游标卡尺40点、16条收剑线。在第二闸首、三闸首横向直立坡出现裂缝处布设4支测缝计(位错计),以监测裂缝的发展情况;在一闸室~五闸室直立坡不稳定块体上布设5套水平多点位移计,监测不稳定块体的变形。在船闸南坡及北坡山体排水洞、边坡马道、中隔墩顶面及竖井等部位裂缝处,布设游标卡尺测点113点。

(2)高陡边坡渗流监测

1)地下水水位监测

地下水水位主要通过测压管和渗压计进行监测。

①地下水水位长期观测孔

在第二闸室至第三闸首南坡及北坡布设4个孔深60~91m的水位长期观测孔(1~4号),监测边坡地下水水位变化。

②测压管

在南坡及北坡第1~6层排水洞内共布设110个测压管,钻孔深度一般为8~20m。其中第3~5层排水洞和支洞内的26个测压管位于排水孔幕靠坡面一边的外侧,第7层排水洞(N7及S7)布设5个深91~113m垂直测压管,并在孔内分段定点埋设17支渗压计,以全面了解南坡及北坡地下水水位的变化情况。

2)降水量监测

大气降水是高边坡地下水的重要补充源。船闸区的降水资料对分析地下水水位变化极为重要,在坝区气象站采用自记雨量计进行观测。

3)渗流量监测及水质分析

①排水洞排水量监测

在南坡及北坡各层排水洞内,分别设置纵坡$i \geqslant 5‰$的排水沟,经由交通洞排出,故在各层交通洞口处相应设置量水堰,共布设量水堰44个。

②典型排水孔排水量监测

各层排水洞内布设排水孔，在南坡及北坡坡面亦布设若干水平排水孔。共选择 27 个典型排水孔，采用容积法单孔量测排水量。

③地下水质分析

选择有代表性的排水孔，定期取水样进行水质分析。如发现有析出物或侵蚀性水流出时，应取样进行全面分析。

(3)高陡边坡岩体锚固结构受力状态监测

1)锚杆应力监测

在南坡及北坡每一级斜坡段各布设锚杆应力计 22 支，监测高边坡锚杆受力状况。在第一、三、五闸首以及第二、三、四闸首的直立坡沿不同高程共布置 65 支锚杆应力计以监测直立坡锚杆受力状态。在 13-13(位于第二闸室距第一闸首挡水前沿 494m)、15-15、16-16(位于第二闸室，距第一闸首挡水前沿 620m)、17-17 和 20-20 断面以及一些裂隙发育和存在结构面部位的直立坡“锁口”锚杆上共布设 80 支锚杆应力计。

2)锚索受力状态监测

在船闸边坡开挖初期，北坡及南坡斜坡分别布设 14 台及 6 台锚索测力计，以监测边坡锚索受力状态；在直立坡开挖中，分别在南坡、北坡和中隔墩布置 25 台、17 台和 25 台锚索测力计，针对第三闸首中隔墩 f5 断层以及大型(71000m^3)不稳定块体，增补锚索测力计 26 台，以监测直立坡、中隔墩锚索，以及不稳定块体结构锚索受力情况。其中 f5 块体和 f1239 块体分别布置 14 台和 9 台锚索测力计。

6.4.4.2 高陡边坡变形控制监测成果分析

(1)高陡边坡变形

1)南坡及北坡岩体表面变形

①南坡及北坡变形主要是向闸室方向(临空面方向 Y 向)变形，其向闸室方向的水平位移远比顺水流向的水平位移和垂直位移(沉降)大。南坡及北坡向闸室方向水平位移沿高程从高至低略有减小。至 1999 年 4 月开挖完工时，南坡斜坡向闸室方向位移在 4～53mm，北坡斜坡向闸室方向位移在 9～39mm；南坡及北坡直立坡顶水平位移分别为 4～35mm 和 11～27mm。1999 年 4 月以后，各点水平位移略有增加，至 2014 年 12 月南坡及北坡实测向闸室最大位移分别为 73.56mm 和 58.82mm，南坡距一闸首挡水前沿 850m 高程 215.00m 处的水平位移最大；2016 年 12 月南北坡向闸室最大累计位移分别为 76.50mm 和 58.86mm；2018 年 3 月，南坡(15＋850，高程 215.0m)实测向闸室最大累计位移为 77.61mm；北坡(15＋851，高程 185m) 实测向闸室最大累计位移为 59.31mm。2014 年南坡及北坡直立坡顶向闸室最大累计位移分别为 47.22mm 和 34.04mm。水库蓄水和船闸通航对南坡及北坡变形的影响不明显。船闸南北坡岩体最大变形测点过程线见图 6.4.6(a)、图6.4.6(b)。

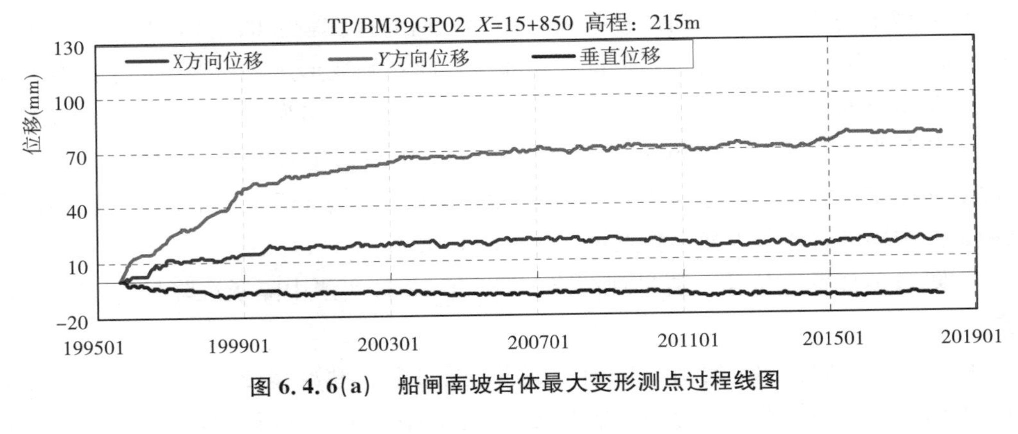

图 6.4.6(a) 船闸南坡岩体最大变形测点过程线图

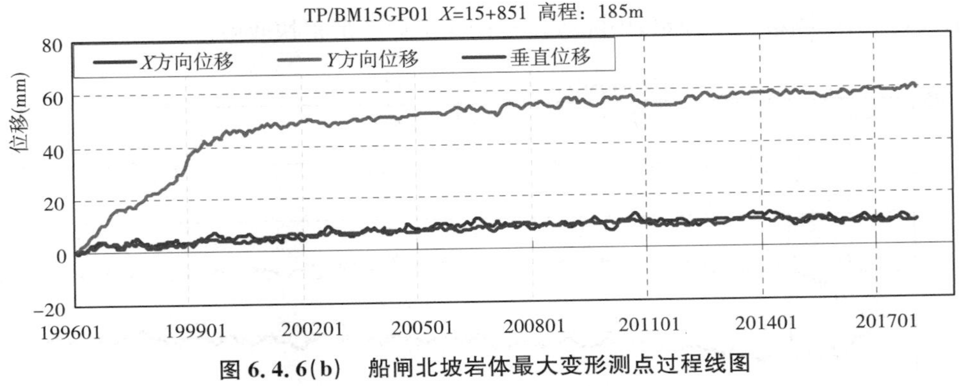

图 6.4.6(b) 船闸北坡岩体最大变形测点过程线图

②南坡及北坡向下游方向的位移较小，2014 年 12 月实测位移为−2.53～33.96mm(负表示向上游位移)。向下游位移最大的测点为南坡高程 200.00m 马道位于竖井扩宽段的拐角处，其位移主要由下游临空面卸荷产生。

③南坡及北坡垂直位移表现为沉降，沉降值约在 17mm 以内。2016 年实测沉降值为−14.54～16.24mm；2018 年 3 月，实测南北坡沉降变形为−15.62～−16.67mm。

④南坡及北坡水平位移主要发生在开挖过程中，开挖完工后的位移减缓，位移增量逐年减少并趋于收敛。1999 年 4 月开挖完工后，影响边坡岩体变形的边界条件已基本确定。从实测位可以看出，1999 年 4 月以后边坡位移测值中主要是时效，测值的波动变化主要是观测误差引起的，与气温没有明显的相关性。由于各测点部位边坡形的先后不同，以及测点部位岩体地质条件和开挖形态的差异，锚固措施的作用等，使得各测点在 1999 年 4 月边坡开挖完工后的趋势位移值并不一致。至 2013 年 12 月南坡及北坡位移趋势值为 0.57～20.86mm，平均为 9.65mm，各年趋势位移的增年逐年递减，表明其变形是收敛的。

2)中隔墩顶部变形

①中隔墩岩体变形包括应力释放过程中产生的卸荷回弹变形和直立坡形成过程中自重荷载作用产生的变形。由于边坡开挖过程中，中隔墩两侧及顶面三个方向均产生应力释放，而闸首部位有四个方向(多一个下游方向临空面)，加之中隔墩各部位的地质条件和初始地应力状态不同，使得各部位的变形极为复杂，位移方向各异。

②中隔墩不同部位闸室方向位移数值大小和方向均存在较大的差异，大多数点南侧向南，北侧向北位移，但在二闸首—三闸首有的部位均向一侧变形。2014 年 12 月实测中隔墩顶北侧向闸室方向的位移为－19.49～33.59mm，向下游的位移为 6.40～26.57mm；南侧向闸室方向位移为－2.32～23.76mm，向下游方向位移为－0.50～22.67mm。2018 年 3 月实测中隔墩向闸室最大累计位移为 27.71mm（北侧 15＋570，高 185.0m），说明中隔墩岩体变形已稳定。中隔墩岩体最大变形测点过程线见图 6.4.7。

③中隔墩顶部垂直位移主要呈现沉降，2014 年 12 月实测中隔墩沉降量为－14.28mm（回弹）～15.27mm。

④中隔墩顶表面变形在船闸 1999 年 4 月开挖完工后位移减缓，2000—2014 年中隔墩顶向闸室方向位移的各年平均值与多年平均值的差值均在±1.5mm 以内波动，基本在观测误差范围内，表明中隔墩变形稳定，中隔墩在开挖完工后变形很快收敛。

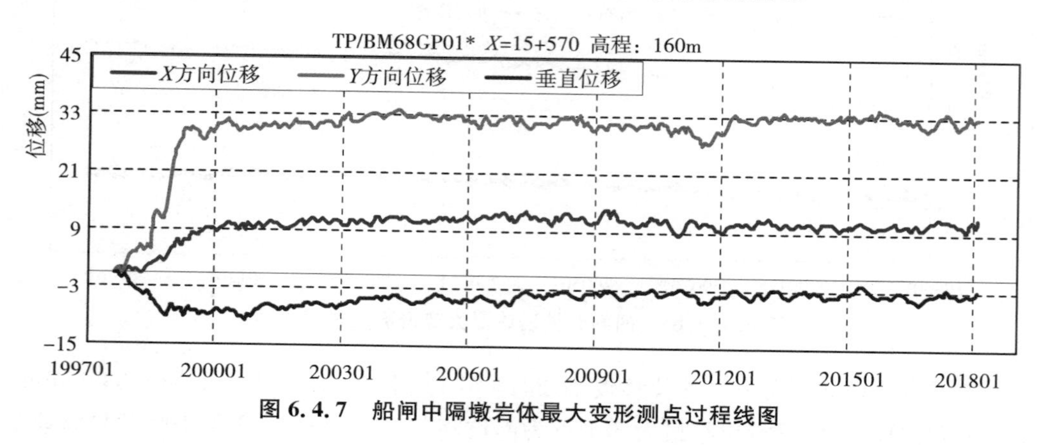

图 6.4.7 船闸中隔墩岩体最大变形测点过程线图

3）南坡及北坡岩体内部变形

①排水洞内多点位移计

南坡及北坡第 3～6 层排水洞内埋设的水平多点位移计实测成果表明：a）相对位移主要发生在 1997 年 4 月—1999 年 4 月的边坡开挖过程中，开挖完工后位移没有明显增加。2003 年 6 月水库蓄水及船闸通航后各点测值没有明显变化。2013 年 12 月多点位移计实测的相对最大位移为 27mm。b）相对位移主要是岩体卸荷作用所致。1999 年 4 月闸槽开挖完工后，位移没有明显增加，表明边坡变形已趋于稳定。

②直立坡上的多点位移计

针对直立坡开挖出现的大型块体布设水平多点位移计，以观测块体的长期稳定性，大部分起测时间在 1999 年 4 月开挖完工后。实测成果表明，各测点相对位移值均在 4.9mm 以内，位移没有明显增加，块体是稳定的。

③排水洞支洞内伸缩实测岩体变形

南坡及北坡第 4～7 层排水洞在二闸室—三闸室的 13-13、15-15、17-17 和 20-20 监测断面附近布设垂直于船闸轴线的支洞，支洞靠临空面的部位为岩体卸荷松弛区，而靠排水洞端为非卸荷松弛区。排水洞内伸缩仪主要观测岩体在支洞轴向测线长度范围内的相对变形

(各点相对排水洞主洞端的变形,以拉伸为正)。观测成果表明,变形主要发生在开挖过程中,1999 年 4 月边坡开挖完工后,变形速率减缓,并很快趋于收敛。2003 年 6 月水库蓄水及船闸通航后实测变形没有变化。2010 年 12 月实测排水洞支洞最大累计变形为 13.25mm。

④排水洞内倒垂线实测岩体水平位移

在南坡及北坡第 5 层排水洞内高程 155.00m 各布置 3 条倒垂线(孔深 35～49m),锚固点高程 106.00～120.00m,位于闸室底板高程附近,距闸室边墙的水平距离 40～58m。倒垂线实测水平位移表明,排水洞处岩体均向闸室临空面方向位移,1999 年 4 月开挖完工后,变形速率趋缓并趋于收敛。2013 年 12 月实测水平位移在 4.5mm 以内。

(2)高边坡锚索及锚杆受力状态监测

1)高边坡锚索受力状态监测

高边坡布置 115 支锚索测力计监测锚索的长期预应力状态和边坡稳定情况。监测锚索除 2 根采用有黏结锚索外(测力计于 2000 年 11 月失效),均为无黏结锚索。监测数据显示:

①高边坡 1000kN 级的锚索预应力蓄水后最大荷载为 932kN,最小荷载为 843kN;3000kN 级锚索预应力蓄水后最大荷载为 3318.6kN;最小荷载为 2479kN;锚固力变幅在 46.1～64.9kN,蓄水前后变化量在－5.4～17.9kN。直立坡锚固力蓄水后在 1810.3～3378.3kN,近一年年变化量在 3.8～15.6kN。

②预应力损失主要发生在锚索张拉锁定后的初期,实测锚索锁定预应力损失在－0.6%～6.4%之间,平均为 2.8%。2014 年 12 月实测锁定后预应力损失平均为 12%,包括直立坡块体上锚索预应力损失变化符合一般规律。锚索安装 1 年后,锚索锁定后平均损失为 8%,绝大部分在 15%以内;锚索锁定 2 年后的预应力变化很小,基本稳定,受外界因素(如气温、降雨等)影响,在一定的小幅范围内波动,并略受气温影响呈现出年周期变化。2017 年 175m 水位试验性蓄水前后,锚索锚固力变化量为－65～57kN;与 2012—2015 年 175m 水位试验性蓄水前后变化量大致相当,表明近六年试验性蓄水对边坡变形无明显影响。

③大型块体上锚索预应力损失量与非块体部位没有明显区别,预应力损失和变化规律也基本一致。以 f1239 块体为例,其锁定后 1 年的平均锁定后预应力损失率约为 7.2%,而南坡其他测力实测 1 年的平均锁定后预应力损失率约为 7.6%。

④水库蓄水及船闸通航运用对边坡锚索锚固力没有明显影响,锚索预应力没有陡然变化现象,表明边坡稳定。

2)高边坡锚杆受力状态监测

①高边坡锚杆应力计应力值都不大。2018 年 3 月实测、应力值在－81.76～88.96MPa,年变化量在－5.44～9.01MPa。高边坡锚杆应力计拉应力超过 50MPa 有 4 支。

②直立坡 56 支高强锚杆,2018 年 3 月实测应力值在－29.06～237.28MPa(二闸室中隔墩南侧 高程 158m),年变化量在－16.41～26.68MPa,其中拉应力大于 100MPa 有 9 支,50～100MPa 的有 9 支。

③直立坡锁口锚杆,2018 年 3 月实测应力在－28.44～164.65MPa,年变化量在

−13.14～16.53MPa，除个别受温度影响明显的变化稍大外，多数锚杆应力年变化量在±5MPa之内，说明多数锚杆应力稳定。直立坡66支锁口应力计拉应力超过100MPa有17支，50～100MPa的锚杆应力有20支，小于50MPa的锚杆应力有39支。船闸高边坡部分锁口锚杆应力变化过程线见图6.4.8。

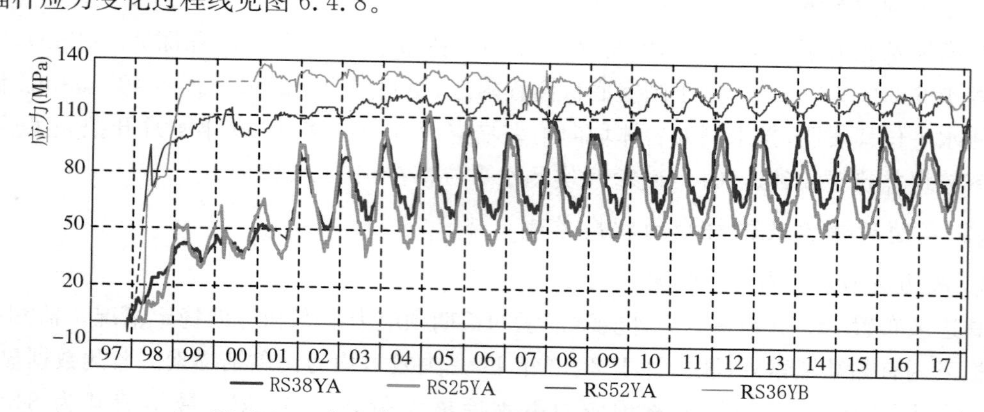

图6.4.8 船闸高边坡部分锁口锚杆应力变化过程线图

④大部分锚杆应力受外界温度影响明显，大部分锚杆应力变化与温度呈负相关。大部分应力较大的锚杆应力产生在船闸直立坡开挖、支护期间。自2000年以后，基本处于稳定状态。

⑤2017年175m试验性蓄水前后，锚杆应力变化量在−17.76～31.10MPa，主要是受气温变化影响，与前几年蓄水前后变化量大致相当，表明蓄水对边坡变形无明显影响。

(3)高陡边坡渗流观测

1)南坡及北坡地下水位

南坡及北坡排水洞测压管实测地下水位成果表明：

①随着船闸槽下挖和南坡及北坡排水洞排水孔的实施，边坡地下水位下降。1999年4月开挖完工后，地下水位趋于稳定。除3个测压管外，绝大部分测压管水位均低于相应洞底高程，且此后第1～5层排水洞的测压管水位变幅小于5m，大部分测压管水位年变幅在2m以内。实测水位均低于设计水位，水库蓄水对边坡地下水位变化的影响不甚明显。

②边坡开挖过程中测压管水位变化与降雨量呈现出相关性。1999年4月开挖结束后，降雨对顶部第6、7层排水洞测压管水位有一定影响，对第1～5层排水洞测压管水位影响不明显，说明边坡的截、防、排水系统发挥了较好作用。

③地下水具有明显的非饱和裂隙水渗流特点，无明确的地下水浸润面。从南坡及北坡排水洞内的渗漏情况看，有些部位基本为干洞，有些部位有湿印，有些部位靠外侧是干的，靠里侧有渗水，有些部位有线状渗水流，说明边坡疏干区范围内地下水分布极不均匀。

④边坡开挖完工后，第3～6层排水洞排水幕外侧的测压管大部分处于疏干或半疏干状态，说明排水孔幕已起到疏排地下水流、有效降低地下水位的作用，边坡开挖面附近岩体处于疏干半疏干状态，对高边坡稳定是有利的。

⑤一闸首基础帷幕前测压管水位在175m水位试验性蓄水前后上升5.92m，蓄水后10

月21日水位为142.10m。帷幕后水位变化较小，变化量在－0.05～0.92m。2018年3月一闸首基础灌浆廊道幕后水位在124.35～127.99m，左右岸挡水坝段帷幕后水位变化在－0.05～3.28m。蓄水至175m水位后，基础廊道排水幕处扬压力系数最大值为0.18，在设计允许值范围内。

⑥2017年175m水位试验性蓄水前后闸墙背后渗压一般变化在0.2m水头以下，蓄水后个别测点最大渗压为－0.0258MPa(P1CZ23)；闸室底板渗压变化一般±0.5m以下，蓄水后最大渗压为－0.0829MPa(P3CZ12)。

2)南坡及北坡渗漏量

南坡及北坡排水洞实测渗漏量显示：

①南坡总渗漏量在175～935L/min，北坡总渗漏量在136～590L/min，南坡及北坡全部排水洞的总渗漏量在360～1356L/min。受降雨影响在汛期渗漏量大于非汛期。边坡形成后渗水量没有增大的趋势，水库蓄水位变化对排水洞渗漏量没有明显影响。

②北坡所有排水洞均有渗水排出，南坡第7层排水洞基本无渗水。2004年以后，南坡第5～7层排水洞内排水孔绝大部分无渗水，有渗水的数量比北坡少。南坡第4层排洞的大部分渗水在洞中已排向第3层排水洞，故南坡第4层排水洞量水堰流量较少，而第3层排水洞量水堰流量较大。

③2017年船闸高边坡1#～7#层排水洞在蓄水前后，南边坡渗流量分别为423.6L/min和694.32L/min，增加270.72L/min；北坡排水洞蓄水前后渗流量分别为338.47L/min和498.19L/min，增加159.72 L/min，其变化主要受降雨影响。目前南、北边坡排水洞渗流量分别为461.11L/min和224.67L/min。

④一闸首基础廊道渗流量：2017年蓄水前渗流量为3.96L/min，蓄水后渗流量为6.28L/min，渗流量增加2.32L/min，目前渗流量为5.64L/min。

⑤2017年蓄水前南北线基础排水廊道渗流量分别为311.51L/min和185.05L/min，蓄水后南北线基础排水廊道渗流量分别为375.95L/min和223.33L/min；蓄水前后船闸南北线基础排水廊道渗流量变化分别为64.44L/min和38.28L/min。其渗流量过程线见图6.4.9与图6.4.10。

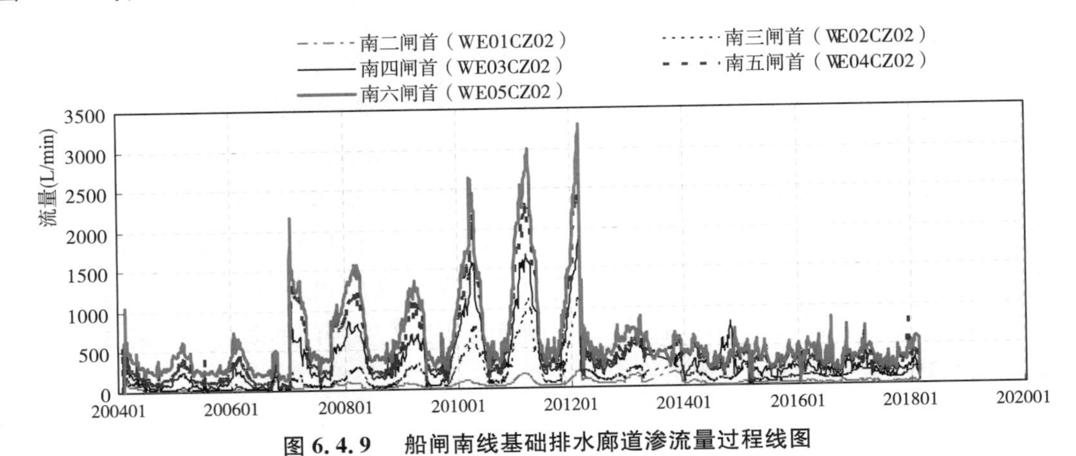

图6.4.9 船闸南线基础排水廊道渗流量过程线图

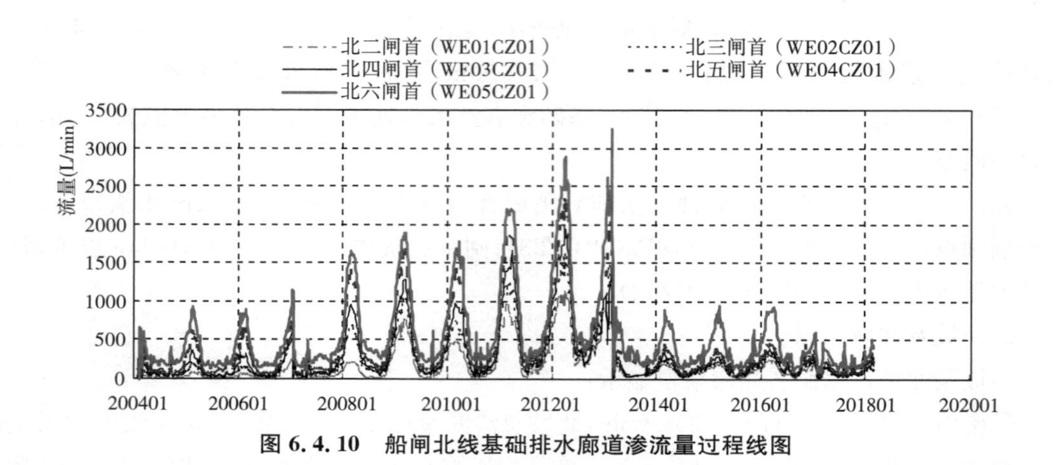

图 6.4.10 船闸北线基础排水廊道渗流量过程线图

6.4.4.3 船闸高陡边坡变形控制效果检验

船闸自 2003 年 6 月投入试运行以来，已安全运行 15 年，各项监测成果分析表明，高边坡变形是稳定的，闸首及闸室墙变形、边坡地下水及闸墙背渗压、闸墙高强锚杆应力、高边坡锚索及锚杆应力等均在设计允许范围内。水库 135m 水位蓄水、156m 水位蓄水和 175m 水位试验性蓄水对边坡地下水、船闸闸基渗流、船闸变形没有明显影响，高边坡和闸首、闸室形态变化正常。实测各级闸首底部的位移量均很小，绝大部分测值均在±1.5mm 以内；闸首顶部横向位移在－0.83～5.73mm，纵向位移在－3.83～5.21mm；各级闸室闸墙顶部的水平位移在－1.5～6.1mm；闸首及闸室闸墙顶部位移量受气温影响呈周期性变化，位移年周期性变化量在±2.0mm 以内。闸墙变形没有随时间增大的趋势，水库蓄水及船闸充泄水对闸墙位移的影响不明显；闸首变形不影响船闸人字闸门的正常开启。船闸运行 15 年实践表明，高陡边坡加固后，其变形控制效果良好，保障了船闸安全运行。

6.5 船闸人字闸门和输水阀门及其启闭机

三峡船闸人字闸门、输水反弧门及启闭设备的安全运行，是保证船闸和川江航运畅通的关键。

船闸人字闸门尺寸为 20.2m×38.5m（宽×高）、单扇门重约 8500kN，人字闸门运行最大淹没水深 36m，人字闸门卧式启闭机容量 2700kN，这三项指标均为世界第一。

船闸每线船闸自上游至下游依次布置第一闸首事故检修叠梁门及桥式启闭机、第一至六闸首人字闸门及液压启闭机、第六闸首下游浮式检修闸门；输水廊道依次布置进水口拦污栅、各级闸室输水廊道工作阀门及液压启闭机、上下游检修闸门、第六闸首辅助泄水廊道工作阀门及启闭机和上游检修闸门，以及操作控制上述各种阀门和启闭机械的电气设备。另外，各级闸室均布置有浮式系船柱，在第二、三闸首还布置人字闸门的防撞警戒装置，上述人字闸门、输水阀门及其启闭机技术特性参见表 6.5.1。

表 6.5.1 **双线五级船闸闸门阀门及其启闭机技术特性**

项目	名称	孔数	闸门及阀门								启闭机				备注
			类型	孔口尺寸	设计水头(m)	数量	吊点	启闭方式	底坎高程(m)	最大淹没水深(m)	类型	容量(kN)	数量	扬程行程(m)	
坝高程 185m　正常蓄水位 175m　设计洪水位 180.4m　计算风压 250N/m²　核校风压 800N/m²															
第一闸首	事故检修门	2	平面滑动	34m×36m	10.5	2	双吊点	动闭静启	131		双向桥式启闭机	2×2500kN	2	75/14	
	工作门	2	人字门	43m×38.5m	31	2		静水启闭	139(131)		卧式摆动双作用液压机	2700kN	4	7.276	
	检修叠梁门	2	平面滑动	34m×36m	36	2	双吊点				双向桥式启闭机	2×2500kN	2	75/14	
	反弧门	4	弧形	4.5m×5.5m	40.8	4	单	动水启闭	115.5		竖缸式液启闭机	1500kN		5.92	
	反弧门检修门(上游)	4	平面滑动	4.5m×5.5m	59.5	4	单	静水启闭	115.5		移动式	2×2100kN	2		
	反弧门检修门(下游)	4	平面滑动	4.5m×6.7m	59.5	4	单	静水启闭	115.5		移动式	2×2100kN	2		
第二闸首	工作门	2	人字门	43m×38.5m	36	2		静水启闭	139(131)		卧式摆动双作用液压机	2700kN	4	7.276	
	反弧门	4	弧形	4.2m×4.5m	82	4	单	动水启闭	93.75		液压启闭机	1800kN		5.01	
	反弧门检修门(上游)	4	平面滑动	4.2m×4.5m	83	4	单	静水启闭	93.75		移动式	2×2100kN			
	反弧门检修门(下游)	4	平面滑动	4.2m×5.8m	62.3	4	单	静水启闭	93.75		移动式	2×2100kN			
第三闸首	工作门	2	人字门	43m×38.5m	36.75	2		静水启闭	119.25	36.75	卧式摆动双作用液压机	2100kN	4	7.276	
	反弧门	4	弧形	4.2m×4.5m	82	4	单	动水启闭	73		液压启闭机	1800kN		5.01	
	反弧门检修门(上游)	4	平面滑动	4.2m×4.5m	83	4	单	静水启闭	73		移动式	2×2100kN			
	反弧门检修门(下游)	4	平面滑动	4.2m×5.8m	62.3	4	单	静水启闭	73		移动式	2×2100kN			
第四闸首	工作门	2	人字门	43m×38.5m	36.5	2		静水启闭	98.5	36.5	卧式摆动双作用液压机	2100kN	4	7.276	
	反弧门	4	弧形	4.2m×4.5m	82	4	单	动水启闭	52.25		液压启闭机	1800kN		5.01	
	反弧门检修门(上游)	4	平面滑动	4.2m×4.5m	83	4	单	静水启闭	52.25		移动式	2×2100kN			
	反弧门检修门(下游)	4	平面滑动	4.2m×5.8m	62.3	4	单	静水启闭	52.25		移动式	2×2100kN			

续表

项目	名称	孔数	闸门及阀门								启闭机				备注
			类型	孔口尺寸	设计水头(m)	数量	吊点	启闭方式	底坎高程(m)	最大淹没水深(m)	类型	容量(kN)	数量	扬程行程(m)	
坝高程 185m　正常蓄水位 175m　设计洪水位 180.4m　计算风压 250N/m²　核校风压 800N/m²															
第五闸首	工作门	2	人字门	34m×37.5m	35	2		静水启闭	77.75	34.92	卧式摆动双作用液压机	2100kN	4	7.276	
	反弧门	4	弧形	4.2m×4.5m	82	4	单	动水启闭	46		液压启闭机	1800kN		5.01	
	反弧门检修门(上游)	4	平面滑动	4.2m×4.5m	83	4	单	静水启闭	31.5		移动式	2×2100kN			
	反弧门检修门(下游)	4	平面滑动	4.2m×5.8m	62.3	4	单	静水启闭	31.5		移动式	2×2100kN			
第六闸首	下游事故检修	2	浮式		68	2		静水启闭	56.3						
	工作门	2	人字门	34m×37.5m	35.42	2		静水启闭	57	30.42	卧式摆动双作用液压机	2100kN	4		
	工作阀门	4	平面钢闸门	3.6m×3.75m	22.6	4	单	动水启闭	46		竖缸液压启闭机		4		
	工作阀门检修门	4	平面滑动	3.6m×3.75m	41.17	4	单	静水启闭	46		移动式				
	反弧门	4	弧形	4.5m×5.5m	40.8	4	单	动水启闭	46		液压启闭机	1500kN		5.92	
	反弧门检修门(上游)	4	平面滑动	4.5m×5.5m	59.5	4	单	静水启闭	46		移动式	2×2100kN			
	反弧门检修门(下游)	4	平面滑动	4.5m×6.7m	59.5	4	单	静水启闭	46.00		移动式	2×2100kN			
输水廊道上游拦污栅	拦污栅(一)	10	拱形	2.8m×3.924m	5	10									
	拦污栅(二)	54	拱形	2.8m×2.854m	5	54									

6.5.1 船闸各闸首人字闸门

6.5.1.1 船闸闸首人字闸门设计需解决的技术难题

针对船闸人字闸门的技术难点，曾进行了大量的科学试验和研究工作，为人字闸门的设计、制造、安装提供了理论基础。经前期科研及对已有人字闸门设计及运行经验的总结，着重解决以下技术难题：人字闸门门页结构刚度；顶枢受力特性及疲劳荷载对顶枢A、B杆的影响；底枢类型及润滑方式；预应力背拉杆类型及其构造；闸首边墩变形对人字闸门的影响；泥沙淤积对人字闸门的影响；防止结构产生裂缝。

上述技术难题的研究和解决是保证人字闸门设计顺利完成的关键，也是人字闸门技术的重大进步。国内大型船闸工作闸门技术特性见表6.5.2。

表6.5.2 国内大型船闸工作闸门技术特性表

船闸名称	船闸分级	最大水头(m)	闸室有效尺寸	最高一级闸室工作门			最高一级输水廊道工作门		
			宽(m)×长(m)×槛上最小水深(m)	门型	门高(m)	机型	门型	孔口尺寸	机型
三峡船闸	5	113	34×280×5	人字闸门	38.5	液压	反弧门	4.2×4.5	液压
万安船闸	1	32.5	14×175×2.5	人字闸门	36.85	液压	反弧门	3.0×3.0	液压
葛洲坝船闸	1	27	34×280×5	人字闸门	34.05	液压	反弧门	5.0×5.5	液压
水口船闸	3	57.36	12×160×2.5	人字闸门	19.1	液压	反弧门	2.6×2.6	液压

6.5.1.2 船闸人字闸门关键技术研究

1)对三峡船闸人字闸门不同的结构类型进行了大量的数值模型分析、水工弹性材料模型试验验证，同时，对人字闸门结构材料的选择、结构布置类型及细部的处理、焊接和制造工艺、材料的疲劳强度等方面进行了大量的研究和分析工作，针对产生裂纹的各种原因，采取了相应处理措施。船用钢板具有良好的冲击韧性和较高的强度，良好的水下耐腐性和表面质量，因此人字闸门主横梁的全部下翼缘和边柱部位的上翼缘，采用船用钢板DH32，预应力背拉杆采用船用钢板DH36，其余都采用Q345C。主梁设计采用了等应力分组荷载法代替过去习惯上采用的等荷载法。在主梁高度的选择上除考虑门叶的整体刚度外，还考虑三铰拱的压力线对刚度的影响。在主横梁中间截面、端部设计及边柱设计中采用充分利用材料强度，降低应力幅值，提高结构抗疲劳能力的新设计方法和技术措施，并在结构设计中首次引进了低周高应力疲劳的概念。

2)根据门轴柱在受力后发生的变形，支、枕垫块挤卡对顶枢A、B杆的破坏力的情况，同样在顶枢设计中首次引入了低周高应力疲劳的概念，适当增加门轴柱的抗扭刚度，对支、枕垫块的接触类型，将过去通常采用的同弧半径或平面的面接触，改成大曲率半径对小曲率半径的线接触类型。在底枢设计中，以自润滑材料代替被动润滑系统，这是自润滑材料在世界级船闸人字闸门上首次运用。

3)根据人字闸门底部的泥沙淤积情况,利用门叶上、下游存在的水位差,专门设计了一套冲淤设施,通过对出流口水流的方向进行控制,扰动门叶底部梁格内及底坎部分的水体,避免泥沙在此淤积,达到随时清淤的目的。

6.5.1.3 船闸闸首人字闸门设计

第一闸首人字门在枢纽运行初期 135~156m 水位时不投入运行,因此该门按后期运行水位 144~175m 水位设置,待闸首底槛由 131m 回填至 139m 后投入运行。挡水高度和闸门启闭时最大淹没水深 36m,门叶高度 38.5m。为了缩短抬高运行水位船闸的断航时间,第一闸首人字闸门仍将在 2003 年船闸通航前安装就位,支承锁定在门龛内待用。第二闸首人字门及启闭机也须适应后期运行水位要求,在初期运行完毕过渡到后期运行前,人字闸门及启闭机均需抬高重新安装。第二闸首人字门运行时最大淹没水深初期为 25m,后期为 17m。第三至六闸首人字门运行最大淹没水深均为 17.00m。各闸首人字闸门均采用卧缸直推式液压启闭机操作。

各闸首人字闸门主要参数见表 6.5.3。

表 6.5.3 船闸各闸首人字闸门主要参数

项目	第 1 闸首人字门	第 2 闸首人字门	第 3 闸首人字门	第 4 闸首人字门	第 5 闸首人字门	第 6 闸首人字门
上游最高通航水位(m)	175.00	175.00	156.00	135.00	112.67	92.42
底槛高程(m)	139.00 (131.00)	139.00 (131.00)	119.25	98.5	77.75	57.00
上游最低通航水位(m)	144.00 (135.00)	144.00 (135.00)	124.25	103.5	82.75	62.00
下游最高通航水位(m)		156.00	135.00	112.67	92.42	73.80
下游最低通航水位(m)	144.00 (135.00)	124.25	103.5	82.75	62.00	62.00
门高(m)	38.50	38.50	38.50	38.50	37.50	37.50
门宽(m)	20.20	20.20	20.20	20.20	20.20	20.20
门厚(m)	3.00	3.00	3.00	3.00	3.00	3.00
门轴柱支/枕垫块工作面半径(mm)	550/600	550/600	550/600	550/600	550/600	550/600
斜接柱支/枕垫块工作面半径(mm)	550/600	550/600	550/600	550/600	550/600	550/600
顶枢颈轴直径(mm)	550	550	550	550	550	550
底枢蘑菇头半径(mm)	500	500	500	500	500	500

(1)人字闸门门体结构设计

人字闸门一律采用主横梁结构,主横梁原则上按等应力分5组荷载设计。主梁高度为3m,主梁间距1.0～2.4m。主横梁的下翼缘、主横梁两端的上翼缘和背拉杆等采用船用钢DH32和DH36,其他全部采用Q345。人字闸门顶部主横梁能够承受船舶撞击力的纵向分力为1000kN,横向分力为350kN,作用点在最高通航水位以上1m。在门页背面设置预应力背拉杆。人字门采用楔形调整式顶枢装置,固定式底枢装置。人字门顶、底枢均采用自润滑轴承。人字门门轴柱和斜接柱采用不锈钢支、枕垫块,用以传力和止水。人字门底止水采用水平式P形水封。人字闸门结构见图6.5.1、顶枢装置见图6.5.2、底枢装置见图6.5.3、枕垫块与支垫块见图6.5.4。

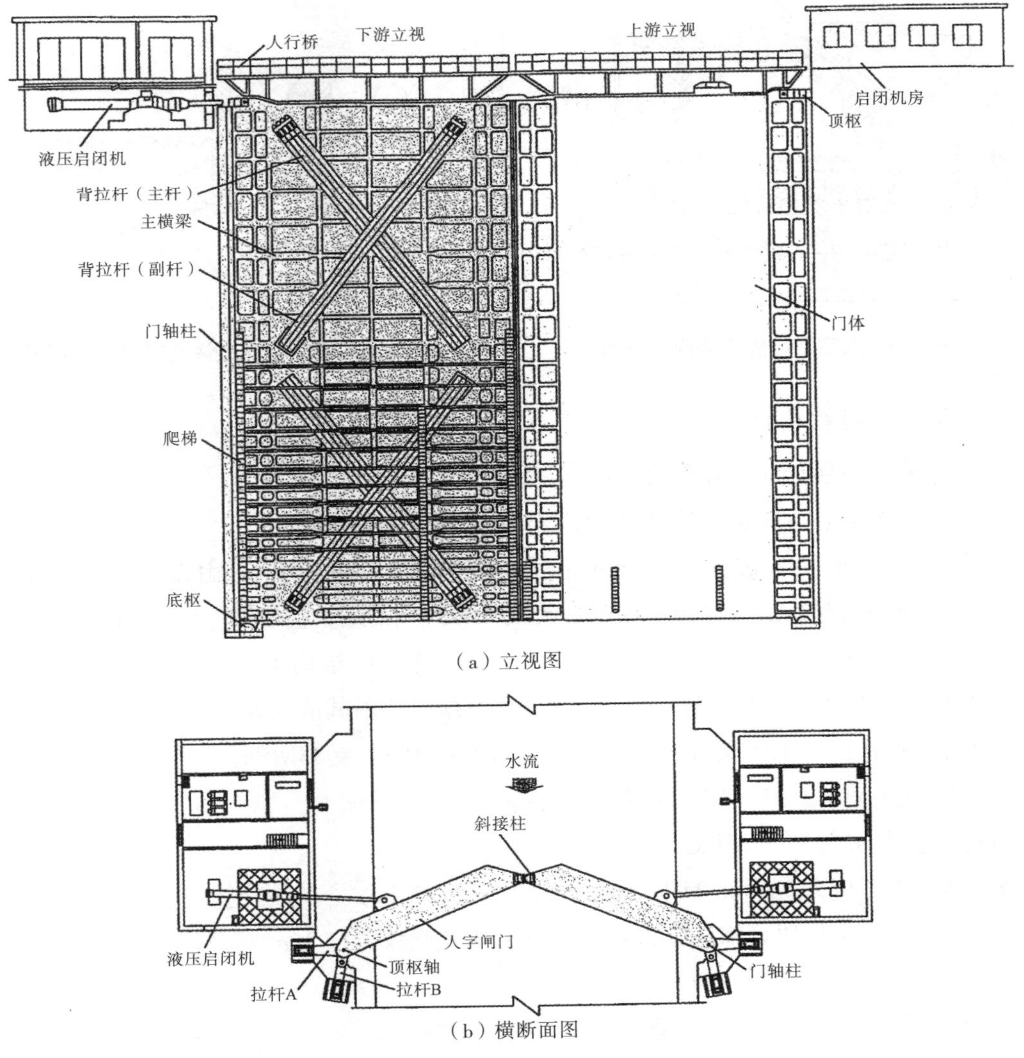

(a) 立视图

(b) 横断面图

图6.5.1 人字闸门结构示意图

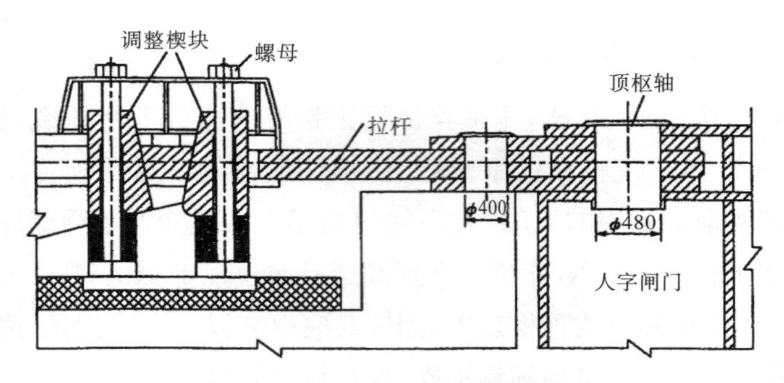

图 6.5.2　人字闸门顶枢结构示意图

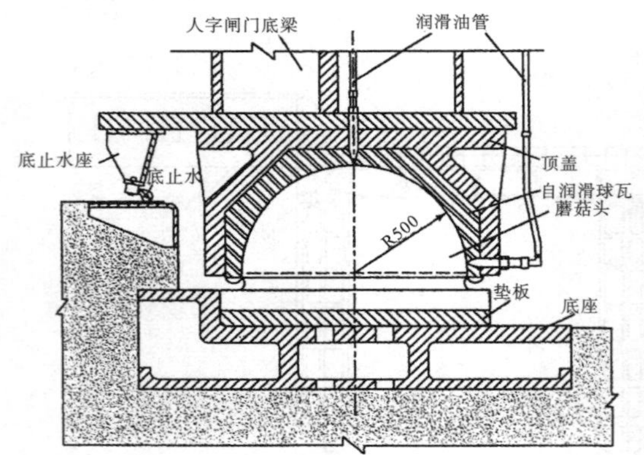

图 6.5.3　人字闸门底枢结构示意图

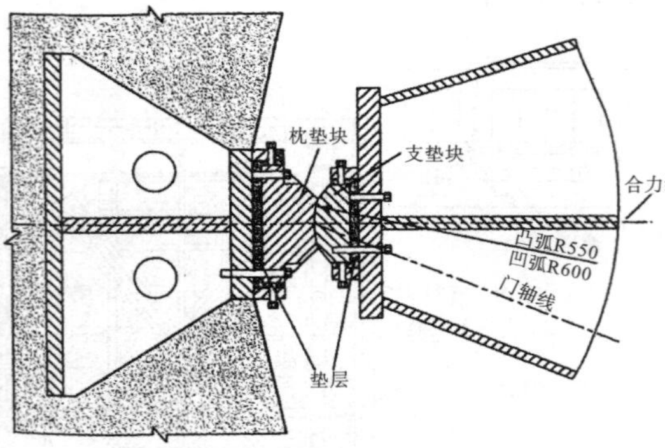

图 6.5.4　人字闸门枕垫块与支垫块示意图

(2)人字闸门结构计算

1)面板采用韦斯托加特计算公式计算,最大弯应力 σ_{max}=130MPa。

2)主横梁按偏心弯压构件计算,最大工作应力 σ_{max}=150MPa。

3)人字门拱顶垂度:δ_{max}=6.4mm(由弯矩引起),δ_{max}=13mm(由温差引起),δ_{max}=23mm(由轴向力引起),最大拱顶垂度 δ_{max}=42.4mm,主梁最大挠度 f_{max}=26mm。

4)背拉杆按 Shermer 计算方法进行计算。由于背拉杆结构类型比传统类型有较大改进,背拉杆主、副杆预应力控制在 120MPa 以内,根据门叶调试情况确定。

5)顶枢:轴瓦径向承压应力 σ_{max}=19MPa;轴弯应力 σ_{max}=33MPa。

A 杆拉应力 $\sigma_{拉\,max}$=60MPa;A 杆压应力 $\sigma_{拉\,max}$=30MPa;

B 杆拉应力 $\sigma_{拉\,max}$=25MPa。

6)底枢:承压应力 σ_{ou}=25MPa;轴颈剪应力 τ=12MPa。

7)支枕垫:支枕垫块背部压应力 σ=39MPa;支枕垫块弯应力 σ=68MPa。

8)人字闸门启闭力计算

人字闸门运行阻力主要包括动水阻力、摩擦、惯性、风载阻力以及涌浪、船舶行进波、淤沙等阻力。根据科研成果计算启闭力原则为:启门按闸门上游 0.1m 残余水位差启门时的峰值动水阻力和附加阻力再考虑 1.2 倍的安全系数计算启门力。

闭门按其峰值动水阻力和附加阻力再考虑 1.4 倍安全系数计算闭门力。

根据设计审查意见"人字闸门与启闭机设计中应充分估计到船闸在超灌超泄等情况下对其结构受力的不利影响。在正常运行工况下，可按反向水位差 200mm 设计……"，人字闸门启闭力最终按 200mm 水位差考虑计算，而不再重复考虑其他因素的影响。经过综合比较后，人字门启闭机启、闭力计算取值为：F_b＝2700kN（1、2 闸首人字闸门闭门力）；F_c＝2100kN(1-6 闸首人字闸门启门力)；F_c＝5530kN（1、2 闸首人字闸门非正常荷载下持住力）；F_b＝1700kN(3-6 闸首人字闸门闭门力)；F_c＝3000kN(3-5 闸首人字闸门非正常荷载下持住力)；F_c＝4000kN(6 闸首人字闸门非正常荷载下持住力)。

6.5.1.4 船闸人字闸门技术的突破

1)经对门页结构工作状态进行研究，首次引入低周高应力疲劳的概念，使得用高周疲劳无法解释的人字闸门结构裂纹的破坏原因能够得到合理的解释，为避免结构出现裂纹提供理论依据。

2)经对主横梁受力状态的研究，首次采用等应力分组荷载法并结合人字闸门合力线确定主梁高度和截面形心位置，使门页结构的材料分布和应力分布更加合理。

3)经对顶枢工作状态进行研究，首次考虑支、枕垫块挤卡对 A、B 拉杆受力的严重影响采取相应对策，提高人字闸门顶枢拉杆运行的可靠性。

4)经对底枢结构和润滑技术进行研究，首次在船闸底枢轴瓦上使用了自润滑材料，解决了过去高大人字闸门底枢采用被动润滑系统影响闸门工作可靠性的问题。

6.5.2 船闸人字闸门启闭机

人字闸门启闭机是船闸安全运行的关键设备。针对三峡船闸的技术特点和对人字闸门启闭机运行的技术要求，通过科技攻关、物理模型试验和对成果分析，对启闭设备的类型、边界条件和运行方式、启闭机动水阻力矩和门体动态水力学特性、启闭机推拉杆细长油缸稳定性、启闭机机构及液压系统等的一系列关键性技术问题进行研究，最终采用液压直联式启闭机机型及不对称无级变速运行操作人字闸门启闭的运行方式。

采用直联式液压启闭机操作人字闸门在我国超大型船闸上尚属首次，三峡船闸 6 个闸首的启闭机设备集中程序控制联合运行在世界上也是绝无仅有的。在消化和吸收国内外同类船闸的运行经验和有关资料的基础上，通过重点科技攻关，对设备的运行边界条件、启闭机运行方式，以及液压系统的组成方式等进行一系列深入研究，并重点研究了启闭机设备的外部阻力条件及其变化规律，以及卧式油缸的稳定性等关键技术问题，使人字闸门启闭机设备的技术性超过了国内外已建船闸启闭机设备的技术水平。同时，三峡船闸启闭设备的研究及设计成果也突破了国外对超大型船闸此类启闭设备运用的限制。

三峡船闸人字闸门启闭机的运行和控制方式、液压系统的组成和元器件的选型具有相当的先进性。对人字闸门启闭设备技术问题的研究和取得的突破，以及在机械、液压及控制设备中，大量新技术和新工艺的应用，解决了设备的规模、运行载荷及制造难度大等难题，为三峡船闸的安全运行提供了良好的条件，同时也极大地充实和提高了大型船闸启闭机的设计理论、设计方法等带前沿性的问题。

启闭机的类型和布置方式是三峡船闸人字闸门启闭机设计过程中首先必须解决的问题，主要涉及四连杆机械式启闭机和液压直联式启闭机两种基本机型的比选。其中，四连杆机械式启闭机的运行能力矩曲线与人字闸门在开关过程中的阻力矩曲线一致，是一种较优的机型，但经核算，在三峡船闸额定运行工况下，这种机型的规模太大，超出了 20 世纪八九十年代国家大型企业的加工能力。液压直联式启闭机运行平稳，运行参数易于调节，机械规模相对较小，但启闭机的运行能力矩曲线却与人字闸门阻力矩曲线相悖，必须变速运行才能有效地削减阻力矩峰值。为此，在参考和借鉴葛洲坝船闸以及国外大型船闸经验的基础上，通过科技攻关，对直联式启闭机布置的可行性、运行能力和可靠性、制造加工的难易程度及安装和运行维护等进行了研究，最终确定液压直联式启闭机为三峡船闸的首选机型。

启闭机运行阻力和运行方式是启闭机设计的关键性技术问题。通过对人字闸门运行阻力、启闭机运行方式试验研究，以及对船闸运行边界条件的研究，从运行阻力的规律及影响因素着手，同时考虑闸室超灌超泄的影响，对启闭机的运行方式和船闸的边界条件进行系统的理论分析和试验研究，提出启闭机不对称无级变速运行模式，并对船闸门龛和人字闸门门底间隙等边界条件进行研究和优化，解决大淹没水深条件下降低运行阻力，同时减小人字闸门结构和顶枢受力的难题。

大型卧式细长油缸和液压传动系统是启闭机设计的关键问题。在“九五”期间，国家组织了对高压大流量液压系统的专题攻关，以及对人字门推拉杆大型卧式细长油缸的理论分析和模型试验，提出以在油缸尾部设置弹性支承，减小油缸初始挠度，从而提高油缸稳定性的技术措施；提出以比例变量油泵为核心元件构成容积调速运行和同步回路，同时配置双向负载平衡回路的多级保护液压传动系统，确保启闭设备得以安全运行。

6.5.2.1 船闸人字闸门启闭机类型、运行方式和运行阻力

大型船闸人字闸门启闭机主要有扇形大齿轮四连杆机械式启闭机和液压直联式启闭机两种基本类型。其中四连杆机械式启闭机的运行能力矩曲线较液压直联式启闭机为优，曾作为 20 世纪 80 年代以前的一种优选机型。但在三峡船闸这样的巨型船闸上，其扇形大齿轮节圆直径达到 6m，模数 75mm，这样庞大的设备无论加工制造和运行维护都是比较困难的。而液压直联式启闭机具有结构相对简单、传动平稳、运行可靠和便于程序控制的特点，可以方便地实现变速运行和压力控制，这对削减阻力峰值和坦化阻力矩曲线、减小启闭机规模和对启闭机实施有效保护均非常有意义。为此，对启闭机机型从技术特性、制造加工和运行管理等方面进行综合研究，分析并结合当代液压和电气控制技术，最终确定采用无级变速运行方式的液压直联式启闭机为三峡双线五级船闸的首选机型。

在人字闸门的运行阻力中，动水阻力约占总阻力的 85%。但由于边界条件的可变性和水力学条件的复杂性，运行阻力的计算至今没有一个完善的方法。苏联和我国是以等阻力方法进行计算，其结果与实际偏差较大。美国是以原型观测和模型试验为主，在一定的边界

条件下，得出运行阻力的经验公式进行计算。当边界条件变化时，这种方法也会产生较大的偏差。三峡船闸人字闸门净宽达20.2m，最大运行淹没水深36m，已无法按上述方法进行计算。经对人字闸门运行阻力和启闭机运行方式的模型试验和对人字闸门的运行阻力及其规律进行分析和研究，给出比较合适的计算方法，并提出船闸启闭机优化的运行方式，使人字门运行的阻力得到较大削减。

6.5.2.2 船闸人字闸门启闭机大型卧式细长油缸技术

船闸人字闸门启闭机油缸属大型卧式细长油缸，其中油缸的挠度和稳定性计算是油缸设计的关键。传统的欧拉计算方法其计算结果不能充分反映设备的实际情况。在启闭机研究过程中，专门进行细长油缸的理论分析和模型试验研究，在考虑油缸自重、摩擦、活塞杆轴线误差、初始挠度和导向副的配合间隙等因素的基础上，提出油缸稳定性计算方法和人字闸门启闭机的最佳支承形式，使启闭机的工作更加安全可靠。

6.5.2.3 人字闸门启闭机液压传动系统

液压系统是人字闸门启闭机的控制核心，通过对传动介质压力、流量和方向的控制，可以实现人字闸门启闭机在不同工况下的运行功能要求。以往的人字闸门启闭机液压系统的保护功能较为简单，除必要的人字闸门开关动作和主要的压力控制以外，缺乏对外荷载的平稳适应和对闸室内超灌超泄的保护等功能。在启闭机运行方式上一般采取匀速或分级调速运行，且启闭机系统压力一般取12MPa以下，系统流量也相对较小。上述运行方式和系统参数显然不能满足三峡船闸的运行要求。为此，对人字闸门启闭机液压传动系统在高压大流量情况下的无级变速特性，以及系统的静态和动态特性进行了专题研究，提出并设置了以电液比例控制轴向阻塞变量油泵为核心元件，以基于液阻理论的二通插装阀构成启闭机的无级调速和同步运行回路，在油缸旁设置负载平衡四路、对闸室内超灌超泄和低水头自动开关闸门的特殊保护回路。试验研究和船闸试运行表明，这样组成的液压传动系统具有良好的静态和动态响应特性，系统运行平稳，完全适应三峡船闸人字闸门的运行要求。

6.5.2.4 人字闸门启闭机设计

(1)人字闸门启闭机的主要用途和组成

双线船闸共24套人字闸门液压启闭机主要用于操作各闸室人字闸门的启闭。

人字闸门启闭机布置在各闸首启闭机房内，由液压油缸，双向摆动机架，上、下机架，行程检测装置和限位装置，缸尾弹性支承装置，启闭机二期埋件，液压泵站及机房内外管道系统，电力拖动和控制设备组成。

人字闸门启闭机为中部支承卧缸直推式，油缸安装在由滚动轴承支承的双向摆动机架上，活塞杆前端与人字闸门拉门点采用自润滑球面滑动轴承铰接，在第一、二、六闸首设人字闸门液压锁定装置并与电气联锁。

(2)人字闸门启闭机主要技术参数

人字闸门启闭机主要技术参数见表6.5.4。

表 6.5.4　　人字闸门启闭机主要技术参数

第一、二闸首人字闸门启闭机（包括初期和后期）		
项目	名称	备注
启闭机类型	卧式摆动双作用液压启闭机	
人字闸门运行最大淹没水深	36m	
额定启门力	2100kN	
额定闭门力	2700kN	
启闭机工作行程	7276mm	
人字闸门启门/闭门时间	6min/6min	运行淹没水深超过 17m 时
数量	8 套	初期运行仅包括二闸首 4 套
闸门全开位锁定钩锁锭力	1500kN	第一、二闸首人字闸门
活塞杆上最大受压荷载	5530kN	开门初始 0.4m 反向水头推门工况，此工况作为整个启闭机构强度和稳定性校核工况
第三至六闸首人字闸门启闭机		
启闭机型	卧式摆动双作用液压启闭机	
人字闸门运行最大淹没水深	17m	
额定启门力	2100kN	
额定闭门力	1700kN	
启闭机工作行程	7276mm	
人字闸门启门/闭门时间	3.5min/4min	3min/3.5min 能够运行
数量	16 套	包括双线三至六闸首
闸门全开位锁定钩锁锭力	1000kN	第 6 闸首人闸字门
活塞杆上最大受压荷载（第三至五闸首）	3000kN	人字闸门开门初始 0.4m 的反向水头推门工况，为整个启闭机构强度校核工况
活塞杆上最大受压荷载（第六闸首）	4000kN	人字闸门开门初始 0.6m 反向水头推门工况，为整个启闭机机构强度校核工况

（3）人字闸门启闭机主要技术要求

1）在同一闸首任意一侧机房可同时控制双侧或另一侧启闭机（包括输水阀门的单边充泄水）运行。

2)启闭机可实现现地控制和中央控制室集中控制(现地与集控联锁)。

3)启闭机按给定的 $v—t$ 变速曲线无级变速运行,变速运行方式由比例变量泵配合电气PLC 实现,并可在现地根据实际运行工况时对 $v—t$ 曲线运行修改调整。

4)液压系统具有防止人字闸门运行过程中风浪对启闭机负向载荷而造成的失速;在闸室出现超灌、超泄反向水头时,启闭机以持住方式退让运行而避免设备受到过大荷载的功能。

5)液压系统具有利用闸室超灌超泄所产生的人字闸门反向水头,配合精密水位计与系统联动操作实现人字闸门的初始开启功能。

(4)人字闸门启闭机主要设计原则

1)油缸计算油压≤160MPa。

2)活塞杆计算长细化 $\lambda<140$。

3)活塞杆受压时极限荷载安全系数,当闸室超灌为 0.2m 反向水头时 $n>5.5$;当闸室超灌为 0.4m(第六闸首 0.6m)反向水头时 $n>2.8$。

4)根据非工作荷载(第一至五闸首 0.4m 反向水头,六闸首 0.6m 反向水头)对启闭机活塞杆及机构进行强度校核,取 0.75 倍的屈服限作为校核条件。

6.5.2.5 船闸人字闸门启闭机技术创新点

1)根据人字闸门的运行阻力与人字闸门运行的角加速度密切相关的特点,液压启闭机采用无级调速运行方式,降低运行阻力,使阻力矩曲线坦化,减小启闭机的规模,使直联式液压启闭机的安全可靠性和经济性得到了较充分的体现。

2)以高压大流量比例变量油泵为核心元件,采用二通插阀构成容积式无级调速液压传动系统。按这种组合方式组成的系统先进合理,而且经济性指标好。其中的二通插装阀主级的各方向控制功能、开关时间、液阻大小等可以通过先导级液阻网络进行组合和调整,对大中功率的液压系统具有很高的实用价值和经济性。模型试验和船闸试运行表明,人字闸门启闭机的液压传动系统具有良好的静态和动态响应特性,系统运行平稳,各项技术指标正常。

3)在综合考虑油缸自重、摩擦、活塞杆轴线误差、初始挠度和导向副的配合间隙等因素基础上提出的大型卧式细长油缸稳定性计算方法,比较真实地反映了油缸的连接和支承方式,是一种较为准确的计算方法。在细长油缸上增设弹性支承,大大降低了油缸初始挠度,从而使启闭机运行更加安全可靠。

4)油缸旁特殊功能阀块具备双向荷载平衡、为启闭机提供对闸室内超灌超泄以及对引航道水位变幅的保护功能,适应了人字闸门在全关位由于门前后水位差所引起的结构变形,增强了启闭机闭锁刚度,利用小水头开关人字门的运行方式,防止和避免了人字门下游闸室反向超灌对闸门造成的危害。闸首人字闸门与启闭机布置详见图 6.5.5。

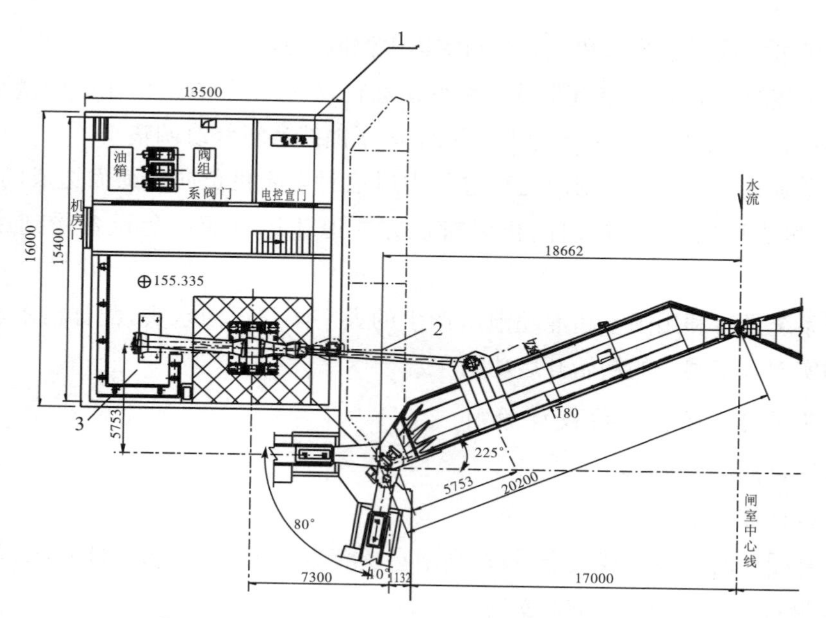

1—人字闸门;2—启闭机连杆;3—启闭机室

图 6.5.5 船闸人字闸门及启闭机布置图

6.5.3 廊道输水阀门

6.5.3.1 船闸输水廊道反向弧形阀门

三峡船闸由于工作水头高,输水廊道充、泄水时流速快,水力学条件复杂,易产生空化、气蚀,甚至造成建筑物破坏。选用何种工作门阀门以解决一系列水力学问题是保证船闸安全运行的关键技术问题。在综合分析国内外船闸运行经验的基础上,决定采用反向弧形门,进一步对门楣体形、门叶结构进行各种试验研究,阀门支铰梁采用空心圆形断面,表面过流轮廓较光滑的横梁全包式门型,并采用了以下技术:

1)阀门面板采用不锈钢复合板,既保证了门叶结构的强度及刚度,又提高了阀门面板抗空化气蚀的能力。

2)阀门底止水采用了新型刚性止水,代替了传统的橡皮止水。经过运行,其效果良好,提高了底止水的抗冲耐磨能力,大大延长了使用寿命,减少了维护工作量。

3)门楣结构采用扩散型并加设通气管,其通气效果良好,避免了阀门在开启过程中阀门段的空化气蚀的发生,以及阀门及启闭机系统的振动。门楣通气结构见图 6.5.6。

4)支铰轴瓦选用了新型的润滑轴瓦,避免了油润滑管路过长且每次注油量少,形成油管堵塞等问题。

由于反向弧形门布置在闸室顶部的液压启闭机活塞杆与反向弧形门连接的最大长度达 71.86m,在高速成水流情况下将产生振动,阀门紧急动水关闭时,吊杆脉动较大,为避免吊杆的振动,对其布置类型进行了研究。在门井下游侧壁上、下两端设置吊杆导槽,门井中部设置多个吊杆导向卡箍,活塞杆吊头与吊杆铰接,吊头上的导向滚轮沿导槽运行,与阀门连接的摆杆可随阀门的启闭摇摆，中部吊杆则通过导向卡箍导向，从而保证了阀门的安全运行。

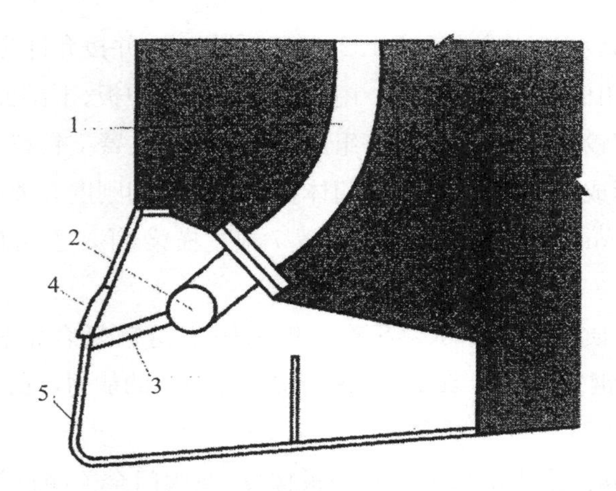

1—垂直通气管；2—水平通气管；3—通气管；4—顶止水板；5—门楣埋件

图 6.5.6 输水阀门门楣通气结构图

6.5.3.2 输水廊道工作阀门设计

(1)主要设计条件及参数

各级闸首反向弧形工作阀门设计条件及参数见表 6.5.5。

表 6.5.5 各级闸首反向弧形工作阀门设计条件及参数

项目 参数	第一、六闸首工作阀门	第二至五闸首工作阀门
孔口尺寸	4.5m×5.5m(宽×高)	4.5m×4.5m(宽×高)
两线船闸孔口数量	8	16
底槛高程(m)	115.5、46	93.75、73、52.25、31.5
闸顶高程(m)	185、96.42	179、160、139、116.67
工作水头(m)	22.6	45.2
设计计算水头(m)	40.8	82
总水压力(kN)	12600	19600
面板弧面半径(m)	8.2	7.0
支铰中心至底板的高程(m)	6.9	5.9
操作条件	动水启闭	动水启闭
开门时间(min)	双边 2,单边 1.5	双边 2,单边 1.5
关门时间(min)	双边 4,单边 3.5	双边 4,单边 3.5
吊点	单	单
闸门数量	8	16
启闭机类型	液压启闭机	液压启闭机
启机机数量	8	16

(2)反向弧形门门体结构

门体结构设计计算水头按动载系数 1.2,载荷系数 1.5,并按允许应力法计算。

反向弧形门均采用横梁全包式门型。门体由上游导水护板、下游面板、次梁、竖梁、主横梁、支臂、支铰梁、悬臂铰轴、轴承及支座等组成,并由门叶、支臂支铰梁及各部位包护导水板连成整体焊接结构,形成闭合框架,以保证门体在运行过程的刚度和强度。

门叶厚均为 720mm,第一、六闸首阀门布置 7 根主横梁,第二至五闸首阀门布置 5 根主横梁。

门体结构主要材质采用 Q345C,下游面板采用不锈钢复合钢板,板厚 34mm,其中 OCr22Ni5Mo3N 不锈钢复合层厚 4mm,以提高抗气蚀破坏的能力,延长使用寿命,保证运行安全。

顶、侧止水布置:阀门顶止水采用半圆平板橡皮,在阀门全关闭位置时与门楣止水座板贴紧。阀门两侧止水采用 Ω 形圆头包以氟塑的止水橡皮。除止水预压量外,并在止水钢底板上开孔与门井水流相通,利用阀门前后水头差帮助侧止水橡皮与侧壁止水轨板压紧,保证阀门在启闭过程中与侧壁止水轨板始终贴紧,以利约束阀门侧移和振动。并在孔口以上设活动止水轨板,当阀门检修时可拆下吊开,让出空间,用于检修或拆换侧止水。

底缘及底止水布置:阀门底缘自底主梁以下用弧形包护板封闭并平滑过渡与底止水邻近结构相连,以改善底缘水力学条件。鉴于阀门操作频繁,工作水头 45.2m,底缘流速大,底止水若用刀形橡皮,其抗空蚀及抗冲磨性能较差,容易损坏。故底止水采用钢止水方式,用厚度 30mm 不锈钢板条做成,较橡皮止水所占的厚度薄,在阀门开启过程有助底缘平顺过流。输水廊道工作闸门止水结构见图 6.5.7。

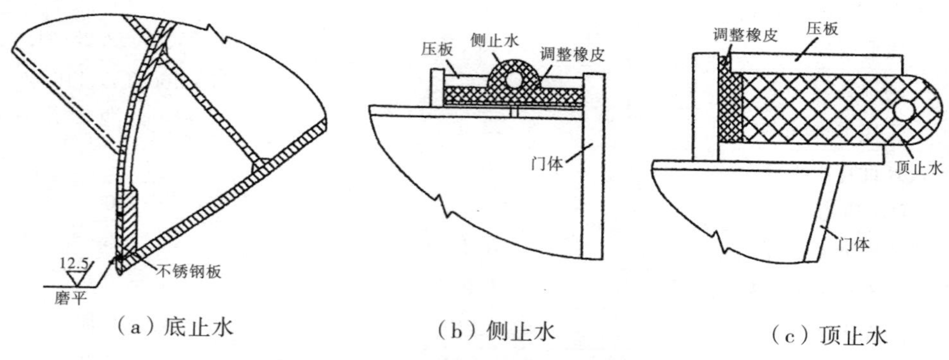

图 6.5.7 输水廊道工作闸门止水结构图

两种孔口尺寸的反弧门采用同一规格的支铰,以便于制造、安装和维修,并按中间级阀门支铰荷载设计。此外,第六闸首反弧门在动水闭门时有反向水锤存在,根据船闸整体模型试验和初步计算,其反向水头为 10m。因此,各反弧门支铰锚固均按 10m 水头设计。

支铰轴直径 700mm,承压宽度 700,轴瓦比压为 20MPa。轴瓦采用进口的自润滑柱面滑动轴承,轴承最大静比压 150MPa,动比压 90MPa,并在轴承两端设置密封圈,防止泥水进入工作面。此外，支铰还设置了电动干油润滑泵及油管路，以备需要时使用。支铰轴材料为40Cr；支铰座及铰链材料为ZG310-570。

(3)反弧门门体结构及挠度计算

门体结构按平面体系方法计算，并按允计应力方法设计，设计允许应力折减系数取0.85。反弧门结构主材采用Q345C。面板为不锈钢复合板，计算厚度仅计基材厚度，厚度为30mm。Q345C的允许应力：第二组抗拉、抗压、抗弯$[\sigma]=220$MPa；抗剪$[\tau]=130$MPa；第三组抗拉、抗压、抗弯$[\sigma]=205$MPa；抗剪$[\tau]=120$MPa。

1)第一、六闸首反弧门计算成果

最不利区格面板折算应力$\sigma_{zh}=102\text{MPa}<0.85\times1.1\times1.5\times[\sigma]=280\text{MPa}$。主梁最大弯应力$\sigma=57.7\text{MPa}<0.85\times[\sigma]=174\text{MPa}$。主梁最大剪应力$\tau=57.7\text{MPa}<0.85\times[\tau]=102\text{MPa}$。支臂最大拉应力$\sigma=80.5\text{MPa}<0.85\times[\sigma]=187\text{MPa}$。主梁跨中挠度$f=0.7\text{mm}<[f]=4.8\text{mm}$。

2)第二至五闸首反弧门计算成果：

最不利区格面板折算应力$\sigma_{zh}=223.2\text{MPa}<0.85\times1.1\times1.5\times[\sigma]=280\text{MPa}$。主梁最大弯应力$\sigma=107.7\text{MPa}<0.85\times[\sigma]=174\text{MPa}$。主梁最大剪应力$\tau=90\text{MPa}<0.85\times[\tau]=102\text{MPa}$。支臂最大拉应力$\sigma=118\text{MPa}<0.85\times[\sigma]=187\text{MPa}$。主梁跨中挠度$f=1.1\text{mm}<[f]=3.5\text{mm}$。

两种尺寸反弧门其他构件的设计计算值均在现行规范允许值之内。

(4)启闭力计算

第一、六闸首反弧门启闭力计算成果：启闭力计算中摩阻力安全系数n_t采用1.2；闸门、吊杆组的自重修正系数n_G均取1.0。

1)第一、六闸首反弧门(按大比尺模型试验，闸门开度0.3时，启门力最大)

门体质量$G_1=72.1$t。吊杆组质量$G_2=27.7$t。作用门上动水阻力$W_H=180$kN(大比尺模型试验在启闭吊杆上测定的成果值)，总水压力$P=12900$kN。门重阻力矩$M_{G1}=2944\text{kN}\cdot\text{m}$(扣除水中失重后)。支铰摩擦阻力矩$M_{TZd}=542\text{kN}\cdot\text{m}$(自润滑滑动轴承，$f=0.12$)。止水阻力矩$M_{TZS}=235\text{kN}\cdot\text{m}$(止水橡皮包氟，$f=0.12$)。

启门力：$FQ=\dfrac{1}{R}[n_T(M_{TZd}+M_{TSd})+M_{G1}]+G_2+W_H=973\text{kN}<1500\text{kN}$(启闭机启门额定容量)

闭门力验算：$\dfrac{1}{R}[M_{G1}-1.2(M_{TZd}+M_{TZS})]=285\text{kN}$(闸门自重可关闭)

2)第二至五闸首反弧门(按大比尺模型试验，闸门开度0.3时，启门力最大)

门体质量$G_1=57.8$t；吊杆组质量$G_1=35.4$t；作用门上动水阻力$W_H=560$kN(大比尺模型试验在启闭吊杆上测定的成果值)；总水压力P=1961t；门重阻力矩$M_{G1}=2022\text{kN}\cdot\text{m}$(扣除水中失重后)；支铰摩擦阻力矩$M_{Td}=824\text{kN}\cdot\text{m}$(自润滑滑动轴承，$f=0.12$)；止水阻

力矩 $M_{TZS}=235kN\cdot m$（止水橡皮包氟，$f=0.12$）。启门力：$FQ=\frac{1}{R}[n_T(M_{TZd}+M_{TSd})+M_{G1}]+G_2+W_H=1398kN<1800kN$（启闭机启门额定容量）

闭门力验算：$\frac{1}{R}[M_{G1}-1.2(M_{TZd}+M_{TZS})]=127kN$（闸门自重可关闭）

(5)门楣通气孔设计

反弧门门楣处设置通气孔，以防止门楣缝隙过流对门楣及阀门面板的空蚀损害。通气方式采用1∶1门楣切片模型试验中设掺气槽结构的通气形式。据此，在门楣掺气槽上沿水平布置一排孔径为20mm的通气孔，孔距100mm，各通气孔与管径为150mm的水平管连通，水平管两端各与一根直径为120mm垂直管相连垂直通气管进口高出所在闸顶与大气连通，并设手动阀门以备调节通气量。全部管子都埋设在混凝土中。反弧门面板与门楣之间顶缝间隙约为20mm。反弧门顶止水采用半圆头平板橡皮。

6.5.4 船闸输水廊道输水阀门启闭机

6.5.4.1 输水阀门启闭机布置及其组成

(1)输水阀门启闭机布置

船闸共24套输水阀门启闭机，主要用于操作输水廊道各级输水阀门的启闭，其中一套布置在阀门井顶部，其竖式油缸采用中部耳轴支承，并通过铰接多节刚性吊杆组操作动水开门、静水阀门或低水动力闭门。输水阀门启闭机通过吊杆与阀门相连。其中，顶节吊杆连接启闭机的活塞杆，最大节摆动吊杆与阀门相连。

(2)输水阀门启闭机组成

输水阀门启闭机主要由油缸总成、机架及埋件、吊杆组、导轮、导轮滑槽、导向卡箍、滑槽及卡箍埋件，行程开度检测装置、管道系统及埋件组成。输水阀门启闭机与人字闸门启闭机共用液压泵站系统和电控设备。

输水阀门启闭机通过吊杆与阀门相连。其中，顶节吊杆连接活塞杆，最下节摆动吊杆与阀门相连。各闸首阀门启闭机吊杆分节数见表6.5.6。

表6.5.6 各闸首阀门启闭机吊杆分节数

闸首	1	2	3	4	5	5
吊杆分节数	4	5	5	5	5	3

6.5.4.2 输水阀门启闭机主要技术参数及技术要求

(1)输水阀门启闭机主要技术参数

输水阀门启闭机主要技术参数见表6.5.7。

表 6.5.7 输水阀门启闭机主要技术参数

项目	参数	备注
启闭机类型	竖缸式液压启闭机	
额定启门力	1500kN	第一、六闸首启闭机
额定启门力	1800kN	第二至五闸首启闭机
额定闭门力	100kN	
工作行程	5920mm	第一、六闸首启闭机
工程行程	5010mm	第二至五闸首启闭机
最大行程	6550mm	第一、六闸首启闭机
最大行程	5500mm	第二至五闸首启闭机
阀门开启时间	2min	1.5min 能够运行
阀门关闭时间	4min	3.5min 能够运行

(2)输水阀门启闭机主要技术要求

1)为防止在充泄水过程中,阀门井中水体的涌动和水流漩滚冲击吊杆,在顶节与最下节吊杆上采用轮式钢导槽导向,其他吊杆采用卡箍导向。启闭阀门时,吊杆可沿埋设在门井混凝土衬砌墙上的导槽和卡箍导向装置运行,减小吊杆振动,保证阀门安全运行。

2)为防止吊杆系统的安装误差和保证吊杆系统间、吊杆与设备间的运转灵活性,吊杆与活塞间和吊杆与摆杆间铰接轴承形式采用进口球面自润滑轴承,其导向形式为铰接处设带自润滑油套的导轮导向;其余吊杆与吊杆间十字铰轴承形式采用青铜轴瓦,其导向形式为吊杆中部设卡箍导向;摆杆与阀门之间铰接轴承采用进口自润滑轴瓦。

为消除吊杆系统的安装误差和保证吊杆系统间、吊杆与设备间的运转灵活性,采用的铰接形式见表 6.5.8。

表 6.5.8 阀门启闭机吊杆系统间和吊杆与设备间的铰接形式

连接	活塞与吊杆之间	摆杆与吊杆之间	其余吊杆与吊杆之间	摆杆与阀门之间
连接方式	铰接	铰接	十字铰	铰接
轴承形式	进口球面自润滑轴承	进口球面自润滑轴承	青铜轴瓦	进口自润滑轴瓦
导向形式	铰接处设带自润滑油套的导轮导向	铰接处设带自润滑轴套的导轮导向	吊杆中部设卡箍导向	

3)阀门启闭机可实现现地控制和中央集中控制室控制(现控与集控联锁)。

4)当单边阀门或启闭机出现故障时,阀门启闭机可实现单边充泄水。

5)在闸室充泄水过程中,为控制闸室超灌超泄,启闭机需操作阀门低水头动水闭门。

6)阀门启闭机设计油缸计算油压≤16MPa;吊杆计算长细比 $\lambda=145$。

6.5.5 船闸人字闸门和输水阀门及其启闭机运行检验

6.5.5.1 船闸人字闸门和输水阀门及其启闭机运行检测

双线五级船闸人字闸门、输水反弧阀门及启闭机设备在有水调试及试运行和正式运行期间，通过安全监测和抽干检查情况如下：

1)人字闸门结构未发现异常现象，顶枢 A、B 拉杆运行正常，支枕垫止水效果良好，底枢自润滑系统运行正常，满足设计要求。

2)人字闸门启闭机运行正常，设备对船闸的超灌、超泄显示出良好的静态和动态响应特性，设备和系统运行平稳。

3)输水反弧阀门底止水运行效果良好。门楣结构在开启过程中，无空化气蚀发生。阀门启闭机的超长吊杆导向运行稳定。

6.5.5.2 船闸人字闸门和输水阀门及其启闭机运行检验评价

船门运行 10 多年的各项安全监测成果和抽干检查表明，人字闸门、输水反弧阀门及其启闭机设备形态正常，设备运行满足双线五级船闸安全运行要求。

6.6 船闸整体运行监控技术

6.6.1 船闸运行特点及运行监控的难点

6.6.1.1 船闸运行特点

三峡船闸与目前世界上一般船闸相比，船闸的设备规模和数量均属首位，绝大多数已建船闸对船闸运行控制的主要内容，就是按照船闸的运行程序，控制闸门的开启和关闭，运行控制的程序十分简单，通常采用现地手动的控制方式，近年来也有一些船闸开始采用集中控制的方式。三峡船闸为五级，采用集中监控为主、现地监控为辅的控制方式。船闸的运行程序和工况远较一般船闸为复杂。根据枢纽的上、下游水位组合，要求船闸自动判断运行级数，确定是否需要补水和补水量，确定一条线上同时在运行的 2～3 个闸室的运行关系和监控操作，以及根据船闸的技术状况，控制船闸采用单边输水还是双边输水，船闸监控需要连续进行根据不同运行方式和条件确定的 40 多步动作。船闸的监控系统自动、安全、可靠地控制船闸的运行，是保证三峡船闸正常运行、船队安全过坝的关键。

6.6.1.2 船闸整体运行监控技术的难点

(1)船闸运行方式多变控制复杂

根据船闸运行要求，监控系统必须能实现控制船闸双向运行、换向运行、变级数运行、闸室补水/不补水运行、单边/双边廊道输水运行等多种运行方式，并能自如地进行现地手动操作、集中手动操作、集中自动操作切换和船队“同步过闸”“逐级过闸”操作切换，即能控制 6 个闸首协调运转。三峡船闸运行控制的复杂性远远超过了国内外现有船闸。

(2)船闸自动判断运行级数和补水运行

由于船闸分围堰发电期、运行初期和运行后期等三期运行，上游水库水位变幅达 40m，下游航道水位变幅达 11.8m,较大的水位变幅使得监控系统必须根据不同的上、下游水位组合随时自动判断和改变船闸运行级数、自动判断是否补水及控制补水量,其难度较大。

(3)船闸要求对大超灌、超泄量的抑制和保护

由于闸室输水水头大,输水形成的惯性作用使得上一级水量输入下一级闸室时水流惯性产生很大的反向水头即超灌超泄量。高的反向水头对人字闸门施加反向压力,进而产生对液压启闭机的破坏作用,必须采取措施控制超灌超泄。五级船闸连续过船时相当于有 2 或 3 个单级船闸在同时运行,除 6 个闸首的输水反弧门参与联合运行充泄水外,还有第六闸首的辅助泄水阀参与运行,为了防止充、泄水过程发生事故,需设置相应的控制和保护。

(4)船闸人字闸门合拢控制与保护

船闸人字闸门在关闭后,必须顺利合拢形成“三铰拱”以抵御高的正向水压力。为保证两扇人字闸门在关终位置时,两扇门叶端部既能顺利进入导卡的制约范围内,又不致使人字闸门端部发生强烈碰撞,即在人字闸门关终位置停止时,留有适当宽度的门缝,然后开启相邻闸首的输水反弧门,利用输水初期形成的较小水头的正向压力使两扇人字闸门紧密合拢。因此,防止人字闸门合拢失败也是监控系统应解决的关键技术问题。

(5)双线五级船闸监控系统方案和控制功能的确定较为复杂

船闸监控系统是船闸运行控制、管理、通信的中枢,是保证整个船闸正常运行、船队安全过闸的关键,而监控系统结构配置和控制功能分配又是适应船闸多变的运行方式,解决自动判断运行级数、补水量计算,抑制超灌、超泄,防止人字闸门合拢失败或开通闸等控制技术的关键,双线五级船闸监控系统方案和控制功能的确定较为复杂。

6.6.2 船闸监控系统关键技术

6.6.2.1 船闸监控系统监控对象

三峡双线五级船闸每线的控制对象,包括 12 扇人字闸门及相应的启闭机、12 扇充泄水阀门及相应的启闭机、2 扇辅助泄水廊道阀门及相应的启闭机、2 套防撞警戒装置、14 套水位计等。

6.6.2.2 船闸对运行监控系统的要求

1)船闸运行监控系统要能适应船闸复杂的运行工况。

2)船闸的控制方式一般为集中自动控制,但根据需要也能在集控室或各闸首启闭机房进行手动操作。

3)系统应严格按照规定的运行程序进行控制,对运行中危及运行安全的误动作要有闭锁的功能。

4)设备出现故障时系统能自动报警。

经攻关科研和各个阶段的研究,根据对监控系统方案及其可靠度深入研究取得的成果,提出了按“硬件冗余、软件容错”的原则配置,采用“集中管理、分散控制”分布式集散结构的五级船闸运行监控系统。

6.6.2.3 船闸监控系统方案研究

针对三峡双线五级船闸运行特点和控制要求，以及其在国内外所处的突出地位，在监控系统研究中尤其强调其先进性、安全性、可靠性，在使用上尤其强调操作的方便性、可维护性。分析研究了多种监控系统方案，在此主要阐述 3 种不同冗余方式的系统方案研究结论，详见表 6.6.1。

表 6.6.1 三峡双线五级船闸监控系统方案研究对照表

方案	操作员站(PC)	集中控制单元(PLC)	工业以太网	现地控制站(PLC)	I/O	检测设备	结论
1	◎	△	○	○	○	○	不推荐
2	◎	△	◎	◎	○	○	可选
3	◎	◎	◎	◎	◎	◎	推荐
◎ 表示冗余　○ 表示不冗余　△ 表示没有该设备							

注：方案 1 是每一个现地控制站采用双 PLC 冗余。方案 3 是同一闸首两个现地控制站的 PLC 冗余。

三峡船闸监控系统总体上分为现地控制层、集中监控管理层，再通过计算机网络有机地联系在一起。采用“集中管理、分散控制”的分层分布式监控系统结构，以及关键部位冗余容错技术是提高系统安全性、可靠性、可操作性、可维护性的重要手段，也使系统具有较好的实时性、开放性和可扩展性。

1)现地控制站核心控制部件 PLC 的配置形式与船闸安全运行有直接的关系。在方案 3 中，各现地控制站仅设一台 PLC，由各个闸首左、右机房内两个现地控制站的 PLC 互为热备，用来控制相应闸首的闸门和阀门的运行，并接收和执行集控室的指令以保证现地设备可靠地按程序运行；同时在集控设备或网络发生故障时，能独立地进行有闭锁保护的现地单机操作。这种冗余方式与方案 1 比较，站点数没有变化，但可同时监控同闸首的两个现地控制站，能保证船闸运行的连续性。而且，各现地控制站仅占用网络上一个点(比方案 2 少占用网络上一个点)。因此，其可靠度高于方案 1、优于方案 2。

现地控制站是船闸运行的直接控制和操作层，对其可靠性要求很高。各闸首左、右两个现地控制站分别配置的主控 PLC 和备用 PLC 同步采集和处理该闸首两个控制站的信息，但只有主控 PLC 能控制该闸首两侧设备的运行。当主控 PLC 发生故障时，备用 PLC 同样可以无扰动地切换为主控 PLC，保证船闸运行的连续性。因此，其 CPU 的运行速度、系统可靠性均较高。

2)现地控制层与集中监控管理层间的网络采用双环冗余工业以太环网，以实现上下层之间和集中监控管理层内分系统间的信息交换。即使因某种原因引起网络一处断线，仍能进行正常通信。集中监控管理层内分系统，以及与工业电视系统、广播指挥系统间的网络采用单总线网，实现工业电视系统、广播指挥系统间的信息交换，网络配置具有可靠性高的优点。

3)方案 3 在集控站增加了两台 PLC 作为主控机。整个五级船闸的运行控制,由两台互为备用的 PLC 承担,而两台 PC 机主要用于显示与管理。

集中监控管理层作为五级船闸监控系统的上层,是船闸控制、管理、通信的中枢,负责整个系统运行的监控、操作、应急处理、运行参数设置、数据记录、存档、打印、数据服务和通信等工作。PLC 具有结构紧凑、逻辑运算功能强、不会受病毒侵扰、不需维护、运行可靠及适应恶劣环境等特点,因此,由具有热备功能的 PLC 组成的双机配置的集控单元,主要承担运行控制任务,负责实时过程数据采集及处理,经预先编制的各种运行程序作自动判断后,向下层发出运行控制命令;同时负责与现地控制站的数据通信和控制。而两台冗余配置的、具有双显示屏的 PC 机作为操作员站,主要负责船闸过船作业的辅助操作及运行参数设置,动态模拟显示船闸运行过程中的各种数据、画面、报表、图形及打印管理等工作。此外,PC 机还具有后备控制功能,当 PLC 失效时,可顶替后者的工作。另设置数据及通信服务器对外通信。同时,两台 PC 机只是监视、管理,并配备操作接口,在操作界面不受影响的情况下,既减轻两台微机的负担,又提高运行可靠性。

4)从提高监控系统的可靠度出发,对检测元器件采用双重配置。开度检测传感器、位置检测行程开关、水位检测等均按冗余设置和双接线方式,将互为备用的检测元器件分为单双号,分别接入各闸首的两个互为热备的现地控制系统,控制软件采用容错原则编制,可以解决由于检测元器件发生故障带来的问题。

5)操作控制功能分配体现集中协调与分散控制的原则。现地控制层主要负责对现地部分机—电—液设备进行操作、控制、保护、参数设置和现场数据的采集、处理、上送,响应执行集中控制指令,监视设备的运行。集中监控管理层主要负责船闸各种运行方式的控制,协调指挥现地控制站完成五级船闸工艺流程实时控制、闭锁控制和实施各种保护,监控五级船闸的运行过程和应急处理;对各种运行状态、数据进行管理;操作船闸运行与参数设置。

6)方案 3 大部分关键设备冗余,适用于极高可靠性要求的系统方案,监控系统的运行速度完全能满足船闸的控制要求。

经过对 3 个方案进行比较研究,决定采用方案 3 作为三峡船闸的实施方案。

6.6.2.4 船闸人字闸门液压启闭机控制技术

三峡船闸人字闸门采用直连式卧缸液压启闭机操作,而直连式液压启闭机的能力曲线与人字闸门的运动阻力曲线相悖。针对这一问题,关门时采取降低起始加速度和速度,以及平滑启动过程均能大幅度地削减运行峰值。而在运行末期,再次降低运行速度,可使人字闸门停靠准确。在闸室充泄水末期,及时打开人字闸门则可变超灌现象的不利为有利,开门初期的阻力峰值可大为减小,并使人字闸门所受的反向水压力迅速消失,减轻人字闸门的扭力负载,以保证人字闸门长期安全运行。人字闸门速度的调变,则不论是启动加速度或是制动减速度,均可平滑地进行而不产生突变现象。

三峡船闸人字闸门液压启闭机与电气控制装置组成电—液调速系统,作为船闸运行监控的一个现地控制站,对人字闸门、输水反弧门启闭机的运转实现现地操作控制和远程(集中)控制。在同一闸首,除对本侧启闭机操作外,还可同时操作两侧或只对一侧闸门进行操作。

6.6.2.5 船闸级数和闸室补水控制技术

三峡船闸的运用级数与上下游水位密切相关,而且还受到各闸室允许的最高/最低通航水位的制约。为了正确无误地自动判断运行级数,在船闸已确定水级划分的条件下,研究推导出一套简化公式建立数学模型,编制运行级数判断程序和补水量计算程序。监控系统可以随时根据现场水位信息,自动生成船闸运行级数和实施补水量控制,减免了人工判断环节,既节省时间,又可避免误操作,为船闸安全、自动、高效的运行奠定了基础。

(1)运行级数判断

运行级数的判断式如下:

$$W_{s\max} = [mW_{n\max} - (m+n-6)W_x]/(6-n) \tag{6.6.1}$$

式中:$W_{s\max}$为允许进行m级运行的上游最高通航水位;$W_{n\max}$为第n闸室允许的最高通航水位;W_x为当前的下游水位实测值;m为船闸运行级数;n为自上至下的闸室顺序数。

$$\Delta W = (W_{s\max} - W_x)/m \leqslant W_c \tag{6.6.2}$$

式中:W_c为已确定的平均工作水头。

在已确定水级划分的条件下,三峡五级船闸在上下游水位变化时,只有后两级闸室才有超过其最高通航水位的可能。因此,可简化为只对第四、五闸室水位进行计算判断,在$m=3$、4或5时分别将第四、五闸室的允许最高通航水位($W_{5\max}$和$W_{4\max}$)值代入式(6.6.1),计算相应的上游最高水位$W_{5s\max}$和$W_{4s\max}$,当两值均大于当前的上游水位时,即可确定运行级数m。

(2)补水与否及补水量判断

三峡船闸只有在上游水位降低到一定程度,进行五级或四级运行时,才需要补水。补水量的计算式(设各闸室无漏水现象):

五级运行时:当$W_{\Sigma(1+2)} \geqslant 2W_{10}$,不补水;$W_{\Sigma(1+2)} < 2W_{10}$,需补水。

四级运行时:当$W_{\Sigma(2+3)} \geqslant 2W_{20}$,不补水;$W_{\Sigma(2+3)} < 2W_{20}$,需补水,补水量为$\Delta W_5 = 2W_{10} - W_{\Sigma(1+2)}$或$\Delta W_4 = 2W_{20} - W_{\Sigma(2+3)}$。

式中:W_{10}、W_{20}为闸室最低通航水位;$W_{\Sigma(1+2)}$、$W_{\Sigma(2+3)}$为相邻两闸室的水位和(均为海拔高程值)。当发现第四闸室有漏水现象时,则补水量应加上漏水量。

五级船闸运行级数及补水与否的判断,由分别设置在上、下游航道及5个闸室的12套水位计检测的水位,通过计算机监控系统分析、计算、决策来完成。监控系统能根据实测水位和设定的参数自动完成船闸运行状态的初始化,按不同的上、下游水位以及设计允许的级间工作水头,自动生成投入运行的级数、判断是否需要补水及补水量,并严格按照船闸的运行条件自动监控船闸各设备的运行。

6.6.2.6 船闸闸室超灌超泄控制技术

对多级船闸,闸室在充水和泄水时,由于惯性超灌或超泄形成的反向水头,对人字闸门及其启闭机的运行极为不利。为此,在各运行程序中都增加了"动水关阀"动作,即闸室在充泄水的末期,当人字闸门前后的正向水位差减小到某一给定值时,提前关闭输水反弧门。经现场调试,采用"动水关阀",可使闸门的反向水头减到10cm以内。提前关阀的时间,通过现场试验,在控制程序中预先进行设定。

6.6.2.7 船闸防止人字门合拢失败的控制技术

通过检测人字闸门门缝来判断人字闸门在到达关终位后的设定时间内闸门能否顺利合拢。当在设定的时间内,没有合拢信号送出,即判其合拢失败,程序立即自动关闭输水反弧门,停止充泄水过程。

为避免在水位计故障时发生过大的反向水头,监控系统还可以利用"合拢"信号的"复位"信号来代替"水位齐平"信号,作为输水末期的后备开闸命令。

6.6.3 船闸监控系统的主要控制技术特点和功能

6.6.3.1 船闸监控系统的可靠度高

1)重要检测元器件采用双备份冗余配置,把互为备用的检测元器件分为单号和双号,分别接入现地控制系统的远程I/O单号或双号的输入模板。

2)现地控制站PLC采用双机热备方式实现无扰动切换,不但提高了自动化程度,更重要的是由于同闸首两侧的四个远程I/O同时连接到两个控制站的CPU上,实现了输入、输出数据共享,不论是一个检测器件、一个输入点的损坏,还是一个输出点的损坏,甚至一个远程I/O的故障,都不影响控制系统的运行。

3)集控站采用双热备的PLC和双热备的PC机(操作员站)构成主控系统,通过冗余双环工业以太网与现地控制站连接,使自动控制系统达到最优配置,监控系统可靠度高。

6.6.3.2 船闸监控系统具有多种特殊控制功能

对所有人字闸门、输水反弧门的运行控制能严格按照五级船闸过闸工艺流程要求和闸、阀门的闭锁关系进行,并能自动协调监控一线五级船闸的闸、阀门运行,对整个船闸的上(下)行过闸过程进行控制。同时能通过对各种数据的收集和处理,掌握整个船闸的运行情况和运行状态。当发生意外情况或出现故障时,能迅速作出反应,保证船闸安全可靠地运行。

1)能根据上、下游和各闸室水位自动判断运行级数并给出补水量的提示和控制。

2)可根据上、下游水位和等待过闸船只的状况改变运行程序(不同级数、运行方向、补水/不补水、单/双边输水、船队逐级过闸、船队同步过闸、自动换向等)。

3)船闸运行主要采取集中操作亦能在现地闸首操作,集中控制可实现"集中手动""集中自动"运行。

4)数据采集与处理功能强。能采集包括人字闸门、输水反弧门的开度、位置状态,上、下游及闸室水位,启闭机的各种运行参数在内的全部运行设备的数据信息。

5)显示功能强。可在集控单元、操作员站的显示器上和投影屏幕上动态模拟显示整个船闸的运行状态和参数。在现地站的TP屏幕上也可以显示本闸首和相邻闸首设备运行状况及相关参数。

6)可进行人字闸门的同步运行控制。

7)可自动进行抑制超灌、超泄的动水关阀控制。

8)全面的状态检测、故障诊断功能。具有对现地设备、集控设备及网络的状态检测、故障诊断报警、保护功能。

9)完善的信息管理功能。对所有的设备运行状态、故障状态进行记录,存入数据库归档;同时自动建立和打印各种数据和报表。

6.6.3.3 船闸监控系统具有多项安全保护功能

在突发事故或故障状态条件下,系统能快速、正确地发出如关阀操作、紧急事故自动停机等各项控制指令,自动启动保护程序。

1)相邻闸首人字闸门、输水反弧门开启的互锁保护。

2)输水初期人字闸门合拢失败保护。

3)输水初期闸室水位预测保护。

4)输水后期的超灌、超泄开门保护。

5)输水后期水位计故障保护开门。

6)人字闸门前后水位齐平时平压开门保护控制。

7)误操作闭锁保护,并给出提示。

8)应急继电控制“紧急关阀”“紧急停机”保护(紧急关阀优先)。

6.6.4 船闸整体运行及自动监控实践检验

6.6.4.1 船闸整体运行及自动监控实践检验分析

1)双线五级船闸在试通航前进行了无水及有水系统联合调试,调试评价认为:“在集中控制下设备系统的联动作协调、正确,各种闭锁关系、各专项功能、故障和事故的处理与保护功能等正确有效可靠,网络通信系统及信息传输正确、实时,数据记录与处理、信息显示正确,过闸工艺及集控与现地控制系统的控制程序正确、可靠。”“船闸过闸工艺设计和控制程序、各项闭锁关系和保护功能等正确、有序、可靠,可满足试通航要求。”

2)双线五级船闸自2003年6月投入试行,2004年7月正式运行以来,已安全稳定运行10多年,并在上游135m水位施工通航期,156m挡水位初期运行和175m挡水位试验性蓄水运行各个阶段中,经历了包括单向运行、双向运行、换向运行、四级不补水及补水运行、五级不补水及补水运行、船闸检修等各种工况的检验。实践表明双线五级船闸整体运行集中监控系统采用分布式集散型控制系统,按“硬件冗余、软件容错”原则设计,上、下位机及通信网络和各种传感器均采用双机热备冗余配置,某一部件出现故障不影响整个系统的工作;其运行操作采用集中现地相结合的方式,在集中控制出现故障时,仍可在现地进行操作运行。

3)双线五级船闸自动监控系统配套的通信信号及广播指挥系统、工业电视监控系统的设置,构成了完整的三峡船闸整体运行控制、监视、指挥、管理、通信的中枢,并负责整个系统运行的监控、操作、应急处理、运行参数设置、数据记录、存档、打印、数据服务和通信等工作，解决了船闸适应多变的运行方式、自动判断运行级数、自动判断补水与否及计算补水量、精确控制补水量，抑制超灌超泄、防止人字闸门合拢失控，以及严格控制不补水时禁止相邻闸首的反弧阀门同时开启，补水时允许相邻闸首的反弧阀门同时开启的运行工况等复杂过闸工艺控制技术难题。船闸运行实践表明，监控系统工作稳定、正常，各种控制、保护功能正确、可靠。

6.6.4.2 双线五级船闸整体运行及自动监控实践检验评价

双线五级船闸已安全稳定运行10多年，每线船闸都经历了包括单向运行、双向运行、换向运行、补水/不补水、变级数运行等各种方式检验，运行情况正常。船闸运行实践证明监控系统可靠度高，解决了在各种复杂工况下，可以安全、可靠、灵活地对双线五级船闸实施操作、监控的技术难题，填补了多级船闸复杂多变的运行方式和连续自动运行控制的空白。

6.7 船闸施工

6.7.1 船闸施工项目及施工进度

6.7.1.1 船闸闸槽及引航道

(1)船闸闸槽及上、下游引航道开挖

船闸闸槽及上、下游引航道开挖分两期施工：一期于1994年4月17日开工，1995年12月23日完成。二期自1996年4月8日开工，1999年9月30日完成主体段开挖；2002年6月完成下游引航道(KL围堰上游段)开挖；2003年3月底完成KL围堰拆除；2002年12月完成上游引航道包括口门区的开挖。

(2)上、下游隔流堤施工

上游隔流堤于2000年1月开工，2002年11月完成填筑。护坡混凝土于2002年12月开始浇筑，2003年4月完工。坝前直立墙混凝土于2000年11月开始浇筑，2003年4月完工。下游隔流堤于1995年10月开工，1998年4月完工。

(3)船闸边坡支护

船闸一期开挖边坡支护于1996年底完成。二期开挖边坡支护自1997年4月开工，2001年10月完成主体段锚固支护；2002年7月底完成下游引航道高程80m以下边坡支护；2003年3月底完成上游引航道包括口门区的边坡支护。

(4)闸基处理

闸基固结灌浆和固结兼辅助帷幕灌浆自1998年11月开工，2001年底完成。五闸首接触灌浆自2000年11月开工，2000年12月份完成。

(5)船闸闸基渗流控制

船闸闸基上游混凝土防渗墙工程自2001年3月8日开工，2002年10月30日完成。上游防渗帷幕灌浆工程2000年6月开工，至2003年9月全部结束。

(6)船闸混凝土施工

船闸混凝土工程自1998年9月开工，2002年6月25日完成主体段混凝土浇筑；2002年7月底完成下游引航道混凝土浇筑；2002年8月底完成主体段消缺处理；2003年4月底完成上游引航道包括浮式导航堤在内的全部混凝土浇筑。

接缝灌浆利用冬季低温季节施工，分别在1999年12月至2000年4月、2000年12月至2001年4月、2001年12月至2002年4月的三个时段内完成。

6.7.1.2 船闸地下输水系统

(1)开挖及基础处理

地下输水系统开挖1996年3月31日开工，1998年5月完成。

固结灌浆2000年6月开工，2002年6月完成。f1096断层处理工程南、北壁分别于2001年12月12日和2002年1月12日开钻，至2003年4月25日，现场施工已全部完成。

(2)围岩支护

支护工程自1997年4月开工，2001年10月完成。

(3)混凝土施工

地下输水系统混凝土浇筑自1998年9月29日开工，2002年5月15日完成主体工程混凝土浇筑(包括回填灌浆)；2002年8月16日、24日分别完成北坡一至五级T形管堵头回填和固结灌浆、预留灌浆廊道回填混凝土浇筑；2002年9月完成各级竖井井身段的缺陷(层间缝)处理。

6.7.1.3 闸室段高边坡山体排水系统

山体排水系统工程分3个合同标段施工，于1994年8月开工，1999年9月完工后交付运行。其后，设计在南、北坡第一层排水洞和第三、四层排水洞内部分洞段各补充布置了一排排水孔。增补的排水孔于2000年12月18日开始施工，2001年2月19日完成。

6.7.1.4 船闸低高程排水系统及竖井围岩灌浆

(1)低高程排水系统

新增低高程排水孔于2002年10月25日至11月25日进行了生产性试验，2003年1月8日至11日先后开工，2003年5月完成。

(2)阀门竖井围岩灌浆

新增阀门竖井围岩灌浆分别于2003年1月6日和10日开工，2003年5月完成。

6.7.1.5 通航建筑物上游引航道

(1)隔流堤主体段

2000年2月22日开工，所有项目已于2003年5月全部完成。

(2)跨临时船闸上游引航道段

2002年8月15日开工,桩号2+450至下裹头段碾压石碴料、碾压混合料的填筑于2002年11月初填至高程120.6m;桩号2+320~2+450非碾压区的填筑于2002年10月底填至高程113.6m。护坡混凝土自2002年12月21日开始浇筑,2003年6月全部完成。

(3)坝前混凝土直立墙

GSQ4~6块直立墙自2000年11月19日开始浇筑,于2002年3月1日全部浇筑至设计高程150m;GSQ7~10块直立墙自2002年11月25日开始浇筑,于2003年3月31日浇筑至设计高程150m。

6.7.1.6 通航建筑物下游引航道

下游引航道于1995年7月25日开工,1999年5月18日完工。

6.7.1.7 船闸金属结构和机电设备安装与调试

船闸金属结构和机电设备安装与调试工程自2000年7月16日开工,2002年6月1日完成船闸闸门、阀门及其启闭机械等主要设备的安装;2002年6月30日完成船闸单机调试和单闸首设备联动调试;2002年8月底完成各检修门的试槽、浮式系船柱的安装、防撞警戒装置的安装与调试等工作。

6.7.1.8 船闸集中监控系统设备制造、安装与调试以及无水、有水系统联合调试

2002年4月底,完成全部设备的制造,经过验收工作组的全面测试后,通过出厂验收,具备工地安装调试的条件。

2002年6月底,完成计算机监控系统设备安装调试、计算机监控系统与现地控制系统成功对接,具备无水系统联合调试的条件。

2002年7月1日开始无水系统联合调试,2002年8月15日完成调试,并于8月16日通过其阶段验收。

2002年9月初,下游引航道破堰进水及各级船闸开始充水,船闸有水系统联合调试正式启动。2003年4月底,南线船闸完成第10次有水调试及排干检查后的缺陷处理;北线船闸已完成第10次和新增补的第11次有水调试。

工业电视及广播指挥通航信号系统的剩余项目于2003年6月9日完成。

6.7.1.9 第一级船闸完建工程

北线第一级船闸完建工程于2006年6月底开始进行人字门提升梁柱系统改造等现场准备工作,9月10日完成。2006年9月15日南线船闸停航,开始第一级船闸完建工程施工,10月6日和10月9日分别完成南二闸首右侧和左侧人字门提升;2007年1月2日,完成南线船闸二闸首加高混凝土施工;2007年1月11日完成南线船闸金属结构及机电设备安装与调试工作,移交船闸运行单位进行系统无水、有水联合调试;2007年1月19日南线船闸完建工程通过船闸单项工程验收组验收,1月20日南线船闸恢

复通航。2006 年 12 月 30 日人字门提升梁系转移至北线船闸第二闸首安装，2007 年 2 月 2 日和 2 月 4 日分别完成北二闸首左侧和右侧人字门提升；2007 年 4 月 10 日完成北线船闸二闸首加高混凝土施工；4 月 23 日完成北线船闸金属结构及机电设备安装与调试工作，移交船闸运行单位进行系统无水、有水联合调试；2007 年 5 月 1 日北线船闸恢复通航。

船闸各部位分项及分期施工工程量见表 6.7.1。

表 6.7.1　双线五级船闸各部位分项工程量汇总

<table>
<tr><th>部位</th><th colspan="2">项目名称</th><th>单位</th><th>一期施工</th><th>二期施工</th><th>合计</th><th>备注</th></tr>
<tr><td rowspan="3">上游引航道</td><td colspan="2">土石方开挖</td><td>万 m³</td><td></td><td></td><td>411.82</td><td></td></tr>
<tr><td rowspan="2">支护</td><td>喷混凝土</td><td>万 m²</td><td></td><td></td><td>4.83</td><td></td></tr>
<tr><td>锚杆</td><td>根</td><td></td><td></td><td>1292</td><td></td></tr>
<tr><td rowspan="9">上游隔流堤</td><td colspan="2">清基开挖</td><td>万 m³</td><td></td><td></td><td>12.2</td><td></td></tr>
<tr><td rowspan="3">堤体回填</td><td>石渣</td><td>万 m³</td><td></td><td></td><td>188.14</td><td></td></tr>
<tr><td>石渣混合料</td><td>万 m³</td><td></td><td></td><td>194.82</td><td></td></tr>
<tr><td>风化砂</td><td>万 m³</td><td></td><td></td><td>585</td><td></td></tr>
<tr><td rowspan="3">护坡</td><td>砂石垫层</td><td>万 m³</td><td></td><td></td><td>9.81</td><td></td></tr>
<tr><td>混凝土护坡</td><td>万 m³</td><td></td><td></td><td>15.54</td><td></td></tr>
<tr><td>块石护坡</td><td>万 m³</td><td></td><td></td><td>14.03</td><td></td></tr>
<tr><td>混凝土墙</td><td>混凝土</td><td>万 m³</td><td></td><td></td><td>8.14</td><td>包括直立墙混凝土及挡墙混凝土</td></tr>
<tr><td rowspan="14">主体段</td><td colspan="2">土石开挖</td><td>万 m³</td><td>1171.61</td><td>2368.86</td><td>3540.47</td><td></td></tr>
<tr><td rowspan="4">支护</td><td>喷混凝土</td><td>万 m²</td><td>15.36</td><td>24.14</td><td>39.5</td><td></td></tr>
<tr><td>普通锚杆</td><td>万根</td><td>0.28</td><td>2.17</td><td>2.45</td><td></td></tr>
<tr><td>高强锚杆</td><td>万根</td><td></td><td>9.26</td><td>9.26</td><td></td></tr>
<tr><td>预应力锚索</td><td>束</td><td></td><td>4376</td><td>4376</td><td></td></tr>
<tr><td colspan="2">土石方回填</td><td>万 m³</td><td></td><td>172.96</td><td>172.96</td><td></td></tr>
<tr><td rowspan="3">混凝土浇筑</td><td>混凝土</td><td>万 m³</td><td></td><td>327.3</td><td>327.3</td><td></td></tr>
<tr><td>钢筋</td><td>万 t</td><td></td><td>10.95</td><td>10.95</td><td></td></tr>
<tr><td>钢结构</td><td>万 t</td><td></td><td>0.52</td><td>0.52</td><td></td></tr>
<tr><td rowspan="4">防渗体</td><td>混凝土防渗墙</td><td>万 m²</td><td></td><td>0.92</td><td>0.92</td><td></td></tr>
<tr><td>帷幕灌浆</td><td>万 m</td><td></td><td>2.74</td><td>2.74</td><td></td></tr>
<tr><td>固结灌浆</td><td>万 m</td><td></td><td>47.78</td><td>47.78</td><td></td></tr>
<tr><td>回填灌浆</td><td></td><td></td><td>6.34</td><td>6.34</td><td>为地下输水系统工程量</td></tr>
</table>

续表

部位	项目名称		单位	一期施工	二期施工	合计	备注
主体段	输水系统	土石开挖	万 m^2		0.46	0.46	
		洞挖	万 m^3		88.55	88.55	
		初砌混凝土	万 m^3		59.18	59.18	钢筋 4.86 万 t，钢结构 705t
		喷混凝土	万 m^3		14.7	14.7	
		锚杆	万根		8.48	8.48	
	山体排水系统	土石方开挖	万 m^3	3.34	9.27	12.61	
		洞挖	万 m^3	4.08	7.22	11.30	
		衬砌混凝土	万 m^3	0.53	0.61	1.14	
		喷混凝土	万 m^2	0.17	0.73	0.90	
		排水孔	万 m	3.85	8.81	12.66	
下游引航道	土石方开挖		万 m^3			1051	
	土石方回填		万 m^3			422	
	混凝土浇筑		万 m^3			39	
	钢筋		万 t			0.6	
	防渗墙		万 m^2			16	
下游隔流堤	堤体填筑	风化砂	万 m^3			289.9	
		石渣	万 m^3			126.3	
		中石	万 m^3			28.4	
		大石、特大块石	万 m^3			78.2	
	护坡	垫层	万 m^3			7.6	
		混凝土	万 m^3			17.63	包括防渗墙及平台混凝土
金属结构及机电设备安装	金属结构及设备安装		万 t			3.89	
	启闭机设备安装		台			50	
	二期混凝土		万 m^3			3.24	

6.7.2 船闸施工技术

6.7.2.1 岩石开挖技术

(1)船闸开挖施工特点

三峡船闸在左岸山体深切开挖的岩槽中修建，边坡高度大，线路长，开挖轮廓复杂，对稳定的变形限制较严，国内外均无同类型的工程先例。其施工特性和技术难度主要表现在以下几个方面：

1)受特定地形地质条件制约,局部稳定性问题突出

由于船闸边坡高度大、线路长、结构复杂且边坡为深切岩体等原因,对地质条件反应比较敏感,边坡局部稳定性问题突出。

船闸地形复杂,沿途沟梁相间。船闸区基岩与整个三峡坝址相同,以前震旦纪侵入的中粗粒闪云长花岗岩为主,相间穿插少量后期侵入的各种岩脉,并含少量捕虏体;断层规模不大但数量多,最发育的几组断层、裂隙、岩脉等主要结构面的走向与边坡走向夹角较大,岩块强度较高,岩体以整体、块状结构为主。区内地震力和地震应力量级不高;地下水以大气降雨入渗形式补给,通过全、强风化岩体孔隙垂直入渗,渗透压力传导迅速,地下水渗透压力对边坡影响较大,但通过完善的地表、地下排水系统,可以有效地降低渗压力。边坡整体稳定条件尚好,边坡破坏的主要形式是结构面组成的随机块体的稳定性。

直立墙边坡岩体多为微风化和新鲜的坚硬结晶岩,以整体和块状结构为主,黑色矿物偏多,云母多,石英含量偏低,以中粗粒为主,晶体较大;岩性较为古老,轻变质,风化深,多次构造运动遗留痕迹多;断裂构造较发育,节理裂隙较为发育,局部地段呈密集带。

船闸直立墙为南、北边墙直立墙壁及中隔墩左右双面直立墙,超过 6000 延长米,最大高度 68.5m,大于 40m 的占 65%;在各闸首因输水隧洞阀门井及启闭设备布置需要,均设置一段凹向坡内的"大耳朵"平台。三峡船闸纵横向均为台阶状,直角多,拐点多,槽、沟、坎、口井形态不规则,且均为建基面。线路长、高度大的直立边坡、闸首段的凹形开挖和中隔墩段的条形及阶梯式下降等建筑要求,大大增加了地质结构面临空出露的机会,当结构面与垂直边坡夹角较小时极易组合成典型不稳定块体而造成边坡局部失稳。因此,可能组合不稳定块体多,且随机性强,难以事先探明。在地下水活动、裂隙充填物质软化、地应力松弛和爆破振动效应的综合影响下,变形和塌滑的概率较高。在施工期发现的不稳定块体 1054 块,其中大于 $100m^3$ 的不稳定块体达 309 块,局部稳定问题突出。

2)68.5m 高直立墙岩石边坡的变形与稳定要求高

直立墙是深挖路堑式双线双向垂直高边坡,受开挖、卸荷影响十分显著。在直立边坡开挖前闸墙顶以上的岩体被挖去,岩体的应力状态发生变化;中隔墩受顶部及左、右三面卸荷的影响,二次应力场十分复杂;在船闸区同一部位地面和地下完全相同的优、良质岩体,边坡开挖后的形象与地质勘探钻孔取芯所见的情况有很大的不同,卸荷松弛现象十分明显,在船闸地面开挖的开放环境中,在卸荷和爆破的双重作用下,在岩体内形成的松动—松弛带的范围和深度远大于一般的岩石陡高边坡。这不仅是关于单一的开挖—锚固施工技术研究,而且需要针对三峡船闸岩石陡高边坡进行全面系统的研究,也是船闸直立墙边坡安全、快速施工所必需的。

直立墙边坡是船闸结构的重要组成部分,船闸闸室薄衬砌混凝土边墙通过 10 万根高强锚杆与边坡岩体结合在一起共同受力,边坡对变形,尤其是对时效变形量有严格限制;船闸每线 6 个闸首有 12 组巨型人字闸门,在安装后要求每组人字闸门支持墙的相对位移不超过 5mm。因此,船闸边坡不仅有稳定要求,而且还有严格的变形限制。

船闸边坡经开挖通过大范围卸荷与应力释放而形成“W”形双线双向四个坡面，边坡的形成是经受较急剧的应力调整和岩体平衡条件向不利方向变化的过程，已有的工程实践还无法全面提供研究此类边坡的理论、经验。在开挖过程中不可避免地频繁爆破振动会对保留的直立墙岩体造成一定的损伤，目前对爆破荷载的确定还没有成熟的理论方法。由于地形、地质条件的复杂性和船闸边坡的重要性，以及结构复杂性，对直立墙成型开挖提出了非常高的技术要求：一方面是岩体的质量，岩体声波速度改变值控制在10%以内，且不小于4000m/s；要求直立墙边坡成型预裂(光面)爆破单响药量不大于50kg(实际控制在15kg以内，一般不大于10kg)；另一方面直立墙形体尺寸需严格控制，不允许欠挖，超挖不大于20cm，在现有的装备技术水平下很难达到。直立墙边坡开挖成型技术是实现先进的船闸结构设计思想的关键。

3)施工程序复杂，施工项目立体交叉，相互干扰大，施工布置困难

在两条长1621m、宽37m、高48～68.5m的窄、长的梯级深槽中进行开挖、锚固和混凝土施工，兼顾庞大的地下洞井工程，槽、洞、井开挖爆破及开挖与锚固施工程序十分复杂，相互干扰，相互制约，施工布置困难。主要体现在：

①施工程序有严格的限制，需妥善解决明挖与地下开挖的关系、开挖与支护的关系、开挖与混凝土施工的关系、开挖与排水的关系、明挖与地下工程各自的分块施工顺序，将开挖卸荷造成的岩体应力应变恶化降至可以允许的水平，控制施工力学效应，不致造成边坡的失稳，保证施工的合理布局和运输畅通，实现快速和高质量的施工。

②地面和地下工程为相邻工区的爆破。

③开挖与锚固是相关流水工序之间的矛盾关系，两者在工作面和工期上又互为占压。

④深槽开挖场地狭窄，设备的斗容与场地、进度是一对矛盾。

⑤安全隐患多，作业难度大。

4)开挖工程量大，工期紧

船闸地面工程土石方开挖总量为4300万m^3，约占三峡工程土石方开挖总量的40%，其中闸墙顶以下闸室主体段深槽开挖约为1186万m^3，工期为3年，槽挖月强度为50万～60万m^3，需在两条窄长深槽中布置12～15台大斗容的挖掘设备，开挖12～15个工作面。

5)预应力锚索工程量大，施工条件差，技术要求高

船闸共布置预应力锚索4396束，其中系统锚索2080束，随机锚索2316束，主要布置在四面直立边坡上，锚索施工月强度达200束。

系统锚索长度一般为30～60m，大多数为3000kN级的对穿锚索或端头锚索，少数为1000kN级的端头锚索。系统锚索因其设计布置的确定性，在施工过程中可以通过合理统筹安排，积极为锚索施工创造有利条件，减少锚索施工与深槽开挖施工的相互干扰。

按照动态设计的指导思想，在深槽开挖过程中根据地质情况布置了大量的随机锚索用于加固边坡上规模较大、不能满足稳定要求的半定位块体和随机块体。锚索长度根据块体滑移面埋深确定，20m至60m不等，为3000KN级的对穿锚索或端头锚索。除局部较集中

的随机锚索施工高度一般为 20～30m，个别超过 40m，需搭设高排架进行施工；除局部较集中的随机锚索施工可与开挖施工统筹安排外，大多数部位的随机锚索布置分散、工序多、工期紧，施工条件差，难度大，难以与开挖相互协调。

工程设计时考虑船闸特殊的墙后排水等结构要求、锚索锚固效应等因素，将锚索均布置为水平孔并对综合偏斜提出了超现有规范的要求：将对穿锚索孔的综合偏斜控制在 1%以内，端头锚索孔的综合偏斜控制在 2%以内。对大量的水平孔锚索采用如此高的造孔精度要求，在国内外尚属首次（现有规范对锚索孔综合偏斜要求：一般控制在 3%以内）。船闸锚索加固的部位一般为松动—松弛区或不稳定块体，有各类软弱结构面，尤其是中隔墩部位岩体三面卸荷松弛，锚索高精度成孔条件较差。如何解决高精度、水平锚索施工技术是一个新的课题，也是实现对船闸直立墙边坡岩体进行适时锚固的关键技术之一。

6）高强锚杆施工的工程量大，强度高，技术复杂

在直立坡段（含中隔墩两侧）全断面布置了 10 万根高强结构锚杆，为 ϕ32mmⅤ级高强精轧螺纹钢筋。其主要工程特点和技术难点有以下几点：

①国产的 ϕ32mmⅤ级高强精轧螺纹钢筋用在船闸作高强结构锚杆，其材质和性能需进一步检验；高强锚杆的结构类型、生产工艺、受力性能、锚固效应及配套的检测技术等一系列高强锚杆施工技术问题需在施工过程中研究和解决。

②在开挖过程中适时锚固与钻爆的矛盾突出。

③施工强度大，造孔质量要求高且均需在高排架上作业，需解决轻捷、快速的锚杆钻孔机具和安全稳定的工作平台。

在三峡船闸工程中，具有如此巨大规模的岩石陡高边坡工程，采用如此先进的设计原则，其施工难度已超过当今世界水平。三峡船闸陡高边坡施工技术问题，尤其是高度为 68.5m高直立墙的开挖与锚固施工技术问题，受到国内外工程界的广泛关注。研究和解决好三峡船闸直立墙边坡安全、快速的开挖与锚固施工技术问题，不仅是三峡工程建设所必需的，而且可使我国乃至世界的岩土工程，尤其是人工陡高岩石边坡工程理论和实践更加系统和完善，将岩石高边坡开挖与锚固施工水平提高到一个新的高度，为以后类似工程施工积累有益的经验。

（2）船闸岩石开挖关键技术研究

主体结构段高边坡开挖分两期进行：一期完成高程 185～110m 明挖，形成多个梯级平台和高约 90m 的边坡；二期主要进行闸槽的开挖。高边坡最大开挖深度达 175m。船闸主体结构段开挖典型横剖面见图 6.7.1。

船闸开挖工程关键技术主要包括：直立墙开挖与锚固施工程序、直立墙开挖机械设备比选、直立墙成型技术、深槽开挖综合控制爆破技术、预应力锚索施工技术、综合安全技术措施、高强锚杆施工技术与锚固效果，以及开挖、锚固等各工序的协调关系，并研制快速开挖、锚固施工设备。研究成果已为船闸施工实践所验证，现分述如下。

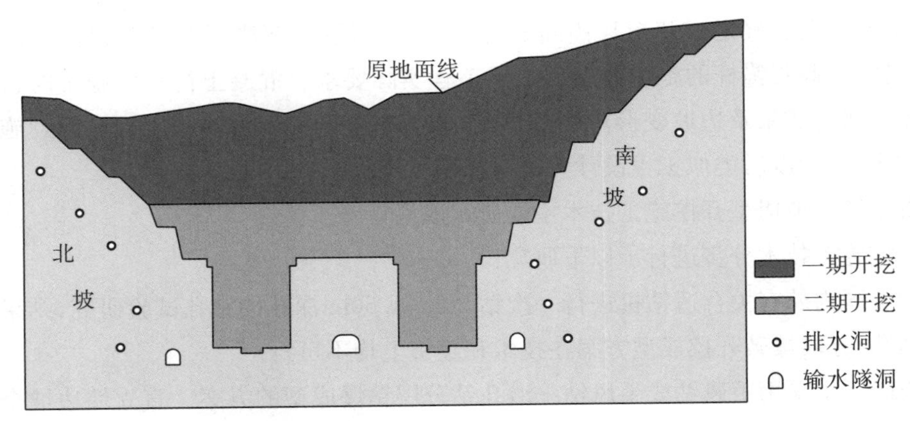

图 6.7.1 船闸主体结构段开挖典型横剖面图

1)直立墙边坡开挖与锚固施工程序及施工布置研究验证了原有相关研究成果的合理性,并对一些方面进行了补充完善

①闸室槽挖与地下洞井开挖的施工程序:按同区段左右线闸槽平行下挖,右线闸槽领先时不超过左线闸槽开挖一个梯段,相邻开挖工作面高差,不大于一个梯段;输水隧洞及其施工支洞开挖超前相应同区段闸室明挖、闸室槽挖与施工支洞顶厚度小于30m时为贯通警戒区,竖井开挖在闸墙顶平台形成后进行、闸槽开挖以滞后竖井开挖不少于一个梯段为原则,可减少爆破振动对岩体的影响。

②由于竖井钻爆施工程序、施工方法的改变,槽挖爆破对竖井井壁岩体的影响要大于竖井开挖爆破对直立边坡岩体的影响,研究采用"先槽后井"的施工程序技术上可行,解决了地面与地下工程的矛盾。

③经研究有临空面的岩石开挖爆破对基底的保护具有明显作用,因此,闸室槽挖采用掏槽爆破的施工方式,先进行先锋槽深孔梯段微差爆破,再进行侧向保护层光面爆破。

④为研究槽挖爆破对锚固质量的影响关系,在现场结合生产进行了一定的试验和爆破振速、预应力损失监测,确定了相应的控制要求。

⑤经研究确定了开挖与锚固的合理的施工程序,解决了开挖与锚固之间协调关系。锚索施工按先锚后挖的原则进行;爆破飞石对高强锚杆的影响难以克服,在高强锚杆未实施前,首先采用锁口锚杆和随机锚杆确保施工期(特别是开挖期)边坡稳定与施工安全;高强结构锚杆造孔施工根据开挖工作面的情况适时进行,锚杆安装原则上在相邻一定范围内开挖结束后,按先闸首及其相邻段后闸室段分区进行。

⑥研究表明岩坡开挖后,存在一定的时效变形,为此,混凝土衬砌墙施工一般安排在开挖结束半年后进行。

研究和实施的施工程序结合了原有相关科研成果,有利于边坡稳定和方便施工。先进行先锋槽深孔梯段微差爆破,然后再进行侧向保护层光面爆破的槽挖程序减少了爆破对保留岩体的影响。基于竖井开挖滞后影响入槽开挖以及竖井开挖方法的改变而提出的"先槽后井"的施工程序技术上可行,解决了地面与地下工程的矛盾,为船闸开挖争取了半年以上的工期，效益显著。确定了开挖与锚固的合理的施工程序，解决了开挖与锚固之间协调关系。随机锚索、高强锚杆的施工程序反映了工程实际要求。混凝土衬砌墙施工时机的确定结合了相关研究成果及边坡变形观测的情况，施工布置研究切合船闸工程实际。施工程序的研究和实践，为以后类似工程设计和施工积累了经验。

2）直立墙边坡成型开挖施工技术主要研究成果

对开挖施工技术分步进行了以下研究：

选用了国内外有关合适钻机进行一次钻 30m 或 60m 深孔的钻孔试验研究，结果表明采用一次钻孔、分段爆破开挖成型方案在技术和经济上均不可行。

比较研究了采用手风钻或手风钻＋潜孔钻分层钻爆成型的方案。直立墙边坡全部采用手风钻分层钻爆成型，对坡面成型及减少爆破振动影响最为有利；若要加快槽挖施工进度，则槽挖第一层的侧向保护层岩体开挖及直立坡预裂或光面爆破成型可采用潜孔钻钻爆。

对采用一次钻孔、分段爆破开挖成型的可行性试验研究，从钻机选型、钻孔精度、钻孔效率、钻孔成本、深孔测试及爆破技术均进行了现场试验和分析研究，比较全面系统。该方案技术上和经济上均不可行的结论是正确的，反映了目前国内外钻机的实际水平。

对火焰切割成型技术也进行了有益的尝试，结果是在目前尚未达到实际使用的阶段。

最后通过研究总结解决了直立边坡成型开挖的技术难题。船闸直立边坡采用手风钻或手风钻＋潜孔钻分层钻爆成型的方案，既考虑了对坡面成型及减少爆破振动影响，也考虑了施工进度要求，虽然增加了劳动强度、开挖梯段层数和爆破出渣难度，但满足了技术要求，保证了开挖质量，方案切合实际，是可行的。手风钻供风系统的改进提高了钻孔效率，值得推广。

3）船闸槽挖控制爆破技术研究

研究确定了深槽开挖合理的施工程序、爆破器材、爆破方式、爆破参数、起爆网络、岩石质点振速控制指标、槽挖预留侧向保护层厚度、基岩保护层厚度及单段起爆药量控制指标、炸药品种、施工机具及施工工艺。

槽挖爆破采用深孔梯段孔间微差爆破、两次缓冲爆破、两次光面爆破、最终形成直立边墙的施工技术及采用非电起爆网路、孔底设柔性垫层等综合爆破技术，可以满足技术要求，并提出如增加施工光爆（预裂）、两次缓冲爆破、两次光面爆破等控制爆破的新思想。比较研究了在船闸花岗岩中预裂爆破技术和光面爆破技术，结果表明光面爆破优于预裂爆破。槽挖爆破应用深孔多段孔间微差起爆技术，可大大改善爆破的质量，减少对周边保留岩体的影响。槽挖控制爆破技术解决开挖爆破时不仅要使爆破影响控制在设计允许的范围内，而且要满足工程质量和进度要求的矛盾关系。

对深槽开挖的施工程序、爆破器材、爆破方式、爆破参数、起爆网络、岩石质点振速控制指标、槽挖预留侧向保护层厚度、基岩保护层厚度及单段起爆药量控制指标、炸药品种、施工机具、施工工艺等进行了比较全面、系统的研究和实践。所采用的深孔梯段孔间微差爆破、两次缓冲爆破、两次光面爆破、最终形成直立边墙的施工技术及采用非电起爆网路、孔底设柔性垫层等槽挖综合爆破技术稳定、可靠、安全；开挖爆破施工质量优良，解决了“三峡船闸直立墙高边坡开挖”施工技术难题。深槽开挖施工典型爆破设计见图 6.7.2。

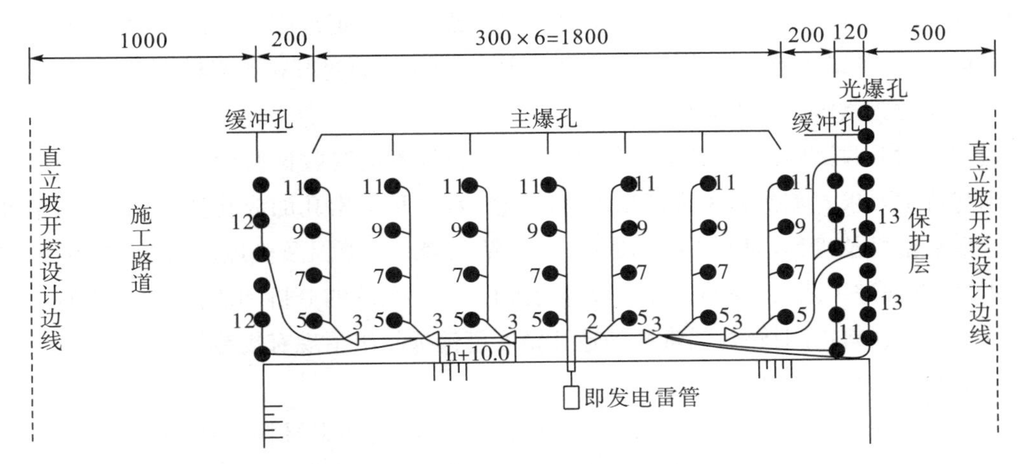

图 6.7.2 深槽开挖施工典型爆破设计图

对预裂爆破技术、光面爆破技术、缓冲爆破技术及孔底设柔性垫层等控制爆破技术进行的研究和应用，进一步补充和完善了爆破技术的理论和实践，对在船闸花岗岩中光面爆破优于预裂爆破的结论是恰当的。所提出的如增加施工光爆（预裂）、两次缓冲爆破、两次光面爆破等控制爆破的新思想值得借鉴和推广。

深孔多段孔间微差起爆技术在三峡船闸槽挖爆破中的大量推广应用，在我国居领先水平，在世界塑料导爆管应用中也是少见的，使这一先进的起爆技术得到了进一步的应用、发展和完善。

槽挖综合控制爆破技术的研究与应用，使我国乃至世界的岩体工程，尤其是人工陡高岩石边坡工程理论和实践更加系统和完善，将岩石高边坡开挖爆破水平提高到了一个新的高度，为以后类似工程施工积累了有益的经验。

4）锁口支护技术研究

锁口锚杆对直立坡上部松弛、松动块体起到了较好的锚固作用；在开挖期间高强结构锚杆没有条件施工的情况下，研究采用锁口锚杆和随机锚杆加固直立边坡浅层岩体是一个切实有效的措施。

用于防止地表水入渗的封闭混凝土及喷混凝土应随船闸首层槽挖及时跟进。

近区爆破对锚固设施的影响，对临时性支护和永久性支护可区别对待。在船闸爆破安全准则条件下，爆破面（或最近爆破点）距离锚固设施 5m 以远的岩体爆破动力效应对锚索、锚杆的影响不明显。

锚索加固原则上与开挖梯段隔一梯段实施；用于临时性支护的锚索施工随开挖同梯段及时跟进。

深直立边坡施工期综合安全技术措施，确保了工程施工顺利进行。因高强锚杆不能及时实施，先采用锁口锚杆、坡面喷射混凝土和坡顶找平混凝土等锁口支护措施，保证了施工期(特别是开挖期)的直立边坡坡顶部位小规模($100m^3$以下)潜在不稳定块体的稳定和施工安全，限制表层岩体的松弛变形，成效明显。锁口锚杆在一定范围内提高了岩体的完整性，减缓岩体变形，其锚固效果已从锚杆应力测量资料和相关的变形观测资料中得到验证。

5)预应力锚索施工技术研究

通过锚索验收试验研究，解决了船闸4600多束锚索的验收试验标准，制订了相应的实施细则与技术要求。首次解决了高精度、大孔径、水平长锚索孔的成孔技术，研制高精度轻型快速水平钻机及机具，对水平孔的成孔工艺、钻孔偏斜的原因及机理、钻头的选择、冲击器的选用、导直钻进工艺、合理的钻孔参数等均进行全面、系统的分析和研究，并研究解决了高精度锚索孔的孔斜检测技术；锚索孔的造孔精度已远远超出了现有规范标准，使锚索成孔技术水平上升到一个新的高度。

对锚索的施工工艺进行了全面、系统的试验和研究，对锚索材料检测、浆材配合比、止浆环工艺、注浆系统改进、水平长锚索的穿索工艺等进行了大量的现场分析和试验研究，形成了一套成熟的施工工艺，制订了详细的操作实施细则，具有较强的操作性和较高的实用性。

国内的水工锚固工程锚索验收试验尚没有正式提出相应的实施细则与技术要求。通过锚索验收试验研究，为补充和完善锚固工程验收规范积累了宝贵的资料，提供了依据。

对锚索锁定损失、后期时效损失、力损失的控制等多方面进行了细致、深入的分析和研究；对锚固时机分析从变形时机、岩石块体的位置、碎裂块体处理等方面进行了分析和探讨；对千斤顶与测力配套检测也进行了试验研究。

6)高强锚杆施工技术及锚固效果的主要研究成果

首次全面系统地研究高强锚杆成套施工技术，并为了解锚杆工作状态对锚固效果进行了详细、深入的试验和研究，其研究成果填补了国内空白，有很高的应用价值。

确定了高强锚杆施工工艺流程，包括确定孔口封堵材料、托架(居中环)形式、自由段防腐处理后的封闭材料和工作流程等，具有良好的可操作性。

首次采用气动锤作顶锤的工艺研制了高精度、轻型快速水平锚杆钻机，适用于钻水平孔或缓倾角的锚杆孔，在孔径为60～90mm、孔深15m内有极大的优势，已在船闸得到大量应用，满足了船闸直立坡上高强锚杆高强度、大面积施工要求，具有推广价值。

高强锚杆喷锌、双层环氧树脂涂层防腐处理工艺及检测技术满足规范和设计要求，其操作工艺在现场施工中发挥了良好的作用。

引进了冷挤压套筒连接技术，解决了高强锚杆连接技术，突破了现有规范规定，套接后的锚杆强度、变形性能达到国家A级标准。

研究确定了施工质量检测技术和验收标准，大量的整体拉拔检测结果显示，锚杆抗拔力可以满足设计要求，锚杆施工质量良好；相关的反复张拉试验结果同时证实，即便是在循环荷载作用下，锚杆也具备非常强的抗拔能力。

综上所述，船闸直立边坡开挖与锚固综合施工技术研究成果紧密结合工程实际，实践性强，并做了比较深入的理论方面的研究。研究技术路线正确，方法先进，成果可靠，解决了三峡船闸直立墙边坡安全、快速的开挖与锚固施工技术这一世界级难题，满足了三峡工程建设的需要，使我国乃至世界的岩体工程，尤其是人工陡高岩石边坡工程理论和实践更加系统和完善，将岩石高边坡开挖与锚固施工水平提到了一个新的高度。

(3)船闸闸槽开挖

1)主体结构段开挖程序及施工方法

船闸主体结构段自上而下采用分层梯段开挖，设计边坡采用预裂爆破或光面爆破，技术要求：①在完成上一梯段的边坡加固处理后，再进行下一梯段的开挖施工；②进入闸室深槽开挖时，两线闸室同步开挖下降；③在完成相应的闸室开挖与边坡加固后，再开始闸室混凝土浇筑施工；④在边坡开挖到某一地段、某一高程时，应事先完成该地段、该高程输水洞及阀门井的开挖与临时支护，并完成该高程以下20～40m范围的排水洞与洞内排水孔，以达到降低地下水位、稳定开挖边坡和便于开展岩体变形监测的目的。

2)闸槽以上开挖

全风化及强风化岩体一般采用挖掘机直接挖装。强风化带上部采用大功率推土机凿裂，下部辅以松动爆破，然后用大型挖掘机挖装。边坡成型先用小型反铲修坡，再辅以人工修整成型。

弱风化岩体开挖料用作围堰填筑料，无粒径要求；微新岩体开挖料用作混凝土人工骨料的加工原料，要求粒径不大于1m。弱风化及微新岩石开挖主要采用常规深孔梯段爆破法，梯段高度一期为15m，二期为9～11m。鉴于主要采用混装乳化炸药爆破，闸顶部位预留厚度不小于3m的水平保护层。对于临近边坡部位(约30m范围)，减少单响药量并预留6～8m的侧向保护层(一期保护层厚10～15m)，再以预裂爆破或光面爆破方法爆除。

开挖石渣采用6～8m^{3}液压挖掘机配32～45t自卸汽车装运，推土机配合集渣。

3)闸槽开挖

闸槽开挖是指中隔墩顶部保护层以下部分的开挖。要求直立墙和水平建基面均不允许欠挖，且直立墙超挖不大于20cm，水平建基面超挖不大于10cm。

直立墙边坡高50～70m，采取分段下挖，每15m预留宽度为30cm的小台坎，以方便爆破钻孔施工。

闸室深槽段以弱风化和微新岩石为主，主要采用预留侧向保护层预裂、先导槽梯段开挖、侧向及底板保护层光面爆破的方式进行开挖。单个闸槽的开挖遵循如下程序：导槽梯段爆破及施工预裂爆破→预留侧向保护层光面爆破或预裂爆破→闸墙顶部电缆槽开挖→闸墙顶部平台保护层光面爆破→下一循环先导槽梯段爆破及施工预裂爆破→下一梯段侧向保护层光面爆破→底板保护层光面爆破开挖+底板输水廊道岩槽开挖。先导槽开挖主要采用液压钻机钻孔，侧向保护层和底板保护层开挖采用手风钻钻孔，预裂孔或光面爆孔的装药采用将药卷间隔绑扎在毛竹片上入孔的方式。

在开挖施工中，要求同区段南、北线闸槽平行下挖，一线闸槽领先开挖时两闸槽高差不大于一个梯段，同线闸槽相邻区段开挖高差不大于一个梯段；输水隧洞及其施工支洞开挖要超前相应区段的闸室槽挖 30m；闸墙顶部平台形成后进行竖井开挖，且阀槽开挖滞后竖井开挖不少于一个梯段，以减少竖井开挖爆破振动对闸室边坡保留岩体的影响。

槽挖施工自上而下分层循环进行，开挖梯段高 10m。先进行先导槽开挖，一侧预留侧向保护层 3m(入槽第一层预留 5～8m，第 2 层以下地质条件差的部位预留 5m)；另一侧预留施工道路(含侧向保护层)10～12m。先导槽抽槽宽度 20～24m。入槽第一层竖井制约段采用“先槽后井”法开挖，其先导槽宽度 15～17m，梯段高度 6～8m。抽槽时侧向保护层开挖及时跟进，相差距离不大于 20m。当抽槽长度 120～150m，槽内施工道路改到另一侧，进行原施工道路侧扩挖及侧向保护层开挖。侧向保护层入槽第一层开挖采用潜孔钻钻孔，梯段高度 10m，主爆孔抵抗线 2m；第二层以下部位全部采用手风钻钻孔，梯段高度 4～5m，抵抗线 0.7m。对预留的 2.5m 水平保护层，均采用手风钻钻孔，水平光爆一次成型。

闸室底板分流槽、集水井、系船柱槽等部位的开挖，采用手风钻钻孔，先掏槽后扩挖成型。结构边线上光爆孔孔距 0.4～0.5m，孔深及装药根据结构要求而定，局部辅以人工修整。

6.7.2.2 船闸闸首及闸室混凝土施工

(1)船闸闸首及闸室混凝土施工特点

三峡船闸为双线连续 5 级船闸，地面工程混凝土浇筑总量为 350 万 m^3。船闸主体段全长 1621m，两线共有 12 个闸首，10 个闸室，其结构以衬砌为主，部分为衬砌与重力式相结合。闸首衬砌厚度约 12m，闸室衬砌厚度为 1.5～2.1m。船闸因结构的特殊性而具有结构复杂、技术含量高、工序繁多、施工干扰大、施工难度大等特点。

1)1.5m 厚的闸室衬砌混凝土，结构依靠高强锚杆将衬砌混凝土与围岩连接成整体，共同受力，墙体布置有 4 层钢筋，墙后布置有 4m×6m 间距的排水管网，闸室墙面还布置浮式系船柱槽和爬梯等，混凝土结构复杂，浇筑准备工序繁杂，混凝土采用吊罐很难直接入仓。

2)对混凝土外观和模板工程质量要求很高。

3)水平和竖向岩面均是基础强约束区，温控防裂要求高。

4)工序间施工干扰大，高空作业多。

(2)船闸衬砌混凝土浇筑技术

船闸混凝土结构复杂，施工工程量大，同时对外观和模板工程质量要求很高。船闸施工中首创采用了较先进的滑模、滑框倒模、MY-BOX 管等先进施工技术，对船闸混凝土工程的优质按期完成起到了关键作用。

1)闸室衬砌墙滑模施工技术

①单侧分离式滑模系统

单侧分离式滑模系统(图 6.7.3)由面板、滑道、围檩、提升架、导轨、操作平台、支承架以及液压系统和电气设备系统组成。模板总高度 2m，面板分为 5 层，每层 40cm。在正常滑升过程中，按照浇筑 40cm→滑框滑升 40cm→底部拆模 40cm→顶部立模 40cm 的程序循环进行。滑模模具提升采用 GYD60 型液压千斤顶，支撑杆采用 48×3.5m 钢管，将液压平台与模板分开，第一排支撑杆布置在混凝土衬砌墙体内，并与墙面高强锚杆和结构钢筋连接成整体，第二排支撑杆紧靠迎水混凝土面，墙外另外再设置 3 排支撑杆，共布置 24 个千斤顶；在第一排支撑杆与第二排支撑杆中设置钢模板，模板高度 120cm，钢模板挂在围檩上，围檩和千斤顶均设置在门架上，液压控制台采用 HY—36 型；第三排支撑杆和第五排支撑杆间布置下料和操作平台，整个平台与模板分离，平台加固采用 48 根钢管。

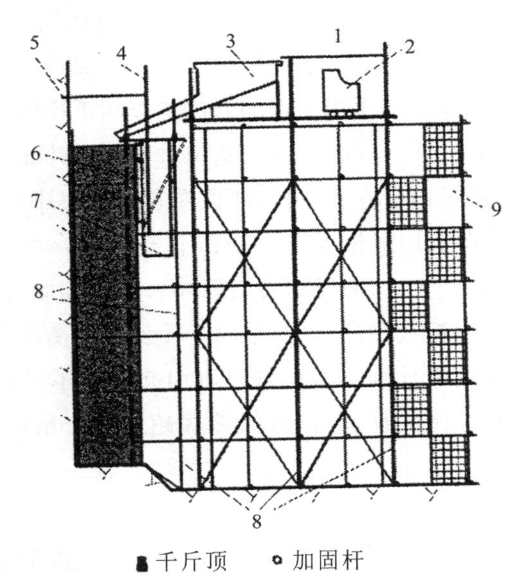

1—操作平台；2—液压控制台；3—混凝土下料斗；4—导轨；5—导轨固定墙体；6—模板；7—抹面平台；8—支承杆；9—交通梯

图 6.7.3 单侧液压滑模系统示意图

滑模采用对撑式结构，按构造要求选择杆件断面，再按空间受力结构进行强度、刚度复核，是合适的。从应力分析来看，桁架构件还可减少，但从刚度、抗扭、加工方便等方面考虑，不宜再小，也不宜采用变截面。滑模采用可拆卸支撑牛腿代替桁架伸缩，简化了施工程序，缩短了拆转时间。后滑块两端采用带弹簧可调面板，保证了与先浇块的平顺联接；系船柱槽浮筒模板采用钢丝绳柔性连接，避免了滑模偏移对系船柱埋件的影响。

单侧滑框倒模是在单侧滑模的基础上进行改进，其原理和施工工艺与单侧滑模基本一致，主要区别是模板不随提升架滑动，增加了人工倒模工序，减少了人工抹面工序，混凝土表面更加平整美观。

②施工工序

脚手架搭设→基岩面清理→基础验收→排水管网安装→内层钢筋架设→浮式系船柱安装→拆除脚手架→模体及操作平台安装→验仓→浇筑→人工抹面→养护或保温。

混凝土入仓采用活动式卸料斗，可在任意位置卸料，又可减少滑模施工荷载。滑模结构按设计要求的间歇时间考虑在结构缝处停留 5～7d，混凝土施工准备工作做一层浇一层，材料放在滑模上，所以荷载取值较大，实际施工时，准备工作一次做完，施工荷载减少 20%～30%。

采用单侧分离式液压滑模浇筑闸室边墙衬砌混凝土，随着模体的滑升，分离开的下料平台系统同时上升，保持下料点距仓面的垂直下料高度控制在 1m 之内，这样不仅解决了混凝土入仓困难的问题，又避免了仓面混凝土骨料分离。

③施工工艺及质量控制

质量控制的重点是底部拆模时间。采用单侧滑框倒模浇筑衬砌墙混凝土，在常温条件下每天可上升 3～4m，夏季每天可上升 4～5m。滑升速度控制：视气温而定，一般按照混凝土强度 0.1～0.2MPa 左右滑出模板控制，冬季每天滑升 2～2.5m，夏季3～4m。

滑升偏差控制：采用经纬仪和吊锤相结合的方法检查纠正模体偏差。在模体背面设了 3 个 25kg 的吊锤，每滑升 20cm～30cm 高度，观测垂球对中情况，同时每天用经纬仪检测 1～2 次，发现偏差及时纠正。滑模板由于左右对撑，所以左右飘移很小，但上下游飘移值较大，最大达 70mm。但只要在千斤顶上加限位卡，每 30cm 自动调平一次，可控制左右飘移值在允许范围之内；上下游方向飘移较大(但对质量没有影响)，较难控制，需要施加外力纠偏，主要采用花篮螺杆和手拉葫芦拉模板或爬杆，以及采用千斤顶不均衡顶升等办法，其中以拉爬杆效果最明显，但较难控制，采用千斤顶不均衡顶升则引起高程不平；所以当偏移较小时采用千斤顶不均衡顶升法，易于控制且效果明显，但偏移超出 10mm 时，宜采用拉模板或爬杆纠偏。

2)MY-BOX 管施工技术

在部分闸墙衬砌混凝土施工中还引进采用了国外专利产品 MY-BOX 自搅拌防骨料分离新型溜筒。

三峡船闸于 2000 年 6 月按期完成全部主体混凝土浇筑。由于采用了一系列先进施工技术，经过对船闸混凝土表面和内部进行全面检查，表明船闸衬砌混凝土外表平整美观，内部密实，质量总体优良，顺利通过了国家验收。

(3)船闸闸首及闸室混凝土浇筑

1)混凝土浇筑设备及布置

针对船闸主体结构顺流向尺寸大、闸墙高度高，以及建基面开挖高程变化大等特点，闸首及闸室混凝土浇筑的垂直运输以门、塔机为主，辅以泵送等手段，混凝土水平运输全部采用自卸汽车。主要考虑灵活、实用和经济等方面的因素，并结合实际情况，确定门、塔机以起重量约 10t 的小高架门、塔机为主，配 $3m^3$ 或 $6m^3$ 卧罐入仓。

闸首及闸室的浇筑顺序，一般为“先边墙后底板”。原则上，每一个闸首或闸室布置两台门、塔机，一部分布置在船闸底板建基面上；另一部分布置在南、北边坡和中隔墩顶上。在施工过程中，在部分闸室的浇筑中采取了“先底板后边墙”的方案，相应地对门、塔机布置方案做了调整，先将门、塔机安装在闸室底板建基面上，待闸室底板浇筑完毕后再将门、塔机移至闸室顶部浇筑边墙。从上游进水口到下游泄水箱涵出口，共布置门、塔机 43 台，安、拆次数共98次。此外,还配置了一定数量的移动式起重机械。

2)混凝土浇筑方案

闸首及闸室边墙外露面主要采用大型悬臂钢模板,模板尺寸3m×3.3m;底板采用散装钢模板和木模板;闸室第一、第二分流口采用定型木模板或异型钢模板;对较规则的阀门井、观测竖井、基础排水廊道、墙背排水管、底板三角排水沟等均采用预制模板;有二期插筋的门槽、顶枢、底枢等部位采用木模板。

船闸闸室衬砌墙为混凝土薄壁结构,全衬砌式闸墙底部厚1.5m,顶部厚2.1m,墙高46.8~54.5m。墙体迎水面上下游方向按12~14m一段分块,奇数块中间设浮式系船柱,每4块设1个爬梯槽。墙体竖向每15m左右分水平结构缝,竖向缝和水平结构缝均设有止水。闸室边墙直立坡中布置间距1.5m×1.35m~2m×2m的高强系统锚杆以及大量的预应力锚索。此外,墙背设置纵、横排水管网,墙背和墙面各布置一层钢筋网。因此,在闸室边墙的衬砌混凝土浇筑中,混凝土入仓非常困难。为解决这一问题,并提高闸室边墙的表面平整度,采用单侧液压滑模、滑框倒模(图6.7.4)、双侧对撑式液压滑模等。

混凝土料通过门机吊卧罐入仓,模体滑升速度根据气温而定,一般在混凝土强度达到0.1~0.2MPa时滑出模板。冬季每天滑升2~2.5m,夏季每天滑升3~4m。脱模后及时进行人工抹面,将混凝土内的水泥浆压出后再收光,做到混凝土表面光滑无气孔、无裂纹、无石子外露。

采用单侧分离式液压滑模浇筑闸室边墙衬砌混凝土,随着模体的滑升,分离开的下料平台系统同时上升,下料点距仓面的垂直下料高度控制在1m以内,这样不仅解决了混凝土入仓的困难,又避免了仓面混凝土骨料分离。

单侧滑框倒模是在单侧液压滑模的基础上改进而成的,模板系统由面板、滑道、围檩、提升架、导轨、操作平台、支承架以及液压系统和电气设备系统组成(图6.7.4)。模板总高度2m,面板分为5层,每层40cm。在正常滑升过程中,按照浇筑40cm→滑框滑升40cm→底部拆模40cm→顶部立模40cm的程序循环进行。采用单侧滑框倒模浇筑衬砌墙混凝土,在常温条件下每天可上升3~4m,夏季每天可上升4~5m。

(4)混凝土温控

1)混凝土技术要求及配合比

船闸闸首及闸室主要混凝土标号及主要设计指标见表6.7.2。此外一闸首事故检修门门槽埋件、各闸首人字闸门液压启闭机基座三期混凝土为C60一级配硅粉钢纤维混凝土,要求混凝土28d轴心抗拉强度大于5MPa,抗剪强度大于12MPa,水胶比0.29,钢纤维掺量为混凝土体积的1.5%~2.0%,硅粉掺量为胶凝材料用量的10%。

1999年夏季,正值船闸施工高峰,从解决混凝土温控问题出发,并考虑到原配合比混凝土强度普遍超强,通过试验分析将混凝土用水量降到103kg/m^3(三级配混凝土),同时将大体积混凝土的粉煤灰掺量提高到30%。这样,混凝土水泥用量较以前降低了30kg/m^3,有效地降低了混凝土内部水化热温升。同时,由于拌和系统的完善和质量控制的加强,混凝土强度仍有较多的裕度。

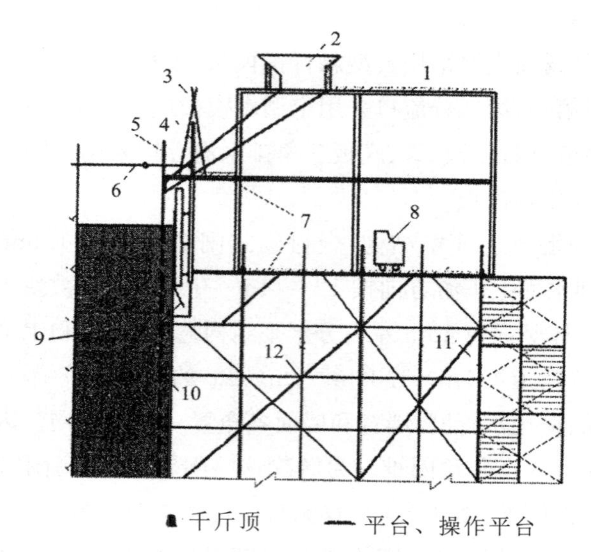

1—操作平台;2—混凝土下料斗;3—钢管三角架起吊葫芦;4—导轨;5—内支承杆;6—锚杆;7—料斗支架;8—液压控制台;9—翻折模板;10—预埋件;11—外支承杆;12—加固支承排架

图 6.7.4 滑框倒模滑升组装结构剖面图

表 6.7.2　船闸闸首及闸室主要混凝土设计指标

部位		强度等级	级配	极限拉伸值(104)		抗冻	抗渗	备注
				28d	90d			
闸首边墙	外部	C_{90}25		≥0.80	≥0.85	F250	W10	①
				≥0.80	≥0.85	F150	W8	②
	内部	C_{90}20	三、四	≥0.75	≥0.80	F150	W6～W8	
闸首底板		C_{90}25	三	≥0.80	≥0.85	F250	W10	①
				≥0.80	≥0.85	F150	W6	②
闸室衬砌墙		C_{28}25		≥0.85		F150	W8	
重力墙	基础及外部	C_{90}20	三、四	≥0.75	≥0.80	F150	W6～W8	
	内部	C_{90}15	三、四	≥0.70	≥0.75	F150	W6	
闸室底板		C_{28}25	三	≥0.85	—	F150	W8	
		C_{28}30	三	≥0.85	—	F150	W8	

注:①适用于第1闸首检修门前上游段;②适用于注①以外的部分。

2)温控标准

船闸闸首及闸室混凝土浇筑块体尺寸大、孔洞多、结构复杂,加上施工区气温骤降频繁,夏季炎热,温控防裂要求高,以及根据船闸各部位混凝土厚度、施工期准稳定温度、基础允许温差、上下层允许温差和表面保护标准,并考虑薄壁结构钢筋作用后,确定的船闸闸首和闸室各部位设计允许最高温度见表6.7.3。

3)主要温控措施

①大体积混凝土浇筑分层,基础约束区为1.5m,脱离约束区分为2.0m(低温季节可采用2.5～3.0m),闸室衬砌墙按3.0m控制,使用滑模的直立墙以水平结构缝为分层线。层间间歇时间根据部位和浇筑分层的不同采用4～10d。基础约束区混凝土除12月至次年2月采用浇筑层厚3m,埋设两层冷却水管。闸室衬砌墙由于断面较小,冷却水管沿竖向呈蛇形布置。单根冷却水管长度按250m控制。

表6.7.3　船闸闸首和闸室各部位设计允许最高温度　　单位:℃

部位			区域	浇筑时间(月)				
				12—2	3、11	4、10	5、9	6—8
闸首	边墙[①]	厚度<13m	0～0.2L[③]	24	28	30	30	30
			0.2～0.4L	24	28	31	32	32
			>0.4L	24	28	31	34	34
		厚度≥13m	0～0.2L	24	28	31	31	31
			0.2～0.4L	24	28	31	33	33
			>0.4L	24	28	31	34	35
	底板[②]	厚度<6m		24	28	29(31)	29(32)	29(32)
		厚度6～8m		24	28	29(31)	30(32)	30(32)
		厚度>8m	0～0.2L	24	28	31	31(33)	31(33)
			>0.2L	24	28	31	34	34
闸室	衬砌墙		0～0.2L	25	30	32	32	32
			>0.2L	25	30	32	34	34
	重力墙[①]		0～0.4L	24	28	31	34	34
			>0.4L	24	28	31	34	36
	底板[②]	厚度<6m	/	24	28	29(31)	29(33)	29(33)
		厚度6～8m	/	24	28	30(31)	30(33)	30(33)
		厚度>8m	0～0.2L	24	28	31	31(33)	31(33)
			>0.2L	24	28	31	34	34

注:①闸首边墙顶部及闸室重力墙混凝土脱离岩面0.1L以上,在6—8月的允许温度按36～38℃控制;②底板分块尺寸为15m左右,设计允许最高温度采用表中括号内数值;③L为浇筑块长边尺寸。

②初期通水采用水温10～15℃的制冷水,流量不小于18L/min,通水时间一般为15d,以削减混凝土最高温度;中期通水用于削减混凝土内外温差,待混凝土块体温度至20～22℃时结束通水;后期通水采用10～15℃的制冷水,通水流量18 L/min,使混凝土块体达到设计灌浆温度14～15.5℃。

③混凝土浇筑完毕 12～18h 后对仓面和暴露的侧面进行流水养护，连续养护时间不少于 28d。对永久暴露面，10 月至次年 4 月浇筑的混凝土拆模后即设永久保温层；5—9 月浇筑的混凝土 10 月初设永久保温层。保温后的混凝土表面等效放热系数：闸首的侧面、顶面及所有的底板 $\beta \leqslant 2W/(m^2 \cdot ℃)$，闸室的侧面 $\beta \leqslant 1W/(m^2 \cdot ℃)$。

4)温控效果

1999 年生产的 7℃和 9℃低温混凝土的合格率较低，2000—2002 年混凝土出机口温度控制虽然好于 1999 年，但 7℃混凝土的出机口温度合格率仍偏低。混凝土浇筑温度除 1999 年超温率偏大外，其余时段控制良好。

施工过程共埋设各类测温仪器 335 支，其中闸首、闸室 304 支，且有 38.5%的测点混凝土最高温度超过设计允许值，超设计允许温度 2℃以上的测点占 22.7%。

(5)排水管网施工

船闸闸室排水系统由闸首及闸室边墙后的竖直和水平排水管网、闸室底板横向排水槽和纵向基础排水廊道以及连通墙后排水管网与基础排水廊道的连通槽组成。其中，闸首及闸室边墙后的排水管共有 1577 条。

闸首及闸室边墙后的竖直排水管采用混凝土预制构件，闸首墙后竖直排水管为矩形断面，尺寸一般为 80cm×80cm；闸室墙后竖直排水管网断面形式分门洞形和三角形两种，宽度一般为 30cm，深度随基岩变化。墙后水平排水管网有两种形式：一种采用混凝土预制件；另一种采用直径 200mm 的广式透水软管，外包 2 层土工布（$300g/m^2$）。竖直排水管网下部通过连通槽与闸室底板的纵向基础排水廊道连通，形成闸室、闸首边墙墙后纵横排水系统。

(6)结构缝渗水处理

船闸主体结构段地面建筑物共有结构缝 712 条。结构缝止水系统（见图 6.7.5）施工完成后，对止水检查槽的畅通情况和结构缝压水渗漏情况进行了全面检查，发现有 219 条止水检查槽堵塞，有 297 条结构缝渗漏量超标（设计要求为 0.3MPa 压力下渗漏量不大于 2L/min，或 0.5MPa压力下渗漏量不大于 3L/min）。结构缝止水渗漏具有以下特征：闸室底板渗漏量比边墙大，渗漏部位比边墙多；少数部位止水失效严重，渗漏量大，压水检查时升压困难；闸底板渗漏部位主要集中在底部止水片，边墙渗漏主要集中在内侧止水片，同一部位两道止水片的止水效果明显不同；止水接头、铜止水与塑料止水之间的搭接部位渗漏较为普遍。

对底板止水检查槽采用压风、水轮换冲洗或采取轻型地质钻机钻斜孔等方法进行疏通处理，处理后的止水检查槽畅通率达到 100%。对边墙止水检查槽也采用压风、水轮换冲洗并辅以钻杆、钢钎捅捣的方法疏通，对直线段还用直径 42mm 的小口径钻机进行扫孔疏通，最后仍有 52 条止水检查槽未疏通（占总数的 7.3%）。

针对各部位结构缝的渗漏情况，分别采取缝口表面凿槽封堵和止水检查槽灌浆的方法进行处理。在正式处理实施前，均做了生产性试验。针对不同部位和渗漏量大小的不同，主要采用化学灌浆、重新回填聚硫密封胶、预缩砂浆封堵检查止水槽疏通孔等 3 种方法处理。

结构缝采取凿槽嵌填缝处理488条，总长22535m；采用水溶性聚氨酯灌浆处理140条，总长5028m。在船闸调试期间，对结构缝渗漏处理效果进行了全面检查，发现仍有3处结构缝渗漏量超标，少量聚硫密封胶脱空，3处止水检查槽渗水。在查明原因的基础上，分别采用了水泥灌浆、化学灌浆、重新回填聚硫密封胶、预缩砂浆封堵止水检查槽处理。

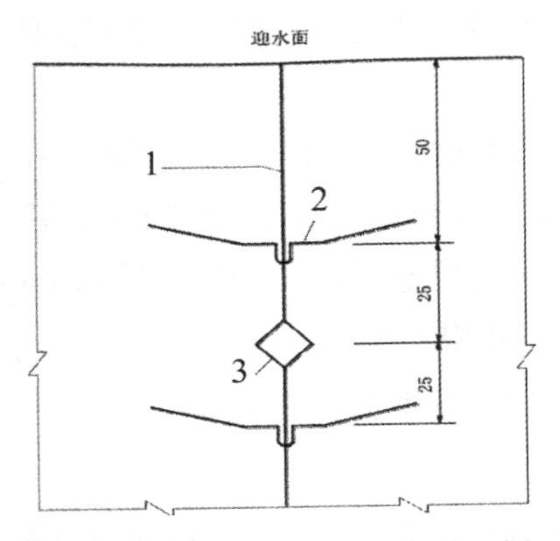

1—结构缝；2—Ⅱ型铜止水片；3—止水检查槽(10cm×10cm)

图6.7.5 船闸建筑物结构缝止水布置图(单位：cm)

6.7.2.3 船闸输水系统隧洞及竖井施工

(1)输水系统隧洞及竖井开挖技术

1)输水系统隧洞及竖井开挖难点

输水系统主要由分别位于高边坡南坡、北坡和中隔墩的3条隧洞(中隔墩隧洞通过混凝土衬砌分隔为2条独立的输水廊道)组成，输水隧洞总长约5500m。隧洞断面由门洞形、矩形及两者之间的过渡渐变段组成，洞型种类多。相邻两级船闸的输水隧洞通过斜井过渡。输水隧洞在每级闸室中部通过一条横向短隧洞与闸室输水系统的第一分流口相连。两线输水隧洞均设有工作阀门井及上、下游检修闸门井，共36条竖井。竖井最大开挖井深88.8m。输水系统结构复杂，水平隧洞、斜井、竖井错落相贯，构成庞大的地下洞室群。因断面形式多样，纵坡变化频繁，且开挖程序及工期安排受相邻标段制约，开挖施工难度大。

2)输水系统平洞及竖井开挖程序及方法

每一区段输水系统的开挖程序为：平洞开挖→竖井导井开挖→竖井扩挖→斜井导井开挖→斜井扩挖。

输水隧洞平洞开挖采用中心直孔掏槽、周边孔光面爆破、全断面一次成型的施工方法。采用三臂液压凿岩台车造孔，$3m^3$侧卸装载机配合15t自卸车出渣。光爆层厚度0.6～0.7m，采用非电毫秒雷管微差起爆，单循环进尺3.3～3.5m。

在竖井开挖中，将位于南、北坡输水主廊道上间距较小的工作阀门井、上游检修门井和水泵井合并成一个竖井开挖；将中隔墩两条输水主廊道上的工作阀门井、上游检修门井和水泵井也合并成一个竖井开挖。南、北坡输水主廊道各级下游检修闸门井单独开挖；中隔墩两条输水主廊道各级下游检修闸门井合并成一个竖井开挖后，再用钢筋混凝土分隔成两个竖井。

竖井开挖采用先挖导井，后扩大开挖支护的方法施工。竖井扩挖自上而下进行，对断面较大的阀门井采用中部扩挖超前2排炮、预留不小于2.5m厚保护层二次扩挖的程序施工，对断面较小的检修竖井则采用一次扩挖成型。竖井井口采用钢筋混凝土衬砌进行锁口，再向下开挖。竖井导井开挖采用吊篮法，扩挖采用手风钻钻孔，应用光面爆破技术，非电毫秒雷管微差起爆。导井掘通后，可利用其进行自然通风散烟，且石渣可通过导井溜至闸室底部，然后由自卸汽车运出。

输水系统隧洞、竖井开挖采用光面爆破技术，有效地控制了开挖体形尺寸，扣除地质因素后各洞、井的平均超挖深度为17.9cm，小于20cm的控制值；开挖轮廓面上残留炮孔痕迹率达80%以上，局部节理裂隙发育或较发育的岩壁上残孔率达50%，周边孔相邻两孔间岩面的不平整度小于20cm；各洞、井均无欠挖。

(2)输水系统及阀门(闸门)竖井混凝土施工

1)混凝土施工难点

输水隧洞采用钢筋混凝土衬砌。南、北坡输水隧洞为单洞开挖、单洞衬砌；中隔墩内的两条输水廊道合并成1条隧洞开挖，然后用钢筋混凝土衬砌分隔成两条独立的输水隧洞。隧洞衬砌后的断面面积为24.32～30.82m^2，隧洞衬砌厚度底板为0.6～1.8m，边墙为0.6～5m，顶拱为1.25～3.01m。

各级南、北坡输水主廊道中的工作阀门井、上游检修闸门井和水泵井合并成一个竖井开挖，然后用钢筋混凝土分隔成3个相互独立的竖井；各级中隔墩输水主廊道上的工作阀门井、上游检修闸门井和水泵井也合并成一个竖井开挖，然后用钢筋混凝土分隔成6个相互独立的竖井；南、北坡输水主廊道各级下游检修闸门井单独开挖、单独衬砌；中隔墩两条输水主廊道的各级下游检修闸门井合并成一个竖井开挖后，再用钢筋混凝土分隔成2个竖井。竖井衬砌后最大断面面积为357.68m^2，衬砌厚度1～5m。

①船闸输水系统纵横交错，斜井、竖井、平洞相贯，体形复杂多变。平洞标准段衬砌断面多达11种，最长一段直洞长度约128m。标准段除有少数平洞外，其余均为坡比1∶7或1∶8的斜坡段，斜坡升降处均为圆弧过渡，进、出口处有平弯。输水隧洞有16个斜井和72个渐变段，72个渐变段共有19种不同的尺寸。

②输水廊道内水流速度最高达30m/s，混凝土表面平整度要求高。此外，竖井和隧洞衬砌均设双层受力钢筋，阀门井闸室段布筋密集，且钢筋直径大，闸室段支墩部位钢筋共有13层，钢筋密集给混凝土浇筑带来相当大的困难。

2)混凝土浇筑设备

输水隧洞混凝土主要采用搅拌车运输、泵送入仓、插入式振捣器振捣的方式浇筑，输水隧洞底部采用底拱翻模台车(图6.7.6)；隧洞斜井下弯段及直段主要采用MY-BOX结合溜筒入仓，斜井采用全断面变径滑动模板(图6.7.7)。南、北坡隧洞标准段混凝土浇筑一般配备混凝土泵车2台(其中1台备用)，混凝土搅拌车2～3辆，插入式振捣器不少于8台；中隔墩隧洞配备混凝土泵车3台(其中1台备用)，混凝土搅拌车3～4辆，插入式振捣器不少于12台。

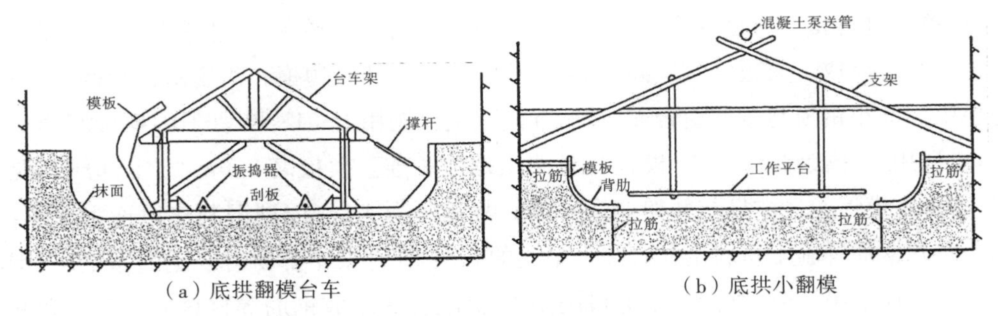

(a) 底拱翻模台车　　(b) 底拱小翻模

图 6.7.6　底拱翻模结构示意图

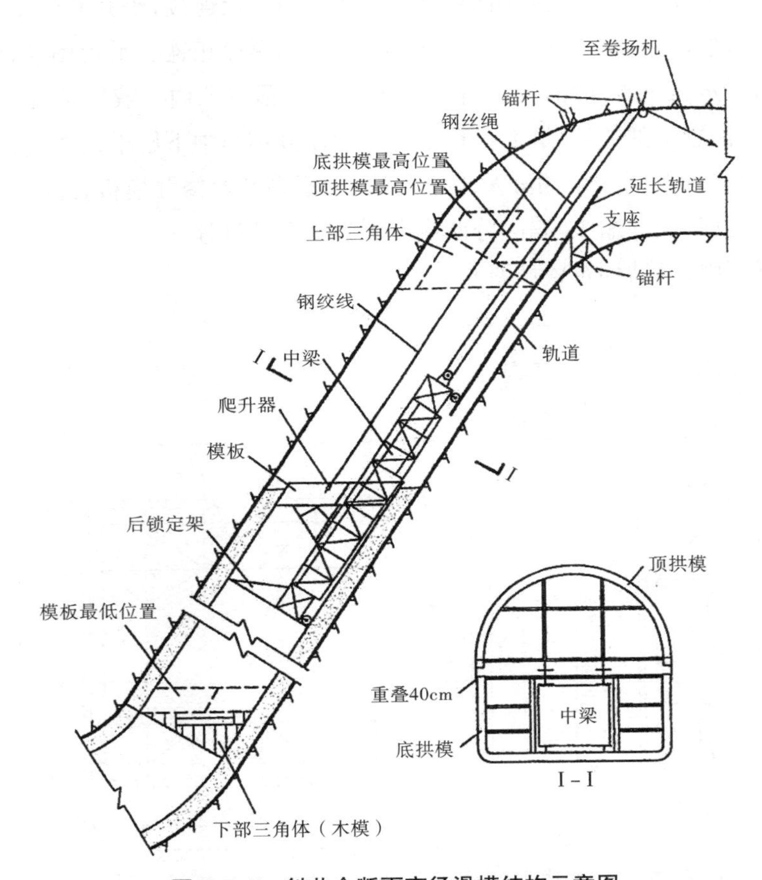

图 6.7.7　斜井全断面变径滑模结构示意图

竖井闸室段混凝土的运输、入仓及施工机械配置和中隔墩隧洞相同，井身段混凝土浇筑主要采用 MY-BOX 结合连续拌和器入仓、搅拌车水平运输、插入式振捣器振捣。在竖井井口布置塔机、桥机和汽车吊作为材料运输及模板提升机械，并以 25t 或 50t 汽车吊为主。南、北坡井身段配备搅拌车 2～3 辆，振捣设备不少于 10 台；中隔墩井身段配备搅拌车 3～4 辆，振捣设备不少于 14 台。

3）自升式爬模在船闸输水系统竖井混凝土施工中应用

船闸南北坡每个阀门井由工作阀门井、水泵井及上游检修井各 1 个组成，各井模板自成一体，可单独进行爬升。自升式爬模主要由模板、井架、中部平台、下部平台、支腿、脱立模撑杆及液压系统组成。模板浇筑层高 3.3m。模板分角模和直边模。角模由钢板制作成一体，直边模由标准小钢模与骨架组合而成，标准模板主要选用 P3018 和 P6018，模板间用 u 型卡扣紧，骨架用 8# 槽钢制作而成，模板与骨架用螺栓相连。模板高 3.6m，与下部成形混凝土搭接 30cm。模板通过撑杆与井架连为一体。井架分为 4 层，用型钢制作后连为一体，为解决部分竖井钢筋等施工材料由井底往上吊运的问题，在井架中部留有一定的净空；当钢筋等从井口由上往下吊运时，则把井架上口用型钢封闭，作为堆放钢筋等材料的平台。大井井架为了便于吊装，分成几块制作，现场拼装成整体，接头用螺栓连接；小井井架由于形体尺寸较小、重量较轻，可做成一整体。井架置于中层平台上，用螺栓相连。平台用油缸相连，支腿固定于平台端部，可进行水平伸缩，支腿外伸后置于井壁预留孔内。液压系统由泵站、液压油缸及管路组成。油缸中部铰接，最大行程达 2m，两端分别与中下层平台相连。为便于操作，对工作阀门井模板配置了 4 个油缸及 1 个泵站，水泵井及检修井模板各配置 2 个油缸并共用 1 个泵站。油缸每次伸缩 1.65m，分两次完成整个升模过程。

南北坡阀门井爬模结构布置见图 6.7.8。

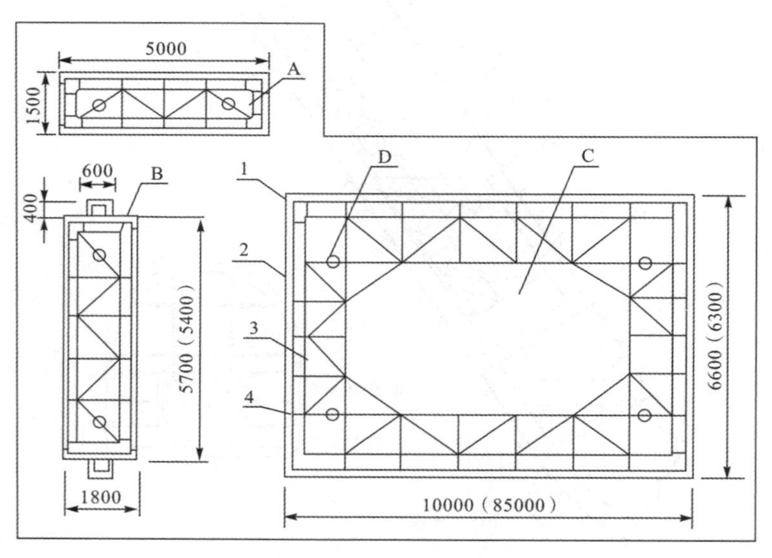

A—水泵井；B—检修井；C—工作阀门井；D—油缸位置；1—角模；2—模板；3—井架；4—撑杆

图 6.7.8 爬模结构布置图

爬模运行步骤主要分为脱模、升模、校模三个过程：

①脱模前把模板与井架之间的固定支撑拆除，然后利用手动撑杆把模板拉离混凝土面约 5cm；脱模时，先脱角模，然后再脱边模。

②升模前检查各部位有无卡阻现象，清除相关障碍物，承力支腿应伸入孔内一定长度，确保稳定受力；升模时，下层平台先不动，把中层平台支腿水平内收离开混凝土面，开动液压泵站让油缸带动中层平台、模板及井架向上顶升 1.65m，把中层平台支腿外撑入预留孔内承

力,然后把下层平台支腿内收脱离井壁,油缸回油把下层平台往上提升 1. 65m,到位后把支腿外撑固定,完成一半升模;重复前面步骤即可完成整个 3. 3m 的升模过程。爬模爬升工作原理见图 6. 7. 9。

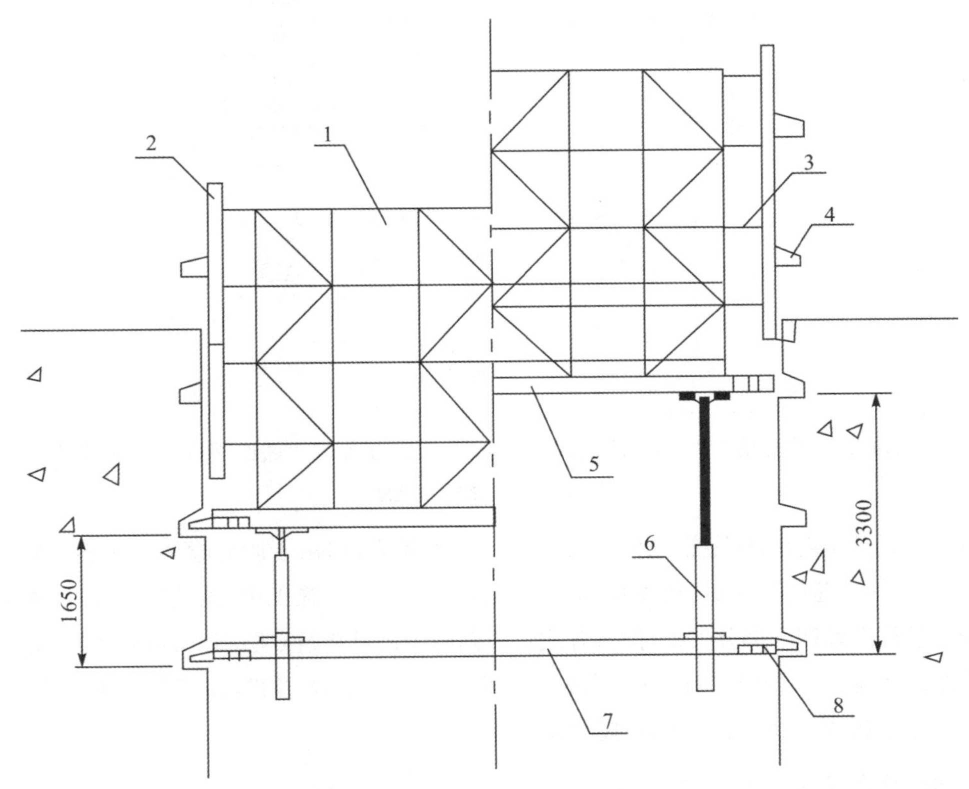

1—井架;2—模板;3—撑杆;4—预留孔;5—中层平台;6—油缸;7—下层平行台;8—支腿

图 6.7.9 爬升运行原理图

液压系统工作压力为 16MPa,额定流量 37L/min,功率 11kW。油泵、电机及各种控制阀集中布置于泵站上,采用多路换向阀进行方向控制,换向操作方便可靠;为便于装拆,管道皆采用高压软管连接。多路换向阀每联控制一只油缸,当需要几只油缸同步运行时可把多路换向阀同时打开,油缸同时上升;当每只油缸上升不同步,需单独进行调整时,可把其余控制阀关闭后进行微调,待处于同一水平高程后再同步上升。在爬升过程中,各井位油缸应同步运行,高差不允许大于 10cm,若超过则应及时调整,防止同步误差过大造成模板倾斜、受力不均及卡塞。液压系统工作原理见图 6. 7. 10。

③模板爬升就位后根据测量控制基准进行校模。对模板垂直度的调整,利用油缸进行局部微调把中层平台调整水平,把支腿垫平稳;模板形体尺寸利用手动螺旋丝杆进行调整。各部调校平直后把模板与井架之间的固定支撑上牢、上全,防止浇筑时模板局部发生变形,影响混凝土成形质量。

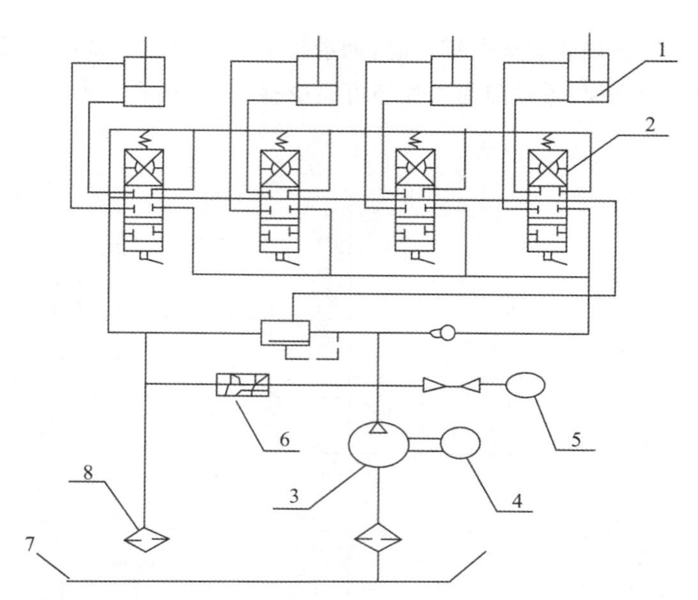

1—油缸;2—多路换向阀;3—油阀;4—电机;5—压力表;6—调速阀;7—油箱滤油器

图 6.7.10 液压原理图

自升式爬模带有液压系统,虽然一次性投入成本稍高,但由于脱立模无需吊机,节省了大量人力物力,加之速度快,综合成本反而较低。在竖井混凝土施工中,虽然钢筋密集,振捣、布料十分困难且需处理少部分欠挖,但自升式爬模创造了每月浇筑 6 层高 19.8m 的施工记录。

船闸地下输水系统竖井施工中,自升式爬模作为一种模板形式,在竖井施工中为竖井混凝土浇筑施工提供了优质高效的立模设施。

(3)混凝土技术指标及配合比

船闸地下输水系统及闸门竖井主要混凝土设计指标见表 6.7.4。

表 6.7.4 船闸地下输水系统及闸门竖井主要混凝土设计指标

部位		强度等级	级配	极限拉伸值(104)		抗冻	抗渗
				28d	90d		
输水	竖井段衬砌混凝土	C40	二	≥0.88	≥0.90	F150	W8
		C35	二	≥0.88	≥0.90	F150	W8
隧洞	标准段衬砌混凝土	$C_{90}30$	二	≥0.85	≥0.88	F150	W8
闸门竖井		C25	二	≥0.80	≥0.85	F150	W8
进水箱涵和泄水箱涵			C25	二、三	≥0.80	F150	W8
		C30	二、三	≥0.85		F150	W8

为满足地下衬砌混凝土温控要求,降低混凝土水化热温升,将输水隧洞标准衬砌混凝土由 C30 调整为 $C_{90}30$,水胶比由 0.4 调整为 0.45,减少水泥用量 41kg/m^3;竖井衬砌混凝土由 C25 调整为 $C_{90}30$,水胶比由 0.45 调整为 0.48,减少水泥用量 15kg/m^3。同时,提高了粉煤

灰掺量(最大掺量达20%),减少水泥用量24~57kg/m³。混凝土配合比调整后,输水系统混凝土绝热温升下降明显,混凝土3d和7d绝热温升分别降低3.6℃和4.6℃。

6.7.2.4 船闸人字闸门安装

(1)人字闸门装质量控制

船闸人字闸门安装程序为:测量放点→埋件安装→门体运输吊装→拼焊→顶枢安装→背拉杆安装→其他附件安装等。安装过程中,重点对高精度测量放点、门体安全吊装就位、门体节间对位和拼装、焊接顺序及变形控制等制定专门措施。

1)测量控制

高精度测量是保证人字闸门安装精度的前提。实施中,平面网的布设采用了同时顾及精度和可靠性标准的机助模拟优化设计方案;高程网的布设采取分别在闸顶和门龛底板布设二等水准路线。人字闸门安装的基准点主要有人字闸门底枢旋转中心和埋件枕座上的支承中心,由于受现场地形条件的限制,主要采取了垂准测量方法进行设置。为了控制底枢座板的安装方位及门轴线的方位,在闸首底板上左、右合力线,门轴线的交点位置增设两个基准点。

2)人字闸门运输与吊装

闸首人字闸门每扇分为12节,单件最重约100t。门叶在堆放场用150t履带吊装车、100t平板挂车运输至高程131.0m一闸室底板上后,由300t履带吊卸车。卸车后由300t履带吊配150t履带吊在空中将门叶翻身90°呈直立状态,而后由300t履带吊吊装就位。门叶在翻转90°后落地换钩前,用道木垫平,使其不会倾倒。底节翻转90°后,因一端有底枢顶盖,使门体两端重心偏移,须用2组32t滑轮组配10t倒链调平。

3)人字闸门拼焊变形控制

①预留反变形

对门体焊后向上游倾倒及沿厚度方向角的变形,通过在门段拼装中预留反变形来加以解决。如在门叶拼装时,使门叶向下游(背面)方向略作倾斜,即留一定数值的反变形,以抵消面板焊接时的焊缝横向收缩。在点固焊和正式焊接时,先将下游面隔板后翼与主梁后翼缘的对接缝焊好,使面板焊接之前尽可能增大门叶刚度。根据以往经验,反变形数值一般为拼装门段高度的0.8%~1.0%,即3m高的门段,反变形数值为2~3mm,具体视门段焊接后变形情况以及吊装节和底节之间的垂度来确定。

②焊接顺序

人字闸门焊接顺序应以"端板和边柱先定位焊,横向收缩大的接头先焊接"为原则,来减少闸门倾斜变形,减小焊接应力,利于焊接变形控制。门叶分段接缝焊接顺序是:端板内缝→端板外侧→受力劲板→端隔板→端柱上下游翼板→隔板后翼缘→中间隔板下游半宽→中间隔板上游半宽→面板外侧→面板内侧与主梁翼板贴角焊。

③焊接工艺

在施焊过程中，对焊前需预热的焊缝应按评定的加热温度和加热方法进行加热，加热布置在施焊边的背施焊侧，预热温度由专人测控。焊接开始后要连续焊接至完成。焊接时采用多层、多道、对称、分段、退步的方法进行。对接缝一面焊接封底后，另一面清根封底，而后再双面焊满。每层缝厚度要求小于 6mm，层间接头错开 300mm 以上(端板除外)。控制对称焊的焊接速度和层间温度，以提高焊缝内在质量。如因故停止焊接，则须对要求预热的焊缝进行保温。

由专人监视检测门体变形倾向，一旦发现焊接变形较大，应停止施焊，采取改变焊接顺序或焊接方向、调整线能量分配方向等措施来纠正或减小变形。锤击焊缝(尤其是面板侧)以有效消除焊接应力，减小焊接变形。

4)背拉杆安装

由于背拉杆件太长，采取分两段运输，在现场焊接平台上进行对接拼焊，并注意控制焊接变形。焊接后进行 100%的磁粉超声波探伤。安装时，利用吊装平衡梁将背拉杆吊起，就位后先将螺纹端插入挡板孔中，然后利用导链调整背拉杆的角度，使背拉杆的另一端对准节点板垫板上的定位孔。全部安装完成并检查无误后，初步拧紧螺母，避免使个别杆件长期处于受弯状态，最后在门体调试时对背拉杆施加预应力。

三峡船闸人字闸门体积大(38.5m×20.2m×3.0m)，其规模为目前世界之最。在背拉杆安装过程中，采用正确的施工方法、严格的施工工艺，对双层多根背拉杆不对称大坡口节间焊接顺序、工位配置、消应处理、机助模拟化安装，测量控制网的设置等进行研究，取得了成功的经验。

(2)人字闸门安装施工

人字闸门安装包括埋件安装、门体安装与焊接、顶枢现场镗孔及顶枢安装、背拉杆张拉及门体几何形状调整、门轴线垂直度调整，支、枕垫块安装及填料灌注，底坎及底止水安装等工序。

1)埋件安装。埋件安装包括底枢底座及蘑菇头、底止水装置、枕座及枕垫块，顶枢 A、B 拉架装置安装四大部分。人字闸门运行的灵活性和可靠性的关键之一取决于埋件安装的精度，其中顶、底枢埋件安装精度是人字闸门安装工作的核心。底枢埋件浇灌二期混凝土时需严格监测位移量，待二期混凝土强度达到 50%后即可以底枢中心为基准进行枕座埋件及枕垫块的安装。控制枕座埋件承压中心线偏差小于 1mm，枕座工作面与支承中心线间距偏差小于 2mm。

顶枢埋件包括拉杆 A(垂直水流)、拉杆 B(平行水流)以及基础螺栓(预应力锚杆)等。基于闸首段混凝土衬砌施工和 A、B 拉杆的基础螺栓必须先期埋设，因此 A、B 拉杆埋件安装时必须根据已经埋设的基础位置确定顶枢中心。用天顶仪(即垂准仪)下投至闸首底板，确定底枢蘑菇头中心，再根据由已安装并经复测的底枢蘑菇头中心用天顶仪上投至船闸闸顶，在闸面上测放 A、B 拉架安装控制点和控制线，并确认顶枢中心与底枢中心位置度误差不大于 2mm。顶枢 A、B 拉杆按其水平中心高程与拼焊完成后的人字闸门门体顶枢耳板中心实际高程进行安装,基础螺栓采用预应力施工工艺。

2)门体安装。人字闸门在工厂内被水平分割成12个分段(单件最重93t),运输到工地后在竖立状态下拼焊成整体。门叶运输采用100t平板车。一至三闸首人字闸门采用1台272t及2台150t履带式起重机吊装,四至六闸首人字闸门采用1台400t和1台200t汽车起重机吊装。两种起重机具有如下共同特点:用液压马达驱动回转、变幅、起升机构,可满足将起吊速度控制在每秒数毫米范围内的要求;主卷筒容绳量达1000m,单绳安全荷载9.5t,可满足负扬程40m工况下底节人字闸门(分段质量96t)的吊装;具有较好的机动性,可适应各闸首人字闸门分段吊装要求。由于400t汽车起重机吊装特性曲线较陡,只能进行单节门叶质量不大于72t的吊装作业。

人字闸门安装选择在与闸墙边线夹角为10.5°的接近闸门全开的位置进行,这样便于移动式起重机吊装,也便于闸门拼装时侧向与闸墙预留锚板的加固连接,以保证闸门拼装期间的抗风稳定性。

门体安装采用自下而上拼装一节、焊接一节、加固一节的方法进行。底节门叶安装时,主要控制顶盖球瓦与蘑菇头装配质量、底梁的水平度、门轴柱及斜接柱端板的正向及侧向垂直度。门叶调整合格后与闸墙上的锚板连接定位。在中间节门叶组装时,控制门轴柱及斜接柱的正向及侧向垂直度以及节间间隙与错位。顶节门叶安装时,控制内容与中间节相同,此外还重点检测顶枢耳板及与启闭机相连的耳板水平度以及顶梁腹板的水平度。

每节门体拼装时,在上节门体没有强制约束条件下,预留焊接反变形值,以利于保证整扇门体焊接后的外形尺寸及边柱端板的直线度。人字闸门的焊接程序通常是先焊接厚度较大的边柱端板,再焊接中间的纵隔板,最后焊接面板的对接焊缝。

3)顶枢安装

人字闸门现场组装焊接完毕,方可确定闸门的顶枢轴孔中心位置。顶枢轴孔在现场用移动式镗孔机切削加工。顶枢轴孔中心根据闸面上已设置的顶枢中心控制网点进行精确测放。镗孔前精确调整镗孔机主轴垂直度,保证加工后顶枢轴孔中心线的垂直度偏差不大于1/2000,顶枢中心孔位的位置度偏差不大于0.5mm。门体顶枢镗孔完毕后即可开始A、B拉杆的安装及受剪楔块装配,然后安装顶枢轴。顶枢轴与门体连接后,人字闸门门体具备自由开关条件。

4)门体几何形状调整

人字闸门的焊接和顶枢轴孔的镗孔都是在闸门底梁得到支撑的情况下进行的。当底梁支撑被拆除后,人字闸门成为以顶、底枢为支点的巨大悬挂体,在自重作用下门体斜接柱底部向上游方向产生扭转变形,门体端板中心线的正向与侧向垂直度也会变化,这对闸门的刚性止水及水推力传递都是不利的。为此,在人字闸门下游面布置了背拉杆,通过对其施加预应力来恢复由门体自重产生的扭转变形。背拉杆设上下两层,每层各有主杆4根,副杆3根。背拉杆截面尺寸为40mm×250mm,张拉应力设计值为50～120MPa。通过背拉杆调整后,门轴柱及斜接处的平均正向直线度均为5mm,平均侧向直线度均为4mm,底梁下垂度0.8mm。

5)门轴线垂直度调整

门体背拉杆调整完毕后,通过对斜接柱上任一点在门体旋转时水平高程变化量的检测来判断门体顶、底枢中心垂直度公差是否符合要求(不超过1.2mm)。如果超过此数值,就使用A、B拉杆的楔形块进行调整,将顶枢中心调整到顶、底枢处于同一垂线上。

6)支、枕垫块安装

支、枕垫块的精细调整选择在日照温度适中的时候进行,以尽量减少环境温度对门体变形的影响。以闸墙上已安装的枕垫块中心线为基准,分别将两扇闸门处于关闭位置,将闸门门轴柱上的支垫块向闸墙上的枕垫块靠紧,使全长连续间隙不超过0.15mm;然后再调整门体斜接柱处左、右两扇闸门支垫块间的接触间隙,使连续间隙也不超过0.15mm(允许局部间隙超过0.15mm,但不得大于0.3mm,且0.15mm以上间隙的长度不能超过总长的10%)。当支、枕垫块之间的接触间隙都达到设计要求后,在支垫块与门体之间以及枕垫块与枕座埋件之间的调整间隙内灌注高强度环氧树脂。

(3)船闸完建期人字闸门复装

1)人字闸门复装方案比选

为满足船闸正常运行要求(水位145~175m),需要对二闸首人字闸门及启闭机座重新安装。经充分论证,最后选用液压钢索整体连续提升方案。与人字闸门顶升方案相比,此方案优点:闸门提升连续,提升速度快,只需4h;可以给闸首底坎混凝土施工提供更为宽敞的施工环境,闸门升高与混凝土浇筑无交叉干扰,有利于加快施工进度;总体工期可缩短约1个月,有利于船闸尽快恢复双线通航。

2)整体连续提升方案(图6.7.11)实施技术:①门体用上、下托梁和钢绞线打包,提升时利用跨闸室支撑梁和起重梁通过下托梁抬起闸门,使提升过程中门体背拉杆的受力状态与闸门顶升检修工况无明显区别,从而不会造成闸门门体变形;②液压钢绞线提升器采用计算机控制,通过数据反馈实现全自动同步升降,负载均衡,且操作闭锁可靠;③人字闸门抬升10m后,悬挂大约2个月,在此期间进行闸首底坎混凝土浇筑;④为了防止提升系统在长时间100%荷载状态下发生意外,在人字闸门底部加装支撑柱,分担30%的荷载;⑤为防止人字闸门在悬挂状态突然受到大风侵袭而造成侧向失稳,在上、下托梁与闸墙之间设侧向防风机构:⑥为缩短工期,不拆除门体支垫块与闸墙上原有枕垫块,人字闸门升高8m复装后,引起原支垫块与枕垫块之间配合间隙值的改变,通过研磨予以解决;⑦为保证人字闸门升高8m复装后顶、底轴线坐标与拆除前保持一致,在底枢底座下部增设了刚度很大的底枢支撑垫板,垫板与底枢底座之间涂润滑剂,两者之间借助千斤顶对底枢蘑菇头中心进行微调,以使底枢中心位置与拆除前的中心坐标相一致。

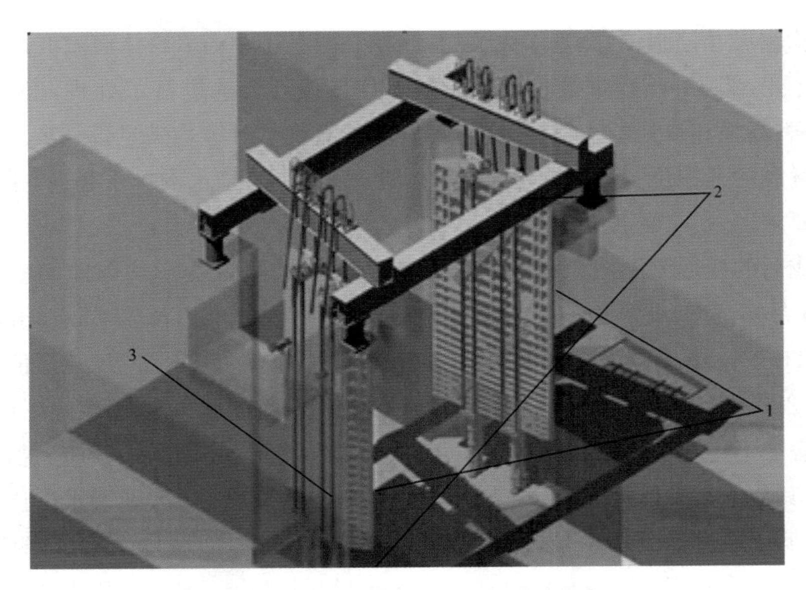

1—门体；2—支撑梁柱；3—钢铰线打包

图 6.7.11 人字门整体连续提升方案示意图

6.7.2.5 输水系统阀门安装

反弧门在制造厂整体制作，出厂时最大外形尺寸为 6.45m×7.23m×9.20m，运输单元最大质量为 86.6t。

阀门吊装前，用一个可以模拟反弧门外形尺寸的钢结构框架对阀门井轮廓进行测试，对影响阀门吊入的井壁混凝土凸出部分予以清除。

由于阀门井很深(最深的达 87m)，而井口净断面很小(井口设计有支承液压启闭机油缸支座的钢筋混凝土牛腿)，阀门吊装时阀门与四周井壁的间隙仅有 150mm，阀门吊装时在井内不能摆动，因此阀门吊装的难度很大。为此，阀门吊装时，阀门在半竖立状态下被吊入阀门井内，在基本接近安装高程时再调整到实际安装状态，然后进行支铰轴承与支铰支座装配，并控制门叶面板与两侧止水座板之间的距离为 15mm。阀门吊装前对顶止水及侧止水橡皮进行预安装，以便在井下能够顺利复装。反弧门吊装到位后检测刚性底止水与底坎之间的间隙，当有超过 0.1mm 的间隙时采用抛光片修磨，直至止水线全长均匀接触。

6.7.3 船闸施工质量评价

国务院三峡工程建设委员会三峡枢纽工程质量检查专家组对双线五级船闸质量评价如下。

6.7.3.1 船闸开挖和锚固支护工程

(1)船闸地面开挖和锚固支护工程

三峡船闸最大开挖深度达 175m，史所少见。开挖分两期进行，第一期完成高程 110m 以上的明挖，第二期完成直立槽开挖。船闸边坡及马道开挖轮廓尺寸基本满足设计要求；主体段建基面轮廓尺寸控制较好，基本无欠挖，超挖一般小于20cm，岩体声波波速值为5100～5850m/s。断层、裂隙和破碎带等主要地质缺陷均按设计要求进行了处理，经检测，所设置的钢绞线锚索、高强和普通结构锚杆、锚桩钢筋及其灌浆浆材等均满足设计要求。高边坡山体排水系统隧洞的开挖位置和断面轮廓尺寸满足设计要求，排水沟排水畅通，排水洞施工质量满足设计要求。

船闸建成后的变形监测成果表明，南、北高边坡及中隔墩变形均以向闸室临空方向为主，2008年5月实测南、北高边坡最大累计位移值分别为67.57mm和55.75mm；直立坡最大变形值为41.23mm；中隔墩变形值为31.40mm，且收敛速度较快。各变形值在开挖结束后逐年递减，2001年4月以后，位移变化基本在观测误差范围以内，边坡变形已趋于收敛。边坡各主要潜在不稳定块体的监测资料显示，块体位移变形、加固锚索预应力值等均未发生突变，与边坡其他锚索整体规律一致，表明块体稳定状态良好。边坡地下水渗压监测资料显示，地下水位低于原设计分析水位，岩体边坡疏干区已形成，边坡排水系统降压效果显著。总之，安全监测成果表明，船闸自2003年6月投入试运行以来，闸室高陡边坡的各项监测指标正常。

质量检查专家组认为：船闸地面开挖和锚固支护工程质量优良。

(2)船闸地下开挖和支护工程

隧洞、斜井和竖井开挖均采用光面爆破技术，轮廓尺寸控制较好，无欠挖，平均超挖一般在规范允许值20cm以内。岩体声波波速值为4166～6286m/s。固结灌浆质量满足设计要求，平均单位注入量为1.74kg/m，灌后布置了1406个压水检查孔，平均透水率0.04Lu，一次检查合格率100%。回填灌浆总面积为63115m²，平均注入量为2.91L，布置检查孔662个，一检合格率98%，2序孔吸浆明显减少，顶拱灌浆质量经无损检测和取芯检查符合设计要求。局部地质缺陷均按设计要求进行了相应处理，系统锚杆原材料合格，钻孔孔深偏差在5cm以内，锚固力大于设计要求值。

质量检查专家组认为：船闸地下开挖和支护工程质量优良。

6.7.3.2 船闸地面混凝土工程

(1)船闸地面混凝土工程

闸室地面混凝土工程体形测量结果表明，小于或等于设计允许偏差(±20mm)的测点占94%以上，满足规范要求；混凝土工程的原材料质量和混凝土各项性能指标均符合设计要求；混凝土密实性检查成果表明，总体满足设计要求。

闸室地面混凝土的接缝灌浆和接触灌浆质量满足设计要求，灌后检查显示，接缝面水泥结石充填密实，压水试验最大透水率小于0.02Lu。墙后和底板下排水管网施工质量控制较好，1571条排水管网全部畅通；闸室底板下的排水管网也全部畅通。

闸室地面混凝土工程也出现了一些质量问题，如部分表面架空露筋、蜂窝麻面、少数结构缝止水渗漏、混凝土表面裂缝及层间缝渗水等，均已按设计要求进行了处理，处理后的工程质量满足设计要求，不影响船闸的正常运行。

质量检查专家组认为：船闸地面混凝土工程质量总体优良。

(2)船闸地下输水系统混凝土工程

混凝土衬砌体形基本满足设计要求，偏差小于±20mm的占79.2%，对少数起伏差不满足设计要求的部位均采用打磨方式进行了处理；混凝土原材料质量和混凝土各项性能指标均符合规范和设计要求；混凝土内部密实性良好，质量满足设计要求。

出现的混凝土质量缺陷和问题，如局部跑模、架空露筋、蜂窝麻面、错台挂帘等均已全部按设计要求进行了处理；混凝土的温度裂缝也按设计方案进行了处理，处理后的压水检查透水率均符合设计要求，对部分处理部位还进行了钻孔取芯检查，浆材充填密实；对检查发现有渗水的结构缝，均已按设计提出的处理方案进行了处理，对处理后的结构缝抽检，其压水透水率均为0；对部分层间缝和局部点、面渗水，也按设计提出的方案进行了处理，处理后基本满足设计要求，不影响输水系统的正常运行。

质量检查专家组认为：地下输水系统的混凝土工程质量良好。

6.7.3.3 船闸渗控、交通和闸面建筑物等工程

船闸左侧山体混凝土防渗墙开挖尺寸及混凝土各项性能指标满足设计要求；右侧185m平台混凝土防渗墙槽孔建造、混凝土浇筑及墙段接头施工等质量控制严格，成墙后的钻孔压水检查成果表明，防渗墙的工程质量优良；主防渗帷幕船闸段水泥灌浆平均单位耗灰量为16.5kg/m，灌后布孔压水检查，一检合格率为99.4%，对少数未达标的部位采用化学灌浆进行处理，最终质量全部满足设计要求；幕后排水系统排水孔总长6090m，各项性能指标满足设计要求；交通桥及交通平台工程验收合格，运行情况良好；闸面建筑物各项检测指标符合相关的规范要求，各分项工程合格率均达到100%，施工质量满足设计要求。

质量检查专家组认为：船闸渗控、交通等工程质量总体优良。

综合上述分析结果、原型观测资料以及运行情况，质量检查专家组认为：三峡枢纽二期工程建设完成的船闸主体段、输水系统、山体排水系统等工程的质量总体优良。整个船闸系统，包括上游引航道、隔流堤、主体段、输水系统、山体排水系统、下游引航道及金结机电设备、集控系统和消防设备等，都能满足船闸正常安全运行的要求。

6.7.3.4 船闸完建工程

船闸一、二闸首人字门底槛加高混凝土工程的结构体形尺寸满足设计要求；原材料质量满足规范和有关标准的要求；混凝土配合比和拌和物的性能指标满足规范和设计要求；抽检混凝土抗压强度合格率100%，极限拉伸值及抗冻和抗渗性能指标也都满足规范和设计要求；表面未发现裂缝，经钻孔压水检查，最大透水率为0.064Lu，小于设计标准值0.1Lu，钻孔芯样获得率在96.5%以上，表面光滑，密实性及施工缝面胶结良好。

二闸首人字门抬高重新安装工程的难度较大，通过在蘑菇头底座底部增加微调垫板的工艺措施，使人字门顶枢和底枢的安装质量满足规范和设计要求；人字门斜接柱、门轴柱正

向和侧向垂直度，支、枕垫块间隙等项目的检测结果基本满足规范和设计要求，局部间隙值较大，但不致影响门体的安全和正常运行。

船闸排干检修工程按设计制定的检修大纲全面完成，在检查中没有发现影响船闸安全和正常运行的质量问题；对存在的质量缺陷，如输水系统第一分流口舌板混凝土蚀损、输水廊道裂缝及阀门竖井层间缝渗水等，均按设计要求进行了处理。

质量检查专家组认为：船闸完建工程质量优良。

6.7.3.5 金属结构工程及埋件安装质量

每线船闸自上游至下游设第一闸首事故检修门与检修叠梁闸门以及 2 台桥式启闭机，第一至六闸首人字闸门，第六闸首浮式检修闸门，输水系统依次布置有进水口拦污栅、各级闸室输水廊道工作阀门及上下游侧的检修闸门、第六闸首辅助泄水廊道工作阀门及上游检修闸门。在二、三闸首各设人字门防撞警戒装置；各闸室均设浮式系船柱。第一至六闸首工作闸门均采用人字门，共计 24 扇，由卧缸式液压启闭机操作。第一至四闸首结构尺寸为 38.5m×20.2m×3m（高×宽×厚），是目前世界上最大的，五、六闸首为 37.5m×20.2m×3m。第一闸首人字门挡水高度和启闭时淹没水深为 36m。船闸主输水廊道工作阀门均采用反向弧形门，共计 24 扇，孔口尺寸为 4.5m×5.5m（宽×高），最大工作水头45.2m，由竖缸式液压启闭机操作。每扇工作阀门上、下游侧各布置 1 扇平板检修闸门。各闸首的左右侧均布置有启闭机及液压泵站系统和现地控制站，在中控室布置船闸的集中控制系统。

金属结构及设备（包括埋件）安装后，经检验各项设备安装质量均达到或优于相关标准的要求；双线五级船闸的闸门、阀门及启闭机、现地液压泵站系统及电气设备和集中控制系统经过无水和充水系统联合调试，并经过了近 5 年的运行考验，各项金属结构及设备运行正常，满足设计及规范要求。

质量检查专家认为：船闸金属结构及设备（包括埋件安装）质量优良。

6.8 高水头船闸设计及施工技术问题探讨

6.8.1 高水头船闸总体布置设计问题

6.8.1.1 高水头船闸类型选择问题

（1）高水头船闸类型

1）单级船闸

大中型水利枢纽上的船闸由船闸的主体段、上游引航道和下游引航道三部分组成。单级船闸的主体段包括闸首、闸室及其输水系统，上游及下游引航道主要为主体段与枢纽上游及下游主河道之间的渠道。船闸主体段上游及下游闸首是对闸室水位进行控制的建筑物，其上布置有人字闸门和输水系统的阀门及相关的机电设备；闸室是船舶在内升降的空间，通过分别操纵闸首和输水系统的闸门和阀门使船舶（队）随水位升降并分别与上游及下游引航道水位齐平，形成船舶（队）克服枢纽大坝上游及下游水位差的条件，使船舶（队）顺利过坝通行。目前,单级船闸适用于设计水头40m左右的船闸,高水头应采用多级船闸。

2)多级船闸

多级船闸分为连续式和分散式两种。连续式多级船闸的组成与单级船闸的不同点,是在上游及下游通航水位之间的船闸的主体段,由连续布置的多个单级船闸构成。由于多级连续船闸单向过闸需要的时间较长,为满足枢纽过坝运量的需要,提高船闸的通过能力,通常将船闸布置成双线。连续式多级船闸的运行程序与单级闸的不同之处在于:船舶(队)进入闸室至最后驶离闸室之间需通过逐级启闭各个闸首的人字闸门及输水阀门,由上一级闸室对下一级闸室泄水,上级及下级闸室间水位齐平,过闸船舶(队)逐级过闸。分散式多级船闸主体部分由多个分开布置的单级船闸组成,其与连续式多级船闸不同是在上下两级船闸之间设置一个中间渠道,船舶(队)过船闸程序与逐个通过单级船闸相同。

目前世界各国已建的船闸,设计水头绝大多数在40m以下,单级船闸通常是首选的船闸类型。但当单级船闸的设计水头更大时,根据所在位置的地形及地质条件、船闸耗水的情况和解决水力学问题的难度,应采用多级船闸。对采用连续式、分散式多级船闸进行比较后选用。连续式多级船闸布置较集中,船闸的线路较短,管理方便,工程量和造价通常较分散式多级船闸为小。分散式多级船闸相当于多个单级船闸利用中间渠道进行连接,其布置方式可通过利用中间渠道设置弯段,以更好地适应枢纽坝址地形及地质特点,改善引航道口门区通航条件,船闸的运行方式比较灵活。单线多级船闸较分散式布置,其通过能力较单线连续式多级船闸通过能力大,但多级船闸之间通过中间渠道进行连接,线路较长,工程量和造价一般较大,在上级及下级船闸充水及泄水时,中间渠道内的通航水流条件问题比较难以解决。对这两种多级船闸类型的选择,主要取决于船闸的运量要求,当运量要求同时修建双线船闸时,应优先选用连续式布置的多级船闸;若修建单线船闸,可选用分散式布置的多级船闸。三峡水利枢纽选用双线五级连续船闸已运行十多年,实践证明船闸设计选型合理、安全可靠。

(2)高水头多级连续式船闸水级划分问题

高水头多级连续船闸的分级,除考虑分级后在船闸级与级之间的最大输水水头,选定船闸的级数外,还需考虑工程的地形及地质条件、船闸的工程量,以及船闸运行管理等因素,确定所采用的水级划分的方式。按照适应上游及下游水位间的不同组合,在船闸的最大输水水头和级数拟定后,船闸有多种水级划分方式。通常可按各级船闸水头大致相等、适应船闸的基础条件较好、船闸的工程量和过闸耗水量较小,以及运行管理较为方便等原则,优选船闸的水级划分方式。

1)水级划分方式。分散式多级船闸的水级划分,主要根据当前船闸输水技术的水平,决定单级船闸最大的输水水头和各级船闸分担总水头的份额,水级的划分相对比较简单。连续多级船闸的分级,除考虑分级后在船闸级与级之间最大的输水水头,确定船闸的级数外,还需更多地考虑工程的地形、地质条件、船闸的工程量,以及船闸运行管理等因素,确定所采用的水级划分的方式。按照适应上、下游水位间的不同组合,在船闸的最大输水水头和级数确定以后，船闸有多种水级划分方式。通常可按各级船闸水头大致相等、适应船闸的基础条件较好、船闸的工程量和过闸耗水量较小以及运行管理比较方便等原则，比较选择船闸的水级划分方式。

高水头连续船闸有以下 4 种较有代表性的水级划分方式。

①按“不补不溢”的方式划分水级：以上、下游最高通航水位的连线加超高后，定出各级船闸的顶部高程，以上、下游最低通航水位的连线减最小槛上水深后，定出各级船闸的底坎高程，见图 6.8.1(a)。这种水级划分方式的特点是充分考虑了上、下游水位变化的情况，船闸在上、下游各种水位情况下，既不需要补水，也不需要溢水，运行管理方便，但船闸的工程量最大，比较适用于上、下游水位变幅都不太大的情况。

②按“只溢不补”的方式划分水级：以上游最低通航水位（或常遇水位）分别与下游最高和最低通航水位的连线，通过加超高和减最小通航水深后定出各级船闸的顶、底高程，见图 6.8.1(b)。采用这种水级划分方式，考虑了上游最低通航水位与下游通航水位变化之间的关系，船闸在上游通航水位高于最低通航水位（或常遇水位）时，船闸需进行溢水，但在任何下游通航水位的情况下船闸不需要补水。由于降低部分闸室的顶部高程，可节省船闸的工程量，通常适用于船闸主体段上游部分的地形较低，上游通航水位变幅较小，高于上游通航最低水位的几率不大的情况。

③按“只补不溢”的方式划分水级：以上游最高通航水位分别与下游最高和最低通航水位的连线，加超高和减最小槛上水深后，确定各级船闸的顶、底高程，见图 6.8.1(c)。用这种水级划分方式，考虑了上游最高通航水位与下游通航水位变化之间的关系，船闸在上游通航水位低于最高通航水位时，需进行补水，但在任何下游通航水位情况下船闸不需要溢水。由于抬高了部分闸室的底部高程，可节省船闸的工程量，通常适用于船闸主体段下游部分的地形较低、上游通航水位变幅较小、低于最高通航水位的几率不多的情况。

④按“又补又溢”的方式划分水级：以上游最高通航水位（或某一个常遇水位）与下游最低通航水位（或某一个常遇水位）间的连线，向上加超高、向下减最小通航水深后，定出各级船闸的顶、底高程，见图 6.8.1(d)。采用这种水级划分方式，基本不考虑上、下游通航水位的变化，船闸除在上游高水位和下游低水位分别等于选用水位时，可既不溢水也不补水外，在上游通航水位和下游通航水位分别低于和高于选用水位时，均需要补水和溢水。这种水级划分的方法，通过降低除第一级以外各级船闸的顶部高程，抬高除末级以外各级船闸的底部高程，船闸的工程量最省，通常适用于船闸主体段地形的纵坡较陡，上、下游通航水位变幅不大，大部分时间稳定在选用水位附近的情况。

由上述 4 种代表性水级划分方式可以看出，根据工程的具体情况，如采用下游的最高通航水位或最低通航水位分别与上游的最高通航水位和最低通航水位连线或分别在上、下游常遇的通航高水位和常遇的通航低水位之间连线，还可以得出多种水级划分方式。

当水级划分方式不考虑采用出现机会很少的上、下游最高、最低通航水位，而按照常遇水位进行水级划分时，即成为少补不溢、不补少溢等不同的划分方式，三峡船闸采用的即为少补不溢的水级划分方式。

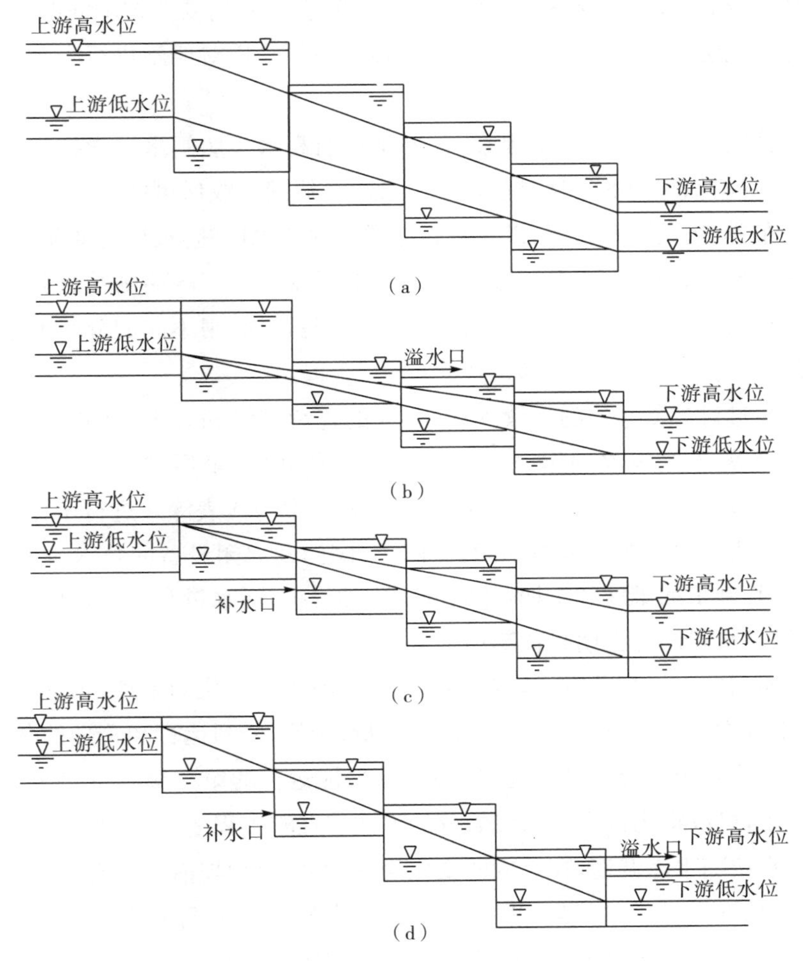

(a)不补不溢 (b)只溢不补 (c)只补不溢 (d)又补又溢

图 6.8.1 高水头连续多级船闸水级划分示意图

2)水级划分方式选择。船闸的水级划分方式尽管有各种各样,但对于一个具体的水利枢纽,比较合理的水级划分方式只有一个,较优的水级划分方式应能兼顾适应坝址的地形地质条件、各种通航水位发生的几率大小、工程量省、耗水量少、解决水力学问题、运行管理方便等各个方面。具体可按以下几条原则,通过综合比较论证后选用。

①级间的最大水头、闸门和阀门的规模,符合设计先进、运行可靠的原则。

②应能兼顾工程不同运行分期水位的需要。

③尽可能减少补水和溢水的次数,方便操作运行。

④能合理利用基岩高程,建筑物的基础条件好、工程量少。

(3)三峡船闸的分级及水级划分方式选择

三峡船闸设计总水头 113m,已远远超过目前世界上已建普通型大型单级船闸工作水头。三峡船闸的规模和规划运量大，如采用带有节水楼的特殊形式的高水头单级船闸方案，船闸的输水系统及其阀门、船闸下闸首的闸门结构存在一系列复杂技术问题难以解决，船闸的通过能力也将无法满足规划运量的要求。因此，必须采用对船闸进行合理分级的多级船闸方案。

船闸水头分级必须考虑的主要因素，首先是目前高水头船闸水力学技术能够达到的水平，其次是大型闸门和阀门的设计、制造水平，再次是船闸分级后可能采用的布置方式，即各级船闸是连续布置，还是分开布置，以及是否考虑采取节水措施，最后是船闸施工、运行和维修管理的条件，船闸的通过能力和船舶（队）过闸的耗水量。三峡船闸结合我国修建葛洲坝船闸的经验和吸收国内外高水头大型船闸的建设经验，对船闸不同的分级方案和相应的布置方式，进行全面的技术经济比较和选择。

三峡船闸通过对带蓄水池的连续三级、普通的连续四级和五级、分开布置的三级、分开布置的两个二级等，不同级数、不同布置方案进行比较研究，最后进一步对不考虑节水措施的连续布置的五级船闸与分开布置的三级船闸两种方案为代表深入进行了比较。由于连续五级船闸方案解决高水头船闸水力学问题，闸门、阀门及启闭设备的技术难度，对枢纽整体布置的影响，工程施工的难度和工期，船闸的管理和维护，耗水量和年通过能力，工程量和投资等，均较分散三级船闸方案明显优越而被采用。

连续五级船闸的水级划分方式，按照枢纽上、下游水位变化的条件，坝址的地形、地质条件，工程的技术难度，水库运行分期，船闸的工程量、造价，船闸运行和管理的条件等因素，考虑各级闸室的水头是否等分和闸室充（泄）水时，参加运行的第二级闸室是否考虑补水和末级船闸是否溢水，可以得出许多种水级划分的方式。三峡工程上、下游水位变化有比较明显的规律。上游水位随水库调度，在年内的变化为：围堰发电期坝前水位基本稳定在 135m，工程建成后，每年从 6 月开始的汛期，坝前基本为防洪下限水位，即初期 135m，后期 145m，10 月，水库开始蓄水至正常蓄水位，即初期 156m，后期 175m，11、12 两个月，坝前稳定在这个水位，至次年 1 月，水位开始消落，至 6 月上旬，水位又消落至防洪下限水位。下游水位随枢纽下泄流量变化，与通航流量相对应，在 63m（实际留有水位进一步下降至 62m 的余地）至 73.8m 之间变化。三峡船闸按照尽可能减小工程的技术难度，减少工程量、节省造价和运行管理方便等原则，根据船闸上、下游水位实际组合的情况，经过研究比较，采用船闸充、泄水时，只在库水位蓄升或泄降过程中的少数时间需要进行补水，全年基本不需要溢水的基本不补不溢的水级划分方式。将总设计水头分为 5 等分，按照上游水位 175m、156m 和 135m 时与下游引航道水位相组合，船闸能分别按五级、四级和三级运行和船闸在汛期最大通航流量时上、下游水位组合，确定各级闸室的高水位，按照上游施工第三期末期最低水位 135m 确定为第一级船闸的低水位，145m 水位确定为工程建成后上游最低水位与下游最低水位组合（采用预留的低水位 62m），分别确定第二至五级闸室的低水位，在各级闸室高水位以上加超高，在各级闸室低水位以下减去闸槛最小水深，分别确定各级船闸的闸顶和闸槛高程。

按照这种水级划分方式，围堰发电期，水库水位为 135m，短期将第一级船闸闸槛高程降低，船闸可只使用后面的四级，第三级船闸需要补水，最大的补水厚度为10m，船闸级间的最大工作水头为41.5m。但船闸也可只用后面三级，船闸第四、五闸首的级间最大的工作水头46m，运行水位略大于设计最大级间水头45.2m，但由于在这种工况下阀门相应的淹没水深较大，阀门水力学条件可以满足要求。在工程运行初期，水库水位低于145m时，船闸按4级运行，第三级船闸需要补水，最大的补水厚度及级间的最大工作水头，与围堰发电期135m水位运行的工况相同，在此期间，在水库水位为135m时，船闸同样可以只运行三级，但船闸第四、五闸首的级间最大工作水头不宜超过46.0m。水库水位在145～152.4m时，船闸仍只用后四级，不需要补水，中间级最大级间水头45.2m。水库水位在152.4m至初期正常水位156.0m时，船闸按五级运行，但由于船闸为适应分期蓄水条件的原因，第一闸首的人字闸门尚不能挡水，需要用第一闸首的事故检修闸门挡水。船闸在这个水位区间运行，中间级最大级间水头为41.5m，第二级船闸需要补水，最大的补水厚度为13.35m。工程运行后期，第二闸首的人字门已按后期运行水位进行改装，第一、二闸首的闸槛已经根据水库水位不再低于145m的条件进行加高，水位在145～152.4m时，运行状况与初期在该区间运行基本一样。水库水位超过152.4m后，船闸均按五级运行，只是第一闸首已正式改用人字门。水位在152.4～165.75m时，中间级最大级间水头41.5m，船闸需要补水，最大的补水厚度及级间的最大工作水头，与初期152.4m以上水位区间运行的情况相同；水库水位在165.75m至后期正常蓄水位175m时，船闸按五级运行，级间的最大工作水头45.2m，不再需要补水。

这种水级划分方式，充分考虑了三峡坝址在船闸部位的地形地质条件和水库水位运行分期的特点。由以上对各种不同运行期船闸运行状况的分析可见，采用这种基本不补不溢的水级划分方式，在围堰发电期，水库水位全年基本稳定在135m，船闸如按三级运行，可以不需要补水。运行初期，船闸在汛期防洪下限水位135m运行期间，不需要补水，只在汛后蓄水过程中有些时段需要补水。运行后期，整个汛期水库水位基本稳定在145m和水库水位蓄至165.75m以后，直至整个175m正常蓄水位运行期，船闸都不需要补水，只在汛后水位由145m蓄至175m过程中有些时段需要补水。按照设计，船闸的补水直接利用船闸自身的输水系统通过控制阀门完成，船闸的补水，只要遵循尽可能不要少补，但可以适当多补的原则，阀门的控制比较简单。船闸采用这种水级划分方式，与采用不补不溢的水级划分方式相比，能较多地节省船闸的开挖工程量，降低船闸边墙的结构高度和相应的土建结构与闸门的工程量和技术难度，相对于三峡工程的具体条件，这是一种既具有自身特点，工程综合的技术经济指标又比较优越的水级划分方式。

6.8.1.2 高水头船闸总体布置方案问题

根据坝址复杂的水沙条件和船闸区域的地形地质条件，按照我国有关规定，研究吸收国内外通航建筑物布置和运行经验，通过多方案比较和试验验证，以及根据专家审查意见，船闸线路布置在坝址左岸制高点坛子岭左侧，在上、下游分别布置弯曲半径为1000m的弯段，使引航道口门较平顺地与主河道相连接。并在上游引航道右侧设置长度为2670m且将双线五级连续船闸、临时船闸和升船机均包入堤内的“全包”隔流堤，以及在下游引航道右侧，设置长度为3700m隔流堤，解决了船闸上、下游的通航水流条件问题。根据三峡工程泥沙淤积导致产生碍航淤积的年限较长、泥沙淤积大部分在引航道口门以外的特点，经反复研究，解决引航道泥沙碍航淤积问题的措施是以高效挖泥船清淤为主，辅以将临时船闸改建的冲沙闸(已施工)降低下游水位和配合机械松动进行冲沙，并在船闸与升船机之间留有在以后必要时增建冲沙设施的条件，以保持船闸的长期使用。水库运行水位的分期，使船闸前、后期的上游最低水位相差达10m，最高、最低水位间的水位变幅达40m，大大增加了第一级船闸的技术难度。船闸在不同运行分期使用不同级数和第一、二闸首采用一套闸门，根据运行需要分期进行安装和在后期加高第一、二闸首底槛的措施，较好地解决了船闸适应水库运行水位分期的难题。

由于船闸和升船机布置在一个引航道内，船闸充、泄水在引航道内产生的涌浪和不利流态，会对升船机的通航水流条件和平衡条件产生不利影响。为此，在上游引航道，船闸输水系统采用分散式进水口配合其他消浪措施；输水系统主廊道采用侧向的泄水方式，每线船闸的2条主廊道在第六闸首下游合并为1条泄水箱涵，平行布置在引航道底部并在船闸与升船机的汇合处下游向右转穿过下游隔流堤，将闸室主要的水体直接泄入长江；在第六闸首布置了1对短廊道，在主廊道停止泄水后，通过短廊道泄水保证闸门前后的水位达到齐平。

三峡船闸113m的设计总水头，远远超过了目前世界上单级船闸已达到的安全工作水头，且船闸规模和规划运量大，不适合采用带有节水设施的特高水头单级船闸的方案，必须对船闸进行合理分级。在对多种分级方案进行比较的基础上，最终确定采用连续五级船闸方案。

连续多级船闸的水级划分，与枢纽上、下游水位变化的条件，坝址的地形、地质条件，工程的技术难度，船闸运行分期、船闸工程量、造价、船闸运行和管理的条件等因素有关。根据船闸上游水位随水库调度，年际基本稳定、年内的变化具有明显规律的特点，按照尽可能减小工程的技术难度、节省工程量和造价、运行管理方便等原则，船闸采用了只在五级运行时库水位蓄升或泄降过程的少数时段，对第二级闸室进行补水，全年不需要溢水的基本不补不溢的水级划分方式，即按照不同运行期，上游最高通航水位175m、156m和135m与下游水位组合，船闸能分别按五级、四级和三级运行以及船闸在汛期遭遇百年一遇洪水、最大通航流量56700m^3/s时的水位组合166.9～73.8m，等分总水头，确定各级闸室的高水位。后期上游最低通航水位145m与下游最低通航水位(采用预留的低水位62m)组合，并均分各级水位差，分别确定第二至五级闸室的低水位。

6.8.2 高水头船闸输水系统设计问题

6.8.2.1 高水头连续船闸输水系统类型选择问题

输水系统是借以从上游向闸室内充水和从闸室向下游泄水，控制船舶(队)在闸升降以克服枢纽上、下游水位落差的重要设施，是决定船闸运行安全和效率的重要因素。船闸输水系统的充、泄水时间，闸室内的停泊条件和廊道、阀门及其启闭机械的安全可靠性，是评价船闸输水系统技术水平十分重要的指标，三者既相辅相成，又相互制约。输水系统主要水力学指标的好坏，是船闸工程建设是否成功的重要标志之一。

(1)输水系统类型

船闸输水系统的类型多种多样，但按闸室充水和泄水的方式可分为集中输水系统和分散输水系统两大类。

1)集中输水系统将输水设备集中布置在闸首范围内。充水时，水流由布置在上闸首的设备控制，直接由船闸上游经上闸首从闸室的上游端流入闸室；泄水时，水流由布置在下闸首的设备控制，直接从闸室的下游端经下闸首泄向下游。由于船闸充水入闸室和泄水出闸室，都集中在闸室两头的闸首上进行，因而又称为头部(首部)输水系统。

2)分散输水系统向闸室充水和向下游泄水时在闸室的整个范围内分散地进行，系统的控制设备仍然布置在闸首上，系统由上游向闸室充水和向下游泄水的取、出水口，分散布置在整个闸室范围内。由于系统在闸首上布置廊道和阀门，在闸室内布置纵向或横向的出水廊道，因而又称为长廊道输水系统。分散输水系统根据船闸的水头和闸室有效尺寸的大小，按系统布置和结构的复杂程度，通常还可分为简单式分散输水系统和复杂式分散输水系统两种。前者采用的防空化措施相对比较简单，在闸室内同时出水支廊道通常只布置1～2个区段；后者采用的防空化措施相对比较复杂，在闸室内同时出水支廊道通常布置3～4个区段。

分散输水系统适用于水头较高的船闸。由于水流在闸室各部位较均匀地进入闸室，在船闸的有效尺寸较大，充、泄水水头与集中输水系统相同的情况下船闸充、泄水时间与闸室停泊条件的矛盾相对较小。但闸室结构比较复杂，工程造价也随之增加。

通常，当船闸水头和有效尺寸不大时，可采用集中输水系统，在国内外的工程实践中，船闸水头在12m以下时，集中输水系统曾得到广泛应用。但有的国家，如美国、西欧各国等为了获取更高的航运效益，要求尽可能缩短充、泄水时间，以减少船舶的过闸时间，提高船舶的周转率，减少货物的运输费用，在船闸水头为10m或更小时，亦采用造价较高的分散输水系统。在苏联，则较多地考虑降低工程的投资，认为与分散输水系统相比较，在船闸水头为15m以下时，集中输水系统的工程费用可节省10%～60%，因此建议，当$LH \leqslant 2000$(L为船闸闸室的长度，H为船闸的设计水头)及$H/S_K \leqslant 3$时(S_K为闸室的槛上水深)可不需论证就采用集中输水系统，只有当水头超过18m时，才考虑采用分散输水系统。

通过对国内外已建船闸运转资料的统计分析，船闸输水系统的类型，也可按照考虑输水时间和水头两个主要影响因素按公式(6.8.1)计算出的判别系数m初步选定。

$$m = T/\sqrt{H} \tag{6.8.1}$$

式中：m为判别系数，当$m > 3.5$时，采用集中输水系统；当$m < 2.5$时，采用分散输水系统；当$m = 2.5 \sim 3.5$时，应进行技术经济论证或参照类似工程选定。H为设计水头，m；T为闸室充水时间，min。

式(6.8.1)考虑了输水时间及设计水头这两个影响输水系统类型选择的最主要因素，因而是比较合理的。

分散系统又可分为简单式和复杂式两种。在对大中型水利枢纽船闸分散式输水系统方案进行比较时，究竟采用何种类型，通常按照船闸的水头和规模，根据已建工程的经验，可以30m左右的水头作为两者分界。双线五级连续船闸选用分散式输水系统。

分散输水系统是通过设在闸墙或闸底板内的纵向主输水廊道，以及与其相连的纵向或横向分支廊道及出水孔将水体分散、均匀地充入或泄出闸室的一种输水系统。由于主输水廊道较长，在闸室沿长度方向布置的各出水孔的流量分配不均匀，由出水孔出来的水流带有的剩余能量，扰动水体，影响闸室水流的稳定，从而影响闸室内船舶的停泊条件。为了使分散式输水系统适应较高水头、有较高的输水效率和良好的停泊条件，通过在闸室内采用多区段同时出水的廊道系统布置，以达到各区段流量均匀分配的目的；再通过在出水支廊道长度方向，布置不同尺寸的出水孔使各支孔出流均匀，以减小闸室水面坡降；同时在出水孔周围布置不同形式的消能设施，使水流在进入闸室前尽可能消减能量，以减少水流的漩滚、紊动，改善闸室内船舶的停泊条件。根据输水系统布置的复杂程度以及水力特性的差异，可将分散输水系统分成三类：

第一类是闸墙长廊道侧支孔和多支孔输水系统。在闸墙内布置输水长廊道，直接在其上布置侧向出水孔向闸室内输水。这种输水形式较简单，但水流能量较集中，不易在闸室内均匀分布，特别是双侧阀门不同步开启或在一侧廊道进行检修，单侧开启阀门运行时，闸室内流态较差，易形成较大的横向力，因而所适应的水力指标也较低。这种类型输水系统布置见图6.8.2。

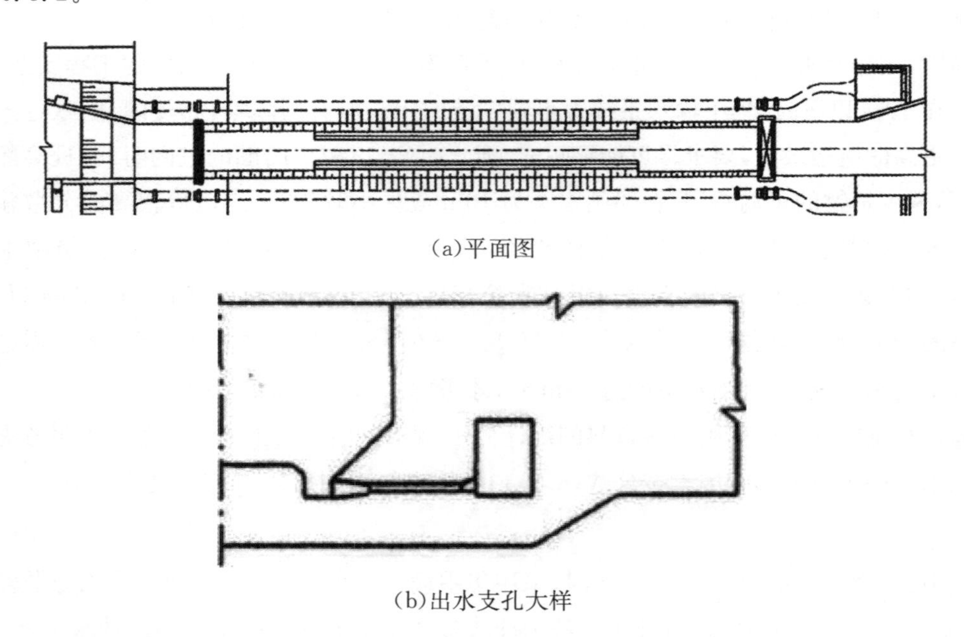

(a)平面图

(b)出水支孔大样

图6.8.2 闸墙长廊道多支孔输水系统示意图

第二类是闸底长廊道顶或侧支孔分区段输水系统。在闸室底板布置纵向长廊道，其上布置出水孔或在闸墙内布置长廊道再接闸室底板纵向或横向分支廊道，分支廊道上布置出水孔。出水孔可采用顶部出水或侧向出水类型,其相应的消能类型分别为盖板消能和明沟消能。这种布置形式可使闸室内水流分布较均匀,同时位于闸室底板内的廊道相互连通,使得阀门不同步开启或单侧阀门开启时闸室内的船舶停泊条件较好,可减小局部水流对船舶的作用力。由于水流的分配类型较简单,水流的惯性在一定程度上仍将影响出水孔出流的均匀、稳定,使船舶受到一定的波浪力。这类输水系统也称简单等惯性输水,其布置可分闸底纵向长廊道、底部纵支廊道或横支廊道顶部出水或侧支孔出水等多种不同布置类型,见图 6.8.3至图 6.8.8。

图 6.8.3　闸底长廊道顶支孔二区段输水系统示意图

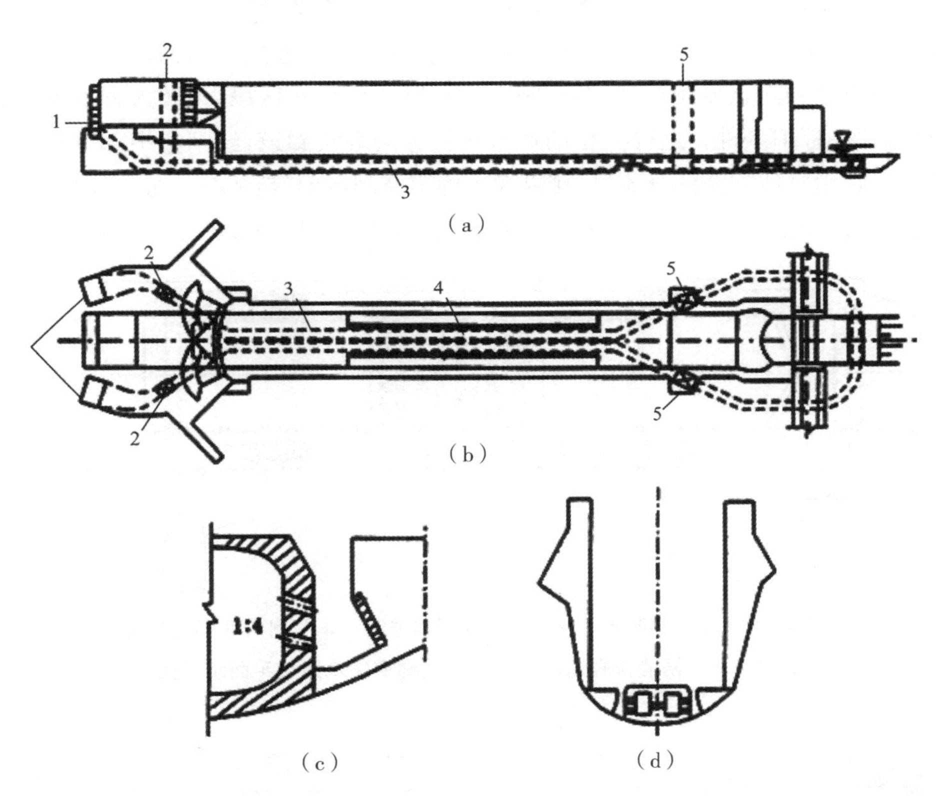

(a)纵剖面图;(b)平面图;(c)横剖面图;(d)短支管大样

1—输水长廊道进口;2—进口引水闸门;3—输水长廊道;4—输水长廊道支孔单区段;5—出口泄水闸门

图 6.8.4　闸底长廊道侧支孔单区段输水系统示意图

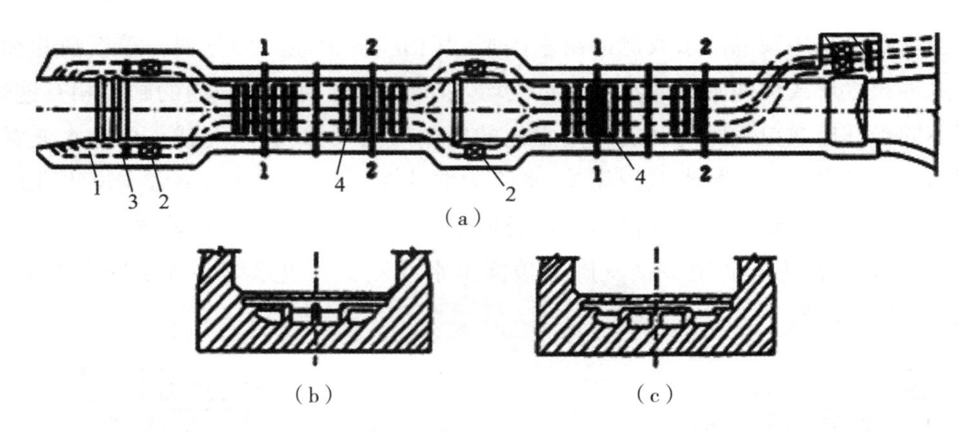

(a)平面图;(b) 1—1 横剖面;(c) 2—2 横剖面

1—输水长廊道进水口;2—工作闸门;3—检修闸门;4—分区段出水口

图 6.8.5 闸底长廊道分区段出水输水系统平面示意图

第三类是"全动力平衡系统"。闸室的出水区段一般为 2 个或 4 个,水流惯性在各出水区段间的影响基本相同,从而消除了各出水区段之间出流的差别。为保证分流的均匀和稳定,采用了较复杂的垂直分流类型,如在闸室内布置 4 个出水区段,可较大程度地改善闸室水流条件和船舶停泊条件。这种类型的典型布置为闸墙长廊道,经闸室中部垂直分流口进入闸室底部,转由立体交叉的分流口,接纵向支廊道至闸室前、后 4 分点处分流后,由 4 个区段的纵向支廊道顶部经在出水口上方设置的消能盖板出水,见图 6.8.9。

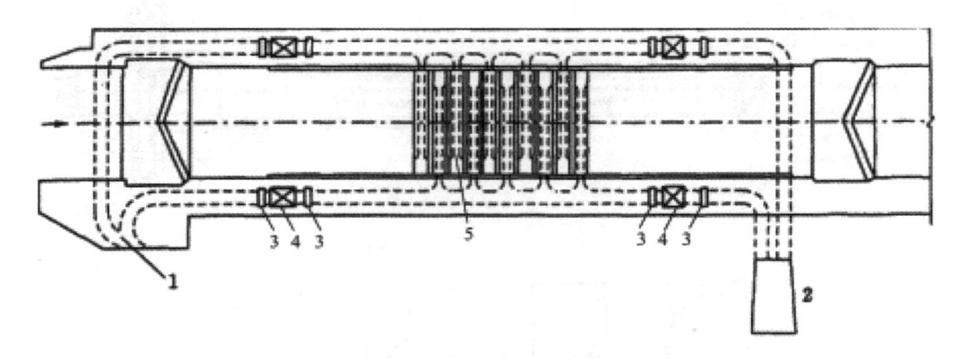

1—旁侧进水口;2—旁侧泄水口;3—检修闸门井;4—工作闸门井;5—横支廊道

图 6.8.6 闸墙长廊道闸室中部横支廊道输水系统平面示意图

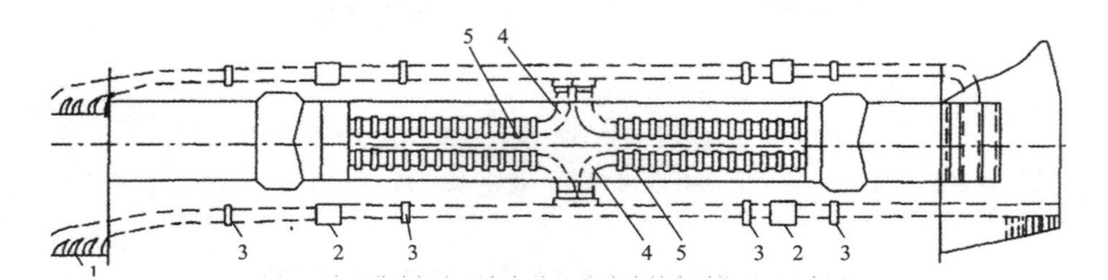

1—输水廊道进水口;2—工作闸门;3—检修闸门;4—2 区段分流口;5—闸室底板出水口

图 6.8.7 水平分流闸底纵支廊道 2 区段出水输水系统平面示意图

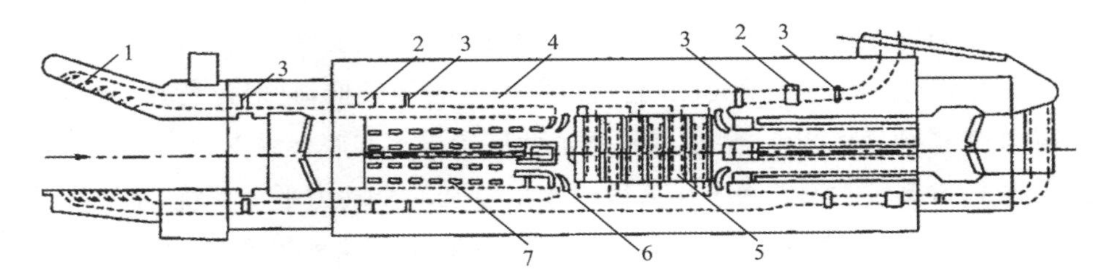

1—输水廊道进水口;2—工作闸门;3—检修闸门;4—纵支廊道;5—横支廊道;6—分流口;7—闸室底板出水口

图6.8.8 闸底纵横支廊道3区段出水输水系统平面示意图

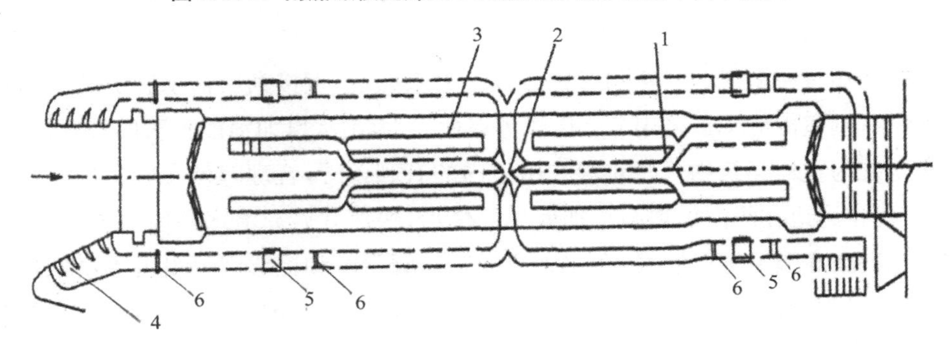

1—第一分流口;2—第二分流口;3—纵支廊道;4—输水廊道进水口;5—工作闸门;6—检修闸门

图6.8.9 立体分流纵支廊道4区段出水典型等惯性输水系统平面示意图

(2)输水系统选型

为了经济合理地选择分散输水系统类型,从水力学角度,首先需考虑影响选型的输水时间、设计水头这两个最主要因素,按式(6.8.1)可初步选定分散式输水系统的类型:当$m>2.4$时,采用第一类分散输水系统;当$1.8\leqslant m\leqslant 2.4$时,采用第二类分散输水系统;当$m<1.8$时,采用第三类分散输水系统。

分散输水系统选型,除考虑水力学因素外,还要综合考虑闸室有效尺寸、闸室结构布置、船闸所在地的地形和地质条件、工程投资等因素,才能最终确定适合工程各方面特点的分散输水系统类型。

如葛洲坝水利枢纽的1号和2号船闸,闸室有效尺寸分别为280m×34m×5.5m和280m×34m×5m(长×宽×槛上最小水深),输水阀门最大工作水头均为27m,设计输水时间12min,但两者输水系统的布置类型并不相同。2号船闸位于葛洲坝三江,船闸位置的基岩面较高,重点比较了底板纵支廊道4区段出水和底板纵、横支廊道3区段出水两种布置类型。经水力学试验及分析表明,其船闸输水时间和闸室停泊条件均能满足设计要求。4区段出水输水时间可缩短1~1.5min,但分流口形状复杂,施工有一定难度;沿船闸中心线方向的中支廊道断面高度较大,需降低基岩面开挖高程,岩石开挖和混凝土工程量较大。3区段出水的分流口形状相对较简单,便于施工,而且闸室纵向支廊道断面高度较小,能适应较高的基岩面,岩石开挖和混凝土工程量较小;同时,由于施工工期紧迫,在详细水力学试验前已按3区段出水布置先行施工，因此，最后采用了底板纵、横支廊道3区段出水的输水系统布置类型。1号船闸位于葛洲坝大江，船闸位置的基岩面较低，针对此特点，重点比较了深水垫底部纵支廊道两区段出水、底板横支廊道两区段出水和底板纵支廊道4区段出水3种不同的等惯性输水系统类型。由于4区段出水属复杂的全动力平衡系统，水流在闸室内分配相对最均匀，同时考虑到将要修建的三峡船闸也准备采用这种类型，为了给三峡船闸提供实践经验，最后采用了底板纵支廊道4区段出水的输水系统布置类型。

三峡船闸总水头113m，级间最大水头45.2m，远远超过了目前世界上已建大型单级船闸的最高水头。满足船闸充(泄)水时间、闸室停泊条件和输水廊道及阀门设备运行安全要求的超高水头输水系统，是三峡船闸水力设计需要解决的关键技术问题。

三峡船闸通过在每线船闸两侧对称布置主输水廊道，直接利用输水廊道和阀门进行充(泄)水、补水，闸室内的廊道采用分4区段等惯性出水，出水口加消能盖板的布置形式，利用船闸输水系统与主体建筑物分开布置在山体内的有利条件，合理降低在阀门部位主廊道的高程，并采用主廊道在阀门后顶渐扩加底扩的体形，快速开启充泄水阀门封闭检修阀门井，在阀门门楣和在底槛上进行通气，在主廊道的工作阀门段和检修门段设置不锈钢板衬砌保护，输水阀门采用全包式支臂和面板的反向弧形门，阀门面板采用不锈钢复合钢板等技术措施，较好地解决了超高水头船闸水力学问题。

6.8.2.2 高水头船闸输水系统相关的问题

(1)船闸输水时间问题

船闸从船舶快速通过的角度看，闸室输水时间越短越好，但输水时间长短受输水系统设计水平制约。在同样的阀门工作水头和船闸规模的条件下，缩短输水时间，将增加单位时间内水体运动伴随的能量，导致水流对船舶作用力增大，表现为闸室内船舶系缆力加大，停泊条件变差。同时，缩短输水时间将增大输水的流量和流速，导致阀门段廊道水流压力降低，若压力降低过大，将有可能发生空化甚至空蚀破坏，空泡溃灭产生的能量作用于输水阀门，又会引起阀门及其相连的设备振动，影响阀门的安全运行；该能量也将引起阀门段廊道的振动，恶化廊道结构的工作条件。另外，过高的流速也加速廊道过流面混凝土的冲磨损坏。所以船闸输水时间的缩短不是无底限的，过度缩短输水时间不仅增加工程投资，而且影响船闸的安全运行。船闸输水时间主要根据规划的船闸通过能力计算确定输水时间。船闸输水系统设计中，要妥善处理好缩短输水时间与满足闸室停泊条件及阀门工作条件之间的关系，综合分析解决，以达到矛盾的统一，从而设计一个水力学指标优良，运行安全可靠而又经济合理的输水系统。但一般认为，船闸输水时间长短是反映输水系统优劣的一个重要指标，在可能的条件下，应尽可能缩短输水时间。葛洲坝工程三座船闸的输水时间1号、2号船闸为12min，3号船闸为8min。运行实践表明，三座船闸输水时间是合适的，满足了船闸设计通过能力的要求。根据目前船闸设计的经验，对中等水头的大型及中型船闸，合理输水时间一般为8～12min；对水头高的大型船闸输水时间，可延长至15min。三峡双线五级连续船闸中间级最大水头达45.2m，根据水力学试验，采用快速开启阀门，对提高空化数有利，2min开启阀门能满足运行要求。

(2)船闸闸室停泊条件问题

船闸闸室水流流态直接影响船舶在闸室内的安全停泊。高水头船闸输水廊道水头较高，进入闸室水流能量较大，需采取消能措施改善水流流态，使闸室水面平稳，为船舶创造良好的停泊条件。闸室输水无论是集中输水还是分散输水，在船闸的充水、泄水过程中，水流对闸室内船舶的动水作用力表现为波浪力、流速力和局部力。对于不同的输水系统，力的成因不尽相同，大小也不一样，在不同的输水阶段，各力所处的主导地位也不同。葛洲坝三座船闸输水系统均采用分散式布置类型：1号船闸为闸室底部纵支廊道4区段顶部出水的等惯性输水系统，2号船闸为闸室底部纵、横支廊道侧向3区段出水的等惯性输水系统，3号船闸为闸室底部纵支廊道顶部2区段出水的等惯性输水系统。对于分散式输水系统，在闸室较大范围内布置输水系统出水孔，并对出水水流采取消能措施。1号船闸在出水支廊道顶部出水孔顶设消能盖板，2号船闸在出水支廊道两侧的出水孔设明沟消能，3号船闸在出水支廊道顶部出水孔上方设带裙梁的消能盖板，使水流充分消能后，分散地、比较均匀地进入或泄出闸室，以满足船舶停泊的水流条件。闸室停泊条件除了与输水系统类型及布置、输水阀门开启时间、开启方式有关外，还与船舶的大小、编队方式以及船舶在闸室内的停靠位置、系缆方式有关，葛洲坝三座船闸通过水工模型试验，判定船舶停泊条件。三座船闸采用分散式输水系统，在输水过程末期，当水位齐平时，由于水流的惯性作用，在闸室稳定水面上下产生的波动即为闸室水体的惯性超灌或超泄，这种波动水体将使人字闸门承受较大的反向推力。1号船闸超灌(超泄)值约1.1m，超过规范0.25m的允许值。若人字门被反向水头推开，将恶化闸室内船舶的停泊条件，还可能导致水体涌入启闭机房，影响船舶安全。针对闸室超灌(超泄)问题，采取提前关闭输水阀门的措施：在闸室水位齐平时，提前动水关闭输水阀门，以减小惯性水流的流量；在人字闸门前后水平时开启人字门，使人字门开启过程中的超灌(超泄)值控制在0.2m以内。提前关闭输水阀门操作程序的关键是确定提前关闭输水阀门时的剩余水头和关闭过程上启闭机停机时输水阀门的剩余开度，通常可根据船闸的水头和规模以及设计输水时间，通过水工模型试验取得初步数据，并在原型上进行验证后确定。葛洲坝工程1号船闸在提前动水关闭阀门的条件下，充水时间为9.8min，其中阀门运行时间为8.6min，占充水时间的88%，这说明整个充水过程中，输水廊道断面没有得到合理有效利用。2号船闸运行时间占充水时间的49%，3号船闸阀门运行时间占充水时间的30%。分析输水廊道断面未有效利用的原因，主要是充泄水时间原型观测值比模型试验值缩短11%～18%，最大充泄水流量原型比模型增大10%～18%，流量系数原型比模型增大13%～18%，这主要是由于原型和模型糙率不相似，使得模型输水系统总阻力系数大于原型。综合分析输水系统各项水力学特征看，输水廊道尺寸偏大，流量系数大，输水效率高，导致充泄水位齐平后的超灌超泄值偏大，致使模型试验成果偏于不安全。为此，长江科学院针对模型与原型的糙率和雷诺数Re不相似问题，研究了兼顾Re和糙率两方面因素校正沿程阻力系数的统一校正法和复杂式分散输水系统闸室出水孔阻力系数校正法，借助该方法可提高船闸水力设计精度。三峡双线五级连续船闸闸室出水廊道采用四区段等惯性长廊道分散出流布置，闸室出水均匀，顶部出口孔盖板消能效果较好，在最大水头、流量的条件下，闸室水面平稳，船舶(队)系缆力可以满定设计要隶，闸室有良好的停泊条件。采用提前关闭输水阀门的措施，能使闸室超灌、超泄人字闸门前后的水头控制在 20cm 以内，满足人字闸门及其机械设备安全运行的要求。

(3)闸室防止泥沙淤积及减淤措施问题

船闸输水系统充水时，含沙水流进入闸室，在船舶通过船闸的间歇时间里，泥沙在闸室中沉积，输水系统泄水时不能将全部泥沙挟带出闸室，部分泥沙就沉积在闸室内，直至冲淤平衡。葛洲坝工程三座船闸的泥沙淤积观测资料表明，泥沙淤积的部位，一般分布在闸室无出水孔和流速较小的区域，1 号船闸淤积量最大，2 号船闸次之，3 号船闸淤积最少。三座船闸的平面尺寸、输水系统布置类型不同，具体的淤积部位也不同。3 号船闸闸室仅在上闸首帷幕墙下边角部位有少量的泥沙淤积，其原因在于分流口段虽然无出水孔，但所占闸室长度较短，左右两支廊道间，支廊道与闸墙间的距离较近，受输水系统充水及泄水水流流速冲刷影响较大，泥沙停留不住，基本都被泄水水流带走。2 号船闸在闸室内采用纵横支廊道布置类型，纵横支廊道侧向出水，廊道顶部较宽，分别为 6.9m 和 3.7m，充水及泄水时水流流速不能直接冲刷廊道顶面，所以在上闸首帷幕墙下和纵横支廊道的顶部均有较多泥沙淤积，纵支廊道淤积泥沙最多。1 号船闸闸室内的出流方式采用 4 区段 8 分支廊道等惯性布置类型，充水时出水方式与 3 号船闸相似，但 1 号船闸闸室宽度为 3 号船闸闸室的 1.89 倍，第一、第二分流口段长度 24m，无出水孔部位占闸室的长度较长，左右两支廊道间以及支廊道与闸墙间的距离较大，因此在分流口段、船闸中心线附近、两侧闸墙附近，以及上闸首帷幕墙下，均有较多泥沙淤积。此外三座船闸下闸首门龛附近的泥沙都比上闸首门槛区的泥沙多，因此除闸室充水时落淤外，当船闸闸门在有反向水头的情况下开门时，下游浑水进入闸室，浑水中的泥沙同样在此处沉积。人字门梁格内的泥沙淤积主要发生在下闸首人字门上，三座船闸在人字门梁格内都有较多落淤，特别是冲沙闸冲沙时，高浓度的悬移质泥沙在这些梁格中很快沉积并板结；而上闸首人字门梁格内泥沙淤积很少，其原因是输水系统泄水后梁格全部露出水面，船闸输水系统充水及泄水时闸室水面升降对泥沙有冲刷作用，大部分泥沙被水流带走。

葛洲坝工程三座船闸闸室泥沙淤积观测资料表明，除水流中挟带泥沙是闸室淤积的先决条件外，闸室内泥沙淤积量的多少，还与输水系统布置、闸室平面尺寸的大小、船闸在枢纽中的位置、枢纽冲沙建筑物的运行情况等因素有关。在这些因素中，船闸输水系统的布置类型与闸室泥沙淤积的关系尤为密切。对 4 区段 8 分支廊道的输水系统布置，第一、第二分流口段，上闸首帷幕墙下、下闸首门龛附近均无出水孔，泥沙淤积最多，呈“沙丘”形；相对于上述区域，船闸中心线附近及两侧闸墙边的条带状泥沙淤积受输水系统充水及泄水时水流扰动影响较大，泥沙淤积量相对较少。船闸闸室防止泥沙淤积及减少淤积的最有效措施是通过闸室输水系统出水支廊道布置，在闸室充水及泄水过程中使上述泥沙淤积部位形成一定流速，减少泥沙沉积。闸室输水系统出水支廊道及出水孔的布置，在不恶化闸室船舶停泊条件的前提下，尽量使出水支廊道向无出水孔区域延伸，并在上面增设出水孔，所增出水孔的密度、出水孔方向及顶部消能盖板尺寸，既能满足闸室冲淤需要，又不致恶化闸室停泊条件的要求，必要时可结合船闸水工整体模型试验确定。从防止闸室泥沙淤积考虑，纵支廊道顶部出水孔布置类型优于纵支廊道侧向明沟出水类型。为解决下闸首闸门后底槛泥沙淤积，可在靠近闸门门体的底部设置冲淤设施，在闸室高水位以下门体面板中部开孔，向门后闸门底部架设在管口设控制阀的管路，再在底部沿门轴线方向水平布置带嘴的冲淤管。根据需要在闸室输水系统开始泄水时打开控制阀，利用闸室与下游之间的水位差，在底部向下游形成射流，清除底槛上淤积的泥沙。这种冲淤装置简单，运行方便，冲淤效果好。人字闸门梁格内的减淤措施可考虑在不影响人字闸门结构安全的前提下，尽可能在梁格之间的腹板上多布置漏水孔，当闸室水位下降时，使进入人字闸门梁格内的泥沙随同下漏水带走。当梁格内的泥沙淤积接近设计考虑的重量时，通常可利用多功能清淤船进行清淤。

船闸闸室各部位产生泥沙淤积的原因及对船闸运行影响的程度不尽相同，不可能采取单一措施解决闸室泥沙淤积问题，必须对淤积泥沙分别采取防、减、清的综合措施，才能既有效又经济地解决船闸闸室泥沙淤积问题。

6.8.2.3 高水头连续船闸输水系统进水口及出水口布置问题

(1)进水口布置

进水口布置首先根据闸前引航道水域面积不大，闸室充水流量的大小，考虑进水口布置在引航道内还是布置在引航道外，即所谓采用正向取水还是侧向取水。无论哪种布置类型，由于分散输水系统的船闸输水时间相对较短，自引航道取水的进水口流量大、流速高，进水口均应布置为流线型，其周边要修圆，以改善流态，减少水力损失，提高输水效率。进口顶部的淹没水深一般大于0.4倍的设计水头，同时还要考虑进口处水面的局部降落。进口的最大断面平均流速一般不大于2.5m/s，以避免产生吸气漩涡进入闸室，影响闸室船舶的停泊条件。但是当进水口淹没水深较大时，其最大断面平均流速也可适当提高。如乌江上的彭水枢纽船闸，双侧阀门运行，其开启时间6min时上游进水口最大断面平均流速达2.91m/s，相应的淹没水深为16.5m。水工整体模型试验结果表明由于上游进水口淹没水深大，进水口水流条件良好，水面平稳，上游引航道水流条件较好。

建在多沙河流上的船闸的进水口，特别是与大坝枢纽建在一起的船闸进水口，需考虑防淤问题，其高程不能太低，以避免大量泥沙进入进水口和闸室，降低输水效率，造成闸室泥沙淤积；同时高含沙量的高速水流也会造成输水阀门和输水廊道混凝土表面磨损。

常见的进水口布置有闸首边墩及槛上多支孔进口、导墙内多支孔进口、引航道底部横支廊道进口和全部旁侧取水的单进口等几种类型。

1)闸首边墩及槛上多支孔进口。这种类型的进水口布置在闸首范围内，进水口分布面积有限，取水时水流较集中，易形成较强进口漩涡，特别当水头较高时，不易满足引航道内的通航水流条件。因此这种布置类型一般适用于水头较低的第一类分散式输水系统，见图6.8.10。

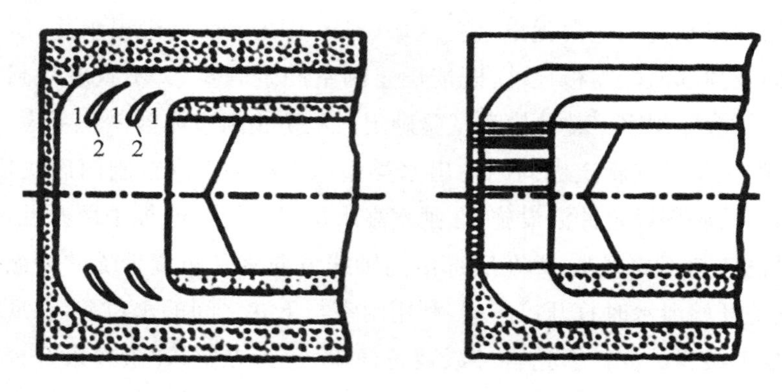

(a)闸首边墩侧向多支孔进水口　(b)槛上正面和顶面格栅型进水口

1—进水口；2—分流隔墩

图6.8.10　多支孔进口平面示意图

2)导墙内多支孔进口。导墙内多支孔进口，分在导墙一侧设多支孔进口和在导墙内外两侧均设多支孔进口两种类型，见图6.8.11。当都为引航道内取水时，后一种布置较前一种布置的进水口在引航道内的取水量减少，有利于改善引航道内进水口流态，但进水口段前的导墙要有适当的衔接。为了使各支孔进流量均匀，各支孔的喉部面积顺水流方向应逐个递减，而支孔进口一般采用等间距、等面积布置。该种进水口较闸首边墩和闸槛上进水口类型的水流分散，可显著地改善进水口水流条件，能适应取水流量较大的分散式输水系统。但这种进水口的淹没水深要求较大，结构相对较复杂，造价较高。

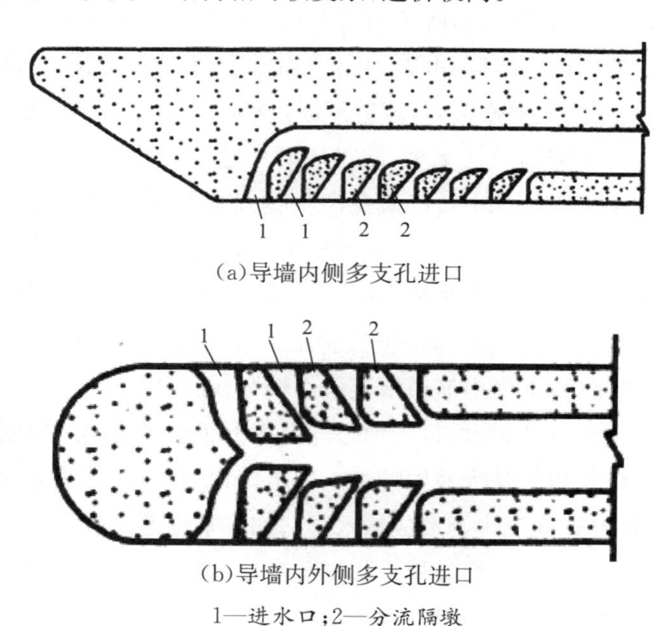

(a)导墙内侧多支孔进口

(b)导墙内外侧多支孔进口

1—进水口；2—分流隔墩

图6.8.11　上游导墙多支孔进口平面示意图

导墙内进水口布置在导墙的内侧或外侧，相应地，引航道的取水方式有全引航道内取水、全引航道外取水和在引航道内、外都取水等几种。具体采用何种布置，需考虑充水时非恒定流对引航道水流的影响和进水口附近局部水流的流态并结合工程的其他条件确定。对于水头较高的第二类和第三类分散式输水系统，在有条件的地方，应优先考虑采用部分或全部旁侧取水的布置。

葛洲坝 2 号船闸的进水口研究过主、辅导墙内外侧均取水的进口布置，和主导墙一侧在引航道内取水、辅导墙一侧在外侧取水的进口布置，以及主、辅导墙均在引航道内侧取水的进口布置。主、辅导墙双向多支孔取水布置，辅导墙外侧为冲沙闸，冲沙时为回流淤积区，可能淤塞进口，主导墙外侧紧临防淤堤，水域有限，不宜布置进水口，所以没有采用；主导墙一侧在引航道内取水、辅导墙一侧在外侧取水，进口流态最好，但同样由于主导墙外侧是冲沙闸，冲沙时可能淤塞进口，也没有采用；考虑船闸闸室宽度较大，辅导墙 25°外扩后主、辅导墙间距更大，最后采用了在主、辅导墙内侧各 6 孔取水的进口布置。每个孔宽 4.5m，高 7m，中心距 7m。对这种进口布置，要特别注意辅导墙端部的设计，如果辅导墙端部至最上游端进水口的距离过短，由于辅导墙外侧流向进口的水流绕流长度缩短，会导致在端部附近有时形成大串心漩涡。2 号船闸采用在辅导墙端部两侧用斜线延长 4m 再用中 1m 半径的圆弧连接顶端的方法，消除了串心漩涡。模型试验成果表明，由于采取进水口喉部宽度从上游向下游方向逐渐缩窄的布置，各孔进流基本均匀，流速小，最大流速为 1.9m/s（靠上闸首侧）。在 1981 年对 2 号船闸进行原型观测时，进水口淹没水深达 8m，观察到进口处产生漩涡，直径 2m，深约 1m；在 1983 年观察时，进口淹没水深增加到 11m，达到设计最小淹没水深，闸室充水过程中水面平稳，未发现漩涡。

葛洲坝 1 号船闸的进水口选型，是在 2 号船闸试验的基础上进行的。其辅导墙外侧为大江冲沙闸，主导墙外侧为大江防淤堤，出于同样的考虑，采用了与 2 号船闸类似的主、辅导墙内侧各 5 孔取水的进口布置。二者喉部面积与主廊道面积比相同，单个孔口尺寸也相同，但孔中心距 7.5m。模型试验成果表明，各孔进流基础均匀，最大流速为 3.2m/s（靠上闸首侧），见图 6.8.12。

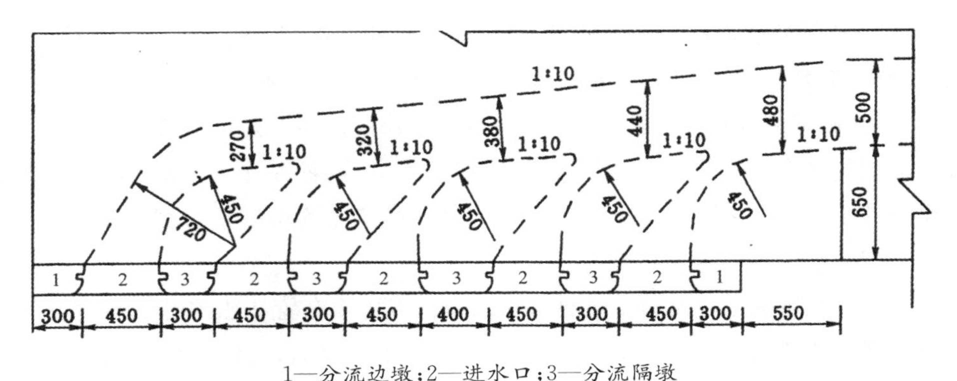

1—分流边墩；2—进水口；3—分流隔墩

图 6.8.12 葛洲坝 1 号船闸上游进水口平面示意图（单位：cm）

葛洲坝3号船闸闸室宽度较小(12m宽),主导墙外侧为土石坝边坡,辅导墙外侧紧临三江冲沙闸,采用在主导墙内侧和辅导墙外侧各4孔取水的进水类型。每个孔宽2.5m,高4m,中心距3.5m。为了尽可能地减小冲沙闸过流时对进水口的不利影响,辅导墙进水口底部高程较冲沙闸底板过流面高4m。1981年原型观测时,进口顶部淹没水深为9m(设计最小淹没水深12m),闸室充水过程中,进口附近流态较好,无漩涡现象。

3)引航道底部横支廊道进口。当引航道较宽时,采用这种类型较合适。这种类型的特点是利用引航道内较广阔的水域,垂直于引航道轴线布置进水廊道,沿引航道宽度分散布置侧向进水口,这样可获得较分散、均匀的进流。为了减小进流阻力,提高充水效率,廊道两侧进水口可错开布置。但要保证进水口淹没水深满足通航水流条件要求,因此一般是在引航道底部下挖形成进水廊道。这种进水口可用于水头高、取水量大的船闸,见图6.8.13。在多沙河流上采用这种类型进水口时,要注意进水口的防淤问题,可使进水廊道两侧进水口距廊道底板一定高度,以防止推移质泥沙进入进水口;同时使进水廊道断面沿进流方向逐渐扩大,以保证廊道中各断面流速大于泥沙启动流速,使泥沙不至于在廊道中停留。三峡双线五级船闸的上游进水口选定这种类型,见图6.8.14。在研究三峡船闸进水口廊道段的防淤性能时,使用了两个指标:一个是廊道典型断面流速值,用该值反映冲淤能力,该值越大冲淤能力越强,即如果在某些工况下廊道内产生了淤积,若经常出现的工况中某一流量段该值较大,则能使已淤泥沙被水流带走;另一个是各进水口流速(均值)与紧跟其后的典型断面流速的比值,用该值反映带沙能力,该比值越小,表明从进水口带入的泥沙通过廊道被带走的可能性越大,即进入廊道内的泥沙沉降下来的可能性越小。在研究过程中还发现,应控制进水口总面积不要太大,这样有利于使各进水口进流均匀,并可较大程度地提高廊道内的最小断面流速,也有利于冲淤,但同时也会使进水口段廊道阻力大幅上升,使船闸的充水时间延长,因此要综合考虑进流均匀性、冲淤能力和充水时间的相互影响,确定进水口和廊道断面尺寸。三峡船闸的单支廊道进水口总面积为与进水口廊道段相衔接输水廊道断面积的1.25倍;“一字形”廊道末端断面积与首端断面积比值为2.625;进水口面积首端与末端比值为4;为了提高输水效率,进水口边缘进行了修圆。模型试验验证结果表明,单支廊道进流量约137m^3/s时,“一字形”廊道前4对进水口(靠廊道最小断面端)流量之和与后4对进水口(靠廊道最大断面端)流量之和的比值为0.92,进水口最大流量与最小流量比值为1.4,表明进流量基本均匀;廊道断面最小流速1.15 m/s(廊道最小断面附近),按上游引航道中泥沙起动流速标准可满足廊道中不发生泥沙淤积要求,各进水口流速(均值)与紧跟其后的典型断面流速的比值为1.1～1.5;各进水口正前方0.5～1m处流速均可满足过栅流速小于3m/s的设计要求。

4)全部旁侧取水的单进水口。这种进水口全部或主要布置在船闸的引航道以外。当多线船闸或船闸与升船机共用引航道,或采用上述类型的进水口,无法满足引航道内的通航条件时,可考虑采用这种布置。这种进水口除了要满足进水口一般布置要求外,还要求在进水口处有一定的水域面积,进水口一般做成喇叭形,以避免产生严重的进口漩涡。

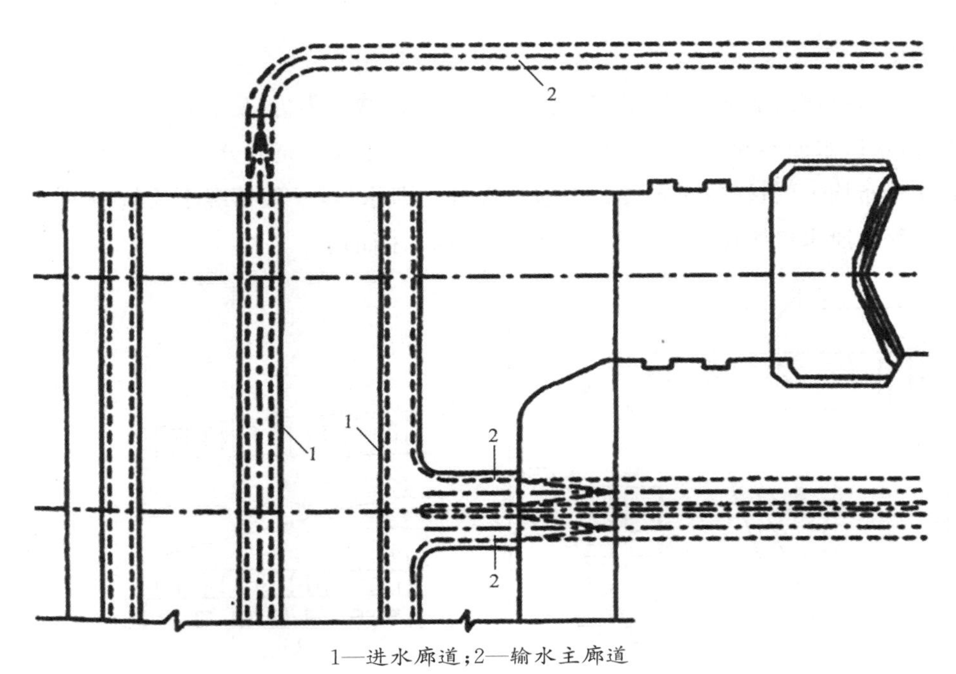

1—进水廊道；2—输水主廊道

图 6.8.13 双线船闸上游进水口平面布置之一

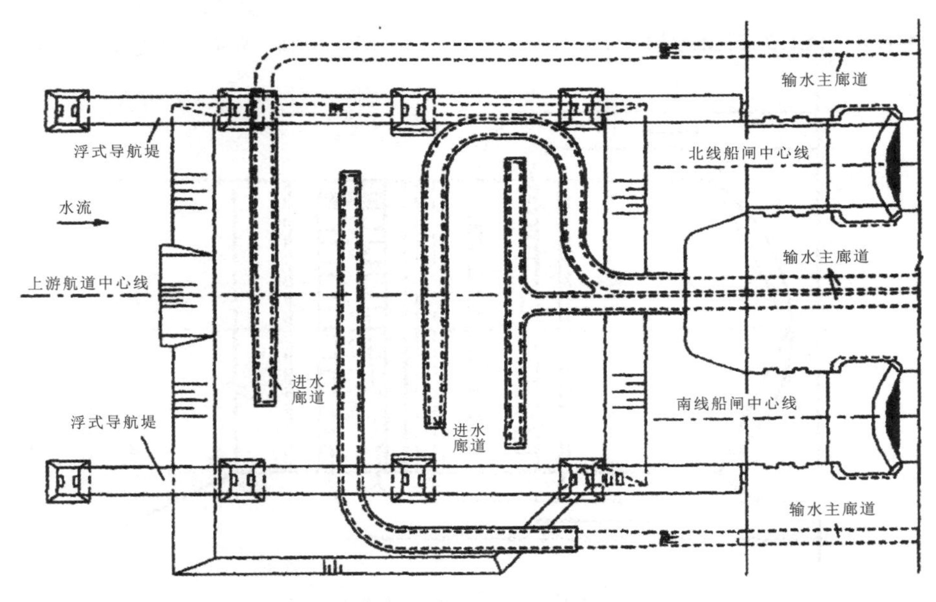

图 6.8.14 双线船闸上游进水口平面布置之二

(2)出水口布置

输水系统下游出水口的布置类型，与上游进水口的布置基本相似。按泄流部位的不同，出水口布置可分为全部泄入引航道、全部旁侧泄入下游河道和部分泄入引航道、部分旁侧泄入下游河道 3 种。比较常见的有闸首边墩及槛上多支孔泄水口，见图 6.8.15；导墙上多支孔泄水口，见图 6.8.16；引航道底部横支廊道泄水口，见图 6.8.17；旁侧泄水的集中泄水口等几种类型。

布置在引航道内的泄水口，也应有良好的线形，以减小阻力，提高输水效率，要求在泄水过程中，泄水口水面不脱顶，不出现远驱式水跃，应能使水流充分分散，减弱紊动，达到引航道内流速分布均匀的目的；对布置在引航道以外的泄水口，一般情况下无统一的规定，主要视不同工程对泄水口所在主河道泄水区域的具体要求而定。

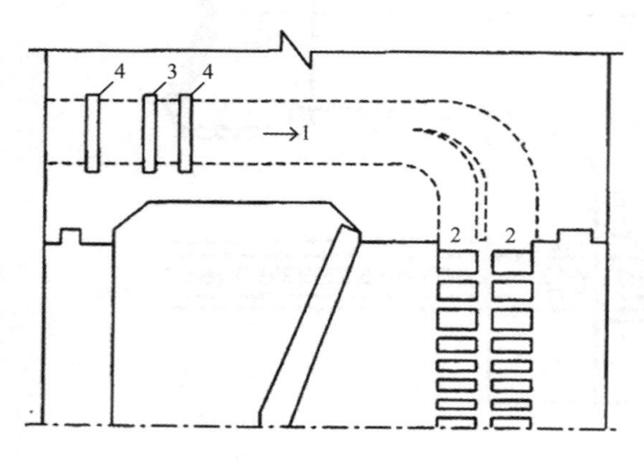

1—泄水廊道；2—泄水孔口；3—工作闸门；4—检修闸门

图 6.8.15 槛上多支孔泄水口平面示意图

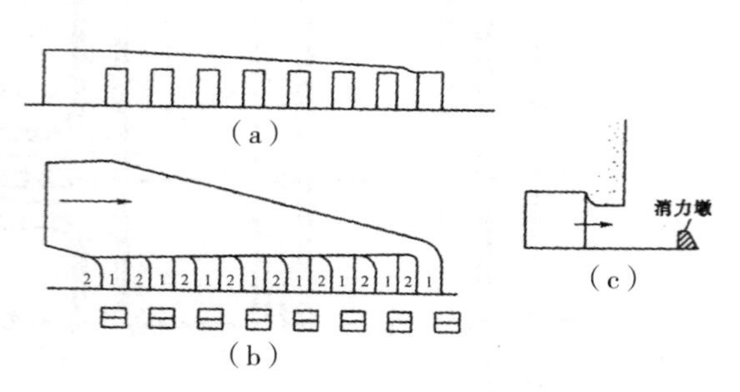

(a)立面图；(b)平面图；(c)泄水口横剖面图

1—泄水孔口；2—消力墩

图 6.8.16 导墙上多支孔泄水口示意图

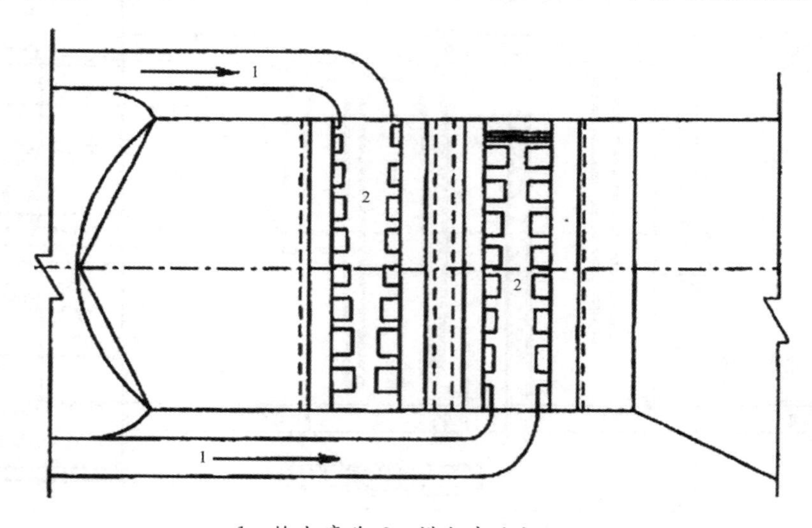

1—输水廊道；2—横支廊道出水口

图 6.8.17 引航道底部横向支廊泄水口平面示意图

全部泄入引航道的泄水口布置，受引航道宽度和水深的限制，对高水头大型船闸来说，引航道内的通航水流条件很难满足要求，对此需考虑采用部分或全部旁侧泄水的布置类型。

全部旁侧泄水的泄水口布置，船闸泄水对下游引航道的通航水流条件不会产生不利影响，但当下游引航道较长时，泄水口与下游引航道口门间会有一定距离，河流水面的纵向比降导致两点间存在一定的水位差，在闸室泄水结束时，下闸首闸门两侧的水位会出现不能齐平的现象，影响闸门的开启。对下闸首闸门前后剩余水头较大的情况，在布置上通常采用的工程措施是在下闸首上增设一套由闸室直接向引航道泄水的辅助泄水系统，即采用所谓的主要旁侧泄入下游主河道、部分泄入引航道的布置类型，在关闭主泄水阀门后，通过辅助泄水系统继续向引航道泄水，消除闸室内的剩余水头，以保证闸室与引航道之间齐平；也可利用在泄水末期水流惯性产生的超泄水头，通过提前关闭泄水阀门或提前打开下闸首闸门的方法，消除在闸门前后水位不能齐平、影响闸门开启的问题。

三峡船闸第五级闸室在泄水阀门设计水头22.6m条件下同时向下游引航道泄水，引航道内将产生近2m高的涌浪，无法满足引航道内船舶(队)航行、停泊和升船机承船厢内设计允许超载水深的要求，因此船闸输水系统采用了旁侧泄水方式，即每线船闸的两条输水主廊道在第六闸首下游合并为一个9.6m×9.6m的泄水箱涵，两条泄水箱涵平行布置在引航道底部，穿过下游隔流堤，将水体直接泄入长江。为了消除由于泄水箱涵出口与下游引航道口门之间的水力坡降引起的第六闸首人字门前后的水位差，每线船闸在第六闸首布置了一对环绕闸首的辅助泄水短廊道，两侧短廊道在门龛段沿闸室宽度方向分散布置顶部取水孔；在人字闸门后的底板内横跨航道分散布置短廊道的泄水孔。在泄水末期，通过短廊道辅助泄水，保证人字门前后水位达到齐平(图6.8.18)。

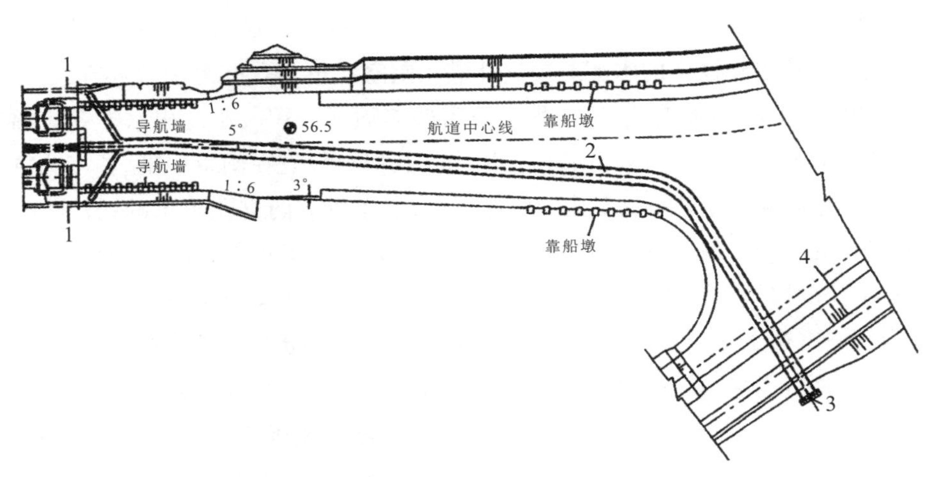

1—辅助泄水廊道；2—泄水箱涵；3—泄水箱涵出口；4—下游隔流堤

图6.8.18　三峡船闸下游泄水箱涵平面布置示意图

6.8.2.4　高水头连续船闸输水系统输水廊道布置

(1)输水主廊道布置

输水主廊道是船闸输水系统中连接上游进水廊道、闸室输水支廊道，以及下游泄水廊道的主干。主廊道布置的位置，可以在闸室底板内，也可在闸墙内或采用隧洞布置在两侧闸墙以外的山体内。

阀门段主廊道布置高程，需根据船闸的规模和水头大小，通过计算，按照不小于阀门要求的最小淹没水深确定。

主廊道的断面面积，根据闸室输水水体的大小和要求的输水时间确定。通常以阀门处孔口断面作为基准，为改善输水系统的水力条件，在阀门前后的主廊道断面一般取为阀门处孔口面积的1.3倍。布置主廊道时，阀门段输水廊道在阀门后最低通航水位以下要有一定淹没深度，输水阀门前廊道要有一定长度的平直段。在该平直段以前的廊道过渡段，在平面上可向两侧扩大，在立面上可向顶部扩大，坡度一般不大于1∶4，以避免水流的过度偏转导致阀门段水流流态紊乱，压力降低。阀门后的廊道体形有在门后不扩大且设置一定长度的平段、在门后顶部逐渐扩大和在门后上下乃至四周突然扩大3种，一般根据船闸的水头大小、阀门工作条件，结合已有工程的经验进行选择，在必要时结合对输水系统布置的进一步优化，通过模型试验验证后确定。当采用顶部渐扩时，坡度一般为1∶10～1∶12。在工作门上游的检修阀门井，基本可按门槽结构的受力要求进行布置，下游检修阀门井与工作阀门井的距离一般应大于廊道高度的3倍，避免距离过近使下游检修门槽处于阀门后水流漩滚低压区，直接受水流冲刷，导致门槽的蚀损，并在该处廊道出现负压时造成过量空气通过门槽随水流进入闸室，恶化闸室的停泊条件，对此，在必要时还需将检修门井封闭。

(2)旁输水系统闸室出水支廊道布置

1)第一类分散式输水系统

该分散式输水系统的纵向输水主廊道位于闸墙内，直接在输水主廊道上设置短出水支孔与闸室连通，输水主廊道中的水流经短支孔进入闸室。短支孔有两种布置方式：一种是数目较少而断面积较大的出水支孔；另一种是数目较多而断面积较小的出水支孔。前者施工较简单，后者出流的均匀程度较前者要好。出水支孔段一般设在闸室中部，长度为闸室长度的1/2～2/3。闸墙两侧廊道的短支孔一般错开布置，相对应两支孔出水的射流边界允许少量交叉，短支孔的间距一般为闸室宽度的1/4。出水支孔一般布置在下游最低通航水位时的设计船舶吃水深度以下。位于出水孔段前1/3的支孔，一般在其出口处设三角形消力槛或消力塘。当闸室富裕水深小于支孔间距的1/2，支孔出流可能影响船舶安全时，要在全部出水孔外设置消力槛，当水头较高时应设消力塘或从4个方向出水的分流罩，并应通过模型试验验证。短支孔沿孔中水流方向的长度一般不小于其断面宽度或直径的2倍。矩形断面的短支孔宽高比一般为1∶1.5，支孔的进出口应修圆，支孔喉部后面的孔口扩大角以小于3°为好。喉部断面面积的选择与闸室宽度和起始水深有关，喉部断面总面积一般按主廊道断面面积的0.95倍采用。

乌江彭水水利枢纽船闸采用了这种类型的输水系统，在选择主廊道断面面积和短支孔控制断面面积时，特别注意了两个参数：一个是主廊道断面面积与阀门处廊道断面面积的比值(简称“α”)；另一个是短支孔控制断面总面积与主廊道断面面积的比值(简称“β”)。一般地，α值越大，输水系统出水孔段的损失越小；β值越小，越有利于各支孔出流均匀，但将增加出水孔段水头损失，延长输水时间，而且短支孔控制断面面积的选择还与闸室宽度和闸室起始水深有关。参考国内外已建船闸的工程经验，彭水船闸最终采用$\alpha=1.31$，$\beta=0.93$。根据彭水船闸闸室长宽比较小和短支孔断面总面积与主廊道断面面积的比值较小的特点，出水支孔采用等面积、等间距布置。考虑彭水船闸近期有小型船舶通行以及减少闸室泥沙淤积等因素，希望尽量增加闸室出水段长度，因此确定短支孔间距为3m，每侧布置15个出水孔，出水孔段总长度42m，占闸室有效长度的67%。两侧出水孔错开布置。我国多座船闸的试验研究表明，出水短支孔出口设置消力槛对调整闸室水力条件、弥补闸底富裕水深较小带来的问题具有明显作用，尤其对船闸单侧输水情况效果更佳。因此在闸室内距闸墙1.2m处每侧各设置了一道高0.25m、宽0.5m的消力槛，以改善船舶在闸室中的停泊条件。试验表明，在船闸双边阀门开启时，闸室内水流较平稳，闸室中线水面无壅高。在双侧阀门开启时间 t_v=6min时，500t级单船最大纵向、横向系缆力仅分别占相应允许值的35.5%和27.3%，停在闸室左、右闸墙边的船舶在水位上升过程中，基本无横向漂移，说明水流基本对称，横向出流均匀，达到了设计预期的效果。

2)第二类分散式输水系统

①底板长廊道短支孔(管)输水系统。闸底长廊道可以是单根或两根。当为两根时，一般在两根廊道间设连通管，以减小单侧阀门运行或双侧阀门不同步运行带来的出流不均匀的影响。其出水孔段一般设在闸室中部，长度为闸室长度的1/2～2/3。这种输水系统的出水孔(管)可以设在廊道顶部，见图6.8.17，也可以设在廊道的侧面，见图6.8.18。出水孔设在顶部的闸底廊道断面一般采用宽浅型，这样可减小底板结构厚度和基础开挖深度，同时增加闸室横向出水的宽度。顶部出水孔沿闸室宽度方向的长度，一般为闸室宽度的1/3～1/2，出水孔的上方应设消能盖板，以避免水流直冲船底，危及船舶安全，且使水流经盖板消能后，在闸室宽度方向分布均匀，减小水流的横向坡降。侧向出水孔一般设明沟消能，明沟的宽度一般为支孔宽度的5倍。

当两根廊道之间净距大于10倍支孔宽度时，在两根廊道之间一般需加设T形隔墙。设T形隔墙后，输水支孔可不交错布置。明沟消能布置见图6.8.19。

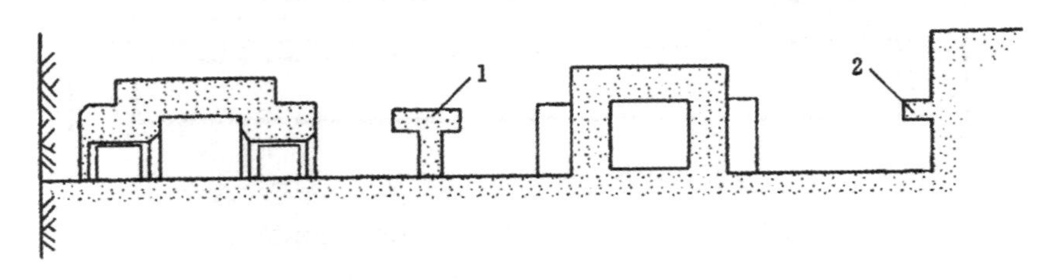

1—T形隔墙;2—挡板

图6.8.19 出水支廊道及明沟横断面示意图

②墙内长廊道闸室中部横支廊道出水。闸墙长廊道可以布置在一侧闸墙内，也可以布置在两侧闸墙，连接两侧长廊道的横支廊道要交错布置。无论是哪种长廊道布置类型，闸室中部横支廊道布置范围一般为闸室长度的1/3～1/2，根据过闸船舶尺寸大小，其布置范围可适当小些或大些。横支廊道上设侧向出水孔。

无论是闸底纵支廊道，还是横支廊道，其出水孔的布置都要使各支孔间水流均匀、平直。

廊道断面可分为等断面、阶梯形变断面和斜直线变断面 3 种，见图 6.8.20 和图 6.8.21。对于等高度阶梯形变断面的支廊道，其出水支孔总面积一般取支廊道进口断面面积的 1.2 倍，支廊道末端的断面面积一般为进口断面面积的 40%。葛洲坝 2 号船闸闸室横支廊道就是这种布置类型。

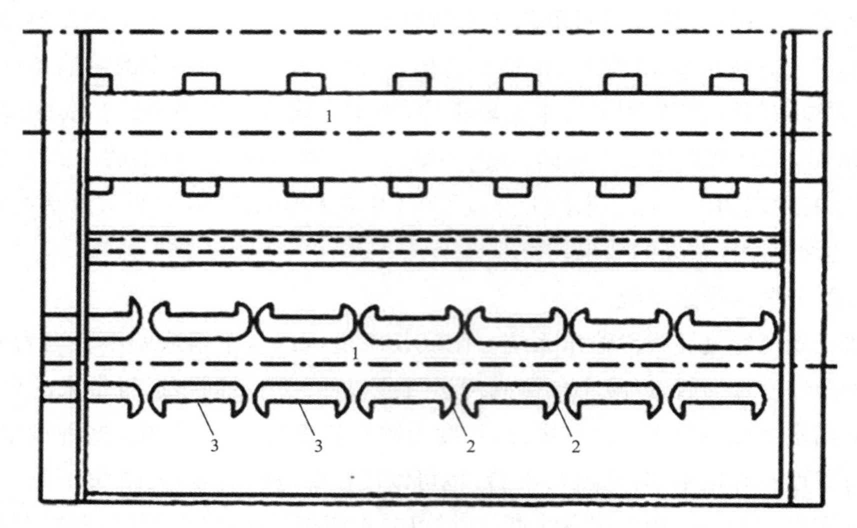

1—阶梯形变断面横支廊道；2—出水口；3—挡板

图 6.8.20 阶梯形变断面横向支廊道平面示意图

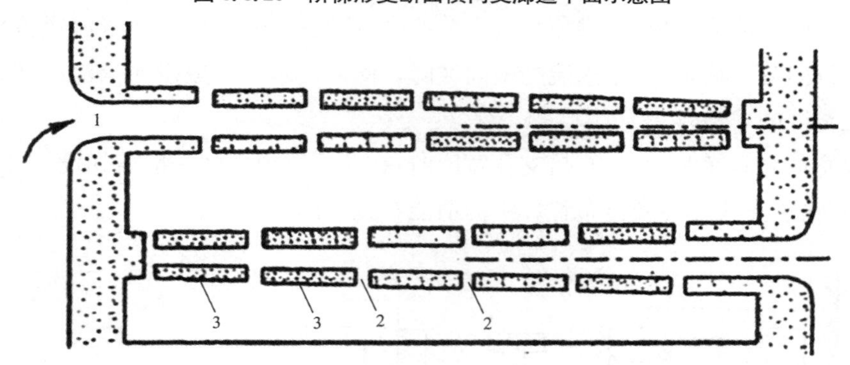

1—变截面横向支廊道；2—出水口；3—挡板

图 6.8.21 直线形变断面横向支廊道平面示意图

③闸底长廊道分区段出水。这种布置类型要求出水区段中心布置在闸室水体中心，各出水区段长度约占各区段闸室长度的 50%。根据闸室平面尺寸大小，可以有两种布置类型：

当闸室平面尺寸较小时，闸室底部可设 1 根宽浅型长廊道，廊道宽度应大于闸室宽度的 1/3，使水流在闸室宽度方向充分扩散。

当闸室平面尺寸较大时，闸室底部可设多根长廊道，如铁门船闸。该船闸闸室底部有 4 根长廊道。与船闸中心线对称布置的顶支孔上，设置了横贯闸室的横支廊道，横支廊道上设侧向出水孔。

闸首槛下长廊道输水，由于其廊道无需从闸墙经水平转弯进入闸室，所以沿闸室全宽度布置廊道较为方便，可以优先采用闸底廊道分区段出水布置。

④墙内长廊道闸室中心进口水平分流两区段出水。这种布置类型的水流经闸室中心进水口水平分流进入上、下半闸室，由布置在闸底纵支廊道形成两区段出流。在位于闸室水体中心处的闸墙长廊道靠闸室侧开一侧向孔，在该孔宽度的中心设垂直隔墙，即分流墩，形成水平分流口，使水流在平面上分上、下半闸室。分流口的断面可以比闸墙廊道的断面大。布置较好的水平分流口有下面两种类型：一种是葛洲坝 3 号船闸的水平分流；另一种美国新岸头船闸的水平分流口，见图 6.8.22。水平分流虽然布置简单，但水流经闸墙长廊道侧向的两个进口不同步进入闸室，受进口局部涡流的影响，易形成螺旋状水流，分流不稳定，使上、下半闸出流不相等，水体振荡，引起船舶系缆力增加，而且当水头较高时，分流墩处易发生空化。在闸室输水过程中，不能始终保证均匀稳定分流，因此其应用范围受到一定限制。分流口的分流墩位置、转弯半径的大小等对水流的均匀分配极为敏感，一般根据类似工程经验或通过水工模型试验确定。水平分流口上游边壁圆弧半径及分流墩位置随主廊道宽度不同而变化。葛洲坝 3 号船闸水平分流口上游边壁的圆弧半径为主廊道宽度的 0.6 倍，分流墩向闸室内缩进 0.06 倍主廊道宽度，分流口最小断面积为主廊道断面积的 2.33 倍。视闸室宽度大小，闸底在上(下)半闸室的纵支廊道可用一根或分开两根。为了适应单侧阀门开启或双侧阀门不同步开启，通过分流口两侧进入闸室的水流在纵支廊道之间最好贯通。两个出水区段的中心应分别布置在闸室长度的前、后四分点上，每一出水区段的长度一般为闸室长度的 25%～35%。纵支廊道的出水孔可采用顶部出水、盖板消能或侧向出水、明沟消能方式。

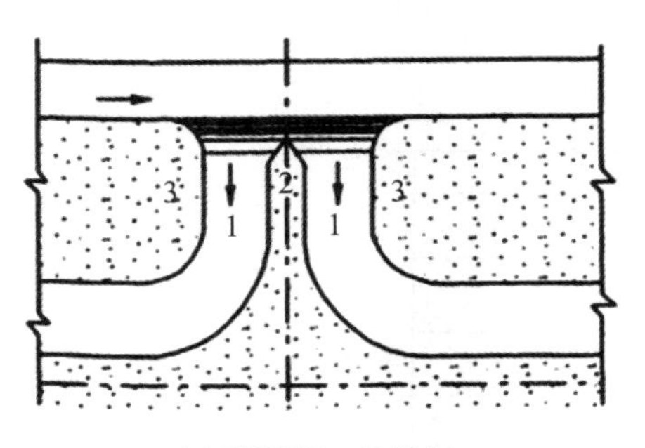

(a)葛洲坝 3 号船闸

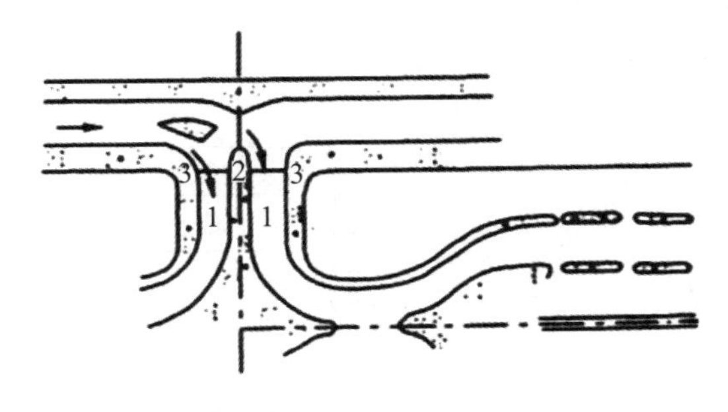

(b)美国新岸头船闸

1—分流口；2—分流隔墩；3—分流口边墩

图 6.8.22 水平分流口平面示意图

⑤墙内长廊道闸室中部进口的纵、横支廊道 3 区段出水。为了使水流的惯性影响对各支廊道基本相同，纵、横支廊道的进口相对集中，一般设在闸室中部 1/3 闸室长度内。横支廊道区段一般设在闸室中部闸室长度的 20%范围内，在闸室中部形成一个出水的区段，纵支廊道进入底板后，分别向上、下游形成闸室前、后两个区段，前、后纵支廊道的出水孔段一般各为闸室长度的 25%。横支廊道的进口总面积一般为纵、横支廊道进口总面积的 30%，前、后纵支廊道进口面积一般各为总面积的 35%。

葛洲坝 2 号船闸布置特点为：

(a)纵、横支廊道的进口，集中布置在闸墙主廊道上的闸室中部闸室长度的 1/3 范围内。

(b)纵、横支廊道将闸室分为 3 个出水区段，横支廊道出水区段位于闸室中部，占闸室长度的 20%，前后纵支廊道出水区段各约占闸室长度的 25%，闸室内总的支孔出水区段约占闸室长度的 70%。

(c)每侧主廊道上设前后 2 个纵支廊道进口和中间横支廊道的 3 个进口，进口总面积为阀门面积的 1.15 倍，为主廊道面积的 0.9 倍，其中纵、横支廊道进口面积分别占 70%和 30%。

(d)每一纵支廊道上设 18 对变面积的出水孔，孔距为 4m，其总面积为纵支廊道面积的 1.22 倍。横支廊道采用阶梯式逐段缩窄(高度不变)的布置类型，其进口与末端面积比为 2.33，每一横支廊道上设 7 对等面积出水孔，出水孔面积为横支廊道面积的 1.24 倍。

(e)3 个区段出水量大致均匀。前纵支廊道出流约占总流量的 31.9%，横支廊道出流约占 29.7%，后纵支廊道出流约占 38.4%。

(f)输水系统的中心大致与水体重心一致，中部两侧横支廊道交叉布置，前、后纵支廊道在进口处沿船闸中心线左、右侧沟通，整个布置基本对称，有利于水流对称地进入闸室，并能适应阀门单侧开启或两侧不同步开启。

3)第三类分散式输水系统

这种输水系统又称等惯性输水系统。典型等惯性输水系统的最大特点在于廊道水流惯性对各供水区段的影响基本一致，位于闸室水体中心的第一分流口采用垂直分流。

垂直分流是用水平隔板将位于闸室中心的进口分成上、下两层，各自进入上、下半闸室，因此上、下层进水口处流态完全相同，分流均匀、稳定，在同等条件下与水平分流相比，水力损失较小，见图 6.8.23。

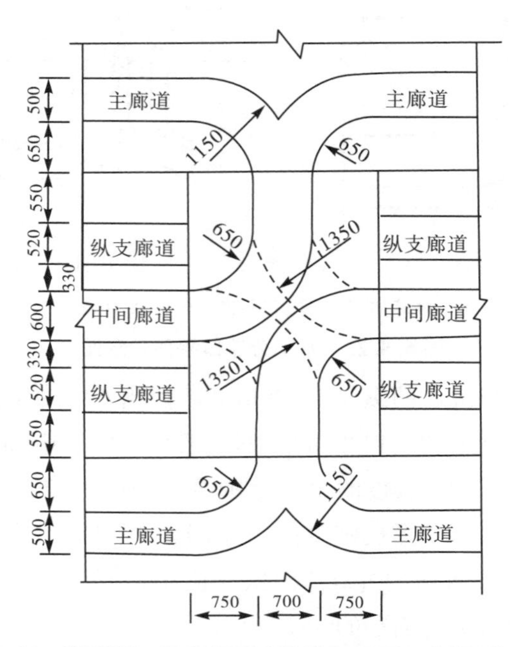

图 6.8.23 葛洲坝 1 号船闸垂直分流口平面示意图(单位:cm)

这种分流口水平隔板的头部与弯道起点间应保持一定的距离，使经隔板分流的水流经过一直线段调整后再转弯，同时还要注意头部的线形，避免在曲面上出现水流分离现象，使分流隔板的压力降低，甚至在水流流速较高时产生空化。经分流口分流后，两侧的上、下层水流，按呈反对称的方式分别通往上、下半闸室进入闸室纵支廊道汇合。采用这种分流口布置类型，对调整单侧阀门运行或双侧阀门不同等运行导致上、下半闸室分流不均匀的影响也有较明显的效果。但这种分流口的结构比较复杂，闸室底板需局部深挖，一般只在高水头船闸的分散式输水系统中采用。我国采用垂直分流的有葛洲坝1号船闸（最大水头27m）、三峡船闸（中间级最大水头45.2m）等；美国建议当水头大于18m时就采用垂直分流，在下花岗岩（最大水头32m）、湾泉（最大水头25.6m）、新邦纳维尔（最大水头23m）、瓦尔特布汀（最大水头39.6m）等船闸上，都采用了这种分流口。

输水系统中的水流经第一分流口分流后，再经纵支廊道至闸室长度前、后四分点部位，通过第二分流口使水流进入4条出水支廊道，两条向上游，另两条向下游，最后由出水支廊道顶部或侧面的出水孔形成4个区段进入闸室。

对于第二分流口，当纵支廊道宽度足够大时，可采用4根支廊道并列布置的水平分流方法，如美国下花岗岩船闸，见图6.8.24(a)；当纵支廊道宽度不够时，可采用水平与垂直相结合的分流方式，即向左右侧采用水平分流，向上下游方向采用垂直分流，如三峡船闸，见图6.8.24(b)和图6.8.24(c)。由于第二分流口是顺着廊道中水流方向分流，所以较易做到均匀、稳定分流。第二分流口的曲率半径对均匀分流较敏感。

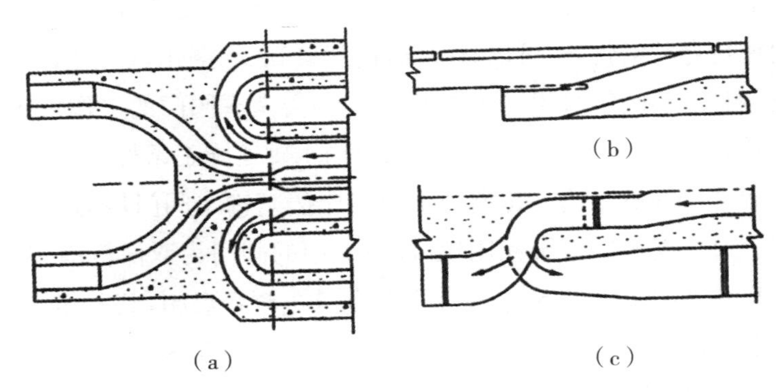

(a)分流口平面(平面分流)；(b)分流口剖面(平面与垂直分流)；
(c)分流口平面图(平面与垂直分流)

图6.8.24 第二分流口型示意图

闸室出水孔可采用侧向出水明沟消能或顶部出水盖板消能。采用8根支廊道4区段出水时，出水段中心应在闸室长度的1/8、3/8、5/8、7/8点处，每一出水区段的分布长度应占闸室长度的1/8。

闸室出水孔的布置，出水区段较多时，可等间距等面积布置；出水区段较少、布置范围较大时，可采用顺闸室充水时廊道中水流方向递减出水口面积的布置。

在船闸输水系统布置时，在闸室上游闸首结构帷墙的布置对闸室停泊条件的影响值得注意。为使闸室在充、泄水过程中，不致在闸首闸门后，闸室水面在帷墙顶部突然扩大，导致在闸室内产生较大的纵向速影响闸室的停泊条件，应将帷墙的下游面布置成斜面，并尽量缩短顶部平台的纵向长度。

6.8.2.5 船闸输水阀门类型及阀门防空化气蚀问题

(1)船闸输水阀门类型

船闸的输水阀门分为平板门和弧形门两大类。弧形门又分为正向弧形门和反向弧形门。平板门具有结构简单、便于制造安装及检修维护的特点，但在高速水流的作用下，闸门槽容易发生空蚀，门体振动较大，相对弧形门而言，启闭力也较大，一般用于中低水头船闸，但随着科学技术水平的提高，近年来平板门已用于阀门最大工作水头26.0m左右的船闸上。弧形门没有门槽，所需启闭力相对较小，且阀门刚度大，承受动水荷载作用的性能较好，在国内外高水头船闸中被广泛应用。从水力特性角度总体上看，正向弧形门可提高门后压力，底缘过流较平顺，阀门受力特性得到较大程度改善，阀门及阀门段廊道结构得以简化，阀门吊杆可以缩短，阀门的抗振性能得到提高，但门楣通气只能解决门楣自身的空化，不能抑制阀门底缘空化。此外，由于阀门井位于正向弧形门门后的低压区，会使门井水位降低，若淹没水深不足，门井水位降至门后廊道顶高程以下，从而导致大量空气进入廊道和闸室，将恶化闸室的停泊条件。反向弧形门受力条件较复杂，水流流线受底缘切割影响较大，水流不顺畅，启闭吊杆位于水位降幅及降速均较大的阀门井中，受水流波动影响，导致启门力波动，且吊杆较正向弧形门的长，易受波动影响发生振动。但反向弧形门最大的优点在于门楣通气不仅可解决门楣自身的空化，还可以有效地抑制阀门底缘空化，且在国内外高水头船闸上有较丰富的运行经验。船闸输水阀门选择门型时，主要考虑阀门的工作水头、阀门最小淹没水深、阀门门型与阀门后廊道体型的适应性，以及输水廊道施工条件等因素，从阀门空化、振动和运行等多方面进行分析比选。葛洲坝工程三座船闸输水阀门均为反向弧形阀门，在国内是第一次应用。通过模型试验研究比较，最终采用的阀门为双面板横梁全包型。鉴于输水阀门是船闸输水系统的关键设备，在复杂工作条件下频繁启闭，其工作性能好坏直接影响到船闸能否正常安全运行。特别是高水头船闸，在非恒定高速水流条件下，阀门及阀门段廊道的水动力学特性、空化特性和阀门及启闭系统流激振动特性，均为高水头船闸设计研究解决的关键技术问题。三峡双线五级连续船闸输水阀门采用反向弧形门，最大工作水头45.2m，为目前世界已建船闸输水阀门采用反向弧形门最高水头。

(2)阀门后廊道

阀门后廊道有平顶型、顶部渐扩型(简称“顶扩”型)和突扩型。平顶型是阀门后廊道断面高度与阀门处孔口高度相同；顶扩型是廊道顶部从阀门井下游壁面开始逐渐向上扩大，这种类型在国内外高水头船闸中应用较多；突扩型是廊道断面在阀门后向顶部突扩、侧向突扩、底部突扩以及3种突扩的组合。对不同廊道体型抗空化性能方面的研究成果表明：顶扩型的门后廊道压力高于平顶型而低于突扩型，阀门的临界空化数则较平顶型的低。从顶扩、底扩体型抗空化性能方面看，在相同的阀门开启时间条件下，两种反弧门底缘不发生空化所对应的初始淹没水深底扩型较顶扩型小，快速 1min 开启阀门时，初始淹没水深要少 10m 左右；事故动力关闭阀门过程中，顶扩型输水阀门在关至 0.7～0.2 开度范围出现空化，而底扩型输水阀门在整个关闭过程中均无空化，说明底扩型适应性能较强。底扩型的特有流态提高了门后压力，也提高了阀门工作空化数，此外由于门后压力脉动的降低和流态的综合效应较大地改善了阀门空化条件，从而减小了底扩体型临界空化数，底扩型的抗空化能力优于顶扩型。鉴于突扩型较平顶型和顶扩型廊道结构复杂，因此，在选择阀门后廊道类型时，除了要充分考虑其抗空化性能外，还要考虑简化廊道结构、方便施工等因素。葛洲坝工程三座船闸阀门段廊道为矩形，各阀门后廊道底部均为水平，廊道顶则以不同斜率向上扩大，为顶扩型。1 号、2 号船闸充水阀门后廊道顶以 1∶10 向上扩大；泄水阀门后，1 号船闸为平顶，2 号船闸以 1∶10 向上扩大，3 号船闸充水及泄水阀门后廊道顶均以 1∶12 向上扩大。

葛洲坝 2 号、3 号船闸分别在 1/25 和 1/20 比尺的恒定流减压模型中进行空化问题的试验研究。试验结果表明，在阀门开度 0.3～0.7 范围，阀门后水流出现了空化现象，以 0.6 开度时的空化强度最大。为减免此空化现象，进行了延长阀门开启时间及从阀门后廊道顶部向水流漩滚区通气的试验，结果表明二者对减弱空化现象有一定效果。经进一步研究，设计在 2 号、3 号船闸阀门后廊道顶部设置通气孔。1981 年 6 月，2 号、3 号船闸投入运行，在水头超过 20m 条件下，进行了多次原型观测，根据水下噪声、水流脉动压力观测资料和人耳听到的雷鸣声，都说明阀门段产生了空化。枯水期对闸室抽干检查发现，充水阀门面板及门楣上出现了蚀损，随着船闸运行时间增长，蚀损逐年加重；2 号船闸上述蚀损现象轻微一些，但雷鸣声响较大。当达到设计水头 27m 时，3 号船闸充水阀门后廊道顶板在启门过程中，开度 0.5～0.7 时出现 1.4×9.81kPa 左右负压，通气孔可自然通气，对相应时段阀门后空化强度有一定抑制作用，其雷鸣声明显弱于 2 号船闸，但门楣及门面板蚀损较严重。1 号船闸在比尺 1/25 比尺的恒定流减压模型试验表明，开度 0.3～0.7 范围阀门廊道出现空化；开度 0.6 空化最严重，水流紊动和声响最大；开度 0.8 后空化消失。在门楣、阀门底缘和门后廊道顶部设通气孔通气后空化强度减弱，三个通气部位中以门楣通气效果最好。1990 年 1 号船闸在接近 27m 水头和未实施强迫通气的条件下，进行了原型观测，结果表明：双边廊道充水阀门开启过程中，在开度 0.4 能耳听到廊道里噼啪声并出现阵发性轰鸣声，伴随强烈振动现象，到开度 0.6 时，声振最大，能明显见到阀门后启闭机油缸振动和输油管抖动，检修门井盖板缝隙处有强烈喷吸气现象，到开度 0.8 时，声振现象基本消失；单边阀门开启时空化、声振更加强烈，在开度 0.7～0.8 时阀门振动巨大，雷鸣声密集，可以听到 20 次左右爆破声，门井顶部所测声级达 121dB。通过在门楣及廊道顶部采用强迫通气后，空化及声振现象大为减弱，增大通气量后效果更佳。三峡双线五级连续船闸阀门采用“顶扩＋底扩”廊道，可降低门后水流平均流速及改变门后水流结构，提高门后压力，抑制空化，避免空蚀。根据试验，底扩廊道较顶扩廊道门后压力可提高 1.5～3m。该类型双边阀门运行时阀门底缘不会发生空化；单边阀门运行时，底缘将会有短时空化发生，需采用通气等措施解决。

(3)输水系统防空化气蚀的措施

1)阀门段通气

高水头船闸输水阀门的空化源,包括阀门底缘、阀门顶部弧门面板与门楣之间缝隙,阀门后廊道突扩型的突变断面角隅部位。三峡双线五级连续船闸输水廊道,在输水过程中廊道压力为正压,无法实现廊道由自然通气,抬高廊道高程虽可形成负压自然通气的条件,但因船闸内水位变幅大,无法在各种水位条件下都实现稳定的自然通气。因此,借鉴葛洲坝1号、2号船闸的成功经验,阀门采用门楣自然通气。模型试验表明,在现有的扩散型门楣通气方式下,$n=0\sim0.5$ 和 $n=0\sim0.6$ 开度范围可实现双边及单边方式下的门楣自然通气,单边开启时阀门底缘空化基本消除。门楣通气也能充分抑制各种事故工况(事故停机、动水关阀)下的阀门底缘空化。

葛洲坝工程三座船闸观测资料表明,阀门段存在多处空化源,空化产生于门楣缝隙、门底缘下游水流剪切区及大尺度漩涡区,在门楣及门面板上产生了不同程度空蚀,在启门过程中阀门区出现了较大声振。在阀门开度0~0.9范围,门楣缝隙发生空化,开度0~0.7范围门楣缝隙为极强空化,阀门底缘及门后产生漩涡空化;开度0.6空化或度最大,开度0.8空化消失。1号船闸门楣为扩散型,喉口在缝隙中上部,其下方有一较长的扩散段。2号、3号船闸门楣为收缩型,喉口在缝隙的底部。观测结果表明,扩散型门楣缝隙的空化空蚀问题远较收缩型严重;阀门下游剪切与漩涡区的空蚀现象明显弱于门楣缝隙区,在阀门开启过程中,门后漩涡导致顶板压力下降,压力脉动剧烈,阀门区的巨大声振主要是由于廊道顶板的大面积气体形成空化。3号船闸阀门后的廊道顶板压力较低,顶板通气孔能短时通气,故声振较弱。阀门在小开度间歇运行下,可大大减轻廊道顶板的大面积气体空化及声振现象,但相对延长了门楣缝隙空化时间。

由于葛洲坝船闸下游水位变幅大,难以在所有条件下保证阀门后廊道顶板的通气条件,较优的通气部位在门楣缝隙的喉部。原型观测资料,2号船闸在阀门运行的大部分范围内能在门楣缝隙喉部形成超过3×9.81kPa以上负压。1号船闸虽在门楣上设通气孔,但因其位于缝隙喉部上方,不具备通气所需负压。葛洲坝船闸管理局和南京水利科学研究院通过研究,采取在门楣通气孔前加设负压挑坎,门楣处形成负压使门楣能自然通气,在阀门开度0.2~0.6时,无论是左侧还是右侧,门楣自然通气量均为0.3m^3/s,门楣通气孔风速接近40m/s,封堵通气孔后,挑坎后能保持3×9.81kPa的负压,说明设挑坎后具备稳定通气条件,实现了稳定、均匀、通气量较大的自然通气,达到抑制空蚀、声振的目的。2号、3号船闸门楣没有空气腔、通气孔。通过模型试验,设置由通气主管、空气腔和负压板组成的通气系统,其中空气腔与门楣母体构成封闭的立方体空间,负压挑坎焊接固定在门楣止水板上,在负压板长度方向均匀布置198个直径10mm的通气支孔,阀门开启时,负压区吸力使空气经通气主管进入空气腔,再经过通气支管进入负压区,实现自然通。3号船闸的负压挑坎与2号船闸类似,负压板内均匀布置140个直径10mm的通气支孔。1号船闸的观测资料表明:在单边、双边充水开门过程中,开度0.1~0.8范围,门楣缝隙段平均掺气浓度均在7%以上,掺气水流由门楣缝隙沿阀门面板带至底缘，再随水流向下游扩散，在阀门后漩涡区形成一定的掺气浓度，可有效抵制阀门门楣缝隙及门后漩涡区的空化空蚀现象。门楣通气后，缝隙水下噪声较通气前平均下降15～20dB，门楣缝隙水流空化得到充分抑制。门后漩涡区水下噪声通气后较通气前平均下降10～15dB，脉动压力强度下降40%，空化大大减弱。双边充水启门过程的噪声观测，通气后，在开度0.2～0.8范围，声级平均下降8dB，耳闻雷鸣声基本消失。门楣通气对阀门启门力时均值影响较小，但因通气减弱了门楣缝隙及门后漩涡区空化强度，使启门力脉动强度降低，表现为启门力过程线尖脉冲次数明显减少，最大脉动双振幅值下降近50%。三座闸闸增设门楣自然通气设施后，空化、声振问题得到解决。

2)优化阀门开启方式

①快速开启。阀门快速开启主要是利用水体惯性提高门后廊道内压力及抑制阀门底缘水流漩滚的发展，从而抑制门后水流空化的发生和发展；同时利用阀门开启过程中的惯性水头提高阀门后水压力，以及减小阀门开启过程中的流量，从而提高阀门工作空化数。但采用快速开启阀门方式必须与阀门液压启闭系统的设计能力相符，以保证液压启闭系统能安全稳定地运行。

②变速开启。开启方式有“快速—慢速—快速”和“快速—停机—快速”(间歇开启)两种方式，其原理是先以快速开启阀门到阀门底缘即将发生空化的开度，转为慢速开启或停机，待闸室水位上升到足以抑制阀门底缘空化时，再快速全开阀门，以满足输水时间要求。通常在已建成的船闸上针对阀门空化，采用变速开启是一种有效的补救措施。葛洲坝工程1号船闸的观测资料表明，阀门采用间歇开启方式，底缘空化数有较大提高，在原空化严重的开度，只出现了微弱空化，说明间歇开启可使底缘空化得到抑制。对比阀门在5min匀速开启方式，闸室充水过程中输水廊道里出现的雷鸣声基本消失。间歇开启方式虽然能够起到减免阀门底缘空化的作用，但对门楣防空化不利，而且这种运行方式会给船闸运行管理带来不便，因此，这种开启方式的采用，要结合对门楣采取防空化措施，同时还要考虑到对船闸运行管理的影响。

3)降低阀门段廊道高程

降低阀门段廊道高程可显著提高阀门后的水流压力，从而提高阀门的工作空化数。这是防空化气蚀措施中最简单有效的措施。葛洲坝工程三座船闸输水主廊道均建在明挖基岩浇筑混凝土闸墙内，如采用降低廊道高程加大阀门段水深的方式，将增加工程量，加大施工难度和提高工程造价，经综合比较没有降低阀门段廊道高程。三峡双线五级连续船闸降低阀门段廊道高程，增大阀门顶部淹没水深，中间级阀门最大工作水头所对应的阀门段廊道顶最小初始淹没水深均大于27m。根据试验，增加淹没水深可提高阀门开启过程中阀门段廊道压力，防空化效果明显。

4)其他工程措施

①船闸输水系统布置中，在控制输水系统总阻力的条件下，合理安排主廊道、支廊道及出水孔的面积，尽量增大阀门后的阻力，以提高阀门后压力，有利于防止空化，但由于各种条

件限制，此措施只能起到辅助作用。

②优化阀门体形，阀门采用全包体型和复合不锈钢面板，改善阀门的过流条件和抗空蚀能力。

③优化阀门底缘类型，采用流线型及初始夹角小的底缘，以提高其抗空化能力。鉴于底缘类型的改变将影响阀门启门力的大小及流激振动特性，应综合比较，合理选用。

6.8.2.6 高水头船闸输水系统水力计算

高水头船闸输水系统采用分散式输水系统。分散式输水系统的水力计算，一般与集中输水系统相似。与集中输水系统相比较，其主要特点是两者输水廊道中的水体惯性对水流运动的影响明显不同。分散式输水系统的水体惯性一方面缩短了闸室的输水时间；另一方面受惯性影响在输水末期，闸室水面在齐平水位的上下来回波动，造成闸室水面产生超灌和超泄。如闸首采用人字闸门，这种波动将使人字门受到较大的反向推力，对人字门的启闭机械产生不利影响；此外，惯性作用还会影响输水廊道出水支孔间流量的均匀分配。因此，针对分散式输水系统，水力计算较集中式输水系统需增加水流惯性水头的作用，在充、泄水末尾，则体现为闸室水面惯性超高（超降），在阀门开启过程中，对输水廊道的流量、压力均有影响，尤其在快速开启时，可有效提高廊道阀门后的压力，对防止阀门空化有利。

（1）水力计算主要内容

①输水阀门处廊道断面面积；②输水系统的阻力系数和流量系数；③输水廊道换算长度和惯性超高、超降值；④闸室输水的水力特性曲线；⑤过闸船舶、船队在闸室及引航道内的停泊条件；⑥密封式输水阀门后廊道顶部的压力水头及开敞式输水阀门后的水跃；⑦廊道转弯段内侧的最低压力水头；⑧输水阀门的工作空化数。

（2）水力计算

水力计算所涉及的计算公式及有关参数的取值，可参见《船闸输水系统设计规范》（JTJ 306—2001）。对模型试验和原型观测有关资料的选用，与集中式输水系统相差不大，仅某些参数取值不同，此处不再赘述，仅对分散式输水系统与集中式输水系统水力计算不同之处作如下说明：

1）分散式输水系统输水廊道分串联廊道和并联廊道两种。

2）闸室惯性超高、超降值对单级船闸，闸室水面惯性超高（或超降）值，等于阀门全开后的惯性水头；对多级船闸的中间闸室，闸室水面惯性超高（或超降）值等于阀门全开后的惯性水头的一半。

3）闸室输水水力特性曲线计算，包括：流量系数与时间的关系曲线，流量与时间的关系曲线，闸室水位与时间的关系曲线；阀门井水位与时间的关系曲线，能量与时间的关系曲线，上、下游引航道断面平均流速与时间的关系曲线。

4）闸室充、泄水时船舶（队）在闸室和引航道内停泊条件的计算公式与集中式的相同。但分散式输水的水流是在较大范围内分散进入或流出闸室的，各支孔出流的不均匀及其随时间的变化引起闸室内水面坡降并产生纵向流速。由于其不均匀程度远小于集中式输水系统,闸室输水时,作用于船舶的波浪力、流速力在多数情况下,并不控制闸室的停泊条件,出水区段越多,越是如此;而由于水体消能不允许等因素引起的局部力却可能起控制作用。但局部力的计算方法目前尚不成熟,所以,分散输水系统闸室的停泊条件,一般需经水工模型试验验证后确定。闸室泄水时,水流对闸室内船舶(队)的作用力较充水时更小,一般不起控制作用。

5)输水阀门在开启过程中,阀门后的水力条件,主要取决于阀门的淹没水深和阀门后廊道类型、阀门开户方式,以及进气条件。阀门后进气的情况,一般可根据下游检修阀门井和阀门后廊道顶部通气管的布置简化为密封式及开敞式两种。当阀门为封闭式布置时,即阀门后不设通气管或通气管关闭,而下游检修门槽距阀门较远,不在阀门后的低压区范围,要计算阀门后水流收缩断面处廊道顶部压力和阀门工作空化数,以验证是否会发生空化,并采取相应的措施。当阀门后廊道顶部为开敞式布置,即在后设通气管或下游检修门槽离阀门较处于门后低压区时,要验算是否会产生远驱式水跃。密封式布置的输水阀门后水流收缩断面处廊道顶部的压力水头计算公式,以及判断开敞式输水阀门后是否产生远驱式水跃的公式均与集中式相同。但当阀门开启速度较快时,还要考虑阀门前后廊道段惯性水头的影响。

6)由于分散输水系统的水头较高,廊道内流速较大,廊道转弯段内侧有可能产生负压,甚至发生空蚀破坏,所以需要核算其压力。

7)高水头船闸输水阀门的空化源,一般可能在阀门底缘水流边界突变处、阀门面板顶部与门楣之间的缝隙低压区,因此要核算这些部位产生空化的可能性。一般先计算工作空化数,然后与临界空化数相比较。输水阀门的临界空化数与阀门门型、阀门底缘类型、止水与门楣的细部尺寸,以及阀门段廊道的边界条件等因素有关,必要时需通过减压模型试验求得。在初步设计时,可参考相似工程的有关资料。①当取相近工程的临界空化数,作为判别空化发生的标准时,应注意所取临界空化数部位与所研究船闸的部位相对应,以得出较为正确的结果。在判断底缘是否发生空化时:当工作空化数大于相应的临界空化数时,阀门底缘不会产生空化,廊道顶部允许产生不超过 3m 水柱的负压。②当工作空化数接近其相应的临界空化数时,一般将阀门段廊道高程适当降低,增加廊道淹没水深,以保证阀门后廊道为正压。③当工作空化数小于其相应的临界空化数时,阀门底缘将产生空化,必须采取后面所述的措施使两者接近,或者消除空化可能造成的危害。

阀门门楣的缝隙空化,目前一般通过减压模型试验,研究采用优化门楣与阀门面板间类型(扩散型、基本平行型、收缩型)和门楣通气量大小等措施解决。

6.8.3 船闸闸首及闸室结构类型选择问题

6.8.3.1 船闸闸首结构

船闸闸首为分隔闸室和上、下游引航道或分隔多级船闸相邻闸室的挡水建筑物,在其上布置各种设备和设施，通过启闭闸、阀门，形成船舶(队)进出闸室并调节闸室水位升降，使船舶(队)克服级间的水位落差的条件。船闸闸首布置的设备较多，受力状态比较复杂，是船闸结构的关键部位。

(1)船闸闸首结构主要类型

闸首结构有两侧边墩和底板两个基本组成部分。大、中型水利枢纽上船闸的闸首，通常为混凝土或钢筋混凝土结构，按其受力状态可分为整体式结构和分离式结构两大类。前者两侧边墩与底板连成整体受力，后者两侧边墩与底板之间设结构缝，分开受力。闸首结构类型的选择主要取决于船闸的设计水头、地基条件和设备布置等因素，其控制性技术条件一般为地基承载力及边墩变形，设计时应通过技术经济比选确定。

整体式闸首结构稳定性好、基底应力较均匀、边墩不均匀变形小，对地基的适应性较强，对闸门的工作条件好，一般应用于水头较大、闸墙较高、地基条件较差的情况。但其底板拉应力比较大、钢筋用量高，且混凝土浇筑仓面大、温控要求高，一般需设置施工缝，增加了施工难度。分离式结构受力相对简单，当地基较坚实，边墩自身能满足稳定要求，且其变形不致影响闸门等设备的正常工作时，可采用分离式结构。对分离式闸首结构，当墙后填土或地下水位较高时，在闸室低水位运行或检修工况，边墩指向航槽侧的稳定或应力和变形不能满足要求时，往往可以通过将左右边墩与底板间的纵向结构缝设计成键槽缝并进行接缝灌浆，利用闸首底板对边墩的顶撑作用加强结构的整体性、改善边墩的受力状态、提高其稳定性。

建筑在岩基上的船闸多采用分离式闸首，其边墩视基岩顶面的出露高度，可分别采用重力式、衬砌式或混合式结构。如长江葛洲坝 1 号、2 号、3 号船闸建于岩石地基上，除葛洲坝 2 号船闸下闸首为整体式结构外，其他闸首均采用分离式结构，闸首边墩均为重力式结构。其中，葛洲坝 3 号船闸上闸首在底板与边墩接缝处设键槽并进行了接缝灌浆，以改善结构的受力条件。赣江万安船闸建于砂岩夹砂质页岩地基上，其上闸首采用了在缝面上设键槽进行灌浆的分离式结构，下闸首则采用了分离式结构，闸首边墩也均为重力式结构。长江三峡水利枢纽三峡船闸和工程在二期施工期通航的三峡临时船闸，建于深切开挖的花岗岩地基上，船闸的闸首均采用分离式结构，闸首边墩根据可利用岩体的高度，采用衬砌式和混合式结构。美国建于岩基上的大、中型船闸，闸首多数为分离式大体积混凝土结构，少数如 20 世纪 90 年代初期修建的新邦纳维尔船闸，则采用整体式结构。

(2)闸首结构布置及构造

船闸闸首一般设有输水廊道、闸门、阀门及其启闭机械，以及其他相应设备。因此，闸首结构的布置及尺寸，与地基条件及结构受力条件和所选用闸、阀门类型及其启闭机械布置，输水系统的类型及其布置等密切相关。闸首的布置一般是在初步选定闸门、阀门类型和输水系统后，再根据使用要求、结构稳定、强度、刚度要求等，根据经验和必要的计算拟定闸首的轮廓和各部位尺寸。水利枢纽中的船闸闸首典型布置如图 6.8.25 至图 6.8.27 所示。

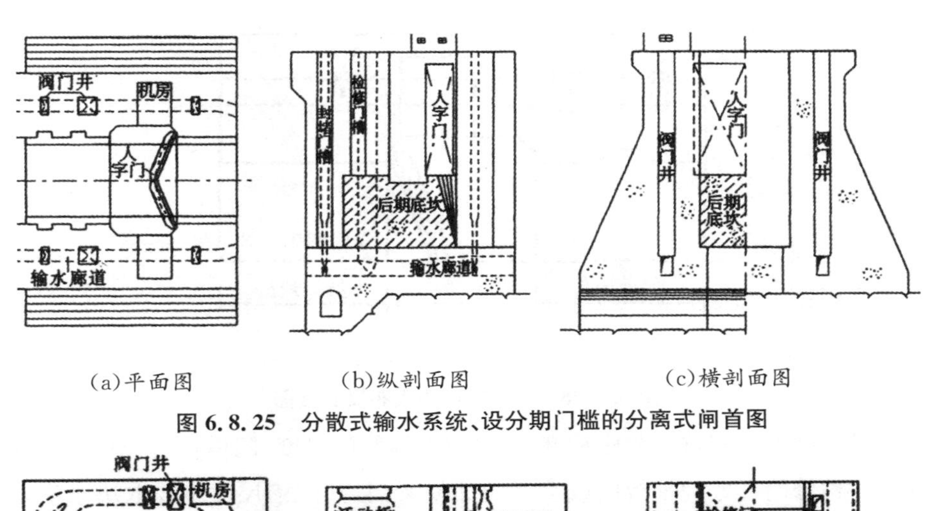

(a)平面图 (b)纵剖面图 (c)横剖面图

图 6.8.25 分散式输水系统、设分期门槛的分离式闸首图

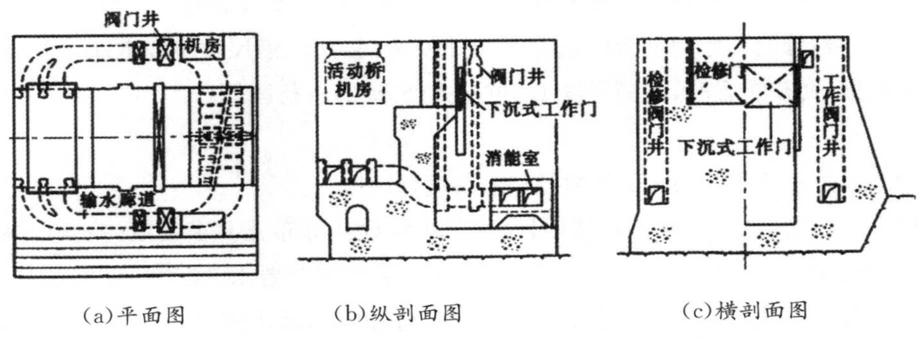

(a)平面图 (b)纵剖面图 (c)横剖面图

图 6.8.26 集中式输水系统、有帷墙的整体式闸首图

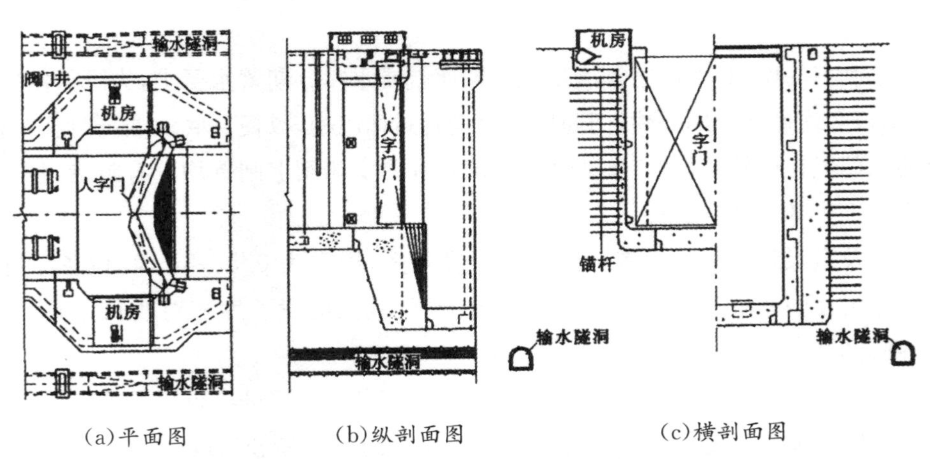

(a)平面图 (b)纵剖面图 (c)横剖面图

图 6.8.27 有帷幕在闸首以外输水隧洞的衬砌式闸首图

1)闸首结构的长度

根据基础条件、结构布置和受力条件,闸首在顺水流方向一般由3段组成,即门前段 L_1、门龛段 L_2 和闸门支持体段 L_3,如图6.8.28所示。

上述3个结构分段,在实际工程中,根据其结构长度、受力特点和施工条件,通常需要设施工缝或结构缝。特别是在门龛段和支持段之间,从结构受力明确考虑,宜用一道结构缝分开。

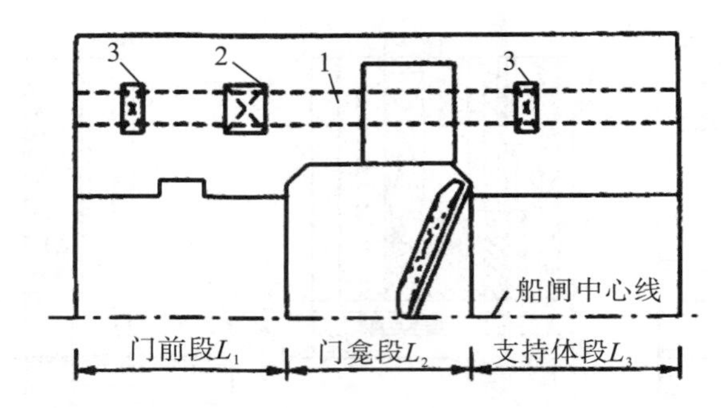

1—输水廊道；2—工作闸门；3—检修闸门；4—人字闸门

图 6.8.28 闸首纵向平面布置长度图

①门前段长度。上闸首门前段长度，主要根据检修门尺度、门槽构造及检修门作用荷载的要求确定。检修门一般为平板门或平板门加叠梁门，其门槽尺度主要取决于航槽宽度和闸门挡水高度，初步布置时，门槽宽度 L_{mc} 可按式(6.8.2)进行匡算：

$$L_{mc}=0.035H \tag{6.8.2}$$

式中：L_{mc} 为航槽宽度，m；H 为闸门挡水高度，m。

检修门前长度主要由工作闸门启闭设备及水位计井等布置要求确定；检修门后长度除应满足布置要求外，还要满足闸门支承结构强度及裂缝限制要求，需通过结构计算确定，中小型船闸一般可采用 1.5～2m，对高水头大型船闸，由于检修门推力较大，其支承结构的尺度相应较大，如三峡船闸第一闸首事故检修门最大门推力达 650t/m，其门后段长度达 6.4m。

大型水利枢纽中，有的船闸需满足施工期通航或水库分期蓄水要求，为降低闸门挡水高度，其上闸首底坎通常分期修建，门前段一般设有封堵门槽，以便在底坎加高时临时挡水，此时闸首的门前段往往较长，如三峡船闸第一闸首和万安船闸上闸首均设有封堵门槽，其门前段总长度分别为 30m 和 14m。

下闸首及多级船闸中间闸首的门前段长度较短，通常为 0.5～4m，视设备布置要求而定。有的船闸在中间闸首的门前段设有防撞装置，其门前段长度相对较长，如三峡船闸第二、第三闸首的门前段总长度为 6.2m。

若船闸采用短廊道输水系统，则门前段长度还需考虑廊道进口布置要求。

②门龛段长度。门龛段长度主要取决于工作闸门的类型和尺度，船闸工作门常用的类型有人字门、三角门和平板门(包括提升式、下沉式和横拉式平板门)。

对人字闸门，门龛段长度 L_2 可按式(6.8.3)计算：

$$L_2=(0.55\sim0.6)(B+d)/\cos\theta \tag{6.8.3}$$

式中：B 为航槽宽度，m；d 为门龛深度，m，初步布置可取(0.1～0.15)B；θ 为人字门轴线与船闸横轴线交角，一般取 20°～22.5°。

为减小闸门启闭时的动水阻力，适当加大闸门与闸首边墩之间的富余是一种有效措施，但会增加闸首工程量。根据国内外已建大中型船闸统计，人字门的门龛长度通常为门扇宽度的1.1～1.2倍，门龛深度通常为闸门厚度的1.3～1.5倍。当开关门时间要求较高，且闸门宽度和淹没水深较大时，可适当加大门龛深度，如三峡船闸人字门的宽度为20.2m，最大淹没水深达17～36m，开关门时间为3.5～6min，门龛深度为闸门厚度的1.8倍。

当闸首工作门采用平板闸门时，门龛段长度由船闸的水头和闸门厚度确定。对横拉式平板闸门，其门槽宽度由闸门厚度，上、下游支承木及闸墩楔形支承结构厚度组成。根据国内外已建船闸统计，矩形横拉门的厚跨比，一般为1/7～1/4，上、下游支承总厚度通常为1m。横拉闸门门库的内部尺寸应适当放宽，以便于安装、检修和维护。对提升式或下沉式平板门，其门槽宽度通常为航槽宽度的1/8～1/6。

③支持体段长度。闸门支持体段长度主要取决于结构稳定及强度要求，当船闸采用短廊道输水系统时，还需满足输水廊道布置要求。关于支持体段的长度，在国内外文献资料上有所论述，但依据均不明确。根据已建船闸统计，支持体段长度变化幅度很大，为0.3～1.2倍设计水头，或者0.4～2倍边墩自由高度。

闸门为人字门的闸首，支持体段为三向受力结构，目前设计中通常按其独立工作来进行稳定和强度验算，因此，需要有足够的长度。如支持体不能独立满足强度和稳定要求时，应优先考虑增延支持体段长度。大型水利枢纽中的船闸通常水头较高，闸首工作门一般采用人字闸门。由于人字门的推力较大，设置稍长的支持体段，不仅能够充分利用混凝土抗压强度，且能使闸首整体应力分布比较合理，同时支持体段还可作为闸室有效长度使用，是比较经济合理的做法。但在工程中，也有采用将支持体与门龛段连成整体，设置纵向腰带钢筋或与其后的闸室墙或岩体联合受力的做法。

2)闸首边墩宽度

闸首两侧边墩一般对称布置，但也有不对称的，视地形地质条件及总体布置要求而定。闸首边墩宽度主要取决于结构受力条件和布置要求，与船闸水头大小、地基性质、结构类型、输水系统布置和闸、阀门类型等有关。

①边墩下部宽度。对中、低水头船闸，边墩下部宽度通常取决于布置要求，根据门龛深度、输水廊道宽度和弯曲半径及阀门井尺度等因素确定，一般取2～3倍廊道宽度。

对高水头船闸，闸首边墩承受的侧向荷载较大，边墩下部厚度通常由结构受力要求控制，需根据所选用的闸首结构类型，通过稳定、强度和变形验算确定。分离式闸首边墩多采用重力式结构，断面尺寸一般都比较大，其强度和刚度要求较易满足，边墩厚度主要取决于整体稳定和基底应力要求。根据已建船闸统计资料，重力式边墩底部宽度一般为边墩高度的0.5～0.7倍。当闸首采用整体式结构时，边墩厚度通常不受整体稳定控制，在满足布置和结构强度、刚度要求的前提下，边墩可以较薄，但会增加结构配筋量，需进行比较论证。

②边墩顶部宽度。闸首边墩顶部宽度主要考虑使用要求，由启闭机械及机房的布置、交通通道的布置、管理及维修所需的场地，以及其他设备的布置要求确定，必要时边墩顶部可设外挑牛腿或高架平台予以加宽。

3)闸首底板厚度

①整体式闸首。整体式闸首底板一般均采用平底板，初步布置时，底板厚度可取为边墩自由高度的1/4.5～1/3.5，但不应小于其净跨的1/7。整体式闸首底板的结构内力较大，同时由于浇筑块尺寸较大，混凝土水化热和寒潮冲击引起的温度应力很大，两者叠加很容易使底板产生裂缝。为改善底板受力状态，对大型船闸应采用分块浇筑、预留宽槽的措施，待结构经过一定沉陷和温度变形后，再选择低温季节将宽槽回填。宽槽一般在靠近两侧边墩处各设一道，宽1～1.5m，宽槽与边墩间的距离，一般取1/10闸槽宽度。

②分离式闸首。分离式闸首的底板受力条件比较简单，底板厚度通常由抗浮稳定要求确定。为减小底板厚度，土基可采取防渗排水措施以降低底板扬压力，或对底板与边墩的结构缝采用可传递剪力的键槽、利用边墩重量抗浮等措施；岩基采用加设抗浮锚杆等措施。对采用分期底槛的分离式闸首，由于底板挡水高度较大，一般会存在抗滑稳定问题，为改善底板抗滑稳定条件，前期底板可在上下游端设置抗滑齿槽，后期底板需重点解决好前后期混凝土结合问题，可采取在结合面上游侧设止水和排水管以降低结合面扬压力，并在结合面设置阻滑槽和连接钢筋的综合措施。

较高水头船闸的上闸首和多级船闸的中间闸首通常设帷墙，以降低闸门挡水高度。由于帷墙的存在，为减轻闸室充、泄水过程中对闸室停泊条件的影响，应尽量缩短闸门门槛至帷墙边缘的长度，并将帷墙下游面做成倾向闸室方向的斜面。

4)闸首分缝及止水。

船闸闸首通常结构尺度较大，且轮廓形状和受力状态比较复杂，为防止温度收缩和地基不均匀沉降等强迫变形导致结构裂缝，改善结构突变部位应力状态，需在顺水流方向对闸首结构进行合理分缝。分缝位置一般应选在地基性质和结构工作条件、外形、重量有较大变化的位置，分缝间距主要取决于地基性质、浇筑能力及温控措施，岩基一般取12～20m，土基可以达到30m。

闸首分缝包括永久缝和临时缝两大类。当分缝后的各结构块能独立满足稳定和强度要求时，应采用永久缝，缝面一般为垂直贯道平面，缝宽可采用1～2cm。水利枢纽上的大型船闸，其闸首承受的结构荷载很大，按受力要求确定的结构块尺度通常不能满足温控要求，往往需要设置施工临时缝。施工临时缝有宽槽缝和键槽缝两种，闸首底板一般采用宽槽缝，边墩临时缝通常采用键槽缝。压剪型临时缝只需在施工后期选择有利温度进行宽槽回填或接缝灌浆即可，对于有受拉或受弯要求的临时缝，则还需要布设过缝钢筋。宽槽过缝钢筋设置较简单，键槽缝的过缝钢筋一般布置在结构表面，可在缝周设置浅槽，利用浅槽布置过缝钢筋接头，过缝钢筋连接后再进行浅槽回填。浅槽槽宽应满足过缝钢筋接头错开布置的要求，一般采用1～1.5m，槽深根据过缝钢筋排数确定，但不宜小于20cm。过缝钢筋连接以往一般采用焊接接头，由于焊接时的局部高温，往往会在接头处产生很大的焊接应力，还容易烧伤混凝土，焊接时需采取降温措施，施工效率低。近年来，随着钢筋机械连接技术的发展，这种接头以其施工速度快、不产生附加应力的特点，在过缝钢筋连接上有其独特的优势，宜优先考虑采用。

闸首所有结构分缝都应设置止水，重要船闸的闸首结构分缝应设两道止水。运行实践表明，船闸结构缝往往是船闸防渗系统的一个薄弱环节，特别是水平缝，由于水平止水下部混凝土振捣和排气较困难，很容易出现局部不密实而形成集中绕渗通道。因此，止水系统设计时应充分考虑止水检查和渗漏处理的要求，可将止水系统分隔成若干个独立分区，并在两道止水之间设置止水检查槽，施工完成后进行压水检查。有渗漏的分区，可利用止水检查槽灌注遇水膨胀性材料封堵，或采取在缝口嵌填塑性止水材料、粘贴防渗盖片等措施。

6.8.3.2 船闸闸室结构

(1)闸室结构类型

1)闸室结构主要类型

大型水利枢纽船闸闸室，通常采用混凝土或钢筋混凝土结构，一般由闸室墙和闸室底板两部分组成。按照闸墙和底板之间的连接关系，分为整体式结构和分离式结构。

分离式结构的闸室墙，按受力类型又分为重力式、扶壁式、衬砌式和混合式结构等。混凝土重力式为最常用的一种结构类型。葛洲坝1号、2号、3号船闸和万安船闸的闸室墙，均为梯形断面的混凝土重力式结构；钢筋混凝土扶壁式闸墙结构的整体受力条件基本与混凝土重力式相同，闸墙为钢筋混凝土板系组成的一种轻型结构，与重力式结构相比，其自重轻、混凝土用量少，但钢筋用量较大。钢筋混凝土衬砌式结构为建于深切开挖的基岩上，并与岩体联合工作的一种结构类型，又可分混凝土重力衬砌式和钢筋混凝土薄壁衬砌式两种，其对围岩的强度和完整性要求较高，具有大量节省开挖和混凝土工程量的优点。混合式结构为当可利用岩体处于闸墙高度的中部以下时，闸室的结构断面在岩面以下为钢筋混凝土衬砌式、在岩面以上为混凝土重力式相结合的一种结构，该结构同时具有衬砌式和重力式的受力特点。三峡船闸闸室墙大部分采用衬砌式结构，少部分采用混合式结构。

分离式结构的闸室底板，按工作状态，分为透水式结构和非透水式结构。透水式闸室底板结构，通常只对闸室底部进行简单处理，如在闸室底部用混凝土找平或在底部浇筑透水的薄底板。较高水头的船闸，闸室底板通常采用非透水式结构。透水式结构一般仅适用于水头较小、基岩完整性较好，且基础透水性小的船闸或施工期的临时性通航船闸。如三峡临时船闸设计水头3.7m，基岩为较完整的微新花岗岩，岩体透水性小，经分析、论证，闸室采用透水式结构，直接以开挖后形成的平整岩面作为闸室底板。

钢筋混凝土整体式结构为一种闸墙与底板连接在一起的闸室结构，通常指钢筋混凝土坞式结构。另有一种钢筋混凝土悬臂式闸室结构，在底板的中间分缝，每侧的底板与闸墙整体受力，通常将这种类型也列入整体式结构。

闸室结构的主要类型参见图6.8.29至图6.8.31。

2)闸室结构类型选择

分离式结构具有受力明确、施工技术要求相对简单等优点，通常在基础地质条件较好工程中采用，但其中的重力式结构，同时又存在混凝土工程量较大的缺点。大中型水利枢纽船闸的基础地质条件一般较好，闸室结构通常采用分离式结构，闸室墙和底板间用纵向结构缝分开，各自满足结构稳定、强度、承载力和结构变形等要求。

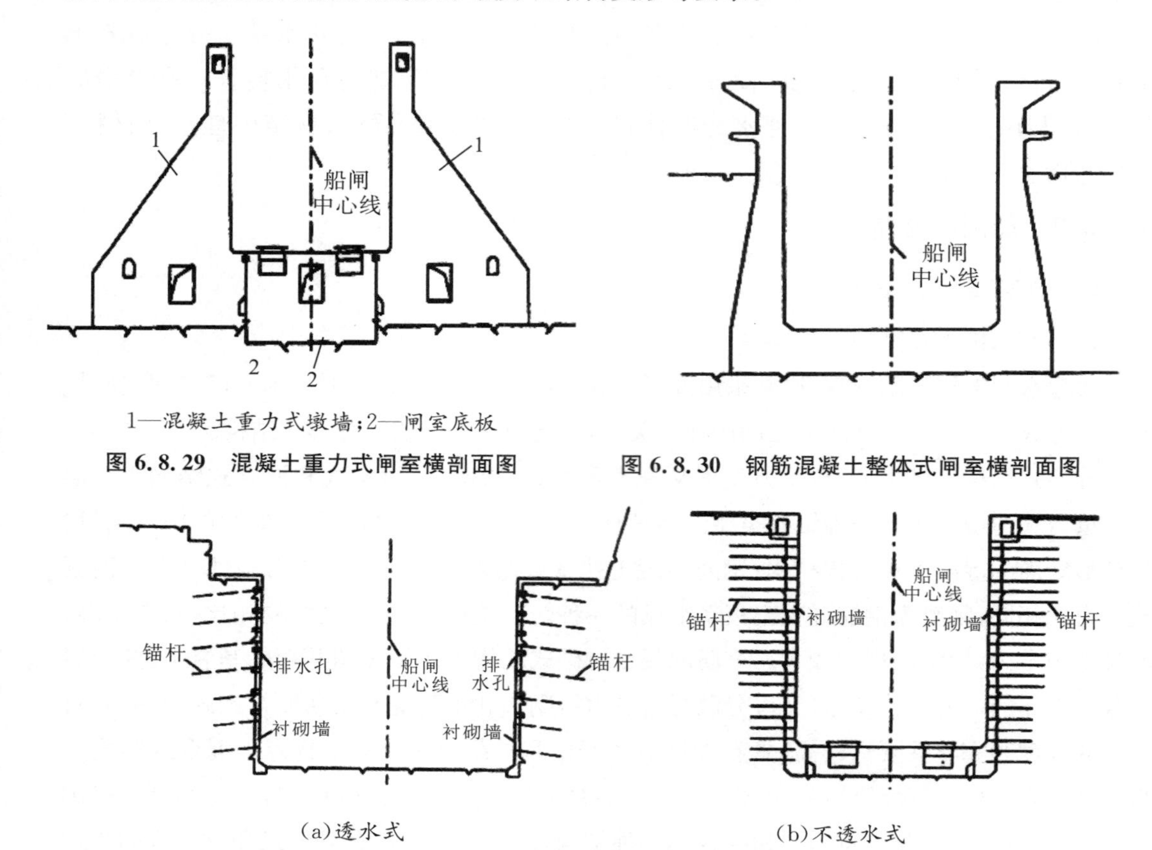

1—混凝土重力式墩墙；2—闸室底板

图 6.8.29 混凝土重力式闸室横剖面图

图 6.8.30 钢筋混凝土整体式闸室横剖面图

(a)透水式

(b)不透水式

图 6.8.31 钢筋混凝土衬砌式横剖面图

钢筋混凝土整体式结构具有结构整体稳定性好、对地基适应性较强、结构混凝土工程量较少等优点，但同时也存在闸室底板钢筋用量较大、施工技术要求较高等缺点。钢筋混凝土整体式结构一般适用于设计水头及闸室宽度均较小、基础地质条件较差的情况，如汉江王甫洲船闸(以下简称王甫洲船闸)设计水头 10.8m，闸室宽度 12m，地基为砾石，闸室采用钢筋混凝土整体式结构。

具体选择闸室结构类型的原则如下：

①混凝土重力式结构的结构比较简单，可在闸墙内布置输水廊道，便于机械化施工，但混凝土方量大，对基础的要求较高，适用于水头较高、基础条件较好和大量采用机械化施工的工程。钢筋混凝土结构与混凝土重力式结构相比，混凝土工程量相对较少但钢筋用量较多，基础条件要求较低，施工难度相对较高，一般在基础条件相对较差、水头较低的工程上采用。混凝土重力衬砌式结构的结构相对比较简单，便于施工，使用钢筋较少，但混凝土工程量较多，可用于岩石比较坚硬、裂隙较发育，墙后岩坡较缓的情况；钢筋混凝土薄衬砌式结构的结构轻巧，混

凝土方量少，但钢筋用量多，对岩坡要求高，可用于基岩坚硬完整，岩坡可以直立开挖的工程。

②在钢筋混凝土整体式结构中，钢筋混凝土坞式结构的地基应力分布比较均匀，结构的整体性好，一般在基础条件较差时采用；悬臂式结构的钢筋用量较坞式结构少，但对基础的要求高，一般与坞式结构进行比较选用。

(2)闸室结构布置

闸室结构布置需满足使用功能——形成船舶在内升降的水域、结构受力包括结构整体稳定、结构强度和变形3方面要求。布置工作包括按照不同的结构和输水系统的类型，布置结构的轮廓尺寸，对结构进行分缝，布置缝面止水和墙后排水等结构措施和设施。

1)闸室结构的轮廓尺寸

拟定船闸闸室结构的轮廓尺寸，是闸室结构布置的基本工作内容。闸室结构断面的尺寸，主要根据对闸室结构的功能要求，取决于闸室结构的受力和设备布置的条件。在结构布置阶段，闸室结构断面的尺寸，通常根据工程经验，参考已建同类工程的资料，结合简单的计算确定。现按闸室结构的分离式和整体式两大类，将供参考的结构轮廓尺寸分列如下。

①分离式闸室墙。分离式结构断面的轮廓尺寸，见图6.8.32和表6.8.1。

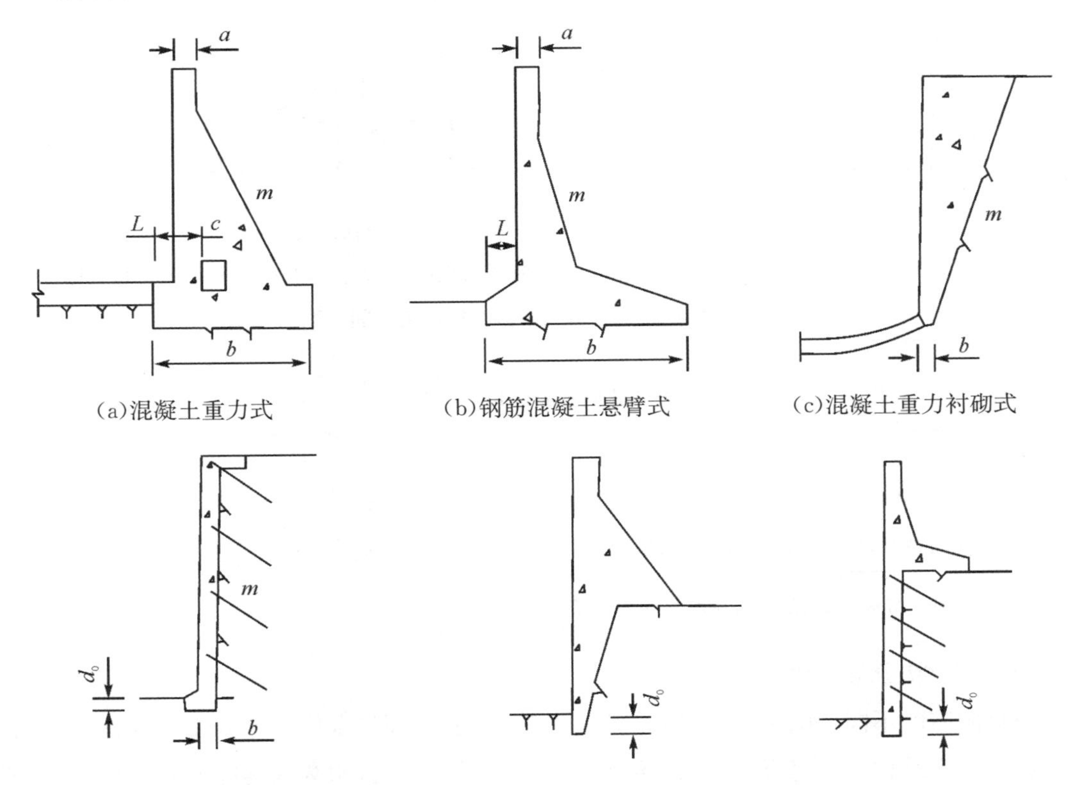

图中 a、b、c、d、L、m 尺寸参见表6.8.1；墙底坎入基岩深度 $d_0 \geqslant 0.4$m。

图6.8.32 分离式闸室结构横剖面图

表 6.8.1　　分离式闸室断面尺寸参考　　单位:m

类型	a	b	c	L	m
混凝土重力式结构	2.0～3.0	(0.5～0.8)H	(0.75～1.0)e	1.0～5.0	1∶(0.5～0.7)
钢筋混凝土轻型结构	1.0～1.5	(0.7～1.3)H		1.0～5.0	1∶(0.22～0.28)
混凝土衬砌式结构		1.5～2.0			1∶(0.05～0.5)
钢筋混凝土衬砌式结构		1.0～1.5			1∶0

注:混合式结构尺寸参照重力式和衬砌式;H 为闸墙高度,e 为输水廊道宽度;墙底坎入基岩深度 $d_0 \geqslant$ 0.4m。

②整体式闸室墙。整体式结构断面的形状和轮廓尺寸,见图 6.8.33 和表 6.8.2。

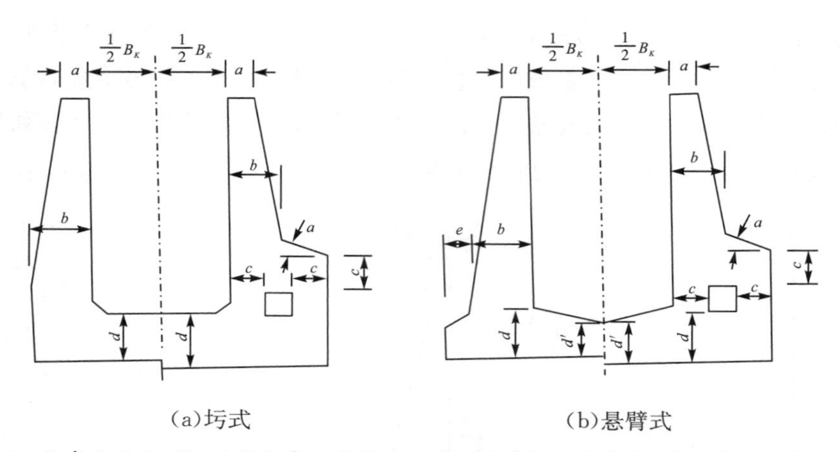

(a)坞式　　(b)悬臂式

见表 6.8.2;B_K 为闸室有效宽度,h 为闸墙在底板以上高度,其余符号与表 6.8.1 相同

图 6.8.33　整体式闸室结构横剖面图

表 6.8.2　　整体式闸室断面尺寸参考　　单位:m

类型	a	b	c	d	d'	e	α
坞式	1.0～1.5	(0.16～0.35)h	(0.75～1.0)e	≥(1/8～1//10)B_K			30°～45°
悬臂式	1.0～1.5	(0.16～0.35)h	(0.75～1.0)e	≥(1/8～1/10)B_K	1.5～2.5	1.0～2.0	30°～45°

注:B_K 为闸室有效宽度;h 为闸墙在底板以上高度。

2)闸室结构分缝分块

根据闸室的不同基础条件、结构类型和尺寸,为适应沉降、温度收缩等变形,需对结构进行分缝。闸室结构的分缝有永久结构缝和临时施工缝两大类,永久结构缝又有纵缝、横缝和水平缝三种。

纵缝随闸室结构不同而不同。分离式闸室底板顺水流方向,距每侧闸室墙迎水面附近的位置各布置一条纵缝,将闸墙与底板分开。葛洲坝 1 号、2 号、3 号船闸和万安船闸、三峡船闸，均按此进行分缝。整体式闸室结构中，坞式结构完全不设纵缝，悬臂式闸室结构，通常在船闸中轴线处分一条纵缝。

闸室结构横缝的间距，主要根据地基条件、混凝土浇筑强度及温控措施、闸墙结构轮廓沿闸室纵向变化的情况、输水系统类型及其布置等因素确定。如葛洲坝1号船闸闸室分缝长度一般为12～20m，但根据底板内输水系统布置，在输水系统分流口的部位，横缝的距离可有小范围变化。如万安船闸闸室分缝一般为18m；王甫洲船闸闸室分缝一般为16m；葛洲坝1号船闸闸室分缝长度一般为18m，在布置输水系统的分流口部位结构分缝长度为22m；三峡双线五级船闸闸室底板分缝一般为12m，在布置输水系统的分流口部位结构分缝长度为24m。

一般在分离式衬砌式闸室结构的闸墙高度大于横缝距离的2倍时，为减少墙背基岩对混凝土结构的约束而产生的温度裂缝，需沿衬砌式闸墙高度布置水平缝，如三峡船闸衬砌墙水平分缝间距结合墙后岩坡开挖梯段的高度定为15m左右。对混合式闸墙，当下部衬砌墙较高且较薄时，必须在衬砌墙与重力墙之间布置水平缝，以改善重力墙的稳定条件和降低衬砌墙内的拉应力。如三峡船闸混合式闸墙的衬砌墙高度达15m以上，衬砌墙厚度为1.5m，在衬砌墙与重力墙之间布置了水平缝。但当下部衬砌墙较矮且较厚时，在衬砌墙与重力墙连接处可不设水平缝，如赣江万安船闸混合式闸墙的衬砌部分高度为8m左右，厚度达6m左右，在衬砌墙与重力墙连接处没有设置水平缝。

临时施工缝通常在坞式闸室大跨度闸室底板或分离式闸室底板的宽度较大，为减小温度应力时采用。临时施工缝有键槽缝和宽槽缝等不同的类型。

闸室结构分缝时，需与相邻结构块的分缝尽可能对齐，如闸室纵缝与闸首纵缝对齐，闸室墙横缝与闸室底板横缝对齐，以及闸室墙相邻结构块的水平缝尽可能对齐等。

3)闸室防渗。

闸室防渗与排水决定墙后水压力和基础扬压力的大小，影响结构的安全性和经济性。闸室结构缝的防渗是指墙顶及其外侧填土或岩石开挖表面受降水影响部位的防渗。如在闸墙结构缝顶部设置止水，对船闸两侧一定范围的填土表面或开挖岩面设置护面等。对闸室结构缝，除为透水式结构外，在缝面均需布置止水。对结构缝止水要求较高的闸室，缝面应布置两道止水。对纵缝和横缝的水平止水部位，混凝土振捣和排气较困难，很容易出现局部不密实而形成集中渗漏通道，一般布置两道止水铜片；竖缝和横缝中的竖向部位，一般布置一道止水铜片和一道塑料止水片。为检查止水效果和在必要时对止水进行处理，应对范围较大的止水部位进行合理分区，并在两道止水之间设置检查槽和在止水分区两端应分别布置渗漏水引出管。

船闸设置止水的范围大，水平止水的长度长，运行实践表明，在船闸结构缝中，尤其是位于底板上的纵缝和横缝的水平部分，是施工的难点，往往成为船闸防渗系统的薄弱环节。在止水分区的两端应分别布置渗漏水引出管，在止水系统施工完成后应进行压水检查，有渗漏的部位，采用水胀性材料进行灌浆封堵。三峡船闸将闸室结构块的竖向止水和水平止水分隔成各自独立的分区，对止水检查和处理比较方便。

4)闸室墙后排水。

墙后排水一般分为地表排水和地下排水两部分。地表排水是结合地表防渗措施布置排水沟、管，以控制墙后地表水的入渗；地下排水通常是在墙后设置排水廊道，对衬砌式闸室，由于闸室结构与墙后的岩体联系在一起，其排水通常包括墙后山体排水和墙背与岩体间结合面的排水两部分。山体排水一般在两侧山体内按上、下一定间距设置排水隧洞，并在隧洞间布置排水孔幕；墙背排水通常需设置由水平和垂直排水管组成的排水管网和将水流集中排入基础排水廊道。

闸室与闸首墙后的管网、基础排水廊道和排水泵井等组成船闸的排水系统。基础排水廊道底板上，也可根据需要布置与基岩间排水孔。一般需沿分离式闸室底板的横向结构缝，在下部布置与排水廊道连通的排水沟。排水廊道断面应满足对系统的排水效果进行检查和维修的需要。

三峡船闸经过现场和室内试验，确定衬砌墙后排水系统采用竖向排水管与水平向排水管组成的井式排水管网。竖向排水管采用钢筋混凝土预制件，间距 4m，排水管底部与基础排水廊道连通，顶部引入闸顶管线廊道，以备在必要时作为检修扫孔疏通用；横向排水管采用广式塑料排水管，间距 7.5m，为开挖梯段高度的一半。横向排水管将渗水汇入竖向排水管，再由竖向排水管排入基础排水廊道引至位于第六闸首的排水泵井抽排入下游引航道。

5)墙后回填土布置。

大、中型水利枢纽船闸闸室结构，除兼作泄水闸导墙外，多数需在闸室墙两边布置回填土以改善结构受力和整体稳定性的条件并兼顾闸顶交通布置的需要。填土高度按闸室设计最高通航水位运行工况和闸室抽干检修工况下，结构稳定和受力之间的平衡来确定。葛洲坝 2 号、3 号船闸的左墙，万安船闸和王甫洲船闸闸室结构，从结构受力考虑，闸室均采取了在墙背回填土的方案。

6)闸室结构锚杆。

衬砌式闸室结构需通过布置结构锚杆，以保证衬砌墙与岩体间的协同工作，同时在一定程度上增加衬砌结构墙后岩体的整体性。结构锚杆通常根据墙后水压力的图形按照上稀下密的形式布置，锚杆在靠近岩面的岩体内，设置一定长度的自由段，以适应衬砌结构温度伸缩变形的需要。

6.8.4 船闸高陡边坡稳定及变形控制技术问题

6.8.4.1 三峡船闸高陡边坡地质条件及其稳定应力分析

三峡双线五级船闸位于枢纽左岸坛子岭北坡，船闸轴线与坝轴线交角为 110.96°。从第一闸首到第六闸首为主体段，总长 1621m，全部是在山体中切岭深挖而成的岩质边坡。开挖最大深度为 170m，形成的边坡最高达 160m。其中在第三闸首附近有一段长约 400m、高

120～160m 的边坡，其余坡高一般为 50～120m。由于闸室结构衬砌墙的需要，边坡的下部为高 40～70m 的直立坡。双线船闸之间留宽 57m、高 40～50m 的岩体中间隔墩。

(1)船闸高陡边坡的工程地质条件

船闸主体段从高到低穿过左岸山体，沿线沟谷均与主体段轴线斜交。闸址基岩为闪云斜长花岗岩，全强风化带平均厚度为 9～26m，以第一闸首最厚，第六闸首最薄。闸首及闸室建筑物全部坐落在坚硬的微新岩体上，地质条件较好，主体段范围内断裂构造较为简单。根据地表及平洞勘探所揭露的资料统计，断层的平均间距为 8～10m，陡倾角断层占总数的 82%，而断层长度大于 100m 的只有 11 条，断层面一般较粗糙，构造岩一般胶结良好。所发现的裂隙中有 64%为陡倾角，长度一般在 10m 以内，裂隙面以平直稍粗糙为主，且大部分均有充填，断层和裂隙的走向与船闸轴线交角均在 30°以上。经钻孔及平洞测试本地区的地应力，最大测值为 11MPa，一般为 7MPa，其大主应力方向与闸室轴线有 30°夹角。

水文地质条件：上部全强风化带渗透性较强；到弱风化带地下水沿裂隙运行，渗透有明显的各向异性特征；到下部微新岩体渗透性微弱，地下水疏干缓慢。

从上述地质条件分析，船闸主体段高边坡内不存在发生整体滑动的地质结构面。断层与裂隙绝大部分为陡倾角，且走向与轴线分别有 40°与 30°以上的交角，下部的微新岩体坚硬完整，整体及块状结构分别占总面积的 57.3%、37.4%，强度高，这些条件都有利于边坡的稳定。而由断层、裂隙互相切割形成的块体所造成的局部稳定是需要考虑的主要问题；本区地应力值虽较低，但在深开挖后应力释放产生的变形(包括流变)是否会对船闸的安全运行带来影响，也是应研究的一个问题。此外针对全强风化带渗透性大，而微新岩体渗透性很小的特点，应研究如何降低岩体内的地下水位，以提高边坡的稳定性。

(2)船闸高陡边坡的稳定应力分析

三峡船闸是长江黄金水道的关键部位，必须确保其安全运行。因此在船闸边坡设计中，应首先考虑高边坡的坡形及坡比要达到总体自稳，在全强风化带坡比为 1∶1～1∶1.5；弱风化带坡比为 1∶0.5；微新岩体段坡比为 1∶0.3(闸室衬砌段采用直立坡)。每一坡段高度为 15m，顶部设置 5m 宽马道，在闸室墙顶部由于船闸运行时交通、检修需要，设置 15m 宽的马道。

船闸高陡边坡顶部的全强风化带可能会发生圆弧滑动。弱风化带以下岩体，主要是由断层、裂隙相互切割形成在坡面上出露的几何块体沿结构面的滑动稳定。根据船闸运行的要求上述抗滑稳定安全系数，设计情况用 1.5，校核情况 1.1～1.3，当不能满足时采用预应力锚杆与锚索进行加固。

地质勘探资料表明边坡不存在整体滑动的结构面，但根据有限元计算在边坡局部岩体内存在塑性区，为此对这些区域也作了滑动稳定校核，均能满足设计安全系数要求。

船闸主体段范围内的第三闸首上下游段边坡最高，并有 f_{215}、f_5 等断层出露。选取此段进行了二维及三维的有限元计算分析。

(3)高边坡应力状态位移分析

在直立墙顶马道向下1/4高度、中隔墩顶部向下2/3高度等区域均有一个因开挖卸荷而产生的受拉、拉剪的塑性区,拉应力最大值0.8MPa,一般为0.2MPa。对此塑性区进行滑动稳定校核,仍能满足抗滑要求。在闸室底板与直立墙底部的拐角处有压应力集中现象,最大压应力为25MPa,仍在岩体允许应力范围以内。其余部位均在岩体安全范围内。

对第三闸首高边坡位移进行分析,总位移是一种卸荷回弹形态,即左边坡向右上方变形,而右边坡向左上方变形,中隔墩顶面主要是向上变形,墩的两侧分别向右上与左上方变形。总位移的数量是上部大于下部,其值为30～50mm,考虑流变的时间因素,流变产生的位移值占总位移的10%左右,边坡在开挖完成后半年变形即基本稳定,此后的流变位移值在毫米级内,因此在运行期内不会产生大变形而影响船闸的安全运行。

6.8.4.2 三峡船闸高陡边坡加固设计

(1)防渗排水系统

船闸边坡开挖形成后,降低岩体内的地下水位是保证边坡安全的主要措施。在地表设置周边截水沟,坡面喷混凝土防止地表水入渗,坡面设排水孔,沿坡面每隔100～150m设横向排水沟,集中将地表水顺马道排水沟引出闸室以外。

为降低坡内岩体的地下水位,离坡面30～45m,每隔20～30m高差设一排水平洞,共7层。在洞内钻设排水孔,孔距2～2.5m,形成排水孔幕,以期疏干坡面与排水洞之间的岩体,降低渗压力,提高边坡的稳定性。

(2)边坡喷锚加固

在全强风化带与弱风化带上部,采用坡面挂网喷锚,其余坡面喷素混凝土。与喷混凝土相结合对表层松动带及随机的不稳定楔形块体,用系统锚杆进行加固。对中等规模的不稳定块体以及每级马道的坡顶,设置预应力锚杆与锁口锚杆,以改善边坡表面一定范围内的岩体应力状态,增加稳定性。在边坡上规模较大的不稳定块体用1000～3000kN级的预应力锚索,增加边坡的稳定性能(见图6.8.34)。在中隔墩及直立墙塑性区范围采用3000kN系统预应力锚索,以改善局部岩体的应力状态及限制裂隙的张裂。

(3)边坡施工要求

排水洞先于边坡的明挖,有利于边坡的稳定和减少爆破对边坡的影响;对周边坡面采用光面爆破和预裂爆破以减少因开挖爆破而对岩体的损伤。边坡的喷锚加固紧随开挖进行,以减少变形并避免边坡随机块体的滑坍,保证边坡的安全。

主体段长1621m的地质结构面很难在施工前全部查清,加之开挖爆破及卸荷等因素又会产生一些新的裂隙和新的不稳定块体,为此,在高边坡开挖过程中,需加强施工地质工作,

根据实际情况按照动态设计的原则不断优化完善边坡加固设计。

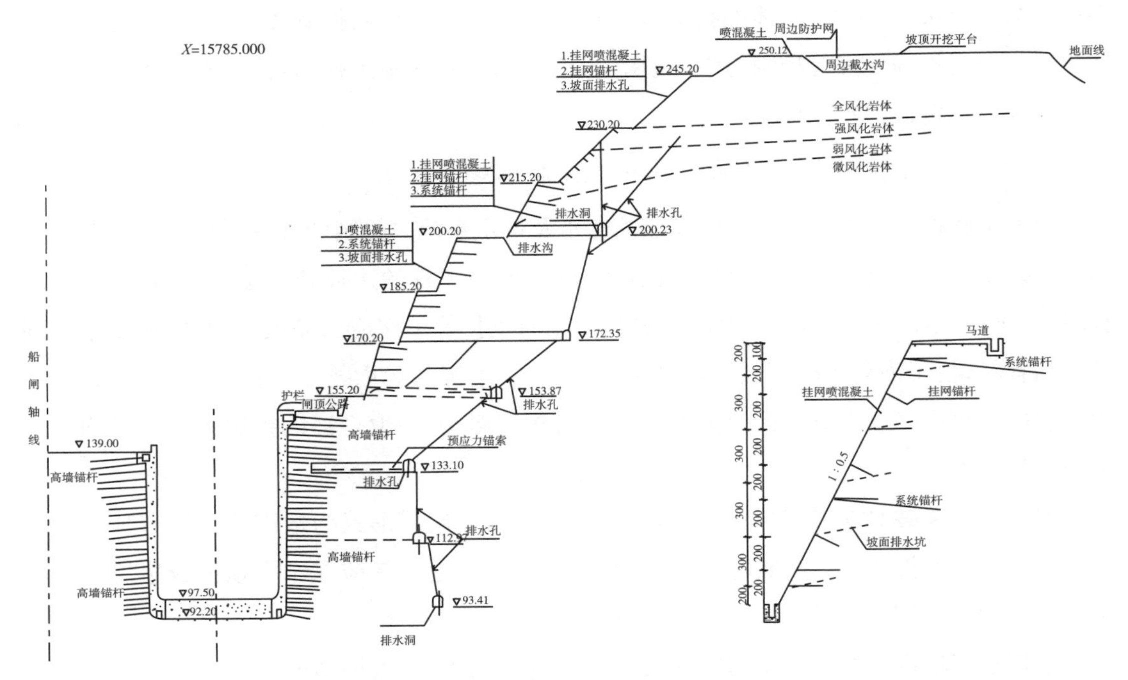

图 6.8.34 三峡船闸高陡边坡坡面锚喷及地表排水布置图

6.8.4.3 三峡船闸高陡边坡施工技术

(1)船闸主体成型开挖控制爆破

三峡船闸横贯枢纽左岸山体,两线船闸中间留 54～57m 的岩石中隔墩,主体建筑物段最大边坡高度达 170m,边坡高度连续超过 120m 的范围,长约 460m。为解决船闸高边坡开挖爆破施工技术难题,满足闸室开挖及边坡稳定要求,长江委设计院分别在船闸一期工程和二期工程施工之前提出了岩石开挖控制爆破技术要求,同时配合施工单位进行了历时近一年的现场爆破试验,提出了适合船闸槽挖爆破的施工程序、不同爆破方式(槽挖深孔梯段微差爆破、侧向保护层爆破、基岩底部保护层爆破等)的爆破参数。

船闸的开挖程序是先进行中间先锋槽开挖,后进行侧向保护层开挖。先锋槽采用液压钻进行梯段爆破和施工预裂;侧向保护层采用手风钻光爆开挖。通过爆破试验并在施工中补充完善开挖爆破措施,确定爆破单响药量为 100kg,质点振动速度为 15cm/s,后期调整为 70kg(一般情况采用一孔一段爆破,控制在 50kg 以内)。爆破后残留炮孔保存率,节理裂隙(间距大于 2m 的)不发育岩体为 90.72%,节理裂隙(间距为 2～0.5m 的)较发育岩体为 67.78%,节理裂隙(间距为 0.5m 以下的)极发育岩体为 31.33%,船闸槽挖爆破岩石质点振动速度控制在 15cm/s 以内(50%以上的控制在 10cm/s 以内),船闸槽挖爆破质量控制满足设计要求。

在船闸边坡和闸室边墙岩体开挖施工中，成功地运用了光面爆破和预裂爆破技术，最大限度地减少对边坡(边墙)岩体的扰动；同时采取加强施工监测、控制爆破药量、优选爆破作业方式并及时加固处理等控制边坡(边墙)岩体局部失稳的施工措施，使船闸主体段成型开挖后的岩体稳定性得到保证。

(2)船闸地下建筑物近区的基础开挖控制爆破

三峡工程地下建筑物主要集中在船闸输水及排水系统。船闸的设计开挖程序和开挖技术要求规定：地下工程应先于明挖工程施工，即①明挖工程的边坡开挖至某一地段、某一高程时，位于该地段、该高程的输水洞、井开挖及临时支护等工作应已完成；②在明挖工程达到某一高程时，位于该高程以下的20～40m范围的排水洞与洞内排水孔应已完成。因此，在永久船闸开挖中必须充分考虑爆破对地下建筑物的影响，采取合适的控制爆破技术确保地下建筑物的安全。

船闸开挖爆破对地下建筑物的影响为爆破地震，其破坏形式为地震波在洞室顶板或边墙反射后产生的拉伸应力波破坏。因此，只要控制爆破地震效应在洞室顶板或边墙处的质点振动速度小于相应的安全控制标准，爆破作业即可顺利进行。

根据在现场进行的爆破振动监测成果，当洞室顶板处质点振动速度等于13cm/s时，洞顶发生大量崩塌；在两洞交汇处，即使洞室顶板处质点振动速度小于13cm/s，顶板亦出现掉块现象。船闸地下洞室由于频繁受到基础开挖爆破的扰动，考虑岩石性脆、隐裂隙发育，经过临时支护后的地下洞室的控制标准应不大于10cm/s。

船闸地下洞室主要受开挖爆破振动影响，控制爆破主要采用闸室两侧预留3～5m厚保护层、施工预裂爆破、微差“V”形起爆方式，通过降低爆破单段起爆药量、预裂缝减震、改变爆破方向等手段确保地下洞室的安全。

6.8.4.4 船闸高边坡安全监测

船闸边坡岩体内共设置了针对边坡变形，地下渗流，预应力锚索松弛等监测设施，从施工开始即进行全过程的安全监测。

1)边坡变形：南北坡变形以向闸室临空方向变形为主、沿高程从上至下减小，总量为8～63mm，向下游水平位移总量为－2～22mm，沉降为－12～12mm，中隔墩水平位移为－16～30mm，总体变形在1999年4月开挖结束后量值逐渐减小，至2001年4月已趋于稳定。

2)地下渗流：边坡截、防、排水系统效果明显，边坡表面在疏干区内地下水位已在设计水位以下。

3)预应力锚索：预应力损失值在锁定2年内损失值已趋于稳定，平均损失值约为11%。

三峡船闸从1994年动工开挖，到1999年10月开挖完成，共计开挖量2287万m^3。2000年完成全部支护工程，共计采用1000kN及3000kN级锚索4200索各类锚杆约29万根，岩体内设7层排水平洞，通过安全监测与反馈分析，各项监测数据均在设计允许值以内，高边坡能满足安全运行要求。

6.8.5 高水头船闸人字闸门及启闭机设计问题

6.8.5.1 高水头船闸人字闸门

三峡双线五级船闸人字闸门最大高度为38.5m，最大挡水高度为36.75m，闸门开启或关闭运行过程中的最大淹没水深为36.0m，其技术规模超过了国内外已建工程。在总结国内外已建船闸设计、运行经验基础上，尤其是葛洲坝船闸的运行经验，结合三峡双线五级船闸人字闸门的实际情况对人字闸门及启闭机深入研究，并进行了人字闸门水弹性试验，着重研究了人字闸门结构动态特性及抗疲劳措施以及关键运转部件的技术，设计中在门叶结构布置上采取了一系列措施，如人字闸门横梁高度选定除考虑门叶整体刚度外，还对左右两扇门主横梁所形成的三铰拱几何关系作了分析，使拱轴线与拱的压力线基本重合，结构充分发挥作用，受力更合理；船闸平均每天过船20次，运行时人字闸门经受反复的加载和卸载，主横梁翼缘连接处产生突变，对接焊缝的端部产生严重的应力集中问题，加之焊缝咬边、起弧、收弧等缺陷存在，设计时采取主横梁翼缘板抗疲劳性能好的DH32船用钢板；主横梁与端隔板翼缘相交处采用$R=150$mm的整板下料；支枕垫块采用了连续型兼作竖向止水，支枕垫块接触面采用不同半径（$R=600$mm，$R=550$mm）形成圆柱面接触，避免了偏心受压及运行时容易卡阻。为改善底枢蘑菇头和球瓦之间的润滑，减少磨损，防止抱死，设计时加大蘑菇头半径，使其承压应力控制在13.0MPa以下，并采用自润滑球瓦，直径D为1000mm。

6.8.5.2 高水头船闸人字闸门启闭机

三峡双线五级船闸人字闸门卧缸液压直联式启闭机在最大淹没水深运行时，其启、闭力设计值将达到2100kN和2700kN，为世界大型船闸工程中所罕见。在设计中对人字闸门启闭机在大淹没水深下的运行可靠性问题，人字闸门在启、闭过程中的动水阻力矩及其变化规律；门体的动态水力特性以及细长油缸的整体稳定性等关键技术进行了深入的研究和优化设计。为了最大限度地减小在人字闸门启闭机初始和末了的峰值阻力矩，以使启闭机的能力有效地适应闸门运行阻力，在设计中主要采取了三种优化措施：①将启闭机的运行方式由有级变速改成无级变速；②将淹没水深最大的人字闸门启闭时间适当延长；③将人字闸门门龛的边墙和头部尺寸适当加大以增加人字闸门进出门龛时的补排水空间。这三种优化措施较好地解决了液压直联式启闭机运行能力与人字闸门阻力相悖的技术难题。

三峡双线五级船闸人字闸门启闭机采用双作用、中间支承双向摆动直联式液压启闭机，其启闭机最大油缸内径D与活塞杆直径d分别为580mm、380mm。作为大型卧式安装细长油缸，油缸的挠度和稳定性控制是机构设计的关键技术。应用传统方式进行设计和计算，其在技术和经济上均不合理。为此就大型卧式细长油缸的挠度和稳定性等关键性问题，在考